"十四五"国家重点出版物出版规划项目

世界兽医经典著作译丛

山 羊 疾 病 学

Goat Medicine

第 2 版

Second Edition

〔美〕玛丽·C.史密斯（Mary C. Smith）

〔美〕戴维·M.舍曼（David M. Sherman） 编著

才学鹏 刘湘涛 骆学农 主译

中国农业出版社

北 京

图书在版编目（CIP）数据

山羊疾病学：第 2 版 /（美）玛丽·C. 史密斯，（美）戴维·M. 舍曼编著；才学鹏，刘湘涛，骆学农主译. —北京：中国农业出版社，2023.1
（世界兽医经典著作译丛）
书名原文：Goat Medicine Second Edition
ISBN 978-7-109-31311-8

Ⅰ. ①山… Ⅱ. ①玛… ②戴… ③才… ④刘… ⑤骆… Ⅲ. ①山羊－羊病－防治 Ⅳ. ①S858.26

中国国家版本馆 CIP 数据核字（2023）第 209735 号

合同登记号：图字 01-2015-8397 号

中国农业出版社出版
地址：北京市朝阳区麦子店街 18 号楼
邮编：100125
责任编辑：刘 伟 神翠翠 周晓艳 张艳晶 王森鹤
　　　　　肖 邦 周锦玉 王金环 尹 杭
版式设计：杨 婧 责任校对：吴丽婷
印刷：北京通州皇家印刷厂
版次：2023 年 1 月第 1 版
印次：2023 年 1 月北京第 1 次印刷
发行：新华书店北京发行所
开本：889mm×1194mm 1/16
印张：41.25 插页：10
字数：1300 千字
定价：248.00 元

本书由国家绒毛羊和肉羊产业技术体系疫病防控岗位科学家组织翻译，由中国农业科学院兰州兽医研究所所长基金资助出版。

译者名单

主　　译：才学鹏（中国兽药协会）

　　　　　刘湘涛（中国农业科学院兰州兽医研究所）

　　　　　骆学农（中国农业科学院兰州兽医研究所）

参译人员（按姓氏笔画排序）：

　　　　　王光祥（中国农业科学院兰州兽医研究所）

　　　　　毛　立（江苏省农业科学院）

　　　　　文　明（贵州大学）

　　　　　尹双辉（中国农业科学院兰州兽医研究所）

　　　　　田　宏（中国农业科学院兰州兽医研究所）

　　　　　白兴文（中国农业科学院兰州兽医研究所）

　　　　　刘志杰（中国农业科学院兰州兽医研究所）

　　　　　关贵全（中国农业科学院兰州兽医研究所）

　　　　　孙世琪（中国农业科学院兰州兽医研究所）

　　　　　李　冬（中国农业科学院兰州兽医研究所）

　　　　　张　强（中国农业科学院兰州兽医研究所）

　　　　　欧德渊（贵州大学）

　　　　　尚佑军（中国农业科学院兰州兽医研究所）

　　　　　郑亚东（中国农业科学院兰州兽医研究所）

　　　　　郑海学（中国农业科学院兰州兽医研究所）

　　　　　房永祥（中国农业科学院兰州兽医研究所）

　　　　　独军政（中国农业科学院兰州兽医研究所）

　　　　　郭建宏（中国农业科学院兰州兽医研究所）

　　　　　郭爱疆（中国农业科学院兰州兽医研究所）

　　　　　董海聚（河南农业大学）

景志忠（中国农业科学院兰州兽医研究所）

程振涛（贵州大学）

蒙学莲（中国农业科学院兰州兽医研究所）

窦永喜（中国农业科学院兰州兽医研究所）

审校人员（按姓氏笔画排序）：

才学鹏（中国兽药协会）

王艳华（中国农业科学院兰州兽医研究所）

刘永生（中国农业科学院兰州兽医研究所）

刘光远（中国农业科学院兰州兽医研究所）

刘湘涛（中国农业科学院兰州兽医研究所）

李彦敏（中国农业科学院兰州兽医研究所）

张　杰（中国农业科学院兰州兽医研究所）

张志东（中国农业科学院兰州兽医研究所）

张克山（中国农业科学院兰州兽医研究所）

骆学农（中国农业科学院兰州兽医研究所）

贾万忠（中国农业科学院兰州兽医研究所）

殷　宏（中国农业科学院兰州兽医研究所）

殷相平（中国农业科学院兰州兽医研究所）

郭慧琛（中国农业科学院兰州兽医研究所）

储岳峰（中国农业科学院兰州兽医研究所）

译 者 序

　　我国是世界第一养羊大国。据农业农村部畜牧兽医局和全国畜牧总站统计，2022 年我国羊的饲养量为 66 251.0 万只，其中，山羊存栏 13 224.2 万只，出栏 15 116.7 万只；绵羊存栏 19 403.0 万只，出栏 18 507.0 万只。但是，我国山羊和绵羊的养殖效率还不理想，主要原因之一是羊病的临床防治水平还有待提高。我国的羊病种类多，常见多发病 140 多种，其中羊的疫病就有 54 种，包括传染病 35 种、寄生虫病 19 种，而且至少有 9 种是人畜共患病。与其他动物疾病的研究相比较，我国专门从事羊病研究的单位和专业技术人员少，而且主要集中在传染病和寄生虫病的研究上，对羊的内科病、外科病、产科病、营养代谢病涉及较少，临床上可参考的资料不多，影响羊病的临床诊断和防治。

　　中国农业科学院兰州兽医研究所在羊的疫病研究方面具有明显的传统优势，我从 1982 年入职开始从事预防兽医学研究工作至今，曾先后研究过羊的胃肠道线虫病、裸头科绦虫病、片形吸虫病、小反刍兽疫、口蹄疫等，和羊病研究结下了不解之缘。2008 年农业部开始建设农业产业技术体系，我本人和刘湘涛研究员分别被聘为国家绒毛用羊和肉羊产业体系疫病防控的功能研究室主任和岗位科学家，经常遇到实验站和养殖户提出的羊病诊断和防治方面的具体问题，有时感觉到在知识方面力不从心，因而萌生了编写或翻译一本参考书的念头。一个偶然的机会，当时在中国农业出版社工作的黄向阳同志向我推荐了《山羊疾病学》（Goat Medicine）这本著作。本书系统阐述了山羊的解剖和生理生化特点、生活习性和常见疾病的诊断及防控技术等，不仅有助于基层兽医开展羊病的诊断和防控工作，而且对羊的养殖和科学管理具有重要的指导意义。我认为很契合羊病防治的客观需求。本书英文版作者 Mary C. Smith 和 David M. Sherman 主要从事温带地区奶山羊和绒山羊的集约化管理工作，都是羊病专家。在英文版原著成书过程中，来自美国、英国、法国、比利时、冰岛、荷兰、瑞士、南非等多个国家的相关专家学者进行了认真审阅，倾注了大量心血和智慧，使得其成为一本极具权威性的学术专著。

　　在本书的翻译过程中，中国农业科学院兰州兽医研究所和动物疫病防控全国重点实验室给予了大力支持，将本书的翻译作为一项重点工作，挑选 26 位专家组成翻译小组，特别是刘湘涛研究员率领绒毛用羊产业技术体系传染病防控方面的全体专家参与工作。初稿完成后译者之间又进行了交叉审稿，在形成第二稿后，殷宏研究员等 15 位专家进行了进一步的修改和润色，才形成了提交出版社的稿件。非常感谢中国农业出版社黄向阳、邱利伟、武旭峰和刘伟的大力支持和帮助，译稿提交后刘伟编辑又组织编辑团队对书稿进行了详细的修改，并对存在的问题与译者进行反复核对和确认。

本书既可作为从事山羊疾病诊断和治疗的兽医从业人员的参考工具，也可为致力于维护山羊、绵羊健康的企业负责人和个体养殖户，以及兽医政策和畜禽养殖发展计划制定者提供参考。同时，也希望能够为羊病研究人员和接受执业兽医教育的学生提供有用的知识。

虽然本书的翻译由众多专家通力合作完成，但由于内容涉及兽医学的大量基础知识，翻译难度较大，难免有理解或翻译不够精准的地方，敬请读者批评指正。

才学鹏

2023 年 1 月于北京

第2版前言

《山羊疾病学》（第1版）受到了广大读者的欢迎，我也很高兴有机会编写本书的第2版。自1994年本书第1版问世以来，兽医学的全球格局发生了显著改变。1996年，人们认识到牛海绵状脑病是一种人兽共患病，可引起人的克雅氏病。1999年，美国出现西尼罗河病毒感染，并在短期内蔓延到整个国家。2001年，北欧暴发了口蹄疫，英国养羊业遭受毁灭性影响。在同一年，随着针对普通公民的炭疽生物武器的使用，美国出现了生物恐怖主义的阴霾。

在全球已成为一个紧密联系的社会的今天，这些事件主要强调了传染性疾病持续存在的重要性。这些事件也着重说明了无论任何地方的兽医从业人员，都需要掌握识别疾病的知识，并且能识别传统上他们国家认为是外来性的疾病。在David M. Sherman的其他教科书《地球村的动物抚育》中，进一步讨论了影响当前兽医科学的国际问题，该书也可从Wiley-Blackwell出版社获得。

全球传染性疾病的发展趋势也影响了山羊疾病学。2005年，法国确认了全球第一例山羊的海绵状脑病。作为山羊和绵羊严重病毒性疾病的小反刍兽疫，其流行范围已从非洲经中东扩大到了亚洲，引起以山羊为生的农场主和放牧者普遍的生活困难。在肯尼亚，裂谷热的反复暴发已经对山羊种群和以此为生的当地居民造成巨大损失。正因为如此，《山羊疾病学》（第2版）继续保持了全球性视角，提供了全世界发生的山羊疾病的有关信息。

自从第1版出版后，另一个重要的发展就是互联网的出现，使包括山羊疾病在内的所有学科信息的实用性大大增加，这些信息中有一些是好的，有一些却不太好。正如第1版一样，我们努力提供所获得的山羊疾病、诊断、治疗和控制的准确信息，无论何时，我们避免来自其他动物可能的推断。并且，如第1版一样，我们继续努力提供山羊特有的明确信息，并通过引用世界各地的兽医文献，以及我们自己在世界各地应对山羊疾病而获得的经验，为本书的编撰予以支持。

与第1版一样，本书主要是针对兽医从业人员编写的，但是相信临床兽医、兽医学的学生、兽医管理人员、从事山羊工作的研究人员、动物科技人员、技术指导员、家畜开发工作者和以山羊为生的农场主也会发现本书是很有用的。

David M. Sherman 于阿富汗喀布尔
Mary C. Smith 于美国纽约伊萨卡镇

第1版前言

着手进行本书的编写，是因为认识到世界范围内对兽医综合知识的需要，特别是在不断变化的饲养条件下，所引发的山羊疾病和健康问题。作者主要工作是从事温带地区奶山羊和绒山羊（fiber goats）的集约化管理。然而，大多数山羊生活在热带和亚热带地区。因此，作者还做了大量艰苦的努力，使本书能够反映这些地区发生的山羊疾病，以及影响山羊产业的因素。本书呈现的许多有关热带地区疾病的材料都来自已发表的文献资料。在此，作者诚挚邀请读者分享其亲身经历的病例和对山羊疾病研究的经验，共同学习探讨，以便本书再版时补充内容、提高质量。

本书既适用于从事山羊疾病诊断和治疗的兽医从业人员，也可为世界各地致力于维护山羊健康和提高其生产性能的人士提供参考。参与动物健康政策制定、管理医学和畜牧业发展规划的兽医人员也可从本书发现有价值的信息。

我们期望本书对临床兽医、研究人员和对山羊有特殊兴趣的兽医学学生也是有用的。当然，其他人员如动物科技人员、技术指导员、畜群管理者和业余爱好者，或许会把该书作为有益的参考。

David M. Sherman

Mary C. Smith

致　谢

　　非常感谢下面这些同行对本书的巨大贡献，已退休的 Gerrit Uilenberg 博士为无浆体病（Anaplasmosis）、巴贝斯虫病（Babesiosis）、考德里氏体病（Cowdriosis）、附红细胞体病（Eperythrozoonosis）、泰勒虫病（Theileriosis）和锥虫病（Trypanosomosis）投入了大量精力；Taurus 动物卫生公司的 Peter Roeder 博士，仔细审阅了小反刍兽疫（Peste des petits）、牛瘟（Rinderpest）和裂谷热（Rift Valley fever）的章节，并提出了有益的建议；马萨诸塞州弗雷明汉 GTC 生物治疗公司的 William G. Gavin，主要贡献在于第 1 章和第 20 章有关转基因山羊的内容；弗吉尼亚州马里兰地区兽医学院的 Linda Detwiler 博士对山羊海绵状脑病（Bovine spongiform encephalopathy）进行了仔细的评阅；罗斯林研究所和爱丁堡大学的 Wilfred Goldmann 博士评阅了羊痒病（Scrapie）；法国食品卫生安全局山羊研究实验室的 Christophe Chartier 博士全面审阅了线虫性胃肠炎；英国兽医实验室（Weybridge）的 Robin A. J. Nicholas 博士对支原体性关节炎给出了有益的评阅；比利时列日大学的 Etienne Thiryhis 博士对山羊疱疹病毒性阴道炎和包皮炎给了有益的评述；冰岛大学的 Valgerdur Andrésdóttir 博士评阅了梅迪-维斯纳病（Maedi-visna）。

　　我也要感谢荷兰代芬特尔 GD 动物健康卫生局的 Daan Dercksen 博士在山羊口蹄疫临床方面、苏黎世大学的 Felix Ehrensperger 博士在博纳病（Borna disease）、安德斯波德兽医研究所的 Truske Gerdes 博士在韦塞尔斯布朗（Wesselsbron）病和裂谷热的诊断试验、伦敦自然历史博物馆的 D. T. J. Littlewood 博士在血吸虫病、得克萨斯兽医学诊断实验室的 John C. Reagor 博士在硬黄肝病（Hard yellow liver disease）、Springpond Holistic 动物卫生公司的 Ann Wells 博士在有机畜牧生产章节部分给予的协作和付出；如在这些同行评阅的章节出现错误，仅仅由作者负责。

　　我尤其想感谢塔弗斯大学卡明斯兽医学院韦伯斯特兽医图书馆的 Suzanne Duncan、Jane Cormier 和 Carolyn Ziering 女士在收集世界各地的兽医文献资料中，给予的积极帮助，才使本书的各章得以顺利完成。最重要的是，我应该感激并发自内心感激我的妻子 Laurie Miller，没有她的耐心、支持和鼓励，我就无法完成这项工作。

David M. Sherman

感谢康奈尔大学兽医学院（纽约州伊萨卡）的同事们，他们在本版各章节修订中对书稿进行了精心的审阅：Danny W. Scott 博士（皮肤）、Nita L. Irby 博士（视觉系统）、Robert O. Gilbert 博士（生殖系统）、Linda Tikofsky 博士（乳腺和泌乳）和 Andrea L. Looney 博士（麻醉）。我也感谢爱达荷大学凯恩兽医教育中心（爱达荷州考德威尔市）的 Marie S. Bulgin 博士，她对皮下肿胀章节所给予的有益评议，康奈尔大学动物科技系的 Dan L. Brown 博士和法国巴黎国家农业研究院营养实验室的 Pierre Morand-Fehr 博士为营养和代谢疾病一章提供的帮助。南非安德斯波德的普勒托利亚大学兽医学院的 Gareth F. Bath 博士和美国雅典佐治亚大学兽医学院的 Ray M. Kaplan 博士很慷慨地解答了具体的细节问题。

美国小反刍动物执业医师协会的许多会员在本书撰写中提供了帮助，对于向他们咨询的问题，他们通过协会的线上讨论提供了解答。同样的，许多山羊业主和他们的动物为我的教学和图片采集做出了贡献。我也感谢纽约州立大学兽医学院 Flower-Sprecher 兽医图书馆的 Susanne K. Whitaker 和 Michael A. Friedman，在我获取参考资料时所提供的帮助。最后，最值得感谢的是我的丈夫 Eric Smith 对我撰写本书所给予的鼓励，以及在花费大量时间和精力时他的宽容态度。

Mary C. Smith

目　录

山羊临床实践基本原则

1.1 概述

1.1.1 山羊在全球的分布

根据联合国粮农组织（FAO）统计，2006年全世界山羊饲养量约为 8.372 亿只，其中亚洲占 64.2%、非洲 28.8%、南美洲和中美洲 4.3%、欧洲 2.2%、北美 0.3%、大洋洲 0.1%。发达国家山羊饲养数量约占总饲养量的 4.2%，而发展中国家则占 95.8%（FAO，2007）。山羊具有非常强的适应能力，能够适应不同的气候和地理条件，因此分布范围超过任何哺乳类家畜。山羊可以在任何可以想到的条件下生存，包括野生、季节性迁移放牧、游牧、粗放、集约化和完全圈养条件。

1.1.2 山羊的用途

饲养的山羊用途广泛，如用于生产肉制品、羊绒、马海毛、奶和奶酪制品、皮革。特殊的用途包括制作画笔、控制杂草、驮运或拉运、动物试验（可以作为反刍动物消化系统疾病和人心脏病模型以及用于研究转基因动物）制备商品化抗体、作为伴侣动物。在某些情况下，羊的角和骨头可以用作艺术装饰品和乐器，羊皮可以制作鼓。

生产羊肉是饲养山羊的主要目的，尤其是在亚洲、非洲和拉丁美洲。1980—2000 年间，世界的羊肉产量翻了一番（Morand-Fehr et al,

2004）。2006 年，世界上 7 个羊肉产量最多的国家，按照降序排列分别是中国、印度、巴基斯坦、苏丹、尼日利亚、孟加拉国和伊朗（FAO，2007a）。全世界大量的地方性和区域性的山羊品种都是以肉用为主的。近年来，为了生产羊肉，人们开始关注选择性育种，并且已选育出两个肉用的山羊品种，南非波尔山羊（Boer goat）（Mahan，2000）和新西兰 Kiko 羊（Batten，1988），这两个品种在美国已经普及，尤其在商品化羊肉生产日益增长的美国东南部。

奶山羊的主要品种基本都源自欧洲，主要包括萨能奶山羊、吐根堡山羊、努比亚山羊和阿尔卑斯品系。近年来，更为普及的拉曼查品系源自美国。印度的亚姆拉巴里（Jamnapari）和 Beetal 品系也是非常重要的奶山羊品种，其能够很好地适应潮湿的热带地区，因此分布也越来越广泛。用羊奶制作奶酪是非常重要的工业，主见于法国、西班牙和其他欧洲国家。

用于生产马海毛的安哥拉山羊主要集中在土耳其、南非、美国得克萨斯州、阿根廷和亚洲一些地区。喀什米尔（Cashmere）或克什米尔（Pashmina）山羊主要用于生产羊绒，它们主要生活在中亚、中国西藏地区、蒙古、伊朗、阿富汗、哈萨克斯坦、吉尔吉斯斯坦和塔吉克斯坦的山区。羊皮一般是屠宰羊获取羊肉的副产品，但是某些羊品种，如尼日尔红色索科托羊（Red Sokoto of Niger）却能够提供高质量皮革珍品（例如小山羊皮手套和钱包）。各种各样山羊相关产品早已超出兽医教科书的范畴，感兴趣的读者可以参考相关材料（Gall，1981；Coop，1982；Devendra and Burns，1983；Dubeuf et al，2004；Morand-Fehr et al，2004）。

1.1.3　山羊的重要性

在过去的十年间，山羊在世界范围内的影响力越来越大。尤其是在一些低收入国家，人们已经逐渐认识到山羊在农业系统中的重要地位。许多人道主义组织，如国际小母牛组织（Heifer-Interinational）和非洲农场组织（Farm-Africa）已经意识到，在一些乡村发展项目中，用山羊养殖业来替代自给自足的自然经济，从而改善贫困的社会和经济条件。已有报道有关促进热带地区农村山羊生产力发展的方法论（Ward，2006）。

在发达国家，对山羊产品的需求持续增加，尤其是山羊奶酪、山羊绒，以及山羊肉。在美国，近年来山羊肉已是需求大于供应。2004 年，美国共进口 2 400t 山羊肉，大部分来自澳大利亚（Ward，2006）。

山羊的影响力逐渐扩大的同时，对与山羊相关的兽医服务的需求逐渐增多，包括临床医学研究和延伸领域。为了应对这种需求，专业兽医必须熟悉和了解作为一个物种，山羊与绵羊和奶牛的区别，区分它们特征性的行为、生理学特性和对疾病的反应。幸运的是，我们现在有可参考和利用的资料信息。国际山羊联合会（Inernational Goat Association，www.iga-goatword.org）每四年举行一次关于山羊的国际会议，同时定期出版一本同行专家匿名审稿的国际期刊——《小反刍动物研究》，这本杂志全方面位报道世界范围内的与山羊相关的研究进展，涉及健康、营养、遗传、生理学和畜牧学方面。美国绵羊行业联合会（The American Sheep Industry Association）定期出版类似的、关于多学科研究的出版物——《山羊和绵羊研究杂志》，主要集中报道北美在小反刍动物生产方面的内容，这本杂志可以通过互联网浏览（网址是：www.sheepusa.org）。

美国小反刍动物从业者协会（AASARP）对北美地区的兽医从业者来说也是一个极好的资料来源。该会员制的协会定期出版通讯《产毛动物及其管理（Wool and wattles）》，交流近期发生的相关信息，并且会员也可以通过电子邮件进行讨论。协会的网站 www.aasrp.org 提供其他的有关山羊健康和生产的网站链接。另外，兽医可利用的网络资源是"咨询者"网站，用户输入临床症状，即可得到诊断结果，用户可以以物种名称进行查询，其中山羊是一个独立的物种。该网站的网址是 www.vet.cornell.edu/consultant/consult.asp。很多国家的推广机构也提供丰富的有关山羊饲养和生产方面的信息，与过去相比，这些内容可以很容易地通过互联网获取。

1.1.4　山羊和绵羊的差异

1.1.4.1　混淆来源

对很多欧洲人来讲，他们理所当然地认为绵羊主要用于生产羊毛，山羊用于生产羊奶，如果任意混淆这两个物种，那是不可思议的。然而，在热带和亚热带地区，常见到各种品种的产毛羊。这些品种通常和当地的山羊品种混群饲养，看不出有什么不同之处。下面给大家介绍如何区分两个物种。

1.1.4.2　遗产学差异

山羊有 60 条染色体，而绵羊是 54 条。也有关于山羊和绵羊的杂交后代能生育的报道，但数量极少。这些杂交后代有 57 条染色体。这种现象将在第 13 章讨论。

1.1.4.3　行为差异

山羊和绵羊的主要区别是其采食行为。绵羊是食草动物，不停地在地面上采食，而山羊喜欢边走边采食，主要采食灌木嫩枝叶和树的嫩枝条。虽然两个物种都是具有群居性的动物，但是离群的绵羊会表现出比山羊更易急躁。山羊不喜欢雨天，在阴雨天急于寻找庇护所。

两种羊的雄性都好斗，公山羊通常会用后腿支撑身体，并竖起前腿，然后下落撞击对方的头部，绵羊就完全不同了，两只公羊先是凑到一起，相对站立，各自低下头，羊角朝前（因为只有低下头来，才能做到羊角朝前），各自再后退十几米，立即转为加速向对方奔去，当两只羊头颅撞到一起的瞬间，发出震撼的响声，即可完成一次较量。两个物种羊角的结构、前额、颈部的肌肉决定了各自采取不同的战斗方式，从而最大限度地减少在打斗中的受伤风险（Reed and Schaffer，1972）。雄性山羊和绵羊在幼年可以在一块生活，公绵羊在群体中具有统治地位，因为它们极具攻击性的打架方式，公山羊在打架中仍然采取后腿支撑的方式，而公绵羊可以用羊角抵住山羊的腹部而取得胜利。

绵羊羔总是跟在母羊的身边。山羊则采用"放任自流"的方式，每天的大部分时间里，母山羊外出采食，将小山羊留在圈舍里自由活动。

1.1.4.4　解剖学差异

绵羊的羊毛和山羊明显不同，其解剖学差异也较明显。大多数喂养的山羊有个直立的尾巴，而绵羊尾巴总是下垂，绵羊上唇从人中位置分为两部分，山羊则不是。公山羊有胡须，母山羊胡须不发达，而绵羊没有胡须。山羊没有眼眶、蹄叉（interdigital）、腹股沟腺体，绵羊有。山羊在尾根部的下方有分泌油脂的腺体，绵羊没有。

1.2　山羊的行为

1.2.1　一般特征

山羊具有一些非常特别的行为模式（Hafez，1975；Kilgour and Dalton，1984）。山羊的许多行为模式是为了适应生存环境。山羊的自然行为模式可以在野生的山羊身上观察到，当周围环境发生变化时，一些行为不会表现出来。即使如此，一些行为模式还是具有代表性的。

山羊喜欢群居，生活在一个大家庭里面。群体中有非常严格的等级划分。雌性和雄性通过战斗来确定在群体中的社会统治地位。山羊在战斗中通过利用它们的角的优势来建立在群体中的社会地位。因此，群体中所有的山羊要么是有角的，要么是无角的，主要是为了避免被有角的山羊过度欺凌。

山羊习惯于和人类接触，当遇到陌生人的时候，往往是接近你，而不是迅速逃跑。当遇到威胁或者感到不安时，它们往往转过身面对入侵者，然后发出类似喷嚏的特别声音。山羊保持着边走边采食的行为，并且利用嘴来探究环境中的每一件物品，包括兽用工具、文件、衣服和饰品。在采集血液样品或者记录健康报告时，必须把这些物品放到一个安全的位置，否则将会被山羊吃掉或者损坏。山羊喜欢啃食围栏和其他的木头制品，一大群山羊在数个月之内可以将木质围栏吞噬。它们也吃墙上的油漆，因此避免用含铅的油漆刷墙。

山羊非常敏捷并且善于攀爬，常见于谷仓顶上、树上，如果条件允许，甚至可以出现在兽医车子的车盖子上。在围场或者草场周围放置一些石头堆，不但能够供山羊玩耍，也能控制蹄的过度生长。山羊喜欢用后腿支撑着站立，前腿搭在围栏上，长时间站立对山羊的伤害相当大。如果腿被夹在金属防护栏上，容易发生骨折。山羊的好奇心有时候也是致命的，如果它们的头被卡在防护栏、出口、门、窗户和别的缝隙处，将会引起窒息。另外，向后方弯曲的角也会导致同样的问题。

山羊能很容易地打开简单门和拉开门闩。这种情况主要发生在装得过满的谷仓，因此看护羊的人必须确保把门锁紧。山羊可以容易地跳过为绵羊设计的防护栏。如果防护栏下面没有挡板，山羊也会挖土。山羊的栅栏内侧不该有倾斜的柱子，因为山羊可以利用这些柱子跳出围栏。围栏也不该用带有倒钩的铁丝，因为可能造成对羊的严重伤害。因此，电围栏广受欢迎，因为山羊可以迅速地知道该远离它。

1.2.2 采食和排泄行为

山羊最典型的特点是边走边采食的行为。这种行为也是导致世界很多地方发生沙漠化的重要原因之一。这种后果也不一定都是山羊导致的，因为大量的大家畜过度放牧也是重要原因之一，只不过是当植被消失时，山羊仍然能够生存下来（Dunbar，1984）。当食物缺乏时，山羊可以爬上树去寻找食物。如果可能，它们也啃食树皮，最终导致树木死亡。山羊可将灌木丛开垦为可放牧绵羊和牛的草场。当将山羊与绵羊和牛一块放养时，可以为草场施肥，清除有毒植物，因为山羊比别的反刍动物耐受能力更强，清除灌木丛，使草场得到更多的光照，促进牧草生长，改善草场质量（Ward，2006）。

在围栏圈养时，养羊人总是抱怨山羊浪费大量营养丰富的干草，尤其是豆类干草营养最丰富的叶子部分。这种行为可以通过饲养方式来克服，喂食器应该设计成能够阻止山羊从饲槽中将草叼到地面上的样式。山羊对饲草和饮水非常挑剔，不会采食或者饮用脏的饲草和有排泄物的污水或散发怪味的、潮湿的、发霉的干草和谷物。

野生山羊和安哥拉山羊一天 30％的时间都花费在采食与觅食上，其中 1/3 时间采食，2/3 时间觅食，采食通常分为太阳升起时、正午和太阳落山的三个阶段。半天时间（50％）用来休息，其中 10％时间用来反刍，12％时间用来闲逛（Askins and Turner，1972；Kilgour and Ross，1980）。而集中饲养的萨能奶山羊往往用一天中 20％时间采食，20％时间反刍，20％时间闲逛，11％时间睡觉，14％躺着休息，大约 8％时间站着休息。平均一天排粪 11.2 次，排尿 8.3 次（Pu，个人通讯，1990）。

山羊排便时会抬起尾巴，排出颗粒状的粪便。母羊蹲下小便。在非繁殖季节，公羊在排尿时，阴茎几乎不会勃起。然而，在繁殖季节，排尿的方式明显不同，并与性行为有关。例如，绵羊在发情时排尿会竖起鼻子，但山羊不会。

1.2.3 发情行为

在热带和亚热带地区，山羊全年都可以发情。温暖地区的羊可以季节性多次发情，白昼时间缩短可以促使发情。品种因素对发情模式起到重要的作用，因为一些本土品种在新的气候地区生活时不会引起发情模式的改变。有关发情频率、表现和发情模式等内容将在第 13 章讨论。在非发情期，性欲和精子质量都会下降。然而，人为干预也会使母羊进入发情期，公羊也会随之做出反应。

公羊在发情季节往往表现焦躁，并且释放出强烈的气味。至少两个因素导致公羊散发出这种气味，一是公羊反复排尿，头部、颈部和身体的前半部也会沾上尿液。有时候公羊会将它竖起的阴茎伸进自己嘴里。然后，公羊会有裂唇反应，卷曲上唇。二是，公羊的头上有皮脂腺，位于角底部的内侧，在发情期间主要产生一种气味复合物，主要成分是 6-反式壬醛（Smith et al，1984）。这种复合物也可以被尾根部的皮脂腺释放出来。它作为一种潜在的激素，这种气味能够诱导母羊发情。

在发情季节初期，公羊通过积极表现挑战性行为来建立其主导地位，因此，兽医和畜主在靠近性行为活跃的公羊时应保持谨慎，更不要背对着未被保定或限制的公羊。成年公羊在站立时可能会对工作人员造成严重或致命的伤害。在这个季节，公羊应按照大小隔离并限制在一个封闭的空间内，这样小一点的公羊就不会受到伤害以至于死亡。

在求爱时，公羊会嗅母羊的尿液并表现出性嗅反射的行为举止。面对母羊，公羊高高地挺直了头，将其伸长的头和脖子伸到地上，或在母羊前面伸出一条前肢，但很少攻击母羊。在此过程中，公羊常常发出很多疯狂的叫声和弹舌行为。性行为活跃的公羊一般在繁殖季节体重会减轻。

1.2.4 母性行为

在野生羊群中，即将分娩的母羊会离开羊群并且和新生羊羔一起藏起来。临产时，母羊通过不停用蹄刨地的方式努力为自己找一块干净的

"产房"，分娩过程和如何鉴别难产将在第14章介绍。分娩一结束，母羊就不停地用舌头舔小羊羔全身。这是成功建立母仔感情的关键方式。如果在这个时候母羊受到惊吓或被干扰，或者将这个过程延迟1个小时以上，母仔关系将被损害并且小羊羔有可能被抛弃。

小羊羔一出生就可以站立，并且能在很短的时间内找到母羊乳头吮乳。野生羊群中，存在一个几天或者几周的"lying-out"时期，就是母羊分娩后有可能离开小羊羔藏身的地方2~8h，去寻找食物。母羊必须熟记藏身处的地理环境，保证自己能够成功地找到其羔羊。因此，在即将要产羔前，母羊不会迁移到新的草场。如果母仔关系非常密切，那么当母羊听到远处小羊羔的叫声时，会立刻返回并保护它们。出生后的小羊羔逐渐地跟随母羊学习觅食和吃草。母羊逐渐减少抚育次数的方式会使小羊很快适应一天喂奶两次的生活规律，饲养的山羊可以在集约化管理条件下养成按时采食的习惯。如果给出生后第1周的小羊羔提供一个藏身的地方，那么它们就仅在哺乳的时候才出来。

1.3 保定山羊

1.3.1 群体注意事项

山羊具有非常强的适应能力，并且很容易被驯化。在澳大利亚和新西兰，常常采取将捕获的野生山羊圈养在围栏里几周的方式来驯化它们，但遇到突然惊吓时，它们仍然能够轻易跃过绵羊圈的围栏。奶山羊很容易通过训练养成自己到挤奶大厅挤奶机前的习惯。虽然安哥拉山羊在第一次剪毛时会大声尖叫，实际上它们很快就会适应这种状况。

山羊习惯了和人类接触后，人们可以通过喊声将它们召集起来。在开阔的草场上驱赶没有完全驯化的山羊的方法与绵羊类似，可以用经过训练的牧羊犬来赶羊。野生山羊的安全距离是8~10m。与绵羊不同的是，如果山羊被犬激怒，它们很可能会与犬战斗。一旦发现羊离开羊群，应该采取让其跟随的方式而不是将它们追回来。与山羊的表现不同，绵羊容易结群，驱赶过程中，绵羊倾向于向低处运动，而山羊则向山顶运动。在院子聚集的时候，急躁的山羊会挤在一个角落里，容易造成一些羊窒息，因此它们应该被分成小群。在对山羊进行保定后的操作之前，应该有24h的时间让其逐渐适应周围环境。让有角山羊进入狭窄通道入口的时候应该谨慎。当人和山羊接触时，应该与有角的羊并行，操作者应该注意保护脸和眼睛，避免受伤，并且应该带上保护眼睛的装置。

1.3.2 个体保定

保定时，抓温驯山羊的腹胁部时，其会停止活动。但如果受到惊吓或者机警的山羊正在逃跑或者反抗时，抓四肢很容易导致山羊关节脱臼或长骨骨折，尤其是一些幼年动物。正确抓羊的方法是抓住前肢或躯干或脖子、角、胡子，而不要抓耳朵。

山羊习惯于和人类接触并被驯化。如果用项圈来约束山羊，可能会导致剧烈反抗，并且容易导致气管外伤。已经习惯保定的山羊容易被控制，进行给药操作或者样品收集。这些羊可以通过固定住羊的前腿或者带上缰绳确保安全。对于不合作的山羊，保定人可以跨过羊的背部，骑在前肩胛骨两侧，将羊的头扭向一侧，形成一个角度，然后固定就可以了（图1.1）。对于有角的山羊，羊角应该被固定在和保定人平行的方向，避免伤害到保定人员。有胡子的山羊可以抓住胡子。对于不合作的小羊，使羊侧面平躺，保定人用膝盖固定脖子，也可以实现有效保定。与绵羊不同，这种方式保定山羊不是非常有效。改进的技术可以避免羊激烈的反抗，将羊放倒后翻过来，让它的头自然向后下垂在保定者的两腿之间，使山羊的背部可以靠着保定者的胫骨。从四肢到背部重新分配山羊的重量，使山羊感觉更加舒服。对于怀疑有尿道结石的公山羊，倒卧方式容易检查包皮和阴茎。在这种条件下，山羊上半身的重量需要向阴茎容易勃起的方向变化。这种方式也很容易对羊蹄进行修剪。

1.3.3 服用药物

1.3.3.1 口服药物

对山羊来说，通过饲喂和饮水的群体给药方式往往是不可靠的，因为病羊的采食和饮水量可能减少。另外，山羊对饮水质量非常挑剔，一旦发觉水有异味，将拒绝饮用。

图1.1　图示静脉采血和给药时的保定措施。如图所示，使山羊后退到墙角，可以提高保定效果。在图1.1a，保定者用膝盖夹住山羊肩胛骨两侧来使山羊受限，以便助手容易采血和给药；在图1.1b中，山羊的头被固定在操作者的腋下，这样操作者单独就可完成采血和给药（Mr. Nadir Kohzad 提供）

给个体灌药，羊头应该保持水平，不要倾斜，减少肺炎的发生。投药器应该在唇面上进入，不要靠近鼻孔，药物可以迅速被灌入。用投药器给药丸，需将药丸磨碎，投药器必须放在舌面上，会容易完成给药过程。不要粗鲁地将投药器插进咽部，这样很容易造成损伤。在给药之前要仔细检查投药器，防止其尖锐部分伤害羊。通过口腔插胃管不是很困难，如果保定合适，也可以使用大小合适的内窥镜。商品化的绵羊用内窥镜也适合山羊。小口径胃管抹上润滑油可以很容易通过鼻孔进入到胃里。

1.3.3.2　注射

一些农场主和兽医在大规模注射药物或接种疫苗时常常一个针头使用到底。就山羊而言，应该考虑这种方法是否合适，尤其是在山羊关节炎病毒（CAEV）流行越来越严重的情况下，该逆转录病毒可以通过血液污染的针头传播。可以肯定的是，如果羊群中已经确认存在这种病毒，要控制这种病毒感染和传播，如果忽略了针头因素可能适得其反。在第4和5章将详细介绍这个重要的山羊病毒。

疫苗接种时，在做好卫生措施的同时，还要做到"一针一个动物"的另外一个原因，是一些疫苗接种后会引起严重肿胀，甚至化脓，例如梭菌、衣原体和副结核病疫苗。如果兽医操作技术是规范的，将不太可能遇到免疫后出现问题并需要给出合理解释的麻烦。

如果山羊皮将来需要在市场上销售，那么兽医在进行预防接种时就要避免在有可能作为整张皮销售的部位注射，因为注射部位的反应会破坏羊皮外观的完整性，降低其市场价值。因此，不应该在背部和腹侧进行接种，虽然这些地方操作起来非常方便。

给山羊肌内接种会遇到困难。理想的接种位置是颈部的由脊柱背侧、背侧项韧带和肩部外侧构成的三角区。三头肌也可以作为注射位置。如果不考虑对皮张质量的影响，背最长肌和腰部的肌肉也可以作为接种的位置。在任何情况下，一个点注射的药物不能超过5mL。除了因药物黏稠需要选择大号的长针头以外，一般应使用长2～

3cm、不超过 18 号的针头。幼畜应该选择比较短的针头。

不管是成年羊还是幼畜，避免在大腿肌肉处进行注射。与其他反刍动物相比，山羊的大腿肌肉很小，并且此处注射容易破坏坐骨神经。山羊养殖者应该避免在此处进行注射。即使不损坏坐骨神经，像土霉素一类的药物也会刺激坐骨神经导致出现跛行。发生永久性肌肉损伤后会降低肉羊酮体的价值。

皮下注射与肌内注射的位置相同或者在肘后部 5cm 的胸部位置。避免在羊的肩前部进行皮下注射，因为注射部位附近有浅表淋巴结，注射部位的反应容易和干酪性急性淋巴结炎发生混淆。建议使用 18 或 20 号针头，太长的针头用于肌内注射容易发生意外。

颈静脉注射时应选择长 2～3cm 的 18 或 20号针头。颈静脉采血选用 18 号针头。皮肤内注射选用 26 号，长 1cm 的结核菌素专用针头。腹腔内注射比较少用，除非用葡萄糖溶液治疗新生羊羔低血糖症或者经肚脐旁注射抗生素。提起小羊的前腿，18 号或 20 号针头垂直进入肚脐左侧皮

肤内，深度不超过 1cm。

乳房灌流前，应先将乳头清理干净，并用酒精消毒。对奶牛，用乳头套管就可以完成灌流。对乳头小一点的山羊而言，灭菌的导尿管可以用于灌流。

1.4　山羊的临床检查

全面临床检查由 3 个主要部分组成：询问病史、身体检查和环境观察。许多疾病在单只羊的表现可以作为群体潜在问题的参考，因此，迅速临床诊断是非常关键的。迅速诊断除有助于快速组织治疗外，还有助于将合适的预防措施引进到整个管理体系中。许多羊病，在能够观察到临床症状的病例出现之前，亚临床症状病例通常已经在羊群中存在，这就需要其他的诊断方法将它们鉴别出来。亚临床病例和病毒携带者对兽医来说是最麻烦的事情，为了满足出口和洲际间流动对于健康证明的需求，进行进一步的健康检查并适当处理这些动物是必要的，表 1.1 列出了兽医必须熟知的一些疾病或病原。

表 1.1　山羊的慢性传染病/病原

病毒/病毒病	细菌病	原虫病	未知疾病
山羊关节炎/脑炎病毒	干酪性淋巴结炎	弓形虫病	白山羊的乳房疣
口蹄疫	副结核病		
痒病	沙门氏菌病		
	结核病		
	李氏杆菌病		
	布鲁氏菌病		
	类鼻疽		
	支原体病		
	葡萄球菌性乳房炎		
	衣原体病		
	柯克斯氏体病		
	（Q热）		

1.4.1　询问病史

极少数的疾病或者与健康有关的问题是随机分布在羊群或牧群中的，它们通常集中在一个特别的群体中，如特定性别、功能、生产状态或者年龄的群体。早期表现通常是在羊群中特定年龄、性别、品种表现异常，或是成群死亡，出现疾病的症状，流产或生产力下降。如果农场中多种家畜混养的话，那么对与羊群接触密切的其他

家畜也应该进行疾病调查。

通过详细的病史询问，应该能确定或评估畜群或牧群总数、性别组成、年龄分布、品种和怀孕情况。确定畜群的总量和受影响和濒临死亡的动物数量，是为了最终确定疾病的发病率和死亡率。调查者通过计算病例的数量也可以更好地确定问题的严重性，也是为了让养殖户对问题有一个明确的认识。在某些情况下，损失少量的动物或许并没有引起足够的警惕，

实际上更为严重的问题没有被重视，如内寄生虫和外寄生虫感染。

以流行病学为基础的病史调查不但要确定存在的具体问题，而且也要分析特别的风险因素，以及它们与死亡率、发病率或未出现症状的亚临床感染之间的关系。例如，当羊羔断奶后出现腹泻时，表明可能感染球虫，这时应该询问羊羔和母羊隔离饲养情况、供料器设计方式、畜棚清洁次数和方法、抗球虫药的使用情况。在这种情况下，改变管理方式可阻止疾病的流行。

应注意一些特殊情况与疾病的关系。一些疾病的发生带有明显季节性，如天气突然变化时易发，也可能与特殊情况相关，如繁育、怀孕、剪毛、分娩和泌乳等。举个例子，安哥拉山羊剪毛后，如遇到意想不到的气温骤降或突降大雨，若不能提供足够庇护和补饲，很容易引起肺炎、流产和死亡。

确定动物的死亡或疾病发生的范围是非常重要的。如果损失仅仅发生在农场的一个区域、某一个草场或者畜棚，那么中毒的可能性比较大。

询问病史时，还要注意的重要方面包括喂料量、羊采食量、喂料方法、饲喂方式是否发生变化、放牧方式、饮水方法和饮水是否充足等。

如果近期对管理方法和预防疫病的措施进行了变动，这些因素也应该被考虑进去。剪毛、药浴、去角、喷洒药物和药浴、去势、接种疫苗与死亡率和发病率的上升存在一定联系；放牧动物为了这些目的被突然集中圈养时密度过大或临时禁食，以及天气突然变化，都容易引起一些突发状况，如流产、球虫病、沙门氏菌病、低血钙，或羔羊与母羊失散后处于饥饿状态。当使用药物和疫苗时，产品信息和剂量、使用范围和方法都应该被调查，尤其在一些羊的主人习惯于从非兽医那里获得药物和疫苗制品的情况下。

如果最近动物有过运输经历，应该明确运输时间、来源、运输方式和检疫时间。通过拜访卖羊人或集市的人、别的农场主来收集这些信息。如果动物来源于外地，那么应该查看动物健康证明和了解来源地的疾病流行情况。

最后，如果羊的主人没有每天都参与羊的管理，为了获得可靠的信息，应该同真正的牧羊人进行核实。如果兽医事先对当地疾病有所了解，不应该习惯性地草率地下结论，否则很可能产生错误的判断。

1.4.2 对散养和放牧山羊应特别注意的事项

散养管理的动物难以近距离观察，病历也是比较零碎的。对大群动物，要确定动物是作为一个整群还是多个独立小群来管理的。应该注意季节性放牧模式和放牧时间、牧场构成、每公顷的季节性载畜量、牧场分区情况、休牧和放牧间隔时间。如果补饲的话，应该注意饲料的类型。这一点对于营养需要非常重要，一些疾病可能与青储饲料相关，例如李氏杆菌病和反刍动物瘤胃酸中毒。询问内容还应包括是否饲喂或者采食谷物，谷物的类型和生长阶段，这些谷物近期是否施肥或用过除草剂。了解这些细节对于最终确诊疾病有帮助。

放牧的方式，是否定牧畜群或轮牧也与一些疾病的暴发有关，尤其是胃肠道蠕虫病。如果对这些问题进行调查，那么对其他家畜、野生动物、食肉动物、食腐动物或者鸟类的表现都应该进行调查。

1.4.3 对集中饲养管理的山羊应特别注意的事项

对于集中饲养管理的山羊，从羊主人或者农场主那里通常可以得到完整的资料。这类山羊的疾病类型与放牧动物存在一些差别，幼畜的肺炎和肠道疾病比腐蹄病、蠕虫病、被捕食或植物中毒更为常见。饲料构成和摄食是规律的，兽医必须询问在饲喂过程中，水和饲料是否有突然的变化、采食过量或者是否有饥一顿饱一顿的情况存在。

过度拥挤、混群或引入新的动物都有可能导致疾病的突然暴发。规模化养殖场中，常通过人工辅助方式饲喂幼畜，如死亡和发病都集中在幼畜群中，应对饲养方式进行分析。气候对集中饲养管理的山羊影响不大。然而，极端气候变化可以影响封闭畜舍的通风能力，极度寒冷天气会使饮水结冰或者机器投料器工作效率下降。在产奶畜群中，挤奶设施或挤奶人员的变化可能是导致发生乳房炎的原因。

1.4.4 对小农场应特别注意的事项

鉴于小农场主几乎没有养殖经验，在询问病

史之前，可以首先评估小农场主自身掌握的基本畜牧学知识，这对后续工作是有帮助的。可以发现某些农场主对管理山羊存在误解，例如不了解哺乳动物基本生理学知识和饲料中粗饲料的重要性等。另外的情况是，主人或许知道基本的畜牧学知识和疾病问题，但是总会在治疗和管理方面存在一些极端的想法。一个有经验的兽医可以在不刺激被询问者敏感神经的情况下，获得有用的信息，并且开出恰当的治疗处方。

另外，小农场主常常把山羊当作伴侣动物，而不是作为生产用家畜。当他们去看兽医时，他们希望兽医对伴侣动物的态度和对人一样。如果兽医表现出不关心顾客的情感或者对山羊的疼痛漠不关心或者仅仅强调动物的经济价值，那么农场主下次肯定不会再请同一兽医给他的动物诊疗。

1.4.5　对山羊产品生产应特别注意的事项

在过去的二十年，消费者对有机食品的关注度越来越高，而生产者通过获得各种各样的有机产品生产和销售许可证来应对这种变化。这当然也包括动物源性食品。山羊主人可以选择在有机条件下饲养山羊。为了满足这类顾客的需要，兽医从业者选择治疗方式时应该考虑和有机畜产品生产联系起来，现在已经有严格的法律规定（Karreman，2006）。

美国于1990年签署了《有机食品生产法案》（OFPA），创建了有组织生产有机动植物食品的法律和认证框架。依照OFPA组建了国家有机标准委员会（the National Organic Standards Board，NOSB），负责审批有机食品的生产用原材料，包括保证动物健康的兽医治疗用品。作为一般原则，除非特别禁止的，所有自然的材料均可以用在有机农业中，除非向NOSB申请并获得特别许可，所有合成材料都禁止使用。美国有机项目的特别条款见于美国联邦法规法典（the United States Code of Federal Regulations）7 CFR205，该法典于2002年生效。

该法典鼓励通过疫苗接种保护生产有机产品的动物的健康，但禁止使用抗生素和大部分驱虫药。兽医必须采取与常规饲养动物不同的治疗方法来对待生产有机产品的动物，依赖自然疗法，包括中草药、针灸、顺势疗法等。家畜健康治疗

标准必须符合7 CFR205.238要求，考虑到动物福利，该法典还要求农场主不能因为要确保有机状态而放弃对患病动物的治疗。当按照有机生产的方式治疗失败后，必须采取最佳的正常医疗措施，以恢复患病动物的健康。用禁止的药物治疗后的家畜应能被清楚地识别，同时不能作为有机食品来销售。有机产品生产过程中有关化学合成药物的使用应该参照7CFR205.603，法规的全文可以在www. ams. usda. gov/nop/nop/standards/FullRegTextOnly. htm上找到。

在欧洲，欧盟制定的有机产品法规（法规编码是1804/99）于2000年生效，主要阐述了有机产品生产的原则，包括动物健康和兽医干预。所有的欧盟成员国必须最低限度地遵守这些条文，个别国家也有自己的补充法规。已有人比较了美国和欧洲的有机产品法规的异同点。

1.4.6　对转基因羊应特别注意的事项

通过显微注射和核移植生产转基因动物，应用克隆技术繁殖动物不仅仅限于科学研究的领域，人们已经建立了一个繁殖和管理转基因山羊的生产体系。兽医应该熟悉转基因技术和与转基因制品相关的健康问题。

1980年，第一只转基因鼠的诞生标志着转基因技术的创立（Gordon et al，1980）。第一只转基因山羊在1989年出生，可以分泌作为潜在治疗性抗原的含有rhtPA（重组人组织血纤维蛋白溶血酶原激活因子）的乳汁（Ebert et al，1991）。从那时开始，转基因动物研究获得巨大发展，转基因技术普遍应用于许多项目。

转基因技术的应用不限于研究基因的功能，还用于建立动物模型，通过基因敲除或者插入技术研究抗病动物，以及生物制药蛋白的生产，如奶、血、尿和精子（Nieman and Kues，2003）。在实际工作中，第一个用于人类转基因治疗的重组蛋白来源于羊奶（ATryn®），分别在2006年和2009年被欧洲药品管理署（European Agency for the Evaluation of Medicinal Products）和美国药品食品管理局（FDA）批准使用。

显微注射和核移植（克隆）是目前最常用的两种转基因技术。显微注射首先被应用在制备大型转基因动物研究中（Hammer et al，1985），尤其是山羊（Gavin，1996），但这种方法获得转

基因动物的成功率很低。随后出现的大动物的核移植（Campbell et al，1996；Wilmut et al，1997）与显微注射比较起来，其成功率接近100%。不久以后第一只克隆山羊诞生（Baguisi et al，1999；Keefer et al，2001）。与转基因动物相关的转基因技术还包括逆转录基因转移和人工染色体插入。然而，这些技术没有被应用在转基因山羊的研制中。

大多数转基因山羊饲养在USDAAPHIS-AC许可的研究机构中，受到动物福利法（AWA）的保护。这些许可机构必须严格遵守这类法案和条例，尤其是动物管理、健康、福利（畜舍、灯光、饲喂、兽医照顾、至少应具备的生存空间）相关的法案和条例。

国家健康研究所可以通过其动物试验福利办公室干预转基因动物的管理，原因是不同经费来源的项目对转基因动物的研究和应用的相关管理法案和条例可能有细微的差异。越来越多的研究机构也参与到动物试验管理的认证工作中，并且建立动物管理的"金标准"。最后，根据来自转基因动物的组织/液体的用途，FDA也有一些监管条例和对这些规章制度施加影响。

应用显微注射来制备转基因动物包括将基因转移到受精卵（原核期）、单细胞胚胎，然后将转基因存活的胚胎转移给代孕母亲。首先应考虑的是对单细胞功能的影响，注意观察和监控转移过程，如果发生任何负面影响或基因功能发生改变或者损害，人们可以观察到来自转基因胚胎的低的怀孕率、空怀期延长，随后的流产、可能发生的出生后生理异常的后遗症。不管怎样，这些年的研究已经发现这些现象，但发生率很低。

在转基因山羊的生产过程中，除转基因技术本身外，另外需要关注的可能是内源性基因功能和潜在的转基因插入位点的影响。这些基因插入是随机插入到基因组。可能会发生一个内源性基因被破坏，导致潜在的不利的生理影响和转基因山羊表现出异常的生理和健康症状。因此，分娩后动物健康的监控对任何转基因动物都是必需的。

转基因受体山羊是半合子动物，随后在一个血统内繁殖，可获得纯合子转基因动物。通过这种方式可以提高获得纯合子动物的概率。第一，有亲缘关系的山羊的近亲繁殖是最主要的获得纯合子后代的方法之一。需要考虑近交系数和监控近亲繁殖后疾病的影响和可能影响到整体健康成长的能力。第二，在得到的纯合子动物可以发现插入基因的影响，因为内源性基因拷贝可以被影响，发现在半合子状态无法发现的生理学或临床问题。第三，适当监控动物健康对于第一纯合子动物是必须的。第四，利用转基因技术获得的纯合子动物可能揭示致命性的后果。利用转基因技术获得的两个半合子动物可能无法怀孕，这种不孕的情况与胚胎被吸收或流产或后代出生后不久死亡没有关系。因此，对利用转基因技术获得的纯合子后代进行健康监测是必要的。

一个与转基因动物相关的需要考虑的问题是，利用转基因动物获得了高表达量的外源性药用重组蛋白，这个过程对生理健康存在潜在的影响。在转基因动物的组织或液体中可以直接获得需要的重组外源性蛋白（如奶、血液、尿、精液等）。我们必须注意对机体系统带来的影响，通常这些蛋白在脉管系统和正常的淋巴系统中排出。因此，为了能够分析这些影响，对重组蛋白的功能和天然生物学特点必须事前有所了解。如果新的基因或蛋白并不在正常的基因或动物体内存在，那么就必须考虑它们对健康的负面影响。最后，对转基因动物来说，需要考虑重组蛋白的产量。虽然目标蛋白对动物来说是内源性的，但这些蛋白比正常动物体内的表达水平高，引起的生理效应可能会改变正常动物的体内平衡。

饲养普通的山羊主要是为了生产肉、奶或羊毛，一个良好的健康规划可使动物的健康和产品产出达到最佳状态。而在转基因产品的生产中，营养规划中应该考虑生产的重组蛋白的特性。尤其是，如果重组蛋白对于山羊的细胞器来讲，是正常的生理产物之外的新物质，或产量超过正常的动物体内的分泌量，那么需要增加日粮，改善和强化食谱，提高维生素、矿物质和特殊氨基酸的水平。同时，也应该了解补充的营养元素是不是细胞生产这些蛋白必需的。

随着克隆技术的发展，核移植已经成为生产转基因山羊的最有效的技术。不管怎样，利用该技术生产的转基因动物中，仍然有小比例的动物存在健康问题。

核移植首先将未受精的卵母细胞的DNA除去，然后将供体细胞核移入去核的卵母细胞中，使后者不经精子穿透等有性过程即可被激活、分裂并发育，让核供体的基因得到完全复制。培养一段时间后，再把发育中的卵母细胞移植到受体山羊体内。

核移植动物怀孕后子宫内胎儿的早期存活率不高，并且在很多种类的动物上获得了证明（Campbell et al，1996；Wilmut et al，1997；Baguisi et al，1999）。这种成活率不高的情况与供体细胞或细胞核的核物质或遗传物质分化不足或不当分化有关（Dean et al，2001），推测其发生于DNA水平（如甲基化方式）。在克隆动物胚胎中，发现细胞线粒体遗传功能的改变，增加后代畸形的风险，导致异常胚胎和后代器官发育异常现象的出现（Farina et al，2006；Loi et al，2006；Fletcher et al，2007）。异常的胚胎能够引起受体动物子宫内液体的失衡和潴留，在适当的情况下要注意监控和干扰这些现象的出现。另外形成异常胚胎的后果还包括受体动物怀孕率降低，增加胚胎在子宫内被吸收的概率或增加流产风险。

孕期、新生畜和青春早期的动物潜在的异常生理反应有时能够被观察到，有时根本无法观察到（Hill et al，1999）。在少数种类的大动物有异常生理系统表现的记载，包括肾、心脏、呼吸系统、肝、造血和免疫系统。不管怎么样，如果在转基因动物的后代中，即使有比例非常小的异常表现发生，那么也应该在动物生命的全过程时刻观察这些异常的生理表现，因为在动物的生长过程中，许多异常能被解决，从而使它们能够正常和健康地生活（Chavatte-Palmer et al，2002）。

大多数的转基因和克隆动物是正常和健康的（Walsh et al，2003；Enright et al，2002；Tayfur Tecirlioglu et al，2006），第一代转基因动物的后代也没有表现出任何在少数的原始克隆中出现的健康问题（Wells，2005）。事实上，通过生殖细胞进行传代，可以逆转在第一代克隆动物DNA水平上检测到的任何异常模式（Wells，2005）。

1.5　体检

1.5.1　远距离观察

在进行有可能惊扰整个羊群的常规检查之前，首先应远距离观察整个羊群的情况，这是非常重要的诊断方式。这在对一个羊群进行初诊，确认是否存在一些共性问题时尤显重要。应该在几种状态下对动物进行观察，包括休息、采食、饮水和自发运动和驱赶后，可以获得羊群的整体身体状态、精神面貌和内部等级分布信息，可以观察到某一些疾病的特征性异常行为表现。一些常见的流行病，如新生儿肺炎、腹泻、传染性结膜炎可以通过咳嗽羊的数量、后腿附着的粪便颜色和流泪不止的眼睛直接被分别诊断出来。

个别山羊表现出无精打采、离群或者食欲不振、身体状态糟糕，那么在随后的个体检查过程中应该特别注意。拒绝进食与广泛的系统性疾病或某一部位的问题有关，例如牙齿或喉咽有疾患，或行动迟缓或被同类欺负。

对羊群强制驱赶使其运动，可观察到一些呼吸系统疾病潜在的症状或由寄生虫引发的贫血等。贫血主要表现为容易疲惫、心跳和呼吸加快或倒地不起。呼吸加快或困难、咳嗽往往表明呼吸系统有问题。

羊表现为刺激皮肤后兴奋或皮肤瘙痒、掉毛、咬毛、蹭痒，可能与外寄生虫相关，也可能与痒病、伪狂犬病和体内薄副鹿圆线虫（*Parelaphostrongylus tenuis*）移行有关。山羊用后腿踢耳朵或用力摇头时可能有耳螨寄生。

山羊表现卧地不休息或或用肘部行走时，可能是感染山羊关节炎/脑炎病毒（CAEV）或蹄部疼痛。任何山羊在驱赶运动时，如果出现跛行、步态异常，那么应该仔细检查是否患有关节炎、骨折、蹄叶炎、烂蹄或蹄部烫伤。

如果羊患有神经系统疾病，可以观察到各种各样的临床症状。常见症状有：共济失调、后肢麻痹、转圈、精神沉郁、前冲、单侧面部麻痹和失明。有关这些疾病的诊断细节见第5章。

如果山羊排尿姿势异常，尤其是公羊，可能患有尿路结石。

如果观察到皮肤肿胀和渗出物，淋巴结化脓等症状，往往是羊群患有干酪性淋巴结炎。如果注射疫苗的部分发生肿胀，可能与佐剂或细菌苗产生的副反应有关，也可能是无菌操作不当所致。

当羊羔落在母羊的后面时，应仔细观察羊羔吃奶的行为，可以判定羊羔是否被很好地喂养。

体检时，尤其注意母羊是否患有乳房炎或其他乳腺类疾病。

1.5.2 直接检查单一个体

本节将介绍身体检查的具体方法。由于山羊体型较小，直肠检查只能够进入一个手指来评估骨盆结构、确定排泄物的特征和特点。当经济条件允许时，物理学检查应该与影像技术、诊断操作和实验室检验配合进行。当羊群中大量的个体出现临床症状时，田间尸检可以更为有效地确诊疾病。

1.5.3 常规检查

在对山羊进行体检时，尤其要注意体质情况、精神状态并触诊体表淋巴结，同时要记录体温、脉搏和呼吸频率。安哥拉山羊的被毛使得外表评估比较困难。触诊肋骨突、脊柱横突和腰部肌肉对于评估体质情况是非常必要的。绵羊计分系统不能直接用于为山羊体质打分，因为山羊的脂肪主要集中在腹内侧，而不是像绵羊集中在皮下。为奶山羊打分时，应该结合触诊肋骨和腰椎区域，相关内容将在第19章讨论。一般情况下，触诊肥胖的奶山羊的背部脂肪可以作为计分依据。打分系统用于津巴布韦的东非小山羊（Small East African Goat），展示出背部条件分数和体重的变化有很好的关联性，打分系统1个点的变化分数代表平均体重12%的变化。

健康山羊的精神状态表现为警惕性高、好奇和专注。精神沉郁主要表现为反应迟钝、离群索居和对触动不敏感。精神沉郁可能是败血症和脓毒血症的表现，尤其是怀孕期败血症和李氏杆菌病非常典型的症状。雄性动物表现出焦急或忧虑状态时，可能与排尿障碍有关，突然失明主要见于感染脊髓灰质炎病毒或持续性的刺激（例如飞蝇或鼻蝇蛆的刺激）。极度的兴奋通常与神经性疾病有关，如破伤风、脑膜炎，伴随肌肉强直，或与狂犬病和伪狂犬病等可引起脑炎的疾病有关。

手指触诊体表淋巴结是体检非常重要的一部分，因为山羊干酪性淋巴结炎中淋巴结的变化非常重要。应检查下颌、腮腺、咽部、颈部表层（肩前）、髂骨下（股前）和浅表腹股沟（乳房上部）淋巴结。正常情况下这些部位的淋巴结无法触摸到，但感染后淋巴结的变化应该非常容易检查到。体表的肿胀也应引起注意。在动物安静时测量脉搏、体温和呼吸，因为动物运动时这些参数会升高。体检测定肛温时，注意肛门附近积聚的褐色或者蜡样残留物，这是山羊尾根部皮脂腺的正常分泌物（图1.2）。

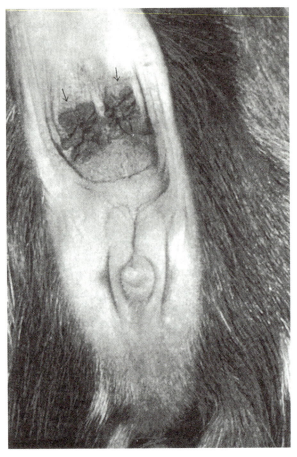

图1.2 山羊尾根部发现的由皮脂腺产生的蜡样分泌物，该分泌物不应与腹泻粪便、阴道分泌物或恶露相混淆（图片经 C. S. F. Williams 博士许可后复制）

山羊正常体温为 38.6～40℃，但被毛最长时的安哥拉山羊在热、温暖的天气条件下，体温可以达到 40.3℃ 或者更高，体重轻的羊暴露在阳光下的体温肯定比体重大的羊高（McGregor，1985）。为了判断发热羊的体温升高程度，通过需与羊群中正常羊的体温比较。

脉搏可通过心区听诊或触诊大腿动脉获得，正在休息的成年羊正常脉搏范围为 70～90 次/min，小羊或活动的幼年羊的脉搏是上述的 2 倍。超声波记录的胎儿心率可以达到 180 次/min。运动和休息后分别测量呼吸频率也是有帮助的。应该注意任何异常反应，包括鼻翼翕动、头和脖子前伸、咳嗽、腹压异常等。成年羊的正常呼吸频率是 10～30 次/min，小羊是 20～40 次/min。

对新生羔羊的先天性缺陷也应该重视。最为常见的包括短颌、腭裂、脑积水、锁肛、直肠瘘

和与雌雄伴生相关的外生殖器异常，将在第 13 章讨论。表 1.2 列出了一些先天性和遗传性异常，不过，有些疾病在羊羔出生时并不明显。山羊和其他物种的最新遗传性疾病的信息可以通过动物孟德尔遗传在线（OMIA）网站 http//omia. angis. org. au 获得。

表 1.2　山羊的先天性和遗传性异常

已知的遗传性异常	已知的条件性异常	未知原因的异常
萨能奶山羊的无纤维蛋白原血症	赤羽病毒引起的关节痉挛和脑发育不全性脑积水	被毛缺乏
		锁肛
努比亚山羊的 β-甘露糖苷过多症	边界病	肠闭锁
安哥拉山羊双隔断阴囊（bipartite scrotum）	先天性铜缺乏	腭裂
上方或下方短腭	山藜芦导致的独眼症	波尔山羊先天性甲状腺肿
安哥拉山羊隐睾症	异性双胎不育母犊	双乳头或乳头融合
安哥拉山羊面部被毛过多		眼睑内翻
公羊雌性型乳房		胎儿水肿
荷兰山羊遗传性甲状腺肿		膝盖骨异位
南非安哥拉山羊遗传性流产		过早泌乳
无角的双性山羊		安哥拉山羊进行性麻痹
先天性肌肉强直		直肠瘘
努比亚山羊 N-乙酰氨基葡萄糖 6-硫酸酯酶缺乏症（黏多糖Ⅲ D）		骨骼畸形
隐性被毛稀少		痉挛性轻瘫
罗伯逊易位（又称着丝粒融合）		金黄色格恩西（Guernsey）黏稠小羊综合征
澳大利亚安哥拉山羊短肌腱		脐疝
精子肉芽肿		
多乳头症		
睾丸发育不全		

山羊的体格多种多样。许多小型山羊品种，如西非侏儒山羊事实上是软骨发育不全的侏儒品种，主要表现为短腿和躯干不成比例。有些山羊是因为脑垂体发育不全导致的矮小。有些山羊品种，在群体中存在一定比例的身材矮小的侏儒羊，苏丹山羊就是一个典型的例子（Ricordeau，1981）。

1.5.4　皮肤检查

山羊皮肤和头上被毛的特征是判断山羊身体健康一个标志。被毛粗糙、干燥、外表无光泽，过量的皮屑或成片状皮屑，春季出现掉毛，都表明营养缺乏、感染寄生虫或慢性传染病。对这些羊的皮肤部位要检查虱子、蜱、跳蚤（在热带地区）、结节溃疡、肿胀、湿疹、坏死、肿瘤、光敏反应和晒斑、病灶或秃毛区域。相关内容在第 2 章讨论。

许多人养殖山羊的目的是为了获得羊绒或羊

皮，兽医应该了解山羊毛在纺织过程中的用途，详细的讨论见第 2 章。

1.5.5　头部检查

许多情况可以引起头部不对称和头部某部位水肿，应该注意观察这些异常情况。对于这类水肿的诊断在第 3 章讨论。

1.5.5.1　膜组织

如果发现结膜或口腔黏膜苍白，主要可能是由于溶血导致的贫血、黄疸或肝功能紊乱，或与急性发热有关，或与病毒血症有关的充血和淤血。

1.5.5.2　口腔

发现短颌、腭裂、黏膜损伤、牙齿异常、吞咽困难（如流口水、流涎、食物从口中掉下来）、嘴里塞满食物却不咀嚼的情况，应该格外留心。有关这些症状的诊断在第 10 章讨论。如果呼出的气味难闻，可能患有坏死性肠炎、骨膜炎、咽

炎，甚至肺炎。

彻底的口腔检查需要很好的保定、口腔镜、毛巾和小手电，口腔内部应仔细检查，从嘴的外部开始逐一触诊臼齿。如果要对臼齿进行全面检查，要注意臼齿是否锋利、是否有边缘缺口和有力的磨牙动作。口腔检查时应戴手套，避免手指被损伤，尤其当山羊表现出神经症状时。

1.5.5.3　眼睛

面部被毛覆盖眼睛是安哥拉山羊的遗传特征，影响了山羊的视力范围，干扰了采食过程中对草的选择能力。检查眼睛时，可以通过恐吓后羊的反应来测试，面部瘫痪的羊，眼睛不能眨。失明的羊的瞳孔对光没有反应，提示可能患有结膜炎。同时，也应注意流泪、瞳孔充血、角膜混浊、眼前房积脓。这些症状的诊断和区别见第6章。

1.5.5.4　鼻

应该评估两侧鼻孔的气流对称性。如发现流鼻涕，应确定是单侧还是双侧及其特征。鼻孔塌陷是面部神经麻痹的表现。鼻孔周围常出现结痂，可能是病羊无法自行清理或是一类特殊疾病的临床症状。流鼻涕和结痂将在第9章讨论。

1.5.5.5　耳朵

如果怀疑患有耳螨，可以用棉拭子收集耳道内碎屑，并且涂在玻璃片上进行检查。

通过在山羊耳朵一侧的刺青（tattoos）的方式来识别不同山羊。在展览或销售时，有时需要强制检查刺青数字与山羊的健康文档。应用棉拭子和水清洁一侧的耳朵，确保刺青的可读性。金属和塑料耳标通常会加施在山羊耳朵的外侧，但易造成耳朵的撕裂，在宠物和观赏动物应该避免使用。

羊羔的耳尖掉了是因为它们长时间地暴露在低温条件下。拉曼查（La Mancha）品系缺乏完整的外耳郭，仅仅保留一个退化的耳郭，就像小精灵一样（带有大概 5cm 软骨）或像囊地鼠（带有大概 2.5cm 软骨，软骨更小或者甚至没有）的耳朵。这些动物的刺青通常在尾巴的下方。

1.5.5.6　角

山羊有的有角，有的没有角。角芽在出生时就有或出生几天后变得明显。一般来讲，羊羔头上长角部位的被毛会形成两个不规则螺旋，无角的则很平滑，带有单一对称中心螺旋。自然的螺旋对建立和记录后代是非常重要的，因为带螺旋的纯合子山羊有很高的不孕率。螺旋的特征和雌雄同体的关系将在第 13 章详细讨论。在老龄羊经常可以看到畸形角或瘢痕，主要是由于断角不彻底导致的。断角和修角将在第 18 章讨论。公山羊在配种季节产生特殊体味的部分腺体就位于角芽之后的皮肤褶皱内。

1.5.6　颈部检查

山羊的咽部外伤主要是由于投药和灌药的器具所致。触诊咽喉发现肿胀、发热和疼痛，与外伤导致的蜂窝织炎有关。颈部检查时，应区分颈部正常和不正常的结构，以及肿胀，包括甲状腺肿、胸腺囊肿、腮裂囊肿、肉瘤和肉芽肿。这些内容将在第 3 章讨论。颈部的全面检查应包括颈静脉沟触诊（确诊静脉炎）、食管触诊和气管听诊（确诊食管阻塞）。颈部血管过度肿胀可能暗示充血性心力衰竭，但更为常见的是缰绳过紧将羊的脖子勒住所致。羊的主人应该时刻注意这些问题。

1.5.7　胸部检查

山羊呼吸系统疾病的严重程度很难评估。为了提高诊断和预测病情的准确程度，应该仔细听诊。尽可能将动物放置在安静的场所进行诊断。应将安哥拉山羊的长毛分开，听诊器应该放置在与皮肤接触的地方。肺部和气管听诊可以鉴别正常音和杂音。压迫喉咙诱发咳嗽可以清理气管和获得气管分泌物。听诊器放在肘关节的下方和肩前部。为了获得可辨认的声音强度，在听诊之前，可通过驱赶动物运动，或在鼻腔上放置一个塑料袋或实验手套，使动物把呼出的二氧化碳再次吸入来增加呼吸的深度。对于严重的肺炎，可以进行 X 线检查。

正常心音在胸部两侧的第四或第五肋骨区域可以听到。纵隔囊肿可以使心脏位置发生变化，导致心音强度上移。因患有心包炎而引起的心音减弱在山羊不常见。详细讨论见第 8 章。

1.5.8　腹部检查

应该注意腹部的轮廓，评估是否患有肠炎、高月龄怀孕母羊、阉羊或未去势公羊的膀胱疝气。腹部轮廓特征和临床症状在第 10 章讨论。触诊子宫检胎法有助于检查腹部液体潴留、怀孕、瘤胃阻塞。在左侧腰椎旁窝瘤胃听诊是必须的。正常瘤胃的收缩频率是每分钟 1～2 次。通过观察反刍也可以判定瘤胃的活动情况。

1.5.9　四肢检查

山羊运动系统的问题很普遍。跛行和步态异常多与神经系统疾病、体型缺陷、肌肉功能障碍、外伤、传染性和非传染性关节炎、蹄部疾病有关。准确诊断的第一步是通过仔细体查找到有问题的部位。不同运动器官的诊断技术在第 4 章讨论。

过长的蹄必须用剪刀或修蹄刀进行修剪，以便能够评估蹄部的健康状况。应注意冠状沟充血或肿胀，其可能与脱臼或者肿胀部位的疾病或系统疾病有关。

应该仔细触诊所有的关节连接处。注意关节囊肿胀、热、疼痛，以及肿胀或关节结构周围的纤维素化、关节活动范围受限和滑液囊增大。关节增大的程度与跛行的严重程度关系并不密切。

对于表现急性跛足或横卧的山羊，通过触诊脊柱和腿的长骨来准确诊断是否发生骨折。对横卧在地的山羊体查的主要目的是为了鉴别骨骼肌结构异常、新陈代谢紊乱、毒血症和神经系统异常引起的疾病。鉴别诊断在第 4 章讨论。

1.5.10　繁殖系统检查

1.5.10.1　乳腺

应仔细检查乳腺。外观检查可以揭示乳腺的松弛程度、异常肿胀和皮肤的色泽变化。乳腺触诊可以鉴别乳腺水肿、活跃性炎症、纤维素变性、结疤、软组织或乳头脓肿。坏疽性乳腺炎表现出乳腺皮肤呈蓝黑色和发凉，即使病羊存活，乳腺也会脱皮。应该评估分泌乳汁的羊的乳头是否存在不闭合现象。其鉴别和治疗将在第 14 章讨论。

用一个黑色的盘子或牛奶试样杯采集泌乳母羊的奶，用来观察颜色、黏稠度和凝结表现。检查牛的亚临床乳腺炎的乳体细胞检验法（Bovine Screening Test），如加州乳腺炎试验（California Mastitis Test），应谨慎应用于山羊，因为正常的羊奶中含有很多细胞，会干扰试验结果，具体

的在第 14 章讨论。

1.5.10.2　阴门

阴门肿胀或充血可能是发热的症状或即将分娩，但也可能与外阴道疱疹有关。对任何阴道流出物，都应注意观察。应注意阴门是否有分泌物。母羊发热可以表现为阴道分泌物由正常的浆液性黏液变为白色、黏滞。没经验的观察者通常会误认为脓性分泌物，但实际上是假妊娠后的多血性分泌物。当对分泌物的来源和本质不确定时，可通过阴道和子宫颈扩张的方法来进一步检查。偶然情况下，正常的母羊可以发生乳房组织异位现象，处在泌乳期的母羊阴道也可能发生肿胀。

在妊娠后期或产后，母羊会有阴道外翻和下垂。在正常的生产过程中，产后恶露可以持续分泌 1～3 周。恶露颜色红棕色，无异味。产后胎盘一般在 4h 以内排出，并且经常被母羊自己吃掉。

对青年母羊外生殖器的检查非常重要，尤其是在繁殖率低的情况下，因为对于无角的山羊来说，雌雄同体的发生概率非常高。生殖道畸形的临床表现差别很大，不明显的畸形如阴核微小增大，显著的畸形如一些雌性个体表现出雄性的特征。保持准确的繁殖记录有助于鉴别纯合子无角个体。

1.5.10.3　阴囊

触诊阴囊和附件，正常情况下所有的组织和器官应该是两侧对称。出现双隔断阴囊或者单侧阴囊时，一些饲养着会误认为是缺陷，实际上是先天性的。对阴囊异常的鉴别诊断和精索结构的讨论见第 13 章。可通过电刺激诱导射精法或人工阴道来收集精液样品进行评价。这些程序在第 13 章讨论。公羊也会出现雌性型乳房。详细的内容在第 13 章讨论。

1.5.10.4　阴茎和包皮

检查雄性山羊的阴茎是困难的，特别是去势的公羊，除非这些羊出现排尿和繁殖问题。阴茎检查的详细内容在第 12 章介绍。

应进行阴茎包皮开张程度的常规检查，尤其是对于去势的公羊，观察是否患有溃疡性包皮炎。在这种情况下，阴茎孔可能阻塞。尿液出现结晶或尿血与尿路结石有关。

1.5.11 环境检查

对所有养殖户来讲，应仔细地对山羊生活环境进行细致检查，包括饲养设施、水源和供水系统，活动场、牧场、畜舍，以及农场使用的机械设备。最为常见的是，农场主总是希望扩大经营规模，但是设备和厂房根本满足不了要求。由于山羊繁殖性能强，羊群扩大速度超过了养殖户的预期。在环境检查过程中，常会发现三个常见的问题，母羊没有足够的喂食空间，通风不畅或湿垫料导致空气中氨气味道严重，小羊过度拥挤。除了观察设备外，还应询问农场主如何执行常规养殖程序，是否采用了不合适的养殖技术。

为了防止潜在的伤害，要仔细检查常用的治疗设备。设备很少清洗导致设备污染严重或冲洗间隔时间过长，太大的注射用针头会导致注射部位脓肿或全身感染。另外，应检查药物和疫苗是否按照正确的保存条件进行存放，温度是否合适，场所是否整洁；储存用设备设施是否安全。如果农场主自己配制饲料，应对其所用的技术和饲料成分进行检查，在怀疑中毒时更应仔细检查。为了保证山羊的挤奶设备正常运行，应定期检查，如果出现乳腺炎，那么对挤奶程序也应进行检查。最后，应注意处理死亡动物时使用的设备、采用的管理办法，检查其是否合乎法律法规的规定，不能对环境造成污染或成为传染源威胁到羊群安全。

近年来，随着家畜和家畜产品国际贸易规模的不断扩大，人们开始关注生物恐怖主义的威胁，更加强调食品和生物安全，认识到食品安全涉及食物产品的所有方面——从农场到餐桌。例如，质量管理保障计划已经普及，有相关的操作程序保障食品安全和限制农场间疾病的传播。环境监测应该包括生物安全、管理和公共卫生评估，只要这样才可以有效地保证食品质量。

1.5.11.1 对牧场管理和范围的特别考虑

应评估草场的质量、数量、补饲的可行性或储存饲料的数量。需要特别了解牧草的种类、杂草或潜在的有毒植物。第19章列出了对山羊有毒的植物种类。如果可能，应在采食时观察动物的表现，山羊的饮用水水源情况也应该被监测，包括水源1年的季节性变化、质量和数量等。在某些情况下，应收集水和饲料进行实验室检测。

牧场中应设置用于平时遮阳或避风的区域（庇护场所），尤其是在高温、低温、雨雪冰雹环境下或剪毛后。如果确保山羊能够得到足够的饮水和庇护场所，那么当山羊遇到天气变化、危险和紧急情况时安全系数会增大，应激反应能够被减弱。剪毛后容易发生冷应激，为这些动物提供临时的保暖场所并补充饲料，有助于减轻应激反应对动物造成的损伤。如果庇护场所场地狭小或者过度使用，容易发生传染性疾病，尤其是对小羊来讲，易发肠道或其他的传染性疾病。如果饲养设施排水不畅尤其会加重这一过程。

围栏的类型也要检查，要保证能够很好地圈住山羊，同时把捕食者挡在外面。

1.5.11.2 对舍饲管理的特别考虑

对于半舍饲管理的成年羊和幼畜，除了在冬季和早春舍饲以外，在温暖的季节也会到牧场放牧。由于畜群不断扩大，小的牧场会出现载畜量过度的问题，导致营养缺乏和寄生虫病多发。应了解牧场载畜量和驱虫情况。

舍饲条件下，对圈舍设施需要注意以下问题：每只成年羊可利用面积（平方米）、地面和床的类型、隔离程度、供热系统的表现（如果可能）、自然和机械通风系统的效率、可利用的水源、每只羊可利用的休息空间。这些内容将在第9章讨论。也要注意圈舍内羊的分布。理想情况下，应该有母子分离的装置和良好的卫生条件。人工喂养的幼畜应该和成年羊分开，雄性动物应该和泌乳母羊分开饲养。注意饲养方法和时间。如果同时饲养其他的家畜，应该考虑是否存在羊和其他动物共同感染的传染病。

实际生产中，山羊养殖环境的周围常生活着啮齿类动物和猫群。猫是弓形虫的主要感染宿主和传染源，易传播弓形虫。山羊被弓形虫感染后，会发生流产。农场主应该想办法控制鼠和猫。

1.5.11.3 对休闲农场的特别考虑

上述提到的环境检查方法和原则同样适用于休闲农场。主要考虑的应该是没有经验的饲养者常会犯一些错误。例如：给药过多、杀虫剂使用不当、提供的饲料不安全导致中毒、提供过量的谷物；畜舍的饲养空间不足导致过度拥挤、排泄物污染饲料和饮水。

冬季圈舍密闭过严导致通风不畅或过度拥挤易导致肺炎的发生。一些农场主为了在冬天保暖，关闭所有的窗户。为了保证山羊呼吸系统的健康，需要不断地进行空气交换。休闲农场的问题主要是由于围栏不合格导致动物走失或被捕食，过度拥挤导致幼畜感染寄生虫。兽医应该检查牧场的设施设备是否合理，营养是否满足羊的基本要求。

1.5.12 田间尸检和屠宰场检查

在商品化羊群中，羊的经济价值是大部分饲养者追求的首要目标，但大部分农场主经劝说会接受兽医对病羊或濒死羊进行尸检。尸检是非常有用的临场检查手段，因为尸检可以确诊此前诊断的怀疑是否正确。尸检应该遵循一定的程序，尤其应考虑任何可能的人畜共患传染病风险，并且保证尸检的安全和尸体合法掩埋。

在幼龄动物死亡或濒死的1～3周内对幼龄动物进行尸检并采集样品对兽医而言是非常重要的，能为客户有价值的服务。通过对产前、产中和产后死亡原因进行分类，可以通过实验室检查很快获得诊断结果，并且可以快速为养殖户提供应对方案，减少损失。

为了获取有价值的疾病信息，兽医应仔细检查屠宰后的山羊或从羊群中剔除的山羊。获得的信息对于控制寄生虫病、亚临床症状型肺炎、接种部位脓肿、干酪性淋巴结炎、包虫病非常有用。在美国，由于山羊的屠宰、肉制品是分散的，因此，不易开展山羊屠宰的常规检查，但是随着羊肉需求逐渐增加，这种情况会有所变化。

（尹双辉　刘湘涛）

2

皮　肤

2.1 正常皮肤和被毛的解剖学与生理学

其他文献已有关于皮肤结构与功能的综述（Scott，1988），本书不再详细讨论。

2.1.1 皮肤

从组织学上可将表皮分为四层：角质层、颗粒层、棘细胞层和基底层（Sar and Calhoun，1956）。山羊额头和背部的皮肤最厚。与其他物种一样，山羊皮肤移植涉及主要组织相容性系统参与的同种移植排斥反应（van Dam et al，1978）。

2.1.2 皮肤特殊结构

在山羊颈部，有时能发现特别的皮肤附属物——皮囊或垂肉（Wattles）。皮囊包括一个中央软骨核心、平滑肌、结缔组织、神经和血管（Sar and Calhoun，1956），其功能未知。皮囊相关的皮下囊肿将在第3章介绍。皮囊的出现是由一条常染色体的完全显性基因决定的，但其位置（颈、耳、脸）、大小与数量则是由完全显性基因可变表达区决定的（Lush，1926；Ricordeau，1981）。在法国，关于萨能奶山羊的研究表明，有皮囊的羊比无皮囊的羊产奶量多13%以上（Ricordeau，1967）。印第安山羊体部皮肤到角分布有分支的皮脂腺，可产生促进臭味降低的脂类和化学物质（Van Lancker et al，2005）。该腺体在母山羊和去势山羊也存在，但更小（Bal and Ghoshal，1976）。这些腺体及破坏腺体的除味方法将在第18章中讨论。

2.1.3 被毛生长和脱落

山羊被毛生长类似于其他陆生哺乳动物（Shelton，1981；Scott，1988），通过表皮内陷深入真皮先形成毛囊。汗腺、皮脂腺和竖毛肌的形成与毛囊相关。Scott（1988）已介绍了其组织解剖结构。被毛由毛囊底部处于毛球内快速分裂的细胞形成。在生长周期（生长期）活跃期，源于毛球部的被毛持续生长，生长期之后进入休眠期（静止期），然后脱毛。恢复生长时，毛囊产生的新纤维有助于旧纤维的推出。对没有特意挑选的产毛山羊，毛纤维形成刷样末端，在秋分时节停止生长，一直到春天毛囊仍处于休眠状态（Ryder，1978）。

山羊毛囊集成束或簇。每束内有初级毛囊（通常是一个中心和两个侧支）和数量可变的次级毛囊。初级毛囊产生长而粗的保护毛，而次级毛囊产生被毛或绒毛。在安哥拉山羊，已改良了次级毛囊用于生产马海毛。适应热带地区的山羊被毛较少，而次级毛有助于御寒。

毛色遗传与许多基因有关。Mitchell（1989）提出了美国山羊毛色的一个可能解释，其他一些文献已尝试总结了影响山羊毛色遗传的许多方面（Ricordeau，1981；Adalsteinsson et al，1994）。

2.2 羊毛生产

饲养某些特定山羊品种用于羊毛生产。影响羊毛质量和数量的不利因素（如皮肤病），可造成严重的经济后果。由于做标记也损害羊毛质量，因此应只在放牧动物耳朵或角上做标记。

2.2.1 马海毛

马海毛即安哥拉山羊羊毛（图2.1、彩图1）。许多世纪前，小亚细亚的安哥拉山羊可能由波斯野山羊的后代演变而来。马海毛可能由远古山羊被毛延长而形成。虽然土耳其统治者企图阻止出口安哥拉山羊，但在19世纪80年代中期安哥拉山羊群到达了南非和美国。目前，南非、美国得克萨斯州、土耳其、阿根廷、新西兰和澳大利亚是马海毛的重要生产地（Dubeuf et al，2004）。

图 2.1　安哥拉山羊羊毛——马海毛（Dr. M. C. Smith 提供）

2.2.1.1　影响马海毛质量的因素

马海毛主要由无卷曲的无髓鞘的毛纤维组成。尽管毛纤维在冬季生长较慢，但大多从次级毛囊出现并持续生长。这些纤维由角蛋白组成，质地坚韧，有弹性。由于扁平鳞屑细胞很难重叠，其赋予了毛纤维柔滑和光泽的特性（Margolena，1974）。关于毛纤维直径，不同国家有不同的标准，但通常范围是 24～46μm。羊毛通常一年剪两次。

粗毛　山羊出生时，羊毛约含 44% 的粗毛，或有来自初级毛囊的髓毛纤维，但 3 个月后由于粗毛脱落，其比例下降至 7%（Dreyer and Marincowitz，1967）。随后，一些初级毛囊可产生间断或无髓毛纤维。由于粗毛和有色毛纤维着色不均匀，通常将其为不良的羊毛污染物。由于有髓毛纤维的自然脱落可能在剪毛时才能发生，因此建议在春天和秋分前剪短羊毛，以减少剪毛中有髓毛纤维的比例（Litherland et al，2000）。

围产期营养　在母羊妊娠 90d 后，出现一个中心原发卵泡和两个（或更多）外侧原发卵泡（Wentzel and Vosloos，1974）。之后发育成次级毛囊，其受妊娠第 4 个月到分娩后第 1 个月期间的营养状况的影响。在这些关键时间点营养不良，会影响安哥拉山羊一生产马海毛的能力（Eppleston and Moore，1990）。

年龄和营养　皮肤毛囊密度决定了羊毛纤维密度。遗传和营养因素也会影响羊毛纤维密度。毛纤维直径会随着年龄和体重增加而增加。羔羊

第一次剪毛，马海毛的直径为 28μm 或更小，而成年山羊的毛纤维直径为 36～46μm。3～4 岁是山羊产马海毛的高峰期，但由于纤细的纤维更具价值，因此应尽可能在产毛高峰期实现较高经济价值（van der Westhuysen et al，1988）。

营养不良会导致机体生长缓慢、马海毛产量减少、毛纤维直径减小（Russel，1992）。因此，在干旱或羊的密度太大时，生产的羊毛更细、更轻。过量饲喂羊可能会产生稍微粗糙一点的羊毛，关于这方面报道的文献很少。在一项研究中，单独饲喂安哥拉山羊使其保持不同体重，发现体重每增加 1kg，其纤维直径增加 0.4μm（McGregor，1986）。关于安哥拉山羊的营养问题，将在第 19 章详细讨论。

髓鞘应激　受应激综合征的影响，山羊羊毛可发生从正常毛纤维到有髓鞘纤维的可逆变化，这几乎与羊毛断裂如出一辙。比绵羊的羊毛断裂。据报道，诱使髓鞘形成的压力因素包括：哺乳双胎、运输和驱使山羊进行繁重劳动。在应激发生时，把羊毛浸泡在黑色容器的煤油中，可以证实羊毛髓鞘是否形成，马海毛的肯普纤维和髓带由于中间充气而显示白色条纹，而正常的马海毛在煤油中浸泡几乎看不到颜色变化（Ensor，1987）。

对髓鞘形成的其他可能原因已有讨论（Lupton et al，1991）。对单独的舍饲羊而言，饲料中蛋白质和能量水平似乎对毛的质量影响不大，而遗传因素可能发挥重要作用。选育应基于对 1 岁以上的安哥拉山羊羊毛的整体客观评估，而不仅仅是中年羊的样本。

2.2.1.2　受凉损耗

无论安哥拉山羊何时剪毛，甚至在夏季，机体均易被风、雨及温度变化等伤害。与绵羊相比，安哥拉山羊机体脂肪含量最低，体格小，相对表面积较大，刚剪毛的山羊死亡率非常高，尤其是恶劣天气到来前还没有及时恢复正常进料的山羊。限制受凉损耗的方法：剪毛后室内饲养4～6 周，剪毛时借助梳子以留下较长的发茬，以及沿着脊背留下一条不剪毛狭长带（"披肩"）（Shelton，1981；Bretzlaff，1990）。

在动物剪毛后遭遇恶劣天气时，饲喂用碱离子处理过的谷物（为避免瘤胃酸中毒，请参阅第 19 章），对机体有益。对于躺卧不起的动物，应

静脉或腹腔注射葡萄糖（van der Westhuysen et al，1988）。

2.2.2 羊绒

羊绒是精细、柔软的纤维，常用于加工时尚服装。羊绒主要来源于某些山羊品种（图 2.2、彩图 2）的被毛绒毛。最初，山羊绒来自中亚地区山羊的披肩毛（Mason，1984）。许多山羊品种可产生平均纤维直径 $19\mu m$ 或更小的羊绒（源自次级毛囊的无髓纤维）。相比之下，外部保护性被毛平均直径通常为 $60\sim90\mu m$。作为影响羊绒生产的因素，纬度和光照似乎比海拔更重要。这方面的证据有，澳大利亚大部分羊绒产品来自沿海地区饲养的山羊（Couchman，1987）。春季出生的羊羔在 20 周龄后次级毛囊发育最完全（通过皮肤活检或纤维测量确定），此时允许挑选绒山羊（Henderson and Sabine，1991）。

图 2.2 蒙古绒山羊（Dr. M. C. Smith 提供）

绒山羊的毛纤维生长每年有 3 个阶段，受光周期［或者褪黑激素（Klören and Norton，1995）］和营养的影响。通常，阉羊和非经产母羊毛纤维生长期在夏季，但泌乳羊通常延迟至秋季和初冬（McDonald，1985）。接着，纤维发生退化，在纤维根球部形成放大的刷样末端。最后，毛囊处于休眠期，此时无绒毛生长，且改善营养对山羊绒生产无直接影响。当纤维从次级毛囊脱离时，羊毛即脱落（或整片羊毛同时脱落）。在冬末山羊自然脱毛之前剪毛，山羊被毛可因受凉而出现损耗。在被毛正常季节性生长开始前，损耗可能持续数月（Betteridge et al，1988）。已经研究了用含羞草碱进行化学脱毛，作为为山羊留下保护性被毛的一种手段（Luo et al，2000）。

未加工的或多脂的山羊绒中包含保护性被毛和羊绒。在手工除去大量的粗被毛后，用脱毛机械除去长的保护性被毛。毛纤维原料主要供应商有中国、蒙古、阿富汗和伊朗。脱毛后的大量保护性被毛，0.5％用于针织物，3％用于编织贸易。有时，进口的羊绒可能会被炭疽孢子（炭疽杆菌）污染（Hunter et al，1989）。

与马海毛一样，在营养应激下可产生最纤细的羊绒纤维。然而，澳大利亚的一项研究表明，在夏季和秋季饲喂足够的能量饲料以维持或略微改善动物体况，可最大化地生产羊绒。给山羊提供 1.25M 能量，与 0.8M 能量相比，全部羊毛的平均纤维直径增大 $1\mu m$（McGregor，1988）。

2.2.3 羊绒织物

羊绒织物为一种更有光泽的粗糙羊绒产品，多产自澳大利亚和新西兰的野山羊与安哥拉山羊杂交的后代。目前，毛纤维直径为 $20\sim23\mu m$，一些育种者正试图稳定该类型羊毛。

2.2.4 安哥拉杂种（Pygora）

Pygora 是一种培育新品种，源于纯种矮小山羊和纯种安哥拉山羊的杂交种。两种这样的"第一代杂交种"交配产生真正的 Pygora。当前品种注册要求包括羊毛评定，柔软的被毛类似于山羊绒，有多种颜色。美国的手工艺织品者喜欢购买这种羊毛（Hicks，1988）。

2.3 皮制品

据估计，1983 年全球的山羊皮制品约为 2 亿件，其中 95％产自发展中国家（Robinet，1984）。1995 年，山羊皮制品约 2.95 亿件，印度、中国和巴基斯坦等国仍然是重要的山羊皮制品生产商（Naidu，2000）。皮制品的质量受山羊的品种、营养状况、影响皮肤的疾病和外伤（如注射、刺伤和犬咬）的影响。由于安哥拉山羊的结缔组织不足，因此认为其皮不适合用于制作皮制品（van der Westhuysen et al，1988）。局部干旱条件会导致皮肤特别脆弱。疥螨、蝇蛆、蜱侵袭，以及羊痘、传染性脓疱、嗜皮菌病可降低山羊皮的利用价值。已宰杀的山羊在剥皮、干燥和存储期间亦会产生额外损耗。潮湿的天气易于腐败，而极度干燥的条件使皮肤易开裂。

在当地农村，山羊皮可用于制作贮水器、帐篷、垫子和皮革；出口的山羊皮可用作腌制皮、单一的晒制皮、鼓面或皮革，亦可用于鞋类、服装、装帧和皮箱。希望这种需求能保持稳定，并且生产者能通过限制损耗来增加产量（Holst，1987）。

2.4 皮肤病诊断

皮肤病诊断的合理程序为：询问山羊病史→整体临床检查→详细的皮肤检查→试验证实或通过治疗性反应做出诊断。经验丰富的兽医习惯于以简便的形式进行这些操作。例如，如果在过去几年里已诊断出传染性脓疱，现有 3 只仅限于嘴唇和口角有增生性结痂、皮肤其他部位光滑且健康的羊羔，则羊羔患传染性脓疱的概率极高，没有必要进行额外的试验进行诊断。但是，对于异常的、慢性的或初期难治的皮肤病，为获取最佳治疗效果，应按整个检查流程进行诊断。

2.4.1 病史

收集的病史信息应包括饲喂和管理的细节、受影响山羊的健康状况、首次发现症状时间以及从羊群明显传播到其他动物的时间。同样重要的还包括确定是否与来自其他农场的山羊或其他反刍动物有任何接触（不管短暂与否），以及采取了什么样的治疗措施，效果如何等（Jackson，1986）。

2.4.2 皮肤病临床症状

坚持密切注意原发性病变（可直接提示潜在疾病的病变），通常可得到合理的简短的鉴别诊断表。原发性病变包括丘疹、水疱、脓疱和结节。常由于自身创伤或叠加细菌感染而产生继发性病变，如掉鳞屑、结痂和脱毛。继发性病变对做出诊断帮助不大，但它提示需进行对症治疗。皮下病变将在第 3 章进行讨论。

2.4.2.1 丘疹

丘疹通常是凸起且具红斑，直径小于 1 cm 的外部肿块。毛囊性丘疹提示细菌、真菌或寄生虫感染，而中心无毛囊丘疹是典型过敏症和皮外寄生虫感染。通常由融合性丘疹产生大的平顶病变，被称为斑块。

2.4.2.2 水疱和脓疱

水疱是含有浆液的丘疹样波动体。短暂水疱提示存在自身免疫性、刺激性或病毒性致病源。脓疱为充满脓汁的水疱，表明可能是定向感染毛囊，但如果为非毛囊性感染，可能是自身免疫性疾病（天疱疮）。蠕形螨病是山羊常见的一种脓疱病。疹样病变（羊传染性脓疱、羊痘）呈现出从丘疹、水疱、脓疱到结痂或增生性病变的典型过程。

2.4.2.3 角质化过度症

角质化过度症是角质层增厚性疾病。通常将其作为代替正角化性（无细胞核）角质化过度的术语。角化不全的角质化过度症（通常称角化不全）与正角化性角质和过度的差别在于皮肤角质化层内仍保留细胞核。这两种情况都是多种慢性皮肤病中常见的非诊断性组织学表现。弥漫性角化不全提示为外寄生虫感染、皮脂溢出、锌反应性疾病、皮肤真菌病及嗜皮菌病（Scott，1988）。体检时，角质化过度通常是指附着的角质化物质的积聚。

2.4.2.4 鳞屑和痂皮

鳞屑（鳞状物、鳞片）是角质层松散的碎片。皮脂腺和汗腺分泌物的混合物使鳞屑微黄、油腻且具黏性。痂皮为固体附着性物质，如血清、血液、脓液、角蛋白、微生物及药物的混合物。这些情况提示已出现了渗出物，是由多种原因造成的。然而，通过仔细检查（痂皮活检）可发现对诊断有用的线索，如皮肤癣菌菌丝、嗜皮菌属或许多棘状角质细胞（天疱疮复合体）。痂皮被角质层和渗出物交替包围，这在嗜皮菌病和皮肤真菌病中很常见。在痂皮中可能会检测到细菌菌落，但无论何种原因引起，这种菌落的发现对诊断没有意义。

2.4.2.5 脱毛

在冬末，安哥拉山羊偶尔出现自发性脱毛，而杂种羊自发性脱毛更加频繁。据悉，在不当的季节剪毛可增加脱毛风险。营养缺乏或不平衡（如高钙低锌）也会造成脱毛（vander Westhuysen et al，1988）。据报道，在浓缩饲料中添加有机锌，可解决成年山羊沿脊柱的脱毛和掉鳞屑问题。在维生素 E 或硒缺乏的敏感性皮肤病和脱落性皮炎中，经常出现眼眶周脱毛（轻度脱屑）。一些报道认为，在反季节性育种中采用光周期方式处理能解决奶山羊几乎完全脱毛（早期脱落）问题。局部的脱毛（少毛症）是一种非特异的继发性病变。当出现机体瘙痒或同圈中伙伴相互磨蹭时，可能导致脱毛（图2.3、彩图3）。

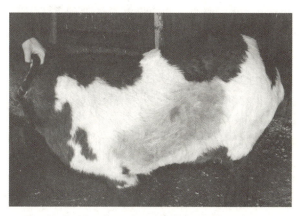

图2.3　由于同围栏中白尾鹿的磨蹭，引起阉羊的腹侧脱毛（Dr. M. C. Smith 提供）

2.4.2.6　瘙痒症

瘙痒症或与瘙痒类似的疾病常导致表皮脱落和其他继发性病变。若发生严重的瘙痒症，应特别考虑可能为疥螨病或足螨病。其他因素也可引起瘙痒症，包括虱子、跳蚤引起的，其他昆虫（如库蠓）引起的过敏症，锌缺乏，天疱疮和感光过敏，细菌或真菌性皮炎有时引起轻度瘙痒。如果表皮脱落垂直地沿线性方向发展，应考虑副鹿圆线虫（*Parelaphostrongylus tenuis*）经脊椎神经或背部神经根迁移。山羊出现急性瘙痒症临床症状后迅速死亡，提示为伪狂犬病（Baker et al，1982）。据报道，一只确诊为狂犬病的山羊出现极度瘙痒，但病程较长（Tarlatzis，1954）。据报道，英国患痒病（scrapie）的20只山羊中，有11只出现瘙痒症（Wooldridge and Wood，1991）。在意大利，山羊经污染朊病毒的一种传染性无乳症疫苗感染后，500只中多于80%发展为痒病（Capucchio et al，2001）。

2.4.2.7　红斑

红斑，或泛红的皮肤，在许多急性疾病的条件下经常发生，没有诊断价值。红斑是光过敏的早期症状。在有结痂和脱毛的慢性病情况下，对治疗的反应难以判断。之前明显的红斑消退，甚至有被毛再生的迹象，表明症状已有所改善。

2.4.2.8　色素变化

在山羊，与色素变化相关的皮肤病很少。由于铜酶是黑色素生成所必需的，因此铜缺乏可能会出现被毛脱色。据报道，受影响的吐根堡山羊补充铜后，其毛色恢复正常（Lazarro，2007）。皮肤光亮的萨能奶山羊暴露在阳光下，会出现大面积不规则黑色素沉着的区域。如果山羊避免阳光照射，黑色素会慢慢褪去。

2.4.2.9　皮肤缺损

皮肤衰弱是绵羊的一种先天性皮肤缺陷，表现为皮肤异常脆弱、容易撕裂，而在山羊中显然尚未见报道。在一例侏儒山羊的报道中，由于上皮增生细胞发育不完，导致部分表皮缺损（Konnersman，2005b）。

2.4.3　确定皮肤损伤部位辅助诊断

应仔细检查山羊体表，确定皮肤损伤的分布，有助于做出诊断。这里列出了一些常见引起山羊皮肤损伤的疾病。在特定部位这些疾病具有特征性，但并非一成不变。如果损伤仅存于腹侧（ventrum），可能是由接触性皮炎或寄生虫侵袭造成的。如果损伤出现在无色部位的皮肤，可能是由光敏作用或太阳晒伤引起。

2.4.3.1　嘴唇、脸和颈

- 羊传染性脓疱
- 羊痘
- 小反刍兽疫
- 蓝舌病
- 葡萄球菌性毛囊炎
- 嗜皮菌病
- 皮肤真菌病
- 疥螨病
- 锌缺乏症
- 落叶型天疱疮
- 原藻病

2.4.3.2　耳

- 嗜皮菌病
- 皮肤真菌病
- 疥螨病
- 耳螨感染
- 光照性皮炎
- 鳞状细胞癌
- 冻疮

- 落叶型天疱疮

2.4.3.3 蹄部

- 羊传染性脓疱
- 口蹄疫
- 葡萄球菌性毛囊炎
- 腐蹄病
- 嗜皮菌病
- 疥螨病
- 足螨病
- 类圆小杆线虫皮炎
- 贝诺孢子虫性皮炎
- 锌缺乏症
- 接触性皮炎
- 落叶型天疱疮

2.4.3.4 乳腺

- 羊传染性脓疱
- 葡萄球菌性毛囊炎
- 锌缺乏症
- 暴露太阳性色素过度沉着
- 肿瘤

2.4.3.5 会阴部

- 羊传染性脓疱
- 山羊疱疹病毒感染
- 葡萄球菌性皮炎
- 蜱感染
- 肿瘤
- 乳腺异位

2.4.4 实验室临床检查

一般，通过观察临床症状，可识别大部分皮肤病，与之前的体况检查结果结合可做出合理的明确诊断。然而，由于无法获得受损皮肤的所有信息，且不同病原在不同条件下可产生相同的症状（如脓疱或结痂），因此，有必要进行实验室临床检查。

2.4.4.1 皮肤刮取物

寻找体表寄生的外寄生虫如虱子或疥螨时，可使用跳蚤梳从躯体大部分部位获取鳞屑、痂皮或被毛。然后把收集的样品放到有盖的培养皿或自封塑料袋内，便于转到光线良好、可仔细检查的地方。样品初次目检后，接下来通过粪便漂浮法进行检查。离心能使螨类和虫卵显露出来，并且能被浓缩，与碎片分离，否则会掩盖螨类和虫卵的暴露。

通常，用浸泡过矿物油的手术刀片反复深刮，对鉴定疥螨或其虫卵是必要的。向样品中加入数滴 20%氢氧化钾溶液，加上盖玻片，镜检。注意：在镜检前可澄清碎片 15～30min。处理大量样品时，可在 10%氢氧化钾溶液中煮沸 10min，然后离心，并用糖漂浮法处理沉淀物。

直接镜检被毛和角质，有助于发现皮肤癣菌。如果把样品放在矿物油中，常在毛干处可看到毛外癣菌。在氢氧化钾溶液中澄清，对于鉴定螨类是另外一种可选择的方法。

2.4.4.2 细菌检查

山羊的皮肤损伤，几乎无一例外均为严重的包括金黄色葡萄球菌在内的细菌污染。如果样本来自完整的脓疱、结节或脓肿，那么培养最具意义。如果脓疱结构不完整，可仔细消毒皮肤表面后，钻取获得适于培养的活组织，推荐可常规接种到血琼脂平板（有氧）和巯基乙酸盐肉汤（厌氧）中。通过将穿刺液或深层活检样品直接涂片，并用新配的亚甲基蓝、革兰氏或 Diff Quik® 法（Harleco，Gibbstown，NJ）染液染色，可获取更及时的指导。如果是致病性而非处于胞外且集群分布的污染性细菌，这样可发现中性粒细胞和巨噬细胞内的细菌。革兰氏阳性菌分支细丝是嗜皮菌病菌的典型特征。

2.4.4.3 真菌培养

怀疑癣菌病时，可用 70%酒精溶液轻轻擦拭患部，之后应拔掉活跃病灶周围的被毛，以防止细菌和腐生真菌污染物的滋生。通常使用葡萄糖琼脂培养基（Sab Duet®，Bacti Labs，Mountain View，CA）进行真菌培养。大部分疣状毛癣菌的生长需要硫胺素，可通过在培养基中加入 1～2mL 注射用复合维生素 B 来满足，但应避免使用酒精成分的产品。在 30℃的培养箱中孵育培养，培养箱应放置水盘，以保持足够的湿度。应每天检查培养结果，并持续 30d。为鉴定真菌分离株，应参考一些标准文献（Scott，1988）。

2.4.4.4 活组织切片检查

如果怀疑是异常的或严重的皮肤病，尤其是初始治疗 3 周后一直没有好转的，应进行活组织切片检查。

选择典型病灶或原发病灶的几个部位，用记

号笔画圆圈进行标记。在选定的每个部位剪毛后，皮下注射利多卡因。皮肤绝对不能擦洗。对于特别小的羊羔，建议将利多卡因稀释到1%或0.5%。用6mm的打孔器（Baker/Cummins，Miami，FL）获取全皮肤层样本，将皮肤样本迅速吸干黏附到木板上，然后将其颠倒放入盛有10%福尔马林缓冲液的瓶中，木板可悬浮在防腐液中。使用可吸收缝线缝合皮肤。应考虑对动物接种破伤风疫苗。如果已显示破伤风症状，需进行破伤风抗毒素或类毒素注射。

如需电子显微镜检查（如羊痘），可咨询检测实验室。戊二醛通常是首选固定剂。

2.4.4.5　免疫荧光检查

根据临床症状，或对皮肤活检样本进行常规组织学检查后，怀疑是自身免疫性皮肤病（落叶型天疱疮）时，如需通过直接免疫荧光试验进行确认，应获得在Michel's固定剂中固定的新鲜皮肤样品（有完整的水疱和脓疱）；Michel's固定剂最好从专业进行该试验的实验室获取。为避免假阴性结果，至少试验前3周不宜给予山羊糖皮质激素（Scott，1988）。在山羊天疱疮病例中，发现细胞间弥散分布有免疫球蛋白沉积物。

2.5　病原学诊断

针对以下所述的任何情况，对于要查找详尽参考文献的读者，可查阅D. W. Scott的《大动物皮肤病》教科书（1988）。另外，也有专门讨论山羊皮肤病的一些综述性文献（Smith，1981，1983；Mullowney and Baldwin，1984；Scott et al，1984a，1984b；Manning et al，1985；Jackson，1986；Scott，2007）。

2.5.1　病毒性疾病

羊传染性脓疱病毒和羊痘病毒可引起山羊显著的皮肤病变。与其他全身性系统有关的病毒感染，也可能引起皮肤病变。山羊皮肤疣（皮肤乳头状瘤）还未证明是由病毒感染引起的，本书将在肿瘤章节对其进行讨论。

2.5.1.1　羊传染性脓疱

羊传染性脓疱是引起山羊和绵羊（及骆驼）接触性传染的动物传染病，又称羊口疮、口疮和接触传染性脓疱皮炎。该病呈世界性分布。

2.5.1.1.1　病原学和流行病学

病因为嗜上皮细胞的副痘病毒经皮肤伤口进入山羊机体（Mayr and Büttner，990）。病毒在受损表皮的增生性角质细胞内进行复制（McKeever et al，1988），进而导致淋巴结、骨髓和肝脏出现原发性病毒血症。在某些情况下，病毒随后遍及全身，进入二次病毒血症期，并蔓延到头部、四肢、乳腺、生殖器、肺及肝（Mayr and Büttner，1990）。幼龄山羊发病率常可达100%，由于饥饿和继发感染导致死亡率可高达20%（Van Tonder，1975），但通常情况下死亡率低于这个比例。

病变消退期的落地结痂，在数月，甚至数年后可作为其他动物的传染源（McKeever and Reid，1986）。若环境持续干燥，这的确有可能发生。在一些无症状的持续感染的绵羊携带者中，已证明是重要的传染源（Lewis，1996）。推测山羊中也可出现携带者，并且应激能激发感染（Mayr and Büttner，1990）。

2.5.1.1.2　临床症状

潜伏期为3~8d（Mayr and Büttner，1990），丘疹迅速发展成水疱、脓疱和结痂。嘴唇上形成结痂的、典型增生性病变，也可影响到脸部、耳朵、蹄冠带、阴囊、乳头或外阴。在一次疫病暴发中，通过人工感染试验发现，暴露到污染围栏中的试验羊，其病变在7只山羊的颈部、胸部和腹两侧出现，而不是在嘴唇或乳头上（Coates and Hoff，1990）。在另一病例中，损伤最常见发生在成年山羊的被毛处皮肤，在后腿的近尾部首次看到硬结痂（Moriello and Cooley，2001）。结痂内常继发感染细菌（如葡萄球菌），甚至蝇蛆（Boughton and Hardy，1934）。有时，结痂下形成大量的肉芽组织。3~4周后病变可消退。

大多数嘴唇有损伤的成年山羊（图2.4、彩图4），能继续正常采食和挤奶。偶尔，个别山羊，特别是羔羊在遭遇到其他疾病或管理不良的情况下，会发展成全身的皮肤损伤或严重的继发性细菌感染。产奶羊乳头损伤可危害括约肌的健康，易患细菌性乳房炎，由此引起的疼痛可导致母山羊拒绝哺乳幼羔。

在美国，波尔山羊及其杂交品种可见重度全身持续增生性病变（图2.5、彩图5）。在这些动物中，引流淋巴结显著增大，胸腺常出现萎缩。初步研究并未证明该变化是否代表病毒株差异，或受影响的波尔山羊免疫应答方面的差异（dela Concha-Bermejillo et al，2003；Guo et al，2003）。许多具有典型传染性脓疱症状的绵羊和山羊，常显示出轻度淋巴结肿大。

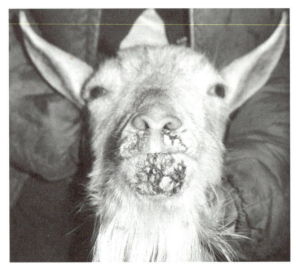

图2.4　成年母山羊口角外由脓疱康复的痂皮。大的痂皮已脱落，其下为健康皮肤（Dr. M. C. Smith 提供）

图2.5　幼龄波尔山羊牙龈出现严重的传染性脓疱病变（Dr. M. C. Smith 提供）

2.5.1.1.3　诊断

虽然可用电子显微镜或免疫学技术检测结痂中的抗原，或用血清学方法证实或排除羊痘，但该病通常仅基于临床症状进行诊断（Robinson and Balassu，1981）。患有传染性脓疱的羔羊，直到再次感染后血清中才出现抗体（Mayr and Büttner，1990）。同样，对于人类患者，乡村医生通常仅根据临床症状做出诊断，

但城市皮肤科医生缺乏疾病诊断经验，会要求进行组织活检或电子显微镜检查（Gill et al，1990；Green et al，2006）。对反刍动物进行皮肤活检，可发现角质细胞的空泡化病变和嗜酸性胞质包涵体（Robinson and Balassu，1981；Scott，2007），尽管包涵体并非总能检测出（Housawi et al，1993）。痂皮由多层坏死性细胞碎片和中性粒细胞组成。组织病理学检查有助于区分羊传染性脓疱与小反刍兽疫恢复期的动物。

2.5.1.1.4　治疗

必须权衡治疗可能产生的有利效果与发生人畜共患病的危险（图2.6、彩图6）。接触感染山羊的任何人，均应戴手套。为迅速康复，可局部使用药物。然而，使用药物需考虑在肉和奶中的残留量。药物包括混有猪油的煤油、渗透性松油喷剂（WD-40®）和水杨酸亚铋（Pepto-Bismol®）。如果继发严重的细菌性感染，提示需使用全身性抗生素。乳房药膏可以使乳头上的结痂保持柔软。若幼龄山羊口腔内增生性病变疼痛导致摄食减少，可麻醉幼龄山羊，实行清创术（喷雾冷冻治疗后电灼）。对羔羊使用该法，收到了良好的效果（Meynink et al，1987）。

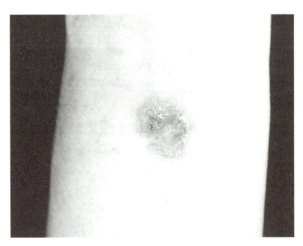

图2.6　接触病羊者腕部的羊口疮（羊传染性脓疱）病变（Dr. M. C. Smith 提供）

2.5.1.1.5　免疫接种

商品化疫苗往往是用未致弱的活病毒（主要是研磨的结痂）或组织培养毒株制备的。使用不同毒株制备的疫苗，其保护水平各不相同（Pye，1990）。自体苗的制备方法如下：在生理盐水中加几克结痂，用研钵及杵研磨，再用粗纱

布过滤混悬物，于悬液中加入几滴抗生素（如青霉素/链霉素）溶液以抑制细菌生长（Bath et al，2005）。在无毛且应保护的皮肤处轻微划痕，轻揉皮肤使病毒悬液进入。疫苗接种部位包括耳郭内、尾下或腋下。应避免接种于大腿内侧中部，因为山羊通过舔接种部位，会导致感染蔓延至嘴唇，亦可通过直接接触散播到乳腺和乳头（Lewis，1996）。1～3d 后，接种部位出现结痂，表明"可行"。监测此反应作为疫苗持久有效的依据。为节约疫苗，畜主可冷冻剩余疫苗以备后用。如果接种疫苗后，畜群中某些羊形成了免疫接种的结痂，而有的羊没有形成结痂，其可能的原因是免疫前抗体能抵抗疫苗的吸收。

使用新型注射用疫苗，即用细胞培养制备的皮下免疫用疫苗，可避免接种后的病毒散毒。在未感染羊群面临疾病暴发的威胁时，推荐每 6～12 个月接种一次该疫苗（Mayr and Büttner，1990）。

在羊痘病毒存在的国家，接种过羊痘疫苗的山羊有时可提供坚强的抗羊传染性脓疱的免疫力，然而接种羊传染性脓疱疫苗或自然感染传染性脓疱的山羊，对羊痘病毒感染无保护作用（Sharma and Bhatia，1958）。

目前关于免疫接种存在许多争议。第一，对于非地方性流行区的畜群，是否建议接种疫苗。因为目前使用的疫苗，其毒株没有致弱，存在散毒的风险，可能会将疫病传到羊群。第二，接种疫苗可防止放牧季节或泌乳羊发生疫情。重要的是至少在放牧季节前 6 周接种疫苗，便于首次放牧前疫苗结痂消失。（推测该过程会促使放牧时隐性携带者患病率升高，从而增加未接种疫苗动物患病的风险。）第三，当出现羊口疮时，为控制疫情持续暴发，可给所有尚未感染山羊接种疫苗。幼龄山羊接种计划常与当时确立的已怀孕成年山羊每年再接种计划结合进行。第四，如果畜主选择不采取常规疫苗免疫程序，推荐在清除所有患病动物后对围栏消毒。适合的消毒剂有 5% 酚皂溶液、福尔马林和市售杀病毒消毒剂等（Mayr and Büttner，1990）。

关于疫苗接种动物初乳中的免疫抗体存在争议（Robinson and Balassu，1981）。然而，法国研究人员集中分析了许多来源的山羊羔，发现怀孕母羊免疫接种疫苗对幼龄山羊的健康非常有益。基于幼龄山羊皮肤质量以及预防免疫带来的副作用的考虑，对怀孕母羊免疫比羊羔出生时免疫更有效（Faure，1988）。在墨西哥的试验研究中，对妊娠后期免疫接种母羊（强毒疫苗）产出的羔羊，用强毒株病毒经皮肤划痕攻毒感染，小于 45 日龄的羔羊可抵抗攻毒感染，而大于 45 日龄的羔羊则产生了特征性病变（Perez，1989）。

根据在绵羊开展的试验发现，在干乳期免疫比在怀孕后免疫效果要好，因为在妊娠后期羔羊的营养全部由母羊提供。在母羊泌乳末期淋巴细胞迁移到乳腺中，奶中产生的抗体可保护哺乳羔羊免受感染（Le Jan et al，1978）。

2.5.1.2 羊痘

虽然恶性痘病表现出宿主偏好性，但绵羊、山羊和牛的恶性痘病均为非宿主特异性的。毒株能通过限制性内切酶进行区别，但多种血清学试验不能区分（Black，1986）。目前，所有毒株均为山羊痘病毒属。

2.5.1.2.1 病原学和发病机理

山羊痘病毒属与副痘病毒属不同，对酸不稳定，并对脂溶剂敏感。在中东、远东和非洲，均发生过绵羊和山羊恶性羊痘（Davies，1981）。美国加利福尼亚州（Renshaw and Dodd，1978）和斯堪的纳维亚半岛（Bakos and Brag，1957）曾报道过温和型山羊痘，但相关机构未证实是痘病毒感染（Committee on Foreign Animal Diseases，1998）。皮肤病灶和痂皮是病毒的主要来源。病毒耐干燥，可在痂皮中存活至少 3 个月。病毒常通过皮肤擦伤或吸入传播，潜伏期3～8d。当山羊出现毒血症时，病毒已传播至皮肤、局部结节、脾、肾和肺的其他部位。病毒可经皮肤病灶处、鼻腔分泌物和乳汁排出体外。夜晚牧群合群（为保护牧群，实行晚上合群饲养）和舍饲会促使疾病蔓延。有学者认为有蹄野生动物不是本病毒的储存宿主。

2.5.1.2.2 临床症状

不同的山羊痘病毒毒株感染引起临床症状的严重程度不同，幼龄动物临床症状最为严重。早期症状包括鼻炎、结膜炎和发热（40～42℃），弓背、厌食，动物出现皮肤病变（红斑和丘疹，直径为 0.5～1.5 cm）（图 2.7、彩图 7），以及外部鼻孔和嘴唇的损伤，在 1～2d 后口腔内出现病变。皮肤病变持续 4～6 周。

有些暴发疫情，皮肤水疱性病变连成一片，舌和牙龈的病变可发展到溃烂。局部淋巴结增大至正常大小的 8 倍（Committee on Foreign Animal Diseases，1998），肺部和消化道出现病变，可导致动物频繁死亡。

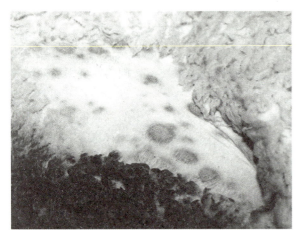

图 2.7　试验感染山羊痘病毒的绵羊皮肤上的早期斑点〔National Veterinary Services Laboratories（Ames，Iowa）提供〕

皮肤病变处被毛竖立、皮肤增厚，结痂处渗出浆液样液体。治愈的，可留下溃疡灶，然后，在整个增厚的皮层脱落后，形成永久性瘢痕。对羊皮的损害可导致重大经济损失。

疫病首次传入易感羊群时，发病率可超过 75%，有 50%的感染动物死亡。在幼龄山羊中，或混合感染其他病毒（如小反刍兽疫病毒）时，死亡率可高达 100%。在地方性流行区的羊群中，发病率较低，有些动物出现血清转阳，但不会出现临床症状，通常欧洲品系羊的感染程度比本地品系羊更加严重（Karim，1983；Kitching，1986）。

绵羊和山羊还有结节样病变（"石头痘"），类似于牛结节性皮肤病（Patnaik，1986）。一般不出现水疱和脓疱。病毒毒株与较典型的山羊痘病毒毒株副痘病毒无交叉免疫保护作用。病毒出现于血液和皮肤中，并贯穿疾病的全过程，这通常是致命的（Haddow and Idnani，1948）。

温和型山羊痘，病羊嘴唇和乳房上丘疹发展成水疱和脓疱（有时在会阴部和大腿内侧）。5～8 周后，痘病痊愈，留下永久性瘢痕。

与羊传染性脓疱一样，山羊痘也是公认的人畜共患病（Bakos and Brag，1957；Sawhney et al，1972），但有的研究者对此有争议（Committee on Foreign Animal Diseases，1998）。

2.5.1.2.3　诊断

由于病变局限于嘴唇、口腔黏膜或乳房，因此山羊痘很容易与羊传染性脓疱混淆。通过电子显微镜（Hajer et al，1988）镜检和血清学检验（如免疫扩散试验和血清中和试验），可与副痘病毒引起的羊传染性脓疱区分开。组织病理学检查，可发现大量的嗜酸性粒细胞胞质内包涵体以及血管炎、血栓症和坏死，从而进行区别（Davies，1981）。

2.5.1.2.4　控制

为避免疾病传入非疫区，必须限制从疫区引进有隐患的动物和动物制品。一旦发生疫病输入，建议检疫并屠宰患病及接触的动物。关于病毒携带者的状况，以及对疾病发生的影响，还没有足够的资料证实。

在地方性流行区（通常游牧地区），疫苗预防接种可降低发病率。许多试验表明，绵羊和山羊痘各毒株间均显示出良好的交叉保护作用（Davies，1981）。首选活疫苗、弱毒疫苗（使用温和毒株），但疫苗难以分发配送（Kitching，1986）。在试验过程中，亚单位疫苗可减轻症状，无疾病传入的风险（Carn et al，1994）。据报道，重组山羊痘病毒疫苗，不但可保护山羊抵抗羊痘病毒攻击，也可抵抗小反刍兽疫病毒攻击（Romero et al，1995）。使用自体疫苗可能会导致疾病发病率升高（Das et al，1978）。另外山羊免疫接种传染性脓疱疫苗，不能抵抗山羊痘病毒的攻击。

2.5.1.3　混合病毒感染

正如在瘙痒症章节已讨论的一样，狂犬病或伪狂犬病山羊伴发严重的皮肤瘙痒，可出现皮肤损伤，这些情况将在第 5 章讨论。山羊痒病（也将在第 5 章讨论）的瘙痒症状，可通过羊咬和摩擦腿部、躯体两侧、腰部和颈部表现出来，这些区域出现脱毛（通常无结痂形成）。痒病临床过程可持续 3～4 个月（Hadlow，1961；Brotherston et al，1968；Harcourt and Anderson，1974）。

2.5.1.3.1　小反刍兽疫

小反刍兽疫（PPR）是一种由麻疹病毒感染并导致整个区域内绵羊和山羊严重损失的疫病（Committee on Foreign Animal Diseases，1998），主要临床症状为口腔炎、肠炎及肺炎。疾病早期，病羊嘴唇水肿，棕色的结痂覆盖着溃烂的上皮组织。在疾病急性期存活的山羊，其唇部形成结痂，可持续14d；组织学检查，棘皮症和皮肤角质化明显。坏死上皮细胞中浸润有退化的中性粒细胞。虽然病变和羊传染性脓疱非常相似，但没有其典型的乳头状增生、空泡变性（Whitney et al，1967；Abraham et al，2005）。在上皮组织可看到合胞体的多核巨细胞和嗜酸性粒细胞胞质内包涵体（Çam et al，2005）。接种灭活疫苗的山羊（Nduaka and Ihemelandu，1975），或患病后康复的山羊再接触感染小反刍兽疫病毒，也能在唇部形成结痂，约10d后痊愈（Ihemelandu et al，1985）。在这些动物中，组织学上出现巨噬细胞和淋巴细胞增殖，提示是一种免疫反应。

2.5.1.3.2 蓝舌病

蓝舌病是由环状病毒属蓝舌病病毒引起绵羊和牛的一种疫病。病毒至少有24个血清型，经库蠓属昆虫传播。该病在绵羊的症状包括发热、口腔炎、口角炎及新生羔羊先天性大脑异常。山羊对蓝舌病易感，可出现病毒血症、发热，并能产生抗体（Luedke and Anakwenze，1972；Backx et al，2007），但在美国，具有明显蓝舌病临床症状的山羊病例少见，文献报道很少。在以色列，牛暴发该病期间，发现两只萨能奶山羊伴有嘴唇肿胀和明显的流涎（Komarov and Goldsmit，1951）。在欧洲西北部暴发蓝舌病期间，少数山羊出现嘴唇和头部水肿，鼻部和嘴唇上出现小结痂，提示为温和性羊传染性脓疱和乳房皮肤红斑（Dercksen et al，2007）。山羊可作为蓝舌病病毒的自然宿主（Erasmus，1975）。病毒分离和血清学方法有助于蓝舌病与口蹄疫、牛瘟和小反刍兽疫的鉴别诊断。将在第10章详细讨论蓝舌病。

2.5.1.3.3 山羊疱疹病毒

幼龄山羊试验性接种分离的疱疹病毒，其口角和蹄部出现水疱、溃疡和结痂，口腔、食道、瘤胃和肠道也出现溃疡。自然暴发疾病中，仅在一只幼龄山羊皮肤部位发现大量坏疽和出血灶。组织学方法检测，在上皮细胞发现核内嗜酸性包涵体，提示可能为疱疹病毒感染。将在第12和13章讨论该病。

2.5.1.3.4 口蹄疫

口蹄疫（FMD）是由小核糖核酸病毒引起牛的一种非常重要的高度接触性传染病，广泛分布在南美、欧洲、非洲和亚洲。目前美国、加拿大和澳大利亚是无口蹄疫地区。病牛的症状包括发热、水疱性口炎、厌食、无乳和漫长的康复期。该病在绵羊和山羊常呈温和型，但病羊本身或其肉制品能传染牛。在口蹄疫暴发期间，绵羊的（常为原发性）口腔病变至少会引起监管部门的极大关注（Watson，2004）。跛行往往是山羊最显著的临床症状，在蹄叉间隙或冠状带可发现水疱或出血性溃疡（McVicar and Sutmoller，1968；Mishra and Ghei，1983）。在疫病流行区，应给山羊定期免疫接种疫苗。将在第4章详细讨论该病。

2.5.1.3.5 水疱性口炎

水疱性口炎是一种主要感染马、牛和猪的弹状病毒性疫病，仅限于西半球。典型症状有口腔溃疡、水疱、流涎、口角炎及乳头病变，应告知监管人员，以便把该病与口蹄疫区分开。该病流行病学知之甚少，但可能与白蛉（Lutzomyia）和蚋（Simulidae）等虫媒有关（Committee on Foreign Animal Diseases，1998）。虽然一贯认为山羊对该病不易感，但据未公开资料显示，患水疱性口炎的山羊伴有唇角水疱，这必须与羊传染性脓疱的早期病变区分开。

2.5.2 细菌性疾病

继发性细菌，尤其是葡萄球菌，几乎可入侵山羊的任何皮肤损伤部位。因此，在假定从病灶处分离的细菌为病原前，应排除其他病因。若存在其他微生物如假结核杆菌和刚果嗜皮菌，通常应注意。由偶蹄形菌属（Dichelobacter）和梭菌属（Fusobacterium spp.）细菌引起的腐蹄病（即蹄叉炎），将在第4章进行讨论。

2.5.2.1 葡萄球菌性皮炎

山羊的葡萄球菌性皮炎是常见的，可能是原发性感染，也可能是继发性感染。葡萄球菌是正常的皮肤常见菌。在西班牙的一个研究中，从133只健康山羊腋下皮肤或乳房分离出346株葡萄球菌，其中21%为凝固酶阳性（金黄色葡萄球菌和猪葡萄球菌）（Valle et al，1991）。

2.5.2.1.1 病原学

脓疱病是与毛囊无关的浅表性脓疱皮炎，而葡萄球菌引起毛囊感染且发炎（Scott，1988）。

该病通常涉及的菌种尚未见报道。从山羊皮肤病灶处分离的葡萄球菌包括中间葡萄球菌、金黄色葡萄球菌、产色葡萄球菌和猪葡萄球菌（Scott，1988；Andrews and Lamport，1997；Mahanta et al，1997）。菌种鉴定不能很好地预测其对抗生素的敏感性（Biberstein et al，1984）。

2.5.2.1.2 临床症状和诊断

原发性病变为非毛囊或毛囊性丘疹、脓疱。病变可扩大或合并，排出脓性或血样渗出物，并结痂（Scott，2007）。在慢性发展期或愈合期，脱毛和脱皮屑比较明显。脓疱病常在乳头和乳房或会阴部和尾下出现多个脓疱（图14.3）。由于脓疱先于水疱且随后痂皮出现，因此易与羊传染性脓疱病变混淆（Smith，1981）。直接涂片镜检能看到吞噬了葡萄球菌的退化的中性粒细胞（Scott，2007）。除乳头病变易继发葡萄球菌性乳腺炎外，当病变局限在小范围内时，其是良性的和自限性的。另外，昆虫叮咬乳房引起的瘙痒症状类似于金黄色葡萄球菌感染，但瘙痒症状更严重（Matthews，1999）。

在一些山羊中，皮肤感染通常很普遍，涉及腹部、大腿内侧，甚至颈部和背部。如果葡萄球菌感染后继发其他感染，如足螨病，可能会出现其他部位皮肤的感染，表现出眼周脱毛和结痂等现象（Scott，1988）。这可能易与霉菌感染或营养缺乏症相混淆。

往往基于单一检查进行初步诊断。通过革兰氏染色和细菌培养可确定是否存在葡萄球菌，而皮肤样本活检有助于排除其他原发性且仍需治疗的疾病。

2.5.2.1.3 治疗和预防

乳房局部病变可用碘伏或洗必泰溶液清洗，晾干，然后涂上抗菌剂或抗生素软膏。受影响的奶山羊应最后挤奶。使用单独纸巾，挤奶人注意洗手，可减少疾病蔓延到其他动物的风险。戴橡胶手套亦可防止人感染葡萄球菌。尾巴周围病变可采用类似治疗方法，但此处病变似乎不重要，常自发性愈合。

若怀疑全身性感染，推荐进行微生物培养和药敏试验。在等待药敏试验结果期间，可用青霉素进行全身性治疗（治疗1~2周）。随着兽医和人医领域对葡萄球菌抗甲氧西林耐药性关注度的增强，在美国，从业者需谨记法律禁止在食源性动物（如绵羊和山羊）使用许多类抗生素以控制对其他物种的感染。因此，不管氯霉素、氟喹诺酮类（如恩诺沙星）及糖肽类（如万古霉素）的敏感性试验报告如何，在山羊必须完全禁止使用。

可尝试制备自体菌苗，用于慢性病或动物流行病的防控（Scott et al，1984a），但针对山羊皮肤病，还未对其菌苗进行系统科学评价。

2.5.2.2 嗜皮菌病

嗜皮菌病也称放线菌病，呈全球分布，是山羊常见的皮肤病。牛、绵羊、马、各种野生物种及人类也会受到影响（Stewart，1972；Hyslop，1980）。

2.5.2.2.1 病原学

刚果嗜皮菌是革兰氏阳性、多形性、兼性厌氧放线菌，产生的运动型游走孢子可侵入皮肤。

2.5.2.2.2 发病机理

在干燥季节，刚果嗜皮菌可存活于包裹动物被毛的泥土或灰尘中，其可随任何伤口（包括蜱叮咬和多刺植物的刺伤伤口）进入动物皮肤表皮。潮湿可激活刚果嗜皮菌的生活史（Bida and Dennis，1976），在暴雨或高湿季节，常暴发该病（Mémery and Thiéry，1960；Yeruham et al，2003）。

2.5.2.2.3 临床症状

已报道发生多起嗜皮菌病。临床症状多见于山羊耳部，尤其是幼龄羊羔耳部（Larsen，1987）。耳郭内部无毛处先出现微小疣样结痂，结痂很容易磨掉，暴露下面干燥、圆形、浅色的区域。在耳外部暗淡被毛处，可形成更紧密附着的凸起结痂（图2.8、彩图8）。病灶通常是非瘙痒性且良性的，若不治疗，可持续2~3个月（Munro，1978）。

机体其他受影响部位包括鼻、口角、蹄、阴囊和尾下（Mémery，1960；Yeruham et al，2003；Loria et al，2005；Scott，2007）。这些部位皮肤经常暴露于潮湿环境，或来自植物的轻微磨损。注意勿将皮肤厚的增生性结痂误以为是羊传染性脓疱（羊口疮）病灶（Tiddy and Hemi，1986）。据报道，事实上这两种病同时存在于脾切除的幼龄山羊（Munz，1969，1976）及家养与野生山羊的杂交羊（Yaez goats）（Yeruham et al，1991）。干燥痂皮、鳞屑，

图 2.8　耳外部表面和边缘的嗜皮菌病典型的干燥痂皮（Dr. M. C. Smith 提供）

以及可治愈的脱毛或慢性损伤类似于癣菌病。继发细菌感染（如金黄色葡萄球菌、棒状杆菌、坏死梭杆菌）是可能的，并导致皮肤瘙痒或疼痛，有时波及山羊的整个背部，临床上的损伤类似于马匹的雨烫伤（rain scald），持续暴露在潮湿的环境中可能是重要的致病因素（Bida and Dennis，1976；Scott et al，1984a）。该病对皮革的损害是广泛的。在比特拉山羊已报道了化脓性淋巴腺炎，经涂片和细菌培养表明，该病源于刚果嗜皮菌感染（Singh and Murty，1978）。

2.5.2.2.4　诊断

多种方法可用于确诊该病。病灶湿润时，用结痂底面压痕涂片，镜检可见革兰氏阳性的不分节段的或呈火车轨道状的分支菌丝 2～8 排平行排列的球菌（Scott，2007）。也可用姬姆萨染液或 Diff Quik® 染液染色。涂片中微生物用吖啶橙染色后，紫外线照射下可发光（Mathieson，1991）。已报道通过荧光抗体技术快速鉴定渗出物涂片中的微生物（Pier et al，1964）。对于皮

肤干燥病灶，有必要进行皮肤活检，以证实病原微生物的存在。活检样品可选择表皮渗出物，除此之外，还可选择角化过度和中性粒细胞浸润表皮和毛囊。活检样品中，菌丝经希夫过碘酸（PAS）染色呈阳性（Loria et al，2005）。

通过实验室微生物培养可证实诊断的正确性，但最好在加二氧化碳的微需氧条件下完成（Scott，1988）。将结痂在生理盐水中研磨后立即培养，也可在室温下放置 24h 后再培养。选择革兰氏阳性菌的培养基（如黏菌素-萘啶酸培养基）很有帮助。在培养 48h 后，可见由分支菌丝组成的灰色的黏附性的微小菌落，然后进行传代培养。注意：原始培养皿经常出现因污染而快速过度生长的菌落。

通过多种血清学试验鉴定抗刚果嗜皮菌的抗体，其目的是监测暴露病原动物的潜在发病情况。这些试验包括被动血凝试验（尼日利亚的研究表明，屠宰山羊中 23％呈阳性）（Oyejide et al，1984）和放射免疫扩散试验（Makinde，1980）。

2.5.2.2.5　治疗和预防

在过去，对于患嗜皮菌病的单个动物，常推荐使用青霉素-链霉素治疗，但目前在美国不再使用该产品。四环素对治疗本病有效。如果条件许可，在避雨和淋浴场所，推荐通过喷淋（碘伏、2％～5％石硫合剂）和洗、梳被毛以消除结痂。改善营养和控制外寄生虫（尤其是蜱）也是较好的治疗和预防方法。用双氧水清洗厚的结痂，有助于控制继发性厌氧菌感染。用过的刷子经消毒后，方可再用于其他动物。应提醒山羊的饲养者，人偶尔也会感染刚果嗜皮菌。病原携带动物显然是该微生物的储存宿主，但该微生物也能在外界环境中存活数月。抗嗜皮菌病的疫苗还未研发成功（Bida and Dennis，1976），并且痊愈后的动物显然也不产生免疫力。

2.5.2.3　假结核棒状杆菌病

假结核棒状杆菌病常与淋巴结肿大（干酪样淋巴结炎）相关，并将在第 3 章详细讨论。然而，山羊皮肤有时出现小结节和窦道（Scott，2007），可能作为其他动物的传染源。通过培养和皮肤活检，发现结核样的肉芽肿反应，方可做出诊断（Scott，1988）。感染动物应隔离或淘汰。

2.5.2.4　放线杆菌病、放线菌病和原藻病

放线杆菌病是由李氏放线杆菌（*Actinobacillus*

lignieresii）引起绵羊从化脓性到肉芽肿性的疾病，山羊还未见资料报道。基于脓汁中或通过需氧或厌氧微生物培养发现的直径小于1mm的奶酪样颗粒，做出诊断。直接涂片检查，取颗粒中心辐射状的棒状体，压碎可暴露出革兰氏阴性小杆菌。推荐清洗并培养颗粒，而不是简单擦抹窦道，以避免继发细菌过度生长（Scott，1988）。至少对于绵羊的治疗，典型的治疗包括每周一次的碘化钠（静脉或皮下注射10%碘化钠溶液每千克体重20mg）持续4～5周，以及链霉素（每天20mg/kg）5～7d。

有一例老龄奶山羊乳房上出现化脓性肉芽肿性皮炎的报道。放线杆菌是基于革兰氏染色涂片的微生物外观检查，并发现硫黄样颗粒而做出诊断。凸起的结节样病变呈黄褐色或红黑色，脓肿延伸到乳房实质。推荐疗法是乳房切除术，但山羊会先死亡（Hotter and Buchner，1995）。

在巴西，报道了唯一一例成熟山羊的由藻菌属菌（*Prototheca* sp.）引起鼻孔周围的化脓性肉芽肿性皮炎（Macedo et al，2008）。溃疡性结节导致吸入性呼吸困难和消瘦。海藻样微生物的典型特征是出现由椭圆形到球形的非芽生的有壁孢子囊，组织切片证实缺乏叶绿素。对该病虽不尝试治疗，但对于人类和犬的皮肤原藻病使用各种抗真菌药物进行治疗。

2.5.3　真菌病

当营养缺乏或环境恶劣时，通常出现癣及其他真菌感染。在没有实验室确诊的情况下，不应推断有结痂、脱毛症状的皮肤病是由真菌引起的。

2.5.3.1　癣菌病

2.5.3.1.1　病原学

从山羊皮癣中已培养出多种皮肤癣菌。这些癣菌包括犬小孢子菌（*Microsporum canis*）、石膏样小孢子菌（*Microsporum gypseum*）、须毛癣菌（*Trichophyton mentagrophytes*）、许兰毛癣菌（*Trichophyton schoenleinii*）、疣状癣菌（*Trichophyton verrucosum*）及絮状表皮癣菌（*Epidermophyton floccosum*）（Philpot et al，1984；Scott，1988）。

2.5.3.1.2　临床症状和诊断

山羊病变包括脱毛、脱屑、红斑和结痂。病变涉及脸部、外耳、颈部或四肢，外形上可能呈环状。瘙痒虽不常见，但已有报道（Chineme et al，1981）。镜检样本源自活跃病变周围的被毛和角蛋白（如上所述），可看到毛外癣菌入侵毛干。菌种鉴定需进行菌落培养和微观形态学检查。

2.5.3.1.3　治疗和预防

幼龄动物（Pandey and Mahin，1980），或饲养在黑暗、潮湿、肮脏环境的动物，或营养不良或患传染病的动物最易发展为皮肤癣。此外，控制山羊暴发该病，需改变管理。大多数情况下，大动物皮肤真菌病在1～4个月后自行恢复。因此，据报道，虽然每天口服灰黄霉素25mg/kg，服用3周，可有效治疗山羊癣菌病（Chineme et al，1981），但这种昂贵的治疗方法通常不适用（Scott，1988）。

局部治疗确实减少了污染环境和传播给其他动物或人的风险。处理感染山羊的人应采取预防措施，以避免接触而感染自身。对于癣菌病的治疗，可每天全身喷洒石硫合剂（2%～5%）、碘伏和0.5%次氯酸钠，持续5天，后推荐每周一次（Scott，1988）。克菌丹（Captan）（3%）有效（Scott，1988），但在美国不允许用于食源性动物的治疗。对于小病灶，可外用噻苯咪唑膏、碘软膏或用于脚气（足癣）的产品。如果可能，对所有接触的动物应全部治疗，用次氯酸钠对环境彻底消毒。在引进山羊前，应对饲养过患癣菌病牛的围栏彻底消毒。

2.5.3.2　酵母菌感染

在采自有脱毛、脱屑和结痂症状山羊的大量样品中，偶尔存在出芽酵母菌（Scott，1988）。大多数情况下，出芽酵母菌可能代表继发性条件致病菌（Reuter et al，1987）。泌乳期山羊乳房和乳头伴有环状病变，根据在表皮看到的PAS阳性微生物，疑为马拉色氏霉菌属（糠疹癣菌属）的菌（Bliss，1984）。从成年山羊躯干但除去四肢部位的慢性油腻、脂溢性病灶分离出的马拉色氏霉菌属微生物可能是厚皮马拉色氏菌（*Malassezia pachydermatis*）（Pin，2004）。动物每周使用一次含洗必泰的洗发剂和外用抑霉唑，效果迅速。在3个报告的病例中，在一只成年矮小型山羊的皮肤中发现了斯洛菲马拉色氏菌（*Malassezia slooffiae*）的菌丝和菌体，这只山羊有 1 个月的体重减轻史，全身和四肢有广泛的脱毛并产生痂皮（Uzal et al，2007）。酵母菌感染被认定为山羊的慢性消耗性疾病，可能发展为营养缺乏（例如蛋白质、微量元素缺乏）。

2.5.3.3 混合真菌感染

Peyronellaea glomerata（派伦霉属真菌）通常是腐烂植物的一种腐生菌，已从山羊角质化耳病灶中分离到（Dawson and Lepper，1970）。在皮肤活检样本中，可发现角质层含有大量的棕色分隔型菌丝。

多种真菌可引起山羊足分支菌病（伴有排出鼻窦液和粒状真菌成分的皮下肉芽肿病变）（Gumaa et al，1978；Gumaa and Abu-Samra，1981）。骨下层骨膜增生比较显著。

在澳大利亚，新型隐球菌（*Cryptococcus neoformans*）很少能引起山羊肺炎和乳腺炎，但发现能导致单只山羊头部皮肤或鼻腔产生溃疡性肉芽肿（Chapman et al，1990）。通过组织病理样本和培养物涂片，可发现椭圆形的或出芽的含荚膜的微生物，从而做出诊断。

2.5.4 寄生虫病

许多外寄生虫如虱子、蜱、螨可侵扰羊，下面将对其分别进行介绍和讨论，由于其治疗方法非常相似，为方便读者，在表 2.1 中列举了一些常用于治疗外寄生虫的化学药物。

表 2.1　控制山羊外寄生虫的常用化学药物

药物名称	浓度及形式
双甲脒（L）	0.025%～0.05%雾剂
蝇毒磷（L）	0.25%雾剂，0.5%粉剂
巴毒磷（L）	0.25%～1%雾剂，2%粉剂
敌敌畏（L）	0.5%～1%雾剂
依普菌素	0.5～1mg/kg 浇泼
氰戊菊酯	0.05%药浴
氟虫腈	0.29%雾剂（肉用动物禁用）
伊维菌素	每100kg体重20～40mg皮下注射
石硫合剂（L）	2%～5%药浴
林丹	0.06%雾剂，0.03%药浴

（续）

药物名称	浓度及形式
马拉硫磷	0.5%雾剂，5%粉剂
甲氧滴滴涕	0.5%～1%雾剂/药浴，5%粉剂
氯菊酯（L）	0.05%雾剂，0.5%局部治疗
亚胺硫磷	0.15%～0.25%雾剂/药浴
敌百虫	0.2%雾剂/药浴

注：以上产品在许多国家并未获准用于山羊，标注（L）的通常适用于产奶动物，但使用前应仔细阅读说明书及安全提示。

2.5.4.1 虱子

所有种类的山羊虱子均需黏附在宿主体上完成其生活史，且具有很强的宿主特异性。虱子卵黏附在被毛上经 5～8d 孵化后，孵化出的若虫与成虫外形相似但体型小，在孵化后经 14～21d 发育成熟。绵羊毛虱是绵羊的一种虱子，也可寄生于山羊，因此在消灭绵羊虱子的时候，山羊是绵羊重复感染虱子的源头（Hallam，1985）。

2.5.4.1.1 临床症状及诊断

吸血虱（虱目）头部相对狭窄，上有刺吸式口器，据报道在美国山羊体上发现 2 种：山羊颚虱（雌性长 2.75mm，雄性长 2.2mm）和非洲长颚虱（根据头部后外侧边缘隆起区分，雌性 2.15mm，雄性 1.65mm），它们呈蓝灰色，可侵扰安哥拉山羊及其他山羊（Price and Graham，1977），除引起皮肤瘙痒外，还可吸食山羊血液和继发皮肤细菌感染，严重感染时也可引起幼羊死亡。

食毛虱（食毛目）具有宽大的咀嚼式口器，呈白色且体型小（1～2mm），很难发现，可因动物摩擦瘙痒处引起损伤，同时食毛虱可叮咬宿主被毛，导致掉毛。因寄生数量的不同，可对安哥拉山羊的羊毛造成中度到严重的破坏。黄灰色、毛状的牛羽虱（*D. crassipes*）和红色的花边毛虱常寄生在安哥拉山羊体上，而在美国，体型更小的牛羽虱通常叮咬肉用山羊或乳用山羊（Sebei et al，2004）。有些品种的山羊在人工感染过程中发现其对虱子叮咬具有天然抵抗力（Merrall and Brassington，1988）。

2.5.4.1.2 诊断

通过刮屑或梳理的方法收集虱子或虱卵进行诊断，即将蚤梳收集到的样本放入自封袋中，之后用解剖镜或放大镜进行检查。研究发现，食毛虱通常聚集在山羊的肩部叮咬（很难梳理山羊的此部位），而吸血虱则聚集在胸部和肩部（Merrall and Brassington，1988）。由于虱子对温度升高敏感，它们会因环境温度和阳光照射而改变在宿主体上的分布，且通常冬天数量多于夏天。

2.5.4.1.3 治疗

许多杀虫剂可有效清除山羊的虱子（Moore et al，1959；Bowman，2003），但不能杀死虱卵。虱子可对某些杀虫剂产生抗性，如目前已有对氯菊酯产生抗性的报道（Levot，2000），但也存在药物没有接触到虱子的可能（Bates et al，2000）。此外药物标签上应明示避免混入奶和食物中。由于首次治疗时并不能杀死虫卵，因此需在间隔 10～14 天后重复用药，以杀死尚未成熟的幼虫。在小羊出生之前治疗可防止虱子迅速转移到新生羊身上。毛用山羊，甚至奶山羊，剪毛和清理黏附的虱卵是最好的治疗方法。

常用的药物有巴毒磷（1％水溶液喷雾或3％粉剂）、蝇毒磷（0.25％水溶液喷雾或0.5％粉剂）、敌敌畏及氰戊菊酯。浇泼比喷雾和药浴更为方便，但粉剂适合在寒冷的天气使用。蝇毒磷（Konar and Ivie，1988）和氰戊菊酯浇泼可引起乳汁污染。新型的氯菊酯具有安全、高效的特点，且不会在乳汁和肉品中残留。在印度，用1mg/kg 的氟氯苯浇泼可完全控制山羊虱子达6 周之久（Garget al，1998）。用依普菌素浇泼对哺乳期山羊安全，但在美国未获准使用。伊维菌素在美国也未获准使用，以20mg/100kg 皮下注射可有效抗吸血虱，但对食毛虱无效，不能用于泌乳的奶山羊，该剂量也可用于抗胃肠道寄生虫（参见第 10 章）。对宠物和幼龄羊，可使用标明可用于猫的鱼藤酮、跳蚤粉等来治疗，为经济动物制备的蚤项圈等使用起来更为方便。应该注意在美国超范围使用农药是非法的，农产品中含有鱼藤酮将被禁止上市。

昆虫激素已被用于虱子的控制（Price and Graham，1997）。用 0.1％人工合成的保幼激素每间隔两周喷雾 3 次，可控制食毛虱达 4 个月之久（Chamberlain and Hopkins，1971）。

2.5.4.2 跳蚤

在一些热带地区（Obasaju and Otesile，1980；Opasina，1983）和美国（Konnersman，2005b），发现犬和猫的跳蚤（栉首蚤属）有时会侵扰山羊。在希腊，发现人的跳蚤（*Pulex irritans*）可长期侵扰奶山羊（Christodoulopoulose and Theodoropoulos，2003；Christodoulopouloseet al，2006）。这种无翅、侧面扁平、长 2～4mm 的蚤目成年昆虫可吸血并引起局部刺激。跳蚤经常离开宿主，将卵产在山羊身上或地面上。临床症状包括躁动、摩擦、啃咬，动物体表可见擦伤、脱毛、非毛囊性丘疹、结痂，按压山羊的背部很容易发现跳蚤。年幼和老弱动物可出现贫血和消瘦（Fagbemi，1982）。皮肤外周血嗜酸性粒细胞浸润和有渗出物，提示跳蚤的唾液引起严重的过敏（Yeruham et al，1997）。对虱子的治疗方法也同样适用于跳蚤治疗，但其治疗应该涉及所有的哺乳动物宿主及环境。

2.5.4.3 羊虱蝇

绵羊虱蝇是一种无翅的吸血昆虫，可侵扰绵羊和山羊，其长 6～7mm，容易发现，与蜱相似。其整个生活史均依赖宿主完成，周期为 5 周或更长一些。该寄生虫可吸食山羊血液和引起皮肤炎症，其潜在的危害是巨大的经济损失。剪毛可有效去除羊虱蝇，用于控制虱子的杀虫剂均对羊虱蝇有效。

2.5.4.4 厩螫蝇、蠓蚋和蚊子

水渠、水沟等有流水地区的山羊，在春季可受到成群黑蝇（蚋科）的攻击，杀虫剂对这类害虫效果很差，在此时进行舍饲可有效降低其危害（Gnad and Mock，2001）。马厩蝇（厩螫蝇）、马蝇及鹿蝇也可叮咬山羊，局部使用氯菊酯缓释产品可部分缓解叮咬状况。库蠓是在午后和晚上成群吸血的昆虫，据报道它可引起小反刍动物明显的皮肤损伤（Gnad and Mock，2001），但这种损伤很难描述。有些动物对蠓蚋的唾液非常敏感。库蠓是蓝舌病毒和布尼病毒的重要传播媒介，蚊子会吸食山羊血液，最直接的控制方法是消除污浊的死水。

根据季节性皮肤瘙痒和动物摩擦状况，可对昆虫引起的超敏反应进行诊断（图 2.9、彩图 9）。如果驱虫剂和舍饲不能控制症状，可给没有怀孕的山羊注射地塞米松治疗。

2.5.4.5 皮肤蝇蛆病

在美国北部、南部和中部发现了一种新的旋

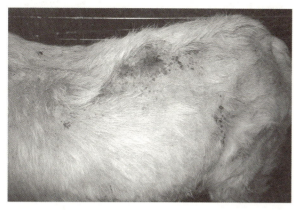

图 2.9 在纽约，公羊早春季节常发性昆虫叮咬过敏症，伴随严重瘙痒和动物摩擦（Dr. M. C. Smith 提供）

丽蝇幼虫，与动物尸体相比，成虫蝇更喜欢将卵产在活动物伤口或身体上。通过利用雄性不育蝇，美国于1966年成功消灭了该物种。但1982年该寄生虫很快从墨西哥进入美国得克萨斯州，美国又有相关报道。近年来随着动物出口和人员流动，该寄生虫到处扩散（Alexander，2006）。直接的证据是1998年在美国得克萨斯的一只安哥拉山羊上发现幼虫，之后快速扩散（AVMA，1999）。剪毛、去角、阉割、打耳标等造成的伤口和蜱叮咬处是旋丽蝇幼虫常寄生的部位。此外，新生动物口和脐部也常寄生。蝇蛆的寄生可引起一系列并发症如局部发臭、瘙痒、毒血症或败血症，甚至可引起山羊死亡。治疗方法是将伤口用局部杀虫剂（如马拉硫磷或蝇毒磷软膏剂）进行处理，应用驱虫剂可使动物免受反复攻击，如果动物发生全身性感染可使用抗生素，注射阿维菌素可预防旋丽蝇幼虫在小牛伤口中的寄生（Alexander，2006）。地昔尼尔是一种昆虫生长调节因子，对旋丽蝇及其他蝇蛆具有长期预防的作用（Sotiraki et al，2005）。

金蝇（Chrysomya bezziana）是已知在古代就存在的一种螺旋蝇，有文件记载其曾引起阿拉伯半岛山羊的蝇蛆病（Spradbery et al，1992；Abo-Shehada，2005）。虽然其尚未传播到西半球，但现代化的交通使其传播成为可能。

黑须污蝇是在亚洲（从伊朗到蒙古）和地中海引起蝇蛆病的主要蝇类。随着动物年龄的增加寄生的机会增加，寄生部位通常为生殖器和四肢（Ruiz-Martinez et al，1991）。临床症状包括炎症、皮肤瘙痒、沉郁、体重减轻（Ruiz-Martinez

et al，1987）。

在同样的伤口中可发现一种绿头苍蝇的幼虫（丽蝇蛆病），可以通过幼虫解剖方法进行鉴定。如羊毛腐败、皮肤沾染粪便和尿液等导致皮肤细菌感染，可使完好的皮肤吸引这类昆虫，溃疡处污秽的气味也可吸引蛆虫。用温和的松节油溶液清理伤口对该病有帮助，因为处理后许多蛆虫可从深部的洞里爬出来掉到地面上。杀虫剂、驱蚊剂以及抗生素已被用于治疗蝇蛆病。

2.5.4.6 皮蝇病

在亚洲主要侵扰山羊的一种鸣叫蝇类为大黑猿皮蝇［Przhevalskiana（Hypoderma）silennus］，在塞浦路斯、克里特岛和土耳其报道，Hypoderma acratum 可寄生于山羊，在伊朗干燥的丘陵地区侵扰山羊的为 H. cross（Soulsby，1982）。最近作者发现这些皮蝇是同一个种（Otranto and Traversa，2004）。目前尚未见牛皮蝇（Hypoderma bovis）和纹皮蝇（H. lineatum）侵扰山羊的报道（Colwell and Otranto，2006）。

2.5.4.6.1 致病机制及临床症状

春季大黑猿皮蝇成虫将卵产在山羊腿部及胸部的被毛上，目前更倾向于幼虫直接从皮下迁移至背部而不通过食道或脊髓（Otranto and Puccini，2000）。一期幼虫出现在皮肌中，皮肌出现坏死和中性粒细胞浸润，之后幼虫穿透上层肌肉和皮肤而蜕皮进入第二期，此时幼虫产生的废物、聚集的渗出细胞、肉芽组织形成10～12mm厚的壁包裹在虫体周围（Cheema，1977）。之后形成三期幼虫，三期幼虫掉落在地面上形成蛹。曾在一只山羊身上发现多达150只的幼虫（Prein，1938）。在土耳其一家屠宰场调查1 049只山羊发现，53%的羊感染 P. silennus（一种皮蝇），寄生幼虫数量从1到52只不等，平均为7只（Cöksu，1976），有时皮肤呈筛状。通过对伊朗屠宰场调查发现，当地93%山羊感染皮蝇，羊皮上形成的洞给伊朗最好的皮革工厂带来了巨大的损失（Rahbari and Ghasemi，1997）。

2.5.4.6.2 治疗

每100kg体重5～20mg伊维菌素可有效杀灭各个阶段的皮蝇（Tassi et al，1987；Yadav et al，2006），甚至微量的伊维菌素（每100kg体重0.5mg注射，每100kg体重1mg浇泼）也具有很好的效果且奶中的残留很低（Giangaspero et al，2003）。在一些该寄生虫流行，但无新合成的杀虫剂的国家，牧羊人应该学会在冬天消灭皮蝇。

2.5.4.7 蜱病

在世界范围内，蜱为一种重要的外寄生虫。

2.5.4.7.1 病原学

感染山羊虫种的鉴定和生活史的讨论，可能超出了本书范畴，读者可参阅相关寄生虫学书籍（Soulsby，1982）。表2.2列举了一些重要的虫种，发生在美国的一些虫种由Gnad和Mock（2001）进行了综述。软蜱属于软蜱科，可反复吸食宿主血液。硬蜱属于硬蜱科，在背部表面有一个硬壳，每个发育阶段只吸食一次宿主血液。蜱幼虫有6条腿，而若虫和成虫蜱则有8条腿。根据蜱在幼虫到若虫阶段和若虫到成虫阶段是否脱离宿主进行蜕皮，可将蜱分为一宿主蜱、二宿主蜱、三宿主蜱。蜱无严格的宿主特异性

（Scott，1988）。

2.5.4.7.2 临床症状和诊断

被蜱叮咬的部位因蜱种不同而异（Barker and Ducasse，1968）。可能起初表现为丘疹、脓疱或疹块，随后出现结痂或溃疡。对持续结节性皮肤病变的诊断中，证实存在蜱，可做出诊断，对刺入皮肤的嵌入式蜱口器的确定是非常必要的；此外，细菌感染和蝇蛆病也会导致同样的皮肤病变。有些蜱，如希伯来花蜱（*Amblyomma hebraeum*）和镰形扇头蜱（*Rhipicephalus glabroscutafum*）主要附着在蹄部，特别是蹄趾间，导致蹄部容易化脓（MacIvor and Horak，1987）。对皮张的损害比较大，其他的重要的危害是血液损失和传播一些重要疾病如无形体病、巴贝斯虫病、心水病、泰勒虫病及蜱传热，也可能出现蜱瘫痪。已证实南非波尔山羊垂体脓肿与蜱寄生在羊角后部有关（Bath et al，2005），该情况将在本书其他部分进行讨论。

表2.2 重要的山羊蜱种

蜱	分布	重要性
软蜱科		
Otobius megnini（耳刺残喙蜱）	美洲北部和南部，非洲南部，印度	耳部局部刺激和血液损失
Ornithodorus spp.（钝缘蜱）	美国，亚洲	传播Q热、泰勒虫病及无形体病
硬蜱科		
Ixodes ricinus（蓖麻硬蜱）	欧洲	传播蜱传热、跳跃病、蜱瘫痪
Ixodes pilosus（多毛硬蜱）	南非	不引起瘫痪
Ixodes rubicundus（浅红硬蜱）	南非	蜱瘫痪
Boophilus decoloratus（消色牛蜱）	埃塞俄比亚	传播巴贝斯虫病和泰勒虫病
Boophilus microplus（微小牛蜱）	热带	传播巴贝斯虫病
Rhipicephalus appendiculatus（附尾扇头蜱）	非洲	附着在耳部和尾巴下面，传播内罗毕羊病
Rhipicephalus bursa（镰形扇头蜱）	非洲和欧洲南部	传播绵羊泰勒虫病和绵羊巴贝斯虫病
Rhipicephalus haemaphysaloides（镰形扇头血蜱）	印度	传播蜱传热
Haemaphysalis punctata（斑点血蜱）	欧洲，北非	传播羊巴贝斯虫病和羊泰勒虫病
Amblyomma hebraeum（希伯来钝眼蜱）	非洲	传播心水病
Amblyomma variegatum（彩饰钝眼蜱）	非洲和加勒比海	传播心水病
Amblyomma cajennense（卡延钝眼蜱）	美洲北部和南部	蜱瘫痪（巴西）
Dermacentor spp.（草原革蜱）	全球	偶尔引起蜱瘫痪

2.5.4.7.3 治疗

如果蜱和羊的数量很少，用手工方法去除蜱是最好的方法。利用一种类似梳子的工具除蜱的效果要好于用镊子和手工操作（Zenner et al，

2006）。许多可用于喷雾、药浴及浇泼的药物（表2.1）可有效减少蜱的数量，且提供短时间的保护。将杀虫剂在蜱寄生的部位（如耳道、会阴部）局部喷雾或用手涂抹可减少蜱寄生的数量

（Back and Ducasse，1968）。伊维菌素类可完全阻止蜱吸血（Wall and Shearer，2001），但应注意其在肉、奶中的残留以及对环境的影响，因为这有可能会诱导蜱对杀虫剂（Stampa，1964）及胃肠道线虫对伊维菌素的抗性。

2.5.4.7.4 控制

完全根除蜱非常困难，但通过使用杀虫剂可使蜱数量在2~3周内减少。对于二或三宿主蜱，应在其活动的季节进行治疗，一宿主蜱很可能一直附着在宿主身上，从而通过一次或两次治疗可被杀灭。双甲脒（amitraz）曾经被用于牧场喷洒，以降低蜱的载量（Harrison and Palmer，1981）。在有些情况下，牧场焚烧或重新耕种对蜱的控制很有帮助。

2.5.4.8 疥螨病

可引起山羊疥癣（疥疮）的螨有前面提到的羚羊疥螨（Sarcoptes rupicaprae）和山羊特有的疥螨种，它们在表皮下挖掘隧道吸食组织液（Scott，1988）。有人用来自山羊的疥螨人工感染瘦弱的绵羊（Ibrahim and Abu-Samra，1987），并且当山羊和绵羊在一起饲养时绵羊可能被自然感染。分子分析发现所有的疥螨属于一个种（Zehler et al，1999），人在处理患病山羊时也可被感染（Menzano et al，2007）。

2.5.4.8.1 临床症状

有报道，易感羊在接触感染的山羊或羚羊几周后，开始出现瘙痒性的小结节，尤其在头部（Menzano et al，2007）。部分山羊皮肤病灶似乎有自限能力，然而有些山羊在眼睛周围、耳朵、颈部、胸部、大腿内侧、乳房、阴囊等部位发展扩散形成严重皮炎，病变部位过度角化和蜕皮，伴随摩擦且烦躁不安。增厚的皮肤形成皱纹并皲裂（Abu-Samra et al，1981；Kambarage，1992），易继发细菌感染。严重感染的山羊体重减轻且结节淋巴细胞浸润，有些会死亡（Zamri-Saad et al，1990；Menzano et al，2007），皮革的价值显著下降。

2.5.4.8.2 诊断

确诊通常需要在病变的边缘深层刮取皮屑，检查可发现螨虫，形态为在前跗节上附着不分节的、长柄状的虫体。即使在很多刮下的皮屑中没有发现螨虫，活组织检查发现嗜酸性粒细胞浸润性皮炎和虫道，可基本诊断为疥癣（Deorani and Chaudhuri，1965；Scott，1988）。在一些慢性病例中，可进行治疗性诊断。有些地方法规规定一旦诊断为该病阳性，应该及时向相关政府部门报告。

2.5.4.8.3 治疗

哺乳期的动物可每隔5~7d反复（可能5~10次）用石硫合剂溶液（lime sulfur）治疗。在美国，奶牛疥癣控制推荐用0.05%双甲脒重复2次进行治疗，每次间隔7~10d，此方法对奶山羊也应该是安全的。对非哺乳期动物，许多寄生虫杀虫药物经过应用证明有效，但如果治疗一旦停止，则经常复发（Jackson et al，1983）。喷雾的方法由于药物不能有效穿透没有剪毛动物的毛发到达皮肤而经常失败，有些动物可能需要给予抗生素以防止细菌继发感染。

近来，伊维菌素（皮下注射）简化了治疗方法，尤其避免了在寒冷天气下对山羊药浴的不便。推荐用清洁洗发水去除山羊身体上附着的痂皮，即使在刚注射过伊维菌素后也可进行。对沙特阿拉伯山羊用伊维菌素（每只成年羊不管体重大小用1%溶液1mL）连续治疗2次，间隔一周1次，其效果极佳，身上的痂皮也消失；在第一次治疗后至少2周内的动物体上仍能分离到活疥螨，但在第二次治疗后3周所有山羊皮屑转为阴性（Wasfi and Hashim，1986）。另一例治疗方法是以3种剂量伊维菌素间隔2周皮下注射，以0.2~0.4mg/kg效果最好（Zamri-Saad et al，1990）。局部使用0.5mg/kg的莫西菌素（moxidectin）三次，每次间隔14d，在严重感染的意大利山羊群成功清除了该寄生虫。适合山羊的更高剂量可能效果更迅速（Menzano et al，2007）。哺乳期动物局部单独使用乙酰氨基阿维菌素（依普菌素，eprinomectin）（Eprinex® 浇泼剂，梅里亚）1mg/kg（牛剂量的2倍）更好，因为山羊奶中的残留量低于对奶牛设立的限制标准（Dupuy et al，2001）。

2.5.4.9 足螨病

有人认为山羊的足螨属于牛足螨（Chorioptes bovis），但也有人认为其具有宿主特异性，应该划分为山羊足螨（C. caprae）（Scott，1988）。

2.5.4.9.1 流行病学

这种螨虫寄生于山羊皮肤表面，以表皮脱落的皮屑为食，可存在于无临床症状的山羊，在环境中存活达 10 周之久（Liebisch et al，1985）。在邻近畜群中突然出现疥癣可基本确定。螨虫数量受环境影响而不同，在寒冷季节螨虫数量达到高峰，引起临床症状最明显。对新西兰野生山羊研究发现，虽然在 368 只山羊中仅发现 5 只羊的腿部有明显病变，但足螨在冬季流行率为 100%（Heath et al，1983）。

2.5.4.9.2　临床症状和诊断

病变通常表现为非毛囊性丘疹、痂皮、脱毛、红斑、溃疡等。起初在四肢下端发现，随后向四肢上端、阴囊、会阴等部位扩散（Scott，2007）。皮肤瘙痒症状明显，可被山羊摩擦或撕咬四肢病变部位的行为所证实，脱毛和结痂显然是良性的（图 2.10、彩图 10），足螨很少引起皮炎（Dorny et al，1994）。

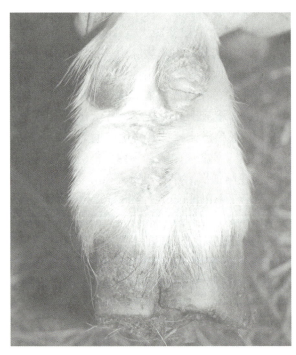

图 2.10　足螨感染引起山羊蹄系部的温和性结痂和剥落（Dr. M. C. Smith 提供）

可利用蚤梳或刮取皮肤获得诊断样品。收集的皮肤碎屑中加入含鱼藤酮的矿物油，可阻止螨虫在显微镜检查前逃逸（Scott，1988）。足螨在其前跗节上有短肉茎。应注意该病与锌缺乏症和细菌感染之间的鉴别诊断，这些疾病可与螨病同时发生。

2.5.4.9.3　治疗

足螨病的治疗有时非常容易，但某些山羊对螨虫过敏，可导致治疗失败，同时所有接触的山羊都应进行治疗以消除带虫状态，圈舍也应消毒处理。2% 石硫合剂溶液每周 4 次全身喷雾或药浴对泌乳山羊安全，0.25% 巴毒磷、0.25% 蝇毒磷、0.2% 敌百虫、0.05% 双甲脒及 0.03% 林丹必须应用 2 次，每次间隔 10～14d。一项研究发现，用 0.05% 氰戊菊酯药浴可杀灭安哥拉山羊的所有螨虫（Wright et al，1988）。由于足螨寄生在皮肤表面，注射伊维菌素可杀灭大多数螨虫，但并不能彻底消除。牛局部应用伊维菌素（0.5mg/kg，皮肤健康的动物使用一次）表明，可有效预防牛足螨（Barth and Preston，1988）。氟虫腈（Frontline® 喷雾剂，梅里亚）提倡用于山羊（Konnersman，2005b），治疗时应该遵守奶和肉中药物残留方面的国家法律规定。用洗发液洗去痂皮、剪去羊毛，有助于提高外用杀螨剂的效果，抗生素合并使用可有效防止细菌继发感染，在特定情况下可给易于过敏的山羊合理使用糖皮质激素。

2.5.4.10　痒螨病

目前痒螨属的分类还未有定论（Scott，1988；Zahler et al，1998；Bates，1999）。耳螨在支原体感染传播中的重要作用将在第 9 章中讨论。

2.5.4.10.1　病原学及流行病学

经常报道的山羊耳螨是全球流行的兔痒螨（*Psoroptes cuniculi*）。尸体剖检研究表明山羊流行率极高（21/24，8/18）（Williams and Williams，1978；Cook，1981）。在 10 日龄左右的羔羊外耳道发现痒螨，大部分羔羊在出生 3 周后即被感染（Williams and Williams，1978）。在新西兰，野生山羊体一侧常被感染，在冬季及老山羊尤其严重（Heath et al，1983）。当山羊发生全身性螨病时（在绵羊痒螨病常发地区地方），一般被认为是山羊足螨引起的。这种螨虫体呈长柄状、分节，通常肉眼可见。它不在皮肤上掘洞，但以组织液为食。据报道在环境中生存时间长，可达12 周之久（Liebisch et al，1985）。

2.5.4.10.2　临床症状和诊断

耳螨感染的症状主要有摇头（Dorny et al，1994）、蹭头，有时用后蹄反复挥脱毛的耳部。偶尔在山羊外耳道，甚至在背部、臀部及蹄腕等处出现片状、结痂或多层痂皮病变（Littlejohn，1968；Munro and Munro，1980；Heath et al，

1983；Lofstedt et al，1994），但通常不出现明显可见的病变。耳镜检查（对成年羊推荐使用镇静剂）很容易确定螨虫的存在，在耳道内通常可见淡黄色蜡状的栓塞（Munro and Munro，1980；Cook，1981；Heath et al，1983），用棉签取部分栓塞物进行检查具有一定的诊断意义。触诊外耳的基部可听到外耳道分泌物碎裂的声音（Nooruddin and Mondal，1996）。很少由外耳炎发展成为中、内耳炎而表现歪头症状。

由痒螨引起的躯体疥癣类似于疥螨，但很少有结痂的形成（Wasfi and Hashim，1986）。在美国得克萨斯州根除由山羊痒螨引起绵羊结痂以前，兔痒螨对安哥拉山羊感染比奶山羊严重得多，可通过对其皮毛造成的严重破坏所证明（Graham and Hourrigan，1977）。应从病变的边缘刮取皮屑，可将刮取的皮屑装入自封袋内或培养皿中，加热后使痒螨活动增加以利于进一步检查。同时也可报告相关的管理部门。

2.5.4.10.3 治疗

耳螨的治疗，通常首先应从表现出瘙痒临床症状的山羊身上解除任何铃铛（以避免来自畜主的持续干扰）。外部病变可用杀螨剂涂搽。犬耳螨药剂也可用于山羊，但仅限耳道内的螨虫感染，应去除痂皮和皮屑，并需重复用药（Munro and Munro，1980）。螨虫的生活周期为3周左右，建议进行数周治疗（Littlejohn，1968）。对非泌乳的宠物山羊，合理的治疗方法是1~2周内分2次注射或口服伊维菌素，每次20mg/100kg（Lofstedt et al，1994）。在耳道内滴入几滴伊维菌素溶液也非常有效（Konnersman，2005b）。

对动物体上的螨虫可用常规杀虫剂，如双甲脒（Harrison and Palmer，1981）药浴或喷雾治疗。有人发现伊维菌素（一周注射一次，共2次）对山羊痒螨的治疗也很有效（Wasfi and Hashim，1986）。

2.5.4.11 耳螨病

在山羊耳螨中，耳螨属是一个独立的属（Cook，1981；Lavoipierre and Larsen，1981），仅隐性感染该种螨虫的野生山羊耳部可能会表现出炎症症状，但其与临床发病没有明显的关系。耳螨属螨虫比痒螨个体大，较长的腿位于虫体的前半部。耳螨参与支原体感染的传播将在第9章中讨论。

2.5.4.12 蠕形螨病

蠕形螨形似雪茄，通常寄生于山羊毛囊和皮脂腺中，全球广泛分布。和其他宿主一样，蠕形螨主要在山羊眼睑上寄生，但全身其他部位无任何可见的病变（Himonas et al，1975）。

2.5.4.12.1 流行病学

蠕形螨容易在产房和拥挤的圈舍中流行，该螨虫离开羊体后仅能存活数小时，但其通过污染的饲料槽等进行接触传播，目前尚未有成年山羊之间自然传播的报道。同一患病的山羊群中有些出现结节，有些则不出现结节，可能是动物免疫能力不同的原因（Das and Misra，1972），这与动物的遗传、营养（如缺硒或蛋白质不足）、应激（如高产）有关。幼龄山羊首次感染后很可能在几个月以后才出现病变（Williams and Williams，1982）。

2.5.4.12.2 临床症状和诊断

经常摩擦的部位无毛，这些部位包括脸部、颈部、肩部及侧面，但腹部的腹面和乳房则无结节存在。在对有皮肤损伤的动物进行随访的情况下，观察到结节在10~15月龄的动物首次被检测到（Euzeby et al，1976）。起初结节很小，需仔细触摸才能发现（Smith，1961）。但在此时或更早时很容易检测到皮肤病变（Rohrer，1935）。到18~20月龄时，结节会长到扁豆或豌豆大小，由于这些结节无痛感，直到剪毛时才会被发现。偶见轻微瘙痒（Durant，1944），但相对较少发生。

一个结节相当于一个扩张的皮脂腺毛囊。指压可从中心孔挤出条状黄白色糊状物。镜检这些干酪物发现许多卵、幼虫和成虫（图2.11、彩图11）而确诊。这种疾病在羊3岁时达高峰，

图2.11 皮肤结节挤压排出物涂片检查，可观察到雪茄状蠕形螨（Dr. M. C. Smith 提供）

结节直径可达 0.5~1.25cm。此时,感染严重的羊会无精打采,进食少,体重减轻或产奶量严重减少。但这些症状并不清楚是因为螨虫感染还是潜在的(营养)问题所致。在老龄动物,结节会变小、变硬,数量较少。

2.5.4.12.3 治疗

前面已经提到不同的治疗方法。当只有很少的结节出现时,挤压或切割来移除内容物可使病变的毛囊治愈,从而使山羊得到治疗。碘酒或其他消毒剂可用于杀死结节内剩余的虫体。有些山羊携有数百个分散的病灶,有些山羊产生无显著特征的皮炎,而不是典型的结节形式。对于这些症状,局部和全身有机磷、双甲脒(0.025%)治疗,或每周伊维菌素或乙酰氨基阿维菌素治疗,效果良好(Thompson and Mackenzie,1982;Strabel et al,2003)。由于病灶消退需要数周或数月时间,治疗效果的记录是困难的。在虫体死亡之后,结节还会存在很长时间。在一个案例中,在双甲脒(12 次局部用药)停用之后,结节重新出现(Brügger and Braun,2000)。由于未受干扰的病变局部通常不会继发细菌感染,因此不需要抗生素治疗。

除针对营养不良进行治疗外,通常只对表现临床症状的动物进行治疗。由于山羊对疾病可能存在遗传敏感性,患病严重的山羊不应用于育种(Scott,1988)。

2.5.4.13 自由生活的螨虫感染

恙螨成虫和幼虫是自由生活的螨虫。幼虫(沙螨、秋螨)微红色、六足,其在牧场或森林侵害放牧动物的蹄部、鼻、口和背部,或者通过污染的饲料感染圈养动物。动物可能出现兴奋和瘙痒、丘疹、水肿、渗出和溃疡等临床症状。确认皮肤碎屑中的幼虫需要与其他情况进行区别,如足螨病、葡萄球菌性皮炎和锌缺乏症。在慢性病例中,可能不存在螨虫,这一情况在绵羊上有很多报道(Wall and Shearer,2001),偶见于山羊(Nooruddin et al,1987)。杀虫剂药浴或喷洒可能缓解症状。

暴露于螨虫如粉螨(*Tyroglyphides* spp.)咬过的粮食或饲料,偶尔可引起山羊的皮肤炎(Matthews,1999)。同样,与家禽一起圈养的山羊也会患瘙痒症。特别是在晚夏,晚上山羊会被禽皮刺螨(*Dermanyssus gallinae*)攻击

(Matthews,1999)。

2.5.4.14 小杆线虫皮炎和类圆线虫病

乳突类圆线虫(*Strongyloides papillosus*)幼虫穿过未破损的皮肤,进入毛细血管,顺着血液进入肺部,向上进入气管,向下随着胃肠道道进入小肠。第一次暴露时山羊皮肤上没有组织学变化,但随着重复暴露形成宿主抗性,会产生化脓性皮炎。水肿、炎性浸润(中性粒细胞、嗜酸性粒细胞、淋巴细胞和巨细胞)以及幼虫的消灭是其特征,这一情况在绵羊上已得到很好的描述(Turner et al,1960)。据报道,患病的山羊特别是在雨后,常踏蹄、跳跃和啃咬蹄部(Baxendell,1988)。应该消除幼虫的温暖潮湿的栖息地,对动物施以驱虫剂,如阿苯达唑、左旋咪唑或者伊维菌素。

类圆小杆线虫[*Pelodera*(*Rhabditis*)*strongyloides*]是自由生活的土壤线虫,可以侵入山羊与湿润土地和腐败有机物接触的部位皮肤(Scott,1988)。尽管在山羊上没有报道,但在不卫生的环境下它很可能引发圈养山羊的瘙痒性皮炎。通过刮取的碎片或皮肤活组织切片可以诊断,通过移除污染的垫草等环境卫生措施可以控制该病。钩虫(*Bunostomum*)是另一种钻入皮肤能够引起皮炎的线虫。另外,需要与接触性皮炎、疥螨病和恙螨病进行鉴别诊断。

2.5.4.15 拟鹿圆线虫病(Parelaphostrongylosis)和鹿圆线虫病(Elaphostrongylosis)

细弱拟鹿圆线虫(*Parelaphostrongylus tenuis*)是一种寄生在白尾鹿脑膜的蠕虫,通常会引起北美山羊的神经性疾病。该虫感染的瘫痪和非瘫痪的山羊,在颈部、肩部、胸部或侧腹会出现线型、垂直方向的皮肤病灶(Smith,1981;Scott,1988,2007)。畜主报告说,山羊会啃咬、摩擦这些部位的皮肤,就像是对严重的瘙痒症做出反应。病灶经常是单侧脱毛,结痂,或瘢痕(图 2.12,彩图 12)。一个病灶痊愈,而另一个会出现在靠近山羊头部的位置。一个可能的解释是,迁移的寄生虫幼虫刺激了同一皮节的背神经根。当发现有瘙痒症灶的山羊曾接触过鹿经常出没的草地时,诊断该病,应考虑细弱拟鹿圆线虫引起的皮肤病。神经功能缺陷提示其脊髓

受损和嗜酸性粒细胞增多或脑脊髓液蛋白增加，对确诊该病提供了额外的证据。该病的治疗和控制将在第5章中讨论。

图2.12 与白尾鹿同牧的克什米山羊体侧患垂直性脱毛症，提示其背神经根被细弱拟鹿圆线虫刺激（Dr. M. C. Smith 提供）

在挪威，受影响的山羊具有相似的神经性疾病，其迁移的寄生虫是驯鹿圆丝虫（*Elaphostrongylus rangiferi*），自然宿主是驯鹿。在一个畜群中，瘙痒症状通常比神经症状先出现（Handeland and Sparboe，1991）。当山羊羔试验性感染驯鹿圆丝虫时，瘙痒症通常在感染后4～10周出现（Handeland and Skorping，1993）。鹿的肌肉蠕虫（*Elaphostrongylus cervi*）与欧洲山羊的神经系统疾病相关，但瘙痒皮肤损伤未见报道。

这种综合征的一个鉴别诊断可能是神经性的自残行为（Yeruham and Hadani，2003）。活组织样本切片检测仅能揭示由啃咬或抓挠引起的皮肤损伤。然而，只有检查了脊髓后，才可能排除受影响的皮肤是否由神经根的刺激引起。

2.5.4.16 丝虫性皮炎

多种丝虫已知能引起小反刍动物的皮炎。丝虫可经昆虫媒介传播，特别是苍蝇，会将幼虫产在山羊皮肤伤口处引发感染。在出现丘疹、脱毛或痂皮病灶的同时，还伴有瘙痒。马来西亚发生的一种山羊蹄部硬痂性皮炎归因于咖氏冠丝虫（*Stephanofilaria kaeli*）（Fadzil et al，1973）。在印度，阿萨麦冠丝虫（*Stephanofilaria assamensis*）在山羊的皮肤褥疮中发现（Patnaik and Roy，1968）。皮肤刮擦以及刮后皮肤血液渗

出物涂片，能发现寄生虫的成虫和微丝蚴。活组织切片可用福尔马林固定或者浸泡，并用解剖显微镜检查。在针对寄生虫的炎症反应中，嗜酸性粒细胞占优势地位。敌百虫对感染山羊的治疗是有效的。

施氏血管线虫（*Elaeophora schneideri*）（美国西部山区长耳鹿和黑尾鹿的亚临床动脉内寄生虫）偶尔会寄生在绵羊和麋鹿体内，由马蝇传播。成虫能够阻塞头部的血管，微丝蚴寄生在皮肤的毛细血管。红斑、脱毛、溃疡和痂皮出现在面部和头顶部，有时也出现在绵羊的腹部和蹄部。失明、神经症状和角膜结膜炎也会发生。山羊病例资料的缺乏，反映了在2 000m以上高山地区放牧的山羊可能很少感染。美国东南部、得克萨斯州以及太平洋沿岸国家均报道过这种寄生虫，山羊被认为是偶尔感染的（Haigh and Hudson，1993）。

2.5.4.17 贝诺孢子虫病

在非洲和中东，孢子虫属的原虫性寄生虫引发野生和家养山羊的大面积的皮炎和脱毛。一些工作者认为感染山羊的羊贝诺孢子虫（*Besnoitia caprae*），不同于感染牛的牛球孢子虫（*B. besnoiti*）（Njenga et al，1995）。山羊阴囊和四肢处损伤特别严重，皮肤变厚形成褶皱，色素沉着过多和渗出（Oryan and Sadeghi，1997）。通过含缓殖子和胶原蛋白被膜包裹的包囊（椭圆形或球形，平均大小175μm×290μm）的皮肤活检标本进行诊断（Bwangamoi，1967；Cheema and Toofanian，1979）。巩膜结膜中也可能存在贝诺孢子虫的包囊（Bwangamoi et al，1989）。没有特异性的治疗方法，也未报道山羊的治疗策略，但可能的措施包括牛组织培养疫苗的接种（Radostits et al，2007），还有避免饲喂被猫粪便污染的饲料。叮咬的苍蝇也可能传播这种寄生虫。

2.6 营养相关疾病

山羊因食物能量不足或蛋白质摄入不足，被毛会变干枯稀少，皮肤也会变干变薄，呈鳞状。这些变化不是特异性的，会伴随一些慢性疾病或者消耗性疾病的发生而出现。缺铜症（第19章将会介绍）与被毛色素褪色有关（Lazzaro，2007）。

某些矿物质或维生素缺乏可引起皮肤的变化。脱毛可能与肝损伤有关，在苏丹，通过试验性饲喂有苞的马兜铃（*Aristolochia bracteata*）给山羊，引发了脱毛（Barakat et al，1983）。

2.6.1 缺锌症和锌反应性皮肤病

已建议，日粮中锌的实际水平应为 45～75mg/kg（McDowell et al，1991）。国家研究委员会（2007）认为，由于较低的吸收率（吸收率估计低于 15%），先前建议量 10mg/kg 不能满足实际需要。

2.6.1.1 病因

日粮中钙过量可能会引发锌缺乏。这可以解释干乳期母山羊或公山羊在饲喂了乳制品或苜蓿后，出现锌反应性皮肤病。缺锌症在 2 岁干乳期的母羊被确认，是由于其日粮被换成苜蓿糊以补偿其牙齿损失（Singer et al，2000）。其他能影响锌吸收的矿物质是硒、铜和镉（National Research Council，2007）。锌在机体内并不是以可随时获得的形式存在的，所以日粮中需要保持一定的量。

有些动物吸收能力明显不足，可能是由基因决定的（Krametter Froetscher et al，2005）。由于日常饲料中的锌含量以及干扰性矿物质的存在，因此皮肤病依然存在。

日粮中试验性缺镍的第二代山羊，也出现了缺锌症和相关的皮肤角化不全（Anke et al，1977），但这种情况在正常饲喂时不会发生。

2.6.1.2 临床症状

山羊缺锌的临床症状包括皮肤充血和瘙痒，脱毛，后肢、面部和耳部结痂开裂（Neathery et al，1973；Nelson et al，1984；Scott，1988；Krametter-Froetscher et al，2005），身体其他部位有皮屑样的碎屑。结痂通常围绕在鼻孔、眼部和口。缺锌症山羊的毛发油脂多且颜色暗淡（Groppel and Hennig，1971）。在安哥拉山羊，毛纤维折断导致马海毛的耗损而引起严重的经济损失（Schulze and Üstdal，1975）。体重减轻也可能会出现。与皮肤缺锌症无关的临床症状将在第 19 章进行更深入的讨论。

2.6.1.3 诊断和治疗

皮肤活组织检查，对于角化过度与角化不全的证实以及排除相似症状的其他情况非常重要。

通过实验室检测诊断缺锌症是非常困难的。尽管山羊体内血浆、肝脏甚至日粮锌的含量都在正常范围内，但一些山羊明显已产生了锌反应性皮肤病（Reuter et al，1987）。血清含量低于 0.88ppm[*]，可能与皮肤病变有关（McDowell et al，1991）。有资料表明，血清锌浓度较低（0.54ppm）的佛罗里达山羊群具有季节性皮肤病史，而其他群体（0.83ppm）没有这一病史。一份奥地利的报告给出的正常山羊血清锌含量为 0.57～0.63ppm（Krametter-Froetscher et al，2005）。

在许多缺锌症案例中，通过对治疗措施的反应来进行诊断。每天口服 1g 硫酸锌，具有非常成功的治疗效果。如果治疗 2 周后没有明显好转，应跟进其他方法进行诊断。公开报道介绍，一只具有体躯侧脱毛和脱皮屑的皮肤病山羊，每天口服 14g 硫酸锌，7～10d 症状明显改善，连续治疗 6 周，在终止治疗 2～3 周后症状再出现（McDowell et al，1991）。在澳大利亚的报道中，怀孕期有明显临床症状的 2 只成年山羊每天口服 1g 硫酸锌，对改善缺锌症有效，而每天口服 50～200mg 氧化锌显得微不足道（KrametterFroetscher et al，2005）。还未报道日粮中的蛋氨酸锌具有缓解症状的功效。在日粮中添加包括锌在内的矿物质时应该按常规提供，而对怀疑有遗传性皮肤病的山羊需额外补充锌。在英国，可获得含有锌、钴和硒的缓释大药丸（Matthews，1999）。日粮中钙超标时应予以调整。

2.6.2 缺碘症

甲状腺疾病将在第 3 章中详细介绍，碘在山羊营养中的作用将在第 19 章中介绍。

2.6.2.1 病因

某些土壤（例如已发现的北美和喜马拉雅山脉地区的土壤）缺少碘。致甲状腺肿素（如十字花科植物含有致甲状腺肿素，见第 3 章）可能干扰甲状腺对碘的吸收。此外，在杂种荷兰山羊可能存在遗传性甲状腺功能异常。

2.6.2.2 临床症状

缺碘引起甲状腺肿大的成年山羊，通常没有皮肤病变（Kalkus，1920；Dutt and Kehar，

---

[*] ppm 表示百万分比浓度，1ppm 即百万分之一。

1959)。同样，母羊在怀孕期间因摄入致甲状腺肿的物质而使安哥拉山羊羔暴发甲状腺肿和克汀病的一次病例中，也没有出现脱毛和皮肤异常的症状（Bath et al，1979）。严重缺碘可致死胎，然而新生羔有时被毛正常，但通常无毛或有很纤细的毛（Kalkus，1920）。通过给羔羊服用硫脲导致的试验性甲状腺功能不足症，已报道能出现皮肤病变。粗糙的被毛和皮下水肿很明显。组织学变化包括角化过度和毛囊堵塞（Sreekumaran and Rajan，1977）。遗传性甲状腺肿大的山羊与注射脲酶的病症相似，行动迟缓，发育不良，被毛稀少，皮肤增厚且呈鳞状化（Rijnberk，1977）。患甲状腺肿大症的山羊可能伴有或者没有皮肤病变，但在没有甲状腺肿大症的情况下，不应怀疑碘缺乏是皮肤病的病因。

2.6.2.3　治疗和预防

缺碘通常可以通过提供碘盐或含碘矿物质产品予以改善。避免过量饲喂致甲状腺肿大的物质。每周应用含碘溶液（如 1mL 碘酒）擦于皮肤上，也会满足动物的需要（Kalkus，1920）。

2.6.3　维生素 A 缺乏症

维生素 A 是上皮组织（包括皮肤）保持正常功能所必需的，其缺乏症表现出的神经症状和视力症状分别在第 5 章和第 6 章中介绍。

2.6.3.1　病因

绿色植物富含 β-胡萝卜素，其能被摄取后转换成维生素 A，因此如果饲喂优质的牧草或青干草，动物不会发生维生素 A 缺乏症。谷物（除黄色的玉米和绿色的豌豆之外）、饲料植物的根（胡萝卜和甘薯除外）和旧干草或风干的草，含有的胡萝卜素很少。山羊缺少维生素 A 的病例主要发生在半干燥的季节（干燥季节或干旱期），或当日粮成分质量差、日粮为旧干草和谷类（而不是玉米）时。试验性的山羊黄曲霉毒素中毒可引起血清中维生素 A 水平逐渐降低（Maryamma and Sivadas，1973）。

初乳富含维生素 A，在羔羊开始采食饲草之前，初乳通常能够满足其机体需要。缺少初乳喂养的羔羊很容易发生维生素 A 缺乏症。

2.6.3.2　临床症状和诊断

临床症状表现为皮肤粗糙、被毛干燥、片块脱毛以及不健康的外貌（Majumdar and Gupta，

1960；Caldas，1961；Dutt and Majumdar，1969）。角化过度（组织学上鉴定）（Scott，1988）和血浆维生素 A 低于 $13\mu g/dL$，至少在绵羊上能支持做出诊断（Ghanem and Farid，1982），肝脏的维生素 A 水平也很低（除新生羔羊之外）。

2.6.3.3　治疗和预防

日粮补充维生素（在营养章节中介绍）优于维生素 A 注射。苜蓿叶或苜蓿粉是维生素 A 极好的来源。对于无精神或每天口服补充不太可能的山羊来说，肌内注射或皮下注射维生素 A（每 2 个月 3 000～6 000 IU/kg）是可取的。一次口服剂量达 600 000IU 能给羔羊提供 34 周的药效，推荐在旱季开始后 2 个月开始给药（Ghanem and Farid，1982）。

在试验中超剂量饲喂维生素 A，会导致皮肤中度增生、腹部腹侧和腹股沟部皮肤的皮脂溢出（Frier et al，1974）。

2.6.4　维生素 E 和硒反应性皮肤病

非瘙痒性皮肤病的特点是，被毛干燥、变薄、普遍性皮脂溢出和鳞屑，以及眼眶周围脱毛，这些症状在羔羊和成年山羊上都能观察到（Smith，1981）。

在一些病例中日粮硒缺乏症已有记载，并且对注射维生素 E/硒的反应已引起关注。在一些山羊，基于皮肤刮屑物的检查结果以及对注射维生素 E/硒和每天口服含维生素 E（400IU）的植物油一个月后的反应可做出诊断。在日粮中添加向日葵籽或小麦胚芽油是有益的，因其含有维生素 E 和脂肪成分（Konnersman，2005b）。未经控制的治疗性试验还没有进行，阳性诊断的标准条件尚未建立。

维生素 E/硒反应性皮肤病山羊的活体组织检查揭示了正角化病的角化过度，而锌反应性皮肤病的特征是角化不全的角化过度（Scott，1988），这是缺锌症的一个重要区别。

2.6.5　硒中毒

山羊食用黄芪可导致被毛脱落，这可能与硒摄入量超标有关（Reko，1928）。这种推测似乎比较合理，因为马采食过量富硒植物或发生富硒水中毒时会导致其鬃毛和尾巴的毛脱落。在另外一个羊群中，硒中毒暴发是由于羊群采食了过量

的黄芪（硒含量达到 500ppm），剖检死亡山羊，皮肤唯一的症状就是毛皮粗糙（Hosseinion et al，1972）。硒元素可能替换毛皮和羊蹄中含硫氨基酸中的硫元素（Scott，1988），这导致了正如第 4 章介绍的山羊脱毛和跛行，其角和蹄部有开裂或畸形的症状（Gupta et al，1982）。

2.6.6　硫元素缺乏

一项最近的研究发现，在中国的一个山区（海子地区，甘肃阿克塞县）产羊绒山羊和绵羊吃羊毛现象特别严重，这是由于缺乏硫元素造成的，可能伴有钙和铜的缺乏。受硫缺乏影响的山羊在羊群中不断地撕咬自己或其他山羊臀部、腹部和肩部的毛。一些山羊近乎全裸可能是导致死亡的原因。皮肤发生角质化，毛囊变小且数量减少。把这些羊群转移到其他山谷或喂食新鲜青草会缓解症状。正常山羊毛纤维中硫含量为 4%，而硫缺乏羊的毛纤维中硫含量只有 2.4%。硫酸铝药丸可以预防和治疗皮肤症状，但是肌肉萎缩和肾脏损伤是无法逆转的（Youde，2001，2002；Youde and Huaitao，2001）。

判断是否是硫缺乏导致的脱毛，需首先排除以下原因：体表寄生虫感染，食物中缺乏纤维，精神不振以及在日粮分配过程中偶然将精料撒在被毛中。

2.7　环境损伤

过分暴露于强光、寒冷或刺激物（如尿液），可能会损伤皮肤。偶尔被毒蛇和蜘蛛叮咬也会损坏山羊皮肤，但有关这方面的记载很少。

2.7.1　晒伤

白山羊发生皮肤肿瘤与暴晒有一定的关系。冬季过后，皮毛颜色浅的动物暴露于强烈的阳光，皮肤非常容易受到损伤，特别是口鼻部、会阴及乳头部（Scott，1988）。症状包括红斑、红肿、水疱、溃疡和结痂（Scott，2007）。为保护羊群免受这样的皮肤损伤，应该逐渐减少阳光下暴露的时间或者使用防晒药膏或者挤奶后在乳头上涂抹碘酒。如果已晒伤，需把羊群暂时地转移到没有阳光直晒的地方，并且使用药膏，但需避免污染奶。

2.7.2　光过敏症

浅色皮肤的表层对紫外线非常敏感，易发生光过敏症。

2.7.2.1　病因

如果皮肤长时间暴露于强烈日晒下，光敏物质会引起皮炎，这一现象可由多种机制来解释（Galitzer and Oehme，1978）。某些毒素物质被山羊消化后，会引起初级光过敏反应。这些有毒物质包括吩噻嗪、荞麦碱、金丝桃素（Bale，1978）和呋喃香豆素（Ivie，1978；Scott，1988，2007）。次级光过敏反应即肝脏源的，是由于叶绿素在山羊瘤胃中的正常代谢终产物叶红素，因肝功能障碍而积累过量时，会导致光过敏症发生。存在肝功能疾病的山羊摄取叶绿素后暴露于阳光下，可导致光过敏反应。有毒的植物也会经常引起山羊的光过敏反应，这些植物包括马缨丹（Pass，1986）、龙舌兰（Mathews，1938；Burrows and Stair，1990）、酒瓶兰（Mathews，1940）、糠稷（Muchiri et al，1980）、蒺藜，这些植物可能与腐生真菌有关（Muchiri et al，1980；Glastonbury and Boal，1985；Jacob and Peet，1987）。其他对肝有毒性的植物见第 11 章。在其他动物中报道存在遗传性先天性卟啉症，而山羊中显然没有。

2.7.2.2　临床症状

山羊光过敏反应的症状因山羊毛长度和颜色或肝脏健康状态而不同。白山羊的头部、乳房和外阴暴露于阳光之下最初产生红斑、红肿和强烈的瘙痒，畏光并寻找遮阳处，剧烈的呼吸和吞咽困难，最后山羊的口唇部和乳头部会出现脱皮或坏死，而有色皮肤不会受到影响。肝功能检测能帮助区分初级和次级光过敏反应。

有报道认为，蒺藜（*Tribulus terrestris*）引起山羊头、耳肿胀，肝脏原发性的光过敏反应，会导致皮肤渗出大量的黄色体液和出现全身性黄疸，这种现象称为"头黄肿病"（yellow thick head），即"蒺藜中毒症"，相似的症状可通过给山羊口服葚孢菌素（sporidesmin）而产生。野山羊和安哥拉山羊的杂交后代比萨能奶山羊对葚孢菌素更有抵抗力，需要比绵羊多 2～4 倍的剂量才能造成相似的肝脏损伤和临床症状（Smith and Embling，1991）。

2.7.2.3 治疗和预防

患病山羊应该远离阳光，避免摄入对肝有毒性的植物和毒素。如果刚误食有毒植物，采取轻泻的措施对羊群是有帮助的。如果皮肤组织已严重损伤，需要口服抗组胺药或抗生素药物。如果不能进行圈养，应在患病羊皮肤上喷洒亚甲基蓝和驱蝇药。选择皮肤颜色深的山羊会降低光过敏的患病率，但由于肝脏疾病而导致的损伤将不会减少，除非切断肝源性有毒植物的摄入途径。

2.7.3 羔羊脱毛症

在产前，如果母体采食大量的南非植物 *Chrysocoma ciliata*，会导致小山羊和羔羊患皮肤病。毒素能够分泌到乳汁中，引起羔羊脱毛和腹泻（Steyn，1934）。小山羊暴露在阳光下会发生皮肤瘙痒，被毛大面积脱落。后遗症从阳光暴露、晒伤、结痂性皮炎、皱胃毛团块堵塞，到最终死亡。在新毛长出之前应持续进行支持性治疗（保护免受日光晒伤和风吹，缓泻以移除毛团块）。保持母羊分娩前后一个月远离草原，这样会避免发生这种病症（Kellerman et al，2005）。

2.7.4 冻伤

当小山羊出生在严寒的环境中时，应该特别注意保持其耳朵干燥，否则耳尖很容易发生冻伤。如果早期浮肿没有治疗，受影响的皮肤会发生坏死而最终脱落。耳尖变圆、脱落，残留的耳郭长短不一。新生羔的蹄与成年羊的乳头和阴囊在恶劣的环境中也存在冻伤的风险。

确保四肢干燥对预防冻伤很重要。快速的急救护理包括用 41～44℃ 的温水（Scott，1988），或者电吹风快速解冻。小牛犊生产商报道说，为防止耳尖冻伤，在出生第 1 天可用棉布将耳朵紧贴在温暖的头部。

2.7.5 麦角中毒

麦角中毒（由麦角菌产生的生物碱引起的霉菌毒素中毒）能够引起牛蹄部皮肤坏死，类似于冻伤，暴露于严寒的环境可使病情恶化。有报道一例山羊羔被牛毛草擦伤，伤处感染了真菌，出现了跛行和坏疽的病症，而且坏死正好发生在蹄部冠状带之上（Hibbs and Wolf，1982）。

2.7.6 尿液烫伤

在配种季节，公鹿会在性兴奋时朝其脸部、胡须和前肢撒尿。尽管这一习惯可提高繁殖雄性吸引母鹿的气味，但也会导致尿液持续浸渍的部位发生皮炎。剪掉长毛可使皮肤快速干燥，用温和的肥皂或者食醋（5mL 溶解在 500mL 的水中）溶液清洗皮肤损伤部位（Konnersman，2005a），然后每天用大量的凡士林、氧化锌或者其他防水的药膏涂抹，直到配种季节结束。

在尿道造口术和膀胱袋形缝合术后，如果山羊排尿后会阴或大腿内侧仍被淋湿，需对雌雄山羊或者雄性山羊进行类似皮肤的全年护理。高蛋白日粮的雄性动物会引发包皮炎及包皮皮肤湿性感染。除常规的伤口护理外，应按第 12 章和第 19 章介绍的要求，调整日粮。

2.7.7 其他接触性皮炎

能引起口腔炎的腐蚀性物质，如果接触到外部皮肤，同样也可引起皮炎。有很多报道记载，在局部敷用不同的杀虫剂会导致皮肤应激或毛发脱落。如果发生了这种症状，应该用温水或温和的洗涤剂清洗皮肤表层以去除残留的药剂。

2.7.7.1 去角膏

碱性去角膏有时被用来去除山羊羔的羊角尖，但其可腐蚀和毁坏长角处的皮肤。剪去羊毛后，在长角处周围涂上一圈凡士林油，可以帮助去角膏更好地作用于长角处。当对山羊使用去角膏时，由于涂抹去角膏的部位会感到疼痛，所以山羊摩擦或用后蹄挠去角部位，这样可使其他山羊接触该药膏，造成没有去角的山羊或同圈中其他山羊的皮肤坏死。因此不鼓励使用去角膏。

2.7.7.2 奶

有时接触了奶或代乳品的羔羊的唇部和脸部会发生脱毛或甚至原发性皮肤损伤，这种情况被称为"唇性皮炎"。在喂奶结束后，可通过清洗和擦拭山羊羔的脸部而预防（King，1984）。

2.7.7.3 褥疮

虚弱的或躺卧的动物经常会在骨关节突起的部位（如肘关节、跗关节和胸骨），发生严重的皮肤坏死。要给动物提供厚实、清洁和干燥的垫草，经常给动物翻身可防止此类皮肤损伤的发生。尽管每日对患病羊的褥疮部位进行清洁和干燥，但治愈是非常缓慢的，并且只有在虚弱状况得到改善后才能痊愈。胸骨部的脓肿将在第3章中讨论。

2.7.7.4 植物芒的刺入

许多植物的有刺种子，特别是草的刺芒，可以穿透皮肤，并进入皮下或者更深的组织，导致结节、脓肿或瘘管（Scott，2007）。在南非，广泛讨论的潜在对动物有危害的植物中，虽然没有提及山羊，但这并没有理由认为山羊不受其影响（Kellerman et al，2005）。

2.8 肿瘤形成

山羊皮肤肿瘤最常见的是皮肤乳头状瘤、鳞状细胞瘤和黑色素瘤，但血管瘤、血管内皮瘤、组织细胞瘤、肥大细胞瘤和皮肤淋巴肉瘤也有报道（Bastianello，1983；Manning et al，1985；Roth and Perdrizet，1985；Allison and Fritz，2001；Bildfell et al，2002；Konnersman，2005b）。异位乳腺被错误地认为是肿瘤发生的一个条件，将在第3章中进行讨论。

2.8.1 乳头状瘤

常见的乳头状瘤（疣）可能比文献报道的更多、更频繁地发生在山羊。这是因为面部和颈部的乳头状瘤都比较温和，具有自限性。如果完全注意到这些，其可被识别为乳头状瘤，并且由于预后良好，因此就不需要进行活体剖检和治疗。在一项研究中发现，手术摘除最大的疣后，用其制备自体疫苗进行免疫，与没有免疫的对照组相比，能产生良好的免疫反应（Rajguru et al，1988）。尽管在山羊乳头状瘤中尚未证明有疣病毒，但在一个封闭的畜群中有多只动物发病，这是被视为有传染性的证据（Davis and Kemper，1936）。

2.8.2 乳房乳头状瘤

乳房的乳头状瘤具有不同的临床过程，主要发生在至少哺乳一次的白山羊（Moulton，1954；Ficken et al，1983；Theilen et al，1985）。乳突状瘤经常发生在乳房和乳头的白色皮肤上，且为典型的多个疣状物，形成片状或细长的皮肤角样（图14.5）。一些乳头状瘤与广泛的基底或者溃疡的表面会转变成鳞状细胞瘤。鳞状细胞瘤很少会转移到乳腺的淋巴结。关于这些肿瘤的其他讨论见第14章。

2.8.3 鳞状细胞瘤

鳞状细胞瘤也可以发生山羊皮肤的其他部位，不需要经过乳头状瘤的一个前期损伤过程，而且，白山羊品种在阳光充足的气候环境下患病的风险增加。安哥拉山羊和波尔山羊经常在会阴部发生鳞状细胞瘤（Thomas，1929；Curasson，1933；Hofmeyr et al，1965；Yeruham et al，1993）。山羊耳朵、角干部、口鼻部也会发生该肿瘤（van der Heide，1963）。这种肿瘤是无柄的或有蒂的，并且当扩大后可变成溃疡。可采集溃疡处的恶臭渗出物进行检测（Ramadan，1975）。这种肿瘤可能起源于鳞状细胞、基底细胞和皮脂腺。早期的手术治疗是可以治愈的，否则需将患病动物清除出羊群。采用局部麻醉和无血去势器可容易地截掉患病羊的一只耳朵。蝇蛆病能加速未治疗动物的死亡进程。

2.8.4 黑色素瘤

黑色素瘤可发生在鳞状细胞瘤相同的皮肤区域，特别是外阴、会阴和耳朵部位（Venkatesan et al，1979；Bastianello，1983；Ramadan，1988）。确实，有时我们很难区分色素性基底细胞瘤和黑素瘤的差别（Jackson，1936），在其他一些例子中这与恶性黑色素瘤的临床过程（转移到内脏）和组织学观察均一致（Sockett et al，1984）。由于肿瘤经常转移到局部淋巴结、肝脏和肺脏，因此预后是不良的。在苏丹，通过对62只患病羊的检查，证实黑色素瘤具有品种的偏好性。从叙利亚进口的灰色和棕色"美国"山羊，比所有本地的黑努比亚山羊更易患黑色素瘤（Ramadan，1988）。由于肿瘤和良性的黑色素细胞损伤均可通过暴晒而诱导发生，因此安哥拉山羊被建议作为人类黑色素瘤研究的模型（Green et al，1996）。

2.9 遗传及先天性疾病

已有报道，一只公羊羔及其父本羊均在出生时发生一种可能的遗传性毛发缺失（Kislovsky，

1937）。父本羊随着生长过程其被毛几乎恢复正常，而这只小羊羔却在幼年时就死亡，既没有进行组织学检查，也没有机会与其他羊交配产生后代可跟踪。

在纯种的金色格恩西（Golden Guernsey）山羊，报道了一种"羔羊粘连综合征"的先天性疾病，其可能作为隐性性状而遗传。在羔羊出生时，羔羊被毛粘连和蓬乱，不能正常干燥，在老龄后其被毛仍表现粗乱和粘连（Jackson，1986）。

与绵羊羔不同，山羊羔在子宫中受边界病病毒感染时，其被毛不会产生先天性变化（Orr and Barlow，1978）。

关于颈部皮下的肉垂囊肿，将在第 3 章中介绍。

2.10 其他疾病

动物医院的皮肤病学专家有时会遇到数量较少的患"罕见"皮肤病的山羊，其对经验疗法没有反应，包括对抗生素、驱虫剂和日粮调整。广泛的诊断检测已证实和确认了这些情况的一部分原因，但其余的仍很复杂。特别是努比亚山羊的结痂病灶，尤其耳部和面部的，经常难以确定病原或采取有效的治疗措施。

2.10.1 天疱疮

落叶型天疱疮是自身免疫性疾病，感染的个体（人、犬、猫、马或山羊）能够产生抵抗角化细胞多糖复合物的自身抗体，但这一情况在山羊报道很少（Jackson et al，1984；Scott et al，1984；Valdez et al，1995；Pappalardo et al，2002），也没有证据表明这种疾病是遗传性的。

2.10.1.1 临床症状和诊断

临床表现包括小水疱或水疱、脓包、结痂、脱毛，有时也会瘙痒。损伤部位可能遍布全身各个部位，也可能集中在身体的某一部位，如会阴部、腹部和腹股沟部（Jackson et al，1984）。诊断需要对包含完整囊泡和脓疱的全层皮肤损伤进行活组织检查。常规的组织学（福尔马林固定）检查发现，表皮棘皮层发生龟裂、囊泡和脓疱。颗粒层细胞可能覆盖到角质层（Scott，1988）。在完整的囊泡切片中，不但能发现这些颗粒状物

质，同时还伴随着非退化的中性粒细胞和嗜酸性粒细胞（Scott，2007）。直接免疫荧光检查发现，细胞间还存在免疫球蛋白的沉积。在山羊天疱疮诊断中，血清学诊断法（间接免疫荧光检查）是不可靠的（Scott et al，1987）。

2.10.1.2 治疗

天疱疮的治疗，一般采用高剂量的糖皮质激素（1mg/kg 强的松或脱氢皮质醇，每天 2 次，肌内注射 7～10 天，然后减少上午的药量）。一种长效的皮质类固醇注射疗法（地塞米松-21-异烟酸酯 0.04mg/kg，肌内注射），每 2 个月进行一次，可有效抑制临床症状的出现（Pappalardo et al，2002），但潜在的风险比较大。由于脱氢皮质醇在反刍动物的生物利用率很低，因此口服脱氢皮质醇是不可取的（Koritz，1982）。在幼龄的和无反应的山羊中，可尝试使用硫代金葡萄糖的金疗法（1mg/kg，每周 1 次，直到出现反应，之后每月 1 次），但这种药物在美国已停止使用。尽管该药物的副作用在山羊中还没有报道，但应对山羊的血常规和尿常规进行监测。金疗法在一报道中成功地治愈了天疱疮（Scott et al，1984），但在另一报道中没有成功（Valdez et al，1995）。

2.10.2 脱毛脱屑性皮炎和牛皮癣状皮炎

英格兰地区报道，一种非瘙痒脂溢性皮炎会影响所有年龄段的矮种山羊。毛发脱落，在眼部、唇部、下颌部、耳朵、胸腹部和会阴发生结痂。组织学检查确认了这种牛皮癣状皮炎，类固醇药物对其治疗效果良好，但如果停止治疗这种皮炎会再次发生（Jefferies et al，1987，1991）。这种病症存在一种正角化的和角化不全的角化过度（Scott，2007），在荷兰对这种非常相似的病症进行了研究（Kuiper，1989）。这种病症不会传染，用皮质类固醇、锌、维生素 A 或硒进行治疗都没有效果，推测与遗传因素有关。

2.10.3 苔藓样皮炎

以色列报道了 2 岁的波尔公山羊患这一特发性的疾病，表现为瘙痒，全身皮肤出现鳞片状扁平丘疹（Yeruham et al，2002）。头部有直径 10～20mm 的损伤，并伴有斑块，一些损伤是裂开的。组织学改变有角化过度、表皮增生和微小脓肿。组织病理学检查能排除痘病毒、皮肤真菌

感染、肉芽肿及肿瘤病症。Scott（2007）发表了来自比利时的具有相似病症的山羊照片，但数月后该病症自发消失。

2.10.4 过敏症或超敏反应

春天和夏天偶尔会在放牧山羊的背中线上看到瘙痒、脱毛、痂皮病灶，但在动物体上并未发现体外寄生虫，兽医推测山羊对库蠓的唾液起超敏反应（Scott，2007）。在黄昏和黎明时让动物待在畜舍内，可减少与昆虫的接触，短期使用糖皮质激素可减轻瘙痒症状。

其他一些很难解释清楚的皮肤瘙痒症已被观察研究，并通过鉴别诊断而确定病因。在这样一个实例中，发生角化过度和嗜酸性粒细胞浸润的，并伴有背部和颈部结痂的 5 岁阉羊，被认为发生了过敏症，用地塞米松治疗有作用，但皮肤检查、控制饲喂和环境改善没有防治效果（Humann-Ziehank et al，2001）。

（窦永喜　才学鹏）

3

皮下肿胀

短毛山羊皮下的肿胀，无论是被畜主称为疙瘩、肿块、凝块，或是其他东西，均容易发现，即便不治疗，也需要诊断。诊断常依据肿块的物理性状和确切的解剖学位置。肿块穿刺，结合穿刺液培养或细胞学检测往往可得出准确诊断。对于具有丰富羊病诊断经验的从业者，穿刺检查只是偶尔需要的。对于多数良性病例，通过羊群病史调查、个体特征描述和身体检查结果就可以做出诊断，而穿刺检查仅局限于准备手术或病情恶化需要确诊的病例。

3.1 非限制性分布的肿胀

某些条件可导致局部肿胀转移到羊全身各处，局部肿胀分布较多的情况下应该考虑是全身性肿胀。多数的全身性肿胀局限于真皮、表皮和关节处，涉及乳腺和阴囊的肿胀将在相关章节进行讨论。

3.1.1 血肿（Hematoma）和血清肿（Seroma）

新鲜的血肿比较容易诊断，其穿刺物为无味、无菌的红色液体；血清肿或组织血肿为含有少量红细胞的黄色无菌液体。诊断性穿刺常伴随感染风险，尽管非常注意皮肤消毒，吸取针还是会将少量细菌带入蓄积的液体。除非在皮肤穿刺针孔处设置支管，允许穿刺液流出而阻止细菌进入。很难想象还有比体温条件下全血或血清更好的细菌培养基。

兽医人员可选择对波动性肿块进行引流，不管肿块是血肿、血清肿还是脓肿。如怀疑是血肿，引流可能使之压力下降，为避免再次出血，该操作应推迟1周或更长时间。如果肿块不在大血管之上，也不需要考虑乳或肉中抗生素残留问题，小的液性包块可通过注射针头引流，随后注射青霉素或其他抗生素填充，再使用压力绷带可有效阻止复发。大的肿块需要开口宽阔，如果要进行适当治疗，用浸有抗生素的纱布填充，或提供内在引流管引流。饲养的雄性动物群的血清肿往往是由于雄性动物间打斗时头部撞击所致，因此，雄性动物最好单独饲养。

3.1.2 蜂窝组织炎（Cellulitis）和脓肿（Abscess）

蜂窝织炎是发生在较深皮下组织或肌肉的一种急性、弥散性、水肿性、化脓性炎症，这类肿胀往往有触痛，并伴随发热。蜂窝织炎往往是由异物穿入或注射刺激性药物所致。如果病羊表现为全身性症状，需要通过穿刺物的细胞学检查、细菌培养及药物敏感试验进行诊断。

如果包囊和脓肿形成，则局部炎症症状（疼痛、发热）减轻（图3.1、彩图13），随着时间发展，多数脓肿"成熟"或在包囊上形成一个易破溃的点，这也是脓肿与血肿的区别之处。血肿则是最初呈波动状，后发展成为如血液组织一样稳固包囊并开始被吸收。脓肿采取引流法治疗，往往很快痊愈。按照外科手术步骤在脓肿最软化点切口将减轻疼痛和出血。此外，腹部的脓肿更适合手术，便于引流。在将患有脓肿的动物引流处理放归畜群之前，应排除动物患干酪样淋巴腺炎（Caseous lymphadenitis）的可能（畜群中任

何动物均可经细菌培养确诊，对于不太确定的动物，也可通过检查淋巴结是否参与而进行判定）。

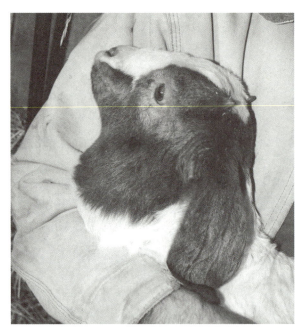

图3.1 链球菌引起1月龄羔羊上颈部出现大的薄壁脓肿（Dr. M. C. Smith 提供）

3.1.3 气肿

当皮下或深层组织有明显的捻发音时，确定气体的来源或何种气体是十分重要的。气体可能来自呼吸道（如气管撕裂、严重的肺气肿）或通过皮肤伤口抽吸而进入（Tanwar et al，1983）。因此，首要问题是切断气体的流入，经数天或数周气体逐渐被吸收。

产气梭状芽孢杆菌，如气肿疽梭菌（Clostridium chauvoei）感染伤口引起的具有捻发音和疼痛症状的肿胀，可引起动物死亡（van Tonder，1975）。可通过穿刺物的细胞学检查、厌氧培养或免疫荧光试验进行诊断。在疾病初期用青霉素全身性积极治疗可有效控制病情，治愈动物的坏疽性组织最终脱落。在梭状芽孢杆菌感染多发地区，可通过使用多价梭菌疫苗（气肿疽梭菌、腐败梭菌、诺维氏梭菌）进行预防。

3.1.4 水肿（Edema）

无捻发音的压痕性水肿往往是由于创伤感染腐败梭菌（Clostridium septicum）（恶性水肿）或诺维氏梭菌（C. novyi）（雄性动物头部肿胀）所致，其他病因还包括无组织感染创伤、冻伤、

低蛋白血症（寄生虫病、肾病、副结核病）和充血性心力衰竭。乳房水肿将在第 14 章讨论。

3.2　淋巴结肿大

虽然一个或多个淋巴结肿大预示山羊患干酪样淋巴腺炎，但病因却是多种多样的，尤其是细菌性感染可导致局部淋巴结肿大或形成脓肿（Gezon et al，1991）。关节感染的动物常见淋巴结肿大现象，包括羊关节炎/脑炎病毒感染。皮肤病如疥癣、接触传染性脓疮常伴随淋巴结肿大。淋巴肉瘤有时也导致浅表淋巴结肿大。

3.2.1　干酪样淋巴腺炎

干酪样淋巴腺炎是一种慢性接触性传染病，主要危害山羊和绵羊（Brown 和 Olander，1987；Williamson，2001），也日益影响小型驼（Anderson et al，2004），该病呈世界性分布，在南美洲、北美洲、澳大利亚、新西兰、欧洲和南非的很多区域已证实本病的存在。

3.2.1.1　病因学

假结核棒状杆菌（*Corynebacterium pseudo-tuberculosis*）（先前被称为绵羊棒状杆菌）是干酪样淋巴腺炎的病原，其培养特性将在随后的诊断部分描述。假结核棒状杆菌偶尔也会感染马而发生溃疡性淋巴管炎或慢性脓肿，但与引起山羊和绵羊干酪样淋巴腺炎的病原为不同生物型（Aleman et al，1996）。应用马源菌株试验性皮内接种山羊，引起接种部位和引流淋巴结的脓肿，而内脏器官上没有脓肿（Brown et al，1985）。多数马源菌株能还原硝酸盐成为亚硝酸盐，而小反刍兽源菌株则不能。

3.2.1.2　发病机理

病原通过伤口或皮肤、黏膜破损处侵入山羊机体，最后定位在局部淋巴结。试验结果表明，皮内接种病原 8d 后可在淋巴结发现小的脓肿（Kuria et al，2001）。细胞壁类脂能帮助病原抵抗组织细胞酶的消化作用，而且假结核棒状杆菌能作为胞内寄生菌存活，甚至在活化的巨噬细胞内也能生存（Holstad et al，1989）。微生物产生的神经鞘磷脂特异的磷脂酶（Sphingomyelin-specific phospholipase）D 外毒素与其传播致病有关。

病原感染浅表淋巴结，并出现明显脓肿，其典型的潜伏期为 2～6 个月或更长（Ashfaq and Campbell，1980）。这些脓肿可自行破溃并排出，造成环境污染，同时感染接触的畜群，最初感染羊的脓肿获得痊愈。在随后的数月间，常常会有 1 个或多个沿着淋巴循环方向的淋巴结出现脓肿。试验结果表明，皮内接种少量细菌能使脓肿自愈，而不发生脓肿破溃，但伴随有抗毒素的出现（Langenegger，1988）。

体内（内脏）脓肿，尤其是肺部脓肿，当病原到达胸淋巴导管或被吸入将导致病情进一步发展。呼吸系统疾病和消耗性疾病相关的体内脓肿将在其他章节讨论。该病给畜群造成的经济影响主要是家畜及其皮革市场价值下降，也可导致产乳量下降。

3.2.1.3　临床症状

如果没有体内脓肿，病羊常不表现临床症状，仅表现为 1 个或多个外周淋巴结增大或形成脓肿（图 3.2，彩图 14），而干酪样淋巴腺炎表现为许多体表淋巴结的肿大或脓肿（如图 3.3 所示）。根据病原进入机体的创伤定位确认哪个淋巴结被感染。体表淋巴结发生脓肿的奶山羊，其发生部位大多数（75%～85%）在山羊的头颈部（腮部、下颌骨和颈浅表"肩胛骨上部"的淋巴结）（Ashfaq and Campbell，1979a，1979b；Holstad，1986b；Schreuder et al，1986），推测认为是由于荆棘刺伤、木质饲槽刺伤、打斗伤和搔抓伤常发生在头颈部所致。这些皮肤损伤常由于接触被山羊脓肿破溃液污染的挤奶保定器、饲养员或挠痒桩而导致山羊头颈部淋巴结感染；相

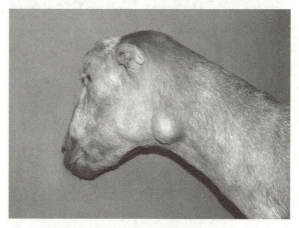

图 3.2　干酪样淋巴腺炎引起的一侧腮腺淋巴结脓肿（Dr. M. C. Smith 提供）

图 3.3 干酪样淋巴腺炎和山羊关节炎/脑炎引起脓肿的常见部位。在外周淋巴结位置（点）的脓肿提示是干酪样淋巴腺炎。在寰椎或棘上囊（交叉线）的脓肿可能是山羊关节炎/脑炎引起

对应的，腘淋巴结脓肿（图 3.4、彩图 15）是由于腿部感染所致，乳房淋巴结脓肿是由于乳房皮肤损伤感染或乳房炎所致。屠宰场常规检查结果表明，最易发生脓肿的淋巴结位于肩胛骨上部（Ghanbarpour and Khaleghiyan et al，2005）。

图 3.4 腘淋巴结脓肿（Dr. M. C. Smith 提供）

3.2.1.4 诊断

根据淋巴结的解剖学位置，结合从坚硬到轻

微波动的皮下肿胀状态来诊断（Burrell，1981）。具有干酪样淋巴腺炎病史的畜群，单独的临床表现可作为推断证据。而缺少畜群病史（无以前的兽医记录、混群的畜群、单独购买的动物）时，往往需要通过实验室技术进行确诊。采用消毒注射针头刺入经擦拭消毒的皮肤，在肿块内获取培养所需样本，若未能吸取样本，则取出注射器并注射盐水冲洗肿块，以获取涂片染色或培养所需的样本。即使有意偏移皮肤肿块而穿孔，也会有少量脓汁流出，而成为其他羊的传染源。因此，如果肿块内发现脓汁存在，初步认定为干酪性淋巴腺炎的病羊需进行隔离，直至培养结果的进一步确诊。

干酪性淋巴腺炎引流脓汁培养有时伴随非病原微生物或继发感染微生物生长，如变形菌属（Proteus）。因此，如果未分离到假结核棒状杆菌，则需排除厌氧金黄色葡萄球菌（Staphylococcus aureus）（Alhendi et al，1993）和化脓隐秘杆菌（Arcanobacterium pyogenes）等其他细菌感染及肿瘤（如淋巴肉瘤）。本章或其他章节（Williams，1980；Fubini and Campbell，1983）中讨论的皮下肿胀情况均需进行鉴别诊断。

山羊脓肿的脓汁常呈乳白色、浅黄色或绿色无味的液体，且比绵羊的脓液更浓稠。发病绵羊可见薄层的"洋葱环"状脓肿，但山羊很少出现这种情况（Batey et al，1986）。

本病病原体（一种兼性厌氧微生物）生长迅速，但在血琼脂培养基上生长缓慢（Brown and Olander，1987），培养 24h 后，菌落很小，甚至看不见（Lindsay and Lloyd，1981），因此，应进行较长时间的培养才能确定有无该细菌的生长。培养 48h 的菌落仍然很小，呈纽扣状，菌落周围形成狭窄的溶血带。菌落能很容易地在琼脂平板表面移动，置于火焰上会产生飞溅现象，这是由于菌落中含有较高水平的类脂所致。该病原体生化试验呈过氧化氢酶阳性，而培养后同样为很小菌落的化脓隐秘杆菌的过氧化氢酶试验呈阴性（Quinn et al，2002）。细菌呈革兰氏染色阳性或呈革兰氏染色可变的小球杆状，脓汁涂片有时可见较长杆状的细菌。

血清学试验如细菌凝集试验和协同溶血抑制（synergistic hemolysis-inhibition，SHI）试验（Zaki，1968；Brown et al，1985，1986b；Holstad，

1986a) 对鉴定山羊早期或体内型的干酪样淋巴腺炎是有价值的。SHI 试验在美国已商品化，且经过加州大学、戴维斯大学和其他实验室证实，对山羊干酪样淋巴腺炎诊断的敏感性达98%（Brown and Olander，1987）。然而，相同的研究表明，约有 28% 未出现脓肿的山羊 SHI 试验呈阳性，说明该试验方法特异性差。

实验室人员报告显示，SHI 滴度达 1∶256 或更高时与体内脓肿具有很好相关性，但偶尔在体内有完整包膜脓肿的动物，其检测结果可能为阴性。动物感染试验显示，在感染15d 后能用血清学方法检测到发病（Kuria et al，2001），因此，购买的动物应在隔离期结束时再进行检测。初乳的母源抗体可使 6 月龄以内的仔畜出现血清学假阳性结果（Williamson，2001）。因此，在剔除程序中，大多数检测方法还不能特异鉴别现症感染（Ellis et al，1990）。在首次检测 2~4 个月后，再次检测滴度呈现下降趋势，说明不存在病原的感染。病原外毒素抗体检测 ELISA 方法已在荷兰用于疾病的根除（Dercksen et al，1996），经改进后该方法的敏感性提高到 94%，特异性达 98%（Dercksen et al，2000）。

由于该病原体为兼性细胞内寄生菌，免疫反应表现为细胞免疫应答。商品化的牛γ-干扰素 ELISA 试验（Bovigam，Pfizer Animal Health）用于检测假结核棒状杆菌介导的细胞免疫应答，初步研究结果表明该方法对早期感染检测具有较好的敏感性，而且不受疫苗免疫的影响（Eenzies et al，2004）。山羊γ-干扰素用于该试验具有交叉反应，因此这种方法对免疫动物群体隐性携带者检测十分有效，但其不能反映该病的感染程度。

血清总蛋白和 γ-球蛋白量的增加作为山羊患干酪样淋巴腺炎的标志也不是特异的（Desiderio et al，1979）。基于水溶性"淋巴腺素（lymphadenin）"蛋白的皮内变态反应试验，已用于脓肿患病羊和非感染羊的区别（Langenegger et al，1986），在山羊肩部注射48h 后，其皮肤皱褶厚度增加到最大。

3.2.1.5 外科治疗

不同动物个体淋巴结脓肿处理方法有引流法、外科手术除去脓肿结节等。成熟的脓肿可在腹侧切开，并用稀释的消毒液进行冲洗。由于该病是一种潜在的传染病，操作人员应戴手套进行处理，脓汁需收集并焚烧销毁，山羊应严格隔离直到切口创伤被健康皮肤完全覆盖，该过程需要 20～30d（Ashfaq and Campbell，1980）。如果将患脓肿的山羊、破溃或手术后的山羊放归围栏圈养的畜群，圈内同群的其他山羊可通过舔病羊伤口，引起环境污染和疾病传播，尤其能污染圈内的支柱、采乳保定架和采食器具。手术切除形成包囊的脓肿，其优点是动物术后不需要隔离，也很少发生传染到其他淋巴结的情况，但需要兽医专业技术，且在麻醉和分离较近的血管、神经时存在风险。腮腺淋巴结脓肿摘除尤其危险，咽喉部淋巴结处理需要袋形缝合术。

还有一种可替代的但存在争议的处理方法，就是选择成熟的脓肿，应用 10% 的福尔马林进行脓肿内注射。应用 16 号针头，取大约 20mL 福尔马林反复注入和吸出脓液，直到注射器中的福尔马林与脓液混合物的浑浊度不再增加为止，大的脓肿需要更大体积的福尔马林。几周后其结节将脱落，很多兽医认为这增加了肉和乳汁被污染或致癌的可能。福尔马林能很快转化为甲酸，甲酸盐是机体正常代谢的中间产物。如果脓肿没有被皮肤固定，福尔马林将从注射的脓肿中溢出而损害周围组织，且引起动物的疼痛。

3.2.1.6 抗生素治疗

在过去，应用抗生素或异烟肼（isoniazide）长时间治疗脓肿均达不到外科治疗效果。由于大多数抗生素不能进入淋巴结脓肿，且病原体本身是胞内寄生，因此药敏试验没多少价值。在脓肿自然破溃或人为切开后，建议使用一段时间的青霉素或四环素，以阻止病原体传播到其他淋巴结，但这种治疗方法在临床上控制该病的价值还未得到确认。

联合应用红霉素和利福平成功治疗由马红球菌（Rhodococcus equi）引起的马驹肺炎后，人们重新恢复了用药物医治有经济价值山羊和绵羊的兴趣。其他动物的药代动力学数据表明，口服 10～20mg/kg 利福平，每天 1 次，是比较合适的（Sweeney et al，1988；Jernigan et al，1991）。合理的红霉素用药量为 4mg/kg，肌内或皮下注射。由于红霉素有较强的刺激性，利福平和青霉素的配伍相对较好，用药需持续4～6周。目前还未有关于利福平有效治疗羊干酪样淋巴腺炎的报道。有报道显示，应用利福平10mg/kg肌内注射，一天2次，配合肌内注射长效土霉素20mg/kg，1次/3d。虽然动物试验仅进行了1个月，但被感染淋巴结的大小明显减小（Senturk and Temizel，2006）。在使用利福平后，还没有因抗生素残留而导致乳和肉品质量下降的评价资料。

最近，由于阿奇霉素（azithromycin）良好的胞内渗透性和长的半衰期，而广泛用于马驹红球菌肺炎的治疗（Chaffin et al，2008），而且已研究了其在山羊的药物代谢动力学（Chaffin et al，2005）。但迄今为止，还没有阿奇霉素用于治疗羊干酪样淋巴腺炎的效力、剂量或休药期的相关报道。

3.2.1.7 畜群疾病控制与根除方案

根除畜群干酪样淋巴腺炎十分困难，畜主必须愿意淘汰多发脓肿的山羊和绵羊，避免从感染畜群购买羊。英国通过山羊群进口控制以降低疾病传入其境内的风险（Gilmour，1990；Lindsay and Lloyd，1991）。在购买动物前，即使被认为无此病的畜群，也最好先进行血清学检测，且结果为阴性。新引进的动物包括骆驼，到达目的地后需要检查其淋巴结肿大情况，至少每月一次，持续一年或更长时间。在荷兰，通过淘汰血清学检测阳性动物的方案成功对53个畜群（大约13 000只成年羊）进行了疾病净化（Dercksen et al，1996）。

对价值高的感染动物需隔离饲养，仔畜产出后即需移开，并饲喂加热处理的初乳或牛初乳，以避免通过母畜乳房而将疾病传染给新生仔畜。商业化的巴氏消毒法能有效杀灭乳中的假结核棒状杆菌（Baird et al，2005）。从感染的和未感染的畜群中剔除感染动物是限制疾病传播的有效手段（Mullowney and Baldwin，1984）。圈舍应无钉子、金属丝和其他尖锐物体，以减少皮肤受伤。控制体表寄生虫也十分重要，因为体表瘙痒的山羊会在铁钉、柱子上摩擦，进而导致皮肤受伤。针头、文身器械、手术器械在动物之间交叉使用时应先灭菌，剪毛设备在不同养殖场使用时也应进行消毒处理。

各种伤口均需迅速使用消毒剂处理，新生仔畜脐带需用碘酒消毒。对已感染的安哥拉山羊或喀什米尔山羊，在剪毛后的2周内不可药浴控制体外寄生虫，可通过局部涂抹杀虫剂代替。应淘汰患有慢性呼吸系统疾病或消耗性疾病的山羊，或至少要与畜群隔离。Ellis等证实绵羊肺脏感染排出的脓汁可经空气途径自然传播本病（Ellis et al，1987）。

被脓汁污染的环境常作为新的传染源，可持续数周或数月。不同研究者证实，可从木材表面、稻草、干草和土壤中获得假结核棒状杆菌（Augustine and Renshaw，1986；Brown and Olander，1987），因此，隔离有破溃或切开脓肿山羊的圈舍应具有混凝土地面，地面需进行火焰灼烧，围栏应彻底清洗（最好高压水洗），并对动物进行消毒。在挪威，被感染动物污染的圈舍区经消毒后要求空圈3个月，并移除围场中上层10cm的土壤以降低场地带来的感染风险，这是一种有效的疾病根除方案（Nord et al，1998）。

3.2.1.8 疫苗接种

很多研究应用小鼠来评价针对病原体的免疫反应，证实细胞免疫应答能限制细菌的增殖，病原体诱导产生的具有中和活性的外毒素（磷脂酶D）能限制病原从最初感染部位向周围扩散。

疫苗接种作为一种控制反刍动物疾病的有效手段常被怀疑。人们注意到，在接种自体菌苗的畜群其脓肿患病率下降，但同时畜主也采取了淘汰已知感染山羊和改善环境卫生的措施。值得人们注意的是，自体菌苗如果不能合理配制和检测，其中可能含有足够多的游离毒素而导致免疫山羊的死亡。除非进行一系列的比较试验，协同溶血抑制（SHI）试验一般不能区分自然感染和疫苗免疫的山羊，因此一旦完成一次疫苗免疫计划，通过检测淘汰感染山羊是比较困难的。另外，采用针对检测细菌外毒素和细胞壁抗原的抗体ELISA方法进行检测，免疫山羊的结果常为假阳性（Sting et al，1998）。

对澳大利亚研发的商品化疫苗（Glanvac，Commomwealth Serum Labs，Melbourne，Australia）完成了在山羊的免疫效果评价（Anderson and Nairn，1984a，1984b；Brown et al，1986a），该疫苗是将外毒素用弗氏不完全佐剂乳化而制备

的。在一项研究中，用1个剂量或2个剂量的疫苗免疫后，通过在擦伤的皮肤上涂抹活培养物进行攻毒，获得较好的保护，15%（3/20）的免疫山羊出现脓肿，而对照组山羊则为100%（10/10）感染（Anderson and Nairn，1984a）。羔羊通过初乳获得的抗体能抵抗攻毒感染（Anderson and Nairn，1984b）。在地方性流行的感染畜群，仔畜在3～4月龄时体内血清抗体将消失，直到再接触到病原时其血清抗体重新出现。疫苗一般应在4月龄前接种（Holstad，1986c），但若在3月龄前接种，初乳中的抗体可能会干扰疫苗的免疫反应（Paton et al，1991）。

在美国，已有不同的商品化疫苗可供使用（Case-Bac 和 Caseous-DT，Colorado Serum Co，Denver，CO）。标签显示仅使用于绵羊的类毒素菌苗，其对绵羊的有效性已得到确认（Piontkowski and Shivvers，1998）。该菌苗已使用于山羊免疫。关于感染畜群的成年奶山羊接种疫苗1～2d后不良反应的报道很多，包括严重的产乳量下降、跛行、食欲减退、发热和精神沉郁。但很多畜主和兽医报道，在幼畜2～3月龄接种疫苗对降低发病率有作用。由于最初的畜群中可能存在1只或多只羊是病原体的携带者和排毒者，因此疫苗接种应持续多年。

假结核棒状杆菌类毒素粗提物与灭活的全细菌混合物免疫山羊的田间试验效果令人失望（Holstad，1989），但加拿大另一个应用全细菌疫苗免疫山羊的田间试验显示出无统计学意义的显著较少的病例（Menzies et al，1991）。在巴西，应用福尔马林灭活的全菌疫苗，以磷酸铝凝胶作为佐剂进行不同条件下的田间试验，结果显示疫苗能提供部分保护（估计有77%）（Ribeiro et al，1988）。Brogden 等曾对以病原全菌和分枝杆菌不同成分制备的疫苗进行效果评价（Brogden et al，1990）。位于巴西巴伊亚州（Bahia）的巴西农牧业研究公司（EMBRAPA）开发了一种改进的皮内接种的活疫苗。

3.2.1.9 人畜共患的可能性

假结核棒状杆菌能导致人淋巴结炎已有报道，特别在澳大利亚，（Peel et al，1996；Mills et al，1997），人淋巴结炎的病程往往是延长的，诊断也被延误，除非进行细菌的分离培养。康复往往需要手术切除感染淋巴结，并辅助抗生素治疗。畜主、屠宰场工作人员和兽医在处理感染动物和脓肿时应小心，避免自己感染。

3.2.2 类鼻疽（Melioidosis）

在热带地区如东南亚、荷兰安地列斯群岛（Antilles）和澳大利亚部分地区，在山羊发现了一种由伪鼻疽伯克氏菌（*Burkholderia pseudomallei*）引起的人畜共患传染病，需与干酪样淋巴腺炎鉴别，人发病的情况见于最近的综述报道（Cheng and Currie，2005）。

3.2.2.1 病原

伪鼻疽伯克氏菌是一种革兰氏阴性杆菌，两端鞭毛，两极着色，该菌与铜绿假单胞菌（*P. aeruginosa*）十分相似。该菌可通过绵羊血琼脂培养基或麦康凯琼脂培养基（37℃培养4d）进行培养，有些菌株具有溶血性。

3.2.2.2 流行病学和致病机理

该病病原存在于土壤和被污染的水中，有报道显示病原可在土壤中存活30个月（Thomas and Forbes-Faulkner，1981）。感染动物包括啮齿类，可通过粪便传播病原，动物之间还可通过昆虫叮咬传播。本病有可能垂直传播，自然和试验感染怀孕山羊，可导致流产或存活仔畜的感染（Retnasabapathy，1966；Thomas et al，1988a）。

3.2.2.3 临床症状

初期表现为菌血症，随后在淋巴结表面、肺脏和其他内脏器官形成脓肿和肉芽肿，通常波及肩胛骨上方的淋巴结，有淡黄色奶油样脓液（Sutmoller et al，1957），常伴随慢性乳房炎（van der Lugt and Henton，1995）、体重下降、多关节炎和脑膜炎。

3.2.2.4 诊断和控制

由于间接血凝试验的敏感性高达98%，因此该方法（1/40或更高稀释倍数判为阳性）被认为适合该病的筛查。具有100%特异性的补体结合试验（1/8或更高稀释倍数判为阳性）用于该病的确诊（Thomas et al，1988b）。补体结合试验对慢性感染的敏感性较低（82%），最后的确诊往往依据病原分离培养，但羊体内陈旧的病灶有时是无菌的（Thomas et al，1988b）。

由于抗生素对治疗本病无效，故感染的山羊只能被扑杀，且畜群需通过血清学试验进行监测（Baxendell，1984）。

3.2.3　其他感染因素

山羊患关节炎等多种因素都可导致相关淋巴结的肿大。北美洲、欧洲和澳大利亚的奶山羊，山羊关节炎/脑炎病毒常引起山羊关节肿大、跛行，其持续感染也可导致局部淋巴结肿大（Robinson and Ellis，1986）。读者可参阅第 4 章的内容。

刚果嗜皮菌（*Dermatophilus congolensis*）是一种革兰氏阳性菌，在脓液中能形成菌丝，曾从比特拉（Beetal）山羊发生脓疮的浅表淋巴结中分离到，该菌不感染其他品种山羊（Singh and Murty，1978），其引起山羊的典型症状为表面皮炎。羊口疮病毒感染也可引起头部淋巴结显著肿大，疥癣也会导致淋巴结肿大，具体内容参见第 2 章皮肤病部分。

在锥虫病（trypanosomiasis）地方流行区，布氏锥虫（*Trypanosoma brucei*）能引起不明显的淋巴结肿大，而刚果锥虫（*T. congolense*）和活泼锥虫（*T. vivax*）能导致山羊淋巴结肿大。泰勒虫（*Theileria*）是另一种血液源性的能导致淋巴结肿大的寄生虫，这些疾病将在第 7 章讨论。

导致乳房炎（包括结核病）的致病因子也可导致乳房的淋巴结肿大，将在第 14 章详细讨论。

3.2.4　淋巴肉瘤（Lymphosarcoma）

山羊淋巴肉瘤是一种肿瘤性疾病，其致病病原尚不明确，与散发的犊牛淋巴肉瘤具有很多相似性。虽然有试验性感染山羊病例的报道（Olson et al，1981），但在自然发生淋巴肉瘤的山羊体内，既未发现引起牛淋巴肉瘤的病原——牛白血病病毒，也未发现该病毒的抗体。

浅表淋巴结的淋巴肉瘤的检查结果是不一致的，在一篇报道中只有 3/10 的山羊被感染（Craig et al，1986）。在这些感染的动物中，对淋巴结穿刺，在穿刺液中发现多量淋巴母细胞才可确诊（Duncan and Prasse，1986）。然而，细针穿刺法对于牛淋巴肉瘤的诊断而言敏感性相对较低（Washburn et al，2007）。

发生淋巴肉瘤的山羊年龄常在 2 岁以上，表现各种临床症状，包括高热、消瘦、腹泻或呼吸困难。涉及的器官包括肝脏、脾脏、肺脏和淋巴

结，有时生殖道也会波及（DiGrassie et al，1997）。在发现临床症状后，病情往往迅速恶化，大多数病例在 1 周至 2 月内死亡或被安乐死。这与病程长、呈良性经过的外部干酪样淋巴腺炎形成鲜明的对比。

3.2.5　正常大小的淋巴结突出

淋巴结增大与淋巴结突出需要进行区分。动物常因营养不良、寄生虫病或慢性传染病等原因导致瘦弱，也可因皮下脂肪的缺少而导致淋巴结突出。

3.3　头部肿胀

很多特殊情况的肿胀仅局限于头颈部，这些将在下文讨论，有些肿胀见图 3.5 所示。

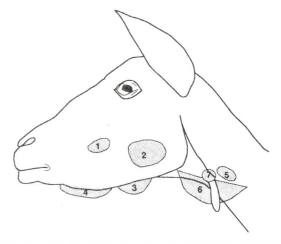

图 3.5　与头颈部相关的肿胀。1. 颈部脓肿或食团滞留；2. 唾液腺黏液囊肿；3. 牙根脓肿；4. 下颌水肿；5. 甲状腺肿胀；6. 胸腺肿胀；7. 肉垂囊肿

3.3.1　颊部反刍食物滞留

饱食的山羊在反刍时经常在颊部出现肿胀，肿胀往往随着咀嚼完成或山羊受惊而消失。如果该鼓胀持续存在，仔细触诊为一食团，而不是增厚的颊部（脓肿），可怀疑是神经机能障碍、牙齿问题以及多种原因导致的咀嚼或吞咽障碍等引起。

3.3.1.1　牙齿问题

牙齿缺失、不规则或者有脓肿可导致咀嚼不正常，而使齿弓与颊部之间蓄积饲料食团。这些问题将在下文或第 10 章讨论。

3.3.1.2　面神经麻痹

瘤胃运动停滞预示着面神经麻痹，因此，应迅速进行全面的神经检查（见第5章）。若动物呈现嘴歪斜、流涎、无力眨眼、耳郭下垂症状，应考虑面神经外伤、中耳炎、李氏杆菌病和其他损伤（包括脑干损伤）等多种情况，需进行鉴别诊断。在这些原因中，李氏杆菌病需特别关注，由于该病的临床症状仅表现为外周神经机能障碍时最容易成功治疗。

3.3.2　唾液腺黏液囊肿

面侧部的无痛肿胀，有时为充满唾液的囊状结构。

3.3.2.1　解剖学与生理学

腮腺大致呈矩形，从耳朵延伸至颈静脉分支，每个腮腺管在皮下咬肌表面靠近腹侧缘处交叉，腮腺液经由腮腺乳头流入口腔，腮腺乳头与上部第四前臼齿或第一臼齿正对（Habel，1975）。下颌唾液腺呈三角形，位于腮腺深部、下颌淋巴结的尾部，下颌角的内侧。下颌唾液腺管开口于每个舌下肉阜内侧，相对于腮腺管来说不易受伤。唾液腺造影术可应用于其定位（Tadjalli et al，2002）。除这些主要的成对的腺体外，在口腔壁和咽壁的唾液腺呈弥散性板层分布。

反刍动物唾液腺是连续分泌的器官，由于唾液中含高浓度的碳酸氢盐而呈弱碱性。唾液的生理功能将在第10章讨论。

3.3.2.2　病因学

唾液腺导管阻塞或破裂可导致黏液囊肿形成，在实施断角术时，幼畜的头会有力地对抗金属保定架的束缚，易导致形成黏液囊肿。在进行头颈部外科手术时避免损伤腺体或腮腺管也是十分重要的，尤其是在引流或切除淋巴结脓肿时。

据报道，青年努比亚山羊面侧或下颌区存在无痛感、充满液体的包囊，经检查，这些包囊由含杯状细胞的假复层柱状上皮构成而腮腺管上皮组织也是相似的，因此这些包囊被认为是发育异常的（Brown et al，1989）。图3.6、彩图16所示，一只1月龄努比亚羔羊，出生时其面部两侧就具有充满液体的包囊，这些包囊可通过外科手术移除或对腺管进行结扎处理。

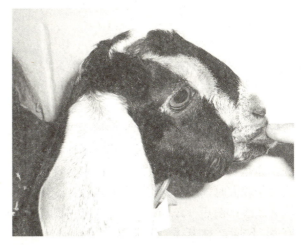

图3.6　努比亚羔羊先天性唾液腺管囊肿（Dr. R. P. Hackett提供）

3.3.2.3　临床症状和诊断

柔软、波动、无痛的包囊处的吸取液应是清水样液体或微带血的黏液样液体，无色、无味，其pH比血液高。该包囊可能与下颌骨的绦虫包囊混淆（Ghosh et al，2005），这些内容将在下面讨论。

3.3.2.4　治疗

当腮腺管末端部分通过结扎堵塞后，可对唾液腺囊肿进行摘除，但不需要切除腺体本身（Brown et al，1989）。这种囊肿不能采用切口引流术处理，因为这会导致该处形成慢性瘘管，不断损失唾液，引流出的液体不但外观令人讨厌，而且绵羊插管试验显示，每天有30～50g碳酸氢盐流失，这将导致危及生命的酸中毒。

3.3.3　脓肿

头部皮下脓肿或身体其他部位的脓肿可由多种病原体引起，包括假结核棒状杆菌、化脓隐秘杆菌、大肠杆菌和葡萄球菌、链球菌等（Ashfaq and Campbell，1979b）。另外，也曾从面部或身体其他部位的慢性皮下脓肿中分离到诺卡氏菌（Nocardia）（Jackson，1986）。在苏丹，羊群头部皮下脓肿的暴发被认为是由厌氧葡萄球菌所引起（El Sanousi et al，1989）。

3.3.3.1　颊部咬伤所致

当脓肿发生在颊部时，应考虑上下臼齿咬合处自我咬伤，并由口腔细菌污染所致的可能性，将牙齿尖锐处锉平可有效避免该病复发。在训练幼畜从桶中饮水等人为限制山羊头部活动时，应避免臼齿弓和笼头之间的面颊皮肤受力，以免导致颊部受伤。

3.3.3.2 其他损伤所致

荆棘植物或草芒可刺伤皮肤或口腔黏膜，食肉动物或很多强壮动物之间所致的咬伤也会成为化脓菌侵入的门户。一般而言，确定是哪种细菌所致的疾病并不重要，关键是要排除干酪样淋巴腺炎的可能。这类脓肿通过引流并用稀释碘酒冲洗就能达到良好的治疗效果。当山羊全身性感染或损伤较大时，应全身使用青霉素。

放线杆菌病（Actinobacillosis）症状与脓肿有所不同，林氏放线杆菌（*Actinobacillus lignieresii*）引起多样的、慢性、牢固的结节性病变，常在绵羊群中流行，病变常发生在头部软组织或局部淋巴结。脓汁中存在小颗粒（直径小于1mm），可作为放线杆菌病的特征性病变，但不幸的是这并不常见，确诊需进行病原分离培养。磺胺类、链霉素（在美国不可用）和碘化钠被推荐用于本病治疗，青霉素对本病无效。还没有关于山羊发生放线杆菌病的报道。放线杆菌病多发生于无假结核棒状杆菌感染的绵羊群，有时会与干酪性淋巴腺炎相混淆，在病原分离培养完成前先不必淘汰病羊。

3.3.3.3 断角术（dehorning）所致

断角术带来的特殊伤口可能引起感染，并最终在热灼烧焦痂下或绷带或痂皮下形成脓肿。具体情况将在下面鼻窦炎部分讨论。

3.3.3.4 牙根脓肿

牙根脓肿多为牙周病的后遗症（也可能是由于饲喂的粗草或干草中含有带刺的草），外来的异物进入牙齿与牙龈之间，随后将在臼齿根部周围形成脓肿。作者发现该病多发生于动物下颌部（图3.7、彩图17），并伴随动物采食量下降、反刍困难。感染一直发展，直到腹侧骨变形明显。通过每只手的大拇指和食指触诊比较两侧下颌骨的厚度差异很容易检查这种脓肿。这种腹侧的脓肿可弄破并引流脓汁处理。口腔检查（应用甲苯噻嗪镇痛）鉴别破坏或松动的牙齿，并进行拔除。最好的方法是通过下颌部的X线片来判断所涉及的牙齿。患病山羊应用碘酒反复冲洗引流道，根据细菌培养和药敏试验结果选择使用青霉素、氟苯尼考（florfenicol）或其他抗生素3～4周。在治疗初

期，饲喂干草颗粒产品可促进动物采食量，因为这不需要充分咀嚼。

图3.7　与下颌相关的牙根脓肿（Dr. M. C. Smith提供）

虽然关于外科移除山羊牙齿脓肿尚未见文献报道，但其他动物的经验提示，只要不造成下颌骨骨折，移除牙齿要尽早完成。由于牙齿暴露的空间有限，从口腔移除是非常困难的（如果牙齿未松动），可考虑实施侧面下颌板截骨术，这在美洲驼羊和外来小反刍动物有报道（Turner and McIlwraith，1989；Wiggs and Lobprise，1994；Niehaus and Anderson，2007）。当牙齿从口腔中被移除后，需用牙科丙烯酸树脂防止食物颗粒在手术部位的残留。

3.3.3.5 放线菌病

山羊明显的放线菌病（牛放线菌，*Actinomyces bovis*）十分少见（Baby et al，2000；Seifi et al，2003），若涉及骨骼和存在硫黄颗粒，则增加了怀疑这种感染的可能性。按照放线菌病，使用5～7d链霉素（10mg/kg，每天2～3次）十分有效，同时可结合口服碘制剂。也可通过每天皮下注射土霉素20mg/kg进行治疗。与牙根脓肿、纤维性骨营养不良和下颌骨淋巴肉瘤等疾病的鉴别诊断也十分重要（de Silva et al，1985；Graig et al，1986；Guedes et al，1998；Rozear et al，1998）。

3.3.4 纤维性骨营养不良

主要饲喂浓缩料的山羊羔（偶尔发生于成年

山羊）会发生两侧下颌骨显著增大，原因是日粮中的磷相对于钙是过量的。该病表现为下颌骨柔软（可被针穿透），白齿发生旋转而使牙冠指向舌（Andrews et al，1983），X线片显示下颌骨有明显的去矿化现象（Singh，1995）。晚期病例可能无法张口，也可能发生自发性骨折。饲喂优质干草（如紫花苜蓿，含钙高）和限制谷物饲喂量，可有效避免本病发生，详细内容将在第 4 章讨论。

在用银合欢（*Leucaena leucocephala*）长时间（472d）饲喂 4 只山羊的试验中，可观察到类似纤维性骨营养不良的症状，山羊日粮的钙磷比超过 6：1，但山羊肾脏、甲状腺、甲状旁腺组织学检查均正常，本病的发病原因目前还无法解释（Yates et al，1987）。另外，慢性肾病也可导致类似的骨病变。

3.3.5 下颌水肿

如果山羊下颌骨处存在波动性指凹性水肿，同时无明显的心力衰竭症状，则应怀疑体内寄生虫感染的可能性（见第 10 章）。这种水肿是由低蛋白血症引起，常因胃肠道的线虫和吸虫感染所致的肝衰竭而导致血液或血浆的损耗引起。类结核病也可导致如下颌水肿、肾脏疾病相同症状的严重低蛋白血症。这些情况将在第 10、11、12 章讨论。

3.3.6 公畜头部肿胀

在诺维氏梭菌（*Clostridium novyi*）流行区，公畜打斗常导致严重的头部肿胀，其他梭菌属细菌如气肿疽梭菌（*C. chauvoei*）、索氏梭菌（*C. sordelli*）和腐败梭菌（*C. septicum*）也可能导致该病。肿胀首先在角和眼睛处出现，随后扩大到面部、颈部和胸部。病变组织充满黄色液体，涂片镜检或厌氧培养可证明存在梭菌属细菌。淋巴结肿大，动物嗜睡、发热。除非采用外科手术切开脓肿而使氧气进入，并使用大剂量抗生素（如青霉素）进行治疗，否则动物往往在 1~2d 内死亡。光过敏症的症状与该病类似（见第 2 章），但不会伤害听觉系统，也不会导致快速死亡（King，1984）。公畜因打斗所致的头部血清肿，一般不会引起全身性的病变。

3.3.7 颅骨变形

颅骨形状异常，提示新生仔畜患脑水肿或年龄较大山羊患鼻窦炎或寄生虫性囊肿。

3.3.7.1 脑积水

偶尔有新生仔畜颅骨明显凸起，即为先天性脑积水。该病常呈散发，病因不明，虽然有些病畜先天感染阿卡班（Akabane）病毒（见第 4 章和第 13 章）也呈现脑水肿症状。努比亚羊的遗传性溶酶体贮积病、β-甘露糖苷贮积症（mannosidosis）也常伴随颅骨变形，将在第 5 章讨论。患脑水肿羔羊如果表现神经反应异常，可严重影响吮乳或行动，应采取安乐死。

3.3.7.2 鼻窦炎

除新生羔羊外，外科去角术一定会打开额窦，这会导致干草或其他外源物体易进入其中。如在感染消除前，额窦通过结痂而封闭了开口，常会形成脓肿并最终使鼻窦骨变软或变形，提示幼畜在过去 6 个月内有打开额窦的去角术史。受影响的鼻窦上方叩诊显示浊音，如果怀疑脓肿在额窦上方，而不是在颅腔或牙根处，建议使用 X 线进行检查。移除窦中的外源物或坏死骨后，通过引流和每天冲洗来治疗。

地方性流行的鼻内瘤和淋巴肉瘤（第 9 章讨论）也能侵袭鼻窦，并导致面部骨骼变形。如果存在地方性流行鼻内瘤，指压软骨将有浆液性、黏液性液体从鼻孔流出（De Ias Hetas et al，1991），受影响一侧鼻孔可探查到气流减弱现象。背腹方向的 X 线片可显示肿瘤所在的自然位置。

3.3.7.3 脑多头（绦虫）蚴（眩倒病）

脑多头（绦虫）蚴（*Coenurus cerebralis*）是犬绦虫——多头绦虫（*Taenia multiceps*）的幼虫，其可在山羊或绵羊脑实质或表面形成包囊。根据包囊所处位置不同可致盲或其他各种神经症状，以及颅骨上方隆起、软化，甚至穿孔等。相关报道（Sharma and Tyagi，1975）显示，该病诊断常依据这些症状所处的位置，但许多发病动物并不表现颅骨的明显变化。用 18 号针头穿过软化的颅骨，按压下可见清亮液体流出；有时包囊可通过带有导管的针头吸取出来。报道显示，通过向包囊内注射复方碘液（Lugol's），至少有一只山羊被治愈。美国可能不存在这种寄生虫。关于这种寄生虫的更多详细讨论见第 5 章和第 6 章。

3.4 颈和胸部肿胀

当在颈部或肩胛部淋巴结区存在肿胀时，要特别考虑前面已讨论过的干酪样淋巴腺炎。很多情况下，不同的病原可导致颈部或胸部弥散性或局部肿胀。

3.4.1 不同于干酪样淋巴腺炎的脓肿

如果引流对脓肿没有作用，应对脓肿重新评估（包括 X 线检查），确定是否由于外源物存在所致，如针头、植物碎片、坏死骨碎片。如已报道山羊因食入缝合针而导致颈部和靠近左侧肘部的脓肿（Sharma and Ranka，1978；Tanwar and Saxena，1984）。足分枝菌病（mycetomas）（见第 2 章）是一种慢性、皮下的、真菌诱发的脓肿，常伴随潜在的骨膜反应。

3.4.2 注射性组织坏死（无菌脓肿）

多种疫苗，包括多价梭菌苗（Green et al，1987）及类结核病（Holstad，1986d）、干酪性淋巴腺炎、口蹄疫疫苗，可导致大的、球形的、坚硬持久的肿胀（肉芽肿）形成。多种动物的疫苗接种可发生此类肿胀，并不是由于疫苗被污染或注射针头不卫生所致，可根据曾注射过疫苗的部位出现的组织反应而初步诊断。这种肿胀一般不需要治疗，除非出现局部感染。宠物或表演用山羊发生该类肿胀易引起关注，畜主往往要求手术切除该肿块。因为许多加有佐剂的疫苗易导致接种部位的局部反应，所以在对宠物或表演用动物接种疫苗时应选择不影响美观的部位，如肩后或肘后部，这是很重要的。一般而言，不在观赏动物颈部皮下进行注射。在干酪样淋巴腺炎非疫区，山羊存在结节样肿胀时，兽医很难满怀信心地出具健康证明。

选择深部肌肉组织接种疫苗和注射抗生素不是避免这类问题的最佳方法。由于肌内注射常导致严重的肌肉坏死，且不易被观察到，直到山羊出现明显的疼痛。山羊常见有柔软、稳固的肿胀及跛行、起立困难。当在后肢某点注射时，常导致坐骨神经麻痹，尤其是肌肉有限的幼年或瘦弱动物。此外，作为肉用动物，坏死肌肉能残存几

周甚至几个月，导致损害胴体，应彻底清理以符合检疫要求，但这对于消费者是明显的和无吸引力的。

有些溶液不能通过皮下或肌内注射方式进入到山羊组织。含磷的钙制剂和葡萄糖会造成注射部位组织脱皮。静脉注射不成功致使药物滞留血管周围，可导致颈静脉形成大的肿胀。

在动物，为保持抗体的不断产生，在含佐剂的疫苗注射部位发现很多坚硬的皮下结节是很正常的。

3.4.3 肉垂囊肿和甲状腺舌（管）囊肿

肉垂是由常染色体显性基因完全显性遗传所致，但有关其形状和位置有可变表达的报道（Ricordeau，1981）。囊肿在肉垂基部或肉垂切除的位置产生，可能是单侧的，也可能是两侧的，这些囊肿并不罕见，但很少引起关注并被文献报道。它们有各种名称，如鳃裂囊肿（Williams，1980）、皮样囊肿（Gamlem and Crawford，1977）、肉垂囊肿（Fubini and Campbell，1983）。肉垂囊肿常在羊出生时就存在，且随时间可能增大，最后变得更加明显。囊肿中常包含浓或稀的清亮液体，而且引流后会重新充满或变为脓疮。在局部麻醉下，该囊肿可被完整移除，但需避开下面的颈静脉；表演用山羊必须切除，因为其可能与干酪样淋巴腺炎混淆。文献中报道的品种偏嗜性，是根据某一区域已知品种或家系动物的患病率得出，带有一定偏见。

肉垂囊肿需与甲状腺舌（管）囊肿相区别，甲状腺舌（管）囊肿存在于舌骨正中线下方（Al-Ani and Vestweber，1986；Nair and Bandopadhyay，1990；Al-Ani et al，1998），随着时间的延长，甲状腺舌（管）囊肿有时会变得非常大，可小心地通过外科手术移除。

3.4.4 甲状腺和甲状腺肿

3.4.4.1 解剖学与生理学

山羊甲状腺为双叶，处于喉头稍后。左右叶位于气管两侧，通过纤细的峡部相连，而横穿气管的腹侧（Reineke and Turner，1941）。在年轻动物，甲状腺常埋入胸腺组织中，随着年龄的增长，甲状腺峡部变得越来越纤维化（少许腺体），越来越靠近尾侧（Roy et al，1975）。

甲状腺通过碘化含有酪氨酸的有机化合物而形成多种激素，形成的甲状腺素（Thyroxine，T4）和3，5，3-碘甲腺氨酸钠（3，5，3-triiodo-thyronine，T3）以胶体形式存在于甲状腺腺泡内，直到需要才释放。甲状腺及激素通过调节细胞氧化作用来控制动物代谢率（Wilson，1975）。肝脏将 T4 转化为 T3 时需要硒元素（Kohrle，2000）。

甲状腺肿表现为甲状腺的增大，对反刍动物而言，甲状腺肿常预示代偿性甲状腺功能减退。正常情况下，低甲状腺素和碘甲腺氨酸钠会刺激促甲状腺素（甲状腺刺激激素）分泌增加，这导致通过血液和腺体增大而增加碘摄取量，增大的腺体能通过增加碘吸收实现代偿。

3.4.4.2　正常甲状腺机能试验

山羊正常的甲状腺机能减退不同于甲状腺肿，目前还没有相关报道。如果进行甲状腺机能检测，应注意至少在犬，肾上腺皮质类固醇治疗后和非甲状腺疾病的末期血浆的 T4 都降低，可能是因为干扰了 T4 与血浆蛋白的结合。

研究者开展了山羊的甲状腺功能研究，希望能将山羊作为大反刍动物生理学研究的模型动物，如山羊放射性碘（[131]I）吸收研究（Flamboe and Reineke，1959；Davis et al，1966；Ragan et al，1966）。甲状腺摘除应用于正常甲状腺功能研究将在下面讨论。

虽然对山羊的正常甲状腺激素水平尚未制定很好的标准，但对执业医生来说确定甲状腺激素水平很简单。对年龄在 2 周至 6 岁之间的 20 只母羊和 40 只公羊进行血清甲状腺素重复测定，甲状腺素检测量为 (6.53±0.03)（SE）μg/dL，范围为 2～17μg/dL（Anderson and Harness，1975）。对 55 只来自实验室群体的侏儒山羊进行甲状腺机能试验（Castro et al，1975），没有明显性别差异，试验记录的平均值为，蛋白结合（有机）碘为 (8.1±12)（SD）μg/dL，T4 为 (7.2±1.1)μg/dL，胆固醇为 (90±29.7) mg/dL。由于各值均在正常范围内，作者认为无法证明甲状腺机能障碍。

作为建立 10 个品种山羊平均值研究的一部分，对 10 只山羊的甲状腺素进行重复测定（Reap et al，1978），平均值（±标准差）和范围是：T4：3.45±0.47（3～4.23）μg/dL 和

T3：145.9±29.32（88～190）μg/dL。在另一个研究中，4 只幼龄山羊和 4 只成年山羊（普通饲养条件下）平均甲状腺素值为 4.25 μg/dL（Kallfelz and Erali，1973）。南非安哥拉山羊的甲状腺素波动范围无明显季节性（Wentzel et al，1979）。在奶山羊的研究中，相对于分娩前，泌乳的第一周血浆甲状腺素水平大约下降 30%（Emre and Garmo，1985）。

M. C. Smith（未发表的数据）对 3 只成年奶山羊进行促甲状腺素反应评估，静脉注射 5IU 促甲状腺素 4h 后，血清甲状腺素浓度升高大约 2 倍；25 只羔羊接受静脉注射促甲状腺素释放因子 1μg/kg 后也得到类似的结果，注射在 1h 后 T3 平均增加了 318%，4h 后 T4 平均增加 174%（97%～227%）（Reinemeyer et al，1991）。T3 临界值为 30～90 μg/dL，T4 为3.1～6.1 ng/dL。

3.4.4.3　试验性甲状腺功能减退

山羊可实施甲状腺切除术，而对手术移除不干净的异位甲状腺组织可用[131]I 药物破坏（Ekman，1965）。由于一对外部甲状旁腺分别位于甲状腺两侧，并嵌入胸腺组织中，因此甲状旁腺功能被保留（Ekman，1965）。

当对成年山羊实施甲状腺切除术后，最主要的临床症状是体重增加。怀孕期母羊如摄入[131]I，将导致产生无可检测的甲状腺的死胎，且母羊产乳量减少。甲状腺切除术山羊表现为皮肤显著增厚、变软，局部毛发减少，当受到寒冷刺激时表现激烈的寒战（Andersson et al，1967）。

若幼年动物被切除甲状腺，在 1～2 个月内生长停止、嗜睡，头部发育为盘面（dish-faced）样（Reineke and Turner，1941），如果重新饲喂碘化蛋白质，动物又重新开始生长。

通过每天口服硫脲素(thiourea)（Sreekumaran and Rajan，1978）和注射甲基硫脲嘧啶（methyl thiouracil）或硫脲素（Gupta et al，1990），建立试验性甲状腺功能减退山羊模型。发现幼畜往往表现体重下降和黏液样水肿（皮下组织水肿和胶冻样浸润）（Sreekumaran and Rajan，1977），这些幼畜的皮肤变化已在第 2 章讨论。在 8 月龄雄性山羊，通过硫脲素处理，建立甲状腺功能减退模型，其血浆睾酮水平降低为处理前的 12%（Gupta et al，1991）。山羊长时间饲喂巴拉草（*Brachiaria mutica*），并给予亚

致死量的硝酸盐会导致甲状腺变小、坚硬，腺泡上皮细胞增殖缓慢（Prasad，1983）。

3.4.4.4 自发饮食性甲状腺肿

甲状腺肿常为一种营养病。

3.4.4.4.1 病因学

有两种主要机制可使山羊因饮食而导致甲状腺肿：碘缺乏和饲喂致甲状腺肿物。此外，试验性钴缺乏和维生素 B₁₂ 缺乏导致甲状腺素水平升高，并伴随甲状腺的显著肥大和超常增生（Mgongo，1981）。然而，随后研究显示，钴缺乏并未显著损伤甲状腺功能（Mburu et al，1994）。

缺碘性甲状腺肿：在过去，人们逐渐认识到山羊"地方性"甲状腺肿发生在人患甲状腺肿的相同区域。由于土壤缺乏碘，不容易将碘释放到植物和饮水中。碘缺乏区包括美国的五大湖区、北美大平原、落基山脉和太平洋沿岸地区（Lall，1952）；瑞士、英国部分地区（Wilson，1975），以及喜马拉雅山脉（Raina and Pachauri，1984）。在美国和西欧，碘化食盐的应用降低了该类甲状腺肿的患病率。由于没有补充碘盐，甲状腺肿在喜马拉雅山脉区流行普遍（Singh et al，2002）。

通过育种可改变山羊碘缺乏的敏感性。来自南非的波尔山羊，是一种快速生长的肉用山羊品种，对碘缺乏尤其敏感。选择碘缺乏抵抗力可能也意味着选择低生长率（van Jaarsveld et al，1971）。在喜马拉雅山脉区，山羊甲状腺肿受到广泛研究，当地山羊品种碘缺乏抵抗力明显优于购自外部的山羊（巴巴里山羊或阿尔贝因山羊）（Rajkumar，1970）。安哥拉山羊对碘缺乏非常敏感（Kalkus，1920）。

3.4.4.4.2 致甲状腺肿物

致甲状腺肿物是能干扰食源碘吸收或甲状腺素形成的化合物（Bath et al，1979；Cheeke，1998）。硫氰酸盐是一种致甲状腺肿物，存在于多种十字花科（Cruciferae）芸薹属（Brassicus）植物中。增加食源碘，将克服硫氰酸盐对甲状腺选择浓缩碘的抑制效应。

致甲状腺肿素（硫代噁唑烷酮，thiooxazolidone）是一种硫脲嘧啶类致甲状腺肿物，在油菜种子、羽衣甘蓝和其他芸薹属植物均有发现，其阻断了甲状腺激素合成，致甲状腺肿物的作用无法通过

饲喂额外的碘来克服。

硫尿素也是类似的干扰碘的有机化合物，曾用于试验性甲状腺功能减退模型的建立（Wilson，1975）。银合欢中的含羞草素可抑制反刍动物致甲状腺肿物的代谢（Hegarty et al，1976；Prasad，1989），但其可被瘤胃正常菌群解毒（Hammond，1995），将在第 10 章进一步讨论。非洲珍珠粟（Pennisetum typhoides）可致山羊甲状腺肿，虽然其中的毒素尚未得到证实（Abdel Gadir and Adam，1999）。

3.4.4.4.3 临床症状和实验室检查

正常甲状腺约为体重的 0.02%（Kaneko，1997），在甲状腺肿的地区，未补充碘的成年动物甲状腺显著增大，有时可达柑橘大小（Kalkus，1920），山羊其他方面似乎健康，但生殖性能下降（Kategile et al，1978），体液和细胞免疫应答反应可能下降（Singh et al，2006）。

受影响的羔羊出生即表现甲状腺肿大（图3.8、图3.9、彩图18、彩图19），也存在脑垂体

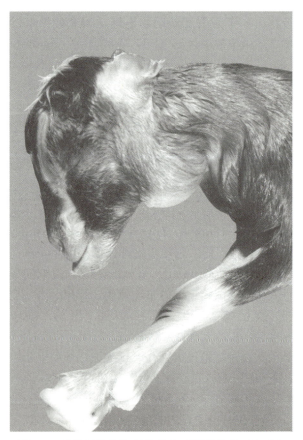

图 3.8　羔羊死胎的先天性碘缺乏甲状腺肿（Dr. M. C. Smith 提供）

增大现象（Ozmen and Haligur，2005）。羔羊可能为死胎或弱仔，在出生后几小时内死亡。增加甲状腺的血流可引起动物可触知的震颤，大多数受影响羔羊无毛或仅覆盖极细的被毛（Kalkus，1920；Love，1942；Paliwal and Sharma，1979），而且一窝多胎羔羊较单胎更易受食源性甲状腺肿的影响（Ozmen and Haligur，2005）。

图 3.9　反映在皮肤的死产双胎羔羊的甲状腺肿（Dr. M. C. Smith 提供）

在一次南非安哥拉羊暴发甲状腺肿报道中，严重施肥的紫花苜蓿牧场的硫氰酸盐被认为是致病原因。新生羔羊存活但不正常（Bath et al，1979），表现为短小、结实、肥胖而没活力；在所有病例中均有颅骨侧面变宽、下颌凸出的症状。两侧触诊很容易诊断甲状腺肿，4 只甲状腺肿山羊甲状腺素平均值为 3.1 μg/dL，而 4 只正常山羊的为 5.9μg/dL；血清胆固醇比对照羊群高 5 倍多（10.9 mmol/L∶1.8 mmol/L）。在另一病例报道中，饲喂卷心菜的母羊和羔羊除甲状腺肿大（7cm∶4.5cm）外，看上去一切正常（Lombard and Raby，1965）。甲状腺肿大往往伴随着严重的呼吸困难和死亡，而受严重影响的羔羊生长缓慢不太明显。

在印度的一个碘缺乏区的研究中，对 574 只患甲状腺肿的母羊新生的 252 只先天甲状腺功能减退仔畜进行了评估，临床症状主要表现为甲状腺肥大和可感知的震颤、关节肿大、肌肉痉挛、弓背、步态蹒跚，部分至全部脱毛、虚弱、嗜睡。脑积水和下颌突出不常见的。血清胆固醇增加而 T3、T4 下降，死胎率达 18%（Sing et al，2003）。

3.4.4.4.4　诊断

甲状腺肿应与包囊性脓肿和肉垂肿鉴别诊断，脓肿和肉垂肿不可能发生在甲状腺位置的两侧。与胸腺肿大鉴别诊断比较困难，因甲状腺正常情况下嵌入胸腺中。胸腺肿大的羔羊生长迅速，被毛健康，充满活力。在微量矿化盐充足，没有饲喂已知致甲状腺肿物的情况下，正在生长的羔羊维持良好的健康状况仍然是排除甲状腺肿的最终诊断依据。相对于正常的甲状腺滤泡内衬有低的立方上皮细胞和少量的胶体而言，即使甲状腺肿存在高的柱状上皮、乳头状腺体内折叠和充满胶体也没有必要进行组织活检（Love，1942；Roy et al，1964）。当饮食得到改善或老龄山羊低碘需求得到满足时，增生甲状腺肿转变为胶样甲状腺肿，导致腺体仍然增大，但腺泡中胶体明显增多。患甲状腺肿的甲状腺碘含量降低。当腺体大小正常，但发生组织增生时，也可诊断为亚临床甲状腺肿。

3.4.4.4.5　治疗与预防

正如第 19 章所讨论，山羊日粮中碘的需要量在泌乳期为 0.8mg/kg 干物质，而其他时期为 0.5mg/kg。十字花科植物增加供给日粮的碘量大约为 2mg/kg。

山羊缺碘性甲状腺肿可通过补充碘予以治疗或预防，尤其是在母羊妊娠期；假设没有碘盐来源满足山羊对盐的需求，可通过碘化食盐很容易地补充。印度的相关报道显示，当甲状腺肿羔羊口服胶体碘按每千克体重 0.1mg，使用 100d 时，其生化指标和激素水平值都恢复正常（Singh et al，2003）。合成的甲状腺素钠盐（山羊每 16～20kg 体重口服 0.2mg/d）也能纠正碘缺乏的很多症状（Singh et al，2006），但一旦饲料得到校正，应该不需服用药物。

Kalkus（1920）的经典试验显示，每天口服碘化钾（2 粒，130mg）或怀孕前每周使用 1mL 碘酊全背部涂抹，都能起到预防甲状腺肿的作用。母羊怀孕前期使用碘治疗有时足以产出正常的羔羊，患缺碘性甲状腺肿成年山羊在治疗后可见甲状腺体积变小（Kalkus，1920；Welch，1928）。

在母羊怀孕期间不饲喂含致甲状腺肿物的饲料（尤其是芸薹属植物），是避免导致先天性甲状腺肿的最好措施，母羊也可通过补充碘避免该病发生（Heras et al，1984）。

3.4.4.5　遗传性甲状腺肿

近交系荷兰山羊（萨能奶山羊和侏儒山羊的杂交羊）可自然患先天性甲状腺肿，该性状在山羊中的保持，使其可作人类甲状腺缺陷症的动物模型进行广泛研究。

3.4.4.5.1　发病机理

这种疾病可作为常染色体的隐性性状而被遗传（Kok et al，1987）。这种性状的纯合体山羊不能正常产生甲状腺球蛋白即甲状腺素 T3、T4 的前体，使正常的反馈机制受损，导致连续分泌促甲状腺素而发生甲状腺肿。关于甲状腺球蛋白基因的这种有意义突变的特征已有描述（Rivolta and Targovnik，2006）。

3.4.4.5.2　临床和实验室诊断

该品种山羊正常甲状腺（两侧总共）重为 1～4g，而甲状腺肿时甲状腺重达 15～300g。血浆 T3 水平（9～36ng/dL）和 T4 水平（少于 0.4 μg/dL）均显著低于正常山羊血浆 T3（124～151ng/dL）和 T4（9～10.2μg/dL）的水平（de Vijider et al，1978）。组织学上表现为甲状腺肥大，并且上皮增生与持久的甲状腺素刺激相一致，胶体几乎缺失。

除甲状腺肿大外，患甲状腺肿幼畜表现呆滞和生长不佳，被毛粗糙、稀疏。如果不能提供甲状腺素替代物，最后被毛将几乎完全消失，并且皮肤变厚、鳞状化（Rijnberk，1977）。通过补充碘化物（每天口服 1mg 碘）能使这些山羊的甲状腺机能恢复正常。即使山羊仍然不能合成甲状腺球蛋白，但可通过其他蛋白碘化而随后转化为 T3 和 T4 予以补偿（van Voorthuizen et al，1978）。

3.4.4.5.3　其他品种山羊的先天性甲状腺肿

在波尔山羊发现了先天性甲状腺肿的遗传性病因学（van Jaarsveld，1971）。除表现为甲状腺增大外（平均 37g，正常山羊平均值 2g），幼畜其他方面表现正常。组织学上表现为甲状腺上皮细胞肥大，伴随胶体缺失。当正常碘蛋白存在时，甲状腺球蛋白聚合物往往解离成亚单位。沙米奶山羊的先天性甲状腺肿（平均 43g，相对于正常甲状腺 9g）也怀疑是遗传性的（Al-Ani et al，1998）。在中国内蒙古，通过剔除羊群中的已知携带者和对甲状腺激素的山羊同源分析来识别羊群中的其他携带者，可控制常染色体隐性遗传的甲状腺肿（Mei and Chang，1996）。

3.4.5　胸腺瘤

饲喂良好的羔羊有时会在颈上部的甲状腺区出现两侧对称的肿胀（图 3.10、彩图 20）。肿胀最早在 2 周龄变得明显，随后大约在 4 月龄（Pritchard，1987）或稍后（Bertone and Smith，1985）自然消退。幼畜在其他方面均健康，具有良好的被毛，因此不受严重碘缺乏或甲状腺肿影响。另外，皮下肿胀也可发生在胸廓入口，无论是从颈部肿块的头部还是尾部（未明确的）穿刺，可取出胸腺组织。这些过多的胸腺组织可能来源于胚胎发育的残留，也可能是副胸腺。在有些病例中，这些腺组织可自然退化，不需要治疗。当不存在甲状腺缺陷时，应告知畜主碘可能的毒性，不必补充海藻类的添加剂。

图 3.10　快速生长的努比亚杂交羔羊颈上部肿大的胸腺（Dr. M. C. Smith 提供）

胸腺瘤发生在成年山羊，作为一种占位性病变偶然可在胸部发现，将在第 9 章讨论。胸腺颈部的残留发展为瘤，通常很少发生，可通过活组织或穿刺物检查而诊断，并通过手术切除进行治疗。

任何年龄山羊的胸腺组织均可发生嵌入甲状腺的情况（Roy et al，1976），常与甲状旁腺组织有关，但尚未有甲状腺组织学发现的临床相关性报道。

3.4.6　静脉炎

由于颈静脉经常作为静脉穿刺和各种药物给予的途径，因此偶尔会引起医源性静脉炎。静脉血肿不经治疗可快速消退，然而血管周围沉积的刺激性药物可导致蜂窝织炎，甚至脓肿。由于肿块部位与静脉太近，因此包括热敷法在内的保守疗法是优于切开肿胀物而控制本病的首选措施。

3.4.7　寰椎黏液囊炎

寰椎黏液囊炎（Atlantal bursitis）是非常特异的，而且不是山羊关节炎/脑炎病毒感染常见症状，是位于项韧带下并延伸到两侧的一种波动性肿胀（图3.11、彩图21）。黏液囊常包含矿化物质，可通过X线检测诊断（Carry and Rings，1985），组织学检查显示存在滑膜细胞增生和单核细胞浸润（Gonzalez et al，1987）。如进行穿刺活检，可导致脓肿发生。棘突黏液囊也是类似的，还有位于腕部、肘突或坐骨结节上的黏液囊。当寰椎黏液囊明显扩张时，山羊常常出现不同程度的跛行。

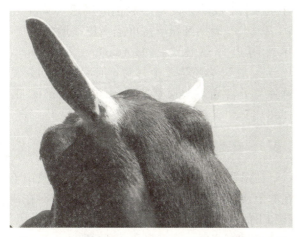

图3.11　山羊临床关节炎/脑炎的寰椎黏液囊扩张（Dr. M. C. Smith 提供）

3.4.8　胸骨脓肿和水囊瘤

在16年多的时间内，作者对72只大规模生产抗体的山羊群进行胸骨脓肿检查（Gezon et al，1991），这些脓肿直径为3～15cm，常位于皮肤和皮下组织，但很少侵入肌肉和骨组织。然而，其中2只山羊发生胸骨骨髓炎。擦伤和磨损部位被粪便污染被认为是该脓肿发生的原因，抗生素治疗对本病效果不明显。作者未详细报道病原分离培养结果，因此无法获得在未破溃胸骨脓肿中存在细菌的结论。

根据作者的经验，胸骨脓肿最常见于患有严重跛行的山羊，如由山羊关节炎/脑炎病毒感染引起的关节炎导致的跛行羊。这种相关性可用2种假设来解释，首先，跛行山羊更多时间保持胸骨侧卧，因而导致水囊瘤或褥疮性溃疡；其次，山羊关节炎/脑炎病毒诱导的关节炎可能涉及胸骨关节，并继发细菌感染。外科清创术可以成功治疗这些脓肿。应用放射造影诊断骨髓炎或胸部淋巴结肿大对本病预后和确定外科清创范围十分有帮助。若山羊已严重跛行、衰弱，或感染已扩大到胸腔，治疗胸骨脓肿对改善症状意义不大。

3.4.9　牛皮瘤（Warbles）

在地中海地区和亚洲，牛皮瘤的病原是山羊林神普皮蝇（Przhevalskiana silenus）幼虫，皮蝇移行至山羊背部，伴随局部炎性反应和皮下肉芽组织。这种寄生虫已在第2章讨论。虽然皮蝇（Hypoderma spp.）幼虫存在感染山羊的可能，但尚未证实有自然发生病例。蚊皮蝇（Hypoderma lineatum）幼虫的试验性感染显示，感染未发展到形成皮下牛皮瘤（Colwell and Otranto，2006）。

3.4.10　绦虫包囊

犬绦虫即多头绦虫（Taenia multiceps）（以前称为多头多头绦虫或格氏多头绦虫）不仅可在山羊和绵羊中枢神经系统中形成包囊，而且在山羊中枢神经系统外，特别是在肌肉内和皮下也可形成包囊（Verster，1969）。头节呈串存在，但没有内部或外部的子包囊。据报道，在苏丹（Ramadan et al，1973；Hago and Abu-Samra，1980）和印度（Shastri et al，1985），这些包囊是山羊四肢和躯体的大的皮下肿胀（直径大约15cm）的致病原因。这些包囊为波动的、凉的，并被无毛皮肤所覆盖。根据包囊位置的不同，有的包囊可能影响运动、饮食，有的影响内脏器官的功能。当包囊位于耳根部附近时，羊常出现摇头症状。

目前已有几种成功的治疗方法，包括包囊切

除、包囊切开结合碘纱布填塞或吸取包囊液体并注入 0.5～1mL 卢戈氏碘液（Lugol's iodine）（Nooruddin et al，1996）。据报道，一个孟加拉黑山羊群暴发该病时，发病率为 27.8%（47/169），控制疫情的重点是犬绦虫的治疗和死亡山羊尸体的处理，以阻止犬或野生犬科动物采食而循环感染（Patro et al，1997）。

3.5　腹部肿胀及特征

腹部轮廓的改变在第 10 章详细讨论。

3.5.1　脐疝

脐疝是由于脐环（在脐炎的情况下）关闭不完全所致，在山羊较少见。山羊的遗传性脐疝还未得到证实（Hamori，1983）。然而，广泛用于育种的公山羊应严格规定为无可见先天性缺陷。

若山羊肿胀部位来自脐区，应采用站立式触诊检查，必要时可侧卧检查。如果肿胀无痛、无增厚、易变小，则很可能为无脓肿的疝。在青年母山羊，采用弹性胶带缠绕腹部 2～4 周可使疝环发生关闭。如果疝环缺损较大，可怀疑内部存在脓肿；若公羊患病，外科手术修复是首选疗法。山羊采取背部仰卧，然后采用适用于羔羊的标准疝修补术，对于体壁皮肤缺损较大的，需要假网修补（Fubini and Campbell，1983）。

应用弹性去势带是一种可代替的非手术修复术。山羊首先轻度麻醉并采取背部躺卧，将全部疝囊内容物放回腹腔，用两个金属钉分别从疝囊两侧皮肤穿过，以便将其紧紧固定于腹壁。然后，用弹性去势带在钉与体壁之间缠绕疝囊，在 2 周内导致皮肤结痂脱落，从而治愈本病（Navarre and Pugh，2002）。在此过程中必需预防破伤风。

3.5.2　脐部脓肿

若触诊脐部肿胀，表现为温热、柔软，或仅为不能复位的波动，可提示进行诊断性穿刺。脐炎可导致脐动脉、脐静脉或脐尿管残余部位的脓肿。超声检查对评估脐部脓肿内部波及范围十分有用。对于外部脓肿，通过引流，并全身使用抗生素 1 周或更长时间。如存在感染迹象或并发顽固性脐疝，需采用外科清创术和疝修补术治疗。

3.5.3　腹部或侧腹部疝

山羊腹壁相对薄，各种钝伤（如打斗、剪羊毛或通过窄门拥挤时）常引起肌肉撕裂和分离。尽管确定妊娠子宫是否陷入皮下是很重要的，但单侧腹部疝的诊断往往比较明显。当疝气或体壁的拉伸发生在两侧时（当通过窄门时），通过仔细的身体检查与怀孕、子宫积水、肥胖症或腹水进行鉴别诊断。

小的疝气可通过手术修复，而当疝气大到影响分娩时通常要将其挑选到商品羊群予以淘汰。甲苯噻嗪镇静和利多卡因环状阻断局部麻醉法（使用量不要超过 10mg/kg），常用于山羊腹部疝修复术（Al-Sobayfl and Ahmed，2007）。可吸收或不可吸收缝线均可达到满意效果，不可吸收缝线（作者使用丝线）常用于老龄动物或陈旧疝气的患病动物。

3.5.4　腹疝

正如在绵羊报道的一样，偶尔有外伤或腹部极度膨胀导致腹部肌肉撕裂至脐部（Arthur et al，1989），导致腹壁水肿性肿胀和乳房低垂。有外科手术成功修复山羊病例的报道（Misk et al，1986）。晚期妊娠子宫可陷入皮下形成疝气，导致阴道分娩困难（Horenstein and Elias，1987）。在母羊怀孕 4 个月时，有手术成功修复这种"子宫疝"的报道（Radhakrishnan et al，1993）。

3.5.5　安哥拉山羊腹部水肿

在南非、美国、新西兰和英国，安哥拉山羊在剪毛或其他应激后，其腹部、胸部，有时在四肢和下颌区发生严重的水肿性肿胀（"肿胀病"或"腹水病"）（Mitchell et al，1983；Byrne，1994a，1994b；Thompson，1994），多达 15% 的羊群受到影响。肿胀内含清亮、大量无结块的液体，几天后会自然消失。文献报道可能的病因包括低蛋白血症、毛细血管渗透性改变、应激（醛固酮分泌和钠潴留）和维生素 E 缺乏症。通过寄生虫感染复制该病例，或增加饲料蛋白来改善症状的相关研究均未得出确切的结论。一般来说，年龄越小、血浆总蛋白含量越低的山羊患该病的风险越高（Snyman and Snyman，2005）。

在个别不能快速恢复的动物中，必须排除由寄生虫病或类结核病所致的低蛋白血症和因充血性心力衰竭所致的水肿。如果羊群突然发生死亡，应对维生素E的水平进行调查，除给新剪毛动物提供饲料和圈舍外，没有好的处理方法。

3.5.6　尿道破裂

患有尿石病的公羊和阉羊，如果尿道破裂，尿液渗透至皮下组织，可发展为腹侧肿胀（腹水病），这种水肿性、凉性肿胀的吸取物为水样液体，加热后有氨气味道。如果尿道阻塞得到缓解，恢复正常，液体可被重吸收，但局部皮肤会形成结痂脱落。尿石病及其治疗方法在第12章详细讨论。

3.5.7　坏疽性乳房炎

当山羊发生坏疽性乳房炎时，由于血管形成血栓，在乳房前部腹侧皮肤可能出现肿胀和水肿。最初为凉性肿胀，最后发生坏死和结痂。坏疽性乳房炎在第14章讨论。

3.5.8　乳腺移位

哺乳动物胚胎的乳房线从胸肌区一直延伸至阴道口。虽然雌性山羊在腹股沟区常常仅发育两个乳腺，但泌乳组织偶尔也可位于山羊阴唇两侧（Lesbouyries and Drieux，1945；Kulkarin and Marudwar，1972；Ramadan and El Hassan，1975；Smith，1986）。当接近分娩时，外阴肿胀，乳房也会肿胀。这种阴道肿胀坚硬并呈分叶状（图3.12、彩图22），且与皮肤分开。与生理性水肿不同，肿胀在分娩后不会迅速消退，相反

阴道肿胀会维持3个月左右，但最终像乳腺组织受到滞留乳汁的反压力萎缩一样而消退。这种情况只是一个罕见现象，可通过抽吸物为含脂肪滴的白色液体而证实。自然状态下，两侧对称肿胀有助于区别乳腺移位与腺癌或其他赘生物（见第2章）。

雄性动物乳腺发育（雄性动物雌性型乳房）在第13章讨论。

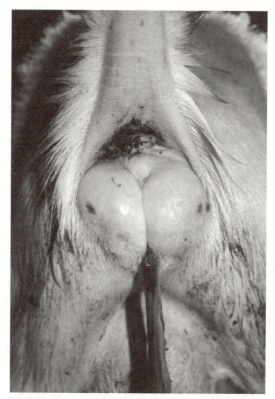

图3.12　异位乳腺导致的萨能奶山羊分娩1d后的阴门肿胀及胎衣滞留（Dr. M. C. Smith 提供）

（程振涛）

4

肌肉骨骼系统

健康的肌肉骨骼系统是山羊正常生长发育的关键。正常行走是山羊摄取食物和逃避捕食者必需的条件。当山羊生活在丘陵、岩石环境或当食物缺乏时，它需要通过爬树来获取食物，其身体的敏捷性和肢体的力量就显得尤为重要。公山羊交配行为的成功取决于强健后肢有效的爬跨能力。对于奶山羊而言，异常的后肢形态和过度生长的蹄甲反过来会影响乳房的健康发育。骨骼形态是线性评价系统中评估奶山羊健康状态的一个重要指标。

本章介绍了临床中与肌肉骨骼系统相关的知识，介绍了根据临床症状对肌肉骨骼疾病进行鉴别诊断的方法，并对影响山羊肌肉、骨骼和关节的主要疾病进行了详细讨论。有关影响骨骼和肌肉健康的特殊营养需求和相关资料，读者可查阅第 19 章。

4.1 临床特征

4.1.1 解剖学与生理学

关于山羊骨骼解剖的详细叙述不属于本章讨论的内容范围，可通过其他途径获取有关的信息（Chatelain，1987；Constantinescu，2001；Popesko，2008）。山羊骨骼见图 4.1，肌肉解剖见图 4.2。

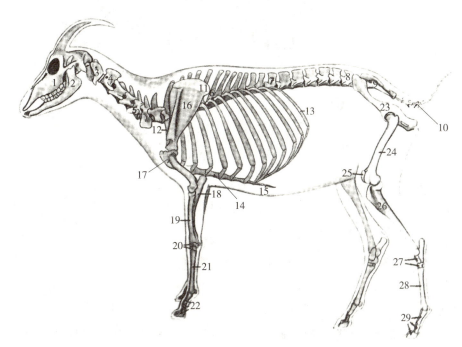

图 4.1 羊的骨架。1. 上颌骨；2. 下颌骨；3. 寰椎；4. 枢椎；5. 第五颈椎；6. 第六胸椎；7. 第十三胸椎；8. 第六腰椎；9. 骶椎；10. 尾椎；11. 肩胛软骨；12. 第一肋骨；13. 第十三肋骨；14. 胸骨体；15. 剑突软骨；16. 肩胛骨；17. 肱骨；18. 尺骨；19. 桡骨；20. 腕骨；21. 第三和第四掌骨；22. 胸肢附件足趾骨；23. 髋骨；24. 股骨；25. 髌骨；26. 胫骨；27. 跗骨；28. 第三和第四跖骨；29. 骨盆附件足趾骨（经 Popesko P. 授权使用）

4.1.1.1 正常的骨骼数量差异

山羊椎骨数量存在差异。正常的椎骨是由 7 块颈椎、13 块胸椎、6 块腰椎、5 块骶椎和 7～12 块尾椎组成。一项关于 185 只山羊的调查研究显示，24% 的山羊在椎骨数量上存在差异，或者在结构上存在过渡性椎骨（Simoens et al，1983）。个别山羊在腓肠肌侧面端出现一个额外的籽骨（Rajtova，1974），甚至偶尔出现与肋骨弓部不连接的浮肋（Hentschke，1980）。

4.1.1.2 骨骼生长

有一些关于生长期山羊骨骺闭合的报道

（Dhingra and Tyagi，1970；Rajtova，1974；Ho，1975；Dhingra et al，1978），这些报道发现骨骺之间存在着广泛差异，而存在差异的原因则不清楚。在最近关于韩国本土山羊的研究中，远端肱骨骨骺在 8～12 月龄发生闭合；而近端桡骨骨骺与远端胫骨骨骺闭合发生在 1 岁时。尺骨与股骨的近端和远端骨骺，肱骨和胫骨的近端骨骺，以及桡骨的远端骨骺在 1 岁或更晚才发生闭合（Choi et al，2006）。雌雄异型发生在山羊骨骼生长期。与雌性山羊相比，雄性山羊的骨骼更长、更宽且骨骺闭合更晚（Rajtova，1974）。

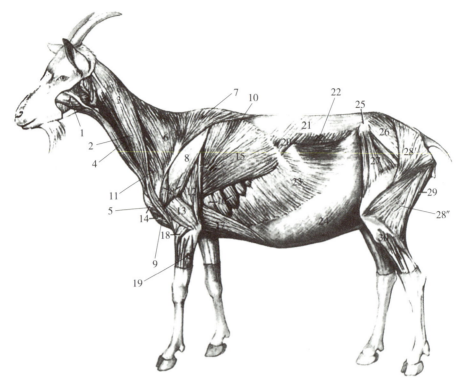

图 4.2 山羊浅表肌肉组织的局部解剖学。1. 咬肌；2. 臂头肌；3. 锁骨枕肌；4. 胸骨下颌肌；5. 锁臂肌；6. 颈斜方肌；7. 胸斜方肌；8. 三角肌腱膜；9. 三角肌；10. 前臂筋膜张肌；11. 肩胛横突肌；12. 肱三头肌长头；13. 肱三头肌外侧头；14. 浅胸肌；15. 背阔肌；16. 胸腹锯肌；17. 深胸肌；18. 桡侧腕伸肌；19. 尺侧腕伸肌；20. 尾背锯肌；21. 胸腰筋膜；22. 腹内斜肌；23. 腹外斜肌；24. 腹斜肌腱膜；25. 髋骨结节；26. 中臀肌；27. 阔筋膜张肌；28. 臀股二头肌（28′. 浅表臀肌，28″. 股二头肌）；29. 半腱肌；30. 腓骨长肌（经 Popesko P. 授权使用）

4.1.1.3 甲状旁腺

甲状旁腺通过释放的甲状旁腺激素调节钙、磷代谢，并对正常骨骼的发育和维持发挥重要作用（Hove，1981；Care and Hove，1982）。腺体的组织学分析可能对代谢性骨病起到辅助诊断作用。由于这些腺体体积小，且与其他组织之间的关系尚不明确，所以难以在山羊体内定位。推测可能存在甲状旁腺组织，通常由两对腺体组成。

靠前的一对腺体一般位于颈总动脉分叉前部深处。在青年山羊体内，胸腺位于这个部位，在胸腺顶端可以见到直径为 5mm 的红棕色肿块，即为副甲状腺。而老年山羊体内，胸腺组织萎缩，表面的副甲状腺则出现在正常颈总动脉分叉的尾部。靠后的一对腺体通常位于成对的甲状腺的内部，常见于甲状腺内侧的中部。副甲状腺组织可被分隔于一个独立的结缔组织被膜内或与胸腺组织相连接。

4.1.1.4 形态

在山羊繁殖过程中，为了对奶山羊进行遗传改良，越来越多的线性评价系统从雄性种羊获得。继奶牛之后，试图用线性评价系统作为模型，解释形态结构与功能持久性、繁殖率以及生产效率之间的一致性。在线性评价系统中，与形态相关的指标包括体长、臀部角度、臀部宽度以及后腿长度（Wiggans and Hubbard，2001）。

骨骼形态也是评价奶山羊的一个重要内容。按照评分来看，蹄与腿属于不同的结构范畴。降低动物分值的缺陷，包括脚趾过长、蹠部薄、前蹄或前腿翻转、踝部无力、翅状的肩部或肘部、前肢畸形、后膝关节平直、后肢过于紧凑（与乳房碰撞）、后踝内转，以及关节增大（Considine and Trimberger，1978）。对肉羊的选择与判定也包括骨骼和形态标准（Martinez et al，1991）。

4.1.2　临床病理学

临床上最常使用的评估骨骼健康与疾病的化学参数是血浆碱性磷酸酶（AP）、钙、无机磷。表4.1所示是与山羊代谢性骨和肌肉疾病有关的临床病理变化，但很少评价血浆维生素D与镁的水平。作为肌肉损伤的证据，血浆活性因子肌酸激酶（CK）、天冬氨酸氨基转移酶（AST）以及乳酸脱氢酶是最常检测的参数。在山羊中，这些参数的值见表4.2。正如后面所讨论的，这些参数的变化可能与年龄、品种、性别以及生产阶段或者怀孕状况有关。

表 4.1　与山羊代谢性骨和肌肉疾病有关的临床病理变化

疾病	血清碱性磷酸酶	血清钙	血清无机磷	其他变化
佝偻病	升高	降低	降低	血清中维生素D水平降低
骨骺病	正常	正常	正常	食物中可能包含了过多的钙
纤维素性骨发育不全	升高	正常或降低	正常或降低	食物中可能包含了过多的磷
地方性动物病钙质沉着	升高	升高	升高	软组织钙化
维生素D过多症	变化明显	升高	升高	血清中维生素D_3水平升高

表 4.2　山羊血清中与骨和肌肉相关的一些酶及电解质类的标准值

参数	单位	山羊描述	平均值	±SD	范围	参考文献
碱性磷酸酶	IU/L	F，侏儒羊，<1岁	87.7	29.2		Castro et al，1977
	IU/L	F，侏儒羊，1～2岁	79.5	34.6		Castro et al，1977
	IU/L	F，侏儒羊，2～3岁	28	14.2		Castro et al，1977
	IU/L	F，侏儒羊，4～6岁	15.1	11.2		Castro et al，1977
	mU/mL	M，F，以色列羊，3～4月龄	155	143		Bogin et al，1981
	mU/mL	M，F，以色列羊，2～5岁	70	61		Bogin et al，1981
	IU/L	M，F，萨能羊×野生羊，所有年龄	960	1 666		Kramer and Carthew，1985
	IU/L	复合式农场的成年山羊	308	257.4		Stevens et al，1994
天冬氨酸氨基转移酶	U/L	一般值			167～513	Kaneko et al，1997
	IU/L	一般值			43～142	Brooks et al，1984
	IU/L	复合式农场的成年山羊	51.8	12.1		Stevens et al，1994
钙	mEq/L	M，F，侏儒羊，所有年龄	4.9	0.3		Castro et al，1977a
	mg/L	泌乳的成年萨能羊	100.8	8		Ridoux et al，1981
	mg/L	泌乳的成年高山羊	94.6	7.2		Ridoux et al，1981
	mg/dL	M，F，以色列羊，3～4月龄	10.3	0.8		Bogin et al，1981
	mg/dL	M，F，以色列羊，2～5岁	9.6	0.5		Bogin et al，1981
	mEq/L	一般值			4.5～5.8	Brooks et al，1984
	mg/dL	复合式农场的成年山羊	9.7	0.7		Stevens et al，1994
肌酸激酶	IU/L	F，虾干羊，2～6月龄	28	39.1		Sugano et al，1980
	IU/L	F，虾干羊，7～56月龄	10.5	6.5		Sugano et al，1980
	IU/L	F，成年高山羊			14～62	Garnier et al，1984

（续）

参数	单位	山羊描述	平均值	±SD	范围	参考文献
	IU/L	F，成年萨能羊	24	7		Boss and Wanner，1977
	IU/L	萨能小山羊，40～59 天龄	48	22		Boss and Wanner，1977
	IU/L	萨能小山羊，240～259 天龄	22	8		Boss and Wanner，1977
	IU/L	复合式农场的成年山羊	49.1	2		Stevens et al，1994
乳酸盐脱氢酶	IU/L	F，侏儒羊，所有年龄	302.4	83.6		Castro et al，1977
	IU/L	F，侏儒羊，所有年龄	225.7	20.0		Castro et al，1977
	mU/mL	M，F，以色列羊，3～4 月龄	238	35		Bogin et al，1981
	mU/mL	M，F，以色列羊，2～5 岁	190	34		Bogin et al，1981
	IU/L	F，成年高山羊			217～586	Garnier et al，1984
	IU/L	复合式农场的成年山羊	176	50.6		Stevens et al，1994
镁	mEq/L	M，F，侏儒羊，所有年龄	2.1	0.3		Castro et al，1977a
	mg/dL	一般值			2.8～3.6	Brooks et al，1984
磷	mEq/L	M，F，侏儒羊，所有年龄	4.8	0.9		Castro et al，1977a
	mg/L	泌乳的成年萨能羊	43.5	23.9		Ridoux et al，1981
	mg/L	泌乳的成年高山羊	59.9	20.2		Ridoux et al，1981
	mg/dL	M，F，以色列羊，3～4 月龄	9.3	0.5		Bogin et al，1981
	mg/dL	M，F，以色列羊，2～5 岁	7	1.4		Bogin et al，1981
	mEq/L	一般值			1.7～4.3	Brooks et al，1984
	mg/dL	复合式农场的成年山羊	5.5	1.7		Stevens et al，1994

注：M＝雄性；F＝雌性；SD＝标准差。

4.1.2.1　碱性磷酸酶

与其他动物一样，碱性磷酸酶（AP）活性与正在生长的成骨细胞的功能相关，所以青年山羊体内的血浆 AP 量高于成年山羊的（Castro et al，1977；Sugano et al，1980；Bogin et al，1981）。在健康成年动物血浆中，绝大部分的 AP 来源于肝脏，特别是胆管上皮。山羊体内组织酶曲线表明，肾脏 AP 的活性是肝脏的 50～100 倍（Kramer and Carthew，1985）。然而，在肾脏疾病中释放到尿液中的 AP 来自管状上皮而不是血液。目前已经建立了检测特定骨骼 AP 的免疫方法，该方法最初应用于人类，在绵羊体内已得到验证，并成功应用在山羊中（Liesgang et al，2006）。

不同山羊个体间，甚至同龄组山羊之间，血浆 AP 的活性存在相当大的差异，所报道的正常 AP 值介于一个很宽的范围内。尽管如此，任何健康的山羊血浆 AP 水平，通常保持不变（Kramer and Carthew，1985）。最近，对萨能母羊特定骨骼 AP 的测定显示，怀孕期血浆 AP 浓度逐渐降低，并在分娩后一周达到最低点，这反映出骨再塑和来自骨骼的钙释放是为了适应胎儿骨骼生长和早期泌乳的需求（Liesegang et al，2006，2007）。有证据表明，山羊体内 AP 水平的高低及遗传优势都是可遗传的（Lode，1970）。因此，单纯检测山羊个体高水平血浆 AP 值很难在临床上解释清楚。来自同一山羊的样品中血浆 AP 含量的增加则是骨骼或者肝脏疾病更可靠的指征。

4.1.2.2 钙

据报道，山羊体内的正常血钙范围相当窄。即使如此，在这个范围内，正常血钙值的显著差异与年龄、品种、怀孕状态和泌乳状态有关。青年山羊的血钙浓度要比成年山羊的高（Bogin et al，1981；Ridoux et al，1981）。法国的一项研究显示，萨能山羊血钙的平均水平要比阿尔卑斯山羊的高（Ridoux et al，1981）。孟加拉黑山羊怀孕期的平均血钙水平远高于泌乳期，怀孕初期的水平要比末期的高，而泌乳末期却比泌乳初期高（Uddin and Ahmed，1984）。

4.1.2.3 磷

正常山羊体内无机磷浓度的范围比钙的浓度范围宽。青年动物体内的血磷水平远高于成年动物（Boss and Wanner，1977；Bogin et al，1981；Ridoux et al，1981）。钙磷比例也随着年龄改变而变化，3～4月龄山羊的比例是1.1∶1，而2～5岁山羊的则是1.37∶1（Bogin et al，1981）。

现已报道了萨能山羊与阿尔卑斯山羊之间的品种差异，萨能品种体内血磷的平均水平更低，与血钙水平相比，怀孕期血磷浓度或许明显高于泌乳期，而在怀孕或泌乳的各阶段，血磷浓度没有变化（Uddin and Ahmed，1984）。

4.1.2.4 镁

有关山羊血清镁离子水平的报道较其他物种少。作为山羊的年龄参数，与2～5岁山羊相比，3～4月龄山羊的血清镁离子水平没有变化（Bogin et al，1981）。每间隔20d检测萨能小山羊血清中的镁离子水平，直到8月龄也没有发生变化，血清镁离子的平均水平是2.23～2.49mg/dL（Boss and Wanner，1977）。

4.1.2.5 维生素D

关于山羊正常血清或血浆中，维生素D以及代谢物水平与健康关系的报道很少。关于维生素D代谢的研究表明，与其他的饲养物种相比，山羊体内维生素D由维生素D_3向25-羟基维生素D_3的转化非常有限（Hines et al，1986）。

在一项关于绵羊、骆驼和西奈沙漠山羊的对比研究中，将动物置于夏季阳光的直射下，山羊体内血浆中25-羟基维生素D_3的平均水平较其他物种的低；西奈沙漠山羊的平均水平是（23.9±5.7）ng/mL，绵羊的是（40.7±9.1）ng/mL，骆驼是（443±96）ng/mL（Shany et al，1978）。对山羊怀孕和哺乳期骨代谢等影响因素的研究表明，甲状旁腺素刺激肠道中钙离子发生了转运，以弥补哺乳造成的血清钙离子浓度的降低，这使得血清中1，25-羟基维生素D的水平在哺乳期第一周达到峰值（Liesegang et al，2006）。在产后一个月时，血清中维生素D会恢复到产前水平。

4.1.2.6 肌酸激酶

与心脏和骨骼肌相比，其他组织中肌酸激酶（CK）的活性是最低的，这使得CK成为肌肉损伤的最可靠指标（Kramer and Carthew，1985）。在对血清CK水平的检测时发现，血清CK水平有年龄差异，即幼龄和生长期山羊血清中CK浓度比老年山羊高（Sugano et al，1980）。肌肉中CK的酶活力也会随着年龄的增长而减弱（Braun et al，1987）。对成年母山羊产前两周、产后三周和进入哺乳期两个月的血清CK水平进行检测，发现不存在显著差异（Garnier et al，1984）。

已报道的正常山羊血清中CK水平的变化范围很窄，如果发生了广泛的肌肉坏死，CK水平可能会升高。轻微的、非病理性血清CK水平升高也可能检测到，这种情况可能由运输、打斗、静脉穿刺术或肌内注射等对肌肉造成了轻微损伤引起的；当发生急性营养性肌肉萎缩时，血清CK水平可能很容易增加百倍或更多。

4.1.2.7 天冬氨酸氨基转移酶

天冬氨酸氨基转移酶（Aspartate aminotransferase，AST）存在于肌肉中，当发生肌营养不良时，血液中的含量会增加。与CK相比，AST受肌肉损伤影响的特征不明显。尽管如此，山羊肝脏中也会出现高浓度的AST，因此，不能单独用AST来诊断山羊肌肉疾病和肝脏疾病（Kramer and Carthew，1985）。

4.1.2.8 乳酸脱氢酶

血清乳酸脱氢酶（Lactate dehydrogenase，LDH）是多种组织（包括肝脏和肌肉）中乳酸脱氢酶同工酶的集合，在红细胞中含量很高，所以当发生溶血时，可检测到血液样品中高水平的LDH。与CK一样，LDH不是诊断肌肉损伤的可靠指标。通过评价乳酸脱氢酶同工酶可提高对肌肉、肝脏和其他组织的评价，但这种方法不能用于常规分析。正常山羊血清中含有相当比例的乳酸脱氢酶同工酶，LDH-1 占 $29\% \sim 51\%$，LDH-2 占 $0 \sim 5\%$，LDH-3 占 $24\% \sim 40\%$，LDH-4 占 $0 \sim 6\%$，LDH-5 占 $14\% \sim 36\%$（Brooks et al，1984）。血清中 LDH-3、LDH-4，特别是 LDH-5 水平成比例升高，说明骨骼肌出现损伤。LDH-5 水平的升高也发生在出生到 3 周龄的正常健康小山羊（Sobiech et al，2005）。

有关血清中 LDH 水平与年龄之间的关系出现了相互矛盾（Castro et al，1977；Bogin et al，1981；Varshney et al，1982）。成年雌性山羊在哺乳期 LDH 的水平高于怀孕期（Garnier et al，1984）。雌性山羊血清 LDH 水平明显高于雄性山羊（Castro et al，1977）。山羊正常 LDH 水平普遍低于绵羊和牛的。与小山羊相比，成年山羊肌肉内本身的 LDH 活性显著降低。

4.1.3 诊断程序

4.1.3.1 影像技术

清晰的放射自显影有助于诊断骨骼异常。由于山羊体格大小适中，并相当配合操作，使得放射自显影技术成为山羊理想的医学方法。必要时，可用甲苯噻嗪或其他镇静剂使山羊安静以便进行放射显影诊断。实际操作时，如果使用过镇静剂的山羊侧卧，要注意防止胃胀气及反刍。条件允许时，可在镇静前 12h 禁食。头部朝下低过身体，使摄入的食物经口排出，并且要右侧卧，以便胃胀气时穿刺瘤胃。关于镇静的步骤见第 17 章。

关于山羊运动系统特殊的放射自显影技术的报道还很少。现已有山羊血管造影术的报道（Burns and Cornell，1981）。应用原子闪烁扫描术进行骨扫描，有助于鉴定局部的骨骼炎症。但由于不允许对为人类提供食品的动物使用放射性物质，所以该技术可能会仅限于宠物山羊的使用。给山羊静脉注射锝（^{99m}Tc）-焦磷酸盐，3h 后用直线扫描器进行扫描（Milhaud et al，1980）。现已获得了肋骨、关节、肾脏和颈椎的图像，当膀胱里的锝元素过量蓄积时，会干扰骨盆的显影。闪烁扫描已用于检测山羊关

节炎性脑炎病例的关节炎严重程度，并与组织病理学的分类定级相一致。放射性 ^{99m}Tc 标记的环丙沙星闪烁扫描术也应用于检测 3 周龄山羊的后肢急性麻痹病例，这些病例经尸检证明为化脓性脊椎骨髓炎和椎间盘性脊椎炎（Alexander et al，2005）。

4.1.3.2 肌动电流描记术

已有关于小牛、绵羊和山羊的正常肌电图（EMG）的比较结果。山羊浅屈肌的平均动作电位是 8.1ms，绵羊是 8.2ms，小牛是 10.5ms。山羊的平均峰电位是 6.3ms，绵羊是 5.7ms，小牛是 4.8ms。山羊的平均振幅为 $322\mu V$，绵羊是 $253\mu V$，小牛是 $337\mu V$。山羊二相和三相电势的比例是 93%，绵羊是 92%，小牛是 85%（Mielke et al，1981）。

肌动电流描记术可用于诊断山羊的先天性肌强直症。肌动电流描记术在山羊其他方面的应用，包括瘤胃与腹壁的粘连（Cheong et al，1987）及脊柱前凸时骨骼肌的神经损伤（Wouda et al，1986）。

4.1.3.3 关节穿刺技术及滑液分析

关节穿刺技术和滑液分析有助于对关节病进行鉴别诊断。在关节穿刺中要严格要求无菌操作。可用 3.8cm 18G 或 20G 规格的注射针来收取滑液。镇静有助于该过程顺利进行。

山羊腕关节常发生肿大。当腕骨间和腕掌骨关节发生感染时，桡腕关节的变化却截然不同。当腕骨弯曲到 90°时可与这些关节相接。桡侧腕伸肌肌腱集中运行到腕骨前方的状态是一个重要标志，可能是由山羊腕骨厚度、皮肤胖胀或水囊瘤的并发所造成的。当更多腕骨间关节移位到桡侧腕伸肌肌腱的中部时，桡腕关节移位到了桡侧腕伸肌肌腱的侧面，腕掌关节不能直接碰触（Sack and Cottrell，1984）。肩关节外展，肩峰外侧缘前端与肱骨大结节两骨间凹陷即可作为穿刺点，从关节远端插入穿刺针直至关节正中，针直接从内侧抵达大结节（Sack and Cottrell，1984）。

从侧面穿刺肘关节。体表标记位于由肱骨上髁冠外侧和鹰嘴近端共同构成角的远侧。穿刺针插入这个角度，轻微地向前内侧转到达鹰嘴窝（Sack and Cottrell，1984）。想要采集后膝关节的关节液体，可从膝盖骨和膝盖骨软骨

轮外侧之间的近端外侧进针（Rørvik，1995）。没有关于山羊其他关节穿刺方法的描述，但用于牛的相关技术也适用于山羊（Greenough et al，1981）。

正常山羊的滑膜液应该透明、无色或淡黄色、无颗粒碎片、无凝块。据报道，总蛋白平均含量是（1.84 ± 0.22）g/dL（Nayak and Bhowmik，1990），总细胞含量低于 $500/mm^3$（Crawford and Adams，1981）。正常滑液中，单核细胞和淋巴细胞占大多数，中性粒细胞不超过细胞总量的 10%。本章讨论了不同山羊疾病关节滑液的异常情况。

4.1.3.4 肌肉和骨的活组织检查

山羊骨骼和肌肉活组织的检查没有受到特别关注。通常用肋骨活检来诊断营养代谢性骨病。肋骨软骨联合的活检尤其有助于疑似佝偻病的检查。

4.1.3.5 局部麻醉

静脉局部麻醉可成功应用于山羊前、后肢远端较小的或重大的外科手术，包括截肢（Babalola and Oke，1983）。该操作的介绍详见第 17 章。

4.1.3.6 蹄部修整

山羊蹄部修整是治疗和预防疾病的重要步骤。蹄部修整可以促进腐蹄病、足脓肿和蹄部穿刺伤的愈合。在治疗慢性蹄叶炎时，矫正修整也有助于蹄部恢复正常舒适的结构。

保持正常蹄部可为支撑四肢提供坚实的基础，因此，进行预防性蹄部修整是非常必要的。

蹄部生长过度是集约化山羊饲养过程中常发生的问题，与圈舍中缺乏正常磨损设施和运动受到限制有关（图 4.3）。过度生长的蹄部会导致步态异常，并对关节、肌腱、韧带造成压迫。圈养山羊应每年至少修整两次蹄部。

图 4.3 过度生长的山羊蹄被严重忽视。这种过度生长是由运动受限和缺乏锻炼造成的（C. S. F. Williams 博士授权使用）

合适的修蹄工具包括尖的修剪刀或修蹄刀。与绵羊不同，山羊在修蹄时，往往剧烈反抗。因此，在修整时，让动物保持站立并抬起蹄子即可。对体型大的公羊和好动的小山羊进行修蹄时，将膝盖置于侧卧动物的颈部以限制其活动，可使修整比较容易进行。修蹄的基本步骤如图 4.4 所示。修蹄过程包括清除生长过度并超出蹄掌的蹄甲、剪短蹄趾及整平蹄掌和蹄踵。

a

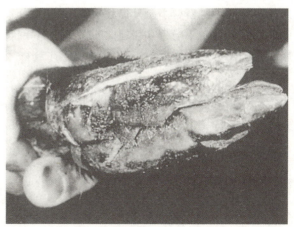

b

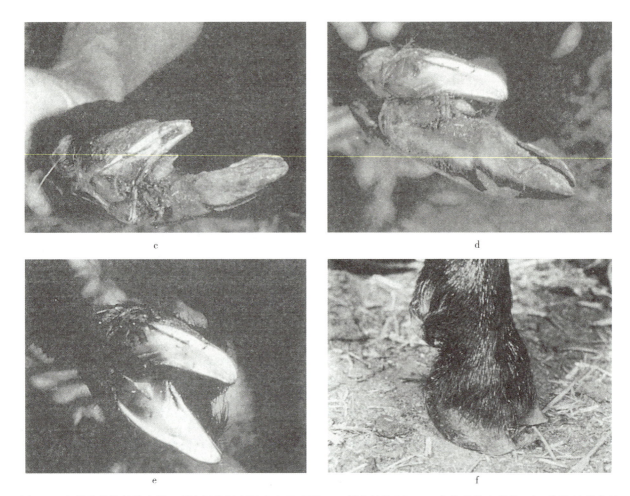

图 4.4　山羊蹄部修整的步骤（所有图片得到了 C. S. F. Williams 博士的许可）。a. 未修整的山羊蹄；b. 修除过度生长覆盖了蹄掌的蹄甲，露出塞满蹄壁和蹄掌间隙的碎片；c. 修短了过度生长的蹄趾；d. 蹄掌与健康新生组织连接成一体；e. 在其他有蹄动物重复相同的步骤；f. 已完成恰当修整的蹄

修整蹄部时，应使冠状韧带与蹄子的承重面平行。对蹄趾的过度修剪会导致动物球关节停止向前，同时蹄趾修剪不充分也会导致动物行走时向后摇摆，减少了前脚掌与地面的接触，而导致屈肌肌腱的过度伸张。

4.2　通过临床体征诊断肌肉和骨骼疾病

本节主要介绍肌肉和骨骼疾病的鉴别诊断方法，并阐述与地理条件无关的疾病。

4.2.1　异常表现或蹄部疼痛

导致山羊临床表现异常或蹄部溃疡疼痛的病因包括蹄烫伤、腐蹄病、蹄脓肿、口蹄疫、蓝舌病和嗜皮菌病。山羊口蹄疫和蓝舌病通常表现为亚临床症状，可同时见到口腔病变和蹄部病变。嗜皮菌病或霉菌性皮炎可侵袭蹄部和四肢远端以及其他部位的皮肤。疥螨感染也出现同样症状，特别是足螨病。

营养代谢方面的病因包括锌缺乏和蹄叶炎等。锌缺乏时，蹄损伤伴随有蹄部皮炎，可发生急、慢性蹄叶炎。急性蹄叶炎主要症状是疼痛和发热，慢性蹄叶炎则是蹄部畸形和过度生长。

据报道，慢性硒中毒是引起蹄部异常的唯一中毒性病因。外伤性病因包括不恰当的修蹄导致蹄部的生长过度，石头和木屑等异物刺入蹄趾之间，蹄掌挫伤和蹄部穿刺伤，特别是由这些因素导致的蹄部脓疮。

4.2.2　关节周围肿胀

关节的肿胀通常预示着关节炎。对山羊而

言，区分真正的关节炎与关节周围组织炎症或表面肿胀是非常重要的。圈养的山羊，特别是圈舍地面比较硬时，皮肤显著增厚，尤其是腕部、跗关节和胸骨处的皮肤，这使得关节本身出现肿胀。同样，山羊也易发生腕骨囊肿。这些囊肿是柔软的、波动状的，特别是腕骨前部肿胀。不过，腕关节囊充盈，也是山羊关节炎/脑炎病毒感染导致的关节炎的先兆，但要与单纯的关节囊肿相区别。

引起关节炎的传染性因素包括山羊关节炎/脑炎病毒、各种支原体和多种细菌因子。新生羔羊或小羊的多发性关节炎常是细菌或支原体引起的。众所周知，衣原体性关节炎是引起绵羊关节炎的病因之一，尽管有时把支原体作为引起羊关节炎的病因，但关于山羊衣原体性关节炎的文献报道却很少（Nietfeld，2001）。与此相似，丹毒丝菌也是引起羔羊丹毒丝菌性关节炎熟知的病因，但是发生在山羊上的文献报道很少。

引起关节肿胀的营养和代谢性病因包括佝偻病和所谓的营养性关节炎或者骨硬化病。佝偻病实际上是表面肿胀关节骨骺端不适当钙化引起的关节增大和畸变。据报道，营养性关节炎继发于饲喂过量的钙，这主要发生在奶山羊。

由于山羊喜好打斗、攀爬和冒险，所以山羊关节的创伤性损伤是很常见的。肌腱和韧带的撕裂、脱臼及关节积液可能继发肿胀。怀孕后期母羊的冠状带周围和上方时常会出现浮肿，特别是后肢，可能是怀孕后的循环障碍造成的，且通常会伴随着分娩而痊愈。不过这也可能与妊娠毒血症有关，讨论见 19 章。

山羊也会出现退行性骨关节炎病变，尤其是老年山羊，或者形体特征差的山羊，如后肢强直。

4.2.3　僵硬、疼痛或步态异常

步态异常可能因神经功能紊乱或者骨骼肌疾病引起。第 5 章描述了引起步态异常的神经性原因的鉴别诊断。很多神经性疾病可引起一定程度的瘫痪或共济失调，但破伤风是造成肌肉僵硬、四肢僵直性步态的重要原因，并表现出骨骼肌的疼痛。同类情况也见于痉挛性轻微瘫痪，这种神经源性疾病还可引起后肢间歇性变硬。同样，腹膜炎、胸膜炎和乳腺炎可引起活动性疼痛，并使

感染动物表现出警觉和踩高跷样的生硬步态。

任何造成蹄部疼痛和上述关节肿胀的原因，都会促进肢体僵硬、步态反常或疼痛的进一步发展。其他肌肉源性的原因，包括营养性肌营养不良症的早期或中期、与肌肉绦虫囊肿有关的寄生性肌炎和先天性肌强直，这些病症都会引起步态强直，并可能在全身性肌肉收缩前发生，可导致山羊摔倒，这就是大家看到的"昏厥山羊"。地方性动物钙质沉着病是由于摄入了三毛草属或黄三毛草，使钙在肌腱和韧带处沉积、钙化，导致山羊出现疼痛步态。

骨骼源性病因包括饮食摄入过多磷引起的纤维素性骨营养不良和骨骼异常生长，表现为慢性氟中毒的骨痛。小山羊铜缺乏可引起一种重要的神经疾病，如大家熟知的羊背部凹陷和地方性运动失调症。不过，患病小山羊也会因异常的骨生长出现骨疼痛，并伴随骨骼脆弱的出现。

4.2.4　四肢伸展障碍

患病动物肢体伸展障碍的鉴别诊断随动物年龄的变化而明显不同。在新生山羊，关节挛缩和关节持久挠曲可能是由先天性赤羽病、努比亚品种遗传性 β-甘露糖苷贮积症、先天性羽扇豆中毒或者胎儿生长期子宫内位置限制导致的肌腱收缩所引起的。澳大利亚安哥拉山羊也会发生遗传性肌腱缩短，对于年龄较大的幼年山羊，地方性运动失调症往往伴随前肢的屈肌痉挛。

对于成年动物，屈伸部位的关节僵硬是慢性山羊关节炎/脑炎病毒引起的，最容易受影响的是腕关节。然而，任何创伤或传染源性因素引起的慢性关节炎均会导致关节活动范围变小。当动物喜欢屈曲姿势时，脱位或脱臼也会因关节的伸展引起疼痛。

当任何原因导致山羊侧卧时，会很快出现肌腱痉挛症状。如果山羊侧卧超过 24h 以上，可利用人工方式使其前肢伸直，这种物理治疗方式较为有效。

4.2.5　单肢不能负重

指的是动物可以伸展患肢，但是不愿用其承重。鉴别诊断包括骨折、脱臼，严重的包括单个关节的关节炎、蹄部穿刺伤、严重的腐蹄病或蹄

脓肿。骨折可能主要由原发性外伤引起，或可能因佝偻病、纤维性骨营养不良、铜缺乏、慢性氟中毒等导致的骨骼脆弱而引起。骨髓炎也可导致骨折或者严重疼痛，进而造成单肢不能承重。

4.2.6　弓形四肢

前肢呈弓状主要见于骨代谢疾病。已知的病因包括骨骺炎、佝偻病和一种由磷缺乏引起的猎刀样腿（或称弯腿症）。后肢弯曲可发生于锌缺乏的山羊。体弱的山羊个体，由于肩部连接瘦削可出现翅状肘和弓状肢。

4.2.7　限制前肢的条件

山羊肩胛肱骨关节脱臼最常见。某兽医诊断中心曾报道，在 26 个多月中收治了 5 例山羊病例。患肢处于半屈曲状态，并向外翻转，关节伸展时伴有明显的疼痛。通过外科手术固定关节可成功治疗这种疾病（Purohit et al，1985）。

腕骨囊肿常见于生活在粗糙、坚硬地面的山羊，必须与上述关节肿胀章节中讨论的腕骨肿胀的病因加以区分。

4.2.8　限制后肢的条件

山羊膝关节侧脱位被认为是先天性的，与侧位滑车神经脊的发育不全有关。渐进性跛行和膝盖骨的侧向移位明显，有捻发音。膝关节移位时，后肢难以伸展且疼痛，所以患病山羊的后膝关节、肘关节保持弯曲。通过滑车神经成形术和韧带切开术进行外科矫正，可以得到很好修正（Baron，1987）。

山羊和牛肌腱上方腓肠肌可能发生断裂，后肢肘关节上方尾侧部产生明显肿胀，特征性姿势如图 4.5 所示，动物站立时后肢肘关节着地。据报道，因疯犬咬伤而跟腱断裂的山羊也表现出相似的站姿（Hunt et al，1991）。这种病例可通过移植腓骨长肌肌腱得到成功治疗。

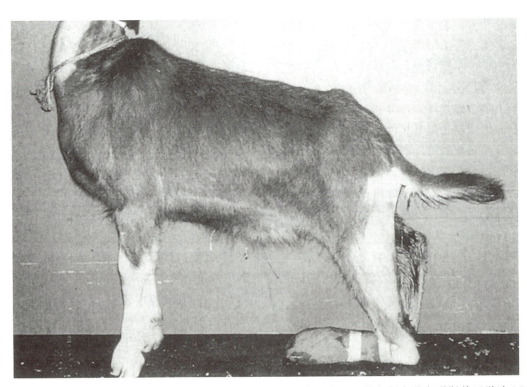

图 4.5　腓肠肌断裂山羊的典型站姿，虽然动物是站立的，但肘关节着地（塔夫斯大学卡明斯兽医学院 Mr. David Wilman 拍摄）

痉挛性轻瘫是一种渐进性神经障碍，表现为腓肠肌发生间歇性强直，一侧或两侧后肢过度伸直。在发作活跃期间，如果两个后肢同时受到影响，患病山羊实际上可能会将后肢抬离地面，仅用前肢行走。这种情况发生在个别品种的牛，通常被认为是一种复杂的遗传性障碍（Scarratt，2004）。山羊这种情况不常见，目前还不清楚它是否也代表了该物种的一种遗传性障碍。对牛的外科疗法包括胫骨神经切断术或腓肠肌肌腱切断术，但没有关于山羊的治疗报道。

4.2.9　虚弱和侧卧

虚弱和侧卧可发生于神经系统疾病和全身性疾病中，导致这种临床症状的原因很多，这里主要阐述肌肉和骨骼问题。

与虚弱和侧卧相关的肌肉疾病包括梭菌性肌炎、肌营养不良症、摄入引起肌肉退行性的植物（如黄槐或卡文鼠李木）、产乳热或低钙血症，关于代谢性疾病的讨论见第 19 章。先天性肌强直可以导致患病山羊侧卧，但仅会持续大约 1min。

重症肌无力是人和犬深部肌肉虚弱的病因，据一个兽医文件报告已发生在山羊，但没有引用主要的参考文献（Fraser，1986）。一篇已发表的关于本病的综述报道，没有确定重症肌无力是山羊的一种自然发生的疾病（Lindstrom，1979），2007 年以前的文献也没有山羊病例的报道。以山羊为动物模型的试验，通过诱导抗乙酰胆碱受体的抗体，可使山羊发生重症肌无力，因为这些抗体封闭了神经肌肉传递（Lindstrom，1976）。由于关节炎十分疼痛，因而限制了山羊的正常行走。尤其急性支原体关节炎，与山羊的侧卧有关。严重的蹄部疾病，如腐蹄病、硒中毒、蹄叶炎，也可使山羊发生侧卧。

由骨痛或继发性骨折导致的骨骼异常可引起山羊侧卧。与代谢性骨疾病相关的侧卧包括佝偻病和纤维性骨炎。创伤性骨折，尤其是椎骨的骨折，也是导致山羊不愿站起的原因。骨髓炎也可能导致骨折和侧卧，尤其是涉及椎骨的病变。

4.3　肌肉骨骼系统特殊的病毒病

4.3.1　山羊关节炎/脑炎

20 世纪 70 年代初首次发现山羊关节炎/脑炎（CAE），该病是山羊的一种重要经济性疾病。与致病性病毒接触的山羊可能保持亚临床感染，或出现一种或多种临床症状，其中包括关节炎、渐进性麻痹或其他神经功能障碍、乳房硬结、乳汁减少、慢性间质性肺炎或渐进性消瘦。关节炎是 CAE 最常见的临床症状，因此这里只讨论关节炎。

4.3.1.1　病原学

CAE 病毒是一种属于逆转录病毒科、慢病毒属的单链 RNA、囊膜病毒。其他慢病毒包括绵羊梅迪-维斯纳病毒（又称绵羊渐进性肺炎或 OPP 病毒）、马传染性贫血病毒、牛免疫缺陷病毒、猫免疫缺陷病毒、猴免疫缺陷病毒和与获得性免疫缺陷综合征（AIDS）相关的 1 型、2 型人免疫缺陷病毒（HIV）。历史上认为 CAE 和梅迪-维斯纳病毒相似，但是不同的病毒对山羊和绵羊具有很强的宿主嗜性。最新的研究表明，这些差异并不能特异性保持下去，可以发生基因重组，并有跨物种传播的证据。现将这两种病毒一并归类至小反刍动物慢病毒属（Small ruminant lentivirus，SRLV）血清型。在第 5 章将详细讨论本书修订的系统进化基础、诊断和流行病学意义。

这些细胞相关病毒具有镁依赖性、RNA 依赖性的 DNA 聚合酶或逆转录酶，使病毒利用宿主细胞结构从基因组 RNA 产生前病毒 DNA（Cheevers and McGuire，1988）。一般认为，作为典型的慢病毒，CAE 病毒可导致终身感染。如果没有母源抗体，那么病毒的血清抗体则是感染的代名词。

CAE 病毒基因组由三个重要的逆转录病毒基因 *gag*、*pol* 和 *env*，及调控/附属基因 *tat*、*rev* 和 *vif* 组成。基因组产生 5 个结构蛋白和 4 个非结构蛋白。*env* 基因编码包膜糖蛋白 gp135 或表面蛋白（SU）和跨膜蛋白。包膜蛋白的突变会导致表面蛋白的抗原发生变异，这种变异对 CAE 病毒分离株的生物学和血清学变化意义重大（Concha-Bermejillo，2003）。在病毒复制过程中，*pol* 基因编码与病毒转录和蛋白合成有关的逆转录酶、蛋白酶、核酸内切酶/整合酶和脱氧尿苷三磷酸酶。Clements 和 Zink（1996）已对 CAE 病毒和其他动物慢病毒的分子生物学进行了综述。

通过体外共同培养来自血液、牛奶或滑膜的白细胞和山羊滑膜，能鉴定来自活畜的 CAE 病毒。剖检时，在组织培养瓶中直接培养关节、肺或乳房的可疑组织，观察细胞病变效应

（CPE）。折光性放射状细胞的生长和合胞体的形成是病毒 CPE 的特征。当观察到 CPE 时，通过免疫标记或电子显微镜可确认病毒的存在（OIE，2004）。CAE 病毒对热、去污剂和甲醛敏感。

4.3.1.2　流行病学

1974 年，美国首次发现神经型 CAE（Cork et al，1974）。1980 年，致病病毒首次分离自一个关节炎病例。当时，已经认识到导致这种疾病的两种病毒类型之间的相互联系（Crawford et al，1980）。最初将这种疾病命名为山羊病毒性白质脑脊髓炎，并逐步被目前应用的名称"山羊关节炎/脑炎"所取代。

1984 年报道的全球血清学调查，提供了许多关于 CAE 病毒在山羊体内分布的原始信息（Adams et al，1984）。在集约化乳品工业建立时间长的国家，如加拿大、法国、挪威、瑞士和美国，该病的发生率最高。在这些国家中，血清阳性率都超过 65%。在进口奶山羊活跃的国家，如肯尼亚、墨西哥、新西兰和秘鲁，CAE 总的感染率常低于 10%。尽管如此，这些国家的进口奶山羊的感染率最高，其次是与进口山羊接触过的本地山羊，感染率最低或无感染的是未与进口山羊接触的本地山羊。在索马里、苏丹和南非的本地山羊品种中未检测出该病。据报道，牙买加（Grant et al，1988）和阿尔及利亚（Achour et al，1994）进口山羊、接触山羊和本地山羊的流行模式与上述国家相似。

来自美国 25 个州的 1 160 只山羊中，81% 的 CAE 病毒感染呈阳性反应（Crawford and Adams，1981）。但随后 28 个州的调查报告显示，仅有 31% 的山羊个体为阳性，但 73% 的畜群为阳性（Cutlip et al，1992）。在英国所做的检测中，10.3% 的畜群和 4.3% 的山羊呈现阳性（Dawson and Wilesmith，1985）。在澳大利亚新南威尔士州，115 个畜群中有 82% 的畜群发生过感染。在所检测的 5 个不同的奶山羊品种中，发病率为 26.8%～43.4%；而安哥拉山羊的发病率只有 4.8%（Grewal et al，1986）。在澳大利亚南部，三年多时间检测的奶山羊发病率为 18%～45%，而安哥拉山羊、喀什米尔山羊、杂交山羊和野生山羊的综合发病率仅为 0.1%（Surman et al，1987）。在大多数情况下，

CAE 血清学阳性和具有临床症状的安哥拉山羊都有与感染奶山羊的接触史。新西兰的调查显示，1.5% 的发病率与从澳大利亚进口山羊的分布有关（MacDiarmid，1983）。

来自欧洲的多个报告显示，不同国家和地区 CAE 的流行率持续上升。在挪威，分布于全国的 51 个奶山羊群的检测结果表明，42% 的个体和 86% 的畜群呈阳性（Nord et al，1998）。在瑞典，发现大约 90% 的奶山羊群感染了 CAE，而这个群体几乎由濒危的本地瑞典长白品种（Lindqvist，1999）组成。在西班牙，怀疑有该病存在，但目前尚未证实。22 个奶山羊群的调查表明，77.3% 的畜群和 12.1% 的个体呈阳性（Contreras et al，1998）。在匈牙利检测的山羊中，30% 呈阳性，与从进口纯种奶山羊的养殖场购买种畜有关，也与畜群规模大有关（Kukovics et al，2003）。对意大利南部蒂罗尔州的研究显示，38% 的畜群和 23.6% 的山羊的检测结果呈阳性，超过 26 个月龄的老山羊感染率显著高于年轻山羊。圈舍内出生山羊的感染率明显高于室外出生山羊，商用畜群奶山羊的感染率较作为宠物的侏儒山羊高（Gufler et al，2007）。

在拉丁美洲，巴西已在不同州和地区进行了许多不同规模的血清学调查。与其他地方一样，巴西已存在 CAE，进口山羊和杂交山羊比当地非奶山羊品种的感染更常见。对格兰德河北州奶山羊群的一项调查显示，57% 的畜群中至少有一例 CAE 阳性山羊（Souzae-Silva et al，2004）。在墨西哥尤卡坦州，CAE 的血清阳性率很低，但所有确定为阳性的奶山羊均为引进的外来品种（Torres-Acosta，2003）。

来自中东约旦的一项调查发现，23.2% 的畜群和 8.9% 的抽样山羊为 CAE 感染阳性（Al-Qudah et al，2006）。在亚洲，推测日本无 CAE，但 2006 年全国的血清学调查表明，21.9% 的山羊 CAE 血清学阳性，并且日本本地虾干山羊（Shiba goat）出现临床疾病，包括关节炎、乳腺炎和肺炎样症状（Konishi et al，2006）。新近来自非洲该病的调查报告非常有限。据报道，南非是"相对无"CAE 的国家，其制定了严格的进口法规，目的是将风险降到最低。据报道，肯尼亚已经消灭了该病（Werling and

Langhans，2004）。

CAE 病毒可垂直传播和水平传播。垂直传播的主要途径是新生羊和羔羊食入被病毒污染的初乳和乳汁。水平传播的主要途径是与感染动物发生直接或密切接触。虽然性传播也存在可能，但这对 CAE 传播作用有限。与 CAE 传播相关的因素已有综述报道（Rowe and East，1997；Blacklaws et al，2004）。在集约化管理的奶山羊中，管理措施与 CAE 病毒感染存在很强的相关性，很大程度上与集约化管理有利于围产期母羊向羔羊传播病毒有关，这与成年羊之间的水平传播一样（East et al，1987，1993；Greenwood et al，1995）。

在围产期，CAV 感染羔羊的主要方式是直接吸吮已感染 CAV 母羊的乳汁，或者吸食其他已感染母羊的混合乳汁或初乳。病毒可以游离存在或整合到体细胞中，所以初乳和乳液中也许存在病毒，甚至亚临床感染母羊也能将病毒排到初乳和奶液中。因为诊断山羊感染该病的常规方法，如琼脂凝胶免疫扩散试验（AGID）能产生假阴性结果，所有来自感染畜群的初乳和奶液都可怀疑是潜在的传染源，除非进行加热处理或巴氏消毒。这在后面将进行讨论。

围产期幼畜感染 CAE 的其他潜在传染源包括子宫内感染、分娩过程羔羊暴露于含病毒的分娩液、母羊吮舔出生的小羊，或咳嗽母羊和其幼仔之间可能通过气溶胶传播。相对于奶液和初乳而言，子宫、唾液、分娩液或气溶胶中存在 CAE 病毒的试验证据很有限。然而，与母羊向羔羊传播梅迪-维斯纳病毒的试验证据一样，山羊 CAE 的流行病学观察表明，这些传播途径都有可能，应对这些途径考虑实施 CAE 控制计划，以成功防控该病（Rowe and East，1997；Blacklaws et al，2004）。

到目前为止，虽然有迹象表明，宫内感染是一条潜在的感染途径，但仍没有羔羊 CAE 的确诊病例。一些通过剖宫产或阴道生产的羔羊隔离养殖后，在出生前几个月中发生了血清学转换（Adams et al，1983；East et al，1993）。另有关于一只患关节炎型和肺炎型 CAE 山羊子宫受损的报道（Ali et al，1987）。最近，利用聚合酶链氏反应技术对 CAE 病毒感染羊的子宫细胞和输卵管进行了检测（Fieni，2003）。

已有证据表明，水平传播在 CAE 蔓延中也发挥了显著作用。与国际活畜贸易有关的水平传播的早期证据是，当从外地引进的已感染 CAE 的纯种奶山羊，与先前没有感染该病记录的当地羊混合饲养时，当地羊发生了血清阳转，或甚至出现明显的临床症状。水平传播的另一个有力证据是，感染畜群中的血清阳性率随年龄的增加而升高。一些血清阳转的山羊还不到一岁，这可能与初生感染后体液应答的延迟有关。尽管可能性不大，但大多成年山羊血清阳转归咎于此因，与自然感染和试验感染的小山羊一样，虽然报道血清阳转可延迟至感染后 8 个月或更长，但通常在接触后 3～10 周内就可检测到抗体反应（Rimstad，1993）。

对已感染畜群疾病传播的更多证据表明，水平传播涉及直接接触。加利福尼亚州的一项研究调查了血清阳转山羊畜群中的患病率，试图通过给小山羊饲喂热处理的初乳和奶液来降低 CAE 感染。研究证明，当畜群中继续存在 CAE 阳性的成年羊时，这些小山羊在以后的生活中仍可发生血清阳转（East et al，1987）。不过，当隔离了畜群中的 CE 阳性动物，通过热处理的初乳和巴氏杀菌奶饲喂阴性动物时，血清阳转率比阳性动物与阴性动物混饲时降低了 1/3（Rowe et al，1992）。

当感染和非感染奶山羊混合时，可能发生水平传播的一个重要途径是在挤奶过程中通过奶液传播。试验报道病毒可在乳房内传播（East et al，1993；Lerondelle et al，1995）。在一项研究中，非挤奶条件下的水平传播被证明之前，未感染和感染山羊直接接触 12 个月以上是发生水平传播所必需的时间范围。然而，当给非感染母羊饲喂感染母羊的奶液时，不到 10 个月 60％发生了感染（Adams et al，1983）。Rowe 和 East（1997）认为，通过奶液发生的水平传播可能存在许多种原因，包括共享挤奶机、在机器挤奶过程中回流至乳头端奶液的影响、被奶液污染的手或毛巾、挤奶时奶液的气溶胶随后被吸入并污染设备，以及山羊舔食了溢出或敞开容器的奶液。

除了奶液，感染山羊的肺脏可能是气溶胶化的病毒来源，因为肺脏是 CAE 感染的靶器官。

咳嗽可能会将病毒释放到空气中，并被同圈舍的动物吸入。其他肺部感染可进一步加剧这种风险，因为细菌或其他病毒性肺炎激发的炎症反应，可能会使其他携带 CAE 病毒的巨噬细胞到达肺脏，并增加了咳嗽的频率。有证据可以间接证明气溶胶在 CAE 的传播中起到重要作用。在法国的一项研究中，不同隔离程度的羔羊，用处理的初乳和未处理的初乳饲喂，并随时间检测它们的血清转阳率。结果表明，在完全没有隔离的羔羊中，34.7%接受处理初乳饲喂的羊血清呈阳性；在用篱笆进行隔离的羔羊中，有 28.4%发生血清转阳；在同一栋建筑内，用墙进行隔离的羔羊 24.1%发生了血清转阳；而被完全隔离在独立建筑内的羔羊，仅有 16.4%发生了血清转阳（Péretz et al，1994）。

性传播可能是 CAE 传播的一个途径，但并不确定。虽然在一项研究中，对与感染公羊交配或人工授精后的母羊进行的长达 18 个月的检测中，发生了血清阳转，但仍没有关于感染公羊通过交配或人工授精对母羊造成感染的报道（Adams et al，1983）。另有报道显示，在试验感染 CAE 病毒的 6 只公羊中，有 2 只公羊的精液和非精子细胞中存在 CAE 病毒（Travassos et al，1998）。现已证实，在几只公羊的包皮拭子和一只感染公羊的附睾精液中存在病毒感染细胞（Rowe and East，1997）。从试验感染公绵羊的精液中不能分离出梅迪-维斯纳病毒，除非它们也受到绵羊布鲁氏菌的感染，并发展成以白细胞减少（leukocytespermia）为特征的附睾炎（Concha-Bermejillo et al，1996）。

在一项类似的研究中，从同时感染绵羊布鲁氏菌和梅迪-维斯纳病毒的公羊附睾组织中发现了 CAE 病毒（Preziuso et al，2003）。虽然在育种计划中使用未感染公羊是最佳选择，但这些发现说明，如果采取一些预防措施，CAE 病毒感染的公羊也能安全应用于育种。受感染的公羊不应与母羊混养，但可进行控制性交配，以限制它们的接触时间。但这些公羊应该没有生殖道并发症，以免增加精子中病毒感染炎性细胞的可能性。

没有关于胚胎移植与 CAE 传播相关的报告。不过，尽管具有完整卵透明带的胚胎不能试验感染 CAE 病毒，但那些卵透明带缺失的胚胎可被病毒感染（Lamara et al，2002），这支持了 CAE 病毒通过生育复制的观点（Al-Ahmad et al，2006）。另一项研究通过巢式 PCR 检测确认，在感染母羊的胚胎采集过程中收集的输卵管冲洗液内，存在 CAE 感染细胞（Fieni et al，2002）。按照国际胚胎移植协会的要求，只有使用来自血清阴性畜群的胚胎进行移植才是安全的。

虽然没有实际发生的报道，但在 CAE 病毒的水平传播中，医源性传播也是一个需要考虑的因素。由于病毒存在于外周血单核细胞中，通过不同动物间多次使用针头注射和动物间未消毒医疗工具的使用所导致的血液性传播，都是医源性感染的潜在途径。

在 CAE 病毒感染的奶山羊群中观察到的许多行为，至少可以表明病毒在畜群内进行了传播（Greenwood et al，1995）。这些行为包括母羊吸吮和咬乳头，在炎热天气舔眼睛，鼻口与阴道和肛门区接触，鼻镜和饲料槽中出现鼻分泌物，母羊躺倒时乳房排出奶液，挤奶前乳房流出乳汁，喝尿液，以及与公羊肛交。而与不同行为相关的风险因素变化显著，需综合考虑，这些风险因素强调保持警惕的必要性，以便在感染畜群中成功实施控制计划。

4.3.1.3　致病机制

慢病毒感染是"慢发病毒"感染，其特点是高度流行但症状不明显，病毒在宿主体内持续存在，涉及宿主的多种器官系统，潜伏期长而且多变，是急性疾病反复发作的慢性过程，如关节炎型 CAE 中所观察到的（Cheevers and McGuire，1988）。Clements 和 Zink（1996）已综述了动物慢病毒的致病机制。

慢病毒以前病毒（或原病毒）形式存在于宿主细胞中，不需要进行频繁复制，这有利于其在宿主中的持续感染。单核细胞/巨噬细胞系是 CAE 病毒的主要宿主细胞类型，病毒在单核细胞中保持静止状态，当单核细胞和巨噬细胞离开骨髓或血液，定位于靶组织位点后，病毒开始复制，且与单核细胞分化成熟为巨噬细胞相关，这被称为"特洛伊木马"战略，病毒借此到达不能检测到病毒的单核细胞靶组织（Peluso et al，1985）。在感染细胞中，疾病的激活与病毒翻译活动的活化相关联。慢病毒复制先受限制而后表达的机制是复杂的，现尚未完全清楚，但 Bertoni（2007）最近综述了慢病毒复制的机制。组织间成熟的巨噬细胞中可能存在重要的病毒转录因子，但该因子在循环的单核细胞中不存在。

CAE 病毒感染山羊诱导产生强烈的体液免疫和细胞免疫应答，但都不具有保护性。实际上，山羊关节炎/脑炎是一种免疫病理性疾病，其病变是由宿主对病毒抗原的免疫应答造成的，尤其是针对表面糖蛋白的免疫反应。这一观点得到了很多试验结果的支持，包括当进行试验攻毒时，免疫接种山羊比未接种疫苗山羊产生的病变更严重，攻毒后持续性感染山羊发展为急性关节炎，关节损伤的严重程度与关节处病毒和抗病毒抗体的存在相关，病变处主要由淋巴细胞和巨噬细胞组成。

羔羊摄食 CAE 病毒感染的初乳或乳汁后，这些 CAE 病毒感染的巨噬细胞在肠道被完全吸收，并进入网状内皮系统，从而造成对羔羊的感染（Narayan and Cork，1985）。随后，受感染的单核细胞到达滑膜、肺间质、脉络丛和乳房等靶组织，在此，病毒复制激活和巨噬细胞成熟，共同诱导产生 CAE 特征性的淋巴组织增生性病变。肺蠕虫感染的山羊可能通过诱导肺部单核细胞迁移和肺巨噬细胞的增殖，而使感染山羊易患 CAE 型肺炎（Ellis et al，1988）。抗 CAE 的母源抗体对哺乳新生羔羊没有保护性，且通常会在哺乳后 60～85d 消失（Adams et al，1983）。一出生就感染的羔羊可表现出积极的抗体应答，最早出现在出生后 3～4 周，大多情况下在 10 周左右出现（Ellis et al，1986）。

虽然血清的抗体浓度在不同时间可能升高或降低，或可能低于可检测到的阈值，但抗体一旦出现就会终生存在。

4.3.1.4 临床症状

除了亚临床感染外，山羊还有 5 个已知临床型 CAE：关节炎、白质脑脊髓炎、间质性肺炎、乳腺炎和渐进性消瘦。在此将讨论最常见的关节炎型。第 5 章将详细讨论与羊慢性渐进性肺病相关的神经症状。在第 9 章介绍成年山羊的一种慢性渐进性间质肺炎，即呼吸型

CAE。有时在临床也可观察到山羊关节炎型病例。乳房型是青年母羊分娩时的一种顽固的病毒性乳腺炎，乳汁显著减少或无乳，将在第 14 章对此进一步进行阐述。渐进性消瘦可以作为 CAE 病毒感染的唯一临床症状，或与其他临床型的任何一种同时发生，更详细地讨论见第 15 章。

关节炎型 CAE 发生在性成熟山羊，通常发生在一年后，最常见于第二年，但在成年期的任何时间都会发生。发病可能是隐性或急性的，个体间的临床病程差异很大。四肢关节和寰枕关节囊液可能会受影响，最常见的受影响部位是腕关节，其次是跗关节、后肢膝关节、球关节、寰枕囊，影响最小的是髋关节。在整个病程中可能涉及一个或多个关节。

关节炎的早期症状可能比较轻微。关节表现和触摸正常，但感染山羊可能表现行走和摄食活动减少，不愿站立或站立困难，站起后表现出步态僵硬或姿势异常，体型消瘦。另外，感染山羊在病程早期关节可能会出现明显的急性肿胀，但很少表现疼痛或活动受限。

最明显的肿胀发生在腕关节前侧，表现为关节周性，这与腕关节囊内的积液有关。这种肿胀的直径可达 10cm，且有波动、冰凉，触摸无疼痛感（图 4.6a）。可以从这些肿胀中吸取液体用于诊断，但排出液体只会导致再次积液。这种情况在有些动物可能会持续几个月甚至数年，或表现为周期性肿胀、疼痛和自发性好转。

然而，对许多山羊而言，感染都会稳定发展为无力和疼痛性关节炎。通常伴随着渐进性消瘦和被毛粗糙。疾病过程中不发热。黏液囊波动性肿胀被坚硬性肿胀取代，关节囊和周围组织增厚，动物逐渐变得越来越不愿意使用患肢。关节囊和软组织逐渐矿化，骨头出现外生性骨疣，关节塌陷加剧了疼痛，使运动受限，最终发展为关节强直。当涉及腕骨时，有一个明显的临床表现：将下肢抬起呈弯曲姿势（图 4.6b）。最终可能会发生一个严重的永久性腕骨屈曲。当涉及两侧前肢时，动物被迫以腕骨永久性跪行（图 4.6c）。

a

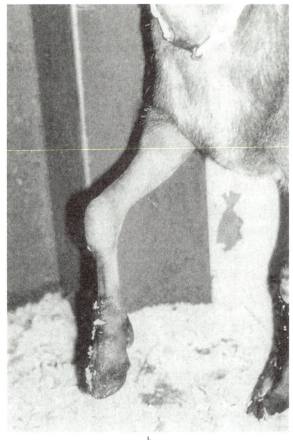

b

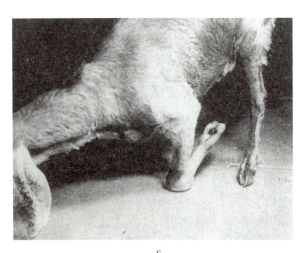

c

图4.6 由山羊关节炎/脑炎病毒（CAEV）引起的山羊腕关节炎的临床进展。a. 在CAEV诱导性关节炎早期，典型的腕关节肿胀（获得了C.S.F.Williams博士的许可）；b. CAEV诱导的渐进性腕骨关节炎，山羊前肢部分屈收缩（感谢David M.Sherman博士）；c. CAEV诱导的关节炎早期，由于腕关节强直造成的持久性跪姿（图片引用得到了C.S.F.Williams博士的许可）

当感染发生在后肢时，通常引起的肿胀不明显，但跗关节周围组织明显增厚。动物表现渐进性不愿站立，步态僵硬。当涉及臀部时，可发展为伴有巨痛的摇摆步态，容易被误诊为神经源性失调。

4.3.1.5 临床病理学和剖检

大多数与CAE相关的检测都是以监测和实施控制计划为目的的。因此，临床和亚临床感染的动物都必须进行检测。当感染动物体内病毒滴度低时，尤其对于亚临床感染动物，病毒分离作为诊断技术是不可行的，并且病毒培养技术成本高、费时。由于病毒感染是终身的，抗体的存在也可表明有病毒感染。因此，检测抗体的血清学方法比病毒分离更可取。最常用的血清学试验有琼脂凝胶免疫扩散试验（AGID）、间接酶联免疫吸附试验（iELISA）和竞争酶联免疫吸附试验（cELISA）。这些都是国际贸易中规定使用的确定 CAE 感染状态的方法（OIE，2004）。另外，检测抗体的方法还有放射免疫沉淀测定（RIPA）、免疫印迹（WB）和放射性免疫测定法（RIA）。

　　具有良好灵敏度和特异性的 AGID 是常规普查中最常用的方法。用于 AGID 试验的抗原来自培养上清的全病毒浓缩液，并包含核心抗原 p28 和包膜抗原 gp135。相对于使用其中一个抗原而言，对这两种抗原抗体的检测提高了检测的灵敏度。虽然抗 CAE 和梅迪-维斯纳病毒的抗体具有交叉反应性，但若使用 CAE 病毒来检测山羊 CAE 感染，AGID 试验的灵敏度就会提高。

　　有三十多篇关于用 ELISA 试验检测小反刍动物慢病毒（SRLV）感染的文献，相对于 AGID 和不同 ELISA 而言，这些 ELISA 方法在实施中存在相当大的差异。所有这些 SRLV 检测的 ELISA 试验结果已由 Andrés（2005）总结出版。而早期的 ELISA 不能像 AGID 一样进行可靠的重复，现在通过改善抗原使 ELISA 的敏感性和特异性比 AGID 更高。ELISA 已成为许多实验室和管理机构的首选检测方法。现使用的 ELISA 主要有两大类：用全病毒或重组蛋白/合成肽作为抗原检测抗体的 iELISA 和用抗病毒单克隆抗体的 cELISA。在所有 iELISA 中，使用全病毒抗原的方法往往比单一重组抗原的更敏感。不过，如果重组抗原同时包含核心抗原和包膜抗原，其敏感性和特异性与使用整个细胞抗原的 iELISA 相当（Andrés et al，2005）。

　　在最近的一项关于竞争 ELISA 的报道中，使用单克隆抗体与 CAEV gp135 或 SU 糖蛋白结合。相对于 RIPA 而言，竞争 ELISA 的敏感性和特异性分别为 100% 和 96.4%（Herrmann et al，2003）。在最终确定 CAE 感染的金标准方法缺乏的情况下，常以 RIPA、WB 和 RIA 作为参考来比较各种血清学方法的敏感性和特异性，这些方法还可以直接用于血清学监测，但一般认为高通量检测比较烦琐且成本昂贵。

　　通过血清学监测来控制 CAE 的主要缺点是 CAE 感染引起血清阳转延迟，正如前面所讨论的一样。感染后血清阳转延迟了 8 个月或更长，在实施整群监测计划时将会遗漏一些感染个体。一个可能的解决方案是利用 PCR 技术检测病毒抗原。现已报道了许多 PCR 方法，大多数研究都利用外周血单核细胞（PMBC）作为 CAE 病毒检测的靶细胞。但由于一百万个白细胞中仅有一个细胞含有病毒，所以 PCR 试验会因病毒量低于检测限而无法检测到病毒。一些研究者已经通过 PMBC 和成纤维细胞的混合培养来提高病毒量。总体而言，PCR 方法的敏感性比 ELISA 低（Andrés et al，2005）。不过，也有报道认为，在血清阳转之前，不用混合培养，用 PCR 也可测出 CAE 病毒感染的山羊（Reddy et al，1993；Rimstad et al，1993）。

　　除了检测 PBMC 外，PCR 已应用于山羊精液、奶液和山羊滑膜液的检测，均获得相同的结果。目前，推荐检测 SRLV 感染的最佳方法是血清学结合 PCR（Andrés et al，2005）。

　　在对 CAE 临床病例进行检测时，对血清抗体阳性结果的解释必须非常谨慎。因为有很多原因可引起山羊的关节炎、肺炎和山羊乳腺炎。大多数 CAE 感染的动物呈亚临床症状，因此感染 CAE 后血清阳性并不一定表现为关节肿胀、呼吸症状和乳房异常。

　　关节穿刺术和滑膜液检查可对 CAE 引起的关节炎进行辅助诊断。对活动期病例，滑膜液呈红色至棕褐色，并具有较低的黏度。细胞计数上升到 1 000～20 000 个/mm³，单核细胞占总细胞数 90% 以上，其中多数是淋巴细胞，其余的是滑膜细胞和巨噬细胞（Crawford and Adams，1981）。利用移植技术，滑膜液活检在病理组织学检查或病毒培养时也是非常有用的。当损伤和临床症状与 CAE 感染相一致，但血清学检查为阴性时，利用 PCR 技术对滑膜液细胞的检测可作为辅助（Reddy et al，1993）。

　　可以通过放射影像进行 CAE 的诊断。在早期病例中，可观察到关节囊因液体而膨胀，关节周围软组织肿胀。在严重病例中，CAE 关节炎的特点是软组织发生了更严重的变化，包括关节囊、肌腱、腱鞘、韧带和黏液囊内含物发生钙化（图 4.7）。早期骨骼的变化包括轻度的骨膜反应和在关节周围产生骨赘。后期的症状更严重，包括产生了明显的骨赘、软骨下骨裂、关节间隙塌陷和关节强直（Crawford and Adams，1981）。

　　在尸检时，患病山羊通常瘦弱，腿部的关节及其附近的滑囊和腱鞘增大。除纤维瘢痕组织外，

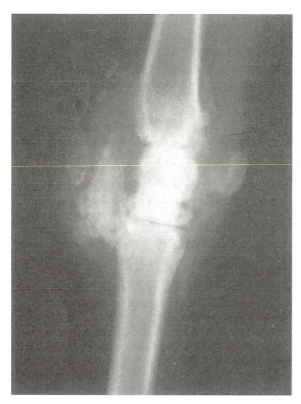

图 4.7　患 CAE 关节炎早期，山羊腕骨 X 线摄影变化，伸肌腱和其他软骨组织的矿化特征（图片引用得到了塔夫斯大学卡明斯兽医学院的许可）

在肌腱和其他关节周围结构中可见矿化和/或坏死病灶。当打开关节时，经常可以观察到滑膜大量增生，呈褐色和天鹅绒状，并且陷入指状凸出物中。根据疾病的严重程度，软骨表面会出现粗糙、溃疡或腐烂。在关节间隙、腱鞘和关节囊中常见"米粒样小体"（rice bodies），还会观察到明显的软骨下骨陷和关节强直（Crawford and Adams，1981）。

关节损伤的组织学特点是滑膜液增多和滑膜单核细胞浸润，包括淋巴细胞、巨噬细胞和浆细胞，偶见多核细胞。滑膜表面常见纤维素沉积。滑膜、滑膜周和肌腱胶原发生坏死和矿化。滑膜中的单核细胞浸润性病变，也可见于其他靶组织，如乳房和肺脏。在 CAE 病毒感染的山羊子宫（Ali，1987）和肾脏中也能观察到类似的单核细胞浸润性病变（Dawson et al，1983）。中枢神经系统、肺脏和乳房损伤将分别在第 5 章、第 9 章和第 14 章叙述。

4.3.1.6　诊断

结合畜群 CAE 的病史、血清检测和/或 PCR 结果、临床症状、滑膜活检或尸体剖检的典型组织病理学检查，可对 CAE 关节炎做出初步诊断。必须对 CAE 关节炎和其他创伤性、代谢性和传染性因素引起的关节炎进行鉴别诊断。这些疾病可能并发，因此建议对滑膜液进行支原体和细菌培养，以对病例确诊。

4.3.1.7　治疗

目前，尚无针对任何临床型 CAE 的治疗方法。轻度关节炎型的动物可进行常规性蹄部修复，提供易食饲草和水以及长期使用口服止痛药（如阿司匹林或保泰松），这会缓解病畜的症状。阿司匹林的剂量为每 12h 100mg/kg，保泰松每天一次的剂量是 10mg/kg。对提供肉或奶的山羊必须避免使用保泰松。在第 17 章讨论了其他非甾体类抗炎药。物理疗法可延缓 CAE 关节炎的进程，但还没有支持这一观点的文献报道。

患病晚期的山羊关节炎病例因无法伸展双肢，被迫以其弯曲的腕关节行走。因此，建议实施安乐死，减轻动物痛苦。与十年前相比，现在一般不易碰到这类病例。因为畜主对 CAE 的了解更深入了，通常对患病晚期动物采取扑杀剔除措施。若在一个农场里发现这种山羊病例，这就警示兽医人员需要对畜主进行有关 CAE 的宣传和科普，以此加强对 CAE 的控制。

4.3.1.8　控制

根据动物进口相关条例的规定，需确认动物个体呈 CAE 阴性状态，才可引入，目的是防止将 CAE 引入无 CAE 的国家或区域。世界动物卫生组织提出的国际标准是，输入动物应具有国际兽医检疫证书，证明动物起运时无 CAE 临床症状，一岁以上动物装运前 30d 内 CAE 诊断结果为阴性，或在过去三年中，原产地畜群的绵羊和山羊中不存在 CAE 临床病例和血清阳性，且在此期间该畜群没有引入健康状态低下的绵羊或山羊。世界动物卫生组织规定的血清学试验是 AGID 或 ELISA（OIE，2007）。

对已存在 CAE 的国家或区域而言，进行检疫证明和认可程序的目的是控制该病。少数几个国家如瑞士（Perler，2003），制定了强制性全国 CAE 监控计划。其他国家，如新西兰、法国和瑞典，已制定了主动检测和认证程序，这些措施与生产集团鼓励建立 CAE 阴性畜群相关（MacDiarmid，1985；Davidson，2002；Chartier，2008；de Verdier，2008）。澳大利亚已制定相关自愿方案（Animal Health Australia，2008），这种控制方案涉及每年或每半年对全畜群进行血清学检测，并从畜群中淘汰抗体阳性个体。

在农场，根除已感染畜群中 CAE 的措施主要包括三个方面：通过实施降低病毒感染风险的羔羊繁育技术，以培育无 CAE 羔羊；定期对畜群进行血清学检测；淘汰患畜，或将患畜和血清阳性动物与阴性健康动物隔离。

培育无 CAE 小山羊 在实施畜群控制方案中，羔羊繁育技术的完善是最常用的。该技术的目标是避免羔羊与病毒的接触，因为感染畜群中大多数新感染的羔羊可能是由于摄入了病毒污染的奶液或初乳而导致的，根据这一可能性，较严格的措施是将刚出生的羔羊立即与母羊分开、转移，因为当感染母羊舔舐或清洁羔羊时，很可能将病毒传给羔羊。建议在羔羊出生后立即洗去其身上的羊水。

为了实现控制 CAE 的目的，饲养员需要时刻在产羔现场，以便将羔羊在站立和吃奶前与母羊隔离。为了能掌握现场产羔的时机，应用前列腺素进行诱导分娩，关于这部分的讨论见第 13 章。一旦羔羊与母羊分开，应将它们饲养在与成年动物隔离的设施内，尤其在仍存在感染成年动物的牧场中，幼年个体与已感染的山羊不应混养。

羔羊与母羊分开后，应饲喂热处理的山羊初乳，无 CAE 病毒来源的母源抗体提供了被动免疫。对初乳进行短时间的高温巴氏消毒，可能使保护性免疫球蛋白变性并导致初乳凝结，使其无法食用。作为替代，56℃（132.8 ℉）热处理初乳 60min，证明可以阻止病毒的传播，并有利于免疫球蛋白的吸收（Adams et al，1983）。

现在可利用自动化设备来完成此任务，但许多小畜群养殖户可能负担不起。建议小畜群畜主可通过 57℃（134.6 ℉）高温处理初乳 10min，然后再转移到沸水预热的保温瓶中；而后将初乳在封闭的保温瓶作用 60min，以达到对病毒灭活的目的。必须在整个过程中保持 56℃（132.8 ℉）的温度（MacKenzie et al，1987），并且在杀菌保温期结束时，应通过温度计来测量温度。剩余的初乳可冷冻保存以备后用。

因为热处理初乳是一项辛苦的工作，所以畜主应积极寻求替代方法。不提倡不饲喂初乳的做法，因为这会导致被动免疫失败，将羔羊置于其他危险疾病的风险之下。仅饲喂来自血清阴性母羊未经高温消毒的初乳也有风险，因为会有血清学检测的假阴性结果。给羔羊服用未经巴氏消毒的牛初乳，可产生循环抗体，但还没有这些异源抗体在羔羊体内持续存在及具有免疫效力的相关记录。据报道，该法在孤儿羔羊饲养过程中是有效的。当然，未经高温消毒的牛初乳，虽然不包含 CAE 病毒，但可能含有其他对山羊具有传染性的病原微生物，如副结核分枝杆菌。此外，饲喂牛初乳偶尔也会引起羔羊的溶血性贫血（Perrin and Polack，1988）。

许多作为犊牛、羔羊或羔山羊的初乳替代品正商品化。这类产品通常包含冻干牛初乳或乳清免疫球蛋白浓缩物。许多山羊主已利用这些产品作为初乳替代品，用于防控 CAE 感染。但已证明，当由生产商直接给羔山羊饲喂时，一些产品不会提高血清抗体水平，仅产生与抗体被动转移失败相一致的抗体水平（Sherman et al，1990）。许多报告表明，当使用初乳替代品时，新生儿败血症发病率明显增加（Scroggs，1989；Custer，1990）。

市场上的新产品可能会更可靠，但应谨慎使用，并监测新生羔羊败血症或其他疾病发病率是否增加。可通过许多方法来检测羔羊血清中的抗体水平。第 7 章将对这些方法进行讨论。

饲喂热处理山羊初乳后，在整个断奶期，须以巴氏消毒的山羊奶、牛奶或商业代乳品饲喂羔羊。山羊奶可通过加热至 73.9℃（165 ℉）作用 15s 进行巴氏消毒。以代乳品饲喂羔羊的讨论见第 19 章。

定期血清学检测 检测所有育龄羊和年长山羊血清中 CAE 病毒抗体，可用于确认疾病流行状况、监测控制计划的进展情况，也可作为确定扑杀动物的依据。

还没有与畜群控制 CAE 计划有关的检测次数的相关规定，目前主要根据感染的初始水平、畜群规模、严格实施必要管理的能力和其他流行病学因素等确定畜群间所需的检测频率。研究表明，由于在围产期感染后血清转阳时间不同，可采取每月检测羔羊一次直至 6 月龄。但如果严格按照上面讨论的措施进行羔羊育种，那么就没必要进行如上的检测；如果管理松散，那么对围产期暴露的羔羊就必须进行检测，并且对控制措施中的遗漏重点进行监测。应注意给羔羊饲喂来自感染母羊的热处理初乳后，会出现在几个月内血清学检测都呈假阳性的现象。

一般情况下，至少每年都应对山羊进行血清抗体检测，最好是每半年一次。因为血清学试验的敏感性不是100%，血清抗体水平在个体山羊间可能出现波动，怀孕后期由于母源抗体从血清向初乳转移，血清抗体水平可能会降低。从育种开始就在全群范围进行定期检测是非常必要的，因为这些结果有助于产羔前开展育种、淘汰和执行相关管理，从而有效控制CAE。

扑杀或隔离　应用以上措施培育的无CAE羔羊可能在断奶后仍然会出现血清阳转，这由畜群中的已感染成年羊水平传播引起（East et al，1987）。要想从畜群中根除CAE，应鼓励畜主积极淘汰阳性成年羊，并将其作为完整控制方案的一部分。否则，无CAE羔羊的繁育可能是徒劳的。

然而，即使通过羔羊育种技术可以减少CAE的发病率，在许多受感染的畜群，特别是商品奶山羊群，畜主会反对淘汰阳性成年羊的预防措施。在这种情况下，有必要将一个畜群分成相互独立的血清阳性组和阴性组，并尽可能进行物理隔离。虽然独立的圈舍是最佳选择，但可能是不切实际的。其次，通过墙体进行隔离是比较好的隔离措施，但如果这也无法实现，那么必须用双重栅栏或篱笆将两组动物隔开至少2m的距离，以使两组动物个体间不会发生直接接触。

每个血清组应保持独立的饲喂、饮水、清洁和其他设备的使用，但如果做不到这一点，应首先由血清阴性动物使用设备，并在血清阳性动物使用后经常清洗和消毒。在挤奶时，应先挤血清阴性山羊的奶，在挤奶室必须相当谨慎，避免血清阳性母羊对地面、衣服和挤奶设施的污染，以防下一次挤奶时对血清阴性母羊造成感染。

有效控制CAE的其他措施包括尽可能避免将山羊带至交易会和展览会，或至少避免在活动中或运输时混群。不应将动物引进试图根除CAE的畜群，除非该动物来自已知的CAE阴性畜群，或个体检测为阴性的动物隔离检疫6个月后，再次复检为阴性后方可引入畜群。理想的情况下，只有血清学阴性的公羊才可用于配种，但

如果做不到这一点，那么最好是公羊仅与母羊在一起时进行交配，其他时间避免接触。由于病毒存在于感染动物的外周血单核细胞中，建议在治疗和疫苗接种过程中，每个动物使用单独的针头和注射器，因为有可能发生医源性传播。同样，山羊打号码时，可能会发生由打号仪器引起的血液污染，所以建议不同动物使用时，用石炭酸和季铵盐类化合物对打号器进行消毒。

如果绵羊与山羊混群饲养，也要尽量控制CAE，绵羊应被纳入检测计划，与山羊采取一样的隔离和管理措施以控制CAE。最新的证据表明，慢病毒在小反刍动物的两个物种之间可发生交叉感染（Shah et al，2004，2004a），这可能会对CAE控制计划产生不利影响（Perler，2003）。

4.3.2　口蹄疫

口蹄疫（Foot and mouth disease，FMD），又称为口疮性溃疡热，是一种对野生和家养偶蹄类动物具有很强传染性的病毒病。通常情况下，该病死亡率低，但发病率高，能导致动物丧失生产力，是一种对全球畜牧业具有极大经济影响的疾病，并限制了牲畜及畜产品的国际贸易。

虽然有时可见山羊口蹄疫的临床病例，但常呈亚临床感染。对羊口蹄疫的主要担忧是，在家畜混合饲养、运输和国际贸易中，亚临床感染的山羊可能是牛的传染源。Sharma等已综述了小反刍动物口蹄疫的有关研究（Sharma，1981；Pay，1988；Barnett and Cox，1999；Kitching and Hughes，2002）。

4.3.2.1　病原学

口蹄疫是由小RNA病毒科口蹄疫病毒属口蹄疫病毒引起的传染性疾病，病毒粒子是无包膜的二十面体，包括7个血清型，分别是A型、O型、C型、亚洲Ⅰ型、南非（SAT）1、SAT2和SAT3，每个血清型包含不同的流行毒株。动物自然接触或疫苗接种后，产生具有高度特异性的免疫力，机体获得针对不同毒株的特异性免疫力。必须对该病在全球范围内的暴发流行进行持续监测，以监控流行病毒亚型的变化，以便制备相应血清型和毒株的特异性疫苗制品。Paton近来综述了制备合适、有效的疫苗库和疫苗储备，以应对FMD的全球性挑战（Paton et al，

2005）。

口蹄疫病毒（FMDV）可在牛甲状腺、牛肾或其他合适的细胞中培养，病毒感染易感细胞能够产生细胞病变，但无包涵体现象。病毒耐冷冻和干燥，但对高温或极端 pH 敏感，阳光直射能杀死病毒，但动物组织可保护病毒免受阳光的直射。在感染动物的肌肉组织中，病毒会迅速死亡，但在内脏、血液和骨髓中能持续存在。相对湿度较高时，可延长气溶胶中病毒的寿命。氢氧化钠、醋酸、碳酸钠和次氯酸钠是最有效的消毒剂。含有多种组分的商品化消毒剂 Virkon®S 已广泛用于口蹄疫疫情控制的消毒处理。

4.3.2.2 流行病学

口蹄疫是世界动物卫生组织严格管控的家畜疫病之一，通过限制活畜和畜产品流动及国际合作来控制病毒的传播。目前，口蹄疫是非洲、亚洲、中东、东欧和南美大部分地区的地方性流行病。无口蹄疫地区包括北美洲、中美洲和加勒比地区以及澳大利亚、新西兰、日本和太平洋地区的许多岛屿。

目前，O 型是世界上分布最广的口蹄疫亚型，在过去的二十年内暴发的大多数口蹄疫是由 O 型泛亚谱系引起的。O 型泛亚谱系于 1990 年起源于印度，并通过中东、土耳其和东欧蔓延，而后于 1999 年向东侵入中国，之后蔓延到中国台湾地区、韩国、日本、蒙古和俄罗斯远东地区。2000 年年底病毒出现在南非，2001 年 2 月出现在英国，造成了毁灭性的口蹄疫暴发，并在疫情得到控制前蔓延至爱尔兰、法国和荷兰（Grubman and Baxt，2004）。山羊被认为与 O 型泛亚株的传播有关。20 世纪 90 年代，考虑到印度牛瘟的存在，沙特阿拉伯禁止从印度进口牛，但继续进口印度山羊和绵羊，而导致 O 型泛亚株传播至沙特阿拉伯。

70 多种野生和家养哺乳动物对口蹄疫易感。口蹄疫对牛和猪的影响严重，发病率高，并产生明显的临床症状，但死亡率相对较低。相比之下，绵羊和山羊的口蹄疫症状不太明显，主要表现为亚临床感染（O'Brien，1943；Nazlioglu，1972；Sharma，1981；Dutta et al，1984）。但也有例外，引起印度山羊口蹄疫暴发的 A22 型病毒，发病率达 82.5%，死亡率为 8.2%（Mishra and Ghei，1983）。

人很少感染口蹄疫，一般不认为其属于人畜共患病。但在接触病毒后，病毒可在人的上呼吸道存活 24h，随后传染给动物。这也影响了该病的有效控制。

口蹄疫仍然威胁着全球家畜的健康，主要因为它是高度接触性传染病，容易在难以察觉的条件下发生传播，感染动物出现临床症状之前或恢复期可排毒，亚临床感染病例也是病毒携带者，接种了疫苗的动物以及处理不当的感染动物的乳、骨、血、内脏都有可能成为传染源。虽然在牛的自然交配或人工授精过程中，病毒可通过精液传播，但目前在山羊还没有类似研究。

在地方性流行地区，主要的传播方式是病畜和易感动物接近或直接接触，可能是通过感染动物分泌物或排泄物中携带病毒的气溶胶将病毒由患病动物传染给健康动物，或病毒通过伤口或黏膜侵袭易感动物。风或其他机械性传播者，包括参观农场的兽医，可以远距离传播感染性病毒。传染源有污染的垫料、饲料和设备。山羊和绵羊通过远距离空气传播病毒的可能性比牛小，因为他们的呼吸量较低，较难通过气溶胶吸入感染剂量的病毒（Kitching and Hughes，2002）。人和车辆等机械性运输是造成 2001 年英国畜群间疫情暴发的主要原因。在非洲、南亚和中东的许多牧区，感染 FMD 的小反刍兽污染了河水、池塘、草地、灌木和其他环境，造成疾病的传播及持续存在（Uppal，2004）。来自摩洛哥的动物血清学调查显示，季节性流动放牧和游牧的畜群比固定畜群感染口蹄疫的概率更高（Barnett and Cox，1999）。

现在人们普遍认为，亚临床感染的山羊和绵羊在将疾病传给牛的过程中可能发挥重要作用，而且认为小反刍兽引起的牛的口蹄疫是导致病毒在突尼斯（1989）、希腊（1994）、亚洲东南部（1999）和土耳其（2001）流行的主要原因（Kitching and Hughes，2002；Uppal，2004）。全世界许多地区，绵羊和山羊是同群放牧或饲养，并在市场上一起交易。因此，很难区分山羊或绵羊在 FMD 传播和流行中的作用。不过，也有一些文献记载，山羊被确定为新的特异性感染源。一只从土耳其秘密带到保加利亚的山羊，对 1991 年保加利亚牛 O 型口蹄疫暴发发挥了重要作用（Kitching，1998）。自孟加拉国进口的感染亚洲 1 型口蹄疫的山羊，也与科威特口蹄疫的暴发相关（Kitching and Hughes，2002）。2001年，荷兰一个奶山羊/犊肉牛混养农场暴发了FMD 第一例病例，首先出现临床症状的是山羊。由此可以推测，病毒感染是因购买或引进犊牛引起的。但由于犊牛是单独圈养，而山羊是自由混饲。因此，疾病的流行首先发生在山羊（Bouma et al，2003）。

在山羊出现口蹄疫临床症状前的 48h，可从临床表现健康的山羊鼻分泌物中分离到病毒（Raghavan and Dutt，1974）。山羊鼻内接种 A、O 或 C 型 FMD 病毒，引起的感染率达 100%，并且 87% 感染山羊的鼻咽部病毒存在达 28d 之久，但无法观察到典型的临床症状，仅出现轻微的病理损伤，如不仔细观察可能被忽视（McVicar and Sutmoller，1968）。从感染 28d 以上的动物口咽部检测到病毒的动物，可被确认为是病毒携带者。据报道，山羊的带毒状态最长时间是 4 个月，绵羊是 9 个月，牛是 3.5 年（Alexandersen，et al，2003）。

包括部分山羊在内的一些反刍动物接触到口蹄疫病毒后，即使是接种过疫苗或感染后已经康复的动物，都可能成为病毒携带者。动物成为携带者的比例存在差异，通常口咽样本中检测到的病毒滴度低。分泌物中病毒的排出是间歇性的，随着时间的推移，病毒滴度逐渐降低。带毒状态的发展和持续性是由动物种类和感染的病毒毒株共同决定的（Alexandersen et al，2003）。Barnett 等认为，绵羊和山羊最可能与 FMDV 传播过程有关的时期是临床或亚临床感染的早期，而不是带毒期和接触感染 7d 后传播风险最大的时期（Barnett and Cox，1999）。

宿主种类的易感性也可能随病毒亚型的变化而发生改变，如 1997 年我国台湾暴发的猪 O 型口蹄疫，O/Taw/97 毒株没有感染同农场饲养的牛和山羊（Yang et al，1999）。该毒株与更早时期暴发于远东地区的猪口蹄疫的其他毒株有关。然而，1999 年台湾再次发生了口蹄疫，这次疫情是由 O 型毒株引起的，与流行于中东和印度的 O 型毒株关系更为接近，而且山羊和牛也表现出临床感染（Grubman and Baxt，2004）。

小反刍兽感染口蹄疫病毒后常表现轻微的临床症状，容易发生漏诊或误诊，从而导致疾病的进一步蔓延。例如，1989 年从中东进口的感染了 FMDV 的绵羊和山羊，将 O 型口蹄疫引入了突尼斯。最初这些动物因表现轻微的临床症状和跛行，而被误诊为蓝舌病。最终，疾病传染给牛，而牛出现较为明显的临床症状，很快就被确定为口蹄疫。可是，当时疾病已蔓延到阿尔及利亚和摩洛哥（Kitching，1998）。2001 年，由于英国难以准确地诊断绵羊临床口蹄疫，从而导致口蹄疫随隐性感染动物的运输而四处传播，由此造成严重的后果：怀疑可能发生病毒感染的绵羊群被紧急销毁，但随后的检测结果却证明绵羊并未感染病毒（Kitching and Hughes，2002）。

4.3.2.3　发病机制

最常见的感染途径是气溶胶传播，或病毒直接经口或蹄破损上皮感染机体。病毒被吸入后，首先在咽部增殖，而后直接进入口腔或蹄的上皮细胞。易感动物在感染 3～11d 后并发病毒血症。此时是疾病的发热阶段，可持续 3～4d。在大多数组织都能检测到病毒，并且病毒在病毒血症期间随分泌物和排泄物排出体外。此阶段，幼龄山羊可能会死于病毒性心肌炎。在幸存的山羊中，病毒最终定殖于口和蹄的上皮细胞中，有时也存在于乳头上皮细胞。在牛上皮细胞中，病毒增殖导致液体充盈的细胞发生水样变性和融合，形成直径 ≥3cm 的膨大囊泡，导致上皮细胞失去功能，进食和行走等机械损伤导致露出皮肤真皮层，导致疼痛性溃疡，出现特有的口炎和跛行等临床症状。

在牛病例中，口部可观察到充盈液体的大水疱，但在山羊和绵羊口部很少出现。小反刍兽的舌上皮较薄，病灶在早期破裂，留下浅表的糜烂，通常几天内痊愈。大反刍兽和一部分小反刍兽口部病变最常见于牙床和舌，但也可见于嘴唇、牙龈、脸颊，有时还出现在硬腭（Alexandersen et al，2003）。

4.3.2.4　临床症状

山羊常为亚临床感染。在急性情况下，口蹄疫最初的非典型临床表现包括精神沉郁、食欲不振、躁动、心跳和呼吸增加、寒战和发热。哺乳期山羊可出现无乳症。怀孕母羊流产。当新生羔羊发生感染时，大多数可能死亡。即使年长动物不出现死亡，幼龄山羊的死亡率也高达 55%（Hedjazi et al，1972）。这些羔羊常发生无其他症状的急性心肌炎死亡。

当山羊不表现典型的症状时，其蹄部比口部更易受到病毒感染。所以，山羊口蹄疫能发生口腔溃疡和口腔炎，但跛行是最具指导意义的临床症状。因此，要仔细检查蹄部。在印度暴发的一次严重的山羊口蹄疫疫情中，12.5%的病例有口腔病变，40%的有蹄部病变，47.5%的出现蹄部和口腔病变（Mishra and Ghei，1983）。同样，在印度另一个 385 只山羊群暴发的口蹄疫疫情中，仅 8.3%的病例表现口腔病变，63.8%的仅有蹄病变，27.7%的发生蹄部和口腔病变；总发病率为 16%，死亡率为 0.26%，仅死亡一只7 日龄羔羊。所有感染动物在 10～15d 内痊愈（Kumar et al，2004）。

在临床感染早期，可在蹄间隙沿冠状带发现水疱，有时出现在蹄跟。水疱可能会出现在蹄的任何部位。几天后，水疱破裂，留下疼痛性溃疡。跛行程度更加严重，蹄部溃疡可能继发细菌感染。动物出现不愿站立或移动。在一些极端病例中，冠状带部位的蹄甲与蹄肉分离，并脱落，但这种病例不常见。感染严重的山羊可能会出现绝食、脱水、拒食、败血症或继发性肺炎。无并发症病例或已进行支持疗法的病例，口和蹄部病变在 2～3 周后逐渐痊愈，虽然有些痊愈动物在很长时间内仍然消瘦。

口腔中早期形成的水疱可导致咂嘴和流涎。小反刍兽口腔上皮薄，其口、舌、腭黏膜层出现的充血灶或隆起的小水疱可能很快发生破裂。口部水疱破裂后露出黏膜溃疡，引起口部疼痛，不愿进食，产生的病变很容易与小反刍兽其他非水疱性口炎相混淆。乳头和包皮也可能会出现水疱（Olah et al，1976）。

对山羊口蹄疫可疑病例要非常仔细检查水疱的形成特点。口部水疱小且数量少，不会出现明显的口炎症状。同样，蹄部病变轻微，仅影响一个或多个蹄，产生极轻微的继发症状。如果没有实际观察到水疱，水疱破裂的后期损害可能仅仅看作创伤性破损。

4.3.2.5　临床病理学和尸检

通过临床症状不能区分 FMD 与包括山羊水疱性口炎在内的其他水疱性疾病，并且小反刍兽很少或不出现牛感染后所表现的典型临床症状。所以，对口蹄疫病例需要进行实验室确诊。由于口蹄疫具有高度接触性传染的特点，需要及时启动控制措施。因此，任何可疑的口蹄疫病例都要进行实验室紧急诊断。当怀疑为口蹄疫时，应立即通知有关部门，并且样品的采集和运输要由经过培训和授权的专业人员，按照严格的生物安全标准进行，实验室的所有操作和检测都要符合世界动物卫生组织 4 号病原的防范要求（OIE，2007a）。

进行实验室送检诊断的样本最好是未破裂的水疱或刚破裂的水疱皮或水疱液。如果没有此类样本，通常使用的样本是感染山羊的血液和/或通过咽喉探杯采集的食道-咽部分泌液（O-P液）。尽管也可送检死亡病例的心肌或血液，但在条件容许的情况下首选水疱样品。

世界动物卫生组织推荐口蹄疫的诊断方法是病毒分离或证明组织或水疱液样本中有口蹄疫病毒抗原或核酸的存在。检测病毒特异性抗体也可用于诊断。可用抗病毒非结构蛋白（Nonstructural proteins，NSPs）抗体的检测来区分自然感染和疫苗免疫动物。在口蹄疫诊断方面，参见《OIE陆生动物诊断试验和疫苗手册》。

病毒分离最好使用小牛甲状腺原代细胞系或猪、犊牛或羔羊肾原代细胞，也可使用其他细胞系，如 BHK-21（幼仓鼠肾）和 IB-RS-2，但病毒感染性低时这类细胞常表现出较弱的敏感性。感染细胞培养 48h 出现细胞病变（CPE）。如果看不到 CPE，则冻融培养细胞，接种新的细胞再进行 CPE 检测。

间接夹心 ELISA 在很大程度上已取代了补体结合试验（CF），用于检测病毒抗原。ELISA的特异性和敏感性比 CF 的高，且不受亲和补体因子或抗补体因子的影响。这种 ELISA 方法能确定口蹄疫病毒和血清型。多孔板中的不同孔包被有针对口蹄疫病毒七个血清型各自的兔抗血清。因此，当在孔中加入样品悬液时，可捕获到不同血清型的口蹄疫病毒抗原；再加入豚鼠各血清型口蹄疫病毒的抗血清，形成"三明治"，而后加入兔抗豚鼠血清酶联复合物，显色，分光光度法定量。

核酸检测试验被越来越多地用于病毒检测，如逆转录-聚合酶链式反应（RT-PCR）。结合琼脂糖凝胶电泳或实时 RT-PCR 可用于扩增上皮、奶液、血清和口咽样本中口蹄疫病毒的基因片段。相对于病毒分离而言，设计特异性引物，结合反转录与实时定量 PCR 来区分每个血清型是更快速的方法。

在追踪口蹄疫感染的空间传播、鉴定特异毒株对宿主的适应性和研制有效的疫苗方面，确定口蹄疫毒株是非常重要的。根据所分离毒株间的遗传差异研究口蹄疫的分子流行病学，根据编码 VP1 病毒蛋白的 1D 基因序列绘制遗传发生树状图，表明 FMDV 7 个血清型疫苗与野毒株间的基因关系。RT-PCR 扩增口蹄疫病毒 RNA，然后进行核苷酸测序是当前首选的方法，通过该法获得的序列数据可用于毒株遗传特征分析。

进行口蹄病血清学试验的目的主要有四个：在进出口之前确保每个动物健康、确认口蹄疫疑似病例、证实无感染存在和证明接种疫苗的效力。症状不明显的病例或不能收集上皮组织的情况常发生于小反刍兽，检测未免疫动物的抗口蹄疫病毒结构蛋白（SP）的特异性抗体，可有效用于阳性病例的诊断。SP 试验具有血清型特异性，并能鉴别免疫接种和自然感染产生的抗体。在国际牲畜贸易中，世界动物卫生组织推荐检测 SP 抗体的方法是病毒中和试验、固相竞争 ELISA 和液相阻断 ELISA。

除了结构蛋白外，口蹄疫病毒在复制过程中也表达 8 个非结构蛋白（NSP）。当以灭活的病毒疫苗作为对照时，宿主体内没有发生病毒复制。因此，在非接种疫苗状态下，口蹄疫病毒部分非结构蛋白的抗体检测是有用的，它可以提供先前或当前宿主体内病毒是否复制的证据。不同于结构蛋白，NSP 高度保守，也没有血清型特异性。所以对这些抗体的检测不受血清型限制。不过，在组织培养过程中，疫苗毒产生了 NSP，这些痕量 NSP 可能污染灭活疫苗，并引起宿主的免疫反应。NSP3 蛋白与这类污染的相关性最大。因此，它不适合作为 NSP 抗体检测的候选抗原。

目前，鉴别感染和疫苗免疫的首选抗原是非结构多聚蛋白 3AB 和 3ABC。世界动物卫生组织推荐的检测 NSP 抗体的方法包括间接 ELISA 和酶联免疫转印试验。应用 NSP 抗体检测方法区分口蹄疫病毒感染和疫苗接种，近来已对此进行了综述（Clavijo et al，2004）。

对死亡的口蹄疫疑似病例要进行完整的尸检。剖检时，需要仔细检查蹄、口腔、咽和乳

头。此外，可能会观察到所谓的"虎斑心"病变，尤其是急性死亡的羔羊。这是指心肌呈现由小的灰色坏死灶和不规则条纹引起的条纹状外观。同样的病变偶尔也会出现在骨骼肌。

显微镜下，水疱上皮病变包括细胞水样变性、细胞崩解和液体积聚。如果继发细菌感染，水疱破裂处溃疡明显，这可能与化脓性炎症有关。心脏病变是一种局部凝固性坏死，伴有淋巴细胞浸润，有时还有中性粒细胞浸润。

4.3.2.6 诊断

通过病毒分离可对 FMD 可疑病例进行确诊。因为山羊的水疱性疾病不常见，所以任何口、鼻镜、口腔、蹄和乳头的水疱性病变都可视为 FMD 可疑病例，即使无口蹄疫的国家也要如此，并立即上报有关部门。由于山羊水疱容易破裂，而且短暂，晚期病例出现溃疡，病变部位结痂，使诊断变得困难。因此，无论是有跛行症状，还是口腔炎，尤其是二者都有时，必须考虑 FMD 感染。

山羊同时出现两种症状的可能性疾病包括蓝舌病、水疱性口腔炎、天疱疮和传染性脓疱疮。虽然 2006 年欧洲暴发的蓝舌病中，荷兰山羊表现出口腔病变和乳房病变；但蓝舌病和水疱性口炎很少引起山羊出现临床症状（Dercksen et al，2007）。天疱疮一般仅感染畜群中一只山羊，不可能发生较大规模的流行。虽然传染性脓疱疮不可能出现明显跛行，其病变主要表现在口部，但在包括乳头和腿在内的其他部位也可观察到。离子载体类物质的毒性与引起羔羊突然死亡的口蹄疫心肌炎存在重要的差别，相关讨论见第 8 章，本章稍后讨论营养性肌营养不良症。

4.3.2.7 治疗

口蹄疫没有针对性的治疗方法。不过，支持性疗法有助于促进感染动物的痊愈。这些措施包括隔离，给予容易咀嚼、高质量的饲料和水，以及服用抗生素，或应用局部抗菌药以防止或控制溃疡损伤处继发细菌感染。建议用 5%高锰酸钾溶液进行足浴（Kumar et al，2004）。根据口蹄疫的防控程序，可能需要销毁流行区内有关的所有易感动物。因此，进行治疗可能会引起争议。

4.3.2.8 控制

全球相关部门都付出了巨大努力以限制口蹄疫的全球蔓延。世界动物卫生组织根据其成

员国（或地区）技术专家的意见，制定了牲畜和畜产品交易的推荐性标准，旨在有效控制口蹄疫的传播。具体参考《陆生动物卫生法典》（OIE，2007b）。无口蹄疫国家，如美国，不接受从口蹄疫流行国家进口牲畜。不过，某些动物产品允许进口，但必须是经批准的屠宰场和/或加工企业生产的。

当无口蹄疫国家发生疫情时，可通过销毁程序和清洁消毒措施来根除病原，并对暴发地点周围牲畜进行环围接种。与FMD流行国家接壤的无口蹄疫国家，可对"边境"牲畜每年定期接种疫苗，并沿相关国家的边界建立缓冲区，防止感染入侵。

在口蹄疫地方性流行的国家，通过限制牲畜活动、隔离或屠宰接触和感染的动物，对暴发地点周围进行环围接种，或通过系统的、全国性的疫苗接种计划来控制口蹄疫。有效的疫苗接种取决于持续不断的疫情监测，以确保所有重要的、局部发生的口蹄疫病毒株包含于多价疫苗中（Blaha，1989）。根据地理环境、牲畜分布和其他因素，即使整个国家不是无疫区，但一些国家仍可在其疆域中维持公认的无口蹄疫区。控制、监测和疫苗接种的原则同样适用于无口蹄疫区的维持。当这些无口蹄疫区的牲畜和畜产品达到国际监测和检测标准时可以允许出口。

1972年，世界动物卫生组织常设委员会提出一些疾病控制的建议，特别是针对山羊和绵羊口蹄疫防控（Anonymous，1972）。每年对转移至牧场的小反刍兽至少接种口蹄疫疫苗一次。如果对牛进行预防接种，那么山羊和绵羊同样应接种疫苗。当FMD暴发后，对牛进行环围接种是非常必要的，预防接种计划中也应包括山羊和绵羊。最后，加强对市场和牧场进出山羊和绵羊的兽医监测，牲畜季节性迁移或转移至不同饲养场会增加口蹄疫的传播。

尽管提出了这些建议，但由于以下几个原因使小反刍动物疫苗接种工作没有得到广泛的实施。首先，没有证据表明小反刍动物的预防接种是消灭牛口蹄疫的必要条件（Barnett and Cox，1999）。此外，有些证据表明，绵羊和山羊口蹄疫可能具有自限性，尽管这种特性取决于所感染的病毒株和小反刍动物的易感性，如本地品种与异地输入品种（Anderson et al，1976）。

大规模为小反刍动物接种疫苗最明显的问题是疫苗接种成本，尤其是在山羊、绵羊存栏量大，所以广泛的疫苗接种对于发展中国家是巨大的经济负担。所以，小反刍动物倾向于被动免疫。但只有当小反刍动物与大量牛或猪的疫情密切相关时，小反刍动物必须全部免疫接种。在口蹄疫流行国家，将绵羊和山羊纳入了国家常规疫苗接种计划，它们一年的接种次数很少超过一次（Kitching and Hughes，2002）。在以色列，每年定期给所有易感动物——牛、绵羊和山羊进行疫苗接种。如果暴发口蹄疫，立即给暴发地点和周围地区的所有动物进行再次疫苗接种（Leforban，2002）。

目前，应用最广泛的是灭活疫苗，通常包含A、O和C型灭活毒株的三价疫苗。许多口蹄疫疫苗都是当地生产的，反映了当地流行血清型和毒株。因此，疫苗的组成经常会发生变化。所以，很难提出统一的疫苗免疫接种计划。由于各地的生产技术不同，疫苗的免疫原性、纯度和免疫效力也会有所不同。Barteling等已综述了世界动物卫生组织提供的口蹄疫疫苗生产标准、研发及灭活疫苗生产流程（Barteling et al，2002）。

以牛1/3剂量的灭活疫苗用于山羊是有效的，通常免疫可持续5~6个月（Sharma，1981）。当给牛、绵羊和山羊接种口蹄疫灭活疫苗后，绵羊特别是山羊产生的平均抗体滴度较牛低（Polydorou et al，1980；Garland，1981）。当间隔两周进行两次免疫接种后，间隔6个月再进行加强免疫，可获得最佳免疫效果。

疫苗佐剂的选择可能影响山羊对疫苗接种的免疫应答。油佐剂和氢氧化铝佐剂口蹄疫疫苗的比较研究表明，油佐剂能引起更强的免疫应答，应答产生的速度更快，高浓度抗体持续的时间更长（Patil et al，2002）。给山羊同时接种口蹄疫疫苗和其他疫苗不会影响宿主的免疫应答（Gogoi et al，2004）。

2001年，英国暴发口蹄疫疫情，大规模屠杀牲畜引发了公众对动物福利的关注，经过激烈的讨论，科学家和政策制定者建议通过使用口蹄疫疫苗的方式来控制疾病，进而减少易感动物的屠杀数量。有关动物福利的话题是复杂的，超出本章节陈述的范围。关于疫苗对口蹄疫控制作用的更广泛讨论在任何地方都可找到（LeForban，

2002；Pluimers et al，2002；Radostits et al，2007）。

正在进行的大量研究，都是为了开发出新的且更有效的口蹄疫疫苗。研究的方向包括能交叉保护多个血清型的疫苗抗原的鉴定，可更迅速产生更强免疫保护性的疫苗配方，以及可以通过血清学检测区分疫苗接种和自然感染动物的抗原标记疫苗。Barnett 等近来综述了口蹄疫疫苗技术的发展（Barnett and Carabin，2002；Grubman and Baxt，2004；Grubman，2005）。也有人对抗病毒化合物很感兴趣，如 1 型干扰素。在 FMD 暴发时，如果对受威胁动物给予抗病毒药物，可以阻止新感染的发生（Grubman，2005）。

4.3.3 赤羽病

赤羽病病毒感染是引起亚洲、非洲、中东地区和澳大利亚山羊羔、绵羊羔和犊牛先天性关节挛缩症和积水性无脑畸形的病因。

4.3.3.1 病原学

赤羽病病毒是一种螺旋状、有囊膜、单链RNA 病毒，属布尼亚病毒科布尼亚病毒属的辛姆波病毒群的一员。该病毒可在鸡胚、Vero 细胞或仓鼠肺细胞中进行培养，可在乳鼠中进行传代。该病毒是一种昆虫传播的虫媒病毒，主要媒介是叮咬库蠓属的花金龟（Culicoides brevitarsis），但其他库蠓属亚种、伊蚊属、库蚊属的一些种也可带毒。辛姆波病毒群中的其他节肢动物传播的布尼亚病毒如艾诺和皮托病毒，也能感染反刍动物，导致先天性缺陷，但仍没有关于山羊感染这两种病毒的报道。已报道山羊体内有抗辛姆波病毒群非致病成员 Tinaroo 病毒和道格拉斯病毒的抗体（Cybinski，1984）。

4.3.3.2 流行病学

赤羽病病毒的宿主范围包括山羊、绵羊、牛、骆驼、马、驴、斑马以及其他野生反刍动物。但仅在山羊、绵羊和牛观察到了临床病例。根据已有报道，几十年来，澳大利亚和日本家养反刍动物的先天性关节弯曲和积水性无脑畸形都是由赤羽病病毒引起的。日本（Inaba，1979）和以色列（Shimshony，1980）已有山羊、牛和绵羊流行该病的报道。该病毒感染呈地方性流行。在肯尼亚，50%～90%抽样牛血清学检测证明有赤羽病病毒感染，而山羊和绵羊的血清抗体

阳性率只有 13%～33%（Davies and Jessett，1985）。新西兰无该病感染（Oliver，1988）。在西半球该病的感染情况还是未知的，但在美国，辛姆波病毒群外的另一种布尼亚病毒——卡奇谷病毒，与绵羊的先天性关节弯曲和积水性无脑畸形有关（Edwards et al，1989）。虽然有山羊感染的血清学证据，但山羊病例报道很少（Edwards et al，2003）。在第 13 章将对该病毒进行进一步讨论。

感染的地理分布反映了节肢动物媒介的栖息地。在澳大利亚，库蠓属花金龟是唯一确定的媒介生物。从 C. wadai 已分离到赤羽病病毒，但没有开展进一步的研究来确定它是否是该病的传播媒介（Animal Health Australia，2001）。在日本，尖喙库蠓可能是主要的传播媒介（Kurogi et al，1987），但也已从刺扰伊蚊和三带喙库蚊中分离到该病毒。中东的主要媒介是拟蚊库蠓（Culicoides imicola）（Brenner，2004）。当天气条件适宜库蠓大量繁殖和种群扩大时，库蠓经风吹而超出其正常分布界限，导致赤羽病病毒发生新的感染（Al-Busaidy et al，1988），而后传播给新生畜群。

非妊娠动物如果感染该病，观察不到症状，但会出现血清转阳（Sellers and Herniman，1981）。如果是妊娠动物感染，就会出现流产、死胎或明显先天性缺陷。当母畜在妊娠早期发生感染时，最可能造成先天性缺陷。当母羊在妊娠期 30～50d 感染时，通常造成羔羊的畸形；当感染发生在妊娠期最后 100d 时，新生羔羊则一切正常（Kurgi et al，1977；Shimshony，1980）。该病每间隔 4～6 年就会发生流行，推测是由于免疫动物种群被新生动物或幼龄动物所取代。

赤羽病对新生胎儿造成很严重的损失。1969—1970 年，以色列发生了流行，563 只羔羊被感染，占羊群出生羔羊的 50%。山羊较绵羊对该病毒易感性高，雄性双胎羔山羊比雌性单胎羔羊更易感（Shimshony，1980）。

4.3.3.3 致病机制

除妊娠动物外，赤羽病病毒感染不会引起临床症状。病毒通过蚊虫叮咬感染易感宿主。通常妊娠母羊的病毒血症持续 2～4d，随后病毒进入胎盘及胎儿。病毒主要损害的部位是胎儿正在发育的神经管。妊娠 9 个月的牛，胎儿感染的最终

结果取决于胎儿发育阶段。感染早期单独出现积水性无脑畸形，后期发生积水性无脑畸形和关节弯曲，感染后期单独出现关节弯曲。山羊的妊娠期较短，如上所述，当感染发生在妊娠 30～50d 时胎儿发育开始出现畸形，并且在感染羔羊可同时观察到积水性无脑畸形和关节弯曲。

在积水性无脑畸形病例，室管膜系统的阻塞导致脑脊液压力升高、心室扩张，使大脑皮质进一步退化、变薄。小脑和脑干一般较少感染。由此引起精神沉郁、失明和运动失调。在关节弯曲时，脊髓腹侧细胞明显减少或消失，导致神经发育异常。四肢肌肉和脊柱两侧肌肉不能正常发育，导致肌肉营养不良、肌腱挛缩，关节永久性屈曲或伸展，关节本身是正常的。感染胎儿产生抗赤羽病病毒的抗体，可采集新生儿摄取初乳前的血清样本进行诊断。

4.3.3.4　临床症状

非妊娠山羊的感染呈亚临床症状。妊娠山羊可能保持健康，但会出现流产或产死胎。兽医助产时可能会先发现赤羽病，因为感染山羊发生关节弯曲时常常会出现难产。在该病流行期间，流行区的牛和绵羊可能会产出畸形犊牛和羔羊。关节挛缩羔羊出生后可长期存活。患羊无法站立，受影响关节僵硬性弯曲或伸展，肌肉萎缩严重，脊柱可能侧弯或斜颈。当发生积水性无脑畸形时，可能产出木偶样羔羊。如果不并发关节痉挛，它们可能站立或行走，但步态可能不协调。这些表现通常在羔羊是不可见的，患病羔羊对周围环境没有意识。如果将乳头或奶嘴放入口中，它们可能会吮吸。

4.3.3.5　临床病理学和剖检

应检测流产胎儿脐带和心脏的血液样本或胸腔液体，或羔羊摄取初乳前血液样本中的抗赤羽病病毒抗体。血清中和抗体滴度1：2 或更高时即可证明胎儿发生感染。以色列感染山羊检测的平均滴度为1：18（Kalmar et al，1975）。用血凝抑制试验测定抗体滴度，结果与血清中和试验结果紧密相关（Furuya et al，1980）。也有用 AGID 和 ELISA 检测方法。如果采集不到流产胎儿或羔羊的初乳前血清，母羊或存活羔羊二者的血清抗体滴度的升高即表明为近期感染。

对积水性无脑畸形病例进行剖检，发现大脑皮质明显变薄或完全崩解，偶见小脑发育不全。

在关节挛缩病例，由于肌腱挛缩和环绕长骨肌束的缺乏或明显退化，使得关节不能弯曲。肌肉可能呈纤维化和灰白色。如果切断关节周围的肌腱，关节能自由活动，关节面没有病变。可观察到脊柱侧凸、脊柱后凸和斜颈。

镜下观察，肌肉出现营养不良，表现肌肉纹理和肌纤维消失，被脂肪和结缔组织取代。脊髓病变包括中央髓管膨胀，腹侧有裂缝，腹侧脊髓角因神经元变性而空泡化和水肿。大脑发生脑积水，或出现更极端的积水性无脑畸形，室管膜下胶质细胞增生，并广泛性水肿。小脑也可能明显水肿，常见浦肯野氏细胞变性（Nobel et al，1971）。

病毒可能存在于感染羔羊或流产胎儿的组织中，尤其是中枢神经系统和肌肉组织（Kurogi et al，1977）。然而，因为羔羊血清中也存在中和抗体，所以通常不能成功分离到病毒。

4.3.3.6　诊断

根据新生羔羊关节挛缩和/或积水性无脑畸形等症状及羔羊或流产胎儿抗体阳性的鉴定结果，可对赤羽病进行确诊。不过，仍然存在因其他布尼亚病毒属病原引起牛和绵羊发生相似疾病的可能性。目前，需要将赤羽病与β-甘露糖苷贮积症进行鉴别诊断，后者为遗传性溶酶体贮积病，可引起关节挛缩，但不会发生积水性无脑畸形，仅发生于努比亚山羊或努比亚杂交山羊。蓝舌病是绵羊一种重要疾病，虽然山羊的血清学反应经常呈蓝舌病阳性，但很少发展为临床疾病。如果发展为临床疾病，那么成年动物也可能表现出临床症状。

4.3.3.7　治疗和控制

目前没有治疗赤羽病的方法。若无良好的护理，感染羔羊存活不会很长，也没有有效控制虫媒的方法。然而，已研制出该病有效的灭活疫苗，并在以前流行过赤羽病的澳大利亚和日本使用。不过，疫苗接种应该在繁殖季节前进行。

4.4　细菌病

4.4.1　支原体性关节炎

在全世界山羊中，支原体感染的发病率和死亡率都很高。人们已经认识到不同支原体引起的疾病，特别是山羊传染性胸膜肺炎、接触传染性无乳症和传染性角膜结膜炎。然而，支原体感染通常引起败血症，感染的山羊通常还发生关节炎。

4.4.1.1 病原学

山羊支原体病仍然是一个热门的研究领域，对新种和菌株进行确定，对原有的旧种及菌株进行了重新命名和分类。由于旧分离株的分类鉴定存在错误，以及新分离株的不断出现，导致人们对山羊支原体引起的各种疾病的病因产生了错误判断。近来已综述了重要山羊支原体感染的现状（Ruffin，2001；Al-Momani and Nicholas，2006）。

本病病原为原核动物门柔膜体纲，感染山羊的属包括支原体属、尿素支原体属和无胆甾支原体属。表4.3是已鉴定的重要山羊支原体，主要的病原是支原体属。表4.3中列出的前四个支原体属于所谓的丝状支原体群（M. mycoides cluster），该群包括6个种，具有共同的生物化学、血清学、基因组学和抗原特性。在这些种中，有四个种对山羊具有致病性。在编写本书时，国际支原体学组织根据16sRNA序列（系统进化分析的相似性为99.9%）将丝状支原体丝状亚种的大菌落型（mycoides large colony，LC）重新归类为丝状支原体山羊亚种。考虑到上述建议，也许感染山羊的种很快会减少至3个（Pettersson et al，1996）。在丝状支原体群中，其他两个山羊的病原体是山羊支原体山羊亚种（M. capricolum subsp. capricolum，Mcc）和山羊支原体山羊肺炎亚种（M. capricolum subsp. capripneumoniae）。

表 4.3 分离于山羊的支原体

支原体种	其他宿主	感染组织		山羊的伴发病	致病性	地理分布
		主要	其他			
山羊支原体山羊亚种	绵羊	关节	子宫、肺、耳、生殖道、眼；可能发生败血症	多关节炎、乳腺炎、肺炎、新生儿死亡、角膜结膜炎	高	澳大利亚、印度、欧洲、美国、埃及
山羊支原体山羊肺炎亚种（即以前的F38菌株）	仅为山羊	呼吸道	具有发生败血症的可能性	山羊接触传染性胸膜肺炎（CCPP）	高	目前主要在非洲东部
丝状支原体山羊亚种*	仅为山羊	呼吸道	关节、耳	胸膜肺炎、关节炎	中等	非洲、中东、西亚、欧洲南部和东部
丝状支原体丝状亚种(大菌落型)*	少见于绵羊，极少见于小牛	呼吸道	子宫、关节、眼、耳，具有发生败血症的可能性	胸膜肺炎、乳腺炎、关节炎、角膜结膜炎、新生儿死亡、流产	中等	欧洲、非洲、亚洲、澳大利亚、美国北部
无乳支原体	绵羊	子宫	关节、眼、泌尿生殖道、耳，罕见于肺	接触传染性无乳症（CA）、关节炎、肺炎、角膜结膜炎、外阴阴道炎	高	欧洲、美国、苏联、亚洲、北非
精氨酸支原体	绵羊、小羚羊、许多其他种	呼吸道	泌尿生殖道、关节炎、眼	肺炎、关节炎、角膜结膜炎、外阴阴道炎	非常低或非致病	世界性
结膜支原体	绵羊、小羚羊	眼	呼吸道，罕见于关节	角膜结膜炎、肺炎、关节炎	中等	世界性
绵羊肺炎支原体	绵羊	呼吸道	眼、泌尿生殖道	肺炎诱因	低	世界性
腐败支原体	仅见于山羊	子宫	关节、耳	乳腺炎、关节炎	不定	美国、法国、澳大利亚
丝状支原体丝状亚种（小菌落型）	主要见于牛，罕见于山羊	呼吸道	关节	胸膜肺炎、多关节炎	未知	非洲

（续）

支原体种	其他宿主	感染组织		山羊的伴发病	致病性	地理分布
		主要	其他			
牛生殖道支原体（同绵羊/山羊支原体血清11型）[+]	主要见于黄牛和水牛，也可见于绵羊和山羊	生殖道	子宫、关节	外阴阴道炎、子宫颈炎、子宫内膜炎、附睾炎、卵巢炎、乳腺炎和关节炎	随菌株的不同而变化	世界性
莱氏无胆固醇支原体种	许多其他宿主	泌尿生殖道	呼吸道	无临床疾病	非致病性	世界性
眼无胆固醇支原体种	绵羊、黄牛、马、猪	眼	泌尿生殖道、肺	角膜结膜炎	未确定	美国、英国、日本、印度
尿素支原体	存在山羊特异性菌株	泌尿生殖道	呼吸道	外阴阴道炎	未确定	世界性

注：[*] 本书出版时，除在血清学方面存在少许差异外，丝状支原体山羊亚种和丝状支原体丝状亚种（大菌落型）基本相同，基于此，国际支原体学组织将其归类于丝状支原体山羊种。

[+] 本书出版时，根据血清学、结构和基因相似性，提议将绵羊/山羊支原体血清11型归至牛生殖道支原体（Nicholas et al，2008）。

历史上，丝状支原体群曾有两个丝状支原体亚种，具有相似的免疫学和血清学特性，但在菌落形态和特异性生化检验方面存在差异（Cottew and Yeats，1978）。小菌落（SC）型是引起牛传染性胸膜肺炎（CBPP）的病原，仅在极少数的山羊体内可分离到。大菌落（LC）型是山羊的一个主要病原体，地理分布更广泛，但很少感染牛。

根据菌落大小和其他差异因素，对丝状支原体亚种的实验室诊断报告应明确区分这两种病原微生物，以避免与非疫区可能传播的CBPP相混淆，因为CBPP是一种高度管控的全球性疾病。将来，不太可能采用更精确的技术（如PCR）来进行物种鉴定，因为丝状支原体亚种大菌落型可能会被重新分类，并很可能报告为如上所述的丝状支原体山羊亚种（*M.mycoides* subsp. *Capri*）。

除了表4.3已鉴定确认为山羊病原体的支原体外，还包括其他支原体新菌株。牛支原体通常是牛的病原体，从患肺炎的山羊分离到的牛支原体，能引起山羊乳腺炎（Ojo and Ikede，1976）。在印度，曾经从重复繁殖母畜的生殖道中分离到牛生殖道支原体（*M.bovigenitalium*）。近来，有人提议将绵羊/山羊支原体血清11型重新分类为牛生殖道支原体（Nicholas et al，2008）。在美国，已经从山羊分离获得未分型的菌株G145和A1343（Al-Aubaidi，1972）。在澳大利亚，已从山羊的耳道拭子中分离到未分型菌株，被鉴定为G、U、V（Cottew and Yeats，1982）。从加利福尼亚州山羊的耳拭子中分离到另外几株未分型的菌株（DaMassa，1983）。

支原体不同于其他细菌，无细胞壁，仅有细胞膜。虽然它们仅有生物体的最小基因组，但具有相当大的表型变化能力，通过复杂的遗传机制产生可变的表面蛋白，从而协助其逃避宿主的免疫系统，并黏附在宿主细胞表面（Ruffin，2001）。支原体可在体外培养基上生长，但需要复杂的营养成分满足其生长需求，包括血清因子和酵母提取物。许多物种产生独特的"煎蛋"形菌落。一般情况下，这些生物离开宿主后是脆弱的，在光照、脱水和加热条件下迅速灭活，但对寒冷具有较强的抵抗力。福尔马林、酚、甲酚、过氧乙酸和碘化合物等消毒剂对其有效。现已综述了重要山羊支原体的培养和鉴别的操作方法（Nicholas and Baker，1998；Nicholas，2002）。

4.4.1.2 流行病学

引起山羊关节炎的支原体与许多种有关，主要病原有无乳支原体、山羊支原体、丝状支原体山羊亚种、丝状支原体丝状亚种LC型和腐败支原体。次要的病原有精氨酸支原体、结膜支原体和丝状支原体亚种SC型。

无乳支原体是引起山羊和绵羊接触传染性无乳症的病因，在第14章将进一步进行讨论。目前该病在非洲、欧洲、亚洲和中东地区有报道，并在地中海地区的许多地方呈地方性流行。在过去，与无乳支原体相关的山羊关节炎和乳腺炎的零星报道来自加利福尼亚州（Jasper and Dellinger，1979；DaMassa，1983a）。山羊比绵羊更易感。春末和夏季时节，母羊已经产羔并泌乳，此时该病的发病率最高，接近100%，死亡率为10%～30%。该病的特点是并发乳腺炎、关节炎和角膜结膜炎。在单个动物不可能观察到所有这些症状，但在整个畜群中可能会同时观察到多种症状。呼吸系统的感染很少发生或不发生。本病可通过与病畜或其分泌物（包括奶，尿及眼、鼻分泌物）的直接接触进行传播。乳房导入式挤奶也是重要的传播途径。慢性或康复期山羊零星向外排毒（Blaha，1989）。

世界动物卫生组织认为接触传染性无乳症是影响国家社会经济的一种重要传染病，并在动物及动物产品的国际贸易中具有重要意义。正因为此，在国际家畜贸易中，该病由各国政府管控。从历史上看，人们认为无乳支原体是接触传染性无乳症的确定性病因。然而，近年来比较清楚的是，山羊支原体山羊亚种、腐败支原体和丝状支原体丝状亚种LC型（可能与丝状支原体山羊亚种相同）也能引起山羊接触传染性无乳综合征，大多数病例无法与典型接触传染性无乳症相区分。因此，为了防控的目的，世界动物卫生组织认定这四种支原体都是引起接触传染性无乳症的病因（OIE，2004b）。这四种病原体经常引起山羊关节炎和乳腺炎，而且也可能造成角膜结膜炎和/或肺炎。Egwu等对接触传染性无乳综合征中不同病原因子的作用进行了综述（Egwu et al，2000）。

山羊支原体山羊亚种呈全球性分布，是一种高致病性病原体。然而，关于该病原引起的疾病仅有来自不同地区的零星报道，包括加利福尼亚州（Cordy et al，1955）、法国（Perreau and Breard，1979）、西班牙（Talavera and Boto，1980）、澳大利亚（Littlejohns and Cottew，1977）、埃及（El-Zeftawi，1979）、印度（Banerjee et al，1979；Sikdar and Uppal，1983）和摩洛哥（Taoudi，1988）。在以上地区的报道中，发病率和死亡率差异很大。关节炎是山羊支原体山羊亚种的主要症状，但也可见新生儿败血症、肺炎、结膜炎、乳腺炎和无乳。山羊支原体山羊亚种主要通过与病畜的直接接触以及从粪、尿或呼吸道排泄物中

吸入病原体而进行传播，尤其通过摄入含有病原体的乳汁而使羔羊感染（DaMassa et al，1983）。

丝状支原体丝状亚种LC型可能与丝状支原体山羊亚种相同，所以按此进行了重新命名。该病原呈全球性分布，美国经常有山羊支原体感染的报道，特别是在东、西沿海各州（DaMassa et al，1983a；Kinde et al，1994）。与成年羊相比，羔羊的感染率高，而且症状更严重。虽然该病的感染率不确定，但25%～33%母羊可能感染乳腺炎。但在相同条件下，羔羊的发病率和死亡率可能超过90%。

成年羊中最常见的临床症状是发热、乳腺炎、胸膜肺炎和关节炎；而羔羊则主要表现为关节炎、败血症和脑膜炎。此外，也有多发性浆膜炎、骨髓炎、角膜结膜炎、脓肿和流产的报道。来自法国、加利福尼亚州和以色列的报道表明，在高度集约化的商品奶山羊生产基地，该病的发病率和死亡率最高（Bar Moshe and Rapapport，1981；Perreau et al，1981；DaMassa et al，1983a；East et al，1983）。1996年，在北卡罗来纳州的一个山羊场暴发了该病，65只羔羊中有47只（72.3%）死亡，或由于关节炎和/或败血症而不得施于安乐死（Butler et al，1998）。在严重暴发时，因畜产品产量减少、昂贵的诊断和治疗费用以及死亡羊只等引起的经济损失，对一个畜群而言是毁灭性的。

患病的泌乳母畜可能是无症状的病原携带者，大量病原经奶液排出。在管理、营养或气候等应激条件下，母畜本身可能会转变成临床病例。最严重的疾病暴发发生在产羔季节新生的羔羊中。羔羊传播的主要途径是经口摄入感染性初乳和奶液（DaMassa et al，1983a）。成年羊的传播方式还不清楚，可能是直接接触，但可能不是很有效的方式（Rosendal，1983）。在已知的感染畜群中，通过导入乳头的挤奶方式，似乎在感染传播的过程中发挥很大作用。因为当改善消毒程序后，降低了感染率（East et al，1983）。通过引进亚临床感染的挤奶母羊可将感染引入畜群（East et al，1983）。在新西兰，丝状支原体丝状亚种LC型引起奶牛发生多发性关节炎，这与采食来自感染奶山羊群未经巴氏消毒的散装奶有关（Jackson and King，2002）。

从历史上的疾病流行情况来看，丝状支原体

丝状亚种长期被认为是山羊传染性胸膜肺炎（CCPP）的首要病因。虽然该病原体的确可引起胸膜肺炎，但现在认为仅引起山羊发生典型CCPP的病原体是山羊支原体山羊亚种，也就是以前所谓的支原体 F38 菌株。虽然山羊支原体山羊亚种仅感染山羊，但丝状支原体山羊亚种还可人工感染绵羊和黄牛。

在美国、欧洲和中东地区，腐败支原体感染山羊。该病原 1955 年首次分离于加利福尼亚州的乳腺炎山羊，并于 1974 年证实是一个新种。现已证实，该病原能引起西班牙山羊羔的关节炎（Rodríguez et al，1994），在法国（Gaillard-Perrin et al，1986）和美国加利福尼亚州的山羊中均引起了乳腺炎和关节炎。1987 年，美国加利福尼亚州暴发了腐败支原体疫情，由于广泛分布的乳腺炎、关节炎和流产，毁灭了一个拥有 700 只山羊的羊群（DaMassa et al，1987）。因此，有人推断，腐败支原体感染可能会造成更大的经济灾难。

由于挤奶时卫生条件差，该微生物在成年羊中主要通过乳头传播。对羔羊而言，主要通过吮吸受感染的初乳或乳汁感染。拥挤、营养不良、圈舍条件差等应激条件可能易使羔羊发展为临床病例。集约化的乳品生产区可能是该病的重灾区。加利福尼亚州的血清学调查表明，最近从得克萨斯州引进的安哥拉山羊比当地的奶山羊品种感染率高，但没有由腐败支原体引起安哥拉山羊临床疾病的报道（Abegunde et al，1981）。在法国的一个奶山羊群，经鉴定腐败支原体是引起乳腺炎的病原，并且治疗效果显著。然而，在下一个泌乳期开始时，即使乳房和羊奶都是正常的，仍可在乳房中培养出腐败支原体（Mercier et al，2000）。

在正常山羊耳道和耳螨中均已发现了以上讨论的主要支原体的所有种。这代表病原携带者是易感山羊十分重要的传染源（Cottew and Yeats，1982；DaMassa，1983，1990）。此外，除丝状支原体山羊亚种外，其他所有种都可从临床剖检的正常山羊鼻腔、口腔和扁桃体中分离获得（Cottew and Yeats，1981）。

在引起山羊支原体关节炎的病原中，精氨酸支原体（*M. arginini*）引起的症状可能是最轻微的。这些普遍存在的病原微生物仅仅引起轻微

症状，常可从临床健康的山羊分离获得（Goltz et al，1986）。从肺炎病例的肺脏中常可同时分离获得精氨酸支原体和其他细菌性病原体（如巴氏杆菌），这是山羊发生细菌性肺炎的诱因。偶见从山羊患关节炎的关节里分离获得精氨酸支原体的报道，但还不能确定其引起关节炎的病原学意义（Barile et al，1968；Al-Aubaidi et al，1972）。

结膜支原体（*M. conjunctivae*）呈世界性分布，主要引起绵羊和山羊的角膜结膜炎。然而，在山羊群暴发的角膜结膜炎中，可观察到支原体引起败血症且并发肺炎和关节炎的可能性（Baas et al，1977）。眼部的病症将在第 6 章中详细介绍。

丝状支原体丝状亚种 SC 型是引起牛传染性胸膜肺炎（CBPP）的病原体。虽然该病在非洲许多地区呈地方性流行，在欧洲南部也偶有发生（最近的一次暴发是在 1999 年的葡萄牙），但该病原菌很少感染山羊（有 4 例山羊感染的报道）。1955 年从巴布亚新几内亚患多发性关节炎的山羊关节中分离到了这种病原微生物，后又于 20 世纪 60 年代从苏丹和尼日利亚山羊中分离到该病原体，分别代表 O、P 和 Vom 菌株（Cottew，1979）。最近，从葡萄牙患乳腺炎的一只母羊和患肺炎的两只山羊中分离到了 SC 型菌株（Brandao，1995）。CBPP 是一种高度接触性传染病，控制其蔓延需要付出巨大的努力，特别是在非洲。人们担心，山羊可能是丝状支原体丝状亚种 SC 型的保菌宿主，从而影响了牛传染性胸膜肺炎的彻底消灭（Sharew et al，2005）。

山羊群的关节炎和乳腺炎可能由混合或并发支原体感染引起的。西班牙的一个萨能山羊群暴发了无乳支原体和腐败支原体并发感染的疫情（Gil et al，1999）。而美国加利福尼亚州一个大的山羊群遭受了由无乳支原体和丝状支原体丝状亚种 LC 型引起的关节炎、乳腺炎和猝死（Kinde et al，1994）。这两种病原体均可引起畜群发病，但一只山羊不会同时感染这两种病原体。

4.4.1.3　致病机制

一般来说，山羊支原体关节炎是败血症的结果，因而常感染多个关节，并伴有全身乏力、发热和其他器官的感染症状。死于败血症的山羊无

明显的局部体征。

山羊试验感染丝状支原体丝状亚种 LC 型的结果表明，在支原体性败血症中，血管炎、凝血和血栓的形成导致许多器官发生梗死和坏死（Rosendal，1981；Bolske et al，1989）。由丝状支原体丝状亚种 LC 型引起的补体激活也可能引发炎症（Rosendal，1984）。近来已综述了丝状支原体丝状亚种 LC 型的致病机制（Pilo et al，2007），这为综合了解支原体致病机制奠定了基础。

细菌的毒力由毒素和入侵力等因素决定。与其他细菌所不同的是，支原体的毒力因子似乎由内在的代谢或分解代谢产物或支原体外表面的组分所决定。现已鉴定了丝状支原体丝状亚种 SC 型包括荚膜多糖在内的少数毒力决定因子，这些毒力决定因子使得病原体在宿主体内持续存在并具有传播能力。此外，黏附因子、免疫调节因子和毒素代谢产物都发挥了细胞毒性效应。后者的一个例子是，病原体吸收和代谢甘油的能力使其容易产生大量具有细胞毒性的 H_2O_2。

4.4.1.4　临床症状

所有年龄和品种的山羊都可发生支原体关节炎，但以幼龄羔羊和一岁内的奶山羊最常见。在许多情况下，发病前几个月都有购入山羊的历史。在支原体暴发时，仅发生关节炎的情况很少，常与乳腺炎、流产、无乳症、肺炎或角膜结膜炎同时发生，或发生于关节炎之前。随着年龄或生产群的变化，症状出现的时间也不同。例如，泌乳山羊出现乳腺炎的时间比羔羊出现关节炎的时间要早几个月。因此，详细了解病史（养殖场历史）是十分重要的。产羔季节的发病率有增高的趋势。

感染动物通常首先表现为败血症症状，包括发热（40～42.5℃）、厌食、精神沉郁、虚弱和被毛粗糙。但腐败支原体感染例外，常出现无规律性发热（DaMassa et al，1987）。一些可能死于败血症的动物没有其他局部体征。在大多数涉及关节炎的病例中，可能并发跛行，或在发热开始的几天内，但先于关节肿胀之前出现。虽然单个关节可能受感染，但都出现规律性的多发性关节炎，可能涉及任何可动关节，但腕骨、跗骨和膝关节的感染最常见，其次是肘关节和球节关节。关节出现肿胀、发热和疼痛。山羊常常因疼

痛剧烈而不愿单肢负重，或当多发性关节感染时，长期侧卧。病程通常持续 4～10d，如不及时治疗则常导致死亡，偶尔也有自愈发生，有时关节肿胀和跛行症状几周后会完全消失。羔羊和周岁内小羊的发病率和死亡率高于成年羊。

应仔细检查关节发热、肿胀山羊其他相关的器官，尤其是鼻分泌物、增加的肺音、角膜混浊、结膜炎、乳腺炎或无乳，所有这些都是支原体病的临床症状。支原体病通常不会表现腹泻症状，但曾有并发球虫病的羔羊出现腹泻的报道（East et al，1983）。

4.4.1.5　临床病理学

败血症早期阶段，白细胞和中性粒细胞减少，后期阶段中性粒细胞增多，血纤维蛋白原增多。滑膜液分析可用来诊断关节炎性支原体病。当滑膜液体积不增加时，颜色常呈黄色至红棕色，细胞学检查发现细胞数量增加，尤其是中性粒细胞的数量增加。

支原体病的诊断需要分离或鉴定病原微生物，或通过血清学检测确认感染。近年来，可用于病原微生物分离培养的技术得到了改进，使培养技术成为可靠的诊断方法。虽然如此，引起 CCPP 的山羊支原体山羊亚种和结膜支原体的培养条件苛刻，建立可靠的分离培养依然有许多困难。

世界动物卫生组织推荐的活体动物首选采集样品包括鼻拭子和鼻腔分泌物，乳腺炎母畜的奶液，关节炎病畜的关节滑液，以及来自眼部病例的眼拭子。在支原体病的急性期，血液中存在支原体。因此，血液也可作为感染或未感染动物的抗体检测样品。尽管很难确定耳道中非致病性支原体的存在，但耳道也是致病性支原体产生的来源。尸检时，取样应包括乳房和相关淋巴结、关节液、健康和病变肺组织交界处的组织，以及胸膜/心包液。应在湿冷条件下迅速将样品送至诊断实验室（OIE，2004b）。

生化试验对鉴别来自培养物的分离株具有重要意义，但也可利用特异性抗血清，通过生长抑制试验、膜抑制试验、间接荧光抗体（IFA）试验或快速斑点免疫结合试验对分离株进行鉴定。PCR 定量分析已成为一种诊断支原体的重要工具。例如，已开发的一套 PCR 试验，可以鉴定丝状支原体的所有成员，并可区

分山羊支原体山羊肺炎亚种、山羊支原体山羊亚种、丝状支原体丝状亚种 LC 型、丝状支原体山羊亚种（Bashiruddin et al，1994）。另一种 PCR 能够特异性地鉴别山羊支原体山羊肺炎亚种（Woubit et al，2004），还有一种 PCR 能够特异性鉴别无乳支原体（Tola et al，1997）。最近，建立了一种新的 PCR 诊断试验，基于 16S rRNA 基因设计支原体特异性引物，通过变性梯度凝胶电泳（DGGE）分离 PCR 产物，使其能够区分鉴别 67 种人和动物的支原体（McAuliffe et al，2005）。

当需要紧急诊断时，PCR 试验可直接用于现场样品，也可用于培养物中生长的病原体检测。当用于现场样品时，可能会出现假阴性。

补体结合试验、ELISA 和免疫印迹试验都可用于血清学检测。相对于补体结合试验，ELISA 更受青睐。因为 ELISA 更敏感，且用于大量检测时更简便（Nicholas，2002）。血清学检测通常不用于单个支原体病例的诊断。但如果获得了间隔 3～8 周内急性和康复期的病样，进行群体水平的血清学检测就很有价值。Nicholas 和 Baker 已经对小反刍兽支原体诊断技术应用进行了综述（Nicholas and Baker，1998）。世界动物卫生组织推荐的接触传染性无乳症和传染性山羊胸膜肺炎检测方法，可在世界动物卫生组织的官网找到（OIE，2004b，2004c）。

山羊剖检时可能都会有支原体败血症症状，包括片状或弥漫性肺炎、肺充血或水肿、水样或黄色或略带红色的胸腔积水、与胸壁粘连的纤维素性胸膜炎、纤维素性心包炎、浆液性或纤维素性腹膜炎、脑膜炎、乳腺炎、腺体坚硬充血、淋巴结水肿和脓性关节炎等。急性或严重关节炎病例，滑液会像上面描述的一样，受感染的关节会充满白色至黄色脓性分泌物。这种分泌物可能会侵蚀关节软骨，关节囊和关节周围组织会充血、增厚、水肿，纤维素渗出可能会延伸到腱鞘。

组织学检查时，关节损伤表现为滑膜和关节囊坏死，关节表面被纤维素覆盖。由于坏死组织和关节部位中性粒细胞浸润，滑膜组织充血和水肿。由于巨噬细胞浸润，可观察到血管周围有脉管炎和血栓形成。由于中性粒细胞浸润到邻近骨髓，可能会出现骨髓炎病灶。肺和乳腺的病变将分别在第 9 章和第 14 章中描述。其他一些可能

观察到的细微病变包括心肌缺血和肾上腺皮质坏死、肾梗死、肾小球肾炎、肠炎、局灶性肝坏死、脾白髓枯竭性坏死、淋巴结炎等。

4.4.1.6 诊断

通过病原分离或鉴定，才能确诊山羊是否患有支原体病。目前，这种确诊越来越多地依赖于 PCR 技术。当畜群中发生了关节炎并伴随有发热及全身不适，以及羊群中正在发生或曾经发生过其他一些局部感染，如肺炎、乳腺炎、流产和角膜结膜炎时，应怀疑是支原体感染。在一个畜群中即使出现单个病例，也可考虑是支原体感染，因为这种病发生率不一定总是很高，并且散发常先于群发。山羊关节炎的鉴别诊断在本章前面有描述。肺炎、乳腺炎、流产和角膜结膜炎的鉴别诊断在本文的其他章节将有讨论。

4.4.1.7 治疗

有关节炎、肺炎、乳腺炎的支原体感染，即使积极治疗，也很难康复。长期静脉注射抗生素，通常需要 5～14d。如果伴随跛足并发症，则需反复注射。因为支原体可快速在畜群中传播，当个别动物确诊感染支原体时，所有接触过的动物必须同时进行治疗。即使临床上控制该病成功，抗生素治疗也不可能根除带菌状态。事实上，所有治疗过的动物都是危险的传播源。

一般情况下，对支原体最敏感的抗生素包括四环素类、大环内酯类抗生素（泰乐菌素、红霉素、竹桃霉素、螺旋霉素、替米考星）和泰妙菌素。氨基糖苷类抗生素，包括大观霉素、硝基呋喃类抗生素和氯霉素，都有一定疗效，林可霉素也不错。各种支原体菌对这些抗生素或同一类抗生素的敏感性不同。因此，应尽可能进行细菌体外培养和敏感性试验（Adler and Brooks，1982；Al-Momani et al，2006）。抑制细胞壁肽聚糖合成的抗生素对支原体是无效的，所以青霉素在支原体感染治疗中是无效的。支原体对抗生素易产生抗药性，各种山羊支原体对广谱抗生素的体外敏感性检测已有报道（Al-Momani et al，2006；Antunes et al，2007）。

用推荐的抗生素治疗支原体病有一个较宽的剂量范围，而且抗生素治疗常常达不到满意的效果。推荐的药物剂量供参考，都是每日一次肌内注射，至少用药 5d：土霉素 15mg/kg；链霉素 30mg/kg；泰妙菌素 20mg/kg；泰乐菌素 5～

44mg/kg（但通常为20mg/kg）；螺旋霉素给出的最大剂量为50mg/kg，但最好每天服用25mg/kg（Perreau，1979）。最新发现，氟喹诺酮类药物单诺沙星剂量为6mg/kg，48h重复用药时，对山羊传染性胸膜肺炎治疗很有效（Ozdemi et al，2006）。

泰妙菌素对幼龄山羊注射部位有严重的刺激性，会引起山羊的兴奋（Ojo，1984）。在家禽和猪中，泰妙菌素和莫能菌素联合给药时会产生中毒性肌病（Pott and Skov，1981）。山羊没有这方面的报道，但也应引起注意。当用泰妙菌素治疗山羊支原体感染，而莫能菌素作为抗球虫药使用时，应尽量避免两者同时使用。在希腊，野外试验结果表明，5mg/kg林可霉素和10mg/kg大观霉素肌内注射联合使用，每天一次，连续3d，对山羊和绵羊传染性无乳症的治愈率可达55%～80%（Spais et al，1981）。然而，在美国，林可霉素口服使用与绵羊群严重的毒性反应和大量死亡有关（Bulgin，1988）。

4.4.1.8　防控

对无特定支原体疫情（如传染性无乳症和山羊接触性胸膜肺炎）的国家应进行严格疫病监控，并且禁止从感染国进口山羊。一旦暴发感染，要严格按照程序进行扑灭。在一些地方性流行区，要限制动物流动，检测并剔除感染动物，有时要进行紧急疫苗接种。法国不允许接种传染性无乳症疫苗，而通过检测和屠杀来控制该病。

许多疫苗都能有效控制无乳支原体、丝状支原体山羊亚种、丝状支原体丝状亚种LC型。但欧洲不允许使用支原体活疫苗，必须使用灭活疫苗。活疫苗可能有更好的免疫原性，但它们与瞬时感染和病原体排毒有关，容易将未免疫接种的动物置于感染的危险境地。在肯尼亚，有一种控制山羊传染性胸膜肺炎的山羊支原体山羊肺炎亚种灭活疫苗已商品化，据说可提供一年的免疫保护（OIE，2004c）。

有几个推荐方法，可以控制山羊群支原体的传入以及个体间的传播。例如，应当维持一个相对封闭没有支原体病史的饲养群体，特别是商业性的奶山羊场。最好不要从外面购买动物，这个群的动物也不应带出去，以免接触到带菌动物。

当养殖场发生支原体感染时，应立即进行评估和紧急处理，特别是挤奶区和幼畜饲养区，要积极采用各种方法以减少该地区疫情的传播（East et al，1983；Rowe，2006）。如果发生了乳腺炎，所有乳样都应进行培养，以鉴定哪只动物受到感染。感染动物应及时淘汰或者隔离。

挤奶室必须严格遵守卫生管理，Rowe等（2006）对此给出了一些具体建议。挤奶前对乳房进行喷雾清洗消毒，并用单独的纸巾擦干。挤奶后一定要对乳头进行消毒。挤奶员应戴手套，并对手套进行消毒。母畜使用的奶头杯应进行反复冲洗或用消毒剂浸泡，每次挤奶后应彻底清理挤奶设备和输奶管道。加利福尼亚乳腺炎测试（CMT）反应和体细胞计数（SCC）升高的母畜，或者临床乳腺炎病例，应立即清除出挤奶线，并且将奶样冻存，以便进一步培养鉴定。奶羊场每周应从奶桶中取样冷冻，以便常规检测，如果发现乳品中SCC或者CMT上升，应立即进行追踪检测。

对感染的幼畜进行鉴别、宰杀。新生羔羊出生后应当与母畜分开，并且饲喂加热消毒的初乳。幼畜应该与成年动物分圈饲养，并且饲喂经巴氏消毒奶或奶替代品。当这些幼畜性成熟到第一次哺乳期，应用手工挤奶，并对其奶品进行培养和检测，直到奶品检测为阴性才允许进入挤奶线。对以前发生过支原体病的羊群要通过奶品培养进行长期监测。定期对整群羊进行耳螨治疗是比较明智的做法，因为这些寄生虫有潜在传播支原体的危险。用伊维菌素进行全身药浴，可以有效去除痒螨，但对山羊耳螨未必有效，而且哺乳期禁用。

4.4.2　细菌性关节炎

细菌性关节炎，又称为关节病，主要发生于新生幼畜，是脐静脉炎或菌血症的后遗症。

4.4.2.1　病因和发病机制

从患关节炎的山羊关节处可分离到各种细菌。幼畜最常见的分离株包括化脓性隐秘杆菌（放线菌属）、大肠杆菌属、链球菌属、葡萄球菌属和所有能通过肚脐进入幼畜体内的一些常见环境污染物（Guss，1977；Adams，1983；Nayak and Bhowmik，1988）。停乳链球菌（Blanchard and Fiser，1994）、巴氏杆菌（Bhowmik and Dalapati，1995）、肺炎克雷伯菌（Bernabé et al，1998）也能引起山羊关节炎。多发性关节炎会继发菌血症，当细菌循环到关节周围后会产生破坏性的炎症反应。一些潜在的免疫缺陷也容易诱发细菌性关节炎。

一种经土壤传播的红斑丹毒丝菌，是引起羔羊关节炎发病率高的主要原因，其在羔羊被阉割、断尾后感染，或通过脐带感染。通过加强羔羊管理，改善卫生环境和加强消毒，可以减少本病的发生（Kimberling，1988）。幼畜也会发生由红斑丹毒丝菌引起的关节炎（Guss，1977；Vaissaire et al，1985），但由该病原导致山羊关节炎的记录病例却很少（Eamens，1985），（Nietfeld，2001）。发表的文章有时是指小反刍兽的衣原体关节炎。然而，有关山羊发病情况的记录却很少。

4.4.2.2 流行病学

细菌性关节炎在新生羔羊和幼畜菌血症后十分常见。山羊容易患菌血症的原因包括环境污染、圈舍卫生条件差、出生后脐带消毒不完全造成脐静脉炎进而发展成菌血症，以及通过初乳获得被动免疫失败。脐带感染不是菌血症和关节炎的必要条件。曾经有一个农场在脐带正常消毒的情况下，也暴发过一起肺炎克雷伯菌病，事后推测可能是由于人工喂养初乳导致肠道发生了感染（Bernabé et al，1998）。

细菌性关节炎的发生不局限于幼龄山羊。印度曾有一个畜群的 22 只成年山羊因感染多杀性巴氏杆菌而患关节炎（Bhowmik and Dalpati，1995）。在加利福尼亚州一个奶山羊群中，成年萨能奶山羊由于患有关节炎和下肢水肿，疼痛不愿站立，在关节部位可分离到停乳链球菌。已知这种微生物可引起牛的乳腺炎，而这一山羊群并没发生乳腺炎，并且感染源不确定。有趣的是，羊群由多种奶山羊品种组成，但只有萨能山羊被感染（Blanchard and Fiser，1994）。

4.4.2.3 临床症状

患病幼畜发热，关节肿胀，疼痛，不愿站立、行走。体温常达到 39.4～40.6℃。腕关节、后膝关节和跗关节的感染最常见，但并非绝对，任何关节都可能受影响，并伴有腹泻，肺炎，脐带脓肿。脐带残端触诊可诊断是否患有脐静脉炎。

4.4.2.4 临床病理和剖检

在革兰氏阴性菌引起的败血症病例，可能会看到中性粒细胞增多或白细胞减少。穿刺关节腔可看到积液有絮状沉淀、混浊，滑膜液因蛋白总含量增加产生了絮状沉淀，以中性粒细胞为主的细胞数目增加（Nayak and Bhowmik，1990；Bhowmik and Dalapati，1995）。血清免疫球蛋白水平较低，表明初乳抗体转移的被动免疫失败。尸检时，多数关节有浆性纤维素性病变或关节滑液化脓症状，滑膜有炎症，软骨糜烂，滑液绒毛增生。在其他器官系统也能发现感染的证据，特别是肺、胃肠道、中枢神经系统。脐带残端常常增厚，可能含有病灶性脓肿。

4.4.2.5 诊断

在相似的饲养坏境下，幼龄山羊可能发生细菌性关节炎和支原体关节炎，并且呈现相似的临床症状。支原体的诊断和鉴别主要通过病原体的培养鉴定。

4.4.2.6 治疗

成功治疗山羊细菌性关节炎比较困难，特别是受经济因素的制约。不论在什么情况下，应尽量对受感染的关节做细菌培养和药敏试验，对非常有价值的动物可进行关节灌洗和关节内抗生素治疗。多数情况下，仅限于使用注射广谱抗生素和抗炎药物进行治疗。有关使用浓度的资料很少，抗生素的选择很大程度上是依靠经验。这种情况下，要警惕完全恢复动物的预后情况。

4.4.2.7 预防

预防细菌性关节炎最好的方法是加强管理，放养的繁殖母羊应到空气新鲜、排水良好的区域产羔。集约化养殖的山羊，应经常更换产房的垫草，并对圈舍进行定期消毒。出生不久的幼畜应保证摄入足够初乳，幼畜出生后尽快对脐带（至少 4cm 长）进行消毒。碘酊或高浓度碘酒溶液（Lugol's）是常用消毒液，而且很有效。有问题的畜群，第二天用消毒液再次浸泡脐带，这样可能有助于控制感染。

4.4.3 骨髓炎

骨骼的细菌感染在山羊中比较少见。这种病往往由于败血症或由刺伤（或其他类型的创伤）导致局部感染扩大而引起。当覆盖胸骨的软组织发生皮肤创伤和慢性脓肿时，山羊的胸骨时常会发生骨髓炎。这些软组织病变可能与山羊圈舍是混凝土或其他坚硬地面，不舒适的潮湿肮脏垫草，以及山羊慢性关节炎/脑炎引起的胸骨长期侧卧有关。如果不尽早积极治疗，会逐渐转变为慢性不治之症，最终引起胸骨骨髓炎，并可能扩展到胸部，引起胸膜炎和肺炎（图4.8、彩图23），这些病例都预后不良。用抗生素成功治疗山羊骨髓炎少有报道。

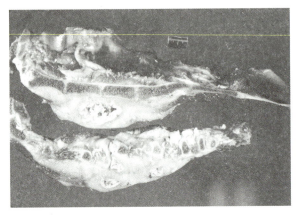

图4.8 山羊胸骨的横截面，显示慢性纵隔脓肿，周围有大量纤维结缔组织，并有一条贯穿胸腔的管道（由 M. C. Smith 博士提供）

骨髓炎的其他病例呈零星散发。一只8月龄的努比亚公羊发生股骨感染，并继发败血性膝关节炎。感染羔羊跛行严重，并从其膝关节中分离出绿脓杆菌，通过对感染羔羊进行截肢，成功控制了该病（Ramadan et al, 1984）。

法国阿尔卑斯山一只18月龄的山羊由于肾脏感染棒状杆菌，而被诊断为多灶性骨髓炎（Altmaier et al, 1994）。该山羊右前肢跛行，影像学显示肩胛骨远端骨折，并与骨骼局部的脱钙有关，肋骨有溶骨性多灶性病变（图4.9）。剖检时，可以确定有骨髓炎发生，并存在败血症，小肠、淋巴结及肝脏部位明显脓肿。

澳大利亚一只2岁萨能母羊由于马红球菌感染，患了少见的颅骨和胸椎骨的多灶性骨髓炎。由于压迫脊髓，临床表现为后肢出现渐进性麻痹（Carrigan et al, 1988）。一只3周龄山羊患有化脓性椎骨髓炎和强直性脊柱炎，其后肢严重麻痹，但病因不明（Alexander et al, 2005）。

4.4.4 莱姆病

莱姆病或莱姆伯氏螺旋体病是由蜱传播的一种人畜共患的螺旋体病。最早记录人感染该病是在1977年的康涅狄格州。本病的主要临床特征是关节炎。目前已知本病在美国的东北部、中西

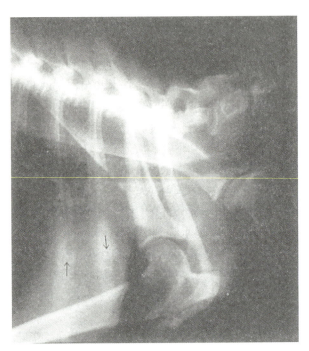

图4.9 山羊肋骨骨髓炎的影像学证据（注意箭头）（由塔夫茨大学康明斯兽医学院提供）

部和西北部的部分地区，以及欧洲、俄罗斯、中国、日本和澳大利亚森林地区发病率较高。病原体为伯氏螺旋体，主要是由硬蜱属传播，硬蜱通常在鹿和鼠上完成其生活史。由于森林栖息地的破坏，白足鼠（羊鼠）的数量增加被认为是莱姆病患病率增加的主要原因，至少在美国是如此（Ostfeld and LoGiudice, 2003）。幼虫、若虫和成虫阶段的硬蜱都有感染能力，虽然不同的阶段寄生在不同的哺乳动物，但其各个阶段都可感染人。春、秋季若虫和成虫最为活跃，此时传播的风险最高。

世界各地已经对各种哺乳动物开展了莱姆病流行病学调查，其中也包括山羊。山羊伯氏螺旋体血清抗体阳性率：玻利维亚为5%（Ciceroni et al, 1997），法国为8.5%（Doby and Chevrier, 1990），斯洛伐克为17.2%～19.4%（Travnieek et al, 2002），埃及为18%（Helmy, 2000），意大利为36.8%（Ciceroni et al, 1996），保加利亚为48%（Angelov et al, 1993），中国为19.1%～61.3%，并且山区血清阳性率远远高于平原地区（Zhang et al, 1998；Long et al, 1999）。对加那利群岛人群进行血清学调查发现，饲养山羊的农场主患有莱姆病的概率显著高于不饲养山羊的同龄农场主，并且其血清学阳性率比一般人群高3倍。这表明，山羊可能是人感染莱姆病的贮藏

宿主，或者牧场的山羊放牧者会更频繁地接触受感染的蜱（Carranza et al，1995）。目前，伯氏螺旋体抗体检测方法包括间接免疫荧光抗体试验、酶联免疫吸附试验和免疫印迹。

人和犬的临床莱姆病已有详细描述，马和牛也会患莱姆病（Steere，1989）。最近，人（Hengge et al，2003）和马（Butler et al，2005）的莱姆病已有报道。牛急性莱姆病的临床症状主要有发热、步态僵硬、关节肿胀、产奶量下降、乳房无毛区皮肤出现水肿病变、身体逐渐消瘦（Radostits et al，2007）。

山羊和绵羊感染后常表现血清阳性，并具有明显关节炎症状，容易诊断但其他小反刍兽莱姆病的确诊依旧比较困难。挪威于1992年报告了两起疑似羔羊疏螺旋体病。来自这两群羊的羔羊都严重感染篦子硬蜱，ELISA检测发现，羔羊血清中的伯氏螺旋体IgG抗体水平非常高，但尝试分离螺旋体却没有成功（Fridriksdottir et al，1992）。在美国康涅狄格州流行区，山羊和绵羊的有些病例被推断为莱姆病（Baldwin，1990）。患病山羊的症状包括精神沉郁、发热、关节疼痛不能承重、背部疼痛、弓形腿、后肢步态不稳、脖颈僵硬。由于感染阶段的若虫只有针头大小，所以在动物身上很难找到蜱。据报道，苄星青霉素隔天给药，连续用药21～28d，成功治愈了这群山羊。对牛建议每天用青霉素或土霉素治疗，持续21d。犬用疫苗目前已商业化生产，但不建议用于山羊。

到目前为止，在山羊疑似莱姆病的病例中，都没有分离或鉴定出螺旋体。然而，受感染的动物呈现血清学阳性。但血清学检测表明许多存在抗体的动物个体，都没有临床症状。虽然莱姆病在山羊中确实存在，但仍缺乏确切的证据。莱姆病的推断性诊断应谨慎，除非该地区其他动物有莱姆病史，并且明确排除别的原因引起的山羊关节炎，特别是山羊关节炎/脑炎和支原体。

感染组织中是否存在伯氏螺旋体需要明确的诊断。组织不容易培养，而且需要几周才能生长。感染器官或体液中病原体浓度可能很低，培养比较困难。然而，选择性培养基可以有效鉴定病原体。PCR技术可用于鉴定感染的关节滑液样品、牛奶（Lischer et al，2000）或尸检组织中的伯氏螺旋体。

4.4.5　梭菌性肌炎和肌肉坏死

气肿疽（黑腿病）和恶性水肿（气性坏疽）是一类常见的、治疗费用昂贵的牛和绵羊疾病，梭菌通过"侵入组织"或"气性坏疽"灶引起牛和绵羊发病。相反，这些梭菌病在山羊却很少见。据推测，这些致病菌是土壤性生物，主要通过在低洼、潮湿的牧场放牧而进入动物体内，而山羊作为草食动物，主要摄食草尖和嫩叶，很少接触到土壤中的梭菌孢子。但这一假设还未经证实。

4.4.5.1　病因和发病机制

气肿疽梭菌、坏疽梭菌、梭氏梭菌和诺维氏梭菌是革兰氏阳性厌氧菌，杆状，可形成孢子，产生毒素。它们在土壤中无处不在，其孢子能长期存活，也可能存在于正常家畜的肠道和肝脏内，但不会引起疾病。典型的或真正的黑腿病是由气肿疽梭菌引起的，而假性黑腿病称为恶性水肿则更合适，常由坏疽梭菌引起。但在典型恶性水肿病变中，诺维氏梭菌、梭氏梭菌、气肿疽梭菌，甚至产气荚膜梭菌也能被分离出来（Radostits et al，2007）。

气肿疽的发病机制还没有完全阐释清楚。目前认为是草食动物摄取了气肿疽梭菌的孢子，孢子穿过消化道上皮细胞，并通过淋巴和血液进入肌肉组织，此时孢子始终保持休眠状态，直到肌肉局部条件有利于细菌繁殖。这可能是因为肌肉创伤或循环系统障碍创造了厌氧条件，而细菌增殖的同时释放毒素，导致坏死性肌炎和致死性毒血症。

日常管理如接种疫苗、断角、阉割，尤其是剪毛时，孢子穿过伤口进入组织，从而引起恶性水肿。其中雄羊的打斗和头部顶撞，也可以促进孢子进入组织，产生一种被称为"肿头"的恶性水肿。与伤口有关的组织损伤创造了适于细菌繁殖的厌氧环境。释放的毒素产生严重的局部或全身炎症，甚至是致命的毒血症。局部炎症的特点往往是组织水肿、产生气体，甚至坏死。皮下和结缔组织比肌肉更容易直接接触毒素，但只有肌肉才会受到影响。

4.4.5.2　流行病学

关于山羊梭菌性肌炎的报道很少，且病例大多来自非洲南部、澳大利亚和新西兰。安哥拉山羊和野生山羊最易感，这说明与该区域的其他品种相比，这些品种的山羊属易感体质。在美国，山羊黑腿病和恶性水肿的实际情况不清楚，在同样的饲养环境下，也经常可见其他动物发病（Guss，1977）。

澳大利亚一篇关于梭菌病的综述表明，典型的黑腿病是由气肿疽梭菌引起的，绵羊比山羊更易患此病（King，1980）。由于坏疽梭菌通过脐带感染，因此其造成的死亡率，幼龄山羊比羔羊相对要低。在喜欢打斗的公羊中，诺维氏梭菌的感染很常见，导致头部肿胀。诺维氏梭菌感染与山羊肝"黑病"的关系将在第11章讨论。

在新西兰，给一群安哥拉羊和野生母羊肌内注射氯前列烯醇，导致了羊的流产。在注射后，其中14只（3%）在6d内死于气肿疽梭菌感染（Day and Southwell，1979）。其他家畜肌内注射后，却很少发生气性坏疽。

在南非，绵羊气肿疽梭菌的感染通常与剪毛有关，而安哥拉山羊的剪毛并不引起气肿疽梭菌感染（Van Tonder，1975）。推测可能与安哥拉山羊羊毛、皮肤和身体的皱褶相对较少的特性有关。皱褶少，剪毛时的创伤就少，梭菌孢子继发感染的机会就少。剪毛后发生的梭菌感染常常是由坏疽梭菌引起的。在南非安哥拉山羊中，坏疽性子宫炎是最常见的梭菌感染，它是由坏疽梭菌、诺维氏梭菌和/或气肿疽梭菌混合感染引起的。这与母羊在产羔期间被关于围栏中受到的创伤有关（Bath et al，2005）。该病发病率不定，但死亡率接近100%（Van Tonder，1975）。在纳米比亚，已确认一些放牧的成年牛、绵羊和山羊的自然死亡是由坏疽梭菌引起的（Wessels，1972）。

4.4.5.3　临床症状

气肿疽病程很短，发现感染动物时，通常已经死亡或卧地不起濒临死亡。鼻孔或肛门有血液流出。如果是发病早期，能观察到病畜因四肢肌肉受感染而跛行或步态僵硬。

由创伤引起的恶性水肿，通常会发热、肿胀、疼痛，或感染伤口周围12～48h内出现红斑。随着感染的发展，皮肤会褪色、变冷，皮下似有捻发音。动物迅速衰弱、休克、高热超过41.1℃，快则几个小时内死亡。

头部肿胀多见于好斗的公羊。大面积肿胀的发生，通常始于眼睛周围，并逐渐向下延伸至脸部和颈部，有时可以到达胸部。肿胀严重时可造成面部扭曲，皮肤紧绷、开裂变黄，水肿液自裂缝渗出。受感染的公羊变得极为沉郁和虚弱、低头，跌倒并卧地不起，通常发病1～2d后死亡（King，1980）。

4.4.5.4　临床病理和剖检

诊断恶性水肿和头部肿胀时，可用棉拭子蘸取伤口创面液体或抽取皮下体液涂片，进行革兰氏染色、荧光抗体试验和厌氧培养。黑腿病和恶性水肿病主要通过剖检诊断。细菌学诊断必须用新鲜的动物尸体，最好在死亡1h内进行。否则，病原体可从消化道或肝脏侵入动物尸体组织，从而产生假阳性诊断。

尸检时，黑腿病山羊可能表现大肌肉群肿胀，按压会有捻发音，肝脏、肾脏和子宫有气泡，所有体腔积蓄大量的血水样液体（Pauling，1986）。恶性水肿的山羊，即便是在死后很短的时间内进行尸检，其尸体也会表现全身性腐烂，有梭菌性腐烂的特征气味。心包膜胶样浸润，可能会出现心包炎和心肌炎（Wessels，1972）。对于恶性水肿和大头肿（swelled head），在皮下和肌肉间隙会有标志性的黄色或血水样液体，尤其是伤口位置。

4.4.5.5　诊断

根据死亡前或刚死亡动物组织或伤口部位是否能分离到致病性梭菌病原体，可对山羊梭菌性肌炎进行确诊。通过厌氧培养、荧光抗体染色法或者最新报道的多重PCR可完成对病原体的最终确诊（Sasaki et al，2002）。

如果山羊死在野外，应该与瘤胃臌气、电击、中毒、炭疽进行鉴别诊断，特别应与炭疽相区别，因为炭疽死后也有鼻和肛门的血样排泄物。如果怀疑是炭疽，不能进行尸体解剖。

4.4.5.6　治疗

由于气肿疽可快速致死，所以治疗机会很有限。患恶性水肿、大头肿或生殖系统气性坏疽的个体病例，如果能够尽早发现，可能还有介入治疗的必要。对于恶性水肿和大头肿，感染区域的皮肤应大面积切开，打开肌肉下的一系列黏膜，引流受感染的组织。立刻以20 000U/kg剂量静脉注射青霉素，每6～8h治疗一次，直到病畜病情稳定为止。然后用普鲁卡因青霉素G对肌肉进行后续治疗。如果动物有毒血症，并经常震颤，还应进行输液疗法，也可用类固醇类和非类固醇类消炎药物。也要关注病例的预后情况。

4.4.5.7 控制

如果畜群出现气肿疽或恶性水肿，在其暴发前应当进行预防接种。全球有多种多价梭菌疫苗，可用于预防梭菌性肌炎的发病。对于暴发前的疫苗接种，高危动物在接种疫苗的同时，还应用长效青霉素制剂治疗，提高免疫力，减少损失。

理想情况下，在暴发之前，动物应当进行常规疫苗接种。然而，气肿疽和恶性水肿在山羊的发病率相对于绵羊和牛来说很低，因此对山羊进行普遍疫苗接种非常不经济，除非在一些情况下预测疾病会发生。当山羊通过常规疫苗接种来预防由产气荚膜梭菌引起的羊传染性肠毒血症时，使用多价梭菌疫苗可能会更适合现行的疫苗接种程序。在生殖系统气性坏疽发生的地方，母羊每年应在产羔前 3 周，接种合适的多价梭菌疫苗。为了防控大头肿，公羊应当定期进行疫苗接种，并分圈饲养，以减少相互打斗。

4.4.6 羊趾间皮肤炎、腐蹄病及蹄脓肿

山羊传染性蹄部疾病不如绵羊多，但是疾病临床症状相似。羊趾间皮肤炎，又叫趾间皮炎或良性腐蹄病，是一种由节瘤拟杆菌 [*Dichelobacter* (*Bacteroides*) *nodosus*] 弱毒株引起的只在趾间表皮传播的传染病。腐蹄病，又叫传染性腐蹄或恶性腐蹄病，是由 *D. nodosus* 和坏死杆菌 (*Fusobacterium necrophorum*) 共同感染引起的趾间皮肤病，随着感染和炎症的蔓延，蹄壳和角质层都可发生感染。蹄脓肿是由除节瘤拟杆菌以外的细菌，通常是坏死杆菌或化脓隐秘杆菌 [*Arcanobacterium* (*Actinomyces*) *pyogenes*] 引起的蹄部深层结构的感染。

4.4.6.1 病原学

坏死杆菌是一种革兰氏阳性厌氧菌，广泛分布于自然环境中，可寄生于趾间表皮，当趾间完整性遭到破坏时，可引起趾间皮肤炎。坏死杆菌是一种与节瘤拟杆菌共同引起恶性蹄腐病的病原体。坏死杆菌也可通过外伤进入蹄部的深层结构。坏死杆菌或化脓隐秘杆菌是蹄脓肿最常见的病原微生物。

节瘤拟杆菌也是革兰氏阳性厌氧菌。在渗出液涂片中，可根据其特有形态（一个大的、稍弯的、球状末端的杆状）加以识别。该菌是一种专性厌氧生物，适于在反刍动物的趾间表皮繁殖，从感染蹄部释放到环境中的病原菌最多可存活 4d (Seaman and Evers，2006)。因此，恶性腐蹄病的发生需要坏死杆菌的存在，而节瘤拟杆菌被认为是激发性病原体，因为它必须进入无腐蹄病的群体才能进一步发病，而发病时坏死杆菌通常已存在于环境中。不同株系的节瘤拟杆菌毒力不同，主要取决于其引起蹄部角质层分离和促弹性蛋白解离能力的大小。蛋白酶和弹性蛋白酶可以促进病原微生物对蹄组织角质层的入侵。山羊来源的节瘤拟杆菌分离株具有较高的促弹性蛋白解离活力，证明对绵羊也具有毒性 (Claxton and O'Grady，1986)。因此，在制定防控计划时，应考虑到节瘤拟杆菌在山羊和绵羊间可能的交叉传播。

基于病原体表面菌毛的凝集反应，可将节瘤拟杆菌鉴定为 8 个主要的血清群。当使用含菌毛抗原的疫苗时，因为不同血清群的交叉保护程度有所差异，所以明确病原的血清群对于疫苗的免疫效果非常重要。

4.4.6.2 流行病学

羊趾间皮肤炎、腐蹄病、蹄脓肿广泛分布于世界温湿地区，常发生于春季和夏初气候温暖、降雨较多的季节。牧场湿润加上天气温暖（大约10℃），能够软化和湿润蹄部皮肤，细菌离开宿主后也能在牧草上存活很长时间，这些因素有利于疾病的传播，容易引发皮炎和创伤性损伤。相反，即便是有大群绵羊或山羊的干热地区，腐蹄病也很少发生。

此外，饲养环境恶劣和管理方法不当也是山羊出现传染性蹄部疾病的诱导因素，包括潮湿泥泞的活动场、排水不畅的牧场、蹄过度增生、过度拥挤、将患病山羊或绵羊引进易感群，以及被污染牧场山羊的输出 (Baxendell，1980)。当个体活动受限时，山羊蹄部容易过度生长，如果外蹄面过度生长盖过蹄掌将导致向内挤压脚趾，进而过度刺激脚趾皮肤 (Claxton and O'Grady，1986)。相对于毛皮山羊和肉用山羊，奶山羊对腐蹄病更易感，而且一些品系家族的奶山羊特别容易烂蹄，需要更频繁地修整蹄部 (Skerman，

1987）。不同山羊品种对腐蹄病易感性的遗传可能性评估报告显示，可通过遗传选育来提高对该病的抵抗力（Banik and Bhatnagar，1983）。

当湿度和温度都适宜时，在同一牧场混合放牧的感染动物和易感动物可通过接触传播疾病。病原体可能存在于临床病例伤口中，并入侵易感山羊蹄部表皮。对绵羊而言，当新引进带菌动物时，带病状态对该病在易感群体中的传播十分重要。对于山羊，推测也是如此。据报道，至少一些节瘤拟杆菌菌株容易在山羊和绵羊间传播。因此，必须考虑到物种交叉传染的风险。如果山羊和绵羊一起放牧，必须努力做好防控工作（Ghimire et al，1996）。

山羊和绵羊对病原菌的易感性不同。研究表明，山羊和绵羊同时感染同一菌株时，山羊极少有明显的蹄部损伤，而绵羊则表现出严重的恶性腐蹄病。这可能是由于山羊趾间皮肤角质层比绵羊厚。因此，山羊趾间皮肤不易被软化，对之后节瘤拟杆菌入侵的抵抗力强（Ghimire et al，1999）。

相对于山羊，绵羊腐蹄病更为常见。直到1985年，确认由节瘤拟杆菌引起山羊发病的病例仍然很少（Merrall，1985；Claxton and O'Grady，1986；Egerton，1989）。在澳大利亚和新西兰较为湿润的地区，皮用、乳用山羊的趾间皮肤炎以及感染范围较小的腐蹄病对经济的影响日益受到重视（Anonymous，1987）。尽管山羊患病率和死亡率的资料缺乏，但趾间皮肤炎被新西兰山羊业主列为继肠道疾病后的第二个最重要的疾病（Merrall，1985）。

在南非的雨季，羊趾间皮肤炎和腐蹄病是造成安哥拉山羊（Angora goats）经济损失的重要因素（Van Tonder，1975）。在南非，安哥拉山羊和波尔山羊(Boer goats)季节性蹄脓肿与一种长嘴蜱种群数量季节性增长有关，特别是 *Hyalomma* spp.、*Amblyomma* spp. 和 *Rhipicephalus glabroscutatum*。成年蜱吸血时在趾间留下较深的伤口，这些伤口随后大多被化脓隐秘（放线）杆菌继发感染（McIvor and Horak，1987；Bath et al，2005）。美国和欧洲的奶山羊若在上述恶劣条件下饲养，也会零星发生腐蹄病（Guss，1977；Pinsent，1989）。

4.4.6.3　发病机制

山羊趾间皮肤炎、腐蹄病和蹄脓肿的发病机制尚不清楚。推测这些疾病的发生、发展与绵羊较为相似（Radostits et al，2007）。潮湿的环境和软化的蹄部使坏死杆菌感染趾间皮肤及皮肤与蹄角的连接部分，引起发炎和过度角质化，较为轻微的情况称之为趾间皮肤炎。但是，如果节瘤拟杆菌病原体也存在于畜群中，由坏死杆菌导致的炎症就会便于节瘤拟杆菌的感染。对于恶性腐蹄病，节瘤拟杆菌在其黏附性菌毛的帮助下吸附在蹄部，定居在趾间上皮。如果这些节瘤拟杆菌菌株是恶性且具有角质溶解活性，这种溶解作用将促使蹄部角质组织脱落。节瘤拟杆菌和坏死杆菌的相互作用引起严重炎症反应，感染组织受损严重，导致坏死。结果是，蹄部真皮到基质上皮可能均遭到破坏，导致蹄的角质部分从下层的软组织上脱落下来。密螺旋体通常也与绵羊腐蹄病相关，但它们在腐蹄病中的作用仍不清楚（Egerton，2007）。

4.4.6.4　临床症状

羊趾间皮肤炎患畜有轻微跛行，仔细检查蹄部，其趾间表皮有红斑或肿胀，几乎无气味，蹄匣角有轻微脱落。

对于腐蹄病，当蹄匣坏死脱落时，跛行会相当严重。严重感染的山羊可能会用腕部行走，如果四蹄都坏死，山羊会寸步难行。通常情况下，绵羊腐蹄病损伤比山羊更常见且更严重（Claxton and O'Grady，1986）。皮肤和蹄匣连接处的蹄部趾间表皮肿胀或脱落，蹄冠可见少量脓汁，脱落下的蹄匣容易切开或撕开，且有腐蹄病特有的坏死气味。

慢性感染动物会出现明显的体质和生产力下降。而且，蝇蛆病和破伤风可能是腐蹄病的后遗症。慢性病例治愈后可能出现蹄变形。

蹄脓肿会影响蹄踵或蹄趾。与腐蹄病和羊趾间皮肤炎不同，蹄脓肿只有一只蹄会发病，患蹄应该有创伤或穿刺伤病史。患蹄红肿时，触碰疼痛剧烈，患畜通常不用患蹄承重，蹄冠会肿胀或排出脓汁。

4.4.6.5　临床病理学和尸体解剖

腐蹄病患畜，可通过患蹄匣部渗出物的革兰氏染色涂片鉴定是否为节瘤拟杆菌病原，取样后应厌氧培养。分离株的血清型鉴定对商用疫苗的开发至关重要。针对早期病例，可通过测量蛋白水解酶活性评估分离株的毒力，为预测随后可能暴发该病的严重程度提供重要参考。X线照相技术有助于诊断蹄脓肿，而且可帮助鉴别此后是否在远端趾骨有骨髓炎。尸体解剖时，损伤仅限于感染蹄部，并且反映的是临死前的状态。趾骨远端的矢状切面显示蹄脓肿的程度和是否继发骨髓炎。

4.4.6.6　诊断

腐蹄病和羊趾间皮肤炎的初步诊断基于跛行、趾间肿胀以及蹄匣脱落。确诊要根据损伤部位节瘤拟杆菌的培养。蹄脓肿的确诊根据从蹄掌或蹄踵深层组织中是否发现脓包。

一个山羊群突然发生跛行的病例时，还应考虑口蹄疫和蓝舌病并进行鉴别诊断。这两种疾病都可以观察到蹄冠部的损伤，但是同时还会出现口和鼻的损伤。临床上蓝舌病很少发生于山羊。暴饮暴食谷物后的蹄叶炎可在部分山羊群中发生，但是其他像腹泻和胃胀气等症状会伴发或发生在跛行之前。硒中毒产生的蹄部裂缝会继发感染，症状与腐蹄病相似，但当病羊呈慢性病程时，需考虑是否由于腐蹄病引起的。当一条腿感染蹄脓肿时，应与骨折、半脱位及远肢软组织损伤进行鉴别诊断。

4.4.6.7　治疗

由于羊趾间皮肤炎和蹄脓肿的高度传染性，即便发现只有一例病例，整个羊群的所有山羊的四肢都要接受检查和治疗。对于绵羊，需要考虑几个治疗方案，即削蹄、使用抗生素足浴、局部或全身抗生素治疗、疫苗接种，这些措施可预防及控制其暴发。根据羊群的大小、价值、用途和疾病的严重程度，这些不同的方法可以单独使用，也可以相互配合使用。有文章报道了不同治疗方法对绵羊的费用效益比（Salman，1988）。

削蹄对于严重的腐蹄病患畜是至关重要的一项措施，切除坏死组织，将深层的节瘤拟杆菌病原微生物暴露于有氧环境中，随后进行足浴或局部使用抗生素。削蹄可以发现脓包，对于蹄脓肿患畜尤其重要，可排除脓汁，减轻溃烂蹄的压力。削蹄刀每削一只羊蹄前应在10%福尔马林中浸泡，防止意外的感染传播。

足浴消毒对大群山羊是一种高效的治疗方法。由于山羊特别不喜欢在水中行走，所以足浴设施的设计应当仔细斟酌。一种商用的循环圆形足浴池在新西兰颇受青睐，其中心是饲喂槽，这种设计驱使山羊进入浴槽才能获得谷物（Yerex，

1986）。为了能使山羊再次进入足浴池，足浴液应让山羊觉得舒服，10%～20%的硫酸锌既温和又有效，是常选择的溶液。添加表面活性剂（如2%的十二烷基硫酸钠）可增强足浴液的效果。对于严重的病例，每周需3次，每次1h的蹄部浸泡。

福尔马林和硫酸铜足浴效果欠佳。5%的福尔马林溶液虽有一定疗效，但存在一些缺点，例如散发刺激性气味、削蹄部位会有剧烈刺激性疼痛，蹄硬化，如果浓度调整不合适，还会留下永久的皮肤损伤。如果使用福尔马林，需每天校准溶液，以防止溶液蒸发导致溶液浓度过大对皮肤造成损伤。山羊如果被福尔马林刺激，将会拒绝再次进行足浴。10%硫酸铜也有一定疗效，但是羊毛会被染成蓝绿色，如果误食还会引起中毒。可用木屑、煤渣或毛毡铺垫足浴池，以减少溶液飞溅到山羊身上。浸泡之后，要将山羊驱赶到干燥的地面或带有孔缝的地板上，以使蹄部的足浴液快速干燥。

削蹄之后也可用多种消毒剂和抗生素代替足浴。在不同的国家，硫酸锌、硫酸铜、环烷酸铜、季铵盐化合物（含20%酒精酊）、土霉素、青霉素以涂剂、粉剂和喷雾剂的形式直接用于蹄部。蹄部上药后打上绷带可增强治疗效果。如果饲料中缺锌，可在治疗期间每天每头动物饲喂0.5g硫酸锌，持续21d。

静脉注射抗生素可对绵羊进行有效治疗。β-内酰胺类抗生素在体外对羊分离株节瘤拟杆菌（*Dichelobacter* spp.）和梭杆菌（*Fusobacterium* spp.）有效（Piriz Duran et al，1990）。阿洛西林、美洛西林、哌拉西林对大多数分离株都是有效的。青霉素G和氨苄青霉素几乎有相同的效果，但头孢呋辛、头孢哌酮、头孢噻肟、头孢西丁和亚胺培南通常效果不明显。建议抗生素治疗绵羊的用量：肌内注射青霉素/链霉素剂量为70 000U/kg，70mg/kg双氢链霉素，肌内注射红霉素剂量为10mg/kg，注射长效土霉素剂量为20mg/kg，林可霉素适宜剂量为5mg/kg，大观霉素为10mg/kg（Radostits et al，2007）。

接受治疗的动物7d内不应被驱赶到潮湿或泥泞的活动场地，以及有感染动物的牧场。削下的蹄修剪物为污染物，应进行焚烧处理。患有腐蹄病的山羊建议注射破伤风抗毒素或重新进行免疫

接种，因为感染蹄部的厌氧环境可能易感染破伤风。

现有预防坏死杆菌和节瘤拟杆菌感染的疫苗，疫苗对于治疗和预防绵羊的腐蹄病都非常有用，但在美国对山羊不建议使用两种疫苗。

4.4.6.8 控制

在没有腐蹄病或趾间皮肤炎病史的前提下，畜群仍然可以保持群体封闭，自由活动。这种方式意味着不购进任何新家畜，不将家畜带到繁育站等。交通工具和普通住房设施如果清洗和消毒不彻底，就可能被节瘤拟杆菌污染。如果需购进新家畜，应从无腐蹄病的地区或饲养场购买。购买动物时，要仔细检查蹄部是否存在病变，如果有可疑性，这些动物应过足浴池或静脉注射抗生素治疗。隔离检疫4周，在放入新群之前要重新仔细检查。

如果羊群中已经存在腐蹄病，控制重点应当是适当的蹄部保健、预防性足浴、疫苗接种和育种计划。

防止蹄部过度增生，提供石堆以供攀爬和玩耍，帮助山羊自然磨损过度增长的蹄部。定期修剪，防止蹄壁过度增长盖过蹄掌，防止足趾长得太长。

在高风险的湿热季节，每周进行一次足浴能有效控制感染传播。优先使用可反复利用的硫酸锌浴液。

在澳大利亚、新西兰、美国和其他地方都可买到一种用于绵羊的节瘤拟杆菌多重菌毛商用腐蹄病疫苗。尚未对山羊的免疫效果进行评估。据报道，当疫苗接种山羊时，其效果喜忧参半（Merrall，1985；Skerman，1987）。山羊产生的抗体效价可与绵羊产生的效价相当（Skerman，1987）。初次免疫共接种2次，间隔30d，免疫期一般只有12周。所以当有疾病传播的迹象时，应及时在这个期限之前加强免疫（Egerton，2007）。

疫苗免疫应采取皮下注射，但在注射部位产生严重副反应，尤其是第二次注射之后。商用节瘤拟杆菌疫苗包含10个以上不同的病原株，代表了与腐蹄病相关的最常见血清型。但是由于囊括如此之多的菌株，针对它们相关的免疫原性的菌毛或纤毛抗原的免疫反应可能会减弱。要使疫苗免疫有效，节瘤拟杆菌疫苗必须含有一株或多株与感染畜群免疫原性相关的菌株。在尼泊尔这种情况得以证明，用当地山羊和绵羊分离的2个血清型研制的一种自体疫苗，可以有效减少腐蹄病在山羊和绵羊的发病率，在田间对比试验中，这种疫苗比进口的多价商用疫苗更有效（Egerton et al，2002）。

在美国现有一种坏死杆菌灭活苗，可批准用于治疗和预防绵羊腐蹄病。初次免疫需要免疫2次，间隔3～4周，且每年需加强免疫一次。

选育对腐蹄病具有明显抗性的山羊有利于控制腐蹄病，是山羊产业得到长期健康发展的有效途径。剔除蹄部形态差的山羊将是一个好的开始。

控制和根除腐蹄病是有可能的，但这是一个长期、复杂、充满挑战的过程，还需要兽医工作者与畜主共同努力、相互配合。既没有灵丹妙药，也不可能一次介入就成功消除。例如，疫苗接种与削蹄或足浴相结合要比单独使用疫苗更有效。任何已有的控制和根除绵羊腐蹄病的其他细节，都可供借鉴使用（Egerton，2007）。

4.5 寄生虫病

4.5.1 绦虫病

山羊和绵羊是犬多头绦虫（*Taenia multiceps*）的中间宿主。寄生虫在中间宿主阶段产生的包囊通常能在小反刍兽的脑部找到，引起多头蚴病或眩晕病，这些将在第5章详细介绍。山羊比绵羊更常见，包囊在中枢神经系统外的位置发育，尤其是肌间筋膜。苏丹和印度都有山羊以这种形式感染的病例（Ramadan et al，1973；Dey et al，1988）。中绦期在肌肉筋膜组织上产生肉眼可见或触摸明显的肿胀，感染的动物伴有不安、步态受限、食欲欠佳、全身不适。包囊数量可达数以百计，摸上去感觉坚实而无波动感，直径可达7cm，分布在身体的各个部位（包括面部），但常见于大腿和肩胛处。有人尝试用手术摘除这些包囊来处理病例，但不是特别成功，这可能与感染的山羊此时虚弱无力有关。到目前为止尚无其他有效的治疗方法。

尽管绵羊是犬绦虫最主要的中间宿主，但山羊感染羊带绦虫中绦期后也会出现肌肉包囊。在羊带绦虫感染病例中，肌肉是中绦期形成的主要部位，此外包囊通常还多见于心肌、膈肌和咬肌。这种犬绦虫呈世界性分布，小反刍兽屠宰后的胴体会因此虫的存在而造成重大经济损失。

4.5.2　贝诺虫病

山羊被原虫性寄生虫贝诺虫感染往往可根据颗粒性结膜炎判断，这将在第 6 章讨论。然而，贝诺孢子虫感染可导致全身性症状，包括引起呼吸性疾病、睾丸炎和皮炎，在伊朗的山羊病例中可观察到这些症状（Bazargani et al，1987）。剖检可在骨骼肌肉组织发现多个小的白色砂样颗粒，包括韧带、肌腱、腱鞘、滑膜外膜和肌肉结缔组织。这些颗粒即为包囊，内含大量的孢子虫裂殖子。

4.5.3　肉孢子虫病

肉孢子虫病，又称住肉孢子虫病，是一种原虫病。肉孢子虫以各种家畜为中间宿主，以犬科动物为终末宿主。山羊作为其中间宿主的作用已经有详细描述（Collins and Charleston，1979；Collins et al，1980；Dubey et al，1984）。感染山羊的肉孢子虫属有：以犬、土狼和狐狸作为最终宿主的 *S. capracanis*，以山羊、犬为最终宿主的 *S. hircicanis* 和以猫作为终末宿主 *S. moulei*。含有宿主特异性肉孢子虫的肌肉包囊，一直以来都可在屠宰场发现，是畜体胴体遭淘汰的原因之一。最新研究表明，肉孢子虫导致的临床症状包括贫血、发热、血管炎、肌炎、流产、慢性消瘦和反刍动物的猝死。通过人工感染山羊犬肉孢子虫（*Sarcocystis capracanis*），对该病进行了深入的试验研究（Collins et al，1980；Dubey et al，1981；Dubey，1981；Lopez-Rodriguez et al，1986）。很难描述山羊患病的典型临床症状，因为临床反应与感染剂量有明显关系。不同的感染剂量与临床症状关系的试验表明，4×10^3 的感染剂量不会产生临床症状（Gomes et al，1992），7×10^4 的剂量表现出贫血、食欲减退、高热（Ivanov，1998），5×10^5 的剂量引起高热、食欲减退、肌肉战栗、虚弱（Dey et al，1995）。1×10^4 剂量的孢子囊可引起人工流产（Juyal et al，1989）。总体来说，与试验感染一致的症状有高热（一般呈双相性）、贫血和食欲减退。剖检时，骨骼肌肉组织有点状出血，淋巴结和腹腔内脏浆膜表

面凸起。肝脏、肾脏和脾脏表现为肿胀和易碎（Wadajkar et al，1995）。

虽然有人工感染试验的临床证据，但自然发生的山羊肉孢子虫病例未见报道。唯一的一只自然感染病例来自澳大利亚萨能乳用山羊，流产产下一只先天性肉孢子虫病的死胎（Mackie and Dubey，1996）。绵羊已确认有自然发生的病例。在英国已有孢子虫脑脊髓炎的报道，受感染动物均在一周龄以下，临床症状有运动失调、全身震颤、强制性啃咬、后肢麻痹（Caldow et al，2000；Sargison et al，2000）。绵羊表现出的其他临床特征有贫血、生长迟缓、羊毛产量下降等。有报道称，一只年轻公羊感染了肉孢子虫，表现为心脏衰竭以及营养性心内膜炎（Scott and Sargison，2001）等临床症状。抗球虫药物如氨丙啉和沙雷霉素对肉孢子虫病有效。

世界各地均有特征性肌肉包囊的亚临床感染的山羊病例报道，包囊大多位于食管、膈肌、心脏和其他部位，这些数据主要来自屠宰场（Seneviratna et al，1975；Chhabra and Mahajan，1978；Collins and Crawford，1978；Perez Garro et al，1978；Barci et al，1983；Saym and Ozer，1984；Dubey and Livingston，1986）。亚临床感染的病例远比一些调查中所报道的严重。在伊朗一个最新的屠宰场调查中，通过肉眼观察，169 只山羊中有 28 只有明显的肉孢子虫感染，再通过显微镜对目标组织压片检查，169 只山羊中有 168 只存在肉孢子虫（*Sarcocystis* spp.）。通过胃蛋白酶消化、离心组织样品后显微镜检查，169 只山羊均为阳性（Shekarforoush et al，2005）。为控制肉孢子虫病，需要将犬和山羊分开，将死羊深埋处理，不用生羊下水喂犬，或肉要煮熟了再喂犬。

4.6　营养代谢性疾病

4.6.1　肌营养不良症

肌营养不良症（NMD），又称白肌病，是由硒和/或维生素 E 缺乏症引起的，这些营养缺乏影响动物细胞内氧化能力的调控，导致肌肉大范围坏死。

4.6.1.1　病原学和发病机制

促氧化剂（pro-oxidants）包括过氧化氢、超

氧阴离子自由基和氢氧根离子，都是通过正常的代谢活动产生的。如果积蓄过多，这些活性氧自由基就会产生毒性。它们可以通过氧化过程破坏细胞膜完整性和部分细胞器膜的不饱和脂肪酸。肌肉细胞因其代谢活动旺盛，所以特别容易受到氧化损伤。硒和维生素 E 参与酶促反应，通过氧化还原反应控制哺乳动物组织细胞内的氧化过程。

硒是谷胱甘肽过氧化酶的辅酶，可还原过氧化氢转变为水。硒-谷胱甘肽过氧化物酶在肌肉和红细胞等众多组织细胞中均存在。尽管红细胞中的酶活力与营养性肌病没有直接关系，但可通过及时采全血分析酶活性，间接测量血液中的硒含量进行确定。

维生素 E，也叫 α-生育酚，是一种独立的抗氧化剂，主要作用是防止不饱和脂肪酸被氧化，虽然不能使已有的过氧化物减少，但能抑制其形成。日常饮食中，不饱和脂肪酸水平越高，维生素 E 的抗氧化作用就越重要。与细胞内氧化相关的硒和维生素 E 缺乏的病理生理学描述可查阅相关资料（Van Metre and Callan，2001）。

日常饮食缺乏维生素 E 和/或硒，将导致酶活性降低，组织过氧化反应增加。这种肌肉损伤会导致严重后果，伴随肌纤维透明颗粒状变性、坏死，肌肉被增生的结缔组织取代。在其他营养充足的情况下，只缺乏硒或维生素 E 可能不会导致临床异常，因为其他营养物质的功能机制虽然不同，但可提供足够的生理交叉保护。

肌肉损伤的部位和严重程度决定了白肌病的各种临床症状。如果心肌损伤，可出现猝死，症状较轻时，可能会出现充血性心脏衰竭。如果损伤在膈肌，可出现呼吸困难，类似肺炎。如果损伤在四肢肌肉，患病动物表现为步态僵硬，喜好侧卧。大腿肌肉通常是最容易感染的。如果损伤在舌或咽喉肌肉，则会影响采食，表现出神经性疾病。死亡可能是白肌病最直接的结果，或继发并发症，包括吸入性肺炎。

4.6.1.2 流行病学

硒缺乏与土壤中硒缺乏及缺硒土壤中生长的饲草中硒含量不足有关。豆类比草类更难获取土壤中的硒。北美硒缺乏地区将在第 19 章中论述（图 19.3）。另外，硒缺乏土壤地区还包括拉丁美洲的大部分城市、北欧、澳大利亚、新西兰、印度尼西亚、菲律宾、中国、肯尼亚、乌干达、苏丹、斯威士兰以及南非等（National Research Council，2007）。在澳大利亚，山羊的缺硒病与该地区的降水量多、酸性土壤以及过磷酸盐肥料的应用有关（Baxendell，1988）。酸性土壤的 pH 以及土壤中高组分的硫酸盐或磷酸盐抑制了植物吸收硒元素。

维生素 E 缺乏与土壤类型关系不大，而是与饲料质量有关。长期储存的饲料会导致维生素 E 的降解，所以圈养山羊饲喂存储饲料而非青贮饲料更易引起维生素 E 缺乏。日常饲喂过多的多元不饱和脂肪会增加维生素 E 的抗氧化负担，即便有足够的维生素 E，也会影响其抗氧化功能。

对于反刍动物、马、猪以及家禽，维生素 E/硒缺乏的临床症状较为复杂（Radostits et al，2007）。肌营养不良症或白肌病（NMD）是山羊最常见的发病症状。在美国（Guss，1977）、澳大利亚（King，1980a）、新西兰（Thompson，1986）以及一些欧洲国家（Tontis，1984；Roncero et al，1989），该病是山羊重要的疾病。墨西哥高原地区也是如此，NMD 被认为是引起 8～9d 幼龄散养山羊死亡的主要原因（Ramírez-Bribiesca et al，2001）。所有品种的山羊均易患白肌病，而且在散养或集约化管理下均会出现临床症状。前一种情况，动物在硒缺乏的牧场采食；后一种情况，饲喂的饲料来自硒缺乏的土壤。这种情况在加拿大（Hebert and Cowan，1971）的野生山羊（Oreamnos americanus）和动物园的山羊（Biolatti and Vigliani，1980）中已有记载。山羊要比其他的反刍动物更易患 NMD。在新西兰，牛和绵羊同山羊在同一片牧场采食，但都没有出现这种情况（Anonymous，1987a；Rammell et al，1989）。

临床病例多见于 0～6 月龄动物，成年动物则少有发生。母羊体内的硒和维生素 E 的含量与后代 NMD 的发生密切相关。在澳大利亚，死胎和弱胎被认为是 NMD 造成的（King，1980a）。在新西兰的部分地区，NMD 是引起 1～9 周龄幼畜死亡的最常见的原因（Buddle et al，1988）。在一定前提下，新西兰暴发该病的死亡率可达 20%（Anonymous，1987a）。幼畜突然表现运动异常，通常是肌营养不良症的临床前兆。

在成年山羊的饲喂试验中，硒缺乏导致生殖能力降低及产奶量下降。与对照相比，硒缺乏的山羊受孕率下降。虽然没有流产发生，但幼畜的存活率也有所降低。在前两个月的泌乳期，硒缺乏山羊比对照山羊产奶量减少了23%，同时奶中的脂肪含量减少了11%，蛋白质含量减少了12%（Anke et al，1989）。已经认识到硒缺乏会导致皮肤病，这些在第2章已详述。成年山羊维生素E/硒缺乏的其他临床表现有胎儿吸收、子宫张力下降造成的难产、胎盘滞留、产后无力、断乳、精液质量下降等。

硒不足还会影响中性粒细胞作用，从而使山羊对感染的易感性增加（Aziz et al，1984；Aziz and Klesius，1986）。同时，通过抑制山羊淋巴细胞转移抑制因子的产生改变免疫反应（Aziz and Klesius，1985）。Finch and Turner（1996）已对硒和维生素E缺乏对其他家畜免疫反应方面的影响进行了综述。

4.6.1.3　临床症状

肌营养不良症是兽医需要关注的最常见疾病，尤其是那些出生3d到6个月的貌似健康的幼畜，会猝死、喜侧卧、起身困难、步态僵直，生长较快的幼畜更易发生。喜侧卧的幼畜通常比较警觉，但精神沉郁，且起身困难，它们想挣扎站起，可能被畜主误解为是抽搐或神经症状。如果帮助其起身，往往不能站立，或因努力而出现肌肉震颤尤其是后肢。如果伴随继发感染，动物通常会出现不稳定高热。通常发病前几天，动物会出现运动失调。如果不进行治疗，患病幼畜通常在症状开始出现的几天内死亡。

其他临床症状不足以直接证明是NMD，但与局部肌肉损伤相关。当舌或咽部肌肉损伤时，可见幼畜吞咽无力，母乳或固体饲料咀嚼物从鼻孔流出。如果膈肌或左心肌损伤，会出现呼吸困难、呼吸频率增加、肺湿啰音、咳嗽。如果子宫缺乏硒或维生素E，将引起死胎、弱胎或幼畜吃奶困难。在这种情况下，畜群的病史可能包括母羊的难产和高发的胎衣不下。

4.6.1.4　临床病理和剖检

对于活畜，可通过检测血液中硒或维生素E的浓度直接确诊。因为检测过程的复杂性，加之费用昂贵，这种检测方法并没有被广泛应用。山羊血液中硒和维生素E的参考值已公布（Van Metre and Callan，2001）。不同实验室的研究结果表明，山羊血清中正常硒浓度为0.05～0.16ppm

或80～100ng/mL，如果低于60 ng/mL则表示硒缺乏。山羊全血中硒的正常范围是0.15～0.25ppm，小于0.05ppm则表示硒缺乏。山羊血清中维生素E的正常含量为60～150μg/dL。成年山羊血浆维生素E浓度低于1.5μmol/L，幼畜低于1μmol/L时，则有发生肌肉病变的风险（Jones et al，1988）。

一种间接确定硒缺乏的替代方法是，测量肝素抗凝血红细胞中谷胱甘肽过氧化物酶的活性。有报道称正常山羊幼畜红细胞中酶的平均活性为113 IU/mL（Jones et al，1988）。当使用这种试验作为硒治疗效果的指标时，应该注意的是，在静脉注射硒制剂后，全血中谷胱甘肽过氧化物酶活性的增加会明显滞后至少2周。这是因为硒在释放到血液之前，进入骨髓正在发育的红细胞，对已经在循环中的细胞并没有作用。虽然谷胱甘肽过氧化物酶的检测引起人们的关注，但存在一些不足，包括样品冷藏时酶的不稳定性和实验室之间酶的表达活性判定的不一致性，而且测量值可能差异很大。因此，这种检测方法的使用已经越来越少（Van Metre and Callan，2001）。

初步诊断肌肉坏死引起的肌营养不良症的常用指标是肌肉中血清肌酸激酶（CK）和血清天冬氨酸氨基转移酶（AST）含量的检测。肌酸激酶是肌肉中一种特定的酶。由于外伤或其他原因导致的长期侧卧包括分娩，都能导致血清CK轻度至中度升高，但在急性肌营养不良症时会显著升高。据报道，正常山羊血清中CK含量为（49.1±2）IU /L（Stevens et al，1994），而其他一些报道称正常范围在14～62IU/L（Garnier et al，1984）。当发生肌营养不良症时，血清中CK含量为1 000～50 000IU/L，这取决于发病的严重程度。亚临床症状动物也可能会超过1 000IU/L。血清中AST也可能会升高，但AST并不是肌肉所特有的。所以，仅AST升高，而没有伴随CK升高，并不表明肌肉发生损伤。血清中CK的半衰期为几个小时，而AST的半衰期为几天。因此，当两者都升高时，预示肌肉可能正在发生损伤。而CK降低，AST持续升高，则表明肌肉出现了坏死。

剖检时，应仔细检查四肢、横膈膜、心脏、舌头和咽肌等处的肌肉。受影响的肌肉会呈现白色至灰色，像煮熟的家禽肉，区别于相邻的正常肌肉的红色。当钙在恶化的肌肉中沉积后，在病灶表面可能会出现垩白。四肢的肌肉病变都是对称的。大的肌肉块可能会出现异常，如大腿半膜肌，除了苍白变色外，还可能出现片状出血（图4.10、彩图24）。尤其是在心脏和横膈膜处，正常肌肉群中可能会出现黄白色条纹或斑块。心脏损伤可能会从心肌层延伸到心内膜，并且还包括乳突肌。当涉及心脏时，可能会出现充血性心脏衰竭，如腹水、心包积液、肺水肿或充血，或是肿胀、充血、肝易碎等。肝脏表面可能会观察到纤维附着（Thompson，1986）。继发吞咽困难后，也可能观察到吸入性肺炎。在这种情况下，应当仔细检查舌头和咽肌。

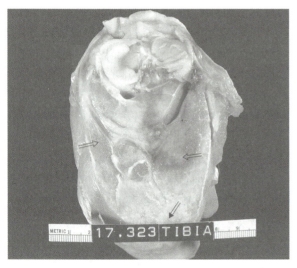

图4.10　营养性肌肉萎缩症山羊后肢肌肉的大体解剖损伤。左侧可见正常肌肉（空心箭头），图片底部白色白垩区域受到严重影响（黑色箭头），损伤以出血区域（白色箭头）为界（由 T.P. O'Leary 博士提供）

组织学检查时，肌肉病变的特点是横纹肌细胞的透明变性和岑克尔氏（Zenker's）坏死样的凝固性坏死。超微结构研究表明，病变主要包括肌肉细胞细胞质的收缩。

在剖检时，肝脏硒含量的确定能得出一些硒严重缺乏的证据。已报道山羊肝脏中正常硒含量为 1.00～4.80ppm，小于 0.40ppm 则认为是硒缺乏（Van Metre and Callan，2001）。

4.6.1.5　诊断

肌营养不良症的确诊取决于受感染动物尸检中肌肉组织典型病变的鉴定，或血液、组织中硒/维生素 E 含量的降低。可根据典型的临床症状、化验结果，以及静脉注射维生素 E 和硒治疗的效果做出初步诊断。

当涉及死胎或虚弱的幼畜时，必须考虑其他一些传染性和非传染性流产因素，这将在第 13 章中讨论。幼畜突然死亡，也可能是一些消化道寄生虫病特别是血矛线虫病、球虫病、肠败血症和肠毒血症引起的。肌营养不良症可能与肠毒血症的症状类似，都能引起心肌心包和腹腔积液。所以，对心脏进行病理学检查诊断很有必要。当观察到有呼吸困难、咳嗽、呼吸窘迫等症状时，则必须要考虑细菌、病毒和寄生虫引起的肺炎。

当幼龄山羊存在吞咽困难时，可能是腭裂或神经系统疾病，如李氏杆菌病或脑脊髓灰质软化。如观察到动物步态僵硬，须考虑破伤风。对于卧地不起的幼畜，鉴别诊断应包括肌肉骨骼的创伤、地方性运动失调以及山羊关节炎/脑炎的神经系统疾病。在地方性运动失调和山羊关节炎/脑炎病毒感染时，动物卧地不起通常先于渐进性运动失调，以身体更虚弱和病程更长为特征。

4.6.1.6　治疗

治疗急性肌营养不良症的首选方法是静脉注射复方亚硒酸钠/α-生育酚制剂。这两种化合物的共同作用，比起单一使用某一种化合物能使幼畜恢复更快（Baran，1966）。这种复方制剂广泛用于皮下或肌内注射。如果山羊注射后效果不理想，建议使用绵羊剂量的 1～2 倍。绵羊的推荐剂量为每 18kg 体重注射 1mg 亚硒酸钠和 50mg（68IU）α-生育酚，具体用量也可以根据产品的使用说明（Van Vleet，2005）。

受感染的山羊通常对 24h 内的单次治疗反应明显，但可能不会完全康复，这取决于肌肉损伤的严重程度和时间。如果动物没有好转，在 24h 再进行第二次治疗。如果在第二次治疗后动物还没有好转，那么动物可能会预后不良，要考虑其他治疗方法。过度重复使用这种复方硒制剂可能会导致硒中毒。在一些养殖场，相对于硒缺乏，维生素 E 的缺乏在肌营养不良症中可能占更大的比重。因此，当复方硒制剂不能产生满意的治疗效果时，可考虑给予维生素 E 或维生素 E 的补充剂（Byrne，1992）。

由于肌营养不良症是一种营养缺乏病，因此在养殖场中，静脉注射复方硒/维生素 E 制剂可以在短期内治疗这种临床病例，而且可防止其他病的发生。在美国，最近的研究报告显示，静脉注射这种制剂可能导致绵羊流产，所以怀孕母羊不允许使用这种制剂。虽然还没有导致母山羊流产的病例报道，但应当告知客户对孕畜应谨慎使用该制剂。对于孕畜，可以口服硒作为替代疗法，其日常饲料中的使用总剂量为 0.3mg/kg。

4.6.1.7 控制

可以推测，在硒缺乏地区，家畜必定会患硒缺乏症。有几种方法可以纠正这种营养缺乏症，但具体选择哪种方法取决于当地的经济、管理和监管因素。饲料中添加硒元素是一种有效的办法，但可能要受到当地相关法规约束。在美国，直到 2005 年，才允许在山羊饲料中添加硒。截至 2005 年，硒作为一种饲料添加剂，可以在全日粮中添加 0.3ppm（FDA，2005），这已足以防止肌肉营养不良症的发生。

如果当地法律不允许饲料中添加硒或者不符合实际情况，那么定期预防性静脉注射硒/维生素 E 制剂也是一种在高发期控制该病的有效手段。母羊可以在其繁殖期和产羔前 4～6 周进行两次注射，剂量为治疗剂量，但要注意上面提到的孕畜的使用剂量。幼畜在出生时和 1 月龄时应当各注射一次治疗剂量。如果畜群中年老家畜有此病史，幼畜应在 2 个或 3 个月龄时适当地多注射一次。公羊应在每年发情繁殖季节开始定时注射两次进行预防。在一些地区则使用药浴亚硒酸钠的方法，这样不仅可以预防硒营养不良病，而且可以控制一些其他寄生虫病。绵羊治疗可以采用此方法。

其他一些控制方法在牛和绵羊中也正逐渐使用，但是还没有在山羊中使用。静脉注射硒酸钡，可以使动物体内硒水平维持正常达 6 个月之久。这种预防方法已经在西班牙山羊中使用过。在奶山羊配种前 15d 给予 1mg/kg 硒，在产羔时仍然可以检测到谷胱甘肽过氧化酶活性，是对照组的 7～8 倍（Sánchez et al，2007）。然而，目前尚不清楚牛奶中硒的水平是否增加，美国严格监管这项指标。

口服硒丸也可以维持绵羊硒水平正常达一年之久。在美国，牛口服一种可缓释 4 个月的亚硒酸盐药丸，但是小反刍动物不允许使用。

在牧场中，以 10g/hm^2 的剂量追施硒酸钠可能是一个较经济的替代方法，并且可以预防硒缺乏达 12 个月（Kimberling，1988）。但是使用

这种方法的弊端是饲料中维生素 E 仍然缺乏。维生素的补充方法将在第 19 章介绍。据报道，相对于硒来说，维生素 E 对山羊无毒性（Ahmed et al，1990）。

4.6.2 佝偻病

佝偻病是生长期骨的一种代谢异常，其特点是长骨骨骺上新形成的骨基质的矿化发生了障碍。所以，该病一般发生在幼畜和正在生长的动物。这种疾病完全归咎于幼畜被圈养，缺乏阳光而导致了维生素 D$_2$ 的缺乏，或者供给的饲料是新收割的，没有经过阳光暴晒。然而，即使有充足的维生素 D，如果长期缺乏钙或磷，仍然可能发生此病。骨骺的矿化不足导致了骨头的结构缺陷和生长异常，特别是在长骨中，由于负重的压力，表现为骨端板的肿大和畸形。

幼龄山羊的临床和亚临床佝偻病已有报道（Yousif et al，1986）。患病动物临床上表现为步态僵硬、喜卧、前肢弯曲变形、腕肿胀、肋软骨连接处肿胀，这种肿胀俗称为佝偻念珠病。公山羊的肩胛骨附着部松弛，肩隆起部位塌陷，这可能是唯一可见的症状（Guss，1977）。有亚临床症状的动物可能会出现厌食和生长缓慢。

患佝偻病时，血清碱性磷酸酶升高。血清中的钙、磷水平的异常并不一定一致，但至少有一份报告显示，患病山羊临床表现有低血磷［平均（2.76±0.15）mg/L］和低血钙［平均（7.05±0.18）mg/L］，并且血钙、血磷比例始终大于 2∶1。患病山羊也表现低蛋白血症，相对于正常山羊，其血清中锌、铁、铜和镁的含量降低（Yousif et al，1986）。在埃及，患佝偻病的 2～6 月龄山羊中，其生化指标的变化主要为低血磷、低血钙、维生素 D$_3$ 缺乏症和血清碱性磷酸酶增加（El-Sayed and Siam，1992）。

X 线检查可见，患病动物骨骼密度下降，未矿化的生长板变宽和凸起。肋骨连接处的活检或长骨生长板的病理尸检，可以证实在生长板钙化区的矿化失败。

成功的治疗和控制佝偻病，需要确定引起该病的病因。通过仔细问诊动物病史，检查圈舍是否有日照，对饲料进行营养分析，然后纠正日粮的营养缺陷。维生素 D、钙、磷的营养需求在第 19 章叙述。

4.6.3 骨骺炎

骨骺炎常见于幼龄山羊和饲喂过多钙而快速生长的山羊。病变包括长骨骺软骨板的不均衡生长，特别是桡骨远端、掌骨远端和跖骨骨骺远端，导致生长板轴面或背面过早闭合。临床表现为患病动物骨骺周围出现明显外翻或内翻的四肢畸形。

骨骺炎的发病机理与过量饲喂钙之间的关系尚未完全明了。快速生长、过肥的马驹在食用钙磷比例失调的日粮后会出现类似的病症。据报道，一只已怀孕12个月的努比亚母羊，其日粮总配给中钙磷比为4.4∶1（Anderson and Adams，1983）。一只12月龄的萨能母羊腕部有严重的双侧弯曲，该羊以干苜蓿、含钙的商品化饲料和含磷酸氢钙的矿物质舔砖为日粮。但在除去日粮中的矿物质舔砖和减少饲料供给后两个月，其前肢变直（图4.11）。

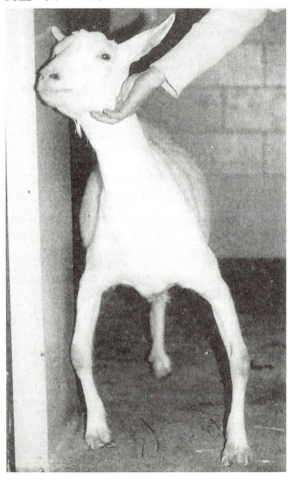

图4.11 由于给一只一岁的萨能奶山羊喂养过量的钙导致的腕骨骺炎引起的前肢弓形畸形（由David M. Sherman博士提供）

幼龄山羊患严重的骨骺炎后可能会不愿站立、步态僵硬，甚至用膝行走。过肥或怀孕山羊由于体重过重会特别疼痛。患骨骺炎的关节可能出现肿胀。消瘦和四肢的畸形可能很明显，这取决于发病持续的时间。

血清中钙、磷、碱性磷酸酶水平正常。X线片显示，受影响的躯体出现不对称性生长，骨骺板的边缘会长出新的骨头。

减少幼龄山羊骨骺炎的发生，需要对饲料矿物质成分进行分析和减少饲料中钙含量。正常饲料中钙、磷的比例应是1.5∶1～2∶1。治疗可使用非类固醇类消炎药物，如氟尼辛葡甲胺。离开较硬的地面，适当的蹄部修整，可能会使一些临床症状明显改善。

4.6.4 腿弯曲病

腿弯曲病多发于在缺磷草场放牧的羔羊，特别是在南非、新西兰和澳大利亚，患病动物会产生膝外翻或膝内翻。这种症状在澳大利亚新南威尔士州3～4月龄的萨能羔羊中已有报道。患病羔羊脚腕生长呈"八"字形，膝外翻，而且球关节会向蹄内侧弯曲，主要是由于日粮中钙、磷不平衡造成的。研究表明，当饲料中钙、磷比高于1.8∶1时，弯腿病的发病率显著增高；当饲料中钙、磷比低于1.4∶1时，弯腿病的发病率显著降低（Murphy et al，1959）。有报道称，新西兰妊娠晚期的成年山羊也会患腿弯曲病。（Merrall，1985）。

至少在山羊，腿弯曲病可能是由于摄入了过多钙而罹患骨骺炎的临床表现。然而，其他矿物质的不均衡在腿弯曲病发病机理中所起的作用还未完全阐明。这些因素包括铁过量，铜和锰缺乏以及植物毒性。尽管饲料中添加磷或饲料中含有丰富的磷常常会使弯曲腿病的症状消失，但是羔羊腿弯曲病的病因仍未完全阐明（Radostits et al，2007）。

4.6.5 纤维性骨营养不良

4.6.5.1 病因和发病机制

这种骨病见于营养继发性甲状旁腺功能亢进症，是由于从膳食中缓慢、持续地摄入过量的磷所致。过多磷的摄入导致了不易觉察的高磷血症，抑制了血清中钙的水平，由此产生的低血钙引起了甲状旁腺激素分泌增加。甲状旁腺素将钙从骨骼中释放到血液中，以恢复正常的血钙水平。面对长期摄入过量的磷，继发性甲状旁腺功能亢进最终导致了严重的全身性骨软化和骨基质的纤维反应。

4.6.5.2 流行病学

该病在山羊中很普遍（Carda Aparici et al，1972；Naghshineh and Haghdoust，1973；Saha and Deb，1973；Andrews et al，1983）。当长期或单调地饲喂磷含量高的日粮时就会发生，包括高比例的谷物，很少或不含豆科植物的麦草，或没有钙的矿物质补充剂。麸皮饲喂是这种疾病的一个常见因素。早在1930年就有该病例的报道，给山羊饲喂玉米、麸皮及极少量的干草（Glock and Murray，1939），当断奶后，所有品种、各年龄段的山羊都易发病。

4.6.5.3 临床症状

最初的症状可能不典型，包括逐渐开始嗜睡，进食和饮水困难，体重减轻。虽然所有骨骼可能都会受到影响，通常下颌骨先发生畸形，下颌骨双侧明显肿胀，并且可能持续几个月（图4.12a）。这些病例通常容易误诊为山羊少见的放线菌病。下颌骨可能摸起来会变软，山羊张口困难，出现流涎症状，舌头挂在嘴边，牙齿可能长得不整齐，呈水平生长而不是竖直生长。受影响的动物由于骨骼的营养不良，会发生病理性骨折，导致步态僵硬，疼痛喜卧。

4.6.5.4 临床病理和剖检

X线片显示下颌骨牙齿出现位移，肿胀和疏松非常明显（图4.12b）。长骨容易骨折，尤其是不完整性的骨折。血清的生化检测结果也无法确诊，最异常表现是血清碱性磷酸酶升高。也可能会检测到高磷血症和低钙血症，但它们的缺乏也不排除纤维性骨营养不良症。

尸检时，受影响的骨头会很软。特别严重时，下颌骨用刀子很容易切断，容易观察到下颌骨截面有明显的肿胀和畸形，肋骨会变得有弹性、易弯曲。组织学上，骨小梁软化，被松散的纤维结缔组织包围，形成骨质疏松症。甲状旁腺可能出现增生，主要包括主细胞增多，广泛的空泡形成，细胞核边缘化（Carda Aparici et al，1972）。

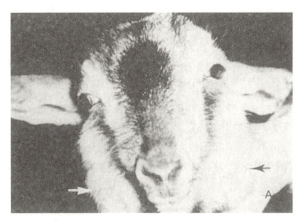

图4.12a 与纤维性骨营养不良相关的下颌畸形引起的典型的面部肿胀

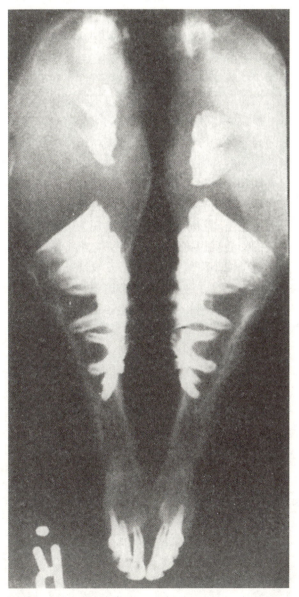

图4.12b 同一只山羊的下颌X线片。注意，在这种发展后期病例中，牙齿的咬合面指向内侧

4.6.5.5 治疗和控制

此病如果发现早，通过合理的膳食管理就能治愈，例如，减少饲料中磷的含量以及调整正确的钙磷比。在饲料中增加豆科干草或者石灰石是一种增加钙含量同时不增加磷含量的比较实用的方法。巴西以谷物喂养小反刍兽，并在饲料中添加1%～1.5%的碳酸钙颗粒可以改善钙磷比，从而防止纤维性骨营养不良（Riet-Correa，2004）。

4.6.6 骨硬化症

骨硬化症，一种权威的看法认为成年公山羊摄入了过多的钙导致了骨发育的异常（Guss，1977）。推测是富含钙的饲料促进了钙的过度吸收，导致骨骼中钙的过量沉积。这与育种期的公牛由于摄入了过多的钙导致的强直性脊柱炎相类似。然而，这种观点并没有通过试验得到证实。

据说，这种病发生在成熟的奶公羊中，这是因为与泌乳期母羊处于同一牧场，饲喂与泌乳期母羊相同的饲料。这些饲料中钙含量通常超过了停乳期和停止生长的公畜所需的量。受影响的公羊在停止生长后，并且食用了含过量钙的饲料数月后才会出现临床症状。主要表现为关节部位由于钙的慢慢沉积导致明显的肿大，步态僵硬，因活动范围减小而使关节僵硬。X线检查证实有增生性病变。当在跛脚山羊关节周围观察到骨质增生，特别是肌腱和关节囊发生了钙化时，鉴别诊断一定要考虑山羊关节炎/脑炎病毒感染。

因为这种病的病变是不可逆的，所以并没有合适的治疗方法。预防应当建立在合理的饲草管理基础上。禾本科干草应作为基础饲料，饲料中添加钙的浓度不应超过0.5%。如果公羊只喂苜蓿干草，则不需要额外补充添加钙，只需添加1%左右的磷酸二氢钠。

4.6.7 蹄叶炎

蹄叶炎是蹄部真皮层的一种无菌性炎症。在山羊中以急性和慢性形式出现，可导致跛行，甚至可能导致蹄部畸形。

4.6.7.1 病因和发病机制

蹄叶炎的病因和发病机制至今尚未完全阐明。其主要病变是蹄部真皮内血管血液不正常流通。敏感层的血管急性充血，导致蹄部疼痛剧烈。慢性的循环障碍破坏了真皮层和蹄壁之间的连接组织，使第三趾骨分离并向蹄内生长，蹄部新长出的角质发生畸形。

4.6.7.2 流行病学

与散养相比，集约化养殖山羊的蹄叶炎更常见。当日粮突然发生改变、饲喂过多的谷物、乳酸血症引起的毒血症都可诱发蹄叶炎。通过试验饲喂过多的谷物引起山羊乳酸中毒而出现跛行（Tanwar and Mathur，1983）。蹄叶炎的发生与产羔后胎衣不下、子宫炎、肺炎、乳腺炎、肠毒血症有关，表明发病时有细菌毒素参与其中。蹄叶炎在正常产羔后的山羊中看到，并伴有过敏反应（Guss，1977）。慢性蹄叶炎在临床上比急性蹄叶炎更常见。

4.6.7.3 临床症状

因为急性蹄叶炎的发生常常与一些其他的身体状况相关联，如过多饲喂谷物导致明显的临床症状。因此，蹄叶炎不容忽视。患病山羊可能出现焦虑和不适，因疼痛而磨牙，存在潜在的传染性疾病时，可能会有发热症状，不愿走路甚至站立，蹄部触摸有热感，特别是在冠状动脉带的末端区。蹄叶炎常常呈双侧性，四肢都有可能发生，但前肢比后肢更易发。当山羊前肢发生急性蹄叶炎时，可能会用膝盖行走。

慢性蹄叶炎或急性蹄叶炎常表现为亚临床症状，早期发作观察不到上述典型的临床症状，此时病羊主要表现为不明显的跛行或动物用膝盖行走的倾向，会用后肢站立，前肢抬起。虽然慢性蹄叶炎蹄部不会表现发热症状，但这时蹄部结构可能已变形。蹄壁会变厚，蹄壁和蹄掌连在一起，在没有磨损的脚趾上会形成典型的"拖鞋"或"雪橇"样增生。这是因为第三趾骨的翻转，造成了蹄底部的凸起，导致身体重量集中于蹄后部（Pinsent，1989）。

4.6.7.4 临床病理

尽管乳酸血症、内毒素血症、炎症的血象特征可作为蹄叶炎的诊断依据，但是没有特异性的实验室指标对蹄叶炎进行确诊。诊断性X线照相术很少用于山羊蹄叶炎的确诊。未见山羊蹄叶炎的第三趾骨翻转的病例报道，通常通过肉眼可明显观察到慢性蹄叶炎蹄表面的变化。

4.6.7.5 诊断

急性蹄叶炎的初步诊断是基于诱发疾病的管

理史和临床症状，如突然不愿意走路或站立，蹄部特别是前蹄部发热，该症状必须与腐蹄病和一些穿刺伤相区别。对于慢性蹄叶炎，当山羊用膝盖行走时，必须要排除关节炎。在某些地区，要考虑到可能会引起跛行的慢性硒中毒问题，还应当考虑平时是否忽视了蹄部的修整。

4.6.7.6 治疗

对于急性蹄叶炎，首先要确定和处理任何诱发疾病的因素，例如充血性毒血症或子宫炎。首先要解决乳酸中毒、脱水以及细菌毒血症。蹄叶炎治疗方法主要包括服用止痛药以减轻蹄部疼痛，以保证动物的活动。非甾体类抗炎药（非类固醇类抗炎药）如保泰松和氟尼辛葡甲胺特别有效。这是因为作为前列腺素的抑制剂，可能会降低内毒素的有害影响。口服剂量为 10mg/kg 的保泰松，每日一次；或每天静脉注射 1mg/kg 剂量的氟尼辛葡甲胺一次，治疗数天后减少用量。因为保泰松的药物残留问题，应避免用于产奶或产肉动物。在蹄叶炎急性期，强迫动物运动可以有利于促进蹄部血液循环。患病山羊应只饲喂干草，而当它们恢复时，可以谨慎给予富含营养的饲料。抗组胺药对急性蹄叶炎的疗效尚不明确。对皮质类固醇的使用存在争议，因为已证明它们可引起马的蹄叶炎。

慢性蹄叶炎的治疗包括减少日粮中谷物的配比，避免日粮的突然变化，而且要经常修剪蹄部。蹄部修整时要剪平，以降低蹄掌的高度，剪除蹄掌的凸起物。当蹄壁发生白线分离时，应修剪到蹄跟部，否则泥土等脏物会藏匿于此，进一步使病变恶化。必要时通过使用止痛药缓解疼痛和促进动物活动。长期使用镇痛药治疗时，阿司匹林比较管用，而且成本低。刚开始时，山羊可口服 100mg/kg 的剂量，一天两次，可以慢慢减少剂量直到最佳剂量。长期服用起始剂量的止痛药可能导致胃肠道溃疡或厌食。

4.6.7.7 控制

为了防止山羊蹄叶炎，平时应尽量避免突然更换饲料，而且饲喂谷物的量应保持最低限。当使用高能量的日粮饲喂奶山羊或绒毛羊时，应考虑增加如碳酸氢钠等缓冲剂，从而降低乳酸中毒的风险，并应定期进行修蹄。

4.6.8 锌缺乏

正如第 2 章所讨论的那样，反刍动物锌缺乏被认为是引起增生性皮炎（角化不全）的最大诱因。锌在骨骼和蹄的正常发育中起重要作用。锌大部分集中在骨骼的哈弗斯系统中，并参与类骨质组织的钙化，或者是作为酶的辅助因子，促进钙化过程中金属盐晶体的生成（Hidiroglu，1980）。山羊日粮的锌需求量参见第 19 章。

除了皮炎外，锌缺乏山羊可能会表现为骨骼及蹄畸形。受影响的山羊会出现弓背和四蹄聚拢的异常姿势，也可能观察到后肢弯曲和跗关节的肿胀。皮炎往往伴随蹄冠部炎症，触诊蹄部时，动物表现有触痛感。山羊锌缺乏后导致生长缓慢、食欲降低、外界抵抗力下降、唾液分泌过量及睾丸功能障碍（Neathery，1972），免疫功能受损，并且继发肺炎感染（Miller et al，1964）导致死亡等不良后果。据报道，在人为诱导锌缺乏的公山羊中，会出现侏儒症。因此，锌间接影响垂体功能，而不是直接影响骨骼发育（Groppel and Henning，1971）。

在饲养试验中，限制山羊摄入的平均血浆锌含量为 0.49～0.79ppm，而正常对照组山羊的含量为 0.83～1.1ppm（Neathery，1972）。在缺锌牧场病例中，受影响山羊的血浆锌含量为 0.46～0.54ppm（Nelson et al，1984）。在锌缺乏饮食试验中，干骨（dry bone）的平均锌浓度为 71ppm，明显低于正常山羊中的 84ppm（Groppel and Henning，1971）。毛发通常也可用来诊断是否为锌缺乏，锌缺乏山羊的毛发中锌的浓度不足 90ppm（Neathery，1972）。

据报道，连续每日口服硫酸锌 250mg，持续 4 周，可有效治疗蹄病和姿势异常性疾病（Nelson et al，1984）。

4.7 毒理学疾病

4.7.1 维生素 D 过量

过量口服或注射维生素 D 会引起维生素 D 中毒。维生素 D 中毒的病例已在牛、马、猪都有报道（Radostits et al，2007）。摄入过量维生素 D 会导致小肠钙吸收、骨骼钙的再吸收及肾脏磷滞留的增加。患畜骨骼变细或变薄，特别是肌肉、血管等软组织发生钙化。已经证实在治疗山羊其他疾病过程中，过量维生素 D 会引起中毒（Singh and Prasad，1987）。连续 8 个月每周两次注射维生素D，会引起山羊反应迟钝、精神萎靡、被毛粗糙、食欲不振、腹泻、多尿、多饮、生长速度缓慢等临床症状，部分还可观察到肌肉无力、步态僵硬，且均有高钙血症和高磷血症，血清碱性磷酸酶的水平很不稳定。

因摄入黄三毛草（*Trisetum flavescens*）引起的一些地方性钙中毒症将在本章稍后介绍。这被认为是一种自然发生的维生素D中毒形式，因为植物中含有高浓度的 $1,25-(OH)_2D_3$。在欧洲山羊中已有类似病例报道。

4.7.2 氟中毒

山羊氟中毒是由于山羊长时间暴露在含有氟化物的饲料、水和土壤环境中所引起的慢性中毒病。骨骼或牙齿中氟含量过多则会导致牙齿和骨骼的异常发育，特别是正处于生长发育中的动物。

4.7.2.1 病理学和流行病学

动物可通过很多方式接触到氟。在世界某些地区，特别是在北非富含磷酸盐的土壤中都含有高浓度的氟。虽然植物不容易摄取氟，但是草食动物可能会吃到带土壤的植物，从而增加了氟的摄入。当植被在酸性土壤中摄入氟后，茎叶中氟的浓度比果实中要高很多。深井水是澳大利亚、南美氟过量的来源，而火山灰是安第斯山脉和冰岛的牧场氟污染的来源（Radostits et al，2007）。

磷矿石含有丰富氟，磷矿石常作为一种肥料或动物饲料中的矿物添加剂。除非对这些矿物质提前进行特别的脱氟处理，否则它们也是一种危害。采矿作业后不经过处理或不严格处理的水和尾矿也是动物氟中毒的重要原因，这样的例子在北非的许多地区时有发生。例如，磷矿开采是摩洛哥中西部的一种重要工业，氟中毒是当地人和牲畜健康的重要威胁（Kessabi and Abdennebi，1985）。当地氟流行病地区的土壤中氟含量在 1 450～4 085ppm，牧草氟浓度范围在 95～260ppm，干草为 85～180ppm，大麦为 11～18ppm，清水的平均氟含量为 1.4ppm。这些地区的饮用水往往是混浊的，含有大量的土壤和岩石颗粒物，氟浓度平均为 14ppm。当家畜口粮中氟浓度含量长期超过 100ppm 时，氟中毒便会持续发生。雨季时牧草是氟摄入的主要来源，而在旱季，饮水量的增加是氟摄入的主要原因。在埃及，一个排放含有氢氟酸废气的过磷酸钙厂附近放养的山羊发生了慢性氟中毒（Karram，1984）。

在铝和铁的矿石加工过程中也会产生大量的氟。在冶炼和铣削操作中释放到空气中的氟化物颗粒污染了空气，颗粒沉降后污染了农作物及水源。在印度铝冶炼厂附近，放牧的动物由于摄取了大量沉积的氟化物而中毒（Sahoo and Ray，2004）。在中国的内蒙古，工业氟污染对山羊绒的生产造成了严重的危害。由于氟摄入过多引起的牙齿畸形，会引起咀嚼障碍，营养不足，山羊的寿命可能会减少为 2～3 年（Wang et al，2002）。

上面讨论的是无机氟化物的来源，以及慢性暴露引起的氟中毒。急性氟中毒可能发生在意外接触到大剂量的有机氟化物，如一种杀鼠剂氟乙酸钠。尽管山羊很容易受影响，但山羊急性意外氟中毒并没有相关报道。

在南非，发生过一起山羊因摄取富含氟乙酸的植物（俗称毒叶木）而发生急性氟乙酸中毒的病例。临床症状通常是由于心脏衰竭而很快死亡，相关内容将在第8章中介绍。

4.7.2.2 致病机理

慢性氟中毒是长期氟积累的结果，不一定是连续摄入了过量氟化合物。山羊的耐受水平至今还没有报道，但育种母羊的氟安全浓度可达60ppm，羊羔可以达 100ppm（Osweiler et al，1985）。在日常给予山羊氟化钠的试验研究中，山羊与绵羊具有相似的反应（Milhaud et al，1983）。氟化物很容易经消化道吸收，但是氟化物的利用率和消化率因来源不同而有所不同。在山羊的研究中，氟化钠中 75% 氟可被吸收，地面粗磷矿石为 65%，脱氟磷酸为 34%，磷酸氢钙为 38%（Clay and Suttie，1985）。

虽然氟在所有组织中都有蓄积，但一般在坚硬组织中的蓄积易呈现慢性氟中毒临床症状，即骨骼和牙齿发生病变（Milhaud et al，1980）。

氟进入动物骨骼后会长期存在，但只在动物生长发育时才在牙齿中蓄积。因此，牙齿是否存在病变可判断动物接触氟的时间长短和什么时候开始发病。过量氟对牙齿发育的影响是损害其正常钙化的前牙釉质、前牙本质、前牙基质等。研究表明，高氟干扰了正常的胶原蛋白合成，产生不完整的胶原蛋白或者根本就不是胶原蛋白的物质，从而改变了牙齿基质的结构，导致牙齿形态异常（Wang et al，2003）。受影响的牙齿通常很松软，存在斑点，磨损更快。受影响牙齿的典型着色是由于牙齿中暴露的有机物质氧化所引起。动物受影响后不能喝冷水，而且由于牙齿磨损过度，会出现进食和咀嚼困难，动物采食受到影响，生长不良，健康水平下降。

过量氟对骨骼的副作用包括破坏骨生长、加速骨的重塑、产生骨刺和硬化症及骨质疏松症。氟导致骨骼异常发育的基本机制是氟影响了胶原蛋白代谢，导致胶原纤维的结构变化，从而影响了骨的细胞外基质结构。最近有报道称，氟中毒在分子水平上改变了山羊体内胶原蛋白基因的表达（Li et al，2006，2007）。骨骼氟中毒的动物可能出现骨骼肿胀，并表现出僵硬和疼痛的步态

或间歇性跛行。慢性氟中毒会导致家畜贫血，主要是由于氟在骨髓中的蓄积抑制了红细胞的生成。

4.7.2.3 临床症状

慢性氟中毒的症状可能是非特异的，包括厌食、步态僵硬、间歇性跛行、消瘦、被毛粗糙干燥和黏膜苍白（提示贫血）。有些地区此病发病率很高。当动物进食或饮水时应仔细观察，可能会发现咀嚼困难或口腔疼痛症状。通过对牙齿和骨骼检查可对氟中毒病做出综合诊断。门牙是最容易检查的部位，受影响的牙齿会出现条纹或者有黄色、棕色甚至是黑色的斑点，在牙釉质表面会出现白垩的斑点（图4.13）。牙齿磨损可能会超出动物的实际年龄，而且个别的牙齿会过早脱落。涉及的牙齿数量会有所不同，主要取决于暴露在氟环境的时间。但会影响同时生长的、成对的牙齿，例如边齿。

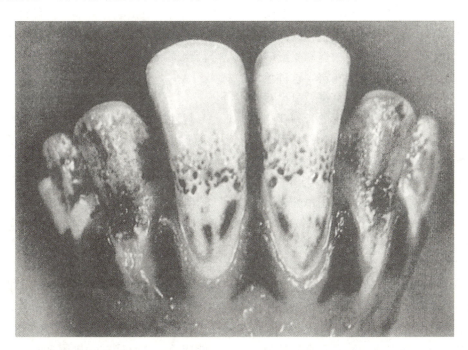

图4.13　慢性氟中毒的典型牙齿损伤，注意斑点和染色（引自 Milhaud et al，1980a）

骨骼触诊可感觉出骨质变厚或者由于骨刺所造成的局灶性肿胀，特别是在下颌骨、肋骨和掌骨跖骨中。明显的跛行或喜好躺卧，骨痛或氟影响了骨质的发育而导致骨折。体型大的公羊攀爬个体较小的母羊进行交配时，时常发生母羊肋骨骨折。

4.7.2.4 临床病理学和剖检

正常山羊血浆中氟含量水平为0.09～

0.22mg/L，已报道的山羊慢性氟中毒的氟浓度含量为0.6～1.1mg/L（Milhaud et al，1980a）。牛的尿中氟含量超过15ppm时表明是慢性氟中毒。但对山羊通过尿中氟含量检测的诊断尚未见报道。山羊慢性氟中毒的贫血症状已有报道（Karram et al，1984）。在其他物种中，血清钙磷水平通常在正常范围内，但血清碱性磷酸酶往往升高。在山羊的慢性氟中毒试验中，血清碱性

磷酸酶水平是正常的，同样血清钙磷水平也正常（Milhaud et al，1980）。在自然暴发的病例中，受影响的山羊表现为血钙降低和血磷升高，但碱性磷酸酶没有检测（Karram，1984）。

X线检出的病变严重程度和范围取决于接触氟的持续时间、程度以及接触起始时间。颌骨、上颌骨的边界会变得模糊和不规则。骨质变得疏松，密度降低，骨皮质变薄。臼齿和前臼齿的齿根变得越来越暗和不牢固，可以清晰地看到牙齿的异常磨损。长骨的孔隙度增加而密度下降，跖骨、掌骨的骨骺软骨变得模糊，还可以看到横跨生长板的骨连接，关节间隙变得狭小。肋骨骨折时可观察到关节错位。检查牛严重慢性氟中毒时能看到骨膜增生，但山羊没有相关报道（Milhaud et al，1980）。

尸体剖检时，动物可能消瘦。软骨组织没有肉眼可见或组织学损伤。骨头可能很脆，比正常的骨头厚重，表面有粗糙不规则的白垩。受影响严重的包括下颌骨、跖骨和掌骨。氟化的臼齿和前臼齿可能会出现染色、色斑、白垩和受影响臼齿的过度磨损。不同于浅表的食物斑，这种色斑渗入牙齿的有机基质，不能被刮下来。显微镜观察时，骨头可能会显示出不同程度的骨硬化症或骨质疏松症，这取决于暴露在氟环境中氟的强度、时间和类型。当怀疑是氟中毒时，应当对骨的氟含量进行分析。常检测骨组织包括下颌骨、肋骨、跖骨和掌骨。据报道，正常山羊的骨骼干物质氟浓度会低于17.5ppm（Milhaud et al，1983）。

4.7.2.5　诊断

根据动物的氟化物接触史、跛行或步态僵硬、口腔病变等特点，结合影像学分析可以做出初步诊断。高磷食物造成的纤维性骨营养不良，可能会产生跛行、下颌肿胀、破坏正常的牙齿排列，但牙齿不会产生色斑和白垩。疾病早期阶段只能看到动物步态僵硬时，诊断很困难。在活检或尸检中，检测到骨氟含量的增加能进一步确诊。

4.7.2.6　治疗和预防

还没有治疗慢性氟中毒的有效方法，只能将动物撤离出那些被工厂污染的地区或者本身含氟比较高的地方。努力找出氟的来源，如果条件允许，将年轻的幼畜转移到污染较小的牧场，提供污染较小的饲料和饮水，从而减少氟斑牙的发病率。浑浊的水可以先进行沉淀再喂给山羊。水可以用500～1 000ppm的熟石灰进行预处理，静置6d后才能饮用。如果无法避免接触氟，可在日常饲料中加入铝盐，如硫酸铝、氯化铝，减少动物对氟的吸收，降低氟的毒性。每头牛建议剂量为30g/d，但对山羊并没合适的建议剂量。

当给山羊添加矿物质时，应避免使用磷矿粉和过磷酸钙等原料，或在使用前应检查矿物质添加剂的氟含量水平，建议使用脱氟的磷酸盐作为添加剂。添加剂中氟磷的比例1∶100或更低（Osweiler et al，1985）。但脱氟产品由于冶炼成本增加，价格偏高，并不被养殖户接受。

在中国的部分地区，放牧山羊面临的最主要问题是工业性的氟污染。当地政府试图减少氟中毒而采取了一些干预措施，具体包括将山羊从高氟地区转移至低氟地区，在旱季使用存储的绿草作为饲料，对患病家畜的牙齿进行修整，在饲料中添加矿物质等。然而，在高氟地区，解决山羊牙齿磨损最好的方法是提供富含蛋白质的饲料。

4.7.3　慢性硒中毒

慢性硒中毒的特点是跛行、蹄变形脱落，以及因运动减少而导致的放牧动物采食量降低、消瘦。

4.7.3.1　病因及流行病学

牲畜的慢性硒中毒大多发生在世界上土壤中硒含量高的地区。在落基山脉和北美大平原、澳大利亚和印度的部分地区、以色列、爱尔兰、新西兰、苏联的部分地区等都发现了富含硒的土壤。生长在富硒土壤上的植物会不断地吸收硒，而牲畜长期食用这些植物便会导致硒中毒。一些标志性的植物，如黄芪属，需要在有硒的条件下才能成长，并且硒的含量还需要特别高。虽然这种植物往往很难吃，但是在过度放牧条件下，牲畜不得不食用这些植物。一些中性的植物生长不需要硒，也可能从土壤中吸收硒。一些谷物如玉米，在富硒土壤上种植时，硒水平可能达到有毒的标准。关于富硒土壤的特性及植物之间的相互作用，可参考相关文献（Dhillon Dhillon，2003）。

长期摄入富硒植物导致慢性硒中毒，可能呈现两种临床症状。一是碱性病，特点是消瘦和肌肉骨骼发育异常。二是蹒跚病,特征是神经功能障碍。硒在蹒跚病中的作用,近年来已成为热议的话题,但实际上是由于摄入过量的硒导致了动物维生素 B_1 的缺乏(O'Toole et al,1996)。蹒跚病将会在第 5 章讨论。

硒作为饲料添加剂时,如用量过多也会导致动物的慢性硒中毒。试验研究表明,每天以 6mg/kg 的亚硒酸钠喂养山羊,山羊会生病,而且在 4～19d 内死亡。每天给山羊喂 3mg/kg 的亚硒酸钠,90d 后仍无不良反应(Pathak and Datta,1984)。山羊的急性硒中毒也做过试验。单次口服剂量为 40～160mg/kg 的亚硒酸钠,山羊在 1h 内死亡。每天重复剂量在 5～20mg/kg 时,山羊会出现食欲不振、腹泻、后肢无力、拱起背部、消瘦、斜卧等症状,在几天到几周内死亡。(Ahmed et al,1990a)。

4.7.3.2 临床症状

在印度,与山羊慢性硒中毒一样,黄牛和水牛也会出现类似疾病(Gupta et al,1982)。引进动物至富硒地区,不论年龄和性别如何,在 6 个月后都会出现临床症状。最早的症状是,伴随着冠状带不规则生长,角和蹄出现裂缝,裂缝逐步变深,新生的蹄会与旧蹄分开,蹄变得残缺和变长,蹄壁深处裂缝往往会发生感染,蹄子会发出腐败的气味,而且由于脓液积聚会非常疼,山羊站立困难、走路摇晃或明显跛行,严重的动物只能保持卧姿。运动减少,导致山羊采食量降低,山羊变得虚弱、精神沉郁和瘦弱,受孕概率减少,流产概率增加。由于营养不足,无力进食或者继发感染,往往会导致死亡。

4.7.3.3 临床病理和剖检

剖检病变对疾病的诊断并没有太大帮助,但可以通过收集组织样本来确定硒的水平。很少有山羊特定组织中毒的报道。在其他草食动物的慢性硒中毒病中,肝脏和肾脏的硒含量在 4～25ppm。蹄组织中硒的含量为 8～20ppm(Osweiler,1985)。在中国,山羊食用了富硒土壤上生长的玉米后,血硒浓度大于 $0.2\mu g/g$,高于早期硒中毒的指标。出现硒中毒的迹象时,血液和毛发的硒含量分别大于 $0.5\mu g/g$ 和 $0.3\mu g/g$(Hou et al,1994)。这些受影响的山羊肝和肾的平均硒浓度分别为(20.46±0.89)$\mu g/g$ 和(20.96±1.21)$\mu g/g$,而正常山羊的肝脏和肾脏硒浓度分别为(0.50±0.16)$\mu g/g$ 和(8.92±2.20)$\mu g/g$。

4.7.3.4 治疗和预防

硒中毒并没有有效的治疗方法,但一些切实可行的牧场管理方法有助于预防和控制该病(Davis et al,2000)。对土壤进行硒含量检测,将牲畜与污染严重的地区隔离,或避免在富硒区域过度放牧,以防止牲畜食用过多的富硒植物。实行划区轮牧,减少动物在硒含量高的牧场中滞留太长时间。有所选择地放牧,因为牧草秋冬季节硒含量较高,长熟后硒含量会较低。控制杂草数量,因为阔叶植物积聚的硒要比禾本类植物的高。除非土壤硫酸盐水平已经很高,否则可以在土壤中添加一些硫黄或石膏,以降低植物对硒的吸收,因为植物对硫和硒的吸收有竞争性。避免使用磷肥,因为磷肥本身可能含有较高的硒,还会通过置换土壤中的硒而加剧植物对硒的吸收。如果经济条件允许,最好的方法是从无硒的地区调取饲料,来减少长期暴露在硒环境中的动物体内的硒含量。在饲料中添加诸如含铜和硫的矿物质,以及提高饲料中总蛋白的含量。以上这些措施都有益于该病的预防。

4.7.4 对肌肉骨骼系统有毒性的植物

4.7.4.1 猩红番泻叶(决明子)

在美国西南部和墨西哥北部,放牧羊由于食用了猩红番泻叶 [Senna(Cassia)roemeriana](双子叶番泻叶)引起骨骼肌疾病,造成动物死亡。用晒干的猩红番泻叶按每天 5g/kg 或 7g/kg 饲喂成年山羊,持续 24d 后,山羊由于中毒而导致肌肉损伤。约摄入两周,山羊表现出食欲减退、体重减轻、心率增加和呼吸频率增加、后肢逐渐疲软、躺卧等症状。摄入两周后,血清肌酸激酶检测高达 43 800 IU/L。剖检时发现肌肉苍白,尤其是后躯。在一些山羊中,有心包、胸腔积液和肺水肿症状。组织学镜检时,受影响的肌肉出现坏死性肌浆的中性粒细胞和巨噬细胞浸润,肌纤维坏死和破碎(Rowe,1987)。在自然发生的病例时,肌营养不良症可以作为主要的鉴别诊断。

4.7.4.2 鼠李科灌木

鼠李科灌木(Karwinskia humboldtiana)生长在美国西南部和墨西哥的北部,能导致家畜的神经性疾病，在第5章将会详细讨论。除了神经性疾病外，鼠李科灌木的果实还能引起动物全身骨骼肌和心肌的变性（Dewan，1965）。骨骼肌的病变是透明变性，与肌营养不良症中看到的症状类似。除了神经性功能障碍外，一些中毒动物还会出现由于肌肉损伤而导致的运动失调和身体虚弱症状。

4.7.4.3 黄燕麦草

在欧洲的高山地区，当地的牲畜由于食用了黄燕麦草（*Trisetum flavescens*）而出现地方性钙化病。黄燕麦草含有高浓度的钙三醇和维生素D，草食动物由于肠道对钙的吸收，代谢物中钙含量也相当高。在一些软组织，尤其是在大的血管、心脏、肺脏、肌腱和韧带中，钙化非常严重。常见的症状是动物不愿走路，两腿不断交换用于支撑身体重量。地方性钙化病对心脏的影响在第8章介绍。

在瑞士的一个奶山羊农场，有地方性钙化病的记录。当地有8%～34%的牧草是黄燕麦草（Kessler，1982），三年里有12只山羊死亡。受影响的山羊表现为逐渐消瘦，产奶量下降，心率增高，呼吸频率加快，运动改变，血清中钙、磷、碱性磷酸酶含量升高（Wanner et al，1986）。剖检时可见软组织钙化。患副结核病的山羊会出现逐渐消瘦和主动脉钙化，所以应当排除副结核病。

因为幼嫩植物中维生素D的活性比枯萎植物高，青贮的黄燕麦草比晒干的毒性要高。所以应推迟黄燕麦草的收割以降低植物的毒性作用。

另有相关报道，美国南部动物食用了夜香树，加勒比地区、南美洲和夏威夷动物食用了软木茄，也出现了由于维生素D的过量摄入所造成的软组织钙化症状。但没有关于这些植物对山羊的毒性报告。

4.7.5 羽扇豆中毒

在牲畜和山羊中，羽扇豆中毒后的各种症状记录很少。第5章和第11章将分别介绍神经性和肝性疾病这两种形式。在美国西部的犊牛中，发生先天性骨骼变形，称为"歪小腿病"。在动物妊娠第二个月，羽扇豆生物碱、臭豆碱由胎盘转移到胎儿，造成了骨骼发育的畸形。在加利福尼亚州有该病详细的记载，怀孕期间山羊胎儿经

胎盘吸收了阔叶羽扇豆（*Lupinus latifolius*），导致了胎儿关节挛缩、斜颈和脊柱侧凸的症状。此外，虽然没有确切的证据，但在加利福尼亚州有怀孕母亲在怀孕期间喝了本地山羊的奶，婴儿出现了类似的骨骼畸形症状（Kilgore et al，1981）。

4.8　遗传和先天性疾病

4.8.1　先天性肌强直病

先天性肌强直病是山羊的一种遗传性疾病，表现为瞬间的视觉、触觉或听觉刺激引起的骨骼肌肉强直性痉挛。这是一种无意识的、自发的、持久性的肌肉痉挛。发生这种病的山羊，俗称昏厥山羊或僵尸山羊。山羊先天性肌强直病已经被作为一种动物疾病模型，用来研究人类的先天性肌强直病，即所谓的汤姆森氏病。

4.8.1.1　病因和发病机制

山羊的先天性肌强直病是一种常染色体显性基因的不完全外显造成的遗传疾病。患病山羊有轻度和重度两种临床症状。表现为轻度症状的山羊被认为是基因杂合型，表现为重度症状的山羊被认为是基因纯合型。育种研究认为这与性染色体无关。

该病只表现为骨骼横纹肌的肌强直，主要出现肌纤维膜水平的缺陷，可能是由于肌肉痉挛导致肌纤维中氯离子通道的减少（Bryant and Owenburg，1980），从而导致了氯离子的导电性降低，即调节性降低，细胞膜兴奋性增加，肌肉发生重复性异常收缩（Bryant et al，1968；Adrian and Bryant，1974）。肌肉强直可能由于持续地去极化而引发，如惊吓、噪声或触碰引起的神经冲动。该病可以定义为一种不显著的、持续几秒到大约1min的骨骼肌肉强直性收缩。虽然机理不清楚，但山羊在断水3d后，肌肉强直性症状会消失。如果继续供水，肌肉痉挛会再次出现（Hegyeli and Szent-Gyorgyi，1961）。在寒冷刺激下症状加剧，而运动则会改善这种情况（McKerrell，1987）。

4.8.1.2　流行病学

19世纪80年代在田纳西州的山羊中首次出现先天性肌强直病，并于1904年在兽医文献中首次记录（White and Plaskett，1904）。这种山

羊因为不会乱跑或容易圈养，所以人们很喜欢饲养，它们很有趣，很受当地人欢迎。在 20 世纪 30 年代，人们认识到该病可作为人类先天性肌强直症的模型，所以这种山羊得到了越来越多的关注（Kolb，1938）。

兽医协会在研究人类先天性肌强直病的群体时发现肌强直性山羊。这种山羊也可作为宠物或稀有动物饲养。因此，近年来数量有所增加。一些养殖场专门繁育这种山羊用于研究和供应宠物市场。由于它们的后躯肌肉非常健壮，所以这些动物也正在越来越多地作为肉用山羊。公山羊和母山羊都有可能患该病。一只强直性山羊和一只正常的山羊杂交后，会繁育出一只患有肌强直性疾病的后代。

4.8.1.3 临床症状

通常认为肌强直性疾病不会影响 2 周龄以下的山羊，通常 6 周左右的山羊才会发病。幼龄山羊在触诊中可能会表现出一些轻微的硬化。幼龄公羊往往比幼龄母羊表现出更明显的症状。外界刺激都可以引发先天性肌强直病的发作。症状较轻的山羊后肢表现极为僵硬，并且引起后肢行动不便，奔跑时会表现出"兔子跳步态"。症状严重的山羊通常表现肌肉强直、僵硬，并翻倒。肌肉过度伸展，以至于横卧的动物会不由自主地向后翻滚，四肢朝天。由于胸部肌肉僵硬，有些动物可能会暂时停止呼吸。即使在可能长达 1min 的强直病发作时，受影响的动物仍保持正常的感觉。每次发病康复的山羊，会有短时期的步态僵硬，随后逐步恢复正常。这些山羊会逐渐习惯反复的人为刺激，因此在兽医检查时很难人为诱发肌强直病的发作。

4.8.1.4 临床病理和剖检

血液或临床化学检测未见异常。常规尸检和病理检查也无任何病理变化。活体动物的肌电图检查可能对诊断有所帮助。患病山羊会发出特征性类似俯冲轰炸的声音，是由与过度兴奋的肌肉细胞膜相关的肌肉持续高频放电引起（Steinberg and Botelho，1962）。强直症山羊还有一些特殊的超微结构异常。强直性肌纤维的线粒体脂质成分发生了改变（Harris，1983）。强直性肌纤维的肌球蛋白会快速增加并出现特征性分布（Martin et al，1984）。

4.8.1.5 诊断

根据不同时期的典型特征，以及山羊因外界刺激导致肌肉持续僵硬的强直性遗传病史进行初步诊断。当山羊的遗传背景未知时，肌电图检查可以辅助诊断。破伤风引起的肢体强直性症状是一个渐进性的过程，其肌肉僵硬是持久性而非间歇性的。作者曾在侏儒山羊中见过间歇性肌肉僵硬，剖检后，发现在大脑病变处存在广泛的山羊关节炎/脑炎（CAE）病毒感染。

4.8.1.6 治疗和控制

山羊先天性肌强直病通常不进行治疗。人患此病时，则日常注射硫酸奎宁或普鲁卡因进行治疗。因肌强直症而软弱无力，山羊饲养的目的是来维持这种缺陷用于研究，所以讨论控制并不适合。但出于人道主义，应阻止以娱乐为目的而培育这种山羊的行为。

4.8.2 各种先天性骨骼畸形

软骨发育不全侏儒症是侏儒羊和矮山羊的一种品种特征。在本章前面讨论的赤羽病病毒感染是引发先天性骨骼畸形传染病的原因。前文提到的羽扇豆中毒也可能是植物毒素方面的原因。母羊怀孕期间因误食加利福尼亚藜，除引起众所周知的独眼畸形外，还会引起幼畜的跗骨与掌骨发育不全（Binns et al，1972）。有很多关于山羊病因不明的自发性先天骨骼畸形的报道。在两月龄萨能杂交山羊幼畜中，可见到由第四胸椎半椎体畸形引起的脊柱损伤和后肢无力，并认为这是一种遗传性疾病（Rowe，1979）。在 Osmanabadi 山羊幼羔中见到的一种不明原因的肢体长度增加的病例，被认为是难产所致（Kulkarni and Deshpande，1987）。有关于新生的吐根堡（Toggenburg）山羊幼羔发生胫骨发育不全的病例报道（Giddings，1976）。两只同一亲源的萨能山羊幼羔可能发生桡骨发育不全和尺骨发育不全（Baum et al，1985）。在刚出生的西非矮山羊中见到过前肢完全缺失的病例（Onawunmi et al，1979）。山羊横向滑车畸形大多是由于先天性髌骨横向脱臼导致的一种发育不全，但这种情况通常到一岁后才出现（Baron，1987）。其他多种散发性非遗传性的前、后肢先天性畸形病例也都有所记载（Koch et al，1957）。

澳大利亚安哥拉山羊短肌腱的遗传发生概率

在 0.03%～4.5%。病情严重的幼崽可能会死亡，但轻微病例可通过夹板或石膏固定方式治疗。这种疾病的特点是常染色体隐性等位基因遗传（Baxendell，1988）。据报道，伊朗的萨能奶山羊有一种遗传性掌骨发育异常（Bazargani and Khavary，1976）。这种疾病的特点也是常染色体隐性等位基因遗传，在出生的不同性别的双胞胎羔羊中，只有雄性患病。这些动物由于用掌骨行走，所以在几周内死亡。

4.9 外伤性疾病

4.9.1 捕食

捕食动物严重威胁着山羊的正常繁育，并与牲畜死亡率有关，尤其是在新生羔羊。在某些情况下，年龄较大的山羊也会发生非致命的损伤或肌肉骨骼损伤，这与饲养的家犬攻击有关。

4.9.1.1 流行病学

关于家畜的捕食者-猎物关系的学科是非常复杂的，涉及经济、生态、伦理和社会学等问题。总体而言，对于捕食更完整的讨论，读者可以参考其他资料（Gaafar et al，1985；Rollins，2001；Shelton，2004）。

在澳大利亚、美国和大部分热带地区，山羊被捕食是一个难题。在澳大利亚，捕食者随着山羊类型和其地理位置不同而不同，但普遍认为是幼畜死亡的一个重要原因（Holst，1986）。野生山羊的幼崽被狐狸、野犬、野猪和猎人等捕食。特别是在半农业区或郊区的，奶山羊主要被当地的家犬所捕食。安哥拉山羊的幼崽被狐狸、老鹰、城市内的犬和野犬捕食。在澳大利亚南部，绒山羊羊群被狐狸捕食，它们一般在夜间攻击，主要目标是幼畜。然而，狐狸捕食对幼畜造成的损失可能小于被抛弃和怀孕流产所造成的损失（Long et al，1988）。

美国研究了毛用山羊和奶山羊被掠食的情况。在得克萨斯州南部，安哥拉山羊主要是被幼年狼攻击，其次为山猫。虽然，幼畜的大幅减少主要归因于捕食，但积极的控制捕食者数量对减少损失作用不大。成年山羊不会成为被捕食者，除非幼畜被完全杀死。在狼群密度高的地区，采取的控制措施对防止幼畜被捕食是无效的（Guthery and Beasom，1978）。1999 年，美国

亚利桑那州、新墨西哥州和得克萨斯州三个主要的山羊养殖区，有 61 000 只山羊和幼畜遭捕食，经济损失达 340 万美元（Howery and DeLiberto，2004）。

路易斯安那州的 84 个山羊农场中，家犬被公认为是最常见的捕食者（Hagstad，1987）。袭击主要发生在晚上，此时光线暗，有 80% 的山羊被直接咬死或濒临死亡，只有 20% 的可存活下来。有四个方法可以有效减少山羊被攻击：晚上将山羊圈起来，使用夜间照明，将山羊养在住宅附近，喂养牧羊犬。来自美国各地的说法是，在夜间将家犬放开，可以极大地保护奶山羊遭攻击。随着狼群数量的逐渐增长，新英格兰地区越来越多的羔羊遭到狼群袭击。

在热带地区，捕食是造成损失的一个原因，在晚间把山羊圈起来是减少损失的最基本的方法（Devendra and Burns，1983）。在马里中部的一项研究中，17% 的山羊死亡是由于幼畜的"失踪"，推测是不受控制的家养犬和没人看管的牧羊犬捕食的结果（Traore and Wilson，1988）。在印度尼西亚西帝汶，牧民确认犬和猪的掠食是幼畜死亡的第三大原因，仅次于脐带感染和肠炎（Gatenby，1988）。

家犬比野生捕食者更能使动物受伤，而不是直接杀死山羊。家犬围成口袋状，羊群几乎没有逃生路线，以满足它们娱乐的目的。比起食物掠取，这样会使更多的山羊受伤。因为山羊和绵羊个体小，而且没有侵略性，所以更容易作为犬的攻击目标。

4.9.1.2 临床症状与诊断

捕食的证据是不确定的。如果幼畜失踪了，而且当地有捕食者存在时，通常认为是被捕杀了。实际上牧民可能会看到捕食行为，或者捕食者靠近畜群。在没有看到捕食者攻击的情况下，可根据一些证据推测捕食者的类型（Guthery and Beasom，1978；Squires，1981；Long et al，1988）。例如，郊狼是最常见的攻击幼畜的掠食者，它们会将猎物完全吃掉。郊狼毛在家畜附近出现，可能会成为郊狼参与袭击的证据。狐狸会撕开腹部吃掉内脏，将部分尸体埋葬，而非完全吃掉。当有小块尸体残存，并有广泛散在的血迹时，掠食者可能是猪。颅骨、胸腔或腹部有 2～4 个深且穿透性伤口时，掠食者可能会是鹰。

捕食引起的死亡必须与其他原因引起的动物死亡相区别。动物遭掠食后，会有大量出血，伤口周围也会有血迹残留。乌鸦会清除这些血迹，导致伤口看不到残留的血迹。乌鸦食腐肉的证据包括将动物的眼、舌以及通过肛门或肚脐将内脏啄食。

在犬类的袭击中，伤口常见于身体两侧和后躯，表明动物间发生互相追逐，尸体可能并不会被吃掉。攻击后幸存的动物可能会表现不同程度的损伤，有的表皮和肌肉创伤，有的大量失血，出现休克等严重创伤，有的可能出现骨头粉碎性骨折和由于深咬造成的内脏损伤。所有的撕咬都可造成继发感染。虽然肉体的伤口比较明显，但不应忽视腹部和胸部撕咬后，由于继发腹膜炎或脓胸造成的动物死亡。

4.9.1.3 治疗

治疗被攻击的山羊，很大程度上取决于经济状况。当动物是作为宠物山羊用于观赏或作为种畜时，有必要进行积极的药物治疗，可通过输液、输血和用皮质类固醇激素治疗休克或者失血。在受伤严重的情况下，应立即注射广谱抗生素，并至少连用10d。有时需要等到病畜病情稳定后才可进行外科手术，有时通过外科手术治疗内脏损伤也是很有必要的。如果动物刚受到攻击受伤不久，兽医人员可直接缝合皮肤和伤口。如果伤口出现化脓或坏死，应让伤口保持开放，设置引流装置。当可能存在蚊蝇叮咬时，应在伤口喷洒外用杀虫剂。恢复期，病畜应在干净、温暖、干燥的环境中饲养，并饲喂高营养的饲料，同时有必要预防破伤风。

在商业化养殖场中，受伤动物的治疗可能会受到经济因素的制约。大量动物在受到犬攻击后，兽医应帮助农场主最大限度地减少经济损失。受到捕食者攻击后，一些用于照料绵羊的建议同样适用于山羊（Dille，1985）。

受伤山羊的毛和没有严重损伤的兽皮，都可以收集后出售。如果动物尸体新鲜，也可作为动物食用饲料。例如，水貂养殖场。如果允许诱捕，动物尸体也可以用来作为诱饵诱捕捕食者，以补偿受犬类攻击的农场主。在一些地区，这可能是当地政府对受损畜主的一种补偿。

重伤或不可能存活的动物可被宰杀供人食用，除非怀疑捕食者患有狂犬病。如果动物体温高于或低于正常值，则不应被宰杀。伤口周围应当进行细心修剪。受攻击后无法行走的动物，或发现体腔有穿刺伤的动物，应进行紧急屠宰。

4.9.1.4 控制

在养殖场或放牧群中，防止动物被捕食的方法有很多。通过诱捕、下毒或射杀等方法可主动消灭捕食者，但应服从当地法规，同时要权衡控制捕食者的成本和羊群的经济损失。不同情况下需要不同的措施。当家犬参与攻击时，养殖户必须确保遵守控制流浪犬的地方条例，并严格执行。从1972年开始，美国禁止采用毒药诱饵控制捕食者的行为，而且在一些州，对郊狼施行的其他方法也可通过投票被限制和取消，如设圈套、诱捕、使用M-44氰化钠喷射器和气枪，以及对牲畜使用项圈等行为（Andelt，2004）。

因为控制捕食者的方法越来越受到限制，所以使用某些动物守卫小反刍兽免受侵害已成为比较有效和人道的方法（Andelt，2004）。在亚洲和欧洲，选择性地大量繁殖一些品种的犬作为守护犬，保护小反刍动物免受熊的伤害，在美国越来越流行。这些犬类包括大比利牛斯犬、土耳其阿卡巴士犬、安纳托利亚牧羊犬、可蒙多犬，以及马雷玛犬和莎尔犬。据报道，在美国，护卫犬可以有效地阻止郊狼、黑熊、灰熊、美洲狮，但对狼未必有效（Andelt，2004）。驴和骆驼也被用作畜群的守卫者，因为他们的优势在于与山羊所吃的食物一样，因此不需要像犬一样单独喂养。美洲驼可特别有效的对抗犬类、郊狼和狐狸，因为它们对犬科动物具有天然优势。成熟的雄性美洲驼会对异性发情，所以雌性或去势的美洲驼会优先考虑。尽管设置围栏费用较高，而且对防卫捕食者效果不佳，但在澳大利亚，栅栏有助于畜主防止绵羊遭受野犬的攻击。

当捕食者成为一个安全问题时，至少应在山羊产羔时增加对畜群的监控。如果管理条件允许，应将产羔山羊限制在一定的安全区域。在夜间，这些山羊应关在有照明设施的圈舍中。如果畜群在居民居住区附近，安全控制将大大改善。

4.9.2 骨折

虽然骨折的流行和诱发因素等流行病学数据非常有限，但骨折在山羊是比较常见的。

4.9.2.1　流行病学

骨折的发生常与饲养环境的各种危险因素有关。所有类型的门、围栏和圈舍材料在使用前都应仔细评估，以免山羊的四肢和脖颈卡在空隙中造成伤害。山羊的好奇心及攀爬本能可能随时会被栅栏或门卡住。笔者的经验是，在集约化养殖中，链条连接的围栏特别容易造成山羊四肢的骨折。如果受到惊吓或其他山羊拥挤，动物会抬起双腿试图越过围栏，这样就会使其缠在围栏中。争斗也可能造成骨折。在美国，犬类攻击造成山羊四肢骨折也是另一个常见的原因。已经存在的骨骼疾病，如骨髓炎、慢性氟中毒、纤维性骨营养不良或佝偻病等也容易引起骨折。

来自印度的两项调查对山羊骨折给出了不同的看法。在海萨，大部分骨折发生在1～3岁的山羊。为减少骨折发生频率，研究人员观察了股骨、胫骨、掌骨或跖骨、趾骨、肱骨、桡骨、尺骨等的骨折情况（Singh et al，1983）。股骨骨折比较常见的原因是，农村附近自由放牧的山羊从后面遭到车的撞击。在兰契，骨折通常发生在6月龄以下的山羊。最常发生骨折的频率，从高到低依次为掌骨、跖骨、股骨、胫骨、桡骨、尺骨、肱骨、趾骨。前肢和后肢骨折的发生概率大致相等。这些骨折的发生被认为与土壤中钙、磷缺乏和山地丘陵地区有关。病史分析表明，骨折原因包括山坡上吃草导致的滑倒（54%）、玩耍或嬉闹（24%）、汽车事故（18%）以及四肢被电线缠绕（4%）等（DASS et al，1985）。

4.9.2.2　临床症状与诊断

骨折通常通过跛足的急性发作、四肢不协调或者明显的捻发音来进行鉴定。营养缺乏造成的骨折在一般的体检中不易被发现。使用X线照相有助于确定骨折的部位。

4.9.2.3　治疗

在幼畜中，简单夹板固定治疗末端骨折是经济实用的。牙刷和PVC管可作为幼畜闭合性骨折的夹板材料，3周内便会愈合。成年的家畜可能需要5～6周才能痊愈。已报道过大量成功处理骨折的方法，包括桡骨和尺骨骨折的压缩金属板固定（Bacher and Potkay，1975）；在胫骨骨折时先将整个肢体用模型固定，接着用罗伯特琼斯绷带包扎（Mbiuki and Byagagaire，1984）。在尺骨和桡骨骨折时，单独使用石膏模型并不是一个十分理想的方法（Buchoo and Sahay，1987）。

当骨髓炎或永久性神经损伤使骨折愈合不良及肢体功能恢复不彻底时，截肢是挽救山羊的有效方法（Misk and Hifny，1979）。下肢可从髋部脱离，或从股骨中间进行截肢。治疗好的山羊会很快适应三条腿的生活。

4.9.2.4　控制

如果骨折在畜群中不是零星的散发，应考虑围栏的基本结构或营养不良方面的问题。因为这些因素可能是引起山羊骨折发病率增加的诱因，同时注意日粮中钙、磷和维生素D的水平。

4.10　肿瘤性疾病

山羊很少患骨骼和肌肉的原发性和转移性肿瘤。据报道，有一例山羊肋骨和胸骨软骨肉瘤的报道（Cotchin，1960）。另外，在一只10岁吐根堡去势山羊，之前肱骨骨折后修复的部位形成了骨原性肉瘤；另一只10岁雌性吐根堡杂交山羊的下颌骨骨瘤导致其下颌脱位（Steinberg and George，1989）。几种非骨骼方面的肿瘤对山羊上、下颌有影响，如果涉及上颌窦，可引起动物面部扭曲、牙齿错位、吞咽困难或喘鸣。这些肿瘤包括口腔腺癌（Lane and Anderson，1983）、骨化性纤维瘤（Pritchard，1984）、鼻乳头状腺瘤（Pringle et al，1989）及淋巴肉瘤（Craig et al，1986）。研究人员发现，淋巴肉瘤可渗透到长骨的骨髓中。

（蒙学莲　郭爱疆）

山羊临床实践基本原则

有关山羊神经性疾病传播的信息很有限。美国的一项调查研究表明，羊神经性疾病的尸体检出率仅为 5%（Lincicome，1982）。尽管检出率很低，但神经性疾病仍是羊的一种很重要的疾病。像狂犬病和李氏杆菌病是很严重的潜在人兽共患传染病一样，需要准确的诊断。一些山羊神经性疾病，如有机磷中毒和伪狂犬病的传染性很低，但能够导致很高的发病率和死亡率。另外，脑灰质软化症和新生羔羊脑膜炎的发生说明管理出现了问题，以及饲养员培训的重要性。羊瘙痒症是必须上报的疾病，这样便于实施恰当的控制措施。山羊神经性疾病的准确诊断和完善管理对于兽医工作人员将是一项临床挑战。

除了一些特例外，大多数的山羊神经性疾病在本章都会涉及。妊娠毒血症、低镁血症和产乳热是主要的营养性疾病，将会在第 19 章讨论。羊心水病表现出神经性和心脏疾病的特征及血管炎症状，将在第 8 章详细讨论。有关山羊关节炎-脑炎（CAE）神经性方面的内容将会和反转录病毒疾病相关的绵羊肺腺瘤病——绵羊髓鞘性脑白质炎一起讨论。不过 CAE 在第 4 章中已有涉及，因为关节炎是很常见的疾病。最后肝性脑病的病因将在 11 章讨论。

5.1　临床重要的背景信息

5.1.1　解剖学和生理学

山羊大脑的 23 个横剖面图谱已经出版（Yoshikawa，1968）。山羊中枢神经和外周神经系统的大体解剖结构已经在其他文献有所描述，并且和绵羊、牛进行过比较（Dellmann and McClure，1975；Godhinho and Getty，1975；Ghosal，1975）。在出版的资料中，关于山羊神经生理学的研究很少，种属特异性的临床神经生理学没有研究。丘脑黑皮症经常在棕色山羊（偶尔见于白色山羊）死后剖检时附带检出，但是没有明显的临床症状（Bestetti et al，1980）。能影响山羊神经性疾病临床评价的一种高发的结构异常情况是椎体数目的高度变化和过度性椎骨（Simoens et

al，1983）。这种变化可使在腰荐部穿刺脑脊液的技术变得复杂化，也影响 X 线检查和脊髓造影的结果判读。有关脊椎异常的细节在第 4 章进行了介绍。

5.1.2　神经学检查

山羊较小的体型和群居协作性有利于其神经学检查的彻底进行，应该制定一套合理、系统的检查方法。小反刍动物神经学检查方法和手段已经成熟，且与其他一些小动物的检查方法相似（Brewer，1983；Constable，2004）。神经学检查包括 5 项评价因素：精神状态及行为、脑神经功能、肢体反应、运动能力和脊椎反射。有关中枢神经系统不同区域损坏的表现类型见表 5.1，脑神经功能评价的相关细节见表 5.2。

5.1.3　脑脊髓液检查分析

脑脊髓液（CSF）检查分析为羊病广泛的诊断方法，从寰枕和腰荐部的蛛网膜下腔中收集 CSF。要完成寰枕部的操作需要对山羊进行深度镇静或全身麻醉，一般采用的方法包括静脉注射安定（总量为 5～10 mg）；按照 0.1mg/kg 体重的剂量肌内注射赛拉嗪；按照 15mg/kg 体重的剂量静脉注射硫喷妥钠；使用氟烷进行吸入麻醉（Brewer，1983；Chandna et al，1983）。腰荐部的操作可通过镇静完成，如果风险较高，则可对山羊进行人工保定。无需镇静进行的腰荐部脑脊液穿刺最适合于昏迷、麻痹或严重瘫痪的山羊。由于异常 CSF 的特性不一定均一，所以为更准确地检测样本，应在最靠近病变的部位进行采集。任何部位的样本采集都必须严格在无菌条件下操作，以避免医源性脑脊膜炎的发生。

进行寰枕部穿刺时，山羊应侧卧。头部与颈椎垂直，以便头颈部与桌面保持平行。颈部过度弯曲可抑制气管中的空气流通，尤其是对于放置气管插管的山羊。皮肤的穿刺位置位于背中线与寰椎翼最前端的假定交叉处。理想的脊髓针长约 2.5 英寸（6.4 cm），但也可使用普通的 1.5 英寸（3.8 cm）20 号或 22 号的一次性穿刺针（Brewer，

1983)。针头应对着下颚的方向刺入，通常刺入蛛网膜腔内深度为1~1.5英寸（2.5~3.8 cm）的位置。为了防止刺透，穿刺时应时刻观察。正确的穿刺方法应该垂直于背中线，以免引起椎旁的静脉窦出血。

当针头进入蛛网膜下腔并移除针芯后，CSF会很容易地向外流出。液体被导入收集管或者用注射器慢慢抽吸，如果CSF迅速从针头处流出，提示增加的CSF压力和快速的CSF流出或被快速抽吸可能会造成脑后疝。可以在穿刺针末端连接一个三向的活塞压力计来记录CSF的压力。如果CSF的压力没有升高，在压力小于0.22mL CSF/kg体重之前均可顺利抽取CSF。平均起来，成年的山羊体内含CSF 20~25mL，其中心室为8~12mL（Pappenheimer et al, 1962）。

表 5.1 神经系统不同区域病变的临床症状

神经系统部位	可能出现的临床症状
自主神经系统	瞳孔缩小或扩大，流涎，肠道蠕动增强或减弱，排泄物变化和排尿节制，肌肉抽搐
大脑	精神状态异常，癫狂，兴奋过度，癔症，抑郁，昏迷，行为异常，惊厥，磨牙，持续咀嚼，打哈欠，咀嚼无力，具有正常瞳孔反应的失明，步态变化，强迫行走或原地转圈，对侧本体感受性缺失
小脑	无其他缺陷的小脑动作失调，四肢运动范围过度，可能出现有意识的震颤，恫吓试验缺失（也包括颅神经、大脑、脑干）
前庭系统	同侧头部倾斜，转圈运动，步伐蹒跚，轻度偏瘫，眼球震颤
脑干	身体同侧无力，动作失调，痉挛状态，本体感受性缺失
颅神经	视力、嗅觉、听觉、吞咽能力丧失；音调、运动控制或面部结构感觉改变；眼球位置异常
脊髓C1~C6	动作失调和受影响的失去本体感受肢体能力减弱，潜在的四肢丧失功能，通常为后肢，受影响的肢体反射加强，皮肤感觉丧失
脊髓C7~T2	动作失调和受影响的失去本体感受肢体能力减弱，前肢和后肢同等丧失能力，后肢反射亢进，皮肤感觉丧失
脊髓T3~L3	动作失调和受影响的失去本体感受的后肢肢体的能力减弱，后肢反射机能亢进，前肢正常，皮肤感觉丧失
脊髓L4~S2	动作失调和受影响的失去本体感受的一只或两只后肢肢体的能力减弱，后肢反射机能亢进，前肢正常，皮肤感觉丧失
脊髓S1~S3	膀胱膨胀和大小便失禁；羊的脊椎到S3段，蛛网膜下腔延伸到第二尾椎
外周神经	伸展困难，俯曲，内收，单肢肌肉萎缩；受影响肢体局部皮肤感觉丧失，反射减弱
神经肌肉结点	全身无力，肌肉抽搐，或震颤

注：C=颈部脊髓节段，T=胸部脊髓节段，L=腰部脊髓节段，S=骶骨部脊髓节段。

关于腰荐部的穿刺，山羊要进行侧位保定，而且要尽可能将穿刺部位的脊椎弯曲。穿刺点在背中线与双侧荐结节连线交叉处，这个部位通常有一个可触及的凹陷。如果不对山羊进行镇静，可在穿刺部位用利多卡因进行局部传导麻醉。如果存在异常的腰荐椎，则可影响穿刺部位的确定和穿刺效果。如果尝试多次后失败，则可在L5~L6处进行穿刺。通过触摸荐椎前最靠后的两个背侧棘突确定位置，在两个棘突之间的背正中线处进行穿刺。在L4~L5处也可用相似的方法。

全身麻醉下，在山羊第三脑室进行的穿刺技术已经有所描述（Mogi et al, 2003）。在试验过程中如需要多次采样，则可重复进行。

有些关于CSF的阐述可能不需要试验数据支撑。正常的CSF无色、澄清，混浊提示因细胞和蛋白增加引起的炎症反应。CSF黄变提示里面存在血液，可能与创伤有关。在脑灰质软化、脑积水和大脑水肿等情况下，可表现为CSF的压力升高。检查尿液的试纸条也可用于CSF检测（Brewer, 1983）。CSF中应没有血液，蛋白含量高于1$^+$属于异常情况，葡萄糖过低提示有细菌性脑膜炎。

表 5.2 山羊脑神经功能的评价

正常山羊所观察到的行为、状态或测试反应	负责正常行为、状态或反应的脑神经和其他神经系统组成
山羊能够看见	Ⅱ，大脑，连接通路，眼睛
正常威胁反应（眼睑在受到非接触威胁时作出的反应）	Ⅱ，Ⅶ，大脑，小脑，脑干
两侧瞳孔大小相同	Ⅱ，Ⅲ，交感神经系统，脑干
正常瞳孔对光反射	Ⅱ，Ⅲ
眼睛在头部的位置正常	Ⅲ，Ⅳ，Ⅵ，Ⅶ
触碰角膜时眼球回缩	Ⅲ，Ⅴ，Ⅵ
颌和鼻孔感觉正常	Ⅴ
眼角被触碰时眼睑闭合反应	Ⅴ，Ⅶ
眼内部被触碰时眼睛颤动	Ⅴ，Ⅵ，Ⅹ
当用针刺激唇联合时唇正常回缩	Ⅴ，Ⅶ
鼻孔对称和运动正常	Ⅶ
耳朵在正常的位置	Ⅶ
眼睑保持正常的开张	Ⅲ，Ⅶ，交感神经系统
山羊对声音的反应	Ⅷ
头部保持正常的位置	Ⅷ，大脑
抬头时眼球平稳地轻度下垂	Ⅷ
正常前庭性眼球震颤	Ⅲ，Ⅳ，Ⅵ，Ⅷ，脑干
非自发的眼球震颤	Ⅷ
吞咽和舌运动正常	Ⅸ，Ⅹ，Ⅻ
舌感觉正常	Ⅻ

注：Ⅰ＝嗅觉 n.，Ⅱ＝视觉 n.，Ⅲ＝眼球运动 n.，Ⅳ＝滑车神经 n.，Ⅴ＝三叉 n.，Ⅵ＝外展 n.，Ⅶ＝面部 n.，Ⅷ＝前庭耳蜗 n.，Ⅸ＝舌于喉 n.，Ⅹ＝迷走神经 n.，Ⅸ＝脊椎附属 n.，Ⅻ＝舌下神经 n.。

表 5.3 介绍了山羊 CSF 中细胞和化学成分的正常实验室值。葡萄糖含量在正常情况下应占血液的 60%。在 CSF 穿刺中，用赛拉嗪对山羊进行镇静，30min 内 CSF 中的葡萄糖浓度可以翻倍。

5.1.4　成像技术

平面 X 线摄影术在鉴定骨骼病变时是否影响脑和脊椎的完整性方面非常有用。在脑膜和脊髓的髓内外，脊髓造影术有助病变的鉴定和定位。对山羊进行脊髓造影术时的药剂和定位与 CSF 穿刺相似。山羊寰枕部、腰椎部位的脊髓造影术操作和应用已被描述（Chandna et al，1978；Rowe，1979；Chandna et al，1983）。脑血管造影术可对山羊多头蚴病进行诊断和外科治疗（Sharma et al，1974）。利用^{99m}Tc 放射标记的闪烁显像作为辅助诊断器，将山羊一般为 3 周龄且后肢有明显轻瘫症状（Alexander et al，2005）。图像质量在注入含有放射标记的药品 4h 后为最佳状态。

尽管电子计算机断层扫描（CT）在对山羊的临床实践中有一定的局限性，但用 CT 对山羊局部解剖的研究已有描述（Arencibia et al，1997）。对截瘫的成熟波尔山羊，CT 被作为辅助诊断设备（Levine et al，2006）。经过扫描可显示出压迫性脊髓病。CT 同样应用于诊断神经胶质瘤，该瘤出现在成年雄性山羊脑部右侧皮层额顶骨，患病山羊的转圈症状持续至少 1 周（Marshall et al，1995）。核磁共振成像（MRI）已经用于一只患有轻度截瘫山羊腰部肿胀的检测，确定为脊髓压迫（Gygi et al，2004）。通过尸检证明，肿块是淋巴肉瘤。MRI 作为神经性疾病的一种诊断方法，已用于 5 月龄山羊因关节炎-脑炎引起的后肢麻痹的诊断（Steiner et al，2006）。MRI 也被应用于 2 个月大的波尔山羊脑灰质软化的诊断，鉴别额顶骨的尿含量损害双向性及对称性（Schenk et al，2007）。

表 5.3 山羊脑脊髓液组分的标准值

成分	单位	平均值	幅度（±标准偏差）	文献
天冬氨酸转氨酶	IU/L	79.8	(±27)	Aminlari and Mehran，1988
钙	mg/dL	4.6*		Kaneko，1980
	mg/dL	9**	5.5～14.5	Cissik et al，1987
氯化物	mEq/L		116～130	Cissik et al，1987
葡萄糖	mg/dL	56		Fletcher et al1，964
	mmol/L	1.8	(±0.8)	Aminlari and Mehran，1988
乳酸脱氢酶	IU/L	8.9	(±9.3)	Aminlari and Mehran，1988
镁	mg/dL	2.4	1.7～3.2	Cissik et al，1987
潘德反应***		阴性	阴性	Brooks et al，1964
酸碱度			7.3～7.4	Brooks et al，1964
磷	mg/dL	11.6		Brooks et al，1964
钾	mEq/L	3		Kaneko，1980
钠	mEq/L	131		Kaneko，1980
比重		1.005	1.004～1.008	Fletcher et al，1964；Brooks et al，1964
蛋白总量	mg/dL	12	0.0～45	Smith，1982；Kaneko，1980；Brooks et al，1964
	mg/dL	29.6	(±15.1)	Aminlari and Mehran，1988
尿素	mg/dL		5～6.2	Brooks et al，1964
白细胞****	♯/mm³		0～9	Smith，1982；Fletcher et al，1964

注：* 未指定山羊的性状；** 妊娠的羊；*** 潘德反应为半定量的沉淀试验，是一种检验脑脊髓液中是否存在球蛋白的方法，正常情况下球蛋白是不存在的；**** 常见的细胞一般为淋巴细胞、巨噬细胞和完整的中性粒细胞。在正常山羊的脑脊髓液内，红细胞并不存在。

5.1.5 脑电图（EEG）

山羊标准的脑电图记录了其变化的意识状态和反刍情况（Sugawara，1971；Bell and Itabisashi，1973）。有关试验性疾病条件下的山羊脑电图也已被报道，如尿素中毒（Itabisashi，1977）、百慕大草引起的震颤现象（Strain et al，1982）成年努比亚山羊母羊出现的癫痫症（Olcott et al，1987），山羊显现出的茄属毒性中毒（Porter et al，2003）。

几个与生理学有关的研究也记录了山羊的脑电图（Sugawara et al，1989；Bergamasco et al，2005，2006）。对于山羊来讲，测定脑电图的双频谱指数对监测异氟醚麻醉的程度非常有帮助（Antognini et al，2000）。对脑灰质软化的临床评估，视觉诱发电位和视网膜电流图的应用也有提示说明。山羊具有临床失明症状时，其视网膜电流图是正常的；但在疾病的急性期，其视觉诱发电位异常。在山羊治愈后 1 年恢复其视觉，这时视觉诱发电位呈现正常的记录（Strain et al，1990）。

5.2 基于临床症状的神经性疾病诊断

在发病过程中，很少有山羊表现出单个的、孤立的神经症状，通常是多个症状连续或同时发生。因此，后面将会讨论如何通过表现出来的症状诊断神经性疾病。在不同的标题下，作为临床症状出现的原因，同样的疾病可能会重复出现。当使用列表时，应该挑选最具代表性的且参考本书有关疾病详细讨论。地域和管理类型不同，病因也会有相当大的差异。因此，这些症状出现的病因不能通过出现的频率判断，而应通过病原学分类判断。

5.2.1 精神状态改变和行为异常

5.2.1.1 兴奋或狂躁

兴奋或狂躁的症状包括狂叫、抵抗或对触碰反应过度、感觉过敏、恐惧和攻击性、狂暴、漫无目的地奔跑、强制性行走、头部受压、持续性咀嚼、磨牙或不停地眨眼等。

传染性病因包括患有狂犬病、伪狂犬病、博尔纳病、心水病、绵羊瘙痒症、细菌性脑膜脑炎。由热铁去角引发的热性脑膜脑炎也会引起以上症状。寄生性病因包括多头蚴病、眩倒病、牛锥虫病（羊狂蝇幼虫移动时迷路进入大脑）、乳突类圆线虫病。

代谢病因包括脑灰质软化、妊娠毒血症、手足抽搐。肝病的继发性肝性脑病会引起感觉过敏或头部受迫。

引起山羊兴奋的毒性药剂包括有机磷酸盐、氯化碳氢化合物、氯化烃类、氰化物、硝酸盐类、尿素、硝基呋喃类和山枸矮毒木（卡尔文斯基属）。

在治疗时，胃肠外左旋咪唑或伊维菌素注射可能会引起部分山羊短暂的兴奋。受侵袭的山羊被注射后疯狂地四处奔跑，头不断地摇动。实际上，几分钟后所有的山羊就会恢复正常，且没有任何残留效应。这是根据在注射部位的局部刺激推断的。相反，注射过量的左旋咪唑能引起具有兴奋症状的神经性中毒。

5.2.1.2 昏迷状态

传染性病因包括脑膜脑炎、伪狂犬病和羊传染性肠毒血症。代谢病因包括脑灰质软化病、妊娠毒血症和生乳热。肝炎的继发性肝性脑病和尿毒症可以导致昏迷和尿毒症。

中毒病因包括马利筋（*Asclepias*）、草酸盐、盐、有机磷酸盐、氨基甲酸盐和氯化物杀虫剂中毒。

头部损伤伴随硬脑膜下出血时能导致昏迷。虽说经常性的抵角对于羊是很正常的事情，但是偶尔也会引起严重的损伤。

5.2.2 羊脑神经缺陷的症状

见表5.2。

5.2.2.1 视觉异常

与羊脑神经相关的瞳孔功能异常、失明、眼睑功能和感知异常的鉴别诊断在第6章讨论。

5.2.2.2 面部神经麻痹

面部神经麻痹特有的症状包括耳下垂、眼睑下垂、脸部肌肉松弛和流涎。

传染性病因包括山羊关节炎/脑炎、李氏杆菌病、脑脓肿、中耳炎和内耳炎。次于由兔痒螨（*Psoroptes cuniculi*）引起的耳疥癣，继发鼓膜破裂，可导致面部神经瘫痪和前庭病症状。随着病程的延长，面部神经损伤也有可能发生。

5.2.2.3 吞咽困难

吞咽困难的神经学病因包括狂犬病、山羊关节炎/脑炎、细菌性脑膜脑炎和李氏杆菌病。

在第10章，将阐述许多引起吞咽困难的非神经病学原因。在检查山羊时应该带手套，因为吞咽困难可能是由狂犬病引起的。

5.2.2.4 头部倾斜

山羊持续的头部倾斜（一只耳朵高一只耳朵低）表明存在前庭功能障碍。

传染性病因包括山羊关节炎/脑炎、李氏杆菌病、脑脓肿、中耳炎和内耳炎。

寄生性病因包括由纤弱麋圆线虫和其他麋圆线虫、指状鬃丝虫引起的线虫病，多头蚴病和继发性鼓膜破裂导致的耳疥癣虫感染（Wilson and Brewer，1984）。

有关山羊淋巴肉瘤浸润脑垂体和产生的头部倾斜也有报告。淋巴肉瘤的讲解见第3章。脉络丛癌也会引起山羊头部倾斜。

5.2.2.5 耳聋

在临床检查，主观解释和鉴定耳聋是不易的。尽管如此，初生山羊的先天性耳聋也能够被鉴定。耳炎也会引起耳聋。

5.2.3 无意识反应

5.2.3.1 肌肉震颤

在检查的过程中，部分山羊会由于恐惧而本能地震颤或战栗。这应当和神经性功能障碍区分开。震颤的传染性病因包括狂犬病、绵羊痒病、山羊关节炎-脑炎、博尔纳病和细菌性脑膜脑炎。震颤也可能是破伤风的前期症状。代谢性病因和营养原因包括血糖过低、脑灰质软化、低镁性手足抽搐、肝性脑病、羔羊蹒跚病和羊缺铜病。

中毒性病因包括苦草和橡胶草（*Hymenoxys* spp.）、山枸矮毒木（*Karwinskia humboldtiana*）、热带苏打苹果（*Solanum viarum*）、番薯、百慕大干草（*Cynodon dactylon*）等植物性中毒；还有氰化物、硝酸盐、草酸盐、盐、硼、有机磷酸盐、氨基甲酸盐、氯化物杀虫剂、尿素、左旋咪唑过量和误饮柴油燃料。肌肉震颤的遗传原因是β-甘露糖苷病。

5.2.3.2　惊厥（发作）

传染性病因包括伪狂犬病、博尔纳病、羊传染性肠毒血病、破伤风、细菌性脑膜脑炎、心水病。

寄生性病因包括多头蚴病及眩倒病（脑中有畸形的羊蝇幼虫）。代谢性病因包括脑灰质软化、低镁性手足抽搐、妊娠毒血症、低血糖症和肝性脑病。

中毒性病因包括有毒的植物苦草或小葵花和乳草属植物中毒。非植物中毒的原因包括有机磷、氨基甲酸盐、氯化烃杀虫剂、过量左旋咪唑、地乐酚杀虫剂、五氯苯酚木材防腐剂。铅和盐中毒也有可能引起惊厥，但是相关的记录很少。

山羊静脉注射 6mg/kg 利多卡因会引起惊厥，剂量为 37mg/kg 时会引发循环虚脱（Morishima et al，1981）。对小山羊作局部麻醉注射利多卡因时很容易过量。

在努比亚目山羊体，原因不明的局限性癫痫病也会成为惊厥的原因（Olcott et al，1987）。

5.2.3.3　眼球震颤

传染性病因包括狂犬病、山羊关节炎/脑炎、李氏杆菌病、脑脓肿、耳炎。寄生虫病因包括脑脊髓的线虫病，线虫是纤弱麂圆线虫、其他麂圆线虫或指状鬃丝虫、多头蚴虫。代谢病因有脑灰质软化。

中毒病因包括黄芪属的洛苛草中毒和盐中毒。遗传性的 β-甘露糖苷会引起新生山羊的眼球震颤。

5.2.3.4　瘙痒症

如第 2 章介绍，皮肤瘙痒是山羊最主要的皮肤病。神经原性的瘙痒症更为严重，山羊群甚至达到自残的程度。山羊神经原性的瘙痒症源于传染源或寄生物，可能来源于狂犬病、伪狂犬病、绵羊痒病、纤弱麂圆线虫和其他麂圆线虫病。

5.2.4　步态异常

5.2.4.1　转圈

山羊转圈可能是大脑或前庭病变的结果。由大脑受损发生转圈的山羊，会出现行为异常或精神异常。由于前庭受损，因此除了做转圈运动外，还有可能头部受限、倾斜、眼球震颤、轻偏瘫、头部神经缺陷如颜面神经麻痹。引起转圈的

传染性病因包括狂犬病、山羊关节炎/脑炎、博尔纳病、李氏杆菌病、脑脓肿、中耳炎、内耳炎、心水病。

寄生性病因包括由纤弱麂圆线虫、其他麂圆线虫、指状鬃丝虫引起的脑脊髓线虫病，牛锥虫病，多头蚴病及眩倒病。

代谢和营养病因是脑灰质软化。

有报告称肿瘤也是引起转圈运动的病因，在成年的山羊大脑中发现了神经胶质瘤（Marshall et al，1995）。

中毒性病因包括植物、含氯化烃的杀虫剂、硝基呋喃中毒。

5.2.4.2　运动过度

有关报告指出，山羊关节过度弯曲的高抬腿步态见于多头蚴病、山枸矮毒木中毒和羔羊蹒跚病。作者在成年萨能羊公羊尸检过程中发现，其颈部脊椎组织有明显的局部脑膜瘤占位。

5.2.4.3　共济失调

共济失调的症状大多见于脊髓有损伤而不是小脑和前庭损伤。大脑损伤偶尔会引起共济失调。症状包括蹒跚步态、左右摇动、肢体不能伸展或内收、站立或行走时四肢交叉、随意运动、站立不稳。当轻瘫伴随共济失调时很难区分。

传染性病因包括狂犬病、山羊关节炎-脑炎、李氏杆菌病、细菌性脑膜脑炎、脑脓肿、心水病。

寄生虫性病因包括由纤弱麂圆线虫、其他麂圆线虫、指状鬃丝虫引起的脑脊髓线虫病，以及多头蚴病、眩倒病蜱性麻痹，牛锥虫病，可能还包括乳突类圆线虫属引起的疹状症。

代谢和营养因素包括地方性乳热、脑灰质软化、低镁性手足抽搐、羔羊蹒跚病。

毒素因素包括摄入山枸矮毒木（*Karwinskia humboldtiana*）、黄芪属（*Astragalus* spp.）、美洲相思树（*Acacia berlanderi*）、苏铁科植物（*Cycas*）、泽米属（*Zamia*）、小泽米属（*Microzamia*）、波温铁属（*Bowenia* spp.）、乳草属植物（*Asclepias* spp.）、燕草属植物（*Delphinium* spp.）、毒芹（*Aethusa cynapium*）、茄属（*Solanum viarum*）、番薯属、被马伊德壳色单隔孢霉菌污染的玉蜀黍、百慕大干草（*Cynodon dactylon*）引起的植物中毒。

除了植物中毒外，还有溴化物、铅、盐、草

酸盐、尿素、氰化物、硝酸盐中毒；有机磷酸盐、氨基甲酸盐、氯化烃的杀虫剂污染；硝基呋喃、左旋咪唑注射过量。与脑或脑膜有关的淋巴肉瘤可引起动作失调（Craig et al，1986）。脉络丛癌同样会使山羊出现共济失调。先天性或遗传因素有半脊椎（Rowe，1979）。有篇报道关于两只年幼的寰枢的关节连接不良的安哥拉山羊，由于寰枢（椎）的脊椎退化导致动作失调。造成动作失调的病因包括多神经根神经炎和山羊关节炎-脑炎。

5.2.5　体位异常

5.2.5.1　角弓反张

颈部肌肉抽搐能导致头和颈部向后挺仰，在站立或侧卧的山羊身上都能观察到。下面特别介绍能观察到山羊角弓反张的疾病。然而，由于在惊厥时也能观察到角弓反张。因此，当两种症状同时出现时，应慎重考虑引起惊厥的原因。

传染性病因包括狂犬病、山羊关节炎-脑炎、羊传染性肠毒血病、破伤风、脑脓肿和细菌性脑膜炎。

弥散性弓形虫病在羊群中很少见，只有1例经鉴定的脑炎症状，包括角弓反张、颈斜和轻瘫。对死羔和胎儿的剖检中都发现大脑病变牛锥虫病可能是角弓反张发生的另一个病因。代谢和营养因素有手足抽搐和脑灰质软化。毒素原因包括苦草或小葵花属（*Hymenoxys* spp.）、黄芪属（*Astragalus* spp.）的植物毒素中毒，以及药物和氯化烃中毒。

5.2.5.2　轻瘫

导致轻瘫可能由脑干组织、脊髓、周围神经、神经肌肉结点损伤引起。四肢轻瘫、下身轻瘫、轻偏瘫或单肢偏瘫都有可能发生。症状表现为起身困难、肢体移动困难、站立时发抖、不能长时间站立、四肢弯曲。当出现轻瘫时，可能出现倾斜、下卧或向一边转动症状。当运动失调和轻瘫症状都存在时，仔细观察和进行彻底的神经病学检查是区分两者所必须的。

轻瘫的传染性病因包括狂犬病、山羊关节炎/脑炎、绵羊脱髓鞘性脑白质炎、李氏杆菌病和食物中毒。寄生性病因包括由纤弱麂圆线虫、其他麂圆线虫、指状鬃丝虫引起的脊髓线虫病、多头蚴病、蜱性麻痹。

代谢和营养因素包括地方性乳热、妊娠毒血症、羔羊蹒跚病、羊缺铜病。毒素病因包括摄入山枸矮毒木（*Karwinskia humboldtiana*）、黄芪属（*Astragalus* spp.）、粟米草（*Kallstroemia hirsutissima*）、乳草属植物（*Asclepias* spp.）、茄属（*Solanum viarum*）、番薯属、被马伊德壳色单隔孢霉菌污染的玉米引起的植物中毒。除了植物外还有这些因素，盐、溴化物、硼、有机磷、氨基甲酸盐杀虫剂、五氯苯酚中毒。

肿瘤原因引起的轻瘫很少见，但仍有关于淋巴肉瘤出现在脑膜（Craig et al，1986）和恶性黑色素瘤转移到脊椎的管内病例（Sockett et al，1984）。

先天或遗传的病因包括脑积水和安哥拉山羊的进行性麻痹。山羊的关节炎/脑炎病因未知，也会引起轻瘫或四肢轻瘫。

5.2.5.3　瘫痪

瘫痪是指身体各部位运动功能完全丧失，引起轻瘫的很多病因最终能发展成瘫痪。四肢麻痹、截瘫、偏瘫都可能发生在肢体上。由于病变的位置不同，因此四肢瘫痪可能会造成弛缓性瘫痪或麻痹。前者与反射减弱有关，后者与反射亢进有关。

传染性病因有狂犬病、伪狂犬病、山羊关节炎-脑炎、绵羊脱髓鞘性脑白质炎、博尔纳病、肉毒中毒、脑脓肿。

寄生虫性病因包括由纤弱麂圆线虫、其他麂圆线虫、指状鬃丝虫引起的脑脊髓线虫病以及蜱性麻痹。

代谢因素包括地方性乳热、地方性动物病共济失调、羊缺铜病。毒素原因包括采食了被马伊德壳色单隔孢真菌污染的玉米，以及有机磷酸盐、氨基甲酸酯杀虫剂中毒。

先天和遗传病因包括脑积水、脊椎或脊髓的先天畸形，如半脊椎畸形，安哥拉山羊的局部轻瘫。

外伤经常引起周围神经创伤而导致瘫痪。创伤可能发生在任何周围神经，山羊最常见的周围神经功能障碍是对坐骨神经的机械性损伤。机械性损伤是由较差的肌内注射技术或靠近神经部位注射刺激性的药物造成的。病情可能因为继发脓肿而更加恶化。坐骨神经损伤最典型的症状包括四肢运动迟缓，行走时蹄子拖在地上，四肢的大部分皮肤感觉丧失。由坐骨神经的转移性恶性黑色素瘤引起的肢体麻痹也有报道（Sockett et al，1984）。

山羊的桡神经麻痹经常由外伤引起。桡神经损伤的主要临床表现为前肢弛缓下垂，不能伸腕，和伸指，四肢不能行走。腕关节、球节、指部前侧皮肤感觉丧失。恢复由桡神经麻痹造成的四肢麻痹，可通过移植桡侧腕屈肌腱来实现，这种方案也有过介绍（Batcher and Potkay，1976）。脊椎的脊髓创伤会引起瘫痪，车辆撞伤和山羊之间的打斗是引起脊柱创伤最常见的原因。存在脓肿或与软骨病的个体，更容易发生椎骨骨折。

脑灰质软化，是一种未知病原的疾病，也会造成偏瘫或四肢麻痹。

5.3　病毒病和朊病毒

5.3.1　狂犬病

虽然狂犬病在羊群中的发病率低，但在羊神经性鉴别诊断中不应该被排除，原因有两个：第一，狂犬病是一种致命性的人兽共患病；第二，狂犬病的临床症状多变，还可能引起其他神经系统疾病。

5.3.1.1　病原学

病毒外形呈弹状，有囊膜，单股负链，属于弹状病毒科、狂犬病病毒属。病毒基因组编码5个蛋白质类：核蛋白、磷蛋白、基质蛋白、糖蛋白和核糖核酸聚合酶。狂犬病病毒是嗜神经性病毒，十分适应在哺乳动物的神经系统内复制。根据核蛋白基因的测序结果，狂犬病病毒属可分为7个基因型。除狂犬病病毒外，还包括拉戈斯蝙蝠病毒、蒙哥拉病毒、杜文哈根病毒、欧洲蝙蝠病毒1型、欧洲蝙蝠病毒2型、澳大利亚蝙蝠病毒。这些都被证实是人类和动物的病原，能够引起脑炎。

除狂犬病病毒是世界性分布外，其他病毒都是区域性分布，但有时也会同时发生。澳大利亚蝙蝠病毒只发现于澳大利亚。欧洲的蝙蝠病毒分布在欧亚大陆食虫的蝙蝠中。拉戈斯蝙蝠病毒、杜文哈根病毒、蒙哥拉病毒仅在非洲出现（Markotter et al，2006）。在尼日利亚山羊体内鉴定出了蒙哥拉病毒的中和抗体（Kemp et al，

1972；Nottidge et al，2007）。

在狂犬病病毒的基因型内，病毒变异与宿主种类和地理区域有关。可以通过植入单克隆抗体类的反应或核苷酸置换的遗传分析进行鉴定（Rupprechtet et al，2002）。比如在美国，有3种分离的狂犬病病毒变种传染给了臭鼬，发现于加利福尼亚，中西部的上游和中西部的下游，在东面海岸莞熊感染变种的病毒。2只适应变种的灰色狐狸在亚利桑那州、得克萨斯州被发现，分离的变种在红色狐狸体内被发现，北极狐在阿拉斯加州发现。再者，无论如何，有为数众多的蝙蝠作为狂犬病病毒独立的贮存宿主，它们区域分布有重叠性，使狂犬病成为美国的地方性动物疾病（Blanton et al，2006）。

狂犬病病毒可通过鸡胚和乳鼠的胚胎培养繁殖。在哺乳动物体外，狂犬病病毒仅能生存很短的时间，在干的唾液里只能生存几个小时。狂犬病病毒比较脆弱，日光、红外线和常用消毒剂都可将它灭活。正因如此，当发生咬伤时，立即对伤口进行彻底清洁和消毒，对狂犬病的预防非常重要和有效。

5.3.1.2　流行病学

在一些国家、岛屿和地区没有狂犬病，包括南极洲、澳大利亚、新西兰、英国、塞浦路斯、日本、巴布亚岛、夏威夷。然而，在世界的很多地方，狂犬病仍呈地方性流行。在欧洲和北美洲，很多关于狂犬病的报告都是来自森林里的动物，像狐狸、臭鼬、莞熊和食虫蝙蝠。在亚洲、非洲和中东，狂犬病主要发生在城市中，在犬和猫上发生的案例很多。在拉丁美洲，控制狂犬病是个很大的难题，家畜被吸血蝙蝠咬伤后而感染，尤其是犬和牛。尽管澳大利亚被认为无狂犬病，但与狂犬病病毒有关的澳大利亚蝙蝠病毒在1990年却被鉴定，而且引起了人致命的脑炎。迄今为止，没有澳大利亚蝙蝠病毒传染给陆生哺乳动物的证据。

狂犬病仍是全世界严重的动物传染疾病之一，尤其是亚洲的发展中国家、中东和非洲，缺乏有效控制狂犬病传染的措施，而咬伤后预防又很有限。全世界每年大约有55 000人死于狂犬病（WHO，2007）。20世纪90年代，仅仅在印度，狂犬病案例就占全世界的60％（Sudarshan et al，2007）。最近几年，加大了宣传力度，咬

伤后的预防也使得情况有所好转。在发展中国家，家养犬仍然是狂犬病发生的主要起源，犬咬伤人后造成人感染狂犬病。被疯犬咬伤也是山羊患病的主要原因。

在绵羊、牛、犬中，山羊是中度易感狂犬病的（Crick，1981）。虽然在山羊中发生的概率并不高，但在所有的地方性动物疾病中，山羊狂犬病确实偶然发生。在 2005 年，美国有 6 418 例动物狂犬病病例被报告，其中野生动物有 5 923 例、家养动物有 494 例。只有 6 例家养病例发生于山羊（Blanton et al，2006）。在欧洲的 41 个国家，包括俄罗斯、乌克兰和土耳其，在 2005 年报道了 9 831 例狂犬病病例。野生动物发病 5 806 例（59.1%）、家养的动物 3 980 例（40.5%）（WHO，2007a）。山羊和绵羊仅有 123 例。

在美国，栖息于森林中的野生动物主要是东海岸的浣熊（Procyon lotor）、中西部臭鼬属（Mephitis mephitis）、德克萨斯和墨西哥边界的狐狸（Vulpes vulpes）。但是，食虫蝙蝠对公共卫生健康的影响很大。1900—2005 年，美国人发生 48 例狂犬病，其中的 10 例从国外传入。另外的 38 病例中，35 例（92.1%）是由感染蝙蝠狂犬病病毒变种而引起的（Blanton et al，2006）。

在欧洲，狂犬病病毒主要感染的是红狐狸（Vulpes vulpes）。最近几年，狸群的增长对狂犬病的影响极大，尤其是欧洲东北的波罗的海，狸群从亚洲移向西方（Holmala and Kauhala，2006）。对红狐狸进行口部狂犬病接种非常有效。近年来，西方的很多国家和欧洲中部对狂犬病没有限制。在欧洲，狸群数量的不断扩充是狂犬病发生的主要原因。

在墨西哥的热带区域和巴西的东北部，山羊狂犬病与被吸血蝙蝠咬伤有关（Batalla et al，1982；Silva and Silva，1987；Shoji et al，2006）。在尼日利亚，狂犬病始终是个严重的问题。山羊数量多，但 33 年以来，在全国仅有 8 例山羊患狂犬病的报道。除 1 例与麝猫咬伤有关，其他的可能都被犬咬伤（Okoh，1981）。在印度的孟买，1981—1982 年诊断的 265 例动物狂犬病中，有 3% 的山羊是被犬咬伤所致（Jayarao et al，1985）。

5.3.1.3　发病机制

所有的哺乳动物都容易受狂犬病病毒感染，虽然病毒很少通过黏膜感染气溶胶传播。狂犬病病毒最有可能通过患狂犬病的动物咬伤传给山羊，因为唾液中含有病毒。狂犬病病毒最初在咬伤部位的肌肉内复制，有一段时间的潜伏期；然后进入局部的神经，并沿着神经移动到中枢神经系统。经过在潜伏期复制，病毒扩散到中枢神经系统，侵入脑和脊髓，从而形成特殊的临床症状。当动物面部被咬到时，潜伏期可能会缩短，脑炎也是临床症状之一。当动物后肢被咬到时，潜伏期会延长，早期的临床症状为上升性脊髓炎。如果病毒先到达中枢神经系统，则会继续复制，扩散到脑和脊髓；同时，从神经干通过离心性扩散到神经末梢。用这种方式，病毒扩散到唾液神经末梢，在唾液腺中中止。狂犬病病毒通过血液散播的非常稀少。

将来自犬的病毒注入试验山羊的咬肌，从临床上症状观察，狂犬病的潜伏期为 14～24d（Umoh and Blenden，1982）。免疫荧光法研究表明，病毒在脑组织存在的非常多，但是在颅神经的末端切片中几乎没有。目前还不清楚在末梢神经病毒的分散量少是试验设计的原因，还是山羊在有狂犬病临床症状期间本来就不排毒。在撰写本章时，也没有找到人类因为山羊传播狂犬病病毒而感染狂犬病的案例。

5.3.1.4　临床症状

山羊感染狂犬病的临床报告很少见。在南非进行的 10 年狂犬病追溯期中，有 18 例山羊感染的报道。攻击行为是狂犬病发生时最普遍的症状，发生率占案例的 83%，过度狂叫的占 72%，分泌唾液的占 29%，瘫痪的只占 17%。恐水、异食癖、转圈的山羊都没有发生狂犬病（Barnard，1979），临床过程通常为 1～5d，最终导致死亡。

进行狂犬病研究的 19 只实验山羊，早期观察到的症状是多样的，包括兴奋过度、失明、焦虑、进攻性且毛发竖立、瘙痒症、自残、分泌带泡沫的唾液、沮丧、孤僻、摇头、高频颤抖尤其是大腿。随后的症状包括分泌带泡沫的唾液、运动失调、摇晃、转圈、斜颈、肌肉大幅震颤、舌头外吐、不能进食。末期，山羊出现后肢麻痹、向一侧躺卧、站立不稳、眼球震颤、瞳孔膨胀。很多食物挂在山羊嘴角（Umoh，1977）。

在一个独立的山羊狂犬病试验报道中，2只3～4月龄的雄性山羊咬肌感染了红狐狸的狂犬病病毒。最初，山羊都表现为性行为增加，阴茎异常勃起，进攻性加剧，伴随着动作失调、侧躺、角弓反张、肌肉阵挛。随着症状加剧，2只山羊在出现病状的3～5d内死亡（Gomes et al，2005）。

5.3.1.5　临床病理学和尸检

患狂犬病山羊死前的实验室诊断非常困难。取角膜或毛囊进行免疫荧光检验法染色，如果呈阳性则可以确定，但也会出现假阴性结果（Umoh and Blenden，1982）。

大体损伤在尸检中很难被发现。有证据表明，创伤是因为发狂的行为引起的。脑膜和脑可能充血、水肿。在组织学上，可能出现神经元变性肿胀和坏死，但明显缺乏炎症反应最重要的变化是神经元细胞质中的内格里氏小体，尤其是在海马和浦肯野细胞中。这个发现在过去被考虑过用于诊断狂犬病，但是可能发生假阳性结果。

当前，用免疫荧光检验法对脑切片进行染色是常规技术，能够快速、准确地诊断狂犬病。在狂犬病诊断中，直接荧光抗体染色仍是该病诊断的黄金标准。海马、髓质、小脑或加塞神经节的印模涂片是首选。脑干、丘脑、脑桥涂片也可用来诊断。脑切片应该是新鲜的或用甘油保存的，这样才符合试验条件，因为甲醛固定影响了DFA的试验结果。在免疫组织化学试验中，过氧化物酶结合物可以被用于固定甲醛组织切片，来替代DFA试验。

并不是所有国家都有能力进行实验室DFA试验，因为需要昂贵的、专门的荧光显微镜，但可以使用交替试验的方法。比如，酶联免疫吸附试验用抗生物素蛋白，来检测从疑似患狂犬病的动物脑中提取抗原，包括山羊，该结果与DFA试验比较（Jayakumar et al，1995）。免疫组织化学试验包括免疫过氧化物酶染色也可以用。

较复杂的诊断实验是从疑似患病鼠的脑内、脊髓、唾液组织进行接种。当呈阳性时，刚断奶的鼠发生狂犬病，狂犬病病毒能够通过萤光免疫检验法鉴定。经过荧光抗体试验证实，培养的成神经瘤细胞可作为鼠接种的替代方法（OIE，2007）。

5.3.1.6　诊断

不论是哪种受感染的动物，狂犬病在临床上都是最难诊断的疾病之一，因为狂犬病症状可能呈现多样性。在该病呈地方流行的国家若山羊出现行为上的变化或神经学上的异常，兽医应该考虑狂犬病的特定诊断。狂犬病能模拟山羊所有的神经学病。恰当地说，狂犬病是一种不可预知的疾病，唯一特征是没有典型特征（Rupprecht et al，2002）。当山羊存活时，应尽努力得出除狂犬病以外的明确诊断。如果山羊死亡但没有确诊，兽医有责任继续进行死后狂犬病的诊断。

5.3.1.7　治疗与控制

狂犬病无法治疗。当处理疑似病例时，应该考虑狂犬病传染的可能性。这种病例应预以隔离，并尽量减少人与人的接触。检查或解剖尸体时，应该佩戴手套和面罩，手应该用消毒皂彻底清洗。当疑似程度高时采取安乐死，通过尸检加快最后的诊断。仔细记录接触疑似病例的人，所有可能处于危险的人都应该报告情形。怀疑的动物被证实是阳性，应告知医师。

关于山羊被咬伤后的预防，现有的资料不可靠，不应该尝试。仅仅重复接种疫苗或抗血清，只能延长试验中受感染的山羊狂犬病的潜伏期至174d，在任何情况下，它不能预防临床疾病的发生（Umoh and Blenden，1981）。

基于试验中山羊狂犬病潜伏期时间报告，疑似病例暴露后应该严格隔离，而且至少观察1个月，预期狂犬病临床症状的可能发生。依照有限的可获得的山羊狂犬病信息，其潜伏期超过1个月。因此，山羊在观察期内出现狂犬病的临床体症后应该被采取安乐死，然后提交尸检诊断。

根据当地规定，给患病山羊接种疫苗是许可的。但在美国，当前没有疫苗明确地批准可以用于山羊，虽然一些来源于细胞培养后被灭活的狂犬病疫苗被批准可用在牛和绵羊上，这对美国的山羊养殖者和为他们服务的兽医来说是损失。对于绵羊和牛，疫苗的使用年龄是出生后的3个月或稍大些。然后，对于山羊每年重复1次，或根据产品使用说明每3年1次。

根据数据，大约在20个国家，山羊接种狂犬病疫苗是许可的，包括巴西、印度、尼泊尔和苏联等国家（FAO，1989）。使用没有被批准的改良后的狂犬病疫苗受到了限制或被禁止。

完全控制狂犬病需要国家和全世界的努力。除了接种疫苗外，个体或畜主如果知道区域内可能的传染源就应采取措施，以控制狂犬病或使山羊的接触面减到最小，包括住所、围墙，以及控制动物活动等。

5.3.2 伪狂犬病

伪狂犬病又名奥耶斯基氏病。感染性麻痹或瘙痒病，最初是发生在猪身上的一种疾病，山羊偶而发生。临床症状包括猝死、过度兴奋、瘙痒、抽搐、昏迷。感染伪狂犬病的山羊都与猪有直接或间接接触有关。

5.3.2.1 病因学

病原体是双链 DNA，有囊膜，属于疱疹病毒科。疱疹病毒科有伪狂犬病病毒（PRV）、猪疱疹病毒 1 型（PHV-1）猪疱疹病毒 1 型（SuHV-1）。病毒较稳定，冬天能在唾液、动物体内和干净、潮湿的环境中存活数月，在夏天能存活数周。游离的病毒能存活 1～2 周。然而病毒也能被一些消毒剂灭活，包括次氯酸钠、福尔马林、过氧乙酸、酚类化合物和季胺类化合物。

5.3.2.2 流行病学

家猪是该病毒的储存器，病毒能很好地适应。尽管妊娠母猪感染后发生流产或早期胚胎死亡，但是成年母猪一般感染病毒后只表现轻微的症状。感染的仔猪可能出现神经症状和高死亡率。受感染或病愈的猪会出现典型疱疹病毒感染、隐性感染和带毒状态，能够通过唾液和鼻液排毒。其他所有易感染物种，如山羊、牛、绵羊、犬和猫都是重要的终末宿主，被感染后能够发展成为严重的神经性疾病并且很快死亡。

在伪狂犬病的报告中，家养或圈养的山羊和猪有过接触（Herweijer and De Jonge，1977；Baker et al，1982）。这些猪可能是病毒的潜在携带者并散播病毒，但是没有被感染的报道。其他还包括运输猪的工具和经修饰的活毒疫苗都可能造成病毒的传播。给猪接种过伪狂犬病疫苗的注射器再给绵羊注射，绵羊就会得伪狂犬病。

病毒的传播是通过呼吸道或损伤的皮肤。山羊感染后的发病率很高，如在荷兰伪狂犬病大暴发中，山羊的发病率为 80%（Herweijer and De Jonge，1977），死亡率为 100%。

5.3.2.3 发病机制

潜伏期是 1～4d。在一些反刍动物伪狂犬病例中观察到，病毒通过皮肤侵入外周神经，产生独特的局部瘙痒；病毒向内部移动进入中枢神经系统，产生致命性的脑炎或脑脊髓膜炎。当吸入感染病毒时，表现出脑炎症状，但没有瘙痒。

5.3.2.4 临床症状

所有年龄、品种和性别的山羊都可能被感染，可出现没有症状的死亡，或者山羊发病后出现剧烈的摩擦、舔舐，甚至会因为严重的局部神经性瘙痒出现自残现象（图 5.1、彩图 25）。如果不出现瘙痒，最初的症状包括焦虑、兴奋、不停地躺下和站起、歇斯底里地哀叫、大量出汗、惊厥、高热（106.7 ℉，即 41.5℃）。山羊兴奋后会躺下，伴随着胃鼓起和呼吸困难的瘫痪，昏迷，最后死亡。这些临床过程持续几个小时，但最多不超过 24h。

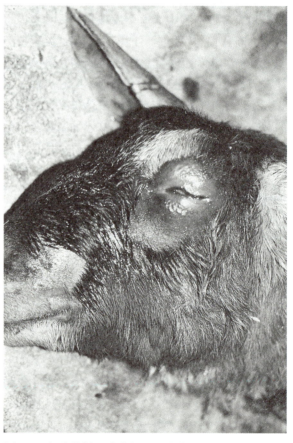

图 5.1　与猪接触后感染假性狂犬病的山羊出现瘙痒症，眼部周围由于摩擦而无毛和发炎（Baer et al，1982）

5.3.2.5 临床病理学和尸体剖检

使用血清学方法检查伪狂犬病适用于猪但不适用于羊，因为山羊发病的临床症状明显，且在产生抗体反应之前就会死亡。进行尸检时，应从脑组织分离病毒。尸检没有明显大体病变，可见但存在重度、局灶性、非化脓性脑炎和脊髓炎的组织学病变，在变性的神经元中可发现疱疹病毒典型的嗜酸性核内包涵体。在具有传染性的脑组织中，免疫荧光检验法和免疫过氧化酶法可以被用来证实 SuHV-1 的特性。

5.3.2.6 诊断

当出现瘙痒症时，主要的皮肤病变尤其是外寄生物必须排除。羊瘙痒症、狂犬病和脑脊髓线虫病也会引起山羊神经性的瘙痒。当脑炎的体症占主导时，也认为是狂犬病、心水病、脑灰质软化和低镁血症。症状严重时，也可能是因为中毒，特别是氰化物、硝酸盐类、尿素、有机磷酸盐和氯化碳氢化合物中毒。

5.3.2.7 治疗和控制

对于伪狂犬病没有治疗方法，应该认识到猪和山羊混养的风险。如果山羊必须与锗一起被圈养，则猪在购买之前血清学检测伪狂犬病应为阴性。国家对消灭商品猪伪狂犬病的调节性计划极大地减少了山羊感染该病的风险。在美国，早在1989 年开始执行商品猪伪狂犬病根除计划，到2004 年，50 个州宣布无伪狂犬病。

伪狂犬病不存在公共卫生风险。然而，欧洲的一些假设性报道认为该病会感染猫。人体存在病毒抗体（Mravak et al，1987）。因此，兽医和其他直接接触该病毒或感染该病毒的动物工作者应该采取适当的保护措施。

5.3.3 羊瘙痒症

羊瘙痒症是一种易传染的变性神经系统疾病，自然情况下，只感染山羊和绵羊。它属于群体疾病，被称为传染性海绵状脑病（TSEs），被认为是有异常的蛋白质即朊病毒引起的。朊病毒作为病原体是独特的，没有遗传物质。其他的TSEs 有牛海绵状脑病（BSE）、鹿和麋鹿慢性消耗性疾病（CWD）、传染性水貂脑病（TME），以及一些人类疾病包括库鲁病、克雅氏病（CJD）、新型克雅氏病（vCJD）。

羊瘙痒症的潜伏期长到数月至数年。临床症状最终发展为体重减轻、动作失调、精神状态变化，逐渐乏力和瘙痒。过去有关山羊瘙痒症的临床报告虽然比绵羊的少得多，但该病却成为山羊产业最主要的忧虑。山羊瘙痒症的控制是有规律的，包括管理的监督和控制程序。兽医和养殖业主必须知道这些控制程序的细节，因为它们会影响山羊生产管理和商业。

牛海绵状脑病的出现使得对羊瘙痒症感兴趣的人数量激增。BSE 与羊瘙痒症在流行病学上有许多相似之处，BSE 也可能发生在小反刍动物中，因此需要将两者区别开来。采用较先进的工具对诊断羊瘙痒症是有效的，能更清楚了解发病机制、有效的监督程序和更多关于山羊瘙痒症的流行病学知识。尽管与 BSE 相似，但绵羊瘙痒症和山羊瘙痒症不会传染给人类。

5.3.3.1 病因学

最普遍接受的引起羊瘙痒症和其他 TSEs 的原因是，一种被称为朊蛋白的天然细胞蛋白的异常表达。朊蛋白能在身体的任何细胞中被发现，但是临床和诊断的最初发现与神经系统、淋巴网状系统有关。朊蛋白被糖蛋白束缚在神经元、淋巴细胞、其他细胞的外表面。关于朊蛋白的正常功能还没有完全了解，但是它可能涉及铜的运输、内环境稳定（Waggoner et al，1999）、神经保护、信号转导、昼夜节律管理（Huber et al，1999）。朊病毒的结构和病理学以及它在动物、人类体内引起的疾病已经有相关综述（Prusiner，1998；Aguzzi and Heikenwalder，2006；Aguzzi，2006）。

穿透机制还没有完全了解，但羊瘙痒症的发展与正常宿主朊蛋白的异常复制有关，PrPc（有些文献中也称为PrPsen）复制结构改变的朊蛋白 PrPSc（有些文献中称为 PrPres 或 PrPd），后者的蓄积与退化神经组织和其他病症同一发生。这一过程复杂，包括若干因素：动物接触异常外源形式 PrPc 蛋白 PrPSc（PrPSc 引起 PrPc 在宿主内异常变异），遇到 PrPSc 品种差异，PrPSc 使动物群的遗传组织变异。这些因素共同影响宿主的易感性，使其体内产生异常的 PrPSc 的能力。这些因素交互作用的细节是当前研究的热点。

PrPc 蛋白含有 210 种氨基酸类。它包含1 个高柔韧性的氨基端和 1 个羧基端结构域，羧基端结构域有 3 个折叠，其中含有 1 个 α 螺旋和 1 个 β 折叠。该蛋白分子包括 2 个 N-糖基化位点，自然存在的蛋白质可能包括单的、双的或没有糖基化的形式。完全糖基化的蛋白分子质量为33～35kUoPrPSc组织提取物3种糖基化形式所占比例称为糖基化型（glocotype）。糖基化的差异是区分不同羊瘙痒症朊病毒的工具。

对与羊瘙痒症，类似于大多的TSEs，致病机制的最关键因子是正常的PrPc蛋白转变成异常的PrPSc蛋白，PrPSc蛋白具有不溶性和局部能抵抗蛋白酶分解的特征。和正常的PrPc蛋白相比较，变异的PrPc蛋白重要二级结构发生了改变。已经证明，蛋白分子异常折叠效应的原因是3个正常单环之一被β折叠或β螺旋代替。PrPc转变成PrPSc被认为是由于临近的PrPSc分子使proto-螺旋基序稳定，随后延伸形成整个β螺旋（Wille et al，2002）。

病原体在宿主内不产生可被检测到的免疫反应，由羊瘙痒症诱导的抗体缺乏是在活体动物中不能发现该病的主要原因。然而，PrPSc分子各种组分的单克隆抗体现在都研制成功，这些单抗在实验室中是非常有价值的，尤其是关于鉴定各种朊病毒毒株和在组织中利用快速免疫测定检测朊病毒蛋白。

最近几年，所谓羊瘙痒症非典型毒株的存在已经明显存在，这些毒株具有不同的分子特征和产生不同的组织病理学损伤类型，而不是像羊瘙痒症朊病毒产生典型的羊瘙痒症症状。第一个非典型毒株是1998年挪威报道的，共发现5个非典型羊瘙痒症病例，具有罕见的临床症状和病理特征，这个菌株被命名为Nor98。这些罕见的临床症状说明通常具有抵抗羊瘙痒症相关基因型的羊感染该疾病；脑损伤呈非典型分布，在阈值水平上有显著的损伤缺失；使用免疫组织化学和ELISA方法，在淋巴组织中可探测到PrPSc缺失；通过免疫印记试验得到的PrPsc特征性分子图谱表明糖基化型不同于经典羊瘙痒症病毒毒株，并且朊蛋白株产生牛海绵状脑病（Benestad et al，2003）。2007年，在美国第一例源于病例通过屠宰监督被证实为Nor98株（USDA，2007）。

除了Nor98毒株外，有证据表明在欧洲还有其他非典型羊瘙痒症病毒毒株存在（Buschmann et al，2004；DEFRA，2005）。此外，截至2005年，法国向欧洲委员会报道了6例山羊非典型羊瘙痒症病例，2007年瑞士报道了1例山羊瘙痒症病例并全面描述了非典型朊病毒的神经性和生物化学性特征（Seuberlich et al，2007）。这些毒株的存在和它们的作用对羊瘙痒症的监督和整个控制策略有着深远的意义。羊瘙痒症朊病毒对物理和化学作用有很强的抵抗力，通过感染的山羊和绵羊的排泄物能在牧场存活数月或数年。标准消毒剂对朊病毒不起作用，可使用一些推荐的消毒程序，如2%的氢氧化钠溶液灭活、蒸汽灭菌法（132℃、1h）或者灼烧法。

5.3.3.2 流行病学

由于大多数饲养小反刍动物的国家未曾向世界动物卫生组织（负责世界动物健康的调节主体）报道过羊瘙痒症，因此不清楚这些国家是否发生过该疾病，或者是因为有效监督体制的缺失和对羊瘙痒症临床症状不了解导致没有发现或没有报道此病。世界动物卫生组织已经公布了羊瘙痒症流行病学概况（Detwiler and Baylis，2003）。

羊瘙痒症在欧洲包括英国、冰岛，美国和加拿大国家属于地方性动物疾病。20世纪30—70年代，由于从英国进口绵羊，澳大利亚、新西兰、印度、南非、肯尼亚、巴西和哥伦比亚国家也报道过该病。但澳大利亚和新西兰随后在20世纪50年代消灭了该病，并且通过严格的监督和进口条例至今没有发生过该病。南非最后一次报道该病是在1972年。

冰岛调查表明，土壤和饲料中铁、锰的含量可能会影响该国羊瘙痒症的发生。发生羊瘙痒症的农场比其他没发生该病的农场饲料中含铁量较高，并且铁/锰的比例也要高。

推测锰可能以某种方式抑制朊病毒在肠道内的吸附，高铁含量抑制了锰的摄取，因此有利于朊病毒吸附（Gudmunsdóttir et al，2006）。

近几年，由于欧盟加大了对牛海绵状脑病的监督，因此羊瘙痒症得到了有效控制。

2002—2005年，欧盟成员国中总计420 299只山羊被检测，其中的1 669只为阳性（0.4%）。这些山羊包括屠宰的健康山羊、农场中死亡的山羊和疑似发病山羊。相比较而言，检测了1 511 375只绵羊，其中的8 930只为阳性（0.6%）。这些数据显著说明山羊群体羊瘙痒症的传播和绵羊群体相似。一般认为羊瘙痒症至少是临床羊瘙痒症的发病频率，山羊要比绵羊小。当对绵羊加强监督力度，范围继续扩大，可能会出现不同的情况。值得关注的是，法国的一只羊于 2002 年通过这个有效的监督检测后诊断为 BSE，而不是羊瘙痒症。

2005 年在英国第 2 例疑似 BSE 的山羊最终被诊断出羊瘙痒症。所有在欧盟计划中其他的山羊和绵羊经 TSEs 阳性检测均为羊瘙痒症阳性。

在欧洲，随着监督的加强，小反刍动物的非典型瘙痒症更利于被发现。从 2002 年监督计划开始到 2004 年，共发现和向欧洲委员会报道了 325 例非典型羊瘙痒症病例，其中绵羊 319 例、山羊 6 例。报道非典型病例的国家有西班牙、葡萄牙、英国、德国、法国、荷兰、瑞典、爱尔兰、芬兰、比利时和挪威（European Food Safety Authority，2005）。6 只受感染的山羊全部来自法国。担心更多数量的非典型病例可能发生，但没有被检测出来。由于大多数的监督体系只局限于神经系统到头尾部的脑干和小脑，但一些非典型羊瘙痒症病例中这些区域没有受到损伤，更多的是大脑区域的前端。另外，一些检测 BSE 的筛选试验用于羊瘙痒症监督不能检验出非典型毒株，因此，只有使用完善的筛选试验才能够检测出非典型羊瘙痒症（Seuberlich et al，2007）。

山羊自然发生羊瘙痒症是不常见的。对于山羊而言，该病的发病率是比较低还是无法诊断出该病，目前尚不清楚。有关自然发生羊瘙痒症报告的国家有法国（Chelle，1942）、美国（Hourrigan et al，1969）、加拿大（Stemshorn，1975）、瑞士（Fankhauser et al，1982）、塞浦路斯（Toumazosand Alley，1989）；另外，20 世纪 60 和 70 年代英国发生了几起（MacKay and Smith，1961；Brotherston，1968；Harcourt and Anderson，1974）。意大利（Capucchio et al，1998）、希腊（Billinis et al，2002）、芬兰（芬兰政府，2002）也相继报道了羊瘙痒症。在美国，1990—2007 年，相关机构证实 19 例羊瘙痒症。其中 5 例在加利福尼亚州，3 例在科罗拉多州，华盛顿州、南达科他州和俄亥俄州各 2 例，怀俄明州内布拉斯加州、伊利诺伊州、密歇根州各 1 例（USDA 2007）。

尽管直接接触绵羊不是感染羊瘙痒症的必要条件，但是发生在世界范围的大多数羊瘙痒症病例，都有和受感染山羊或绵羊接触的经历。在加拿大，虽然在第一例山羊病例和最后一例牛病例之间间隔 5 年，但农场绵羊仍有感染。在英国的一例报告中，4 例受感染的萨能山羊与感染羊瘙痒症的绵羊没有明显的接触（Harcourt and Anderson，1974）。1975 年 Wood 等（1992）在英国中心兽医实验室报道了 20 例羊瘙痒症病例，其中至少 7 例没有直接或间接和绵羊接触。

医源性传播也是有可能的。1997—1999 年之间意大利暴发的山羊瘙痒症与给山羊和绵羊接种疫苗预防支原体传染性无乳症相关。牛的中枢神经系统、淋巴结、乳房组织中明显含有羊瘙痒症朊病毒，并从中制备了疫苗（Agrimi et al，1999；Caramelli et al，2001）。

普遍认为，该病从绵羊传播给山羊是通过水平直接接触感染的胎盘，或间接接触被胎盘污染的饲料和垫草（Pattison et al，1972）。已经证实感染的绵羊胎盘中有传染性病原 PrPSc 存在（Tuo et al，2001）。试验证明通过性接触或胎盘感染的垂直传播是不可能把该病传染给子代的（Pattison，1964）。山羊之间的传播，如果有可能发生，也只能通过水平传播（Hadlow et al，1980）。

精液和胚胎传播的作用需要进一步研究，这在国际贸易中具有重要意义。迄今为止，关于胚胎传播的重要性，各种各样的研究已经得出不同的结论。虽然精液应该不包括在传播途径中，但更多的研究认为应该包括。因为当前的信息表现很矛盾，各种体液在该病水平传播的作用中也需要进一步研究。在粪便、唾液、初乳中尚未发现病原，但在肠道组织、唾液腺和血液中已经发现。这说明传染源可能来源于各种分泌物，但目前可利用的工具还不足够敏感到能检测出病原（Detwiler and Baylis，2003）。

5.3.3.3 发病机制

根据试验，这种疾病通过皮下、脑内接种，以及用受感染绵羊胎膜的饲喂可在山羊体内产生这种疾病（Pattison，1957）；羊瘙痒症自然发生最可能的情况是口服有传染性的朊病毒引入的感染。摄食之后瘙痒症的入口可能是回肠的淋巴集结丛（Heggebø et al，2000），再由血液或淋巴管运输到淋巴网状系统（LRS）和其他部位，包括扁桃体、脾脏、咽后和肠系膜的淋巴结。肠相关淋巴样组织的存在可能有助于传染源进入肠的自主神经，进而到中枢神经系统，在中枢神经精确的机制，仍然是一个活跃的研究领域。在乳酸林格溶液中可能复制持续数周到数月，直到在脑内检测到感染性；也可能数年，在出现临床症状前。

用于试验的被感染山羊，通过大脑或皮下接种，传染源会不同程度地散布到若干组织中，随后根据鼠接种化验指导滴定不同组织（Hadlow et al，1974）。脑和脊髓的感染性最高。中度感染性有咽后、颈椎的表面、髂骨下的淋巴结、脾脏、扁桃体和肾上腺。低度感染在脑脊髓液、坐骨神经、垂体、鼻黏膜、回肠、近侧结肠、末端结肠、肝脏、胸腺、纵膈和支气管的淋巴结、耳下腺、唾液腺。不易感染的有血块、颌下腺、甲状腺、心脏、肺脏、肾脏、骨骼上的肌肉、骨髓、胰脏、卵巢和唾液。

一旦病原扩散到大脑，PrPc 正常细胞组织就会遭受构象变化，结果增加一条 β 折叠链，随后出现 PrPSc，通常也称为神经组织内羊瘙痒症相关原纤维。这个过程精确的机制，是当前分子水平研究的热点领域。这种蛋白的错误折叠和纤维堆积的最终结果是，神经组织逐渐退化，以空泡形成的海绵状为特征，引起羊瘙痒症其他传播性海绵状脑病（TSEs）一般症状。羊瘙痒症对脑的损害在下面尸检发现中有更深入的描述。

山羊和绵羊对疾病的易感性和潜伏期是由遗传控制的，可是目前对山羊知之甚少。有关绵羊和山羊瘙痒症的遗传学已有综述（Baylis and Goldmann，2004）。哺乳动物的 PrPc 基因，依物种不同，由 2 个或 3 个外显子组成，最后 1 个外显子包含整个开放读码框。在山羊和绵羊体内，编码 PrPc 蛋白的基因含有一个 256 个密码子的开放读码框，经过翻译后成为一个成熟的 PrPc 蛋白，有 210 氨基酸类。多态性发生在 PrPc 蛋白编码区，与羊瘙痒症敏感性有关和绵羊疾病潜伏期有关。这种关系也可能发生在山羊，但当前不是很清楚。

目前，已确定有 3 种特殊的羊的 PrPc 多态性影响疾病在暴露的绵羊体内发展。它们出现在密码子 136、154 和 171，分别表达为 A136V、R154H 和 Q171R/H。氨基酸缬氨酸（V）代替丙氨酸（A）在密码子 136 编码，组氨酸（H）代替精氨酸（R）在密码子 154 编码，精氨酸

（R）或组氨酸（H）代替谷酰胺（Q）在密码子 171 编码。绵羊许多在朊蛋白中其他的多态性，在最近几年已经被鉴定，但是它们对羊瘙痒症影响的详细机制还不清楚。

遗憾的是，有关山羊瘙痒症的遗传学知识落后于绵羊。在某种程度上，因为山羊瘙痒症的自然发生率远远少于绵羊，加上用来做遗传研究的受感染的羊群极少。尽管如此，在受绵羊瘙痒病感染的不同品种的羊群中发现不同多态性，但尚未发现这些不同多态性相对于山羊对羊瘙痒症易感性的意义，或者其重要性是否超出了研究的特定品种。

关于山羊 PrPc 基因的多态性，在 Baylis 和 Goldmann（2004）综述中已经给予了鉴定，包括 W102G、T110P、G127S、I142M、H143R、R154H、P168Q、R211Q、Q220H 和 Q222K。已经记录的与疾病相关的多态性为其中的 3 种，即 I142M、H143R 和 R154H，依照 Baylis 和 Goldmann（2004）的研究，P168Q 和 Q222K 也可能与疾病相关。尤其是 I142M 多态现象与瘙痒症的潜伏期有关，回应不同的朊病毒菌株。其他的多态现象的记录显示出山羊的 PrPc 基因，以前经过验证的多态现象已经用不同的品种重新证实。在希腊，Billinis et al，2002 记录在山羊中 V21A、L23P 和 G49S 的多态现象。在意大利，Vaccariet 等（2006）记录了多态现象发生在 G37V、T110P、H143R、R154H、Q222K 和 P240S，暗示发生在密码子 154 多态现象与对典型的瘙痒症的抵抗力和对非典型瘙痒症的敏感性有关。当密码子 222 出现赖氨酸（K）时，就与对非典型瘙痒症的敏感性有关。

另外两种以前没有被记录的多态现象，被 Acutis 等（2006）证实，即 L133Q 和 M137I。而且他们也记录注意到对山羊密码子的谷酰胺突变为赖氨酸对瘙痒症的免疫作用。Zhang 等（2004）为了研究 PrPc 的多态现象评估了 5 种中国品种的山羊。所有品种都表现在 R154H 多态现象，并在其中的两个品种 I218L 中发现了先前未报道的多态形象。已经明确的山羊 PrPc 基因多态现象和可能对瘙痒症感染可能发挥的作用见表 5.4 中的概述。

虽然对绵羊遗传学的作用已经作了很好制定，但有关遗传基因的发病机制仍没有答案。值

得注意的是，在 2005，报道绵羊 A136/R154/R117 纯合子，这是已知的抵抗瘙痒症 PrP 基因型，被 Nor98 朊病毒蛋白感染而且会传染给转基因鼠（Le Dur et al，2005）。其他的证据是非典型的毒株能引起绵羊瘙痒症，已经报告非典型基因型能诱导抵抗典型瘙痒症。对羊瘙痒症的最终根除程序功能的关注点，取决于基因选择和不同的基因菌株在羊瘙痒症发病机制所起的作用。朊病毒表现型明显的毒株以特殊的表现特征，如海绵状改变的出现。它们感染脑，蛋白酶分子侧面来抵抗 PrPSc，经过蛋白酶 K 的后处理能检测到 PrPSc 的小部分。

表 5.4　当前已知的山羊 PrP 基因的多态性和可能对山羊瘙痒症感染的影响

山羊 PrP 基因的多态性	在山羊瘙痒症中可能发挥的作用	参考文献
V21 A	?	Billinis et al，2002
L 23 P	?	Billinis et al，2002
G 37 V	?	Agrimi et al，2003
G 49 S	?	Billinis et al，2002
W102 G	?	Goldmann et al，1998
T 110 P	?	Agrimi et al，2003
G 127 S	?	Goldman et al，2004
L 133 Q	?	Acutis et al，2006
M 137 I	?	Acutis et al，2006
I142 M	潜伏期	Goldmann et al，1996
H 143 R	敏感性	Bilinis et al，2002
R 154 H	敏感性	Billinis et al，2002；
P 168 Q	?	Billinis et al，2002
R 211 Q	?	Goldman et al，2004
I218 L	?	Zhang et al，2004
Q 220 H	?	Billinis et al，2002
Q 222 K	抵抗力	Acutis et al，2006
P 240 S	?	Goldmann et al，1996

注：? = 作用未知；A =丙氨酸；G = 甘氨酸；H = 组氨酸；I = 异亮氨酸；K = 赖氨酸；L = 亮氨酸；M =甲硫氨酸；P = 脯氨酸；Q = 谷酰胺；R = 精氨酸；S = 丝氨酸；T = 苏氨酸；V = 缬氨酸；W = 色氨酸，这些特殊密码子的多态现象，预期望产生的氨基酸在密码子的左边，实际上产生的氨基酸在密码子的右边。

5.3.3.4　临床症状

在 2～8 岁的成年山羊中已经发现了自然发生的临床瘙痒症。典型特点是前 6 个月内的临床进程是缓慢的。开始时症状不易被发现，感染羊通常表观为好奇心减退、性情急躁，首先表现出对挤奶时的抵制，出现四肢抬高导致臀提起、脊柱下垂的姿势。另外，尾巴翘起并向前超过臀部，耳朵频繁向前竖起，警觉性提高（Pattison et al，1959）。山羊变得坐立不安，对触摸极度敏感。被感染山羊可能试图逃跑、不停地咩叫，或在被触摸时肌肉变得僵硬。松开后，它们可能会低头，不停地跺脚，似乎受到了苍蝇的骚扰，并有极细微的颤抖。

瘙痒在绵羊上是尤为突出和引人注意的症状。此病的名称来源于绵羊在经受强烈的瘙痒反应时，不依靠任何物体搔伤自己的行为。瘙痒症也是山羊痒病的突出症状，但没有在绵羊上观察到的症状显得严重。有些患病山羊表现出局部瘙痒，尤其表现在肩骨、尾部。有角的山羊可能会向后倾斜头部，用角尖不停地搔这些区域，或者像犬似的用后肢搔到能到的瘙痒点。

经过一段时间，感觉过敏会转为嗜睡或呈醉态。随着跌倒次数的增加和起身更加困难，失调行为变得更为明显。其他症状可能包括磨牙、流涎、反刍异常以及视力下降。在患病末期，体重明显变轻且出现厌食症（图 5.2、彩图 26）。如果不进行销毁处理，患病山羊将最终卧地不起，直至死亡。在疾病进程中不会出现发热症状。

 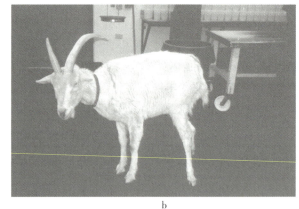

a   b

图 5.2　实验室确诊的萨能奶山羊痒病的进行性临床症状

临床医师和山羊主人应意识到各个山羊的临床症状可能是极其多变的。在记载中，山羊痒病除了精神萎缩、体重持续减轻和产奶过早终止外没有其他症状（Harcourt and Anderson，1974）。在其他确诊病例中，仅有的临床症状是瘤胃内容物的反刍异常（Wood et al，1992）。

5.3.3.5　临床病理及剖检

在临床或临床前痒病的诊断中，动物体内没有一致的血液、生化或大体病理变化。迄今为止，这种检测不适用于山羊，因为具有抗性或敏感性的遗传多态性尚未进行研究，对山羊进行基因分型可作为一种有效的疾病管理工具。

痒病作为小反刍动物疾病有超过 250 年历史，然而仅仅是在最近十年新的实验室检测方法才刚出现。一个重大障碍是缺乏对病原体性质的了解以及没有能力对其进行体外培养或体内确诊。第二大障碍是病毒感染不产生可检测的体液免疫应答，以至于没有可用于血清学试验的检测抗体。虽然血清学试验仍然不可用，但科学家已经能够生产出针对 PrP^{Sc} 蛋白的特异成分的单克隆抗体，这已经成为能更好描述病原体，以及利用免疫生物学试验（免疫组化、免疫电泳、免疫杂交）从组织中鉴定 PrP^{Sc} 蛋白的有力工具。在这项技术被使用以前，痒症的诊断技术被限定于检查受影响的脑组织，以鉴定典型的机能障碍和通过疑似病例组织接种鼠来确认其传染性。但此方法每次在 1～2 年才能有结果且过程烦琐。另外，利用透射电子显微镜可检测新鲜脑匀浆中与痒症有关的纤维（Cooley et al，1999）。OIE 评估了目前可用于痒症的诊断程序以及合适的用法（OIE，2004；Gavier-Widen，2005）。

免疫组化（immunohistochemistry，HIC）可用来检测经福尔马林溶液固定组织中的 PrP^{Sc} 蛋白的存在，也可用于动物的活检材料或组织切片。

免疫印迹是基于新鲜组织的蛋白印迹技术。在被用于感染性海绵状脑病（TSEs）的管理和监控程序中，也包括对痒病的管理监控。参考实验室用免疫印迹区分不同的痒病朊病毒毒株和引起疯牛病的朊病毒 PrP^{Sc}。除了免疫印迹试验外，现已有几种用于酶联免疫吸附试验（ELISA）的商品化免疫试剂和另外一些在感染性海绵状脑病监控程序中用作快速筛选试验的技术（Moynagh et al，1999）。最开始被批准用于 1999 年疯牛病的筛选。但到了 2002 年，欧盟将其扩大至绵羊和山羊痒痒病的筛选。从那时起，研发和评价辅助的快速试验方法（Deslys and Grassi，2005）。欧洲普遍使用的试验有间接 ELISA、夹心 ELISA、化学发光夹心 ELISA 免疫印迹试验。已批准的免疫学试验主要用于利用中枢神经系统组织和淋巴网状组织对痒病的事后确诊结果。为了减少在疑似病例中出现假阴性结果的风险，OIE 建议，在组织中有 PrP^{Sc} 存在的确诊试验完成后，需附加脑切片的组织学检查试验。神经元空泡形成是痒病动物中最一致的组织病理学结果。然而，记录了单个羊痒症病例和至少一个实验绵羊痒症接种物，其中通过光学显微镜几乎检测不到神经元空泡形成，表明临床诊断疑似羊痒症不能被大脑中未能发现显著空泡变化绝对否定。

淋巴网状组织中存在的痒病因子为动物痒病的诊断提供了契机，因为像扁桃体，所以瞬膜淋巴网状组织很容易通过非侵入的手段获取。O'Rourke 等（2002）描述了使用局部麻醉和约束装置对瞬膜进行死后活检的技术。如今，在美国痒病控制程序中，这项技术被美国农业部动物卫生检查局用于动物临死前的诊断。Schreuder 等（1998）描述了对麻醉绵羊进行死后活检以收集上腭扁桃体用于临床前诊断的程序。

在已知可预测潜伏期的基因型的绵羊中，通过扁桃体活组织检查，潜伏期的受袭动物可在临床症状正式出现的一年半以前得到确证。虽然这是痒病临死前诊断的重大突破，但依靠痒病因子的鉴定技术用于淋巴网状组织时要格外慎重，很可能会有假阴性结果的出现，因为感染动物组织中 PrP^{Sc} 的存在依赖于动物的年龄、基因型、所涉及痒病因子的种类以及可能的未知因素。例如，在 Schreuder 等研究中（1998），3 个半月和四个月年龄的动物中存在的 PrP^{Sc} 是有差别的。同样，Monleon 等（2005）对已知感染群中一种特异基因型绵羊经尸检比较了其中枢神经系统组织和网状淋巴组织存在的 PrP^{Sc}。结果显示在一些潜伏阶段，痒病因子存在于扁桃体和淋巴结中而脑中不存在。相反在临床晚期和终末阶段，痒病因子存在脑中而不存在于扁桃体和淋巴结中。

另外，正在进行评估的新型无创伤性试验也许能进一步改善前的诊断前景。这些试验包括对来自临床前血液棕黄层碎片中朊蛋白的检测、利用毛细管免疫电泳检测感染痒病的绵羊（Yang et al，2005；Jackman et al，2006）、对来自未经麻醉的活绵羊的活组织检查中利用 western blotting 进行的鉴定（Espenes et al，2006；Gonazlea et al，2006）、感染绵羊的胎盘中 PrP^{Sc} 的鉴定（Race et al，1998）、为评估这些试验在羊痒病死前诊断中的价值，可能需要在活体山羊中评估这些试验特异性。

中枢神经系统的组织学检查依旧是痒病最终诊断的决定性因素。在尸检过程中，存在的所有结果都限定于精神萎顿的证据上。瘙痒是临床描述的其中之一。来自脑部和脊髓的切片应进行组织学上的检查。最主要的损伤是灰白质的退化。受影响最多的部分是大脑角盖及其他们的连接部分（Zlotnik，1961）。丘脑、中脑、小脑皮质以及延髓损伤是最稳定的，而大脑皮质和脊髓的损伤不常见（Hadlow，1961）。这些损伤的表现特征是神经元退化，空泡收缩以及星型胶质细胞肥大。

神经元空泡化被认为是最重要的发现。空泡化的神经元在临床上健康山羊的髓质组织切片中很少见，然而空泡在痒病早起山羊的大量髓质中观察到（Pattison et al，1959）。有一点值得注意的是没有炎症反应。对绵羊脑部海绵状形象的经典描述一般在山羊中很少看到（Hadlow et al，1980）。其他在组织结构学上未受到影响。

目前很多山羊自然感染痒病的病例研究中，在一些尽可能靠前的新皮质和纹状体中被检测到了空泡（Wood et al，1992）。利用牛海绵状脑部袭击山羊大脑内部后，除了外皮质区域，在受袭山羊的中脑、丘脑、基底神经节中发现了普遍的海绵状变化（Foster et al，1993）。

在样本检测中，3～10g 的颈部脊髓和/或髓质尾部最适合用 western blotting 检测 PrP^{Sc} 或利用透射电镜检测痒病相关纤维（SAFs）。样本应不能固定并被冷冻起来。剩余的脑部样本应利用中性 10％的甲醛缓冲液固定后用于组织学检查。如果需要，可对自溶的脑组织利用免疫学试验和显微镜检测痒病。

OIE（2004）注意到没有损伤并不能作为没有被痒病感染的证据，因为感染能在没有症状和病理变化情况下存在。因此，在疑似病例中，为了证明 PrPSc 累积，基于组织切片的免疫组化检测和基于新鲜组织的免疫杂交或 ELISA 检测方法应与常规组织学检查一同使用。这里介绍了损伤较轻和视为疑似损伤的部位。当需要一种基于组织学检查的快速鉴别诊断方法，检测固定时间不到 1 周的组织，以用于解释可能无法说明的结果。

5.3.3.6 诊断

在成年山羊上缓慢发生的神经性疾病可在临床上假定诊断为痒病，可通过中枢神经系统中特征性的组织学损伤以及利用免疫组织化学或免疫杂交检测神经组织或淋巴网状组织中存在的 PrP^{Sc} 进行证实。在一些病例中，可用来自疑似病例的组织经鼠接种进行确诊。

若山羊的慢性瘙痒只是临床症状之一，则需要进行鉴别诊断，鉴别诊断包括与由虱、疥癣、拟马鹿圆线虫、麂圆线虫引起的症状或肝脏光敏作用加以区分。如果瘙痒发作迅速、病程短，则应考虑伪狂犬病或狂犬病。当颤抖和进行性不失调为主要症状时，应排除山羊关节炎、妊娠毒血症、拟马鹿圆线虫病、鹿圆线虫病、羔羊蹒跚病、眩晕病、脊髓脓肿、博纳病、亚型狂犬病的可能。然而，这些疾病没有一种能与痒病的症状一样是缓慢进行的。很难理解的体重减轻且无其他局部症状与山羊痒病的症状一致。无法解释的体重减轻的鉴别诊断将在第15章中讨论。

5.3.3.7 治疗

针对痒病尚无治疗方法，即使有，也很少，甚至没有机会去实施，因为羊痒病已变成必须报告的且在世界范围内是严格监管的疾病。疑似病例越来越有可能被相关部门用于诊断性目的而被实施安乐死。尽管如此，应用于人类海绵状脑病（TSEs）的可能最佳治疗方案在理论上可以用于动物痒病的治疗。已有学者阐述了有关海绵状脑病（TSEs）治疗所面临的挑战和机遇（Liberski，2004）、Weissmann and Aguaai，2005）。

5.3.3.8 控制

在畜群水平上控制痒病涉及生产者对疾病意识的提高、合理可降低感染风险的管理措施的实施。如在绵羊中，可以培育具有抵抗痒病因子感染的一群特异基因型绵羊。但该方法对控制山羊痒病无效，因为持续抵抗痒病的特异基因型尚未在山羊中被最终鉴定。

对山羊宿主进行痒病有关的知识培训，使其能够识别潜在的临床症状。改善管理，减少从外部购买种羊，以降低山羊群中痒病风险以及减少水平传播的机会。在绵羊的感染状况尚不知情时，不应将山羊和绵羊混在一起。在山羊产羔期，应及时收拢胎盘及胎膜等并及时处理。在分娩时，应更换垫草，产羔后将垫草焚烧或掩埋。任何表现出颤抖、动作失调和有瘙痒症状的山羊应及时从羊群中隔离，并对其进行诊断。目前还没有用于可预防痒病的疫苗。

在一个国家，需要建立和执行强有力的痒病管理措施。一旦痒病在某一国内变成地方性流行，则很难消灭。然而，澳大利亚和新西兰在20世纪50年代的经验说明，如果早期认识到痒病且实施强有力的扑灭措施，则该病可以被消灭，另外，要严格控制边境和进口需求。由于缺乏监管措施，目前世界范围内许多绵羊和山羊生产国的羊痒症情况尚不知情。2001—2003年，

美国农业部（USDA，2004）对健康、成熟市场的绵羊进行了羊瘙痒病绵羊屠宰监测研究（SOSS），以确定该病的全国患病率，确定为0.2%。山羊未纳入该国家研究中。然而，美国农业部于2007年5月启动了一项山羊患病率研究，9月对1 515只山羊进行了痒病检测，所有结果均为阴性。

在美国，许多控制措施自1952年起已被实施。为了适应不断变化地对有关痒病传播原因的认识，许多措施被修订。历史上，这些措施包括：减少感染群、原始群和暴露群的数量；屠宰感染羊以及所有与其有血缘关系的区域内羊群；屠宰雌性血亲关系以及接触的绵羊；直到最近只屠杀雌性血亲关系的血亲。但这些措施没有一种取得完全成功。

1992年10月，美国政府、企业和生产集团之间采取了一项自发性痒病认证程序，并被颁布作为全国内根除痒病的程序，规定5年内无痒病发生的羊群被视为合格的无痒病羊群。自发性参与涉及详细的山羊鉴定和保存记录，限制山羊转运和购买，依靠动物卫生检查局兽医协调监管羊群。这项程序适用与山羊和绵羊。

2001年，美国动物卫生监察局宣布旨在到2010年消灭绵羊和山羊痒病的国家一起加快全国性消灭痒病程序的进程，并到2017年被OIE认定为无痒病国家。加快全国性消灭痒病程序的主要因素，包括自发性地执行痒病羊群的鉴定程序、通过活动物试验进行感染绵羊的预临床诊断和积极的屠杀过程监督、通过先进的鉴定设备成功、有效地追踪感染羊及其所在的羊群范围。提供有效的清除策略使得生产者在农场完成交易、保护种羊以及获得良好的经济效益。

为了促进清除程序的有效进行，美国农业部和动物卫生监察局对生产者同意销毁的有高风险性、疑似痒病阳性的山羊和绵羊给予补偿，以及对患痒病活动物检测、遗传学检测和对已出售易感羊和源头羊群进行检测。当该程序用于所有山羊和绵羊时，由于山羊的敏感性基因与抵抗痒病的基因不像绵羊那么清楚，因此目前遗传学的检测尚未应用于山羊。兽医和生产者可通过网站（www. aphis. usda. gov/vs/nahps/scrapie/eradicate. html.）了解更多有关全国消灭痒病程序的详细信息。

自 1993 年 1 月开始，痒病在欧洲国家已是必须报告的疾病。在 1998 年和 2001 年，欧洲通过立法对山羊和绵羊痒病进行监视。欧洲议会建立了预防、控制和消灭包括羊痒症在内的在欧洲国家特定传播的海绵状脑病的规则条例（EC）第 999/2001 号。如何确定阳性绵羊的基因型和管理绵羊、山羊及其产品出口在这项立法中都做了详述。

直到 2003 年，剩下的成员国才决定处理被证实患痒病羊群。然而，（EC）第 260/2003 号条例要求强制处理检测为阳性的羊群。必须销毁所有感染的山羊群。在绵羊群中，经遗传学检测后淘汰仅带有敏感基因型的羊群是一种选择。2004 年，英国通过了强制性的羊群程序。欧盟不断修正有关控制海绵状脑病的规则以适应新的认识和防控工具。欧盟所有有关海绵状脑病的立法细节可以从网站（http：//ec. europa. eu/food/food/biosafety/bse/at/chronological ＿ list ＿ en. pdf）中获悉。

痒病的控制仍然是一个积极研究和很多政策辩论的主题。在发生的非典型绵羊痒病病例中，绵羊所带的基因型被认为能抵抗典型痒病，如 ARR/ARP，这对以绵羊基因选择为基础的绵羊瘙痒病根除计划的最终成功产生了怀疑。

5.3.4 牛海绵状脑病（Bovine spongiform encephalopathy, BSE）（疯牛病）

疯牛病，与山羊和绵羊痒病一样是一种与朊蛋白相关的可传播的海绵状脑病（TSE）。1986 年，疯牛病在英国首次被公认为是一种牛的疾病。1996 年报道了一种新的、致死性的人海绵状脑病，称作克雅氏病的变体（vCJD），被认为与食用感染了疯牛病的牛产品有关。因此，疯牛病已成为一种可引起重大公共卫生事件和农场毁灭的动物性疾病，是很多国际媒体关注的焦点。

在本书中讨论疯牛病有两个目的：首先，疯牛病可通过接种试验在山羊中发生；其次，2005 年，按照 2002 年欧委会通过的海绵状脑病检测程序，法国对自然发生且检测为疯牛病的山羊进行了屠杀。

鉴定阳性山羊疯牛病对世界范围内的山羊产业有重大意义。有关是否有潜在的致命性动物疾病通过山羊产品的消费传播至人类的问题尚未被

完全解答。毫无疑问要加快有关山羊发生疯牛病和其传播至人类的可能性研究进程。在活山羊和山羊产品贸易中，将可能有更严厉的管理措施的实施。因此，兽医和山羊生产者要意识到疯牛病是山羊的潜在疾病。

本书后面部分内容综合描述了主要的牛科动物疾病，这里只限于讨论山羊疾病及其在山羊产业中的应用。

5.3.4.1 病原及发病机理

海绵状脑病的病原学还有待进一步全面的认识，主要理论认为是自然发生的。细胞膜相关朊蛋白 PrP^c 的不正常折叠普遍存在于宿主动物细胞中，宿主动物感染形式的不正常折叠 PrP^c 蛋白入侵后引发了细胞蛋白的非正常结构变化，如已知的 PrP^{Sc} 在文献中也称为 PrP^{res} 或 PrP^d。有人提出，在感染过程中，这些朊蛋白非正常异构体结合改变了正常 PrP^c 的三维结构，至少一部分 PrP^c 的 α 螺旋结构成为具有致病性 PrP^{Sc} 的 β 折叠结构。在许多病例中，感染的脑组织中这些非正常的 PrP^{Sc} 在脑灰白质中的累积导致以空泡化为特征的组织学出现明显的退变。也有人坚持海绵状脑病致病机理的替代理论，他们认为螺旋体属细菌可能是海绵状脑病的传播因子（Bastian，2005）。

绵羊病例中，绵羊的基因型在其对痒病敏感性和抵抗痒病感染过程中扮演重要角色，这一点在文献资料中论述充分。即使研究说明很多带有抵抗基因型基因 ARP/ARR 的绵羊也可能经口感染疯牛病以及在它们脾脏内有 PrP^{Sc} 累积（Andreoletti et al，2006），但利用疯牛病进行绵羊感染性试验结果说明这些遗传因素可能也会影响绵羊机体对疯牛病的应答。本章节对痒病的讨论部分中，山羊的基因型也可能在对痒病的应答调解中发挥重要作用，但是相关记录很少，很少或没有证据关注山羊在感染疯牛病试验中基因型的作用。遗传因子在对牛海绵状脑病的抵抗性和敏感性中所起的所用即便是有记录但也是很少的。

5.3.4.2 流行病学

1986 年美国在牛体内首次识别了疯牛病。现已证明这是一种可引起被俗称为疯牛病的神经性疾病。然而这一疾病的起因尚不知晓，流行病学研究证明这一疾病是通过供给反刍动物蛋白产

品的浓缩饲料传播的。有假定理论认为去除来自牛的反刍动物蛋白的补充饲料可减少该病的发生，事实上，这一假定后来被证明是正确的。1998年英国颁布了一项禁止饲喂含牛肉和牛骨粉饲料的禁令。在这项禁令颁布后，英国的动物流行病在1992年达到顶峰，确诊病例为37 280例。此后一直稳步下降，2005年只有225例，2006年只有114例（OIE，2007a）。

英国在疯牛病流行期间，尽管在不断研究山羊和绵羊的疯牛病，但没有其他动物表现出疯牛病的特征。在动物园里，一些外来的可能食入被朊病毒污染的饲料的反刍动物会感染海绵状脑病。同样还有一些外来猫科动物，包括猎豹、狮、美洲狮、虎等都可能感染海绵状脑病，因为它们中大多数正在喂食来自感染疯牛病的牛肉或内脏。另外，在英国89只家猫中诊断出的猫海绵状脑病与疯牛病的流行有关（DEFRA，2007）。挪威、法国、葡萄牙、意大利、瑞士也检测出了猫传染性海绵状脑病病例。

但不幸的是，含有肉类和骨粉的饲料已被出口到其他国家。欧洲的很多国家报道了疯牛病病例，尽管到2006年底在英国发生的病例没有达到这种程度，但至少有24个国家报道了至少1个疯牛病病例（OIE，2007a）。因此，欧盟和其他许多国家设置禁令禁止给家畜饲喂含反刍动物原性蛋白的饲料制品。在欧洲，由于反刍动物饲料存在交叉污染的问题，因此非反刍动物被禁止饲喂动物性蛋白。试验研究和野外观测表明，在牛群间不会发生水平传播，饲养禁令可最有效地控制疾病在家畜中蔓延。在确定冷冻的牛精子和冷冻的牛胚胎是否能传播疯牛病的试验中没有出现风险。同样研究者也证实疯牛病不能通过羊胚胎进行传播。

1995年，19岁的英国人因克雅氏病而死亡，这是首例人类死亡病例，直到1996年才了解疯牛病和克雅氏病间的关系。人们普遍接受的观点是，食用感染神经组织被污染的牛肉制品是疯牛病朊病毒传播至人类的途径。因此，欧盟和其他一些有疯牛病的国家对牛屠宰企业设置了新的限制措施，以排除牛肉制品中含有的所谓特异性风险物质。

这些特异的风险物质可给人类感染疯牛病带来潜在的风险。美国直到2004年才限制了这些物质，美国的首例疯牛病病例是在2003年确诊的，这种干预在限制克雅氏病的发生方面似乎有预期效果。英国变异型克雅氏症的发病率在2000年达到顶峰，此后一直下降。从1995年到2007年6月，英国报道了162例人克雅氏病病例；另外，法国报道24例，爱尔兰4例，美国3例，荷兰2例，加拿大、意大利、沙特阿拉伯、日本、葡萄牙和西班牙各1例（National Creutafeldt Jakob Disease Surveillance Unit，207）。

感染性朊蛋白在牛群中造成疯牛病流行的起因和特点尚未确定。一个最初的理论是感染性朊蛋白通过感染绵羊组织使得痒病病毒进入了食物链中，而且朊病毒有时能转换成一种对牛有影响的特异因子。另一个理论是，牛的正常朊蛋白可以自发性地突变为具有感染能力的朊蛋白，这些朊蛋白是牛通过饲喂受感染的牛的肉类和骨粉类饲料制品而突变，进而进入食物链的。自非典型疯牛病发现后，这一理论现被认为是有道理的（Biacbe et al，2004；Casalone et al，2004；Brown et al，2006）。有报道称，非典型疯牛病毒株在鼠体内继续传代后发生了转换，所产生的神经病理学和分子疾病特征无法与典型疯牛病毒株区分开来。虽然确定朊病毒蛋白特征的相关试验技术的发展，使得现已能够区分引起典型疯牛病的朊病毒和引起痒病的朊病毒，但人们依然看到，目前鉴定的非典型疯牛病毒株将会对实验室的鉴别提出挑战。

有关疯牛病和痒病临床病理学相似性的研究已在小反刍动物朊病毒病中展开，包括对具有可能感染疯牛病山羊和绵羊的研究。成功的试验性感染已经说明山羊和绵羊都易感疯牛病且能表现出临床症状。Foster等首次在试验中使疯牛病传播至山羊。在这期试验中，6只山羊经口服或脑内接种感染疯牛病的牛脑熔浆。在攻毒506d和570d后，其中经脑内接种的3只英国奴宾山羊全部表现出疯牛病的临床特征。另外3只经口服接种的山羊中，有2只在941d和1 501d后表现出疯牛病的临床特征（Foster et al，1993，2001）。这一结果说明，假定的自然感染途径为'口服法'，则能使山羊感染疯牛病。

这一研究结果以及对动物潜在海绵状脑病的关注，激励有关部门建立和进一步扩大对已有的疯牛病和牛、山羊及绵羊痒病积极的监督程序。

欧委会在实施此计划中格外积极。2002 年，一些欧盟国家开始大规模检测海绵状脑病，检测样本包括送往屠宰场的健康动物、在痒病消灭中挑选出的部分动物、报道的疑似海绵状脑病病例、其他诸如在农场里死亡的可疑动物。针对山羊，欧盟国家在 2002—2005 年分别检测了 54 444 只、63 022 只、36 115 只和 265 489 只。相反，在 2006 年，美国在海绵状脑病的屠宰病例中检测了大约 800 只山羊；不过，在 2007 年他们加强了山羊屠宰场的监管活动。

2005 年 1 月 28 日，欧洲共同体报道在 2002 年 10 月屠杀的一只表面上看似健康的 1 岁半的山羊经海绵状脑病检测确诊为疯牛病病例。为了预防，法国划定了该羊群区域，不允许区域内的任何羊及其产品进入人或其他区域内的动物食物链。羊群中的其他大约 300 只成年山羊经检测后没有发现海绵状脑病。有一只检测为阳性的山羊样本被送往英国威布里治兽医实验室（OIE 疯牛病参考实验室）进行了进一步评估，通过鼠接种试验证实这是首个在羊体内自然发生的疯牛病病例（Eloit et al，2005）。2005 年 1 月，英国宣布，对在 1990 年起检测为痒病阳性的山羊样本，已在作为新型的评价研究程序的一部分中，即使用更敏感地识别山羊疯牛病的检测方法中进行了再次评估。现已证实这些病例是疑似疯牛病病例，但撰写本书时，正在等待传播试验的结果，以便做出诊断（Jeffrey et al，2006）。

两个病例中，一个确诊病例和一个疑似病例确立了自然发生的疯牛病能在羊体内发生。然而，感染原因、疯牛病在山羊群中传播的风险，以及山羊和山羊制品是否是人类克雅氏病的来源等很多问题尚没有答案。

法国的疯牛病阳性山羊是英国在 2001 年开始的大范围禁止动物蛋白饲料以前确诊的，因此，可能存在被疯牛病病毒污染的饲料是山羊感染该病的起因。同样，英国 1987 报道的疯牛病山羊病例也是在 1988 年禁止肉类和骨粉类饲料前确诊的。甚至在这两期报道出现以前，因为绵羊养殖在欧洲的巨大数量以及绵羊产业带来的巨大经济价值，对绵羊的关注要多于山羊，专家也已经考虑关注在小反刍动物中可能鉴定出的疯牛病（Schreuder and Somerville，2003）。

欧委会科学指导委员会 1998 年发表了有关携带疯牛病因子的绵羊和山羊具有感染风险的观点（Europeaan Commission，1998）。概括起来讲，该委员会认为疯牛病因子传播至小反刍动物是有可能的，如果发生将会通过相同的机制感染牛。也就是说，疯牛病因子会通过食用含有被朊病毒污染的动物蛋白的精饲料感染牛。由于传播路径基本相似，小反刍动物病例的地理分布也基本相似，因此小反刍动物的发病情况能反应牛的发病情况。人们也意识到，与用于其他生产目的的山羊和绵羊相比，奶山羊更有可能消耗受朊病毒污染的高风险性的精饲料。到 1998 年，已经清楚针对含动物蛋白的饲料禁令有效地抑制了该地区牛群中疯牛病的流行，每年只有极少的病例被报道。然而，也许可以假定该病在小反刍动物中的传播风险也降低到了相似的程度，科学指导委员会已经表示还不知道小反刍动物疯牛病与绵羊痒病的表现是否一样；也不知是否有水平传播的证据，或者会如牛的疯牛病一样，传播仅限于饲养源。

在牛的疯牛病中还没有水平或者垂直传播的迹象。事实上，几乎所有牛的病例都被假定来自直接食用受污染的饲料。相反，痒病能在小反刍动物中直接或间接传播。已经证明在绵羊和山羊中都存在水平传播，但并没有完全排除绵羊中可能有垂直传播（Detwiler and Baylis，2003）。因此，如果与小反刍动物痒病一样，即使执行饲料禁令，疯牛病也能在绵羊和山羊群中继续传播。

一项研究表明，疯牛病似乎能从感染的母羊传播至羔羊，即使还不清楚是否是发生在子宫内或是围产期（Bellworthy et al，2005）。事实上，自科学指导委员会发布他表的观点起，仅有 1 只山羊确诊感染了疯牛病，没有绵羊的确诊病例。这说明疯牛病并没有大范围传播，或者在小反刍动物中没有极高的风险性。2002 年，欧盟加强了对小反刍动物海绵状脑病的有效监测，有助于弄清有牛疯牛病的这些国家小反刍动物疯牛病的发生情况。然而，有一个重要的条件情况值得注意，朊病毒连续传代可能会改变其生物化学标签，使得疯牛病很难与痒病进行区分（Ronzon et al，2006）。

另外更多的担心是小反刍动物疯牛病对人类可能存在风险。问题是在一些地区现有的保护人类免遭来自牛产品的动物性朊病毒感染的控制方法是否能有效保护人类不感染小反刍动物疯牛病。再者，这依赖于小反刍动物疯牛病是否与小反刍动物痒病或牛的疯牛病表现相似。朊病毒在宿主动物组织中的分布是解决这一问题的关键因素。有关绵羊疯牛病的试验性感染的数个研究现已完成（Foster et al，1993，2001；Jeffrey et al，2001；Bellworthy et al，2005a）。这些研究表明绵羊疯牛病与痒病表现相似，在潜伏期阶段，PrP^d（PrP^{sc} 的另一名称）广泛分布于淋巴网状系统和肠神经系统，鉴定的有 PrP^d 的阳性组织是下颌、咽喉、肩胛前骨、肠系膜、回肠、纵膈淋巴结、扁桃体和脾脏。在肠系统中，鉴定的 PrP^d 与大部分淋巴组织、肠神经组织以及小肠有关。引起人关注的是在皱胃中观测到了 PrP^d（Jdffrey et al，2001）。与局部炎症损伤相关的巨噬细胞中发现的这种 PrP^d 推断是由肠道寄生虫引起的。

认为携带 PrP^d 的巨噬细胞能到达作为部分炎症应答的感染位点的观点令人兴奋并感到担忧。这暗示着有这样一种可能性，即在乳腺炎病例中，即使是亚临床感染，则含有 PrP^d 的巨噬细胞也能到达乳腺而存在于乳汁中。事实上，这一过程已在患痒病的乳腺炎绵羊中观察到（Ligios et al，2005）。如果将奶制品列为具有特异风险性的乳制品会影响小反刍动物乳制品业的发展。事实上，巴氏消毒法并不能杀死朊病毒。一项最新的研究报道称，利用新技术在现存的经巴氏消毒的牛、绵羊和山羊乳中鉴定出了正常的 PrP^c。

最近的一项研究报告称，通过使用一种新技术可以在高亲和力的奶牛、绵羊和羊奶中，识别出正常的 PrP^c 蛋白（Franscini 等，2006）。这种情况下，正常的 PrP^c 变化并不令人惊讶，需要进一步研究来确定是否使用类似技术可以在牛奶中检测到异常朊病毒蛋白。

海绵状脑病通过山羊和绵羊乳汁传播至人类的潜在威胁需要研究加以证实，以便于控制动物疾病有合理的科学依据。类似的担忧来自一篇报道，该报道称，在试验中，绵羊疯牛病能通过血液传染给另一只绵羊，即使供血绵羊还处于疯牛病的潜伏阶段（Houston et al，2000；Siso et al，2006）。来自血液的传染性能自然传染给绵羊和山羊，如果确认将会对供给人类消费的所有

小反刍动物产品的市场产生可怕的影响。

一些疯牛病传播试验与传播途径有关，例如，脑内大剂量的攻毒与自然感染情况下的发病不一样。另外，考虑到大量的时间、经费都用到朊病毒病传播和传染性研究，因此在已报道的试验中只有极少数动物参与，最多有绵羊60只、山羊6只。

起初，至少在绵羊中，已知的影响对瘙痒病易感性和抗性的遗传多态性似乎在疯牛病的试验中同样适用（Bellworthy et al，2005a）。然而，很多研究称，这只是一个假设，带有能抵抗痒病的 ARR/ARP 基因型的绵羊在试验中感染了疯牛病（Andreoletti et al，2006；Bencsik and Baron，2007）。在报道中，带有 ARR/ARP 的绵羊在感染 6 年后临床表现仍然正常，暗示这些疯牛病朊病毒对这些绵羊可能不起作用（Ronaon et al，2006）

因此，至今的研究结果提示，对与受关注的小反刍动物感染疯牛病且能水平传播、可能感染人类的原因，需要做更多风险性评估。2006 年，研究者就试验中感染疯牛病的山羊脑中有 PrP^d 的累积进行了报道。他们认为，山羊外围组织中 PrP^d 的分布仍无事实可以证明。目前重要问题是，在欧洲加强对山羊和绵羊自然发生海绵状脑病的监测，与一并提高实验室鉴别痒病和疯牛病的能力是否将会揭示出另外一些山羊及绵羊的疯牛病病例。

5.3.4.3 临床症状与诊断

由于山羊疯牛病病例是在欧盟委员会积极的监督程序中屠宰健康山羊后鉴定出的，所以对山羊自然发生疯牛病的临床症状尚无详细描述。试验感染已使山羊发生了疯牛病，且试验性诱导的山羊疯牛病症状已在文献中有说明（Foster et al，1993，2001）。在产生临床症状的情况下，这些文献中的描述应该能被理解。在试验条件下，传染途径和用于试验的材料剂量可能不会产生自然环境下感染可能观察到的疾病的临床症状。与自然发生的牛疯牛病及山羊痒病相比，其临床症状及其短暂。

据 Foster 等（1993，2001）报道，经脑内接种的感染疯牛病病毒牛脑有浆的 3 只山羊于 506～570d 时出现了临床症状。经口服接种的 3 只山羊中，2 只山羊在 941d 和 1 501d 时各自表

现出临床症状，第 3 只山羊在接种后 1 720d 后仍然健康。所有 3 只脑内接种山羊和 1 只经口给药山羊均出现突然和明显的共济失调，其发展迅速，一旦出现，出于动物福利原因，必须在共济失调发作后 6d 内施行安乐死。出现临床体征的另一只经口给药山羊未显示共济失调体征。当然，这只山羊在被淘汰前的 3 周内嗜睡，体重减轻。5 只受影响的动物均未出现瘙痒，这是痒病的特征，是小型反刍动物更常见的 TSE。考虑到疯牛病在山羊中临床症状的不确定性，以及所有反刍动物海绵状脑病的关系，在山羊的神经性疾病，尤其是慢性、渐进性神经性疾病的鉴别诊断中，兽医需要谨慎考虑海绵状脑病、痒病和疯牛病。假定山羊自然发生疯牛病是合理的，它可能表现出与牛疯牛病或者绵羊和山羊痒病相似的特征。

在自然发生的牛疯牛病中，疾病一开始是潜伏性的且是一个较长的过程。最主要的临床症状体现出现在神经系统，包括恐惧、神经过敏及共济失调，后者的症状会逐渐增强到一个点，这时感染动物可能无法站立。要重点注意到直到疾病末期，海绵状脑病的临床症状都是不明显的且通常不引起人的注意。牛的临床疾病在别处有更详细的描述（Radostits et al，2007）。山羊痒病的临床症状在痒病的讨论章节已有了详细的描述，当然，在临床上要一并考虑与疯牛病的鉴别诊断。

5.3.4.4 临床病理及剖检

在疯牛病的潜伏期或临床阶段，动物没有持续的血液、生物化学或肉眼可见的变化。疯牛病在大脑的特定区域产生特征性的海绵状病变与瘙痒病相似（Foster et al，2001）。然而，在小反刍动物中，需要诸如免疫荧光和蛋白印迹等利用特异性抗体的鉴别试验来确定特征性的损伤是由痒病或疯牛病引起的（OIE，2004a）。在兽医师怀疑可能是海绵状脑病的临床病例中，如果需要则必须通知法规机构，以便收集适合用于分析的脑组织样本。在互联网上有关于如何收集用于绵羊和山羊海绵状脑病诊断的合适的脑组织样本的剖检技术细节（Canadian Food Inspection Agency，2005；USDA，2007b）。

在欧盟，鉴定小反刍动物疯牛病的三级测试 chengxu 已经生效。绵羊和山羊的脑组织首先在 TSE 的主动监测项目中进行筛选，即使用已批准的快速筛选试验，该试验可以识别样本中的蛋白酶 K 抗性朊病毒片段，但不能区分疯牛病和痒病。截至 2006 年 2 月，欧盟委员会根据第 253/2006 号法规批准了 8 种此类快速检测方法，可用于绵羊和山羊样本。其中，包括两种夹心免疫测定法、三种化学发光检测法、一种构象法、一种 western blotting 免疫印迹法和免疫捕获测定（欧盟委员会、2006a）。第二阶段检测包括应用对 TSE 阳性样本进行鉴别检测，如免疫组织化学或改良的 western blotting 免疫印迹技术。第三阶段是确证检验，包括接种近交系小鼠或转基因小鼠的 BSE 或转基因小鼠接种 BSE 可疑材料，然后对接种小鼠大脑进行鉴别试验。

小鼠接种疑似病料的研究极其艰巨且耗时，小鼠发病和最终检测需要 1 年或 1 年以上的时间。这种拖延可能妨碍迅速、有效的监管行动。因此，开发快速区分小型反刍动物中疯牛病和羊瘙痒症的鉴别方法是研究的新方向。新的方法是评估受影响动物的大脑中积累的朊病毒蛋白的分子大小和糖基化模式，以及使用针对朊病毒分子的不同部分的单克隆抗体进行表位图谱研究。据 Jeffrey 等（2006）报道，试验中感染疯牛病的山羊，其脑内神经元 PrP^d 仅能被定位于残基 $His^{99}C$ 末端的抗体识别表位所示踪；但在痒病中，在位于残基 Trp^{93} 和 His^{99} 之间的抗原表位中检测出了 PrP^d。

关于法国确认的山羊疯牛病病例，据 Eloit（2005）等报道，这是在 2002 年欧盟定期进行的监督计划中首次鉴定出的痒病病例。这些病例随后在 4 个独立的实验室再次用免疫印迹和 ELISA 试验进行了进一步检测。所有实验室获得的结果都被收集了起来，取自法国的山羊样本不能与试验中感染疯牛病的山羊和绵羊样本相区分。该样本随后被接种到 4 只野生品系和转基因小鼠中，接种后的小鼠在潜伏期出现的病症与接种了绵羊疯牛病病毒的状况一致。小鼠也产生了与试验中接种了绵羊疯牛病病毒相似的组织学损伤特征。最后，小鼠脑样本的蛋白印迹（western blot）检测结果显示，取自法国山羊的样本仍然不能与从试验中获得的绵羊疯牛病样本相区分。通过对最初诊断为痒病的山羊 TSE 病例的存档脑组织样本进行免疫组织化学表位图谱分析，鉴定了来自英国的疑似山羊 BSE 病例（Jeffrey et al，2006）。接种小鼠的研究结果尚未确定。

5.3.4.5　治疗和控制

如今还没有针对疯牛病的治疗方法。即使有可供选择的治疗方法，也很少甚至没有机会去实施，因为羊痒病已变成必须报告的且在世界范围内高度系统性监管的疾病。相应的，官方机构已对疑似病例实施安乐死，以用于最终诊断。尽管如此，在人类中及时研究针对海绵状脑病可能最佳的治疗方案在理论上可以用于动物痒病的治疗。Liberski 等（2004）论述了治疗海绵状脑病所面临的困难和机遇（Liberski，2004；Weissmann and Aguaai，2005）。

不同国家对疯牛病有不同的管理和控制措施，但有适用于所用病例的基本原则。控制疯牛病传播的关键点是禁止给反刍动物含有反刍动物肉类和骨粉类制品的饲料。在一些国家，这一基本原则扩大至不能给所有农场动物含动物性蛋白的饲料制品。自 1998 年首次在英国和其他一些国家实施这些举措以来，牛疯牛病在全球的流行程度已逐渐降低。另外，一些无疯牛病的国家对反刍动物及其各种产品（如胚胎、精子）的进口设定限制条件，努力保证疯牛病不传入本国。无疯牛病的国家也建立了监督程序，以确保本病不通过进口而进入本国。

有疯牛病的国家已经实施了扑灭措施以控制该疾病。一开始，除了英国外，一些国家感染疯牛病后畜群数量有所减少。牛群中不会发生疯牛病的水平和垂直传播，扑灭措施限于对假定会出现疯牛病的动物群，它们很可能在早年就会受到风险饲料的威胁。另外，积极的监督程序已用于检测新的疯牛病病例及追踪有疯牛病国家疯牛病的流行情况。这项程序包括：在屠杀过程中对健康动物、疑似疯牛病动物、濒临死亡或农场中已经死亡的动物进行样本采集。包括美国在内，许多国家因对疯牛病的高度关注已经加强了根除程序的进程，并积极配合进行小反刍动物海绵状脑病的检测和消灭。

1996 年，对牛疯牛病和人类克雅氏病之间关系的确立促进了辅助控制措施的执行，这些措施是为了预防感染性朊病毒通过食物链向人类传播。在家畜屠宰和肉制品加工期间，从人类食品链中去除特定风险材料（SRM）一直主要干预措施。这些特异的风险性材料是一些取自尸体的组织，它们可能会提高朊病毒感染神经组织和网状淋巴组织的风险性。为了预防本病，英国在 1990 年已经采取措施去除了这些来自食物的高度风险的组织。此外，在不同的国家，这些组织和动物的选择可能有所不同。但总的来讲，对于牛而言，特异风险性组织包括脑、眼、头盖骨、带有后背神经节的脊髓、扁桃体、脊柱、肠及肠系膜。由于与疯牛病在牛中的分布相比，疯牛病在小反刍动物中的分布更加类似于痒病在小反刍动物中的分布，所以，绵羊和山羊特异风险性材料涉及的年龄阶段和组织范围更为广泛。例如，欧盟没有指定脾脏为牛的特异风险性材料，但所有年龄段的绵羊和山羊都需要去除脾脏。应该注意的是，如果在自然条件下，如果疯牛病被确认为是绵羊一种自然的疾病，目前对绵羊和山羊的 SEN 禁令将可能会变得更加严格。

起初，监督和控制山羊和绵羊疯牛病是监管机构控制新型牛类疾病所面临的巨大挑战中的次要问题。不是管理部门的首要关注点。然而，两起事件提示要对小反刍动物的疯牛病给予较高的关注。第一件是疯牛病与克雅氏病之间的关系说明动物源性的产品可能是人类海绵状脑病的传染源之一。第二件是 2005 年法国在山羊中确诊了疯牛病病例。由于欧洲是世界性的牛疯牛病病例、人克雅氏病及单一的山羊疯牛病的来源地，所以，针对小反刍动物疯牛病强有力且快速的管理应对措施出自欧盟也就不足为奇了。

2001 年 5 月，欧洲议会批准通过了第 999/2001 条例规则（European Commission，2001）。该规则适用于预防、控制和消灭能特异性传播的海绵状脑病。这项综合性法规解决了许多关键性问题：根据定量风险性分析，对流行海绵状脑病的相关国家，确定全国的形式类别；在绵羊和山羊中，针对海绵状脑病建立积极的监督程序，利用最少的样本量对每个成员国的海绵状脑病进行鉴定；鉴定小反刍动物和牛的特异风险性材料；在确定管理规程下进行海绵状脑病的诊断，以及结合对农场主的指导方针，销毁被确诊患痒病或疯牛病的山羊和绵羊；动物、精子、胚胎及动物产品的进出口规则与进出口国家的海绵状脑病的形式有关；海绵状脑病参考实验室的鉴定，以及对已认可的取样和试验方法的鉴定。

自 2002 年起，加强对山羊和绵羊海绵状脑病的监督措施执行有两个方面的意义。一是说明痒病在山羊和绵羊中的流行高于之前的预计；二是导致在法国鉴定出了山羊疯牛病病例。

对绵羊疯牛病病例的鉴定立即引起了欧盟委员会的反应，他们此时关注山羊制品是人类海绵状脑病的来源问题。山羊疯牛病病例的确定立即引起了欧盟对山羊产品可能作为人类 TSE 感染的来源的关注。欧洲食品安全局的科学小组就山羊肉和山羊肉制品进行了疯牛病的风险评估并在 2005 年 6 月上报。该专家小组指出对山羊疯牛病了解甚少，因为目前来自实验性山羊感染的信息非常有限。该小组也注意到，疯牛病在山羊组织中的分布，不论在临床发病期还是潜伏期都与痒病的分布可能相似，相比疯牛病在牛中的分布更加广泛。更多的山羊特异性的试验研究有待进行，特别是在疾病的潜伏期，以评价传染性朊病毒的组织分布。该科学小组同时指出，目前关于山羊肉在欧盟消费者中的消费模式信息有限，这些信息对真实的定量分析是必要的（Scientific Panel on Biological Hazards，2005）。

然而，该小组判断，针对山羊肉制品的定性风险评估自 2001 年起，也应考虑地区内存在的风险管理措施，以及最近在山羊中提高监测水平和鉴别试验的结果。对山羊肉进行定性风险评估时要用大量的事实解释，包括发现阳性的山羊是在 2001 年饲料禁令之前出生的，以及当前用于人类消费的已屠宰的幼年山羊和颁布饲料禁令后出生的山羊，这些山羊和成年山羊相比可能有较低的风险。此外，其他适当的风险管理措施有助于进一步降低消费者风险，增加检测和鉴别试验的初步结果并未表明在山羊或绵羊中有任何可疑的疯牛病病例。因此，考虑到疯牛病目前的风险与山羊肉和山羊肉制品消费有关，在饲料禁令颁布以后，也就是在 2001 年及以后出生山羊的风险较小（Scientific Panel on Biological Hazards，2005）。

然而，自该小组发表这一声明后，在例行监督中，在绵羊中鉴定出了 3 例不寻常的海绵状脑病病例，其中的 2 例来自法国，1 例来自塞浦路斯。迄今为止，对这些病例进行的试验都不能完全把疯牛病排除在外。已经利用小鼠鉴定试验对取自这些绵羊的样本进行鉴别分析，但这些试验

结果在本书撰写还未公布（European Commission，2006b）。

对于山羊奶及其奶制品，欧盟采用了致力于生物风险研究的科学小组的意见（2004）。此外，该小组注意到，在试验性感染的山羊中，关于疯牛病传染性的分布情况，只有少量的特定信息可供使用，需要做更多的研究进行定量的风险评估。他们指出，在有乳腺炎的情况下，朊病毒可在血液和乳汁之间交叉传播（Scientific Panel on Biohazards，2004）。不过，欧盟也指出，目前消费的山羊奶或奶酪没有来自海绵状脑病阳性山羊，而是来自健康且没有乳腺炎的山羊。

山羊衍生品中疯牛病的真实风险仍然需要定量确证。目前，监管当局似乎希望疯牛病阳性的法国山羊和疑似疯牛病的英国山羊代表了在小型反刍动物中发现疯牛病病例的结束，而不是开始。这一立场得到了以下事实的支持：这两批山羊都是在饲料禁令完全实施之前出生的，并且都来自牛疯牛病常见的国家。此外，自法国山羊疯牛病病例确诊之日起，在欧洲，对成千上万只山羊进行了海绵状脑病的检测，结果没有发现新的病例。仅在 2006 年，就检测了超过 200 000 只山羊；在 2005 年，对 153 只疑似痒病的山羊进行了鉴别诊断，结果没有检测出疯牛病病例（European Commission）。

然而，随着时间的推移，加之相关的研究和正在实施中的监督程序将会确定山羊中的疯牛病是否会对山羊产业带来一系列的后果。同时，山羊生产者和兽医师应该考虑所有的山羊神经性疾病中可能会有疯牛病，并及时向法规机构上报疑似病例。

5.3.5 山羊关节炎脑炎（Caprine Arthritis Encephalitis，CAE）及梅迪-维斯纳病（Maedi-Visna，MV）

CAE 是由属于小反刍动物慢病毒属反转录病毒引起的山羊疾病。这里介绍 CAE 的 5 种主要临床表征，即关节炎（是主要特征）、乳腺炎、肺炎、脑脊髓炎、渐进性的体重减轻。这里讨论的焦点是由疾病引起的神经学上的变化。另外一种小反刍动物慢病毒属成员，即熟知的梅迪-维斯纳病毒（MVV），影响绵羊且产生相似的临床特征，以肺炎为主要症状。

过去，一些山羊的神经性疾病被归因于MVV感染。从临床上和神经病理学上有力说明这是CAE病例。但是，在对CAE与CAEV及MVV的关系知之甚少时，这种病因推断还是一次次地发生。CAVE引起的关节炎、肺炎、乳腺炎将在第4、9、14章节中进一步讨论。

5.3.5.1　病原学

CAEV和MVV是反转录病毒科、慢病毒属的成员。慢病毒可引起持久的感染且缓慢发生的疾病。有关慢病毒属成员的物理化学、遗传学及免疫学方面的信息在第4章主要对CAE有所描述。

慢病毒属分为5个血清群，反映了与它们相关的宿主动物。CAEV和MVV属于慢病毒属血清群，引起绵羊梅迪-维斯纳病（MV）和山羊关节炎（CAE）。其他的血清组包括牛血清群，与牛的免疫机能缺陷疾病有关；马血清群，与马的传染性贫血有关；猫科动物血清群，与猫科动物的免疫机能缺陷疾病有关；灵长类动物血清群病毒、猴免疫机能缺陷病毒（SIV）及人免疫机能缺陷病毒（HIV），HIV在人类中引起免疫机能综合缺陷症（AIDS）。

小反刍动物慢病毒与HIV的密切关系在CAEV和MVV发生后的20年给予了大量的研究。即使这两种病都不是人兽共患传染病，但CAE和MV已被视为AIDS研究的模型。由于增加了研究的目的性，兽医界已经对小反刍动物慢病毒有了更好的了解，包括了解相互之间的关系及由它们引起的疾病。

MVV是小反刍动物慢病毒的代表，20世纪50年代首次对其进行了描述，然而CAEV是在20世纪70年代首次对其进行了描述。在历史上，由于定义了它们分别对绵羊和山羊有宿主特异性，所以MVV和CAEV被视为不同的病毒。然而，正在进行的系统发育分析和交互传播研究进展表明，这两种病毒的关系可能比以前认为的更加密切。

1998年，Zanoni报道了小反刍动物慢病毒系统发生研究结果，该研究以病毒的 env、pol 及 gag 基因片段和长末端重复序列（LTR）中可用的序列信息为基础。结果表明，至少6个不同的分支，但不能区分这些慢病毒株是来源于山羊CAEV还是绵羊MVV。第1个分支有冰岛绵羊髓鞘脱落病毒和相关的MVV毒株构成；第2个分支由北美洲绵羊慢病毒株构成；第3个分支由挪威四株慢病毒构成；第5个分支包括标准的北美洲CAEV毒株、CAC-CO、法国和挪威的CAEV毒株及北美洲慢病毒株；第6个分支包括法国慢病毒。基于系统发生分析，慢病毒的差异与其来源的宿主物种之间的关系不明显，可以推断，慢病毒也许可以轻易地跨过宿主物种，也可假设所有的慢病毒株来自MVV。

Shah等（2004）报道了利用大量分离的病毒和 gag、poL 基因的长片段进行的系统发生研究。即使分类系统的特异性不同于 Zanoni（1998）的结果，但这也是关注点。也就是说，慢病毒没有依照宿主的特异性而发生分化。在更多分析中，使用了命名的慢病毒9个亚型中的4个，包括所有的绵羊和山羊毒株。结果发现，B_1 亚型中的瑞士毒株与法国、巴西和美国的毒株没有太大差别，说明病毒通过活家畜的国际贸易而传播。此外，A_3 和 A_4 亚型中的分离毒株全部来自山羊和绵羊。记录中的特异畜群包括两个物种，这些为慢病毒的种间传播提供了进一步的证据（Shah et al，2004，2004a）。在个别研究中，也报道了慢病毒在山羊和绵羊的混合群体中传播的证据（Pisoni et al，2005）。

5.3.5.2　流行病学

1915年，在南非，MV被首次描述为绵羊的慢性呼吸性疾病。1923年美国也报道了该病。在冰岛，先后以呼吸和神经性疾病的形式公开了该病。这是一种仅在绵羊群中发生的呼吸性疾病（Clements and Zink，1996）。20世纪50年代，冰岛从流行病学、病理学和病毒学方面加强了该病的研究，承认该病的呼吸和神经学特征是有单一的慢性病毒感染引起的（Sigurdsson，1954；Sigurdsson and Palsson，1958；Sigurdsson et al，1952，1957，1960，1962）。呼吸性疾病是MVV感染的主要表现。在北美洲，这一疾病被称为绵羊进行性肺炎，在南非叫作里内特病，在荷兰被称作 zwoegeraiekte，et al，1998，在法国叫做 La bouhite。Pepin综述了MVV（Pepin et al，1998）除了澳大利亚和新西兰外，MV主要发生在商品化的绵羊生产国。然而，这些国家的山羊群却没有出现CAE。因缺乏监督程序，所以MV在许多发展中国家的情形尚不了解。

西德在 1969 年和 1978 年，瑞典在 1981 年报道，在山羊中散在发生了以肉芽肿性脑脊髓炎性特征的神经性疾病（Stavrou et al，1969；Weinhold and Triemer，1978；Sundpuist et al，1981）。这期间，该病被初步认定绵羊梅迪-维斯纳病或与其相似的疾病。法国报道的每个病例只包括单个的山羊群，瑞典北部和南部报道的病例却包括多种畜群。

在所有的这些病例中，成年山羊的神经性疾病症状，在临床上以进行性麻痹、肉芽肿脑炎和脱髓鞘为主要特征。后来，据西德报道，从受袭的山羊中鉴定出了针对绵羊梅迪-维斯纳病毒的中和抗体（Weinhold and Triemer，1978）。Sundpuist（1981）从瑞典山羊中分离出了一种梅迪-维斯纳样病毒。值得注意的是，这种从瑞典山羊中分离的梅迪-维斯纳样病毒在组织培养中形成了合胞体，而且不产生细胞病变。这是 CAEV 的特征，而 MVV 通常会生成合胞体，但有致细胞病变的效应（Querat et al，1983）。

然而，2～6 月龄的青年山羊，CAE 的神经学特征基本一样，且会延续到成年（Norman and Smith，1983）。因此，这些在成年产奶山羊中发生的假定为梅迪-维斯纳病例与 CAE 是不一致的。另外，在尸体剖检过程中，患有关节炎的成年山羊通常会有神经系统的组织学证据。而 CAE 很少会诱生中和抗体，这种抗体可能出现得太早（Andresdottir et al，2005）。

鉴于对 MVV 和 CAEV 分离株系统进化关系有了更好的理解，加之跨物种传播证据的不断增加，很可能在欧洲奶山羊中早期认定为梅迪-维斯纳病例就是成年山羊的 CAE（Andresdottir et al，2005）。

有关慢病毒跨物种感染的最新证据也对该病的控制计划有意义。瑞士已经有了一项全国性的 CAE 控制计划，这项计划以试验检测、剔除和鉴定为基础，已经非常有效地减少了山羊的感染数量，使其从 20 世纪 80 年代的超过 50% 降低到 2003 年的大约 0.3%（Perler，2004）。

然而据观察，一些参与这项计划的畜群，血清已经长时间呈阴性，但莫名其妙地再一次呈阳性。研究表明，这些畜群通常有绵羊存在或与绵羊有过接触。Shah 等（2004）特别证明，在一个绵羊和山羊混养的畜群中，从山羊中分离的病毒在系统进化上与从绵羊中获得的病毒有关。因此，为了使 CEA 控制计划彻底有效，对山羊和绵羊施行严格的隔离是重点。

5.3.5.3　发病机理

虽然相关知识在迅速增加，但一些病理学方面的知识仍然未知。其他有关 CAEV 传播和感染早期的信息在第 4 章有提到。Andresdottir et al（2005）综述了由慢病毒引起的山羊和绵羊神经性疾病的致病机理，下面对其进行概括性地叙述。

骨髓和脾脏的单核细胞系是 CAEV 的主要靶标。病毒在这些细胞中的复制是有限的，直到单核细胞分化成巨噬细胞，这种分化是在转录水平上进行调节的。被感染的巨噬细胞跨过血脑屏障进入神经系统的机制尚没有完全了解。这种情况很可能是通过单核细胞随着血流非特异性地穿过血脑屏障，执行其作为免疫监视细胞的功能发生的，也有可能是激活 T 细胞对炎症反应或其他感染的应答信号。一些其他的可能性包括慢性病毒感染脑毛细管上皮细胞或者是脉络丛，随后将病毒释放至脑部。一旦进入脑部，病毒就可能感染各种类型的细胞，包括淋巴细胞、浆细胞、巨噬细胞、内皮细胞、纤维母细胞和脉络膜上皮细胞。但病毒仅可能在巨噬细胞中复制。慢病毒不同毒株表现出不同的神经亲和力和神经毒力，而且两种属性是独立的。

在被感染的大脑中，只能从极少数的细胞中检测出病毒 DNA。表明，脑部损伤不是由病毒复制引起的，而是由免疫炎症反应引起的。炎症反应的起始因子可能是慢病毒产生的编码蛋白，这种蛋白的特异性肽可引起啮齿类动物微神经胶质细胞增生、星形胶质细胞增生和神经元损伤。山羊和绵羊会对慢病毒感染产生强烈的体液和细胞介导的免疫应答。宿主免疫应答可能在机体的损伤中发挥着重要作用。在试验中，使用的免疫抑制药物能治疗绵羊梅迪-维斯纳病早期损伤。宿主的这种免疫应答很可能是针对病毒诱导抗原而不是宿主抗原，进而引起由感染所诱发的免疫应答的扩大，致使最终出现大量的巨噬细胞和淋巴细胞的炎症反应，以及细胞因子的分泌，这些细胞因子会导致损伤。

CAEV 的感染是终生性的。CAEV 感染时如何维持休眠状态和为何期间会有变化还不清楚。有趣的是，在年青山羊中发生的 CAE 的神经特征基本一致，而成年绵羊的维 MV 的神经特征基本一致。毒株系差异、神经亲和力和神经毒力的变化，以及宿主因素也可能起重要作用。

5.3.5.4 临床表现

神经型的 CAE 主要影响的是 1～6 月龄动物，成年山羊也会受到影响。这种疾病的症状会在超过几周的时间里缓慢出现，其特征是进行性麻痹和四肢瘫痪，表明主要是脊髓受到了影响。后肢通常也会受到影响，但四肢轻瘫较常见，也会发生四肢不对称的现象。幼仔在站立时，起初表现出扭结和不对称的姿势，在行走时动作失调，尤其表现在后肢上（图 5.3a、彩图 27a）。逐渐地，动物起身可能会困难，直到不能站立（图 5.3b、彩图 27b）。

a

b

图 5.3 一只小山羊感染 CAEV 后表现出神经型症状，出现渐进性麻痹（Linda Collins Cork 博士提供）。a. 后肢扭结，呈不对称的站立姿势；b. 疾病晚期，后肢无法站立

条件反射和肌肉紧张度可能增强。但是，如果脑白质受到影响，有时候这种反应可能减弱。通常后肢比前肢受到的影响大，山羊可能用前肢

拖住身体。至少在疾病的早期阶段，尽管行动困难，但许多受影响的山羊仍然精神良好，能够继续饮水和进食。后期如果不施行安乐死，则受影响的幼龄山羊通常会发生肺炎、怕光或者有继发性疾病的发生。该病发生时很少有康复的报道。

CAE 的临床症状通常不仅限于运动缺陷。通过追溯 30 个病例发现，在超过 50％的病例中发现了其他的神经症状。这些症状包括抑郁、失明、不正常的瞳孔反应、眼球震颤、角弓反张、头部颤抖、头部倾斜、斜颈、转圈、面神经功能缺失、吞咽困难，也要注意到在大多病例有体温升高。

5.3.5.5 临床病理和剖检

利用琼脂扩散试验（AGID）和 ELISA（酶联免疫吸附试验）有助于确定反转录病毒的感染。但是，在临床上鉴定抗体不能证实疾病是由反转录病毒引起的。相反，琼脂扩散试验中，血清抗体水平可能会降到灵敏度阈值以下，导致出现阴性结果。针对外周血单核细胞的聚合酶链式反应（PCR）有助于鉴定血清阴性的疑似动物中是否存在病毒抗原。

脑脊液（CSF）表明病毒性脑炎不是决定性的原因。总蛋白和白细胞数量都趋于缓慢轻度地增加。在大多数病例中，细胞数量的增加是由单核细胞和淋巴细胞引起的，但也看到了中性粒细胞的增加。在 CAE 病例中，已报道的平均脑脊液总蛋白浓度是 80mg/dL，平均白细胞数量为 $26.5/mm^3$（Smith，1983；Norman and Smith，1983）。血象变化差异大，在临床上的意义不大。

在剖检中，目前肉眼可见的损伤仅限于脑脊液混浊，呈云雾状，脑白质、脊髓和心室表面局部呈褐色变化或脊髓肿胀。法国成年山羊中的细微损伤及瑞典起初假定的梅迪-维斯纳病或梅迪-维斯纳样疾病（Stavrou et al，1969；Dahme et al，1973；Giem and Weinhold，1975；Sundquist et al，1981）都与 CAE 的神经症状极其相似（Cork et al，1974；Norman and Smith，1983）。这些损伤与起初描述的绵羊维梅迪-斯纳病相似（Sigurdsson et al，1962）。

历史上，慢病毒感染以多病灶、单核细胞炎症性脑脊髓炎、伴随大范围的脱髓鞘为特征。这种炎症反应主要是因为淋巴细胞、巨噬细胞、浆细胞在血管周围聚集。在所有的病例中，炎症区域被增加的星型细胞、小神经胶质细胞围绕，附

近轴突的脱髓鞘作用尤其明显。在严重的区域，受损伤的轴突通常会发生软化。在重病例中，损伤可能在靠近灰质的部位。脑膜和脉络丛的淋巴细胞浸润是共有的特征。

早期对山羊梅迪-维斯纳病和 CAE 的报道表明，两种疾病对神经系统的损伤可能有差别。CAE 的损伤很少在脑部出现，更多的则是出现在脊髓区域（Cork et al，1974）。然而，后来对 CAE 的研究表明，脑部损伤是共有的，多达 60% 的病例有或没有发生脊髓损伤，脊髓损伤呈广泛性分布，通常不限于颈部和腰部（Norman and Smith，1983）。与中枢神经系统损伤相似的单核细胞炎症反应，也在患有 CAE 的山羊的关节、肺和其他组织中发现。

5.3.5.6 诊断

目前对神经学型 CAE 的预期诊断以畜群中曾经发生过其他历史神经症状为根据，如关节炎、乳腺炎的特征性临床症状，感染山羊的抗体水平，以及剖检时典型的神经病理学症状。CAE 的确诊依靠从受感染的组织中进行病毒的体外分离培养。

由 CAEV 引起的神经性疾病的主要症状是进行性的轻度瘫痪和麻痹。在年轻幼仔中，鉴别诊断必须包括对由铜缺失引起的以共济失调为特征的地方性动物疾病、椎体和脊髓脓肿、先天性的脊髓和脊柱畸形、脑脊髓线虫病的区分。如果忽视了早期的轻度瘫痪症状，而一开始的症状较为严重，则必须排除患有地方性的神经营养障碍、脊髓创伤、脾性麻痹、多神经根经炎疾病的可能。在报道的 CAE 病例中，有多种情况会同时发生，如在美国东北部报道了羔羊蹒跚病（Lofstedt et al，1988）。

在成年山羊中，鉴别诊断必须考虑脑脊髓线虫病、脓肿、可能的延迟性有机磷酸盐神经中毒和痒病。与绵羊不同的是，绵羊痒病中很少见特别瘙痒的报道。因此，与绵羊痒病相比，这种情况更像慢病毒感染。

当观察到有潜在的脑部损伤时，鉴别诊断也应考虑脑灰质软化症和李氏杆菌病。在所有的病例中，应该考虑到狂犬病，因为该病也可能出现上行性的麻痹症状。

5.3.5.7 治疗和控制

现没有已知针对反转录病毒感染小反刍动物的治疗方法。在 CAE 病例中，第 4 章描述的对

关节炎的控制方法也适用于该病的神经型控制。

5.3.6 边界病

边界病又被称为"抖毛病"，是山羊和绵羊的传染性、接触性病毒病。该病引起流产、不孕症、死胎、绵羊和小山羊体质减弱、在新生绵羊和小山羊中发生特征性震颤或震动、细毛羊呈反常的茸毛状被毛及皮肤学变化（这种皮肤变化在患病小山羊中无法看到）。

5.3.6.1 病原

边界病由瘟病毒引起。瘟病毒是有囊膜、单股正连的 RNA 病毒，是黄病毒科（Flaviviridae）成员。瘟病毒属中与家畜疾病相关的 4 个种：边界病病毒（BDV）、1 型牛病毒性腹泻病毒（BVDV-1）、2 型牛病毒性腹泻病毒（BVDV-2）、古典猪瘟病毒（CSFV）。这些病毒有共同的物理、化学和生物学特征，以及共同的可溶性抗原。在超过 40 种反刍动物中鉴定出了抗瘟病毒的抗体，可知瘟病毒存在着跨物种感染（Hamblin and Hedger，1979）。

瘟病毒属的最终分类工作目前正在进行。对编码瘟病毒非结构蛋白 N^{pro} 蛋白的基因 N^{pro} 的系统发育分析表明，传统的根据宿主物种（如牛、猪和绵羊）范围进行的分类实际上没有将这些病毒分开（Becher et al，1997）。根据这一分析，3 种从山羊中分离的瘟病毒被列入 BVDV-1 基因型，而不是传统的与绵羊和山羊边界病相关的 BDV 基因型。随后从山羊幼仔中分离出了 BVDV-1，这些山羊幼仔来自在意大利与边界病一致症状的山羊和绵羊的混合群，而从这些群的绵羊中鉴定出了 BVDV-2。最近，在韩国根据 N^{pro} 基因的系统进化分析，一株从具有边界病典型症状的山羊中分离的毒株被再次分类到 BVDV-2 基因型中（Kim et al，2006）。

瘟病毒属分离株其他的进化分析表明，BDV 基因型可进一步分为 4 个亚型：BDV-1、BDV-2、BDV-3、BDV-4（Becher et al，2003；Arnal et al，2004）。随后，在意大利中部，从来自经历流产的绵羊和山羊混合群中的山羊胎儿中分离的瘟病毒株有 BDV 的系统发生特征，但根据 N^{pro} 序列分析，这些毒株不是 BDV 的亚型之一。因此，认为该病毒是新型的 BDV 亚型（De Mia et al，2005）。目前可以看到，山羊可

被不同种类和基因型瘟病毒感染，但表现出的临床症状与确诊的边界病的一致。

5.3.6.2　流行病学

山羊边界病的发生及其对山羊产业的影响尚不清楚，在美国北部、欧洲、澳大利亚及新西兰的绵羊有本病发生。相反，临床上山羊幼仔中自然发生的边界病仅有偶发性报道。1959 年，首次在绵羊中对该病进行了描述；直到 1982 年，挪威首次报道了山羊群中自然发生的边界病病例（Lokenet et al，1982）。然而，在 1981 年，澳大利亚报到了一株从患有肺炎的幼仔肺中分离出了瘟病毒株（Fraser et al，1981）。自那时起，除了在意大利山羊和绵羊混合群体中有山羊、绵羊病例的一些报道外，很少有临床上山羊群边界病的记录（Pratelli et al，1999；De Mia et al，2005）。这些与山羊相关的病例可能与 BVDV 病毒和 BDV 病毒有关。

尽管缺乏有关的临床报道，但对加拿大（Elazhary et al，1984；Lamontagne and Roy，1984）、美国（Fulton et al，1982）、澳大利亚（Taylor et al，1997）、挪威（Loken，1989）、尼日利亚（Taylor et al，1997）、智利（Celedon et al，2001），以及巴西（Flores et al，2005）进行的山羊血清学调查表明，在 3％～16％的已检测山羊中，存在 BVDV 或 BDV 抗体。对山羊中存在的这些抗体的应答意义尚不清楚，这些抗体可能代表山羊按触过感染 BDV 的绵羊或感染 BVDV 的牛。至少已经清楚，接触或感染瘟病毒的山羊有着广泛的地理分布。由于山羊和绵羊的疾病类型有所不同，因此很可能在临床上表现为山羊边界病被误诊。在山羊的感染性试验中，早期流产、胎儿吸收及木乃伊化的发生与在绵羊相比更为常见；然而，幼仔体弱、颤抖的情况很少常见。在新西兰的一项研究中，23％的山羊流产被怀疑是边界病（Orr et al，1987；Orr，1988）。在挪威一起自然发生的山羊边界病事件中，仅鉴定出了 1 只颤抖的小山羊，但羊群中 43％山羊其血清阳性，远远高于实地调查中观察到的比例（Loken et al，1982）。据报道，挪威发生的边界病影响了 5 个山羊群，其传染源是污染了瘟病毒的羊痘疫苗（Loken et al，1991）。在这次流行中，出现了不育症、流产、弱胎和死胎的繁殖障碍，但存活的后代没有表现出边界病

的特征性症状，但一群中的绵羊表现出了神经症状。

5.3.6.3　发病机理

病毒的水平传播是由摄入的食物和吸入的气溶胶而引起的。病毒可经胎盘感染胎儿。病毒进入胎盘和感染胎儿很大程度上跟感染的时间有关，即使病毒株变异和繁殖因素也有作用。在对妊娠山羊的攻毒试验中，感染妊娠 40d 的山羊会有活的幼仔出生，感染妊娠 60d 的山羊会有 11％的活的幼仔出生，感染妊娠 100d 的山羊会有 73％的活的幼仔出生（Loken and Bjerkas，1991）。

与绵羊相比，山羊宫内感染产生更严重的胎盘炎，这可能是比绵羊更频繁的胎儿死亡和震颤幼仔分娩较少的原因（Barlow et al，1975；哈克，1973）。如果感染发生到妊娠 100d，子宫内感染的胎儿分娩可成为免疫耐受幼仔。看似健康的幼仔及震颤幼仔的出生会携带和分泌具有感染剂量的病毒，被称为感染的一种新来源（Loken and Bjerkas，1991）。

山羊胎儿和试验中被感染的幼仔都表现出一些特征性的中枢神经系统损伤，不管它们在出生后是否表现出震颤的临床症状。但是，山羊幼仔不会与感染的绵羊一样，表现出与多茸毛有关的特征性的皮肤囊泡变化（Orr and Barlow，1978）。

5.3.6.4　临床症状

从出生开始，羔羊就出现肌肉颤抖。这种有规律的颤抖主要表现在尾部，但也可能扩展到躯干部和颈部，给人整体的印象之一是痉挛。感染羔羊很难起身，前行时脚步笨拙。护理困难，被感染的年轻山羊可能迅速出现体温降低和血糖过低的症状。如果不加照料，它们会显得体弱、怠倦和抑郁。四肢长骨可能比平时显得更加修长，俗称"骆驼腿"，头部显得狭窄，额部区域出奇地突起。被感染山羊的被毛和皮肤不发生畸形变化（Orr and Barlow，1978）。除了不育、流产、死胎及胎儿木乃伊化外，母山羊不表现其他的临床症状。

感染山羊的临床症状可能因特异的瘟病毒种类或基因型不同而有所不同。例如，1998 年在韩国发生的边界病样综合征，包括腹泻、高死亡率，另外还有预期的流产、死胎的临床症状，以

及有神经症状的幼仔。实验室研究表明其病原是
BVDV-2。

5.3.6.5 临床病理和剖检

抗瘟病毒抗原的血清转阳表明有边界病的发
生。在挪威发生的 BVD 感染中，90% 的抗
BVDV 的血清中和抗体滴度达到了 1：500 或更
高（Loken et al，1982）。在被感染的小山羊中，
没有抗体滴度不能排除边界病，因为可能出现子
宫内的免疫耐受。在流产病例中对边界病的最终
诊断，建议用经福尔马林固定的胎儿的脑，新鲜
的胎儿肾脏和肝脏，以及产仔母羊的血清进行组
织学、病毒分离和血清学诊断（Orr，1988）。

剖检感染的小山羊时，没有肉眼可见的损
伤。中枢神经系统的组织学损伤以显著的髓鞘形
成、神经胶质增生、特别是大脑和小脑白质中的
血管炎症。血管周围出现神经胶质过多症以及血
管壁淋巴细胞和组织细胞浸润现象。在流产母山
羊，也应注意到有淀粉样沉淀和明显的膜坏死性
胎盘炎症。可从子宫内容物和阴道去除物中分离
病毒。胎儿发生自溶和木乃伊化是很常见的，但
可能表现出腹部脊髓髓鞘纤维减少。

5.3.6.6 诊断

根据有繁殖障碍史、新生颤抖幼仔可进行初
步诊断，确诊需要进行实验室检测。针对繁殖障
碍和流产的鉴别诊断将在第 13 章进行讨论。新
生幼仔出现低血糖症、败血症或脑膜炎时也可能
产生抽搐或颤抖，有可能被误认为是由边界病引
起的颤抖。当幼仔起身困难时，也应考虑以下疾
病：营养不良造成的肌肉萎缩症、先天性的脊椎
畸形、脊髓麻醉及背部下凹。

5.3.6.7 治疗

此病发生时尚没有特异的治疗方法。正常的
支持性医护能提高幼仔的成活率，但对于全部的
兽群情况，必须考虑在畜群中饲养潜在带菌动物
的可能性。

5.3.6.8 控制

所有流产动物，不论由什么原因而引起，都
应隔离。BDV 存在于流产和山羊产羔后的阴道
分泌物中。一般情况下，山羊应与牛和绵羊分开
独自饲养。当推断发生感染时，及时剔除分娩过
颤抖羔羊的母羊。根据血清学试验从畜群中消除
感染是有问题的，因为一些不反应的山羊事实上
可能处于持续感染阶段并持续排毒。对绵羊而

言，全群淘汰，从没有该病毒的地区引入羊群是
彻底消灭本病的唯一方法。

建议在边界病流行季节的绵羊群中使用
BVDV 疫苗，但该病的季节性流行在山羊群中
尚未见报道。即使疫苗起作用，预防失败也可能
发生，因为 BVDV 有不同的毒株且没有交叉保
护性。

5.3.7 羊跳跃病（Louping-ill）

羊跳跃病，也称羊脑脊髓炎，是由羊跳跃病
病毒（Louping-iII virus，LIV）引起的严重的、
非接触性脑脊髓炎。LIV 是有囊膜的单股正连
RNA 病毒，属于黄病毒属。LIV 是蜱传脑炎病
毒复合群（TBEV）一员，包括基萨诺尔森林病
病毒及 Alkhurma 病毒。已经进行了针对 LIV
系统发生分析研究（Gao et al，1997；McGurie
et al，1998）。据记载，该病仅在苏格兰、英格
兰、爱尔兰和挪威发生过。也有绵羊和山羊感染
另外两种在欧洲熟知的虫媒病毒的证据：希腊山
羊脑脊髓炎病毒（Papa et al，2008）和西班牙
绵羊脑脊髓炎病毒，这两种病毒能引起与羊跳跃
病相似的症状（Gould et al，2003）。

LIV 最初持续存在于绵羊、赤松鸡以及野
外或牧场的野兔中。该病毒的传播以硬蜱属的 3
种宿主蜱篦子硬蜱为媒介，将病毒可通过幼虫、
若虫、成虫传播，但不能通过虫卵传播。病毒也
可以通过接触了被血液污染的针头、器械而机械
性地传播。

在绵羊中，该病的发生很常见，但其他动物
偶发，这些动物包括山羊、犬、马、牛、猪、农
场赤鹿以及羊驼属动物（Macaldowie et al，
2005）。羊跳跃病是严重的潜在动物传染病，病
毒能引起人致命的脑膜脑炎。由于该传染病的传
染性很强，因此兽医和生产者在处理患病羊或尸
体时应注意安全防护。

对绵羊而言，临床症状包括开始有病毒血症
时出现发热，一旦病毒进入中枢神经系统，会伴
随神经学症状。这些症状包括肌肉震颤、共济失
调、细咬动作、体弱、卧倒，在发病出现时有症
状的绵羊于 1～3d 死亡。发病绵羊行走时出现抽
筋、僵硬，甚至有弹性的运动，这也是被命名为
羊跳跃病的缘由。苏格兰艾雷岛报道了一起疑似
山羊跳跃病的病例（Grayet et al，1988），疑似

发病山羊表现出发热、震颤、前肢虚弱、干呕、横卧，终归死亡。这些患病山羊有很高的血凝抑制反应的抗体滴度，以及脑部特征性的神经学损伤。

确诊需要进行脑组织学检查，从中枢神经组织中分离病毒，利用中和抗体的血清学试验或血凝抑制试验。TaqMan 反转录 PCR 方法被报道用于鉴定临床样本中的病毒，该法较细胞培养更加快速，可以鉴定受抗体干扰而细胞培养呈阴性的样本中的病毒（Marriott et al，2006）。

该病发生时没有有效的治疗措施，但一些被感染动物经护理和支持性医疗后可以恢复。在英国，灭活的组织培养疫苗已经用于绵羊、山羊、牛。单剂量的疫苗应在驱除牧场蝇虱的 4 周前予以免疫，免疫可持续至少 2 年的时间。

5.3.8　博尔纳病

博尔纳病是非化脓的病毒性脑脊髓炎，历史上，中欧的马和绵羊发生过此病。最近的研究表明该病病毒较以前认为的分布更加广泛，可感染的物种除了绵羊和马外，该病可能是新出现的动物传染病，即使后来的观点仍然有争议。在试验中，山羊能被感染，也有自然发生感染的山羊病例（使很少），这里列出了围绕博尔纳病争论的一些观点（Ludwing and Bode，2000；Staeheli et al，2000；Dauphin et al，2002；Durrwald et al，2006）。

5.3.8.1　病原

病原为单股负链 RNA 病毒目、博尔纳病毒科的博尔纳病病毒。病毒有囊膜，单股负链，直径为 100～130nm。该病毒具有几个独有的特点，Dauplin et al（2002）将其归类总结后单列为博尔纳病毒科。尔纳病毒是唯一的负链、单股、不分节动物 RNA 病毒，在细胞核复制和转录，具有严格的嗜细胞核特性，没有细胞毒作用，在中枢神经可持续存在但复制率低。与其他 RNA 病毒不同的是，博尔纳病毒基因组在一定的时间保持相对稳定。

5.3.8.2　流行病学

从德国西南部马体内发现该疾病已有将近 200 年的时间，因此命名与萨克森的博尔纳镇有关，该地区后来发生过该病并在 19 世纪 90 年代达到了高峰。该病也被公认能影响绵羊。这两种

动物在很多历史时期发生该病的报道仍然仅限于德国。20 世纪 70 年代该病通过莱茵河传播到瑞士、奥地利、列支敦士登，并开始在当地流行。在中欧马和绵羊仍然是主要的受影响物种，但也从一些少量的牛、驴、犬、鹿、兔、南美洲骆驼和山羊中鉴定出了该病。在瑞士记录的山羊病例中，2 例来自 1987 年的报道，其中的 1 例来自 1995 年的报道（Caplazi et al，1999）。

20 世纪 60 年代，中东报道了由该病引发的神经症状。首次认为是近东马脑炎，后来根据临床和组织病理学上的相似性（包括被感染的马脑部 Joest-degen 包涵体的形成以及一些博尔纳病的特征），这一疾病被认为是博尔纳病（Daubney，1967）。这起报道中也包含在黎巴嫩山羊群中发生的 2 例博尔纳病例（Daubney，1967）。如今看起来，这些不太可能是博尔纳病（Rott et al，2004）。

当时对博尔纳病的理解表明，这些病例是由其他病毒引起的，而不是博尔纳病毒，因为博尔纳病毒在细胞培养物中不能产生细胞病变。此外对损伤特征的描述与典型的博尔纳病不一致，Joest-degen 体事实上可能含有多个核仁，这种情况在大神经元中常有发生（Ehrensperger, personal communication, 2007）。

据最近报道，博尔纳病病毒是引起以色列鸵鸟、瑞典猫、日本和伊朗马发病的原因（Malkinson et al，1993；Lundgren and Ludwing，1993；Taniyama et al，2001；Bahmani et al，1996）。病毒似乎有着更广泛的世界性分布，超出了中东地区动物传染病的范围。2006 年，根据脑组织中的博尔纳病病毒 P24 基因和外周血单核细胞的检测结果，中国重庆报道了一起山羊亚临床感染病例（Zhao et al，2006）。

包括美国、日本以及德国在内的多个国家认为，博尔纳病是引起人类神经病学和精神病类疾病的可能原因（Rott et al，1991）。博尔纳病病毒在人类疾病中的作用仍然是有争议的，已有文献综述了支持和反对的一些证据（Chalmers et al，2005；Durrwald et al，2007）。

在中东地区的动物传染病区域，历史上的博尔纳病呈季节性发生，春季达到高峰。这也使人

们推断有病原储存器存在，最有可能的是一些野生动物群，即使大量寻找病毒储存器的研究最终没取得成功。研究表明双色的、白色锯齿状的鼩鼱可能是病原储存器（Hilbe et al，2006）。

博尔纳病病毒的传播方式尚未完全清楚，病毒可从鼻涕、唾液、眼结膜分泌物中流出，吸入和摄入被认为是病毒传播的主要途径。在外周血单核细胞中也发现了病毒 RNA 和蛋白，因此，血液传播也是可能的。然而，一些为了证明病毒在马群中或绵羊中存在水平传播的做法没有获得成功（Staeheli et al，2000）。感染动物产生抗体反应但不具有保护性，带毒动物在传播中的作用仍然不清楚。

5.3.8.3 临床症状

对山羊发生博尔纳病的临床症状没有较详细的记录。其他物种感染后临床上表现出神经性疾病，但特异性症状在感染动物中可能有变化，包括行为改变、感觉异常、由运动功能障碍导致的动作失调、瘫痪以及死亡。在绵羊中，感觉功能紊乱较运动功能失调症状更为明显，而运动功能失调是感染马的主要症状。然而，据报道，摇摆和共济失调是绵羊感染 1～4d 时的进行性临床过程（Ludwing and Bode，2000）。

在黎巴嫩的疑似山羊博尔纳病病毒感染病例中，其临床症状包括发热、焦虑、咩叫、流涎、颌骨有格格声、部分面神经麻痹、震颤、头部紧张、转圈、截瘫、惊厥及死亡（Daubeny，1967）。

5.3.8.4 临床病理及剖检

血清学试验可用于检测血液和脑脊髓液，Western blot、ELISA、以及免疫荧光试验则更加敏感。在急性博尔纳病临床病例中，抗体的水平较低，因此血清学试验必须有很强的灵敏性。在亚急性和慢性感染中检测不到抗体（Dauphin et al，2002）。因此，应该进行病毒和病毒性抗原的鉴定工作进程。

可尝试从感染动物的脑组织中进行病毒的分离培养但因为病原数量少而可产生假阴性。相对而言，直接利用免疫组织化学检测脑组织可能更为有效。RT-PCR 现已用于检测血液和脑组织中的病毒。

肉眼可见的损伤是非特异性的，可能包括轻微的脑膜炎、脑血管充血以及大脑和小脑之间出血。组织学变化与病毒性脑炎的一致，以脑组织

感染部位的血管周围和脑实质淋巴细胞渗透为特征。被感染的神经细胞的细胞核内有特征性的包含体，也称作 Joest-Degen 体，但包含体的存在又是可变的。

5.3.8.5 诊断

在博尔纳病流行的一些国家和地区，根据山羊脑炎的症状进行前期诊断。但人们已经意识到该病在山羊中非常稀少，因此认为山羊脑炎是由其他较为常见的病毒引起的。依靠实验室确诊进行鉴别诊断。引起严重的山羊脑炎的可能原因包括狂犬病、伪狂犬病、脑脊髓灰质软化、细菌性脑膜脑炎以及 CA 感染。

5.3.8.6 治疗和控制

没有针对博尔纳病的治疗方法。除山羊外，其他感染动物有时可自行康复，但能复发。该病通常不会发生在山羊上，但没有针对山羊的特定控制措施。鉴于博尔纳病是潜在的动物传染病，以及狂犬病等其他疾病与博尔纳的症状病看起来相似，所以在处理临床病例和剖检期间需要采取合理的防范措施。

5.4 细菌性疾病

5.4.1 李氏杆菌病

李氏杆菌病是山羊的一种重要神经性传染病，并可引起败血症及流产。在病羊及健康带毒羊乳中存在李氏杆菌。目前备受关注的就是该病可在乳及乳制品中而引起人兽共患。

5.4.1.1 病原学

单核细胞增多性李氏杆菌是一种可运动、需氧和兼性厌氧、小的革兰氏阳性菌。在血平板上有比较窄的 β 溶血。可在比较宽的 pH（5.0～9.6）及温度（3～45℃）下生长，但其最佳生长条件是 pH 为 7～7.2 及温度为 20～40℃。从组织及动物饲料中很难分离病原，所以将带有病原体的样本粉碎，接种富含胰蛋白的培养基，推荐应用选择性培养基，如吖啶黄萘啶酸血平板（Dijkstra，1984）。目前用的选择性培养基有多黏菌素吖啶黄 LiCl cetazidime 七叶灵甘露醇（PAL-CAM）和 Oxford 平板，它们是基于七叶灵的水解作用来分离李氏杆菌的。由于是显色培养基，所以很快就可以看见李氏杆菌克隆，

并且与其他李氏杆菌的区别就在于产单核细胞李氏杆菌和伊氏李氏杆菌对人有致病性，但对绵羊和牛有致病性（Low and Donachie，1997）。报道称，在绵羊和山羊的混合群中，绵羊感染后可流产，但同群的山羊却没有被感染（Santagada et al，2004）。

尽管普通的消毒剂可很快杀死产单核细胞李氏杆菌，但它可在排泄物、青贮饲料和组织中存活5年或更多年。该菌有16个血清型及很多个亚型。相对于血清型4特别是4b型，由血清型1引起的山羊的脑膜炎及败血症较轻，血清型1主要引起流产（Deligaris et al，1975；Kummeneje，1975；Løken et al，1982a；Dijkstra，1984b）。在一次山羊李氏杆菌病的暴发中，从脑膜炎及流产山羊中均分离到4b型（Wiedmann et al，1999）。由此推断，此次流行的李氏杆菌病在该羊群中是因交配而暴发的。血清型1/2a、1/2b和4b易从李氏杆菌病患者及家畜中分离到。

由于李氏特菌在自然界中广泛存在，因此分离环境对通过血清型或系统进化树而确定疾病是否发生至关重要。脉冲场凝胶电泳及核糖分型技术已成为一种很有用的分子流行病学技术，加深对李氏杆菌的生态学及在农场和食品加工设施中传播的了解，并对由李氏杆菌暴发引起的食源性疫情追踪有很大的帮助（Sauders et al，2003）。由于李氏杆菌没有严格的宿主，所以食源性动物和农场是李氏杆菌最大的贮存库，从而导致人感染（Nightingale et al，2004；Okwumabua et al，2005）。

5.4.1.2 流行病学

多达40多种鸟类和哺乳动物，包括人类能被李氏杆菌感染，已经在六大洲从组织中分离到病原。在北美洲和欧洲奶山羊比较集中的地区，李氏杆菌感染后表现零星的临床症状。法国，98%羊群获得绵羊和山羊4.9%的粪便样品中有李氏杆菌（Nicolas et al，1974）。在西班牙做过的血清流行病学调查显示，5%山羊已感染（Perea-Remujo et al，1984）。日本已经报道雄性山羊感染李氏杆菌（Asahi et al，1954）。南非（Du Toit，1977）、澳大利亚（Baxendell，1980）、印度（Phadke et al，1979，Chattopadhyay et al，1985）、巴西（Rissi et al，2006）、土耳其（Borku et al，

2006）、新西兰也报道感染李氏杆菌后山羊出现了共同的神经症状（Thompson，1985）。

山羊感染李氏杆菌的原因同其他已经报道的家畜大多相同，包括天气、饲喂方式或者综合管理程序突然变化；冬天禁牧，特别是在过度拥挤、糟糕的环境卫生、营养状况差、患寄生虫病或者其他并发症时；妊娠后期经常饲喂质量差的青贮饲料时会加重反刍动物感染李氏杆菌的概率（Morin，2004）。然而，长期饲喂青贮饲料不是雄性山羊李氏杆菌病暴发的关键原因（Wood，1972；Du Toit，1977）。作者已经从山羊暴发的脑炎李氏杆菌病记录中发现这些山羊并没有给予青贮饲料。Johnson等（1996）报道，密苏里州山羊群感染了脑炎李氏杆菌。这些已诊断患病的羊群没有饲喂过青贮饲料，所有被感染羊群有将木本植物作为其主要饲料来源且安哥拉山羊是最容易感染品种。

虽然可以全年发生，但山羊在秋、冬季发生李氏杆菌病的概率会增加。该病在成年山羊中最为常见。试验感染证明，山羊比绵羊更易受到感染。希腊从患病动物脑组织中分离培养中发现，山羊比绵羊更为易感李氏杆菌，主要是4b血清型（Giannati-Stefanou et al，2006）。

这些羊群的传染源尚不清楚。野生哺乳动物和鸟类或许是这些菌的来源，这些菌一直在土壤和植物里存在。山羊接触这些土壤和农作物会成为潜在的携带者。在应激存在的情况下，这些羊就会出现临床症状，或者排泄物中含有大量菌，从而感染其他山羊，特别是在集中饲喂的情况下。购买携带病菌的羊或许就会把感染源传染给自繁自养的羊群。

实际上青贮饲料混合会引起细菌繁殖活跃，结果是动物吃下这些饲料产生严重的后果。在pH高于5的青贮饲料中李氏杆菌的增殖速度很快。在一起山羊发病病例中就是由于青贮饲料中含有李氏杆菌阳性的野鸡羽毛（Dijkstra，1984b）。除了细菌的存在李氏杆菌外，青贮饲料对于山羊具有一定的免疫抑制，导致循环淋巴细胞数量减少并降低血清总蛋白含量。这就加剧了在饲喂过程中易感山羊感染李氏杆菌的可能性。

研究证实，相对于绵羊和山羊，在纽约北部的一些州的牛群中李氏杆菌病的传播和生态学上

有很大的不同。牛场李氏杆菌的感染率高于小反刍动物饲养场，不管牛以前是否发生过李氏杆菌病。对于感染的小反刍动物农场与牛场，易从牛的排泄物中分离到细菌，但不易从小反刍动物的粪便中分离到细菌。研究表明，在绵羊和山羊农场通过饲料而不是粪便传播。在所有农场、土壤样本比饲料样本呈阳性更常见，表明土壤是李氏杆菌的重要来源。

这些研究表明，小反刍动物不太可能比牛明显大量摄入李氏杆菌（Nightingale et al，2004）。小反刍动物农场在冬季李氏杆菌病的流行达到顶峰，在夏、秋季患病动物数量明显少。许多健康牛和小反刍动物的粪便中李氏杆菌会最受季节影响，流行季节主要在冬季和春季。冬季圈养和饲料质量是主要发病原因。

尽管李氏杆菌可直接从动物传给人类，但并不多见。人的症状通常仅限于局部皮肤感染。最为常见的是通过动物源性食品而感染，其传染源主要来自于山羊乳和乳制品。李氏杆菌可潜伏在临床感染过的山羊乳中或潜在带菌者排入奶中。脑膜炎患畜的排菌率相对于败血症和流产要少些。对于隐性带毒者，在妊娠末期排菌量更多（Grønstøl，1984）。李氏杆菌可抵抗 143 ℉（61.7℃）巴氏消毒 35min，但在 160.9 ℉（71.6℃）巴氏消毒 15s 就可被其杀死。乳中白细胞内的这种有机物可能会影响巴氏消毒的效果（Blenden et al，1987）。例如，微生物可在被液化的由未经消毒的接种过李氏杆菌的山羊乳制备的半软乳酪、羊乳乳酪中长达 18 周之久（Tham，1988）。这种微生物在英国已从零售的巴氏杀菌液态山羊乳中分离到（Roy，1988）。斯里兰卡的一个研究所证实，李氏杆菌存在于生羊乳，标准巴氏灭菌牛乳及奶酪中，但没有从消毒牛乳、超高温度（UHT）牛乳、酸奶或奶渣中发现（Jayamanne and Samarajeewa，2001）。并非所有被李氏杆菌污染的乳制品都是由乳源引起的。在加工工厂内经巴氏消毒后可发生交叉污染及重复污染，但如果有严格的环境卫生和个人卫生就不会出现类似情况。李氏杆菌易产生生物膜，致使微生物群落很牢固地黏附在此膜下。生物膜可持续存在于清洁和消毒不严格的加工设备上。这也可能发生在农场，生物膜持续存在于挤奶机上从而污染牛奶罐

（Zundel et al，2003）。在西班牙调查的 405 个山羊乳制品厂中，2.56% 的羊奶罐呈李氏杆菌阳性。在秋、冬季易分离到该菌，在春、夏季却很少（Gaya et al，1996）。如果感染李氏杆菌的山羊出现败血症及流产时，那么这些微生物在粪便、羊水、胎盘、胎儿及新生胎儿中会大量存在。由于他会传染给兽医和生产者，因此应该采取适当的措施，防止处理组织时被感染。

5.4.1.3 发病机制

脑炎型李氏杆菌，微生物随着劣质饲料、牙齿摩擦及乳牙缺失而引起的口腔黏膜破裂进入口腔内的神经末梢。然后它向上迁移到神经脑干，并刺激引起局部炎性反应，从而形成主要由中性粒细胞产生的微小脓肿。普遍认为李氏杆菌主要引起机体细胞介导的免疫反应，机体损伤的严重程度取决于机体免疫识别能力。微脓肿最常见于髓质，会破坏脑神经核，特别是神经 V 至 IX。从临床症状上就可以看到脑神经反应。除了病灶性脑炎外，还可发生广泛性脑膜炎，脑炎型一般可潜伏 2~3 周。

败血型李氏杆菌病的潜伏期可能只有 1d，微生物体通过肠道黏膜进入机体。菌血症最初主要是发热，随后可能恢复，或成为一个潜在的载体状态，或最后发展成更严重的临床疾病。因为败血症的发病率相对较低，据推测许多动物只是一过性的菌血症并很少有临床症状。当动物一旦患此病，它们可能会在 48h 内死亡或疾病可能持续几周。在因发热引起的胎儿中也出现败血症。临床上患病或败血症的山羊可通过排泄物及乳排出细菌。新生胎儿如果接触到感染过初乳或乳汁时，可在刚出生的前几天就出现败血症。败血症山羊的血清转化高于脑炎型（Løken and Grønstøl，1982）。

牛和绵羊也有感染李氏杆菌的报道（Morin，2004）。角膜结膜炎及虹膜炎主要是接触到存在李氏杆菌的青贮饲料而引起（"青贮眼"）。在山羊没有发现过类似情况。Harwood（2004）报道，单侧或多侧发生在山羊群中的角膜结膜炎同时感染脑炎型李氏杆菌，但未明确是否与青贮饲料喂养有关。

5.4.1.4 临床症状

脑炎型在山羊中比较普遍。虽然败血型和脑炎型少见，但已报道在同一山羊群出现（Løken

and Grønstøl，1982）。

脑炎型病例最初主要表现为非特异性精神沉郁，食欲降低，产乳量下降，短时体温上升至42℃（107.6 ℉）。紧随这些前兆之后就表现为运动不协调和偏瘫，并伴有身体倾斜、蹒跚或打转，最后发展成明显的斜颈和做转圈运动。有些严重病例，山羊头强直伸向另一则腹部，无法自由地伸直脖子（图5.4a、彩图28a）。常见面部神经瘫痪并伴有或没有轻度偏瘫和转圈。一般表现为耳朵下垂，上睑下垂、

颊肌肉弛缓导致口腔呈一袋状，口流涎液和鼻孔塌陷（图5.4b、彩图28b）。也有可能观察到下巴松弛、舌头脱出、吞咽困难和眼球震颤。当病变是双侧时，这些典型症状不易发现。角膜炎的一个后遗症眼睑异常容易观察到。由于大量流涎和无法吞咽引起唾液的流失从而引起酸碱失衡，电解质和体液流失，脱水和虚弱。山羊的脑炎型李氏杆菌感染一般持续1~4d，比在牛上观察到的时间短些。发病率不等，但死亡率较高。

a

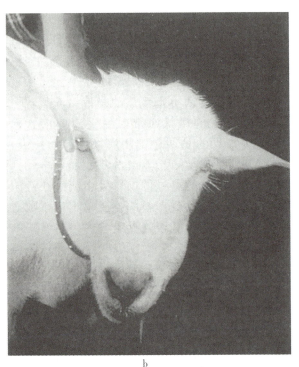

b

图5.4　山羊脑炎型李氏杆菌症的临床表现。a.一只患有李氏杆菌病的成年公山羊。侧卧，颈部弯曲，头偏向一侧，极度沉郁（赠图：Daan Dercksen博士）；b.患李氏杆菌病单侧面神经麻痹的成年山羊。左侧耳朵和眼睑下垂，因饲料在颊部积累，左颊貌似肿胀，左鼻孔塌陷，流涎（经C.S.F.Williams允许复制）

败血型病例最初也是精神沉郁，食欲不振，产乳量下降，体温高达42℃（107.6 ℉），持续高热，生长缓慢。在山羊上的神经症状很难见到，但伴有腹泻、便血。山羊可能几天内死亡或持续带病几周。妊娠山羊一旦出现败血症几天内就出现流产。但它们不一定会出现典型的败血症症状。

5.4.1.5　临床病理和尸体剖检

血相可能仍然处于正常状态，特别是在脑炎型病例中，或者出现中性粒细胞增多。在实验室的反刍动物中未出现单核细胞增多症。对脑脊液进行分析可能会有帮助。蛋白质和细胞计数通常是适度上升，这些细胞主要是单核细胞和淋巴细胞及一些中性粒细胞。细菌很少出现在脑脊液

中，因此从脑脊液中几乎分离不到。

历史上，血清学有利于流行病学研究，但没有广泛应用到个案诊断中（Morin，2004）。许多不同的血清学诊断技术一直用粗制抗原，所有这些技术的一个共性就是缺乏特异性，普遍与其他革兰氏阳性菌发生交叉反应（Low and Donachie，1997）。另外，相对于败血型李氏杆菌感染，脑炎型李氏杆菌感染动物不均一，可检测到体液免疫。研究指出，败血型感染后间接血凝效价升高，但脑炎型的不升高（Løken et al，1982a）。血液凝集不能作为筛选检测方法去确诊群体是否感染李氏杆菌（Nicolas et al，1974）。

ELISA试验是近年来发展起来，可检测抗特定抗原的抗体，李氏杆菌素O，它是一个分子

质量为 58kU 的胞外溶血素，所有致病性李氏杆菌均可产生（Elezebeth et al，2007）。与其他检测方法相比，此方法视乎不太适用于急性期脑炎型李氏杆菌。李氏特菌素 O 的抗体反应动力学已在试验感染山羊中有报道（Rekha et al，2006）。

试图采用分离培养的方法对李氏杆菌病进行确诊，没有特殊的分离、培养方法很难分离到。在败血症和流产型病例中，粪便、乳和流产胎儿是比较合适的样本。在试验感染的败血型山羊群中，李氏杆菌在排泄物中可存活 28d，但在乳中仅存活 2d。胃内容物、脾脏和流产胎儿的肺脏组织在没有富集的情况下一般也可直接分离病原（Gupta et al，1980）。在脑炎型中，新鲜的脑组织可直接用于分离，特别是脑干。在培养前研磨脑组织和冷藏于 39 °F（4℃）有助于分离到病原。偶尔可在脑炎型山羊病例的排泄物中分离到病原。青贮饲料的培养也是有必要的，然而青贮饲料中微生物分布不均衡，发现临床病例时，被污染的饲料在很早以前可能就被消耗了。

在尸检中很少见到脑炎型病例，但在感染的山羊上可见到灰色区及软化的脑干（Wood，1972），脑脊液变得浑浊且脑脊膜出血。在大多数情况下，确定病变组织学上的微小脓肿灶不仅在髓质中还在脑桥和小脑中出现。这些脓肿主要是由中性粒细胞组成。血管周围充满单核细胞和中性粒细胞，弥散有小神经胶质细胞炎和单核细胞浸润。确诊时可用新鲜的带有脑干的脑组织进行细菌分离培养。然而研究表明，CNS 组织的免疫组化比细菌培养进行确诊更为可靠（Ehrensperger et al，2001；Loeb，2004）。

对于败血型患畜，肝、脾、肾和心脏中可见多个坏死病灶。流产胎儿肝脏中出现多个小型黄色斑点说明是李氏杆菌的可能性很大。在流产母羊中母羊可观察到胎盘炎和子宫内膜炎。最有可能从肝、脾、肺和成年败血型子宫中分离到病原。

5.4.1.6 诊断

神经性疾病的一般症状可用于诊断李氏杆菌病，包括神经性 CAE、局部脑脓肿、脑脊液线虫病、多头蚴病、中耳感染、细菌性脑膜炎、早期狂犬病、面部神经损伤。脑炎型李氏杆菌感染动物早期可能会被误诊。在调查的 67 个脑炎型

李氏杆菌病山羊和绵羊中，直到尸检前有 12 个动物没有被诊断出患有这种疾病。

6 个被诊断为脑灰质软化病（脑皮质坏死），其中的 1 个被诊断出患有酮病，1 个是肺气肿，其余 4 个没有诊断出具体疾病（Braun et al，2002）。

鉴别诊断败血型李氏杆菌病，特别是存在腹泻时就需与沙门氏菌病、耶尔森氏鼠疫肠道病及肠毒血症相鉴别。当没有腹泻和虚弱时，应排除产乳热和妊娠毒血症。有临床症状的流产原因将在第 13 章讨论。

5.4.1.7 治疗

早期干预可提高预后病愈的概率，当山羊已出现躺卧时治疗并没有多大效果，一般预后不良。青霉素、四环素和氯霉素都是有效的抗生素，败血型成年山羊肌内注射青霉素有效，连续 3d 接种剂量为 2.5 g/d，但短程治疗效果不理想（Løken and Grønstøl，1982）。在脑炎型病例中，每隔 6h 静脉注射 40 000IU/kg 青霉素钠，直至症状有所改善，接着连续 7d 肌内注射普鲁卡因青霉素，推荐剂量是每千克体重每天 2 次 20 000IU（Brewer，1983）。土霉素通过静脉注射，剂量是每千克体重每天 2 次 10mg。而且必须使用高剂量，以便抗生素穿过血脑屏障进入中枢神经系统。

据报道，对于人李氏杆菌病，可使用氨苄青霉素和阿莫西林联合治疗方案。庆大霉素以 3mg/kg，2 次/d，静脉注射方式联合给药；阿莫西林，7mg/kg，2 次/d，肌内注射方式联合给药（Braun et al，2002）。感染绵羊和山羊用庆大霉素或氨苄青霉素的治疗效果均明显优于土霉素和青霉素。然而，更多接受庆大霉素/阿莫西林治疗的动物都有一个良好的预后的原因是病羊尚未进入侧卧阶段。但感染山羊使用庆大霉素后存在一定的问题，肉和乳中长期有抗生素残留。

地塞米松 1 次/d，0.1mg/kg，静脉注射，也与抗生素联合用于治疗脑炎李斯特菌病。原因是类固醇可能抑制单核细胞浸润，导致脑干微脓肿。非甾体炎抗炎药氟尼辛葡甲胺，按每千克体重 2.2mg 静脉注射治疗山羊脑炎李斯特菌病，1 次/d，但其对良好结果的贡献尚未被记录。

辅助疗法就是保持体液和电解质平衡、补充

食物，以及加强管理那些患有角膜炎、眼睑麻痹等的严重病例。长时间大量分泌唾液从而导致碳酸盐和体液流失，所以补液疗法应该可以缓解这些问题。

5.4.1.8　防控

在疾病暴发时，应从畜群中隔离流产母羊，幼龄动物应与成年动物分开饲养。处理流产胎儿、胎盘时应戴手套和面具，并需认真、仔细。婴幼儿不应摄入未经高温消毒的初乳或奶，以避免发生新生儿败血症。饲料尤其是青贮饲料应该被检查和用微生物培养，受感染的要丢弃。即使培养试验为阴性，pH 超过 5 的青贮饲料也应被丢弃，不能饲喂。新引进动物可能会是病菌携带者。应对地板和栏舍进行全面的清洁和消毒。疫情暴发以后，要清除所有杂物及粪便，以防其感染山羊（Dijkstra，1984b）。因为潜在各种疾病，对于曾经感染过李氏杆菌病羊群的没有消毒的奶应弃掉，以防微生物进入奶源引起疫病暴发。

现在挪威和欧洲也使用疫苗来预防李氏杆菌病。免疫和非免疫动物的发病率都差不多，但免疫动物的症状要轻一些并且治疗效果要好（Gudding et al，1985）。在法国进行疫苗接种能明显降低发病率，免疫力在已感染的动物群中至少可持续 3 个月。灭活和弱毒疫苗对降低发病率方面没有多大变化，但是弱毒疫苗可降低妊娠后期胎儿的流产率（Guerrault et al，1988）。

生产商品化乳、奶酪或其他乳制品的山羊养殖人员要避免李氏杆菌污染奶制品。不能销售被李氏杆菌感染过且还未转阴的羊所产的未经消毒的原奶。报道认为，小规模奶酪生产企业清除奶酪中李氏杆菌污染的最大挑战就是降低山羊软奶酪的污染风险（Theodoridis et al，2006）。

5.4.2　破伤风

破伤风是一种众所周知的人兽共患梭状芽孢杆菌病，临床症状主要表现为肌肉强直状、抽搐，患畜对外界的刺激感觉敏感度增高。对患病山羊推荐进行常规免疫。

5.4.2.1　病原及发病机理

该病病原为破伤风梭菌，其是一种大型厌氧性革兰氏阳性杆菌，该菌孢子广泛存在于土壤和动物粪便中，具有顽强的抵抗力，可以在土壤中

存活很多年。当孢子进入合适的厌氧环境，或者在易感动物的较深刺伤或损伤处产生坏死组织时，能够有效释放生物毒素和破伤风痉挛毒素，使破伤风梭菌发生增殖。机体中的细菌的增殖部位不会散播细菌，但是神经毒素会顺着周围的神经干到达脊髓，阻碍中间神经元对 α 运动神经元的抑制作用，导致运动神经元持续放电，进而引发抽搐。当毒素到达突触后位置并起作用时就不能被抗毒素中和而只能逐渐发生降解。死亡通常会由强直性膈肌功能障碍引起的呼吸停止，也有一些其他在细胞和分子水平上对破伤风致病机理进行阐述的文献（Rings，2004）。

5.4.2.2　流行病学

山羊最易感染破伤风，并且其他牲畜患病时对山羊也有影响。破伤风梭菌可通过各种自然损伤，产科干预，日常产后处理如断角、断脐、纹身、去势、修蹄，被犬咬伤，被公羊攻击，由植物的芒引起的口腔黏膜损伤等途径感染山羊（King，1980）。使用弹力去势器进行去势手术会大大增加孢子增殖的机会。在南非，破伤风频繁暴发于剪毛后的安哥拉山羊幼羔中（Van Tonder，1975）。由山羊脖子上的金属项圈（Sinha and Thakur，1978）或绳索不断摩擦引起的持续皮肤刺激也会引起破伤风（图 5.5）。破伤风梭菌的孢子可生存在牲畜的肠道中，然后大量进入排泄物中，特别是马的排泄物中。这些孢子长期在土壤中积累，特别是在那些牲畜饲养集中的地区。如果山羊饲养在曾经养马的畜棚里，则山羊可能会增加患病的风险。

5.4.2.3　临床症状

破伤风的潜伏期在不同条件下会有所不同，部分取决于伤口位置，伤口位置与中枢神经之间的距离决定出现临床症状前毒素到达脊髓的时间。破伤风痉挛毒素以 75～250mm/d 的速度向内轴突移动（Sanford，1995）。出生 1 周断角的羔羊 4d 内即可出现临床症状，而母羊难产后几个月才出现临床症状。但是大多数潜伏期是10～20d。破伤风的早期症状包括神态焦躁、步态僵硬和轻微臌胀。病羊会出现典型姿态，耳朵和尾巴变得僵硬，不愿活动且张嘴困难，便秘，食物积聚在颊间隙并大量流涎，第三眼睑脱垂。随着时间的推移，病羊会变得敏感，并对噪音或触摸作出强烈反应，如身体僵硬和倒地，随后可能会

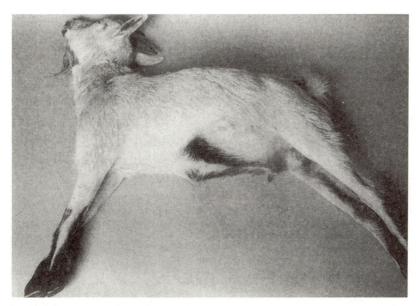

图 5.5 晚期破伤风的幼龄山羊。注意四肢僵硬和角弓反张，这只山羊因缰绳过紧，长时间摩擦造成颈部破损，引发破伤风（赠图：David Wilman 学生）

发生癫痫。最后，病羊倒地不起，四肢僵直呈角弓反张状态，瘤胃臌胀。轻微刺激，即可导致病羊发生周期性的痉挛，一旦出现倒地不起的情况通常会在 24～36h 内死亡。

5.4.2.4　临床病理及尸体剖检

破伤风在实验室检测和剖检时都无特征性指标，主要原因为神经损伤是功能性的而非物理性的。对病史的详细了解和尸体的全面检查可发现伤口或病原入侵和繁殖部位。对尸体伤口或感染部位的细菌进行组织培养可进行鉴别，这是因为细菌存在于组织中但并不引起发病，但因为病原存在于组织中并不都能引起发病，所以结果只能供参考而不能确诊。

5.4.2.5　诊断

破伤风的诊断以典型临床症状为依据，然而在破伤风病程发展的不同时间点也可以考虑使用其他鉴别诊断方法。蹄叶炎和营养性肌营养不良症也会出现僵硬步态，但是不出现肿胀和其他症状。反应敏感和牙关紧闭也常见于细菌性脑膜炎，通过脑脊液分析可进行区分。发病末期会出现倒卧、角弓反张和癫痫，脑脊髓灰质软化也会出现相同症状，因此要加以区分。还要排除马钱子碱中毒和手足抽搐，但是他们发生在羊身上的概率很小。先天性肌强直病也能引起强直性痉挛，但是间断性的且可以自行恢复。

5.4.2.6　治疗

此病痊愈后需谨慎，早期鉴别和介入会提升治愈率。治疗的目标是抑制毒素的产生，中和游离毒素和悉心照料。使用盘尼西林治疗可以抑制细菌增殖及毒素释放。治疗时推荐每天使用最小剂量 25 000 IU/kg 普鲁卡因青霉素，肌内注射 2～3d。氨苄西林和阿莫西林等其他抑制革兰氏阳性菌的抗生素也可以高剂量地频繁使用。

人的治疗可以选择甲硝唑，现也通常用于治疗小动物的破伤风（Linnenbrink and McMichael，2006），但是尚无用于反刍动物的报道。在美国，甲硝唑禁止用于食源性动物（包括所有山羊）（Payne et al，1999）。

应尽可能找到细菌入侵和繁殖的伤口，保持伤口及感染部位的开放性，使用双氧水进行冲洗、清创并用盘尼西林浸润，随时监控细菌增殖。建议在清理伤口前对伤口周围使用破伤风抗毒素进行清理，以降低处理过程中毒素吸附的机会。

如果无法确定细菌的增殖部位，则可以在 24h 内静脉注射 10 000～15 000IU 的破伤风抗毒素对游离毒素进行中和。也可以通过寰枕区域直接向脑脊液中注射抗毒素投药。1 只山羊移出等量的脑脊液后可以在蛛网膜下注入 5mL 抗毒素（Brewer，1983）。

为减轻痉挛毒素对山羊的影响可以使用抗惊

厥剂、镇定剂和松肌药，也可以按每千克体重肌内注射 0.5～1.5mg 的安定或 0.2mg 的乙酰丙嗪。按每千克体重静脉注射 22mg 的美索巴莫可以起到松弛肌肉的作用。静脉注射 5% 的愈创甘油醚可以减轻肌痉挛，但是一定要注意不要过量，因为其主要作用是阻断中央神经元的神经传递（Rings，2004）。可以用于松弛肌肉的其他药物有盘曲洛林钠盐、美芬新和硫酸镁（Rings，2004）。

另外，还要对病羊进行护理，比如将病羊放到阴暗、安静的环境中，为弥补脱水和无法进食带来的影响可静脉注射葡萄糖和电解质。如果便秘可对其进行灌肠；为防止出现褥疮应该时常改变病羊的倒卧姿势；可以将鼻胃管插入瘤胃以舒缓胀气并输送水和饲料，也可以喂一些鸡蛋、蜂蜜、牛奶、甘油和燕麦粥（King，1980），重复插胃管时注意不要伤到羊的咽喉和食管。当有价值的羊发生严重感染需要很长的恢复期时，可以通过外科手术插一条瘤胃瘘管，以利于给料和控制胀气。任何病情改善的信号都是有利的，但是病羊可能需要很多周才能完全康复。

5.4.2.7 防控

改善卫生条件和加强免疫预防可以很好地控制破伤风，一般来讲，应该及时对所有伤口进行彻底清洁，避免使用弹力去势器进行去势手术。如果不知道小羊的免疫状态，在进行断角和去势时应注射 150～250IU 的抗毒素，如果不知道大羊的免疫状态，在处理伤口、发生难产及其他可能感染破伤风的情况下应使用 500～750IU 的抗毒素。

建议将常规疫苗接种纳入畜群的卫生计划中，对于小型反刍动物来讲，一般将破伤风和 C 型、D 型产气荚膜梭菌制成三联苗用于山羊的预防接种。可以在初始免疫后 3～4 周再对所有山羊进行加强免疫。妊娠母羊分娩前一个月进行免疫，羔羊可以通过母乳获得抗体并能维持几周。羔羊出生后 3～4 周龄时进行初次免疫，免疫后3～4 周后进行加强免疫，之后每年免疫 1 次（最好在产羔前 3～4 周），公羊也应该进行免疫。

5.4.3 肉毒梭菌中毒

肉毒梭菌中毒主要是由肉毒梭菌引起的瘫痪，这已经在山羊上进行了报道但比较少见。

5.4.3.1 病原学和发病机理

肉毒梭菌是一种厌氧、革兰氏阳性、孢子型杆菌，存在于土壤和草木中，也作为一个正常菌群存在于家畜（也包括家禽）肠道内。目前已知的有 7 个神经毒素的类型（A～G）肉毒梭菌亚型。与牛一样，山羊肉毒梭菌中毒一般由 C_β 和 D 型肉毒梭菌引起。孢子在适宜的条件会恢复繁殖能力，产生神经毒素。感染以后细菌增殖并产生毒素，腐烂的尸体和草木被肉毒梭菌污染。家畜误食以后会产生毒素，毒素经肠吸收通过血液到达神经系统。毒素主要作用于下运动神经元，干扰神经递质乙酰胆碱的释放功能的发挥。一般会导致迟缓性麻痹，最终导致窒息死亡。

试验用 C_β 肉毒梭菌感染后，山羊的临床症状通常在口服毒素后的 2～3d 出现，每只小鼠用最低致死剂量 0.5/MMLD/g 时，对山羊是致死性的。毒素在饲喂后有累及作用，第 8 天可产生致死作用。放牧或饲喂青贮饲料的山羊比用干草或浓缩饲料饲喂的山羊抵抗力要强一些，这就提示天然草料可以给予一定的保护（Fjøelstad，1973）。在另一项实验研究中，给山羊皮下注射 C 型肉毒杆菌毒素，剂量为 15.6～500LD/kg。注射 250LD/kg 或 500 LD/kg 剂量的山羊在接种后 42～46h 死亡。服用 31.3LD/kg、62.5LD/kg 或 125 LD/kg 剂量的山羊发生了亚急性疾病，而服用 15.6 LD/kg 剂量的山羊发生了一种慢性疾病，表明山羊的临床反应与剂量相关。毒素只能在较高接种剂量的山羊血清的小鼠毒性试验中检测到（Santos et al，1993）。

5.4.3.2 流行病学

全世界范围内肉毒梭菌很少感染山羊。在南非，牛的肉毒梭菌感染比较常见。由于缺乏磷，肉毒菌在腐尸中存在，安哥拉山羊也有肉毒梭菌感染的报道，但很少见。相对于牛，所有已报道的安哥拉山羊病例均与被污染的饲草、含有啮齿类动物尸体的苜蓿及含有死鸡的家禽窝有关（Van Tonder，1975）。在塞内加尔，水源性传染引起 D 型肉毒梭菌中毒，引起 50 只山羊、100 只绵羊、10 头牛及 5 匹马死亡。毒素来源于一个被死亡动物污染的水源（Thiongane et al，1984）。在南非，用一个感染的绵羊肠内容物的小鼠毒性试验证实，D 型肉毒梭菌中毒在山羊和波尔山羊混群中存在（van der Lugt et al，

1995）。大部分受感染的山羊和绵羊在未出现临床症状前就死亡，或者仅短短持续 2～12h。

5.4.3.3　临床症状

持续时间和疾病的严重程度取决于摄入毒素的剂量，转归为急性或慢性。试验感染的公山羊（Fjøelstad，1973），其早期症状为声音沙哑、抑郁、厌食、咀嚼困难、流涎及不愿站立。当被迫站立时，山羊肌肉颤抖，后肢僵硬并且不强迫站立时立即躺下。努力进行腹式呼吸，对强光刺激有反应。随着病情的发展，由于迟缓性麻痹山羊无法站立，最后侧躺并死亡，有的在摄入毒素后的 2d 即死亡。若起初摄入的毒素较少，则病程持续一段时间后可能会康复。

在南非，大部分感染山羊都没有表现临床症状就死亡。起初表现为躁动，不愿走动，肌肉震颤，磨牙，流涎，口吐泡沫及瞳孔散大。然后平卧，四肢展开，几分钟到几小时后卧倒死亡（van der Lugt et al，1995）。

5.4.3.4　临床病理和尸体剖检

患病动物没有特定的临床病理学特征，尸体剖检也没有特殊症状，主要是因为神经机能受损而不是出现身体性的物理变化。许多感染动物临床变化各异：尸体鼓胀；腹水、胸水和心包积水；肺充血及肺气肿；瘤胃黏膜瘀点；十二指肠溃疡（van der Lugt et al，1995）。一般用小鼠对胃容物及可疑饲料进行毒素检测。但是，毒素在饲料中的分布不均一，并且摄取的毒素已通过肠被吸收。所以，这些测试费时，代价高往往收效甚微。山羊的血液中不可能含有用于攻毒试验的很多毒素（Santos et al，1993）。从饲料或受感染动物的组织中培养该病原也不太可能，因为这些微生物可能并没导致疾病的发生。

5.4.3.5　诊断

在大多数情况下，肉毒梭菌的诊断都基于 C型肉毒杆菌污染的饲料源，例如有没有啮齿动物和鸟类的尸体，以及有特征性的全身快速衰弱。以下几个情况应列入鉴别诊断。地方性肌肉萎缩症病早期用维生素 E 和硒治疗有效。哺乳中的产褥热用钙治疗有效。蜱瘫痪症状与此比较相似，但需鉴别蜱是否感染了山羊。应考虑排除麻痹性狂犬病，确诊需尸体解剖。身体检查和影像技术可排除骨骼创伤及脊髓损伤。

在南非，中毒后动物主要表现为猝死，剖检证实心力衰竭是导致这一结果的原因。因此，鉴别诊断也需于植物强心苷和氟乙酸中毒、中毒性心肌炎及离子载体中毒区别（van der Lugt et al，1995）。有关心脏中毒将在第 8 章进行讨论。

5.4.3.6　治疗

肉毒梭菌中毒的预后就是死亡。如果有型特异性的多价抗毒素，则可用于早期治疗，但在文献中报道得很少。如果病程较长，则患病动物可能在数周后恢复。这时的辅助护理十分必要，如补充碳水化合物，用胃管饲喂，经常搬动患病动物以免产生褥疮。特殊情况下，如果隔膜麻痹则需进行人工换气。

5.4.3.7　防控

因为此病在山羊上只是零星发生，所以防控措施很有限。在牛上，建议在饮食中提供足够的蛋白质和磷，以免产生异食癖。至少定期检查饲料和饮水中是否有死的啮齿动物、水禽及家禽。疫苗接种可产生保护，但没得到广泛应用。如果给山羊免疫，则可用二价 C 和 D 类毒素疫苗。

5.4.4　D 型产气荚膜梭菌肠毒血症

D 型产气荚膜梭菌病主要引起山羊肠道出血或猝死，详见第 10 章羊肠毒血症部分。然而，羊肠毒血症病例有时会出现神经性疾病的临床症状，比如角弓反张和抽搐，特别是在小牛和小羊上（Rings，2004）。在尸检中，绵羊表现为脑部病变和微血管病变，这些一般认为该病是在绵羊上的特征性病变（Buxton et al，1978）。直到现在，关于山羊肠毒血症的神经性临床症状基本没有文字证实。Uzal 等 1997 年报道，澳大利亚的 2 只患 D 型肠毒血症的山羊组织学病理变化为小脑微血管水肿，引起猝死，其中 1 只山羊的小脑角出现对称性脑软化。类似的组织学变化在巴西确诊患有肠毒血症的山羊上有报道（Colodel et al，2003）。

D 型产气荚膜梭菌的 epsilon 毒素不是神经性毒素，患 D 型产毒血症时反刍动物出现神经症状的发病机理和脑部病变还不明确。试验中，给予高剂量 epsilon 毒素的小山羊有四肢伸展、角弓反张和抽搐等神经症状，但脑部没有病变，如果给予羔羊同样剂量则表现为相似的临床症状并出现病理组织学上的损伤性血管水肿（Uzal and Kelly，1997）。在另一个相关试验中，通过十二指肠给予小山羊完全细胞培养的 D 型产气荚膜梭菌后，这些小山羊脑部出现特征性病变。这就提示我们，至少在山羊，细菌的一些成分参与中枢神经系统损伤，而非仅仅是 epsilon 毒素 (Uzal and Kelly，1998)。

5.4.5 脑膜脑炎和脑脓肿

山羊的脑膜脑炎一般由细菌感染或发热引起。后者可能用熨铁给小羊去角时不慎造成的。脑脓肿零星出现在山羊上。

5.4.5.1 病原学和流行病学

细菌性脑膜脑炎在幼龄动物中常见，由肚脐感染引起的新生动物败血症的后遗症。脑膜脑炎是败血症唯一的表现形式，或其他一系列表现形式如脐静脉炎、多发性关节炎、肺炎、腹泻及肉毒素休克。新生儿败血症是世界范围内新生儿死亡的主要原因，但其为何影响中枢神经系统还不清楚 (Sherman，1987)。在成年山羊上脑膜脑炎也有零星病例发生。

多种因素会引起新生动物的细菌感染，如新生动物未摄取足够的初乳而引起母源抗体的被动免疫失败，无法改善出生动物的抗病能力，出生后脐带处理不妥，再加上过度拥挤、排水不畅、垫料不足、恶劣的天气和营养不良等相对较差的环境卫生等。

大部分引起败血症及脑膜脑炎的细菌主要是大肠杆菌，也可分离到其他肠杆科的细菌。此外，已证实链球菌主要引起 1 岁山羊的脑膜脑炎 (Gibbs et al，1981)。在巴西已报道，山羊中枢神经系统隐球菌 (Santa Rosa et al，1987)。单核细胞增多性李氏杆菌偶尔会引起脑膜脑炎，但基本上与脑干病变有关。头和颈部淋巴结及软组织肿胀偶尔也会继发由棒状杆菌和化脓隐秘杆菌引起的脑膜脑炎。也报道过一例山羊单独感染棒状杆菌而引起的肉芽肿性脑膜脑炎 (Morris et al，2005)。山羊的败血性支原体感染也会引起脑膜脑炎 (East et al，1983)。

相对于小牛而言，小山羊的额骨比较薄，额窦未发育完全。山羊的非传染性脑膜脑炎主要是在去角时用电或熨铁造成的。在皮肤及犄角长时间过热停留会损伤皮下骨、脑膜及脑。有关去角术的方法见第 18 章。

已证实山羊和绵羊的脑脓肿一般是由金黄色葡萄球菌、梭杆菌和化脓隐秘杆菌引起的 (Brewer，1983)。然而对于山羊脑脓肿的病原学和流行病学研究得很少。相对于其他的反刍动物，山羊更易发生原发性动脉网出血的脑脓肿，这是一个脑下垂体周围复杂的毛细血管网。在山羊上已有 5 例记录 (Lomas and Hazell，1983；Pedrizet and Dinsmore，1986)。

5.4.5.2 发病机理

细菌感染最有可能影响脑膜、脉络丛和脑室壁，但不会进入脑实质细胞。因此，任何脑炎往往都在膜表面上发生。据推测，在败血型动物中，细菌都是通过血液进入中枢神经系统，最后到达膜表面定居的 (Cordy，1984)。脑膜脑炎可能是局部或弥散性的。当有脑脊髓膜参与时，炎症可能会波入神经根。由去角术引起的发热脑膜脑炎，病变主要集中在大脑的额骨部位。热损伤可以引起神经功能障碍，但是细菌入侵也可继发热损伤，从而引起皮肤和骨骼下大脑损伤 (Wright et al，1983)。另外，感染也有可能是因为进行去角术时留下的后遗症 (Thompsonet et al，2005)。

引起山羊脑脓肿的原因不太清楚。频繁地互相顶撞可能是引起损伤的潜在因素，同时给幼羔经常用热法进行去角很有可能引起年轻山羊的脑脓肿。在垂体脓肿症中，病灶出血及广泛感染都有可能。脑脓肿的临床症状主要取决于脓肿大小和位置。在一例脑脓肿病例中，雌兔 Nubian 脑脓肿会导致小脑裂孔，形成脑疝 (Kornegay et al，1983)。在另外一例中，一个 6 岁山羊的小脑角及脑桥部位脓肿最后发展为中耳炎。在这种情况下，临床上表现为前庭功能障碍，如转圈、眼球震颤和头部倾斜 (Morris et al，2005)。

5.4.5.3 临床症状

发热是细菌性和热损伤脑膜脑炎的主要症状。并非所有病例都可见脑膜脑炎症状，还要取决于病变是点状还是弥散，是温和还是严重，包括狂躁、表情焦虑、牙关紧闭、皮肤过敏及对声音敏感等症状。肌肉痉挛及僵硬有时也可见，主要在颈部和背部。患病动物躺卧时表现为四肢僵硬伸展，角弓反张及抽搐。

在山羊，抑郁比狂躁更常见，运动失调、下肢麻痹及昏迷是比较常见的症状。报道，感染的小山羊经常出现失明并伴有眼前房积脓。当眼前房积脓不明显时，基底检查可见视神经乳头水肿和血管充血。尽管死亡率很高，但也有患热源脑膜脑炎山羊自愈的报道（Sanford，1989）。

小山羊的脑膜脑炎症状应与败血症加以区分，特别是患脐静脉炎、肺炎及关节肿胀时。山羊频发热源性脑膜脑炎时一般不出现前兆性症状就在去角后几小时或几周内死亡。

尽管症状都不大相同，但一般会出现脑脓肿，包括精神抑郁、笨拙、头僵直、失明、间歇性兴奋（Radostits et al，2007）。在脑垂体脓肿症状中，吞咽困难、失明、异常瞳孔反应、下颌音等都是最常见的症状（Pedrizet and Dinsmore，1986）。

5.4.5.4　临床病理和尸体剖检

由脑膜脑炎引起的脑脊液的特征性变化包括白细胞上升，特别是中性粒细胞，总蛋白数上升，细菌也会出现在脑脊液中。在一些严重病例中，采集的脑脊液浑浊。当培养不成功时，对脑脊液沉淀物进行革兰氏染色有助于指导临床治疗。

发生在脑实质深部的脑脓肿一般不出现脑脊液的炎性反应，炎性反应表现在脑膜脑炎和脑脓肿的血像上。脑膜脑炎性小山羊经常出现丙种球蛋白减少症。

通常在尸检中都能查到脑膜脑炎，表现为增厚、云斑及脑膜出血伴有充血和邻近脑组织充血。在早期，主要用组织学检查就确认炎症。在其他组织可见败血症，如浆膜表面出血及关节液浑浊。当一个群体存在潜在感染时，就需对肝脏，心脏血液和脑脊液进行细菌培养。在热源性脑膜脑炎中有明显的病灶、坏死及额骨的纤维化病变（图 5.6），大脑及脑膜下面也可见因去角而留下的灼烧点。局灶性脓肿通过系统的大脑连续切片检查显示。

5.4.5.5　诊断

对小山羊的脑膜脑炎进行诊断是基于典型的临床症状，并查看近期是否用热铁去角或其他产生败血症的因素。脑膜脑炎和脑脓肿基本上通过尸检就可确诊，这是后期最为普遍的诊断方法。

5.4.5.6　治疗

脑膜脑炎一般预后不良，但早期采取积极的干预措施也可能会有好的结果。抗生素治疗可用于所有病例，因为有证据证实脑膜脑炎会继发细

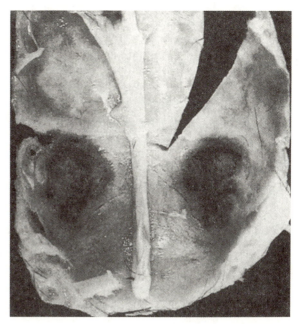

图 5.6　颅骨的圆形损伤与在使用热铁去角过程中头部过热有关。

菌感染，在热源性病例中也会出现。脑脓肿很少用抗生素治疗。

治疗应使用广谱抗生素，细菌培养的药敏试验对治疗具有指导意义。对患病的反刍动物推荐使用联合抗生素治疗革兰氏阴性菌脑膜脑炎（Jamison and Prescott，1988）。

推荐使用甲氧苄氨嘧啶制品静脉注射，剂量每隔 12h 为 16～24mg/kg 体重。用第三代头孢菌素比如头孢噻肟拉氧头孢克静脉注射，按每千克体重 50mg，4 次/d。静脉或肌内注射庆大霉素按每千克体重 3mg，3 次/d，可单独或结合使用甲氧嘧啶磺胺类、头孢菌素、氨苄青霉素或青霉素。

肌内或静脉注射氨苄西林钠，按每千克体重 10～50mg，4 次/d。静脉肌注青霉素 G 钠剂量，按每千克体重 20 000～40 000 IU，4 次/d。如果没有革兰氏阴性菌，则不应该单独使用青霉素或氨苄青霉素，但单独使用对链球菌感染很有效。用抗生素治疗的时间在很大程度上取决于临床症状，但应延长到山羊痊愈后的 48h。

对于因热铁去角引起的热源性脑膜脑炎病例用抗生素治疗时应由专人管理。在新西兰报告的一个病例中，150 只羔羊中有 18 只在热铁去角或长时间用土霉素治疗时仅出现神经警觉症状。第 2 天，150 只中的另外 12 只去角羔羊死亡并且 12 只中的 5 只在尸检发现在去角部位下方有

脑梗死病变。这些结论证实前一天治疗的 18 只去角羔羊活了下来，主要是因为给予了抗生素治疗（Thompson et al，2005）。

非固醇类的抗炎药包括：苯基丁氮酮剂量，每天每千克体重 10mg；氟尼辛葡甲胺，肌内或静脉注射，每千克体重 1～2mg，每隔 12h 进行 1 次。因有发达的瘤胃，山羊可口服给予阿司匹林，每千克体重 100mg，每隔 12h 进行 1 次。

受影响的动物应保持安静，保持灯光微暗，环境良好。应经常翻动动物，以免因长卧产生褥疮及肺出血。如果出现兴奋症状，则应用抗惊厥疗法及镇静，使动物更为舒适且便于管理，这在破伤风中已有描述。

5.4.5.7　防控

一旦证实羔羊患有细菌性脑膜脑炎，农场主就需仔细检查、照顾羔羊并采取有效的管理手段。特别是要查明问题，如是过于拥挤、卫生条件差、肚脐消毒不全及被动免疫失败等，见第 17 章中的讨论。已报道，脑膜脑炎和败血症可引起羔羊大量死亡，这些羔羊没有吃到初乳，取而代之的是商品化的初乳补给品（Scroggs，1989；Custer，1990）。

兽医应给客户提供热源去角的风险并给予恰当的技术指导。如果羊群中发现热源性脑膜脑炎，兽医应在去角现场，以便客户鉴别热源性去角及其设备存在的任何问题。尽管热源性去角存在潜在的风险，但只要运用得当仍然最有效，也是最可靠的阻止羊角生长的办法。在进行去角时，目前推广使用一定剂量的广谱抗菌素，以预防脑膜及脑组织感染（Thompson et al，2005）。

5.5　寄生虫病

5.5.1　细弱鹿圆线虫病和鹿麂圆线虫病

细弱副麂圆线虫在感染唯一明确的宿主白尾鹿时临床症状不明显。其他宿主，包括山羊、绵羊、驼羊及一些野生鹿科动物等感染后出现脊髓炎或脑脊髓炎的临床症状，但仅仅局限在北美洲。

在挪威，山羊感染脑脊髓线虫后有类似的症状，其实是感染了驯鹿的驯鹿麂圆线虫（Handeland and Sparboe，1991）。尽管还没有完全证实山羊感染了这种病后，但和在北美洲感染拟马鹿圆线虫有很像的自然病史。

最近，在瑞士发现山羊出现的一些临床症状和鹿麂圆线虫感染很相似，还在马鹿、獐鹿、马拉赤鹿和梅花鹿等几种欧洲鹿种也出现鹿麂圆线虫感染症状。

5.5.1.1　病因和发病机制

细弱副麂圆线虫是属于原圆科的毛线虫，白尾鹿（维吉尼亚鹿）是该线虫的终末宿主。这种寄生虫有一个间接的生活史，陆地蛞蝓和蜗牛是其中间宿主，而成虫寄生在鹿类的硬膜下腔和中枢神经系统的下鼻静脉窦。在脑脊膜产卵并孵化，随着不断发育进入血液循环，在宿主的肺中定殖。在静脉中产的卵随血液循环到大肺开始进行孵化。在某些情况下，幼虫进入到环境后，被鹿吞食进入排泄系统，随后被蜗牛等腹足类动物摄入，2～4 周后开始进入到下一个生活史，即感染性幼虫。携带感染性幼虫的腹足类动物被草食哺乳类动物摄入后，幼虫开始从间接宿主体内释放。在鹿的体内，幼虫进入肠道，通过腹膜进入脊髓，10d 内就能到达中枢神经系统，在脊髓灰质后角开始 20～30d 的发育。发育为成虫后转移到硬膜下腔，随后转移到颅骨通过硬脑膜进入静脉窦，完成了一个生活周期。

当携带幼虫的软体动物被羊及其他宿主动物摄入后，10d 左右幼虫通过腹膜到达脊髓。如果不通过这一个途径，幼虫将不能完成正常的生活史。成虫会出现一些异常表现，如不能随脊髓到达静脉窦，而此时寄生的幼虫只会导致一些宿主的薄壁组织破坏，导致出现神经性疾病。在病灶频发时会有很多种神经畸形个体出现，脊髓和大脑出现不同程度的功能障碍区。在某些情况下，山羊可以抵抗细弱副麂圆线虫的感染，实验室感染和自然感染后山羊能自行恢复。用 200 个或更多的幼虫通过小肠壁感染小山羊，4～7d 后出现结肠炎和腹膜炎（Anderson and Strelive，1969）。现在还没有自然感染的山羊患腹膜炎的报道。

鹿麂圆线虫的生活史和细弱副麂圆线虫的相似，如腹足类是二者的中间宿主。这类寄生虫在其生活史内对腹足类寄主没影响，但是感染细弱副麂圆线虫后山羊脊髓和大脑就会出现一些疾病。在试验条件下，山羊感染鹿麂圆线虫并不会出现明显的症状（Scandrett and Gajadhar，

2002)。

5.5.1.2 流行病学

细弱副麋圆线虫感染引发的脑脊髓线虫病仅限于北美洲说明其终末宿主的地理分布。白尾鹿最初只分布在美国东部及加拿大，但是现在已经遍及这两个国家的大部分地区，而且进入了墨西哥北部等地。

鹿喜欢在森林中栖息，啃食牧草和森林周边的农作物。如果山羊也在这些地方出没的话，就有很大可能感染细弱副麋圆线虫。尽管中间寄主腹足类动物是陆生动物，但是在低洼、潮湿、排水条件不好及牧场等地，蜗牛和蛞蝓有很大的感染风险。

湿冷的环境很适合蜗牛活动，因此鹿群很容易被幼虫感染。北美洲北部的一半区域，夏末秋初牧草地有很大感染的危险，山羊在秋季和冬初有很多感染病例。在德克萨斯州还有 4 月暴发的报道（Guthery et al，1979）。另外，细弱副麋圆线虫感染山羊在明尼苏达州、密歇根州和纽约等地也有报道（Mayhew et al，1976；O'Brien et al，1986；Kopcha et al，1989）。推测白尾鹿栖息的地方，山羊就有感染的风险。试验感染的小山羊，在幼虫进入腹膜 11～52d 出现神经类疾病（Anderson and Strelive，1972）。而自然情况下，有山羊在离开草场后 9 周出现临床症状的报道。受影响的畜群发病率达到 10%～27%，其中死亡率高达 65%。

驯鹿麋圆线虫在斯堪的纳维亚（半岛）的驯鹿中有发现，挪威在山羊中也发现这种线虫（Handeland and Sparboe，1991）。这种寄生虫是 20 世纪早期伴随着加拿大东部岛纽芬兰省进口驯鹿的贸易引入的，结果本地区的北美驯鹿和驼鹿被感染（Lankester and Fong，1979）。因此，在北美洲的山羊也存在感染的可能，而且临床诊断和病例解剖发现山羊感染了驯鹿麋圆线虫（Handeland and Skorping，1992，1992a，1993）。

在欧洲和亚洲西部的本土鹿科动物中也发现鹿麋圆线虫，但在新西兰是马鹿的进口贸易引入的（Mason et al，1976）。已报道，脑脊髓线虫病是由来自瑞士的鹿麋圆线虫引起的（Pusterla et al，1997，1999，2001）。

一些非主要的宿主，如山羊感染这种寄生虫是因为啃食了牧草，而野生有蹄类宿主也是因啃

食牧草被感染。山羊啃食的牧草中有携带感染能力幼虫的腹足类动物。最常在夏季或初秋发生，而临床感染的病例最常在秋末和冬季出现。

5.5.1.3 临床症状

不同种类、不同性别、不同年龄的山羊都会被感染，而且通常是已经在牧场生活了 2 个月。已经发现感染的安哥拉山羊有死亡情况，推测是由脊髓脊椎病变引发的四肢无力和移动困难。

最常见的临床症状记录中都显示与脊髓相关，症状包括轻度瘫痪、四肢麻醉、运动失调、痛性眼肌麻痹、步态异常、四肢无力或者平躺不能站立，前后肢可能会有步伐混乱。习惯性地出现肌肉紧张和萎缩，与上、下运动神经元异常有关。发病的羊症状可能会严重，原地不动，不治疗时病情会不断加重。但大多数情况下思维和饮食基本正常，如果有幼虫寄生于背神经，则感染的皮肤可能会瘙痒，出现大片脱皮。

感染羊会出现转圈、失明、不合群、举止反常，如头经常倾斜及眼前房开始积脓等。病程持续的时间和严重程度差异较大。1 个月后感染羊仍能走动，有可能会慢慢稳定，直到恢复。不能站立的动物预后不良。

5.5.1.4 病理剖检

患病动物的血清蛋白和脑脊液白细胞总数会续续上升，嗜酸性的细胞增加。在一个有 14 个病例的研究中，脑脊液蛋白浓度变化范围是 29～360mg/dL，中位值是 69.5mg/dL；白细胞总数的范围是 0～1 000 个/mm^3，中位值是 54 个/mm^3。这项研究发现 57% 的病例中，其脑脊液中发现嗜酸性白细胞（Smith，1982）。血象通常是正常的。细弱副麋圆线虫在一些非正常宿主中不能完成其生活史。因此，在山羊粪便中没有第一期幼虫。

目前没有商品化的血清学测试试剂盒，但是血清学诊断存在可能。用 2 只小山羊做试验，通过 ELISA 方法在它们的血清和脑脊液中检测到了细弱副麋圆线虫的抗体。血清抗体在出现临床症状之前、之时和之后都可被检测到，而且感染 8 周后抗体水平达到最高，脊髓液中的抗体水平于 5～8 周达到最高水平（Dew et al，1992）。

除了可能出现神经性肌肉萎缩外，细弱副麋圆线虫感染不会有很明显的机体损伤。在福尔马林溶液中保存的脊髓切面上有一些聚集的白色斑

点，有一种呈绿色的痕迹分布这些区域，这就是寄生虫活动最有力证据（Mayhew et al，1976）。已经确定在山羊的薄壁组织发现细弱副麂圆线虫生活史的第 4、5 阶段，后者还包含生殖结构。

通过显微镜观察发现，损伤主要是脊髓和脑干。有软化和坏死，特别是白质区轴突坏死明显。周边软化的区域血管周围聚集白细胞，还有淋巴细胞、嗜酸性白细胞，偶尔也有浆细胞。有时会出现轻微的炎症，尽管有肉芽肿瘤形成的报道（Kopcha et al，1989）。另外，还有出血及脑膜炎等症状。

5.5.1.5 诊断

目前可能还没有山羊感染后临死前的诊断记录，但有一些推测，感染羊在鹿类出没地啃食过牧草而出现了季节性的神经疾病，并伴随多样的临床症状，在脑脊液中发现嗜酸性白细胞。最终的诊断需在神经组织中对寄生虫进行鉴定分析。

5.5.1.6 治疗

当前还没有针对细弱麂圆线虫病和鹿麂圆线虫病比较有效的方法，在山羊和其他宿主中，因为没有成功的病例研究，所以相关的治疗方法报道得很少，但是有未经治疗而自然恢复的病例。

按每千克体重 40~100mg 服用 1~3d 乙胺嗪（治疗丝虫病的药）后有效。在亚洲，有用该药成功医治由指形丝状线虫引发的脑脊髓线虫病。但是，这种丝虫不是原园科的成员，对这种药的敏感程度不一样。最近伊维菌素也被尝试去治疗这种病。但是，对白尾鹿的研究表明，一旦幼虫进入中枢神经系统后就没有防治效果了，尽管有幼虫在这之前的迁移期间会被杀死（Kocan，1985）。新的抗寄生虫药莫昔克丁具有高脂溶性，相对其他的阿维菌素类药物疏水性更强，因此可能穿过血脑屏障到达线虫存在的中枢神经系统。左旋咪唑没有治疗效果，但是有人还是尝试用苯并咪唑尤其是芬苯达唑去治疗（Nagy，2004）。用类固醇治疗可以减轻神经性的炎症，但是治疗机理不清楚。非固醇类抗炎药物，如氟尼辛葡甲胺也被经验性地去治疗该病。

多种组合的驱虫药和能治疗脑脊髓线虫病的抗炎药某些时候也能治疗该病（Nagy，2004）。比如，一个报道是羊感染了鹿麂圆线虫，17 只羊均按照每千克体重 1.1mg 的剂量肌内注射了氟尼辛葡甲胺，且口服了芬苯达唑（50mg/kg）、

皮下注射了伊维菌素（200 μg），连用 5d（Pusterla et al，1999），11 只羊的症状有所好转，其中 3 只在其他 8 只还有些症状时候已经痊愈，17 只中的 6 只山羊因平卧不起而被杀。当治疗开始后如果没有神经性缺陷，则说明治疗有效。

山羊患脑脊髓线虫病后能自发地恢复，但染病的山羊会经一段时间症状才会慢慢好转。此时期精心照顾极其重要，因为感染山羊可能由于轻度瘫痪或麻痹而横卧不起。这时创造宽敞、干燥的环境非常必要，同时适当让病羊站立走动。

5.5.1.7 防控

防治方法主要是减少鹿群经过牧草区域，减少山羊在腹足类和感染性幼虫出现的区域活动。减少鹿群活动的使用方法是适当的进行一些打猎和设置一些栅栏。还有一个使用的方法就是限制羊群在没有连续林区的草地放牧，应该去高地排水好的牧区放牧。

羊群应该在天气变凉和潮湿来临之前转移牧场。直接控制蜗牛和蛞蝓的成功报道还没有。

基于这种寄生虫的生活周期和伊维菌素可以有效杀死幼虫。对牧场中的羊，每 10~16d 通过驱虫剂预防理论上是可行的。然而，这样预防的费用很高而又不切实际。在山羊摄食时，应及时进行预防管理，防治摄取的幼虫进入中枢神经系统。苯并咪唑随饲料一起预防其他原园科幼虫（如缪勒属）会有很好的效果。酒石酸噻吩嘧啶也被推荐以这种方式使用，按照说明每日饲喂（Rickard，1994）。然而，定期使用杀虫剂虽然可以防治脑脊液线虫，但是对胃肠道线虫却没有很强的抑制作用。

5.5.2 腹腔丝虫病

这种指状腹腔丝虫在有蹄类终末宿主体内没有致病性，但是在亚洲的山羊、绵羊和其他宿主体内却能引发脑脊髓线虫病。这种疾病通常被称作腰椎瘫痪或库姆里综合征，症状与薄副麂圆线虫和鹿麂圆线虫病的相似。

5.5.2.1 发病机理

在黄牛、水牛、瘤牛的腹膜腔中指状腹腔丝虫没有致病性，但这种情况仅仅在亚洲。一些争论是在牛、羚羊、鹿、长颈鹿的腹腔中的唇乳突丝虫与指状腹腔丝虫是否是同一种类。根据系

统发育分析现在已经确定这是两个种类（Jayasinghe and Wijesundera，2003）。这些丝虫的生活史现在还没有完全搞清楚，仅是间接地了解了一些。多个种属的蚊子，包括疟蚊、伊蚊、阿蚊，可作为中间宿主。

成虫生活在宿主牛的腹腔中，产生微丝蚴进入血液循环，蚊子吸食血液时同时也摄取了微丝蚴。2 周之内，这些微丝蚴变成成熟的有感染能力的幼虫后进入蚊子的唾液腺，随后吸血时幼虫进入有蹄类动物体内，在终末宿主幼虫移行至腹腔内并发育为成虫，完成生活史。幼虫寄生在山羊、绵羊、马等异常宿主的中枢神经系统时，这些感染的宿主中胎儿会发生机械损伤，1 个月之后才出现临床症状。在异常宿主中生活周期很难完成，血液中也检测不到。

5.5.2.2 流行病学

1972 年在日本山羊的进出口贸易中发现疑似病例，但是很久以后才确定病因。自那以后在日本、朝鲜、斯里兰卡都有相关报道（Innes et al，1952）；印度（Patnaik，1966），随后中国（Wang et al，1985）、中国台湾（Fan et al，1998）及沙特阿拉伯也疑似暴发过（Mahmoud et al，2004）。这种病呈现季节性流行，与蚊子的种群增长有关。在日本多发生在 8 月和 9 月，在中国 7—10 月、印度 9—11 月多发。发病率特别高，30%～40% 的易感动物被感染。高发病率和死亡率在进口的羊中频发，但是也出现了一些天然免疫。感染指状腹腔丝虫的牛群应预先及时处理，以防感染其他动物。

对指状腹腔丝虫而言，山羊是异常宿主，微丝蚴通过蚊子传播进入羊的体内，但是在羊体内这种寄生虫不能发育成熟。然而，沙特山羊体内却出现了一个新鲜的感染情况，某兽医实验室内的 48 只山羊中有 5 只体内有成虫。这些感染山羊没有出现明显的临床症状，但是在腹腔、网膜、血液中均发现雄性和雌性指状腹腔丝虫的成虫（El-Azazy and Ahmed，1999）。

5.5.2.3 临床症状

不同年龄、性别、种类的山羊都有可能感染，临床症状通常有急性或亚急性，轻微到严重。各种结果都有可能发生，比如急性死亡、神经系统的进行性恶化、神经功能缺陷的稳定，偶尔出现的自然痊愈的情况。

大部分感染的动物都出现脊髓缺陷，伴随运动失调、本体感觉迟钝、轻度瘫痪或者麻痹。四肢也会受影响，但多数情况后肢影响会大一点。其他症状还有头盖骨神经缺陷、眼球震颤。很多情况下，感染羊精神警觉，不会出现发热。

5.5.2.4 病理剖检

伴随中枢神经系统的寄生虫感染，在山羊的脑脊液中可见到嗜酸性粒细胞。尸体解剖几乎看不到损伤，诊断都依赖于对大脑与脊髓的显微观察，尤其是与临床症状对应的区域。很多情况是 1 个单一的幼虫，最多 3 个。通过显微观察，损伤主要以点状的软化为特点，可以在一系列的连续的切片上观察到。在临近的区域还有轴突退化、髓鞘脱失、星形细胞增生、单核细胞、嗜酸性粒细胞及血管周围白细胞聚集、出血等现象，但是通过切片定位幼虫很难。

5.5.2.5 诊断

临死前的诊断是基于在腹腔丝虫病暴发国家流行的运动神经疾病特征的观察。详细、准确的诊断依赖感染动物解剖后对中枢神经系统中的寄生虫幼虫的鉴定。

5.5.2.6 治疗

山羊和绵羊感染该病的早期，杀虫药乙胺嗪能高效地防治该病。早期的症状表现出脑膜及脊神经根炎，这个时期就是寄生虫进入大脑或者脊髓之前，而在这阶段使用杀虫剂有很好的疗效。乙胺嗪一般是悬浮在水里然后口服，每日剂量为每千克体重 100mg 或 40～60mg，连续服用 6d（Shoho，1952，1954）。一旦寄生虫穿过脑膜，则无治疗效果。阿维菌素也能抵抗某些家畜感染该病，但相关报道很少。

5.5.2.7 防控

为减少腹腔丝虫引起如山羊等异常宿主的发病率，在蚊子种群增长出现之前应对正常宿主如牛进行这种寄生虫病的治疗，因为牛感染后出现亚临床症状，农户通过日常的治疗可能很难起到作用。如果牛群感染后山羊应该及时隔离。使用乙胺嗪可以预防该病，绵羊每 3 周用药一次，口服剂量为每千克体重 40mg，特别是在蚊子盛行的季节，相比没有用药的羊群可以很好地减少该病的流行（Shoho，1954）。蚊子数量上的减少可以降低寄生虫从牛到羊的传播。

5.5.3　类圆线虫病

乳突类圆线虫是一种通常寄生在反刍动物胃肠中的线虫类寄生虫，这将在第 10 章线虫胃肠炎中做详细讨论。然而，乳突类圆线虫在纳米比亚小山羊和绵羔羊中多次引起死亡。这些暴发除了神经系统疾病的症状外还有胃肠道寄生虫病的特征性症状。神经症状包括咬牙，行动无意识，不断地用头撞东西。对神经症状进行了一些试验性的确诊分析，取得了可喜的结果，证明其病原是乳突类圆线虫（Pienaar et al，1999）。

在试验中，一些山羊显示出中枢神经系统病变的临床表现，如咬牙切齿、站立不稳、四肢外展站立、运动失调、昏迷、眼球震颤、用头撞东西。尸检显示在中枢神经系统基本没有大的损伤和病变，但在大脑和脊髓的组织学上发现病变。对这些病变进行的分析显示，脑白质呈海绵状内含有空泡，灰质和核中也出现空泡。最常见的病变部位是小脑顶层的核周围及纹状体、丘脑、中脑和髓质。较不常见的部位包括大脑、小脑颗粒层、脊髓和视束。感染山羊的这些部位损伤的程度与神经系统出现的症状是一一相关的。

到目前为止，无论是在野外条件下或实验室研究中，由乳突类圆线虫引起的神经系统症状还未见报道，还不清楚为什么神经系统疾病出现在纳米比亚人饲养的山羊中，可能的解释有攻击剂量的强度，饲养数量的多少，繁殖品种突变为易感性品种，或存在其他毒性、代谢性或在野外由其他未发现的传染病或实验动物引起的。所以进一步研究由乳突类圆线虫引起的神经系统病变是必要的。当山羊出现不明原因的撞头、运动失调或咬牙切齿时，尤其是如果胃肠道也出现寄生虫感染的迹象时，就应该检验粪便样本中是否有乳突类圆线虫，同时也应该检验死去山羊的大脑。

5.5.4　多头蚴病

多头蚴病，也称眩倒病或家畜晕倒病，是由绦虫蚴感染有蹄类引起的，主要是感染绵羊和山羊，病灶集中在大脑内。

5.5.4.1　病因和发病机制

在本病中的中绦期幼虫是肉食动物绦虫的中间阶段，即多头带绦虫以前称多头绦虫。在绵羊中鉴定的中绦期幼虫是脑多头蚴，在山羊中发现的也称脑多头蚴，历史上叫格氏多头蚴。它被认为是独立的种类，因为在山羊中，包囊经常发生于中枢神经系统的外部。然而，现在认为它们只不过是寄生的宿主不同，而不是寄生虫不同（Soulsby，1982）。

多头绦虫多寄生在犬、狐狸及豺狼的肠道，卵或孕卵绦虫节片通过宿主的粪便污染牧草，放牧时又被反刍动物摄入，然后穿透进动物小肠，随之进入门静脉，接着通过血液循环广泛分布在整个组织中。在绵羊中，只要移行至中枢神经系统中的幼虫才能发育成绦虫蚴，其余的全部死亡。

在山羊中，中绦期幼虫主要在中枢神经系统中发育，但在骨骼肌和心脏中有时也能发育。关于在肌肉中的发病情况已在第 4 章讨论。在肠系膜淋巴结中发现过包囊，在山羊眼睛中也出现相同的报道（Islam et al，2006）。幼虫在移行时经过神经组织，如果在神经组织中大量存在，则临床症状很可能是急性脑膜脑炎。然而，在绝大多数情况下，这种移行阶段是亚临床感染，在移行之后中绦期幼虫的成熟发育需要 2～7 个月。成熟的中绦期幼虫有直径为 7 cm 的胞囊状结构，薄壁透明，内部充满清亮的液体。一般有好几百个头节，在囊壁呈现为很明显的白色斑块。成虫的包胞大多数处于大脑皮层的顶骨和前缘区，但是在整个中枢神经系统和肌肉组织中位置不固定。当肉食动物摄食了感染有包囊的反刍动物后，这些带虫的生活周期才算完成。

在多头蚴虫的早期生长中，相邻的神经组织会受到刺激，出现早期兴奋症状。当这些中绦期幼虫慢慢长大，压迫临近的组织增大，神经元细胞发生死亡，导致神经信号中断。这种压迫对发育的影响很大，引发视神经水肿及靠近多头蚴虫的头盖稀疏，脑脊髓的液压也明显提高。这些症状预示包囊位置或出现包囊。

5.5.4.2　流行病学

多头绦虫几乎在世界范围的食肉动物中都有发现，但是在许多国家山羊中多头蚴病的流行并不普遍。现在印度次大陆已经有许多的临床报告，如印度某兽医实验室用 1 年时间就发现 32 个山羊病例（Saikia et al，1987）。孟加拉国一个屠宰场揭示大脑多头蚴病流行率从 1.9% 增长到 13.3%（Ahamed and Ali，1972），羊多头蚴病在欧洲和非洲有零星发生（Harwood，1986），在北美洲、澳大利亚、新西兰该病的羊群中也很少暴发。非洲、亚洲对多头蚴病的发病情况进行过评估（Sharma and Chauhan，2006）。

多头蚴病最普遍的报道是在幼小雌性山羊中，但这并不是一种偏好，而是羊群中出现的不平衡而已。在没有防治的情况下发病率低，但是死亡率很高。人类感染该病的报道很少，只是非洲被证实发生过该病。对于这种人兽共患传染病，山羊并不设有直接的参与关系。

5.5.4.3　临床症状

多头绦虫病可能在一年的任何时间发生，感染该病的动物可能会有一个并不清楚的病史，有时候神经系统异常会长达 1 个月或者更久，可能出现不同的症状。

症状表现很多，但是总的来说有 3 个发展阶段（Saikia et al，1987）：第一阶段，感染动物可能出现抑郁和周期性的头部晃动，特别是头倾斜，有时出现断断续续的抽搐和转圈。这个阶段能持续 4～8d 但易被忽视。第二阶段，症状出现后 8～16d 后开始，病情稳定。最普遍的症状是头倾斜、单眼失明、转圈及步态不稳。一些感染动物总是仰头，而且去撞墙或其他障碍物。还有其他的症状，如磨牙、流涎、眼球突出和震颤，不规律的瘤胃收缩。第三阶段，通常是症状出现 12～25d 后，感染动物横卧不起，出现伸肌僵硬及后肢交叉。这些阶段一般没有特别明显的界限，且病程长达 1 个月或者更长。

一些感染病例普遍发现视神经乳头水肿和出血，因此眼底检查也很必要。此外，感染动物的头骨不对称、软化区，分布囊肿，触诊时症状可能加剧。在脑实质深部的包囊不会导致骨头发生变化。

最近，在蒙古国一个 7 个月大的山羊出现了脑包虫病，后肢瘫痪。这只山羊在牧场食草已有一段时间，后肢一直脱在身体后面。解剖后一个中绦期幼虫包囊充满腰椎管，顺着 3 个椎骨蔓延。脊髓因此受到严重的影响，进而出现相应的症状（Welchman and Bekh-Ochir，2006）。

5.5.4.4　病理剖检

脑脊液中的总蛋白、细胞数增加，压力常常变高，感染山羊的平均总蛋白质是 80.3mg/dL，平均细胞总数为 85 个/mm^3，平均水压 262.4 mmHg。细胞检查中嗜酸性白细胞和退化细胞很普遍（Sharma and Tyagi，1975）。对健康羊做皮肤过敏测试发现，其可产生一个大于 1.2 cm 的反应区。

当触诊还未发现骨头软化时，射线照片可揭示中绦期幼虫感染与头盖骨的稀薄有关，脑血管造影术也被用来鉴定山羊脑实质内深层的组织囊肿，该技术揭示造影剂停滞在囊肿周围的无血管区域（Sharma et al，1974）。尸体剖检可以在寄生虫主要感染部位，如大脑、脊髓、骨骼肌，发现直径是 1～7cm 的囊肿。

5.5.4.5　诊断

尽管临床病程会延长，但可能不被发现，感染动物可能会出现急性的转圈及向前跌倒。鉴别诊断应该包括李氏杆菌病、CAE、脑脊髓灰质软化、脑脓疡、鼻窦炎、大脑血肿、肿瘤、脑脊髓线虫病及狂犬病。羊狂蝇偶尔会穿透额窦，产生临床综合征如家畜眩倒病，因为症状和脑包虫病的相似。

5.5.4.6　治疗

感染中绦期幼虫的动物还没有相对有效地杀虫药（Sharma and Chauhan，2006）。羊感染后按每千克体重口服 50mg 的吡喹酮没什么效果，而剂量增大到 100mg 时效果较好（Verster and Tustin，1990）。

当骨软化被确诊，特别是包囊明显的位置，用一个无菌针穿过软骨的包囊切除术已经很熟练。后来，一个温和的抗菌剂被用来治疗该病，如稀释 0.1％的吖啶黄。当骨头很坚固时手术治疗很有用，损伤情况可以通过 X 线技术或者其他影像技术。头盖骨被打开后移去包囊。在两个不同的研究中，30 只山羊中的 90％和 16 只山羊中的 87.5％都存活了下来，表明术后有很好的复原趋势（Sharma and Tyagi，1975；Ahmed and Haque，1975），手术用全部麻醉或局部麻醉均可。

5.5.4.7　防控

防控方法就是尽可能地减少流浪犬的数量，严禁用小反刍动物的尸体喂养犬，对染病犬的定期常规防疫是控制成熟的绦虫方法。现在还没有商业化的疫苗可用，尽管研究表明疫苗对该病的控制很有利。

5.5.5 蜱瘫痪

某些蜱的摄食活动可导致家畜包括羊麻痹和死亡，这种疾病在欧洲、中东、南美洲的部分地区已经有所报道，被认为是主要制约南非小反刍动物生产的因素，该病称为卡鲁蜱瘫痪。

5.5.5.1 病原学

硬蜱科至少有 31 种硬蜱及软蜱科的 6 个软蜱可引起哺乳动物和鸟类的蜱瘫痪。对于山羊，在南非主要是山羊红润硬蜱，其次是点盾扇头蜱（Stampa，1959；Fourie et al，1991）。在以色列、克里特岛、土耳其和保加利亚，蓖籽硬蜱主要引起山羊发病（Hadani et al，1971；Trifonov，1975）。在 1983 年，蜱瘫痪首次在巴西被报道，与花蜱属相关（Serra Freire，1983）。

大多数蜱瘫痪报道都是成年蜱而非幼虫引起的，这种蜱有两三年的生命周期，则疾病可能每 2 年或 3 年暴发。在许多情况下，未成熟蜱发育阶段有不同的宿主嗜性。例如，未成熟的红润硬蜱主要寄生在野兔和鼩鼱上。但并非总是如此，在巴西，试验证实幼虫与若虫的卡宴花蜱也可能会产生疾病。疾病的进程似乎与蜱的数目、摄食活动不太相关，而与吸血的蜱虫发育阶段有关。

5.5.5.2 流行病学

蜱瘫痪的发病率与寄生蜱的生命周期及生态学、家畜饲养管理及舍饲相关。比如在以色列，当成年蜱活跃时疫病会每隔 3 年在成蜱活跃的 12 月至翌年 2 月出现；而在内陆地区的国家，疫病表现得更为温和，通常只发生在更为密集饲养的牛群及羊群中（Hadani et al，1971）。在南非，干旱的台地草原，蜱瘫痪也很常见；在湿润的丘陵地带，蜱密度随植被的种类不同而不同（Stampa，1959）。在南非，与扇头蜱属相关疾病一般在 9 月、11 月及翌年 2 月都会发生。在巴西，自然感染病例一般在 6—12 月发生。

家畜的流行性蜱瘫痪会有比较高的发病率和死亡率。例如，51 只中不足 1 月龄的南非安哥拉小山羊有 14 只（27%）在 9 月放牧 2 周后发生蜱瘫痪，并且其中的 71% 被驱除蜱虫后依然死亡（Fourie et al，1988）。

5.5.5.3 发病机理

虽然尚未证明所有病例均因蜱在吸血特别是吸血到达一定程度时所产生的唾液神经毒素进入宿主动物而引起，但至少在犬感染革蜱时，毒素会影响肌肉神经节点释放乙酰胆碱。在所有病例中均会出现延迟性麻痹，首先为四肢，之后发展到隔膜，最后因呼吸障碍而死亡。

在北美洲未见山羊蜱麻痹的报道。然而对于牛、绵羊和新大陆骆驼，在加拿大西部及美国西部有革蜱感染的报道，所以北美洲兽医必须考虑蜱可能会在山羊上引起发病（Schofield and Saunders，1992；Cebra et al，1996）。

5.5.5.4 临床症状

该病发生于放牧动物，蜱一般存在于草食动物的头颈周围，特别是耳朵和头的后部，但需要全身检查。受影响的山羊表现为下运动神经元反应迟钝，包括四肢肌肉无力、步态不稳、关节外凸、共济失调和兴奋，不会有发热症状且山羊仍保持兴奋状、警觉、继续进饲。通常后肢首先受到影响，特别是感染卡鲁蜱后，四肢也会同时都会有影响。由于存在迟缓性麻痹，当病程发展到后期山羊就出现横卧，最终因呼吸麻痹或吸入性肺炎而死亡。临床病程一般持续 1～3d。如果很快鉴定出蜱并在病程早期就将其驱除，则在出现横卧前部分山羊能在感染后的 24h 彻底恢复。

5.5.5.5 临床病理和剖检

没有临床病理或剖检来诊断蜱瘫痪，只能保留感染的蜱种。

5.5.5.6 诊断

诊断是根据找到能造成山羊出现蜱瘫痪的蜱来做出推断的。山羊的四肢瘫痪应与狂犬病、羔羊地方性共济失调或者背部下塌、CAE、肉毒中毒、脑脊液线虫病、脊椎创伤或脓肿及先天性脊椎不规则加以鉴别诊断。后肢突然出现共济失调也应考虑肌内注射影响的坐骨神经或肌肉营养不良、骨骼创伤等。

5.5.5.7 治疗和防控

唯一的处理方式是清除吸血蜱并进行维持疗法。蜱的生态学常识对于防御或许有用，应限制动物于成年蜱活跃的季节出现在高风险地区。当这些措施都不可能实施时，控制蜱就需局部地区使用除蜱剂农药。

5.6　营养代谢性疾病

5.6.1　脑脊髓灰质软化（PEM）

和脑皮质坏死一样，这类营养代谢病主要影响反刍动物（包括山羊）。在集约化养殖条件下，山羊得此病的概率上升。

5.6.1.1　病因和发病机制

严格地说，PEM 定义为大脑皮层灰白质的软化，也可说是坏死。关于这种损伤，病原学上也没有详细描述。然而很多年来，PEM 这一术语与兽医学密切相关，是因硫胺素缺乏引起的反刍动物的综合征，大部分发生在高密度养殖牛场。

认为 PEM 与硫胺素有关的说法包括以下几个原因。对于反刍动物，硫胺素由瘤胃菌群的运动而产生，正常情况下无需从饮食中摄入该维生素。当大量饲喂日粮时，PEM 在牛上最常见。据文献记载，当饲喂日粮时瘤胃酸碱度降低，瘤胃菌群降低了硫胺素的产生，降解硫胺素的硫胺素酶分泌增加。也有资料证明，在 PEM 的试验研究和田间实例中，也许机体组织中硫胺素浓度会减少，血液硫胺素焦磷酸依赖酶、转酮醇酶活性会降低，胃肠道降解硫胺素酶的降解水平升高（Gould，1998）。

但也许最可靠的论据是硫胺素在 PEM 的发病机理中扮演着重要角色，因为发病动物服用硫胺素尤其早期往往会引起康复。然而，当前认为，积极的治疗效果并不能证明缺乏硫胺素或硫胺素抑制是潜在的病原学依据。当然，目前认为硫胺素可以促进受损脑的能量代谢而不是激发 PEM（Niles et al，2002）。

硫胺素具有重要的生理学功能，它是在糖类和氨基酸代谢中扮演重要角色的辅酶硫胺素焦磷酸的一部分，在 α-酮戊二酸氧化脱羧为琥珀酸盐和丙酮酸转化对乙酰辅酶 A 中作为一个辅助因子参与三羧酸循环。另外，作为转酮醇酶的辅酶参与磷酸戊糖途径产生 D-甘油醛-3-磷酸盐。

PEM 的病理生理学不是十分清楚。但确信与依赖 ATP 的钠钾泵功能障碍导致细胞内水肿有关（Cebra and Cebra，2004）。泵失调导致细胞内钠积聚，从而引起水分的净流入，使细胞肿胀而死。大部分神经元中的 ATP 由戊糖磷酸途

径经糖酵解产生，硫胺素焦磷酸辅助转酮醇酶而使之充当有效酶。因此，服用硫胺素也许有助于维持细胞功能，以及当脑组织能量供应无法满足时保持神经细胞的完整性，而不是所谓潜在的致病因。值得注意的是，服用硫胺素可以改变反刍动物铅中毒的检测结果，但铅中毒与硫胺素缺乏没有特定关系（Coppock et al，1991）。这里指出，用硫胺素治疗 PEM 不一定非得与硫胺素缺乏有关。

硫胺素在 PEM 发病机制中的核心作用受到质疑的另一个情况是，硫中毒成为 PEM 的一个明显病因。这种情况已在养牛场等地方得到证实，而这些地方的病例历来被归因于硫胺素缺乏症。元素硫及无机和有机硫化合物可能存在于水和各种动物饲料中，包括草料和糖蜜。

众所周知，瘤胃 pH 的降低（如饲养场中精饲料饲喂时出现的情况）有利于硫化氢在瘤胃中积累，而硫化氢很容易扩散至血液中。如果吸收过量，将超过肝脏的解毒能力。此外，如果瘤胃中存在高浓度的硫化氢，硫化氢可能会被吸入肺部，并穿过肺膜直接进入血液循环。虽然对神经组织的病理影响和生理影响还不完全清楚，但已知硫化氢和游离硫自由基具有潜在毒性。

脑组织因其高脂质含量对 H_2S 具有较高的亲和力，并因此可能对大脑发挥最显著的毒性作用，导致机制仍然未完全阐明的 PEM。H_2S 对呼吸系统的毒性作用众所周知，因为吸入来源于粪便坑中挥发的 H_2S 气体可导致严重的肺水肿，进而引起牲畜和人死亡。同时，大量进食含硫饲料可降低反刍动物硫胺素产生，因此与 PEM 有关的硫病理生理变化未必由硫胺素缺乏造成的。饲养场发生的 PEM 临床病例中报道中，瘤胃 H_2S 水平上升而血液中硫胺素维持在正常水平（McAllister et al，1997）。目前关于 PEM 及其病因的论述主要强调硫中毒，这一点已经得到全面论述（Gould，1998，2000；Niles et al，2002）。

5.6.1.2　流行病学

全球与山羊 PEM 有关的信息较少，普遍认为此病在山羊中只是零星发生。然而，有报道称在新西兰该病是最常见山羊神经性疾病（McSporran，1988）。

山羊发生该病的原因没有牛和绵羊明确，但

在牛和绵羊中，也许改变微生物菌群的饲料和管理因素起着重要作用。突然改变日粮、过度饲喂精饲料、使用马的高糖饲料、吃发霉的干草、瘤胃胃酸过多、断奶后饮食应激及过量服用氨丙啉均可能引起山羊 PEM。饮水和饲料里含过多的硫也能引起 PEM，这一点在牛和绵羊上已经被证实，所以人们有理由猜测它也能引起山羊疾病。不过，写此文时没有病例能证明硫毒性是引起山羊的确定病因。

在北美洲，该病在粗饲料少、精饲料多的冬季多发（Smith，1979）。众所周知，在美国和加拿大，尤其是平原、山区饮水中，硫及硫酸盐的含量相当高。在印度，该病多见于牧草丰富的8—12 月（Tanwar，1987）。在南非，该病暴发与冬季集中补饲有关（Newsholme and O'Neill，1985）。

妊娠母羊的低生长率与硫胺素缺乏有关。一项研究表明，患有 PEM 的放牧山羊粪便中活性硫胺素酶的含量比 PEM 阴性羊群高。暗示有亚临床症状的山羊同样出现硫胺素缺乏（Thomas et al，1987）。

5.6.1.3　临床症状

所有山羊对 PEM 均易感，但大部分病例在断奶及幼畜中多见。通常在突然变更饲料、集中补饲、断奶、短期发生消化道疾病的情况下发生。最初主要表现为潜伏期精神沉郁、厌食和（或）腹泻、渐进性神经异常，持续 1～7d，而大部分病例表现急性神经功能障碍。早期神经症状包括兴奋、头高昂、站立时角弓反张、凝视、无目标地走动、转圈、共济失调、肌肉颤动及明显失明。

随着病情的发展，感染羊向背中线斜视、眼球震颤、威胁性反应缺乏、伸肌强直、磨牙、斜躺时角弓反张、明显抽搐。发热只有在除抽搐时可见。瞳孔反射依脑水肿程度而变化。瘤胃收缩在单一 PEM 时可见，若发生严重瘤胃酸中毒时则不可见。在没有进行治疗的情况下，感染山羊通常死于临床症状出现后的 24～72h。

5.6.1.4　临床病理和剖检

患有 PEM 的山羊除了有轻微的单核细胞增多外，脑脊液几乎没有变化。虽然预计脑脊液压力会升高，但山羊正常脑脊液压力少有记载。在一例已报道的 PEM 病例中，脑脊液压力为220mmHg。（deLahunta，1977）。

对血液红细胞中的转铜醇酶活性进行检测间接提供了一种检测硫胺素水平的方法。在一项研究中，9 只正常山羊的平均转酮醇酶活性为0.782，范围为 0.125～2.90，而 2 只受临床影响山羊的转酮醇酶活性分别为 0.099 和 0.068（Simth，1979）。在另一项研究中，正常山羊的平均转酮醇酶活性为（35±5）IU/L，而患病山羊的为（18±2）IU/L（Thomas et al，1987）。为了进行转酮醇酶测定，肝素化血液应以3 000r/min 离心 10min，弃去血浆，并将红细胞在−20℃下冷冻运输至实验室。

在正常山羊粪便中，硫胺素酶活性的测量值为（0.2±0.1）mU/g，而在临床感染的山羊粪便中，硫胺素酶活性的测量值为（0.8±0.3）mU/g。在正常山羊体内未检测到瘤胃内硫胺素酶活性，而在临床患病山羊体内测得的平均活性为（0.5±0.3）mU/m（Thomas et al，1987）。据报道，正常山羊肝脏硫胺素的平均含量为（1.6±0.3）μg/g（湿重），而患病山羊的为（0.3±0.4）μg/g。在大脑中，正常山羊的平均硫胺素含量为（0.7±0.1）μg/g，患病山羊的为（0.3±0.1）μg/g（Thomas et al，1987）。

瘤胃中是否存在高浓度的 H_2S，有助于诊断硫酸盐中毒是引发 PEM 的根本原因。已经介绍了一种使用市售 H_2S 检测管通过左侧腰窝对瘤胃进行采样的技术（Gould et al，1997），尚未具体报道山羊的正常值和诊断值。但在牛，控制高碳水化合物饮食时补充硫酸钠可引发 PEM，且 H_2S 气体浓度是控制高碳水化合物饮食未补充硫酸钠的 40～60 倍。在饲喂的第 15 天，补充硫酸钠的母牛体内的 H_2S 浓度为 4 850mg/L，而未补充硫酸钠的母牛体内的 H_2S 浓度在试验期间从未超过 75mg/L（Gould et al，1997）。有人推荐对田间病理进行分析，正常放牧的患病动物可能由于饮食不佳使得瘤胃中的 H_2S 浓度快速恢复到较低水平，从而得到假阴性结果。如果不做定量试验，则应在患病动物排气时检查其呼气中是否有 H_2S 特有的"臭鸡蛋"气味则可以定性地说明存在硫毒性。

尸检发现病变主要集中于大脑。大部分急性病例，大脑柔软及有浅黄灰色或黄色水肿。大脑脑回因压力而变平，小脑也部分从枕骨大孔出现套叠。亚急性病例中，利用紫外光灯检测大脑也许可以证明出现皮质荧光区域与脑皮质坏死有关。组织学检查有层状坏死时，感染脑回出现明显灰白区及神经细胞明显变性，细胞周围空泡化。

5.6.1.5 诊断

早期精神沉郁和腹泻与由产气荚膜梭菌引起的肠毒血症或孕毒血症有关。后期通常出现尿酮病。当山羊出现失明、角弓反张、伸肌僵化、眼球震颤及斜视等症状时暗示患有 PEM。这些迹象也许相继出现，也许同时出现，有时根本不出现。确诊往往很难。急性中枢性失明的鉴别诊断将在第 6 章有阐述。

破伤风也有角弓反张和伸肌僵化的特征，本病晚期很容易被误诊为破伤风。当出现转圈或单侧神经症状时，应考虑与李氏杆菌病、脑脓肿、耳朵感染、大脑线虫病和 CAE 的鉴别诊断。李氏杆菌病与脑脊液的改变有关，其他疾病发展相对较慢。PEM 后期经常抽搐，因此在特异性诊断中必须考虑脑膜炎、狂犬病、伪狂犬病及各种毒性因素。铅中毒、盐中毒也能引起类似 PEM 发生的脑损伤，因此也产生相似症状。

通常在实验室检测结果出来之前，兽医基本上要对此病快速做出推断。事实上，通过硫胺素治疗后的反应可以对 PEM 做出确诊。给患病山羊治疗后 2h 可见治疗反应。

5.6.1.6 治疗

尽管在 PEM 的致病机理中对硫胺素代谢提出质疑，但仍然将硫胺素作为治疗首选（Nileset et al，2002）。起初治疗时多数依据病情的严重程度而效果会有所变化。剂量为每千克体重 10mg，每 6h 重复 1 次，持续 24h。首次静脉注射，以后可静脉注射，也可肌内注射或者皮下注射。盐酸硫胺素是常用药。如果仅服用复合 B 族维生素，则会根据硫胺素含量给药。早期或症状轻微病例处理后往往能够痊愈。晚期病例部分虽然能够痊愈但往往伴有永久性失明或精神异常。病情严重的山羊虽然进行了治疗但最终还是死亡。别的物种将高渗甘露醇稀释为 20%，以 1.5 g/kg 体重静脉注射，同时以 1～2mg/kg 体重注射地塞米松可以缓解严重病例的脑水肿。有人根据经验服用强效利尿剂呋塞米（furosemide），剂量为每千克体重 1mg，静脉注射。当癫痫发作时，使用 0.5～1.5mg/kg 的安定或其他抗惊厥药。

除硫胺素治疗和脑水肿处理外，还应识别并治疗可能导致 PEM 的任何潜在问题，如谷物膨胀，以及脱水和代谢性酸中毒等后遗症。

5.6.1.7 防控

调查每群感染羊的详细病史对鉴定发病因素很有必要。一般控制包括较少精饲料增加粗饲料，避免饲喂发霉和含糖量高的饲草，如给马的饲草。当有断奶幼羔时，按照断奶程序给予充足的粗饲料，以确保瘤胃正常蠕动及适宜的瘤胃植物群。患病羊群饲粮中需补充硝酸硫胺或啤酒酵母。

硫毒性作为 PEM 病因的新信息表明，饲粮包括饮水中全硫含量应该计算并且若含量超过需要则要减少。饮食中的硫对山羊产生毒性未见报道。在肉牛中，硫含量总定额推荐为 1 500～2 000ppm（相当于 0.15%～0.20% 干物质基础）。要避免毒性产生，含量应低于 4 000ppm（相当于 0.40% 干物质基础）（Niles et al，2002）。当日粮中至少 40% 是饲草时，反刍动物最大可耐受的硫水平为 0.50%（NRC，2005）。有些已知硫含量相当高的饲料应该从日粮中剔除，也许包括十字花科饲料（芸薹属植物品种）、糖浆、石膏（硫酸钙二水合物）及硫酸铵。后者也许在山羊上得到应用，即当山羊尿酸化出现问题形成尿结石时。为了避免硫毒性引起的风险，常用氯化铵代替硫酸铵。

5.6.2 地方性共济失调和羊羔蹒跚病

铜缺乏会导致神经退化及继发中枢神经系统脱髓鞘并引起小羊（或羔羊）的进行性轻度瘫痪。地方性共济失调如果是羔羊出生后才出现的，那么羊羔蹒跚病一般就是先天性形成的。

5.6.2.1 病原学

在绵羊上，母羊在妊娠后期若出现铜缺乏就会导致胎儿及新生羔羊的神经细胞及髓鞘异常成熟及退化。小羊共济失调症和羔羊共济失调症的临床病理相似性提示病因相似。

在一些自然发生的病例中，公山羊的共济失调及羊羔蹒跚病都归咎于铜缺乏，血液及组织中的铜水平在临床上会影响小山羊，但不一定一直低。在一些病例中，一些未受影响的动物也会铜水平下降。然而，铜缺乏的有效治疗是通过给山羊群补给铜添加剂来避免铜缺乏，目前这是一个对山羊行之有效的方法。公山羊的运动失调及羊羔蹒跚病很有可能是一个复杂的营养代谢病，铜缺乏处于核心位置。

5.6.2.2　流行病学

共济失调病和羊羔蹒跚病已在美国的加利福尼亚、纽约、马萨诸塞州、路易斯安那州（Cordy and Knight，1978；Summers et al，1980；Lofstedt et al，1988；Banton et al，1990），加拿大的萨斯喀彻温（Brightling，1983），阿根廷（Dubarry et al，1986；Bedotti and Sanchez Rodriguez，2002），苏格兰（Barlow et al，1962；Owen et al，1965），荷兰（Wouda et al，1986），德国（Winter et al，2002），瑞士（Beust et al，1983），肯尼亚（Hedger et al，1964），埃塞俄比亚（Roeder，1980），印度（Prasad et al，1982），澳大利亚（O'Sullivan，1977；Seaman and Hartley，1981）和新西兰（Black，1979）的山羊上有报道。

山羊缺铜既可以是由土壤和牧草中铜水平低引起的原发性缺铜，也可以是继发性缺铜（条件性缺铜）。当土壤和饲料中存在正常量的铜，但由于存在钼、铁、锰、镉、铅和硫酸盐等铜拮抗剂，故阻碍了铜的吸收。

在荷兰山羊也存在遗传因素，已有23例矮山羊品种出现这样的情况。谱系倾向在绵羊疾病中也起一定作用，这可能是由于肠道对铜的吸收和储存效率不同造成的。

5.6.2.3　发病机理

铜在新陈代谢及机能发展中扮演很重要的角色，作为细胞色素氧化酶系统的一部分参与组织的基本氧化磷酸化反应。铜明确参与髓鞘形成、骨生成、造血作用、毛发色素沉着及正常的生长发育（Brewer，1987）。铜在髓鞘形成中的主要作用是髓神经磷脂的新陈代谢。

在先天性铜缺乏及羊羔蹒跚病中，严重并长期缺乏铜将会损伤胎儿中枢神经系统中正常髓磷脂的生成。这种病常发生在羔羊身上，与大脑的空洞病变有关，这种情况在幼年羊中很少见。在驼背幼年山羊中偶尔会观察到小细胞性贫血和长骨脆弱，这分别反映了铜在造血和成骨过程中的作用。与"驼背"不同的是，如果铜缺乏发生在

妊娠晚期、铜缺乏程度较轻或出生后继续缺铜，则会出现出生后共济失调病（enzootic ataxia）。并发生神经元死亡及髓磷脂退化，但仅限于脊髓；脑干，有时会在大脑（Cordy and Knight，1978；Wouda et al，1986）。

5.6.2.4　临床症状

所有品种的山羊公羔和母羔均会发病。在先天性铜缺乏（羊羔蹒跚病）中，羔羊会发生出生缺陷，它们很虚弱，在没有外力的作用下不能站立，借助外力能勉强站立。其特征性临床症状是肌肉颤抖、持续打盹及摇头等，有时会发生磨牙。受感染羔羊可哺乳、发声、看及听，如果照看周到则可存活几天到几周。

在延迟性共济失调病中，出生正常的小山羊会在出生后1周出现轻度瘫痪，或在28周以后才出现。发病的平均年龄为13周，临床病程为1～14周，至少在早期小羊会比较警觉及继续吃草。早期的临床症状包括虚弱乏力，震颤，站立困难及共济失调。对称性共济失调通常首先在后腿上可观察到，有时在前腿也会见到。这种症状不是单侧而是双侧。后腿的周期性痉挛及关节的过度伸展也会发生。如果有小脑参与就可见过度运动，若有喉神经参与就会出现瑞鸣。

受影响的小山羊可采取趴卧姿势且站立几分钟后瘫软。前肢受损会低于其膝盖，而后肢瘫痪的羔羊则会采取犬坐姿势，用前肢拉自己爬行。随着瘫痪的发展，站立会变得越来越困难。长期横卧的小山羊会出现前腿腿肌痉挛，后腿伸展麻痹，产生褥疮及肌肉萎缩。也会发生腹泻，并发球虫病或蠕虫病，所以腹泻归咎于铜缺乏是不完全正确的。患共济失调的山羊公羔要么被安乐死，要么继发肺炎等问题而死亡。

在感染羊群中成年羊铜缺乏通常会出现病理性消瘦、腹泻、贫血及毛发色素脱落，但往往不会引起注意。

5.6.2.5　临床病理及尸体剖检

据报道，山羊的正常血铜水平范围为9.4～23.6 $\mu mol/l$（60～150 $\mu g/dL$ 或 0.6～1.5mg/L）（Underwood，1981）。血液或血清铜含量低于8 $\mu mol/L$（50 $\mu g/dL$ 或 0.5mg/L）和肝脏铜含量低于20mg/L（干重）可诊断为山羊羔羊感染性共济失调（Seaman and Hartley，1981）。然而，受感染山羊的铜含量并不总是这么低，而且

受感染山羊、同一农场未受感染山羊以及无病史的对照山羊的血液和组织铜含量有相当大的重叠（Owen et al，1965；Cordy and Knight，1978；Wouda et al，1986；Bedotti and Sanchez Rodriguez，2002）。很多可疑羊群必须在群体中全面测试评估铜水平。

在受感染的山羊中会出现小红细胞性贫血，已报道血红蛋白值为 $5 \sim 7.7g/dL$（Hedger et al，1964）。一般分析脑脊液的较少并且大多共济失调病会并发 CAE 逆转录病毒感染，所以脑脊液中脑脊液细胞显著增多及蛋白含量上升还不太清楚（Summers et al，1980）。在一般的共济失调病例中，脑脊液都是正常的（Lofstedt et al，1988）。

在尸检中，小绵羊会出现脑半球空洞及凝胶化，但在受感染的小山羊中没见到。共济失调山羊中枢神经系统病变也不明显。这些小羊通常比较瘦弱，也会有肌肉萎缩的现象。

微观损伤常见于脑干和脊髓。病变是双边对称并在颈椎和胸椎脊髓外侧特别明显，其特征是神经元髓鞘脱失。神经元变性和脱髓鞘是其特征。神经元胞浆肿胀、核萎缩和明显的色素溶解是典型症状。还可能出现小脑萎缩或发育不良、浦肯野细胞变性、分子细胞层和颗粒细胞层厚度减少（Cordy and Knight，1978；Wouda et al，1986）。

5.6.2.6 诊断

组织中的铜水平及尸检中有特征性病变可进行确诊，死前的推论性诊断主要基于典型的临床症状、饲料中铜颉颃剂的含量、组织中低铜含量及中度感染小山羊对铜制剂治疗的应答效果。

对先天性缺铜的鉴别诊断应包括脑积水、先天性发育异常、雄性山羊甘露糖贮积病、边界病、低血糖及体温过低。一个报告病例是新生羔羊先天感染新孢子虫而出现肉芽肿性脑炎，其症状和先天性铜缺乏症状极为相似（Corbellini et al，2001）。这种原生动物寄生虫病一般会发生山羊流产，将在第 13 章进行深入讨论。

对于延迟性铜缺乏，需排除神经型 CAE、脊椎外伤、脊髓脓肿、脑脊液线虫病、肌营养不良症、软骨病及李氏杆菌感染等。在疾病早期，由狂犬病引起的麻痹也需要考虑。已报道在许多情况下出现共济失调会并发 CAE，就使得诊断变得复杂（Summers et al，1980；Lofstedt et al，1988）。

5.6.2.7 治疗

先天性较轻病例中，早期的共济失调可用铜添加剂治疗，但很少会完全恢复。如果需要，在治疗之前应取血液及肝脏活体样本以便防止治疗后与铜缺乏相混淆。有报道称，氨基乙酸铜经肠外给药可有效治疗小山羊，单一剂量为 60mg（Seaman and Hartley，1981）。

5.6.2.8 防控

有效控制取决于确定铜缺乏的潜在原因，可能需要测定饲料、水和土壤中的铜含量，以确定本来就是铜缺乏还是铜再次受制于颉颃剂钼、硫酸盐或其他铜颉颃剂。山羊铜的需要量尚不明确，因为山羊新陈代谢和储存铜不同于绵羊，因此这种推断可能会不准确。然而，绵羊不同饲料中，铜含量应该至少为 5ppm，钼含量不应超过 5ppm。铜钼比例在饲料中应该保持在 5∶1 和 10∶1（Rankins et al，2002）。目前推荐给山羊 $10 \sim 20ppm$ 的铜，第 19 章有论述。水和牧草中硫酸盐浓度可以高些，铜钼比例在可接受的范围内就可降低铜缺乏。饲料中硫酸盐浓度不应超过 3 500ppm（Black，1979）。当土壤中铜缺乏时，推荐每年给每公顷牧草种植地施 $2 \sim 3kg$ 的硫酸铜。

地方性共济失调可通过补充铜来预防。在暴发半羔蹒跚病和共济失调时，应在妊娠中期给母羊皮下注射总剂量为 150mg 的氨基乙酸铜，预防新生羔羊的铜缺乏。如果在妊娠期间没有治疗，新生羔羊可皮下注射 60mg 的氨基乙酸铜，这至少可以保护它们到断奶。在饮水中按每头每周添加 1.5 g 硫酸铜口服，对妊娠母羊有效，但会腐蚀金属管道及水槽。

最为有效的方法就是确保山羊饲料中有足够的铜，保证硫酸铜含量为 $0.5\% \sim 2\%$。口服铜缓释制剂（比如氧化铜明胶胶囊）已成功用于铜缺乏地区的绵羊，并且已有一个成功的例子使用在羊羔蹒跚病的山羊上，尽管在 15 周以后追加 4 g 氧化铜针，但内脏中的铜水平在治疗与没治疗之间没有区别，这就说明干预疗法在山羊比在绵羊上的效果更差一些（Inglis et al，1986）。

5.6.3 维生素 A 缺乏症

在牛上，维生素 A 缺乏会出现许多临床症状，包括流泪、流鼻涕、咳嗽、角膜混浊、流产、产弱仔等。神经功能紊乱主要包括夜盲症、完全失明，共济失调及抽搐症状。共济失调和抽搐是由于维生素A缺乏导致蛛网膜绒毛生化及结构发生了改变，从而使脑脊液吸收减少，颅内压升高。

试验证实给成年山羊饲喂维生素A缺乏的饲料会导致脑脊液的吸收下降，但脑脊液压力升幅不大，没有出现视神经乳头水肿（Frier et al，1974）。在该试验中没有发现一只成年、年轻及育肥期山羊出现抽搐（Schmidt，1941），临床症状仅表现为食欲不振、体重下降、鼻涕黏稠、角膜混浊及夜盲症。维生素A不可能会引起山羊抽搐。

5.7 N 植物中毒

5.7.1 含有苦素的植物中毒

德克萨斯州山脉的一种一年生植物——香膜质菊，是导致绵羊养殖经济损失的主要原因，也影响安哥拉山羊。该种植物被称为西部苦草或苦橡胶草，在德克萨斯州的西南部尤其是在爱德华高原上最为常见。人们可以在12月和翌年5月发现这种植物，特别是在1—3月，可能是仅有的可以食用的多汁植物，在干旱季节更为明显。相对于绵羊来说，山羊更不愿意去吃这种植物，除非是因为严重的饲料缺乏，山羊才被迫去吃这种植物。

第二种植物——*Hymenoxys richardsoni*，被称为美国肥菊或者科罗拉多野草，也可以引起动物草中毒，在从堪萨斯州到墨西哥的西部分布更为广泛。主要毒素是膜质菊内酯，这是一种倍半萜品内酯，是能通过使细胞内酶的硫氢基基团烷基化来抑制细胞功能的积累性毒素。中毒后的主要症状出现在消化系统和神经系统。在绵羊上该植物的半数致死量仅为体重的1.3%。据报道，山羊对该植物有较强的抵抗力，山羊比绵羊需要多1.8倍的量才能致死（Rowe et al，1973）。

急性型、亚急性型、慢性型均可发生。急性型主要是在单独大量摄入该植物的实验下才能观察到。临诊过程主要发生在1~4d内并且最终引起死亡。早期症状包括胃胀、食欲低下、背腰弓起、磨牙且有明显的抑郁。患病山羊变得越来越抑郁且可能表现出反胃、轻微的肌肉震颤、流黏液性鼻涕、轻微的呼吸困难和身体前倾。最终发生身体倾斜，并发间歇性划水状，强直性惊厥，角弓反张，心动过速，严重的呼吸困难和反胃。

亚急性型和慢性型更多是在自然条件下发生的，通常是在大约1个多月内较少采食该植物的条件下。在亚急性型中，山羊仅表现食欲下降，流绿色鼻涕。或许还会有反胃，但最终在1~7d后安静地死亡。慢性型发病山羊表现为食欲下降，身体消瘦，因不能摄食而饥饿或脱水而死。剖检尸体时主要的症状包括肺部和心外膜水肿、充血，皱胃和十二指肠充血、出血。

虽然现在没有特效的治疗方法，但是如果使患病山羊远离植物源，改喂新鲜的食物和水，则会缓慢恢复。在严重的病例中，口服活性炭可提高恢复的概率。控制苦草中毒包括避免过度放牧，以及通过割草、燃烧、使用围栏或者运用除草剂，来减少苦草和美国肥菊的数量。

5.7.2 毒灌木中毒

墨西哥卡文鼠李木或者叫鼠李科的有毒灌木是一种在南德克萨斯州、加利福尼亚州和墨西哥北部土生土长的木质灌木，它生长在多碎石的山坡上、山脊上或者峡谷里、沟壑中、河谷中。据报道，山羊、绵羊、牛和人都发生自发性中毒，尤其是在这种植物硕果累累而其他饲料稀缺的冬季较为多发。在得克萨斯州的牧场上，有超过1 000只山羊因毒灌木中毒而死亡（Sperry et al，1962）。食用果实的重量达到山羊体重的0.3%就是致死性的。这种毒性是由还没有完全辨别清楚的酚类混合物所引起的。该毒性作用主要表现在横纹肌细胞和施旺细胞上并且引起细胞的变性。

感染山羊的早期症状包括警觉性提高，对听觉和触觉高度敏感。全身震颤，背腰弓起，很快就出现步态紊乱。步幅变短，出现抽筋或者频率过快。这些临床症状在强迫运动的情况下程度加重。急动抽搐逐渐变虚弱，肌张力减退，伸张反射消失。不管是站立不动还是在行走，山羊均采取明显的肘关节和膝关节弯曲的蜷伏姿势。山羊常常被绊倒。患病严重的山羊逐渐卧地不起，膝盖骨和腓肠肌的反射消失。食欲、排尿和排便保持正常直至接近死亡。在疾病后期常见呼吸困难。该病可以延续几天至几周的时间（Charlton et al，1971）。

山羊灌木中毒的病理变化还没有被描述。神经系统的组织学病变主要表现在末梢神经和小脑上，有广泛的施万细胞变性和脱髓鞘，在轴突上还有较小程度的华勒氏变性。轴突继发变性主要表现在长运动神经的轴突末节（Charlton and Pierce，1970）。浦肯野细胞的轴突营养失调在患病山羊的小脑上表现比较明显（Charlton et al，1970）。心肌和骨骼肌变性，并且还可以观察到肝脏脂肪变性（Dewan et al，1965）。肌肉变性和营养性肌肉变性所观察到的变化一样。

没有特异的治疗方法，预防措施包括使患病山羊远离这种植物并为其提供充足的饲料和饮水。部分病羊可以恢复。不要在植物结果时进行放牧。

5.7.3 紫云英中毒（又名 α-甘露糖苷贮积症、疯草病）

家畜食用紫云英属豆科和棘豆属植物会引起几种不同的疾病综合征，其发病机理也各不相同。其中3种综合征产生神经疾病的体征已在山羊中确定。第一种是局部中毒，是由于长期食用含有吲哚利嗪生物碱苦马豆素的物种而导致的慢性中毒。这种生物碱通过抑制溶酶体的 α-甘露糖苷酶而产生一种获得性溶酶体贮积病，会导致中枢神经系统变性和空泡形成。

其他植物也含有苦马豆素且也会在放牧家畜身上导致获得性 α-甘露糖苷贮积症。这些植物包括豌豆属和苦马豆属，就像紫云英属和棘豆一样，属于豆科植物，此外，还有旋花科植物中的涡轮和番薯属、锦葵科的黄花捻属。在巴西，已经报道过山羊食用树牵牛（Schumaher-Henrique et al，2003）和 涡轮千金榆（Dantas et al，2007）而引起获得性 α-甘露糖苷贮积症的病例。另外，在莫桑比克山羊的这种病已经与卡尔涅亚番薯的摄入联系在一起（Balogh et al，1999）。在巴西山羊上，摄食黄花捻也能引起这种疾病（Colodel et al，2002）。据报道，在阿根廷，山羊的一种类似获得性溶酶体贮积病的疾病与食用一种番薯（*I. hieronymi*）有关（Rodriguez Armesto et al，2004）。中国棘豆属和澳大利亚豌豆属的几种植物也可以起放牧家畜的获得性溶

酶体贮积病，但是还没有发现在山羊身上，即使可能存在也没有被报道过。

第二种综合征是一种因短期内食用含有硝基糖苷类化合物尤其是米塞毒素的植物种属所引起的急性中毒病。第三种综合征是蹒跚病或者是碱病，长期来被认为是食用像紫云英属的植物所引起的慢性硒中毒病，而这种植物起着硒收集器的作用。在美国西部的牧场，这种综合征已经发现了1个多世纪，但是近年来，硒在该综合征中的作用被质疑过，认为是过量摄入硫所引起的脑脊髓灰质软化的一个表现（O'Toole et al，1996）。

引起疯草病的紫云英属和棘豆属的物种在全世界的温带地区都有分布，但是在美国西部尤其是在冬季开阔草原上放牧的家畜身上发生该病引起了特别关注。这种植物的适口性很差，家畜只在饲料缺乏时才食用，且很快就会适应，即使当其他饲草可以食用时也会继续食用这种植物。食入后会引起中毒，6～8周出现症状，然后4～6周后死亡。

虽然在美国山羊自发性疯草病极为罕见且所造成的经济损失也较小，但德克萨斯州的 *A. earlei* 和 *A. wootoni* 这两种疯草的临床疗效已有记载（Mathews，1932）。山羊在超过54d的时间里食用本身体重的335%的 *A. earlei* 就会导致中毒，但是山羊拒绝食用 *A. wootoni*。早期中毒症状包括以不能伸张肘关节为特征的后肢虚弱和行走时出现间歇性的左右摇摆。受惊吓的山羊步态蹒跚或者突然瘫坐在后肢上，但前肢依然支撑着身体。瘫痪和共济失调是渐进性的，最终也会累及前肢。到了晚期，山羊会出现胸骨下垂，并伴有间歇性眼球震颤、眼球震颤和摇头，体重逐渐减轻。直到死亡的前几天，山羊仍会保持清醒和警觉。相比而言，绵羊在发生疯草病时几乎经常表现得十分抑郁。由疯草病所引起的山羊流产较罕见，但在绵羊则是一种比较常见的病。剖检尸体时，症状仅局限于身体消瘦和可能出现的皱胃溃疡。组织学变化可发现中枢神经系神经细胞形成空泡。

患疯草病的山羊如果较早远离疯草，且得到了较好的饲草和饮水则可能会恢复。但是如果允许它们随后再吃疯草，山羊会寻找并且重新食用疯草，因为习惯已经养成。

在德克萨斯州，由含硝基的化合物所引起的

牛和绵羊的急性神经性紫云英中毒已经被报道，且在试验条件下通过喂食 *A. emoryanus*，一种红茎的豌豆藤该病能重发（Mathews，1940）。幼小的绿色植物毒性最强，当山羊摄入体重的0.7%～1.8%时，就可以观察到中毒。山羊表现出极度抑郁，厌食，卧地不起，体质虚弱，1～2d后死亡。在患病较轻的病例中，山羊会出现明显的共济失调，后肢尤为明显，禁止接触该植物后这种症状可持续长达1年时间。与高铁血红蛋白有关的呼吸困难在豌豆藤中毒的绵羊身上可以看到，但在山羊身上则观察不到。该病没有特征性的眼观变化和显微变化。

伊朗曾报道过山羊和绵羊长期食用紫云英后出现蹒跚病（Hosseinion et al，1972），该中毒曾被归因于硒收集器的作用。中毒的羊身体消瘦，被毛粗乱，厌食，离群，视力下降，做转圈运动，步态蹒跚，泡沫样流涎，流泪，严重便秘，还有腹痛症状，死亡率大约4%。这种野草的硒浓度可达到500ppm。

5.7.4 瓜希柳中毒

Acacia berlanderi，或者瓜希柳，是一种生长在德克萨斯州东南部和墨西哥牧场的多年生灌木。这种植物的适口性好，经常被山羊采食，绵羊也可以采食。但是在食物非常单调、采食期延长到6周或更长时间的干旱条件下过度采食该植物可能会引起发病。主要毒性物质是拟胆碱有机胺类、N-甲基-β-乙基胺（Camp and Lyman，1957）和酪氨。受影响的动物食欲依然正常，保持清醒和警惕。主要的临床症状是逐渐严重的共济失调，最终导致卧地不起，并因饥饿和口渴导致继发死亡。这种症状在当地被认为是软腿症或者瓜希柳摇摆症。剖检尸体时没有特征性的病变。如果症状发现较早且患病动物远离这种植物，则动物或许会康复。

5.7.5 粟米草或铁蒺藜中毒

毛美洲蒺藜，俗称粟米草或铁蒺藜，是一类生长在自堪萨斯州南部至墨西哥北部的北美洲西部地区的干扰土壤中的植物，在地势低洼的地方贴地生长。虽然这类植物的适口性不好，但是在夏季的干旱季节，放牧家畜也会采食这种植物。虽然山羊中的自然中毒病例还没有记录过，但是

在试验条件下的中毒病例已被报道（Mathews，1944）。主要毒性物质还未查明。这种病在山羊身上的敏感性变化较大，如一只山羊因食用相当于体重11%的植物即可观察到中毒症状，另一只山羊即使食用相当于体重177%的粟米草也不会产生可以观察到的症状。采食3d后，患病山羊会出现明显的轻度瘫痪症状，如不能自然站立，行走时腕关节在前、膝关节弯曲在后。宰杀山羊也观察不到明显的病变。牛和绵羊中毒后可表现出轻度瘫痪，行走时有明显的球节隆突。

5.7.6 乳草属植物中毒

马利筋属植物中有很多种乳草植物，其中的很多对家畜是有毒的，很多种属广泛分布于整个美国。这类植物很少被食用，除非是在干旱季节或者是在饲草缺乏时。这类植物可能会被打包成干草，且在干燥时仍然保持毒性。山羊食用乳草属植物时会中毒（Kingsbury，1964）。食用不同马利筋属植物如果达到体重的0.25%～2%就会导致中毒。误食中毒剂量后的几个小时内就会出现临床症状，包括极度抑郁、身体消瘦、步态蹒跚，可能会出现胃胀和呼吸困难。患病严重的山羊会安静下来，且出现间歇的强制性痉挛。瞳孔扩张，随后昏迷，通常在症状开始出现后1～2d内死亡。乳草属植物包含有毒树脂和类固醇苷，类固醇苷类包括强心苷类，但是具体的神经中毒机制还不清楚。剖检尸体时非特异性的病变有肝脏和肾脏充血，胃肠黏膜发炎。山羊中毒后没有有效的治疗方法，通过减少与乳草类植物的接触，以及在保持在较好的牧场中放牧可以控制该中毒病的发生。

5.7.7 苏铁素毒性或泽米属植物蹒跚症

苏铁素是存在于坚果、树叶和各种各样热带苏铁棕榈幼嫩树枝中的一类物质。在波多黎各、多米尼加共和国、日本和澳大利亚，牛中毒与食用苏铁、大泽米属植物、泽米属植物、波温铁属植物4个属的树叶和幼嫩树枝有关。因澳大利亚苏铁导致的山羊中毒在澳大利亚的部分地区尤其是在格鲁特岛是十分严重的问题（Hall，1964）。在美国南部，犬的与摄入西米王棕榈树的种子有关的临床神经系统疾病已经报道过，所以也存在着山羊中毒的可能性

（Albretsen et al，1998）。

慢性摄入可导致以缺乏本体感受为特征的共济失调，伴随不正常的蹄的位置，球节突出，绊倒或跌倒。但疼痛反应、运动控制、回避反应仍然保持完好。一旦观察到症状，则不可逆转（Baxendell，1988）。试验条件下，由苏铁提取物引起的山羊中毒也表现出明显的抑郁、厌食、体重减轻、贫血症状。剖检尸体时，脊髓的组织学病变包括轴索肿胀和主要在精索腹侧部脱髓鞘引起的死亡。试验条件下中毒山羊还表现为肝坏死、胆管增生和胰腺萎缩（Shimizu et al，1986）。

5.7.8 其他植物中毒

与摄食植物有关的山羊神经系统疾病在世界各个地方都有零星报道。在澳大利亚，茄属植物被报道会产生神经功能障碍（Bourke，1997），佛罗里达州也报道过（Porter et al，2003）。在澳大利亚，相关的植物中毒是钝叶蒲桃（*Nawarra burr*）和野生茄子（tropical soda apple）。这两个案例的临诊表现相似，都暗示涉及小脑病变山羊表现出头部震颤、叉腿站立、运动过度、共济失调、眼球震颤和意识缺乏的症状。剖检尸体时，中枢神经系统的病变仅限于小脑，并且以细胞质空泡、变性和蒲肯野纤维缺失为主要特征。茄科植物可能包括几种有毒物质，如甾族糖苷茄碱、茄啶、β-咔啉生物碱类。引起小脑变性的确切原因还不完全清楚。

合欢树是含羞草科豆类中的一种植物，该科中有毒的物种其种子豆荚包含4-甲氧基-吡啶酮。这是一种吡哆醇（维生素 B_6）类似物，它能引起神经系统功能紊乱、心肌变性和肺水肿。马拉维报道过山羊和绵羊食用杂色合欢成熟、干燥的种子豆荚而中毒，并通过试验得到确认（Soldan et al，1996）。绵羊比山羊易患该病。中毒症状包括感觉过敏，胡乱奔跑，侧卧时腿部快速运动，眼球震颤，快速眨眼。据报道，中毒绵羊可以通过间隔8h给予2次20～25mg/kg 体重的吡哆醇盐酸盐得到治疗，即使临床症状很明显且已经到晚期也可治疗（Gummow et al，1992）。在多戈，于三四月雨季开始时在灌木 *Byrsocarpus coccineus* 尤其是幼嫩树枝中放牧会导致山羊中毒。临床症状包括厌食、体重减轻、离群、头

晕、步态蹒跚、做转圈运动、漫无目的地奔跑。在急性病例中，可观察到强直性惊厥。如果被转移到没有这种灌木的牧场，则中毒山羊和绵羊会逐渐康复（Amégée，1983）。

在坦桑尼亚，山羊食用落叶灌木 *Burttia prunoides* 的种子和叶子后会产生神经症状，包括做转圈运动、咩咩地叫、侧卧、磨牙、抽搐、惊厥、昏迷而死。这种中毒在自然条件下曾经观察到，在试验条件下也产生过（Msengi et al，1987）。在苏丹，由印度楝引起的家畜中毒家喻户晓。试验条件下，给山羊持续喂食这种植物的叶子会引起体重减轻、身体虚弱、腹泻，最终导致共济失调和颤抖（Ali，1987）。

在荷兰，山羊摄入毒芹（犬毒芹）后会出现共济失调、消化不良和呼吸增加。患病山羊口服橡树皮、鞣酸蛋白和泻盐，几天后可恢复（Swart，1975）。这种一年生杂草在北美洲的东北部分布，并且可以在废弃的地方和花园中找到。

在南非，色二孢中毒是引起牛中毒偶尔引起绵羊中毒的一种神经霉菌毒素中毒病。当家畜食用包含色二孢属玉米灰斑病菌的玉米时就会发生该病。中毒试验中，山羊易患该病，表现为典型的厌食，轻度瘫痪和麻痹。玉米上会长有真菌，但在美国和阿根廷，却没有家畜中毒的报道过（Kellerman et al，1985）。

在春季和初夏的北美洲牧场上，飞燕草（翠雀属植物）是引起牛死亡的重要原因。家畜可以很容易吃到这种植物，一般认为山羊易感该病。飞燕草中的有毒生物碱能抑制突触后胆碱能受体。中毒症状包括猝死或步态蹒跚，叉腿站立，瘫坐在地后，很难站立起来，肌肉抽搐，腹痛，便秘，胃胀。使动物远离这种植物，较早用0.01～0.02mg/kg 体重新斯的明肌内注射，按需要重复进行可能会有作用（Knight，1987）。

通过植物源性肝病继发引起肝性脑病，从而产生神经功能障碍的植物中毒继发植物源性肝机能障碍在第 11 章中论述，由植物导致的失明在第 6 章中论述。

在小反刍兽上，由很多植物引起的神经症状已经得到证明（Brewer，1983）。尽管它们在绵羊身上的毒性已经确定，但有关山羊中毒的记录通常比较缺乏。这些植物包括澳大利亚"驼背"病因的茄子，在美国西部发现的地肤子或墨西哥

菲杂草，以及美国西部和澳大利亚的羽扇豆。paspallum、黑麦、毛花雀稗与绵羊的牧草蹒跚症有关，但是这种状况在山羊身上不是很明确。在美国南部，百慕大草（犬牙根）会周期性地引起牛群共济失调、震颤，有时会引起死亡。在山羊上的毒性已经通过试验方法得到证明（Strain et al，1982）。痉挛性麦角中毒在其他家畜上已经得到充分证明，但在山羊身上缺乏证据。

5.8 无机化合物神经毒性

5.8.1 铅中毒

当代文献中还没有自然发生铅中毒的记载。尽管如此，一些评论认为铅中毒是一种使山羊产生类似患病牛或绵羊的神经系统症状的疾病，症状包括失明、共济失调、颅内压升高、做转圈运动、运动范围过度、磨牙和腹泻。但是山羊铅中毒的实验室研究报告称要么没神经功能障碍，要么神经症状仅限于深度抑郁、运动失调或者终端抽搐。山羊铅中毒试验的主要症状是体重减轻，厌食，流产和腹泻（Dollahite et al，1975；Davis et al，1976；Gouda et al，1985）。与牛和犬相比，人们认为山羊对铅中毒有抵抗力且据观察在相伴的牛表现出疾病症状的环境下山羊没有患该病。到底是先天的抵抗力还是不愿意摄入铅源所引起的状况现在还没有弄清楚（Guss，1977）。当然在特殊的情况下接触铅，如当离铅锌熔炉较近的地方放牧时，会记录到升高的血铅水平同时伴随降低的血铜和血钴水平（Swarup et al，2006）。至少在试验条件下，山羊拒绝食用含铅涂料和纯的醋酸铅，尽管后者有甜味（Davis et al，1976）。不同的山羊对铅中毒的敏感性不同，并且在妊娠期间会升高（Dollahite et al，1975）。

山羊铅中毒的诊断要依赖于确凿的接触史、来源，以及增高的血液或组织内的铅水平。山羊积累铅现象不如其他物种显著。中毒性试验、临床发病的山羊全血铅含量低至 0.2mg/L，肝脏铅含量低至 5.5mg/L，肾皮质铅含量低至 26mg/L。在评估病例时，高于这些水平的数值应被视为铅中毒的诊断依据。流产胎儿的肝脏铅含量超过 1.5mg/L，提示铅诱导流产。也曾经报道，在山羊铅中毒时血卟啉水平确实会升高。试验条件下，给山羊醋酸铅 91d，则其血卟啉水平在 31.7～56.9μg/dL 之内逐渐升高，而对照组山羊的为 23.5～24.6μg/dL。大多数接触过铅的山羊的前肢 X 光片也显示出所谓的铅线，在桡骨远端干骺端有明显的不透射线带，表明生长板骨中铅的掺入。这种山羊在 8～9 月龄时开始接触铅。

山羊发生铅中毒后神经症状的出现并不明确。所以在所有可疑案例中，鼓励兽医提供全血进行铅分析，在等待测试结果时寻求其他诊断方法。当失明与其他神经症状一起出现时，必须把脑脊髓灰质软化作为一种备选的诊断结论给予认真考虑，并应尽快按照 10mg/kg 体重的硫胺素进行静脉注射治疗。当最可能为铅中毒的诊断时，治疗方法和其他物种的相似，以螯合铅的形式使铅排出体外为主要治疗目标。在反刍动物中，螯合剂 EDTA 钙钠仍然是符合标准的治疗方法（Cebra and Cebra，2004）。推荐的治疗方案包括两种治疗方法，每天每隔 6h 以 110mg/kg 体重的剂量静脉注射，持续 3～5d。经试验，内消旋-2，3-二巯基丁二酸有希望作为一种螯合疗法使铅从反刍动物体内排出（Meldrum et al，2003）。作为螯合疗法的辅助疗法，给铅中毒的牛服用盐酸硫胺素可改善临床反应。硫胺素能使神经症状得到更好缓解，且似乎还能加速血铅浓度的降低（Coppock et al，1991）。每天肌内注射盐酸硫胺素的剂量为 2mg/kg 体重。

治疗效果可以通过重复的血铅测量进行检测。一个疗程内高血铅水平持续存在暗示着在瘤胃内有一个持续存在的血铅来源，这需要通过瘤胃切开术来进行移除。

5.8.2 食盐中毒

当家畜从食物中摄入过多的食盐而不适当地饮水或者仅摄入盐水时即会引发食盐中毒。猪常见，但牛和绵羊食盐中毒也有报道。有关山羊食盐中毒的记录很少，但有时也把它列为表现神经症状的疾病（Guss，1977；Baxendell，1988）。在意大利的一份病例报告中，8 只山羊中的 1 只山羊中毒后出现抽搐、角弓反张和呼吸窘迫，而另外的八分之七表现身体虚弱和强烈的渴感。患病严重的山羊会死亡，剖检尸体时发现有脑水肿。其他山羊成功补液后未见死亡，（Buronfosse，2000）。

其他动物的急性食盐中毒症状包括颤抖、失

明、眼球震颤、身体虚弱、共济失调、球节突出、角弓反张、惊厥、昏迷，有时因脑水肿而死。当因过度摄入大剂量食盐导致发病时，可以观察到呕吐、腹泻和腹痛的胃肠刺激症状。当神经症状明显时，需要用地西泮镇静，并用利尿剂和甘露醇溶液减轻脑水肿。其他动物中毒和治疗方法在别处进行详细的讨论（Cebra and Cebra，2004；Radostits et al，2007）。

5.8.3　溴中毒

在美国已经报道过 2 例独立的山羊溴中毒案例。其中一例是因为牧草被邻近的化学废品收购站的溴化钠污染，另一例是因为牧草被早先在把甲基溴当作杀线虫剂使用的地方生长的燕麦干草所污染（Knight and Costner，1977；Liggett et al，1985）。虽然后一种溴是有机溴，但是中毒是由植物从处理过的土壤中释放和吸收溴离子所引起的。这 2 例案例中，临床症状相似，且病情都持续了几天到几周。站立和转身困难，走路时跌跌撞撞，双脚拖地，行走困难；小便滴沥；耳朵、眼睑和尾巴下垂；逐渐出现嗜睡和衰弱。在这 2 例案例中都有死亡病例发生。

测量血清中的溴浓度可用于临床诊断。在由溴化钠引起的中毒中，没有接触溴的对照山羊体内溴浓度低于 0.625 mEq/L，接触过但没有临床症状的山羊体内溴的测量值达到 1.6～3.2 mEq/L，出现临床症状山羊体内溴的测量值高于 21.1 mEq/L。当用离子选择电极进行血清内氯化物的测定时，溴中毒的山羊会出现假的高氯血症。

该病没有确定的剖检病变，不过一只山羊的腰椎脊髓前角坏死比较明显。山羊中毒后现在虽然没有报道有特效的治疗方法，但是一些山羊确实在经过 4～5d 的维持疗法后恢复。

5.8.4　硼或硼砂中毒

在农场可以发现硼砂被用作土壤杀菌剂或控制苍蝇的化合物。山羊也会偶然接触硼砂但不可能自发摄食，除非食物中偶然含有硼砂。中毒的临床症状包括腹泻、脱水及在昏迷和死亡前出现抽搐惊厥（Guss，1977）。

在山羊上已经通过试验方法证明了硼的毒性（Sisk et al，1988）。第一只山羊以 3.6 g/kg 体

重的剂量口服四硼酸钠后，出现身体虚弱和嗜睡的症状，下巴贴在地上，逐渐发展为肌肉震颤和排糊状粪便，8h 后安静地死去。第二只山羊以 1.8 g/kg 体重的剂量口服后没有发病。一般认为，硼毒性中包括神经毒性，但机理还没有完全弄清楚。根据在试验山羊脑脊液中逐渐增多的血清胺和多巴胺的代谢产物，人们认为该病对血清胺和多巴胺神经元有刺激作用（Sisk et al，1990）。山羊中毒后还没有特效的治疗方法，但尽快恢复水合作用或许能有帮助。

5.9　有机化合物神经毒性

5.9.1　有机磷酸酯类和氨基甲酸盐类中毒

5.9.1.1　病因和流行病学

在农场有机磷酸酯类和氨基甲酸盐类杀虫剂被广泛使用，常常用来治疗家畜的内外寄生虫，另外还用来防止害虫污染土壤和庄稼。当动物通过注射或局部作用，或者偶然接触，或者不小心添加到食物和供水时就会发生中毒。山羊各种有机磷酸酯和氨基甲酸酯复合物的口服和外敷的中毒剂量见表 5.5。

5.9.1.2　致病机理

有机磷酸酯类和氨基甲酸盐类通过对乙酰胆碱酯酶的竞争性抑制作用发挥毒性，这种酶负责神经递质乙酰胆碱的降解。这种抑制作用导致乙酰胆碱在肌肉神经节点自主神经节效应细胞处积累，引起对骨骼肌、整个副交感神经系统和交感神经系统的交感节后胆碱能神经持续的、增强的刺激效应。这种持续的毒蕈碱样和烟碱样作用是引起临床症状的原因。

在绵羊上由有机磷杀虫剂哈乐松引起的迟发型神经毒性得到了公认。人们认为这种迟发型神经毒性的致病机理与萨福克绵羊的遗传性酯酶缺乏有关。在用皮虫磷数周后，绵羊会出现神经元远端轴突病变，尤其是脊髓中的长轴突，临床表现为后肢逐渐出现严重的、对称的、痉挛的轻度麻痹。曾经怀疑这种综合征在安哥拉山羊上也出现过，但却没有出现后续报道（Wilson et al，1982）。

5.9.1.3　临床症状

山羊急性中毒的临床症状和在其他物种上看到的相似，包括坐立不安、口吐泡沫、呼吸困难、身体震颤、排尿和排便频繁、胃胀、低头、

磨牙、流泪、步态蹒跚、间歇性惊厥、轻度瘫痪，最终卧地不起和死亡（Mohamed et al，1989，1990）。

5.9.1.4 临床病变和尸体剖检

鉴别到明显的乙酰胆碱酯酶活性降低，就可以诊断为有机磷酸酯类和氨基甲酸盐类中毒。在山羊上全血是一个比较合适的样本，因为血液中89%的乙酰胆碱酯酶活性在红细胞中（Osweiler et al，1984）。经过肝素处理的全血样本需经过冷藏而不是冰冻处理。当怀疑是氨基甲酸盐类中毒时，血液必须立即冷藏，并且尽快进行检测，因为氨基甲酸酯对乙酰胆碱酯酶的抑制作用是可逆的。如果怀疑血液中含有氨基甲酸酯类物质，则应通知实验室，以避免使用需要稀释样本的检测方法。

表 5.5　山羊的某些有机磷酸酯和氨基甲酸酯氯代烃类杀虫剂的毒性（mg/kg 体重）

药物	口服剂量		表皮用药剂量	
	最大中毒剂量	最小中毒剂量	最大中毒剂量	最小中毒剂量
有机磷酸酯类				
毒死蜱		$LD_{50}=500$		
蝇毒磷			0.25	0.5
育畜磷		100	2.5	
丁烯磷			1	
内吸磷		$LD_{50}=8$		
二嗪农	20	30		
除线磷			0.25	0.5
敌杀磷			0.25	
乙拌磷		$LD_{50}<15$		
乙硫磷			0.25	0.5
倍硫磷				0.25
马拉硫磷	50	100		
甲基三硫磷			0.1	
久效磷		$LD_{50}=20$		
对硫磷	20			
亚胺硫磷			0.5	
氨基甲酸盐				
西维因			1	
混杀威		$LD_{50}=210$		
残杀威		$LD_{50}>800$		
氯化烃				
艾氏剂				4
氯丹			3	4
滴滴涕	250			8
狄氏剂		$LD_{50}=100$		
异狄氏剂		$LD_{50}=25$		
毒杀芬	25	$LD_{50}>160$		

传统的检测方法是测定乙酰胆碱酯酶在受控条件下水解乙酰胆碱或替代酯时发生的 pH 变化。公山羊全血乙酰胆碱酯酶活力的 δ-pH 的正常范围为 0.04～0.24，平均值为 0.14（Osweiler et al，

1984）。在中毒病例中，δ-pH 的值经常为0。不需要样本稀释的滴定分析方法用消耗酶底物的量 [$\mu mol/(min \cdot mL)$] 全血或血浆来表示乙酰胆碱酯的活力。用碘化乙酰胆碱作底物来表示酶活力时，山羊全血中的正常值为 $4.20 \sim 5.60 \mu mol/(min \cdot mL)$，血浆中的为 $0.60 \sim 1 \mu mol/(min \cdot mL)$。在口服中毒剂量的二嗪农、亚胺硫磷、磷酰胺酮或敌百虫后活性降到正常值的 $20\% \sim 50\%$，报道的全血中的活性为 $0.90 \sim 2.50 \mu mol/(min \cdot mL)$，血浆中的为 $0.27 \sim 0.32 \mu mol/(min \cdot mL)$（Abdelsalam，1987）。烷基磷酸盐是有机磷杀虫剂磷酸根的水解产物。山羊尿中有烷基磷酸盐被认为是山羊受到一系列测试剂量的二嗪农处理的可靠指标（Mount，1984）。在不表现毒性临床症状的山羊上，这项测试比测量山羊全血中的胆碱酯酶活力更敏感。

在有机磷酸酯类或氨基甲酸盐类中毒中，没有特征性的剖检症状。组织化学分析往往不值得做，因为有机磷酸酯类和氨基甲酸盐类杀虫剂很快被代谢掉了。最好对胃或瘤胃内容物、可疑饲料或者其他配方进行杀虫剂含量分析。

5.9.1.5　诊断

诊断的依据是急性中毒的特征病症状，以及乙酰胆碱酯酶活性降低或缺乏。在缺乏实验室支撑的情况下，对阿托品或肟治疗的良好临床反应可支持该诊断。必须与其他急性中毒病，如氰化物、硝酸盐和尿素中毒及过敏反应进行鉴别诊断。当努比亚山羊经口给予剂量超过 $112.5mg/kg$ 时，拟除虫菊酯杀虫剂氰戊菊酯会表现产生暗示有机磷酸酯中毒的临床症状（Mohamed and Adam，1990）。

5.9.1.6　治疗和防控

中毒后治疗可以成功尤其是在早期。对症治疗该中毒病的疗法是按 $0.6 \sim 1mg/kg$ 体重的剂量给予硫酸阿托品。总量的 $1/4 \sim 1/3$ 剂量应该通过静脉注射给药，其余的通过皮下或肌内注射给药。严重病例可用该剂量范围的最大剂量。最严重病例需要每隔 $4 \sim 5h$ 反复给药，持续 2d，但是为了避免出现严重的胃胀药量应减少。肟类化合物像双解磷、2-吡啶甲醛肟甲磺酸盐（2-PAM）和氯解磷定，释放有机磷酸酯而不是氨基甲酸酯化合物中的乙酰胆碱酯酶。当单独使用阿托品无效时，可配合阿托品，对治疗蝇毒磷、皮蝇磷、乐果、育畜磷中毒时往往特别有效（Osweiler et al，1984）。还没有在山羊上使用该药的报道。在其他反刍动物上，建议的剂量如下：2-PAM，$50 \sim 100mg/kg$ 体重；双解磷，$10 \sim 20mg/kg$ 体重；氯解磷定，$20mg/kg$ 体重，静脉注射。

当中毒是通过口腔途径发生时，通过胃导管每只山羊口腔给药 $1 g/kg$ 体重的活性炭或许能帮助减少杀虫剂的摄入。当通过皮肤进行接触时，用肥皂水清洗动物可以帮助减少吸收。操作者应该戴面具和橡胶手套。控制这种中毒病比较困难，因为大部分是偶然接触暴发的。必须严格按照说明来使用药物，且药物必须安全贮存在动物不可能接触到的地方。

5.9.2　氯化烃类化合物中毒

5.9.2.1　病因及流行病学

这些杀虫剂化合物（如有机氯杀虫剂）在农业上曾经被广泛运用，如对土壤、水、庄稼、种子和家畜经行处理，如甲氧氯、林丹、滴滴涕、阿耳德林、狄氏剂、氯丹和毒杀芬是常见的杀虫剂。考虑到环境和公共安全，越来越限制在家畜身上直接使用这种杀虫剂。尽管如此，偶然接触或不适当地使用仍然可导致家畜（包括山羊）中毒。表 5.5 中给出了有关山羊各种氯化烃类中毒剂量的信息。因为山羊既用来产肉又用来产奶，所以像牛一样，通过食用山羊产品，潜在的毒性可传递给人类。这些化合物可以在脂肪组织中长期留存。不同氯化烃类在山羊奶和组织中的残留水平已经报道过（Cho et al，1976）。

5.9.2.2　致病机理

这些化合物中毒的致病机理还没完全弄清楚，另外每种化合物的致病机理可能也不同。至少对氯苯乙烷来说，这种化合物作用于轴突膜，通过干扰钠内流和钾外流来延长去极化状态。是通过一次大剂量接触还是慢性的低剂量接触而中毒取决于这些杀虫剂在组织中积聚的能力。这些化合物可通过皮肤或者经口摄入，吸气或吸入药剂进行吸收。在所有病例中，神经系统症状是常见的临床表现。

5.9.2.3　临床症状

所有动物中毒后的临床症状相似。肌肉（尤其是头部）出现自发性收缩，早期经常出现的症状有超敏、恐惧和或有攻击性，逐渐发展成全身的肌肉痉挛。眼睑突然跳动、持续咀嚼或磨牙是常见症状，有时伴随过度流涎。可能发生中等的胃气胀。可观察到协调性丧失，伴随步态蹒跚，漫无目的地徘徊，或者做转圈运动。经常发展为严重的长时间抽搐。动物因抽搐而产生高热的情况并不常见。动物可能在抽搐中死亡，但通常在最终昏迷之后死亡。

中毒后症状的严重程度依赖于药物剂量。每天口服阿耳德林 2.5mg/kg 体重来进行中毒试验，18d 后 1 只山羊有抑郁、厌食、流涎、步态蹒跚和高度敏感症状，其他 3 只没有出现中毒症状（Singh et al，1985）。每天口服阿耳德林 20mg/kg 的山羊用药第 9 天，表现出过度兴奋、运动时共济失调、肌肉颤抖和抽搐症状，并且在 3d 后死亡（Omer and Awad Elkarim，1981）。

5.9.2.4　临床病变和尸体剖检

临床病理资料在中毒山羊的死前诊断通常是没有帮助的。虽然可以观察到肺充血、心脏淤血和出血，以及其他的浆膜弥漫性渗出表面，但是没有特征性的剖检症状。当出现严重的长时间抽搐并伴随高热时，内脏可能会呈现苍白的或煮熟的外观。

5.9.2.5　诊断

假定诊断取决于对氯化烃类的接触史及典型的临床症状发展的情况。最终的诊断取决于引起该病的药物鉴别，而这需要通过实验室对毛发样本、瘤胃内容物、脂肪组织切片检查或者临死前乳样或者死后组织样本尤其是肝脏、大脑、脂肪组织进行分析。在山羊组织上被认为可以诊断毒性的各种氯化烃类的浓度现在还没有详细记录。分析复杂且费用十分高，所以应该寻求其他特效药物。

5.9.2.6　治疗和控制

治疗主要采取支持疗法。当发生局部地区的中毒时，应该用肥皂水给动物进行冲洗，操作者应该戴面具和橡胶手套。在摄食中毒案例中，每只成年山羊接触后应该尽快对其进行胃部灌洗，或者给予剂量为 1 g/kg 体重的活性炭。发生痉挛时需要用长效巴比妥类药物进行控制。恢复期的动物每天口服小剂量的矿物油可以帮助清洗肠道里的氯化烃类化合物，但是对移除组织内的药效起很小的或不起作用。由于对从中毒后恢复的

山羊的肉和奶制品的安全缺乏具体的指导方针，担心人上食用后存在潜在的伤害，所以不鼓励人们食用这些中毒后处于恢复期山羊的肉和奶制品。防止中毒也包括对养殖户进行关于氯化烃类化合物的危险性、正确使用和安全贮存等方面的教育。

5.9.3　其他有机化合物中毒

左旋咪唑是一种被广泛运于雄性山羊的驱虫药，但却是引起山羊神经系统疾病的最普遍的潜在因素。当过量使用时会产生非常类似于尼古丁中毒的临床综合征，包括焦虑、感觉过敏、排尿和排便频繁、肌肉震颤、步态蹒跚和抽搐。更多关于左旋咪唑过量使用和山羊中毒的信息见第 10 章。

尿素毒性在山羊上已有报道，以腹痛、胃胀气、呼吸困难和泡沫样流涎为特征；神经症状包括共济失调、颤抖、感觉过敏和挣扎。这种状况见第 19 章。

氰化物和硝酸盐中毒都会产生神经系统机能障碍，症状包括兴奋、肌肉震颤、步态蹒跚和瞳孔扩大。这种状况见第 9 章。

曾经报道过山羊的柴油中毒，当时山羊从一个含有柴油的小池塘里饮水，池塘里的柴油来自一辆倾覆的油罐车（Toofanian et al，1979）。山羊喝到被污染的水后几个小时内表现出来的症状包括厌食、抑郁、腹泻、呼吸困难和流黏脓性鼻液。呼出的气体和排出的尿液有股强烈的柴油味。患病山羊病情逐渐恶化；发展出的神经症状包括共济失调、颤抖、低头、无目的地走、异食癖、发音异常、卧地休息、死亡（大概由于呼吸窘迫）。

硝基呋喃类药物是一种常见的抗菌药，以前被广泛用于控制小牛和猪的肠道感染。由于存在公共卫生安全，因此很多国家严格控制该类药物用在食用动物上。例如，美国在 1991 年首次禁止肠胃外用药，2002 年禁止局部使用。已经报道过努比亚山羊的硝基呋喃类药物中毒（Ali et al，1984）。每天以至少 40mg/kg 的剂量口服给药，只要 10d 山羊就会表现厌食，体重减轻，坐立不安，共济失调和兴奋过度伴随持续的咀嚼动作，摇尾，脚蹬地，向后退，转圈运动。每天以 160mg/kg 或 320mg/kg 的剂量口服给药，相似

的症状会加重，并伴随泡沫样流涎，发低沉的咕噜声，吼叫，在开始着手治疗的一周内死亡。

地乐酚化合物（如二硝基酚和二硝甲酚）常被用作除草剂和杀菌剂，当立即而不是等残渣干了以后再用在叶子上对山羊是有毒的（Guss，1977）。当山羊采食喷射过药物的叶子时，在其嘴和鼻子周围的皮肤及毛发上会出现黄色斑点。临床症状包括发热，呼吸困难，心动过速和抽搐。临床过程很短，感染山羊很快死亡。即使有早期干预，预后效果也十分有限。中毒后无特效的治疗方法，但是用退热药、抗痉挛药和支持性护理可能有效。

五氯苯酚常常用来作为木材的防腐剂，它通过氧化磷酸化解偶联机理对家畜产生毒性作用，且可以很容易通过皮肤、吸气和注射被吸收。作为一般预防措施，经五氯苯酚处理过的木材不得用于山羊建筑，因山羊有咀嚼和吞食木材的行为，尤其需要注意还没有干燥或固化的新鲜处理过的木材。中毒的临床症状包括肌无力和嗜睡，发热，出汗，脱水，呼吸急促，晕倒和死亡，很快出现死后僵直。曾经报道过山羊临死前有抽搐出现（Guss，1977）。山羊中毒后没有特效的治疗方法。

当给山羊服用氯丙嗪和哌嗪时，会产生一种致命的药物相互作用。在以 220mg/kg 的剂量口服哌嗪、以 10mg/kg 的剂量静脉注射氯丙嗪后，药物的化合作用会导致立即的、严重的临床抽搐和快速的呼吸停止（Boulos and Davis，1969）。

5.10 先天性及遗传性疾病

5.10.1 β-甘露糖聚积症

这种可遗传的山羊溶酶体贮积病仅见于努比亚种羊的新生仔羊，其特征是意向性震颤和无法起立。该病为常染色体隐性遗传。没有治疗办法，成年山羊携带者可以通过血液测试进行鉴别。

5.10.1.1 流行病学

1973 年在澳大利亚新生的盎格鲁努比亚山羊羔羊上，这种症状首次被描述为脑脊髓交感神经系统的贮积病，因为存在不明原因的脊髓形成障碍（Hartley and Blakemore，1973）。1981 年在努比亚山羊羔羊上被描述为 β-甘露糖聚积症（Jones and Laine，1981）。该病长久以来被认为只在山羊上发生，但现在也被公认在人（Dorland et al，1988）和萨莱品种的牛（Abbitt et al，1991）上发生。引起山羊 β-甘露糖聚积症的特定分子缺陷已经被鉴定出来，并且相关的 cDNA 密码区已经被定序和描绘出来（Leipprandt et al，1996）。这涉及一个单独的碱基对缺失。

当前只知道这种山羊疾病在努比亚品种或努比亚杂交品种上出现（Shapiro et al，1985），出现在澳大利亚、新西兰、斐济、加拿大和美国。这种症状的杂合体携带者可通过 β-甘露糖苷酶中间产物的血浆水平来进行鉴定。澳大利亚的一项调查结果为 998 只盎格鲁努比亚山羊中的 13.7% 为该病携带者（Sewell and Healy，1985）。这表明努比亚品种可能会遭受巨大的经济损失。

5.10.1.2 致病机理

溶酶体贮积症是后天或遗传性溶酶体分解水解酶缺乏所致的。在缺乏水解酶的细胞中，通常被异化的底物会积聚在溶酶体中，导致细胞明显空泡化和破坏。在 β-甘露糖苷酶缺乏症的病例中，这种病是常染色体隐性遗传，通过两个杂合子的父母交配以 25% 的频率遗传，缺乏的水解酶是 β-甘露糖苷酶。缺乏症会导致细胞内积聚未完全分解的寡糖，导致细胞明显空泡化，这是组织学上的特征性病变。二糖 β-甘露糖-（1，4）-N-乙酰氨基葡萄糖和三糖 β-甘露糖-（1，4）-N-乙酰葡萄糖氨基-（1，4）-N-乙酰氨基葡萄糖也通过尿液进行排泄。

当发生在各式各样的细胞中，但中枢神经系统的病变最严重，在婴儿上这种疾病的临床症状本质上是神经性疾病。在 β-甘露糖聚积症中，神经元的空泡发生伴随明显的髓鞘形成障碍，但这两种发现之间的确切关系还不完全清楚。但是一项研究报道称在中枢神经系统各个位点的较多低聚糖聚积并不直接与这些位点髓鞘缺乏的严重程度有关（Boyer et al，1990）。

5.10.1.3 临床症状

临床症状是一致的（Kumar et al，1986）。患病羔羊性别不限，出生时是活着的。但不能站立，横向躺卧，如果胸部着地则会拖动身体前进。肌腱狭小，伴随腕部屈曲，后肢伸展，骰关节伸展过度。面部有不同程度的畸形，包括圆形头骨、吻突狭长、小的裂隙状眼睑、眼球突出和鼻梁下陷。大多数患病幼畜都是聋的，但这可能很难确定。两侧的眼睑呈现霍纳氏综合征症状。可以观察到摆动性眼球震颤和意向震颤。皮肤增厚，肌肉质量下降。患病幼羔可以正常望、闻、排便和排尿并且护理几周后可幸存下来。

5.10.1.4　临诊病变和尸体剖检

血型图和血清生化指标正常。尽管有面部畸形和运动障碍，但头骨、脊椎骨和长骨的 X 光片均正常。在某些病例中，会出现异常的肌动电流图，包括类似于正锐波的自发电位和颤动电位。

测量血浆 β-甘露糖苷酶活性的技术已经成熟，可以用来作为从患病山羊和杂合体携带者中鉴别健康山羊的辅助方法（Healy and McCleary，1982；Cavanagh et al，1983）。运用荧光技术，患病山羊体内 β-苷露糖苷酶的活性明显降低或缺乏，测量值低于 0.2 U/L；杂合体携带者的 β-苷露糖苷酶活性总是低于 2.4 U/L，通常低于 1.7 U/L（Healy and McCleary，1982）。大多数非携带成年山羊的 β-苷露糖苷酶活性大于 2.1 U/L，但有些低至 1.7 U/L，造成假阳性结果。在筛选杂合体携带者时，把 2.1 U/L 作为鉴别值在羊群中发生假阳性的概率高达 12%，当用 1.7 U/L 时为 2%（Sewell and Healy，1985）。据报道，正常儿童血浆中的 β-甘露糖苷酶活性的试验室值为 66～222 nmol（Cavanagh et al，1982）。临床上，患病的纯合子幼羔血浆中没有 β-甘露糖苷酶活性，杂合子携带者中有中等活性。在一项研究中，杂合子携带者的 β-苷露糖苷酶活性测量值平均为健康山羊的 47%（Sewell and Healy，1985）。

尽管存在生殖状态和性别对 β-甘露糖苷酶活性影响的相矛盾的信息，但是活性会随着年龄增长到性成熟（但不是在性成熟之后）而降低是众所周知的（Dunstan et al，1983；Sewell and Healy，1985）。运输和剪毛等严重的应激会使活性降低到杂合可疑范围，因此在明显的应激后不应马上采集山羊的血液样本（Mason，1986）。患病山羊在尿中出现不正常的寡糖 β-甘露糖-（1，4）-N-乙酰氨基葡萄糖和 β-甘露糖-（1，4）-N-乙酰葡萄糖氨基-（1，4）-N-乙酰氨基葡萄糖（Matsuura et al，1983）。已经描述通过超声引导抽取胎儿液体进行产前检测（Lovell et al，1995），在尿囊液中发现了低聚糖的异常积聚，而在羊水中却没有发现。通过检查牙龈活检组织，观察周围神经细胞中施旺细胞空泡化和轴突致密体的特征性病变，可对活的幼畜进行诊断（Malachowski and Jones，1983）。

剖检尸体发现，肌肉苍白、萎缩。当切断挛缩的肌腱后，关节活动不受影响。最显著的症状出现在大脑中。由于缺乏髓磷脂导致白质减少，因此可以观察到脑室扩张，尤其是在大脑。另外，在中耳黏膜上有息肉样型肥大。

从组织学角度看，该病的特征是所有组织中的各种类型细胞都出现空泡化。这些是溶酶体贮存空泡。在所有组织中，成纤维细胞、巨噬细胞、内皮细胞和上皮细胞最常受到影响。在中枢神经系统中，几乎所有类型的细胞都出现空泡化。此外，脱髓鞘现象也很明显，尤其是在大脑，其次是脊髓，整个白质中会出现轴突球。或许可以看到矿化作用，尤其是在小脑和苍白球（Lovell and Jones，1983）。眼部病变也曾经被描述过（Render et al，1989）。

5.10.1.5　诊断

诊断基于努比亚山羊的新生幼羔的特征性表现，如血浆内 β-甘露糖苷酶活性降低或尿液中出现不正常的低聚糖，以及剖检时发现特征性的组织学病变。进行鉴别诊断的疾病包括脑积水、先天性脊柱畸形、出生时创伤、赤羽病、边界病和羊羔蹒跚。

5.10.1.6　治疗和防控

患病山羊没有治疗方法。单独的羊群控制依赖于对新生幼羔症状的诊断和将所产患病幼羔的母羊从育种群中剔除。购买努比亚山羊用来繁殖的畜主希望通过分析血浆 β-甘露糖苷酶活性来避免杂合子携带者。最近，德克萨斯州兽医诊断实验室开发出了一种可使用的基因测试。

5.10.2　黏多糖代谢病 IIID

黏多糖代谢病 IIID（MPS IIID）是一种最先在人上发现后来导致努比亚山羊发病的公认的可遗传的溶酶体贮积病（Thompson et al，1992）。在人医上这种症状也被称为圣菲利波 D 型综合征，努比亚山羊现在被用作研究人类疾病的模型。

MPS IIID 是由溶酶体内 N-乙酰葡糖胺-6-硫

酸酯酶（G6S）活性缺乏所引起的，这是编码这种酶表达的基因的 5′端无意义突变的结果。这种酶缺乏的结果是黏多糖（GAG）代谢紊乱，导致 N-乙酰葡糖胺-6-硫酸酯酶和硫酸乙酰肝素在患病动物的组织和尿液中累积。当多种组织被影响时，中枢神经系统溶酶体的 GAG 累积是引起人类和努比亚山羊临床症状的主要原因。患病山羊中枢神经系统的关键病变主要是神经元的硫酸乙酰肝素累积和在大脑皮质、脊髓灰质的神经节甘脂的过多累积，另外还有髓鞘形成障碍（Jones et al，1998）。

MPS ⅢD 的遗传方式是表达该种疾病缺陷基因个体纯合子的常染色体隐性遗传。密歇根州利用基于 G6S PCR 的突变测试对 552 只努比亚山羊进行了研究，结果发现 25.2% 的受测动物为杂合携带者，1.3% 为基因突变的同源携带者（Hoard et al，1998）。

在努比亚山羊 MPS ⅢD 中，中度和严重表现存在表型变异（Jones et al，1998）。患病山羊可能有遗传性神经功能障碍。一个经过认真研究的病例显示，山羊在出生时不能站立，而是叉腿站立姿势，当把山羊扶起来时其四肢过度伸展。其他症状还包括颈部震颤和水平眼球震颤。虽然该山羊逐渐变得可以活动，但仍然存在共济失调，并表现出生长发育迟缓和发育不良。然而，在同一项研究中，另外 6 只同基因个体在出生时没有出现明显的临床症状，而且在很长一段时间内都很正常。例如，有一只个体在 44 月龄时才开始表现临床症状，包括步态异常，持续的头震颤和间歇性的前肢伸展过度。另外一只纯合子山羊在其 2 岁时开始表现攻击行为。所有轻微患病山羊普遍的现象是生长迟缓（Jones et al，1998）。实地报道显示，轻微患病山羊肌肉质量下降，它们可能更易患病。并且由于在中枢神经系统和其他组织中黏多糖逐渐积累，随着年龄的逐渐增加，明显症状可能出现。新生幼畜的鉴别诊断包括先天性的铜缺乏症、半脊椎畸形、脑积水、β-甘露糖苷贮积症和只在努比亚山羊上发生的其他溶酶体贮积症。赤羽病病毒感染也可以使幼畜在出生时不能站立，但是这些幼畜患有关节挛缩症，这在 MPS ⅢD 中没有报道过。当成年山羊出现逐渐严重的神经症状时一定要考虑到羊瘙痒症，当该病发生时还要考虑到脑包虫病。对于出现生长不良

和肌肉量减少的动物，鉴别诊断应包括第 15 章中讨论的与消瘦有关的各种营养、传染病和寄生虫病。

N-乙酰葡糖胺-6-硫酸酯酶（G6S）突变的检测可以在实验室用 1～2mLEDTA 采集的血液中提取的白细胞上进行。在美国，德克萨斯州兽医诊断实验室完成了这项测试。可通过在测试断定的种畜的 G6S 突变状态的基础上进行繁育来控制该病。该病没有治疗方法。

5.10.3　安哥拉山羊的渐进性瘫痪

共济失调症最早出现在约 4 个月大的安哥拉山羊幼崽身上，来自澳大利亚同一亲本的连续产仔的幼崽。患病幼崽的精神状态、颅神经功能和反射均正常，但表现出虚弱症状，包括起立困难，不愿移动和被迫移动时蹒跚，后肢的虚弱程度比前肢更明显。

虽然在临床上与羔羊蹒跚病和山羊关节炎脑炎相似，但是该病有特征性的病理学表现。除了肌肉萎缩外，未观察到其他病变。显微病变以在中脑、脑干和脊髓腹角神经的大的细胞质空泡发生为特征。染色质溶解和细胞致密变化也可以观察到。虽然该病的发病机理仍不清楚，但同一亲本的连续胎次的幼崽中可再次发病，表明该病有遗传基础（Lancaster et al，1987）。

5.10.4　痉挛性瘫痪

这种疾病在牛上发生的概率较大，且在牛上被认为是可遗传的。发生痉挛性瘫痪的特征是由间断的单侧或双侧腓肠肌的痉挛性收缩导致单个或两个后肢过度伸展，极端到动物不能站立，而腿拖在地上。肘关节伸直，腓肠肌明显发炎和打结。

通过稀释的普鲁卡因选择性地抑制脊髓中的 γ 传出神经元来缓解该病已经得到证明，意味着发生紊乱是由伸张（拉伸）反射的过度刺激引起的（De Ley and De Moor，1980）。

山羊上该病的报道较少。该病最先是在 1973 年（前）捷克斯洛伐克报道过，涉及到一只 3 岁的萨能奶山羊（Kral and Hlousek，1973）。患病山羊不愿站立强迫站立时腕骨着地，臀部翘起，后肢伸展过度，伴随肘关节伸直，触摸可发现腓肠肌肌腱拉紧。虽然诊断不确定，但

是在牛上常用的胫侧神经切除术可改善该病。

在美国，2只与遗传有关的侏儒山羊发生过该病（Baker et al，1989）。这些病例中，使用稀释的普鲁卡因硬膜外注射液后症状得到缓解，从而支持了诊断。尽管有这些山羊出现了痉挛性瘫痪，但由于该病的遗传影响尚未在山羊中得到很好界定，因此必须谨慎诊断。笔者观察到至少有2只山羊出现了典型的描述中的痉挛性瘫痪症状，但最终被证明是关节炎型CAE。在CAE中，出现关节疼痛而无关节肿胀的情况并不少见，这可能会导致步态和姿势异常，从而模仿痉挛性瘫痪。

5.10.5　脑积水和积水性无脑

山羊脑积水偶发于发育异常导致的脑脊液引流不畅，可引起脑内压增加，大脑皮层变薄，脑室扩张，以及可能的脑周围颅骨变形。患病幼畜出来时死亡或依然活着。活着的幼畜通常迟钝和失明，伴随明显的肌无力，在无辅助的情况下不能站立或行走（图5.7，彩图29）。颅骨的明显凹陷是可变的，并不一定要颅骨凹陷才能诊断为脑积水。脑积水是一种正常血压的脑积水，由细胞坏死或细胞生长失败引起，在山羊中与关节软化症同时发生，是胎儿感染赤羽病毒的结果，这在第4章中已有讨论。无脑积水患儿的神经系统缺陷与脑积水类似。

5.11　肿瘤疾病

在大范围的家畜肿瘤疾病调查中，很少发现山羊的中枢神经系统肿瘤。例如，在一个400例家畜的神经系统肿瘤报告中有1例山羊肿瘤，是一例海绵肿（Luginbuhl，1963）。但是，在文献中，报道过一些单独的病例。在德国，一只15岁的母山羊突然出现右侧热倾斜，发展成方向感丧失和共济失调，随后给这只山羊采取安乐死，发现存在脉络丛癌，显示在右侧脑室内有界限相当清晰的物质团块，该团块压迫大脑并且渗透到左侧梨状叶（Klopfl eisch et al，2006）。在来自北卡罗来纳州的一份报告中，一只6岁的去势杂种公山羊诊断出神经胶质细胞瘤，出现的症状有1周的转圈运动，行为改变，食欲下降，渴欲消失。CT扫描发现较大的脑内异物，这在尸体剖检时确定为神经胶质细胞瘤（Marshall et al，1995）。据报道，山羊上淋巴肉瘤（Craig et al，1986）和恶性黑色素瘤（Sockett et al，1984）也涉及中枢神经系统。最近在西班牙屠宰的一只2岁雌山羊的膈肌上发现了恶性周围神经鞘瘤，表现为0.5～2mm的结节（Ramírez et al，2007）。

在一个有神经系统疾病症状的小反刍兽病例的调查中，一只山羊被鉴别为患有大脑胶质瘤。这只山羊也有头虱，并且有由虱子所引起的瘙痒和实际上肿瘤所引起的神经症状的组合与痒症非常相似（Maurer et al，2005）。瑞典的另外一个大脑胶质瘤的病例报告涉及一只3岁大的阿彭策尔公山羊（Braun et al，2005）。该羊表现出抑郁，全身共济失调、前肢运动过度、全身感觉减退、双侧瞳孔放大和应对威胁反应减弱。尸体剖检时在脑中没有发现显著病变，但组织学上，在大脑半球的白质和脑干上存在广泛的神经胶质细胞增生。

5.12　病因不明的神经性疾病

5.12.1　多神经根神经炎

在加利福尼亚的1只6周岁的公山羊幼畜上，多神经根神经炎被报道引起了进行性的后肢共济失调、反射减退和伸肌强直（MacLachlan et al，1982）。剖检尸体时没有发现显著病变，但在显微镜下有单核细胞炎症，以及脑脊膜、神经根、外周神经的脱髓鞘作用（不包括大脑和脊髓）。相同的疾病在人和犬上也是已知的，并且被假定是由自身免疫反应所引起的。

5.12.2　山羊脑脊髓软化症

山羊脑脊髓软化症在加利福尼亚被报道过（Cordy et al，1984）。这种疾病被描述为发生在3月龄到4个半月龄的奶牛犊牛上。神经功能紊乱急性发作，以后肢麻痹和动作不协调很快发展为麻痹为特征。在一些病例中可以观察到四肢软弱。在6～10d的临床病程后，所有患病动物死亡。

尸体剖检时没有发现显著病变。显微病变呈双侧对称，且仅限于脊髓灰质，尤其是在颈椎和腰骶部肿大处，以及某些脑干核。另外，可观察到神经元的坏死。

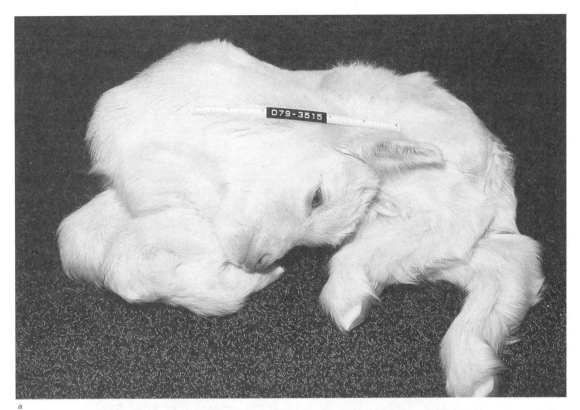

a

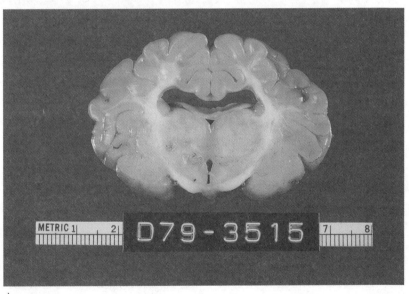

b

图 5.7　一只 2 岁幼畜患有脑积水。该幼畜出生时就出现迟钝和抑郁，只能通过辅助下站立。如图 5.7a 显示，该幼畜常常蜷曲横卧。尸体剖检发现，颅骨没有明显变形，但脑室系统则有明显扩张（图 5.7b）　（Courtesy of Dr. T. P. O'Leary）

（田宏　尚佑军　刘湘涛）

6

视觉系统

虽然眼科学家一般在他们的著作中对山羊不做重点描述，但是仍有几篇发表的综述是关于山羊眼科学的（Wyman，1983；Baxendell，1984；Moore and Whitley，1984；Whittaker et al，1999）。解剖和治疗方面的大部分知识均可用于不同种类的动物。因此，对于想要学习更多眼科知识的从业医师来讲，任何好的眼科学教材都是有用的。

6.1　眼睛的临床解剖与检查

畜主所描述的病史可能会提示视觉系统或视力出现了问题。山羊可能表现出犹豫不决的步态、拒绝前行或不愿通过门槛。动物头部可能异常抬高或者贴近地面。应该由检查者判断动物的视力是否正常。直到把山羊放在陌生的环境时，才会有视觉异常的表现。当动物出现一些全身症状（如脱水、贫血、黄疸、败血症和出血性疾病），以及购买动物或进行选种检查时都应该对眼睛进行检查。

6.1.1　眼睑和睫毛

正常情况下，上下眼睑通常紧贴着眼球，既不内翻也不外翻。睫毛不应该接触角膜。检查人员应该在恫吓试验之前注意所有可触及的睫毛的位置。触摸眼内角附近的眼睑应该能引起眼睑反射（眨眼和眼球回收）。这种反射需要发挥第五（三叉神经的感觉神经支）和第七对脑神经的功能。第三眼睑（瞬膜）通常不明显。指压眼睑，在眼球向后翻转时可看到第三眼睑。可在局部麻醉的情况下，用镊子夹住眼睑来检查眼睑后方的病变或异物。一些破伤风病例可表现为第三眼睑下垂。瞬膜的被动下垂可发生于引起眼球内陷的情况，包括脱水、消瘦以及伴随霍纳综合征的神经系统疾病（见第5章）。

6.1.2 泪腺和泪管

1996年，Sinha和Calhoun对山羊的泪腺器官进行了综述。山羊眼泪样品中发现含有溶菌酶（Brightman et al，1991）。瞬膜腺的浆细胞可分泌免疫球蛋白IgA到泪液膜。正常情况下，山羊眼睛的下方既不着色也不湿润，并且在类似于绵羊眶下腺的眼内眦附近也没有分泌物存在。可通过泪点（又称泪小孔）将导管插入鼻泪管（Moore and Whitley，1984）。

6.1.3 眼的位置

反刍动物的眼睛通常保持在恒定相对的位置，并不位于上下眼睑的中心。如果不能将山羊的头部固定在合适的位置，其所要检查的部位就很难暴露，这样就会影响眼部的检查。支配眼外肌的神经（Ⅲ、Ⅳ、Ⅵ脑神经）功能如出现异常也会影响眼球的位置。例如，脑脊髓灰质软化可引起眼球向背内侧斜视。肉毒素中毒会导致眼肌麻痹、瞳孔散大以及斜视（Wyman，1983）。山羊向一边慢慢转动或者快速转动头部时会发生正常的眼球震颤（前庭眼球震颤）。正常的旋转后震颤（与旋转的方向相反）持续时间不超过10s。

眼球后脓肿或肿瘤可能会引起眼球突出。可通过超声波或计算机断层扫描（CT）并结合穿刺病变部位的细胞或液体进行眼眶检查并诊断。眼球后脓肿可通过手术进行摘除。大多数情况下该部位的肿瘤都不可治愈（淋巴肉瘤、气喘鼻肿瘤）。有关地方性鼻肿瘤的深入讨论见第9章。

6.1.4 结膜、巩膜和巩膜血管

将眼睑外翻后可对结膜进行检查（图6.1、彩图30）。将头部向上方旋转同时偏向一侧，此时就会暴露出球结膜，以及更深处的巩膜和巩膜血管。黏膜苍白且几乎看不到血管常见于严重贫血，球结膜和其他黏膜黄染则提示黄疸。结膜、巩膜和其他一些黏膜呈褐色见于亚硝酸盐中毒，黏膜颜色发紫、发绀或黏膜呈鲜红色常见于氰化物中毒。巩膜血管充血常见于眼部、局部或全身性炎症反应或中毒性疾病。

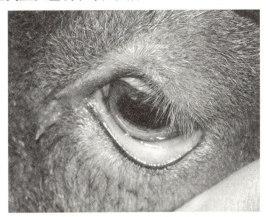

图6.1 下眼睑外翻后露出眼结膜，这只山羊的红细胞压积为21%（由M.C.Smith博士提供）

6.1.5 角膜

正常情况下角膜清亮且湿润。用斜光照射并观察虹膜透明度可帮助区分角膜混浊和晶状体混浊。用手指或棉签轻轻碰触角膜，角膜反射和眼睑反射一样会表现出类似的眨眼和眼球回缩反应。

6.1.6 角膜虹膜、瞳孔和晶状体

可用强光和聚焦光源评估直射的、自然的瞳孔反射（视神经，以及伴随着动眼神经和中脑的副交感神经纤维）。瞳孔反射对失明动物来说可能是无效的，几乎不会引起山羊的反应。瞳孔呈椭圆形，在光线照射时接近矩形，瞳孔的虹膜颗粒附着在其背侧和腹侧缘。各种中毒均可能影响瞳孔变化，如氯化烃可引起瞳孔散大（Choudhury and Robinson，1950），有机磷中毒可引起瞳孔缩小。应检查位于虹膜和角膜之间的眼前房是否出血、积脓和房水闪烁（细胞和蛋白多提示前葡萄膜炎）。如果检测出有白内障（晶状体或晶状体囊混浊），应对白内障的密度进行评估。如果失明动物的视网膜部分发亮，那么白内障就不是引起动物失明的原因。

6.1.7 角膜视网膜和眼底检查

山羊的眼底检查没必要先散瞳，如果需要详细检查，则需要用 1％ 托品酰胺散瞳，15～30min 后进行检查（图 6.2、彩图 31）。该检查应在瞳孔反射检查及诊断性培养或涂片完成之后进行。

视神经乳头上和持续进入玻璃体内的玻璃体残迹现象通常见于成年反刍动物，在一篇报道中，10 只山羊有 4 只属于这种情况（Schebitz and Reiche，1953）。虽然未经过调查，但对于 8 周龄以内的羔羊，玻璃体血管内存在血液是正常的。

有关文献已经报道了山羊眼底的照片（Rubin，1974；Whittaker et al，1999；Galan et al，2006b）。山羊眼底图解详见图 6.3，正常波尔山羊眼底如图 6.4、彩图 32，用检眼镜检查眼底的聚焦位置通常在−1D 至−5D 之间。视神经盘通常是圆形或椭圆形，而绵羊的视神经盘更接近于肾形。山羊视神经盘通常处于毯部（透明的毯部，黄色到蓝绿色之间）。绵羊和牛的视神经盘正好位于毯部与非毯部交界处下方的非毯部区域（毯部，褐色）。视神经盘呈淡红色、圆盘状，并有一个漏斗状的视杯。比较粗的静脉进入视神经盘中央，而比较细的红色动脉血像射线一样从中间散开（Schmidt，1973）。山羊的血管数量多于绵羊和牛。2006 年，Galan 等报道山羊视神经盘有 3～6 支视网膜动脉来自同一个动脉，脉络膜血管进入毯部，在毯部可见很多呈黑色小点的"Winslow"星。正常山羊眼底荧光血管造影已有相关描述（Galan et al，2006a）。

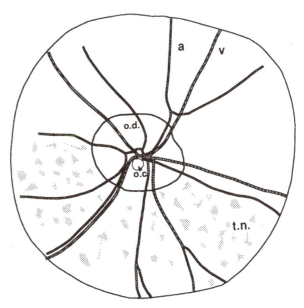

图 6.3 萨能奶山羊的眼底。o. d. ＝视神经盘；a＝小动脉；t. n. ＝视网膜色素层；o. c. ＝视杯；v＝小静脉

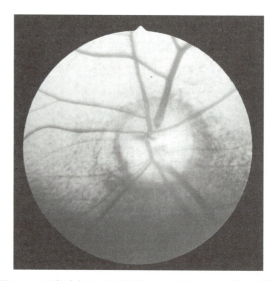

图 6.4 正常波尔山羊的眼底（由 M. C. Smith 博士提供）

超声检查可用于眼球及眼球后方区域，常见于宠物检查。理想情况下要用一个 7.5Hz 的探头和一个超声透垫。可通过上眼睑或直接透过角膜检查眼球。先对角膜进行局部麻醉，之后对动物进行镇静，将探头置于涂有润滑剂的眼睑上或涂有无菌眼润滑胶的角膜上进行检查。正常的房水显示低回声，而晶状体后囊和视网膜呈高回声。晶状体脱位、视网膜脱离、眼球脓肿或肿瘤等情况均可用超声波进行检查。

6.1.8 脑神经和失明的评估

视神经盘是视神经的头部，可能发生视神经

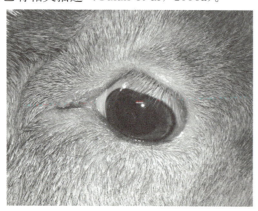

图 6.2 正常矩形瞳孔用托品酰胺扩张后可进行彻底眼底检查（由 M. C. Smith 博士提供）

乳头水肿或视神经炎。通过覆盖山羊的一只眼睛并观察山羊在陌生环境中的行为可以判定是否为单侧失明。小山羊通常会用视觉跟随一瓶牛奶，别的目标不能引起它们的兴趣。完整的视觉通路包括视神经和大脑皮层，也可通过恫吓试验对其进行评估。用手指在每只眼睛前轮流垂直移动或快速分开（减少气流），不可触动睫毛和触觉毛发。如果山羊对恫吓的动物没有任何反应，则应检查其眼睑反射（脑神经Ⅴ和Ⅶ）。

6.2 眼球畸形

各种各样的化学制剂和病毒性致畸剂都可能影响胚胎时期的眼球发育。

6.2.1 独眼

妊娠4d的母羊吃了加州藜芦后，导致小山羊独眼畸形（Binns et al，1972），也可能出现颅骨变形（猴脸）、脑垂体缺失和其他的脑畸形。放牧时阻止公羊接近母羊可预防这种畸形的出现。作者曾经在纽约见过独眼的小山羊，那儿并没有藜芦生长，并且印度的几个病例也没有找到畸形的原因（Raju and Rao，2001）。其他毒素或发生在胚胎发育关键时期（如当一个单一的视神经分裂时）的组织损坏也会导致独眼畸形的出现，这是合乎逻辑的。

6.2.2 小眼畸形

据报道，怀孕母羊在富硒牧场吃草会导致所产羔羊出现小眼和其他先天性眼畸形（包括晶状体脱落或无晶状体）。怀孕母羊接触环磷氮丙啶（一种杀灭昆虫的化学消毒剂）之后出现了羔羊无眼畸形（Younger，1965）。这些化合物或子宫内的病毒性感染对山羊视觉结构的影响尚未见报道。

6.3 眼睑异常

用常规方法可以修复眼睑撕裂。涉及眼睑的皮肤病（如羊传染性皮炎、疥癣、金黄色葡萄球菌皮炎、缺锌症）在第2章中有所介绍。当皮肤病变仅限于眼睑时，应该检查确定是由眼分泌物所引起，还是由于眼部不适的摩擦所致。失明可

能会引起面部发生创伤。在患有遗传性β-甘露糖苷过多症的努比亚山羊可表现为小睑裂、眼睑增厚变硬以及部分瞬膜下垂（Render et al，1989），这在第5章已具体讨论。

6.3.1 睑内翻

睑内翻是由于下眼睑或上下眼睑内翻致使眼睫毛摩擦角膜，表现为疼痛、流泪、眼球回缩。眼睑部分紧闭，睫毛被分泌物粘连。

6.3.1.1 先天性或原发性睑内翻

小山羊生下来时眼睑畸形，这种症状通常在前几天即可看出。睑内翻持续时间越长，越容易引发严重的感染或角膜溃疡。虽然未被证实，但这可能与遗传有关。因此，如果出于对动物的关爱，就要进行手术治疗，此时应该详细记录山羊的信息，这样它就可以被宰杀或者进行绝育手术，而不至于继续繁殖。

6.3.1.2 痉挛性睑内翻

老龄动物当有其他眼部疼痛症状时会长期眯眼而导致睑内翻。严重的角膜结膜炎和眼睛内异物就是典型的例子（图6.5、彩图33）。如果一只山羊在其他羊只康复后仍然患红眼病，这时应检查它的眼睑。如果是由于痉挛所引起的睑内翻，就没有必要进行外科手术。在其他情况下，可通过缝合或者使用伤口夹纠正眼睑的位置来缓解疼痛。

6.3.1.3 继发性睑内翻的其他原因

眼睑受伤和变形可能引起睑内翻。小且塌陷的眼球也会导致眼睑内陷，疼痛致使眼球回缩深陷进入眼眶。严重脱水和消瘦（如饥饿或寄生虫病）也可能是导致继发性睑内翻的常见原因。

6.3.1.4 矫正措施

在山羊和其他物种的文献中介绍了睑内翻的矫正术（Rook and Cortese，1981；Wyman，1983；Baxendell，1984；Moore and Whitley，1984；Whittaker et al，1999）。一般来说，兽医不应该不加思考就选用复杂且费用较高的技术，而应该考虑使用有经验的牧羊人和私人从业医师总结出来的临时且有效的方法对眼睑内翻进行矫正。

一个简单但通用的技术是使用米歇尔伤口夹（Eales et al，1984）（Miltex仪器有限公司，纽约）或外科U形夹，每个眼睑3～4个，用夹子夹起一个与眼睑边缘相邻且平行的皮褶。无需麻醉，假如所夹的位置有误或是夹子在长时间后自

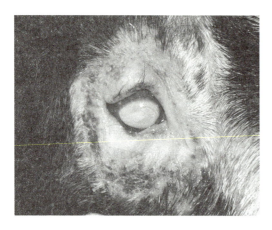

图6.5a 伴有严重角膜炎和脱毛的慢性痉挛性睑内翻

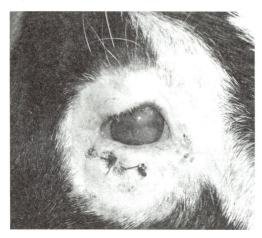

图6.5b 在眼睛下方进行睑内翻矫正手术，切除一块椭圆皮肤后12d的山羊（与图6.5a为同一只山羊）（由M. C. Smith博士提供）

行掉落，可以对其进行简单的移除和替换。动物的主人可能简单地通过保持该部位的干燥及在一两天内经常用手向外翻动眼睑而矫正。另一方法是用牙签（只作涂药器）将强力胶涂布于眼睑下部皮肤，致使皮肤自身的翻动和黏附（Mongini，2007）。通过在放夹子的位置注射青霉素也可使眼睑绷紧。一个微创手术的方法是用止血钳夹起一个皮褶，随后的肿胀会使眼睑翻起。当然，应该确定任何引起眼部疼痛的原因并进行治疗。持续几天使用抗生素软膏，直到眼部变得舒适。

手术方法主要适用于犬的眼科，包括移除一块椭圆形的皮肤或眼轮匝肌。虽然这些方法开始是有效的，但在伤口愈合时会有外翻的危险。因此，手术方法不应被用于治疗幼崽或痉挛性睑内翻的山羊。

6.3.2　肿瘤

已报道英格兰的一只山羊发生了第三眼睑血管瘤（Matthews，1992）。在澳大利亚（Baxendell，1984）和其他一些高强度阳光的地区，萨能山羊的第三眼睑上也发现了肿瘤（类型未具体指出），这可能导致结膜炎、流泪甚至化脓。在使用镇静剂、局部麻醉和电烧（有条件的话）的情况下可进行外科手术切除肿瘤。术后应使用眼药膏。安哥拉山羊的（因为缺乏保护色素）也被认为易患眼部鳞状细胞癌。

疣可能发生于眼睑，第2章中对其有详尽讨论。大多数脸部的疣体可自行消退，但在某些特定情况下可能需要切除。应将其与传染性脓疱疮区别开来，传染性脓疱疮同样生长迅速并且能自行消退，但具有人畜共患传播的可能性。几乎任何眼睑的损伤，包括疣和其他肿瘤，都可能导致葡萄球菌的继发感染。

6.4　结膜炎和角膜结膜炎

传染性角膜结膜炎对行外人来说就是"红眼病"。许多病原体与此相关。当只有一两个动物被感染时，很难区分到底是传染性还是刺激性的因素。事实上，许多的刺激源，如强烈的阳光、带尘土的干草、刮风或在运输敞篷车上吹入眼睛的沙尘，都可以引起山羊的眼睛感染。蝇类和干草或被眼分泌物污染的牧草，可以将病原体传播给其他山羊。一个携带病原的动物可能引起羊群发病。

另一个常见的对角膜和结膜的刺激是睑内翻。幼畜出现流泪应该怀疑睑内翻，其处理方法前面已被讨论。较年长动物突然发生睑内翻，幼畜可能是结膜囊或第三眼睑下方有异物，必须对其进行彻底检查。

6.4.1　传染性角膜结膜炎

6.4.1.1　病因

在美国，目前认为支原体和衣原体是引起山羊角膜结膜炎最常见的原因。就北美而言，许多其他病原体很少引发该病。

6.4.1.1.1　支原体

结膜支原体已被分离于患有红眼病的山羊

和绵羊，而且试验发现该病原可引起红眼病
（Barile et al，1972；Baas et al，1977；Trotter
et al，1977）。它也能以持续感染状态存在于临
床健康羊的眼结膜囊中。尽管已有临床症状持
续12周的报道，但轻度的症状大约持续10d就
可以自行消退。其他分离于角膜结膜炎山羊的
支原体包括无乳支原体、丝状支原体丝状亚种
（大菌落型）（McCauley et al，1971；Bar-
Moshe and Rapapport，1981）、山羊支原体
（Taoudi et al，1988）和目无胆甾原体（Al-
Aubaidi et al，1973）。由于这些病原体可能与
乳腺炎、胸膜肺炎或关节炎相关，它可能更容
易在一只山羊的其他疾病过程中表现出来。来
自美国的丝状支原体山羊变种的报告可能是丝
状支原体丝状亚种的一个错误报告（DaMassa
et al，1984）。衣原体与之有重要的差异，尤其
是当关节炎或肺炎并发时。

6.4.1.1.2　衣原体

衣原体结膜炎作为羔羊和成年山羊的传染性
疾病已有报道（Baas，1976；Eugster et al，
1977）。在绵羊中，衣原体性角膜结膜炎在临床
症状缓解后几周内又复发，并且持续好几个月
（Andrews et al，1987）。有报道发现在角膜结膜
炎的早期，结膜中有淋巴滤泡。目前小反刍动物
中引起结膜炎的衣原体种类的名称是兽类衣原体
（Nietfeld，2001）。

6.4.1.1.3　立克次体

结膜立克次体也是引起山羊和绵羊红眼病的
一种病原体（Rizvi，1950）。大多数报告基于细
胞学研究，在这之后才知道支原体和衣原体与角
膜结膜炎有关，因此在引起该病的病原中立克次
体是被忽视的（Jones et al，1976）。已报告的临
床病例中，是难以与其他病原体引发的疾病相区
分的。然而，结膜下试验注射Q热病原（贝氏
柯克斯体）的山羊发生了严重的角膜结膜炎，该
试验中已明确排除立克次体（Caminopetros，
1948）。

6.4.1.1.4　其他病原

从角膜结膜炎山羊的结膜囊中将细菌分离出
来不足以证明其中的因果关系。山羊莫拉克斯氏
菌（布兰汉氏球菌，奈瑟氏菌属）可能参与该病
的发生（Bulgin and Dubose，1982）。用从角膜
结膜炎病例分离的莫拉克斯氏菌进行试验感染，

结果山羊表现为结膜炎和轻度角膜炎
（Bankemper et al，1990），但在正常山羊的眼睛
中也很常见这种病原体，至少在一些山羊群中存
在（Pitman and Reuter，1988）。从健康羊眼拭
子中也分离到了金黄色葡萄球菌（Adegoke and
Ojo，1982）。

牛莫拉克斯氏菌是引发牛红眼病的一个重要
病原，它很少引起山羊角膜结膜炎。这个病原是
杆状的，而羊莫拉克斯氏菌是一种球菌。商业化
的莫拉克斯氏菌疫苗在山羊没有市场。一个密切
相关的山羊莫拉克斯氏菌也是杆状的，已经从正
常山羊被分离（Kodjo et al，1995）。作为角膜
结膜炎的一个潜在病原体，其重要性还不太
清楚。

牛传染性鼻气管炎（IBR）病毒已从山羊上
分离，该山羊用皮质类固醇激素治疗呼吸系统疾
病5d后患有严重的角膜结膜炎（Mohanty et al，
1972）。用牛传染性鼻气管炎病毒接种的多个山
羊产生了血清转换，但除了发热只表现轻微的临
床症状。

博尔纳病是一种由病毒引起的脑膜炎传染
病，它使欧洲中部和东部的马和绵羊感染，该病
可能由蜱传播，其临床症状包括结膜炎和流泪。
中枢神经系统的损伤可导致失明及其他神经症
状。在山羊上已发现该病的抗体，但自发性的病
例鲜有报道（见第5章）。

牛瘟和小反刍兽疫副黏病毒能引起反刍动物
高热以及胃肠道侵袭性损伤。眼部症状包括流泪
增加及浆液性的结膜炎，最后转变为化脓性结膜
炎。结膜中的灰色纤维素性坏死最终脱落，留下
溃疡灶（Williams and Gelatt，1981）。

除了高热以及食欲不振外，羊痘病毒感染的
山羊有时发展为眼鼻损伤、结膜炎以及角膜炎
（Patnaik，1986）。由病毒引发的典型皮肤症状
将在第2章进行讨论。

眼线虫和眼蠕虫可以引起绵羊的结膜炎以及
角膜炎，同时在山羊中也可以引发。旋尾线虫发
生于山羊、牛、绵羊以及其他一些物种，并且呈
现欧洲、亚洲、非洲的世界性分布。加利福尼亚
吸吮线虫在美国广泛性分布，但是没有山羊携带
该寄生虫的报道（Soulsby，1982）。这种线虫比
较小（7～18mm）且细，一般寄生在结膜囊末
端、第三眼睑后部以及眼角膜表面。有时会侵袭

鼻泪管。一般应用局部麻醉及无菌盐水冲洗去除虫体 (Wyman, 1983)。或者在局部应用除虫菌素可以杀灭虫体，例如注射一两滴 1% 莫昔克丁 (Lia et al, 2004)。全身性应用左旋咪唑以及阿维菌素同样可以杀灭线虫 (Whittaker et al, 1999)。最好也要控制作为传播载体的非叮咬飞虫 (Otranto and Traversa, 2005)。

在印度一只山羊的眼房水中发现的鹿鬃丝虫，虫体长约 2.54cm。山羊可以表现为单侧持续性流泪。虫体通过局部麻醉被成功的驱除 (Emaduddin, 1954)。

在南非流行区域，鼻蝇幼虫的迁徙可以导致山羊以及其他宿主的眼角膜结膜炎以及全眼球性炎症 (Basson, 1962)。布氏锥虫与罗得西亚锥虫可引起山羊的睑结膜炎以及角膜炎 (Losos and Ikede, 1972)。在许多热带及亚热带国家，螺旋虫幼虫可侵袭头部组织的新鲜创口以及角膜结膜炎的眼部组织，可以产生恶臭以及褐色分泌物，其他的机会性蝇类幼虫可以寄生在伤口。

在欧洲的东南部、非洲以及新西兰，贝诺虫病是山羊、牛、马的一种寄生虫病。在山羊中，其病原是贝诺孢子虫，可能与牛的贝诺孢子虫不同 (Njenga et al, 1993)。猫采食有囊肿的组织后，出现肠道感染，且在粪便中排出感染性虫体。山羊的临床症状有皮炎、脱毛以及不孕。巩膜结膜处的囊肿（白色突出的沙样病灶）在田间诊断时是很有帮助的 (Bwangamoi et al, 1989)。

真菌性角膜炎常见于马，在反刍动物中很少见 (Wyman, 1983)，在山羊中没有具体报道。在确诊之前，真菌的分离与鉴定是必要的，角膜上的斑样生长或者是严重的角膜软化的慢性角膜炎可能更需要进行真菌培养，尤其是当有抗生素与皮质醇治疗史时。这种治疗是困难和昂贵的，治疗者应该咨询眼科医生。

6.4.1.2　临床症状

早期的或轻微的角膜结膜炎表现为流泪，眼部下方的脸部是湿润的。结膜潮红、浮肿（结膜水肿）（图 6.6、彩图 34）。几天过后，结膜充血加重、囊肿小泡形成、角膜可能形成新血管。角膜缘发灰或者完全不透明 (Baxendell, 1984)。一些动物会发展为角膜溃疡，有时角膜穿孔，可通过荧光素染色来确诊（图 6.7、彩图 35）。眼部疼痛、半闭、眨眼频繁。如果双眼浑浊或者溃疡，山羊由于不能够正常采食，其身体状况会越来越差。完全失明的山羊将会最终死亡 (Eugster et al, 1977)。

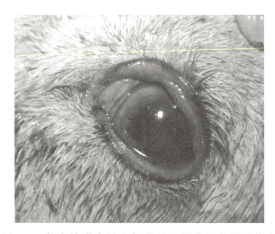

图 6.6　伴有结膜水肿和轻微的眼部分泌物的早期角膜结膜炎（由 M.C.Smith 博士提供）

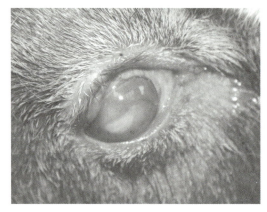

图 6.7　角膜溃疡因摄入荧光素染色而呈绿色。角膜上明显的新生血管提示为慢性（M.C.Smith 博士提供）

6.4.1.3　诊断

仅仅通过临床症状不能区分引发感染的病原，实验室辅助诊断是必要的。在临床采样之前，不应该使用散瞳剂、局部麻醉剂及生物染色剂。

6.4.1.3.1　病原培养

用预润湿的灭菌尼龙布或者藻酸钙拭子快速擦拭结膜，并且放入运输介质当中。因为支原体与衣原体的分离比较困难，如有可能应该就运输介质咨询诊断实验室的工作人员。如果实验室对衣原体进行 PCR 检测，运输介质的使用可能会降低样品的浓度，从而得不到理想的结果。干棉花拭子不太适合难以培养的微生物，结果往往不令人满意。在早期创伤上采样非常重要，因为细菌继发感染，白细胞以及一些其他的免疫产物可能会影响病原的分离。

6.4.1.3.2　应用于免疫荧光试验的组织样品

眼睑角膜处的组织样品（尤其是淋巴囊泡）可以通过木制的压舌板来获得，可以使用一次性手术刀片的粗糙端，或者是使用 20 号针的斜边进行涂片，将获得的组织样品在显微镜切片上涂抹。许多实验室认为使用荧光抗体检测衣原体比在鸡胚或者是组织细胞中更容易。

6.4.1.3.3　脱落细胞学

结膜刮取物的脱落细胞学分析是非常困难的，即使对于训练有素的人来说也是如此。工作人员需要备份试验材料，方便后期咨询眼科医生或者诊断实验室。在结膜表面滚动一个干的拭子收获细胞，尽可能减少对细胞的破坏，就像犬阴道涂片一样。可通过斜面或小的压片刀获得更深层的刮取物。新亚甲蓝、瑞特、姬姆萨、Dif-Quik、革兰氏染色可以用来检测衣原体。衣原体结膜炎时在上皮细胞的细胞质中可见大的、嗜碱性的、革兰氏阴性的包涵体，但在一周后很难发现（Wyman，1983）。支原体感染时可见小的、嗜碱性的球杆菌（McCauley et al，1971）、图章样的小体黏附在上皮细胞内部。羊莫拉克斯氏菌比支原体大，形态上更加统一，染色更深（Dagnall，1994）。立克次体是一种小的、革兰氏染色阴性的、多形态性的病原体，可以胞内寄生，也可以单独存活（Beveridge，1942；Rizvi，1950）。色素颗粒或染色沉淀有时候比较难区分，使得可以观察的病原学证据缺乏，甚至在病原培养呈阳性的情况下也会出现这种情况。

6.4.1.4　治疗

治疗方式可根据山羊的感染数量以及户主的要求进行。以下治疗方式更适合于单个宠物以及有价值的动物。用生理盐水或干净的水（最好是烧开过的）冲洗眼球，清除分泌液、灰尘以及其他异物。尽管使用抗生素滴液理论上比使用软膏要好，但是对于畜主来说，需要每 2h 去滴眼药水，操作不方便。软膏基本上一天使用 2 次（3～4 次更好），就能起到很好的效果。几种抗生素在临床上使用效果较好，但是在不治疗的情况下，许多动物也能够痊愈。考虑到多种病原与角膜结膜炎有关的情况下，选择四环素眼膏比较

合理。在允许使用的国家，氯霉素软膏可能更加有效。但在治疗绵羊角膜结膜炎时，全身性的氯霉素用药效果较差（König，1983）。在美国，山羊使用氯霉素是违法的，因为所有的山羊被认为是食源性动物，即使畜主要求个体应用也不行。

因为粉剂以及气雾剂对眼睛具有刺激作用，因此不提倡使用，但是有报道称使用后效果良好。考虑到经济成本因素，当有大量的山羊被感染或者是整个畜群被感染时，需要对全群进行同时治疗来控制大范围的流行，此时应用眼科软膏治疗就不合适。通过试验可确定一种无刺激性的、有治疗效果的抗生素软膏。类似的情况下，肌内注射长效的四环素可以预防结膜支原体以及其他病原感染绵羊的病情复发（König，1983；Hosie，1988）。肌内注射泰乐菌素（每只山羊每天 200mg）在早期治疗衣原体角膜结膜炎上取得了较好的效果（Eugster et al，1977）。这些抗生素的皮下注射是有效的，可减少疼痛。一种新的大环内酯类抗生素泰拉霉素还没有在小反刍兽上进行测试，但是在治疗肉牛的角膜结膜炎时具有良好的效果（Lane et al，2006）。在许多产奶畜群应用抗生素容易导致牛奶污染，所以这是不可取的。事实上，眼药软膏造成奶制品污染的可能性还没有被清楚地研究过。

糖皮质激素可用在局部，在注射治疗中也有应用，它们具有不同的抗炎症效应及渗透能力（Bistner，1986）。当有溃疡时应用糖皮质激素是没有必要的，同时是有禁忌的。广泛性角膜炎通过结膜皮下注射药效持久的糖皮质激素来控制新血管的形成，但是在进行此类治疗时，眼睛必须是保持安静，且眼角膜通过染色没有发现溃疡。一般来说，最好是不含类固醇类的软膏，因为畜主希望用随手可得的药物来治疗未进行确诊的山羊或其他动物眼病。

角膜溃疡病例一天应该观察几次，以确认后弹性层是否突出。如果角膜穿孔即将形成，那么则需要施结膜皮片、第三眼睑皮片移植或眼睑缝合术来保护和支持角膜，其中第三眼睑皮片是最容易的。用麻药进行局部麻醉，并且用 1～2mL 注射型麻醉剂（小山羊应减量）在耳睑神经（在颧弓的侧面）上进行眼睑麻痹，并用甲苯噻嗪进行轻微镇静。用铬制肠线进行褥式缝合，缝线贯

穿上眼睑全层，但是不能穿透第三眼睑的球状部分而将软骨部分推到上眼睑（Moore and Whitley，1984）。用小纽扣或者细管放置于眼外部来阻止压力导致的皮肤坏死。接下来要使用抗生素软膏进行持续的治疗，近距离观察缝合线。错位的缝合线会刮擦角膜。可吸收的缝合线将在2~3周的时间内吸收，不可吸收的缝合线应该在2~3周移除。

作为治疗急性角膜溃疡的简单非手术疗法，作者曾经见到过局部应用5%硝酸银，一天滴一次，连续使用5d，同时注射土霉素，该方法效果良好。这种溶液并未商品化，但是可通过溶解硝酸银原料到1mL灭菌水中来制备。治疗几天以后，不透明软角膜变硬、变亮，但是角膜完全恢复可能超过一周的时间（图6.8、彩图36）。因为硝酸银会产生刺痛，所以建议使用局部麻醉剂进行预处理。在人医上，1%的硝酸银与2.5%聚维酮碘被证实能够杀灭眼中的微生物，可以用来预

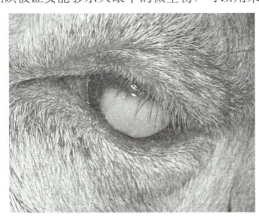

a

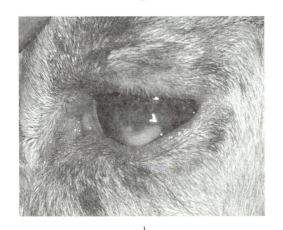

b

图6.8 a. 严重的双侧角膜结膜炎引发完全不透明、软化的角膜；b. 与图6.8a相同的角膜，全身土霉素治疗和5%硝酸银局部用药5d后角膜坚硬、光亮、透明（由M. C. Smith博士提供）

防新生儿眼炎（Lsenberg et al，1994）。

6.4.2 非传染性角膜炎

并非所有的角膜炎都具有传染性。

6.4.2.1 磨损

异物（包括睫毛）可能会损伤角膜或使角膜穿孔。眼部疼痛，以及荧光素染色能显示角膜上皮的缺损。轻微损伤一般在结膜穹窿或第三眼睑的后方找到异物，可以使用抗生素软膏治疗；如果损伤到达后弹力层且角膜内皮层向外突出，此时应采用结膜瓣或第三眼睑遮盖术进行治疗。由于胶原酶产生导致的角膜基质溃疡可能引起组织变软或呈凝胶状，或者可能与角膜的深部创伤有关。当对病变的原因存在任何怀疑时，可将抗胶原酶的药物与阿司匹林联合应用，同时结合结膜瓣遮盖术来进行治疗。如果角膜全层穿孔，虹膜已堵塞穿孔时，应该咨询眼科专家。破裂的眼球最好进行摘除。

6.4.2.2 继发于面神经缺陷的眼球暴露

李氏杆菌经常顺着脑部神进入脑干。如果累及面神经，那么在中枢神经症状出现之前可能发生眼睑的单侧麻痹或瘫痪。不能长时间眨眼的山羊可能会导致结膜的浅表损伤，患畜可表现为流泪、结膜充血、角膜呈雾状及畏光等。对于兽医来说评判眼睑、耳及唇的同侧痉挛很重要。尽管区分李氏杆菌病发病初期和由外部创伤或耳炎继发的面神经麻痹很困难，但是使用一周的青霉素或四环素治疗是合理的，因为当李氏杆菌的症状非常明确时，预后会更加糟糕。

李氏杆菌病晚期以及其他的持续性面神经麻痹时角膜会变干且混浊。与角膜相对的眼睑缝合术可以预防其他的损伤，减少恢复期内软膏的使用频率，直到神经功能恢复。一般来说，对于暴露的角膜炎局部治疗可用抗生素防止继发感染，用阿托品可防止眼部痉挛（Rebhun and deLahunta，1982）。严重感染的山羊有时会出现色素层炎和前房积脓。

6.4.2.3 维生素A缺乏

采食6个月干饲料导致维生素A极度缺乏的山羊所产的羔羊表现为双侧角膜混浊、流泪、腹泻。当改善饲料配方后，所有的症状消失（Caldas，1961）。在长达2年的维生素A缺乏的营养试验中，成年山羊出现夜盲、流泪以及角膜

溃疡等症状（Schmidt，1941；Majumdar and Gupta，1960；Dutt and Majumdar，1969）。

6.4.2.4　毒素

以前，吩噻嗪是一种常用的驱虫药。如果代谢不完全，吩噻嗪亚砜到达房水，会成为主要的光敏原，可导致色素层炎、水肿性结膜上皮损伤及角膜炎（Enzie and Whitmore，1953）。用此药治疗年龄小的山羊时，应在用药后 3d 内避免阳光照射。

干燥性角膜结膜炎（干眼症）是疯草中毒的症状之一。眨眼不足、泪腺神经刺激失败或者是泪腺能力降低均可能引起干眼症状。

火蚁存在于美国中南部。火蚁有时候袭击弱小或疲劳的动物，通过神经毒液侵害动物。已经发现山羊被火蚁叮咬后发生结膜与角膜坏死性溃疡的病例。

6.4.2.5　山羊黏多糖病-3D

努比亚山羊的隐性基因缺乏可以导致 N-乙酰氨基葡萄糖苷-6-硫酸酯酶缺乏，从而引起溶酶体中黏多糖积聚。临床上表现为生长迟滞，重症羊羔表现为运动失调，呈现温和的、非进行性的雾状角膜，从组织学上看，在角膜以及脑中存在细胞空泡（Jones et al，1998）。在密歇根州调查的 552 头纯种努比亚山羊结果显示，25％的羊是突变杂合体，而 1.3％的羊是纯合体。

6.5　前葡萄膜炎、白内障和青光眼

前葡萄膜炎（虹膜和睫状体的炎症）会引起眼中一系列的改变，这包括房水减少（眼内压降低）、房水中蛋白质含量增加（潮红）、白细胞积聚（前房积脓）、红细胞积聚（出血）。瞳孔收缩是一个重要的诊断标志，因为睫状肌发炎导致疼痛畏光。有机磷中毒同样伴随着瞳孔缩小，这也是一个诊断标志。也有报道称尿素中毒会引起瞳孔缩小（Schmidt，1973）。黏附因子在肿胀的虹膜与晶状体或者角膜之间可能形成粘连。视网膜分离以及青光眼是其他可能发生的后遗症。

6.5.1　前葡萄膜炎的病因

6.5.1.1　败血症

前房积脓、角膜的深部血管新生以及其他前葡萄膜炎有时与新生儿败血症同时发生。眼后部及脑部感染也可发生。使用合适的全身性抗生素进行治疗对动物的存活是必要的。如果感染的病原体对所选择的抗生素有耐药性，那么用于治疗继发性前葡萄膜炎的皮质醇激素可能会加重病情。

6.5.1.2　毒血症

山羊瞳孔收缩和前葡萄球炎可能提示严重的毒性乳腺炎和子宫炎。

6.5.1.3　深层角膜炎

由传染性角膜结膜炎或暴露性角膜炎引起的严重角膜炎可能会引起眼球较深层的反射性炎症。在败血症期间，支原体感染可能通过循环系统到达眼色素层（葡萄膜）（Whitley and Albert，1984）。

6.5.1.4　反转录病毒感染

非化脓性的虹膜睫状体炎，有时会与肉芽肿同时发生，这种情况发生在山羊慢性神经性眼病中，一般认为是由反转录病毒感染所引起（Stavrou et al，1969；Dahme et al，1973）。眼部的临床症状主要包括角膜混浊、眼球震颤和失明（一般为单侧）。由山羊关节/脑炎病毒或其他病毒感染所引起的山羊前葡萄球炎的发生情况尚不清楚（见第 5 章）。临床上所见的失明可能是由脑部损伤而非眼部损伤所引起，而且很少有关于眼部组织学的报道。对一组自然感染的山羊进行视神经和眼部检查发现，在这些组织中未见组织学病变（Sundquist et al，1981）。

6.5.1.5　弓形虫病

至少在其他物种中发现，弓形虫可引起虹膜睫状体炎，以及视网膜和睫状体的坏死性肉芽肿。在一个以绵羊为实验动物的弓形虫病报告中，18 只绵羊中有 12 只检测到了眼的肉芽肿病变（Piper et al，1970）。推荐使用磺胺类药物和乙酰嘧啶进行全身治疗，使用阿托品、类固醇和 10％的乙酰磺胺眼膏进行局部治疗。先天性感染弓形虫的羔羊是否有眼部损伤需要进一步调查。

6.5.1.6　外伤

头部钝性外伤可能导致眼前房积脓及前葡萄膜炎，这可能解释了因脑脊髓灰质软化引起中枢性失明的山羊虹膜上的偶发性纤维渗出物（Smith，1979）。一般来说，当失明伴发任何其他神经症状时，首先应使用硫胺素进行治疗，而不是根据一些不常见的症状来排除其他常见

疾病。

6.5.2 前葡萄膜炎的治疗

尽管确切的病因并未确定，荧光素钠在角膜上不着色时，出现这些症状的眼部处理应该使用糖皮质激素和阿托品。一般使用糖皮质激素通过结核菌素注射器和 25 号针头进行球结膜注射。阿托品可注射给药，但一般通过滴剂或眼膏进行点眼，间隔几小时用药一次，直到瞳孔变大，一天 1~2 次。阿托品可缓解睫状肌的疼痛性痉挛，降低形成粘连的危险。应将动物放在黑暗的厩舍中，直到治疗停止后瞳孔能够收缩。抗前列腺素也可引起瞳孔放大。

6.5.3 白内障

白内障是指晶状体或晶状体囊不透明。晶状体前囊膜可能会有眼色素沉淀。晶状体内液体积聚或者是晶状体蛋白变性可能阻挡光线的传入。如果不积极治疗，白内障可作为任何严重的葡萄膜炎的后遗症。在山羊中没有先天性白内障的报道（Wyman，1983）。在进行白内障摘除手术之前，应征求专家的意见。

6.5.4 青光眼

已有报道发现，在无乳支原体感染引起的前葡萄膜炎发生后继发了青光眼（Moore and Whitley，1986）。在炎性过程中虹膜角膜关闭导致了眼内压升高。前葡萄膜炎和青光眼均可引起角膜水肿，这可能会导致晶状体前脱位。眼球变大最初可能会保护视网膜。当房内压升高到足以破坏视网膜时，就会发生永久性失明。合理使用散瞳药和糖皮质激素阻止继发性青光眼是必要的。

6.5.4.1 眼压测定

对于大多数大动物从业者来说，评估眼内压的唯一手段是数码眼压计。用一只手的食指和中指通过对上眼睑轻轻施压来放松眼球，同时用另一只手评估患畜的另一只眼。在未获得丰富的临床经验之前，与另一只正常山羊比较眼压确定是有帮助的。

尽管在小动物临床上经常使用压凹式眼压计，但是对山羊而言并不实用。当使用垂直眼压计时，必须对山羊进行侧卧保定，这样才更易接

近角膜。检查时必须进行局部麻醉。人为地压迫颈静脉可能会提高山羊的眼内压，相比之下，Tono-Pen 眼压计比较适合山羊。虽然尚无山羊使用这种眼压计的正常参考范围，但是可以将病羊的眼内压与一些正常羊的眼内压进行比较。

6.5.4.2 治疗

在山羊角膜混浊和瞳孔放大这些症状出现之前，一般不能确定山羊患有青光眼。大多数情况下，医疗管理是不切实际的。对于有价值的动物可以及时转诊给眼科医生进行诊治。另外，当山羊出现持续疼痛或因眼睑不能覆盖眼球而发生中心角膜的干燥时，从业医师应及时摘除青光眼患眼。眼球摘除的一种替代方法是将庆大霉素和皮质类固醇激素注入玻璃体来破坏睫状体。

6.6 视网膜变化

用检眼镜检查视网膜时，可能会发现多种病变。细胞浸润可局灶性或弥散性发生，或者可能沿着血管分布。细胞浸润呈白色或灰色，水肿与其有相似的特征，但也容易区分，根据视网膜的不同分层，出血也分为不同类型。因此，点状或区域状出血位于视网膜深处，线性病变发生在神经纤维层，而星月状的损伤发生在视网膜前方（玻璃体下面）。

6.6.1 视神经乳头水肿

视神经乳头水肿是视神经盘的一种非炎性肿胀。它是颅内压升高的一个标志。对于反刍动物而言，其发生原因包括维生素 A 缺乏，后天和先天性脑积水，占位性脑部病变，脑炎、脑膜炎、脑包虫和六氯芬中毒等（Whittaker et al，1999）。视神经乳头水肿通常是双侧的。出血可能出现在视盘或视网膜。

6.6.2 脉络膜视网膜炎

绵羊视网膜炎已经被证明与油脂线虫病有关，绵羊锥虫病可引起严重的葡萄膜炎、视网膜炎和视神经炎。据 Wyman（1983）报道，在怀孕初期自然感染蓝舌病，或使用弱毒苗均能导致羔羊的坏死性视网膜病。反刍动物的弓形虫病会引起肉芽肿性脉络膜视网膜炎，这在前葡萄膜炎章节中已有讨论。这些病例在山羊目前未见报道。

6.6.3　脉络膜视网膜病变

该病名提示没有活跃性炎症（或炎症已经消退）。正如早期败血症形成的疤痕一样。视网膜病表现为在非毯部出现类似于毯部的高反光区和无色素区。已有报道称，先天性感染赤羽病病毒后可造成视网膜萎缩。一只幼龄吐根堡山羊可能因视杆-视锥细胞发育异常引起了自发性的视网膜病变，该病例已有报道（Buyukmihci，1980）。在加拿大，四个有血缘关系的吐根堡羔羊从出生就失明，并且表现相似，即眼底出现高反光区和视网膜上血管衰减，怀疑是由遗传性失调造成的（Wolfer and Grahn, 1991）。尽管没有关于山羊的报道，引起反刍动物视网膜变性的其他原因可能包括以下疾病。

6.6.3.1　痒病

痒病能引起山羊发生中枢性失明。然而，也有关于多灶性视网膜病变的报道。这包括在毯部出现似水泡样、具有黑暗边缘的高反光区和分散的局灶性病变，其大小为视盘大小的 1/4～3/4（Barnett and Palmer，1971）。

6.6.3.2　边境病

与牛子宫感染牛病毒性腹泻病毒所产生的症状相似，边境病可能会偶尔表现出视网膜的病变。有关牛的视网膜异常报道包括视神经盘病变、血管管壁变薄、毯部出现高反光区、异常的毯部颜色混合和非毯部多灶性褪色。可能会发生白内障，也可能会没有正常的瞳孔反射。有关绵羊和山羊的这些表现尚未见报道。

6.6.3.3　布赖特盲

数月连续食用蕨类食物的绵羊可能导致进行性的双目失明（Barnett and Watson，1970）。毯部反射增强，神经上皮的反射率升高和神经上皮变性。瞳孔变圆且对光的敏感性降低。视网膜的动脉和静脉血管比正常狭窄。当一只羊脱离羊群，且走路伴随着头部高抬和步伐加快时，牧羊人会发现其已经失明。

6.6.3.4　盲草

澳百合属满江红，或叫盲草，是一种生长在澳大利亚西部的植物。急性暴露于该草后存活的山羊和绵羊会长期失明，且伴随着光感受器、视神经、视神经束的退化。失明发展几周后的临床检查发现局灶性的色素上皮增生，在视神经盘附近的非毯部表现更为明显。瞳孔对光反射消失（Main et al，1981）。一种澳大利亚植物青冈（点头蓝百合），已经被证明食用该开花期植物可能导致山羊的失明。急性脑水肿及对视神经内视神经管的压迫，可能是引起失明的重要的发病机制（Whittington et al，1988）。

6.6.3.5　其他的植物中毒

在纳米比亚地区，蜡菊属植物的中毒也会引起绵羊和牛视神经乳头水肿、视网膜的变化、大脑海绵状的病变，以及视神经的病变（Kellerman et al，2005）。山羊对该植物有抗性（Bssson et al，1975）。但对一只大脑和脑干空泡化的失明山羊检查，发现其毯部反射轻微增加以及非毯部的色素病灶（Van der Lugt et al，1996）。

已发现一些种类的黄芪可引起牛和绵羊的视网膜变性。许多体内的细胞呈空泡状，包括大脑的神经元、细胞层视网膜和泪腺分泌细胞。目光呆滞和视野受阻（Van Kampen and James，1971）。澳大利亚的苦马豆能导致相似的症状。这两种植物都含有抑制溶酶体中甘露糖苷酶的物质，从而可以产生一种贮积性疾病。在患有遗传性 β-甘露糖苷贮积症的小山羊中已经发现了视网膜细胞类似的空泡化（Render et al，1989）。黄芪可因硒的高浓度富集而导致动物失明、共济失调和体重减轻（Hosseinionet al，1972），尽管推测一些失明眩晕症可能与硫黄中毒的脑脊髓灰质软化病相关（Whittaker et al，1999）。该病在第 5 章已讨论。

牛摄入欧洲粗茎鳞毛蕨能引起急性神经病变，可能会引起视神经萎缩，发现视神经盘或周围出血及视神经乳头水肿。慢性病变包括视神经萎缩及视网膜血管减少，这些动物最终将会失明。

6.6.4　视网膜脱离

当视网膜色素上皮细胞和受体层之间漏出物或渗出物积聚时就会发生视网膜脱离。完全视网膜脱离会导致失明，此时可发现玻璃体内出现一个含有血管的突起结构。在山羊还未见这种病例的报道。

6.7　黑蒙症

黑蒙症是视觉系统没有出现任何异常的失

明。角膜、晶状体和葡萄膜看起来都是正常的。如果病变局限于大脑皮层，视神经和细胞核完好无损，那么瞳孔反射也是正常的。当出现异常行为或者对视觉刺激没有反应时，失明将显而易见。

6.7.1　失明与眨眼失常

眨眼反射功能要求从视网膜到大脑皮层的整个视觉通路必须是完好无损的（Delahunta，1983），因为它是一个非条件反射。如果面部神经麻痹，视力正常的山羊也不能眨眼。这种可能性通过触摸内侧或外侧眼角来检查。如果不是任何传感器或运动功能被破坏，即使失明的动物也应该具有眨眼反射。

6.7.2　失明与严重抑郁症或毒血症

严重迟钝的或半昏迷状态的山羊对经常用于评价颅神经功能的刺激几乎没有反应。如果动物是严重抑郁，则可能出现代谢性疾病（低血糖、低血钙、妊娠毒血症、瘤胃酸中毒）、肝脏疾病（见第 11 章），或败血症或终端妊娠毒血症（Boermans et al，1988），而不仅仅是涉及视觉通路或脑皮层的病变。

6.7.3　脑脊髓灰质软化

患脑脊髓灰质软化症的动物一般都会出现失明症状。正如第 5 章中已经讨论的，应该（至少在发病初期）对每个山羊注射硫胺素（维生素 B_1）。

6.7.4　肠毒血症

失明是局灶性对称的脑软化病的一个症状，在绵羊该病是一种罕见的疾病，由产气荚膜梭菌外毒素引起，该病在山羊上只有很少报道（见第 5 章）。

6.7.5　铅中毒

虽然失明是牛铅中毒的一个明显症状，但在山羊上并不如此。试验性铅中毒的山羊表现厌食症、腹泻，但不表现失明和抽搐（Davis et al，1976）。

6.7.6　脑积水

有良好的吸吮反射和正常步态的小羊可能脱离群体而躲在角落里。脑积水或其他先天性的大脑畸形可能导致这种异常行为与失明。有时颅盖骨是球状的，这种情况下脑积水的可能性更大。

6.7.7　维生素 A 缺乏

母源性维生素 A 缺乏会导致小牛出现视神经萎缩。这是由于视神经管没有生长以适应视神经，导致神经的压力萎缩和脱髓鞘。在获得性维生素 A 缺乏的牛，由于视紫红质的缺乏表现为原发性的、可逆的夜盲症。如果持续缺乏，在成长的小牛会出现视网膜退化，最终发生视神经萎缩。视神经乳头水肿是维生素 A 缺乏的重要症状，是脑脊液压力增加的继发症状。血管充血和局部表面出血也会出现，眼压并不升高。在山羊还未见这种病的具体报道。试验研究发现，维生素 A 缺乏的成年山羊并未表现视神经乳头水肿或上升的脑脊液压力（Frier et al，1974）。

在干旱季节或半干旱地区发生旱情时，严重的维生素 A 缺乏会导致夜盲症，但并不总是伴有角膜混浊和溃疡。这些眼的疾病在绵羊已有报道（Eveleth et al，1949，Ghanem and Farid，1982），在山羊上已被试验证实（Schmidt，1941）。

6.7.8　多头蚴病

脑多头蚴是多头绦虫的幼虫阶段，它可以在脑半球或正中沟形成一个囊肿。一种常见的临床症状是单眼部分或完全失明（Sharma，1965；Tirgari et al，1987；Nooruddin et al，1996）。头保持在失明眼睛的相反方向，动物朝此方向转圈，即朝向大脑病变方向。瞳孔反射一般保持正常，但由于颅内压增高可能出现视神经乳头水肿（Sharma and Tyagi，1975）。在一些病例，囊肿上面的颅盖骨软化、变形，受骨头压力影响诱发疼痛症状（大声咩咩地叫）。手术切除囊肿后视力通常 1d 内恢复。本病最近几年在美国尚未见报道（Kimberling，1988）。

6.7.9　失明的其他原因

几种其他的疾病可能会引起绵羊失明，或许在山羊也发生。类鼻疽病是由鼻疽假单胞菌引起的一种致命的败血症疾病，主要发生在东南亚和澳大利亚。失明经常伴随其他神经性症状。同样，痒病可以导致失明，但可能是通过其他神经症状发现。山羊关节炎/脑炎可能导致各种各样的中枢神经症状（包括失明）。

慢性砷中毒在一些物种能导致失明。牛和绵羊的急性失明与摄食油菜有关，但缺乏证据。对一些油菜籽中毒的病例，出现失明的实际原因可能是脑脊髓灰质软化（Wikse et al，1987）。铁树来自澳大利亚，已报道可以引起山羊中毒，除了其他症状，表现眼神呆滞，视力明显受到影响（Hall，1964）。过量使用六氯酚、碘柳胺、氯氰碘柳胺可以引起视神经、视神经管以及视网膜变性（Button et al，1987）。盲草中毒引起的病理变化与以上病例一致，但是色素上皮细胞增生未见描述（Gill et al，1999）。

6.7.10　残余性失明

失明可能持续数天至数周，在脑脊髓灰质软化早期未用硫胺素治疗的山羊可能长期失明。大脑皮层的其他外伤（角烙铁的长时间应用和孕毒症）或代谢影响也可能导致黑蒙症，通常有严重

疾病部分恢复的病史。

6.8　眼球摘除术

由于外伤或角膜结膜炎引起的溃疡穿孔而导致眼球塌陷或者当慢性眼睛的疼痛无法缓解时，可考虑进行眼球摘除术。局部或全身麻醉的选择依据兽医可利用的设备条件而定。如有必要，用甲苯噻嗪镇静，并在眼周围和眼眶深部皮下注射1％利多卡因。因此，在大动物的临床实践中，山羊眼球摘除术可在农场中完成。眼睑需要修剪并消毒，避免使用刺激性溶液对正常眼睛进行处理，这些液体也不能洒在手术台上，用弯剪刀使眼睑边缘、结膜囊和眼部肌肉远离眼眶。对视神经和血管进行结扎，控制出血，避免在眼眶形成血肿。通常选用外翻褥式缝合术缝合皮肤，闭合前在腔隙中注入青霉素。

（独军政）

7

血液、淋巴、免疫系统

经过三十年的发展，山羊血液学受到足够的重视。现已有一系列关于山羊正常指标和血象变化的文献报道，但不同文献报道存在一定差异；这些差异可能是由于山羊在年龄、饲养方式、健康状况上的差异或地理环境、气候条件、检测方法和样本大小不同所致。尽管如此，这些已有数据已足够建立山羊血液学及其动力学指标（Jain，1986；Kramer，2000）。与之相反，有关山羊免疫系统和免疫应答的资料相当有限，所有最新的资料都源于对某些特定疾病的研究，最典型的是山羊关节炎/脑炎（CAE），由于山羊关节炎/脑炎和艾滋病病毒均为慢病毒属成员，因此山羊关节炎/脑炎常作为人类艾滋病（AIDS）研究的动物模型（Cheevers et al，1997；Sharmila et al，2002；Fluri et al，2006；Bouzar et al，2007）；此外还有副结核病（Storset et al，2000，2001）和其他某些疾病。

7.1 山羊基础血液学

7.1.1 解剖学研究

山羊最主要的造血器官是骨髓，脾脏位于腹部左侧，介于横隔膜和瘤胃背部之间。有报道曾发现一只山羊的左腹部有 2 个独立脾脏的异常现象（Ramakrishna et al，1981）。与其他反刍动物一样，山羊具有血管结节系统，这些结节中有淋巴组织，可能具有通过血浓缩参与血液储存的作用，胸腔和腹腔的主动脉上有 5～12 个脉管节点（Ezeasor and Singh，1988）。淋巴结的分布在第 3 章进行详细讨论。

7.1.2 骨髓

据报道，山羊骨髓的髓细胞与红细胞的比例（M∶E）为 0.69∶1，表明红细胞比粒细胞生成速度快。曾报道正常山羊骨髓中细胞类型的比例如下：成髓细胞 0.58%，前髓细胞 0.79%，中性粒细胞 2.69%，后髓细胞 8.25%，杆状核中性粒细胞 8.88%，分叶核中性粒细胞 9.98%，嗜酸性粒细胞 1.79%，嗜碱性粒细胞 0.06%，单核细胞 0.02%，淋巴细胞 7.49%，有核红细胞 56.33%（Coles，1986）；分类计数中不包括巨核细胞。

收集骨髓应无菌操作，骨髓穿刺活检可以很容易地从髂骨中获取，也可在 10～13 肋骨背侧 5～10cm 处用 3.8 cm 长的 16 号或 18 号针穿刺获得（Weber，1969），但应当注意针头对准山羊狭窄肋骨的中线。也有人报道可从第 3 或第 4 胸骨中穿刺获得骨髓（Whitelaw，1985）。由于山羊在胸骨处易患慢性脓肿，所以胸骨处穿刺应在最后需要时才选择。

7.1.3 血液和血浆指标

山羊平均血容量为体重的 7%，在 5.7%～9% 的范围内变动（Fletcher et al，1964；Brooks et al，1984），或每千克体重 70～85.9mL（Jain，1986），血容量随着海拔的增加而增加（Bianca，1969）；全血平均比重 1.042，介于 1.036～1.050 范围（Fletcher et al，1964；Brooks et al，1984）；血清渗透压为 300mmHg，平均血浆容量为体重的 4.2%～7.5% 或每千克体重 53～60.2mL（Jain，1986），平均血浆比重为 1.022，在 1.018～1.026 之间变动。

7.1.4 红细胞指标

山羊红细胞指标不稳定，一生中变动明显（Holman and Dew，1964，1965；Edjtehadi，1978），因此从临床检验中所获得的正常值或平均值，必须注明山羊的年龄。出生 1 月龄的山羊出现血红蛋白（Hb）和红细胞压积（PCV）降低，可能是由于缺铁性贫血所致，这与母乳营养有关，在出生时用含铁 150mg 的右旋糖酐铁可预防其降低（Holman and Dew，1966）。其他与年龄有关的红细胞指标变化见表 7.1。

山羊红细胞指标也具有显著的季节性变化，其红细胞（RBC）、血红蛋白和红细胞压积在夏末和秋季的变化大于冬季和春季。公山羊比母山羊的红细胞数高，妊娠对红细胞指标影响不大，但哺乳期前 5 个月红细胞压积会减少。

山羊红细胞是家畜中最小的，直径为 3.2～4.2μm，标准的红细胞压积测定方法因离心时间不足导致测定值高出实际值的 10%～15%，因此推荐采用 14 000g 最少离心时间 10min 以获得精确数值。标准的 Wintrobe 法即使延长离心时间，也不能产生使山羊红细胞凝聚成团的足够离心力，收集红细胞时可多收集约 20% 的血浆（Jain，1986）。标准红细胞降沉速率（ESR）也不适用于山羊，因为在 Wintrobe 法规定的 1h 内山羊红细胞不会沉降，但是如果正常山羊血液静置 24h 后，则会发现红细胞数量下降 2～2.5mm。

山羊红细胞体积小与其本身的渗透脆性有关，当处于 0.62%～0.74% 低渗盐溶液时，红细胞开始溶血，当盐浓度为 0.48%～0.60% 时完全溶血。侏儒（Pygmy）山羊红细胞比吐根堡（Toggenburg）山羊红细胞在渗透裂解性方面易感，可能是细胞膜组分方面差异所致（Fairley et al，1988）。

山羊红细胞双面轻微凹陷，在血涂片上不会出现中心色淡，除在较厚血涂片的边缘外也不会出现叠加现象。正常山羊红细胞形状多变，常见三角形、杆状、梨形、椭圆形等异形红细胞，尤其是 3 月龄以下山羊更为多见。在安哥拉山羊上也发生镰状红细胞症，与鹿上所见一致（Jain et al，1980）。这种形态学变化与血红蛋白丝状聚合有关，目前被认为是无害的。

在刚出生 6 周龄的山羊可以观察到有核红细胞，但此后少见。网织红细胞在健康羊非常少见，有报道在试验性铅中毒山羊上发现嗜碱性点彩红细胞（Davis et al，1976）。地方品种山羊（山羊属）循环红细胞正常生命周期平均为 125d，但野山羊和喜马拉雅塔尔羊（斑羚属）

则长达 165d (Kaneko and Cornelius，1962)。

表7.1 世界各地正常山羊红细胞参数报告摘选

国家	山羊类型	RBC 数（×10^6/μL）	PCV（%）	Hb（g/dL）	MCV（fL）	MCH（pg）	MCHC（%）	参考
印度	0~6 月龄	16.3	27.9	8.0	17.2	—	28.8	Nangia et al，1968
	6~12 月龄	13.6	24.3	7.0	17.6	—	28.3	Nangia et al，1968
	1~2 年龄	12.8	22.6	7.4	18.0	—	32.6	Nangia et al，1968
	2~3 年龄	12.6	25.5	7.0	20.5	—	27.3	Nangia et al，1968
	3~4 年龄	10.3	21.9	6.5	22.2	—	29.3	Nangia et al，1968
	4~5 年龄	12.2	24.3	7.0	20.0	—	29.0	Nangia et al，1968
	5 年龄及以上	12.8	26.0	7.2	21.0	—	27.9	Nangia et al，1968
尼日利亚	0~6 月龄	13.4±3.3	25.1±3.4	8.4±0.9	19.8±4.8	—	33.9±3.9	Oduye，1976
	6~12 月龄	12.9±2.1	27.0±4.6	9.1±1.4	21.2±3.4	—	33.9±3.3	Oduye，1976
	12~24 月龄	11.9±1.7	26.9±3.8	8.7±1.3	22.9±3.5	—	32.4±3.2	Oduye，1976
	24 月龄	11.8±2.3	25.9±4.4	8.5±1.5	22.4±4.4	—	32.9±3.6	Oduye，1976
	母羊平均值	12.2±2.2	26.1±4.5	8.5±1.3	21.8±3.7	—	33.0±4.0	Oduye，1976
	妊娠羊	11.3±2.0	26.9±4.0	8.7±1.6	23.9±3.6	—	32.3±0.9	Oduye，1976
	公羊平均值	12.7±2.7	25.9±3.9	8.6±1.3	21.3±4.8	—	33.5±2.9	Oduye，1976
	所有山羊均值	12.3±2.4	26.1±4.1	8.6±1.3	21.8±4.4	—	33.1±3.4	Oduye，1976
英国	成年公羊	14.95±2.40	27.2±5.2	10.6±1.6	18.1±1.7	7.2±0.8	39.5±3.6	Wilkins and Hodges，1962
	成年羯羊	16.34±2.10	34.8±3.8	13.1±1.2	21.4±0.8	8.1±0.5	37.7±2.1	Wilkins and Hodges，1962
	成年母羊	13.94±2.80	28.9±5.1	11.4±1.6	21.1±3.1	8.4±1.6	39.6±4.4	Wilkins and Hodges，1962
美国	成年羊	14.5±2.9	34.0±4.9	12.7±1.5	23.3±2.1	7.9±0.4	34.4±1.5	Lewis，1976

注：RBC=红细胞；PCV=红细胞容积；Hb=血红蛋白；MCV＝平均红细胞容积；MCH＝红细胞平均血红蛋白含量；MCHC=红细胞平均血红蛋白浓度。

7.1.5 血红蛋白

山羊有一种原始血红蛋白前体，在胚胎发育时期形成红细胞前体，这种独特的胎儿血红蛋白（HbF）由 α 和 γ 球蛋白肽链组成，在 40d 的胚胎中形成并一直持续到出生，直到出生后约 50d 才消失。在羔羊生长过程中，血红蛋白 C 逐渐替换胎儿血红蛋白。这种独特的血红蛋白广泛存在于绵羊、山羊和羊科其他成员，包括鬣羊、蛮羊和欧洲盘羊。山羊在 50 日龄时 80%～100% 的血红蛋白为 C 型，与胎儿血红蛋白相比，血红蛋白 C 的氧亲和力下降。因此可推定血红蛋白 C 是一种生理适应性蛋白，它使得羔羊在快速生长时期满足组织对氧的需求（Huisman et al，1969）。在 1~3 月龄的羔羊上经常发现明显的异形红细胞，这可能与此时段血红蛋白转变为血红蛋白 C 有关。

羔羊到 120 日龄时，由一条 α 球蛋白肽链和 β 球蛋白肽链组成成熟血红蛋白，其最大程度取代了血红蛋白 C，然而成熟的血红蛋白中仍有 5%～10% 的以血红蛋白 C 的形式持续存在，此现象也常在青年羊出现，甚至在正常成年羊中也有少量存在。成年羊在自然或试验性贫血引起的红细胞生成时或处于高海拔地区时可诱导血红蛋白转化为血红蛋白 C。促红细胞生成素不仅可直接使血红蛋白转化为血红蛋白 C，还可通过促进骨髓中红细胞的产生而使血红蛋白 C 增加（Garrick，1983）。

除少量血红蛋白 C 外，鉴定发现成熟血红蛋白有 A、B 和 D 三种形式，此后还有文献确定成熟血红蛋白有 A、D 和 E 三种形式（Garrick and Garrick，1983）。成熟血红蛋白由 α 和 β 两种肽链及珠蛋白组成，由至少 5 个结构基因控制。山羊血红蛋白的多态性由 β 或 α 肽链改变决定，其表型主要有 AA、AB、BB 和 AD 表型，这与以前的报道一致（Huisman，1974）。此外，在马耳他山羊常发现另外一种血红蛋白，即血红蛋白 D$_{malte}$（Bannister et al，1979）。在山羊上还发现某些血红蛋白表型与蠕虫病抗性有关（Buvanendran et al，1981）。在针对芬兰奶山羊的研究中，发现血红蛋白浓度升高与产奶量增加、体细胞数降低相关，但目前没有它们之间有何相关的解释说明（Atroshi et al，1986）。

7.1.6　贫血反应

试验证实，山羊对贫血只有轻度到中度的网织红细胞反应。利用静脉放血的方法使红细胞数量下降超过 50%，从而人为诱发出血性贫血以计数红细胞各项参数（Dorr et al，1986）。出血前网织红细胞数 0～0.5%，出血后 6～8d 达到最大数值 3.2%～7.7%，11～19d 观察到第二次高峰 2.9%～6.3%。出血后 4 周内红细胞大小不均和巨红细胞持续存在是比网状细胞增多更显著的再生指标，平均红细胞容积（WCV）不断增加说明大量新生红细胞产生，新生红细胞在出血后 25～29 d 达到最大量，但不会超过报道的平均红细胞容积正常范围。因此，在确诊再生性贫血时，必须仔细确定平均红细胞容积。血红蛋白和红细胞压积恢复到出血前的水平需 5 周时间。

Jain 等（1980）报道在正常安哥拉山羊上进行试验性诱导出血性贫血时，有明显的异形红细胞症出现，同时镰刀状红细胞百分比上升。随着新异形红细胞产生，梭形（镰刀形）细胞百分比降低。出血后 8～13 周异形红细胞达最高峰，红细胞的这些形态学改变是由于再生细胞中存在血红蛋白 C 所致。

7.1.7　血型

目前大部分山羊血型系统资料来自于绵羊，但两者的异同还不明确。现已知绵羊有 7 种血型，分别为 R-O、A、B、C、D、M 和 X。R-O 血型抗原为可溶性，天然抗 R 抗体可在 R 阴性绵羊上发现。绵羊 M 血型与红细胞内钾浓度变化相关，同时也与物种的纯度有关，因为 Ma 等位基因决定更高的胞内钾浓度。在山羊上也有高钾和低钾红细胞类型的报道，但尚不明确其与 M 血型系统关联，尽管已有人在尝试确定两者的关系（Ellory and Tucker，1983）。B 血型系统是最复杂的，至少有 52 个等位基因参与 B 型抗原的表达。利用绵羊血型鉴定试剂盒，在山羊上至少证实了绵羊 7 种血型中的 5 种，分别为 B、C、M、R-O 和 X，山羊 B 型系统与绵羊相似，也具有多种表型（Nguyen，1977）。

与其他反刍动物一样，鉴定血型时用溶血性测试要比凝集性测试准确，这是因为个别动物红细胞具有天然不凝集性（Andresen，1984）。在山羊中尚不知是否存在新生幼畜同种免疫溶血性贫血症，但已有在出生时喝了牛初乳的 1 周龄羔羊中发现溶血性疾病的报道（Perrin et al，1988）。

1992 年，美国奶山羊协会（ADGA）建立了一个自愿的血型输入程序，以协助注册山羊进行身份和亲子鉴定。1998 年，美国奶山羊协会用 DNA 取代血型进行身份和亲子鉴定，这是由于 DNA 技术的优越性和血液分型抗血清的有限性所决定（Bowen，2007）。

7.1.8　输血法

在绵羊，已明确 R-阳性的血液不能用来输血，以避免最初供体红细胞被同种抗体破坏（Andresen，1984）。然而实际中对山羊或绵羊进行单一输血前通常不进行交叉配血（Bennett，1983），因此山羊自然而然产生红细胞抗体，建议最好进行交叉配血。已有报道，输血反应发生率为 2%～3%（Fletcher et al，1964），交叉配血可以为多次输血提供指导。

自体红细胞半数存活时间为 8 d，而同源输血细胞的半数存活时间只有 2.4～5.1 d（Gulliani et al，1975）。绵羊红细胞输注给山羊最大的平均寿命为 4.6 d（Clark and Kiesel，1963）。在临床实践中不建议跨物种输血。

山羊被认为是一个有着"大脾脏"的物种，健康山羊可调节一次性失去多达 25% 红细胞的急性失血和在 24 h 内失去达 50% 红细胞的失血。这种情况下，补液比补充红细胞更为重要。只要不因压力、运动或并发病而引起代偿失调，在慢性失血（常由寄生虫病引起）使红细胞压积低至

9%时，动物可能不表现贫血的明显临床症状。因此，只需要治疗导致贫血的原因即可，而不需要输血。如果贫血伴随出现水肿和腹水症状的低蛋白血症，则可能需要进行血浆输血治疗。

一只健康山羊可采集的安全血量从最低每千克体重 6 mg（Mitruka and Rawnsley，1981）到最高每千克体重 15 mg（Bennett，1983）用于输血。在实践中，合理的采集量为每千克体重10 mL。4%的柠檬酸钠溶液为血液采集时适宜的抗凝剂，每 400 mL 的血液使用 50～100 mL 抗凝剂。采血时，应不断地晃动采血袋或采血瓶，并通过血液过滤装置去除血凝块，受体安全输血量为每千克体重10～20 mL。

7.1.9　白细胞参数

据报道，山羊白细胞平均数为 9 000 个细胞/μL，变动范围为 4 000～14 000 个细胞/μL。但总白细胞数和各种细胞数随年龄不同会有显著差异，具体见表7.2。这也是准确的中性粒细胞与淋巴细胞（N∶L）的比值。报道的正常山羊在不同年龄段的平均 N∶L 值如下：1 日龄为 1.6∶1；1 周龄为 0.8∶1；1 月龄为 0.6∶1；3 月龄为 0.3∶1；2 岁为 1.1∶1；3 岁及以上为

1.0∶1（Holman and Dew，1965a）。在出生时中性粒细胞数最高，然后降低，在 1 月龄降至最低峰，在 3 月龄后开始回升并维持在出生时的状态。

最明显的变化是从出生到 3 月龄淋巴细胞数量增长 2～3 倍，然后开始下降，维持大致相当于中性粒细胞的量，此比例贯穿整个成年期。这项研究中嗜酸性粒细胞、嗜碱性粒细胞、单核细胞数并没有随着年龄发生显著改变（Holman and Dew，1965a）。然而，在墨西哥对 1 000 只山羊抽样研究发现，小于 7 周龄的羔羊中的嗜酸性粒细胞数平均为 0.5%的白细胞平均数，但成年羊为 4.3%（Earl and Carranza，1980）。

6 周龄左右的羔羊杆状核中性粒细胞占中性粒细胞的 2.5%，但此后健康的羊很少或无杆状核中性粒细胞。山羊淋巴细胞有三种不同的形态：大、中、小。羔羊小淋巴细胞数量为大淋巴细胞的 2.5 倍，推测小淋巴细胞代表胸腺细胞，小淋巴细胞数量减少是由于胸腺萎缩所致。大淋巴细胞和单核细胞在形态学上可能会混淆，但大淋巴细胞核染色质显著凝集形成不规则团块状，而单核细胞的染色质松散，呈条股状。

表7.2　世界各地报道正常山羊总白细胞数和白细胞分类计数

国家	山羊类型	白细胞数量（×10³个/μL）	成熟中性粒细胞（%）	杆状核中性粒细胞（%）	淋巴细胞（%）	单核细胞（%）	嗜酸性粒细胞（%）	嗜碱性粒细胞（%）	参考文献
墨西哥	2 日龄至7 周龄	—	33.66±12.56	0.90±0.95	64.07±13.00	0.82±0.91	0.52±0.72	0.03±0.18	Earl and Carranza，1980
	成年	—	50.8±13.73	0.19±0.43	43.43±13.94	1.24±1.11	4.27±2.07	0.6.±0.77	"
英国	1 日龄	7.25±2.94	55.2±17.9	—	41.3±14.9	2.0±1.3	0.7	0.2	Holman and Dew，1965
	1 周龄	8.90±4.14	42.9±11.8	—	52.4±14.9	2.6±1.2	0.2	0.5	"
	1 月龄	9.24±2.24	32.7±10.8	—	62.5±9.4	2.1±1.7	1.0	1.1	"
	3 月龄	18.18±3.84	22.5±5.8	—	72.6±11.5	2.0±3.7	1.1	0.4	"
	2 年	8.08±2.51	49.0±10.7	—	42.3±10.4	3.1±2.5	1.9	0.9	"
	3 年及以上	9.73±2.51	47.7±12.2	—	48.2±12.0	2.2±1.0	1.5	0.2	"
美国	成年	13.30±2.70	43.0±6.7	—	51.0±11.4	3.0	2.0	1.0	Lewis，1976

7.1.10　白细胞像

已有关于山羊的白细胞像的说明（Coles，1986）：白细胞计数超过 13 000 个/μL 为白细胞增多，低于 4 000 个/μL 为白细胞减少。中性粒细

胞计数大于 7 200 个/μL 代表中性粒细胞增多症，少于 1 200 个/μL 代表中性粒细胞减少症。淋巴细胞计数大于 9 000 个/μL 为淋巴细胞增多症，而淋巴细胞计数少于 2 000 个/μL 为淋巴细胞减少症。单核细胞计数大于 550 个/μL 代表单核细

胞增多症，嗜酸粒细胞计数大于 650 个/μL 为嗜酸粒细胞增多症。在山羊发生炎症反应时，往往出现中性粒细胞增多症，白细胞计数在 22 000～27 000 个/μL 范围内变动。报道一例肾脓肿山羊白细胞计数最高达 36 300 个/μL（Jain，1986）。

　　成熟中性粒细胞增多症常与压力和慢性感染相关，尤其是当脓肿发展为干酪性淋巴结炎或发生乳房炎时。急性细菌性感染可导致中度到重度中性粒细胞增多症和一定程度的核左移。幼龄羔羊发生急性重度球虫病时常出现明显的中性粒细胞增多症和核左移。

　　研究发现山羊白细胞减少症普遍与感染产生的内毒素有关。据报道，试验性给予金黄色葡萄球菌肠毒素 B 和大肠杆菌内毒素可引起短暂的白细胞减少症（Van miert et al，1986）。焦虫病和蜱传热也可引起白细胞减少症，白细胞感染是这些疾病病原的致病机制。泰勒虫病，当裂殖子裂解淋巴细胞释放到血液中时，可观察到淋巴细胞减少症。在蜱传热病例中，当立克次体侵入粒细胞和单核细胞细胞质，可产生显著的白细胞减少症。长期性白细胞减少症也已被证实与心水病有关（Illemobade and Blotkamp，1978），在苏丹山羊食用植物五爪吉祥草中毒也导致长期性白细胞减少症（Tartour et al，1974）。

　　淋巴细胞恶性转化可能会出现在山羊淋巴肉瘤。这种情况在山羊中是不常见的，白血病发病的临床表现较少，外周的淋巴结肿大很容易在山羊淋巴肉瘤中被诊断。

7.1.11　血小板参数

　　通常认为山羊的平均血小板数为 500 000 个/μL，在 340 000～600 000 个/μL 范围内变化（Lewis，1976；Mitruka and Rawnsley，1981）。但另有研究发现与此完全不同，研究发现山羊的血小板数大大降低，出生后 2 周血小板的平均计数为 116 000 个/μL，1.5 岁下降到 28 000 个/μL，在 2 岁时稳定维持在 62 550 个/μL 的水平（Holman and Dew，1965a）。但这些结果尚未被他人重复证实。血小板出现在外周血中，通常有着不同规模的集群。血小板本身的大小和形状也各不相同，但所有包含突出的嗜天青颗粒均匀分布在整个细胞质中。

7.1.12　凝血参数

　　目前有两篇关于山羊凝血参数的研究报告（Breukink et al，1972；Lewis，1976）。研究人员都进行了一般的凝血测试和特定的凝血因子分析。具体参数值见表 7.3。

表 7.3　正常山羊的凝血参数值

参数	单位	平均值	标准偏差	范围	参考文献
采血时间	min	—	—	1～5	Brooks et al，1984
凝血时间 （李-怀特法；玻璃表面）	min	5.5	±0.5	5.0～6.1 1.0～5.0	Lewis，1976 Brooks et al，1984
凝血时间 （李-怀特法；塑料表面）	min	18.3	±4.5	12.3～23.0	Lewis，1976
凝血时间 （毛细管法）	min			1.0～5.0	Brooks et al，1984
凝血酶原时间（PT）	s	11.7	±0.5	9.0～14.0	Brooks et al，1984
				11.2～12.3	Lewis，1976
		12.6		10.6～14.8	Breukink et al，1972
罗氏蝰蛇毒时间（RVV）	s	18.5	±1.3	17.2～19.4	Lewis，1976
活化部分凝血 活酶时间（APTT）	s	32.4 41.0	±7.5	28.4～37.6 34.0～61.0	Lewis，1976 Breukink et al，1972
凝血酶时间（TT）	s	27.0	±5.0	20.9～33.4	Lewis，1976
纤维蛋白质	mg/dL			100～400	Brooks et al，1984
		336	±66.1	268～435	Lewi，1976
		462		340～632	Breukink et al，1972
血小板/μL	×10³	551	±92.9	378～656	Lewis，1976
		483		308～628	Breukink et al，1972

7.2 山羊免疫学基础

近年来兽医免疫学领域已经取得了很大的成就，相比于其他家养动物，有关山羊免疫系统的具体信息仍然很少。本节的目的是为了突出山羊特别的免疫系统。有关这一主题的更广泛的兽医免疫学知识可以从其他教材中找到（Tizard and Schubot，2004）。

目前没有山羊遗传性免疫功能缺陷疾病的报道。获得性免疫介导的疾病也较罕见发生，关于由获得性免疫介导的疾病，如天疱疮，在与其经常感染的器官系统的章节中讨论。山羊最重要的免疫性疾病与其他反刍动物相似，即新生胎儿从初乳中不能获得免疫球蛋白。被动传输（FPT）的失败将在本章后面详细讨论。

7.2.1 免疫球蛋白

反刍动物的免疫球蛋白的结构和功能已有综述，山羊的免疫球蛋白的种类和分布与一般反刍动物的模式相似（Butler，1986）。山羊中发现的主要免疫球蛋白类别是 IgG、IgA 和 IgM。在牛和羊中有两种不同的 IgG 亚类，分别是：IgG_1 和 IgG_2（Gray et al，1969）。山羊初乳中的主要免疫球蛋白是 IgG_1，其优先于 IgG_2 从血清运输到乳腺中（Micusan and Borduas，1976）。这可能是由于乳腺上皮细胞含有 IgG_1 较高亲和力的 Fc 受体。IgG_1 也是感染后血清抗体中的主要成分（Micusan and Borduas，1977）。局部的 IgG_1 产生也在滑液中得到了证实，特别是在应对山羊关节炎/脑炎（CAE）病毒感染时（Johnson et al，1983）。

关于山羊 IgM 的记录很少，可能是因为与反刍动物之间 IgM 的结构和功能相差不大（Aalund，1972；Butler，1986）。已从山羊血清、初乳、乳、唾液和尿液中分离出山羊 IgA。在分泌物中发现一个独特的分泌成分，有时处于游离状态，有时与 IgA 结合。血清中发现有少量的 IgA 很少与这种分泌成分相关（Pahud and Mach，1970）。IgA 被认为是黏膜表面的主要免疫球蛋白。在所有的反刍动物中，包括山羊，IgE 已经被确定是具有典型的生物活性的免疫球蛋白。IgE 是公认的反刍动物中研究寄生虫抗药性的一个重要标记，通过检测 IgE 的含量测定抗药性的研究正在进行。山羊 IgE 的全序列测定正在进行，目前已完成部分 DNA 的测定（Griot-Wenk et al，2000）。山羊血清和各种分泌物中免疫球蛋白的浓度见表 7.4。

表 7.4　正常山羊各种体液中免疫球蛋白的类型及浓度

来源	总 IgG (mg/mL±S. D.)	IgG_1 (mg/mL)	IgG_2 (mg/mL)	IgA (mg/mL)	IgM (mg/mL)	参考文献
初乳	53.27±5.30	50.83±4.95	2.27±1.32			* Micusan and Borduas，1977
	58.0（50.0~64.0）			1.70（0.90~2.40）	3.80（1.60~5.20）	** Pahud and Mach，1970
成熟乳	0.25（0.10~0.40）			0.06（0.03~0.09）	0.03（0.01~0.04）	** Pahud and Mach，1970
正常成年羊血清	19.97±1.55	10.92±0.84	9.07±0.78			* Micusan and Borduas，1977
	22.0（18.0~24.0）			0.32（0.05~0.90）	1.60（0.80~2.0）	** Pahud and Mach，1970
羔羊血清						
吃奶后 18h	73.59±2.20					*** Nandakumar and Rajagopalaraja，1983
1 周龄		29.12±4.80	nm			*** Micusan et al，1976
4 周龄		16.18±1.25	1.71±0.92			**** Micusan et al，1976
8 周龄		11.92±0.91	4.56±0.84			**** Micusan et al，1976

（续）

来源	总 IgG (mg/mL±S. D.)	IgG$_1$ (mg/mL)	IgG$_2$ (mg/mL)	IgA (mg/mL)	IgM (mg/mL)	参考文献
12 周龄		12.08±0.35	8.32±0.94			****Micusan et al, 1976
成年羊唾液	0.10 (0.01～0.25)			0.20 (0.03～0.60)	t	**Pahud and Mach, 1970

注：IgG=免疫球蛋白 G，IgA=免疫球蛋白 A，nm=不可测量，t=微量，＊标准差，＊＊范围，＊＊＊没有报道，＊＊＊＊标准误差。

7.2.2 其他血清蛋白

有报道山羊的平均血清总蛋白浓度范围从 6.75～7.53 g/dL，个别山羊的浓度范围在 5.9～7.8 g/dL（Fletcher et al，1964；Melby and Altman，1976；Mitruka and Rawnsley，1981）。山羊的各种血清蛋白的浓度见表 7.5。

表 7.5　健康山羊血清蛋白浓度

蛋白	性别	单位	平均值±SD	范围	％	参考文献
总蛋白	不分性别	g/dL	6.90±0.48	6.4～7.0	100	Brooks et al, 1984；Kaneko, 1980
	不分性别			5.9～7.8		Mitruka and Rawnsley, 1981
	不分性别		7.53			Hsu, 1976
	公		6.75±0.35			Mitruka and Rawnsley, 1981
	母		6.90±0.38			Mitruka and Rawnsley, 1981
白蛋白	不分性别	g/dL	3.30±0.33	2.7～3.9		Brooks et al, 1984；Kaneko, 1980
	不分性别			2.45～4.35	33.5～66.5	Mitruka and Rawnsley, 1981
	不分性别				44.3	Hsu, 1976
	公		3.46±0.41			Mitruka and Rawnsley, 1981
	母		3.35±0.42			Mitruka and Rawnsley, 1981
总球蛋白	不分性别		3.60±0.50	2.7～4.1		Brooks et al, 1984；Kaneko, 1980
总 α 球蛋白	不分性别			10.3		Hsu, 1976
	不分性别	g/dL	0.60±0.06	0.5～0.7		Kaneko, 1980
α$_1$ 球蛋白	不分性别	g/dL		0.5～0.7	4.2～8.3	Brooks et al, 1984
	不分性别			0.3～0.6		Mitruka and Rawnsley, 1981
	公		0.45±0.05			Mitruka and Rawnsley, 1981
	母		0.40±0.04			Mitruka and Rawnsley, 1981
α$_2$ 球蛋白	不分性别	g/dL		0.3～0.9	5.0～12.5	Mitruka and Rawnsley, 1981
	公		0.51±0.06			Mitruka and Rawnsley, 1981
	母		0.68±0.07			Mitruka and Rawnsley, 1981
总球蛋白	不分性别	g/dL		1.0～2.0	14.8～28.5	Mitruka and Rawnsley, 1981
	不分性别				14.3	Hsu, 1976
	公		1.33±0.14			Mitruka and Rawnsley, 1981
	母		1.61±0.15			Mitruka and Rawnsley, 1981
β$_1$ 球蛋白	不分性别	g/dL	0.90±0.10	0.7～1.2		Brooks et al, 1984；Kaneko, 1980
β$_2$ 球蛋白	不分性别	g/dL	0.40±0.02	0.3～0.6		Brooks et al, 1984；Kaneko, 1980
总 γ 球蛋白	不分性别	g/dL		0.5～1.5	7.0～21.0	Mitruka and Rawnsley, 1981
	不分性别				30.6	Hsu, 1976
	不分性别		1.70±0.44	0.9～3.0		Kaneko, 1980

（续）

蛋白	性别	单位	平均值±SD	范围	%	参考文献
	公		1.05±0.15			Mitruka and Rawnsley，1981
	母		0.86±0.14			Mitruka and Rawnsley，1981
白蛋白/	不分性别		0.63±1.26			Brooks et al，1984；Kaneko，1980
球蛋白（A/G）	不分性别		0.71±1.26			Mitruka and Rawnsley，1981
	公		1.05±0.11			Mitruka and Rawnsley，1981
	母		0.95±0.12			Mitruka and Rawnsley，1981
纤维（血浆）	不分性别	g/dL		0.1~0.4		Brooks et al，1984；Kaneko，1980

山羊血浆纤维蛋白正常水平在 0.1～0.4 g/dL，其值低于奶牛的水平。在炎症反应中纤维蛋白原增多症往往伴随中性粒细胞增多症的发生。在炎症过程中山羊血浆纤维蛋白的最高纪录是 1.1 g/dL（Jain，1986）。

有关山羊补体成分浓度的文献较少。然而，一项研究表明补体具有溶血性、黏合性和杀菌的活性，同时表明，小于 6 月龄的小羊其补体活性显著低于成年山羊（Bhatnagar et al，1988）。

7.2.3　细胞介导的免疫系统

宿主免疫应答的诱导开始于黏膜表面的免疫细胞，抗原与相关的黏膜表面淋巴组织（MALT）接触，经抗原处理并运送到局部淋巴结。山羊黏膜系统的结构、功能和分布已有综述报道（Liebler-Tenorio and Pabst，2006）。

山羊 B 淋巴细胞群和 T 淋巴细胞群已经得到鉴定（Sulochana et al，1982），基于对凝集素（PNA）是否具有反应性确定了 T 淋巴细胞亚群的功能（Banks and Greenlee，1982）。外周血中 B 淋巴细胞和凝集素阳性 T 细胞比例分别为 14% 和 69%（Banks and Greenlee，1982；Hedden et al，1986）。

已有几篇关于体外淋巴细胞转化的优化、动力学及应用的报道或通过使用标准的有丝分裂原检测淋巴细胞反应（Staples et al，1981；Greenlee and Banks，1985），特异性抗原，如 CAE 病毒（DeMartini et al，1983）、类固醇（Staples et al，1983）和同种异体淋巴细胞（van Dam et al，1978）。

母山羊正常中性粒细胞功能已被评估，评估的指数包括：迁移，趋化，细菌摄取，细胞色素 C 减少，抗体依赖细胞介导的细胞毒作用（Maddux and Keeton，1987）。地塞米松和左旋咪唑对中性粒细胞功能的影响也有报道（Maddux and Keeton，1987a）。硒缺乏已被证明对山羊中性粒细胞的功能有不良影响（Aziz et al，1984）。有关山羊巨噬细胞和非中性粒细胞的特征和功能的报道很少。

7.2.4　细胞因子

细胞因子是在宿主反应抵抗外来病原体时起着核心作用的蛋白质免疫介质。细胞因子在兽医学中的作用已经得到了足够的重视。最近以细胞因子为主题的文献涉及牛、羊、猪、马、犬、猫和鸟，但很可惜，恰恰没有对山羊细胞因子的报道（Schijns and Horzinek，1997）。虽然对山羊细胞因子的知识尚未完全，但是相关信息可以在各种研究报告中找到。

白细胞介素 1（IL-1，内源性热源）在细菌引起的发热过程中山羊血浆中发现（Verheijden et al，1983）。其他研究证明了山羊体内中性粒细胞的存在和活性趋化因子，白细胞迁移抑制因子和白细胞介素 2（IL-2）（Aziz and Klesius，1985，1986）。巨噬细胞刺激山羊体外脂多糖的表达构成了肿瘤坏死因子（TNF）和白细胞介素 6（IL-6）（Adeyemo et al，1997）。白细胞介素 8（IL-8）和单核细胞趋化蛋白 1（MCP-1）被通过 CAE 感染山羊后的巨噬细胞在体外表达（Lechner et al，1997），白细胞介素 16（IL-16）在感染 CAE 后的山羊外周血单核细胞和滑膜细胞内能表达更高的量（Sharmila et al，2002）。患干酪性淋巴结炎与未感染的山羊，其全血在体外用棒状杆菌分泌的抗原刺激时，前者能够产生更多的 γ 干扰素（IFN-γ）（Meyer et al，2005）。

7.2.5 主要组织相容性复合体（MHC）

山羊的 MHC 称为山羊淋巴细胞抗原（GLA）系统。血清学定义为（SD）Ⅰ类抗原和淋巴细胞（LD）定义为Ⅱ类抗原已确定。淋巴细胞抗原的表达涉及 3 种不同的基因簇表达：SD1、SD2 和 LD，分别产生 5、4、4 个特异性抗原（van Dam et al，1979，1980，1981）。最近的一份报告显示多达 27 个Ⅰ类特异性抗原（Ruff and Lazary，1987）。淋巴细胞抗原的交叉匹配可延长皮肤移植存活时间（van Dam et al，1987a）。此外，体液免疫反应的程度也与 GLA 的类型有关。对破伤风类毒素抗体反应的增加与山羊淋巴细胞抗原-SD$_{1-2}$ 和 SD$_{1-4}$ 的特异性有关（van Dam and van Kooten，1980）。有关山羊 MHC 的更多信息在其他文献中可以找到（Obexer-Ruff et al，1996）。

7.3 通过临床症状诊断血液淋巴疾病

7.3.1 出血性疾病

出血性疾病的适应证包括黏膜瘀斑或出血，长时间静脉出血、手术伤口出血和外伤，身体窍出血，或皮下或关节周围肿胀发展。这种迹象可能导致脉管炎，血小板功能紊乱或凝血障碍。山羊的这类疾病很少得到关注。

萨能山羊家族有遗传性无纤维蛋白原血症的报道（Breukink et al，1972）。遗传模式是不完整的常染色体显性遗传。有完全缺乏循环纤维蛋白原的纯合子个体，从而影响山羊幼年阶段的存活。出生时未检查的脐出血最为常见，但经常性皮下和黏膜出血。凝血时间，凝血酶原时间，第 1 阶段的凝血酶原，部分凝血活酶时间延长导致纤维蛋白原血症。纤维蛋白原浓度，作为衡量凝血蛋白的生物活性标准，其总是在 0.15 g/dL，通常为 0。后天性凝血功能障碍发生率大概与其他物种相似，但关于山羊凝血功能障碍的具体原因很少报道。血从死羊窍中的流出暗示着炭疽的发生。

非洲锥虫病影响的物种一致被发现血小板减少症，包括山羊（Davis，1982）。血小板减少程度和随后出血的发展程度直接与寄生虫感染的发展相关。

蕨类植物（蕨菜）被牛摄入后，可导致全血细胞减少症、白细胞减少症、血小板减少症、鼻衄、广泛瘀斑和出血的主要临床表现。虽然发病率可能很低，但死亡率很高。有一个山羊采食蕨菜中毒的报告，但没有观察到出血的迹象（Tomlison，1983）。

出血性脂肪病被认为是其他农场动物严重弥漫性肝病的临床表现（Radostits et al，2007），然而，对绵羊和山羊的肝脏疾病的回顾并没有将凝血病确定为肝脏疾病的临床结果（fetcher，1983）。唯一一份记录山羊与肝病相关的凝血活性降低的报告涉及使用四氯化碳（Jones and Shah，1982）。

7.3.2 贫血

临床上可以通过苍白或白色黏膜（图 7.1、彩图 37）、运动无力、呼吸急促、心动过速、可能的收缩期杂音、虚弱和（在极端情况下）崩溃来证明贫血的存在。贫血是一种血管内溶血的结果，黄疸和血红蛋白尿也是很重要的临床症状。贫血常常伴随着低蛋白血症的症状，特别是下颌间水肿、腹水和体重减轻。贫血是山羊常见且最重要的临床表现。

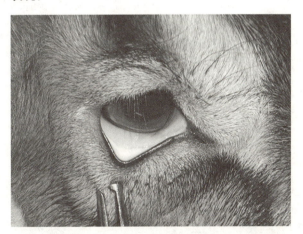

图 7.1　贫血山羊特征性的白色结膜，正常山羊结膜颜色为粉红至红色（Dr. M. C. Smith 供图）

7.3.2.1 溶血性贫血的原因

山羊溶血性贫血的原因包括患边虫病、巴贝斯虫病、附红细胞体病、焦虫病、营养失调、铜中毒，以及羽衣甘蓝的摄入和食用其他有毒植物；另外包括传染因素，如钩端螺旋体病。

其他疑似山羊溶血性贫血的原因正如绵羊中报道的一样，包括诺维梭菌 D 型和产气荚膜梭菌

A 型的感染。在实验室，山羊因橡木中毒引起显著的溶血性贫血，但是山羊自然发生橡树中毒不常见（Begovic et al，1978）。试验感染嗜酸性粒细胞增多症（sarcosporidiosis）会产生溶血性贫血症（Dubey et al，1981），但是众所周知，山羊自然发生的感染出现亚临床症状，在屠宰或尸检时可看到肌肉囊肿，这将在第 4 章中进一步讨论。

两份报告显示，在雌性山羊中，低磷血症为溶血性贫血和血红蛋白尿的原因，但在 3 个报告病例中有 2 个，血清无机磷的水平处于正常范围（Setty and Narayana，1975；Samad and Ali，1984）。在牛的产后血红蛋白尿中，血清无机磷水平远低于正常水平范围。

7.3.2.2　贫血症的原因

贫血是山羊贫血症最主要的临床特征。贫血的原因包括感染血矛线虫，寄生虫的抓损，尤其是肝片吸虫和体表寄生虫（如虱子、跳蚤等）的吮吸。而野生食肉动物一般都是直接杀死山羊，除非这个过程被迫中断，家犬一般以山羊为目标，但是不会杀死它们，造成严重的外伤出血。

7.3.2.3　红细胞破损造成的贫血

这种贫血发生频率很高，经常由于一些明显的临床症状而被忽略。营养性原因包括钴、铜、铁等元素的缺乏。中毒性的原因包括氟中毒、蕨类采食中毒等。其他慢性感染性疾病也会引起贫血。

铁的缺乏与长期摄食没有及时补充矿物质乳汁或饲料有关；铜的不足主要体现在羔羊阶段的神经系统疾病。在诱导钴缺乏的试验中，发现有血红蛋白正常的贫血现象，同时伴有体重减轻。在自然钴缺乏的病例中，生病的现象持续发生，不时出现贫血现象。在一些羊群中不可再生障碍性贫血已经被证实是由慢性氟中毒引起，这些羊经常在埃及一家磷酸盐制造工厂附近的草丛采食。一例山羊蕨中毒已经被报道过。贫血已经被认为是寄生虫感染的一种并发症。

已经证实的山羊贫血原因见表 7.6，此表总结了并发的临床症状和实验室发现。所有的血液寄生虫病、螺旋体病、铜中毒、磷酸盐缺乏、采食蔬菜汤和其他有毒植物引起的贫血会在后面的章节中详细讨论。和贫血有关的其他疾病由于其他临床症状占主导地位，因此这部分内容将在其他章节中讨论。

表 7.6　山羊贫血：有助于鉴别诊断

贫血原因	发病机制和形态类型	贫血在疾病中的作用	血清总蛋白	黄疸	血红蛋白尿症	其他临床症状	备注
边虫病	血寄生虫；血管外溶血；再生	主要作用	正常	可能	无	很少，流产，其他并发症	常为亚临床
巴贝斯虫病	血寄生虫；血管内溶血	主要作用	正常	可能	可能	发热、腹泻、流产	山羊少见
泰勒虫病	血寄生虫；贫血机制不清	次要作用	正常	可变	临时的	发热，淋巴结肿胀，流泪	主要是白细胞的寄生虫
球虫病	肠内寄生虫，出血性贫血	主要作用	低	无	无	腹泻或痢疾；脱水	主要感染羔羊
肝片吸虫	肝脏寄生虫，出血性贫血	主要作用	低	可能	无	体重减轻，水肿，腹水，嗜酸性粒细胞增多症	
血吸虫病	血管寄生虫；失血性贫血	主要作用	低	无	无	体重减轻，腹泻，腹水	主要感染山羊
外寄生虫（蜱、虱）	皮肤寄生虫，失血性贫血	通常较轻	正常到低	无	无	瘙痒，被毛粗糙	虱可引起严重贫血
外伤/捕食	失血性贫血	较轻	正常到低	无	无	肌肉骨骼外伤	捕食严重问题
钴缺乏	营养；红细胞减少；巨红细胞性贫血	较轻	正常到低	无	无	体重减轻，腹泻，流泪，虚弱	模仿胃肠道寄生虫

（续）

贫血原因	发病机制和形态类型	贫血在疾病中的作用	血清总蛋白	黄疸	血红蛋白尿症	其他临床症状	备注
铜缺乏症	营养；血红蛋白合成减少；微囊性贫血	较轻	正常	无	无	共济失调，背部凹陷	主要是神经系统，多见于羔羊
缺铁症	营养；血红蛋白合成减少；微囊性贫血	较轻	正常	无	无	无	不常见，用牛奶饲喂的羔羊多见
缺磷症	营养；溶血性贫血	主要作用	正常	有	有	无	印度有个别报道
慢性病（如副结核病）	慢性病贫血，非再生性的	较轻	从高到低	无	无	体重减轻，可能水肿	
甘蓝中毒	植物毒性；海因茨体贫血；再生	主要作用	正常	可能	无	无	山羊比牛更有抵抗力

7.3.3　淋巴结肿大

淋巴结的肿胀被认为是普通的局部感染（如乳腺炎），疫苗接种引起。在一些重要的山羊疾病如干酪样淋巴腺炎、焦虫病、锥虫病、淋巴肉瘤中，持续性的淋巴病变是一个重要的发现。由于在贫血疾病有着重要的地位，焦虫病和锥虫病在这章将做详细讨论，其他的几个病在第3章中讨论。

7.4　血液、淋巴、免疫系统特殊的立克次体病

7.4.1　边虫病

边虫病是反刍动物的立克次体属的血液寄生虫病，主要引起溶血。在山羊和绵羊中常被认为是一种亚临床症状疾病，而山羊临床症状更加明显。

7.4.1.1　病原学

在山羊，其病原体是边虫（*Anaplasma ovis*）。在绵羊，其病原体是绵羊边虫（*A. ovis*），是在欧洲发现的一种，但未列入1980年批准的清单中（Euzéby，2003）。在牛中，其病原是牛边缘无形体虫，牛中央无形体。在野生反刍兽中，其病原是边缘无形体。山羊偶尔可以被牛的病原体短期感染，但是不会发展为临床疾病，也不会成为牛的感染源。本章的内容仅限于产生红细胞的无形体生物体。感染的一些立克次体生物体白细胞已转移至 *Anaplasma* 属（Dumler et al，2001），在本章蜱传热部分进一步讨论。

7.4.1.2　流行病学

山羊边虫病在非洲、印度等地都有广泛报道。在美国，有绵羊感染的报道，但是没有山羊感染发病的报道。由于山羊感染后临床症状不明显，因此认为造成的经济损失不严重。但是由绵羊无形体引起的临床疾病在尼日利亚、印度、伊拉克有零散的报道。最近南非波尔山羊暴发的流产与感染山羊边虫病有关，并且这种病造成的经济损失远比先前估计的要大。

这种病原可以通过各种蜱传染，蜱在被感染动物身上取食时被感染，可在发育期和非发育期传播。通过其他昆虫、被感染的注射器和其他医学器具等在山羊之间机械传染绵羊边虫病还没有经过调查，尽管已经知道这些传播途径可以在牛之间传染。在牛群中，随着年龄增长，其临床病症的严重程度也随之加重。而在山羊试验性感染绵羊边虫病中，却没有出现这样的现象，并且病症可以辨别，尽管年龄大的动物表现出红细胞数量急剧减少，但机体可能会产生较弱的免疫反应。当带虫动物处于抑制状态时，该病可能会反复发作。

7.4.1.3　发病机理

绵羊边虫病最初会引起机体贫血。在脾脏和骨髓中被感染的血红细胞破损，通常贫血的严重程度和被感染的红细胞数量相关。在山羊试验性感染中，潜伏期是8～23 d，在接种后平均15 d开始出现红细胞被感染。感染后15～30 d达到最高峰，在感染23～24 d红细胞数量降到最低。RBC、PCV、Hb平均减少超过50%。在出现红细胞感染的前8 d和之后的1周，机体开始产生

抗体，对于带虫动物，其体内可检测到的抗体能维持长达 1 年。

7.4.1.4 临床症状

山羊感染绵羊边虫是隐性感染，并发其他疾病，营养失调。在临床上最常见的症状是病畜体力下降，其他症状包括体温升高到 41.9℃，厌食，精神沉郁，虚弱，黏膜苍白，心率增加。如果贫血严重，则会出现黄疸，隐性感染的动物一般呈现黏膜苍白的症状。贫血需要实验室检测最终确诊。

7.4.1.5 临床病理和剖检

除非有并发症，白细胞的数量会保持不变。在临床症状中，红细胞的数量会下降，在亚临床病例中，会下降得更多。RBC 平均为 $7.45 \times 10^6/\text{mL}$，PCV 平均为 23.4%，Hb 为 6.8 g/dL。在晚期病例中，RBC、PCV、Hb 分别为 2.92×10^6，10%，2.8g/dL。把患畜血液进行姬姆萨染色或瑞氏染色，血红细胞的感染占了 60%～70%，然而大约 40% 无形体虫在红细胞中央或接近边缘的位置。在寄生虫血症期，这些虫体很容易被检测出。在试验性亚临床感染中，即使是在寄生虫血症期，也只有 6.8% 的血红细胞检测出了无形体。在自然感染发病病例中，只有 2.7%，因此需要仔细涂抹染色。在恢复期，MCV 增加、红细胞大小不均一及多色性都可以观察到。

在携带期的确诊，需要进行血清学试验。在寄生虫血症期，补体结合性抗体滴度达到最高，但是在随后的携带期，抗体水平处于维持状态，有些带虫动物出现假阴性的结果。最可靠的检测方法是对山羊接种可疑病山羊的血液。其他的血清学检测还有快速试纸凝集检测、荧光抗体检测、ELISA 检测。目前毛细管凝集检测被认为是检测山羊边虫病的可靠方法（Mallick et al, 1979）。尸检可见消瘦，组织充血，黏膜苍白和黄疸。有时肝脏可能肿大，呈橙色。

7.4.1.6 诊断

在边虫寄生的地方，也常发现其他血液寄生虫，如巴贝斯吸虫、泰勒斯梨浆虫。实际上，在同一动物身上同时出现这些病是很正常的，但实验室确诊是很有必要的。临床上应鉴别诊断边虫病和巴贝斯虫病、钩端螺旋体病、铜中毒及其他因素引起的溶血病。

7.4.1.7 治疗

在寄生虫血症期治疗效果最好，可直接减少红细胞的感染。在贫血较严重时由于对患病动物的治疗需要反复保定，而引起的应激有时是致命性的。在潜伏期治疗，效果显现得较慢，也不能预防寄生虫血症的发生。在临床上，土霉素，四环素盐可以很好地治疗此病：肌内注射，10mg/kg，每天 1 次，用药 1～2d。在牛群中，此药作用持续时间较长，用量为 20mg/kg，1 周注射 1 次，连用 2～4 周。咪唑苯脲对绵羊边虫病可能有效，但是在剂量和治疗方法方面的信息都还很少。

7.4.1.8 防控

总的来说，通过控制生物传播媒介来控制边虫病的发生不太实际，除非对羊群反复药浴或喷雾预防。而且目前还没有足够的证据显示牛的边虫病疫苗对绵羊和山羊有效，并且对于绵羊边虫病目前还没有有效的疫苗。受威胁的牛可以通过给药预防感染：肌内注射 1～2mg/kg，每天 1 次，连续给药 10 d 左右。这样做效果怎样很难估计，因为山羊边虫病经常是亚临床疾病。

7.4.2 附红细胞体病

本病由附红细胞体引起，临床上少见，经济意义不大。该病原体之前被划分到立克次体属，现在被分到了支原体属，但是与很典型的支原体还有所不同。

7.4.2.1 流行病学

在欧洲、非洲、澳大利亚、北美，以及中东等地，绵羊感染附红细胞体的报道很多，然而山羊感染此病只有巴基斯坦、南非、澳大利亚和古巴有报道。传播途径可能是通过昆虫的叮咬、污染的针头和外科器具传播。在塔斯马尼亚岛（位于澳洲东南方），一项血清学调查显示，附红细胞体在绵羊之间广泛传播，但是并没有显示在山羊之间传播，这两个宿主对慢性感染的敏感性存在差异。

7.4.2.2 病原学和致病机制

附红细胞体可以感染绵羊和山羊。用姬姆萨染色方法对绵羊血液染色，表明附红细胞体在红细胞中呈现一个大戒指状环形物，而在山羊红细胞中呈现较小的环状物。当出现临床症状时，常常是由于继发疾病如营养不良和胃肠道寄生虫所致。在感染试验中，附红细胞体在这两种羊的潜伏期是 6 d，但是山羊的寄生虫血症的严重程度和持续时间都比绵羊少，山羊一般是 4 周，而绵羊是 6 周。山羊感染附红细胞体后，携带病原体可持续多达 14 个月之久。

7.4.2.3　临床症状

山羊很少出现临床症状。绵羊患此病后，表现虚弱、瘦弱、贫血、黄疸。

7.4.2.4　诊断

在寄生虫血症期间，用姬姆萨染色，可以在红细胞中观察到虫体。但是直到寄生虫血症期到后期才能观察到临床贫血症状。在临床症状出现后 3 周内，可以用补体结合试验法检测到抗体。在隐性感染阶段，可以断断续续地检测到较低水平的抗体。因此补体结合试验可以用于群体发病情况诊断。还要注意和其他血液疾病鉴别诊断：如边虫病、营养不良病、胃肠道寄生虫病，以及钴缺乏病等。

7.4.2.5　治疗及防控

通过治疗可以减轻临床症状，但是不能彻底消除病原。用新胂凡纳明 30mg/kg，四环素 6.6mg/kg 治疗绵羊。目前还没有有效的治疗方案治疗患病山羊。可通过计划性地预防用药控制疾病，同样也需要注意外科器具及注射器针头的消毒处理来预防传播疾病。

7.4.3　蜱传热

蜱传热是由蜱传播的嗜吞噬细胞无形体引起山羊、绵羊，以及牛的一种立克次体病。该病原之前被划分到埃立克体属。代表性的是传染性 HGE，能引起人无形体病。这之前也被称为马埃立克体，引起马的埃立克病，其他的亚型能够适应牛或年幼的反刍动物引起牧场热和蜱传热。犬也可以感染该病。对所有反刍动物，其共同特征是发热和白细胞减少症。蜱传热造成山羊奶产量减少，免疫系统受损引起继发感染，在一些地方造成很大损失。

7.4.3.1　流行病学

在欧洲，牛和绵羊都能感染此病，硬蜱是传播媒介。相似的虫体在印度也有报道。在美国，这些病原能引起人和马患此病，由硬蜱传播。只有挪威和苏格兰报道了山羊自然感染该病。在欧洲，篦子硬蜱喜欢在湿润寒冷的草丛和树林中生长。在苏格兰，已经发现有野生山羊感染此病原，和野生牝鹿一起被认为是野生宿主。在春秋季，随着蜱的活动增加，此病的发生率也随着增加。

7.4.3.2　病原学和致病机制

引发牛和幼反刍兽蜱传热的病原是噬细胞无形体。牛和绵羊分离株已经得到鉴定。从绵羊分离的病原可以同样引起山羊患病，反之亦然。从牛分离的病原可以感染绵羊，但其传染性在羊上较牛相对轻。蜱传播的其他病原有牛埃立克体，羊埃立克体。

被感染的蜱在吸食血液时把病原传染给宿主。跨龄传播而非经卵传播，进入宿主的血液循环系统后，病原能够逃避中性粒细胞和白细胞的扑杀，也可以较低程度的逃避巨噬细胞。羊的感染试验中，感染 3 d 后，山羊出现高热，7 d 后，白细胞数量下降到感染前 27% 的水平，出现短暂的淋巴细胞减少和持续性的中性粒细胞减少症。感染后第 5 天左右可瞬时观察到嗜酸性粒细胞。

可以确信的是，病原入侵白细胞能够刺激机体产生 IL-1，可以解释高热、瘤胃积食和其他临床症状。短暂的淋巴细胞减少和中性粒细胞减少会损害免疫系统，容易引起严重的继发性感染，以及增加死亡的风险。

山羊发病率和死亡率方面的数据还比较欠缺。一个来自苏格兰的报道说，有 25 只山羊受到威胁，其中 13 只羊检测出蜱传热的抗体，7 只羊出现了明显的临床症状，1 只羊死亡。在挪威的报道中，103 只的羊群中有 50 只羊感染了此病，各年龄段的都有感染。然而，宿主在感染病原后，免疫应答表现得却很弱，有报道称，病原可以在绵羊的血液系统生存 2 年之久。

7.4.3.3　临床症状

临床上报道山羊发热可高于 41℃，且高热持续 3～6 d，并伴随反应迟钝、厌食、瘤胃迟缓、心跳过速、肌肉痉挛、咳嗽等症状。泌乳期的山羊产奶量明显下降。比较牛和绵羊，在报道的病例中，流产和继发感染方面的症状没有多大差别。在治疗几周后可以完全康复。

7.4.3.4　临床病理和剖检

在感染的第 3 天，通过亚甲基蓝染色，病原体可以很容易地在外周血中性粒细胞中观察到。虫体在细胞质的液泡中，白细胞数量下降明显，在第 7 天时，白细胞数量少于 3 500 个/μL。初期，中性粒细胞和淋巴细胞的比例会出现逆转。随后，淋巴细胞数量恢复正常，中性粒细胞的数量继续减少。剖检时，并没有发现其他特别的症状。

7.4.3.5　诊断

目前，蜱传热可以认为是一种地方性疾病。在疾病的急性感染期，通过血液涂片观察中性粒细胞中的虫体可以做出诊断。血清学可以通过补体结合试验和反式免疫电泳获得，间接免疫荧光试验也可以获得。羊跳跃病病毒也是通过篦子硬蜱传播，也能使宿主体温升高。因此，这两种病可在一地区同时发生。羊跳跃病较明显的是神经症状，同样也可以在血清中查到病原。

7.4.3.6　治疗和防控

已经有几种药在治疗该病时进行了评价（Anika et al，1986，1986a）。静脉注射四环素，10mg/kg，在 6h 内可使体温恢复正常，并可以杀死细胞内的病原体。甲氧苄氨嘧啶（20mg/kg）、磺胺二甲基嘧啶（50mg/kg）联合用药，静脉注射。也可以氯霉素（50mg/kg）静脉注射，但是这药被限制使用。控制该病，主要是避免羊群和蜱有接触。在蜱活动较少时，可以对年幼的羊只进行放牧饲养，这样一方面可以减少感染蜱的概率，同时也有利于增强羊的免疫力。在蜱活动频繁时，使用杀螨剂也可以起到很好的防控效果。

7.5　细菌病

7.5.1　钩端螺旋体病

钩端螺旋体病是由多种血清型的钩端螺旋体引起的一种人畜共患传染病。与牛、猪、犬及人相比，绵羊和山羊对钩端螺旋体的敏感性较低。此病在年幼的反刍动物中少见。多数感染的山羊是隐性感染。尽管感染该病的家畜有出现流产的报道，由于急性病例一般都伴有溶血性黄疸。这两种症状也能同时发生。山羊血清学的调查已经做了很多，但是对临床病例的描述很少。

7.5.1.1　病原学

目前已经鉴别分离出几例山羊感染钩端螺旋体。如感冒螺旋体。也鉴别出了其他几个血清型的螺旋体。

7.5.1.2　流行病学

山羊感染钩端螺旋体病的国家有：巴西、以色列、伊朗、印度、肯尼亚、尼日利亚、土耳其、西班牙、意大利、葡萄牙、苏联、牙买加、格林纳达、新西兰和美国。据伊朗和以色列报道，有些严重暴发该病的地区，发病率和死亡率都很高。在伊朗流行地区，山羊和绵羊发病率在 90%～100%，山羊的死亡率在 42%，绵羊的死亡率相对低一点，达到 18%。在以色列，山羊的发病率比绵羊的高，在某些羊群，山羊的死亡率高达 44%。在尼日利亚，一所大学的西非矮羊出现流产，最后诊断感染了该病，感染的羊出现腹泻和黄疸，同时在每只羊中都检测出了相应的抗体。

据报道，在西班牙南部，在 15 年的时间里，对该病血清阳性的检出率达 16.1%，而对 262 只发生流产的羊进行调查，由该病导致的流产达 2.6%。据牙买加的调查，在 1 545 只羊中，阳性率达 35%；在巴西的一个研究中，在圈养或半圈养的奶牛中，血清阳性率只有 0.9%，但山羊阳性率达 6.7%。巴西最近的研究显示，每天放牧采食多 2 h 的羊群，其血清阳性的比例要高于采食时间短的羊，这表明放牧采食是暴露该病的一个巨大风险，热带气候环境比温带环境的山羊，其血清阳性率也较高，这表明热应激和降雨有助于该病的感染（Lilenbaum et al，2008）。调查中的主导血清型是 L. hardjo。

山羊更容易被野生啮齿动物传染本病，也可以通过感染动物的尿液感染，山羊本身不是持续感染的动物（Schollum and Blackmore，1981）。然而，山羊在急性感染 1 个月后，可以在尿中带有虫体，此时，山羊就是一个潜在的感染源而感染新的病例。

钩端螺旋体通常通过皮肤或黏膜擦伤而侵入宿主，在干燥的情况下很容易死亡，而在潮湿温暖的环境中容易生长，在污染的死水中能持续存活很长一段时间。在伊朗流行地区，连续的降雨可以造成此病的暴发，洪水和温暖的季节更有利于钩端螺旋体的生存和传播。据以色列文献报道，在湿润的冬季结束和干旱的春季开始的这段时间，该病的临床病例迅速下降。在巴西，该病在山羊的感染与降水量的增多有密切关系

（Alves et al，1996）。

7.5.1.3　致病机制

　　感染病原后导致败血症性钩端螺旋体血症，随着抗体的产生逐渐清除血液中的病原，之后病原移至肾脏。在败血期，可以造成病畜的死亡。有些血清型的钩端螺旋体可产生溶血素而导致溶血性贫血。在绵羊中，钩端螺旋体可导致免疫介导的溶血性贫血，钩端螺旋体败血症导致胎儿死亡，从而造成流产。尤其是在第二次妊娠后更为常见。在急性感染中存活的动物，能够产生很强的免疫力，但不发生交叉免疫。

7.5.1.4　临床症状

　　急性病症，山羊体温可以达到 $41\sim41.5℃$，精神沉郁，在潜伏感染 $4\sim8$ d 后，食欲不振，心跳加速，呼吸困难。黏膜黄疸，结膜点状出血是特征性症状。尿检血红蛋白尿明显，妊娠动物经常流产。未经治疗的动物，可以在 $2\sim3$ d 内发生死亡。外表健康的动物通常发生亚临床感染。

7.5.1.5　临床病理和尸体剖检

　　随着临床症状的出现，机体开始出现中度到重度的贫血，出现血红蛋白尿。如果动物没有死亡，很快就会发现有红细胞再生的反应。在牛的急性病例中，白细胞减少，但是还没有山羊的报道。所有感染动物的血小板都会减少。

　　急性钩端螺旋体感染的动物剖检，可见弥漫性的黄疸。皮下和浆膜组织出现水肿瘀斑，肺脏苍白，肺小叶间隔水肿扩大，充满黄色浆液性液体，肝脏肿大易脆，包膜出血，肾脏肿大，深棕色，表面粗糙，肾皮质可见浅灰色条纹，组织学检查表明肾小管变性和明显的间质性肾炎，银染显示肾小管内有钩端螺旋体。

7.5.1.6　诊断

　　通过虫体分离和鉴定不同血清型可以做出鉴别诊断。在感染螺旋体后，可以通过血液分离虫体，但非常困难。从尿中分离虫体相对容易一点。建议从农场新鲜的样本开始处理虫体培养，或把尿液注射到豚鼠或仓鼠进行虫体的培养。在流产的病例中，对胎儿的肾脏、肺脏和胸腔积液通过银染或免疫荧光检测钩端螺旋体。

　　最适用的诊断方法是检测临床感染动物在急性期和恢复期相隔 $7\sim10$ d 血清样本中抗体效价

的升高，显微凝集试验也是常用的诊断方法，其在急性期检测 IgG 抗体和 IgM 抗体比慢性期更有效，在山羊流产病例中，显微凝集试验阳性的滴度范围为 1：（200～12 800）（Leon Vizcaino et al，1987）。在以色列无临床钩端螺旋体病病史的羊凝集效价通常在 1：100。当凝集效价在 1：300 或以上时，可以确定为主动感染该病。有报道山羊感染该病第 4 天时，凝集效价高达 1：30 000（Van der hoeden，1953）。其他的血清学检测包括间接 ELISA 和抗体捕获 ELISA，现在也用于牛，但在山羊身上报道很少。

　　在发生钩端螺旋体病时，必须排除巴贝斯虫，因为巴贝斯虫可引起相似的溶血性贫血、发热和流产。在红细胞中鉴定出梨形虫就可确定是巴贝斯虫感染。边虫病也可能会产生发热、贫血和流产，但黄疸和血红蛋白尿罕见。溶血性贫血和血红蛋白尿的其他鉴别诊断包括铜中毒和植物中毒，尤其是羽衣甘蓝中毒。

7.5.1.7　治疗

　　对急性钩端螺旋体病有用青霉素和链霉素联合用药的报道（Amjadi and ahourai，1975）。其他的动物，可以肌内注射链霉素，12mg/kg，每天 2 次，连续注射 3 次，可以控制败血症。一次注射 25mg/kg 链霉素可以清除肾脏中的钩端螺旋体。对有些禁止使用链霉素的动物可一次按每千克体重 20 mg 使用长效土霉素注射液。在钩端螺旋体病发生前 1 周和发病后 2 周在饲料中按 3mg/kg 的剂量给犊牛添加四环素类抗生素，可阻止临床症状的发展。

　　对于急性感染的动物，要考虑对症治疗，因为此病可以引起严重的贫血和肾衰竭，肾脏衰竭是由于原发性间质性肾炎和继发性血红蛋白尿症造成的。可选择静脉注射，一方面可以保持血液循环，保持肾脏的功能，当贫血危及生命时，可考虑输血。

7.5.1.8　防控

　　较早地使用四环素、链霉素可以减少临床症状。在疾病暴发的初期同时接种流行期血清型的疫苗可以降低新病例的发生和流产的风险。对于正在感染和那些已经治愈的牲畜，需要隔离饲养，因为其尿液中含有病原微生物。必须牢记钩端螺旋体是一种潜在的人畜共患传染病。

　　预防要基于环境卫生措施，例如，灭鼠、消

除死水，避免潮湿的圈舍；筛选或对新获得的动物的预防性治疗消除带菌状态和接种疫苗。不同血清型的疫苗没有或很少有交叉保护，因此，疫苗免疫要基于流行毒株的血清学评价，适用于山羊的多价疫苗可供选择。所有大于3月龄的动物都可以进行免疫预防，小于3月龄的幼畜可以通过初乳获得被动抗体而抵抗病原微生物的感染。牛可每年免疫1次，或每半年免疫1次；山羊的免疫持续期还没有报道过，建议每半年免疫1次。

在考虑疫苗免疫时，要知道羊的钩端螺旋体病不是很常见，对于疫苗免疫成本和免疫后效果的评估还没有报道。在美国，调查了43个羊群，研究其管理和羊群健康状态的关系。这些羊群不管是免疫的还是没有免疫的，均没有感染钩端螺旋体（hagstad et al，1984）。在钩端螺旋体病流行区域的免疫接种程序应考虑重新评估。农民、牧民、兽医、挤奶工和屠宰场工人增加了感染这种人畜共患疾病的风险，应采取适当的卫生预防措施防止感染。

7.5.2 炭疽

众所周知，炭疽是一种动物传染病，也是潜在的人畜共患病。山羊患此病和其他反刍动物非常相似。由于血液凝固不良导致特征性的败血症。通常患畜死亡时鼻子和口腔流出血液。

7.5.2.1 病原学

炭疽杆菌是草食动物和人类感染炭疽的病原。病原的特征是可以形成孢子并扩散到空气中，可以持续存活长达50年之久。炭疽在全球许多热带和亚热带地区流行。最主要的传播途径是放牧时摄取土壤中存活的炭疽芽孢。此病的发生具有季节性，容易受到环境温度的影响，当地区温度超过15℃，干旱期和暴雨期都是该病的多发季节。山羊很容易感染此病，但关于山羊发病状况的报道不多。山羊暴发炭疽的报道有尼日利亚（Okoh，1981）、美国得克萨斯（Whitford，1982）、中国（ProMED-mail，2006）和埃塞俄比亚（Shiferaw，2004），这些地方其他动物也可能流行炭疽。放牧不是感染炭疽的一个绝对的先决条件，在美国得克萨斯零放牧的山羊饲喂颗粒饲料也可感染炭疽（ProMED-mail，2008），推测与饲草感染炭疽孢子有关。炭疽流行病学方面

的信息可以在其他文献中找到。

7.5.2.2 临床症状和诊断

该病的特征是最急性、致死性经过，多数感染动物发现时已经死亡，主要是由于菌血症和毒血症而引起。急性感染的山羊呈现口吐白沫、精神极度沉郁、低头。病程持续1～2 d后，病畜倒卧不起，最后死亡。其鼻子、口腔出血是炭疽的特征。可疑动物的尸体不能在死亡现场解剖，如果是炭疽，炭疽孢子会污染整个环境。如果尸体不能移动，可以采集血液和刺穿浅表淋巴结，送到有条件的地方进行细菌培养。如果有条件进行尸体剖检，剖检可见脾脏肿大，血液不凝固，在浆膜表面有出血性败血症。从组织材料中可培养出炭疽细菌。有关猝死的鉴别诊断将在第16章中讨论。

7.5.2.3 治疗和防控

在疾病的早起，抗血清和/或抗生素，包括四环素、链霉素、青霉素都比较有效。在局部流行地区，每年注射疫苗，对山羊安全有效。炭疽是一种重要的人畜共患传染病。主要通过直接接触尸体或感染动物和污染动物的毛、皮而传染，也可通过吸入孢子感染。美国北卡罗莱纳纺织厂工人被确诊与处理羊绒的炭疽有关，追踪该羊绒进口于西亚喀什米尔流行炭疽的地区（Briggs et al，1988）。美国报道了一例皮肤吸入性炭疽病例，该患者将非洲进口的羊皮制造成皮鼓（Kaplan，2007）。

有许多发展中国家人吃死畜而感染炭疽致死的报道，包括吃了患炭疽的山羊。在处理炭疽的尸体或怀疑被炭疽污染的动物产品时，要戴上手套、口罩等防护工具。不明原因死亡的家畜或患有炭疽的动物不能食用。尸体要焚烧和深埋处理，以防炭疽孢子持续污染周围环境。

7.6 原虫病

7.6.1 巴贝斯虫病

巴贝斯虫病是山羊的一种蜱源性血液寄生虫病，发生巴贝斯虫病的地区，特别是在地中海地区、中东和印度，该病造成的经济损失很大。

7.6.1.1 病原学

感染绵羊的巴贝斯虫有两种，即莫氏巴贝斯

虫（B. motasi）和羊巴贝斯虫（B. ovis），但感染山羊的巴贝斯虫以 B. motasi 占主导地位。B. motasi 归类为大的巴贝斯虫，长度为 2.5～4μm，B. ovis 归类为小的巴贝斯虫，长度为 1～2.5μm。在伊朗和土耳其还发现了另一类大的巴贝斯虫，据报道其有传染性，但对山羊无致病性。另外在印度发现了一类小的巴贝斯虫，对山羊有致病性，目前该虫种其他情况还不清楚。引起牛巴贝斯虫病的病原对羊无致病性，大的巴贝斯虫可隐性感染羊。蜱是该病传播的生物媒介，但也可能通过机械传播。

7.6.1.2　流行病学

欧洲大部分地区、中东部分国家、苏联、南亚和非洲部分地区都有莫氏巴贝斯虫感染小反刍动物的报道（Purnell，1981）。莫氏巴贝斯虫的最初媒介动物是斑点血蜱，长角血蜱属的其他虫种也可能是传播媒介。有关由革蜱和囊状扇头蜱进行传播的报道可能是错误的（Uilenberg et al，1980）。传播可能发生在蜱的卵期和经期。不同的巴贝斯虫种对山羊的传染性和致病性各不相同（Purnell，1981a）。在印度，报道了一次山羊和绵羊自然暴发莫氏巴贝斯虫病的事件（Jagannath et al，1974）。从威尔士绵羊分离的一株莫氏巴贝斯虫能够诱导脾脏切除的山羊引起发热和贫血，但对健康山羊的致病性未评估（Lewis et al，1981）。巴贝斯虫是导致尼日利亚西南部绵羊和山羊衰弱病的原因，但仅对山羊致死（Adeoye，1985）。

B. ovis 型巴贝斯虫主要通过蜱囊传播。该虫的地理分布与莫氏巴贝斯虫的地理分布基本一致，主要感染绵羊发病。羊巴贝斯虫感染山羊仅在索马里有报道，属于亚临床感染（Edelsten，1975）。

山羊和绵羊感染巴贝斯虫，同时感染其他病原，尤其是血液寄生虫时，巴贝斯虫的致病性更加严重。两种类型的巴贝斯虫相互之间没有交叉保护。

7.6.1.3　致病机制

蜱裂殖子侵入红细胞。原生动物在红细胞中进行无性繁殖并形成一对滋养体，释放并重新侵入其他红细胞。从寄生的红细胞释放滋养体导致血管内溶血。贫血的程度并不总是与原虫血症的程度有关，与免疫介导的溶血也可能发生。在其他物种中，感染可导致脑血栓形成的神经系统体

征、血浆激肽释放酶降低、弥散性血管内凝血。这些症状在山羊上还没有被报道。抗体是针对感染而产生的。非致命感染产生保护性免疫抗体，但并不能完全防止再感染，但能够抑制同株虫种的复发感染。文献中未讨论山羊带虫状态的发展。

7.6.1.4　临床症状

感染的山羊可能发热高达 41.7℃，表现出厌食、虚弱和贫血的现象，包括呼吸困难和心动过速。绵羊一直显示黄疸和血红蛋白尿，尿呈咖啡色。在山羊，这些很少发生，但如果出现这些症状，将有助于确诊（Jagannath et al，1974）。另外有咳嗽和腹泻的现象，但可能是因为其他并发感染。受感染的山羊可能有蜱虫，但感染性蜱可能在临床症状出现之前就已经脱落。该病发病率和死亡率很高。在出现临床症状后48h患畜死亡，也可能发生慢性感染，出现贫血和发病的突出表现。

7.6.1.5　临床病理和尸体剖检

用姬姆萨染色血涂片检查是否有梨形虫。在寄生虫血症的高峰期涂片检查血液中的原虫，但在慢性病例或当感染率低时，有经验的抽耳静脉血制备厚的血涂片。对怀疑感染的畜群应多采几只动物的血清进行检查，避免漏断。莫氏巴贝斯虫是一个大的梨形虫，有单、双梨形形式。羊巴贝斯虫是一个较小的梨形虫，常呈红细胞边缘附近的一个圆的形状。梨形虫必须区别于其他泰勒虫，泰勒虫也可以感染山羊，与前者有类似的地理分布。

间接免疫荧光抗体试验可用于 B. motasi 感染的血清学诊断，滴度为 1∶640 或更高时可以对该病进行确诊（Lewis et al，1981）。

剖检时，最主要的特征是脾肿大、淋巴结肿大、肝脏肿大，黄疸和血红蛋白尿在不同病例之间不一致。应抽取外周血检查梨形虫。

7.6.1.6　诊断

山羊巴贝斯虫病可通过贫血、血红蛋白尿、急性衰弱等临床症状进行诊断。确诊依赖于血涂片中发现虫体。泰勒虫通过形态学和明显的淋巴结肿大与梨形虫区别开来。边虫病通常不会产生血红蛋白尿。当存在血红蛋白尿时，必须要考虑植物中毒、铜中毒、炭疽和钩端螺旋体病。

7.6.1.7　治疗

单剂量的处方治疗往往是效果良好。二脒衍

生物、咪唑苯脲二丙酸酯有效剂量分别按3mg/kg和1~2mg/kg使用，二脒那嗪在山羊的肌内注射剂量可高达12mg/kg，并没有产生不利影响（Bannerjee，1987）。大多数以前的治疗药物，如甲硫双喹脲硫酸盐化合物，已退出市场。

7.6.1.8 防控

控制山羊的巴贝斯虫病尚无具体的方法。在牛、羊，控制工作主要是免疫接种和使用杀螨剂减少蜱的侵袭。接种疫苗的方案包括疫苗接种和结合咪唑苯脲药物预防原生动物，或单独使用药物预防，导致其自然暴露和自身免疫控制。在有地方性流行巴贝斯虫病的地区，有必要对引进外地品种的山羊接种当地巴贝斯虫株疫苗，并结合药物预防感染和治疗，以防发生该病。

7.6.2 泰勒虫病

泰勒虫病是一种主要由原生动物蜱传播的疾病，主要影响反刍动物的血管淋巴管系统。

7.6.2.1 病原学和流行病学

山羊的泰勒虫病很少引起人们关注，更多的山羊泰勒虫病都是从绵羊的研究中推导出来的。因此，有关山羊致病性的文献存在差异。致病性泰勒虫对山羊和绵羊都有致病性，包括莱氏泰勒虫（早些时候被称为山羊泰勒虫）和两种最近在中国被发现的泰勒虫。对于这些中国的种类的命名有一些混淆，因此它们已经被指定为羊泰勒虫（中国1型）和羊泰勒虫（中国2型）（Ahmed et al，2006）。它们还被命名为吕氏泰勒虫和尤氏泰勒虫（Yin et al，2004），但是这两种命名各自的含义我们目前不是很清楚。

还有几种不致病的泰勒虫种在小反刍动物体内称为良性泰勒虫病，可能与绵羊泰勒虫的形态混淆，绵羊泰勒虫广泛分布在欧洲、亚洲、非洲大陆。在非洲，它可能和其他物种混淆，目前在欧洲分离的1~2种泰勒虫还未被命名。

莱氏泰勒虫通常伴随着高的发病率和死亡率，感染莱氏泰勒虫被称为恶性小反刍动物泰勒虫病。在北非，它已经对山羊和绵羊养殖业造成了严重的损失，还包括苏丹、亚洲、中东、欧洲南部地区、苏联南部等地。然而在一份伊拉克的研究报告中，一种新型的莱氏泰勒虫导致绵羊100%的发病率，死亡率达89.7%，但接种山羊没有产生可见临床疾病

（Hooshmand-Rad and Hawa，1973）。同样，在印度的一项研究中，泰勒虫感染仅发生在绵羊群中，而没有在山羊群中发现（Sisodia and Gautam，1983），在苏丹，山羊感染莱氏泰勒虫似乎是罕见的。对牛有高致病性的泰勒虫种不引发小反刍动物的疫病。

无致病性的小反刍兽泰勒虫种感染山羊也比感染绵羊更为常见，可能山羊对于一些泰勒虫种类的感染耐受性强于绵羊。

莱氏泰勒虫在亚洲的传播是通过小亚璃眼蜱，然而最近在中国发现的泰勒虫传播是通过血蜱进行的。在撒哈拉沙漠以南的非洲蜱媒是否带有绵羊泰勒虫还未知。在非洲，绵羊泰勒虫通过非洲扇头蜱传播，而且还在该蜱虫体内分离得到了泰勒虫。囊形扇头蜱作为泰勒虫携带者在苏联、北非和亚洲已有报道。在英国，长棘血蜱是不致病性泰勒虫种的传播媒介。

7.6.2.2 发病机制

孢子由受感染的蜱叮咬进入宿主。寄生虫最初位于脾脏和淋巴结，在这些部位它们入侵淋巴细胞并产生裂殖体。这些裂殖体在感染初期含有大的细胞核，后来细胞核变小，通过淋巴结涂片进行姬姆萨染色或活检淋巴结切片，非常容易识别，通常被看作赫氏蓝体。淋巴细胞溶解后，微裂殖子作为梨形虫进入血液并侵染红细胞。梨形虫在红细胞中是多形态的，呈椭圆形、环形、逗点形或杆形。还有一些复制发生在血红细胞，发生在蜱性的生命周期阶段。泰勒虫病的贫血症状与巴贝斯虫病相比发生较少，只有山羊的其他梨形虫会发生。

7.6.2.3 临床症状

恶性泰勒虫病（莱氏泰勒虫感染引起），最初的临床症状包括发热，心跳加快和呼吸困难，厌食，浊音，抑郁，淋巴结明显肿胀，伴有浆液性鼻涕、流泪、结膜充血。临床过程可能会持续2~3周，在这段时间内，动物会经历产奶量下降、咳嗽、被毛粗糙、消瘦、乏力、卧地不起和死亡。绵羊感染可以观察到一个轻度或中度贫血，黄疸视病情各异。良性泰勒虫病，会出现一过性发热和轻度淋巴结肿大，实践中经常忽略。

7.6.2.4 临床病理学和尸体剖检

感染之后经血液检测显示贫血，并且可能存

在淋巴细胞。可通过淋巴结姬姆萨染色涂片或检查梨形泰勒虫是否存在循环红细胞中的特点确定是否感染。在死亡后进行检查，发现病死动物淋巴结、脾、肝都增大。肝脏呈现黄色并且肾脏可能出现斑点状出血性坏死。在皱胃和肠可能会出现出血性坏死性溃疡。

7.6.2.5　诊断

鉴定诊断依据为在淋巴结中存在柯赫氏蓝体或红细胞中有梨形虫。必须将梨形虫区别于巴贝斯虫。分子生物学诊断方法，测定 DNA 序列进行比较分析，这种方法是物种鉴定和物种进化研究的重要工具。

7.6.2.6　治疗和控制

目前尚缺乏治疗山羊泰勒虫病的具体信息。牛的泰勒虫病治疗方法是，肌内注射高剂量土霉素，按每千克体重 20mg 的剂量注射 200mg/mL，该方法对小泰勒虫和环形泰勒虫病可以有效地治疗，但只有在潜伏期时进行早期治疗才有效。萘醌，帕伐醌，按 10mg/kg 剂量，对已经出现临床症状的牛进行肌内注射，每天 2 次，连续注射 4d，并且使用相关抗梨形虫药进行治疗，该种方法更有效。抗球虫的化学药物，单一药物哈洛夫酮口服剂量为 1.2mg/kg，对治疗牛泰勒虫病也有效。然而，这种药物即使是轻微过量，也可能会产生严重的不良反应，但是还没有研究证明该药物不能在山羊中使用。山羊泰勒虫病的控制主要通过控制蜱虫的数量进行。控制牛泰勒虫病的疫苗正在研制阶段，包括使用环形泰勒虫在细胞培养的减毒裂殖体，但很少有关于泰勒虫在小反刍动物试验的研究报道。然而，由于莱氏泰勒虫裂殖体可在细胞培养中生长，所以可以尝试研究减毒疫苗。

7.6.3　锥虫病

在非洲，锥虫病是主要影响包括山羊在内的反刍家畜繁殖的因素。在南美洲，锥虫病对山羊的影响很大，但目前并未进行研究，只是进行了简要讨论。重要动物、人和山羊的锥虫致病性的显著特点见表 7.7。经常提到的锥虫病，是因锥虫感染引起的疾病，所以首选疾病名称为伊氏锥虫病（Kassai et al，1988）。

7.6.3.1　病原学

锥虫是鞭毛原虫，特点是有动基体和起伏膜。大多数锥虫需要两个宿主，以完成其生命周期，血行媒介昆虫和脊椎动物宿主。在撒哈拉沙漠以南的非洲地区，以哺乳动物为寄主的寄生虫的循环传输过程中发生的苍蝇喂养的采采蝇（舌蝇属）。在世界其他地方，苍蝇叮咬其他物种的机械传播是感染的主要模式。最近通过仔细的调查发现，在其他地方也存在非洲动物锥虫和它们所造成的疾病（Connor and Van den Bossche，2004）。

刚果锥虫是山羊体内最常见的一种非洲锥虫。活跃锥虫是第二个常见的。布氏锥虫对山羊自然感染也有少数报道。山羊最容易感染的是组锥虫，但在乌干达和扎伊尔的疟原虫组锥虫，只有轻微的感染发生。猴、猪和骆驼锥虫病，可以通过舌蝇或苍蝇叮咬传染给山羊，但多为轻度或亚临床疾病。

冈比亚锥虫是一种可以导致人类昏睡病的病原体，山羊比其他家畜更耐这种锥虫的感染。但当山羊发生感染时，其临床病程很长。东非锥虫，感染人类后会引起东非洲昏睡病，该疾病在山羊中罕见。西奥多锥虫（*T. theodori*）是一种在以色列山羊体内发现的致病锥虫。它是由虱蝇飞行携带传播的。这种寄生虫是常见的，与无致病性羊锥虫形态相似。

发生在撒哈拉以南非洲以外的地区，主要在南美洲、中美洲和亚洲的锥虫，关于其致病性的文献报道很少。库氏锥虫通过猎蝽科中的一些品种在南美洲和中美洲周期性传播，而伊氏锥虫和马媾疫锥虫通过机械或繁殖分别在非洲、南美洲、中美洲和亚洲传播。

表 7.7　不同宿主特别是山羊的锥虫病

种类	形态学特征	被感染的主要物种	地理分布	所涉及的媒介	自然感染的山羊	试验感染的山羊	山羊的临床表现
周期性传播							
疟原虫	长 20～27μm；形态单一；游离的鞭毛	家养反刍动物、骆驼、马、羚羊	广泛分布于热带非洲	舌蝇属	常见	容易	急性和慢性形式，通常较轻微

（续）

种类	形态学特征	被感染的主要物种	地理分布	所涉及的媒介	自然感染的山羊	试验感染的山羊	山羊的临床表现
刚果锥虫	长 9～18μm；形态单一；游离的鞭毛，未见波动膜	各种常见的家畜和犬，许多野生猎物	广泛分布于热带非洲	舌蝇属	常见	容易	急性、亚急性和慢性形式、轻微到致命的后果
布氏锥虫	长 15～35μm；多形态，波动膜始终可见	家养反刍动物、马、犬和猫	广泛分布于热带非洲	舌蝇属	常见,但随虫种不同而异	可以,随虫种不同而异	急性,迅速致命的后果或慢性感染
猴锥虫	长 10～24μm；多形态，可变的波动膜	家养猪、骆驼、野生的疣猪	广泛分布于热带非洲	舌蝇属,厩蝇属，虻蝇属	不常见	无报道	亚临床疾病或轻微
冈比亚锥虫（西非昏睡病）	与布氏锥虫一样，纤细，中间的粗短形式	人类	热带非洲西部和中部	舌蝇属和各种叮蝇	不常见,山羊耐受性很好	非常困难	无感染性或慢性形式导致死亡或自发康复
东非锥虫（东非昏睡病）	与布氏锥虫和冈比锥虫一样	人类，除了布氏锥虫感染的物种	非洲东部和南部	舌蝇属	不常见	可以感染	试验感染亚急性和致命性
库氏锥虫（查加斯氏病）	长 16～20μm；在血液形成波动膜和游离的鞭毛；组织形态类似于利什曼虫	人类	美洲南部和中部，零星的在美国	猎蝽科的吸血虫	无报道	感染	无
同形锥虫	长 12～20μm；形态单一；游离的，比疟原虫的鞭毛短	家养反刍动物，羚羊	扎伊尔，乌干达	舌蝇属	感染	无报道	不致病的或亚临床感染
西奥多锥虫	长 50～60μm；波动膜良好和游离的鞭毛	山羊	以色列	虱蝇	感染	无报道	不致病的
机械传播							
活跃锥虫	长 15～25μm；形态单一；类似于疟原虫	牛，水牛	北、南、中美洲	多种不同的叮蝇	不常见但有报道	无报道	无报道
伊氏锥虫（苏拉病）	长 15～34μm；形态单一；与布氏锥虫纤细的形态相似；偶尔粗短的形态	骆驼、马、犬、水牛	印度，远东，近东，菲律宾，北非，南美洲和中美洲	多种不同的叮蝇	感染	无报道	无报道
马媾疫锥虫（马媾疫）	长 15～34μm；与活跃锥虫一样	马	非洲北部和南部，中美洲和南美洲，墨西哥，中东部分国家，意大利，苏联	生殖道感染	无报道	无报道	无报道

这些锥虫可在不同物种引起疾病。库氏锥虫主要是引起人类疾病，伊氏锥虫引起骆驼、马、牛和亚洲水牛的疾病，马媾疫锥虫引起马的疾病。这些寄生虫对山羊传染性是比较低的。试验表明

感染库氏锥虫的羔羊没有临床表现，但携带的感染性长达 38 d（Diamond and Rubin，1958）。

山羊是伊氏锥虫的天然宿主，但山羊苏拉病的报告是很少见的。近日，有报道山羊苏拉病发

生在菲律宾棉兰老岛，但是现场确认很困难。据所知病因可能是伊氏锥虫变异毒株。用从棉兰老岛获得伊氏锥虫的马变异株对山羊进行攻毒试验，能产生与苏拉病一样的临床和病理变化（Dargantes et al，2005，2005a）。

7.6.3.2　流行病学

在撒哈拉以南的非洲动物锥虫病的分布和强度与采采蝇的不同品种的分布和强度具有一致性。约 10 万 km² 或 37% 的非洲大陆有采采蝇出没，该区域包括 38 个国家。各种估计表明，通过消除或控制动物锥虫病，在西非和中非等地区牲畜对携带疾病的承载能力可以增加 5～7 倍（Griffin，1978）。

在非洲有 200 多万的山羊，其中有 50 万或更多的山羊感染采采蝇。20 世纪初以来，在非洲山羊自然感染刚果锥虫、活跃锥虫或布氏锥虫导致的临床疾病已经有报道。然而，直到最近发现山羊高度抗感染，即山羊的锥虫病只有零星出现，引起山羊的疾病给经济带来的影响很小。目前这种总结开始重新评估。山羊锥虫病的患病率确实存在地区差异，在某些地区发病率会很高。在一般情况下，在东非地区山羊锥虫病比西非更常见。这是由于在北美地区河岸舌蝇物种之间存在差异，后者更倾向于饲喂山羊。赞比亚有报告确定布氏锥虫、刚果锥虫、活跃锥虫在山羊间是通过刺舌蝇和淡足舌蝇自然传播的（Bealby et al，1996）。

山羊可作为锥虫感染其他物种的媒介。在苏丹，感染刚果锥虫的山羊发展为慢性疾病可自发地恢复。然而当锥虫从山羊传播到牛犊，急性致命的牛锥虫病就出现了（Mahmoud and Elmalik，1977）。山羊作为载体感染其他物种与东非锥虫也有关，是布氏锥虫传播疾病给人类的媒介（Robson and Rickman，1973）。

锥虫病对山羊生产的经济影响已经有人开始研究。肯尼亚的研究分析表明，对山羊每月进行药物预防，比未经治疗处理的山羊死亡率显著降低，并且体重增加，繁殖性能改善。不同品种之间的表现也有差异。研究表明，本土品种表现优于外来品种或杂交品种（Kanyari et al，1983）。

在某些山羊品种，固有锥虫病耐受性的存在一直有争议。人们普遍接受牛锥虫病耐受品种存在，尤其是西非达摩牛和短角牛，锥虫病耐受性

判断通过锥虫在体内的数量控制能力和抵御疾病的能力，都依靠预先存在的免疫经验判断。这种固有的控制原虫和降低疾病的能力是否只存在特定的山羊品种，一般的研究发现，一些品种的山羊，容易在采采蝇出没的地方生存，但西非矮山羊可能在一定程度上天生有锥虫耐受性，但很容易发生试验感染（Murray et al，1982）。

而之前的研究表明，东非的本土山羊品种可能表现出固有的锥虫耐受性，在自然或试验的研究中没有证据表明该耐受性的遗传性的存在，无论是东非、伽拉，或东非山羊与吐根堡山羊，努比亚，伽拉品种交叉繁殖羊都不存在耐受性的遗传（Whitelan et al，1985）。多种山羊品种锥虫耐受性的存在与地区有关的一个因素是舌蝇存在的地域性。当不同动物在同一群体中存在时，苍蝇可以选择山羊以外的其他动物（Murray et al，1984）。山羊中是否真正存在锥虫耐受性，还需进一步详细调查。

7.6.3.3　致病机理

根据锥虫能引起的疾病，可以把锥虫分为两组：血液组，包括刚果锥虫和活跃锥虫，通过舌蝇的叮食进入血液。感染该种锥虫产生疾病的特点是贫血。体液组，包括布氏锥虫，更容易侵入机体，初次感染锥虫后可在组织和体腔液中发现。在这段时间，病程经过炎症、退行性和坏死变化，这些病症掩蔽了贫血症。

锥虫病引起的贫血可导致血管外溶血和发生红细胞吞噬，以及慢性感染性红细胞减少（Kaaya，1977）。红细胞的破坏可能是非免疫和免疫介导的机制而引起。弥散性血管内凝血（DIC）也可能导致贫血。目前已证实活跃锥虫引起的山羊锥虫病，导致山羊的血小板减少，微血栓形成引起弥散性血管内凝血（Van den Ingh et al，1976；Veenendaal et al，1976）。当感染活跃锥虫时，由于血液膨胀和血浆量分别增长 29% 和 44%，导致血液稀释引起严重的贫血（Anosa and Isoun，1976）。

体液锥虫如布氏锥虫引起的炎症和组织破损的机制是复杂的，已有这方面的综述（Soulsby，1982；Connor and van den Bossche，2004）。锥虫病中会出现免疫抑制。活跃锥虫和布氏锥虫导致山羊感染有丝分裂原刺激淋巴细胞转化试验（van Dam et al，1981；Diesing et al，1983），

试验感染刚果锥虫的山羊免疫布鲁氏菌疫苗产生抗体反应，比未感染刚果锥虫的对照羊弱（Griffin，1980）。感染后免疫功能受损，可能会加重并发感染的严重程度。山羊同时感染刚果锥虫和捻转血矛线虫寄生虫比只有一种寄生虫感染会产生更高的死亡率（Griffin et al，1981）。在自然条件下，山羊慢性锥虫病更容易受到蠕虫和携带寄生虫的严重影响，这可能是免疫抑制的原因。

卵巢功能障碍和不规则发情周期与锥虫感染有关（Llewellyn，1987；Mutayoba et al，1988）。有报道称雄鹿睾丸萎缩与刚果锥虫感染有关（Kaaya and Odour-Okelo，1980）。锥虫接种到山羊的血液，出现内分泌异常现象，检测报告显示的循环甲状腺素睾酮皮质醇水平受到抑制（Connor and Van den Bossche，2004）。

锥虫病最显著的特点之一是寄生虫的连续感染，每隔几天就发生在初次感染的动物体内。每一次感染的原虫增加循环抗体，暂时减少原虫。抗体效果只是暂时的，但是由于循环传播的锥虫能够多次改变其表面抗原，从而逃避宿主的免疫系统，难以彻底消除。这些变异抗原是表面糖蛋白，可变抗原的产生一直是有效疫苗研制的主要障碍。

7.6.3.4 临床症状

下面分别介绍三大采采蝇传播锥虫产生的临床综合征。在疾病的早期阶段，由于采采蝇的叮咬突出的皮肤下疳可能会出现。

活跃锥虫病以急性、亚急性、慢性疾病的形式出现。急性疾病通常会在4周内恢复或导致死亡。亚急性疾病，慢性疾病中原虫的水平下降，可能会持续10～12周，甚至持续17周或更长的时间。感染后6～7d原虫血涂片上检查到寄生虫，并且高峰期是在感染后接近10d，但用血涂片寄生虫检查亚急性和慢性病例不可行。伴随着发热高达42.2℃，原虫的出现有4～7d的时间间隔。第一波的原虫出现就会迅速贫血，这是最常见的慢性疾病的形式。

临床症状包括精神沉郁、厌食、瘤胃蠕动次数减少、淋巴结肿大、体重下降。贫血带来严重影响，包括面色苍白、心率呼吸增加、运动无力、无精打采。少数病症出现黄疸和血红蛋白尿。控制减少原虫含量水平，虽然幸存的动物可

能会开始恢复并且贫血症减轻，但在这样的慢性疾病中，感染动物还是会出现严重的消瘦。

刚果锥虫　感染刚果锥虫的山羊表现为急性、亚急性和慢性3种形式（Griffin and Allonby，1979）。急性病导致死亡或6周后恢复。临床症状有：高热波动可达41.1℃和严重的致命性贫血。体重下降，下降程度取决于病程长短。在发现的感染动物中，初次感染寄生虫会发热和出现轻度贫血，但红细胞压积会迅速恢复正常。亚急性情况下，动物死亡或在感染后的6～12周内恢复。在致死病例中，循环原虫导致机体一直存在稽留热，表现进行性消瘦，虚弱，嗜睡和苍白等显而易见的临床症状。发热和贫血的消瘦动物开始恢复体重和劳力的标志。在慢性感染中，一般持续12周或更长时间，几乎都是致死的。感染动物反复发热和原虫持续感染，会导致贫血。临床症状发展为动物消瘦，被毛粗糙，浅表淋巴结肿大，逐渐扩大，面部水肿，动物成侧卧姿势，之后出现昏迷和死亡。

布氏锥虫　因为布氏锥虫是体液锥虫，临床症状可能会更严重，其致病性因虫种的不同而异。感染后除了贫血、发热、消瘦、角膜炎和脑炎外，还可能会出现颅内压变化，转圈和角弓反张症状。淋巴结肿大是大多数感染动物的临床症状，可能比活跃锥虫或刚果锥虫感染更加明显。典型的发病时间是3～5个月，通常是致死的。贫血症状的发生没有血液寄生虫感染的明显。原虫也很少，锥虫血涂片检查是比较困难的，淋巴结涂片检查可行性更高。

7.6.3.5 临床病理和剖检

在所有形式的疾病中，最显著的化验结果就是贫血（Edwards et al，1956）。在中度至严重贫血，可见红细胞压积、血红蛋白和红细胞的数量下降。在早期阶段，是细胞性贫血，而在慢性感染和感染后期阶段，非细胞性贫血较为常见。这反映在骨髓中，往往是在急性疾病和粒细胞增生或骨髓发育不全引起的慢性疾病中。试验中锥虫感染山羊，所有动物均发生显著血小板减少症，血小板计数比正常平均值少65%～82%（Davis，1982）。我们已经注意到山羊锥虫病在白细胞没有一致的变化。在感染牛体内，一过性的白细胞减少和反弹白细胞增多，可发生在疾病的急性期，血清生化值保持正常。急性锥虫病感

染的动物，可能会出现弥散性血管内凝血的实验室证据。

部分动物感染锥虫病后没有特殊的病变。在急性病例，尸检结果包括贫血的胴体，淋巴结肿大，脾肿大显著，浆膜出现瘀斑，黏膜出血，心包积液。镜下检测，淋巴组织增生明显，在许多器官的血管里出现明显的微血栓。在血液疾病中，目前锥虫只存在于血管中，然而血管外寄生虫布氏锥虫可能会在组织中，如角膜和脑脊液。在慢性病例，除了浆膜瘀斑，还有淋巴结肿大，脾肿大，可观察到感染动物严重消瘦，脂肪浆液性萎缩，肌肉变性等症状（Losos and Ikede，1972）。

7.6.3.6　诊断

在采采蝇流行地区，山羊贫血和消瘦症状出现之后建议进行锥虫病的诊断。确诊通过锥虫血涂片或组织鉴定。然而，山羊的慢性感染是常见的，锥虫在血液中很难发现。在活体动物中，寄生虫可能会更容易从耳缘静脉而非颈内静脉的血液样本检测到。红细胞裂解后，厚血涂片用罗曼诺夫斯基氏染色出现斑点，可检查是否存在寄生虫，但薄涂片能更好地进行寄生虫的形态学鉴定。离心血液和检查血浆两种方法可以提高检测率。抽吸淋巴结并涂片和小鼠接种是首选的诊断布氏锥虫感染的方法。由于原虫病的反复性，从许多疑似患有原虫病的动物中抽取一些血液涂片检查，可提高诊断率。

锥虫病的血清学试验诊断包括间接血凝试验、补体结合试验、间接荧光抗体试验和酶联免疫吸附试验。现在解释山羊血清学反应的信息是有限的。目前，分子工具，如 PCR，普遍采用，但需要装备精良的实验室，该方法并不会取代在该领域经典的血清学方法地位。

锥虫病的鉴别诊断应包括蠕虫病、营养不良和其他血液寄生虫病，特别是边虫病、巴贝斯虫病和泰勒锥虫病，在锥虫病流行地区会出现。

7.6.3.7　治疗

锥虫病的治疗可用各种杀锥虫的化合物，但已经有一段时间没有新的药物销售。随后，耐药性已成为一个重大的问题。化合物和药剂制成单一药物使用，并且使用范围很广，因为在半游牧的牲畜养殖系统疾病的流行地区，多种药物的使用对动物的单独治疗很难开展。一些药物对局部

有刺激性，因此皮下注射应在皮肤松弛的地方，应当避开深处的血管和神经。用于牛的疗效剂量也适用于山羊和绵羊（Ilemobade，1986）。治疗方法已经被 Uilenberg 记载（1988）。三氮脒肌内注射剂量为 3.5mg/kg，使用 7％的蒸馏水作为溶剂，公认该种方法对三种主要锥虫病的治疗有效。除了治疗骆驼和马的伊氏锥虫，二甲硫酸基喹匹拉明因为毒性和耐药性问题目前很少使用。皮下注射是用以 10％的蒸馏水为溶剂，5mg/kg 的剂量。三氮脒治疗山羊感染在中枢神经系统锥虫重新出现复发现象，可能是因为在早期治疗使用过这些药物（Whitelaw，1985）。

以 2.5％的蒸馏水作为溶剂溶解溴化乙啶氯化物（溶于冷水）或溴化乙啶溴化物（溶于热水），1mg/kg 肌内注射剂量对活跃锥虫和刚果锥虫有效。在反刍动物，氮氨菲啶氯是目前最常用的药物。治疗血锥虫的有效剂量在 $0.25 \sim 0.75$ mg/kg，1％或 2％剂量溶于蒸馏水肌内注射。如果静脉滴注，剂量大于或等于 0.5mg/kg，山羊产生休克或死亡（Schilinger et al，1985）。所有药品均可能致癌（溴化乙啶和氮氨菲啶化合物），所以应该严格按照说明使用。

7.6.3.8　防控

在疾病控制方面有许多制约因素，包括感染野生动物种群的宿主，锥虫不断改变其抗原性质，从而合适的疫苗发展缓慢，有效的药物有限，现有杀锥虫的药物发展受阻，缺乏广泛控制采采蝇的方法，经济资源缺乏，不发达地区的动物疾病控制方案，有限的技术培训课程，国际合作缺乏，政治不稳定（Doyle，1984；Murray and Gray，1984）。

目前，在撒哈拉以南非洲锥虫病控制的主要方式是减少或消灭采采蝇的数目，并且对牲畜使用药物预防。采采蝇的控制是通过几种方法进行的，包括地面或空中喷洒杀虫剂，如氯化烃类和拟除虫菊酯，通过特殊气味诱捕采采蝇，利用杀虫剂浸泡一些凹地和进行 γ 射线辐照灭菌。现在因环境保护原因不太常用的空中喷洒杀虫剂方法，诱捕已成为一个可行的替代方案。

氮氨菲啶氯可以保护山羊抗三种主要的锥虫感染 $2 \sim 4$ 个月。氮氨菲啶的预防剂量为肌内注射使用以 1％或 2％的蒸馏水为溶剂的 $0.5 \sim 1$ mg/kg。早期化学预防药物（匹立溴铵和喹匹

拉明氯化物）已经停产。

尽管进行了深入研究，仍然没有有效的疫苗，主要是由于锥虫抗原的变异和不同虫种之间抗原差异问题。鉴于疫苗接种的障碍，在流行地区对鉴定和促进抗锥虫品种的研究方面感兴趣，如上一节中的流行病学讨论的。

7.7 中毒性疾病

7.7.1 铜中毒

关于山羊铜中毒已有最初的报道，但并不常见。它可以引起严重的溶血性贫血，血红蛋白尿和死亡率，更普遍的发生在反刍动物羊和幼牛群中。

7.7.1.1 流行病学

绵羊和山羊对于慢性铜中毒的易感性有显著性差异。在试验中，山羊产生慢性铜中毒的条件比绵羊的要困难些（Soli and Nafstad，1978；Solaiman et al，2001）。在自然条件下发生公山羊铜中毒的报道是罕见的。绵羊有几种发生自然中毒的疾病形式，包括急性铜中毒，初级慢性铜中毒，继发性植物铜中毒，并继发肝源性铜中毒。据报道只有急性和初级慢性铜中毒在山羊体内发生。急性中毒形式用口服硫酸铜溶液作为山羊的驱虫剂已被 Isael 报道（Shlosberg et al，1978）。新西兰和英国已经有慢性病例的报道，经饲养的一些小的安哥拉山羊接触到了各种含铜饲料和补充剂（Belford and Rave，1986；Humphries et al，1987）。据最近报道，美国主要的慢性铜中毒发生在奶山羊中（Cornish et al，2007）。

7.7.1.2 病因和发病机制

急性铜中毒现象很少发生，其多是由于偶然因素摄取了大剂量的无机铜造成的。这些无机铜的来源包括硫酸盐足浴，不当的混合饲料或加入矿物质补充剂，以及用于治疗的铜盐的不恰当给药。急性铜误食，直接刺激胃肠黏膜的原因很多，可见的临床症状，包括腹痛、呕吐、休克。死亡可能先于溶血性贫血的出现。动物最初通过损失的胃肠道吸收足够的铜来启动溶血。

口服剂量按 20～110mg/kg，可诱导绵羊和小牛急性铜中毒。这个剂量与山羊口服硫酸铜导致急性铜中毒的剂量 60mg/kg 相似（Shlosberg

et al，1978）。在实验室，山羊每日静脉注射 3 次硫酸铜，每日总量为 50mg，连续注射 3～4d，可诱导急性铜中毒（Adam，1976）。

在所有慢性铜中毒中，最终导致临床症状的途径都是相同的，摄入的铜在肝脏中积累，直到肝脏的最大承受水平，经过一段时间，积累的铜突然释放进入血液，便开始急性溶血（Radostits et al，2007）。但是，最近这个概念可能要重新研究，有记录记载在表现临床症状的山羊畜群中，一部分慢性铜中毒的奶山羊并没有出现溶血现象（Cornish et al，2007）。

原发性慢性铜中毒，是由于把铜作为一部分饲料定期定量不断摄入。需要一定量的铜，但需要不能高得离谱，因为瘤胃中铜的摄入与随后在肝脏中积累的浓度与饲料中其他矿物质要有一定的比例。低膳食水平的钼、锌、钙、硫酸盐可以允许摄取过量，不然就要摄取正常水平的铜。

继发慢性植物铜中毒，放牧时采食的牧草，尤其是三叶草，三叶草本身含铜量相对较低，不产生任何肝功能损害，但是三叶草会促进肝脏中铜的积累。这种积累机制尚不清楚，但英国品种山羊和美利奴杂交品种似乎更容易受到影响。山羊体内尚未见报道这种综合征。肝源性慢性铜中毒，肝毒素植物的摄取，以及肝功能的损害，都提高肝细胞对铜的亲和力。甚至在正常铜的膳食水平范围之内，都可以加快产生溶血性危机。最经常涉及的植物有吡咯里西啶生物碱、天芥菜和其他物种，包括千里光属和车前叶蓝蓟。综合征山羊体内尚未见报道。事实上，山羊可以相对抵抗千里光属植物的影响，建议通过山羊筛选出合适的牧草用于牛的放牧（Dollahite，1972）。

每日口服剂量为 3.5mg/kg 可诱发绵羊原发性慢性铜中毒，但山羊需要更大的剂量。在一项研究中，每日按 20mg/kg 的剂量口服 2 次硫酸铜，56d 后三个挪威品种中的其中一个品种山羊产生溶血性危机。剖检后发现，肝脏铜含量净重达 1 168ppm，肾脏铜含量净重达 635ppm。在第 73 和 113 天服用日常剂量，其他两种山羊没有发生溶血性危机，肝脏中铜含量净重分别为 314 和 384ppm，肾脏中铜含量净重分别为 3 和 4.5ppm（Soli and Nafstad，1978）。相比之下，绵羊的肝脏中铜含量净重超过 150ppm 时，会导致溶血性危机（Sanders，1983）。

在另一项努比亚山羊的研究中，两只山羊分别按 20mg/kg 体重饲喂硫酸铜，一只给 40mg/（kg·d），另一只给 80mg/（kg·d）都不发生溶血性贫血（Adam et al，1977）。在最近的试验研究中，努比亚山羊喂食铜补充剂，从每头 100mg/（kg·d）到 1 200mg/（kg·d）不断提高，饲喂长达 35 周。只有个别接受 600mg/（kg·d）或更高剂量有临床反应，表现为口渴、腹泻、脱水、嗜睡、体重减轻。然而，没有溶血性贫血的发生。作者报告说，每天服用 100mg/（kg·d）铜都足以产生绵羊的临床毒性，并得出这样的结论：山羊比绵羊更耐铜的毒性（Solaiman et al，2001）。据推测，山羊和绵羊铜中毒的易感性差异与铜和锌结合的可溶性肝蛋白质的分布有关（Mjor-Grimsrud et al，1979）。

山羊和绵羊铜毒性的发展可能会受其他因素的影响。注射过维生素 E 和硒的山羊口服 15mg/kg硫酸铜，50d 后出现溶血现象，然而口服相同剂量铜而没有注射维生素 E 或硒的山羊经过相同时间后没有出现临床症状。溶血现象表明山羊降低了肝脏还原型谷胱甘肽水平，但提高了谷胱甘肽二硫键水平（Hussein et al，1985）。

7.7.1.3 临床症状

山羊口服铜导致急性铜中毒产生的胃肠道刺激的症状包括腹痛、磨牙、口吐泡沫、呕吐、腹泻。其他症状包括呼吸困难、肌肉震颤、心动过速、心音幅度增加。6 h 内，影响严重的动物可能会虚脱和死亡。发病率和死亡率与铜采食量呈正相关，山羊口服硫酸铜 60mg/kg 的剂量，死亡率可高达 53%。

慢性铜中毒和急性铜中毒与肠外铜的分布有关，早期表现为迟钝、厌食、口渴、脱水、心跳和呼吸速率加快，也可能出现腹泻。如果溶血性贫血是临床综合征的一个表现，则会出现黏膜黄疸，血清粉红色和尿液红褐色。呼吸困难可能发展为严重贫血，出现这些症状 24～48 h 后，可能导致死亡。未治疗的动物存活较长，无尿和尿毒症会导致出现血红蛋白尿的肾病。

然而，在最近的奶山羊畜群慢性铜中毒报告中（Cornish et al，2007），没有显示中毒动物溶血性贫血的症状。尽管有实验室证明幼山羊铜含量与中毒有关，但只有哺乳期有临床症状。哺乳期的临床症状包括厌食、无乳、浊音、脱水、磨牙和流口水。还表现侧卧和神经系统异常，如四肢呈划船样和死前发出惨叫。不出现溶血性贫血，如黄疸或溶血血浆（Cornish et al，2007）。

7.7.1.4 临床病理和剖检

在急性溶血性危机期间，红细胞压积（PCV）可能低于 10%，红细胞（RBC）和血红蛋白（Hb）水平相应下降，在红细胞内可以看到亨氏小体，也有可能出现高铁血红蛋白症。血清胆红素明显升高，血红蛋白尿严重。化学性临床变化与肝功能损害有关，报道山羊的血氨、谷草转氨酶（AST）、伽玛谷氨酰转移酶（GGT）、山梨醇脱氢酶（SDH）的含量不断变化。几周后肝酶的水平增加可能促进急性溶血危机，这可能有助于发现畜群中尚未表现出临床症状的动物。这些变化都不能诊断铜中毒，重要的是要通过血液、肝脏、肾脏或其他组织中存在异常升高的铜水平来确诊。

最近的一份关于原发性慢性铜中毒病例的报告中指出，在临床受影响的山羊中，血清肝酶的增加幅度与血清或肝脏中铜的浓度没有明显的关联。在临床上，同一畜群中的幼畜，血清肝酶的活性、血清铜浓度和肝铜浓度之间没有相关性。血清肝酶和血清铜水平不是检测肝铜含量敏感的标记，肝脏活检是确诊肝脏铜浓度的诊断方法（Cornish et al，2007）。另一项研究证实，肝脏是铜中毒的最佳采样部位，并指出，毛发样本中不能反映动物体内铜的含量（Solaiman et al，2001）。

据报道，正常肝铜含量范围在 0.188～1.805μmol/g（12～115ppm）（MjorGrimsrud et al，1979）。已有报道正常的山羊肾铜含量为 0.1μmol/g（6.4ppm），正常山羊血清铜含量为 9.4～23.6μmol/L（60～150μg/dL，或 0.6～1.5ppm）（Underwood，1981）。

在新西兰的山羊慢性铜中毒中，血浆铜含量为 34.6μmol/L（219.8 μg/dL 或 2.2ppm），红细胞为 95.8μmol/L，在急性溶血时，铜含量为 608.6μg/dL 或 6.1ppm。肝铜含量高达每克干物质 21.4μmol（1 359ppm），肾水平高达为每克干物质 6.4μmol（406ppm）（Humphries et al，1987）。

在山羊慢性铜中毒试验中，肝铜含量超过 900ppm 和肾铜含量超过 170ppm 的山羊发生溶血性危机。饲喂过量铜的山羊，肝铜含量为300～1 100ppm，肾脏铜含量为3～150ppm，但没有出现血红蛋白尿。而控制不喂铜的山羊，肝铜含量为18.5ppm，肾铜水平为6.7ppm（Adam et al,1977；Soli and Nafstad，1978）。

在山羊的急性铜中毒中，动物有正常的肝铜和肾铜水平，但摄入铜后不久死亡。瘤胃摄取物和粪便铜含量分别升高到225ppm和1 060ppm。

尸检结果可能包括血液稀释和黄疸。肝脏肿大，易碎，呈黄色。肾脏肿胀，呈黑褐色至黑色，金属化及软化。可能会发现心外膜和心内膜出血，肺部和脾脏有瘀血。在急性中毒中，最明显的特征是皱胃和肠道黏膜的炎症。在组织学上看，肝脏损伤的特点是含铁血黄素沉积，小叶中心坏死，脂肪变性和胆管增生。肾脏病变表现为肾小管堵塞。在山羊慢性铜中毒的试验研究中，山羊的慢性铜中毒为非典型性肝脏病变，并且有人认为山羊慢性铜中毒的发病机制不同于绵羊（Soli and Nafstad，1978）。还有人认为在山羊体内的一些组织损伤和绵羊相似。

7.7.1.5 诊断

在肠急性铜中毒时，腹痛症状明显，尿道阻塞，但也必须考虑是不是早期感染性肠炎。目前溶血性贫血与山羊的慢性铜中毒应分别鉴别诊断，血寄生虫巴贝斯虫病和锥虫病在哪个部位容易出现，并考虑可能导致溶血性贫血的几种植物中毒，尤其是羽衣甘蓝。其他急性铜中毒因素必须排除，其中包括摄入砷，有机磷农药中毒，氰化物中毒及硝酸盐中毒。最近的报道没有证据证明山羊慢性铜中毒会出现溶血性贫血，但肝酶升高及神经系统体征表明在诊断慢性铜中毒时应考虑各种原因引起的肝性脑病。

7.7.1.6 治疗

使用螯合剂直接清除血液和组织中的铜。近期，唯一的治疗山羊的报道是对山羊静脉注射四硫钼酸铵，按1.7mg/kg的剂量，连续隔日治疗3次（Humphries et al，1987）。对羔羊，每天口服剂量为1g硫酸钠和100mg钼酸铵，连续服用3周，能有效减少组织中铜的含量，并可能预防和减轻溶血危象。其他螯合剂包括口服D-青霉胺，每日剂量为52mg/kg，服药6d。最近的一份报告介绍了几种成功的针对成年山羊治疗原发性慢性铜中毒的用药方法（Cornish et al，

2007）：青霉胺按动物体重用量为50mg/kg，每隔24h口服1次，连续7d；钼酸铵每隔24h口服1次，用量为300mg，连续用药3周；硫代硫酸钠每隔24h口服1次，用量为300mg，连续用药3周；维生素E作为一种抗氧化剂也是每隔24h口服1次，用量为2 000U，连续用药3周。青霉胺虽然有效但价格昂贵，在商品化畜群上常常由于成本因素而被限制使用。比如在治疗由肾病严重感染引起的个别山羊贫血症时。红细胞压积（PCV）紧急降低的特殊情况下，可能需要输血。连续静脉给药均衡电解质溶液有助于维持尿液排出，并减少不可逆的血红蛋白尿肾病的可能性。

7.7.1.7 防控

控制山羊急性铜中毒依赖于现有的常识，避免意外接触和摄入高剂量的铜。因为山羊发生慢性铜中毒的情况很少，因此可能不需要采取积极的控制措施，如施用作物和施用钼和钼补充饲料的土地。但是，应该谨慎使用为牛配制的饲料，尤其是用于小山羊的牛奶代用品。第19章讨论了山羊铜的营养需求。

7.7.2 甘蓝型贫血（芸薹素中毒）

使用芥蓝（甘蓝）作为反刍动物饲料，可导致亨氏小体贫血甚至可能引起死亡。牛最易感，山羊次之，绵羊最不敏感。

7.7.2.1 流行病学

临床暴发亨氏小体贫血症通常发生在把芥蓝作为主要饲养方案的反刍动物上。该问题在英国和德国特别显著。长期大量地喂养芥蓝更增加了这种疾病的发生风险，一般而言，动物在饲喂芥蓝达1～3周时才表现出贫血症。成熟的植物和二次生长的植物毒性更大。食用霜冻或冰冻的植物也会增加贫血症的可能性。某些甘蓝品种的毒性比其他品种强，但加热或加工成青贮饲料破坏了它们的毒性。

山羊的人工复制病例条件较好（Greenlagh et al，1969，1970；Smith，1980）。在新西兰，芥蓝性贫血症已被证明是引起安哥拉山羊死亡的原因（Anonymous，1988）。感染的山羊采食芥蓝至少超过2周，而放牧前的羔羊未受影响。初步怀疑，感染了血矛线虫病引起贫血的羔羊受芥蓝毒性感染更严重。

7.7.2.2　病原学和发病机制

芥蓝含有高水平的 S-甲基半胱氨酸亚砜，它能通过瘤胃菌群转换成二甲基亚硫。然后从瘤胃再吸收后通过血液循环中红细胞中的血红蛋白的氧化作用诱导亨氏小体贫血。成熟的红细胞比未成熟细胞更容易受氧化影响，因此贫血症可能会导致红细胞暂时的自我限制，如再生反应以增加未成熟细胞占成熟细胞的比例。随着这些未成熟细胞的成熟，如果继续喂养芥蓝则贫血症会加重。这种现象与能抗血红蛋白氧化的未成熟细胞中高水平的谷胱甘肽还原酶相关（Smith，1980）。

7.7.2.3　临床症状

采食 1～3 周的芥蓝后，山羊会出现明显的贫血。在感染的牛群和羊群中首次报道猝死。仔细检查可确定羊群中的感染者，衰弱无力，黏膜苍白。其他症状包括食欲不振、呼吸急促、心跳加快。最显著的特征可能是因血红蛋白尿而引起的尿液呈红褐色。

7.7.2.4　临床病变和尸检

贫血应该是最显著的症状，血红蛋白水平降低到 6 g/L 以下，有时甚至降到 3 g/L，同时红细胞数目和压力调节阈降低。在外周血的红细胞中的海因茨小体能减少血红蛋白至少一周。有时在牛身上发生高铁血红蛋白症，山羊上很少见。贫血是可再生的，从网状细胞和增加的红细胞平均容量可观察到。

没有报告山羊特有的尸体剖检结果。在其他物种中，尸检结果包括苍白、血红蛋白尿、血液稀释、肾脏发黑和肝脏充血，伴有中度肝坏死。尤其是皮下脂肪的黄疸症状明显。

7.7.2.5　诊断

初步诊断可基于存在亨氏小体贫血症，以及结合芥蓝喂养史。其他反刍动物上，饲喂过油菜、野蒜、种植洋葱、萝卜残茎也能诱导变性珠蛋白小体贫血。注意剖检时广泛的黄疸现象，要与慢性铜中毒，以及钩端螺旋体病做出鉴别诊断。

7.7.2.6　治疗和防控

治疗仅限于维持治疗和输血。从饲料中去除芥蓝可在 2～3 周内血红蛋白水平回到正常。已感染山羊在治疗期间避免应激或剧烈运动。

7.7.3　其他植物相关性贫血症

多项研究资料表明有毒植物可引起山羊以贫血为主的临床表现。刺苞果属于菊科植物，在苏丹，该种植物一直伴随着人畜中毒，其对山羊的毒性已被试验证实。动物每天喂食剂量为 5g/kg，1 周内即会出现厌食、黄疸、痢疾，随之出现反应迟钝、呼吸困难、后肢虚弱、末端神经症状，很可能是因为肝性脑病引起的。临床病理学表明急性肝功能障碍在疾病期发展成为溶血性贫血（Ali and Adam，1978）。

五爪吉祥草属于旋花科，是一种抗旱性强的热带植物，它可能是不利气候期间山羊采食的主要牧草。对山羊的毒性是因为其属于番薯属植物，在印度、巴西、苏丹均已被证明具有毒性（Tirkey et al，1987 年；Dobereiner et al，1987；Damir et al，1987）。每日重复喂食五爪吉祥草鲜叶，按体重 5g/kg，则引起食欲不振、抑郁、苍白、后肢无力、呼吸困难、体重减轻的临床综合征，3 周之内死亡。然而反应也与个体差异有关，有些山羊也能存活 3 个月以上。有时候在严重感染的山羊身上可观察到温和的、正常红细胞的、正常色素的偶尔低色素性贫血。在血红蛋白低至 5g/L 时，红细胞量低至 15%。在急性病例中，贫血是非再生的，但在动物中存活时间较长，可观察到大红细胞反应。血清学分析表明，肝功能障碍伴随着 AST 和氨含量升高，以及低蛋白血症（Tartour et al，1974；Damir et al，1987）。蕹菜吉祥草的毒性是剂量依赖性的。在印度的一项研究中，以 160mg/kg 剂量的植物水提物灌注的山羊没有出现临床症状或实验室检查异常，这个剂量被认为是 0.2 个 LD_{50}（Tirkey et al，1987）。

在苏丹，贫血症也会被报道偶然发生在其他几种植物的中毒中，包括刺山柑毛白杨（Ahmed and Adam，1980）、灰叶草（Suliman et al，1982）、马铃薯。后几种植物不是山羊的日常饲料，但在干旱季节需要饲喂（Barri et al，1983）。

蕨菜（蕨）的摄取与牛羊的一系列临床症状相关，包括骨髓活性抑制导致的再生障碍性贫血，继发性细菌感染引起的白细胞减少症，以及继发于血小板减少症的瘀斑，瘤胃乳头瘤病，渐进性视网膜变性和流行性血尿。只有一例山羊蕨菜中毒的临床报告（Tomlinson，1983），受感染的山羊在通过抗生素治疗后表现出明显的高热和显著性贫血，提示继发性细菌感染。白细胞计数和骨髓评估不能进行。同时山羊经历了严重的胃肠道蠕虫和蕨菜摄入引起的贫血，而感染模型没有很好地建立。目前，山羊被视为对蕨菜毒性的潜在易感者。委内瑞拉的一份报告称，蕨菜可能会导致山羊永久性失明（Alonso-Amelot，1999）。

在绵羊身上，一些植物的毒性与血红蛋白相联系，包括女贞、金雀花、藜芦、毛莨属植物、秋水仙属植物和霜冻期萝卜（Kimberling and Arnold，1983）。当前，没有报道证明这些植物的毒性与山羊有关，但它们存在毒性却是一种合理的假设。

7.8 免疫系统疾病

7.8.1 胸腺瘤

山羊肿瘤比较少见，但胸腺瘤是公认的山羊最常见的两种肿瘤之一。胸腺瘤在山羊身上发生的频率高于其他畜种。另外一种常见的肿瘤是肾上腺皮质腺瘤，通常发生在阉割山羊身上，关于肾上腺皮质腺瘤将在第 13 章讨论。

7.8.1.1 流行病学

小于 2 岁的山羊很少有胸腺瘤且没有性别偏爱性，因为胸腺瘤很少产生临床症状。识别山羊的胸腺瘤主要从屠宰场调查，以及从尸检研究中偶然发现。据报道，在慢病毒的研究中，一组萨能羊的胸腺瘤流行率最高。92 头萨能羊中有 17 只在剖检时发现胸腺瘤（阳性率为 18.5%），其患病率老山羊比 2 岁龄山羊高 25.3%（hadlow，1978）。屠宰场的调查表明：一般的山羊群体发病率更低，仅为 0.008%；在 2 600 头安哥拉山羊中仅有 14 只发病，但这些胸腺瘤的发病率数据仍然高于其他家畜（streettetal，1968；Migaki，1969）。

7.8.1.2 临床症状

大多数胸腺瘤均表现出亚临床症状，但也有少部分表现出临床症状。有记录表明在 2 只中年努比亚山羊身上表现出充血性心脏衰竭继发胸腺瘤。在第 8 章将详细讲述该病例。也有一个病例

发生在 8 岁龄萨能奶山羊身上，巨食管继发胸腺瘤并发由胸段食管压力引起的血肿。这些山羊均有周期性臌胀及进食后反流史。

胸腺瘤有时会在颈部基部产生皮下明显可见的肿胀。在健康羔羊的颈部基部，正常胸腺组织通常靠近甲状腺。这一部分内容将在第 3 章讨论。而其他物种，特别是犬，胸腺瘤常伴发重症肌无力和多发性肌炎。

7.8.1.3 临床病理学和剖检变化

胸腺瘤多数发生在颅纵隔腔，有时也发生在胸廓入口。肿瘤的大小是可变的，有些可重达 600 g。肿瘤有包囊、结实、色灰白。较大的常呈分叶状。切面包括区域性出血、囊肿、焦黄色坏死灶，有时钙化。肿瘤转移较少见，但粘连附近组织结构，特别是肺脏粘连。在一个病例中，一只 8 岁被阉割的法国阿尔卑斯公羊，发现胸腺瘤转移到肺伴有渐进性消瘦、体力不支和厌食史（Olchowy et al，1996）。

7.8.1.4 诊断

涉及胸腺的淋巴肉瘤很少发生在山羊身上，而且必须与胸腺瘤相区别。在胸腺瘤中，肿瘤细胞是一种多形态上皮细胞，呈纺锤状，但也有些呈圆形或卵形。淋巴细胞在胸腺瘤可能占主导地位，但他们并没有表现出恶性转移的特点。淋巴肉瘤中的肿瘤细胞是淋巴细胞，因为它通常会引起周边淋巴结肿大，关于淋巴细胞在第 3 章将详细讲述。

7.8.1.5 治疗和防控

当前没有控制胸腺瘤的方法。已有报道在用慢病毒研究的萨能奶山羊中胸腺瘤发病率较高，这表明无论遗传因素或病毒因素都有可能在胸腺瘤发生发展中起重要作用。这值得进一步研究，特别是因为逆转录病毒病山羊关节炎/脑炎（Caprine Arfhritis Encephalitis，CAE）是目前公认的在山羊体内广为传播的疾病。

7.8.2 母体免疫被动运输失败（FPT）

刚出生的羔羊，与其他幼小畜禽品种一样，依赖于出生不久后摄入富含抗体的初乳提供被动免疫保护，直到它们能主动产生保护性抗体。若产后羔羊未能吸收到足够的抗体，容易患严重的传染病，且死亡率很高。

7.8.2.1 流行病学

羔羊高死亡率带来的损失令人无法接受，这已成为山羊养殖的主要制约因素。在全世界各山羊产地，导致羔羊死亡的各因素已经有综述（Sherman，1987；Morand-Fehr，1987）。在粗放式管理模式下，羔羊死亡率为10%～60%；在集约化管理模式，羔羊死亡率为8%～17%。死亡频繁发生在羔羊刚出生的前几天。众多因素导致羔羊的早期死亡，包括出生时体重较轻、早产、产仔量大、母性能力差、环境及气候条件差等。然而，在出生时未能吸吮足够的初乳是导致早期羔羊死亡的主要因素，很有可能是通过阻碍体液免疫的转运而引起死亡，正如下面将要讨论的致病机制。法国的一项调查表明：92%缺乏初乳的羔羊在出生2d后即死亡（Morand-Fehr et al，1984）；印度的一项调查表明，在新产羔羊摄入初乳18h后测定血清免疫球蛋白水平，它们的平均血清免疫球蛋白浓度为735mg/L。接下来的2个月，血清免疫球蛋白水平低于平均水平的羔羊，其死亡率为44%，而超过血清免疫球蛋白平均水平的羔羊，其死亡率仅为3.8%（Nandakumar and Rajagopalaraja，1983）。

除了对传染病能产生免疫力和降低幼畜死亡率外，新生羔羊吮吸到足够的初乳对以后的成长有长远的好处。犊牛出生24h后血清IgG浓度（sIgG-24）与断奶重呈正相关，与此相同，产乳小母牛第一泌乳期奶产量与牛奶的脂肪含量也呈正相关。而山羊，24h后血清IgG浓度和平均日增重（奶山羊从断奶前到30日龄期间）呈显著相关性。

7.8.2.2 病因和发病机制

山羊的胎盘韧带绒毛膜（胎盘上皮绒膜）在怀孕期间不能将免疫球蛋白从母体循环运输到胎儿中。因此，胎羊出生在这样一个状态，虽然免疫，但很容易被感染，因为缺乏循环的体液抗体。刚出生的胎羊被动免疫依赖于早期摄入初乳，初乳含有母源抗体。在分娩前数周，怀孕母畜的抗体增加，特别是IgG_1类抗体，IgG_1抗体被优先转运至初乳，借助于IgG_1的Fc片段的亲和力结合到乳腺上皮细胞上的受体。母畜血清中IgG_1和IgG_2的平均浓度为10.9和9.1mg/mL。而初乳中IgG_1的单独浓度为50.8mg/mL；IgG_2的单独浓度为2.3mg/mL（Micusan and Borduas，1977）。

刚出生的羔羊，摄取初乳时能将免疫球蛋白分子运输到肠道黏膜并进入血液循环。肠道黏膜内抗体分子的完整性取决于初乳中胰蛋白酶抑制剂的存在。跨越肠道的运输机制是通过胎羊肠上皮细胞的胞饮作用。据推测，随着这些细胞的脱落，在正常的生命进程中将被新的上皮细胞所取代，额外的胞饮和肠道吸收免疫球蛋白的能力也将消失。对于犊牛和羔羊，普遍认为其最大的吸收能力是出生后6h，在出生后24h，所有的吸收能力将全部消失。虽然这在一定程度上决定于外在因素，如第一次吸奶。反之，羔羊能有效吸收一段时间抗体，通常能持续4d。一项研究表明，羔羊在刚出生时喂牛奶，直到出生后72h才喂初乳，试验论证了饲喂初乳后血液中抗体水平增加，然而抗体所达到的水平，没有像刚出生即接受初乳的胎儿水平高，而且死亡率也较高。因此，为了肠道长期有效地吸收初乳中抗体，没有理由延缓初乳的摄入，初乳中抗体浓度在6～12h后迅速减少的事实也突出了早期摄取的重要性。

有很多因素影响胎儿期血清的抗体达到最高水平和免疫力。羔羊的这些因素大多已被阐明，但也认为对羔羊是实用的（Levieux，1984）。这些因素包括羔羊出生后可得到的吮吸初乳量、羔羊的吸收能力、初乳中的抗体浓度、抗体的多样性和活性。特别是对于难产的弱羔，可能无法存活，因此绝不能延缓吮吸初乳。恶劣气候环境下，刚出生的羔羊受到母羊的影响与其他羔羊竞争乳头，都将会影响获取的初乳量。正常普通的羔羊都会在出生后1.5h左右吃到初乳。

羔羊吸收免疫球蛋白的能力主要取决于对初乳的摄入量和早期的摄入，这些都将有助于免疫球蛋白的吸收。据报道，出生时体重和妊娠期体长与免疫球蛋白的吸收呈负相关。然而，显然还有其他未知因素影响个别羔羊固有的吸收免疫球蛋白的能力。刚出生的羔羊，有共同来源的初乳，基于出生后的相同时间间隔来权衡，随后其血清抗体水平随8个因素变化而改变。除羔羊自身的因素外，母体因素也能影响免疫球蛋白的吸收。免疫球蛋白的浓度和特性也能发生改变。年龄较大的山羊较年轻的经历更为广泛的免疫体验，对羔羊也将产生更广谱的免疫保护。母羊的品种差异也被发现（Nandakumar and Rajagopalaraja，1983a；Levieux，1984）。奶牛品种初乳的产量已经超过了新生犊牛的需要，初乳中免疫球蛋白的浓度和犊牛血清中抗体水平均显著高于非奶制品品种。

大量摄入抗体，特别是通过肠道吸收 IgG_1，使其成为体液循环抗体。初乳抗体的重要保护作用是预防一般性感染，由初乳引发羔羊死亡的最常见原因是大肠杆菌性败血病。母畜初乳中还含有少量的 IgA 和 IgM，其含量分别为 1.7mg/mL 和 3.8mg/mL。但初乳抗体在保护黏膜感染，特别是在肠道方面，其作用是有限的。

对于吸收了初乳抗体的羔羊来说是非常有益的，其保护免受疾病感染的作用立竿见影。被动抗体在羔羊自身主动免疫中起到缓冲作用。试验数据表明，缺乏初乳比摄入初乳的循环血清中 IgG_2 抗体出现要早；对于 12 周龄的羔羊，缺乏初乳的羔羊循环血液中 IgG_1 和 IgG_2 抗体均高于摄入初乳的羔羊（Micusan et al，1976）。

基于摄入初乳的羔羊血清，研究棒状杆菌属假结核病的特异性抗体的消失规律发现，被动获得抗体的半衰期是 12 d，在 5～6 周龄的大多数羔羊中仍可检测到一些抗体（Lund et al，1982）。持续性抗体可能抑制同源性疫苗的主动免疫。当摄入初乳的羔羊免疫人体丙种球蛋白，而这种蛋白之前免疫了怀孕母畜，结果表明在羔羊出生时及 4 周龄均未检测到抗原抗体反应，仅仅在 8 周龄后，该蛋白的被动免疫抗体已消失才检测到其抗原抗体反应。这些数据在于制订山羊免疫程序时要引起特别重视。

7.8.2.3　临床表现

对于母源抗体被动传输失败本身没有任何独特的临床症状。这种死亡的情况与败血症的临床表现相联系，容易出现在羔羊出生 48h 之内。这些状况包括：急性虚脱、体温或高或低、四肢寒冷、黏膜充血、心率加速和纤维性脉冲、脱水、肚脐感染、腹泻或者关节肿胀等，这些都有可能是败血症的临床表现。但是很多羔羊都在这些症状还没有被发现之前死亡。感觉过敏、癫痫发作或角弓反张可能会因为细菌侵入中枢系统或者伴随着这种情况而被检查出来。而在羔羊出生的最初几周，出现肺炎、肠炎，或者综合复杂的肺肠炎也暗示着母源抗体被动传输失败的症状。

在给感染的羔羊喂食母乳这段时间应该仔细确定详细的病史。在喂养母乳期间，是否用奶瓶饲喂初乳，或者在羔羊出生以后应该对肚脐进行消毒，圈舍所在地恶劣的卫生条件，以及管理方面的失误，均有可能表明败血症继发母体免疫的被动运输失败。

7.8.2.4　临床病例和尸检

检查 FPT 是否是直接影响死亡损失的方法是通过衡量胎儿的血清或血浆中的免疫球蛋白的循环水平，从羔羊们身体中取得的血清样本最佳时间是出生后 24h 和 48h，因为在这段时间里肠道能吸收最大量的抗体。相比其他畜禽品种，这种专业的检测羔羊血清免疫球蛋白测定的方法报道较少。

文献记载的试验包括定量硫酸锌浊度试验和定性戊二醛凝血试验（Vihan，1989；Sherman et al，1990）。使用硫酸锌浊度试验时，羔羊在出生后 24h 里接受 480mL 经热处理的山羊初乳，在最后一次初乳喂养后 24h 内检测到 IgG 的平均水平为 1.5g/L。使用戊二醛凝血试验后，在 60min 内用 10% 戊二醛溶液孵育的羔羊血清中，具有不超过 1 g/L 的血清不凝血。最近，用折射法和硫酸钠试验法测定了总蛋白，从而在现场条件下估计羔羊 IgG 水平（O'Brien and Sherman，1993）。当 FPT 被定义为血清 IgG 含量低于 1 200mg/L 时，通过折光率测定血清中总蛋白的含量，将总蛋白的阈值设定为 5.4g/L，所有 FPT 都能够间接确定。目前，有商业化的试剂盒，通过放射免疫来直接检测山羊血清中的 IgG（massimini et al，2007）。

相比于犊牛、羔羊、马驹等动物，在羔羊上研究抗体水平与发病率和死亡率相互关系的类似报道很少，因此，羔羊在不同系统和环境下所需要的最低水平的循环免疫球蛋白的水平也没有建立起来。在最近的一项前瞻性研究中，研究了新英格兰集中管理的乳山羊的存活率与循环免疫球蛋白水平的关系，在美国，血清中的循环免疫球蛋白水平为 1 200mg/mL，似乎具有保护作用（O'Brien and Sherman，1993）。

通过间接检测羔羊血清中的 γ 谷氨酰胺转移酶（GGT）的水平来评估免疫球蛋白的方法正被报道。初生羔羊吃初乳前，血清的平均 γ 谷氨酰胺转移酶水平为 19U/L，最高纪录测量值为 28U/L。在摄入初乳的 24h 之后，血清中 γ 谷氨酰胺转移酶水平平均比吃初乳前水平高 6.5 倍，平均为 127U/L，最低的报告值是 43U/L。在 24h 之后，γ 谷氨酰胺转移酶的水平迅速下降，因此时间点的选择对试验结果至关重要（Braun et al，1984）。

被动转移失败继发败血症的山羊可能出现严重的白细胞过少，并可能表现为高胰岛素血症。尸检结果是非特异性的，但心脏血液和各种其他器官的细菌培养结果可以确定败血症的存在。

7.8.2.5 诊断

在新生羔羊出生 24h 以后或日龄更大时，其血清中免疫球蛋白水平的降低表明是母源抗体传输失败。由此可以推断这种情况下发生疾病的可能性。在羔羊死亡前的 24h，母源抗体传输失败是主要原因，但是很难建立检测方法。低体温症和低血糖，应与 FPT 导致败血症进行鉴别诊断。动物血糖检测可以大概推测出血糖是否过低，尽管在败血症中血糖通常表现会较低。缺少血象炎症是导致低血糖的主要因素。在皱胃或小肠提取饮食物显示明显缺乏食物的摄入。血糖过低的一个诊断是在户外受凉会加重体温的降低，寒冷的温度、潮湿的气候或者干旱都会导致血糖过低。对羔羊来说，先天的畸形也必须被视为一种早期死亡的原因，在极其恶劣的管理环境或者是致病性微生物活跃的情况下，即使在出生后不久就摄入了足够的初乳，也可能发生败血症。

7.8.2.6 治疗

在大多数情况下，FPT 第一次引起兽医的注意是因为在早期死亡或有休克迹象的主要疾病，表明存在败血症，当即提醒必须考虑感染后的饲养管理。家畜应该移到一个温暖、干净卫生的环境。静脉输液治疗，包括葡萄糖和小苏打，主要是针对低血糖和循环系统引起的感染性休克。肠外非类固醇消炎药物，如氟尼辛葡甲胺可能会有帮助，采取抗生素治疗是必需的。药物的选择应该取决于血液的培养，但立即使用广谱抗生素治疗，特别是使用对革兰氏阴性菌有效的抗生素。甲氧磺胺类组合与氨苄青霉素或庆大霉素结合才能奏效。必须慎重使用氨基糖苷类药物，以避免严重的肾损害，尤其是在同时使用液体疗法时。氯霉素在允许的情况下，对败血症也有效果。

低丙种球蛋白血症的纠正需要输血浆或全血。需要补充的数量取决于生病的羔羊的循环免疫球蛋白的水平，以及供体山羊血液中的免疫球蛋白的平均水平或已知水平，平均值为 20 mg/mL。虽然羔羊所需循环免疫球蛋白的最低水平尚未建立起来，在大多数情况下，一个普通羔羊至少输 250 mL 的血浆量。血浆中硫酸锌浊度试验结果的重复评价，可以帮助决定是否需要追加输血。

7.8.2.7 预防

所有的山羊管理员应该意识到新生羔羊抗体被动传输的失败，以及与初乳管理相联系的培训费用造成的潜在经济损失。有必要仔细观察出生 6 h 的羔羊是否能够有效吸吮初乳，对于没有吸吮初乳的羔羊应该用奶瓶喂养，按每千克体重每次 50mL，在初次 12～24h 内饲喂 3 次初乳。在集约化管理系统中，可以鼓励负责喂养羔羊的饲养员让羔羊在 6h 内吃上初乳，而不是等羔羊自然地吃初乳。

冷冻初乳库的维持应确保所有的羔羊都有足够可用的初乳，不管母羊是否有奶。冷冻制备初乳时，只有分娩后 12h 内提取的初乳才能冷冻。因为初乳的免疫球蛋白在第一次吸吮后会迅速下降。据报道，山羊的免疫球蛋白浓度比与其比重呈正相关。所以初乳的质量可以用一个色度计进行筛选。首选比重超过 1.029 的初乳（Ubertalle et al，1987）。牛的初乳，无论是新鲜的还是冷冻的，已成为羔羊初乳的替代品。这也得到了山羊饲养者的欢迎，以期限制因羔羊吸吮初乳而传染 CAE 病毒。羔羊饲喂牛初乳获得的抗体水平相当于饲喂山羊初乳（Sherman et al，1990）。但是这种做法需谨慎对待。在法国有报道，羔羊饲喂牛初乳后 1 周出现溶血综合征。体外试验表明，牛的抗体可以和羊的红细胞发生反应（Perrin，1988）。

通过热处理技术对山羊初乳中免疫球蛋白含量的影响对研究山羊关节炎/脑炎（CAE）的防控得到了一定的关注。最初的热处理方案是 56℃维持 60min，以避免随着巴氏杀菌的高温引起的抗体变性，同时还灭活了 CAE 病毒（Adams et al，1983）。然而最近的研究表明，体外热处理初乳 56℃ 60min 可减少初乳中大约 37％的 IgG（Arguello et al，2002）。不过，如果初乳热处理初始浓度足够高，仍然可以成功地被动转移抗体。

近年来，许多商业化产品已经晋升为犊牛、羔羊和山羊的初乳补充剂，已被山羊主人用作初乳替代品，避免了热处理初乳用于 CAE 控制的需要。这些产品通常是可溶性粉剂或注射剂的形式。在一项研究中显示，用其中的两项产品对羔羊进行了试验并得到了评估。事实上，在出生后 12h 内没有吸吮初乳而接受口服产品初乳的羔羊，几乎没有血清免疫球蛋白水平升高。因此，作为保护性免疫球蛋白的来源，有些产品的价值受到了怀疑（Sherman，1990）。其他报告证实，当羔羊接受这些初乳替代产品时，即使替代量不足，还是可以达到足够的免疫球蛋白水平（Constant et al，1994）。

（文明　毛立）

心血管系统

山羊发生具有明显临床症状的心血管疾病的概率很低，因此，在家养动物中，有关山羊的心血管功能和病理生理学方面的研究最少。近年来，山羊作为人类心血管疾病研究的一种适宜的动物模型而受到越来越多的关注，尤其被应用于心房纤维性颤动（Neuberger et al，2006）和慢性心力衰竭（Tessier et al，2003）的病理生理学的研究及治疗、骨骼肌心室的形成（Guldner et al，2002）、人工心脏瓣膜的形成及检测（Bjork and Kaminskky，1992），以及全人工心脏的使用（Abe et al，2007）的研究。根据2007年的报道，拥有全人工心脏动物的存活世界纪录是一只配备外置全人工心脏的山羊存活了532 d（Abe et al，2007）。

8.1 临床诊断基础

8.1.1 解剖学和生理学

8.1.1.1 心脏和血管的构造

山羊的心脏位于第三到第六肋骨间，心尖可能会接触到膈肌，其心脏在胸腔的位置和方向与其他反刍动物相似。成熟心脏有两个小的心骨，分别环绕主动脉瓣环左右两侧（Aertz，1981）。然而最近对50头山羊研究表明，只具有右侧心骨，位于三尖瓣隔侧尖下，靠近心房隔和心室隔连接处，且仅在44%的试验山羊中存在

（Mohammadpour and Arabi，2007）。像其他反刍动物一样，山羊的蒲金氏纤维也延伸到心肌中，具有心电图临床诊断价值，这将在本章后面进行讨论。

关于山羊心脏异常的报道包括室中隔下部、中部和上部缺损，以及由于胸骨破裂引起心脏外露的心脏异位（Narasimha Rao et al，1980）。心脏异位的小羊可能活着出生，但只能存活几天或几小时（Upadhye and Dhoot，2001），有些因为外露心脏异常（如单心室），出生时为死胎（Dadich，2000）。

与其他反刍动物相比，山羊的血管在结构和分布上没有太大差别。大血管的异常并不常见，但是曾有过前腔静脉左移位（Waibl，1973）、主动脉右移位（Parry et al，1982）和主动脉瓣狭窄的报道（Scarratt et al，1984）。

8.1.1.2 血流参数

心输出量、心搏量、主动脉收缩和舒张压、肺动脉压、肺动脉血流速度、中心静脉压的信息已有报道，但是各项研究中动物数量有限（Jha et al，1961；Hoversland et al，1965；Foex and Prys-Robers，1972；Foex and Prys-Robers，1972；Vesal and Karimi，2006）。

不同品种、年龄、性别的山羊的平均心输出量在（2.8±0.7）L/min 和（4.8±1.4）L/min 之间（Hoversland et al，1965；Foex and Prys-

Robers，1972；Foex and Prys-Robers，1972；Olsson et al，2001）。最新报道，同一只奶山羊在不同时期心输出量明显不同，怀孕期（6.73±0.72）L/min、哺乳期（6.12±0.52）L/min、干乳期（4.39±0.27）L/min（Olsson et al，2001）。

通过心输出量和心律测定或直接通过染料稀释技术测定得到的平均心搏输出量范围从（20.3±3.1）mL 到（46.9±23）mL（Foex and Prys Roberts，1972；Ivankovich et al，1974）。对不同品种、年龄和性别山羊测量，其平均动脉收缩压为 122～124.9mmHg，而相同山羊的舒张压为 85～97.8 mmHg（Jha et al，1961；Hoversland et al，1965）。不同性别山羊的平均中心静脉压为（1.25±0.14）cmH_2O，但在统计上有显著性别差异，雄性（0.80±0.11）cmH_2O，而雌性（1.9±0.26）cmH_2O。然而，山羊在站立和侧躺时则无明显差异（Vesal and Karimi，2006）。

8.1.1.3　正常心率和节律

通常在左侧胸壁第四个肋间隙处可听到心跳。心率通常随山羊的年龄和活动状况有所变化。印度曾报道为数不多的、不同年龄的山羊平均心率（Upadhyay and Sud，1977）的数据：巴勃里（Barbari）山羊从出生到 15 日龄的平均心率为（255±15）次/min，从 16 日龄到 1 月龄为（209±6）次/min；1～6 月龄平均心率降为（142±6）次/min，6～12 月龄心率降为（125±9）次/min；1～3 岁山羊心率为（126±5）次/min，3～5 岁山羊心率为（126±7）次/min。在美国的一项研究中，对 100 只 1～1.5 岁的雄性山羊——测定，其平均心率是 96 次/min，在 70～120 次/min 范围变化（Szabuniewicz and Clark，1967）。在美国的另一项研究中，8 只成年混血雌性山羊的平均心率是 105 次/min，并在 90～150 次/min 范围变化（Jha et al，1961）。虽然通常认为恐惧和焦虑可以使山羊心率增加，但研究发现陌生人接触不会引起山羊心率明显增加（Lyons and Price，1987）。

研究人员运用遥感技术记录心率时发现，所有检测的正常年轻山羊心率与之前测定〔（92.2±6.3）次/min〕相比有显著的增加〔（116±11.7）次/min〕，并且与站立〔（84.2±0.9）次/min〕和躺着〔（76.5±1.1）次/min〕相比，进食心率显著增加〔（114.1±2.1）次/min〕（Vesal et al，2000）。其他研究者报道了在相似条件下不同品种山羊的心率显著不同（Medeiros et al，2001），而且怀孕山羊与没有怀孕的山羊、哺乳与非哺乳山羊相比，心率都有所增加（Olsson et al，2001）。

山羊通常听到两种心音，即 S1 和 S2。正常的呼吸窦性心律不齐是常见的，常在吸气末出现心率增加，这在青年山羊中更加明显。虽然二度房室传导阻滞不常见，但在正常山羊上也曾发现（Szabuniewicz and Clark，1967）。

8.1.2　诊断方法

8.1.2.1　心电图

心电图（ECG）很少应用到山羊的医学上，然而，通过使用标准和增强肢体导联已测定了正常山羊心电图测试的一些参数（Szabuniewicz and Clark，1967；Upadhyay and Sub，1977）。山羊可以在站立、左侧卧或右侧卧状态下测定心电图，这对心电图没有太大影响。肢体导联应该放在前肢肘关节上方和后肢膝关节上方的前外侧，心电图导联也可置于两耳之间的矢状平面，以及骶骨和胸骨上方（Schultz and Pretorious，1972）。

持续几秒后可得到完整心电图，包括 P 波，P-Q 间隔，QRS 波群，Q-T 间隔和 T 波（Jha et al，1961；Szabuniewicz and Clark，1967；Schultz and Pretorius，1972；Upadhyay and Sud，1977；Ogburn et al，1977）。曾报道，不同导联测定100 只山羊心电图的平均振幅，表明不同导联之间的差异极小，不同山羊的心电图振幅偏差也很小（Szabuniewicz and Clark，1967）。表 8.1 给出了用二级导联测定的波长和振幅。

表 8.1　正常山羊二级导联心电图参数

参数	P 波振幅（mv）	P 波波长（s）	P-R 波间距（s）	QRS 波群振幅（mv）	QRS 波群波长（s）	Q-T 波间隔（s）	T 波振幅（mv）	T 波波长（s）
平均值	0.080	0.04	0.09～0.13	0.258	0.039～0.045	0.295～0.334	0.200	0.07
范围	0.02～0.15	0.02～0.15	0.06～0.16	0.10～0.70	0.03～0.08	0.22～0.38	0.05～0.50	0.04～0.10

注：QRS=心电图的主轴偏转。

无论使用标准的还是增强的导联，P波常达到最高点，但偶尔也会出现平坦和偏低。双相P波不常见，除了aVR导联外，标准和增强导联中P波通常是正的。在正常山羊中有时可以看到P波波形的变化，这表示窦房结的失常。

用不同的导联测得QRS波群形状非常不同，波形通常是单相或双相，三相很少见。用一级导联时QS波形占主导，用二级导联时经常测量到QS或Qr波形，用三级导联时，很少出现单波形，通常会出现Qr、qR、R、RS和Rs波形；用aVR导联时，R波和Rs波形占优势，Q波很少；用aVL导联时，QS波形最常见，其次是rS波形；用aVF导联时，Qr或QS波形都可能占优势，同时R波、RS波、Rs波和rS波形也很常见。由于QRS波群在特定情况下的多样性，因此通常认为使用普通的导联测定的山羊心电图不会出现特征性的波形。

T波通常为尖峰形式，平坦、圆形或双T波非常少见。在多数情况下，伴随QRS波的偏移，T波会出现相反的极性或偏移，虽然在使用三级导联时两者会同时出现正性偏差，而使用aVL导联则出现负性偏差。

心电向量图在山羊临床上作用有限。与其他反刍动物一样，羊蒲金氏纤维通过众多分支遍布心室壁，这可以使两个心室快速兴奋，同时使邻近心壁的电势差消除，因此，由心脏紊乱导致引起的矢量方向或QRS波群结构的轻微变化难以区分。目前已确证山羊的两个心室在约10 ms内可快速同步收缩，并发现其去极化方式与犊牛完全一致（Hamlin and Scher，1961）。在一个右心室肥大的山羊模型中，没有检测到QRS波群或矢量方向的变化。右心室肥大的山羊Q-T间距变短，这归因于心率的增加（Ogburn et al，1977）。对先天性室中隔缺损的3只山羊进一步研究，结果发现P-R波间距、P波、QRS波群和T波间距及振幅均延长，这提示心脏扩张（Parry et al，1982）。

8.1.2.2　X线放射成像

山羊胸部X线影像已有描述（Singh et al，1983），在背腹侧相片中，正常的心脏位于第二或第三肋间隙到第六或第七肋间隙之间，心脏基部位于胸部中线处，心脏顶端则偏向中线左侧。

山羊心脏和胸骨的接触面积可用来诊断由室中隔缺损引起的心脏肥大，但未被广泛认可。正常山羊心脏的平均接触面积是3.3个胸骨节，异常心脏平均接触面积是6个胸骨节（Parry et al，1982）。

8.1.2.3　超声心动图

当M-型、二维（B-型）和多普勒心脏超声频繁地应用于山羊心脏病诊断时，公布的山羊正常心脏超声的参数信息仍然有限。在一项研究中证明，二尖瓣、主动脉瓣和三尖瓣位于右侧第三、四肋骨间，略微背对尺骨的鹰嘴；肺动脉瓣位于左侧同一位置（Yamaga and Too，1984）。最新研究表明，山羊心脏超声具有技术困难，心脏骨部分被尺骨鹰嘴和肱肌尾部覆盖，肋间隙狭窄，使得很难放置超声传感器，限制了透声窗（Olsson et al，2001）。即便如此，在8只瑞典本土山羊的妊娠期、哺乳期、干乳期应用超声和多普勒进行了测定，结果见表8.2。在菲律宾的一项独立试验中，利用B-型和M-型超声检测了8只山羊的正常心脏参数（Acorda et al，2005）。

表8.2　超声、多普勒测定计算8只山羊妊娠期、哺乳期、干乳期的心搏量和心输出量

测量	妊娠期	哺乳期	干乳期
HR（M-型；次/min）	148±4***△	123±5	107±9
AO（mm）	23.9±0.7	23.9±0.4	24.3±0.6
LA（mm）	26.2±1.0	27.9±0.6	26.9±0.3
LVEDD（mm）	39.6±1.5	40.5±1.0	40.6±1.0
LVESD（mm）	23.4±1.4	23.8±0.5	24.0±0.8
LVWd（mm）	6.9±0.4	6.5±0.3	6.8±0.3
LVWs（mm）	12.8±0.5	12.3±0.6	12.9±0.6
FS（%）	41.1±2.0	41.1±1.1	40.6±1.2
HR（多普勒；次/min）	133±3**	114±4	100±6
VTI（cm/s）	10.5±1.1	11.5±0.8	9.5±0.4

（续）

测量	妊娠期	哺乳期	干乳期
Vmax（m/s）	1.0±0.0	1.1±0.0	0.9±0.0
心搏量（mL）	47±5	54±5	45±3
心输出量（L/min）	6.73±0.72**	6.12±0.52	4.39±0.27△

注：HR=心率；AO=主动脉根；LA=左心房；LVEDD 和 LVESD=左心室舒张末期和收缩末期的直径；LVWd 和 LVWs=左心室壁在收缩和舒张期的厚度；FS=左心室缩短分数；VTI=微量积速度；Vmax=主动脉最大流速。表中数值为平均值±S. E. M. 与干乳期相比，**$P<0.01$，***$P<0.001$；与哺乳期相比，△$P<0.05$。（资料来源：Olsson K., et al., A serial study of heart function during pregnancy, lactation and the dry period in dairy goats using echocardiography. Experim. Physiol., 86（1）：93-99, 2001. Used with permission of Wiley-Blackewll Publishing）

已有一篇应用超声诊断山羊心脏病的论文发表（Gardner et al，1992），论文中对一个 3 岁的侏儒山羊的心缩音进行检测，心脏超声提示右心房和右心室扩张、心房中隔缺损及三尖瓣发育不良，而彩色血流多普勒超声心动图则发现严重的三尖瓣返流和房间隔缺损引起的右向左分流，这是第一篇报道诊断山羊三尖瓣异常方法的文章。超声检查也被应用于与地方性钙质沉着相关的心脏和肺动脉异常的山羊疾病诊断（Gufler et al，1999）。

8.1.2.4　心包穿刺术

山羊心包穿刺术适应证有限。创伤性网胃心包炎在牛上非常常见，而羊很少报导。心包积液可在山羊心水病中发生，但这种积液对诊断无价值。心包积液出现也与支原体病关联，但很容易在其他部位分离到病原微生物。如果需要进行心包穿刺，应在胸壁右侧第四肋间下部进行，能避开肺动脉和冠状动脉，动物可以站立或侧卧；同时建议使用安定等化学药物。如果要进行心包手术，可通过切除左侧第四肋骨完成。

8.1.2.5　计算机断层扫描

已有关于山羊胸腔计算机断层扫描的介绍（Smallwood and Healey，1982），心脏的断层扫描始于 T1 胸椎的尾部，止于 T5 的中间部位，前段断层扫描容易看到心脏的右侧，而后段容易看到心脏的左侧。在 T2 近尾侧，心脏的轮廓直接与胸腔的左右壁接触。

8.1.2.6　血管造影术

在对一例室间隔缺损病例的诊断中报道了山羊左心室心血管造影术，在左右两侧颈动脉插入导管可获得血管造影和血流动力学数据（Parry et al，1982；Scarratt et al，1984）。动脉造影和超声波检测法也被应用于山羊的颈动脉直径和血流速率研究（Lee et al，1990）。

8.1.2.7　临床化学检查

有关利用临床化学检查来诊断山羊心脏病的文献非常有限。心肌损伤或坏死可导致各种酶类释放到循环系统中，包括谷草转氨酶（AST）、乳酸盐脱氢酶（LDH）、肌酸激酶（CK）。然而，骨骼肌损伤也可导致血清中这些酶浓度上升。心脏特异性同工酶测定表明 LDH 和 CK 存在于心肌中，但是没有足够的文献确定山羊心肌中 LDH 和 CK 同工酶的参考值。

近几年，血浆中肌原纤维蛋白、肌钙蛋白含量成为人急性心肌梗死的标准生物标记，但其在非急性心肌梗死但左心室功能衰退患者的血浆中也呈现上升（Ammann et al，2003）。最近发表了健康犬血浆中肌钙蛋白的参照值，其中位值是 0.03ng/mL，变动范围是 0.01～0.15ng/mL（Oyama and Sisson，2004）。与其他家畜相比，山羊的肌钙蛋白水平介于中等，现已证明用第二代免疫测定技术可检测血液中心肌肌钙蛋白（O'Brien et al，1998）。

8.2　心血管疾病的临床诊断

山羊心脏病不常见，全球有关山羊心血管疾病的文献也很少。印度的一项研究发现，在屠宰的 2 720 只山羊中有 3.5% 心脏异常率（Chattopadhyay and Sharma，1972）。在津巴布韦的一个屠宰场调查发现，29 687 只山羊中有 525 只（1.6%）患有心包炎（Chambers，1990）。然而，在对山羊进行日常临床检查中，某些体检结果可能提示心血管疾病，这些发现应该进行进一步研究。临床体征提示有心血管疾病的鉴别诊断如下。

8.2.1 猝死

山羊心脏病猝死的归因应谨慎对待。尸检中心脏明显的和轻微的损伤并不意味着是心脏病所致，一些变化可能是人为所致，如自溶、心肌死后僵直黄化现象或者组织切片染色不均匀等所致（Newsholme and Coetzer，1984）。另外，大量心脏、心包或大动脉异常表现为亚临床，与死因无关，这些将在后面有关心血管亚临床情况章节讨论。相比心脏异常来说，心功能不全可能是心脏受损的更好指标，包括被动性充血，肺水肿和胸腔、心包及腹腔积水。在所有心脏病病例中首先应该确定心脏的组织病理学变化，接下来才考虑心源性猝死。

8.2.1.1 肌营养不良症

肌营养不良症和白肌病可影响心肌和骨骼肌，也可能会导致心衰引起猝死，尤其对于幼羊。这将在第 4 章详细讨论。

8.2.1.2 心脏毒性植物

很多植物会引起山羊的心衰和猝死。在北美，可引起心脏中毒的植物包括观赏植物夹竹桃（夹竹桃）、毛地黄（洋地黄）、铃兰和紫衫（红豆杉）；其他杂草和灌木包括印度大麻（*Apocynum cannabinum*）、藜芦属植物和乳草属植物（*Asclepias* spp.）（Fowler，1986）。红豆杉、福寿草含有有毒的生物碱，而其他植物含有强心苷。一般情况下，植物中毒呈零星发作，需要仔细调查才能确诊。检查瘤胃内容物成分可以发现可识别的植物部分，植物中毒病例的确诊依赖于这些发现。如果动物摄入了非致死量的有毒植物，临床症状会持续几天，因为大多数强心苷的半衰期是 24～36 h。

已有成功处置山羊红豆杉中毒的报道。因为摄入了观赏灌木红豆杉，2 只山羊在采食后24h 内死亡，剩余的 3 只表现心动过缓、体温降低、精神沉郁，虚弱。采用瘤胃切开术去除摄入的植物，然后在瘤胃放入矿物油、电解质和活性炭，结果 3 只山羊全部存活（Casteel and Cook，1985）。

在南非，家畜包括山羊常因植物中毒性心肌炎或"猝死"而导致严重经济损失。这常由 6 种茜草科植物引起，如 *Pachystigma pygmaeum P. thamnus*、*P. latifolium*、*Pavetta schumanniana*、

P. harborii 和 *Fadogia homblei*。中毒是毒物积累的结果，通常在临床症状出现前几周即采食了这些植物，山羊比绵羊更敏感（Hurter et al，1972）。已经分离到这些植物中的有毒成分，它是一种水溶性的、热稳定的阳离子多胺，命名为pavetamine（Fourie et al，1995），该毒素在心肌蛋白更新过程中抑制肌球蛋白的合成（Schultz et al，2004）。在一般情况下，该病是在摄入有害植物 3～6 周的潜伏期后突然死亡。但是，如果仔细观察动物，就会在潜伏期观察到先期的征兆，如落单、头颈伸长躺卧、呼吸困难、咳嗽（Pretorius and Terblanche，1967）。在尸检过程中有很明显的心脏衰竭包括充血、肺水肿、腹水、胸腔积液和心包积液。从组织学看，心内膜下区心肌纤维肥大（Prozesky et al，2005）。

在南非，其他可导致猝死的植物包括（*Cotyledon orbiculata*）和聚伞毒鼠子（*Dichapetalum cymosum*），圆叶银浓木的叶肉中含有二烯羟酸内酯，其为一种强心苷。当山羊在短时间内采食大量的这种植物，就会发生心衰性猝死（Tustin et al，1984）。猝死的前兆是衰弱、虚脱、心动过速、瞳孔收缩。

一种被称作毒叶木的聚伞毒鼠子的毒性成分是氟乙酸。山羊在采食后的几个小时内发生死亡，尸检可观察到腹腔、心包、胸腔积水，组织学检查可以观察到多发性心肌小坏死灶并伴有淋巴细胞浸润。但通常其病变并不一致（Newsholme and coetzer，1984）。在尼日利亚发现另一种同类植物 *D. barteri*，山羊采食其树枝导致猝死（Adaudi，1975；Nwude et al，1977）。

有报道南非山羊在采食鳄梨树树叶 3d 后猝死，可能是由心脏衰竭导致（Grant et al，1988）。鳄梨树叶对心脏的毒性在两只山羊上得到验证（Sani et al，1991），其中一只山羊在采食后突然无任何临床症状死亡，而另一只喂食后2d 死亡，在死亡前出现心音低沉、心动过速、呼吸急促等临床症状，剖检可见胸腔和心包积液、肺水肿、腹水、肝淤血，心脏发白、变软，显微镜下可见心肌纤维广泛变性。在澳大利亚，鳄梨树、夹竹桃、蒺藜和红棉也被报道能引起山羊心脏中毒（Seawright，1984）。

在苏丹，一年生灌木草决明被证实可引起山

羊心肌变性（Suliman and Shommein，1986），在美国西南部也发现了草决明，通常称为咖啡杂草、番泻叶或咖啡番泻叶，它与放牧牛的死亡有关，可引起骨骼肌和心肌变性，因此认为它对山羊也具有危险性。

在猝死病例中，如果怀疑为植物中毒，应当让其他具有风险的动物远离可能的毒源，并给予按体重最低量剂量 2 g/kg 的活性炭口服。

8.2.1.3　心水病

本章后面将会详细讨论心水病，该病主要发生在非洲和加勒比岛，可引起山羊急性死亡，死亡后病变与有毒植物中毒性心肌炎相似。立克次体也能引起心水病，在发病时必须通过脑组织检查进行鉴别诊断。

8.2.1.4　口蹄疫

口蹄疫（FMD）在山羊上通常表现亚临床症状，在成年山羊可引起轻度到中度跛行。然而，感染畜群中的幼年动物可能会因病毒感染而突然死亡，发生淋巴细胞浸润性心肌炎，心肌上出现灰色斑点或虎斑状条纹状，这些病变主要在左心室和心室间隔膜（Kitching and Hughes，2002）。FMD 在第 4 章已详细讨论。

8.2.1.5　其他心脏毒性物质

在临床上过量使用两倍剂量以上的常用药物、钙盐及离子载体抗球虫药可能会使山羊出现医源性的心脏中毒，已经证实由于缺乏而过量使用这些药物导致山羊的猝死。在治疗产乳热（低钙血症）时通常建议缓慢静脉注射，同时检测心音，以防出现心律失常、心率加快及心脏传导阻滞。低于平均体重，有并发症或被畜主处理的山羊更有可能具有心律不齐或心脏骤停的病史。

已知小反刍动物会发生离子载体型毒物中毒，离子载体型抗生素通常作为抗球虫药物应用于牛、山羊、绵羊等家畜及家禽的生产。离子载体莫能菌素能提高饲料利用率、增加体重而通常被用作肉牛促生长剂。莫能菌素推荐剂量为 15～22ppm，如果给绵羊饲喂 3 倍或 3 倍以上推荐剂量的莫能菌素，可引起猝死。但如果受影响的绵羊很容易消化饲喂相应剂量的莫能菌素，当以超出推荐剂量两倍以上饲喂时，绵羊会出乎意料地拒食这种饲料。饲喂绵羊猝死率为 20%～40%，显微镜下心脏病变呈现从局灶性心肌坏死伴随血管周围淋巴细胞聚体到坏死性心肌炎

（Bastianello，1988）。

美国允许以 20g/t 饲料（20ppm）添加莫能菌素口服作为圈养山羊的抗球虫药。用山羊口服 55ppm 的莫能菌素进行试验，连续饲喂 3 周，会出现厌食、腹泻及血液山梨醇脱氢酶增加等症状，表明出现肝脏中毒（Dalvi and Sawant，1990）。目前尚没有山羊莫能菌素田间中毒的报道，但试验数据显示山羊单次口服莫能菌素的半数致死量是 26.4mg/kg。

已有离子载体型药物盐霉素对山羊致死性剂量的报道。在土耳其，由于机械搅拌故障给安哥拉山羊饲喂 680ppm/kg 饲料比例的盐霉素造成 30% 山羊死亡，死前临床症状主要表现为：精神萎靡、食欲不振、运动失调、脱水、流泪、心跳加快、肌肉无力、流涎、喘气、虚脱跪地，在 15～20h 内死亡。尸检发现在腹腔、胸腔、心包内积液，心室及心内膜上有出血斑，显微镜下可见有明显的心肌出血现象。盐霉素作为山羊的一种抗球虫药，推荐剂量是 100ppm。

也有报道称维生素 D 的过量使用也将导致山羊猝死，尸检表现为冠状动脉及主动脉钙化。

8.2.1.6　创伤

由于山羊对疼痛的忍受力低，在遭受如割角等疼痛性操作时，如果没有采取适当的止痛和麻醉措施，可造成神经源性或儿茶酚胺引起心室紊乱，导致山羊心衰而死。

8.2.1.7　大动脉破裂

在热带地区，发现线虫中的狼尾旋线虫（Spirocerca lupi）和圈形盘尾丝虫（Onchocerca armillata）可寄生在山羊大动脉中（Chowdhury and Chakraborty，1973）。这些线虫的感染可能表现亚临床症状，或仅在尸检或屠宰时才发现大动脉壁增厚、结节或钙化。然而，狼尾旋线虫寄生在山羊大动脉时能引起山羊贫血、消瘦，或者导致大动脉破裂而猝死。

8.2.1.8　肿瘤

有报道，对一只确诊患有慢性呼吸道疾病已经有 1 个月的 3 岁怀孕母山羊在圈舍内追逐治疗后突然死亡，尸检发现山羊患有肺腺瘤，两肺都有肿瘤，并且已转移到肾脏和心脏，死亡是由于左心室心肌层肿瘤生长引起心衰所致。肺腺瘤在山羊中并不常见，在第 9 章做进一步讨论。

8.2.2 异常心音

有关山羊异常心音的文献非常有限。

8.2.2.1 心杂音

室间隔缺损的山羊，左右心基上部在第Ⅵ全收缩期有四或五级的心杂音，并且在两侧有明显的震颤（Scarratt et al，1984）。在一只室间隔缺损的山羊 S1 音前可明显听到 S4 音（Parry et al，1982）。在中毒性心肌炎的前期可以听到心脏收缩期杂音（Pretorius and Terblanche，1967）。

有关瓣膜损伤引起的不正常心音的报道非常罕见。报道一例患有心内膜炎的矮山羊（Pygmy goat）出现持续性的心杂音，心率增加，呼吸困难，食欲不振，高热，抑郁，死后诊断是因为心脏刺入缝纫机针造成创伤性心内、外膜炎（Waldman and Woicke，1984）。另外发现两例增生性心内膜炎山羊病例，是在一次剖检中偶然发现（Geisel，1973；Krishna et al，1976）。在一只三尖瓣异常的 3 岁公矮山羊（Pygmy goat）的三尖瓣区可听到三级和四级全收缩期心杂音，在左侧心脏基部可听到二级和五级全收缩期心杂音（Gardner et al，1992）。

在澳大利亚和瑞士的地方性钙质沉着症山羊病例中可听到收缩期杂音，这与饲喂金黄色燕麦草有关（Gufler et al，1999；Braun et al，2000）。在全世界不同国家的马和反刍动物都会发生地方性钙质沉着症，这些地区动物均采食了含有高浓度脱羟基维生素 D_3 糖苷或类似植物，长期采食这类植物将导致钙过量吸收，引起软组织钙化，钙化主要发生在心血管系统，其次是肺脏，肾脏和肌腱。

患病山羊食欲减退，消瘦，呼吸困难，举止及步态紊乱，站立困难，反复站起、跪倒，步伐僵硬，弓背，将重心从一只腿转移到另一只腿，间歇性休息，这与四肢肌腱和血管的钙化有关。地方性钙质沉着症也会发生心瓣膜和大动脉的钙化，体格检查和辅助诊断可发现心跳过快，出现各种各样的心杂音，心律不齐，心包积液，胸膜积液，腹水，心电图和超声波异常，有心包炎迹象，大动脉孔口变厚，心瓣膜钙化。在普通 X 线照片中大动脉钙化非常明显。地方性钙质沉着症不能治愈，但是可通过取消或减少有害植物的

饲喂控制疾病的加重。金黄色燕麦草变干后钙质可减少，因此饲喂成熟的比饲喂青草可减少钙的摄入。

8.2.2.2 心音低沉

在山羊，心音低沉的主要原因是由心水病（或 cowdriosis）导致山羊心包积水所致。另外，上面提到的一些非洲有毒植物的摄入可能会导致心包积液。淋巴肉瘤和创伤性网胃心包炎是引起牛心包积液的两大主要原因，但这在山羊中非常罕见（Sharma and Ranka，1978；Waldman and Woicke，1984；Craig et al，1986；Reddi and Surendran，1988）。在一例胸腺瘤病例中，由于肿瘤导致心脏向胸背侧移位，可在左侧大面积区域内听到心音，可见明显的心脏搏动。（Rostkowski et al，1985）。

8.2.2.3 摩擦音

感染性心包炎引起的摩擦音与心音同步，这在山羊上报道不多。当山羊出现摩擦音时，常常与支原体感染有关，病原多为丝状支原体丝状亚种和绵羊肺炎支原体（Masiga and Rurangirwa，1979；East et al，1983；Rodriguez et al，1995；Williamson et al，2007）。伴随心音或/和呼吸音出现摩擦音。山羊肺结核病也可发生渗出性心包炎（Savey，1984）。

8.2.3 心律不齐

有关心律不齐的文献不多，心律不齐的报道常与结核型心脏病、含糖苷的植物导致心脏中毒和地方性钙质沉淀引起心脏结节相关。有报道心房颤动伴随充血性心力衰竭和肺炎（Gay and Richards，1983）。中毒性心肌炎的前期会出现奔马律、心动过速、第一心音分离和心杂音。

8.2.4 充血性心力衰竭

山羊充血性心力衰竭的临床症状与其他动物相似，包括颈静脉异常搏动、颈静脉曲张、湿咳、心跳过速、颌下水肿、腹水、运动障碍、体重减轻，以及可能有腹泻现象，但并不是所有的临床症状在所有的病例中都能出现。死亡山羊剖检所见与心脏衰竭症状相符，可见胸膜积水，心包积液，腹水，肺水肿，心脏扩张，心室扩张。

山羊肺炎、纵隔肌瘤、室间隔损伤引起的肺心病可导致充血性心力衰竭。子叶中毒和毒草性

心肌炎常引起猝死，在尸检时可以看到充血性心力衰竭的症状。在南非，由非洲嘉莲草（*Galenia Africana*）引起的山羊和绵羊的另外一种植物中毒病可造成明显的腹水和死亡。中毒可导致肝脏损伤和心脏损伤。植物提取物试验研究表明，非洲嘉莲草首先是肝中毒，仅在中毒的最后阶段引起心肌衰弱（van der Lugt et al，1992）。在心肌损伤的严重程度不足以导致猝死时，心肌营养不良症（即白肌病）可引起充血性心力衰竭。

应注意山羊充血性心力衰竭与胃肠蠕虫病和肝吸虫病鉴别诊断，这些寄生虫能引起水肿、腹水和继发贫血。

山羊颈圈如果系得太紧常常导致颈静脉曲张，应注意颈静脉曲张与心脏疾病的区别。

有关山羊充血性心衰治疗的报道很少（Gay and Richards，1983）。犬充血性心力衰竭的治疗原理及治疗药物可以应用在山羊上，包括使用速尿灵和其他利尿剂以减轻前负荷，使用卡托普利、肼苯哒嗪或其他血管舒张药减轻后负荷，使用地高辛或多巴酚丁胺以改善心肌收缩力，使用利多卡因、奎尼丁、普鲁卡因以及其他抗心率失常药物以恢复心律。

8.3　亚临床心血管疾病

有时候，山羊临床检查无任何心脏病症状，但在尸检时常常观察到心脏和血管系统病变。在其他临床症状掩盖了心血管疾病症状、亚临床型心血管疾病或者观察到的病变不会引起发病会出现上述情况。

支原体感染、病毒性皮炎、黑腿病和产气荚膜梭菌引起的羊肠毒血症都可以看到心包积液渗出或者心包炎。在屠宰时调查可发现非致病性心外膜和心内膜淋巴网状内皮细胞增生（Chattopadhyay and Sharma，1972）。在马拉维，山羊采食多色合欢树种子中毒后尸检发现心包积水，主要临床表现为神经系统疾病（Soldan et al，1996）。

偶发型和亚临床型心肌损伤可能会在心肌上出现灰白色病灶，推测是植物毒素或者细菌毒素早期损伤、化生软骨发育伴或不伴钙化、心肌间隙局限性淋巴细胞浸润、心肌肉芽肿、寄生虫性

心肌炎引起。引起寄生虫性心肌炎的有肉孢子虫病、包虫病，以及其他带绦虫蚴，如囊尾蚴、多头蚴。

山羊主动脉异常包括动脉瘤、主动脉炎、黑色素沉淀、内膜脂肪沉积和内膜纤维化、软骨和骨的化生及钙化（Prasad et al，1972；Geisel，1973），但临床疾病很少会引起此类病变。主动脉壁变形、结节、波纹、动脉瘤，以及增厚与盘尾丝虫病相关（Kaul and Prasad，1989），山羊副结核病常见主动脉局灶性坏死和钙化病变（Majeed and Goudswaard，1971），如前所述，经常饲喂金黄色燕麦草的山羊可出现主动脉及其他大血管钙化、局限性钙质沉着症。

8.4　特殊心血管系统疾病

8.4.1　心水病

心水病也叫做"考德里氏体病（cowdriosis）"，是一种以蜱为媒介的立克次体感染反刍动物引起的传染性疾病。历史上本病主要发生于非洲撒哈拉地区，最近加勒比海群岛也有该病的报道。值得我们关注的是心水病及其媒介有可能传播到美洲的热带、亚热带地区，因为此处有适宜的蜱媒介存在。

8.4.1.1　病原学

病原为反刍兽立克次体（以前称为*Cowdria*），革兰氏染色阴性，姬姆萨染色呈紫红色到蓝色，呈多形性，小的通常呈球状，较大的呈马蹄状、环状、棒状。在哺乳动物中，其对血管内皮细胞具有偏嗜性。在媒介蜱，主要寄生在肠道上皮细胞和唾液腺细胞中。

以前人们试图进行体外培养反刍兽立克次体，但未获成功。但目前在内皮细胞系和蜱细胞系上可培养多种立克次体菌株。采自感染动物全血和组织匀浆中活的病原可通过加入如二甲亚砜等冷冻保护剂在液氮中速冻进行长期储存。

病原有不同的毒株，用不同的野毒株感染动物可产生交叉免疫保护作用（Van Winkelhoff and Uilenberg，1981；Uilenberg，1983），但用不同毒株攻击反刍动物时通常没有或仅有部分的交叉保护作用（Uilenberg，1983；Jongejan et al，1988；Du Plessis et al，1989），抗原多样性是反刍兽立克次体的一个重要特性。田间分离株

常含有多种立克次体毒株，不同毒株间的毒力不同，有些毒株不引起动物发病，有些反刍兽立克次体分离株无法用分子方法进行区分（Allsopp et al，2007），在美国山羊上也检测出其中一个毒株。

8.4.1.2 流行病学

心水病最早于1838年在南非首次发现，一直被认为是阻止家畜养殖业发展壮大的主要障碍。进口的牛、山羊、绵羊非常易感，死亡率很高。在非洲附近的岛屿也发现了心水病，如：马达加斯加、毛里求斯、科摩罗、圣多美。

心水病在西半球的出现引起了人们的关注。1980年，该病在瓜德罗普岛出现，自此，包括安提瓜岛、玛丽-加兰特岛在内的其他加勒比海岛屿都证实了该病的发生。在19世纪，甚至早在18世纪，从塞内加尔进口牛时引入媒介蜱——彩饰花蜱（Amblyomma variegatum），在波多黎各、别克斯、吉利斯、马丁、安圭拉岛、圣基茨尼维斯、拉代西拉德岛、马提尼克、圣露西亚、圣文森、巴巴多斯等发现了彩饰花蜱，但是在这些岛屿尚没有发现反刍兽立克次体。从1994—2006年，在西半球发起国际性消灭彩饰花蜱的运动，其中的一些岛屿取得了成功，但是尚未达到最终目标（ICTTD，2006）。

心水病的地理分布反映了传播病原到家养或野生反刍动物的媒介花蜱属的地理分布。彩饰花蜱是寄生于哺乳动物和鸟类的三宿主蜱，在非洲和加勒比海，分布最广泛的心水病媒介蜱是彩饰花蜱，也叫热带花蜱。在非洲其他媒介蜱还有南非希伯来钝眼蜱、非洲中南部的钝眼蜱、非洲东部和非洲东北部的宝石花蜱和杰玛蜱。其他几种非洲花蜱也可携带病原，但主要寄生在野生动物体内。在北非和南非至少发现了两种媒介蜱——彩饰花蜱和钝眼蜱，可传播反刍兽立克次体，前者传播更有效。

尽管有一则有关彩饰花蜱经卵传播反刍兽立克次体的报道，但通常认为彩饰花蜱只能够经发育期传播而不能经卵传播反刍兽立克次体。蜱的发育过程是从幼虫到蛹，再经蛹到成虫，因此蜱的感染期限可长达好几年。病原在蜱的肠道内皮细胞内寄生，并经唾液传播。

反刍兽立克次体的宿主主要是反刍动物，鹿科动物也易感，野生反刍动物是该病原的储存宿主，但野生动物并不是维持感染所必需的，反刍兽立克次体在蜱体内的长期生存维持了该病的发生，在反刍动物体内隐性感染也时有发生。

小龄反刍动物对该病有抵抗力，但不依赖于来自母体的被动免疫。在出生约3周后小牛和小羊的这种抵抗力逐渐衰减。在这个期间，幼年动物感染病原不出现临床症状，但可抵抗同源病原的再次感染。因为宿主的抵抗期很短，感染率和抵抗媒介蜱的数量低。

根据流行病学和试验性研究，山羊是最易感的自然宿主。在流行区域的本地山羊比进口山羊具有更强的抵抗力。但是在非洲，本地山羊经常发生急性心水病。在肯尼亚的纳罗克地区的3个点，应用MAPI-B ELISA对红马赛羊和东非小山羊的心水病进行了血清学调查，发现62%～82.5%的绵羊和42.5%～52%的山羊血清学阳性。

流行病学和试验研究提示不同品种的羊具有不同的易感性。在南非，与其他本地或外来品种的羊相比，安哥拉山羊和布尔山羊对心水病具有更高的易感性。在瓜德罗普岛也报道了不同品种的羊对心水病的不同易感性，本地的克里奥尔山羊比欧洲品种的山羊表现更强的抵抗性。然而，对某一特定品种的山羊，根据感染考德里氏体的病史，不同种群之间的易感性也不相同。

8.4.1.3 发病机理

感染立克次体的媒介蜱在叮咬时将病原传递给哺乳动物。研究结果显示病原在局部淋巴结的巨噬细胞内和其他网状内皮细胞内进行早期复制，随后出现1～4 d的立克次体血症并伴有发热。在血浆和中性粒细胞中可检测到病原。随后，病原体通过血液循环进入全身，尤其是大脑皮质的血管内皮细胞，并在其中繁殖并导致血管炎，造成局部出现水肿和出血。人工静脉接种病原潜伏期是7～14 d，如果大剂量感染病原，潜伏期会更短。

8.4.1.4 临床症状

自然感染潜伏期为2～4周时间。根据宿主的易感性和病原体毒力的不同，心水病有4种临床表现：最急性型、急性型、亚急性型、亚临床型。可发生零星病例或流行性暴发。山羊通常为最急性型和急性型感染。

最急性型：被感染的山羊出现高热，突然倒

地，并伴有抽搐或划水样动作，持续几分钟到几小时。

急性型：可持续 2～5 d。最初的表现是山羊精神沉郁，厌食，高热达到 41℃，伴有呼吸急迫和停止反刍。由于心包积水，胸部听诊会有肺水肿，心音低沉。之后出现神经症状：咩叫，过度敏感，肌肉抽搐，磨牙，频繁眨眼，眼球震动，频繁排尿排便，转圈，最后停止抽搐。在出现神经症状前或同时伴有眼球充血、腹泻。山羊的死亡率达 90% 以上。

亚急性型：发热，流泪，黏液性鼻涕，咳嗽，呼吸困难，可能有腹泻和轻微的神经症状。亚急性型很可能发生在之前感染过或者自身具有抵抗力的动物。亚临床感染有短暂的发热，在山羊不常见。

8.4.1.5 临床病理检验和尸体剖检

心水病病例中红细胞压积、血红蛋白、血浆总蛋白、血清蛋白的减少非常常见。据报道山羊白细胞反应多变，有中性粒细胞减少症和淋巴性白细胞减少症或者是淋巴细胞白细胞增多症。在后期也有高血糖症和乳酸血症的报道。安哥拉山羊感染心水病常可发现血清呈橙黄色，但在其他品种的山羊没有发现类似现象。

死后剖检发现有心包积水，不同程度的胸腔积水，肺水肿。其他可能的症状有腹水、淋巴结肿大、浆膜出血，尤其是心脏浆膜出血，胃肠道黏膜堵塞，肾脏肿胀。其他动物常见脾脏肿大，但在试验性感染的山羊上观察不到（Ilemobade and Blotkamp，1978）。在安哥拉山羊有严重肾萎缩的报道（Prozesky and Du Plessis，1985）。

在组织学上，该病的特征在于几乎所有组织的血管内皮有反刍动物立克次体，大脑皮质最容易检测到立克次体，而肝脏中最少。

在死后快速诊断中，脑灰质压片，姬姆萨染色，会在血管内皮细胞有蓝色到紫色的立克次体。如果取整个大脑有困难，用小铲或勺子通过枕骨大孔取的小脑皮质，也是非常适合检测的样本。或者用钉子和锤子在头盖骨上钻个小孔取小脑皮质。

8.4.1.6 诊断

根据病史和临床症状，媒介蜱在该区域分布和动物出现的情况，以及涂片或组织病理检测血管内皮中立克次体的情况做出诊断。对引起山羊猝死的所有最急性型疾病鉴别诊断将在第 16 章做详细讨论。对急性型或神经性心水病必须与破伤风、狂犬病、伪狂犬病、有机磷中毒和各种植物性中毒区分。山羊采食豆荚可能会造成神经症状和心包积水。如果在神经症状出现之前有腹泻和发热，则应排除小反刍兽疫、牛瘟、沙门氏菌病。

存活动物心水病确诊非常困难，因为不能按常规方法培养病原体。静脉注射 5～10mL 取自疑似感染动物的全血给健康易感山羊或绵羊，若出现症状和尸体剖检中发现病原体即可确诊为心水病。Synge（1978）报道了检测山羊脑涂片中立克次体的活组织检测技术，主要用于发热后 3～6d 的诊断。目前，通过敏感性较高的特异性 DNA 探针和 PCR 等分子方法进行确诊。

目前有几种检测反刍动物立克次体抗体的血清学方法，但在某种程度上，都还缺乏特异性，因为与一些其他的立克次体或未知的类似物存在交叉反应。用特异的重组抗原替代粗制抗原的 ELISA 方法已部分解决了以上弊端。荧光抗体试验可以检测感染山羊、绵羊和牛巨噬细胞中的病原。

8.4.1.7 治疗

早期使用抗生素治疗有效。用四环素治疗急性心水病发热阶段的动物效果好，在早期发热症状出现时，以每千克体重 5～10mg 的量静脉注射或者肌内注射，1～2d 后重复给药一次。在发热开始时，以每千克体重 20mg 的量肌内注射长效土霉素也有效。当出现神经症状时才开始治疗几乎无效。如果推迟 1～2d 治疗，可能由于严重的肾炎引起的肾脏缺血而导致治疗效果较差。

8.4.1.8 防控

在加勒比海岛消灭媒介蜱的试验已告失败，因此通过控制媒介蜱来消灭该疾病几乎不可能，但在非洲通过控制蜱防治心水病取得了一定的效果。

通过控制动物暴露、对引进的动物进行免疫措施防治该病在非洲已取得成功。可将人工感染动物（或蜱）的血（或组织匀浆）通过速冻来制备疫苗，该疫苗因为制备过程相当粗糙，在接种过程中会发生过敏反应和其他病原的传播。通过静脉途径接种疫苗，在动物开始发热时，用 10mg/kg 剂量的土霉素治疗免疫动物以减轻症状和增强免疫力，以防再次感染。

幼龄动物在具有天然抵抗力期间接种疫苗不会出现发热反应（Van der Merwe，1987）。因为检测每个动物开始发热时间比较困难，因此建议对疫苗接种动物进行随时治疗。然而，发热反应开始时间取决于疫苗的种类和疫苗的制备。安哥拉山羊接种冷冻的 ball-3 株疫苗后监测发现，97%的山羊发热期在接种后 10～14d，但接种新鲜 ball-3 株疫苗的山羊仅有 76%发热期在 10～14d。因为成功的疫苗接种依赖于适宜的治疗时间，所以应该事先确定所使用疫苗的平均潜伏期。若使用媒介蜱研磨滤液疫苗，则发热会缩短几天。一般在山羊的体温达到 39.5℃后开始治疗。

山羊的免疫持续期尚不十分清楚，可能有两个月。免疫期短的原因可能是感染了异源抗原株，同源株的免疫期会更长一些。在潮湿季节，免疫时间要在媒介蜱的活动高峰期之前。Van der Merwe（1987）综述了山羊心水病的免疫程序。通过细胞培养物获得的心水病感染性材料，将在很大程度上解决通过疫苗传播其他病原的问题，目前正在进行改进和标准化该疫苗的感染和治疗的方法的研究。其他的研究关注于灭活和弱毒疫苗的研究。Mahan（2006）综述了控制心水病的新型疫苗和疫苗方法的进展。

控制媒介蜱有助于控制山羊心水病，但应避免在寒冷季节或对怀孕安哥拉山羊进行药浴，因为这会引起应激堕胎和发热。

8.4.2 血吸虫病

血吸虫是寄生在心血管系统的吸虫类寄生虫，不同的虫株可寄生在不同器官的血管系统内，可导致多种临床表现，如鼻炎、肠炎、肝炎、肺炎。在全球流行地区的山羊可以观察到上述所有临床症状。

8.4.2.1 病原学

在分体科有两个属可以引起山羊出现临床症状，分别是分体属和东毕属。许多虫种以山羊为终末宿主，表 8.3 统计了这些虫种的一些特性，包括：地理分布、中间宿主、终末宿主、山羊体内寄生部位。有报道称在印度贾巴尔普尔市的屠宰场中发现山羊可感染无名分体吸虫（*Schistosoma incognitum*）（Agrawal and Sahasrabudhe，1982），以前报道该血吸虫只感染猪，随后动物感染试验也证实了无名分体吸虫可感染山羊（Gupta and Agrawal，2005）。先前认为库拉孙分体吸虫（*Schistosoma curassoni*）与牛分体吸虫是同一个虫种，现在认为前者是一个可感染山羊、绵羊和牛的新种（Verycruysse et al，1984），虽然二者可以杂交（Rollinson et al，1990）。不断发展的系统发育研究有助于阐明分体科血吸虫不同致病虫种的生物学关系并进行分类（Snyder and Loker，2000；Webster et al，2006）。

表 8.3 报道可感染山羊的分体吸虫

虫种	地理分布	中间宿主	终末宿主	寄生部位	临床症状
牛分体吸虫	非洲中部、东部、西部，地中海沿岸部分国家，中东部分国家	各种泡螺	反刍动物，马，骆驼，啮齿类动物，人	门静脉和肠系膜静脉	腹泻，痢疾，贫血，消瘦，死亡
日本分体吸虫	远东	各种钉螺	反刍动物，马，人，猪，犬，猫，啮齿类动物	肝脏、门静脉和肠系膜静脉	腹泻，痢疾，贫血，消瘦，死亡
羊分体吸虫	非洲中部、南部、东部	各种泡螺	反刍动物，马，人，狒狒，啮齿类动物	门静脉、肠系膜静脉、泌尿生殖器和胃静脉	肺炎，腹泻，痢疾，贫血，消瘦，死亡
梭形分体吸虫	印度次大陆，远东	各种扁卷螺，椎实螺，印度扁卷螺	反刍动物，啮齿类动物，犬	肠系膜静脉	腹泻，痢疾，贫血，消瘦，死亡
印度分体吸虫	印度次大陆	印度扁卷螺	反刍动物，马，骆驼	肝脏、门静脉、肠系膜、胰腺和肺静脉	腹泻，痢疾，贫血，呼吸困难，消瘦，死亡
孟氏分体吸虫	非洲部分地区，南美，中东部分国家	各种双脐螺	最主要为人类；各种啮齿类动物，野生哺乳动物，包括山羊	肠系膜静脉	腹泻，贫血，呼吸困难，消瘦，死亡

（续）

虫种	地理分布	中间宿主	终末宿主	寄生部位	临床症状
鼻分体吸虫	印度次大陆	印度扁卷螺	山羊，牛，水牛，绵羊，马	鼻黏膜静脉	流涕，打喷嚏，呼吸困难
无名分体吸虫	印度次大陆	椎实螺	猪，犬，山羊报道1例	—	无报道，在屠宰时发现
库拉孙分体吸虫	西非	各种泡螺	山羊、绵羊、牛	门静脉和肠系膜静脉	腹泻，痢疾，贫血，消瘦，死亡
土耳其斯坦东毕吸虫	蒙古国，伊拉克，法国，俄罗斯	椎实螺（*Lymnaea euphratica*）	反刍动物，骆驼，猫，马	肠系膜静脉	慢性衰弱

血吸虫是一种雌雄个体明显不同的细长吸虫，在宿主体内常以成对的形式出现。血吸虫的生活史是间接的，以水生螺作为中间宿主。虽然在整个生活史中出现不同变异体，但是一般的模式如下：成熟的血吸虫寄生在终末宿主各个靶器官的脉管系统中。这些靶器官通常是肝脏、小肠、鼻黏膜和膀胱。产卵雌虫穿过血管壁进行排卵，然后虫卵进入肠道内腔、膀胱内腔或者鼻内腔。这些虫卵有时包含毛蚴，当进入水中时开始孵化。然后毛蚴被释放并感染某些特定种的水生螺。由于外界环境的影响，毛蚴在水生螺体内发育期为38～126d不等。在中间宿主水生螺体内孢囊产生两个世代后形成尾蚴并从宿主体内重新释放到水中。当终末宿主站在或饮用受尾蚴污染的水时，尾蚴通过皮肤或者瘤胃壁渗透进入该宿主体内而进行感染。

尾蚴进入终末宿主体内后转变为童虫并移至肺脏中，然后经过约1周的血液循环被转运至肝脏中。第8天童虫通常出现在门静脉。雌雄虫的交配也是发生在门静脉，成虫随后定植到肠系膜静脉并在此发育成熟及生产子代虫卵。当重复感染时血吸虫的成虫在肺部血管发育成熟，同时子代虫卵释放在肺脏中。在印度报道过由印度分体吸虫（*S. indicum*）感染造成的山羊肺脏血吸虫（Sharma and Dwivedi，1976）。在鼻分体吸虫（*S. nasale*）感染的病例，鼻分体吸虫的发育、成熟及生产子代虫卵发生在鼻黏膜的血管中，虫卵通过患病山羊鼻涕而被传播。山羊感染牛分体吸虫（*S. bovis*）的潜伏期为47～48d（Massoud，1973）。

8.4.2.2 流行病学

血吸虫病是一种人畜共患病，主要分布于亚洲、非洲、中东部分地区、中南美洲及地中海区域。在非洲、亚洲和南美洲，血吸虫病是一种重要的人类疾病，该病主要由埃及分体吸虫（*S. haematobium*）、日本分体吸虫或者孟氏分体吸虫感染而发病。包括山羊在内的牲畜可以作为血吸虫的储存器而感染人类（Adam and Magzoub，1977）。

据报道，亚洲和非洲山羊感染血吸虫多以肠道感染为主，而由鼻分体吸虫造成的鼻型感染仅限于印度次大陆。山羊由于血吸虫病引起发育不良、治疗费用高、死亡率升高、淘汰，尤其是屠宰时肝脏的遗弃等而导致经济损失（Singh Nara and Nayak，1972；Seydi and Gueye，1982）。

血吸虫病的发生与中间宿主水生螺的生态学紧密相关。水生螺可以在停滞或缓慢流动的水中繁殖，比如在暴雨季节的灌溉沟渠，稻田，蓄水池或水槽，浅水池塘或水坑，沟渠都可以发现有水生螺的存在。因此，血吸虫病的发生可能是连续性或季节性的，这取决于污染水源的存在。季节性发病的地方，水生螺的存留于枯水期主要依靠自身的一种繁殖策略。当家畜饮用、站立于或者卧于被污染的水源时，就可能感染血吸虫。除此之外，其他因素如供给污染的牧草、有限的饮水和过度拥挤也导致该病的普遍流行（Hurter and Potgieter，1967）。

血吸虫病在多种家畜中的流行主要与饮水行为密切相关。猪、水牛和喜好打滚的动物有很高的感染率，其次是牛，绵羊和山羊感染率较低（Agrawal，1981）。山羊感染率低，主要由于其厌恶在水中浸泡，甚至避免在水中穿行，这大幅度减少它们接触污染源的可能性（Kassuku，1983）。通过对屠宰场的调查发现，血吸虫病在山羊中的感染率始终低于水牛和牛（Islam，1975；Kassuku et al，1986）。尽管如此，来自中国的报道中山羊发生严重损失，其中夏季降雨导致中间宿主水生螺显著增加（Li，1987）。

值得庆幸的是，用牛链球菌或日本分体吸虫尾蚴同时人工感染牛、绵羊和山羊时，山羊因接触程度少不易感染，但感染的严重程度和强度在山羊最深刻。

8.4.2.3　致病机理

肠炎型血吸虫病是感染后成虫能在肠道内寄生 2 个月，寄生状态时成虫产卵于肠系膜静脉，虫卵吸盘内和抱雌沟边缘的小刺使其能穿过肠黏膜。虫卵移行的结果导致周围肠壁肠黏膜组织出血、水肿，出现脓肿、肉芽肿，进一步发生纤维变性。该病以腹泻、痢疾，消瘦，伴随低蛋白血症为特征。成虫寄生于肠系膜静脉中可引起静脉炎，此外在膀胱尿道、肺动脉中有时也可发现虫卵结节。剖检梅氏分体吸虫（S. mattheei）感染濒死的山羊发现，在其肠系膜静脉中寄生的雌雄虫合抱的虫体多达 1 000 个（Hurter and Potgieter，1967）。

肝炎型血吸虫病是由于寄生于肝脏可引起一系列严重的细胞介导免疫反应，虫卵随门静脉循环移行。可溶性卵抗原可诱导一种可标记的嗜酸性肉芽肿性反应，加剧对门静脉的损伤，伴随门脉三征严重的纤维变性（Soulsby，1982）。人感染后会引起门静脉高血压，逐渐发展为血管曲张，严重时可导致充血性心力衰竭。反刍动物感染后，在临床表现上心血管无明显病变，剖检时仅见肝脏发生变化。据报道，山羊和绵羊感染 O. turkestanicum 会引起渐进性消瘦、肝硬化和肠道组织肉芽肿形成（Soulsby，1982）。由于虫卵移行的机械性损伤和成虫依赖宿主血液为生引起宿主贫血、肠壁出血性损伤。

鼻炎型血吸虫病是由于虫卵通过鼻黏膜时引起炎症反应，在鼻管中也发现有血吸虫成虫寄生。患畜表现鼻充血、大量流涕，鼻腔内形成肉芽肿导致呼吸困难。

肺炎型血吸虫病是由寄生于宿主肺脏的血吸虫会产生大量的尾蚴，随血流到肝脏发育成熟，在寄生虫栓子作用下移行回肺脏。成虫在肺静脉产卵，导致肺实质表面或切面上有大量弥散性结节肉芽肿，导致患畜消瘦和呼吸困难（Sharma

and Dwivedi，1976）。

8.4.2.4　临床症状

不同年龄、品种、性别的山羊均易感。传染源主要是患畜排泄物中所带虫卵寄生于肠道以腹泻、贫血、消瘦为特征。患畜排水样稀粪，杂有黏液和/或血液。常伴随有食欲减退、脱水和水肿症状。病程长短不一，数周到数月，以死亡、慢性疾病和自愈转归。血吸虫病与胃肠线虫病临床症状相似，难以鉴别。

寄生于鼻腔的血吸虫主要是鼻分体吸虫，会引起体重减轻、打鼾、喷嚏、大量黏液样或有恶臭味的脓性鼻分泌物，以及呼吸困难。寄生于肺脏会导致消瘦和呼吸困难。寄生于肝脏常无明显的临床症状，常被该病的肠炎型和肺炎型而忽略。

8.4.2.5　临床病理和剖检变化

贫血和有时伴随的嗜酸性细胞增多症都是血象的标志，也表现为低蛋白血症、低白蛋白血症和高丙种球蛋白血症（Pandey et al，1976）。在孟氏分体吸虫（S. mansoni）人工感染山羊的试验中发现，血清中精氨酸酶、谷草转氨酶、胆红素，以及肝脏衰竭状态时甘氨酸含量均呈现增高趋势。

目前，临床诊断和流行学研究中常选用血清学方法检测，但该方法并不可靠，因为血吸虫可与其他属吸虫发生交叉反应，主要有片形属片形吸虫、端盘吸虫（rumen flukes）。日本分体吸虫（S. japonicum）人工感染山羊试验中证实应在感染后至排出卵囊期采用血清 ELISA 和免疫荧光抗体技术（Schumann et al，1984）。印度近来采用 ELISA 打孔法用于实验室诊断和自发感染山羊的诊断（Vohra et al，2006）。虽然需对特异性进行必要的调整以降低试验结果的敏感性，但是尽管如此，这种检测方法在该领域仍然具有存在的价值，尤其对于未知感染群体的现场调查。

在临床上，确证时需要检测患病动物鼻腔分泌物、鼻腔碎屑、粪便、直肠分泌物，或尿液中有血吸虫卵存在。鉴于排泄物检查可能出现假阴性的结果，可采用肝穿刺活组织检查在山羊中准确率可达 100%（Agrawal and Sahasrabudhe，1982a）。血吸虫虫卵体型通常比线虫虫卵要大。血吸虫虫卵体型偏长，纺锤形，有特有的端刺。相对于直接涂片镜检和沉淀技术，漂浮法更易于发现吸虫虫卵。用肠钳获取被吸虫严重感染的绵羊和山羊的直肠黏膜层，压片后显微镜下观察有效率可达100%（Hurter and Potgieter，1967）。在慢性病例中，虫卵排泄可能减少，诊断依赖于剖检观察静脉中血吸虫成虫体。对于山羊肝脏血吸虫的诊断，有报道指出虫卵孵化技术诊断感染山羊粪便的敏感性优于乙醚沉淀技术和碱性消化技术（Vohra and Agrawal，2006a）。

剖检观察，患病动物体型消瘦。在患病动物肠系膜、门静脉、肠黏膜下层和浆膜下层静脉常可发现长约30mm的血吸虫成虫，在肺静脉和膀胱静脉中也可见到。患病动物肝脏剖检发现肝脏呈现浅灰色，表面凹凸不平。感染血吸虫后，肺脏剖检见体积增大，呈棕黑色橡胶状，其胸膜表面和肝脏切面有大量浅灰色结节病灶（Sharma and Dwivedi，1984）。还伴随有卡他性肠炎和黏膜层肉芽肿典型病变，除此之外在肠腔内还伴有大面积的点状或斑状出血。对于鼻型血吸虫感染，在鼻间隔的鼻黏膜上有大量突起的肉芽肿。

从组织学角度来看，损伤最初源于血吸虫虫卵而不是成虫。寄生于肝脏、肺脏、肠壁和鼻黏膜的虫卵会引起典型的炎症反应，伴随嗜酸性粒细胞、淋巴细胞和巨噬细胞浸润。在虫卵周围多有肉芽肿形成，再进一步发展至肝脏区域出现典型的纤维化。

8.4.2.6 诊断

通过检查患畜排泄物和活组织中虫卵而确诊血吸虫的感染。感染后肠型症状应与腹泻伴随的贫血和消瘦症状相区分，特别要注意与胃肠线虫病、球虫病和片形吸虫病相区分。鼻型感染症状要与第9章中涉及的鼻炎等其他病区分。剖检时，主要借助脉管系统中寄生的血吸虫成虫或者典型的病变进行临床诊断。

8.4.2.7 治疗

过去有一些药物如锑化合物对于治疗血吸虫病有明显的疗效，但是该类药物安全限度范围很小，常对山羊和绵羊造成药物毒性。据报道抗寄生虫药物哈洛克酮疗效很好，剂量300mg/kg能够有效抑制山羊肠道梅氏分体吸虫，但对于同属其他寄生虫无效（Hurter and Potgieter，1967）。目前认为，吡喹酮治疗反刍动物血吸虫病疗效较好，口服剂量按体重25mg/kg，3～5周后重复一次。一次性口服剂量60mg/kg能有效抑制山羊鼻分体吸虫，并且无明显毒副作用（Anandan and Raja，1987）。

8.4.2.8 防控

有效控制感染要尽量减少家畜与感染性尾蚴的中间宿主水生螺直接接触。尽可能清除死水或用篱笆隔开，尽量提供自来水。水箱或水槽应该定期清空、清洗。若必须使用池塘或其他储藏水时，使用杀软体动物药剂如硫酸铜、氯硝柳胺，消灭水生螺。

尽可能降低对家畜的影响，对山羊应该在感染发病高峰期定期采用吡喹酮防治，如暴雨后2个月。目前没有预防血吸虫病的有效疫苗。

（孙世琪）

呼吸系统

9.1　解剖学

山羊肺部结构如图 9.1、彩图 38 所示。肺分为双侧前叶（每叶都具有头部和尾部），右侧中叶，由中线向腹侧延伸的右肺副叶和双侧的尾叶（Constantinescu，2001）。右肺前叶通过位于气管分叉处前面的单独的支气管补给。此叶环绕至心脏前部，到达胸廓左侧。据报道，安哥拉山羊和新西兰野山羊的胸膜下淋巴结直径为 1～30mm（Valero et al，1993）。

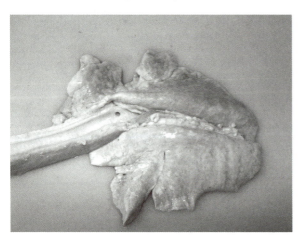

图 9.1　正常山羊肺，气管切开显示右肺前叶支气管（M. C. Smith 博士供图）

9.2　呼吸道临床检查

通过病史调查和常规身体检查都能对呼吸道疾病做出诊断。呼吸道疾病症状，包括呼吸频率增加、呼吸困难、易疲劳（尤其在运动时）、发绀、呼吸异常音、流涕、咳嗽、发热等。表 9.1 列出了一些症状及产生这些症状可能的病因。

如果疑似呼吸道疾病，对畜群病史的调查有利于做出正确的诊断。畜主应该考虑传染病被引入的一些可能的方式，如近期动物交易和动物参加演出的情况。近期山羊是否被赶出过圈舍？如果没有，山羊感染肺线虫和鼻蝇蛆的可能性则很小。畜群是否感染过山羊关节炎/脑炎（CAE）病毒，干酪性淋巴结炎，支原体性乳腺炎？畜舍和通风是否符合标准？兽医只有亲临现场检查，才能确定后面这个问题的答案。该地区是否缺硒？日粮中是否添加了维生素 E 和硒？动物是否因注射过量的锡造成心力衰竭引起呼吸困难？

通常情况下，做出准确的病原学诊断是不可能的，至少对于活的山羊是如此。这会让应届毕业生有一种挫败感，因为在他们看来高明的临床医生总会给出明确的病因。另外，一些"有经验者"在治疗肺炎时会直接使用某种抗生素，而不是刻意去寻找临床症状的病因。

表 9.1　呼吸道疾病症状及可能病因

症状	可能病因
呼吸困难或	贫血
呼吸急促	妊娠毒血症，酮病
	瘤胃酸中毒
	肠道炎
	中暑
	尿石症
	鼻腔堵塞（肿瘤或异物）
	进行性间质性逆转录病毒肺炎（CAEV）
	小反刍兽疫
	羊传染性胸膜肺炎
	巴氏杆菌病
	败血症

症状	可能病因
	干酪样淋巴结炎
	肺结核病
	肺线虫
	营养性肌营养不良症
	吸入性肺炎
	先天性心脏畸形
	氰化物中毒
	硝酸盐中毒
	其他种类的毒性
咳嗽	项圈过紧
	气管狭窄
	灰尘或发霉的干草
	氨水或其他刺激性气体
	吞咽困难（恶性营养不良，神经疾病）
	羊传染性胸膜肺炎
	慢性渐进性肺炎（CAEV）
	副流感病毒（PI3）
	咽后淋巴结脓肿
	巴氏杆菌病
	隐球菌病
	肺线虫（网尾线虫）
	心力衰竭
流涕	鼻蝇蛆（羊狂蝇）
	粉状饲料
	刺激性烟雾（氨气，烟雾）
	腭裂
	营养性肌营养不良性回流
	萎缩性鼻炎（巴氏杆菌毒素污染）
	鼻腺瘤
	小反刍兽疫，牛瘟
	副流感病毒（PI3）
	呼吸道合胞病毒
	羊疱疹病毒
	绵羊肺腺瘤（南非羊肺疫）
	支原体感染
	巴氏杆菌病
	类鼻疽
	隐球菌病

（续）

并不是所有出现呼吸加快或急促的山羊都有

呼吸系统疾病。全面检查可有效避免临床误诊。如果黏膜发白，首先应想到的是贫血，而不是肺炎。如果动物有明显的心脏杂音，除非能够说明有潜在的严重性心脏病疾病，否则就不要把畜主的钱浪费在气管清洗和昂贵的抗生素上。

常用的肺功能检查方法同样适用于山羊，并且确定了正常值范围（Bakima et al，1988，1990）。这些对评估山羊呼吸系统疾病或以山羊为模型进行呼吸系统生理学的研究起着非常重要的作用。

9.2.1　呼吸频率

安静状态下，山羊正常的呼吸频率每分钟为10～30次（幼龄羊每分钟20～40次）。很少有山羊能在陌生人面前或因就医在轿车狭窄的后备箱中长途运输后能够"安静"。此外，已报道体温40℃的山羊大多数呼吸频率每分钟可达270次。长了很长毛的山羊如果被赶进温暖潮湿的畜舍，呼吸肯定会加速。如果一只山羊在检查期间不处于安静状态，比如不断地嗅闻检查人员，这样得到的关于呼吸频率的结果是不准确的，甚至毫无意义。病羊没有受到惊扰前可从远处观察它胸腹部的运动。这也是记录正常的腹部呼吸，腹部抽吸，浅表的和疼痛的胸部运动（如胸膜炎）的最佳时机。

许多患病比较严重的山羊由于发热、代谢紊乱、疼痛等会导致呼吸频率增加。妊娠毒血症、哺乳期酮病、瘤胃性酸中毒或腹泻，可导致代谢酸中毒。作为呼吸补偿机制的一部分，山羊加快呼吸可释放二氧化碳，移除血液中 H^+（连同 HCO_3^-）离子。患李氏杆菌病或患有其他脑干疾病的山羊，可能会由于唾液损耗或脑部呼吸中枢损伤引起酸中毒，进而导致呼吸频率的改变。代谢性碱中毒可能伴有呼吸浅慢，与牛相比，山羊很少发生这种情况，原因是与皱胃积食（阻塞、变位、扭转、溃疡）相关的大多数病症在山羊中较少发生。

9.2.2　呼吸困难

对于吸气性呼吸困难、呼气性呼吸困难及混合性呼吸困难的区分是很有必要的。胸部明显向外扩张或吸气延长都与呼吸困难相关。上呼吸道狭窄或伴随有肺部呼吸面减少的支气管肺炎均可导致此种呼吸模式。严重的吸气性呼吸困难会伴有头颈部水肿和鼻翼煽动，狭窄部位听声可确定阻塞的位置。呼气性呼吸困难的症状为气流呼出不畅、呼气费力、呼气时间延长。与牛相比，山羊很少发生这种情况，因为山羊肺不易患间质性肺水肿。山羊呼气性呼吸困难的主要特征是呼吸时两腮鼓起、伸长舌头张嘴呼吸。混合性呼吸困难就是吸气和呼气都困难。当呼吸困难伴有发绀时，检查人员应当谨慎行事，避免给山羊造成额外的压迫。如果怀疑是上呼吸道梗阻，必要时须进行紧急气管切开术。同时必须进行仔细的心脏检查，因为呼吸困难的原因可能在循环系统而不在呼吸系统。

9.2.3　外部可听音

打喷嚏即空气通过鼻腔时短而有力的暴音，当鼻黏膜受到分泌物或异物的刺激时就会发生。上呼吸道收缩可引起狭窄音。鼻子抽搐的声音通常是吸气时最大。交替堵塞两个鼻孔可以确定堵塞是单侧的还是双侧的。当单侧病变时，阻塞患侧鼻孔，声音减弱，阻塞另一侧鼻孔，气体通过狭窄的鼻腔时声音加剧。呼气时咽部的声音最响，而喉部狭窄音在吸气时通常更为显著。人工挤压能增加咽部声音响度，但喉鸣减少。挤压喉部会使得源于喉部的狭窄音加强。如果气管狭窄，阻塞一个鼻孔或挤压咽喉部可减少空气流和喉鸣，沿气管听诊可确定气管病变的位置。呼吸道排泄物的存在与否都会影响狭窄音（如口哨声、嘶嘶声、拉锯声）的特性。

9.2.4　咳嗽

咳嗽可能简单地表明存在烟雾、灰尘多的饲料等刺激因素，甚至一些理论上无法解释的因素（如试图吃到邻居家的饲料而造成的气管压缩）。如果上呼吸道受到刺激，咳嗽的特点是有力地干咳；如果山羊患有重度支气管肺炎，咳嗽的类型则是无力的湿咳。简单的呼吸受阻便可引起咳嗽：用湿毛巾或类似物堵住山羊的鼻孔直到引起山羊躁动。然后撤掉阻塞物，就可判定出咳嗽的类型，这种方法可以加强肺部异常呼吸音，有助于进行肺部听诊。

9.2.5　流鼻涕

表9.1中列出了一些可能造成流鼻涕症状的

原因，这些内容在后面"鼻炎"一节中也会涉及。图9.2、彩图39为畜群暴发可能由衣原体引起的传染性角膜结膜炎时，一只带有脓性鼻液的山羊的图片（见第6章）。在病情判定上，脓性分泌物比浆液性分泌物更有意义。如果健康成年山羊两侧鼻腔都没有分泌物则意味着不正常。临床上健康山羊的鼻腔存有多种需氧菌，包括多杀性巴氏杆菌、溶血性曼氏杆菌和链球菌（Ngatia et al，1985）。

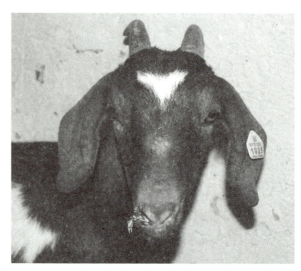

图9.2　黏附于脓性鼻腔分泌物上的饲料颗粒（M. C. Smith 博士惠赠）

9.2.6　上呼吸道检查

闻口气在诊断中非常实用，腐臭的气味表明在鼻窦或呼吸道可能存在感染或肿瘤。通过与张着嘴时的气味相比较。一些临床医生无需用收集器专门接尿便可检测动物呼吸时的酮体，因为山羊通常在受到拉拽、压力或身体检查刺激后会小便。通过闻呼出的气味，或将手掌放在每个鼻孔前进行检测，如果感觉到两个鼻孔的呼吸不对称，表明可能存在肿瘤或异物。

对额窦和鼻窦进行诊断应采取外部触诊和叩诊。如果山羊无角，应明确去角的时间和方法。如果山羊不吃干草，不能自由咀嚼反刍，口腔中不良气味的来源可能是牙根脓肿，而不是呼吸道的问题。放射显影技术有助于诊断鼻窦感染或肿瘤。

当怀疑咽部或喉部发生病变时，可直接进行探视检查。甲苯噻嗪轻度镇静就能很好地观察到喉咙后部和牙齿。对动物不进行镇静直接人工探触是危险的。在狂犬病发生地区，进行各种检查时应采取全面的防护措施。

对咽后淋巴结进行仔细的触诊检查是很有必要的，咽后淋巴结肿大可能伴随有局部非特异性感染或者更为常见的干酪性淋巴结炎。持续性呼吸困难的原因还可能是呼吸道外部受到压迫（Jones and Schumacher，1990），如在羊痘流行的国家，羊痘感染可导致类似的阻塞性淋巴结肿大（Kitching，2004）。在体检或诊断中应注意避免颈部的过度拉伸，这会使动物呼吸道变窄而导致迅速死亡。

使用 4mm 弯曲内窥镜成功地对清醒未镇静的成年山羊鼻腔、咽、喉及气管进行检查，正常动物的检查结果图已发表（Stierschneider et al，2007）。正常羊的气管截面呈水滴状，圆形或 U 形。

山羊气管会由于管腔突起或气管塌陷导致部分阻塞，山羊可能出现咳嗽、喘鸣和体力不支等状况。检查时，若未与同龄健康山羊气管做比较，就不要贸然下气管发育不全的结论。山羊所用的气管内导管直径充分说明了山羊气管直径相对较小（见第 17 章）。影像学技术有助于诊断气管狭窄病变或淋巴结肿大后压迫气管（Jones and Schumacher，1990）。如果病变位置可准确定位，可以尝试切除肿块或者替换假气管环。（Jackson et al，1986）。

动物头部倾斜，有时伴有面部神经麻痹，表明可能患有细菌性肺炎，这是因为引起肺炎的病原菌也可上行至咽鼓管引起中/内耳炎。

9.2.7 肺部听诊

关于正常的和不正常的肺音，在学术上存在很大分歧。在山羊的整个肺区，可能都会听到急促的吸气声音，尤其对于瘦弱的山羊，不能确定肺部是正常的还是由于发病而有所改变。听到山羊和绵羊持续呼气的声音，应特别注意听诊肘部下面，这是腹脑型肺炎听诊区的部位。

正常呼吸时，吸气声音是最响亮的，而且在气管和肺基底部最响，这时听到的应是支气管的声音；肺泡中气流速度太低，无法产生可听音，因此"支气管肺泡音"和"肺泡音"这两个术语在用词上是欠妥当的（Curtis et al，1986）。当正常动物呼吸的频率和深度增加（如兴奋、运动、高温环境）或患病山羊发热、酸中毒、肺淤血时，呼吸音会加重。

在吸气和呼气时均可听到"支气管呼吸音加剧"。在发病过程中，支气管管腔通畅，但由于周围粘连的肺组织能更好地传递声音，所以致使发出的声音加重，大部分山羊肺炎都如此。具体是呼吸音加剧还是支气管音加剧，它们之间没有明确的界限。爆裂声是指气道内的液体因敲击或者产生气泡而产生的声音，还包括干燥的气道突然打开产生的声音。术语"爆裂声"偏向用于指"湿性啰音"，主要因为它没有指明呼吸道中液体的量代表着什么。喘息音（也称为鼾音或干性啰音）通常是空气通过狭窄的气道引起的类似吹口哨或吱吱叫的声音。支气管痉挛、脓肿、黏性的渗出液可能引起喘息症状。由于咳嗽能咳出液体或痰液，所以爆裂声和喘息可能会停止或移动到另外一位置。喘鸣（气管或喉部大声的喘息）是肺部的声音，由于上呼吸道狭窄所造成的，即使不借助听诊器也能听到。

胸膜摩擦音就像"砂纸打磨的声音"，患严重的胸膜炎症时会出现这种声音，粘连或积液并不能阻止摩擦音。

肥胖可导致听不到呼吸音，如一些努比亚山羊，胸腔积液、气胸、膈疝、胸部占位性病变（胸腺瘤）等都可能导致听不到呼吸音。疼痛、乏力或中央神经紊乱会导致浅呼吸音减弱（Curtis et al，1986）。

9.2.8 肺区叩诊

过去，指法敲击或使用叩诊板叩诊的技术在欧洲比在美国应用更广泛。Roudebush 和 Sweeney（1990）对胸部叩诊法进行了总结。想通过叩诊获取有用诊断信息的兽医工作者首先要进行大量的叩诊实践，以熟悉正常音和肺边界。虽然脾在左侧，且其能够确定肺和瘤胃之间的上边界，但叩诊通常是在右侧进行。肺尾部边界一般是从第 11 肋间背面到肘尖呈弧线形。对于肩胛骨前部的叩诊区，体瘦的动物，可通过肩胛骨腹侧部分叩诊肺部。举起弯曲的前肢至一边，对腋窝区进行叩诊能听到清晰的叩诊音（Marek and Mocsy，1960）。正常肺音要与瘤胃或小肠的充气式的鼓音、腹部器官相对衰减的浊音及肝（右）的绝对浊音进行对比。当肺部发生脓肿、肿瘤，或间质性肺炎导致肺部大面积实变时，肺部会发出浊音。如果浊音区位于腹部且在一个水平线，则可能有胸部积液。腹内压增加（包括怀孕后期）会造成肺边界向前移位。

9.2.9 血气测定

当有条件进行实验室测试时，标准血液血气量测定可提供肺功能的指标，以及动物血液的酸碱状况。这时需要使用肝素对抗凝静脉血进行定期收集，同时避免室内空气污染样本。一些专门针对山羊的研究结果已有报道，每个参考实验室应确定所使用仪器的参考范围，因为这些值可能因地而异（Kahrer et al，2006）。血液储存的时间和温度可影响测试结果。例如，在 4℃ 存储 24h 后，HCO_3^- 浓度会略有下降，O_2 分压则显著增加，而 pH 仍呈稳定状态（Piccione et al，2007）。表 9.2 为用血气分析仪对分别来自 29 个农场的 29 只成年山羊进行血气检测的结果（Stevens et al，1994），当发生呼吸性酸中毒时，CO_2 分压和 HCO_3^- 量增高，并伴有肺功能受损。

表 9.2　成年山羊静脉血气分析结果

参数	平均值	2.5 百分位	97.5 百分位
pH	7.38	7.30	7.50
CO_2分压（mmHg）	40.6	34.6	48.8
HCO_3^-（mmol/L）	25.0	19.6	29.4
CO_2总量（mmol/L）	26.2	20.7	30.7
O_2分压计算值（mmHg）	48.8		

9.2.10 经气管吸引术

山羊的气管直径比牛的气管直径小，气管吸引术操作更困难。

9.2.10.1 适应证

气管吸引术对于获得用于进行病原诊断的细胞学和细菌学培养样品非常有用。利用微生物药敏试验选择有效的抗生素，可用于治疗较有价值或传统疗法无效的山羊。从没有患肺炎的山羊的气管中检测出病原体的概率是未知的。鼻拭子培养物对于细菌性肺炎的诊断是没有价值的。

9.2.10.2 术式

用细丝将气管颈段中间扎紧，表面消毒后点状注射少量局部麻醉剂，操作时应戴无菌手套。

用 14 号针头穿透气管，用 3 型聚丙烯导管或 3 型1/2 Tomcat 导管穿进气管，也可用 16 号或 18 号的静脉导管来代替。插入导管后将针头取出，以免割破导管。无菌条件下，向气管中注入 15～20mL 缓冲盐水，随即用注射器尽可能多地（通常仅几毫升）将液体吸出来，进行镜检、培养，最后取出导管。术后无须特殊的后续处理。

9.2.11 支气管肺泡灌洗

在医疗或研究条件下，对山羊进行静脉注射乙酰丙嗪镇静（0.3mg/kg）或全身麻醉，以及气管插管，可以获得较好的细胞学诊断样品。气管灌洗导管能够通过气管内导管到达支气管分叉处。成年山羊，一次大约可注入 50mL 无菌温生理盐水到肺里，然后立即通过相同的导管吸出（Berrag et al，1997）。如果条件允许，还可以用儿科支气管窥镜回收液体。据报道，正常山羊肺中回收的主要细胞类型是肺泡巨噬细胞（80%～95%），少量淋巴细胞、嗜酸性粒细胞、中性粒细胞和上皮细胞。

9.2.12 肺部放射显影技术

放射显影技术可用于诊断多种肺部疫病，如支气管肺炎、间质性肺炎、胸腔积液（山羊传染性胸膜肺炎的典型症状），以及金属异物、胸腺瘤、纵隔淋巴结肿大压迫气管，潜在心脏疾病引起的呼吸道症状（Ahuja et al，1985）。肺部放射显影技术能够对肺部晚期，以及广泛的病变进行确定。若发现多发性脓肿或肺部大面积的间质性肺炎，则意味着预后不良。应该从根源上检查胸骨和纵隔淋巴结肿大的原因。胸腔脓肿往往伴有明显的胸骨节肿大，也经常伴有胸骨节骨髓炎。慢性病毒性和细菌性肺炎可导致纵隔淋巴结肿大。

大的胸腺瘤会把肺向后推移。尸体剖检时在山羊体内偶尔可见很多胸腺瘤（Hadlow，1978），这些无症状的肿瘤只有在检查其他胸部疾病进行放射显影技术时才能被发现。若是肺向前移位，则有可能是膈疝引起，这种现象非常罕见（Tafti，1998）。

犬用的放射显影设备和技术也适用于山羊。前肢也需要适当拉开以暴露前肺叶。为了安全起见，可以给动物静脉注射低剂量的镇静剂甲苯噻嗪（0.05mg/kg），用胶带和沙袋进行保定。

9.2.13 胸部超声检查

获得动物胸部特征的 X 线片需要对动物进行物理或化学保定，这对严重呼吸困难的动物来说不安全的。可以让动物站立进行超声检查，超声检查费用也会比放射检查便宜。Scott 和 Gessert（1998）制订了绵羊的检查程序，该技术也适用于山羊。因为山羊肋间狭窄，所以应首选扇形扫描传感器，而不是阵列传感器，该项技术不适用于个体较小的山羊。将尾部到肩胛骨及肘部两侧的毛剪出 7 cm 宽的条带，从第六或第七肋间开始，纵向和横向面检查胸部。前肢内收，剪过毛的皮肤向前移动，便于对胸部腹侧面进行检查。从第九或第十肋骨开始的检查是检查肺脏背面。用酒精充分弄湿毛发可以代替剪毛和超声导电膏的使用。

正常通气的肺脏超声束无法渗透进去，所以在检查正常动物肺脏时可见明亮的线性回声和反射声。超声是检测胸膜腔积液、胸膜脓肿、肿瘤和细菌或病毒性肺炎造成的肺脏实变的一种有效手段（Scott and Gessert，1998）。

9.2.14 肺活检和胸部积液抽吸术

如果通过叩诊、X 线或超声检查检测到积液，那么就需要进行胸部穿刺术。穿刺前剪掉手术部位的毛，并对皮肤进行全面的消毒。穿刺时应该选择液面下方但不能在心脏正上方，穿刺针应该与肋骨的前缘靠近，避开神经和血管。

肺活检一般很少经皮肤进行（细针抽吸），该项技术可用于确诊肺炎及与逆转录病毒相关的肿瘤。小动物的穿刺术（Johnson，2005）和绵羊的穿刺术（Braun et al，2000）均有相关教材。

9.3 环境对呼吸性疾病的影响

兽医不能仅对患有呼吸疾病的山羊进行检查，还应当分析环境，确定环境因素是否是致病因素。表 9.3 给出了奶山羊生长的适宜气候条件（Toussaint，1984）。

表 9.3　适于山羊的最佳畜舍条件

温度	最低 6℃（43 ℉）
	最佳 10～18℃（50～64 ℉）
	最高 27℃（81 ℉）
相对湿度	最佳 60%～80%
通风	冬季 30 m³/h（山羊）
	夏季 120～150 m³/h（山羊）
	最大空气流速 0.5m/s（成年），0.2 m/s（幼年）
	进气口面积至少是出气口表面积的 2 倍
光照	窗口面积为地面面积的 1/20

9.3.1 温度

环境温度高于或者低于表 9.3 所给出的最佳范围，山羊就要耗费能量来维持正常的体温。生产性能（产奶或者生长）会受到很大影响。在炎热的环境中，山羊必须要减少产热（减食），与此同时还要通过肺和皮肤蒸发和辐射来散热。在寒冷的环境下，山羊会消耗更多来自食物的能量或自身储存的能量。山羊必须提高血液循环中肾上腺皮质激素的水平。年龄和生产性能水平都影响着临界温度。例如，幼年动物需要的最低温度要高于成年动物（Constantinou，1987）。世界上一些地方品种能很好地适应当地较极端的环境。如果这些动物的生长环境变得温和，经过几代之后，其遗传耐受性就会丧失。

9.3.2 通风

通风会影响山羊呼吸的空气洁净度。从肺脏中呼出的热量、湿气和二氧化碳需要消散。粪便和尿液分解会产生氨气、硫化氢、甲烷和其他难闻的物质，这些化学物质的堆积会刺激眼睛和呼吸系统。畜舍中暖气和机械设备的运转会增加空气污染。饲草上的尘土和泥土携带有大量的病原微生物和腐生生物。咳嗽和打喷嚏会将许多病原菌传播到空气中（Ojo，1987），同时尘土有助于病原微生物在空气中传播。温暖湿润的环境非常有利于微生物在空气中存活。

9.3.3 动物密度

由于山羊向空气中排放大量热量和水分，动物饲养密度过大，会增加圈舍的温度和湿度。粪便也能显著地提高圈舍温度。用拴羊枷拴住的山羊每只占地面积最小为 0.5m²，栏养的成年山羊自由活动空间最小应为 1.5m²（Toussaint，1984）。未断奶小山羊最小占地面积为 0.3m²。每只山羊饲槽的长度最小应为 0.4m，包括饲喂通道，每只山羊在圈舍中占地面积一般为 2～2.4m²。从顶棚到地面草甸的高度决定了每只山羊所占空间。如果顶棚过于低矮，圈舍中温度和湿度就增加。如果上层空间过大，那么在冬季圈舍的温度就会过低。

9.3.4 圈舍构造

圈舍应具备以下功能：第一，使动物免受天气骤变的影响，为山羊提供适宜的小环境，山羊的舒适是极其重要的。第二，圈舍的构造应有利于畜主在必要时方便集中动物，并且满足高效管理畜群的所有工作要求。还有，圈舍的建设和设备不能过于昂贵，否则畜主无法偿还贷款。

圈舍应建在通风和排水良好的地方（一般选地势高的地方，不要在斜坡的底部）。寒冷的环境下，冬天活动区域应能有阳光照射，应建有保护墙抵御寒风。圈舍应远离水源和溪流，避免地下水受到污染。

圈舍通风应良好，不管是自然通风还是使用机械通风装置（Constantinou，1987；Collins，1990）。进风口和风扇的位置、大小非常重要。当设计圈舍改善先前存在的问题时，应寻求这一领域专家的帮助（Bates and Anderson，1979）。通风扇和通风口应经常清洗，以保证通风系统的正常运转。可使用塑料网来减缓强风。

在寒冷的环境下，圈舍的隔热性能可以使保育箱免受温度波动带来的影响。虽然隔热层可以防止水在顶棚的冷凝，但也要使用更多的通风装置去除湿气。一个极为严重的错误是用塑料板作隔板保温，这样较高的空气湿度以及滴落到山羊身上的冷凝水会使其换上肺炎。漏水的饮水器、不合适的草垫也会增加湿度。

最后一个可以防止呼吸疾病的圈舍构造是合适的隔离装置。患病动物要快速从主围栏中移出，刚购进或引进的动物应与其他动物至少隔离两周。如果参与表演的山羊数量只是羊群中的一部分，这些运转的山羊要与圈舍中的动物隔离同样的时间，这实际上相当于在展出季节移动两群动物。

9.4 上呼吸道疾病

正如前面讨论的，鼾声，打喷嚏，流鼻液和咳嗽等临床症状表明上呼吸道感染，但不仅限于上呼吸道。

9.4.1 鼻炎

对于鼻腔的炎症来说，有几个可能的病因。在寻找一些难解的原因前，应排除异物和寄生物的刺激。在巴西，一只成年山羊鼻孔皮肤发生由原壁菌属引发的脓肿病变，一直延伸至鼻黏膜，造成呼吸时打鼾，呼吸困难及消瘦（Macedo et al，2008）。这个报道提示我们从复杂病例中获取活组织样本的重要性。

9.4.2 疱疹病毒

疱疹病毒感染会使山羊表现出严重的症状，包括血便、发热、呼吸困难及脓性鼻液（见第12章）。在试验性感染中，一只幼年山羊发生了鼻中隔纤维坏死性溃疡（Berrios et al，1975）。在其试验性感染中，病毒引起了炎性卡他和轻微的气管炎（Buddle et al，1990a）。

9.4.3 羊鼻蝇蛆病

羊鼻蝇蛆病（羊狂蝇，*Oestrus ovis*）能引发持久的炎性卡他性及含有大量嗜酸性粒细胞的脓性鼻液（Prein，1938）。相对于绵羊来说，这种寄生虫在山羊中并不普遍（Dorchies et al，1998）。成年羊鼻蝇将幼虫产在吃草动物鼻孔附近。一期幼虫进入鼻腔后长成二期幼虫然后侵入鼻窦（如果它们还没有长得过大而不能逃离鼻窦的话）成熟的幼虫在 2～10 个月后通过寄主打喷嚏重新返回到鼻腔（Kimberling，1988）。蛹化的过程在地面上。羊鼻蝇成虫 4 周或更长一段时间后甚至在第二年春天才会羽化。有时羊鼻蝇可能会将幼虫产在人的眼睛里，导致疼痛症状明显的结膜眼蛆病（Cameron et al，1991）。

如果山羊流大量鼻液且带有嗜酸性粒细胞，就可能感染羊鼻蝇蛆。夏末的时候频繁打喷嚏和回避行为最为典型。结块的尘土导致动物张口呼吸，影响饲喂，细菌和嗜酸性粒细胞会对肺脏产生损伤。反复感染会引起山羊超敏反应

（Dorchies et al，1998）。有时偶然可见去角山羊鼻窦感染羊鼻蝇蛆。

如果不影响饲料的消耗量，这种情况一般会被忽略。秋末和冬天可将杀虫剂喷入鼻孔来杀死幼虫，包括气雾剂和1∶5稀释的来苏儿。伊维菌素（0.2mg/kg）对于各阶段的牛鼻蝇蛆都非常有效。如果山羊产的奶是供人食用的，当口服伊维菌素时，我们建议弃奶期为9d，如果是皮下注射，弃奶期为40d（Baynes et al，2000）。依立诺克丁以0.5mg/kg的剂量喷洒对羊狂蝇十分有效，而且不会污染乳汁（Hoste et al，2004）。

9.4.4　鼻蛭

鼻蛭（*Dinobdella ferox*）可感染位于喜马拉雅山麓海拔900～1 800m放牧的反刍动物。鼻蛭生活在水池和泉水中，在干旱的季节，幼年鼻蛭会黏附在喝水动物的鼻孔内。鼻蛭移行至鼻腔摄食，当雨季（6月中旬）来临时，鼻蛭就会返回水中。感染鼻蛭的临床症状包括：打喷嚏，流带血的鼻液，周期性的鼻出血，以及贫血（Mahato et al，1993）。当鼻蛭长得足够大伸出鼻孔（感染后15d）并且限制呼吸时，山羊会表现出躁动和厌食。治疗方法是用水将山羊的鼻孔湿润，诱使鼻蛭伸出，然后使用10μg/mL的伊维菌素溶液对其进行处理（可反复应用），几个小时就能驱除。内服伊维菌素是没有效果的（Mahato，1989）。

9.4.5　鼻血吸虫病

鼻血吸虫可造成印度山羊鼻阻塞。在第8章对该寄生虫进行了详细描述。

9.4.6　异物

异物性鼻炎通常由粉状饲料造成。反刍也可能是一种重要因素。在没有裂唇的情况下，如果发现有奶水溢出仔山羊的鼻子，就该考虑肌营养不良（白肌病）。通常在有吸入性肺炎的情况下应考虑这种情况。腹部或胸部迷走神经的刺激或杜鹃花科植物（杜鹃花）的毒性可能引起反流，食物从口鼻流出。通过明显的气味和嘴角上绿色瘤胃内容物很容易鉴定引起刺激作用的物质。

9.4.7　细菌性鼻炎

在挪威，已证实山羊萎缩性鼻炎与产毒素巴氏杆菌某些菌株有关（Baalsrud，1987）。感染畜群中可见到化脓性鼻液、流鼻血、打喷嚏等症状，偶尔还可见柔软或扭曲的鼻子。第一前白齿位置的头部截面可确定鼻甲骨萎缩。在热带国家，患有类鼻疽的山羊在鼻中隔和鼻甲会有化脓性鼻炎，并伴有突起的合并结节症状（Omar，1963）。

9.4.8　肿瘤

法国和西班牙专家报道了年轻的成年山羊的地方流行性鼻肿瘤，世界其他地区也有个别动物患该病的报道（Fontaine et al，1983；Pringle et al，1989；De las Heras et al，1991a，2003b）。病变呈单侧或双侧，可见乳头状突起，以及鼻甲骨溶解。从组织学来讲，这种肿瘤是良性的。在一些山羊的肿瘤中检测到了逆转录病毒样颗粒，但梅迪-维斯纳病毒琼扩试验呈阴性（De las Heras et al，1988，1991a）。De las Heras等用鼻分泌物和D型逆转录病毒颗粒试验性感染肿瘤（De las Heras et al，1991b，1995）。感染动物出现大量的黏性鼻分泌物，咳嗽，呼吸困难、打鼾。一只或两只眼睛会凸出，压迫到变软的颅骨上引起黏性鼻液的排出。山羊最后消瘦、窒息，可导致山羊死亡（De las Heras et al，1991a）。一些学者通过外科手术来摘除某些绵羊鼻部的肿瘤（Rings and Rojko，1985；Trent et al，1988）。淋巴肉瘤也可以侵入山羊的鼻腔（Craig et al，1986）。在澳大利亚，由新型隐球菌引起的真菌性肉芽肿能够阻塞山羊的鼻腔，这很容易被误诊为肿瘤（Chapman et al，1990）。

9.4.9　咽炎

投药器会造成咽部损伤引起严重的蜂窝织炎。小型塑料投药器尤其危险，当投放大药丸时，山羊通过咀嚼可使投药器变粗糙。一般的临床症状是咳嗽，流鼻液，以及二次吸入性肺炎，呼吸带有恶臭，咽部肿大，对触诊敏感。镇定可方便检查。治疗可采用广谱抗生素，利用驱虫药进行预防。

9.4.10　咽后淋巴结脓肿

肿大的咽后淋巴结会压迫咽部或气管（图9.3、彩图40）引起打鼾、呼吸困难和咳嗽。脓肿通常是由假结核棒状杆菌引起的，通过仔细触诊和X线片可检测到脓肿。这时需要进行脓肿造袋术，不能切到颈动脉、迷走神经或其他重要的结构。我们推荐在全身麻醉前首先在局部麻醉部位下面放置一个有翻边的气管切开术插管（Benson，1986）。干酪状的淋巴组织增生在第3章中有详细讨论。

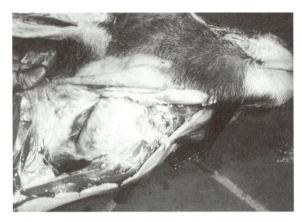

图9.3　咽后淋巴结脓肿引起山羊显著的呼吸困难（J. M. King 博士惠赠）

9.4.11　喉炎和气管炎

当听见喘鸣并且病患部位位于上呼吸道中相应的位置时，我们就该怀疑是喉炎或气管炎。正如前面所讨论的，正常山羊的气管很小。

9.4.11.1　一般的诱因

拴着和牵着的山羊，脖子上的项圈压迫气管会引起咳嗽。当然，相对于缰绳对动物四肢造成的伤口来说，咳嗽造成的伤害是非常小的。由烟、灰尘、涂料、尿液浸湿的草垫产生的氨气等刺激物引起的气管炎已在咳嗽章节中间接提到。诊断者蹲下来与山羊保持同一高度，深深吸气。如果干草上落满灰尘，饲养员要把山羊起出棚舍，将干草上的尘土抖掉。如果山羊饮食正常，生产性能和身体状态正常，只是在喂食和召唤时偶尔咳嗽，那么应无大碍。肺炎支原体致幼龄山羊慢性咳嗽的机制还有待研究。山羊的这类咳嗽一般发生于8月龄左右。

Tschuor 等报道了一例成年阿尔卑斯山羊喉偏瘫的病例（Tschuor et al，2007）。他们对（健康）山羊的喉部神经和肌肉进行了全面的剖

检和研究，但仍没找到病因。

9.4.11.2　坏死性喉炎

坏死梭杆菌是引起山羊喉炎和坏死性口炎的原因。这将在第10章进行讨论。

9.4.11.3　纤毛相关呼吸道芽孢杆菌

最近发现，一种革兰氏阴性细丝状细菌与啮齿类和牛的一些呼吸道疾病相关，这种细菌被称为纤毛相关呼吸道芽孢杆菌（CAR）。这种微生物是对患有长期气管炎的幼年和成年山羊（Fernández et al，1996；Orós et al，1997a），以及因地方性流行肺炎屠杀的山羊（Orós et al，1997b）进行组织学检查（银染色和免疫组织化学）和电镜观察时发现的。这些细菌具有纤毛，纤毛与气管和支气管的表皮垂直。CAR 在山羊呼吸道疾病中的重要意义还有待进一步研究。

9.4.11.4　传染性牛鼻气管炎

很少从山羊中分离到传染性牛鼻气管炎（IBR）病毒（牛疱疹病毒I型），但试验感染该病毒的山羊会出现发热和一些轻微的临床症状。同时感染山羊有咳嗽、流鼻液的症状。Mohanty报道了一例伴随严重呼吸系统疾病的病例（Mohanty，1972）。不推荐山羊使用 IBR 疫苗。但事实上，一些山羊的分离株已不能和牛用疫苗毒株来区分（Whetstone and Evermann，1988）。山羊也许是牛病毒潜在的携带者，并且影响着牛群中病毒的根除（Six et al，2001）。

9.5　下呼吸道疾病

临床兽医很少能确定一只活山羊肺部疾病的病原。对本群和相邻畜群病史的了解或等待微生物学家或病原学家的检测结果是很有必要的，这样会获得比"肺炎"更为准确的诊断（Ojo，1977）。肺炎的病原很多，通常是治疗先于诊断。关于肺炎的治疗预防还要在病原学中讨论。

9.5.1　病毒引起的肺炎

山羊病毒性肺炎可能非常持久、严重，并且常伴有细菌的二次感染。

9.5.1.1　呼吸道合胞体病毒

在美国，Lehmkuhl 等研究了呼吸道合胞体病毒（RSV，单链 RNA 病毒，属副黏病毒科肺病毒亚科）羊分离株的特征（Lehmkuhl et al，1980）。

该分离株具有与牛呼吸道合胞体病毒（BRSV）毒株非常近的亲缘关系（Trudel et al，1989）。在西班牙，从患有呼吸道疾病的幼羊体内分离出来了一株与 BRSV 非常相似的 RSV 毒株（Redondo et al，1994）。该病例的临床症状是发热、食欲不振、结膜炎、鼻腔分泌物增多、咳嗽、呼吸急促。同时患有纤维素性溶血性曼氏杆菌支气管肺炎的动物相较于单一感染表现出更为严重的发热和呼吸困难。听诊所有患病动物均可听到肺部爆破音。

截至目前，对健康山羊 RSV 抗体或与之关系密切的 BRSV 抗体进行了大量的流行病学调查。调查显示，加拿大魁北克 40 个羊群 112 只山羊中 RSV 阳性率为 36%（Lamontagne et al，1985），该地区另一项调查显示，22 个羊群 318 只山羊中 RSV 阳性率为 31%（Elazhary et al，1984），美国路易斯安那州 332 只山羊中 RSV 的阳性率为 50%（Fulton et al，1982），从荷兰与牛共同饲养的 40 只山羊中检出了 11 只 RSV 抗体阳性羊（Van der Pool et al，1995）。在英国，从没有表现出任何呼吸道症状的山羊体内检测到了抗 BRSV 的抗体（Morgan et al，1985）。然而在扎伊尔，暴发肺炎的羊群中血清发生了转换（Jetteur et al，1989）。RSV 是否是山羊的一种重要呼吸道疫病病原还不是很清楚。目前还没有有效针对该病毒的疫苗，一些兽医通过接种 BRSV 疫苗来预防呼吸道疾病对山羊的危害。

9.5.1.2 进行性间质性逆转录病毒肺炎

逆转录病毒（慢病毒）被认为是造成山羊亚临床、致命性肺炎的病原。

9.5.1.2.1 病原学

据报道山羊关节炎/脑炎病毒（CAEV，病毒性白质脑脊髓炎）可导致亚临床的间质性肺炎（Cork et al，1974）。在极少的情况下，表现出神经症状的幼龄动物在一个或多个肺叶上可检测到弥散性的肺炎。

在一个感染 CAEV 的山羊身上发现一个不易与绵羊脱髓鞘性脑白质炎和牛慢性渐进性肺炎相区别的临床症状（Robinson，1981；Oliver et al，1982）。大多数学者都认为，山羊 CAEV 与绵羊 CAEV 虽然在血清学上具有交叉反应，并且都能通过哺乳传播，但还是有明显区别的，其详细描述见第 4 章。

到目前为止，人们还不能在实验室条件下繁殖该病毒。其原因可能是它的增殖过程需要一个辅助因子，如一个辅助病毒可能参与其中。现在没有证据表明间质性肺炎的发生一定与感染山羊的 CAEV 病毒株有关（Ellis et al，1988b）。美利奴绵羊羔羊接种 CAEV 没有产生任何临床症状（Dickson and Ellis，1989）。在混养的畜群中，小反刍动物慢病毒可在山羊与绵羊之间发生自然传播（Shah et al，2004）。

9.5.1.2.2 临床症状

山羊在紧张情况下（如产羔或患乳房炎）首先表现出的就是呼吸困难。这种临床症状从怀孕的前几周开始一直持续到哺乳期结束的几个月。明显的症状是体力不支、呼吸困难、咳嗽引起的消瘦，一些羊腕关节肿大。而且经常会伴随二次细菌性肺炎，通常采用抗生素进行紧急治疗。有时肺部发生类似于干酪样淋巴腺炎的病变。

9.5.1.2.3 诊断

通过 X 线片观察显示在发病早期可见小的间质性肺炎斑点。更进一步描述见图 9.4，以及其他文献（Koenig et al，1990）。随着疾病进程的发展，肺部大面积变实形成肺气肿会损害其余肺部组织，包括间叶和心叶（Ellis et al，1988a）。解剖后，可见病变区域肿胀，为灰粉色，如图 9.5、彩图 41。在实质切面上可见许多 1~2mm 的灰白色病变灶，如图 9.6、彩图 42（Robinson and Ellis，1984）。纵隔淋巴结肿大。死前肺部活组织检查可进一步对疾病进行确诊，血清学检测没有诊断价值，但是可以帮助确定畜群是否感染病毒。

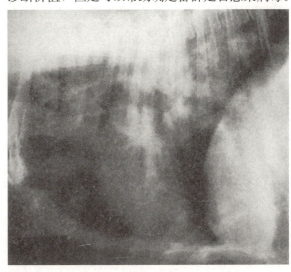

图 9.4　一只患有间质性肺炎山羊的肺部 X 线片（M. C. Smith 博士惠赠）

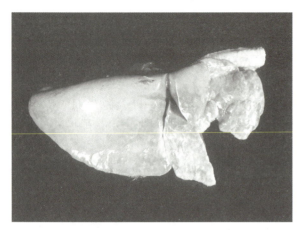

图9.5　山羊CAE间质性肺炎致膈叶肿大的山羊肺脏（M. C. Smith 博士惠赠）

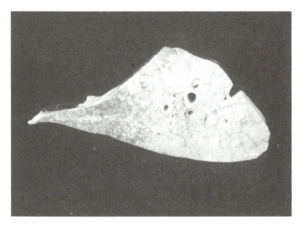

图9.6　肺实质浸润的肺叶截面（M. C. Smith 博士惠赠）

山羊渐进性肺炎的组织学研究发现间质（细支气管周边）单核细胞累积和Ⅱ型肺泡增殖。当用电子显微镜观察时，肺泡充满嗜酸性物质，类似于表面活性剂（Robinson and Ellis，1984；Robinson and Ellis，1986）

其他的CAEV相关症状（比如关节炎、神经系统疾病、乳腺炎）在本书其他章节中讨论。疫病控制在第4章有详细介绍。

9.5.1.3　绵羊肺腺癌，绵羊肺腺瘤，南非羊肺炎

这种绵羊传染性肺肿瘤在山羊上很少有报道（Rajya and Singh，1964；Stefanou et al，1975）。除澳洲外，其他各大洲均有发病报道。病原是一个致癌的β-逆转录病毒（De las Heras et al，2003a）。通过呼吸道分泌物传播。人工感染时，山羊比绵羊更难发病（Sharp et al，1986；Tustin et al，1988）。

发病动物为成年动物，不发热（无继发性细菌感染的情况下），长期体重减轻，呼吸困难，肺积液，听诊时有湿啰音或啰音。抬高动物后躯可以作为区分慢性渐进性肺炎与肺腺瘤的一种简单方法。如果动物感染严重，积液会从鼻腔流出。该病一般是渐进性、致命性的。目前还没有治疗方法和血清学检测技术。虽然最近研发的检测白细胞中前病毒DNA的PCR检测方法可用来鉴定羊的亚临床症状（Gonzalez et al，2001），疫病的控制方法仅限于捕杀患病羊。出生时隔离并用初乳和牛乳替代品人工饲养（本质上是一种CAE根除计划）已成功繁育了无病畜群（Voigt et al，2007）。

剖检后在肺部可见许多灰白色结节或广泛的实体瘤，呼吸道充满白色泡沫。组织学观察显示有大量立方形和柱状细胞组成的肺泡和内细支气管增生。在山羊上还没有关于肿瘤转移至局部淋巴结的报道（Sharma et al，1975）。

9.5.1.4　小反刍兽疫

这是绵羊和山羊的一种重要感染性疾病，又称为PPR，口腔炎型肺肠炎综合征和Kata（Hamdy et al，1976）。

9.5.1.4.1　病因和发病机制

病原体是麻疹病毒属的一种副黏病毒，该病毒不能引起牛发病。与之关系密切的牛瘟病毒可以导致山羊出现类似的症状。在印度、中东、西非和东南亚，这两种病毒严重限制了山羊的产能。

该病毒隐藏在分泌物中通过直接接触感染其他动物。其在环境中可以存活长达36h，因此，围栏是一个传染源。本病将在第10章中详细介绍。

9.5.1.4.2　临床症状

本病的特点是持续发热5～7d，血痢，坏死性口腔炎，口吐白沫，眼角有分泌物。怀孕动物可能会流产（Abu Elzein et al，1990）。急性期会出现呼吸道症状，包括恶臭、脓性鼻涕、喷嚏频繁、呼吸频率增加、伸头、张口呼吸。恢复期动物持续10d的严重白细胞减少症（Scott，1990）。有的山羊会在继发支气管肺炎后的2～3周死亡（Whitney et al，1967）。雨季高发，6～12月龄山羊最易感，小于3月龄的动物一般存在母源抗体而具有免疫力。

9.5.1.4.3 诊断

使用荧光抗体检测法鉴定鼻腔分泌物和脱落的肠黏膜中的病毒。滴 2~3 滴磷酸盐缓冲液到眼和鼻部采集分泌物作为抗原，用 0.6% 的仔猪红细胞悬液进行血凝检测（Wosu，1991）。试验条件不是很好的实验室，可以用这种方法区分细菌性肺炎和小反刍兽疫，也可用 RT-PCR 检测眼鼻拭子、口腔病变或血液中的病毒（Çam et al，2005），竞争 ELISA 的血清学检测方法可用于检测流行地区的感染情况（Singh et al，2004，2006）。

相应的胃肠道剖检结果见第 10 章。肺间叶有实变。小反刍兽疫能导致约一半濒死期的羊发生巨噬细胞肺炎，在上皮中含有嗜酸性粒细胞包涵体，气管上皮坏死不常见。该病常继发巴氏杆菌病、曼氏杆菌病、支原体性肺炎，诊断比较复杂。

9.5.1.4.4 预防

在流行地区进行疫苗接种是一种经济（Opasina and Putt，1985）适用（Gibbs et al，1979）的方法，预防方法见第 10 章。

当动物体温达到 40.5℃ 或更高时，在发热期给予高免血清治疗，小反刍兽疫的临床症状得到好转。但 10d 后可能再次复发，即使唇部结痂形成或明显康复的羊对于病毒的再次入侵也是易感的（Ihemelandu et al，1985），因此使用高免血清治疗过的羊仍应进行免疫接种。

9.5.1.5 山羊痘

病毒可引起动物发热、食欲减退、弓背等全身性症状，详见第 2 章。当出现呼吸道症状时，死亡率将增加。剖检胸膜下方可见多个实质性病灶（直径 0.5~2 cm），并伴有出血（Kitching，2004），相似的症状也可见于其他器官，例如，肝脏、肾脏、皱胃。通常因继发细菌性肺炎导致死亡（Davies，1981）。

9.6 支原体、衣原体、立克次体肺炎

在这些微生物中，支原体是最常见的，并能够造成严重的经济损失。

支原体中的很多种都能引起山羊肺炎（Hudson et al，1967；Ojo，1987；Nicholas，2002），一些能够引起山羊传染性胸膜肺炎和胸膜肺炎的支原体种，将被分别讨论。由于分类学上的变化，很难准确解释和了解早期文献中提及的微生物（Moulton，1980）。

支原体在宿主体外抵抗力弱，热、光照、消毒剂就可以将其灭活（Ribeiro et al，1997）。在山羊外耳道中可以分离到支原体，耳疥癣被认为是传播支原体的媒介（Cottew and Yeats，1982；DaMassa，1983；DaMassa and Brooks，1991）。

9.6.1 非特异性肺炎支原体

某些支原体种可从山羊体内偶尔分离到，这些支原体或者是单独存在，或者与其他肺炎致病因子共存。

9.6.1.1 病因和发病机制

在健康山羊气管和肺中也能够分离到羊肺炎支原体。在病变肺脏发现支原体的数量和病变的严重程度并不呈正相关（Bolske et al，1989）。试验感染羊肺炎支原体能引起羊发热和亚急性的纤维蛋白性胸膜炎（Goltz et al，1986），自然发病病例也有报道（Livingston and Gauer，1979；Jones and Wood，1988）。支原体荚膜是一种重要的致病因子（Niang et al，1998）。它在固体培养基培养时，无其他支原体所具有的"煎蛋"样典型菌落特征（DaMassa et al，1992）。值得注意的是，羊肺炎支原体可能与致病性更强和更难分离的其他支原体存在共感染。

羊肺炎支原体经口感染（山羊支原体山羊肺炎亚种），能够引起羔羊败血症，继而引发急性肺炎和多发性关节炎（DaMassa et al，1983b，1992；Bölske et al，1988；Taoudi et al，1988）。肺炎很少伴随胸膜炎。病原经口腔分泌物会传播给其他羔羊。能够造成绵羊与山羊乳腺炎的无乳支原体也可引起幼畜肺炎（Guha and Verma，1987）。在山羊体内偶然可以分离到精氨酸支原体，但其致病性尚不明确（DaMassa et al，1992）。1992 年，DaMassa 等从山羊的肺中分离到了牛支原体，这很可能是因为动物吃了患病牛的奶所致（DaMassa et al，1992）。

9.6.1.2 相关的临床综合征

除了呼吸系统疾病，其他病症也可能与支原体有关，包括关节炎、乳腺炎、结膜炎、角膜炎

（见表 4.3）。这一系列的临床症状被称为 MAKePS 综合征，重点包括乳腺炎、关节炎、角膜炎、肺炎和败血症（Thiaucourt and Bölske，1996）。这些病的鉴别诊断将在本书其他章节涉及。

9.6.1.3 诊断

胸腔穿刺术已用于山羊支原体肺炎诊断。在暗视野显微镜下或者用 5% 的苯胺黑染色后，可以看到多形性、指环形、丝状微生物（Ojo，1987）。MAKePS 支原体（包括那些引起胸膜肺炎的，见下文）需要特殊的培养基，它可以在改良后的 HayflICK 支原体培养基上生长（Rosendal，1994）。支原体很容易从急性病例中分离到，从慢性感染支原体的山羊体内很难甚至分离不出病原体。棉拭子置于运输保存液中（不含木柄）保存，冷藏运输，不能冷冻。取实变和非实变组织之间的组织样品剪碎后或磨碎后置于培养基中。

支原体感染的特征性病变是细支气管周的淋巴细胞浸润和弥漫性非化脓胸膜炎，但是继发巴氏杆菌感染会使诊断变得困难。血清学检测对于多种支原体并不适用，很少有实验室能对分离的支原体进行分型。

9.6.1.4 治疗

因为支原体没有细胞壁，所以青霉素等一些药物对其无效。泰乐菌素［10～20mg/（kg·d）］和泰妙菌素（Ojo et al，1984）［20mg/（kg·d）］在治疗肺支原体病方面的作用要优于四环素。肌内注射这些药物会产生一定的不良反应，包括跛行和衰竭。在肌内注射或皮下注射之前加入等量的无菌生理盐水稀释药物可降低不良反应。肺部半衰期长，对牛支原体有效的新型大环内酯类药物泰拉霉素尚未在小型反刍动物上进行评估。隔离被感染动物有利于该病的防控，但对自由放养畜群实行起来困难，特别是对于那些使用公用水源的养殖场。如果畜群暴发疾病，应立即采取防控措施。

9.6.2 山羊传染性胸膜肺炎

自然状态下，山羊传染性胸膜肺炎（CCPP）仅感染山羊，不感染绵羊。该病的病变部位仅局限于呼吸道（Harbi et al，1983）。该病为必须向 OIE 呈报的疫病。

9.6.2.1 病因和发病机制

学者们已经多次对支原体进行重新分类（Martin，1983）。20 世纪 80 年代，山羊传染性胸膜肺炎病原属于难培养的支原体 F38 生物亚型（McMartin et al，1980），但目前它被命名为山羊支原体山羊肺炎亚种（Thiaucourt and Bölske，1996）。在此之前，CCPP 被认为是由丝状支原体山羊亚种引起，但现在与之相关的疾病称之为胸膜肺炎，这将在下面内容中讨论。CCPP 在非洲、中东和亚洲流行，在西半球的流行情况还不明确（Thiaucourt and Bölske，1996）。在同一畜群中，病原菌能够通过气溶胶传播，具有高度传染性。动物潜伏期一般为 6～10d 或更长的时间，所有年龄动物均可被感染。

9.6.2.2 临床症状和诊断

在该病流行的国家，凭症状特征就可做出临床诊断（Ojo，1987），这些症状包括发热、咳嗽，呼吸疼痛伴随着呼噜声，前肢撑开。头下垂，可能伴有泡沫样鼻涕和流涎，山羊不愿活动。典型临床症状出现后 2～10d 发生死亡。易感羊群发病率可达 100%，死亡率高达 50%～100%（Ojo，1977）。

9.6.2.3 剖检和诊断

浆液纤维素性胸膜炎能够导致草黄色胸腔积液。肺炎常常会使整个肺叶肝样病变，病变常为单侧。肺出现颗粒样或红色、黄色、白色及灰色的病灶。关于此病的很多报道都附有彩色图片（Kaliner and MacOwan，1976；Thiaucourt et al，1996；Nicholas，2002）。支气管肺泡细胞大量渗出。与其他病原所致的羊胸膜肺炎病例相比，肺小叶间隔没有增厚现象（Thiaucourt et al，1996；Nicholas，2002）。

山羊传染性胸膜肺炎支原体的分离相当困难且需要特殊的设备。分离技术见相关文献报道（Rosendal，1994；OIE，2004）。利用免疫荧光、生长抑制试验或代谢抑制试验可以对病原进行鉴定（U. S. Animal Health Association，1998）。血清学交叉反应和相关的生化试验不能区分山羊支原体山羊肺炎亚种和山羊支原体山羊亚种（Jones，1989）。采集发病 3～8 周康复动物的血液样品进行配对试验可对该病做出诊断，但急性病例通常在血清转换前动物就已经死亡了

（OIE，2004）。用乳胶凝集试验特异性检测针对山羊支原体山羊肺炎亚种多糖抗原抗体的方法已有报道（Rurangirwa et al，1990）。PCR方法可以准确诊断该病，除非该地以前没有发生过此病（Hotzel et al，1996）。利用PCR检测方法的一个非常重要的优点，即采自死亡动物的胸膜液样品可以在滤纸上干燥直接运送到参考实验室检测，无须"冷链"条件下运输。

在有山羊传染性胸膜肺炎存在的地区，该病一定要和其他感染或共感染病原体做鉴别诊断，如由其他支原体导致的胸膜肺炎、小反刍兽疫、巴氏杆菌病、心水病和羊痘。

9.6.2.4　治疗与防控

跟其他支原体一样，建议用泰乐菌素、四环素（El Hassan et al，1984），泰妙菌素或链霉素（30mg/kg）（Rurangirwa et al，1981）治疗。用泰乐菌素（11mg/kg）、土霉素（15mg/kg）、氯霉素（22mg/kg）加青链霉素进行治疗对比试验，发现泰乐菌素比土霉素的效果更好，用另外两种方法进行治疗时，病羊发热持续时间更久，且一些动物会死亡（Onoviran，1984）。最近发现，氟喹诺酮对山羊支原体也有一定的疗效（Al-Momani et al，2006），但是不鼓励甚至禁止在食品动物上使用抗生素，因为抗生素的分级在人医方面非常受重视。

对此病的治疗需要连续用药5d或更长时间（Thiaucourt et al，1996）。若治疗及时，康复概率达87%（Rurangirwa et al，1981；El Hassan et al，1984）。康复动物可能成为病原携带者（El Hassan et al，1984）仍可将病原传播给其他畜群。研究发现，使用二双氢链霉素治疗的山羊不携带病原菌（Rurangirwa et al，1981），但是动物易产生抗药性（Lefèvre and Thiaucourt，2004）。农户通常会保留发病康复的动物。

试验性疫苗免疫一次后保护期为1年（Rurangirwa et al，1987）。在肯尼亚，F38灭活的山羊传染性胸膜肺炎疫苗接种10 000只山羊，3周后不再有因CCPP死亡的动物。对其中400只羊在接种疫苗后6个月内进行监测，均未出现山羊传染性胸膜肺炎症状（Litamoi et al，1989）。在肯尼亚已经有针对该病的商品化疫苗（OIE，2004）。

9.6.3　胸膜肺炎

9.6.3.1　病原学

有两种不同亚型（丝状支原体山羊亚种和丝状支原体丝状亚种LC型）的支原体导致类似胸膜肺炎的症状（Pearson et al，1972）。美国最初有关丝状支原体山羊亚种的报道，可能是丝状支原体丝状亚种LC型的误判（DaMassa et al，1984）。在墨西哥，已在因呼吸系统疾病表现出高死亡率的山羊体内分离到丝状支原体山羊亚种（Hernandez，2006）。

另一个相关的亚种是丝状支原体山羊亚种SC型，在非洲，该病原体已经在患肺炎的山羊体内分离到（Kusiluka et al，2000）。

9.6.3.2　临床症状

潜伏期2～28d不等，潜伏期长短主要取决于病原的致病力。临床上主要表现为体温升高、咳嗽、呼吸困难、鼻腔分泌物增多、耳朵下垂、厌食。发病率接近100%，死亡率因病原而异，LC型引起的死亡率低于40%，山羊亚种引起的死亡率接近100%。自从山羊亚种（F38生物型）被发现以来，人们把动物的死因都归于山羊亚种，这个问题有待进一步研究（Jones，1989）。

9.6.3.3　诊断

由丝状支原体丝状亚种LC型引起的胸膜肺炎，在美国加州比较常见，从内脏器官、关节处和乳汁中很容易分离到病原。在致死性病例中，肺脏出现变大、变实。心脏和肺膈叶肝样变，明显的胸腔积液和纤维素性胸膜炎（Thigpen et al，1981；DaMassa et al，1986，1992；Rodriguez et al，1995）。两个亚种引起相似的病理学变化：肺部大面积水肿，小叶间隔增厚呈灰白色。动脉和小动脉血管炎，动脉壁坏死，血管腔内有血栓形成（Jones，1989）。

丝状支原体丝状亚种LC型与其他支原体相比，对生长条件的要求不高，利用血琼脂平板即可分离培养。其生长缓慢，6～7d后出现β溶血，菌落呈煎鸡蛋样（DaMassa et al，1983a）。理化特性和抗血清可用来区分引起胸膜肺炎和山羊传染性胸膜肺炎的不同支原体，目前已经建立了不同支原体的PCR鉴定方法（Hotzel et al，1996）。

9.6.3.4　治疗和预防

丝状支原体丝状亚种 LC 型可经过乳汁感染幼畜，同群所有幼畜可通过汇集的初乳或牛乳感染（DaMassa et al，1983a）。对乳汁采用巴氏灭菌法灭菌可预防病原传播。幼畜和成年动物应分开饲养。流产羔羊和胎盘应焚烧或深埋。据报道，泰乐菌素的治疗（11mg/kg，肌内注射 5～14d）效果比土霉素（15mg/kg）更好。

耳螨可以将支原体传播给其他动物或畜群，使用双氢除虫菌素可以对其进行控制（见第 2 章）。

9.6.4　衣原体病

衣原体在山羊肺炎中的作用机制还不清楚。第二次世界大战后从美国进口的山羊可能是日本暴发流行的山羊肺炎的原因（Omori et al，1953；Saito，1954）。经 Machiavello 染色，在支气管上皮细胞内可见大小不等的原生小体。目前从鸡胚分离到的病原气管内接种山羊后，山羊会出现慢性呼吸道症状，如轻度咳嗽、流鼻涕、发热，但继发感染会致命。试验感染羊用四环素（7mg/kg，肌内注射 11d）治疗效果较好（Ishii et al，1954）。另外，试验感染流产嗜性衣原体菌株（鹦鹉热衣原体）的 11 只山羊中，2 只出现咳嗽症状，持续 1～2 个月，但无呼吸困难和流鼻涕症状（Rodolakis et al，1984）。

美国得克萨斯州研究人员提出，衣原体感染常伴有巴斯德菌和支原体的继发感染（Sharp et al，1982）。除在印度之外，此结论未得到广泛认可。荧光抗体试验已用于诊断由衣原体引起的流产，该方法在肺炎暴发时对病原的进一步研究有非常重要的作用。利用荧光抗体试验对印度一个屠宰场 3 799 只临床上健康的山羊进行检测，在 218 只具有肺炎症状的羊中有 14 只（6.4%）检测到了衣原体（Rahman and Singh，1990）。利用特殊染色法从这些病例中仅 8 例检测到有原生小体。肺部病变主要发生在腹侧。从组织学上看，有间质性肺炎且肺泡巨噬细胞浸润。在其他一些屠宰场的调查中，利用特异性染色或荧光抗体试验从不明原因的肺部病灶中检测到了衣原体（Chauhan and Singh，1971；Patnaik and Nayak，1984；Kumar et al，2004）。

对衣原体的防控有待成熟。但针对那些引起流产的不同血清型衣原体已经有疫苗。如果在临床肺炎病例中监测到该病原，使用土霉素连续治疗较为有效。

9.6.5　Q 热

Q 热由立克次体引起，有时可导致绵羊和山羊流产，但也有人认为对家畜不致病。Q 热是一种重要的人畜共患病。将病原经肺部或鼻腔接种山羊，可引起以发热为主要症状的支气管肺炎（Caminopetros，1948）。非化脓性间质性肺炎也会在流产胎羊中发现（Moore et al，1991）。

9.7　细菌性肺炎

9.7.1　巴氏杆菌（曼氏杆菌）性肺炎

肺炎型巴氏杆菌常引起纤维素性支气管肺炎。世界各地山羊均可发生该病。

9.7.1.1　病原学

多杀性巴氏杆菌和溶血性曼氏杆菌（早先称巴斯德菌）（Angen et al，1999）能够引起山羊肺炎（Ojo，1977）。它们都是革兰氏阴性菌，短小、呈卵圆形，不形成芽孢。两种杆菌在血琼脂平板上都可生长。仅溶血性曼氏杆菌产生溶血现象，溶血环直径 1～2mm。多杀性巴氏杆菌能分解色氨酸产生吲哚，而曼氏杆菌不能产生吲哚。

溶血性曼氏杆菌早先分为两个生化型：A 型，发酵树胶醛醣；T 型，发酵海藻糖（Bingham et al，1990）。后来，T 型被命名为海藻巴斯德菌，然后成为一个新种，称之为 Bibersteinia trehalosi（Blackall et al，2007）。山羊曼氏杆菌病的流行病学还有待研究。已经从健康山羊咽部成功培养出 T 型曼氏杆菌（Ward et al，2002）。从急性羊肺炎病例中分离到的 T 型菌可引起增生性和渗出性肺炎（Ngatia et al，1986）。T 型溶血性曼氏杆菌已被成功分离培养（Shiferaw et al，2002），它与埃塞俄比亚暴发山羊传染性胸膜肺炎有关。从患肺炎的山羊中分离到的曼氏杆菌多为 A2 型溶血性曼氏杆菌（Fodor et al，1984；Midwinter et al，1986；Hayashidani et al，1988）。

9.7.1.2　流行病学和发病机制

A 型和 T 型溶血性曼氏杆菌通常定殖于正常羊的上呼吸道。病毒感染会增加巴斯德菌或曼氏杆菌入侵肺部的可能性。田间环境为病原菌的侵袭提供了条件。通风不良是重要的致病因素，拥挤、寄生虫病、营养不良等都有利于病原对肺部的侵袭（Brogden et al，1998）。患病羊在运输途中会产生应激反应（Mugera and Kramer，1967），对运输途中产生应激反应的山羊使用类固醇能够显著促进鼻腔内溶血性曼氏杆菌的增殖（Jasni et al，1991）。

在疾病暴发时，巴斯德菌的毒力要么非常强，要么在发病过程中毒力逐渐加强，因此病可传播给畜群中没有抵抗力的成员（Pande，1943）。在另外一些情况中，动物通过与新引进的山羊发生接触也能够引发肺炎（Hayashidani，1988；Buddle et al，1990）。

溶血型曼氏杆菌产生的反刍动物特异性白细胞毒素在发病机制方面起重要作用（Shewen and Wilkie，1985；Zecchinon et al，2005）。这些毒素能够损害和溶解肺部具有抗感染作用的巨噬细胞和中性粒细胞，死亡的中性粒细胞释放的酶类可加重肺部损伤。其他一些由溶血型曼氏杆菌产生的毒素，以及细胞相关产物的毒害作用已被论证总结（Brogden et al，1998）。

9.7.1.3 临床症状

在急性病例中，典型症状是发热，病畜体温高达 40～41.1℃，出现脓性鼻液和黏性眼分泌物。病畜嗜睡、厌食、呼吸困难、咳嗽。听诊肺部有啰音，局部变硬（支气管音增大），或有胸膜炎（先出现摩擦音，随后声音变混浊）。死亡率高于 10%。通常情况下，羊只无症状就突然死亡（Borgman and Wilson，1955；Mugera and Kramer，1967）。

9.7.1.4 诊断与剖检病变

气管冲洗物或尸检样本可作为诊断样品。鼻腔获取的培养物不宜用于诊断。急性感染的幼畜常出现败血症，血液涂片染色时可见病原两极着色（Ojo，1987）。X 线检查，网状组织有类似金属样异物规律分布和存在的影像，很少有胸腔感染的情况（见第 10 章）。

剖检时可见两侧肺叶都存在病变。病变肺叶局部变实并呈现紫红色，有时还伴有纤维素性胸膜炎（图 9.7、彩图 43）。对于其他物种，巴斯德菌病典型的组织学变化包括：气道出血、坏疽、纤维蛋白渗出、水肿、中性粒细胞或巨噬细胞浸润。

巴氏杆菌或曼氏杆菌继发感染可能引起间质性肺炎，当肺部巨噬细胞被激活时，能够上调山羊关节炎/脑炎病毒。如果体质不好，表明死亡羊只已发病数周或数月。如果肺部比正常硬，则应进行组织学检查，看是否同时患有间质性肺炎。

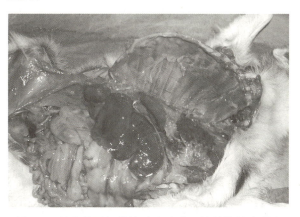

图 9.7　具有曼氏杆菌性肺炎及明显的纤维性胸膜炎症状的颅腹侧部位（M. C. Smith 博士惠赠）

9.7.1.5 治疗和预防

通常注射抗生素治疗，青霉素（2 000～4 000IU/kg，1 次/d），氨苄青霉素（5～10mg/kg，2 次/d），四环素（5mg/kg，1 次/d 或 2 次/d），泰乐菌素（10～20mg/kg，1 次/d 或 2 次/d），头孢噻呋（1.1～2.2mg/kg，1 次/d），氟苯尼考（40mg/kg，1 次/d 或 1 次/2d）。在群体暴发、慢性病例或高价值羊发病后，可通过冲洗气管或尸检获取用于组织培养的样品，进行药物敏感性试验。曼氏杆菌和巴斯德菌的山羊分离株对用于常规治疗呼吸道疾病的抗生素无抗药性（Berge et al，2006）。通风设施应保证能够降低畜舍湿度，保证窗户和墙壁上无水汽凝集。营养方面，包括维生素 E 和硒，应该合理搭配。新引进的山羊至少应隔离饲养 2 周。

当该病暴发时，羔羊最易感，出现败血症或肺炎症状。初乳中的抗体对于新生幼畜的保护尤为重要（Gourlay and Barber，1960）。

目前，尚无有效预防山羊巴氏杆菌病的疫苗。一方面因为该菌血清型较多（Ward et al，2002）；另一方面，在发生感染时，接种疫苗后产生的抗体对发生感染的肺部组织有损害。一种包含绵羊多个分离株的商品化疫苗，经小范围测试能降低山羊肺部损伤（Zamri-Saad et al，

1999）。针对溶血性曼氏杆菌白细胞毒素的类毒素牛用疫苗（Bechtol et al，1991），对山羊可能有很好的效果，但需要进一步评估（du Preez et al，2000）。

最近，包埋在琼脂糖珠中的 A1 型溶血性曼氏杆菌经胸廓（Purdy et al，1990，1993）或皮下植入（Purdy，1996）山羊肺组织，产生了很好的免疫反应。如果普遍利用山羊模型来研究牛呼吸系统疾病模型，最终可能研发出一种有效的疫苗。

9.7.2 肺部淋巴结干酪样脓肿

假结核棒状杆菌脓肿在头部和颈部淋巴结最为常见（见第 3 章），除此之外在肺实质或纵隔淋巴结也常常形成脓肿。对印度一个拥有 25 467 只山羊的屠宰场研究发现，89 只山羊（0.349%）的肺部有假结核的病变，30 只山羊的支气管和纵隔淋巴结有类似的病变（Sharma and Dwivedi，1976b）。

9.7.2.1 临床症状和剖检

由于潜伏期长，成年山羊和绵羊表现为慢性肺炎。临床上表现为呼吸困难、体力不支、体重下降等类似于间质性肺炎的症状。在肺部任何地方都可见一个到多个脓肿。脓肿呈圆形，黄绿色，脓肿内有脓液或内部钙化。X 线可以把脓肿腹侧造成的肺炎与巴氏杆菌病造成的肺叶炎症分开。当脓肿破溃进入胸膜腔时，可能造成胸膜炎，常规听诊听不到气道里渗出液移动产生的啰音。组织学检查可见坏死的中性粒细胞，圆形细胞（巨噬细胞、淋巴细胞，偶见巨细胞）构成同心区，以及呈现纤维变性。如果出现革兰氏阳性类白喉菌，且无耐酸菌，则可排除肺结核病的可能（Sharma and Dwivedi，1976b）。

9.7.2.2 诊断

若无外部脓肿，不通过气管冲洗或剖检很难做出诊断。如果羊群封闭饲养，也未曾有传染性脓肿发生过，形成干酪样淋巴结炎的可能性极小。感染山羊血清学诊断结果常常是阳性（见第 3 章）。一个山羊群落中常发生外部脓肿并不能证实是干酪样淋巴结炎形式的肺炎。外部脓肿形成的潜伏期或脓肿消退之后的血清学检查也呈阳性。

9.7.2.3 治疗

长期使用抗生素对脓肿的疗效甚微。青霉素或土霉素和利福平联合用药除外（见第 3 章）。本病与不能治愈的逆转录病毒引起的病毒性肺炎极容易混淆，无法治疗时，可以考虑将动物安乐死。

9.7.2.4 预防

被感染的绵羊群剪毛后如果立即通过药浴池，羊群中肺部形成干酪样淋巴腺炎会很常见。外面脓肿流出的脓液会污染药浴液，然后被同群的其他羊吞饮或吸入。安哥拉羊和开米山羊同样易感。如果羊群中有该病，应该在剪毛 1～2 周之后再进行药浴。另一种肺部感染的模式是由胸导管导入全身循环系统。虽然对山羊通过人工鼻内接种没有产生肺脓肿，但患肺脓肿动物通过空气传染是有可能的（Brown et al，1985）。因此，在预防干酪样淋巴结炎时，淘汰所有患外部脓肿或慢性病的山羊是非常重要的。

9.7.3 肺结核病

与许多专家的观念相反，山羊易感染肺结核病（Ramirez et al，2003）。山羊可以作为牛的一个感染贮存宿主，也可以直接将病原传染给人类。另一方面患结核病的人（尤其是免疫功能不全并同时感染免疫缺陷病毒的人）是山羊传染肺结核病的一个潜在目标。

9.7.3.1 病因

牛分枝杆菌通常会导致山羊的肺部病变，而鸟型结核分枝杆菌与肠道功能紊乱有关。在牛和猪结核病流行地区，山羊似乎很少感染（Nanda and Singh，1943；Thorel，1984）。结核杆菌（人型）很少引起山羊结核病（Sharma et al，1985）。最近从山羊、牛、野生动物和欧洲人群中分离到一些结核菌株，有多个 is6110 插入序列，已被鉴定归类为一个新的种，即羊分枝杆菌（Prodinger et al，2005）。这些新的菌株还包括在早期文献中其分类受到质疑的牛结核分枝杆菌山羊亚种或结核分枝杆菌山羊亚种。在加那利群岛根治结核病期间，从一个结核杆菌阳性的山羊纵隔淋巴结内分离到堪萨斯分枝杆菌，并成功进行了培养（Acosta et al，1998）。

结核杆菌是抗酸、需氧的革兰氏阳性菌。在 Dorset 或 Stonebrinks 培养基中容易生长。单个菌落形成需要 3～4 周。菌体可用巴斯德灭菌法杀灭，在潮湿的土壤或有机质中能生存很久。

9.7.3.2 临床症状

在畜群中存在结核分枝杆菌的国家，结核分枝杆菌山羊亚种和其他菌株引起的肺结核病呈现严重的呼吸道症状，或者处于亚临床症状。临床症状有动物体重减轻，贫乳、贫血和中度咳嗽，但这些症状并非特异性的，一些山羊还有乳房结节性病变（Bernabé et al，1991）。

9.7.3.3 诊断

用皮内注射结核菌素试验对山羊进行诊断，操作方法同牛的。在美国，只有联邦、州和认可的兽医才能够进行结核菌素试验。用规格为 26，1cm 的针头在尾部皮内注射 0.1mL 牛结核菌素。(72±6) h 内观察牛结核菌素皮内试验结果（USDA，2006）。其他国家要求在颈部皮肤注射结核菌素，这个部位在美国还用于比较牛分枝杆菌抗原和禽分枝杆菌抗原对颈部的反应试验。感染副结核病或接种副结核病疫苗的动物，由于存在的交叉反应，可能会出现假阳性。在西班牙，已观察到了多起由两种分枝杆菌双重感染的病例（Bernabé et al，1991）。

在同时感染了副结核病的动物群中，血清学检测有助于确诊结核病（Acosta et al，2000）。用牛结核菌素检测负责细胞调节应答的 γ 干扰素，1 头皮肤检测阳性且分离到牛支原体的山羊呈阳性，但 12 头皮肤测试为阴性，组织培养也为阴性的样品，结果也呈阳性（Cousins et al，1993）。说明，γ 干扰素试验对暴露但未感染动物的检测特异性低。

据报道，淋巴结、肺、肝、脾实质，以及腹膜和胸膜腔发生干酪样、钙化和胶囊样病变（Murray et al，1921；Carmichael，1938；Bernabé et al，1991）。屠宰或尸检时可发现肺部干酪性肉芽肿，组织学（包括快速酸染色）和细菌培养在疾病诊断中具有非常重要的意义。其他可能造成类似肺炎症状的病原包括假结核耶尔森氏菌（Rajagopalan and Sankaranarayanan，1944）、伯霍尔德杆菌（假单胞菌）类鼻疽、马红球菌（Carrigan et al，1988）和假结核棒状杆菌。据报道，机会性致病菌新型隐球菌与牛型分枝杆菌混合感染可引起山羊肉芽肿性肺炎，结核杆菌的皮内和血清学检测呈阴性，暗示可能存在潜在的免疫缺陷（Gutiérrez and García Marin，1999）。

9.7.3.4 防控

防控必须执行政府关于畜群检疫和消灭感染动物的规定。用 Virkon® （Antech International 出品）或如 5% 苯酚溶液的甲酚产品进行消毒，特别注意对饲养槽和水容器的消毒。其他牲畜和饲养人员应接受结核病检测。对饮用奶进行巴氏消毒。

9.7.4 类鼻疽和红球菌肺炎

类鼻疽是发生在热带地区的一种由伯霍尔德（假单胞菌）类鼻疽杆菌引起的疾病。该病可引起山羊咳嗽、呼吸困难等呼吸道症状。外周淋巴结和肺经常形成脓肿。肺部脓肿直径一般在 2～5mm （或更大），有的脓肿聚集在一起。脓肿内容物为白色、奶油色或绿色，为黏稠的、干酪样或者是干的（Thomas et al，1988）。人类存在被感染的危险，须扑杀感染动物。这在第 3 章进行了讨论。

在两只发生马红球菌弥散性感染的山羊中，一只肺中有突起的结节，结节中含有灰白色干酪样物质，呈轮状排列包绕。肝脏形成广泛性脓肿，怀疑经肠道感染所致。分离菌株明显缺乏马种致病菌株中的毒力抗原（Davis et al，1999）。通过对 1 岁龄安哥拉山羊体内 0.5～4cm 大小的肺炎脓肿和类似干酪样淋巴炎病变中分离到的红球菌进行培养，确定该山羊感染了马红球菌病（Fitzgerald et al，1994）。

9.8 真菌性肺炎

真菌很少引起山羊原发性肺炎。

9.8.1 隐球菌病

新型隐球菌是一种腐生性真菌，常存在于土壤和鸟粪中。它与酵母相似，能在沙氏葡萄糖琼脂上生长。透明荚膜包裹着菌细胞，生殖方式通常为出芽生殖，这是隐球菌独特的形态学特征（Gillespie and Timoney，1988）。在西印度群岛屠宰的山羊中发现了肺部局灶性病变（Sutmoller and Poelma，1957）。主要损失与家畜尸体废弃相关。澳大利亚西部，隐球菌性肺炎的临床体征包括流鼻涕、咳嗽、呼吸困难和乏力（Baxendell，

1988；Chapman et al，1990）。在西班牙，被感染的羊出现消耗性、呼吸系统症状，但有时肝脏或大脑也有症状表现（Baro et al，1998）。目前尚无有效、经济的治疗手段。

9.8.2 其他真菌

虽然报道很少，但其他的真菌也能够对存在免疫抑制或吸入瘤胃内容物的山羊造成肺炎症状。接受皮质激素尤其是抗生素治疗的家畜存在特殊风险。

在屠宰场或尸检时分离到的山羊肺部霉菌包括烟曲霉、黄曲霉、青霉菌、诺卡氏菌和念珠菌（Ikede，1977；Pal and Dahiya，1987；Chattopadhyay et al，1992）。肺部可见灰白色结节，通过观察肺和淋巴结组织切片可判定病变的性质，但临床意义未知。

9.9 流行性肺炎

流行性肺炎是一种界定不清的疾病，这个术语适应于在屠宰和尸体剖检时表现出的急性渗出性支气管肺炎和长期性、非进行性肺炎。通常受影响的是侧叶，较其余部分颜色深，呈暗红色。原发性肺炎通常由病毒或支原体引起，继发感染时，可以从肺部分离到巴氏杆菌，溶血性曼氏杆菌，以及化脓性隐球菌（旧称放线菌）等。

流行性肺炎也用来概括应激动物的各种肺部感染疾病。应激因素包括营养不良，剪毛，天气变化（气候寒冷或雨天），或存在其他疾病。如球虫病，它是很常见的肠道疾病，可导致动物营养不良，也是流行性肺炎的一个诱发因素。糖皮质激素的含量增加，机体细胞和体液免疫受损，从而导致动物抗感染能力低下。

在牛的运输热综合征中，病毒能够干扰巨噬细胞功能，还能妨碍气管黏膜纤毛对吸入肺内细菌的清除（Brogden et al，1998）。多种病毒参与了这个过程（Daft and Weidenbach，1987），但这些病毒对山羊的致病性尚无文献报道。调查所用的动物是羔羊，但假定结果对两种动物均适用。副流感病毒3型（Obi and Ibu，1990）和几种血清型的腺病毒（Woods et al，1991；Lehmkuhl et al，1997）均可能参与了多种肺炎的形成。

因为副流感病毒3型易引起绵羊肺炎，在美国，人们使用一半剂量的PI3或IBR-PI3疫苗鼻腔接种绵羊。对所有的成年羊接种疫苗，羔羊在出生后也尽快接种（Lehmkuhl and Cutlip，1985；Rodger，1989）。这种做法对一些羊群效果非常明显，但是如果没有掌握PI3病毒在控制疾病过程中的作用效果，或者没有病毒分离和配对血清学的第一手资料，不提倡用该方法。同样，用IBR活病毒疫苗接种山羊或绵羊也是不可取的，因为它们会排毒，传播给牛，甚至它们自身能够被牛用疫苗毒株感染发病。

如前所述，与牛RSV呼吸道合胞病毒有明显区别的羊RSV呼吸道合胞病毒也已从剧烈咳嗽、流鼻液和发热的山羊体内分离到（Lehmkuhl et al，1980；Martin，1983）。

从死于溶血性曼氏杆菌肺炎的山羊肺和鼻拭子中已分离到了山羊疱疹病毒（牛疱疹病毒6型）（Buddle et al，1990b）。试验接种病毒6d后，6只羊中有5只出现由溶血性曼氏杆菌引起的肺炎（Buddle et al，1990a）。曼氏杆菌可单独引起肺炎，但是引起的肺炎表现为卡他性鼻炎和温和型支气管炎。因此，该病毒致病的机制还不十分明确。

9.10 寄生虫性肺炎

在世界的大多数地方都存在由一种或多种肺线虫引起的寄生虫性肺炎。肝吸虫和绦虫在一定范围内发生。

9.10.1 丝状网尾肺炎

9.10.1.1 病因和流行病学

虽然丝状网尾线虫是世界性分布的，但在世界许多地区，这种线虫在山羊上并不常见。部分原因是在集中饲养管理系统下，山羊不接近牧场。在印度，将绵羊和山羊在同一感染的草场上放牧，山羊更容易患寄生虫病（Dhar and Sharma，1978a）。

9.10.1.2 发病机理

丝状网尾线虫有一个完整的生活史（Bowman et al，2003；Panusaka，2006）。成虫生活在支气管，长30～80mm。一期幼虫长约550μm，经咳嗽咳出或由粪便排出。发育到感染阶段需1～2周。三期幼虫长期生活在潮湿、寒冷的环境中。经摄入后，经历 1 个月的潜伏期和 3 个月的发病期。通常在秋季出现症状，春季山羊最早出现症状是在放牧后 3 周出现。幼畜在第一个放牧季节感染最严重，然后随着年龄的增长，抵抗力增强（Wilson，1970）。四期幼虫可在肺中越冬，但严寒及干燥炎热的夏季可将幼虫杀死。

9.10.1.3 临床症状

本病潜伏期的主要症状是呼吸急促，感染后期发展为呼吸困难。线虫引起支气管炎，并导致咳嗽、中度呼吸困难和生产能力丧失。病理变化包括支气管炎、细支气管炎、肺膨胀不全和肺气肿。如果继发细菌感染，将会出现听诊啰音和喘鸣声，发热和毒血症。再次感染的动物特征性症状是嗜酸性粒细胞增多。免疫力低下的动物可再次感染，还可见急性休克综合征。

9.10.1.4 诊断

蠕虫性肺炎的诊断最好的方法是贝尔曼（氏）试验。从直肠收集新鲜粪便，避免污染类圆线虫幼虫。粪粒放在滤网或用纱布包裹，将一半浸入装有 25℃水的漏斗中漂洗，幼虫沉到漏斗的颈部。与传统的漏斗相比，锥形瓶能收集到更多的虫体（McKenna，1999）。4～20h 后收集幼虫，并与寄生虫教材上的图片进行比较。后部圆钝的是网尾属线虫，细长且尖的是原圆属线虫，背部有刺的是缪勒线虫（Bowman et al，2003）。网尾属线虫的粪便检测结果仅在首次感染的潜伏期为阳性。

9.10.1.5 治疗和防控

山羊使用对丝状网尾线虫有效的驱虫药，能降低患病率。治疗可使用驱虫净（15mg/kg）（Kadhim et al，1972）和左旋咪唑（7.5mg/kg），口服或皮下包埋。这些药物通过呼吸道排除。有效的药物还有甲苯达唑（15～20mg/kg），芬苯达唑（5～10mg/kg），非班太（5mg/kg），伊维菌素（0.2mg/kg）。建议畜主在使用未经批准的药物后至少 4d 内不要出售奶或用奶制作的奶酪。口服伊维菌素后，弃奶期为 9d，皮下注射时至少为 40d（Baynes et al，2000）。

治疗不能使动物产生免疫力，因此山羊不能再返回感染的草场。可采取轮流放牧措施，要求山羊每 4 天轮牧一次。在易感季节的早期就将山羊置于牧场上，以逐渐增加接触和提高免疫力。

新引进的山羊应与 1 岁羊群隔离饲养，幼畜也不要在上一年度放牧 1 岁羊群的草场上放牧。秋天羊群转入圈舍饲养后要进行治疗（温暖潮湿的圈舍会使寄生发病过程持续循环），这样可限制草场在来年春天遭到污染。另外建议，避免过多放牧，排干草场的积水，用新近的饮水装置代替池塘。据报道，经射线辐射致弱的网尾线虫幼虫制成疫苗能够保护山羊免受人工感染（Dhar and Sharma，1978b；Sharma，1994）。

9.10.2 原圆线虫病

9.10.2.1 病因

原圆属肺线虫至少包括五个属。两个存在美洲，其中缪勒属比原圆属肺线虫诊出率更高。另外两个（带鞘囊尾线虫和线形新圆线虫）存在于欧洲和北非（Genchi et al，1984；Perreau and Cabaret，1984；Berrag and Urquhart，1996）。肺变圆线虫（舒氏复尾线虫）见于东欧国家和印度。

9.10.2.2 流行病学及病理学

原圆属肺线虫所有类型都有完整的生活史，多种蜗牛和蛞蝓是其中间宿主。这些软体动物至少能保持 1 年的感染性。山羊和绵羊吃了这些软体动物或中间宿主死亡后释放到叶子上的三期幼虫而感染。

红色原圆线虫成虫生活在支气管中，长16～35mm。一期幼虫长 370～400μm，有一个尖的尾巴（Gerichter，1951），其不会引起大范围的感染，仅幼畜表现一定的临床症状。

临床上，缪勒属肺线虫引起的肺实质局灶性病变微不足道。感染后 25～38d 可见到成虫（Panuska，2006）。成虫长 12～23mm，寄生在胸膜下肺泡，支气管中不寄生。雌雄虫体存在于一个病灶中，长 300～320μm（Gerichter，1951），一期幼虫尾部有一个独特的背刺（图 9.8、彩图 44），随粪便排出。第一年到第二年山羊都会持续感染。再次感染后很少有成虫定植，但肺部炎症反应会更严重（Berrag et al，1997）。山羊年龄与抵抗力无明显相关性，实际上，老龄山羊比那些仅在牧场上放牧一季的山羊感染更严重。绵羊与此相反，老龄动物越容易清除感染。

至少有 40 种蜗牛和蛞蝓可作为缪勒属肺线虫中间宿主。法国的一个研究发现，春季大量的

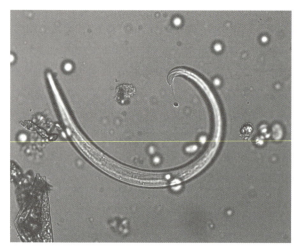

图 9.8　缪勒属肺线虫幼虫，能看到尾部背侧的倒钩
（A. Lucia-Forster 惠赠）

蜗牛（*Helix aspersa*）及秋天大量的蛞蝓增加了放牧山羊被感染的风险（Cabaret et al，1986）。在美国温带的草场，几乎所有的山羊能检查到缪勒属肺线虫。挪威一项最新研究发现，7 个羊群 457 只山羊中有 447 只山羊粪便中发现幼虫（Helle，1976）。

　　带鞘囊尾线虫与缪勒属肺线虫有非常相似的生活史。它们在肺实质构成结节，许多相同的软体动物都可作为中间宿主。其一期幼虫长 390～420um。根据幼虫尾部特征可对其进行鉴定（Gerichter，1951）。山羊体内会同时发现这两个物种。

9.10.2.3　临床症状和尸检发现

　　通常缪勒属肺线虫是亚临床感染。一些零散的报告指出，严重的缪勒属肺线虫感染能造成致死性肺炎。Lloyd 和 Soulsby（1978）调查发现，在 24 个畜群中有 20 个感染了缪勒属肺线虫。这些畜群中，169 只山羊中的 83% 都感染过其幼虫，其中 3 岁及以上的山羊 100% 感染。4 只呼吸困难和持续性咳嗽的成年山羊，检出的幼虫数量高于平均值，说明严重感染寄生虫的山羊可引起发病。在瑞士无 CAE 的萨能山羊，9 只成年山羊的咳嗽，用驱虫药治疗后症状得到了暂时的缓解。所有山羊排泄物中都有许多缪勒属肺线虫幼虫，内窥镜检查显示，支气管黏液分泌增加的山羊，一期幼虫和中性粒细胞增多（Braun et al，2000）。这些山羊的血液学及血清生化测试结果不显著。新西兰学者报道，缪勒属肺线虫能够引起山羊消瘦（Valero et al，1992）。

病变（较为坚实的黄褐色结节）常出现在**尾背部肺叶**，山羊病变比绵羊少。一篇引用率非常高的文献报道显示（Nimmo，1979），感染缪勒属肺线虫后，单核细胞浸润，肺泡间隔弥散性增厚。该文献认为，发生弥漫性病变（非结节性）出现在抵抗力下降的宿主中，原因是嗜酸性粒细胞在结节灶病变部位大量存在。通过对肺组织学观察，很容易发现存在于"育结节"中的 L1 幼虫、虫卵和成虫（Gregory et al，1985），须注意的是，在做出寄生虫是造成重要肺炎的病因之前，必需先排除其他病原感染的情况，如排除持续性逆转录病毒肺炎等情况。另外，也有可能是缪勒氏属肺线虫使巨噬细胞聚集到肺部，诱发临床逆转录病毒感染（Ellis et al，1988a）。

9.10.2.4　治疗

　　治疗原虫属寄生虫病推荐使用左旋咪唑和用于治疗网尾属线虫的芬苯达唑。左旋咪唑对缪勒属肺线虫没有治疗效果。参照文献中给出的药物和用量，如果用死亡的原圆线虫或者暂时不育的虫子来界定疗效，疗效不明显（Cremers，1983）。采用 15mg/kg 芬苯达唑治疗，每 3 周一次，治疗两次就会减轻临床症状，两周后根治排虫（Kazacos et al，1981）。进一步的研究表明，大多数山羊在使用 30mg/kg 芬苯达唑治疗后，排虫持续 7 周（Bliss and Greiner，1985）。另外有研究发现，使用芬苯达唑或是伊维菌素治疗，排虫持续数周；25% 的伊维菌素治疗的动物排虫 4～9 周。作者认为成虫死亡后，未成熟的缪勒属原虫在肺部进行发育（McCraw and Menzies，1986，1988）。治疗后间隔大约 35d。局部使用 0.5mg/kg 依立诺克丁，动物 6 周甚至更长的时间不会排虫（Geurden and Vercruysse，2007）。使用 20mg/kg（一次口服或者分成 2～3 次）奈托比胺，用药 18d 时，也不能完全排出或者杀死所有成熟的缪勒属原虫（Cabaret，1991）。其他的如甲苯达唑（20～40mg/kg）和奥芬达唑（7.5～10mg/kg）治疗圆形线虫建议使用两倍剂量（Cabaret et al，1984）。

9.10.2.5　防控

　　在斯堪迪纳维亚半岛，已经发展出了一种控制山羊缪勒属原虫的方法。当山羊圈养时，非泌乳期间，可饲喂芬苯达唑 2mg/（kg・d），连续 14d。长期低水平治疗可减少 5～7 个月的幼虫排出时间（Helle，1986）。这种治疗方法能够降低咳嗽的流行，增加产奶量和体重（Hammarberg，1992）。驱虫药对山羊致畸作用还没有进行详细研究，妊娠35d内应避免使用驱虫药，放牧的山羊不应进行治疗，因可能会产生抗药胃肠寄生虫。

避免在潮湿、无排水系统的牧场放牧。避免早上或晚上放牧，这个时间段牧草潮湿，有蜗牛活动。清理牧场的最佳时间是在春季放牧之前，防止软体动物对牧草的污染。污染严重的牧场在初秋可进行二次处理。

9.10.3 艾美球虫属及其他原生动物

尽管尚无充分的依据，但是幼年动物持续性咳嗽往往与球虫严重感染有关。那些营养不良并感染球虫的幼畜更容易发生细菌性肺炎。预防措施包括幼畜远离供料器，与成年动物隔离，以及在干燥的环境中喂养。幼畜可以服用磺胺类药。

一则病例报告报道，在一个患间质性肺炎和肺中存在丝状网尾线虫幼虫的山羊肺中存在结肠小袋虫滋养体和囊肿（Parodi et al 1985）。因为纤毛原虫通常定居于大肠，出现这种情况可能是它被肺线虫幼虫携带进肺部的。

一只患严重弥漫性间质性肺炎的4月龄波尔山羊的肺泡中间充满了肺炎肺囊虫（McConnell et al，1971）。在其他物种中，微生物常常与机体的免疫抑制有关。据报道，在来自肯尼亚患有脓性坏死性细菌性肺炎的两只山羊的肺泡间隔中发现了贝诺孢子虫囊肿（直径为 $60\sim280\ \mu m$），（Kaliner，1973）。因此有人提出，感染山羊的贝诺孢子虫属贝诺孢子虫山羊亚种（$B.\ caprae$）与感染牛的有明显区别，至少在肯尼亚是这样（Njenga et al，1993）。

9.10.4 棘球蚴病

在世界许多地方，山羊都患有细粒棘球绦虫包虫囊肿，尤其在地中海国家，印度（Upadhyaya，1983）及非洲。食草动物和人是细粒棘球绦虫的中间宿主，犬是终末宿主。某些区域，山羊似乎比绵羊更不易感染，可能是因为啃牧比放牧接触犬粪的机会少（Rausch，1995）。山羊的肝和肺常出现囊肿（Pandey，1971；Perreau and Cabaret，1984），这种情况

在第11章里将详细讨论。本病也可能经过胎盘传染。囊肿的大小和拳头的大小差不多，典型的有豌豆或李子那么大。肺表面病灶塌陷和肺气肿使肺表面凹凸不平。年龄大的山羊囊肿比较大和多。它们极少引起特异性临床症状。目前对这种山羊寄生虫病没有有效的治疗方法（Thompson and Allsopp，1988）。

预防主要是破坏它在最终宿主和中间宿主之间的循环（Gemmell，1979）。所有的犬都应进行驱虫（最好采用吡喹酮），并销毁粪便。犬粪便中的虫卵传染性可持续一年。流浪犬也必须要控制。农场或者屠宰场死亡或屠宰反刍动物尸体要避免与犬接触。这些措施执行起来非常困难。最近，用一个重组六钩蚴多肽免疫反刍动物，结合对犬进行一年两次免疫，有望成功控制该病（Craig and Larrieu，2006）。羔羊和绵羊接种该疫苗两次，间隔一个月，6～12个月之后再进行一次加强免疫。但这种疫苗目前尚未商业化。

在苏丹，犬绦虫即多头绦虫（多头属）能够引起山羊的胸部、腹部与肌肉囊肿（Hago and Abu-Samra，1980）。

9.10.5 肝片吸虫病

肝片吸虫（$Fasciola\ hepatica$）和大拟片吸虫（$Fascioloides\ magna$）偶尔能够侵入肺部。通过尸体剖检时可见的虫体和黑色素沉积很容易对其做出诊断。它们引起的肝脏病变要比引起肺脏病变明显得多。

9.10.6 血吸虫病

一些学者报道了印度山羊的肺血吸虫病（裂体吸虫属）(Sharma and Dwivedi，1976a；Dadhich and Sharma，1996)。肉芽肿在肺部呈弥散性分布，成虫寄生在肺部，在肺血管内产卵。动物会出现消瘦和呼吸困难。病变非常类似于逆转录病毒引起的间质性肺炎。血吸虫病已在第8章中讨论。

9.11 吸入性肺炎

饲料、唾液或药物的吸入会引起咳嗽和非特异性肺炎，通常可以分离到被吸入的物质。除非尸检时发现肺部异物如植物芒（King，1989）、

饲料颗粒或者矿物油，否则肺炎的真正病因可能就被忽略。

9.11.1　营养性肌肉萎缩症

在快速生长、饲喂良好的幼畜中，吸气是营养性肌肉萎缩症（白肌病）的一个普遍后遗症。这些幼畜因为咽部和舌头的肌肉萎缩无力，吮乳时会出现咳嗽，鼻孔可见乳汁。羊群中的其他动物可能会出现肌肉僵硬，心脏衰竭，皮癣或奶异味。皮下注射维生素 E 和硒有利于幼龄山羊肺炎的辅助治疗。肌营养不良症的诊断和预防在第 4 章和第 19 章中分别进行详细论述。

9.11.2　医源性吸入性肺炎

尽管幼龄动物可能出现腭裂、由于营养性肌肉萎缩导致的咽喉部肌肉功能不全而造成吸入性肺炎，但不当的强迫喂养方式是吸入性肺炎的一个常见原因。对于不能吞咽的动物，用食管喂食（参见第 19 章）比将奶滴进嘴里或注入嘴里更适合。

药品使用不当（例如，驱虫药，丙二醇，矿物油）可引起吸入性肺炎。不当灌药后几个小时内会出现呼吸困难、发绀、轻度发热或低温，流鼻涕，轻度咳嗽，爆裂声和喘息。X 线片显示肺中出现了一个毛玻璃样的区域（Ahuja et al，1985）。

在质疑管理是否仔细之前，应详细询问是否有口服过任何东西。如果最近由另一个兽医进行过手术，那么应该询问该兽医而不是主人，动物是否使用过带附件的气管内导管。山羊的麻醉部位要正确，应使胸部高于腹部，头部低于颈部，以避免吸入性肺炎。而使用气管插管时可能无法避免吸入性肺炎。

9.11.3　神经原因引起的吞咽困难

任何干扰山羊吞咽能力的神经系统疾病，都可引起继发性肺炎。其中最常见的是李氏杆菌病和山羊关节炎/脑炎，而垂体脓肿、脑脊液线虫病、肉毒梭菌中毒也可能引发继发性肺炎。

9.11.4　植物中毒

杜鹃花科（杜鹃属）成员包括杜鹃花、月桂树和日本马醉木引起的植物中毒会造成腹部不适综合症状，突出的症状表现为呕吐（Knight and Walker，2001）。山羊食用亚致死剂量的上述毒

性物质，以及木藜芦毒素类可能引发吸入性肺炎，接下来的症状是呕吐。在有毒性植物存在的地区需要使用抗生素预防由植物引起的中毒。山羊和绵羊食入生长于美国西部的堆心菊属的植物（雏菊和堆心菊属）、含有苦素的植物（小葵花属）和沙漠贝雷草（*Baileya multiradiata*）可引发吸入性肺炎（Knight and Walker，2001）。

9.12　肺炎治疗和预防的总体原则

疑似微生物感染导致的肺炎，应首先使用有效的抗菌药物进行治疗。如果疑似是寄生虫引起的肺炎，应该使用驱虫药。

9.12.1　抗生素和治疗持续时间选择

最初的治疗通常凭借行医者的经验。如果在气管和尸检时能获得病原培养物和敏感性的报告，抗生素的选择应以该报告作为指导。机体的肺炎常继发其他微生物感染，或者多种微生物共同参与导致肺炎的发生。治疗 48h 后，医生应该再次评估病畜。如果在治疗过程中没有出现以下情况，如体温降低、食欲增强，行为正常，应该更换使用其他的抗生素继续治疗 48h。当机体上述生理指标开始出现，山羊临床表现恢复正常后，应继续用药 48h。因此，山羊肺炎的治疗最少需 4～5d。另外，长时间的连续注射，山羊要承受疼痛和精神折磨，一般不采纳数周以上的治疗方案。霉菌性肺炎的抗生素治疗时间可能会长一些。

理论上讲，任何接受治疗的病畜应该远离畜群，隔离饲养。但这往往不可行，或者不容易被畜主接受。在这种情况下，标记患病动物非常重要，动物临床表现恢复正常后方便对其进行识别；否则持续性治疗很难取得成功。

9.12.2　药物剂量和处方外用药

药物剂量应足以对肺部组织产生理想的抑菌效应。当药物剂量增加，或者使用频率增加，或者药物没有被批准用于山羊，兽医必须根据政府处方外用药物法规进行用药。待处理的动物必须由兽医进行仔细检查，规定断药时间以防止食用牛奶和肉制品污染。在美国，食品药品管理局规定所有品种的山羊均为食用动物，对这些动物所

使用的抗生素有明确的范围（氟喹诺酮类药被禁用）。建议对治疗过的动物的奶和尿液进行常规抗生素残留检测，因为对山羊的药物残留的药物代谢动力学的数据所知甚少（Lofstedt，1987）。

9.12.3　给药途径

除了磺胺类药和低剂量的四环素药物，口服抗生素药物会引起瘤胃菌群失调，导致严重的全身性疾病。另外，病畜通常不能很好地进食和饮水，以致不能完全吸收投放在饲料和水中的药物。皮下注射抗生素是一种较好的给药方式。皮下给药可避免痛苦的肌肉坏死，以及因注射意外损伤坐骨神经引起的瘫痪。皮下注射应注意以下事项。第一，有时会发生无菌性脓肿，它易与干酪样淋巴结炎相混淆。因此应避免在山羊的肩前进行注射。第二，山羊经皮下给药后的多数药物的药代动力学特性还没有被研究，药物残留持续时间不确定。第三，即使在政府批准的药量范围内，处方注明肌内注射的药物不能采用皮下注射。

9.12.4　支持疗法

许多支持性药物已经用于治疗肺炎。如果组织检查或实验室检测发现寄生虫参与了动物肺炎的形成，应考虑使用有效的抗肺线虫药物。通常，维生素（包括维生素 E 和硒）属于常规用药方案。在一些病例中，会使用支气管扩张药和非甾类化合物的抗炎症药物，但这些药物没有规定用药剂量。最好避免使用皮质类固醇药物，因为治疗停止后疾病复发的概率会增加。如果使用退热类药物［如阿司匹林 100mg/kg，口服，一日两次；或静脉或肌内注射氟尼辛，或口服，2.2mg/kg（Königsson et al，2003）］，身体的温度不能作为抗生素治疗效果指标。不要让分泌物堵塞鼻孔，如果鼻腔分泌物过多，会引起动物不适，这种情况下可尝试使用芳香油。应让动物保持舒适，寒冷的天气应给动物盖上外套，炎热环境要安装风扇，垫草要保持干燥，供以优质的饲料，饮水方便。

9.12.5　肺炎的预防

除了传染性支原体肺炎，通过疫苗来预防肺炎几乎是不可行的。相反，应该把关注点放在保持圈舍通风、居住环境和营养上。应鼓励羔羊吃初乳，为小山羊提供干燥的圈舍。在寒冷的天气，在不干扰通风的条件下应该给羊羔加盖衣物御寒。气候恶劣的情况下，不要给安哥拉和喀什米尔羊羔剪毛，剪毛的羊要增补饲料。在干燥积满灰尘的围栏内饲养动物，应喷洒 5% 的福尔马林溶液，以降低动物吸入刺激性灰尘和感染性微生物的数量。避免动物过度拥挤。

引进的动物或发生运输应激的动物应该严格隔离。引起动物发热咳嗽的病原难以鉴定，它常常会波及整个羊群。病毒、支原体、衣原体和巴斯德菌病都是可能的病因。对于食欲下降或发热的山羊应使用四环素或泰乐菌素进行治疗。如果动物食欲很好，还须密切观察，精心饲喂，保持良好的通风。

隔离羊羔与母羊，羔羊饲喂加热的初乳和经巴氏消毒的奶可控制一些特殊的传染性疾病。不要给自家羊群混合饲喂其他羊的奶。

9.13　肺水肿和胸膜炎

与肺水肿相关的症状包括呼吸困难、支气管音增强、捻发音和咳嗽。它很难与传染性的胸膜炎或肺炎区分。严重的肺水肿病例口腔和鼻孔会出现泡沫。各种胃肠疾病会造成严重的低蛋白血症，继发胸膜积水和肺水肿。这将在第 10 章进行讨论。

9.13.1　过敏症和输液疗法

血清或疫苗的过敏反应会引起严重的肺水肿。过敏反应的紧急治疗措施包括使用肾上腺素 1∶1 000（按每 50kg 体重 1mL 使用），利尿剂呋喃苯胺酸 5mg/kg，或阿托品 100μg/kg（Black，1986）。在静脉注射过程中如果发生肺水肿应立即暂停输液，同时口服呋喃苯胺酸。

9.13.2　心脏疾病

用力过度（比如被犬追逐）、心力衰竭（比如白肌病，离子载体抗球虫药及植物中毒），先天性心脏病都可能引发肺水肿。可使用维生素 E、硒，或使用利尿剂对症治疗。

9.13.3　肺病

由传染性或寄生虫病原引起的肺炎造成的水

肿在一定的条件下会对肺脏产生影响。

9.13.3.1 有毒气体和3-甲基吲哚

有毒气体，特别是硫化氢会造成肺水肿，但是在通常的饲养条件下，山羊很少能接触到大量的有毒气体。瘤胃存在3-甲基吲哚，这是一种L-色氨酸代谢产物，能引起严重的肺水肿、呼吸困难和中度的肺气肿（Carlson et al，1972；Dickinson et al，1976；Huang et al，1977；Mesina et al，1984）。目前尚不确定这种毒素是否能在自然条件下引起山羊发病。

9.13.3.2 肺源性心脏病

严重的长期慢性肺病如渐进性肺炎和腺上皮增生偶尔会引起慢性水肿和肺源性心脏病（Gay and Richards，1983）。患病的山羊会有腹水。治疗无价值。

9.13.3.3 心水病

在地方流行性区域（撒哈拉以南非洲，加勒比海），蜱携带的反刍亚目埃立克体属（考德里氏体属）的立克次体（心水病）可引起毛细血管的通透性增加，造成胸膜积水和肺水肿。除呼吸困难外，临床症状还包括发热、中枢神经系统紊乱和死亡（Brown and Skowronek，1990）。其他组织如淋巴结和脑组织也会发生水肿（Mebus and Logan，1988）。主动脉、颈静脉或微血管的内皮刮屑，以及脑组织涂片存在病原微生物。这些内容已经在第8章进行了讨论。

9.13.4 胸膜炎

最常引起山羊胸膜炎的是曼氏杆菌病、巴氏杆菌病和支原体病。感染形成脓肿，如干酪样淋巴结炎，如果脓肿在胸膜腔内破裂造成感染会导致胸膜炎。

应特别注意胸骨脓肿或骨髓炎。患有关节炎的山羊大部分时间侧卧，这可能发展成一种慢性的呼吸不畅。X线照相技术对疫病的预后具有非常重要的意义，如果感染延伸至肋骨之间或者穿过胸骨节进入胸部（图4.8），说明手术和抗生素治疗可能已无效。这样的动物胸淋巴结肿大，通常为胸膜炎。

9.14 肺和胸腺肿瘤

大部分报道的成年山羊胸部的肿瘤都是胸腺肿瘤（图9.9、彩图45）。胸腺肿瘤的临床症状包括呼吸困难和肺脏内发出闷响，在病畜中这两种症状一般只出现一种。一些动物可能发展为充血性心脏衰竭（Rostkowski et al，1985；Hanselaer，1988）或者瘤胃膨气和食管扩张（Parish et al，1996）。尽管脓肿可能存在相似的外形，但仍可根据X线或超声检查发现囊性的纵隔肿块进行确诊，（Hanselaer，1988）。一些患病动物胸腔大量积液，这些胸液含有正常的淋巴细胞，遮住了间隔肿块。肿瘤中主要是上皮细胞和淋巴细胞，但癌细胞群是上皮细胞。Hadlow报道了在雌性和阉割的萨能山羊病例中存在无症状的胸腺瘤（Hadlow，1978）。

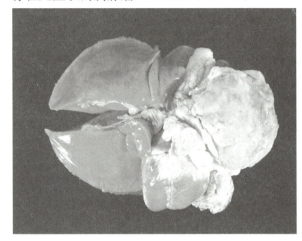

图9.9　取代心脏和肺末端的大胸腺瘤（M. C. Smith博士惠赠）

在一次解剖研究中，发现11只山羊中的6只在肺实质部位产生结节性淋巴肉瘤病变。在这6只动物中，只有2只生前表现出呼吸困难（Craig et al，1986）。通过X线检测到有肺淋巴瘤的另一只山羊被初步确诊为由慢性乳腺炎导致的肺诺卡氏菌病（Rozear et al，1998）。由病毒引起的肺部肿瘤在上一章节已进行讨论。虽然报道很少，但偶尔老龄羊肺部会发生其他原发性或转移性肿瘤。一只8岁的阿尔卑斯阉羊的胸腺瘤转移到了肺和脾（Olchowy et al，1996）。

9.15 植物中毒导致急性呼吸道症状

山羊和其他反刍动物食用紫苏（紫苏薄荷）和霉变红薯会发生严重的肺水肿、肺气肿和腺瘤病（Linnabary et al，1978；Belknap，2002）。

没有针对此症的特异疗法，发病动物可能会快速死亡。牛油果（鳄梨）或第8章论述的植物对心脏的毒性作用主要表现为呼吸困难（Sani et al，1991），Acacia nilotica subsp. Kraussiana 可导致动物发生高铁血红蛋白症、溶血、缺氧，以及呼吸困难，严重时足以引起流产或死亡（Terblance et al，1967）。氰化物和硝酸盐的毒性主要是干扰细胞的呼吸作用，而不是影响呼吸道本身，与中毒相关的严重呼吸困难表明动物存在呼吸道疾病。

9.15.1 氰化物中毒

氢氰酸（氰化氢）以糖苷的形式存在于某些植物中。在瘤胃内消化水解的过程中释放自由的氰化氢。一种植物酶，糖苷酶，能水解氰苷（如苦杏仁苷）末端葡萄糖形成一种复方羟基苷元。另一种酶进一步催化生成氢氰酸和苯甲醛（Conn，1978）。氰化物直接被瘤胃吸收。

9.15.1.1 流行病学及病因

各种植物都可能含有氰，遗传选择可以影响氰化氢的含量。未成熟或迅速增长的植物，以及植物在大量氮肥的作用下往往含有较高浓度的氰苷。由于干旱、枯萎、霜冻或咀嚼等对植物的损害能够使糖苷和酶结合更迅速，从而导致毒性增加。在瘤胃中的其他营养物可能与氰化物反应，阻碍吸收。

关于山羊氰化物中毒的报道很少（Webber et al，1985；Shaw，1986；van der Westhuysen et al，1988；Gough，1995；Tegzes et al，2003；Radi et al，2004），但其中毒的情况与其他反刍动物类似。山羊吃草和易逃离围栏的习性增加了其接触含氰苷的灌木和乔木的风险。下面列出一些潜在的有毒植物名称。

- *Cynodon* spp.（狗牙根属）
- *Eucalyptus cladocalyx*（大花序桉）
- *Heteromeles arbutifolia*（加利福尼亚冬青）
- *Linum*（胡麻）
- *Lotus corniculatus*（百脉根）
- *Manihot esculenta*（木薯）
- *Phaseolus lunatus*〔棉豆（热带品种）〕
- *Prunus* spp.（李属，如樱桃、杏、桃）
- *Pyrus malus*（梨属）
- *Sambucus canadensis*（加拿大接骨木）
- *Sorghum* spp.（高粱属，如苏丹草）
- *Suckleya suckleyana*（异被滨藜属植物）
- *Triglochin maritime*（沼泽箭草）
- *Trifolium repens*（白车轴草）
- *Zea mays*（玉米）

9.15.1.2 发病机制和临床症状

氰离子与细胞色素氧化酶的三价铁离子结合形成一个在需要 O_2 的呼吸作用过程中不能递电子的稳定复合物。血液中的血红蛋白不能释放细胞所需的氧；细胞发生缺氧死亡。因此血液因含有大量的氧呈现鲜红色，然而动物却表现出严重的呼吸困难。脑缺氧引起的临床症状最初是兴奋和肌肉震颤，接下来是喘气和抽搐，瞳孔扩张。症状一般是急性的，死亡发生于吞食的有毒植物分解后 15min 至几个小时内。

9.15.1.3 诊断

急性病例中动物静脉血呈鲜红色，但如果死亡延迟，黏膜会呈紫绀色。由于瘤胃内容物中含有苯甲醛，可以闻到一种"苦杏仁"的气味。饲料、血液、瘤胃内容物、肝或肌肉组织都要进行分析。快速冻结或用 $1\%\sim30\%$ 的升汞浸泡可防止样品中 HCN 的释放和损失。200mg/kg 氰化氢或以上的植物具有潜在的毒性，氰化物的毒性通常意味着能够致命。苦味酸盐纸检测方法敏感性低（Kingsbury，1964；Radostits et al，2007）。其他一些引起猝死的因素也应考虑（见第 16 章）。

9.15.1.4 治疗

因为死亡发生得如此之快（通常在 $2\sim3min$），治疗几乎是不可能的。然而，迅速向静脉注射亚硝酸钠（22mg/kg）可使一些血红蛋白转换成能优先结合细胞色素氧化酶中 CN 离子的高铁血红蛋白。同时注射硫代硫酸钠（67mg/kg）使氰化物转换成稳定、毒性较低的硫氰酸。最近，有人提出可增加静脉注射硫代硫酸钠（660mg/kg）剂量（Burrows and Way，1979）。中毒动物每隔一小时口服或瘤胃灌注硫酸钠（大概每只大山羊 6g），以结合瘤胃中的自由氰化氢。

9.15.2 硝酸盐中毒

反刍动物摄入的硝酸盐经消化后转换为亚硝

酸盐，然后将亚硝酸盐分解成氨。亚硝酸盐毒性比硝酸盐的毒性高十倍以上（Kingsbury，1964；El Bahri et al，1997）。

9.15.2.1 流行病学及病因

大气中的氮通过固氮细菌转化为硝酸盐（NO_3^-），这其中包括豆科植物等用根固氮的植物。这些植物可以将硝酸盐还原成亚硝酸盐并且最终将氮转化为植物蛋白氮。动物的排泄物（尿素和氨水）也可以进入氮循环。

动物经常食用一些硝酸盐浓度较高的植物，消耗摄入体内过多的硝酸盐。动物粪便、施肥土壤以及化肥对水源的污染也是其中的原因。硝酸盐的摄入是可以累积的。下面列出的一些累积的硝酸盐可能已达到有害水平的植物。

- *Amaranthus*［苋属（Agouroudis et al，1985）］
- *Avena sativa*（燕麦）
- *Beta vulgaris*（甜菜）
- *Chenopodium* spp.（藜属）
- *Medicago sativa*（苜蓿）
- *Sorghum* spp.（高粱属，如苏丹草）
- *Zea mays*（玉米）

施肥过度的土壤会让植物吸收更多的硝酸盐。酸性潮湿、缺乏某些矿物质（钼、磷、硫）的土壤，低温都有利于硝酸盐的吸收。干旱或者应用激素类除草剂后，植物快速增长也会增加硝酸盐的累积。因为硝酸还原酶正常发挥作用需要光，所以光照减少会导致硝酸盐在植物中的积累。硝酸盐积累的部位是在营养组织而不是在果实或者谷物中，植物开花和结果后整个植物体内的硝酸盐含量会迅速下降。列如玉米在抽穗后是没有危害的。

9.15.2.2 发病机制和临床症状

硝酸盐中毒是由瘤胃内亚硝酸酸盐的形成以及青贮饲料引起。由于饥饿的动物很少对饲草加以选择，所以它们面临中毒的风险最大。饱食动物体内瘤胃内的微生物能迅速分解碳水化合物，将硝酸盐转化成微生物蛋白，避免中毒。

瘤胃吸收亚硝酸盐。亚硝酸盐将亚铁血红蛋白氧化成不能输送氧气的三价铁血红蛋白（高铁血红蛋白）。血液颜色变暗，或者巧克力褐色。除了发绀，临床症状还包括乏力、颤抖，严重的呼吸困难及嘴角起泡。

当30％～40％的亚铁血红蛋白转化为高铁血红蛋白时，可见到明显的临床症状。当80％～90％的血红蛋白转化为高铁血红蛋白时就会引起死亡，当然也受到应激和劳累的影响。死亡通常发生在进食后12～24h。

硝酸盐含量超过植物干重的1％的植物以及硝酸盐的浓度超过1.500ppm的水都会导致急性中毒（Osweiler et al，1985）。未见低水平硝酸盐引起山羊中毒的病例（Mondal et al，1999）。

9.15.2.3 诊断

诊断通常需要实验室确诊，除非直接食用过硝酸盐（如化肥）。当血液呈深褐色、黏膜发绀时，需要进行高铁血红蛋白测定。如果对肝素抗凝血液的检测需延迟几个小时以后进行，建议用磷酸盐缓冲液作为保存液（Osweiler et al，1985）。饲料、饮水、瘤胃内容物或体液（包括房水）中硝酸盐的含量都可检测出。动物死亡后，亚硝酸盐迅速转化为硝酸盐，因此田间样品往往检测不到含亚硝酸盐（Boermans，1990）。待检样品应冷冻保存。

9.15.2.4 治疗

硝酸盐的中毒症状和一些呼吸道疾病的症状很相似，医生不能因等待实验室结果的确定而延误了治疗时间。患病动物应用1％亚甲基蓝溶液（4～15mg/kg）进行静脉注射治疗（Burrows，1984；Mondlal and Pandey，2000）；必要时，再重复用药。亚甲基蓝在血液和机体组织内被还原成无色亚甲蓝，同时亚甲蓝迅速地将高铁血红蛋白还原成血红蛋白。山羊静脉注射亚甲基蓝时容易进入奶水中（Ziv and Heavner，1984）。剂胺甲吩噻嗪氯化物是另一种注射剂，已成功地用于试验性硝酸盐中毒山羊的治疗（Mondal and Pandey，2000）。

用冷水清洗瘤胃或口服抗生素或泻药，可起到减少瘤胃硝酸盐还原为亚硝酸盐的作用。

9.16 声带切除

山羊远离同伴或者在发情期间会不断地咩咩叫，就像人呼唤同伴一样。给山羊圈舍中提供一个伙伴（另一个山羊或绵羊，一只猫，甚至马）可减少上述现象的发生。卵巢切除术（参见第13章），可以解决发情期的嘶叫问题。在其他情况下（如家庭、邻居或研究小组对其产生威胁时）山羊也会不停地嘶叫。大多数法规将宠物羊视为牲畜，因此在市郊，如果吵闹声令邻居厌烦，这些山羊就有危险了。在这种情况下，就需要手术切除声带。

声带切除技术有两种方法。使用的麻醉剂包括甲苯噻嗪/氯胺酮和巴比妥类药物。这些都在第17章中详细讨论过。麻醉前20min肌内注射阿托品（0.08mg/kg）可以减少流涎（Tillman and Brooks，1983）。

9.16.1 传统手术

第一种方法是传统的手术方法（Durant，1974），将山羊背侧固定，在颈部下方放置一个沙袋保持头部低于颈部。手术前24h禁食，手术前6h禁水。在手术过程中不能使用带翻口的气管导管，以防止反刍和吸气。在喉部皮肤的正中切开一长35～40mm的切口，注意止血。从第一气管环切入，沿环状软骨和环甲韧带中线切开，不能沿喉前缘切开（图9.10a）。使用小的隔板分开喉部，露出声带。夹住缝合线（约6mm长），用弯曲剪刀去除表面的软骨。止血，移除隔板，缝合切口。

9.16.2 电刀技术

第二种方法是通过口腔利用高频电刀破坏声带（Tillman and Brooks，1983）。麻醉（氯胺酮/甲苯噻嗪）山羊，让其侧卧，让其胸部靠在电烙器的接地板上。将38cm扁桃体勒除器伸出绝缘护套2～3mm，作为其中的一个电极。还需要一个反刍动物的喉镜（257mm或385mm索珀喉镜窥视片，Penlon Ltd.，Abingdon，England）。将山羊的头部和颈部完全拉伸，利用喉镜窥视片头部压住会厌软骨。声带位于杓状软骨后面。它们比杓状软骨小，几乎占满腹侧，形成一个V形（图9.10b）。用固定装置将每个声带都靠着喉头壁压紧（5点钟和7点钟位置）。用电灼器尖部在声带上划1cm长度。在操作的时候，喉咙可能封闭影响观察。其目的是创建疤痕组织，以阻止声带隆起；如果第一次手术烧灼面积不足，没有达到理想效果，那么可重复烧灼。外科手术产生的副作用几天即可恢复，但动物会永久失声。二氧化碳激光消声手术在犬身上已经试验成功，但在山羊上还没有报道。

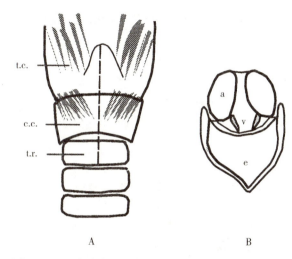

图9.10 无声手术中声带的移除。（A）喉部穿过喉软骨的切口图。（B）口腔视角的喉部图。a：杓状软骨；v：声带；e：会厌软骨；t.r.：第一个气管环；c.c.：环状软骨；t.c.：甲状软骨

（张强）

山羊消化系统的结构和功能是典型的反刍动物的基本结构模式，与绵羊非常相似。然而，已知一些山羊的解剖和生理学特征与绵羊的不同，这些特征可与绵羊相区分，并且反映了其特有的摄食习惯和对其他家养反刍动物不利环境所具有的适应性。

山羊消化系统的疾病与绵羊和牛的类似，以传染性和代谢性疾病为主。但在有些情况下，发病率却与牛存在很大差异。例如常发生于奶牛的皱胃移位和创伤性网胃炎很少发生于山羊。

根据出现的临床症状，本章编写了山羊消化系统疾病的鉴别诊断，并在最后一节详细讨论了影响消化系统的主要疾病。

10.1　山羊的基础胃肠学

已有一些关于山羊局部检剖学和剖检指南的书籍（Chatelain，1987；Constantinescu，2001；Popesko，2008），但这些解剖学书籍重点介绍牛或绵羊，仅在进行比较时会提到山羊。关于山羊消化生理学方面的书籍也是如此。接下来的讨论主要是山羊消化系统结构和已知功能的差异，这些差异在解剖学上特征明显，或与临床症状相关联，读者需要通读一些有关反刍动物解剖和生理的书籍，以便更全面地理解本领域的知识。

10.1.1　临床解剖学

10.1.1.1　口腔

山羊的上唇完整、有力，缺乏绵羊人中部分的分叉，这有助于咬住和撕断嫩枝或嫩叶，而绵羊具有的分叉有助于啃咬接近地面的牧草。山羊的舌不像牛一样可以摄取饲料。山羊的舌短而平滑，口腔检查时不易从口腔中拉出或移开，舌上的味蕾可以辨别苦、甜、咸和酸味，对苦味的耐受超过牛和绵羊，有助于采食更广泛的植物种类。

山羊的唾液腺主要有四对：腮腺、下颌腺、舌下腺和颊腺，颊腺又分为背、中、腹三部分，这些腺体的组织学已有相关描述（Nawar，1980）。舌下腺和腹部的颊腺是浆性腺体，背部和中部的颊腺是黏性腺体，下颌腺、舌下腺是混合性腺体。此外，山羊的唇部存在数量众多的黏液分泌型唇腺，尤其在口腔连接处。山羊的舌腺和腭腺较小。尤其是在患有干酪性淋巴结炎等疾病导致淋巴结肿大时，一定要注意区分腮腺与邻近的淋巴结。

山羊的齿式是 0033/4033。上切齿被牙垫所取代，以便撕咬饲料。下切齿必须正确排列于齿垫上，便于放牧时有效获取饲料。山羊短颌和下颌前突的这些缺陷会影响自由放牧羊的采食行为。青年山羊有时也会发生下切齿或乳牙脱落的情况。中间的一对牙齿可能在出生或出生后 1 周内出现，第二对牙齿通常在出生后 1～2 周长出，第三对牙齿则在出生后 2～3 周长出，侧面的一对牙齿出现在出生后 3～4 周。

恒切齿通常按以下时间出现：中切齿通常在 1 岁前出现，最迟不超过 1.5 岁，第二对出现在 1.5～2 岁，第三对出现在 2.5～3 岁，侧面或第四对出现在 3.5～4 岁。恒切齿未长出的情况也偶有发生。有时会观察到具有永久性乳中切齿的老龄山羊。因此，通过牙齿判断老龄山羊的衰老程度比较困难。切齿会随着时间不断磨损，牙齿由最初的方形变成圆形，这一变化过程的快慢与平时采食的饲料类型和饲养管理条件有关。

在西非侏儒山羊中，曾报道有先天性无齿症或缺乏下颌门牙的病例（Emele-Nwaubani and Ihemelandu，1984），野山羊也有先天缺失第一臼齿的报道（Rudge，1970）。

臼齿天生存在，且终生生长，但是通过咀嚼活动不断被磨损。老龄山羊磨短的臼齿可能被排出体外，从而导致饲料在牙齿空洞内积累和对应部位的牙齿过度生长。

下齿弓较上齿弓排列紧密。因为山羊通过有力的横向研磨运动咀嚼饲料，故上臼齿的外侧面和下臼齿的内侧面可形成锋利的牙齿尖，因此在对其进行口腔检查时要特别小心，以免伤到手指。

一般而言，山羊腭裂属于先天性畸形，其原因未知。有报道显示，含哌啶类生物碱的植物，尤其是羽扇豆属（*Lupinus formosus*），可导致畸形，妊娠 30～60d 的母羊采食这些植物后，可引起腭裂和多肌腱挛缩（Panter et al，1990，1994）。腭裂在双盆骨和后肢的畸胎山羊（单头双臀畸形）（Corbera et al，2005）及双头畸胎的山羊（双面畸形）（Mukaratirwa and Sayi，2006）病例中均有报道。

10.1.1.2　食管

山羊食管的最初发育已被描述（Jung et al，1994）。欧洲品种的成年奶山羊食管长约 1m。因此，在进行胃气胀时的放气或瘤胃投药时，需要至少 1m 长的导管才能到达瘤胃。使用开口器可避免山羊咀嚼导管。吞咽食物的移动、嗳气的排出和食物的反刍及胃管的正确投放，这些动作都可以在沿食管的颈静脉沟内看到。

山羊有食管沟或网状沟，新生羔羊可反射性关闭食管沟或网状沟以适应哺乳，以便乳汁绕过瘤胃网，直接通过瓣胃沟到达皱胃。这种反射行为在断奶后逐渐减弱，至成年山羊时已经退化。然而，在长时间严重缺水后再次恢复饮水时，可刺激成年山羊出现这种反射现象。诱导成年山羊产生这种反射具有实际意义，尤其可达到口服药物直接进入皱胃的目的。否则，药物直接进入瘤胃，会使药效失活或药物被稀释。通过静脉注射 0.25 IU/kg 剂量的赖氨酸血管升压素（lysine-vasopressin），可使山羊食管沟完全关闭。有人推测注射血管升压素（抗利尿激素）可模拟长时间禁水而导致的自然性生理应答反应（Mikhail et al，1988）。山羊口服 5mL 硫酸铜溶液（1 汤匙 $CuSO_4$ 加入 1L 水中）后，也认为可使食管沟完全关闭。

用于收集食物样品的食管瘘外科手术已被报道（Pfister et al，1990）。也有远程控制食管瘘收集样品的装置及其长期应用的相关报道（Raats and Clarke，1992；Raats et al，1996）。

10.1.1.3 前胃和皱胃

山羊的前胃结构与绵羊非常相似（Gueltekin，1953；Horowitz and Venzke，1966；Bhattacharya，1980；Chungath et al，1985）。网胃几乎占据了腹腔的左半部，顶部延伸到第八肋间隙，底部达到髋骨结节，与左侧体壁相连，贲门位于第八肋间区。

山羊的瓣胃比网胃小。小反刍动物的瓣胃比奶牛的小且轻。绵羊胃内的纵向皱褶或瓣胃叶片形成四种不同长度的瓣胃叶，而山羊只有三种瓣胃叶，缺失第四种或最短的瓣胃叶。与牛的 169 片瓣胃叶相比，山羊瓣胃叶的平均数量约为 35 片（McSweeney，1988）。瓣胃位于皱胃的背面，腹腔的右侧，深入到第八和第九肋间隙，但不与腹腔壁接触。牛的瓣胃又大又重，可抵达腹腔的底部，向腹腔左侧占据了更多皱胃的位置。这种解剖学上的差异也许可以解释为什么牛比山羊更易出现因皱胃移位而导致临床代谢紊乱。

小反刍兽的皱胃比牛的大且长，山羊的皱胃位于右腹前底部，尾部沿肋骨弓运行。

据报道，成年山羊的胃容量各有不同。这种差异是由于品种、饲喂日粮的差异及测量方法的不同所致。通常情况下，瘤胃的体积一般在 12～28L，其上限大约为 20L。网胃的体积为 1.6～2.3L，瓣胃为 0.75～1.2L，而皱胃为 2.1～4L。

山羊出生时伴随有一个未完全发育的瘤胃和较大比例的皱胃（Tamate，1956；Benzie and Phillipson，1957）。在出生后的前 3 周，皱胃体主要位于腹腔左侧，邻近横膈膜，幽门窦在腹中线右侧。随着位于腹腔左侧前胃的扩大，皱胃逐渐移至成年动物的右腹部位置。山羊出生时，瘤胃与皱胃的容量比为 1：4，即瘤胃的体积是 70mL，而皱胃的体积为 290mL。瓣胃的容量可忽略不计。在羔羊中，由于接触粗饲料，其在出生 6 周后瘤胃和皱胃的容量比例变为 5.7：1，出生 12 周后可达到全部瘤胃的容量。哺乳羔羊早期日粮中加入粗饲料和精饲料，可以加速瘤胃的发育（Tamate，1957）。

10.1.1.4 小肠和盲肠

小肠约占消化道远端到前胃长度的 77%，盲肠占 2%。巴巴里（Barbari）山羊是一种相对较小的品种，其小肠的平均长度为 18m（盲肠为 0.3m）（Rai and Pandey，1978），而有些个体较大的山羊品种，小肠的长度可达 25m。山羊的胆总管在胃幽门远端 25～40cm 处进入十二指肠。由于位于左侧的瘤胃发生变位，大部分小肠和盲肠则位于腹腔的右侧。除十二指肠外，小肠的其余部分被大网膜隐窝或网膜系带所包围。盲肠的盲端（尾部）通常是尖的，但方向是可变的。

10.1.1.5 结肠和直肠

山羊结肠是典型的小反刍兽结构，有成比例的细长的螺旋线圈状的升结肠，随后是横结肠和降结肠，通往直肠和肛门。在山羊和绵羊中，通常螺旋节有 3 个向心回和 3 个离心回。结肠和直肠约占消化道远端到前胃长度的 21%，大多数品种的山羊，结肠和直肠平均长度约为 5m。盲肠的直径约为 8cm，直肠的直径约为 2cm。大部分的结肠也被瘤胃移位到腹腔的右侧，螺旋状的结肠位于小肠和盲肠的内侧。

10.1.1.6 网膜和肠系膜

与牛和绵羊相比，山羊的网膜和肠系膜脂肪沉积明显，当山羊生活在缺乏饲料供应的环境中时，这无疑具有积极作用。脂肪沉积在妊娠毒血症的发病机制方面具有重要意义，因为在妊娠早期营养过量能导致大量的腹内脂肪沉积。这些占用空间的脂肪会减少整个消化道的饲料容量，导致饲料摄入量减少、负热量平衡和酮病。在评估动物身体状况时，腹内脂肪沉积过多可使人产生误解，那些看起来营养状况较差，且几乎触摸不到皮下脂肪的山羊，也许有较多的腹内脂肪储备。相反，那些剖检时几乎没有肠系膜脂肪的山羊，才是真正意义上的长期严重营养不良者。

10.1.2 消化生理学

10.1.2.1 摄食行为

对于食物选择而言，山羊的特征介于真正的草食动物与吃嫩叶动物或精饲料动物之间。真正的草食动物如家养的牛和水牛，而野生小反刍兽如麋（产于北美的一种大型鹿）和白尾鹿是典型的吃嫩叶动物的代表（Demment and Longhurst，1987；Hofmann，1988）。这意味着山羊可以利用一系列的植物食材满足自身的营养需求。这种采食食材的多样性在很大程度上说明了为什么人们对饲养山羊的兴趣不断增加，在无法进行集中耕种或无法维持大量草场的地区，山羊则是理想的家畜饲养品种。在混合农业系统中，利用山羊与绵羊、牛一起放牧，也可以减少草场的杂草和灌木。对放牧动物而言，可以改善草场质量和利用率，增加单位草场的动物产品的总生产率。

山羊典型的摄食行为也存在负面影响。当有限的植物生长环境中发生过度放牧，植物种群因环境的荒漠化而遭到永久性的破坏时，山羊可成功利用有限的饲料资源。传统意义上，山羊会因诸如荒漠化等原因而备受指责，但家畜饲养者种群管理的失败与山羊优秀的摄食能力对此应承担一样多的责任（Dunbar，1984；El Aich and Waterhouse，1999）。目前已有关于摄食行为生态学及其影响动物生产率、环境质量的报道（Merrill and Taylor，1981；Owen-Smith and Cooper，1987；van Soest，1987；Devendra，1987）。

10.1.2.2 营养物质的利用

长期以来，人们认为山羊的消化效率强于绵羊和牛。很多研究已进行了其消化效率的比较试验，但结果与已确定的山羊独特的消化特性并不一致。一般而言，山羊和绵羊对高质量、低纤维的食物表现出同等的消化效率。这两种动物表现出不同的互补优势，绵羊对纤维的消化比山羊更完全，但吸收率却比山羊低，而且山羊从瘤胃清除未消化纤维的速率也比较快（即较短的瘤胃滞留时间）（Brown and Johnson，1984）。家养小反刍动物，特别是山羊消化效率的比较研究已有报道（Morand-Fehr，1981；Devendra，1983；Brown and Johnson，1984）。

10.1.2.3 消化活动

山羊采食饲料（草）比绵羊更频繁、更快（Geoffroy，1974）。在此过程中，山羊可产生更丰富的唾液。当采食新鲜收割的埃及苜蓿时，与绵羊产生腮腺液 40mL/h 的速率相比，山羊产生的速率是 110mL/h（Seth et al，1976）。除已知的食团润滑、尿素循环、瘤胃缓冲的功能外，丰富的唾液可能也在山羊适应食物多样性方面具有重要意义。与其他草食动物相比，山羊唾液可能含有相当高比例的黏蛋白和脯氨酸，能够结合有毒的单宁，这些毒素已经发现存在于山羊采食的许多树和灌木的嫩叶中（van Soest，1987，

1994）。未驯化的山羊瘤胃菌群中可能也含有能降解单宁的链球菌（Brooker et al，1994；Sly et al，1997）。

山羊的反刍周期平均为 63s 或者每分钟 1 次。山羊的反刍周期是相当恒定的，但对青贮饲料的反刍周期稍短于干草。山羊瘤胃、网胃收缩的运动模式与绵羊相似，但不同于牛（Dziuk and McCauley，1965）。山羊无意识的瘤胃收缩是受迷走神经控制的（Iggo，1956）。在分娩期间，可观察到山羊对干草和精饲料的反刍时间约是每天 7.75h，75% 的反刍活动发生在夜晚（Bell and Lawn，1957）。

目前关于健康山羊瘤胃液成分的资料有限，但众所周知的是，瘤胃液的某些特性会随着水摄入量的变化而发生显著改变。沙漠地区的山羊品种，可能每 3～4d 才能接触到一次饮水，因此瘤胃作为液体贮存库发挥着重要作用。沙漠区的山羊可通过瘤胃贮存液体，使得在面临严重脱水或体内水分过多时，维持相对恒定的血清渗透压。缺水 4d 后，黑色贝多因（black Bedouin）山羊瘤胃的平均渗透浓度为 360 mOsm/kg，而当饮水量达到其最初体重的 32% 时，其渗透浓度立即降为 82 mOsm/kg。因瘤胃突然破裂引起的低渗效应可减少瘤胃原生生物的数量，但不会导致其细菌数量的减少和发酵活性的降低（Brosh et al，1983）。

山羊瘤胃微生态菌群具有解除银合欢（Leucaena leucocephala）植物饲料毒性的功能。这种豆科灌木或者低矮树木广泛分布于热带和亚热带地区。这些富含蛋白质的植物作为反刍动物的饲料，有助于改善动的物营养和生产率（Jones，1979）。然而，当这种植物超过食物组成的 30% 时，在有些国家，牛、羊和山羊会出现各种不同的异常情况，如脱毛、产毛量降低、唾液分泌过多、食欲不振、甲状腺功能减退、白内障、繁殖性能差、体重减轻甚至死亡。据报道，山羊可出现甲状腺功能减退症、食管黏膜和瘤胃乳头糜烂等症状（Jones and Megarrity，1983）。

在银合欢属植物叶片中含有 2%～5% 含羞草碱，因此有些毒性效应是由含羞草碱（amino acid mimosine）直接导致的。含羞草碱的分解产物为 3,4-二羟吡啶（3,4-dihydroxypyridine，DHP），对

甲状腺有影响作用，是导致甲状腺肿大的有效化合物。DHP 在咀嚼植物和瘤胃细菌降解的过程中产生。对于采食了银合欢属饲料而未中毒的动物，DHP 在瘤胃中可被特异性厌氧菌降解为无毒产物（Allison et al，1990）。现已证明，在临床没有发现银合欢属植物中毒病例的夏威夷地区，山羊的瘤胃细菌培养物接种澳大利亚山羊和牛的瘤胃后可以预防因 DHP 产生的临床症状（Jones and Megarrity，1986），而银合欢属植物中毒病例在澳大利亚广泛存在。

食物在通过山羊胃肠道排出体外的速率可利用染色标记物进行研究（Castle，1956，1956a，1956b）。染色颗粒在食物摄入后 11～15h，首先出现在山羊粪便中，6～7d 后消失。染色颗粒检出的最多的时间是在食物摄入后约 30h。食物通过消化道所需的时间大多数花费在前胃，而通过整个小肠所需的时间平均约为 3h。

山羊所消化的 58％ 的总干物质、93％ 的粗纤维、11％ 的粗蛋白和 80％ 的可溶性碳水化合物均在前胃完成（Ridges and Singleton，1962）。前胃所消化的大多数可溶性碳水化合物通过瘤胃发酵后以挥发性脂肪酸的形式被吸收，一些碳水化合物和蛋白质的吸收发生在小肠。

绵羊和山羊肠内容物中大量水分的排出发生在大肠。这是对水分守恒的一种适应。尽管小肠的长度是大肠的 3 倍以上，但与食物在小肠的 3h 相比，通过大肠的平均时间是 18h。这种延迟通过解释了绵羊和山羊产生干硬粪便的原因。正常山羊粪便的干物质占 50％～60％，而牛的占 15％～30％。

10.1.3 临床病理学和诊断辅助物

10.1.3.1 临床化学

表 10.1 给出了与消化器官相关的临床化学参数的正常值。

表 10.1 腹泻和其他胃肠疾病评估中血液成分的标准值

参数	样品类型	单位	范围	平均值	参考文献
阴离子间隙	S	mmol/L	8～20		Sherman and Robinson，1983
碳酸氢盐	VB	mmol/L		24.2±1.52	Cao et al，1987
氯化物	S，HP	mmol/L	99～110.3	105.1±2.85	Kaneko，1980
总胆固醇	S，P，HP	mg/dL	80～130		Kaneko，1980
CO_2 总量	S，P	mmol/L	25.6～29.6	27.4±1.4	Cao et al，1987
CO_2 分压	VB	mmHg		36.7±4.81	Cao et al，1987
葡萄糖	S，P，HP	mg/dL	50～75	62.8±7.1	Kaneko，1980
乳酸	S	mg/dL	8.25～10.40	9.53±0.45	Verma et al，1975
总脂类	S	mg/dL		298.6±84.8	Castro et al，1977
总胆固醇	P	mg/mL		0.77±0.01	Bassissi et al，2004
VLDL		％		3.16±1.06	
LDL		％		22.09±1.42	
HDL		％		72.79±1.82	
LPDF		％		1.96±0.52	
胃蛋白酶原	P	mU tyrosine	＜800		Kerbouf and Godu，1981
pH	VB			7.35±0.30	Cao et al，1987
钾	S，HP	mmol/L	3.5～6.7	5.6±1	Kaneko，1980；Castro et al，1977a
钠	S，HP	mmol/L	142～155	150.4±3.14	Kaneko，1980

注：S＝血清；VB＝静脉血；P＝血浆；HP＝肝素化的血浆；VLDL＝极低密度脂蛋白；LDL＝低密度脂蛋白；HDL＝高密度脂蛋白；LPDF＝脂蛋白缺乏组分；tyrosine＝酪氨酸。

在消化性疾病中，血清电解质水平可能会急剧改变。低钾血症和典型的低氯血症与胃肠道的阻塞有关。在阻塞性疾病如肠套叠、结石或异物阻塞、低氯血症、低钾血症中，胃肠道阻塞症状尤为明显（Sherman，1981）。在上述疾病情况下，可能出现代谢性碱中毒，但若因严重的手术阻塞引起的休克，则可能出现酸中毒。皱胃移位是引起奶牛低氯血症、低钾血症和代谢性碱中毒的最常见因素，但山羊很少发生。用外科手术诱导山羊的右侧皱胃移位、左侧皱胃移位或者皱胃扭转，这些异常情况可引起山羊的低氯血症、低钾血症和低钠血症，并且增加了瘤胃液中的氯离子水平（Kwon et al，1997）。

与腹泻有关的主要化学异常是代谢性酸中毒，伴随血清碳酸氢盐的减少，以及腹泻粪便中钠和碳酸氢盐丢失所导致的低钠血症。在因摄入过多谷类或暴食性毒血症引起的D-乳酸性酸中毒中，通常能观察到明显的酸中毒。在这种情况下，血清的乳酸盐水平也显著增加。

10.1.3.2 腹腔穿刺术

腹腔液检查有助于对消化道疾病进行诊断，尤其是在前胃缺乏动力和以腹胀为主要临床症状时。常用腹腔穿刺术用于鉴别诊断山羊胃肠性腹胀和非消化性腹胀。在公山羊中，梗阻性尿路结石继发的膀胱破裂最为常见，从而导致尿液蓄积于腹腔内。在母山羊中，应排除与异常妊娠有关的水肿情况。

牛的腹腔穿刺术经常在剑突软骨后进行，以确认前腹部是否存在因创伤性蜂窝胃炎或穿孔性皱胃溃疡引起的局部腹膜炎。由于山羊很少遇到这些情况，因此通常对山羊进行腹腔穿刺术的主要目的是排除泌尿生殖系统疾病。腹腔穿刺术通常在腹侧部进行，距离中线右侧 2～4cm，以免刺穿瘤胃。手术时，穿刺点应进行灭菌处理，并实施局部麻醉，同时应注意母羊的乳房静脉或公羊的包皮和阴茎。在进行穿刺手术前应使动物保持站立姿势，如果动物表现出紧张情绪，应对其进行安抚。腹侧部腹壁和腹膜的穿刺通常用标准的一次性 18～20G 针头完成。当腹膜被刺穿时，如果液体不能自行流出，应轻轻旋转针头，并用附带的注射器缓慢吸出液体。

10.1.3.3 瘤胃液的评估

作为诊断辅助物，山羊瘤胃液的评估没有受到太多的关注，但是瘤胃液在对中毒、高位肠梗阻、消化不良和谷物过食进行诊断时很有帮助。在试验性诱导 D-乳酸性酸中毒（Tanwar and Mathur，1983；Cao et al，1987）或水负荷前，对对照动物瘤胃液分析的研究已有多次报道（Brosh et al，1983），这些报道的数据汇总于表 10.2。在谷物过食试验中，观察到的瘤胃液变化包括 pH 降低和原生生物的数量降低，而乳酸浓度和细菌数量增加。在瘤胃酸中毒试验中，在诱导 12h 后，瘤胃液由正常的橄榄绿色先变成乳白色，24h 后开始变为奶油色（Shihabudheen et al，2006）。

表 10.2　报道的瘤胃液成分的标准值

参数	单位	范围	平均值	注释/参考文献
pH			7.35±0.3	预先驯化的带瘤胃瘘管的野生山羊。可以自由选择采食三叶苜蓿饲料和水（Cao et al，1987）
渗透性	mOsmol/kg		248±14.2	
乳酸盐	mmol/L		0	
钠	mmol/L		115±27	
钾	mmol/L		40±18.2	
氯化物	mmol/L		21±2.2	
pH		6.9（饮水前）至6（饮水后）		带瘤胃瘘管的黑色贝多因山羊，三叶苜蓿饲料可自由选择，一天饮水一次（Brosh et al，1983）
渗透压	mOsmol/kg	330（饮水前）至178（饮水后）		
细菌数量	×10^9 个/mL	24～26（饮水前后没有变化）		
原虫数量	×10^4 个/mL	43～60（饮水前后没有变化）		

（续）

参数	单位	范围	平均值	注释/参考文献
pH			7.40	带瘤胃瘘管的 Marwari 山羊，采样前 24h 不进食，水可以自由选择（Tanwar and Mathur，1983）
乳酸盐	mg/dL		0	
细菌数量	$\times 10^9$ 个/mL	$100\sim160$		
原虫数量	$\times 10^4$ 个/mL	$20\sim30$		
原虫数量	$\times 10^6$ 个/mL	$0.25\sim2.83$	0.96	屠宰的 150 只黑色孟加拉山羊（Mukherjee and Sinha，1990）

在尸检中，瘤胃内容物的检查是对有毒植物检测及其后续的鉴定所必需的。在铅中毒中，由于大多数铅中毒的病例都与摄食有关，所以瘤胃液中铅的含量可用于诊断。

通过胃管难以获得可用的山羊瘤胃液样品。因为胃管通过口腔进入瘤胃时会引起唾液过度分泌，污染瘤胃液样品，从而导致样品 pH 的升高。直径较小的胃管能通过鼻腔进入食管和瘤胃，但很难吸出黏稠的瘤胃液。图 19.7 所示的是一种特殊设计的获得瘤胃液体的装置。另一种可替代的方法是经过腹腔收集样品。瘤胃液/气界面可通过腹腔左侧的叩诊进行判断，选择的叩诊点应在液面以下。经无菌处理后，用 7.6cm（3in）18G 的针头通过腹壁和邻近的瘤胃壁刺入，用注射器吸取液体样品。这种方法与常规的腹腔穿刺术相比，没有引起腹膜炎的风险。对于动物因意外谷物过食而引起的突发事件，可用此方法快速检测受影响山羊的瘤胃 pH，从而确定合适的治疗方案。

10.1.3.4 粪便检查

通过肉眼观察和显微镜检查粪便是对消化系统疾病进行诊断的必不可少的辅助方法。健康山羊的粪便成堆排出，单个粪粒的直径介于 $0.5\sim1.5$cm，有时观察到粪粒黏结现象，但不一定是异常现象。在牧草丰富的草场放牧的动物，有时可见到粪便不成形的现象。当粪便与正常的犬粪相似且无明显的粪粒时，应该视为异常粪便。这种情况常见于胃肠道寄生虫病，有时也见于副结核病。

山羊在咀嚼和反刍过程中通常只产生细小的食物颗粒，因此山羊粪便中很少检测到完整的谷粒或者可辨认的颗粒，除非动物处于较高的饲养水平条件下。如果在摄食低水平谷类饲料的山羊粪便中看到谷粒，则表明山羊可能患有牙齿疾病

或瘤胃疾病。

小而坚硬如石、颜色黑暗的粪球表明山羊患有便秘，最常见的原因是脱水引起的，应继续探究病因。黏液包裹粪便表明食物通过消化道的时间过长且可能已有脱水现象。

正常山羊粪便带有新鲜血液的情况很少见，发生腹泻时，粪便中混有血液，如在内罗毕羊病、牛瘟、羊传染性肠毒血症、球虫病、结节虫病、夏伯特线虫病和日本马醉木中毒（Japanese pieris toxicity）的病例中。在球虫病病例中可看到黑柏油样粪便（黑粪症）。下面将详细讨论腹泻。

利用直接涂片或粪便漂浮技术，通过显微镜检查山羊粪便，是检测和诊断大多数胃肠道寄生虫感染较为有用的方法。用于分析的样品应保持新鲜，因为虫卵孵化很快，而虫卵漂浮法检测不到幼虫。将各种特殊的寄生虫病中的检测结果进行分析讨论。

10.1.3.5 成像技术

因为山羊的体型较小，适合进行影像学研究，并且有助于肠梗阻、先天性闭锁、异物穿刺和群体损伤的诊断。已有关于山羊消化道的影像解剖学和比较研究的报道（Cegarra and Lewis，1977；Chhadha and Gahlot，2006）。成年山羊禁食 48h 后，经胃管给予 600mL 硫酸钡。由于有些病例中介质会很快离开瘤胃并到达皱胃，因此应在 1h 内拍摄第一张照片。如果介质仍然留在瘤胃，第二张照片可在 $7\sim8$h 后拍摄，然后每间隔 4h 拍摄一次，直至 24h 后大多数胃肠道均可见。

10.2 通过临床症状诊断胃肠道疾病

本节的目的是根据普遍的临床症状，协助鉴

别诊断胃肠道疾病。通过临床症状辅助疾病的诊断不受地理位置的限制。因此，这里列出的一些具有特定临床症状的疾病，可能不适用于具体的患病山羊。

当适于某一特定临床症状时，消化系统的大多数传染病、寄生虫病和代谢性疾病都会被提到，但详细讨论将在本章后面的内容进行。本节将详细讨论一些很少或偶然发生的疾病，这类疾病具有很强的地域局限性，或者在山羊上很少描述，在后面的章节中将不再强调这些疾病。对于本章节以外的其他章节中讨论的情况，读者可以查阅或参考相应的章节。

10.2.1　食欲不振

尽管许多综合性系统疾病，尤其是使羊发热的疾病，都会导致食欲减退，但食欲不振会使临床医生认为是一种原发性消化紊乱。如果同时伴随瘤胃运动性改变、呕吐以及排出异常粪便、里急后重和腹部轮廓变形等变化，那么食欲不振是由消化功能障碍导致的可能性增加。

10.2.2　口腔起泡

正如下面讨论的一样，在各种过度流涎、垂涎和多涎情况下都可看到口腔起泡。在抽搐发作时，所有品种羊的口腔起泡普遍都与不受控制的咀嚼和咂嘴有关。山羊最常见的口腔起泡可能是对抗蠕虫药左旋咪唑产生的轻微的不良反应。有些山羊在口服或非口服低于最适剂量 8mg/kg 的左旋咪唑后，口腔可能会很快起泡或过度流涎、抑郁和感觉过敏。当过量服用左旋咪唑，特别是非胃肠道给药时，可能出现口腔起泡，并伴随呼吸困难、频繁排尿和排粪、间歇性痉挛。

在法国阿尔卑斯（Alpine）母羊和努比亚（Nubian）母羊（或母兔、母羚羊等）的不同种群的个体中，笔者观察到与反刍咀嚼相关的口唇联合处的自发性起泡。动物在其他方面都表现正常，也没服用任何药物。据畜主介绍，个别动物间歇性出现这种情况，时间长达几个月甚至几年。

据报道，采食苏丹的圆叶凤毛菊（*Cadaba rotundifolia*）植物中毒时，山羊会出现口腔起泡，同时伴有呼吸困难、腹泻和共济失调等症状（El Dirdiri et al，1987）。在肯尼亚，黄花夜香树

（*Cestrum aurantiacum*）的灌木常用作篱笆和防风林，当山羊摄入该植物时可引起口腔起泡，同时还伴有肿胀、运动失调和死亡（Mugera and Nderito，1968）。对这些病例剖检发现，病羊都表现出严重的出血性胃肠炎。

10.2.3　过度流涎、垂涎或多涎

口炎或口腔黏膜炎症是引起过度流涎、垂涎或多涎最常见的病因。如果口腔黏膜发生坏死，呼出恶臭气体，可能还伴有流涎症。如果疼痛严重，也可能出现吞咽困难。

口炎的传染性因子包括传染性脓疱、山羊痘、未定种的病毒性皮炎、口蹄疫、蓝舌病、水疱性口炎、牛瘟、小反刍兽疫、羊疱疹病毒感染、坏死性梭菌感染和齿槽骨膜炎可引起坏死性或溃疡性口炎。

传染性脓疱（contagious ecthyma），也称羊口疮（orf），是最普遍的口炎致病因子，世界各地的山羊均可发生。该病病毒主要在嘴唇联合处产生丘疹，随后可能继发感染细菌，损伤可在 6 周内自愈，但在症状消退之前，会出现过度流涎、食欲不振和轻微的吞咽困难及由此导致的体重减轻。

山羊痘（goat pox）除出现特征性的皮肤结节、发热和结膜炎外，在唇和口腔内还可能出现溃疡性损伤。美国和澳大利亚没有发生过羊痘，欧洲大多数国家也消灭了该病。自 1946 年以来，印度发现一种高致病性、未定种的病毒性皮炎（Haddow and Idnani，1948）。虽然从临床病例中分离出了痘病毒（Patnaik，1986），但临床症状和病理学特征与山羊痘明显不同。在唇、齿龈和舌上分布有广泛的皮疹。在舌面上发展成橡皮样的非渗出性结节和丘疹，并在 7～10d 内出现坏死性溃疡。

口蹄疫（foot and mouth）因为患畜口腔有水泡，可能会出现多涎或咂嘴的临床症状。但与牛相比而言，山羊和绵羊蹄部的损伤比口腔的损伤更普遍。该病在亚洲、非洲和南美洲的许多地方呈地方性流行。

虽然已有大量的血清学证据，但蓝舌病很少引起山羊的临床病例。当确实出现临床病例时，其症状包括与口腔黏膜水肿和充血有关的口炎，口唇和牙床的溃疡，并伴随高热、流涕、腹泻和

因蹄冠炎导致的跛行。

水疱性口炎（vesicular stomatitis）由弹状病毒感染引起，仅发生在美洲。与牛、马和猪相比，山羊不易感，山羊唯一出现的症状可能是因口唇结合部水泡引起的流涎，这种情况应通过病毒分离与传染性脓疱相区分。

牛瘟（rinderpest）是一种涉及齿龈、面颊和舌的坏死性口炎。流涎不是其主要症状，且可能被大量的黏液脓性眼鼻分泌物和随后的腹泻所掩盖。直到最近，牛瘟在非洲、中东和南亚还属于地方性流行病，但在国际间协作控制的努力下，该病在全世界范围内已接近清除。山羊感染牛瘟的症状较牛轻。

小反刍兽疫（peste des petits ruminants）的临床症状与牛瘟相似，可引起坏死性口炎、腹泻和支气管肺炎。小反刍兽疫严重影响山羊，在非洲、中东和南亚的许多国家都有发生。

据报道，在瑞士羊疱疹病毒（caprine herpesvirus）是导致严重疾病和羔羊死亡的病因，可在口唇结合处观察到明显的糜烂、流涕和结膜炎。剖检可见盲肠、结肠和膀胱糜烂（Mettler et al，1979）。

在南非，坏死性梭菌（Fusobacterium necrophorum）和继发的其他细菌感染，可引起4～6周龄波尔山羊的坏死性口炎（van Tonder et al，1976）。临床症状包括发热、流涎、口腔起泡、咂嘴、咀嚼运动、黏液脓性鼻腔分泌物、厌食、体重减轻及21%的死亡率。局部损伤发生在口腔、舌、咽，由长达4cm的界限清楚的坏死性溃疡组成。可注射氯霉素进行治疗，1d 2次，连用5d。磺胺二甲嘧啶钠、青霉素、链霉素和四环素对羔羊的治疗均有较好的效果。印度也有类似的疾病暴发，涉及成年山羊和羔羊。有证据表明，坏死性梭菌导致的败血症可引起妊娠母羊流产（Nayak and Bhowmik，1988）。

牙齿疾病，特别是齿槽骨膜炎，可造成山羊口腔疼痛，齿龈炎症导致山羊吞咽困难和流涎。口腔检查应包括对臼齿的检查，仅靠肉眼检查牙齿疾病是不可取的，齿弓的X线摄影有助于牙齿疾病的检查。

口炎的非传染性因素包括化学刺激剂、跌打损伤、植物和化学药品中毒以及可能形成的肿瘤，如用具有腐蚀性的去角膏去除羔羊的角芽，

羔羊间互相舔食去角膏会导致化学性口炎。氢氧化钠用于清理农场的排水管道，如果排出的水被贮存，山羊饮用后也可能引起口炎；不经意废弃的汽车蓄电池排出带有咸味的电池酸，山羊饮用后，会导致化学性口炎（King，1980）。

据报道，英国有一只山羊因食用巨独活（Heracleum mantegazzianum）而导致溃疡性口炎、厌食和大量流涎（Andrews et al，1985）。其他需要特别提到能引起山羊口炎的植物或化学物质很少见。引起其他动物口炎的已知致病因子也可能会对山羊有影响，这些物质包括含汞和砷的化合物，含毛茛苷（ranunculin）的植物，如金凤花和番红花。

创伤性口炎引起的流涎，是由于上颌磨牙颊侧及下磨牙舌侧的牙齿太尖引起的。黏膜表面的擦伤和溃疡可导致细菌继发感染和脓肿。有些植物，如大麦（barley）、狐尾草（foxtail）和蓟（thistle）的芒也能引起口腔黏膜创伤。

粗暴使用注射器和药丸枪给药，是造成硬腭和咽部创伤性口炎的普遍原因。损伤的结果会引起流涎、吞咽困难及饲料反胃，也可能引起吸入性肺炎。

山羊口腔肿瘤很少见，在3例淋巴肉瘤或腺癌的病例报道中，肿瘤影响到口腔结构，导致臼齿松动和移位（Baker and Sherman，1982；Lane and Anderson，1983；Craig et al，1986）。在一只2月龄的Jamnapuri杂种母山羊体内，发现一种罕见的上皮细胞和间质细胞混合性的原发性腮腺唾液腺肿瘤（Omar and Fatimah，1981）。

非口炎性流涎症通常由神经性疾病、全身性中毒、口腔远端的消化道阻塞引起。与山羊流涎症或多涎相关的神经性疾病有李氏杆菌病（listeriosis）、山羊关节炎/脑炎（caprine arthritis encephalitis）病毒感染、薄副麂圆线虫（Parelaphostrongylus tenuis）移行和面神经创伤。狂犬病（rabies）和脑灰质软化症（polioencephalomalacia）也可引起过度流涎，但通常与其他神经性症状伴随发生，这些神经性症状较前面提到的局部病灶更普遍，并更容易进一步发展。肉毒杆菌中毒会出现包括舌和咀嚼肌在内的全身肌无力，因此可同时观察到吞咽困难、多涎和侧卧。神经性疾病在第5章进行详细讨论。肌营养不良症或白肌病会出现舌和咽的肌肉坏死，导致吞咽困难和多涎，具

体情况在第 4 章进行详细讨论。

大量流涎可能是有机磷酸酯（organophosphate）和氨基甲酸酯（carbamate）中毒的首要识别症状之一。其他症状还包括肌肉强直和肌肉震颤、尿频、腹泻、瞳孔收缩、腹痛、呼吸困难、神经过敏和猝死。在尿素中毒的病例中，可以看到包括流涎在内的上述症状，关于尿素中毒将在第 19 章将进行讨论。急性氯化烃（chlorinated hydrocarbon）中毒也能引起大量的黏性流涎，并伴随神经功能障碍，如好斗、肌肉抽搐、间歇性和强直性痉挛及死亡。动物服用镇静剂量的赛拉嗪（xylazine）时会大量流涎。

山羊因采食一些植物而中毒后会出现流涎症，但不会引起口炎。杜鹃科（Ericaceae）的植物会引起流涎和呕吐，这将在后面的反刍部分进行讨论。圆叶银波木（*Cotyledon orbiculata*）在南非很普遍，这种植物对心脏具有毒性，动物摄入后，过度流涎是一个重要的临床症状（Tustin et al，1984）。

牧豆树（*Prosopis juliflora*）和腺牧豆树（*Prosopis glandulosa*）对山羊是有毒的，当摄入足够量时，未知的植物毒素可引起流涎、吞咽困难、吐舌和下颌震颤等症状（Washburn et al，2002；Misri et al，2003）。三叉神经运动核神经元空泡化、三叉神经节神经元的坏死和消失与这些临床症状有关（Washburn et al，2002）。

"垂涎"是由豆状丝核菌（*Rhizoctonia leguminicola*）或"黑斑"（black patch）真菌引起的。豆状丝核菌生长在豆科植物的饲料中，尤其是红色三叶草，在雨天和高湿天气，真菌在贮存的饲料中持续生长，产生一种流涎胺（根真菌胺）（slaframine）的生物碱，动物在摄入该物质 1h 内产生大量唾液，并且仅接触一次，便可持续流涎 24h。这种现象最初发现于美国和日本的山羊（Isawa et al，1971）。流涎可能是唯一的临床症状，但长时间接触后，可观察到流泪、尿频、腹泻、呼吸困难、流产甚至死亡。除快速查清问题原因、更换有问题的饲料外，对该病目前还没有有效的治疗方法。

许多植物含有氰化物，山羊采食而中毒后，流涎是最初的症状，该病在第 9 章进行讨论。

食管和咽的物理障碍能阻碍正常的唾液吞咽，从而引起过度流涎。当咽或食管完全阻塞时，伴随流涎的症状还有胃肠臌胀。可能导致阻塞的异物有水果、根茎类和根。

没有治疗过度流涎的有效方法。阿托品可以减少唾液分泌，但由于其具有降低胃动力的副作用，所以禁止用于临床治疗。鉴定和处理产生流涎的潜在原因是诊断的主要目的。应该牢记的是，产生的大量唾液中含有包括碳酸氢盐在内的许多电解质，长时间的唾液流失可能导致脱水、电解质失衡和酸中毒等。通过输液和输电解质可治疗这些后遗症。

10.2.4　吞咽困难

吞咽困难通过咀嚼时间延长、饲料留在口腔中、饲料从口中掉出（吐草症）三方面表现出来，就像刚才的垂涎或多涎一样。口炎的许多病因也会导致吞咽困难，其症状取决于口腔出现损伤的严重程度。

局灶的神经性疾病，如李氏杆菌、脑脓疮、寄生性幼虫的移行和山羊关节炎/脑炎（CAE）损伤第Ⅶ、Ⅸ、Ⅹ和Ⅻ脑神经根时，会发生吞咽困难。肌营养不良症影响舌和咽部肌肉时，可模拟这些神经功能缺损。饲料在颊间隙的蓄积与一颗或多颗臼齿缺失有关，也与老化或齿槽骨膜炎有关。面神经麻痹导致面部肌肉松弛，也会发生饲料蓄积。在狂犬病、破伤风、肉毒杆菌中毒和脑灰质软化症中可见口含饲料而长时间不咀嚼的现象。

发育中的牙齿长期暴露于氟化物中，会造成牙齿结构改变。而慢性氟中毒会产生牙齿剥蚀，即牙齿变得粗糙，牙釉质变白、变色，从而加速牙齿磨损的过程（Milhaud et al，1980）。牙齿过度磨损引起的疼痛会产生吞咽困难，第三和第四对切齿最易受到影响，也可发生下腭和上腭的外生骨疣（exostoses）。慢性氟中毒在第 4 章已详细讨论。牙齿过度磨损也与山羊在沙壤土地区的放牧有关。

导致吞咽困难的其他一些牙齿问题包括：牙齿用力过度、坏牙、牙齿退化，以及牙齿的移植、旋转和移行等（Rudge，1970）。第 4 章已描述的纤维性骨营养不良可导致严重的牙弓内旋。

近年来，来自肯尼亚的未经证实的报道称，山羊采食牧豆树属植物的豆荚，牙齿会受到损伤。因为种子黏结在牙齿和齿龈之间，导致牙龈炎、牙槽炎、颌骨变形，从而导致其采食能力受到损伤和营养不良（Mwangi and Swallow，2005）。牙齿缺失的原因还未经证实，正如上面流涎部分所讨论的那样，牡豆树属植物能导致流涎和吞咽困难，但对牙齿无直接影响。

鼻孔中有羊奶或咀嚼的饲料，以及羔羊的咳嗽，均可能是由腭裂引起的。假结核棒状杆菌（Corynebacterium pseudotuberculosis）引起年老山羊的咽后脓肿，从而可能阻碍其正常的吞咽，同时由于咽后脓肿对软腭有挤压作用，而引起咳嗽和饲料从鼻孔排出。药丸枪或注射器可能引起这些脓肿。外科引流可保证预后安全。有病例报道称，山羊的舌被断掉的瓶颈环绕，导致舌创伤和吞咽困难。用骨钳夹断玻璃环，采用支持疗法处理，可以使山羊痊愈（Alhendi et al，1999）。

动物吞咽困难的治疗，应包括广谱非口服抗生素的使用，直到吞咽恢复正常。因为与吞咽有关的吸入性肺炎的风险是很高的。在慢性疾病中，必须考虑通过胃管治疗脱水和补充营养。

10.2.5 反胃、干呕或喷射性呕吐

咽和食管的部分或全部堵塞可能导致山羊的反胃（Fleming et al，1989）。在山羊群中，过量口服硫酸铜引起的急性铜毒症，可导致山羊反复呕吐，在死亡前还出现腹痛、肌肉震颤、用力呼吸、心动过速（Shlosberg，1978）。在其他动物中，食管扩张与呕吐有关，犬表现最为明显。然而，有报道称，4岁的努比亚母羊有食管扩张现象，但该母羊没有呕吐史，唯一的临床症状是颈腹部食管明显肿胀，几米外就能听到咕噜声。X线摄影表明，食管扩张从咽延伸至贲门（Ramadan，1993）。

引起山羊呕吐最常见的有毒植物是欧石楠科（杜鹃花科）的成员，包括杜鹃花（rhododendrons）、月桂树（laurels）、印度杜鹃花（azaleas）、桤叶树（Clethra arborea）的百合花（lily）和日本马醉木（Japanese pieris），它们含有毒性成分灰安毒素（grayanotoxin）（也指闹羊花毒素），该物质主要作用于自主神经系统，通过迷走神经刺激呕吐中心，导致低血压（Smith，1978；Knight，1987；Gibb，1987）。当山羊摄入其体重的0.1%的新鲜叶片时，就会表现临床症状。

摄入杜鹃花科植物6h内，山羊表现出抑郁、虚弱、食欲减退、流涎、腹痛、呕吐的临床症状，还可能出现胃肠臌胀和腹泻。据报道，一只山羊采食马醉木属植物（Pieris formosanum）后出现里急后重和粪便带血（Hollands and Hughes，1986）。如果只摄入少量的植物，中毒的状况可在几天内恢复，当摄入大量的植物时可能导致死亡（Visser et al，1988）。18只山羊接触杜鹃花枝叶后，其中的2只山羊因惊厥而死亡，所有的山羊表现出体重减轻，7只山羊少乳或无乳（Casteel and Wagstaff，1989）。一只山羊的胎儿干尸化与摄入亚致死量的日本马醉木有关（Smith，1979）。

如果已知接触了这些植物，那么在症状开始出现前，推荐进行瘤胃切开术。症状出现后，治疗措施应包括静脉输液抵抗低血压。必要时，用胃管缓解胃肠臌胀。口服氯化镁和活性炭，注射葡萄糖酸钙和抗生素，以降低与呕吐有关的吸入性肺炎发生的风险。采用解痉药丁溴东莨菪碱控制呕吐。

预防该病的措施包括给山羊养殖户普及知识，使之了解有关这些植物对家畜潜在的危害。作为观赏植物，欧石南科的植物被广泛种植，由于这类植物很容易被吃到，因此，应使山羊远离这类植物和它们的枝叶。

其他的植物也可能引起山羊呕吐。据报道，因摄食十字花科（Cruciferae）的萝卜（Raphanus sativus）而引发自然呕吐的病例，同时还出现不断的吼叫、瘤胃弛缓和精神抑郁（Drahn，1951）。在英格兰，一只山羊摄入龙葵（Solanum nigrum）后，出现呕吐、精神抑郁、步态蹒跚（Gunning，1949）。剑兰（Gladiolus）球茎被山羊采食后几小时内，出现悲鸣、呕吐、步履蹒跚和精神沉郁。在某些情况下，采食这些植物是致命的。剖检时明显可见水样、咖啡色的瘤胃内容物（Anonymous，1988）。

10.2.6 瘤胃迟缓

当给山羊饲喂粗饲料比例较低和精加工的浓缩料比例高的日粮时，正常瘤胃混合收缩的频率可能会减少。当山羊受到刺激或感到恐惧时，给予拟交感神经类药物如阿托品，或给予中枢神经系统麻醉剂和抑制剂如巴比妥酸盐类（barbiturates）药物后，收缩可能消失。

发生在消化系统以外的病理过程，能抑制瘤胃的运动，这些病理过程包括不同因素引起的疼痛、严重脱水、电解质或酸碱失衡、低钙血症、高热和毒血症。作为瘤胃迟缓的病因，山羊腹膜炎比牛腹膜炎更少见，主要是因为山羊很少发生创伤性网胃-腹膜炎，很少有人关注这种情况（Maddy，1954；Sharma and Ranka，1978；Tanwar and Saxena，1984）。据推测，山羊有更强的选择和识别食物的能力，从而限制了对穿刺网胃的异物的摄入。当山羊创伤性网胃-腹膜炎确实发生时，其症状与牛相似。有试验报道，用铁丝、钉子和/或针饲喂17只山羊，可人工诱导发生创伤性网胃-腹膜炎（Roztocil et al，1968）。在自然状态下发生的牛创伤性网胃-腹膜炎病例中，临床表现的症状是发热、食欲减退、精神抑郁、反刍运动停止；按压剑状软骨区，动物表现疼痛症状，以及中性粒细胞增多症。有些个体也发生了创伤性心包炎、肺炎和/或肝炎，这取决于金属性异物的最终位置。

导致瘤胃弛缓的消化系统的病理过程，包括普通的消化不良、臌胀、急性碳水化合物过食引起的瘤胃酸中毒和与尿素中毒有关的瘤胃碱中毒。一般而言，作为临床症状之一，植物和化学中毒经常引起瘤胃迟缓。

10.2.7　腹胀

正常情况下，腹腔轮廓有很大的变化空间。侏儒山羊是软骨发育不全的矮小动物，与其他品种相比，侏儒山羊的腹围在比例上要比其身高和体重大。幼年侏儒山羊的瘤胃发育完全，没经验的动物饲养者会认为这些山羊腹部显得异常膨胀。经鉴定为"下垂胃"的吐根堡母山羊的遗传条件已有报道，包括妊娠晚期持久性的腹侧腹部肌肉的拉长，分娩以后，腹侧的腹部仍然保持下垂，但动物在其他方面表现都是正常的（Wirth，1980）。其他物种也观察到了这种情况（图10.1）。

瘤胃胀气或臌胀在山羊中比较罕见，但营养性起泡和游离气体的形成是可以发生的。在所有的类型中，腹胀最初在左腰窝最明显。严重时，还可能包括整个左腹部和右侧腹部。

据报道，山羊皱胃左方变位的个别病例，与间歇性的臌胀有关（West et al，1983）。暴食碳水化合物也会产生类似的腹胀模式，两者都是因

图10.1　萨能（Saanen）母山羊及其雌性后代的下垂胃。注意明显的腹胀。两只山羊都没有妊娠（Dr. David M. Sherman 供图）

为瘤胃气体积聚和液体贮存引起的。瘤胃内存在的液体，可通过瘤胃腹侧的触诊以及通过胃管引流进行诊断。

瘤胃嵌塞可产生膨胀，在肋骨后瘤胃左侧，可触摸到一个向下的硬块。瘤胃嵌塞的原因和管理在本章稍后讨论。腹部膨胀主要在右下1/4，最常见的是与晚期妊娠有关。当瘤胃将扩张的子宫移向右侧时，妊娠子宫穿越右侧腹底形成疝气，引起明显的右侧腹部膨胀的情况时有发生（Horenstein and Elias，1987）。

右侧腹腔的异常膨胀可能与皱胃的功能紊乱有关。据报道，来自印度的成年山羊因金属薄片引起皱胃嵌塞（Purohit et al，1986）。南非报道，植物石引起众多山羊的皱胃嵌塞。结石由生长于南非干燥台地的高原灌木种子的冠毛组成。山羊比绵羊更易受到影响，且波尔山羊比安哥拉山羊更易发生（Bath，1978）。临床症状之一是，渐进性的腹胀和体重减轻，偶尔也发现因胃破裂而死亡的病例。复合的圆形植物石可以通过在胸骨剑突后的深度触诊而触摸到，早期确诊和尽快屠宰是推荐的补救方法，除此之外，没有更好的治疗方法（Bath and Bergh，1979）。

采食高纤维粗饲料时，由于瘤胃的低消化率而产生皱胃嵌塞，尤其是妊娠母羊。在这些病例中，右下腹部膨胀，或可以触摸到生面团似的皱胃内容物，动物较瘦，排出软的、纤维性的和恶臭气味的

粪便。该病的治疗包括日粮的改善和使用矿物油等轻泻药，未见有关于皱胃切开术的报道。可能的后遗症是引起妊娠毒血症，但预后是安全的。

饲养方式的骤变、从羊奶到代乳品或羊奶颗粒的改变都与皱胃膨胀有关。皱胃膨胀的发病机制可能与皱胃存在的产气厌氧菌对糖的快速发酵有关，如八叠球菌（Sarcina spp.），这种菌在加利福尼亚一个奶山羊场中6～10周龄羔羊发生皱胃膨胀的病例中被鉴定（DeBey et al，1996）。皱胃膨胀被推测也可在羔羊的人工饲养过程中见到，尤其当羊奶不经过乳头，而倒入水槽或水桶直接饮用时（Thompson，1987）。可能是因过快摄入过度发酵的羊奶引起的。哺乳山羊的皱胃是最大的胃，气体膨胀可能发生在腹腔的左侧和右侧，这种情况可能是致命的。应该考虑用奶瓶喂奶或者自由采食作为替代的饲养方法（Morand-Fehr et al，1982；Thompson，1987）。据报道，用0.3mg/kg东莨菪碱（hyoscine）、0.5mg/kg胃复安（metaclopramide）和0.1mg/kg维生素E混合液单剂量肌内注射，成功治疗了一系列1～2周龄的羔羊皱胃膨胀病例（Kojouri，2004）。

当过量的羊奶流进正在发育的瘤胃时，也能导致瘤胃膨胀（Chennells，1981）。摄食过度也能诱发以出血性小肠炎、神经功能障碍或者死亡为临床表现的急性肠毒血症。

由于慢性消化不良继发皱胃嵌塞，正如上面所描述的那样，山羊腹腔两侧腹部的膨胀也可能被观察到。由植物石所引起的山羊急性十二指肠梗阻也被观察到（Sherman，1981）。腹水蓄积继发的低蛋白血症或者心功能不全时，也可能出现两侧膨胀的情况。在美国北卡罗来纳州，有一只7岁的侏儒山羊其腹腔明显积液而膨胀，并继发广泛的腹部脂肪坏死，这归因于牛尾草（tall fescue）毒性（Smith et al，2004）。年轻山羊胃肠道线虫病和绦虫感染能导致明显的"腹膨隆"（pot-bellied）现象。

繁育适龄的母山羊，假孕和子宫积液是两侧腹部膨胀的普遍原因。阻塞性尿结石可引起膀胱破裂。因此，公山羊最常见腹腔尿蓄积，这种情况在第12章将详细讨论。

老年动物，肠腺癌和卵巢腺癌与腹内积累多达30L的液体有关。母山羊表现渐进性的腹胀和腹部不适（Haibel，1990；Memon et al，1995）。

奥地利一只8岁的吐根堡（Toggenburg）母山羊，诊断出腹部间质瘤，表现明显的腹水和膨胀的梨形腹部（Krametter et al，2004）。南非的一只山羊中也诊断出腹膜间质瘤（Bastianello，1983）。

广泛性肠梗阻、严重的腹膜炎和散发性肠道疾病，可导致继发性广泛腹胀。一般羔羊的腹胀发生于细菌性肠炎感染的早期阶段、腹泻开始之前，此时致病性微生物可作为潜在的产气者。新生羔羊可发生先天性肛门闭锁和结肠或直肠的闭锁，出生1～4d的羔羊，通常可通过渐进性的腹胀史、用力排便却无粪便排出、精神沉郁和食欲减弱进行诊断。对于出生14d内的羔羊，应提请兽医留意其有无排便史。山羊的肛门闭锁可以通过肛门开放手术进行矫正（Ali et al，1976）。结肠或直肠闭锁可能需要进行结肠再造术，从而挽救患病动物（Philip，1973）。山羊肛门闭锁的发生也可能与直肠阴道瘘有关，直肠阴道瘘可用于粪便的排泄。因此，母山羊在达到繁殖年龄或发生阴道炎时才可能被发现有肛门闭锁现象（Johnson et al，1980）。肛门、大肠或直肠先天性异常的动物，即使经过手术治疗，也不能用于育种。据报道，约旦沙米（Shami）品种的山羊，肛门闭锁症的发病率较高（Al-Ani et al，1998）。

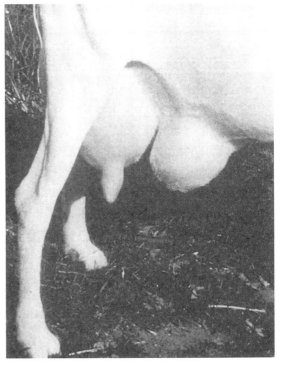

图10.2　有角山羊间打斗引发的腹壁疝气（经Dr. C. S. F. Williams许可复制）

有时可观察到山羊腹部轮廓的局部变形。原因包括脐疝和腹壁自发或创伤性破裂，有时也与有角山羊间的打斗有关（图 10.2）。母羊妊娠期间的侧腹部肌肉的拉伸，以及随后逐渐增加的乳房重量，都与母羊腹部侧面的疝气有关（Misk et al，1986）。在沙特阿拉伯，5 年间，当地兽医教学医院收治了 193 例山羊疝气增大的病例。脐带部、腹部侧面、腹股沟、阴囊、会阴部的疝气都被确诊。当然，需要通过 X 线摄影进行辅助诊断（Abdin-Bey and Ramadan，2001）。

10.2.8 腹痛或腹绞痛

精神沉郁，烦躁不安，哀叫，磨牙，不愿移动，浅呼吸次数增加，心率增加，里急后重，或者有弓背和缩腹的异常姿势，证明山羊可能有腹痛现象。明显的腹绞痛症状如踢腹部或转圈很少见。

10.2.8.1 物理性病因

羔羊的腹痛可能是因采食过多或过冷的羊奶所致。盲肠扭转、肠套叠（Mitchell，1983）和肠系膜底部扭转零星发生，年轻山羊比成年山羊更普遍，而且与腹痛有关。在用奶瓶喂奶的未断奶山羊或自由采食的山羊中，肠系膜底部扭转是最普遍的（Thompson，1985）。妊娠母羊的子宫扭转也能引起腹痛。有一例山羊瘤胃嵌塞的报道，表现前、后肢的伸展和拉伸、肌肉僵硬和典型的马疝气痛的症状（Otesile and Akpokodje，1991）。

10.2.8.2 传染性因素

急性 D 型产气荚膜梭菌（Clostridium perfringens）引起的肠毒血症患病山羊在死亡前，出现严重的腹痛，并伴有腹泻、尖叫、惊厥等症状。患急性球虫病的年轻山羊，在出现腹泻症状之前，在食草期间或食草后立即发生腹部不适或腹痛；而在剖检羔羊时，应将羊传染性肠毒血症（enterotoxemia）和球虫病（coccidiosis）与肠系膜底部扭转等肠道疾病进行鉴别诊断。

10.2.8.3 腹膜炎

除肠梗阻、腹胀和发热外，腹膜炎还能引起腹痛。山羊传染性腹膜炎的病因包括瘤胃套转、与难产相关的子宫撕裂和由子宫向腹腔延伸造成的子宫炎，也可能由于暴食碳水化合物后作为瘤胃炎的后遗症而发生。常见的与传染性腹膜炎有关的病原体有大肠杆菌（E. coli）、链球菌（Streptococci）、葡萄球菌（Staphylococci）、坏死性梭菌（Fusobacterium necrophornm）和梭菌属（Clostridium spp.）的一些菌种。全身性的山羊支原体病（mycoplasmosis），能引起包括腹膜炎在内的浆膜炎-关节炎综合征（DaMassa et al，1983）。腹腔丝虫属（Setaria）的丝虫可能在山羊的腹腔内发现，但认为是非致病性的（Subramanian and Srivastava，1973）。

山羊腹膜炎的非传染性因素包括腹腔注射磺胺类药物和钙溶液、外科手套的滑石粉（Hall，1983）和胆汁引起的化学刺激。

10.2.8.4 毒性

几种植物和化学毒素的摄入均能引起腹痛。杜鹃花科引起的腹痛症状，类似于急性口服铜中毒、急性碳水化合物暴食症和有机磷酸盐杀虫剂中毒。

10.2.8.5 尿路结石症

公山羊发生的闭塞性尿路结石症，可能是引起山羊腹痛的普遍原因。典型的腹痛表现是尿频和排尿困难。这种情况常常被误认为是因便秘引起的排便困难。

10.2.9 无便或便秘

里急后重、腹痛或腹胀且无排粪史，可确诊为山羊肠道阻塞。而肠扭转、肠套叠、肠幽闭或瘤胃异物阻塞都能引起肠道阻塞。在阻塞发生前，直肠触诊可能提示粪便是否到达直肠。辅助排便后，应注意观察动物是否再次发生便秘。如果直肠只含有黏液或者黏液与血液的混合物，那么就可以确诊为肠道阻塞。新生胎羊没有粪便排出时，应考虑是否患有肛门闭锁和结肠闭锁。

妊娠晚期，便秘是正常妊娠的副反应，或是妊娠毒血症的症状之一，可能被观察到（Pinsent and Cottom，1987）。当动物饮水受到限制，或饲喂纤维性食物和劣质饲料时，也可能会观察到便秘现象。假结核棒状杆菌感染导致的腹内脓肿，使得肠道受到挤压，可能会妨碍山羊粪便的排出。临床球虫病因为可引起腹泻而被重视。而在年轻山羊，亚临床球虫病是普遍存在的，常引起便秘，与其一起出现的还有食欲减退和生长缓慢（Aumont et al，1984）。

10.2.10 腹泻

有许多已知的可引起腹泻的传染性和寄生虫

性的因素，它们发生的频率很大程度上随着受感染动物的年龄变化而变化（表10.3）。年轻山羊的腹泻起因于病原学、免疫学和饲养管理因素之间复杂的相互作用。这一主题将在本章末的新生儿腹泻综合征中单独讨论。

腹泻的非传染性因素包括羔羊摄食过度、普通的消化不良、急性碳水化合物暴食症（乳酸性酸中毒）、铜缺乏和中毒。虽然还没有文献记录或报道，但可以推断出已知能引起其他动物腹泻的毒性物质，如砷和有机磷酸盐也可能会引起山羊腹泻。

由于能引起山羊腹泻，许多植物的毒性已被证明。这些植物包括银胶菊（*Parthenium hysterophorus*）、夹竹桃属（*Nerium* spp.）、大戟属（*Euphorbia* spp.）、杜鹃花科（Ericaceae）的成员、马兜铃苞（*Aristolochia bracteata*）、番薯属植物（*Ipomoea sericophylla*）、药西瓜（*Citrullus colocynthis*）的瓤、麻风树属（*Jatropha* spp.）、葫芦（*Lagneria siceraria*）、田菁属植物（*Sesbania vesicaria*）、灰毛豆属植物（*Tephrosia apollinea*）、森林苹果（*Malus sylvestris*）（crab apple）、相思子（*Abrus precatorius*）、巴拉草（*Brachiaria mutica*）（para grass）、番泻（*Cassia senna*）和意大利番泻（*C. italica*）（Prasad et al，1981；El Sayed et al，1983；Galal et al，1985；Shaw，1986；Dobereiner et al，1987；Barri et al，1990）。山羊被认为对摄入的橡树毒素具有抵抗力。因此，经常清除牧场的橡树，有利于牛和绵羊的放牧。然而，山羊摄入橡树引起血性腹泻的出血性胃肠炎在印度已有报道。因此，山羊是否对橡树毒素具有抵抗力还需进一步研究（Katiyar，1981）。

摄入富含硒的植物引起的硒中毒也可导致腹泻。试验山羊每天口服6mg/kg剂量的亚硒酸钠后，除出现多饮、多尿、流泪、咳嗽和流涕（Pathak and Datta，1984）症状外，还出现便秘，随后出现血性和黏液性腹泻。母山羊口服3mg/kg赭曲毒素5d后即出现腹泻和死亡（Ribelin et al，1978），而该剂量还不到牛致死剂量的1/4。

10.2.11　体重减轻

与消化道有关引起体重减轻的主要原因有营养不足、胃肠道线虫病和副结核病。此外，很多腹泻病如羊传染性肠毒血症、沙门氏菌病（salmonellosis）、牛瘟、小反刍兽疫等慢性病，都可导致动物体重减轻。然而，有许多病因与胃肠道无关，只是临床表现。山羊的渐进性体重减轻非常普遍，这种情况的鉴别诊断将在第15章详细讨论。

表10.3　已报道的引起羔羊腹泻的传染性因素

1日龄至4周龄	4～12周龄	12周龄以上
病毒病/病毒	病毒病/病毒	病毒病/病毒
轮状病毒（rotavirus）	轮状病毒**	小反刍兽疫
冠状病毒（coronavirus）	小反刍兽疫	牛瘟
腺病毒（adenovirus）	牛瘟	细菌
疱疹病毒（herpesvirus）	细菌	沙门氏菌属
小反刍兽疫（peste des petits ruminants）*	沙门氏菌属	耶尔森氏菌属
牛瘟（rinderpest）*	梭菌属	梭菌属
细菌	耶尔森氏菌属	原虫
大肠杆菌（*Escherichia coli*）	原虫	艾美耳球虫属
沙门氏菌属（*Salmonella* spp.）	艾美耳球虫属	线虫
产气荚膜梭菌（*Clostridium perfringens*）*	隐孢子虫属**	毛圆线虫属
耶尔森氏菌属（*Yersinia* spp.）*	线虫	胃线虫属
原虫	毛圆线虫属（*Trichostrongylus* spp.）	古柏线虫属
隐孢子虫属（*Cryptosporidium*）	胃线虫属（*Ostertagia* spp.）	细颈线虫属
艾美耳球虫属（*Eimeria* spp.）*	古柏线虫属（*Cooperia* spp.）	乳头类圆线虫

（续）

1日龄至4周龄	4～12周龄	12周龄以上
贾第虫属（*Giardia*）	细颈线虫属（*Nematodirus* spp.）	**吸虫**
线虫	乳突类圆线虫（*Strongyloides papillosus*）	同端盘属
乳头类圆线虫（*Strongyloides papillosus*）	**吸虫**	
	乳突类圆线虫（*Strongyloides papillosus*）	

注：* 有报道，但大于4周龄的羔羊更常见。

** 有报道，但小于4周龄的羔羊更常见。

10.3 消化系统特殊的病毒病

10.3.1 小反刍兽疫

小反刍兽疫是一种病毒性疾病，主要感染绵羊和山羊，流行于非洲和亚洲地区。临床特征与牛瘟相似，表现为发热、口腔炎和腹泻等，与牛瘟不同的是其主要表现为呼吸道症状和肺炎症状。已有学者对这两种疾病症状的差异进行了描述（Lefèvre，1982；Roeder and Obi，1999）。

10.3.1.1 病原学

小反刍兽疫（PPR）是由副黏病毒科麻疹病毒属病毒引起的。麻疹病毒属还包括犬瘟热病毒、麻疹病毒、牛瘟病毒，以及海豚、鲸和海豹瘟病毒等水产哺乳动物相关的一些病毒。这些RNA病毒都具有囊膜，RNA紧密缠绕，核衣壳呈螺旋对称，在结构、物理化学特性以及抗原性方面具有相似的特点。

在免疫扩散和补体结合试验中小反刍兽疫和牛瘟病毒有交叉反应。这两种病毒在核衣壳和囊膜上存在共同的抗原。交叉反应的血清也含有中和抗体，但是可通过抗体定量分析来区分这两种病毒。目前，尚无证据表明不同地区的小反刍兽疫病毒分离株具有抗原差异性。因此，它们均属于一种血清型。然而，病毒融合蛋白（F）基因片段的扩增、测序及系统进化分析发现，小反刍兽疫病毒有4种不同的谱系（Shaila et al，1996）。谱系1和2仅在西非发现，谱系3在东非、阿拉伯半岛和印度南部等地区均有分布，而谱系4在土耳其至中东和印度次大陆均有分布（Dhar et al，2002）。

小反刍兽疫病毒可在绵羊或山羊肾细胞、Vero细胞和胎羊或新生羔羊的睾丸细胞上进行培养。感染病毒的细胞表现为合胞体（多核体）和钟盘样巨细胞（clock-faced giant cells），胞质内和细胞核内均可见包涵体。

10.3.1.2 流行病学

小反刍兽疫最早发生于西非的象牙海岸，当时被描述为一种感染绵羊与山羊的牛瘟类疾病（Gargadennec and Lalanne，1942）。由于小反刍兽疫病毒与牛瘟病毒有血清学交叉反应，因此，在感染早期，小反刍兽疫病毒不能作为单一感染的病原进行诊断。从20世纪70年代末开始，很多实验室开展了人工感染、病毒学以及血清学研究，这些研究结果都证明了小反刍兽疫是不同于牛瘟的另一种疾病，也证实了以前报道的发生在西非的能引起小反刍兽卡他性炎、口腔炎、肺肠炎综合征的疾病，实际上也是小反刍兽疫（Rowland et al，1971；Hamdy et al，1976；Gibbs et al，1979）。

自20世纪70年代开始，小反刍兽疫逐渐向东扩散至撒哈拉以南的非洲、中东和南亚（Roeder et al，1994）。越来越多的研究结果表明，小反刍兽疫实际上是由一种亚洲病毒引起的，这种病毒在20世纪早期在西非地区流行（Taylor and Barrett，2007）。许多早期报道发生在南亚小反刍兽的牛瘟，现在均认为是小反刍兽疫。

20世纪90年代初期，一种高致病性小反刍兽疫毒株引起的动物流行病开始在南亚出现并流行，随后在孟加拉国、土耳其和中东地区广泛传播。近年来，小反刍兽疫在中亚一些国家广泛流行，为其最早出现于亚洲这一论点提供了有力的证据（Roeder，2007）。2007年7月中国首次向世界动物卫生组织（OIE）报告了暴发于西藏地区的小反刍兽疫疫情。

山羊和绵羊是小反刍兽疫病毒的主要宿主，山羊更易感。已经有人提出不同品种山羊的易感性不同。然而，有研究表明，管理和气候因素可能会干扰对其易感性的分析（Ezeokoli et al，1986）。例如，不同的繁殖率可能会影响群体的易感性，繁殖率高的品种组成的种群中有更多的未成年羊，因而在这些羊群中易感动物比例较高。由于该病引起幼畜的死亡率高，因此是制约小型养殖场的小反刍动物生产力发展的一个主要因素（Sumberg and Mack，1985）。

该病毒可以在猪和牛体内复制，也可以产生血清，中和抗体。但这两种动物并不能传播该病。大鼠呈现亚临床感染，不会传播给其他大鼠和山羊（Komolafe et al，1987）。

有证据证明，有些野生反刍动物可以感染小反刍兽疫，并表现出临床症状，但野生反刍动物群体在该病流行病学中的作用仍不清楚。在小反刍兽疫人工感染试验中，北美白尾鹿（white tailDeer）易被感染。在阿联酋的一个动物园中暴发了小反刍兽疫，导致瞪羚（gazelles）、北山羊（ibex）和大羚羊（gemsbok）的急性死亡，在动物园周边放牧的山羊被认为是疾病暴发的传染源（Furley et al，1987）。2002 年，在沙特阿拉伯半自由放养的小鹿瞪羚（Dorcas gazelles）和汤姆森瞪羚（Thomson's gazelles）中暴发了小反刍兽疫，致死率高达 100%，但尚未确定感染源（Abu Elzein et al，2004）。

当幼龄山羊和易感山羊群突然与感染小反刍兽疫的羊接触时，小反刍兽疫的发病率和死亡率可达 100%。在小反刍兽疫暴发流行的地区，3～12 月龄的山羊最易感染，且感染症状最为严重。该病并发寄生虫病或山羊痘时死亡率会升高。老龄羊因先前的自然感染或免疫接种产生了抗体，所以可以受到保护；而新生羔羊至 3～4 月龄小羊可以受母源抗体的保护。在繁殖周期为一年的地区，随着母源抗体水平的下降，不断出现易感的年轻羔羊，从而导致了小反刍兽疫持续感染。

在小反刍兽疫流行地区，夏季暴雨和冬季干冷的季风导致该病呈现季节性高发。这些病例的增加可简单反映易感羔羊种群的高峰。但是这种疾病模式也可能因条件的改变而变化，如气候、地理因素以及不同的饲养管理条件等（Obi et al，1983；Ezeokoli et al，1986）。田园式养殖和/或牲畜随季节性迁移会导致季节性牧场上有高密度的易感动物，这与小反刍兽疫发生率的增加有关。

康复的山羊和绵羊不会散播病毒，尚没有明确的小反刍兽疫的传播媒介被报道。康复动物可以获得至少持续数年的抗小反刍兽疫的强免疫力。在尼日利亚北部的一个屠宰场，临床显示健康的山羊，被调查发现小反刍兽疫抗体的血清阳性率为 44%，3 岁以上山羊的血清阳性率最高（Taylor，1979）。

10.3.1.3　发病机制

在疾病发展期，感染动物通过眼鼻分泌物、唾液和粪便等途径排出病毒。该病通过直接接触传播，或者通过咳嗽和打喷嚏以气溶胶的方式传播。在 4～6d 的潜伏期内，小反刍兽疫病毒进入呼吸道，感染扁桃体和下颌、咽部淋巴结；随后病毒侵入内脏淋巴结、脾脏、骨髓、呼吸系统、消化道黏膜，继而出现病毒血症。病毒在消化道黏膜上皮细胞中复制引起黏膜糜烂，导致口腔炎和腹泻。严重的腹泻会导致动物机体脱水和体液电解质失衡，进而导致死亡。病毒在淋巴组织中复制引起淋巴细胞显著减少，免疫力受损和继发感染导致严重的临床症状和较高的死亡率，继发细菌性肺炎时症状最显著。

10.3.1.4　临床症状

新引进的带毒山羊或绵羊是小反刍兽疫暴发常见的传染源，往往在与之接触后数天至数周内会引发小反刍兽疫的暴发。感染动物经 4～6d 的潜伏期，出现发热症状，体温升至 40～41.1℃，甚至更高。病畜开始表现精神沉郁、被毛粗乱无光、口鼻干燥。开始发热的几个小时内，病畜有浆液性的鼻或眼鼻分泌物，同时可观察到嘴唇发生浅表性坏死。

次日，病畜开始厌食，眼鼻分泌物变为脓性黏液，有时还伴有结膜炎，但未发现角膜炎。严重时可见口腔的颊部、唇部、齿龈和舌发生糜烂性损伤（图 10.3、彩图 46），随后这些损伤可被坏死组织和炎症碎片（inflammatory debris）所覆盖，病畜呼出恶臭气体。类似的糜烂性损伤有时也会发生在阴道黏膜或包皮内。发热开始后的 1～2d，病畜可能会出现大量水样、棕色腹泻。这一阶段咳嗽和打喷嚏也是该病的明显症状。

发热症状一般会持续 5～8d。在此期间，病畜逐渐衰弱和体重下降。而孕畜可能会流产。眼、鼻、唇的病变部位逐渐结痂，暗淡无光泽。动物通过打喷嚏试图清除鼻腔内的分泌物。持续性腹泻导致病畜脱水。有时会继发细菌性肺炎。即使病畜的发热症状最终会消退，口腔病灶也逐渐愈合，但持续的厌食、严重脱水和并发性肺炎

使得病畜的病情不断恶化。虚脱和死亡现象往往发生在发热后的第7～12天。

该病的亚临床感染很常见，尤其是在干旱地区。在这种情况下，小反刍兽疫很难鉴别，但感染动物往往会表现出继发性细菌性肺炎导致的发热和呼吸道症状。

图 10.3　一例感染急性小反刍兽疫山羊的牙龈溃疡（a）和舌部溃疡（b）［图片来源：国家热带兽医和畜牧研究所（IEMVT）］

10.3.1.5　临床病理学和剖检

临床上，潜伏期病畜血液中的白细胞增多，而在急性阶段则表现为白细胞减少，并且主要是淋巴细胞的减少。中性粒细胞的免疫应答随继发性细菌感染的发展而变化。

病畜在早期发热阶段伴有病毒血症，从全血的血沉棕黄色层中可以分离到病毒。在该病的发热阶段检测不到循环抗体，但在康复期的动物可检测到抗体效价升高。病毒中和试验（VNT）和竞争性酶联免疫吸附试验（cELISA）都可检测小反刍兽疫抗体。病毒中和试验是国际贸易中指定的检测方法。在许多牛瘟和小反刍兽疫同时

发生的地区，可用定量血清交叉中和试验进行检测，因为该方法不仅能定量检测病毒效价的升高，还可通过检测较高效价的小反刍兽疫中和抗体来鉴别诊断牛瘟和小反刍兽疫（OIE，2004）。病畜在康复一年以后才可以检测到抗体。

剖检发现，尸体消瘦，脱水，后腿及臀部被毛脏乱、沾满污秽，眼、鼻、口部有厚厚的结痂。唇部、舌和靠近口唇联合处的脸颊经常可见有红色擦伤样的表皮黏膜糜烂。严重病例的软腭或硬腭上也可见溃疡。咽、食管、瘤胃乳头和皱胃瓣叶也会出现黏膜糜烂。虽然肠道糜烂比较少见，但肠道充血是共有的症状。在回盲瓣附近的

大肠、盲肠和结肠连接处以及直肠常见斑马条纹状充血或出血。Peyer's 集合淋巴结可从肠壁脱落。上呼吸道表现卡他性炎症，偶然可见淤血和坏死性气管炎。肺脏有时呈暗红色、充血、变硬，也常见继发细菌性肺炎引起的肺小叶实变和肺部支气管渗出液。淋巴结和脾肿大、充血甚至出血。

组织学上，黏膜病变表现为显著的上皮坏死，并且糜烂边缘部位上皮细胞水肿样变性。消化道和呼吸道上皮坏死部位，细胞常见核内和胞浆内包涵体，还可观察到口腔上皮中的合胞体细胞和肺泡内的巨细胞。小肠隐窝微绒毛萎缩、细胞管型。淋巴结和 Peyer's 淋巴结表现出淋巴细胞显著缺乏及生发中心坏死，淋巴细胞有明显的坏死，巨噬细胞数量增加，可见嗜酸性胞浆内包涵体的多核巨细胞；脾脏发生出血性坏死。

用活畜的鼻、眼结膜、口腔黏膜的棉拭子或病死尸体组织（尤其是淋巴结、脾脏、扁桃体和肺部组织等）可尝试进行细胞培养分离病毒。琼脂扩散试验是检测样品中病毒抗原的首选方法。免疫捕获 ELISA 可以对小反刍兽疫和牛瘟（RP）病毒进行鉴别诊断。诊断小反刍兽疫病毒及其抗原的方法还包括对流免疫电泳、PCR、免疫荧光以及免疫过氧化物酶试验（OIE，2004）。

10.3.1.6 诊断

牛瘟与小反刍兽疫的临床症状非常相似，因此二者很容易被混淆。但由于国际上对牛瘟建立了有效的防控措施，所以目前在小反刍兽疫流行地区通常没有牛瘟。若典型症状出现在牛、水牛、牦牛以及山羊或绵羊上，那么该病很可能是牛瘟。山羊和绵羊感染牛瘟后，症状并不严重，发病率和死亡率均低于小反刍兽疫。在发热早期阶段，水心胸病（cowdriosis）可以作为鉴别诊断小反刍兽疫和牛瘟的依据，在水心胸病的发病过程中会出现神经症状。

只有口腔病变而无腹泻症状时，应考虑是否是传染性脓疱、蓝舌病或山羊痘。小反刍兽疫对山羊造成的影响比对绵羊更严重，相反，流行地区山羊在感染蓝舌病后很少表现出临床症状。通常情况下，山羊痘患畜也会出现发热及随后的眼鼻分泌物，但紧接着全身会出现皮肤病变。主要症状表现为腹泻、痢疾时，则须排除沙门氏菌病、绵羊内罗毕（Nairobi）病和球虫病的可能

性。近年来，小反刍兽疫和绵羊内罗毕病两者同时流行的范围不断扩大。在小反刍兽疫易感年龄段的羊群中，球虫病尤其常见，但通过肠道涂片或粪便检查很容易识别。当病畜主要表现为肺炎症状时，要考虑是否患有巴氏杆菌病和羊传染性胸膜肺炎。在以前未发生小反刍兽疫（PPR）的地区，小反刍兽疫常被误诊为巴氏杆菌引起的肺炎。对口腔有糜烂或溃疡的动物的全身检查有助于避免误诊。

10.3.1.7 治疗

虽然在感染早期用高免血清可以暂时减轻临床症状（如第 9 章所述），但没有针对小反刍兽疫的特效疗法。在感染早期应给病畜注射广谱抗生素，以降低继发细菌性感染的风险。当不具备每天注射的条件时，以 20mg/kg 的剂量，每 3d 肌内注射一次长效土霉素，可以有效预防继发感染。口服或注射药物和电解质可以减少由腹泻和脱水引起的死亡。

10.3.1.8 防控

由于很难控制活畜在市场和村落之间的流动，因此在该病流行地区，预防小反刍兽疫的主要措施是接种同谱系的组织培养疫苗。最常见的疫苗是来自西非的尼日利亚 75/1，也有来自印度、孟加拉国、哈萨克斯坦等地区毒株培育的减毒疫苗。以前用牛瘟疫苗预防小反刍兽疫，也能提供良好的交叉保护作用，但由于该疫苗的使用妨碍各国通过 OIE 对其无牛瘟的认证，所以现在已禁用牛瘟疫苗。根据 OIE 指导方针生产的小反刍兽疫疫苗可以提供至少 3 年的保护力（OIE，2004）。

在流行地区，将 3～4 月龄失去母源抗体保护的小羊作为主要的免疫对象，一年内免疫接种疫苗，可提高免疫效率。因为该年龄段的羊感染小反刍兽疫的风险最高。疫病暴发后，对发病畜群周围的动物群进行接种可以控制小反刍兽疫的传播。小反刍兽疫非流行地区暴发疫情时，建议屠杀并妥善处置病畜和接触过病畜的所有牲畜，这样才能彻底根除小反刍兽疫。

目前，正在积极研发有效的小反刍兽疫标记疫苗，以区分自然感染动物和疫苗接种动物，这有助于各个国家同时实施免疫接种和疫病监测（Diallo et al，2007）。已经研发出了一种热稳定性小反刍兽疫疫苗，在使用时将不再需要冷藏运

输，因而有利于偏远地区的疫苗接种，以改善对小反刍兽疫的控制。

10.3.2 牛瘟

牛瘟是一种最广为人知的牛的毁灭性疾病。在撰写本书时，人们认为牛瘟已在全球范围内根除。以前，牛瘟在非洲和亚洲广泛流行，2001年全球最后一例牛瘟疫情及其致病病毒来自东非的水牛（Roeder et al，2005）。

山羊是牛瘟的轻度易感宿主。感染牛瘟后，山羊的直接临床疾病很少见。这可能与牛或水牛感染时的排毒有关。在没有大型反刍兽感染的情况下，山羊和绵羊都不能进行病毒的传播。由于小反刍兽疫与牛瘟有着相似的地理分布、临床表现和病原学特征。所以对山羊感染牛瘟的诊断常会与小反刍兽疫相混淆。

10.3.2.1 病原学

与小反刍兽疫病毒一样，牛瘟病毒也属于副黏病毒科麻疹病毒属。该病毒离开宿主不能存活，其宿主包括所有的家养和野生小反刍兽以及猪。虽然在以牛血液为食的昆虫中也鉴定出了牛瘟病毒，但病毒在昆虫体内不能复制。在自然条件下，牛瘟病毒容易被干燥、热和普通的消毒剂所杀灭；但在实验室冷冻或冻干状态下，能保持感染性达一年或一年以上。该病毒存在很多毒株，不同毒株间抗原性相似，并且具有交叉免疫反应。但对于不同的反刍动物宿主（包括山羊）而言，各毒株的感染性和毒力有很大的变化（Lefèvre，1982）。

10.3.2.2 流行病学

有史以来，患有牛瘟的大批动物在非洲和亚洲广泛传播。这些家畜流行病都与已感染家畜或野生反刍动物引入有关，常在战争后发生，如20世纪90年代发生在伊拉克、土耳其和伊朗之间的战争。据病例记载，引进的感染山羊已导致了几次牛瘟的大流行，如1900年在喜马拉雅山脉、1935年在马来半岛以及1943年在斯里兰卡发生的牛瘟大流行（Scott，1957）。

相比较牛发生牛瘟时的文献记载而言，山羊感染牛瘟的临床报道不常见。在非洲，该病从未被作为绵羊和山羊的主要病因来报道，甚至在19世纪90年代，牛瘟在非洲大陆大规模流行的时候，也未有在羊上的报道。直至1955年期间，

也仅有两种家畜流行病与小型反刍动物有关（Scott，1955）。在随后的30多年中，山羊感染牛瘟的报道仅限于1958年从乌干达羔羊体内分离到病毒，并于1971年在苏丹该病被公认为是一种新的流行病，实际上是小反刍兽疫感染（Ali，1973；Scott，1985）。1994—1995年，在巴基斯坦北部，牛和牦牛中发生了一起严重的流行病，导致40 000头大型反刍动物死亡，经实验室鉴定确诊为牛瘟感染（Rossiter et al，1998）。

与山羊感染牛瘟缺乏临床报告相比，血清学调查表明在非洲疾病流行地区以前常见有山羊接触牛瘟患畜的情况（Rossiter et al，1982；Obi et al，1984）。调查发现，许多野生反刍动物体内有牛瘟抗体（Ros-siter et al，1983，1983a）。作为牛瘟病原的一种贮存宿主，野生动物在该病的持续感染中发挥的作用并不大，把它们看作是家养反刍动物流行病的受害者更为恰当（Karstad et al，1981）。在野生动物中，单独维持牛瘟感染，最长可达3年（Kock et al，2006）。

印度山羊和绵羊，在临床上暴发牛瘟的情况较非洲的更常见。1981—1986年，在印度的卡纳塔克邦、安得拉邦南部各州和泰米尔纳德邦的984例文献记载中，仅感染山羊和绵羊的牛瘟，死亡率为44.5%～67.8%（Ramesh Babu and Rajesekhar，1988）。据报道，印度山羊暴发牛瘟的死亡率高达80%（Mohan Kumar and Christopher，1985）。亚临床感染也很常见，人们认为小型反刍动物群持续感染，阻碍了对牛感染牛瘟的控制。直到最近，仍不清楚为何印度小型反刍动物的临床疾病比非洲的更常见。目前的认识表明，大部分被描述为小型反刍动物感染牛瘟的病例实际上是小反刍兽疫（Taylor et al，2001）。现在看到的小反刍兽疫，都是通过与感染牛瘟的牛接触而发生的，小型反刍动物不能单独感染牛瘟（Taylor and Barrett，2007）。

已感染的动物，可通过口、鼻、眼的分泌物或者其他分泌物和排泄物排出病毒。易感动物通过与感染动物直接接触而发生感染。在感染牛瘟早期、亚临床阶段和发热阶段都会排出病毒，这就增加了市场上或羊群流动过程中检测隐性排毒者的难度。在流行地区，家养反刍动物之间，或

家养反刍动物与野生反刍动物之间，以及日常共用水源或牧场的动物之间都会发生种间交叉感染。虽然试验研究证实从牛到羊和从羊到牛都可发生接触性传染（Zwart and Macadam，1967，1967a；Macadam，1968），但这在维持牛瘟传播链方面意义不大。各种易感动物是否存在延长的带毒状态尚不清楚。感染动物可获得终身抗牛瘟免疫力，但感染的病畜会发生死亡，或最终康复。

牛每年可产一次牛犊，这可能维持了牛瘟的地方性流行特点。新生牛可获得母源抗体而免于感染，而成年羊可因之前的感染或疫苗接种刺激机体产生抗体而得到保护。年轻动物母源抗体逐渐消失使动物种群全年持续感染牛瘟。

10.3.2.3 发病机制

关于牛瘟发病机制的研究或报道很少，尤其是山羊感染牛瘟的发病机制（Wafula and Wamwayi，1988；Brown et al，1991；Bidjeh et al，1997）。当牛处在感染性气溶胶环境中时，病毒侵入上呼吸道的上皮细胞，并在扁桃体和鼻咽部的淋巴结中开始增殖。随后病毒侵入血液单核细胞，由此散播到其他淋巴器官、肺部以及黏膜上皮细胞，且对消化道黏膜有高亲和力。病变的发展是病毒在黏膜细胞中复制引起细胞病变的直接结果。正常黏膜的炎症反应以及黏膜完整性和功能的破坏，导致了口腔炎和腹泻的发生。该病毒具有淋巴细胞嗜性，而淋巴细胞的损伤是白细胞减少症发生的基础。病毒可以诱导宿主机体产生较强的抗体反应。在非致死性的病例中，感染的动物可以清除病毒，并产生很强的免疫力（Radostits et al，2007）。

10.3.2.4 临床症状

山羊接触牛瘟病毒后，可能经历临床或亚临床感染过程。虽然急性牛瘟的临床症状过程与小反刍兽疫非常相似，但病程发展相对较慢。在疾病潜伏期过后的早期阶段，病畜表现为发热（40～41℃）、被毛粗乱、厌食和精神沉郁，发病后1～2d内，伴随或随后出现浆液性眼鼻分泌物，且很快变为黏液脓性分泌物。发热的第2天或第3天，可见轻度的口腔上皮溃疡，在下唇内壁和门齿周围的牙龈尤其明显。在随后的几天里，溃疡可以蔓延至颊、嘴角、舌、软腭和硬腭以及咽部。坏死的上皮形成干酪样表面，下面是浅红色的溃疡面。发热开始后4～5d，发展为混合型的水样腹泻，有可能出现血便。

有严重腹泻的病畜，往往死于脱水、腹泻和全身无力。在发热后9d左右，幸存的病畜开始进入恢复期，腹泻症状减轻、眼鼻分泌物减少、口腔溃疡愈合。但若病畜全身虚弱或出现严重的继发感染，则很有可能死亡。细菌性肺炎是山羊感染小反刍兽疫时的一种致命的后遗症，但这在山羊感染牛瘟时并不常见；这一点有助于在临床上区分这两种疾病。

10.3.2.5 临床病理学和剖检

白细胞增多发生在潜伏期和以淋巴细胞减少为特征的白细胞减少症形成期，同时伴有发热。脱水可引起红细胞压积升高，总蛋白增加，持续性腹泻可导致电解质和酸碱失衡。

血清学诊断方面，山羊产生可检测到的血清中和抗体需要的时间可能比牛更长，约在感染后28d才产生中和抗体（Afshar and Myers，1986；Waful and Wamwayi，1988）。一般情况下，血清中和抗体滴度小于0.3 log10 VN_{50}时认为是牛瘟阴性，0.3～0.6为可疑，大于0.6为阳性。但应对恢复期山羊体内抗体效价的升高进行评估分析。

病毒中和试验和竞争酶联免疫吸附试验是检测牛瘟抗体的常用方法。病毒中和试验是国际贸易中规定的检测方法（OIE，2004）；通过定量的血清交叉中和试验可以鉴别小反刍兽疫和牛瘟的抗体。

检测牛瘟病毒或病毒抗原的方法包括细胞培养分离病毒、琼脂凝胶免疫扩散试验、免疫组化以及RT-PCR。特异性免疫捕获酶联免疫吸附试验可用于对组织样本中小反刍兽疫和牛瘟病毒抗原的鉴别诊断（OIE，2004）。

用以上这些方法对活的病畜进行检测，结果表明，与牛不同，从山羊眼鼻分泌物检测出抗原的可能性低于肩胛骨前淋巴结抽出液（Wafula and Wamwayi，1988）。样本应保存在4℃。

死于牛瘟的山羊，主要表现是因衰弱、脱水、腹泻造成的脏臭的后肢，脸部具有明显的分泌物结痂。口腔出现广泛的黏膜溃疡，咽部可能也有溃疡。皱胃也存在黏膜溃疡，但前胃的病变较轻。常见结肠和盲肠溃疡和出血，小肠病变不明显，往往仅限于充血、肿胀或者集合淋巴结坏死。与小反刍兽疫相比，牛瘟造成肺部病变的情况不常见。组织学病变与小反刍兽疫相似。

用于病毒分离和中和试验的样品包括抗凝全血、淋巴结、脾脏和肠道病变组织。这些组织必须置于冰上（4℃）运输，但不能冷冻运输。在没有条件冷藏保存样品时，可用福尔马林固定第三眼睑或黏膜组织，通过免疫组化法确认牛瘟病毒抗原。

10.3.2.6 诊断

在牛瘟和小反刍兽疫都流行的国家，山羊感染牛瘟最主要的鉴别诊断疾病是小反刍兽疫。确定性诊断依赖于针对一种病毒或其他病毒的特异性血清中和试验，或从患畜死后的组织病料中分离病毒。在野外，大型反刍动物感染牛瘟时伴有并发性疾病。在感染的不同阶段，许多其他疾病被误认为牛瘟或小反刍兽疫。这些在小反刍兽疫诊断章节已提到。

鉴别诊断牛感染牛瘟时，应考虑牛病毒性腹泻黏膜病、牛传染性鼻气管炎和恶性卡他热，这些疾病在山羊未见报道。

10.3.2.7 治疗

目前，对山羊感染牛瘟没有特效疗法。牛瘟是高度控制的疾病，为了诊断和预防的需要，可疑病例必须进行销毁处理，不进行治疗。

10.3.2.8 防控

牛瘟的控制通常是由国家和国际机构组织实施，并采取双管齐下的办法：控制动物流动和疫苗接种。远离疫区的无牛瘟国家决不允许从疫区国家进口畜群。一旦牛瘟进入无牛瘟国家，要通过焚烧或掩埋，对病畜和与病畜接触的畜群进行快速销毁，才可以控制和消灭该病（Scott，1981）。由于各地的政治和社会因素，与牛瘟流行地区接壤国家的畜群流动是不可避免的，但必须对这些动物隔离3周。实际上，隔离期限是很难监控和强制执行的。

在牛瘟流行地区，疫苗接种是最重要的防控手段。在野生有蹄动物成群迁徙的非洲，这一点尤其重要。在过去的数十年里，非洲联盟已展开了精心设计的国际牛瘟控制计划，该计划包括联合项目15、泛非牛瘟防治运动以及泛非流行病控制程序。这都有助于全球牛瘟根除计划（GREP）的实施。该计划由FAO组织，其目标是，到2010年在全球范围内消灭牛瘟（FAO，1985；Roeder et al，2005）。2001年最后一例牛

瘟病毒来自肯尼亚的感染水牛。越来越多的证据表明，牛瘟已被根除。全球牛瘟根除计划关注的焦点是，如何通过OIE国家认证程序证明牛瘟已被根除（Roeder，2005）。

普洛赖特组织培养疫苗过去常被广泛用于疫苗接种计划（Plowright and Ferris，1962；Plowright，1984），甚至用于小型反刍动物抗小反刍兽疫感染。但由于这种疫苗会干扰牛瘟的血清学监测，而且目前已经广泛使用同源的小反刍兽疫减毒疫苗，因此现在很少用普洛赖特组织培养疫苗。目前最常用的小反刍兽疫疫苗是源于Nigeria75/1分离株的减毒疫苗。

改进的冻干技术已用于提高和延长牛瘟组织培养疫苗的热稳定性（Mariner et al，1990，1990a），而保证其抗原性保持不变。这就使得疫苗能够被运输到更偏远的流行地区，而不再需要昂贵的冷藏运输条件，以保证疫苗活性。这一创新是实现疫苗接种控制牛瘟的重要因素。目前，由于全球已提前达到根除牛瘟的目的。因此，全球根除牛瘟计划的重点已由接种疫苗转向证实无牛瘟状态的监测过程。

10.3.3 蓝舌病

蓝舌病是以节肢动物为传播媒介的一种非接触性、病毒性反刍动物传染病，常感染山羊，但临床症状不明显或症状较轻，甚至在严重感染绵羊期间也是如此。有史以来，由山羊感染蓝舌病引起的直接经济损失很小，但在无蓝舌病国家存在进口限制，限制了活山羊、精液和胚胎的贸易活动。随着对蓝舌病生态学认识的提高，这些限制逐渐变得不再严格（MacLach-lan and Osburn，2006）。

10.3.3.1 病原学

蓝舌病是由呼肠孤病毒科无囊膜的RNA环状病毒引起的。该病毒基因组由10段双链RNA组成，编码7种结构蛋白和4种非结构蛋白。目前已知，蓝舌病病毒（BTV）有24个血清型，其血清型可通过编码 L2 基因的外壳蛋白VP2上的表位相区别，实验室通过病毒中和试验可鉴定其血清型。虽然不同血清型可能具有相同的补体结合性沉淀抗原，但各型之间的交叉免疫保护力差。不同血清型的毒力也不同。

蓝舌病病毒可在鸡胚的卵黄囊内生长，也能

在小鼠 L 细胞、仓鼠肾细胞-21（BHK-21）、非洲绿猴肾细胞（Vero）或者白纹伊蚊细胞中增殖（OIE，2004a）。该病毒抵抗力强，在柠檬酸盐血液中，4℃或室温下可保存数年仍保持感染能力，3％氢氧化钠可有效杀灭该病毒（Kohler，1989）。

动物流行性出血病病毒是一种主要感染野生反刍动物的密切相关的环状病毒，它能引起北美白尾鹿暴发疾病。山羊静脉注射动物流行性出血病病毒可产生低水平的中和抗体，但不会表现出病毒血症或临床症状（Gibbs and Lawman，1977）。在非洲发现另一种由蚊子传播的环状病毒，即欧伦哥（Orungo）病毒，可引起人的发热性疾病。血清学证据表明山羊可感染该病，但没有相关的临床症状报道（Ezeifeka et al，1984）。

蓝舌病病毒传播的主要昆虫媒介是库蠓属成员，主要是库蠓（biting midges）、白蛉、蠓（noseeums）以及蚋（gnats）。

10.3.3.2　流行病学

蓝舌病最早发现于 1870 年进口到南非的欧洲绵羊中，最初认为该病仅发生于非洲。1943年，塞浦路斯暴发了蓝舌病，首次证实了非洲以外的地区也流行该病。1948 年，得克萨斯州的绵羊被确诊感染了该病；1952 年，在加利福尼亚州绵羊体内分离到了 BTV-10 血清型。

1950 年，蓝舌病首次在以色列的实验室得到了确认，但有人怀疑该病自 20 世纪 20 年代以来就一直在中东发生（Shimshony，2004）。1956—1957 年，该病是西班牙和葡萄牙的主要流行病，在过去的数年中，出现了蓝舌病数次侵入地中海地区的情况。近年来，该病在欧洲大规模暴发，有文献已对该病在欧洲暴发的流行病学进行了描述（Saegerman et al，2008）。首先暴发于 1998 年欧洲南部（Gomez-Tejedor，2004），涉及希腊大陆和岛屿、保加利亚、土耳其、塞尔维亚、黑山共和国、马其顿、克罗地亚和意大利等地区。据报道，除主要的血清型 BTV-9 外，还包括血清型 1、4 和 16。第二次暴发发生于1999 年，主要在突尼斯、阿尔及利亚和地中海的多个岛屿。这次暴发的血清型主要是 BTV-2，但也有血清型 4 和 9 的报道。2004 年，地中海地区连续发生该病。

2006 年在欧洲北部和西部暴发的蓝舌病血清型是 BTV-8（Elliott，2007），这场疾病持续到 2007 年。蓝舌病的媒介，整个冬季都在持续活动，并在 2008 年引发新病例。2007 年，疫情主要涉及的国家包括比利时、卢森堡、荷兰、德国、法国、丹麦、瑞士、英国和有少数病例报道的捷克。正如下面将进一步讨论的，气候变化可能会促进欧洲动物流行病的暴发。

蓝舌病在全球的分布与传播媒介——库蠓的分布相一致。该病的病毒在除南极洲以外的各大洲均有发现，主要分布在热带和亚热带地区。历史上报道的蓝舌病病毒全球分布在北纬 40°至南纬 34°之间，但在北美西部和亚洲东部地区，可延伸至北纬 50°。欧洲暴发的蓝舌病疫情值得注意，因为 1998 年暴发的疫情向北延伸到了塞尔维亚（北纬 44°）。2006—2008 年，英国暴发蓝舌病的范围延伸到了北纬 51°。鉴于这些疫情暴发的范围，OIE 将蓝舌病在全球的分布界定为北纬 53°至南纬 34°之间（OIE，2007）。

从流行病学的角度来看，BTV 的地理分布可分为地方性、流行性和侵入性三个生态区。地方性区域主要是热带地区，在这些地区全年都会发生蓝舌病传播，以亚临床感染最为常见，只有将未免疫反刍动物引入该地区时才会发生临床感染。流行性区域包括温带地区，该区域疫情发生呈季节性，一般发生在夏末，因为此时是传播该病毒的媒介昆虫种群数量处于最高峰的时期。侵入性区域是指在气候条件适宜该病毒传播媒介生存时疫情呈散发的地区（Gibbs and Greiner，1994）。

由于当地的气候和地理条件、宿主种群、动物流动方式和主要媒介都可以影响感染的发生，所以在任何国家都可能存在流行性感染区和无疫区。例如，1975 年，从澳大利亚北部一个池塘俘获的库蠓体内第一次分离到了蓝舌病病毒，但除了从北方的哨兵动物群中发现一起病例外，目前该国南部尚无绵羊感染的病例报道（Kirkland，2004）。同样，美国东北部仍没有蓝舌病，但是在西部和南部呈地方性流行，而在西北部呈季节性暴发。

库蠓属共有 1 400 个成员，但经证实，其中只有 17～20 种可以传播蓝舌病，不同地区的库蠓属媒介的传播能力也有所不同。媒介的传播能力与蓝舌病的血清型有关，因此，不同的区域性疾病的生态学或生态系统，涉及特定的库蠓属和蓝舌病血清型（Tabachnick，2004）。这些媒介及相应蓝舌病血清型的区域性分布现状参见表10.4。此外，库蠓、绵羊蜱、羊蜱蝇、某些蜱种以及蝇均可作为蓝舌病的机械性传播媒介，但对蓝舌病的散播作用不大。由于该病毒与血细胞相关，重复使用针头进行注射有可能引起医源性感染。

表 10.4　蓝舌病病毒血清型及其相关库蠓属媒介的全球分布

区域	蓝舌病病毒血清型	主要的库蠓属媒介	次要的或可能的库蠓属媒介	注释	参考文献
北美	2, 10, 11, 13, 17	*C. sonorensis*, *C. insignis* （仅限于血清型2）	杂斑库蠓 (*C. variipennis*)	血清型2仅限于佛罗里达	Walton, 2004
中美洲/加勒比海地区	1, 3, 4, 6, 8, 12, 14, 17	*C. insignis*	毛库蠓 (*C. pusillus*), *C. furens*, *C. filarifer*, *C. trilineatus*		Walton, 2004
南美洲	4, 6, 12, 14, 17, 19, 20	*C. insignis*	毛库蠓 (*C. pusillus*)		Lager, 2004
欧洲	1, 2, 4, 8, 9, 16	*C. imicola*	蚤（灰黑）库蠓 (*C. obsoletus*), *C. pulicaris*		Saegerman et al, 2008
非洲	1～15, 18～20, 22, 24, 25	*C. imicola*	*C. bolitinos* 和其他可能的物种		Walton, 2004
南亚	1～9, 11～20, 23	?	尖喙库蠓 (*C. imicola*), *C. oxystoma*	主要媒介物种的详细信息还不全面	Sreenivasulu et al, 2004
东南亚	1～3, 9, 12, 14～21, 23	短跗库蠓 (*C. brevitarsis*)	*C. wadai*, *C. actoni*, *C. fulvus*, 以及其他可能的物种		Walton, 2004
澳大利亚和新西兰	1, 3, 9, 15, 16, 20, 21, 23	短跗库蠓 (*C. brevitarsis*, *C. wadai*)	*C. actoni*, *C. fulvus*, *C. oxystoma*, *C. peregrinus*		Australian Veterinary Emergency Plan, 1996

注:? 指没有研究数据，背景不清楚。

　　所有的家养反刍动物都易感染蓝舌病。与热带和亚热带绵羊品种相比，欧洲细毛羊和肉羊品种更易感。山羊和牛一般表现为隐性感染，被认为是该病的贮存宿主。然而，最近在欧洲暴发的蓝舌病中，牛和少量的山羊都发生了临床感染。即使在该病主要流行期间，山羊与严重感染的绵羊接触后，其发病率和死亡率也很低，表现为轻度的临床症状或大多数表现为正常。目前还不清楚反刍动物对该病易感性差异的原因。

　　在热带和亚热带地区，库蠓常年活动，可对动物造成连续的感染周期，从而形成地方性感染。在温带地区，随着可导致库蠓死亡的寒冷天气的结束，携带病毒的库蠓种群数量回升，使该病的流行更易呈现季节性，主要发生在夏、秋季。媒介昆虫、宿主和环境因素可以影响蓝舌病病毒能否越冬。库蠓不能经卵传播蓝舌病，所以未成熟阶段的库蠓不具有感染能力。因此，该病毒在媒介昆虫体内越冬依赖于活的库蠓成虫，库蠓可存活3个月。另外一个主要因素是库蠓叮咬的宿主动物中存在病毒。与牛相比，该病毒在绵羊和山羊的病毒血症阶段比牛的短。大多数小型反刍动物的毒血症不会持续到感染后30～40d，而牛可持续至感染后50～60d。

　　近年来，全球变暖似乎改变了欧洲虫媒传播疾病的生态学。夜晚温度和冬季温度的升高，以及夏季和秋季降水量的增加，扩大了媒介昆虫的范围、数量和活动季节，提高了可传播蓝舌病的媒介的比例，同时也增加了媒介体内病毒增殖的速度，因而扩展了其他库蠓传播病毒的能力，这些变化最终增加了蓝舌病传播地域性和季节性的发生率。例如，*C. imicola* 是一种广泛分布在非洲和亚洲的蠓类，是欧洲南部暴发蓝舌病的主要媒介昆虫。*C. pulicaris* 和 *C. obseletus* 属于古北区温暖地带的蚊蠓，经实验室研究表明，这两种昆虫都可以传播蓝舌病，但仅怀疑 *C. imicola* 没有参与1999年希腊、保加利亚南部和2000—

2001 年巴尔干地区暴发的蓝舌病疫情（Purse et al，2005）。然而，2006 年发生在欧洲西北部的疫情证明了这些蚊蠓具有传播蓝舌病的能力（Elliott，2007；Saegerman et al，2008）。

以前认为已感染畜群的流动是蓝舌病全球化传播的一个关键因素，由于无蓝舌病的国家禁止从有蓝舌病流行的国家进口活畜、精液和胚胎，所以对这些商品的国际贸易产生了重大影响。然而，现在认为这类贸易对蓝舌病的传播过程没有主导作用。其主要原因有两个，第一，目前已认识到反刍动物病毒血症的持续时间有限，不会出现持续的带毒者。基于贸易规则的一些早期研究表明，子宫中的牛胚胎接触蓝舌病病毒后而变成了具有免疫耐受的持续带毒者（Luedke et al，1977，1977a）。但是，也有反对这种看法的观点（Roede et al，1991；MacLachlan et al，1994；Bonneau et al，2002）。第二，认识到蓝舌病的区域性发生取决于该地区与特定的库蠓媒介相关的特有的疾病生态学，并与当地发生的蓝舌病的血清型有关。没有证据表明，如果外来血清型蓝舌病意外引入一个地区，就能造成感染并持续流行。在将一个新血清型引进一个地区时，有散播病毒能力的库蠓媒介比动物流动发挥的作用更大，如最近在欧洲北部发现的 BTV-8。已有与蓝舌病相关的贸易政策问题的报道（MacLachlan and Osburn，2006）。

1905 年，试验证明山羊是蓝舌病病毒的宿主（Spruell，1905）。然而，多年来，山羊对临床蓝舌病的易感的原因并不清楚。同样，在该病暴发过程中，在与感染绵羊混养的羊群中没有发现被感染的山羊（Hardy and Price，1952）。

由于山羊一般为亚临床感染，所以关于山羊感染蓝舌病的报道很少。1950 年；在以色列首次报道了山羊感染蓝舌病的情况。牛和绵羊是蓝舌病感染的主要动物，山羊的发病率较低，并且症状较轻（Komarov and Goldsmit，1951）。

尽管 1956 年，西班牙南部暴发的蓝舌病对绵羊造成了较大的损失，引起了 10 万多只绵羊的死亡；而山羊的病例报道很少，感染症状也不明显，死亡率也很低，是有关山羊感染蓝舌病的第二次报道（Lopez and Botija，1958）。1961 年，在印度发生了对山羊造成较严重损伤的蓝舌病感染（Sapre，1964）。虽然不同品种羊的易感

性存在差异，但绵羊和山羊表现出了同等程度的临床症状。2004 年 12 月，在葡萄牙，BTV-4 血清型引起蓝舌病暴发，造成 23 只羊发病，其中两只羊死亡，并上报 OIE。该病在北欧的流行开始于 2006 年，在荷兰见到的山羊临床感染病例是由 BTV-8 引起的（Dercksen et al，2007；Backx et al，2007）。

山羊蓝舌病的流行病学研究已在美国西北部展开（Osburn，1981；Stott，1985）。山羊病例的病毒分离和血清学试验证明了感染的季节性变化，这与绵羊和牛的感染一样。感染发生最多的月份是 6—12 月，这与媒介昆虫数量的增加有关。在 1—6 月期间，没有从加利福尼亚州山羊体分离到病毒，这表明病毒并不能持续存在于山羊体内，也就是说山羊并不是蓝舌病的储存宿主。山羊的感染率是牛和绵羊感染率的一半。美国流行的 4 种主要的血清型在山羊病例中都被发现，并且存在多个血清型的混合感染。然而，在三年半的研究期间，没有发现与山羊感染有关的临床疾病。

在非洲，山羊蓝舌病的流行病学已经得到相当大的关注。在津巴布韦，山羊抗蓝舌病的抗体阳性率为 71%，但没有观察到临床症状（Jorgensen et al，1989）。对北非国家不同热带地区山羊的血清学调查显示，抗体阳性率为 5%～54%，并且不同气候区域间的血清阳性率差异显著，低洼潮湿地区的患病率大于干燥和地势较高地区的患病率（Lefèvre and Calvez，1986）。山羊的血清阳性率也随着年龄的增加而增加（OBI et al，1983a）。

10.3.3.3 发病机制

关于蓝舌病发病机制的研究较少，尤其是山羊的感染机制。因此，现在获得的大多数信息都是从绵羊或牛的感染病例中推断而来。感染的媒介昆虫通过叮咬宿主，而导致宿主感染。病毒复制最初发生在被叮咬部位的淋巴结，且在单核细胞中复制，并由此散播到下一个复制位点。病毒血症通常出现在感染后第 3 天，并在感染后第 6～7 天达到高峰，且伴随有发热和白细胞减少等症状。病毒血症过程中，存在于血管内皮细胞的病毒引起细胞损伤和坏死，使感染器官形成血栓、出血和水肿，最明显的症状是引起舌、口、食管、胃和皮肤等器官充血、糜烂或溃疡。病毒可通过胎盘屏障，在精液中也能检测到病毒。原发性内皮坏死和毛细血管完整性的损伤引起了口

腔炎、舌炎、鼻炎、肠炎和口角炎等临床症状。在绵羊病例中，可能出现弥散性血管凝血，使临床症状变得更严重。在牛感染病例中，内皮细胞损伤最小，细胞相关性毒血症主要涉及血细胞和血小板（Radostits et al，2007）。

近年来，关于绵羊和牛内皮细胞的研究表明，内皮细胞产生炎症因子和血管介质的量及其活性，存在物种特异性差异，这促使绵羊对蓝舌病诱导的微血管损伤具有更强的敏感性。目前还没有开展山羊细胞体外应答蓝舌病的比较研究（DeMaula et al，2002）。

攻毒试验研究表明，山羊的病毒血症可持续至攻毒后第21天，在病毒血症阶段可检测到抗体应答（Barzilai and Tadmor，1971；Luedke and Anakwenze，1972）。

10.3.3.4 临床症状

在大多数病例中，山羊蓝舌病为隐性感染。当出现临床症状时，也仅限于轻度的精神沉郁、暂时性食欲不振、发热、口腔和鼻腔黏膜充血。

偶尔可观察到比较严重的症状。起初是持续3～4d的发热、厌食，继而口腔黏膜充血，舌、嘴唇和牙龈表皮脱落、溃疡和坏死。山羊过度流涎，继而出现脸部水肿（图10.4），并且鼻腔分泌物由水样发展为黏液样。

图10.4 印度报道的一例山羊感染蓝舌病，表现为面部浮肿。大多数山羊蓝舌病为隐性感染（Spare，1964）

有时还会出现腹泻和蹄冠炎，蹄冠周围充血、肿胀，导致一条或多条腿明显跛行。在印度山羊感染病例中，全身可见核桃大小的皮肤溃疡（Sapre，1964），这种临床表现，在其他地区的病例未见报道，这可能是印度山羊感染后特有的症状，临床病程为8～12d。

在欧洲北部暴发BTV-8时，2006年8月，在荷兰发现了山羊感染的临床病例（Dercksen et al，2007）。最明显的临床症状是产奶量急速下降，高热至42℃。其他临床症状都比绵羊感染的常见症状轻，但有少数病例，山羊表现为嘴唇和头部水肿、鼻分泌物增多、鼻和嘴唇有结痂，乳房皮肤出现红斑以及一些细小的皮下出血。将野毒株BTV-8静脉注射到两只试验山羊体内，两只羊都出现了病毒血症和抗体应答，但其中一只山羊临床表现正常，而另一只则出现了发热、精神沉郁、低头离群站立、吞咽困难、腹泻、跛行等临床症状。对绵羊开展相同的接种试验，病羊表现出更严重的临床症状（Backx et al，2007）。

绵羊的恢复期很长，其特点是因继发活动性肌炎而变得消瘦和虚弱。山羊病例中尚未有相关描述。研究者认为，山羊感染蓝舌病病毒能造成流产，但其中的原因未见报道（East，1983）。

10.3.3.5 临床病理学和剖检

山羊感染蓝舌病的临床病理变化尚未见报道。在试验性感染中，接种病毒后5～10d出现白细胞减少症，且表现最明显（Luedke 和 Anakwenze，1972）。

目前，有几种血清学方法可用于蓝舌病病毒抗体的检测，其中包括补体结合试验、琼脂凝胶沉淀试验以及竞争酶联免疫吸附试验（cELISA）。后两者是国际贸易指定的检测方法（OIE，2004a）。在试验感染的山羊病例中，利用阻断ELISA方法，在攻毒13d后首次检测到抗体（Backx et al，2007）。

从血液和组织中分离病毒最好的方法是在鸡胚细胞中进行培养。然而，在蓝舌病地方性流行的地区，当临床表现为非特异性症状时，个别动物体内病毒的存在与疾病感染没有因果关系（Inverso et al，1980）。

随着逆转录聚合酶链式反应的发展和应用，可用PCR检测血液中蓝舌病病毒核酸。促进了蓝舌病实验室诊断方法。在没有PCR扩增技术时，抗体阳性动物不能进入国际贸易，而在建立了PCR方法后，用该方法鉴定为病毒阴性的抗体阳性动物可进行国际贸易（OIE，2004a）。

多种技术用于对蓝舌病的血清型进行鉴定，包括应用血清型特异性反应试剂的免疫荧光试验、抗原捕获ELISA和免疫斑点试验。病毒中和试验是将蓝舌病特异性抗血清用于细胞培养系统来鉴定蓝舌病的血清型，采用的技术包括蚀斑减少试验、蚀斑抑制试验、微量中和试验以及荧光抑制试验（OIE，2004a）。

山羊感染蓝舌病并出现明显临床症状时，剖检病变与绵羊相似（Sapre，1964），表现为颊黏膜充血和水肿，腭部溃疡；可能出现肺部充血和继发性肺炎；皱胃、小肠、大肠和直肠可能表现出严重的出血性胃肠炎。脾和心外膜有针尖样出血和充血，不定量的心包积液，肠系膜淋巴结变大、水肿。蹄冠以上的皮肤可能出现充血和出血。

10.3.3.6 诊断

在昆虫活动季节，通过分离病毒来确诊表现蓝舌病典型临床症状的动物病例。临床症状同时发生在羊或牛时，山羊的蓝舌病才能得到确认。根据配对的血清样品中抗体效价的变化可确诊山羊蓝舌病的隐性感染。

羊蓝舌病的临床症状易与口蹄疫、传染性脓疱、山羊痘和光敏杀菌作用等相混淆，因此需要进行鉴别诊断。牛瘟和小反刍兽疫也会有口炎和肠炎症状，但蹄冠炎、跛行和水肿不是主要症状。

10.3.3.7 治疗

目前尚无特异性疗法。使用抗生素防止绵羊发生继发性细菌感染。阳光会加重皮肤损伤，因此病畜应避免阳光直射。患病动物应单独饲养。

10.3.3.8 防控

山羊一般表现为亚临床感染，尚无针对山羊的常规防控方法。一般情况下，建议采用类似绵羊的防控方法。在媒介昆虫活动的季节，不要在低洼、潮湿的地区放牧，以避免感染。围场和动物圈舍的地面应保持干燥。库蠓大多在黄昏和傍晚觅食，因此避免在这段时间内放牧。如果批准化学驱虫剂用于动物食品，可以考虑使用该方法。

在蓝舌病呈季节性发生的地区，疫苗接种是预防的主要手段，应在库蠓叮咬之前进行疫苗接种。不同血清型疫苗的交叉免疫力差，因此要选用当地正在流行的血清型的疫苗。美国只有针对血清型10的商品化单价疫苗。南非生产了针对21种血清型的多价疫苗。针对所有血清型的疫苗需要分3次进行免疫接种，每次间隔3周。

2007年，英国研制了一种针对血清型BTV-8的疫苗，以控制在欧洲北部暴发的BTV-8血清型疫情。2008年5月，该疫苗研制成功，同月在英国的保护区内开始接种。该疫苗只适用于绵羊和牛，但在欧洲，兽医可对山羊接种该疫苗，且无休药期。

改进的组织培养弱毒疫苗仍存在一些问题。被动获得的母源抗体可以减弱疫苗接种的免疫应答，因此，给羔羊和3月龄内的小羊免疫接种后不能产生有效的免疫力。在母羊妊娠5～10周时，接种疫苗可导致胎儿畸形或早期胚胎死亡。山羊未见类似的相关报道，但建议在妊娠前或产羔后进行预防接种。在昆虫活动季节之前定时进行疫苗接种，以使动物在高危时期获得最大的保护。

过去，无蓝舌病流行的国家严禁进口活畜、胚胎和精液；但在2005年，OIE修订并采用了新的、较宽松的国际贸易条文，这反映了人们对蓝舌病感染的传播有了更好的了解。在新条款中，设定动物蓝舌病的感染期为60d，并建立了相关规程，通过隔离及抗体和病毒检测，使已知蓝舌病阳性国家和区域的活畜、精液、胚胎可以进口到无蓝舌病的国家。利用高敏感性PCR检测技术检测动物体内是否存在病毒，而不依赖于其体内的抗体水平，该技术有助于促进新规程的实施。目前，OIE 有关蓝舌病的规定可从下面的网址获得：http://www.oie.int/eng/normes/mcode/en_chapitre_1.8.3.htm。

10.3.4　内罗毕羊病

内罗毕羊病是一种非接触性、动物传染性的人畜共患病毒病，该病由蜱传播，可以感染山羊、绵羊和人。该病发生在非洲，其特点是发热和出血性胃肠炎。

10.3.4.1　病原学

内罗毕羊病的病原为内罗毕羊病病毒（NSDV），是一种单链 RNA 病毒，属布尼亚病毒科内罗病毒属，该属有 34 种蜱源性病毒，分为 7 个病毒群。NSDV 是内罗毕羊病病毒群的原型病毒。该病毒群还包括道格比病毒和甘贾姆病毒。早期的分析表明，内罗毕羊病病毒和甘贾姆病毒的血清学关系近。近期，对两种病毒的 sRNA 片段及其编码的蛋白进行序列分析，结果表明这两者实际上是同一种病毒（Marczinke and Nichol，2002）。

内罗毕羊病病毒可在羔羊肾细胞（LK）、幼仓鼠肾细胞（BHK）和非洲绿猴肾细胞（Vero）上培养生长，也可在乳鼠颅内接种培养。该病毒对环境的抵抗能力一般，血液中的病毒可在室温下存活 45d（Liebermann，1989）。

10.3.4.2　流行病学

1910 年，在非洲首次描述了内罗毕羊病。1915 年，第一次世界大战期间，为了满足军队供给，大批绵羊和山羊开始进入肯尼亚，出现了内罗毕羊病。在印度发现的甘贾姆病毒与内罗毕羊病之间有较密切的关系，因此人们推测内罗毕羊病是在印度和非洲东部之间牲畜贸易时引入的甘贾姆病毒的变种。肯尼亚、乌干达、坦桑尼亚、索马里、埃塞俄比亚、卢旺达、布隆迪、博茨瓦纳、莫桑比克和刚果民主共和国都有内罗毕羊病的报道。1996 年，从斯里兰卡北部和西部省份山羊身上采集的中间血蜱中分离到了内罗毕羊病病毒（Perera，1996）。在印度，这种蜱可以传播甘贾姆病毒，该地区也有绵羊发病的临床报道，并且记载有绵羊和山羊感染的血清学证据。甘贾姆病毒在南亚地区引起了小型反刍动物

发病，其致病原因还不明确。

棕色耳蜱，即具尾扇头蜱，是内罗毕羊病主要的传播媒介，可经卵和桡动脉传播。这种疾病的分布范围与媒介蜱的地理分布一致，棕色耳蜱在非洲部分地区呈季节性繁殖，而不是连续的繁殖周期，因此内罗毕羊病在非洲部分地区也呈季节性。因此，内罗毕羊病不可能发生在这些地区（Davies，1997）。在索马里，内罗毕羊病的主要媒介是丽色扇头蜱，这种蜱可通过卵传播内罗毕羊病病毒（Groocock，1998）。彩饰钝眼蜱也可传播内罗毕羊病，但作用较小，不能经卵传播病毒，是一种低效传播媒介。

通过叮咬具有免疫力或抵抗力的宿主，可使带毒蜱表现为非传染性。蜱和隐性感染的绵羊、山羊是病原贮存库。而野生反刍动物和牛与此无关。

在雨季，蜱的活动增加，临床疾病呈季节性发生。在地方性流行地区出生的绵羊和山羊通常表现为隐性感染。在引入畜群或从非地方性流行地区引进的畜群中可观察到临床疾病。一般情况下，该病对山羊的影响程度比绵羊的轻。虽然山羊的死亡率高，但通常不超过绵羊死亡率的 $50\%\sim90\%$。给山羊和绵羊接种已感染绵羊的血液后，发病率低，临床症状较轻，山羊的死亡率也较低（Montgomery，1917）。

人类被带毒蜱叮咬后，也会导致感染。虽然地方性流行地区人群的血清阳性率高，但罕见临床症状。据报道，印度 7 名实验室工作人员由于在试验中接触甘贾姆病毒而感染该病。

10.3.4.3　发病机制

内罗毕羊病的发病机制尚不完全清楚。病毒通过蜱虫的叮咬进入山羊和绵羊体内。自然感染时潜伏期为 4～15d，而人工接种后为 1～3d（Groocock，1998）。在潜伏期结束后，病羊表现出病毒血症，病毒在组织中定位。该病毒对肠上皮细胞具有明显的嗜性，也会发生骨髓抑制反应。肠黏膜上皮细胞的坏死和毛细血管的破裂会导致出血性肠炎。腹泻导致体液和电解质大量流失，严重时可引起死亡（Kimberling，1988）。康复动物可产生终身免疫力。小羊和羔羊在出生后几个月内，可能受母源抗体的保护而对该病有免疫力。

10.3.4.4 临床症状

该病最开始表现为发热至 40～41.5℃，并伴随有厌食症、明显的精神抑郁和黏液性鼻腔分泌物，分泌物可变成血色。随后表现为大量的水样腹泻，可能发展为带血痢疾，甚至出现绞痛症状。当出现腹泻症状时，发热往往会减退。根据该病的严重性，感染动物可能在腹泻开始前的发热阶段发生死亡，或死于腹泻 1～6d 后，但也可能逐渐康复。孕畜可能会流产。有报道称母羊的外生殖器肿胀，但山羊未见如此。康复动物可保持终身免疫力，可以抵御再次感染。

10.3.4.5 临床病理学和剖检

在发热阶段，感染绵羊和山羊都表现出明显的白细胞减少症。血清抗体可利用血凝抑制试验、酶联免疫吸附试验、补体结合试验或间接免疫荧光抗体试验进行检测，应对急性及其对应的恢复期血清样品的抗体效价变化进行评估分析。从处于发热阶段的活体动物血浆中可分离到内罗毕羊病病毒。细胞培养病毒时引起的细胞病变（CPE）因内罗毕羊病病毒毒株和所使用的细胞系的不同而存在差异。在不出现细胞病变时，可用直接免疫荧光染色或间接荧光抗体试验来检测病毒。剖检时，最好用脾和肠系膜淋巴结进行病毒分离。不具备细胞培养条件的情况下，可选择琼脂扩散试验、补体结合试验或酶联免疫吸附试验检测组织中的内罗毕羊病病毒抗原（OIE，2004b）。

在腹泻开始前，对发热阶段急性死亡的动物进行剖检，可能没有明显的或特征性病变，这可能使研究者误诊为非内罗毕羊病。更严重的病例病变主要集中在胃肠道、淋巴结和脾脏。皱胃黏膜充血，并且可能有淤血点。肠腔内容物可能呈血色，肠黏膜大量出血，尤其是在盲肠和结肠的前部。这些出血点可沿着黏膜褶皱顶端形成线性或条纹状的外观。脾脏肿大或充血，肠系膜淋巴结也肿大和水肿。心内膜和心外膜及其他浆膜表面也可见出血。生殖道充血明显，母羊妊娠时，胎儿组织可能会出现局灶性出血。组织学上，可见特征性肾炎，并伴有透明样变、上皮增生、心肌坏死和出血性胃肠炎。

10.3.4.6 诊断

内罗毕羊病仅发生在蜱媒介活动的地区。该病很容易感染新引进的绵羊和山羊。当绵羊、山羊死亡率高且蜱媒介泛滥时，特别是在动物迁移至发病流行地区，或因暴雨使蜱数量增加的情况下，应怀疑感染了内罗毕羊病。可通过临床感染动物体分离病毒或检测病毒抗原进行确诊，也可以对发病后的血清学转化记录进行确诊。

该病应与牛瘟、小反刍兽疫、裂谷热、水心病、沙门氏菌病、炭疽和蓝舌病进行鉴别诊断。因为发热在腹泻开始时可能已经消退，所以还必须考虑是否患有球虫病和蠕虫病。

10.3.4.7 治疗

目前尚没有针对这种病毒性疾病的特异性治疗方法。直接针对腹泻实施合理的治疗，具体包括及时补充体液和电解质以及充足的营养。感染动物会出现白细胞减少症，所以用广谱抗生素可以降低继发细菌感染的风险。

10.3.4.8 防控

使用杀螨剂可降低引入流行地区的绵羊和山羊发生感染的风险，特别是在雨季后蜱数量和活动增加的情况下。专家推荐，在易感绵羊和山羊转移到流行地区之前进行疫苗接种，但尚无可用的商品化疫苗。目前，已经研制了一种减毒活疫苗和一种灭活疫苗，但市场对这些疫苗的需求量很小（OIE，2004b）。

10.4 细菌性疾病

10.4.1 肠毒血症

肠毒血症是世界公认的一种由产气荚膜梭菌引起的常见疾病，常引起山羊死亡。绵羊和牛也发生此病，但在流行病学、发病机制、临床症状和肠毒血症的处理方面，不同物种间存在差异。山羊肠毒血症的显著特征，包括明显的腹泻、剖检变化为严重的结肠炎，以及在临床防治方面常出现免疫失败等。

10.4.1.1 病原学

肠毒血症是由产气荚膜梭菌引起的肠道系统疾病，在多物种间广泛发生，包括家畜，家禽和人类。根据分泌的致命性外毒素可将产气荚膜梭菌分为 5 种类型（表 10.5），本章主要讨论山羊产气荚膜梭菌病。关于产气荚膜梭菌及其对其他动物引发的肠道疾病可查阅相关资料（Songer，1996；Radostits et al，2007）。

在世界范围内广泛流行的山羊肠毒血症主要

是由 D 型产气荚膜梭菌所引起。该菌为革兰氏阳性菌，不能运动，可形成芽孢、分泌毒素，属厌氧性杆形菌，寄生于反刍动物的消化道内，正常生理条件下数量较少。虽然该细菌在土壤中比其他梭菌死亡得更快，但它随粪便排出动物体后，在土壤中能够持续存活。该细菌传代时间很快，每 8min 繁殖一代，这就使得其能在肠道的适宜条件下快速增殖。该细菌在宿主体内的寄生器官能快速增殖，并释放能引起宿主疾病的相关毒素。

表 10.5 产气荚膜梭菌的类型及其所产生的毒素

类型	产生的毒素（表达毒素的基因）						山羊发病率报道
	α (*cpa*)	β (*cpb*)	β (*cpb-2*)	ε (*etx*)	*Iota* (*iA*)	肠毒素类*** (*cpe*)	
A	+		+ *			±	不常见报道
B	+	+		+		±	很少报道
C	+	+	+**			?	不常见报道
D	+			+		±	最常发
E	+				+	±	未见报道

注：* 有病例显示，山羊肠毒血症与产气荚膜梭菌表达的 α 毒素和 β-2 毒素有关（Dray，2004）。类似的发现在马小肠结肠炎病例也有报道（Herholz et al，1999）。

** β-2 毒素最初鉴定与引起猪坏死性肠炎的 C 型产气荚膜梭菌有关。该细菌能产生 α、β 和 β-2 毒素。

*** 表达的肠毒素与细菌类型不一致，通常与 A 型分离株有关，但与其他型的产气荚膜梭菌可能也有关系。

产气荚膜梭菌中的 D 型产生两种主要毒素：α 和 ε。这两种毒素是细菌分型的重要依据，其中 ε 毒素是主要的毒力因子，将在发病机制中讨论。

虽然关于 C 型产气荚膜梭菌的发病机制还不清楚，但在美国和英国已证实该细菌是引发山羊肠毒血症的病因（Barron，1942；Guss，1977）。在希腊，也有山羊和绵羊 C 型肠毒血症发生的报道（Tarlatzis et al，1963）。C 型产气荚膜梭菌产生的主要毒素是 α 和 β。由于 β 毒素能够被胰蛋白酶所分解，所以 C 型肠毒血症常见于含有低浓度肠胰蛋白酶的 10 日龄以下的幼年动物。

由 B 型产气荚膜梭菌引起山羊发生肠毒血症的情况也不常见，该细菌主要引起羔羊痢疾。B 型产气荚膜梭菌表达 α、β 和 ε 型毒素。在伊朗，从肠毒血症暴发地区附近的两个不同畜群的山羊中分离到了异常的 B 型产气荚膜梭菌菌株（缺乏透明质酸酶）（Brooks and Entessar，1957）。在德国，B 型肠毒血症在奶山羊和侏儒山羊群中得到了证实。据报道，从出生至 12 日龄的羔羊在出现水样、黄色、血性腹泻后都会死亡（Scharfe and Elze，1995）。

在希腊，A 型产气荚膜梭菌被认为是引起山羊和绵羊肠毒血症最主要的致病因子（Deligaris，1978）。然而，关于 A 型产气荚膜梭菌对山羊具有致病性的观点仍存有争议，因为 A 型产气荚膜梭菌是温血动物肠道和环境中分布最广的产气荚膜梭菌，动物死亡后该细菌能够在动物器官内迅速蔓延（Songer，1996）。另一例报道显示，圈养在动物园的一只西伯利亚野生山羊发生了 A 型肠毒血症（Russell，1970）。将肉汤培养基培养的 A 型产气荚膜梭菌通过十二指肠人工感染家养山羊，在感染 12h 后仅出现暂时性腹泻，12h 后症状消退，且没有出现其他临床症状或死亡现象。与此相反，以相同的方式将 D 型产气荚膜梭菌感染第二组山羊，所有的山羊都发生了腹泻，并伴有抽搐，感染后 36h 内发生死亡（Phukan et al，1997）。

最近，加拿大报道了一例由 A 型产气荚膜梭菌引起 5 周龄波尔山羊羔羊死亡的肠毒血症病例（Dray，2004）。这种情况很少见，剖检时从肠道分离到了产气荚膜梭菌，该细菌具有表达 α 和 β-2 毒素的基因，证明该菌株是非典型的 A 型产气荚膜梭菌。A 型产气荚膜梭菌通常只与 α 毒素有关。最近研究已明确了与 C 型产气荚膜梭菌相关的 β-2 毒素的特性（Gilbert et al，1997）。与报道的该山羊肠毒血症病例一样，产生 β-2 毒素的产气荚膜梭菌还与仔猪和马坏死性肠炎有关（Dray，2004）。

产气荚膜梭菌也能产生肠毒素（Songer，1996）。虽然大多数肠毒素都与A型产气荚膜梭菌有关，但发现一些B型和D型分离株也能产生肠毒素。现已确定E型分离株含有肠毒素表达基因，但该菌并不产生肠毒素（Billington et al，1998）。目前还未见肠毒素在山羊肠毒血症发病机制中发挥作用的研究报道。

10.4.1.2　流行病学

肠毒血症被认为是一种常见且重要的山羊疾病，已被全世界的兽医、生产者和推广人员所关注。然而，有关山羊肠毒血症的兽医文献记载却很少，而且专门针对山羊肠毒血症的相关研究更少。

有关山羊肠毒血症的描述来自澳大利亚（Oxer，1956）、英国（Shanks，1949）、加拿大（Blackwell and Butler，1992）、法国（Delahaye，1975）、南非（van Tonder，1975）、斯里兰卡（Wanasinghe，1973）、瑞士（von Rotz et al，1984）和美国（Boughton and Hardy，1941；Guss，1977）。大多数山羊肠毒血症的暴发都涉及集约化或半集约化饲养管理条件下养殖的奶山羊。当绒山羊受到感染时，如南非和得克萨斯州的安哥拉山羊，山羊肠毒血症可能更多发生于圈养和限制性放牧期，正常的自由放牧期却很少发生（van Tonder，1975；Ross，1981）。对于绵羊饲养场而言，肠毒血症造成的最大损失是引起以精饲料作为日粮的生长期羔羊发病，但在实际生产中山羊几乎不会有这种饲养管理条件。

在所有易感动物中，饲料或饲养条件的突然改变都会激发肠毒血症。特定的饲养条件能使山羊易患此病，包括转至水草丰美的牧场、饲喂面包或其他烘烤制品、新进母羊饲喂麦麸/糠、偶然进入饲料库而暴食，或给不习惯青饲料的山羊饲喂蔬菜等（King，1980a）。但饲料种类的改变并不是引发羊肠毒血症的必要条件。有学者在一群生产商业化抗体的山羊群中观察到了暴发的肠毒血症，这些山羊在发病之前几个月内一直饲喂干草和浓缩料，并未改变饲料类别。

气候突变与其他动物肠毒血症的发生有关，山羊上未见详细报道，也没有证据证明此病的发生具有明显的季节性。肠道绦虫感染是育肥羔羊易发肠毒血症的诱因，因为绦虫感染减慢了谷物饲料通过肠道的时间，使梭状芽孢杆菌过度繁殖，山羊未见类似报道。

虽然零星散发的羊肠毒血症比较常见，但山羊群也暴发高发病率的肠毒血症。几周或几个月内持续出现新病例的情况下，很容易造成肠毒血症的暴发。这种疾病模型的流行病学因素还不清楚。来自早期腹泻病例的D型产气荚膜梭菌在环境中的积累可能是最大的致病因子。

10.4.1.3　发病机制

关于山羊肠毒血症发病机制的专门研究还很有限。一般认为，由于寄生在其他反刍动物肠道内的D型产气荚膜梭菌的数量很少，并且产生的毒素通过正常的肠蠕动快速排出体外，所以对机体并不会产生太大的伤害。突然采食易发酵和富含碳水化合物的饲料，能使更多未经消化的淀粉通过瘤胃进入皱胃和肠道内，为微生物的快速增殖提供了营养物质。摄入过量的碳水化合物可能导致瘤胃蠕动减弱。在D型产气荚膜梭菌增殖和瘤胃蠕动减弱的共同作用下，提高了细菌产生ε毒素的浓度和致病力。肠胰蛋白酶能将ε毒素转换为强亲和力毒素，提高了内脏血管的通透性，从而促使毒素进入血液，产生全身性的毒血症。ε毒素是坏死性毒素，尤其具有毒害神经的作用。重要神经元的损伤、毒血症和休克是引起患畜死亡的主要原因（Kimberling，1988）。

有证据表明，山羊肠毒血症的发病机制因其对肠道的作用方式不同而不同。在临床实例中，相对于其他动物而言，腹泻是山羊的主要临床症状；剖检时，小肠结肠炎是常见的症状（Blackwell and Butler，1992）。这种小肠结肠炎在羔羊和小牛中不常见。

试验证实，山羊肠毒血症以肠道为靶器官。利用插管从十二指肠给绵羊羔和山羊羔灌服D型产气荚膜梭菌的肉汤培养物后，动物呈现出明显不同的临床症状和病理反应（Blackwell et al，1991）。一般来说，绵羊羔表现出嗜睡、明显的神经症状、轻度腹泻和死亡；山羊羔表现出严重的腹泻和腹部不适，在死亡前少数患羊出现神经症状。剖检发现，绵羊羔肠道损伤仅限于结肠的中度水肿，内容物呈水样；而山羊羔却可看到严重的坏死性结肠炎，通过组织学可以确诊。

更多有关将ε毒素注入绵羊羔和山羊羔结扎肠襻的试验表明，绵羊和山羊可能存在不同的临床反应机制。接种2h后，山羊羔肠腔内累积的液体和钠盐量比绵羊羔的多。山羊小肠内内毒素诱导的液体的快速积聚，能够更快速地冲走细菌和毒素，减缓肠道内毒素的吸收。相反，绵羊小肠内迟缓的生理反应，可能导致通过小肠吸收了更多的 ε 毒素，从而引发神经症状、脑损伤和肺水肿。与山羊相比，这一系列症状在自然发生的绵羊肠毒血症病例中最常见（Miyakawa and Uzal，2003）。

10.4.1.4　临床症状

山羊肠毒血症现有三种不同的临床形式，即最急性、急性和慢性。最急性在幼龄山羊的发生频率比成年山羊的高，临床病程通常少于 24h，且易被忽视。在畜群中，发现一只或多只动物死亡时，通常是最急性山羊肠毒血症的最初指征。在吃奶山羊羔中，体格较大、更健壮、有攻击性的个体通常易被感染；在断奶羔羊中，临床病史可反映出最新的饲料变化，或者可能是暴食，表现为突然间食欲减退、精神极度沉郁、腹痛明显，表现弓背、踢腹部、大声哀叫、排出水样含有血液和黏液的粪便、发热达 40.5℃。患病山羊很快变得虚弱，卧地不起，四肢划动并抽搐，常在不出现兴奋症状的情况下就陷入昏迷状态，几小时内死亡，即使治疗也很少见恢复。当奶山羊发生最急性肠毒血症时，产奶量突然下降是发病的前兆。

急性临床症状与最急性相似，但严重程度较小，可能不出现腹痛和哀叫或者症状较轻。粪便先是呈糊状或者很柔软，但随后呈水样。临床病程持续 3～4d，由腹泻造成的严重脱水和酸中毒使得该病的病因较为复杂。有些病例可能会出现自发性痊愈，如果不治疗，大多数动物都会死亡。成年山羊经常感染急性肠毒血症。急性肠毒血症也可能在稳定接种 D 型产气荚膜梭菌疫苗的种群中发生。所以，肠毒血症不能借助先前的疫苗接种而根除。近期饲料的变化可能是引起急性肠毒血症的诱因。

慢性病例，在几周内都会观察到间歇性、反复性的发病。成年动物易感。感染后的山羊目光呆滞、无精打采，并伴有食欲减退，泌乳山羊产奶量下降，伴随有排出糊状或不成型的粪便，患病动物体重逐渐下降。除非之前羊群中已出现过最急性型和急性型病例，否则很难对肠毒血症的慢性病例进行确诊（Shanks，1949）。

10.4.1.5　临床病理学和剖检

关于山羊肠毒血症血液学和临床化学变化方面的报道很少。笔者已经记录了山羊急性病例的全血细胞计数，中性粒细胞增多是一个明显的趋势。在 39 只感染的山羊中，平均白细胞数为 16 200 个/mm^3，个别病例高达 47 700 个/mm^3；严重脱水病例的红细胞压积高达 57%。在肠毒血症的后期阶段，患畜可能出现高血糖、氮质血症、血清渗透压增加的症状（Blackwell et al，1991），但这些都不是该病特有的症状。

关于山羊肠毒血症剖检的记录也很有限。对 10 只肠毒血症山羊进行剖检发现，均具有小肠结肠炎的症状（Blackwell and Butler，1992），表现出以出血性、纤维素性渗出或者坏死为特征的肠道损伤。随后，出现肺水肿、肾小管坏死和肠系膜淋巴结水肿。仅在一只山羊中发现了绵羊病例中常见的心包积水。感染山羊的膀胱尿液中可检测到葡萄糖。对感染羊死后尽快剖检，发现肾脏柔软或呈泥状，则可确定患有肠毒血症。若剖检不及时，肾脏检查就失去了诊断意义。因为不管动物因何病因死亡后，其肾脏都会发生自我分解。有些肠毒血症病例可能完全缺乏肉眼可见的病变（Blackwell，1983）。

虽然大脑微血管病变的症状在绵羊肠毒血症中很常见，但在山羊肠毒血症中却很少见到相关报道。这可能由于神经症状在山羊肠毒血症中不明显，所以对感染山羊大脑没有开展组织学检查。当对来自澳大利亚的两只诊断为肠毒血症的山羊组织进行回顾性检查时，两只山羊都有明显的大脑微血管病变（Uzal et al，1997）。

将淀粉灌入瘤胃，同时通过十二指肠灌注全菌培养物、培养上清液或洗涤过的细菌，人工诱导山羊感染 D 型肠毒血症，山羊都表现出了该病的典型症状：腹泻和坏死性大肠炎。这些山羊也表现出了与绵羊肠毒血症相似的病变，包括肺水肿和血管源性脑水肿（Uzal and Kelly，1998）。

肠黏膜层的异常表现可用于辅助进行肠毒血症的诊断。感染动物肠黏膜切片显示，黏膜层出现了大量的革兰氏阳性棒状产气荚膜梭菌（图 10.5、彩图 47）。对腹泻粪便进行涂片检查，可见大量的革兰氏阳性杆菌和孢子。

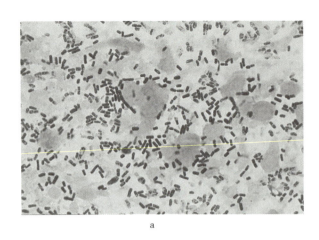
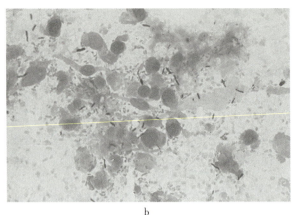

图 10.5　肠毒血症山羊肠黏膜的革兰氏染色涂片（a）；注意剖检正常山羊肠涂片中大量的革兰氏阳性杆菌（b）
（Dr. David M. Sherman 供图）

小肠病变部位棉拭子可用于厌氧培养。D 型产气荚膜梭菌可以从正常山羊的肠道内分离得到，因此肠道组织的培养对其临床诊断几乎没有意义。然而，对健康山羊的皱胃和肠道内容物进行培养，抽样检测结果显示，只有 61％的山羊带有肠道梭状芽孢杆菌，仅有 3％带有 D 型产气荚膜梭菌（Sinha，1970）。因此，从表现肠毒血症典型症状的死亡动物中通过肠道棉拭子分离微生物更具有诊断意义。

肠毒血症最可靠的病理特征是，从肠道病变部位取至少 10mL 肠内容物分析，发现病畜腹泻物或肠内容物中存在 ε 毒素。由于毒素很不稳定，所以应低温将肠道内容物送到实验室或者冷冻保存。因为 ε 毒素特别容易分解，所以当怀疑为 D 型肠毒血症时，应该在动物死后尽快采集肠道内容物并冷冻运输。

传统意义上，可用小鼠的致死率，以及豚鼠或者兔子的坏死性皮肤病进行确诊，通过毒素中和试验鉴定毒素类型。最近，报道的酶联免疫吸附试验（ELISA）和对流免疫电泳（CIEP）不仅不需要实验动物，而且提高了确诊的有效性。据报道，这两种方法的检测结果与小鼠致死率试验具有可比性（Naylor et al，1987；Hornitzky et al，1989）。然而，另一项研究表明，与检测小鼠肠道内容物和其他体液中 ε 毒素的中和试验相比，多克隆抗体 ELISA、单克隆抗体 ELISA 和 CIEP 的敏感性更高。研究还表明，最终确诊不仅要依据毒素的检测，而且还要结合临床症状和死后剖检结果（Uzal et al，2003）。

20 世纪 90 年代初，聚合酶链式反应（PCR）检测技术被建立，可通过 PCR 鉴定各种产气荚膜梭菌毒素的编码基因来对病原微生物进行分型，而不再需要用细菌毒素进行鉴定（Daube et al，1994；Meer and Songer，1997）。有些实验室，多重 PCR 成了基因分型的常规方法，可用其对山羊胃肠道内容物、粪便（Uzal et al，1996）或者石蜡包埋组织中的产气荚膜梭菌进行鉴定和分型（Warren et al，1999）。

10.4.1.6　诊断

可根据特征性临床病史、临床症状、剖检的小肠结肠炎、粪便或肠腔中可分离到产气荚膜梭菌、粪便或肠腔内容物培养物中 ε 毒素和 ε 毒素编码基因的鉴定进行联合诊断。也可以通过服用 D 型产气荚膜梭菌特异性的抗毒素，观察发病动物的临床反应，进而对假定为山羊肠毒血症的病例进行死前诊断（Guss，1977）。然而，有人认为这一方法并不可靠（Blackwell and Butler，1992）。

最急性病例的鉴别诊断必须包括引起患畜突然死亡的所有原因，尤其对植物和化学物质的毒性要格外重视。D 型肠毒血症不会引起 3 周龄以下羔羊的急性发病，因为正常的肠道胰蛋白酶的分泌水平不足以激活 ε 毒素前体。但 C 型肠毒血症能够引起该年龄段幼畜的死亡。

当最急性或急性病例出现腹泻时，鉴别诊断应该包括球虫病、沙门氏菌病和耶尔森氏菌病，幼龄动物还应包括隐孢子虫病和大肠杆菌病。

在产奶山羊急性型病例的初期，症状可能类似地方性乳热或低钙血症。注射钙盐后，地方性乳热病畜会出现好转，据此可进行确诊。慢性羊肠毒血症和慢性沙门氏菌病在临床症状上很难鉴别，应该根据细菌学方法进行鉴别诊断。

10.4.1.7 治疗

治疗后还要注意山羊肠毒血症的预后情况，需要采取积极的干预措施。应将感染动物置于温暖、干燥的良好环境中。用含碳酸氢盐的混合电解质溶液通过静脉注射治疗，以对抗最急性和急性病例的休克、脱水和酸中毒。非甾体类抗炎药如氟尼辛（每 1kg 体重 1mg，每 12h 静脉注射1 次）有助于稳定动物的毒血症性休克，并可缓解痛苦。

对于严重病例，应该通过注射给予商品化的C 型和 D 型抗毒素，静脉注射的效果更好。虽然推荐使用的预防剂量通常为 5mL 左右，但治疗剂量已经高达 100mL。因为抗毒素产品相对昂贵，使用最小的有效剂量是比较理想的选择。在澳大利亚的临床应用中，有效剂量介于 15～20mL（King，1980a）。对抗毒素有反应的病例在用药后 1～2h 内，会出现短暂、快速且明显的改善；每 3～4h 重复使用相同或减少剂量的抗毒素，直到发病动物的病情明显稳定为止。据报道，对慢性病例服用 2 次 20mL 剂量的抗毒素，间隔 4d（Quarmby，1946），是比较合理有效的治疗方法，能使感染病例停止腹泻，并且产奶量和体况得到明显改善。

有报道显示，给萨能奶山羊反复使用抗毒素，出现了针对抗毒素的过敏性蛋白（Quarmby，1947）。虽然这种过敏反应可能反映了以前的血清产品纯度差，但在考虑其引起过敏反应的可能因素时，也应考虑萨能奶山羊的品种因素，并提前准备好肾上腺素（0.03mg/kg，静脉注射）。

抗生素治疗有助于抑制细菌的增殖。现已成功地用口服磺胺类药物治疗该病。为了保证药物能够到达皱胃和肠道，推荐先用 5mL 的硫酸铜溶液（每升水加一汤匙硫酸铜）预处理关闭食管沟，随后迅速给予抗生素（King，1980a）。混合使用注射类青霉素、四环素或者甲氧苄氨嘧啶-磺胺类药物也有效。产气荚膜梭菌通常对氨基糖苷类抗生素具有抵抗力（Songer，1996）。

为了限制 ε 毒素的吸收和促进肠内 ε 毒素的排出，理论上可口服各种泻药和吸附剂，包括活性炭、硫酸镁、氢氧化镁、咖啡因和高岭土/果胶。但治疗效果还没有得到证实。

羊肠毒血症暴发时，处于暴发区的所有动物都有被感染的危险。应对已接种疫苗的山羊加强免疫，未接种疫苗的山羊给予预防剂量的抗毒素，并在初次免疫 2～3 周进行加强免疫，并减少碳水化合物的摄食。

10.4.1.8 防控

山羊对羊肠毒血症高度易感，应对所有山羊应进行预防接种，并将此纳入山羊群基本防疫程序中。现已确定对山羊进行疫苗接种不能产生与绵羊相同水平的免疫保护，并且抗毒素的血清抗体对山羊保护的持续时间是有限的（Shanks，1949；Blackwell et al，1983）。

试验已证明山羊和绵羊存在种间差异。当给山羊和绵羊同等剂量包括 D 型产气荚膜梭菌在内的 3 种梭状芽孢杆菌多价疫苗时，绵羊抗 ε 毒素的抗体水平显著升高，在免疫 28d 后其抗体水平明显高于免疫前；而山羊体内只有抗 ε 毒素的抗体效价显著升高，28d 后所有的效价恢复到免疫前水平（Green et al，1987）。

目前还不完全清楚能保护山羊免于羊肠毒血症所需的抗 ε 毒素的血清抗体水平，但一项研究表明，保护性抗体水平约为 0.25IU/mL（Uzal and Kelly，1998；Uzal et al，1998）。研究表明，用不完全佐剂制备的疫苗免疫山羊，能产生较高水平的抗 ε 抗体，其效价水平在 2.45～230IU/mL；通过十二指肠服用 D 型产气荚膜梭菌培养上清液后，这些山羊没有表现临床病状或死后剖检出现病变。相反，用氢氧化铝制备的疫苗免疫山羊，其产生的抗体水平仅为 0.22～1.52IU/mL，5 只山羊中有 4 只出现了腹泻，剖检时有结肠炎症状。而未免疫对照组山羊均出现严重的小肠结肠炎症状（Uzal and Kelly，1998）。然而，将用于绵羊的传统的、商品化疫苗免疫山羊后，发生了小肠结肠炎，也许是由于山羊不能产生足够高的抗小肠结肠炎抗体（Uzal and Kelly，1998）。

随后，给山羊接种一次标准化的商业疫苗，或在初次免疫后 28d 或 42d 后进行加强免疫，并检测抗体水平。在这 3 种免疫程序中，大多数山羊在初次免疫后 98d，抗体水平已经下降到预测的保护阈值（0.25IU/mL）以下（Uzal et al，1998）。

这些发现有力地证实了推荐的山羊免疫接种程序，即每间隔3～4个月使用目前现有的疫苗免疫1次，以维持足够的抗羊肠毒血症的保护性抗体，特别是有羊肠毒血症史的畜群。山羊至少应每半年免疫1次。初次免疫后3～6周应进行加强免疫，并且每年应定期免疫2次或3次，并在孕畜分娩前2～3周进行最后免疫。这样可提高初乳对未断奶羔羊的保护作用。羔羊应在3～6周龄断奶前进行初免，并根据疫苗使用说明书，在免疫3～6周后进行加强免疫。

与通常批准用于牛羊的成分复杂的多价梭状芽孢杆菌疫苗相比，使用那些只预防有无致破伤风的C型和D型产气荚膜梭菌病的疫苗可能更好。这些多价疫苗比较昂贵，能提供抗山羊的梭菌性疾病的非必需抗体。此外，至少有一项研究表明，多价疫苗免疫山羊有时产生抗ε毒素的抗体效价明显低于C型和D型产气荚膜梭菌二价疫苗（Blackwell et al，1983）。专门针对山羊的疫苗产品很少，一般都使用绵羊的剂量。

山羊的疫苗注射部位会产生局部组织反应。这对于山羊是不利的，也使干酪性淋巴结炎的控制变得更为复杂，因为这使得畜主难于鉴别诊断淋巴结肿胀和注射部位的组织反应。在免疫接种梭菌疫苗后，会出现直径2～5cm的无菌脓肿，这可能与疫苗制剂本身有关，而与注射技术无关（Blackwell et al，1983；Green et al，1987）。

给山羊接种时，应小心、谨慎，避免因技术原因导致的脓肿。每次接种都要使用新针头。对于山羊，在前肢后胸壁的皮肤松垂部位进行皮下接种，这个部位的免疫反应不易被看到。但如果这个部位出现反应，并继发感染，脓肿可能在人们发现之前就已经变得很大。因此，对商业化养殖的山羊，推荐在颈部进行注射免疫。兽医应对疫苗产品进行抽样检查，以确定使用引发组织反应最小的疫苗产品。现已证实，疫苗的组织反应与免疫原性之间并无相关性（Green et al，1987）。

除免疫接种外，防控羊肠毒血症的主要措施是：避免突然更换饲料、警惕暴饮暴食、防范意外食入谷物饲料和贮存饲料。

10.4.2　沙门氏菌病

沙门氏菌病是一种重要的传染病，其原因是：所有家畜和家禽感染和发病率的模式不同、对动物源性人类疾病的公共卫生的关注、多重耐药性的发生率升高，以及与人畜共患病感染可能有关的社会舆论、负面宣传导致生产商和食品加工者的经济损失。这些问题都与山羊产业有关。

10.4.2.1　病原学

沙门氏菌是革兰氏阴性菌，不形成芽孢，属于肠杆菌科的棒状杆菌，有2 400多种血清型，也称为血清变型。从全球范围看，鼠伤寒血清型沙门氏菌是牛、羊、马、猪最常见的感染因素，常引起腹泻和败血症。在美国，该血清型与山羊的临床沙门氏菌病有关（Bulgin and Anderson，1981）。然而，英国的两份报告称，从发病山羊体中分离出了都柏林沙门氏菌（Levi，1949；Gibson，1957）。而在尼日利亚腹泻羔羊的调查中，分离了单一的浦那沙门氏菌（S. poona）菌株（Falade，1976）。在澳大利亚的一次疫情暴发中，从因严重腹泻而死亡的山羊体中分离出了4种血清型：阿德莱德沙门氏菌（S. adelaide）、鼠伤寒沙门氏菌、慕尼黑沙门氏菌（S. muenchen）和新加坡沙门氏菌（McOrisrt and Miller，1981）。从患有胃肠炎和败血病的印度山羊病例中，分离获得的菌株包括鼠伤寒沙门氏菌、比尔沙门氏菌（S. bere）、科伦坡沙门氏菌（S. colombo）、纽波特沙门氏菌（S. newport）、田纳西州沙门氏菌（S. tennessee）和沃辛顿沙门氏菌（S. worthington）（Janakiraman and Raiendran，1973）。在希腊，从患有腹泻的羔羊体中分离培养了肠炎沙门氏菌（S. enteriditis）、阿博尼沙门氏菌（S. abony）和塞罗沙门氏菌（S. cerro）（Zdragas et al，2000）。

沙门氏菌也引起山羊流产，流产是所有血清型沙门氏菌败血症的后遗症。但在地中海和中东国家，羊流产沙门氏菌引起山羊和绵羊流产，出现了典型的动物流行性流产综合征（Leondidis et al，1984）。羊流产沙门氏菌还会引起肠道沙门氏菌病（Sanchis and Cornille，1980）。沙门氏菌很少会通过污染的环境经乳头进入乳房，引起山羊乳腺炎。

现已从健康山羊的排泄物中分离到了多种血清型的沙门氏菌（Kapur et al，1973；Abdel-Ghani et al，1987）。在全世界，有40种以上的血清型都是从屠宰场的山羊内脏中分离到的

（Nagaratnam and Ratatunga，1971；Kumar et al，1973；Gupta et al，1974；Arora，1978；Nabbut and Al-Nakhli，1982；Subasinghe and Ramakrishnas-wamy，1983；Faraj et al，1983；Diaz-Aparicio et al，1987；Woldemariam et al，2005；Chandra et al，2006）。从中东和亚洲地区屠宰山羊的肠系膜淋巴结中分离到了能引起人副伤寒的甲型副伤寒沙门氏菌，表明山羊可以作为人感染副伤寒的传染源。对屠宰场动物内脏的调查发现，从肠系膜淋巴结和胆囊中分离的沙门氏菌最多。

10.4.2.2 流行病学

沙门氏菌病在家畜中的发生和预后受多个因素的影响。包括适应性寄主沙门氏菌血清型的存在、带菌状态的发展、宿主受损免疫力、长时间运输或食物和水缺乏等严重的应激反应、集约化管理的习惯以及接触污染的饲料或感染动物等。在山羊的沙门氏菌病中，对这些因素不进行一一描述。

山羊中没有报道已知的宿主适应性沙门氏菌血清型。在英国，牛是都柏林沙门氏菌的最适宿主，但该菌株也能引起山羊的临床疾病，但对接触的山羊或康复山羊的粪便或剖检组织进行重复培养，没有发现带菌状态或持续排出病原体（Levi，1949；Gibson，1957）。

自然感染沙门氏菌的报道表明，山羊存在潜在的带菌状态，而且潜在感染会加速沙门氏菌的排出，且在运输刺激、过度抓摸、饲料和水缺乏、饲料改变或分娩等应激下临床症状更明显。正如上面所列举的那样，频繁地从屠宰场健康山羊器官分离到沙门氏菌也表明了带菌状态的存在。

山羊潜在的带菌状态已经通过鼠伤寒沙门氏菌试验得到了证明（Arora，1983）。山羊口服感染鼠伤寒沙门氏菌，3d后粪便排泄物中的细菌数达到峰值，但2周后停止排出，在随后的3周从粪便中没有获得鼠伤寒沙门氏菌。然而，当这些山羊经过运输刺激后，60%的动物重新开始排出鼠伤寒沙门氏菌；剖检时，可从肠系膜淋巴结、肝脏、脾脏分离到病原体。相反，处于相同研究条件下的犊牛和仔猪鼻腔存在带菌状态，而有沙门氏菌病病史的羔羊则鼻腔不存在带菌状态（Garg and Sharma，1979）。

粪-口途径是沙门氏菌最常见的传播方式。易感种群中引进未经确诊的带菌动物，在沙门氏菌的传播中占有十分重要的地位。跨物种感染也能发生，据报道，都柏林沙门氏菌可通过受排泄物污染的圈舍和垫草从犊牛传给羔羊，鸭子能通过污染的饮水将鼠伤寒沙门氏菌传染给山羊（King，1980）。虽然山羊通过其他潜在方式传播病原的文献记载很少，但山羊潜在的感染方式包括未经处理的污水、污染的饲料、啮齿动物、鸟类和其他家畜。

其他易引起山羊临床沙门氏菌病的因素包括：与处于活跃期的排菌动物的密切接触、因卫生条件较差而引起的环境微生物的增加、结构简陋的饲料槽和饮水器、并发症尤其是严重的胃肠道寄生虫病、野生山羊的捕获应激、新生胎儿初乳抗体的转移失败等。集约化饲养是将许多山羊维持在密闭的圈舍中，增加了沙门氏菌感染或传播的风险，虽然这种饲养方式是奶牛沙门氏菌感染的一个重要因素，但相关文献记载很少。

有文献记载，人食用山羊产品后可感染沙门氏菌。生的或未煮熟的山羊肉有引起沙门氏菌感染的危险，山羊奶或奶酪也会导致感染，尤其是未经巴氏消毒的产品，能导致严重的胃肠炎甚至死亡。1993年在法国，由未经巴氏消毒的山羊奶制成的商品奶酪，导致了273人感染沙门氏菌，其中1人死亡。虽然，奶酪加工厂从40个山羊群获取羊奶，但致病微生物——甲型副伤寒沙门氏菌只追溯到一个山羊养殖场。储存在加工厂中的33t奶酪被迫销毁（Desenclos et al，1996）。用法国一个260只山羊羊群的羊奶生产的3种未经巴氏消毒的奶酪产品，使法国、瑞士、瑞典、奥地利、德国、英国和荷兰7个欧洲国家出现了52例人感染沙门氏菌的病例，其病原体是比较罕见的斯陶尔布里奇沙门氏菌（S. stourbridge）血清型（Espié and Vaillant，2005）。对所有来源群的山羊奶样品进行培养和流行病学研究，在羊奶中只发现1例无症状的病原携带者。这次疫情突显出在现代市场和贸易体系下，人畜共患传染病如何广泛传播。

10.4.2.3 发病机制

目前还没有针对山羊肠炎和败血型沙门氏菌病发病机制的研究，但推测与其他动物类似（Radostits et al，2007）。摄食后，该微生物寄生在肠道内，回肠最常见，出现明显的肠炎症状，这可能是由濒临死亡的菌体释放内毒素所致。有时腹泻由炎性肠炎导致，但是该微生物也能分泌肠毒素。肠毒素对绒毛上皮细胞有过分泌作用，导致肠道流体和电解质的加速流失。

沙门氏菌是入侵性细菌，能穿透黏膜进入淋巴管，可能产生几种结果。对抗病力降低或免疫力严重损伤的个体，该微生物会进入血液，引起全身内毒素性败血症，通常导致动物死亡；如果动物拥有强大的免疫系统，则会完全清除感染。对于中等抵抗力的动物，因该微生物在肝、胆、脾、肠系膜淋巴结局部繁殖，会出现短暂的菌血症。这些动物会变成可能的带菌者，遇到应激时可发展为临床败血症或肠炎；或保持亚临床感染，但开始通过粪便排出病原体，这是通过胆囊感染使肠道再次感染的结果。妊娠的带菌羊在分娩应激下可能引起菌血症，并导致胎儿的直接感染，或通过羊奶或被粪便污染的乳房而发生间接感染。

感染动物会产生可检测的鞭毛（H）抗体和菌体（O）抗体。在用鼠伤寒沙门氏菌人工感染山羊的一次试验中，在感染5d后就可以检测到O抗体和H抗体（Sharma et al，2001），而另一次试验在感染7d后才检测到抗体（Otesile et al，1990）。鞭毛抗体在山羊体内持续的时间似乎更长。抗体在后续免疫中的作用还不清楚。但首次感染沙门氏菌后，动物对相同沙门氏菌菌株的感染会产生免疫力，但交叉免疫力有限。这一事实不利于广谱效疫苗的研发。

10.4.2.4　临床症状

现已确定山羊有3个沙门氏菌的感染阶段：出生第1周新生儿的败血症、2～8周龄羔羊断奶前的肠炎和成年山羊的肠炎/败血症。第一阶段预后是死亡，第二阶段预后是虚弱，第三阶段预后是应谨慎监管。

对于新生儿败血症，羔羊通常在出生时表现正常，36h后突然死亡，除精神沉郁外，没有任何症状。有时可以观察到气体性腹胀，并伴随腹痛或腹泻。

在较大羔羊的肠炎病例中，有精神沉郁和厌食症的急性发作，排大量水样、恶臭、黄色到茶绿色稀粪，并伴发41.7℃高热。受感染羔羊很快发展为严重脱水、虚弱和卧地不起。一些病例在腹泻开始后8h死亡，大多数在24～48h内濒临死亡。有的患羊24h后发热消退，体温低于正常温度，出现休克。肠炎的发病率和死亡率高，尤其当产羔经常集中于短时间内时，养殖场内大量羔羊处于感染危险中。

成年动物发病模式趋向于散发，发病率和死亡率较低。感染山羊突然出现严重的精神沉郁、厌食、发热，并有水样、恶臭腹泻，粪便呈黄色、灰色或茶绿色；接着发生脱水和衰弱。患羊在症状开始出现的24～48h内死亡。成年羊也会出现慢性病例，症状相似但比较轻微，并在恢复的过程中伴有间歇性的腹泻复发，患畜变得越来越消瘦，并可能出现贫血。

在已公布的山羊沙门氏菌病例中，很少有出血性腹泻或纤维素性渗出的报道。这与奶牛和绵羊病例的报道形成了鲜明对比。

10.4.2.5　临床病理学和剖检

患有沙门氏菌病的山羊，在发病早期有明显的白细胞减少症，接着出现白细胞和中性粒细胞增多，并在非急性死亡病例中出现中性粒细胞左移。由于腹泻导致的钠、钾流失，可引起严重的代谢性酸中毒。在败血型沙门氏菌病中，由于肝脏病灶的存在，肝脏特异酶升高。在慢性沙门氏菌病中，可以观察到贫血和低蛋白血症。若新生儿的母源抗体被动转移失败，则血清免疫球蛋白水平会较低，这就容易诱发临床沙门氏菌病。研究已表明，母羊奶和粪便的细菌培养也可作为鉴定母羊为感染源的依据。

对于肠炎病例的确诊，应该反复尝试进行粪便培养。在有些情况下，尝试利用腹泻物培养进行病原体分离没有获得成功，但当腹泻问题被解决后，可以从成型的粪便中获得阳性培养结果。由于沙门氏菌各血清型引起不同动物的感染特征不同，所以建议在实验室进行分离株生化特征和血清型的鉴定。在败血症病例中，应在抗生素治疗前进行血液培养，并且由于沙门氏菌的抗生素耐药性发生率日益增多，所以需要进行分离株的抗生素敏感性试验。

血清学诊断对羊群暴发急性沙门氏菌感染的诊断具有一定价值。在都柏林沙门氏菌感染的暴发中，山羊接触细菌后会持续几个月产生抗鞭毛抗原（H）的抗体，未接触病原的对照山羊的凝集效价达到1∶80，而感染山羊的效价高达1∶20 480。

剖检因急性败血症而死亡的羔羊，可能仅发现轻微的肉眼可见的病变，包括浆膜表面出血、心包积液和腹膜液增加及肠气胀。组织学上，观察到皱胃水肿和肠道微绒毛尖端扩张，可以尝试用多种组织器官进行细菌培养。

在年龄稍大的羔羊和成年羊的肠炎病例中，眼观病变更加明显，包括浆膜表面点状出血、心包和腹膜液渗出、肠系膜淋巴结肿大和水肿、肺充血、胆囊水肿变厚、肠黏膜有明显的弥散性炎症。大肠和小肠都有病变，包括卡他性炎症、出血性炎症到坏死性炎症。在病程更长的病例中出现白喉膜。在慢性病例中，可能会看到腹部脂肪缺乏、肝脏粟粒状结节和肝脏脂肪沉积。

肠炎可以通过组织学予以确诊。小肠可能表现膨胀的黏膜隐窝，内含细胞碎片和中性粒细胞，黏膜下层中性粒细胞和淋巴细胞浸润，并且黏膜固有层水肿。肝脏存在含有单核细胞集聚的小坏死灶。据报道，被鼠伤寒沙门氏菌感染的山羊，即使在肠道病变不明显的时候，肠系膜淋巴结也有严重的组织病变（Sharma et al，2001）。山羊肠系膜淋巴结是分离细菌最好的材料，肠道内容物、脾、肝、胆也能成功用于细菌的分离培养。

10.4.2.6 诊断

新生羔羊病例，应与饥饿、低体温、致死性的先天缺陷、大肠杆菌性败血症进行鉴别诊断。较大羔羊的急性炎症病例，主要与球虫病、隐孢子虫病、由 D 型产气荚膜梭菌引起的肠毒血症、放牧动物的胃肠道线虫病进行鉴别诊断。在成年动物，应排除肠毒血症和胃肠道线虫病。在发生小反刍兽疫和牛瘟的国家，应考虑进行鉴别诊断。

10.4.2.7 治疗

应直接针对脱水进行治疗，包括维持体液循环、校正酸碱和电解质的失衡、改善内毒素效应和控制菌血症。建议采用强化液体疗法，静脉输液是最有效的。推荐补充碳酸氢钠和碳酸氢钾的电解质平衡溶液。对于新生羔羊的败血症，也可采用补充葡萄糖的措施。如果新生羔羊出现低丙球蛋白血症，输入全血是比较理想的方法，输入血浆效果更好。非类固醇类抗炎药如氟尼辛葡胺对治疗沙门氏菌病是有效的。

关于使用抗生素治疗沙门氏菌病的观点存在争议。因为用抗生素治疗其他物种的沙门氏菌病时，延长了粪便排泄物中细菌的排出，增加了患病动物发展成为带菌者的可能性，加速了微生物耐药性的产生。这些因素限制了抗生素在山羊的研究。从印度获得的山羊鼠伤寒沙门氏菌分离株和 S.Weltevreden 都拥有 R 因子，具有耐受四环素、土霉素和金霉素的多重耐药性（Kumar and Misra，1983）。通过对印度一个屠宰场宰杀的 204 只山羊的调查，获得了 60 个沙门氏菌分离株，具有 40 种模式的抗生素耐药性。所有分离株都对氯霉素和亚胺培南敏感，而 70% 菌株对呋喃妥英耐受，52% 对阿米卡星有抗性。在所有分离株中，对 3 种或者更多种药物有耐药性的菌株占 52%，而只有 8% 的分离株对所有检测药物都敏感；13% 的菌株抗庆大霉素，18% 的菌株抗四环素（Chandra et al，2006）。

如果不使用抗生素，患败血症的羔羊就没有存活的机会。另外，如果在肠炎的晚期病例中出现败血症，那么建立临床诊断是极其困难的，因为肠道严重脱水和电解质失衡会导致病畜虚弱、卧地不起，出现内毒素性休克。在这些情况下可以使用抗生素，但需要特别注意的是，不能将使用抗生素治疗的动物引入新的畜群，因为这些动物很可能处于带菌状态。

现已证明，大多数山羊沙门氏菌分离株都对氯霉素敏感，所以允许使用氯霉素，按 10mg/kg 的剂量每 12h 静脉注射 1 次。山羊沙门氏菌分离株常对先锋霉素、氨基糖苷类的庆大霉素和卡那霉素以及甲氧苄氨嘧啶-磺胺类药物的联合使用都很敏感。但须谨慎使用氨基糖苷类药物，因为经常出现的严重脱水往往会加重这些药物固有的肾毒性。

可以肌内注射或皮下注射庆大霉素和卡那霉素，每 8h 1 次，每次的剂量分别为 1mg/kg 和 5mg/kg。甲氧苄氨嘧啶通过瘤胃降解无效，因此给成年羊使用甲氧苄氨嘧啶-磺胺类药物时，必须采用静脉注射或皮下注射。这种合剂也可以静脉注射给败血症新生儿，以快速提高血浆浓度。该药也可以口服治疗小型反刍动物的肠炎，口服剂量为 30mg/kg，每天 1 次；或按 15mg/kg 的剂量每 12h 静脉注射 1 次。沙门氏菌对四环素、呋喃妥因、磺胺类药物、新霉素、链霉素、红霉素和氨苄青霉素的敏感性变化较大。对青霉素有典型的抗药性（Nabbut et al，1981；Mago et al，1982；Kumar and Misra，1983）。在沙门氏菌病暴发时，如果细菌分离株对磺胺类或四环素类药物敏感，通过群体给药进行治疗是有效的；由于许多患病动物不摄食饲料，但能继续饮水，因此应将药物溶入水中。

10.4.2.8　防控

为了防止将沙门氏菌引入新的畜群，不提倡从外面购买动物。如果确实需要购买，应该直接从健康畜群中购买，而不是通过交易市场。因为运输和新环境的应激，可能激发粪便病原体的排出或明显的临床疾病，所以应将新购买的动物隔离至少 3 周。在条件允许的情况下，应该进行粪便细菌培养，特别是在隔离期间发生腹泻的动物。

出现疫情时，首先要确定传染源。因为沙门氏菌的感染源可能是污染的饲料和饮水、亚临床携带者、新引进的牲畜，或者是包括啮齿类和鸟类在内的其他带菌动物。因此，需要进行广泛的动物和环境取样，以鉴定和排除传染源。

应隔离感染动物，使之远离畜群圈舍。在处理这些动物时，应采取严格的消毒措施。如果感染动物已经离开原始发病点，则应彻底清洁发病点，反复消毒，数周内不允许使用。普通家用漂白剂是最廉价和最有效的消毒剂，只要将有机材料远离地板、圈舍、饲养员和饮水器，就可以用其消毒。

当沙门氏菌病在一个种群中散发或复发时，必须考虑可能存在带菌动物。在全群范围内进行粪便培养检查、筛选排菌者，可能花费较大，但非常有效。必须要确保幼畜得到足够的初乳，山羊产羔设施和喂养设备应保持清洁。幼畜应该与成年家畜分开饲养，最好有单独的圈舍而不是混群饲养。

在反刍类家畜中，接种疫苗在控制沙门氏菌感染中具有重要作用。但由于目前还没有批准专门用于预防山羊沙门氏菌病的疫苗，所以疫苗的选择是有限的。在包括美国在内的很多国家，有可以用于牛的鼠伤寒沙门氏菌和都柏林沙门氏菌二价灭活疫苗，但灭活疫苗的效力有限。根据革兰氏阴性细菌细胞壁普遍存在的最重要的脂多糖（LPS），已实现了牛用疫苗的商业化生产，并且可为各种血清型提供更好的交叉保护，因为疫苗中不存在赋予血清型特异性的 LPS 重复的多聚糖单位。

提高细胞和体液免疫的新疫苗技术正在积极研发，特别是克服单价疫苗对异源性沙门氏菌血清型提供交叉保护的普遍缺陷。现已研制了一种有发展前景的疫苗，产生针对铁载体受体位点和包括沙门氏菌在内的肠杆菌科（Enterobacteriaceae）细菌细胞外膜发现的孔蛋白的抗体，这些受体位点和蛋白质都是转移铁到细菌细胞所必需的，也是细菌增殖和生存的必要条件。在沙门氏菌的各种血清型中，受体位点的结构是保守的。所以，使用这种方法产生了显著的针对多重血清型的交叉保护性。美国现拥有基于此技术的商业疫苗，但其使用仅限于牛（Stevens and Thomson，2005）。已考虑在疫区用由沙门氏菌分离株制备的自体菌苗来控制已感染的山羊群。

10.4.3　耶尔森氏菌病

耶尔森氏菌病是引起新西兰山羊肠炎及死亡的常见病，如今已成为该国的地方性疾病。该病也散发于世界各地，而且常与因败血症导致的山羊肠炎、流产、乳腺炎、脓肿以及败血症有关。耶尔森氏菌病是一种人畜共患传染病。

10.4.3.1　病原学

耶尔森氏菌病是属于肠杆菌科的一种革兰氏阴性、需氧或者兼性厌氧、不发酵乳糖的球杆菌。从粪便病料中分离出来的病原菌在血琼脂和麦康凯琼脂培养基上极易生长，且生长过度。

耶尔森氏菌属有 3 个致病菌种。鼠疫耶尔森氏菌是引起人类和啮齿动物鼠疫的病原。在人鼠疫病记录中，除记录了追踪到的大量屠宰病羊外，并没有对该病原菌做更深入的研究。山羊是鼠疫流行的一种哨兵动物（Christie et al，1980）。

小肠结肠炎耶尔森氏菌和假结核耶尔森氏菌是人类以及包括山羊在内的许多动物的致病性病原体。环境中普遍存在小肠结肠炎耶尔森氏菌。假结核耶尔森氏菌普遍存在于许多家畜及野生动物的内脏中。这两种细菌所引起的疾病统称为耶尔森氏菌病。

人们主要根据菌体抗原（O）对耶尔森氏菌的血清进行分型。假结核耶尔森氏菌主要有 6 种血清型（Ⅰ～Ⅵ）。血清Ⅰ型和血清Ⅲ型与山羊疾病的相关性最大（Hubbert，1972；Jones，

1982；Hodges et al，1984；Slee and Button，1990；Seimiya et al，2005）。血清Ⅲ型产生的一种外毒素可能是致病因子。

小肠结肠炎耶尔森氏菌通过其生物型和血清型进行分类。生物型是指它的生化特征，而血清型是指其抗原特性，主要与菌体抗原（O抗原）相关。虽然早期文献中不包括所有的类型，但由于致病菌株和非致病菌拥有一些共同抗原，因此应根据其生物型进行分类后，再依据血清型进行分型。小肠结肠炎耶尔森氏菌主要有5种生物型或生物变型，并且有许多血清型或血清变型。生物型为5而血清型为O：2，3的菌株与挪威山羊肠炎有关（Krogstad et al，1972），同样也与澳大利亚、新西兰的山羊和绵羊的肠道疾病有关（Slee and Button，1990a）。

在标准的血清学试验（如微凝集试验）中，血清型O：9的小肠结肠炎耶尔森氏菌与流产布鲁氏菌存在交叉反应，易与布鲁氏病防控计划中的布鲁氏菌病监测相混淆。加拿大曾证明，正常山羊可能感染血清型O：9耶尔森氏菌，并产生抗体，用牛流产布鲁氏菌抗原检测时出现假阳性结果（Mittal and Tizzard，1980）。最近有报道称，用牛流产布鲁氏菌纯化抗原建立的酶联免疫吸附试验（ELISA）技术，可用于鉴别诊断布鲁氏菌病和血清型O：9的小肠结肠炎耶尔森氏菌病（Erdenebaatar et al，2003）。

10.4.3.2 流行病学

在20世纪，世界各地都有动物及人感染耶尔森氏菌病的报道。近些年，由于人与动物的接触，人感染耶尔森氏菌而引起胃肠疾病的病例不断增加，并且动物源性食品也是常被质疑或被确认的感染源（Nesbakken，2006）。在北爱尔兰和澳大利亚，也曾从市售的生羊奶中分离出耶尔森氏菌（Hughes and Jensen，1981；Walker and Gilmour，1986）。据报道，由生物型为5而血清型为O：2，3的小肠结肠炎耶尔森氏菌引起挪威暴发了山羊流行性腹泻病，在此期间一位牧羊人可能是因接触了感染动物或其排泄物而感染了该菌（Krogstad et al，1972）。

尽管如此，人们认为山羊并不是人类病原体的重要携带者（Nesbakken，2006）。最近在德国北部24个羊群的575只山羊的抽样调查中，共有来自5个羊群的17只山羊的粪便样品为小肠结肠炎耶尔森氏菌感染阳性。所有的分离株均为之前被认为是非致病的变异株1A，因此认为来自这些山羊的奶制品、奶酪或肉类并不具有使人感染耶尔森氏菌的风险（Arnold et al，2006）。然而，在同一地区同一时间范围内进行的一次血清学调查显示，在28个农场的681只山羊中，有66％的山羊产生了与致病性耶尔森氏菌外部蛋白（Yop）有关的抗体（Nikolaou et al，2005）。对此，一种解释是山羊常处于致病性耶尔森氏菌的亚临床感染状态，但是机体产生了能清除这种感染源的有效的免疫应答。在新西兰所做的一项纵向调查支持了这一解释。在此地，从幼年山羊排泄物中分离到了致病性耶尔森氏菌，但在后来对这些山羊排泄物的月抽样调查中，却再没有鉴定出致病性耶尔森氏菌（Lānada et al，2005）。

由假结核耶尔森氏菌引起的流行病是实验动物与饲养场中的禽类最常见的疾病形式，家畜也会发生这种传染病（Obwolo，1976）。应激反应、饲养密度过高以及突发降温都是倾向性的诱导因素。鸟类和啮齿类动物是该病原的贮存宿主，可能通过污染的饲料将毒力菌株引进易感群体。猪是小肠结肠炎耶尔森氏菌的携带者，在混合饲养时可能传染给反刍动物。由于鼠疫菌常存在于健康动物的肠道中，所以当遇到损伤肠黏膜完整性的兼性寄生虫病、粗饲料相关的破损或溃疡等因素时，可发生败血性耶尔森氏菌病。

在过去的数十年里，人们逐渐意识到耶尔森氏菌是导致山羊许多疾病的病因。德国（Albert，1988）、印度（Sulochana and Sudharma，1985）、日本（Morita et al，1973）以及美国（Witte et al，1985）都有小肠结肠炎耶尔森氏菌导致山羊流产及产后死亡的报道。美国、日本以及澳大利亚有由于小肠结肠炎耶尔森氏菌导致山羊肝脏脓肿以及形成肉芽肿瘤的记载（Hubbert，1972；Morita et al，1973；Slee and Button，1990）。

加利福尼亚州（Cappucci，1978）及英国（Jones，1982）曾有由假结核耶尔森氏菌引起慢性乳腺炎的报道，但并没有小肠结肠炎耶尔森氏菌导致山羊发生临床乳腺炎的报道，并且实验室感染也没有成功（Adesiyun and Lombin，1989）。

耶尔森氏病是新西兰的地方性疾病。在北爱

尔兰关于山羊死亡率的一项大型调查中，耶尔森氏菌病，尤其是小肠结肠炎耶尔森氏菌生物型5，在记载的死亡原因中排名第四，是最普遍的传染因子（Buddle et al，1988）。这也是实验室诊断中导致山羊肠炎最常见的细菌性病原（Vickers，1986）。该病通常发生在晚秋或冬季，并与运输应激、凶猛山羊的争斗、营养缺乏、冬季剪毛、湿冷天气、家畜棚舍不足等因素有关，且在疾病暴发中与猪接触（Orr et al，1987）。所有年龄的山羊都有感染该病的风险，其中幼龄山羊更易感。在鉴定的病例中，小肠结肠炎耶尔森氏菌病比假结核耶尔森氏菌病更常见（Thompson，1985）。在挪威，报道的山羊小肠耶尔森氏菌病是由小肠结肠炎耶尔森氏菌感染引起的（Krogstad et al，1972）；在澳大利亚，则是由小肠结肠炎耶尔森氏菌和假结核耶尔森氏菌引起山羊发病（Slee and Button，1990，1990a）；日本山羊肠道耶尔森氏菌病主要是由假结核耶尔森氏菌引起（Seimiya et al，2005）。

新西兰的一个群体研究表明，山羊耶尔森氏菌病感染明显与季节和年龄有关，大多数山羊排泄物中的致病性小肠结肠炎耶尔森氏菌和假结核耶尔森氏菌出现在比较寒冷的冬季，而在夏季会减少；而非致病性菌的排出或环境中的耶尔森氏菌表现出了一种更持久的时间模式。1岁以内的山羊排出的致病性耶尔森氏菌最多，成年山羊的排泄物中很少分离出致病性病原菌株（Lanada et al，2005）。这可能是因为幼龄山羊暴露于感染环境中产生了免疫力，从而导致亚临床感染；但如果在亚临床感染期间受到应激刺激，则可能会表现出临床疾病（Orr et al，1990）。

10.4.3.3　发病机制

虽然在乳腺炎病例中耶尔森氏菌很可能通过乳腺管传播，但该病原通常是经口腔途径进入宿主体内。现已知，引起耶尔森氏菌病的两种菌株都含有2种质粒介导的细菌毒力因子：V和W抗原，与鼠疫耶尔森氏菌的两种抗原类似。此外，假结核耶尔森氏菌病血清Ⅲ型菌株可产生一种能增强毒力的外毒素（Obwolo，1976）。耶尔森氏菌在肠道内繁殖而导致肠炎，同时通过淋巴和门静脉循环产生菌血症，导致内部脓肿、流产以及突然死亡。

10.4.3.4　临床症状

肠炎型耶尔森氏菌病通常发生在1～6月龄的羔羊中，但是所有年龄及品系都可感染。在日本的一次暴发中，100只成年母羊中有29只出现腹泻，但羔羊、公羊、干奶期的母羊均没有发生感染（Seimiya et al，2005）。最先表现出的症状为厌食和产奶量明显下降，随后出现精神沉郁，1～2d后会出现持续4～6d含黏液的水样腹泻。本次疫病暴发造成患畜的死亡率为13.7%（4：29），所有感染动物均无发热。但其他报道认为肠炎耶尔森氏菌病与发热有关。在幼龄动物，无腹泻猝死病例可能与腹泻病例同时发生。腹泻物为水样无血迹，腹泻过程可能很短，仅持续几天，但常常是致命的。持续很长时间的病例也可能出现脱水、体重下降。

一个羊群可能同时出现流产，并产生弱羔，羔羊出生不久死亡。感染胎盘的子叶可能完全变白或其表面出现局部白斑（Witte et al，1985）。据记载，一个感染羊群在十多天内的流产率为24%，并且感染羊全部死亡。

急性和慢性乳腺炎都会发生。在急性感染形式中，可见乳房肿胀或乳汁中有凝块，在慢性病例的乳汁中可能带血。感染引起的乳房硬块可能在持续几周后消除。

10.4.3.5　临床病理学和剖检

患有肠炎的山羊表现出以明显的中性白细胞增多为特征的白细胞增多症，以及明显的核左移（Seimiya et al，2005）。试验表明，由腹泻引起的脱水可导致血浓缩，可以从腹泻山羊的排泄物、乳腺炎山羊的乳汁及子宫分泌物中分离到致病性病原体。由于病原体可作为正常的肠道栖息者而存在于粪便排泄物中，因此需要进行血清分型鉴定，以确定所分离的细菌是否为致病菌。血清学检测也可用于耶尔森氏菌病的诊断。对小肠结肠炎耶尔森氏菌引起腹泻的羊，可在腹泻时或之后的2～3周内进行血清学检测，可见明显升高的凝集反应效价（Krogstad，1974）。

剖检时，患肠炎型耶尔森氏菌病的山羊通常比较瘦弱。虽然在患假结核耶尔森氏菌病的山羊可偶见单个脓肿，但没有见到病山羊中出现体积大、多发的特征性内部脓肿的报道。肠系膜淋巴结肿大是最一致的病变。肠道肉眼可见的病变主要为黏膜充血和肿胀或卡他性肠炎，仔细检查黏膜表面会发现肉眼可见的直径为1～2mm的小而发白的圆形局部坏死灶。组织学上，在肠黏膜或固有层表面可见很多微小脓肿，同时周围有很多被中性粒细胞包围的革兰氏阴性菌落（Vickers，1986）。最新的剖检结果表明，至少在一只感染了小肠耶尔森氏菌病的山羊中，观察到盲肠和近侧结肠显著增厚、黏膜溃疡及形成的纤维蛋白蚀斑（Slee and Button，1990）。小肠和大肠的微脓肿强烈提示山羊感染了鼠疫耶尔森氏菌（Slee and Button，1990a）。

在该病引起的流产病例中，其子宫可能出现充血或充满脓液。因流产导致死亡的病例中，肠系膜淋巴结肿大，也可见脾肿大、肾梗死及肠黏膜肿胀。可从子宫内及肠系膜淋巴结中分离出耶尔森氏菌病原体。

10.4.3.6 诊断

由于鼠疫耶尔森氏菌具有人畜共患的潜力，因此当涉及人感染该菌时，应采用细菌学和血清学方法进行确诊。对于肠炎型耶尔森氏菌病，所有可能引起腹泻的潜在致病因素都必须考虑在内。对于易感年龄的山羊和1～6月龄羔羊，球虫病与线虫病是最可能引起腹泻的病因，一定要将其排除。沙门氏菌与肠毒血症也能引起腹泻并可导致猝死。导致流产的疾病的鉴别诊断详见第13章；乳腺炎的鉴别诊断详见第14章。虽然假结核棒状杆菌是引起山羊内部脓肿的最常见病原，但也要考虑耶尔森氏菌、肺结核杆菌以及类鼻疽杆菌这些潜在的致病因素。

10.4.3.7 治疗

耶尔森氏菌对很多广谱抗菌药都很敏感，而绝大多数成功治愈的病例都使用了四环素，四环素对于肠炎型或流产型耶尔森氏菌病都有很好的疗效（Orr et al，1987；Albert，1988）。在疾病发生早期使用抗生素是最有效的治疗方法。在严重的腹泻病例中，支持性输液治疗可以改善疗效。在日本泌乳山羊中，开展了与腹泻有关的假结核耶尔森氏菌血清Ⅲ型分离株的抗生素敏感性研究，结果表明所有菌株都对恩诺沙星、头孢噻呋、庆大霉素、四环素、土霉素以及磷霉素敏感（Seimiya et al，2005）。

10.4.3.8 防控

由于对山羊耶尔森氏菌病的流行病学还不完全了解，因此针对该病的防控措施基本上都是经

验性的。在新西兰，有人建议应将山羊的应激反应降到最小，绒毛羊在冬季剪毛前应精心饲养，剪毛后应立刻转入条件较好的圈舍。也有专家不建议在新捕获野山羊的第一个冬季进行剪毛，以避免增加其应激反应（Thompson，1985）。其他常规建议，包括避免圈舍过度拥挤和其他应激因素，提供足够的营养及饲养空间；将山羊和猪分开饲养；预防线虫寄生以及在密集饲养和饲喂环境下控制好啮齿类和鸟类。对水源要进行致病性耶尔森氏菌的检测。目前，还没有可用于家畜假结核耶尔森氏菌和小肠结肠炎耶尔森氏菌的商品化疫苗。

10.4.4 副结核病

副结核病，又称约翰氏病，是一种严重危害家养和野生反刍动物消化道的重要慢性传染病。该病导致病畜消化紊乱、逐渐消瘦、虚乏无力并死亡，但其发病机制还不完全清楚。

因为对该病的研究主要集中在牛，传统上推测牛副结核病的许多方面也同样适用于山羊。然而，牛最主要的症状是顽固性腹泻，而该症状在山羊并不多见，山羊副结核病以成年羊的慢性、渐进性消瘦为主要特征。

10.4.4.1 病原学

副结核病是由副结核分枝杆菌引起的一种慢性传染病（最先命名为M型约翰氏病）。根据19世纪90年代副结核病病原微生物分子生物学特性的研究进展，将副结核分枝杆菌重新归类为禽分枝杆菌副结核亚种，并且被称之为（*M. avium* subsp. *paratubercalosis*，Map）。有人已对Map菌株的特征和分子流行病学进行了综述（Harris and Barletta，2001）。通过多种分子生物学技术，对不同地域和宿主种群的Map菌株进行分析，结果表明Map分为两大菌群：C型或称牛型菌株，主要引起牛发病，但也是山羊感染的优势菌株，C型菌株也可感染鹿，但绵羊极少感染；S型或称绵羊型菌株，主要感染绵羊、圈养鹿，有时也感染山羊。虽然S型菌株感染山羊的概率比C型菌株的低，但当健康山羊与感染S型菌株的绵羊混合饲养时，山羊就会感染S型菌株。限制性核酸内切酶分析和DNA杂交研究表明，来自挪威山羊的分离株可能是一种独特的Map菌株，与C型和S型都不相同

（Collins et al，1990），但其他研究并不能将该菌株与 C 型菌株相区别（Thoresen and Olsaker，1994）。之前的感染试验表明，挪威山羊菌株对牛仅有较小的致病性或根本没有致病性（Saxegaard，1990）。然而，挪威菌株对牛的致病性评价仍在研究中，有迹象表明，牛能发生感染并排出病原体（Holstad et al，2003）。

相对于其他致病性分枝杆菌而言，Map 菌株是一种小分枝杆菌（0.5 μm×1 μm），抗酸染色（Ziehl-Neelsen）表明，该菌具有典型的抗酸特性。在组织中，该菌常成簇存在于巨噬细胞中而非单个存在。该细菌对外界恶劣环境抵抗力较强，在牧场谷仓院落和粪便中持续存在一年以上。在牧场阴凉处存活时间会更长。有研究表明，Map 菌株具有遗传休眠性，即能够进入一个有活力的非培养状态，随后又可恢复到营养体型（Whittington et al，2004）。1∶64 稀释的甲酚混合物和 1∶200 稀释的邻苯基苯酚钠能有效消除环境中的 Map 菌株。

C 型 Map 菌株在培养基中生长非常缓慢，并且对培养基的营养要求很高。阳性培养物一般在 6 周前很难鉴定，至少要培养到第 12 周才能确诊是否为阴性培养物。培养田间分离的 Map 菌株时需要补充分枝菌素，后者是在其他分枝杆菌提取的一种铁螯合物。分枝菌素依赖性一直是副结核分枝杆菌鉴别培养的特征。然而，M 型禽分枝杆菌和 M 型禽短杆分枝杆菌的有些菌株（原称珠颈斑鸠结核分枝杆菌）也具有分枝菌素依赖性，有时可感染反刍动物。由于 Map 菌株含有多拷贝的遗传插入基因序列 IS900，因此可利用分子生物学技术将 Map 菌株与其他分枝菌素依赖性菌株区分，其他菌株的插入序列为 IS901（M 型禽分枝杆菌）或 IS902 基因（M 型禽短杆分枝杆菌）。

目前，已成功培养的 C 型菌株的标准培养技术不能用于 S 型菌株的培养。用改良型 BACTEC12B 液体培养基可以使 S 型菌株稳定生长。固态介质（改良 Middle-brook 7H10 和 7H11 琼脂）也能维持 S 型菌株的生长，但敏感性较差（Whittington et al，1999）。1913 年，用牛源接种物（Twort and Ingram，1913）在山羊体复制出了副结核病的临床症状，从而确定 M 型分枝杆菌具有种间交叉感染性。总之，当不同种的反刍动物混合饲养在一个农场，且其中一种动物为易感动物时，发生交叉感染的概率就会相当高。有报道称，在新西兰，将感染类结核病的牛引入围场后，野生山羊发生了副结核病（Ris et al，1988）。

10.4.4.2 流行病学

1895 年，首次报道牛发生了副结核病（Johne and Frothingham，1895），1916 年，报道了首例山羊副结核病（McFadyean and Sheather，1916）。通常人们认为该病多发于温带地区。热带地区零星散发，主要是因从疫区引入感染牲畜而引起。目前，副结核病呈世界性分布。由于各国政府和国际组织通常将山羊和绵羊的发病数据统计在一起报道，所以山羊副结核病精确的地理分布还难以确定。

除南极洲以外，其他洲的许多国家都报道过山羊副结核病。这些国家包括非洲的苏丹（Chaudhari et al，1964）；亚洲的印度（Rajan et al，1976）、尼泊尔（Singh et al，2007）和韩国（Lee et al，2006）；中东的土耳其和以色列（Shimshony and Bar Moshe，1972）；欧洲的塞浦路斯（Polydorou，1984）、法国（Yalcin and Des Francs，1970）、希腊（Xenos et al，1984）、挪威（挪威政府，1985）、西班牙（Leon Vizcaino et al，1984）以及瑞士（Tontis and König，1978）；北美洲的加拿大（Morin，1982；Moser，1982）、美国（West，1979；Sherman and Gezon，1980；Ullrich et al，1982）、墨西哥（Ramirez et al，1983；Estevez-Denaives et al，2007）；南美洲的智利（Kruze et al，2007）；大洋洲的澳大利亚（Lenghaus et al，1977；Straube and McGregor，1982）和新西兰。

目前还没有山羊副结核病流行率的详细记录，但由于各国间山羊饲养管理状况、Map 菌株的易感性及其他因素的不同，推测该病在不同国家间的流行率差异很大。集约化养殖的山羊其副结核病的流行率高于粗放式养殖的山羊。例如，挪威生产乳制品的山羊均为集约化养殖，经验证存在山羊特有的致病菌株。在引进疫苗接种程序之前，副结核病在挪威的流行率高达 53%。而在印度，养殖畜群规模普遍较小，且主要是粗放式养殖，十多年的剖检研究表明，该病在印度的流行率仅为 5.2%（Kumar et al，1988）。

在过去的数十年，副结核病流行病学取得了巨大进展，研究推测禽型分枝杆菌副结核病和人类肉芽肿肠炎即克罗恩病之间存在相关性。在1972年，由于副结核病和克罗恩病之间相似的临床特点和组织病理学，推荐副结核病作为克罗恩病的一个研究模型，但当时并没有迹象表明，*Map* 菌株本身可能参与了人克罗恩病的发病机制（Patterson and Allen，1972）。然而，1984年从4位克罗恩病人的组织中分离到了 *Map* 菌株，这提示 *Map* 菌株是人克罗恩病的病原（Chiodini et al，1984）。同样也提示，副结核病可能是一种人畜共患病，人通过接触病畜或食用由病畜加工的产品而发生感染。

自此，开始大量研究副结核病在人克罗恩病发病机制中可能发挥的作用，已有专家对其相关文献进行了综述（Hermon-Taylor et al，2000；National Research Council，2003）。大量关于该病从患病动物或其肉、鲜奶及奶制品传染的可能性的研究也开始展开，也有这方面研究的相关报道（Grant et al，2001；Grant，2006）。在英国，研究证明在标准高温（72℃）巴氏消毒15s后，*Map* 菌株仍可在牛奶中存活，这一研究结果使人们对奶制品风险的关注明显增强，促使管理者和加工者将巴氏消毒的时间延长至25s。即使这样，仍然可以在市场零售巴氏消毒奶的器皿中鉴定出 *Map* 菌株（Grant et al，2001；O'Reilly et al，2004）。

从2003年美国研究委员会公布的综合研究结果可知，在没有足够的证据时，副结核分枝杆菌是一些或所有人类克罗恩病的病原（National Research Council，2003）。然而，也有人认为副结核分枝杆菌与人类克罗恩病之间似乎存在因果关系，但需要新的研究方法去证实或推翻这种关系。虽然如此，人类医学协会成员坚信，已有充足的证据证明了两者之间的关系，他们强烈呼吁公众立即对公共卫生做出反应（Hermon-Taylor and Bull，2002）；而有人则认为，*Map* 菌株参与人克罗恩病的证据仍然不足以令人信服（Eckburg and Relman，2007）。与此同时，公众的理解力促使管理者和生产者要采取比过去十年更严格的措施来控制牛、山羊、绵羊的副结核病。

10.4.4.3 发病机制

副结核病主要经粪-口途径传播，易感幼畜主要是吞食成年的患副结核病的动物的粪便而感染；尤其是在畜群密集、饲养条件差的环境下，幼畜极易感染此病。众所周知，牛对该病存在与年龄相关的抵抗力（Levi，1948）。新生胎儿最易感染，特别是当母畜通过粪便不断排出病原体，而羔羊与母畜同栏时，更增大了羔羊对副结核病的易感性。然而，与年龄相关的抵抗力并不是绝对的。如果在严重污染、饲养拥挤的环境中，成年动物仍然可能有被感染的风险。

胎儿在子宫内感染是一种很少见的传播方式，但有文献记载了经胚胎发生感染的病牛（McQueen and Russell，1979）和病羊（Tamarin and Landau，1961）。实验室证实，从感染山羊的子宫和胎儿器官中均能分离到 *Map* 菌株，但胚胎传播的作用还不清楚（Goudswaard，1971）。如果证实胎盘传播能导致自然感染，那么需要对目前的防控措施进行修订。

与牛和绵羊一样，山羊在幼年时期也最可能通过吞食病原体而感染此病。副结核分枝杆菌进入体内后，在肠道黏膜及肠道相关淋巴结处繁殖，然后通过集合淋巴结的 M 细胞和肠细胞穿过肠黏膜（Qardóttir et al，2005）。有些已接触病原的个体对慢性感染产生了抵抗力，但许多山羊感染此病后，病原体在其集合淋巴结和肠系膜淋巴结中处于休眠期，经过一段时间进入成熟期。某种程度上，在压力或其他不确定因素的刺激下，一些感染动物开始通过粪便排出病原体，随后，动物可能表现出临床症状。牛表现为腹泻、体重减轻；山羊和绵羊不出现腹泻，主要表现为渐进性消瘦。

目前，仍不清楚将腹泻作为牛副结核病鉴别特征的原因，但感染的山羊和绵羊却很少发生腹泻。因为通常情况下小型反刍动物的粪便比奶牛的干燥，所以需要对山羊和绵羊结肠的吸水能力损害更强时，才可能出现临床可见的腹泻。

一般来说，患副结核病的小型反刍动物出现肉芽肿样肠炎的症状比牛的轻。最近开展了许多人工感染山羊副结核病的研究，目的在于从细胞水平、相关细胞介导的细胞免疫和体液免疫水平来更好地了解副结核病的发病机制（Storset et al，2001；Valheim et al，2002，2004；Qardóttir et al，2005；Munjal et al，2005；Stewart et al，2006）。现已提出了山羊副结核病标准的试验攻击感染模式（Hines et al，2007）。

有试验证据表明，山羊菌血症和临床副结核病会同时出现，主要依据是从血液和剖检组织中分离到了病原菌，这些组织包括子宫、乳房（Goudswaard，1971）。这一结果提示，病母畜产生的后代，如果在胎儿时没有感染，那么在生产或哺乳过程中感染副结核病的可能性很高。

因为延长的休眠期、病原体在环境中持续存在和疾病的地方性流行特征，使得已有感染病例群体中的所有山羊都有感染风险。处于已感染畜群中的山羊可能分为4种类型：有抵抗力或未感染动物、感染但非排毒动物、亚临床感染动物（没有明显排毒）和临床感染动物（明显排毒）。虽然仅依靠临床检查不能确诊，但最后一类动物仅根据临床检查就可确定为异常。在感染畜群中，亚临床感染率可能远高于临床感染率。

10.4.4.4　临床症状

1岁以内的羔羊极少出现临床症状，2～3岁的山羊最常出现明显的临床症状。动物常因分娩或突然转入新群受到应激，从而激发临床疾病。感染个体开始表现为渐进性体重减轻，这一过程可能持续几周到几个月，使得病畜急剧衰弱（图10.6、彩图48）。病畜最初食欲正常，但随后食欲逐渐减退，动物逐渐变得嗜睡、精神沉郁，常见被毛粗乱，有皮屑。处于疾病发展期的动物可能对免疫无反应，发展期的病例最终虚弱无力、营养不良和继发感染。

与牛不同，山羊可能仅在发病末期出现持续性水样腹泻。虽然，有时腹泻是由副结核病直接引起的，但发生持续性腹泻时，也可能并发了寄生虫病。在整个病程中，可能会间歇性的出现柔软、类似犬粪的粪便，但通常都是正常的小球样粪便。

随着病程的发展，可能会出现慢性感染引起的适度贫血，临床上还可能会出现低蛋白血症，如下颌水肿。由于这些临床症状的非特异性，所以不能通过临床检查确诊副结核病。

10.4.4.5　临床病理学和剖检

贫血和低蛋白血症一般出现在临床病例早期，但都不是副结核病的特异性症状。据报道，感染山羊也会出现高丙球蛋白血症和低钙血症（Schroeder et al，2001）。经过细菌学或血清学检测和/或组织病理学检查才能确诊副结核病。

图10.6　成年努比亚黑羊副结核病晚期，临床症状为严重消瘦（Dr. David M. Sherman 供图）

由于山羊副结核病发病缓慢，因此在疾病传播过程的任一时间点，通过单一的诊断方法对所有的感染动物进行诊断是不科学的。最早建立的检测方法包括细胞介导的免疫（CMI）反应。由循环抗体产生的体液免疫发生在细胞免疫之后，而后就是亚临床感染过程。通过病畜粪便进行微生物培养，能检测出排菌活跃期的感染动物。这一过程通常出现在抗体免疫应答之后或与抗体应答同时发生，尽管一些亚临床感染动物有着明显的抗体反应，但可能仍然不排菌，这是亚临床感染病畜一个重要的感染时期。最近的一项研究说明了山羊对 Map 菌株感染的免疫应答进程。在感染后 60d（dpi），通过淋巴增殖试验可检测到细胞免疫反应。在 150～180dpi 之间可从粪便排泄物中检测到 Map 菌株，通过 ELISA 和 AGID 可检测出 180dpi 的抗体反应（Munjal et al，2005）。

临床发病期间，细胞免疫、体液免疫以及粪便培养都可以用于诊断该病，但是在临床发病早期，一些动物个体可能会表现为无反应性，可能丧失细胞免疫反应和体液免疫反应，呈现假阴性结果。此外，即使将这些检测方法应用到合适的时间，仍没有一种细菌学或血清学试验具有确诊所有山羊副结核病临床或亚临床病例的敏感性，且需要有高特异性以剔除假阳性结果。因此，基于检测和淘汰感染动物的畜群防控程序，需要使用一种以上的检测方法对病畜进行检测。

用副结核分枝杆菌菌素纯化的蛋白衍生物（PPD-J）进行皮内试验或静脉注射副结核分枝杆菌菌素试验，是体内评价 CMI 反应的传统方法。现在，这些体内检测方法已经被新技术所代替，包括免疫细胞释放的细胞因子的检测。如体外用分枝杆菌抗原刺激外周血液单核细胞产生 IFN-γ，然后用夹心酶联免疫反应进行测定（Rothel et al，1990）。IFN-γ 含量测定常与粪便培养、ELISA 和 AGID 配合进行，监测自然感染的侏儒山羊群的副结核病发展进程。通过随后的剖检和病料组织中 Map 菌株的培养而确定的真实阳性病例，发现 IFN-γ 含量测定出现了假阳性（1/3）和假阴性（3/10）结果（Manning et al，2003）。在人工感染的山羊中，通过 IFN-γ 含量、白细胞介素-2 受体表达量和淋巴细胞增殖试验可测量 CMI。接种 9 周后山羊体内可检测到 CMI 应答，虽然动物在接种后第一年的免疫应答反应较强，但在两年的研究期内持续变化。

目前，用于测定山羊抗体反应的试验有补体结合试验（CF）、琼脂凝胶免疫扩散试验（AGID）和 ELISA。通常，这些方法用于山羊临床病例的敏感度为 85%～100%，而用于亚临床病例的敏感度只有 20%～50%（Stehman，2000）。

通常情况下，使用最少的方法是 CF 检测，但由于一些国家要求进口反刍家畜的 CF 结果为阴性，所以该方法仍在使用。CF 有一个弊端，即山羊血清的抗体和补体活性可能会干扰试验的结果，导致既不出现明显的阳性结果也不出现阴性结果（Stehman，1996）。由于与分枝杆菌或棒状杆菌假结核病存在交叉反应，因此 CF 的特异性也可能会降低。将在 ELISA 中进一步探讨特异性问题。

琼脂凝胶免疫扩散试验对约翰氏病临床可疑病例的确诊非常有效，其敏感度可达 86% 以上，并且在 24～48h 内提供检测结果。该方法也能鉴定排菌的亚临床病例，并具有中等程度的可靠性。但琼脂凝胶免疫扩散试验用于不排菌的亚临床感染时，其敏感度急剧下降。自然感染的大规模山羊群中，多年来一直应用粪便培养和琼脂凝胶免疫扩散试验两种方法（Sherman and Gezon，1980）。在病畜通过粪便开始排出病原菌时，感染山羊体内可检测到免疫沉淀抗体。据报道在英国一个已研究 3 年的大规模山羊群中也存在类似的结果；而且在对该羊群的研究中也证实，在个体感染的检测过程中，粪便培养和 AGID 比皮内试验和补体结合试验更有用（Thomas，1983）。虽然如此，亚临床感染的山羊确实能出现 AGID 假阴性，所以不能因个别的阴性试验结果来证明该动物处于非感染状态（Casillas et al，1984）。

自 20 世纪 90 年代起，ELISA 方法就开始应用于山羊副结核病的诊断。自此，报道了许多应用该方法研究山羊副结核病的研究（Milner et al，1989；Molina et al，1991；Caballero et al，1993；Burnside and Rowley，1994；Rajukumar et al，2001；Whittington et al，2003；Dimareli-Malli et al，2004；Munjal et al，2004；Gumber et al，2006）。由于各试验使用的抗原类型不同，常造成值得关注的差异。通常，这些 ELISA 的敏感性范围为 54%～88%，而且确诊临床病例的可靠性比亚临床病例的高。在试验感染的山羊中，从感染后 180～210d 开始，酶联免疫吸附试验和琼脂凝胶免疫扩散试验检测的敏感性均可达 100%（Munjal et al，2005）。

众所周知，Map 菌株与其他分枝杆菌、诺卡氏菌属和棒状杆菌属具有共同的抗原。所以，交叉反应可影响 ELISA 的特异性。用血清学试验诊断 Map 菌株时，棒状杆菌感染也能产生交叉反应（Ridell，1977）。这在山羊中尤其值得注意，因为由假结核棒状杆菌（$C.\ pseudotuberculosis$）引起的干酪样淋巴结炎在山羊极为常见。交叉反应问题主要出现在 ELISA 和 CF 中，而琼脂凝胶免疫扩散试验不受假结核棒状杆菌产生抗体的影响（van Metre et al，2000）。在副结核病的两种 ELISA 试剂盒和琼脂凝胶免疫扩散试验的特异性比对中，334 只羊已接触假结核棒状杆菌（$C.\ pseudotuberculosis$），但粪便培养结果为 Map 菌株阴性的山羊中，琼脂凝胶免疫扩散试验无假阳性结果，第一种 ELISA 试剂盒出现了 5 个假阳性结果（1.5%），第二种 ELISA 试剂盒有 89 个假阳性结果（25.9%）（Manning et al，2007）。显然，在对畜群副结核病和干酪样淋巴结炎感染状况不清楚的情况下，用 ELISA 方法筛选副结核病，确定其发病率显然是不可行的。

目前，已有用于该病的商品化 ELISA 试剂盒。直到最近，美国才批准将该试剂盒用于牛血清或血浆的检测。欧洲已有新型的 ELISA 试剂盒（Paracheck®）上市，该试剂盒可对牛、山羊和绵羊血清或血浆甚至牛奶进行副结核病的血清学检测，美国最近也上市了该商品试剂盒。最近，用商品化 ELISA 试剂盒对同一只山羊奶和血清的检测效果进行了对比评估，该试剂盒对奶的检测敏感性比血清的低，但特异性却比血清的高（Salgado et al，2005，2007）。

感染动物粪便和组织中病原菌的鉴定技术已经有了显著的发展。通常粪便样品在固体培养基上生长缓慢，阳性培养物可能需要培养 6 周或更长时间才能确定，培养管至少培养 12 周才能确定为阴性。液体培养基可使细菌生长得更快。分枝杆菌固体培养基的放射性测量技术适于 Map 菌株的生长，比传统的固体培养基能更快地提供结果，而且敏感性相同或更高（Collins et al，1990；Sockett et al，1992；Eamens et al，2000）。放射性液体培养基的应用，使实验室能够培养绵羊 S 型 Map 菌株（Whittington et al，1999）。因为 C 型和 S 型 Map 菌株都可感染山羊，特别是当病羊的粪便培养物在固体培养基培养结果为

阴性，而临床症状及血清学检测均有证据表明是副结核病时，可考虑使用放射性液体培养基。

在不进行细菌培养时，可以用已建立的分子探针和 PCR 技术确定粪便样品或者组织病料里是否存在 Map 菌株特有的遗传物质。但粪便中的抑制剂和临床样品中的无效 DNA 阻碍了这些技术的普遍应用，尤其是粪便样品。

大多数有能力进行 Map 菌株培养的实验室仍然采用传统的固体培养基技术检测粪便中的 Map 菌株，并将其作为主要的或唯一的培养方法。放射性培养虽然得到越来越多的使用，但费用太昂贵。因此，整体畜群检测面临的一个重要问题就是费用成本，所以在确定畜群的发病率或追踪检测以实施淘汰性防控程序时，畜主可能会因费用问题而不接受这种检测。一种降低费用成本的方法是使用混合的粪便培养来确定畜群的感染状态，具体可对来自同龄畜群的混合样品进行检测。该方法的敏感性取决于该病在畜群中的感染率和畜群成员排菌的强度。澳大利亚的一份报告显示，混合粪便样品已成功用于山羊 Map 菌株的培养。基于该研究的情况，认为 25 份样品的混合物可产生有意义的检测结果（Eamens et al，2007）。

因为临床性山羊副结核病是一种不可逆转的终端疾病，尸检提供了最终确诊的机会。与牛相比，山羊发生该病时肉眼可见的病变更易变。因此，应该选择合适的器官进行组织学检查和细菌培养。

现已有关于山羊副结核病临床和组织学病变的详细描述（Levi，1948；Harding，1957；Nakamatsu et al，1968；Fodstad and Gunnarsson，1979）。通常在病牛能看到小肠壁和黏膜出现明显的手风琴样增厚，但在羊上却不易观察到这种病变。当小型反刍动物出现肉眼可见的病变时，回肠、盲肠、结肠常出现局部或弥散性增厚或水肿，临近的淋巴结肿大或水肿，山羊更易发生因局部钙化形成的干酪样结节。虽然山羊常见大量的肠系膜脂肪持续沉积，但动物始终处于消瘦状态，甚至是全身消瘦。虽然副结核病的发病机制尚不明确，但病程持续时间长的羊经常会发生主动脉钙化。

组织学上，副结核病患畜的肠道、淋巴结出现特征性肉芽肿，肝脏也有可能发生。至少应对

回盲肠连接处、邻近回盲肠的淋巴结、回肠、螺旋结肠以及其他肠系膜结节的组织切片进行显微镜检查。在条件允许的情况下，可利用 PCR 检测石蜡包埋组织中的 *Map* 菌株特征性 IS900 插入序列。另外，当怀疑样品为副结核病时，需要应用抗酸染色法或免疫组织化学染色法，也可以对新鲜或冻存组织进行细菌培养。在山羊肺结核病和副结核病同时发生的地区，由于这两种病的剖检病变相似，所以必须进行微生物学诊断。

10.4.4.6 诊断

山羊副结核病的鉴别诊断实质上也是慢性体重减轻类病症的鉴别诊断。造成山羊这种常见症状的病因在第 15 章有详细论述。

10.4.4.7 治疗

目前，还没有能根除 *Map* 菌株感染的有效治疗方法，也没有批准用于副结核病的特殊治疗方法。不同的抗结核分枝杆菌药物对山羊的疗效十分有限。曾尝试用异烟肼、异烟肼和利福平、异烟肼和乙胺丁醇片或联合使用三种药物进行治疗，但均未成功（Gezon et al，1988）。不过，只要持续使用，可以减轻个别病例的临床症状，但仍然可从剖检的组织培养物中分离出病原体。一个治疗方案是，使用硫酸链霉素（0.5g 肌内注射）、配合异烟肼（25mg 口服）和对氨基水杨酸钠（850mg 口服），每天 1 次，连用 6 个月（Zahinuddin and Sinha，1984）。第二个治疗方案是，配合使用双氢链霉素（0.5g 肌内注射）、利福平（300mg 口服）和异烟肼（300mg 口服），每天 2 次（Slocombe，1982）。据报道，长期使用莫能霉素对牛能产生一些治疗效果，可以减轻副结核病对肠道的损害（Brumbaugh et al，2000），也可以减少犊牛排出病原体（Whitlock et al，2005），但山羊上还没有相应的试验报道。除了尽可能保持已感染优质育种母羊好的健康状态，以争取足够的时间进行胚胎移植或延长山羊的寿命外，治疗几乎没有任何实际价值。尽管如此，基于推测的副结核病和克罗恩病之间的关系，畜主在决定治疗并继续饲养病羊之前，应当意识到两种病之间的联系。

10.4.4.8 防控

近年来基于两个原因，人们防控副结核病的意识在逐渐增强。第一个原因，对于该病尤其是患病奶牛造成的经济损失的认识逐渐提高。奶牛患该病可使产奶量下降、奶中乳脂和乳蛋白含量减低、过早淘汰、淘汰时屠宰量降低、繁殖能力降低、饲料利用率降低和乳腺炎发病率升高（Radostits et al，2007）。在发病率高的畜群中，估计每头奶牛每年可造成大约 200 美元的损失。虽然，奶山羊也能造成类似的经济损失，但还没有对经济产生具体影响的报道。

第二个原因，副结核病的防控与人克罗恩病有关，由于公众认为奶和肉是有益健康的食品，而副结核病是备受关注的人畜共患病，因此该病已引起公共卫生官员、兽医管理部门和畜产品生产商的关注。因此，近年来许多国家已经开始实施或扩大了副结核病防控程序。大多数防控计划针对牛，但也有一些是针对山羊和绵羊的。读者应联系所在地的兽医监管部门，以确定当地现有副结核病防控项目中山羊的健康状况。在美国，有一个牛约翰氏病志愿防控项目，重点防控牛副结核病，针对绵羊和山羊约翰氏病的防控措施以州而非国家等级实施。2006 年，美国伊利诺伊州、内布拉斯加州、纽约州、俄亥俄州、威斯康星州和怀俄明州 6 个州对约翰氏病的调查表明，虽然在某些情况下受到了限制，但这些州已经开展了一些活动来防控山羊副结核病。

副结核病通常使整个畜群发病，但若山羊是最近引入畜群的副结核病患者，则表现为单个动物发病。当一只山羊已经在一个畜群里长期生活且确诊为副结核病，那么该畜群山羊一定会存在亚临床感染山羊和已感染而未排菌的山羊。这些亚临床感染山羊的数量可能远大于临床发病病例的数量，通常临床发病病例与亚临床感染病例的比例是 1∶（1～5）。在畜群数目大的群体里，这一比例取决于畜群的规模、病例存在时间的长短以及影响养殖场细菌污染水平的各种管理因素。

制订根除畜群副结核病的计划需要考虑三个基本要素：第一，从畜群中鉴定和清除感染病畜；第二，通过改善卫生环境和改进饲养技术来降低易感羔羊的新感染率；第三，通过接种疫苗提高宿主对再次感染的抵抗力。单独实施这些防控计划中的任何一个要素都不可能有效根除副结核病，但在整个防控计划中，每个要素的重要性会随当地条件的变化而改变。就国家层面而言，挪威副结核病的有效控制在很大程度上是通过接种疫苗实现的（Saxegaard and Fodstad，1985）。就地区层面而言，在美国大型商业化畜群中，是通过检测与淘汰病畜以及更改管理规程而非接种疫苗来实现对副结核病的消除（Gezon et al，1988）。通过 ELISA 和 AGID 进行血清学检测、淘汰阳性动物、改进畜群管理等措施，在两年多的时间内使一个奶山羊群中成年山羊的感染数量大幅减少（Hutchinson et al，2004）。

粪便的细菌培养和琼脂凝胶免疫扩散试验或 ELISA 检测是现有鉴别感染山羊的最佳技术。由于这些检测方法不能鉴定出所有感染却不排菌的动物，所以必须每间隔一段时间再进行检测，以确保这些感染而不排菌的动物在转为亚临床感染、没有明显排菌之前被确诊。建议最多间隔 6 个月就应进行一次检测。阳性动物及其后代都必须淘汰，因为感染母畜生产的仔畜也很可能被感染。

对幼畜加强饲养管理和改善环境卫生有助于减少新病例的出现。在集约化奶牛养殖场，母羊产羔时，必须对产羔棚进行清理或重新设置产床，初生羔羊必须隔离饲养，以热处理的初乳、巴氏灭菌奶或代乳品进行饲喂，直至这些羔羊的母亲再次产羔后，才能与成年羊混合饲养。成年动物不能过分拥挤，粪便必须经常清理，必须避免排泄物污染饲草和饮水。如果粪便散播在草场上，至少在一年内不能在该牧场进行放牧。有时，即使牧场变得很干净，甚至连类结核病家畜都不能进入该牧场，但作为 Map 菌株贮存宿主的野生动物也可能会污染牧场。据报道，苏格兰某牧场牛群的副结核病与该牧场中 Map 菌株感染的野兔有关（Greig et al，1999）。在北美洲，牧场上经常会有野生小型反刍动物，并且从白尾鹿、北美黑尾鹿、北美野牛和麋鹿等多种动物中均分离出 Map 菌株病原（Harris and Barletta，2001）。

对于大规模山羊群而言，管理措施的实施更加困难。但至少在未生产羔羊之前，将母羊转移至干净且未被污染的牧场，可以避免羔羊感染副结核病，并且最大限度地减少交叉感染。在产羔季节来临之前，应该进行全群范围的粪便培养和琼脂凝胶免疫扩散试验检测，以确诊受感染的母畜。感染母畜必须被淘汰或与未感染的动物隔离。

挪威给 2～4 周龄的山羊羔免疫接种减毒佐剂化的活疫苗后，明显降低了山羊副结核病的发病率（Saxegaard and Fodstad，1985），该疫苗含有 Map 菌株的两个菌株。免疫计划进行 15 年后，免疫和未免疫山羊剖检评估表明，该病的感染率从 1966 年的 53% 下降到 1982 年的 1%，而且这种结果主要是通过疫苗接种实现的。因为该病在挪威境内的流行仅涉及山羊特异的 Map 菌株，所以挪威成功消灭该病的做法可能不适用于世界其他地区。

目前，来自其他国家关于该病多方面田间试验的数据还很缺乏。最近有报道称，对已经暴发该病的羊群接种灭活疫苗能有效控制副结核病；对该羊群中的一半山羊进行免疫接种，另一半不接种疫苗，剖检不管任何原因遭淘汰的所有山羊，确定副结核病的感染情况。两年后，未接种免疫组淘汰的山羊数量是免疫组的 3 倍，并且未免疫组淘汰的副结核病病例也是免疫组的 3 倍（Corpa et al，2000）。该灭活疫苗在澳大利亚、塞浦路斯、德国、希腊、印度、荷兰、新西兰、挪威、西班牙、南非、阿联酋和英国已经注册，并且允许使用（Colmeiro，2008）。

使用含有所有 Map 菌株的疫苗可能有两个缺陷，第一个是接种部位会出现肉芽肿样结节（图 10.7）；第二个是动物接种 Map 菌株疫苗后，可能会对标准的结核病试验产生交叉反应。因此，监管方案中需要设计详细的检测程序以控制肺结核病。在肺结核病监测和仍然呈地方流行的国家，对副结核病进行疫苗接种可能会受到监督机构的限制。在美国新的牛约翰氏病志愿防控项目下，一些疫苗接种须经监管部门批准后方可进行，并且饲养场应积极参与畜群中约翰氏病的监督，以表明没有肺结核病感染。对牛群应限制进行疫苗接种，但不是所有的国家都允许采用免疫接种。另外，值得注意的是，不要将活疫苗给已经进行免疫接种的动物注射。对于人，可能在意外接种活疫苗的部位产生严重的、持续的肉芽肿。

图 10.7　副结核病活疫苗接种后引起的持续的肉芽肿反应（Dr. David M. Sherman 供图）

10.5　原虫病

10.5.1　球虫病

球虫病主要引起腹泻，3 周龄至 5 月龄的幼龄山羊最易感，尤其是在群养或通风不良的情况下。

10.5.1.1　病原学

球虫病由艾美耳属球虫引起。在一段时间内，感染山羊和绵羊的艾美耳球虫一直被认为是同一种。但是直到 1979 年，对雅氏艾美耳球虫和克氏艾美耳球虫的成功控制试验表明，每一种小型反刍动物宿主都有其宿主特异性的艾美耳球虫，且不容易交叉感染（McDougald，1979），因此对那些能交叉感染的菌种重新进行了形态学观察和命名。表 10.6 列出了现公认的山羊艾美耳球虫菌种，并与绵羊艾美耳球虫在卵囊形态特征、致病性、地理分布及流行特点等方面进行了比较（Norton，1986；Soe and Pomroy，1992）。

表 10.6　感染山羊（*Capra hircus*）的艾美耳球虫种类

现名	绵羊艾美耳球虫相似种	卵囊形态特征（长×宽）	潜伏期（d）	致病性	地理分布及流行特点
艾丽艾美耳球虫（*E. alijevi*）	小型艾美耳球虫	球形到亚球形；16μm×14μm；无卵膜孔和极帽；囊壁呈黄色到黄绿色	16～17	温和	全球范围；普遍流行
阿普艾美耳球虫（*E. apsheronica*）	浮氏艾美耳球虫	卵圆形；29μm×21μm；卵膜孔清晰可见，无极帽；囊壁呈褐黄到粉红色	20	温和	全球范围；普遍流行
阿氏艾美耳球虫（*E. arloingi*）	巴库艾美耳球虫（绵羊艾美耳球虫）	椭圆形到卵圆形；27μm×18μm；卵膜孔和极帽明显	?	中等到强	全球范围；普遍流行
卡氏艾美耳球虫（*E. capralis*）	尚不清楚	椭圆形；29μm×20μm；具卵膜孔和极帽；囊壁光滑	?	?	仅发生于新西兰
山羊艾美耳球虫（*E. capralis*）	无	椭圆形；32μm×23μm；卵膜孔明显，无极帽；外壁黄褐色，内壁清晰	?	中等到强	美国、英国、保加利亚；流行广泛
羊艾美耳球虫（*E. caprovina*）	同种的感染绵羊	椭圆形到卵圆形；30μm×24μm；卵膜孔明显，无极帽；内壁呈黄褐色，外壁清晰	14～20	中等	美国、英国；很少流行
查尔斯顿艾美耳球虫（*E. charlestoni*）	尚不清楚	椭圆形；23μm×17μm；卵膜孔不明显，无极帽	?	?	仅发生于新西兰
克氏艾美耳球虫（*E. christenseni*）	阿撒他艾美耳球虫	卵圆形；38μm×25μm；卵膜孔明显，极帽圆顶状	17	中等到强	全球范围；普遍流行
家山羊艾美耳球虫（*E. hirci*）	槌形艾美耳球虫	球形到椭圆形；23μm×19μm；卵膜孔、极帽扁平，呈碟状	?	无致病性	全球范围；流行广泛

（续）

现名	绵羊艾美耳球虫相似种	卵囊形态特征（长×宽）	潜伏期（d）	致病性	地理分布及流行特点
约奇艾美耳球虫（E. jolchijeri）	颗粒艾美耳球虫	椭圆形到瓮状；29μm×21μm；卵膜孔和极帽明显；壁呈褐黄色	？	？	美国、英国、澳大利亚；流行不普遍
柯氏艾美耳球虫（E. kocharli）	杂乱艾美耳球虫	椭圆形；47μm×32μm；卵膜孔明显，极帽色淡；壁厚	20～27	温和	印度、非洲、俄罗斯；流行不普遍
马西卡艾美耳球虫（E. marisca）	同种也可能感染绵羊	椭圆形；19μm×13μm；卵膜孔不明显，极帽色淡呈半球形；极粒无色到淡黄色	14～16	温和	仅在西班牙有过报道
梅西艾美耳球虫（E. masseyensis）	尚不清楚	椭圆形到卵圆形；22μm×17μm；具卵膜孔和极帽	？	？	仅发生于新西兰
米纳斯艾美耳球虫（E. minasensis）	尚不清楚	椭圆形；35μm×24.5μm；具卵膜孔和极帽；具两层囊壁，内壁呈褐色，外壁无色	19～20	？	在保加利亚有过报道
雅氏艾美耳球虫（E. ninakohlyakimovae）	似绵羊艾美耳球虫	椭圆形到卵圆形；23μm×18μm；无卵膜孔或极帽；壁呈淡褐黄色	15～17	超强	全球范围；流行广泛
苍白艾美耳球虫（E. pallida）	同种的也可能感染绵羊	椭圆形；14μm×10μm；卵膜孔不明显，无极帽；壁呈淡黄绿色	？	无致病性	美国、土耳其、印度、斯里兰卡；流行不普遍
斑点艾美耳球虫（E. punctata）	绵羊、山羊中都有待研究	亚球形到球形；21μm×17μm；具卵膜孔和小的极帽；壁表面凹凸不平，呈淡绿色	？	无致病性	德国和津巴布韦有过报道
松达班艾美耳球虫（E. sundarbanensis）	尚不清楚	梨籽形；28μm×20μm；具卵膜孔和极帽；双层囊壁呈淡黄色	？	？	最新报道于印度

注：？指没有相关研究数据。

过去，艾美耳球虫是根据其表型特征进行分类，如形态学、超微结构、生活史和宿主特异性。但是近来通过对艾美耳球虫分子系统发育的研究，对它们早期分类的精确性产生了疑问。读者应注意，感染山羊的艾美耳球虫的命名可能会因研究的深入而有所改变。此外，在山羊中不断鉴定出一些艾美耳球虫新种，如报道于保加利亚的米纳斯艾美耳球虫（E. minasensis）（Silva and Lima，1998）和印度的松达班艾美耳球虫（E. sundarbanensis）（Bandyopadhyay，2004）。

各种艾美尔球虫典型的生活史如下：随粪便排出的卵囊在山羊生活的环境中发育成成熟的孢子化卵囊，每个孢子化卵囊含有许多子孢子。这些感染性孢子化卵囊被其他山羊吞食后，释放出子孢子。子孢子进入宿主细胞，形成裂殖体，裂殖体通过无性生殖生产出第一代裂殖子。由于艾美耳球虫自身的特性，不管在什么地方，每个裂殖体能形成几十个到上千万个裂殖子。然后裂殖子从被裂解的宿主细胞中释放出来，且每一个裂殖子都有能力侵入新的宿主细胞，形成第二代裂殖体。不同种艾美耳球虫裂殖体的分裂次数不同，最后一次裂殖生殖出现雌雄配子的分化。雄配子（小配子）从宿主细胞内释放出来，在另一细胞内与雌配子（大配子）结合，形成受精卵，进一步发育成卵囊，卵囊在宿主细胞裂解时释放出来，随粪便扩散到外界环境中。

10.5.1.2 流行病学

在世界各国都已成功从山羊体内分离出艾美耳球虫。全世界对其流行情况的研究表明，无论是正常或发病的山羊，其粪便中都含有大量艾美耳球虫卵囊，感染率为38%～100%（Lima，1980）。同时感染几种艾美耳球虫是很常见的。例如，在伊朗，对150只山羊的调查显示，110只山羊至少感染一种艾美耳球虫，但是这些山羊中有93只（89.9%）感染多种球虫（Razavi and Hassanvand，2007）。在津巴布韦也得到相似的结果。在对1 000多只山羊的调查中显示，89.9%的成年羊和94%的羔羊被感染，均呈混合感染，感染种类为2～11种。同时感染6～8种不同艾美尔球虫的山羊超过75%（Chhabra and Pandey，1991）。完全可以这样说，哪里有山羊，哪里就有球虫；但是，辨别不同球虫感染和球虫病是很重要的。

各个年龄段的山羊都可以感染艾美耳球虫，但由于各种因素，3周龄至5月龄的山羊临床发病率最高。影响因素主要包括宿主、寄生虫、管理和环境因素。

宿主因素：据报道，反刍动物对球虫的抵抗力与年龄有关。这种抵抗力本质上是由宿主免疫力所产生的，而且随着与球虫的不断接触而维持这种抗性。但这种免疫力又是相对的，因为它不能完全消除感染，但可有效地降低球虫在宿主肠道的繁殖率。这反映了粪便中排出卵囊的数量与感染山羊年龄间存在很好的相关性。从 6 月龄至 6 岁，山羊粪便中的虫卵数量呈平稳下降趋势，7 岁后卵囊数量又呈上升趋势，这与老龄山羊随着年龄增大免疫力开始衰退有关（Kanyari，1988）。

完全消除球虫感染可能导致动物对该病抵抗力下降，当再接触致病性艾美耳球虫时会导致临床疾病的发生。山羊对某一特定种艾美耳球虫产生的免疫力是具有特异性的，如果接触到的不是先前遇到过的艾美耳球虫，则任何年龄的动物都可能产生临床疾病。在多数饲养管理条件下，大约 5 月龄的山羊变得对球虫病有抵抗力。但在应激条件下，这种抵抗力可能受到损伤，如并发症、哺乳期、运输、饲料改变、气候骤变、接触病原体数目过多或接触新的艾美耳球虫。因此，除了能预测部分断奶羔羊的球虫病的发生外，该病可在各种情况下不期而至。动物品种的改变可能导致其对球虫抵抗力的不同。在澳大利亚，安哥拉山羊和野山羊被认为比奶山羊更容易感染球虫。但是，在对澳大利亚 3 个山羊品种粪便中虫卵数量的研究表明，安哥拉山羊和努比亚（Anglo-Nubians）山羊粪便中虫卵数量相近，但均比萨能山羊少很多（Kanyari，1988）。

寄生虫因素：卵囊对恶劣环境有很强的抵抗力，当孢子化卵囊形成时其抵抗力更强。虽然，过冬的孢子化卵囊很少见，但很多消毒剂包括 5% 的福尔马林溶液很难破坏它们。孢子的形成需要有氧环境、适宜的温度、潮湿的条件。一般情况下，只要有足够的湿度和氧气，如在 24～32℃ 下，最快需要 2～5d 孢子化卵囊即可形成，当温度降到 12℃ 时也很容易形成。在适宜的条件下，即便聚集在受到污染的环境中，卵囊也可同步发生孢子化。这意味着在适宜的温度和湿度条件下，易感山羊很容易受到大量感染性孢子化卵囊的感染。

一些高致病性的艾美耳球虫，如雅氏艾美耳球虫，在山羊肠道内进行无性繁殖时，每个裂殖体产生成千上万个裂殖子。不同种类的球虫，参与繁殖的裂殖生殖的循环数也可能不同，但是产生的裂殖子越多，肠道上皮细胞被破坏的就越严重，因为每一个裂殖子都可以侵入目标宿主细胞。不同种山羊艾美耳球虫的潜伏期也不同。如果羔羊在出生时接触孢子化卵囊，2 周龄的羔羊也可能排出卵囊。这意味着最早 1 周龄的羔羊可能因球虫感染而引起腹痛或腹泻，但这种情况很少见。

管理和环境因素：临床上球虫病在集约化饲养的情况下比散养更常发生，因为集约化饲养对宿主和寄生虫都有集聚作用。当羔羊离开母山羊开始圈养时最容易受到感染。临床上球虫多发于断奶前后，尤其是山羊羔被突然断奶，且在断奶前不提供固体饲料而任其随意采食。

以下几种情况可能增加成熟孢子化卵囊的感染概率。地面饲养可以增加幼龄山羊吞入孢子化卵囊的概率。喂料器设计不合理，山羊会站在里面、攀爬或者在里面排便，造成水和饲料的污染。供水系统漏水或水容易溢出，会导致环境湿度增加，有利于卵囊的孢子化形成。圈舍过度拥挤或未将羔羊和成年羊分开饲养，都会增加山羊接触球虫孢子化卵囊的机会，使患病风险增加。当在坚硬的地面上饲喂山羊时，垫草没有保持清洁干净是球虫病暴发的主要因素。用空气喷雾消毒地面或用水冲洗圈舍，可能增加山羊患球虫病的风险，因为这会使空气更加潮湿。如果料槽设置和饮水器悬挂不合适，就会妨碍地面的刮铲和清扫，在清扫过程中，在它们下面或周围会集聚大量的卵囊或孢子囊。

得不到充足阳光照射的圈舍卵囊会持续存在，尤其是在温带地区的冬季，白天较短。湿热的天气尤其有助于球虫孢子囊的发育。因此，在温带地区，夏季是球虫病的多发季节，特别是春季出生的羔羊会在湿热的月份断奶。

对于散养的山羊，似乎感染球虫病的风险很小，但仍要仔细检查每项管理措施，因为即使是暂时的拥挤也可能诱发球虫病的发生。例如，在得克萨斯州，散养的安哥拉山羊，球虫病仍是断奶羔羊的一个很重要的问题。羔羊与母羊分开后，第一次吃固体饲料，并被安置在一个大圈舍中，尽管圈舍很宽敞，但受到应激的羔羊都挤在一个小角落，导致虫卵大量聚集且暴发球虫病，死亡率可达 15%（Craig，1986）。经过剪毛又遭遇恶劣天气的成年山羊，也易暴发球虫病。因此，对剪毛的山羊应限制其活动 2 周，以防因失去羊毛而造成低温症。在南非，干旱季节会加剧球虫病的临床发生率，因为此时大量的放牧动物会转移到小型牧场或聚集在一起采食和饮水（van Tonder，1975）。

一般来说，大多数动物接触球虫都会导致亚临床感染和获得一定的免疫保护力。大部分感染个体在腹泻 2 周后都能够恢复健康。当山羊在发病之前持续不断地接触球虫卵囊时，其死亡率通常不会超过 10%。但是当突然大量地接触球虫孢子化卵囊时，幼龄山羊的死亡率可以高达 50%。尽管球虫病的治疗费用和因动物死亡而造成的经济损失可能会很高，但是球虫病对生产的主要影响在于动物经历临床或亚临床感染后其生长速率降低，体重增加减慢。刚断奶的奶山羊感染球虫后其生长发育可能受到明显抑制，以至春季出生的羔羊到了当年秋季还达不到繁殖要求，不得不再饲养一年。据报道，在断奶前 8d 口服抗球虫药地可喹酯（1mg/kg，按体重计）一直到断奶后 75d，山羊 7 月龄时的体重明显高于对照组，且在 100d 和 200d 的初次泌乳量都比对照高（Morand-Fehr et al，2002）。安哥拉山羊在断奶时感染球虫可能造成生长缓慢，羊毛产量低，并且会增加对肺炎和其他潜在致命性疾病的易感性。

10.5.1.3　发病机制

艾美耳球虫对山羊的危害主要是对宿主胃肠道上皮细胞的破坏，因为这些胞内寄生虫在宿主消化道内要完成其复杂的生活史。球虫在宿主消化道上皮细胞先经过多轮的无性繁殖后再进行有性生殖，导致宿主细胞持续不断地被破坏。

在艾美耳球虫的发育史中，各种球虫入侵宿主的部位有种间差异性。例如，雅氏艾美耳球虫的子孢子对山羊的致病性最强，它寄生于小肠绒毛肠腺基底膜上皮细胞。每个裂殖体产生成千上万个裂殖子，这些裂殖子然后侵入大肠上皮细胞。随后在配子生殖阶段侵入回肠、盲肠和大肠，产生卵囊。山羊易发生多重感染，所以球虫对山羊胃肠道上皮细胞的破坏很普遍。

肠黏膜的破坏和炎症导致山羊腹泻。当大量感染球虫时，山羊肠腔严重出血，最终会由于失血过多而死亡。在典型急性病例中，肠道上皮细胞的正常吸收能力下降，肠道黏膜的炎症损伤和破坏，使血浆和乳糜组分发生渗漏，造成体液和电解质的大量流失。如果感染动物的病情进一步恶化，将导致全身性的后遗症，如脱水、酸中毒

和体液电解质平衡紊乱。胃肠道黏膜的完整性遭到破坏也可以增加继发细菌感染的风险，引起败血症，死亡率上升。球虫病临床表现为长期的吸收障碍和消化不良，这与胃肠道黏膜的永久破坏有关，所以临床上患球虫病的后果就是继发其他疾病和造成生长缓慢。大部分情况下，正常上皮细胞黏膜层并不能完全再生，症状严重的动物剖检时操作人员可以清晰地看到肠道黏膜结瘢和肠道黏膜萎缩。

10.5.1.4　临床表现

临床上球虫病多发于 3 周龄至 5 月龄的山羊，但也曾确证 7 岁的成年山羊患有球虫病。球虫常与线虫混合感染，所以很难观察到特征性的球虫病变，因为线虫也可引起相似的胃肠道症状（Valentine et al，2007）。

在有助于易感动物球虫持续存在和繁殖的管理模式下，当幼龄动物出现生长缓慢、体重下降、停止排出颗粒粪便等问题时，应该怀疑是球虫的亚临床感染。

摄入大量感染性孢子化卵囊的 1～2 周内，病畜可能会出现球虫临床症状。肠道严重出血引起的超急性病例，病畜可能在还未出现腹泻、腹痛症状之前就突然死亡。由于肠黏膜的大面积破坏，肠道可能充满血凝块。

急性病例开始有食欲下降、精神萎靡、虚弱、腹痛等症状，最明显的表现就是哀鸣和起卧不安。最初可能排出非颗粒状粪便，然后转为糊状，再发展成淡黄绿色到褐色的水样腹泻，也可能出现血便或黑粪症。与牛和绵羊相比，山羊很少出现里急后重的现象。由于持续腹泻，山羊两条后腿和尾巴都沾满粪便。如果脱水严重，动物会伴随极度寒冷、体温下降，最终卧倒在地，奄奄一息直至死亡。在澳大利亚曾报道过山羊球虫病很常见的一种后遗症，即脑灰质软化症（Howe，1980）。这种疾病表现出的神经症状在第 5 章已有介绍。

高度易感的幼龄动物在急性感染球虫的 1～2d 内可能导致死亡。年龄稍大或者抵抗力强的动物在自然康复前 2 周会出现腹泻、精神萎靡、体重下降。从临床球虫病康复的动物可能会出现营养不良，表现为生长发育受阻、毛长而稀疏和腹围增大。

10.5.1.5　临床病理学和剖检

感染球虫的动物其血象可能是正常的，但是当肠黏膜大面积受损时其白细胞数量可能大幅下降。

疾病的严重程度不同表现出的贫血症状也不同。但当机体脱水造成血液浓缩时，红细胞压积会增加，这有可能掩盖动物贫血的事实。球虫病还导致不同程度的低钠血症、低钙血症、低磷血症以及代谢性酸中毒。也曾报道过感染球虫的山羊出现高钾血症，这可能与机体对抗酸中毒的代偿作用有关。

尽管经常使用粪便漂浮法来检测卵囊，但在临床上应用此法进行球虫病诊断却不尽如人意。在动物腹泻的粪便中未检测到卵囊可能是因为感染动物处于感染早期。在球虫卵囊形成前，裂殖生殖导致肠道破坏，引起腹泻。在这种情况下，可用粪便直接涂片法代替粪便漂浮法进行裂殖子检查。相反，可能经常会在2～3周龄或以上的健康山羊粪便中检查到卵囊。所以，在腹泻山羊的粪便中检出卵囊并不能断定就是球虫引起的，除非从形态上鉴定出致病性球虫的卵囊，并且能进行定量。否则，卵囊计数就有很大局限性，因为一些低致病

性的艾美耳球虫产卵囊的能力也非常强（Aumont et al，1984；Yvore et al，1985）。如果必须要进行卵囊计数，应该采用改进的麦克马斯特技术，即用密度为1.18kg/m^{3}的硫酸镁溶液漂浮卵囊（Yvore and Esnault，1987）。

尸体剖检可为球虫病的临床诊断提供更可靠的证据（图10.8、彩图49）。在肠道黏膜表面肉眼可见炎症病变，有的呈卡他性炎症，有的有明显的出血和坏死。超急性病例的肠管可能充满新鲜血液。因水肿导致的肠壁增厚很少见。最普遍和特征性的病变就是肠道黏膜有大量隆起的直径在1～6 mm的白色结节，即便在浆膜侧面也清晰可见。出现结节的部位表示配子生殖非常活跃，涂片镜检和组织学检查时可见大量大配子和卵囊。肠炎和结节在慢性、急性和超急性病例中都可以见到。病变的程度和严重性结合发病史可以鉴定是否为球虫病导致的死亡。

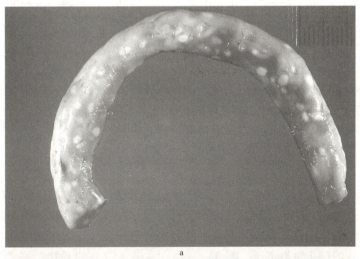

图10.8　山羊球虫病的肠道病变（Dr.Scott schelling供图）。a. 浆膜表面显著的结节病变；b. 黏膜表面的结节病变；c. 肠管充血，来自患严重球虫病的断奶山羊，在其腹泻症状出现前就急性死亡

由球虫感染引起山羊的皱胃病变也有零星报道。黏膜表面直径 1.5mm 的白色点状囊肿已被报道，这种情况称为格罗比底亚病（Globiiosis）（Soliman，1960；Mehlhorn et al，1984）。最初，格罗比底亚虫（Globidia）被认为是一种独特的原生动物属，但现在认为在山羊和绵羊的肠道中观察到的原生动物实际上是艾美耳属的大裂殖体，最可能是吉氏艾美耳球虫（E. gilruthi）。以前的报道认为山羊的腹泻、脱水和死亡是由皱胃格罗比底亚病引起（Mugera and Bitakaramire，1968），但后来发现正常和健康的山羊也可发生感染（Abdurahman et al，1987）。最近报道了绵羊的一例吉氏艾美耳球虫引起的球虫皱胃炎临床病例，表明该病原可能是山羊潜在的球虫病病原（Maratea and Miller，2007）。

肝胆管球虫病的零星病例在山羊上也有报道（Dai et al，1991；Mahmoud et al，1994；Schafer et al，1995；Oruc，2007），患病山羊可见两种类型的病变。在胆管病变中，球虫卵囊、裂殖体、配子体和配子母细胞可以在胆管上皮细胞中观察到，并表现胆管壁纤维化。在肝病变中，肝脏出现由卵囊和巨噬细胞组成的肉芽肿，并且被纤维化的被膜所包围（Mahmoud，1994）。

肝脏损伤也许会很严重。据报道，肝脏有大的局部坏死灶（Schafer et al，1995）。多种艾美耳球虫可以引起这样的损伤。这些病例中有一些报道出现临床的腹泻症状，但是由于球虫损伤也会在肠道出现，所以很难将肝脏损伤归因于球虫所引起的临床症状。在山羊胆囊中已经鉴定出一种非致病的球虫（Dubey，1986）。

10.5.1.6 诊断

根据病症、发病史、临床症状和剖检结果，可推测性地诊断球虫病。在 1 周龄至 1 月龄之间的羔羊，必须将该病与导致腹痛和严重腹泻的其他疾病进行鉴别。这些疾病包括隐孢子虫病、大肠杆菌病、肠毒血症、沙门氏菌病、耶尔森氏菌病、病毒性肠炎和消化性腹泻。如果没有出现腹泻，单纯的腹痛可能是由胃气胀、肠系膜扭转或者其他肠道异常所引起。由球虫引起的超急性死亡病例应与肠毒血症、细菌性败血症及植物或化学中毒进行鉴别诊断。

对于刚断奶的 2～5 月龄羔羊，在接近牧场和羔羊圈舍以及排水欠佳的地方，蠕虫病成为引起羔羊腹泻的主要病因，应与胃肠线虫病和前后盘吸虫病进行鉴别诊断。事实上，多种寄生虫的共感染是经常存在的，不能将腹泻或健康不佳单独归因于球虫。在这个年龄段的群体中，引起腹泻的其他病因包括普通的消化不良、突然改变饲料或因过多饲喂谷物而引起的碳水化合物过食，还包括沙门氏菌病和肠毒血症。

在亚临床球虫感染或者严重的临床球虫感染后，生长期羔羊的健康不佳或生长缓慢也是主要的临床表现。对于这些病例，应该考虑缺硒和缺钴，尤其是在这些矿物质元素缺乏的地区，同时也要排除慢性蠕虫病的感染。

10.5.1.7 治疗

维持疗法是活跃期球虫病病例中首要的治疗措施。腹泻山羊必须与畜群隔离，并且根据脱水情况，口服或注射电解质平衡液。未断奶的羔羊病例，因为其肠道黏膜的损伤会产生消化不良，可能会因为乳糖未消化而导致渗透性腹泻加剧，因此必须饲喂少量奶水。断奶的羔羊应该饲喂优质干草，然后逐渐恢复到正常的饲喂水平。因肠道失血过多而严重贫血的羔羊可能需要输血治疗。对于病情非常严重的病例，应用广谱抗生素预防细菌造成肠黏膜屏障破损的继发性感染及细菌性败血症。建议用益生菌来帮助重建肠道正常菌群（Bath et al，2005）。

抗球虫药在治疗临床活动期病例时的疗效是有限的。多数抗球虫药是球虫抑制药，这种药可以抑制但不能消除球虫的繁殖。这种药通常作用于球虫繁殖周期的早期阶段。已表现腹泻症状的动物，经常处于球虫的感染期之后，而感染期是抗球虫药作用的有效期。然而，山羊经常感染多种艾美耳球虫，部分感染球虫可能还处于发育的早期阶段，因此药物治疗可以缩短病程。

给予抗球虫药的主要目的是减少羊群中发生球虫病的动物数量，而不是治疗现有的病例。据报道，在山羊球虫病的治疗中使用的药物包括磺胺类药物、呋喃西林、离子载体类、氨丙啉、百球清和地克珠利。已报道的山羊球虫病的治疗剂量和方案见表 10.7。磺胺类药物和呋喃西林还可能有助于控制继发性细菌感染。由于山羊临床球虫病感染往往会引起脱水，因此必须谨慎使用磺胺类药物。因为磺胺类药物在肾脏的溶解性差，并且会使排尿量减少，进而引起肾的毒性反应。磺胺类药物是最经典的一类抗球虫药，但球虫普遍存在对磺胺类药物的耐药性。尽管如此，在一些山羊病例中，仍有使用磺胺类药物治疗有效的报道。磺胺类药物可供口服和注射使用。各种口服制剂可以做成药丸或添加到饲料或水中给予动物。呋喃西林超剂量使用可以产生神经毒性，如果这种药掺入牛奶或固体饲料中可能会发生中毒。因此，这种药已经很少用于控制球虫病。值得注意的是，在 2002 年，作为一项公共卫生措施，美国境内禁止在食源性动物中使用硝基呋喃类药物，其中包括呋喃西林，因为硝基呋喃类已经被鉴定为潜在的致癌物质。

表 10.7　用于治疗和预防山羊球虫病的抗球虫药

药物	治疗方案	预防方案	备注	参考文献
磺胺类				
磺胺地索辛	每千克体重 75mg，口服 4～5d			Yvore，1984
	每千克体重 250mg，用缓释药丸口服 1 次		释放量为每千克体重 50mg/d，共 5d	Yvore et al，1986
磺胺二甲嘧啶	每千克体重 135mg，口服 4～5d	每吨饲料 55g，饲喂至少 15d		Yvore，1984；Radostits et al，2007
磺胺脒	每千克体重 280mg，口服 4d			Vujic and Ilic，1985
先用磺胺胍（或者磺胺喹噁啉）	每千克体重 1.3g，口服 4d		消化道不易吸收	Guss，1977
再用磺胺噻唑（或者磺胺地索辛）	每千克体重 1.1～2.2g，口服 4d			
磺胺甲嘧啶		每吨饲料 50g		Shelton et al，1982
抗生素				
氨丙啉	每千克体重 10～20mg，口服 3～5d			Yvore，1984
	每千克体重 50mg，口服 5d			Swarup et al，1982
		每千克体重 25～50mg，拌料或者拌水，2 周龄至几个月龄连续应用		Smith，1980
离子载体类				
莫能菌素		每吨饲料 15～20g		Shelton et al，1982；Foreyt，1990
拉沙里菌素		每吨饲料 20～30g（每千克体重 1.1～1.2mg/d）持续饲喂		Williams，1982
沙利霉素		断奶后，100mg/L 浓度，饲喂 3 周		Yvore，1984
喹诺酮类				
癸氧喹酯		每千克体重 0.5～1mg 添加到饲料中口服；也可连续饲喂		Foreyt et al，1986

（续）

药物	治疗方案	预防方案	备注	参考文献
三嗪农类				
妥曲珠利	每千克体重 20mg，口服 1 次	每千克体重 20mg，每 3～4 周口服 1 次		McKenna，1988
地克珠利	每千克体重 1mg，口服 1 次	每千克体重 1mg，每 3～4 周口服 1 次	推荐用于山羊，但应给出指定剂量，此处所列为羔羊用量	Harwood，2004
氯羟吡啶和甲苄喹啉		氯羟吡啶每千克体重 12mg/d 和甲苄喹啉每千克体重 1mg/d，连用 5 周		Polack et al，1987
氨苯砜	每千克体重 80mg，口服 4d			Devillard，1981
3，5-二硝基邻甲苯酰胺	每千克体重 100mg，口服 5d			Dash and Misra，1988

氨丙啉是一种硫胺素拮抗剂，它通过阻止球虫对硫胺素的利用而达到抗球虫的效果。如果安丙啉使用时间过长或剂量过大，就会有导致山羊产生脑灰质软化症的可能性。尽管如此，这并不能阻碍其合理使用。硫胺素缺乏可能导致反刍动物的脑灰质软化症，这在第 5 章有进一步的讨论。安丙啉可用于口服，也可以液体形式添加到奶、奶替代品和水中，还可以固体形式添加到饲料中。

离子载体类药物包括莫能菌素、拉沙里菌素和沙利霉素，这些药物均可用于山羊。它们主要加入固体饲料中用于断奶动物。而莫能菌素可广泛应用于家禽、牛、羊。如果使用剂量过大，它们能导致马中毒，并且对反刍动物也可能有毒性。据报道，绵羊的半数致死量（LD$_{50}$）是 12mg/kg；牛是 22～80mg/kg；山羊是 26.4mg/kg。绵羊的中毒临床症状是肌无力和肌红蛋白尿（Langston et al，1985）。离子载体类药物的心脏毒性在第 8 章中进一步讨论。

在 20 世纪 80 年代，抗球虫药物——对称性三嗪农的出现，可以阻断艾美耳球虫所有细胞内的发育过程。因此，这类药物治疗临床球虫病比一般的抗球虫药更有效，同时也能有效地预防球虫感染。在这类药物中，妥曲珠利和地克珠利可用于反刍动物，尽管当时这两种药都还不是专门用于山羊。最早的关于妥曲珠利用于山羊的报道中，按 20mg/kg（按体重计）单剂量口服，可迅速、明显地减少卵囊排出数量。这种效果可维持 2～3 周，表明该药可以杀死所有发育阶段的球虫（Anonymous，1988a）。在以后的研究中，

患有临床球虫病的 7 周龄羔羊，以 25mg/kg（按体重计）的剂量口服妥曲珠利，连续使用 2d，卵囊排出消失，所有治疗的羔羊在临床上转为正常动物（Ocal et al，2007 年）。在另一项研究中，4～5 周龄的羔羊，给予 10 mg/kg（按体重计）的低剂量，连续使用 2d（Slosarkova et al，1998），虽然粪便中卵囊数减少，但是在接下来的 3 周里仍然有相当数量的卵囊继续排出，到第 5 周时卵囊排出量比药物处理前更高。因此，20～25mg/kg（按体重计）的剂量用于羔羊球虫病的治疗效果会更好。

目前还不清楚是否需要连续第二个日剂量用药。犊牛使用单剂量 20mg/kg（按体重计）可以得到完全治疗。地克珠利被推荐作为山羊的预防性用药，通常采用地克珠利口服混悬液间隔 2 周进行 2 次给药（Harwood，2004）。羔羊用药时，地克珠利的治疗和预防剂量相同，均为 1mg/kg（按体重计）。在感染密度高的群体内，对 4～6 周龄的羔羊在 3 周后再次给药，可以防止球虫病的再次发生。

在暴发球虫病时除了使用抗球虫药外，改变管理模式也是非常重要的。应该采取清除受污染的垫草和饲料、减少饲料贮存率和转移动物到未污染的环境中等措施，以减少动物直接接触感染性孢子囊的机会。

10.5.1.8　防控

在管控条件下能够准确预报球虫病的暴发，在发现临床感染病例前，应该采取措施控制球虫病。控制目标是有效减少环境中的卵囊数，避免

易感动物被大量卵囊感染，同时允许易感动物充分暴露，以便产生可靠的免疫力和抵抗力。通过健全的管理措施和卫生实施，结合使用抗球虫药，从而完成对球虫病的控制。在羔羊生产系统中，即使管理很好，刚断奶的群居羔羊不可避免地会感染球虫，几乎很难做到不使用抗球虫药就能控制球虫病。

在最大化提高宿主的免疫力时，应着重考虑各种抗球虫药的作用机制。活跃的球虫裂殖体会极大地激发宿主的免疫反应，然而在感染早期，大多数抗球虫药都能抑制球虫的繁殖。

在山羊饲养程序中，磺胺类药物、氨丙啉和离子载体类药物作为预防药物与治疗药物已成功混合使用。磺胺类药物作为叶酸的拮抗剂，在第二代裂殖生殖期极具抑制作用。这一晚期作用允许宿主免疫力的产生。然而，正如前面所述，动物对磺胺类药物的耐药性可能会普遍存在。离子载体类药物主要抑制球虫的早期无性发育。然而，该类药物的一个优点是能有效改善宿主的增重，这一作用超过了其作为抗球虫药的药效（Shelton et al，1982）。但不幸的是，已经观察到在饲喂添加拉沙洛西日粮的幼龄山羊中暴发了临床球虫病。除了饲喂的抗球虫药外，出现这种情况的原因可能是个别山羊摄入的药物不均匀、球虫对药物可能产生抗药性及没有保持好的卫生条件。1989 年在美国，莫能菌素被批准作为干奶期山羊的饲料添加剂而使用，剂量为 20g/t（按饲料计）。

喹诺酮类药物地考喹酯虽已不用于治疗，但其能够有效预防山羊球虫病。地考喹酯通过抑制艾美耳球虫生活周期中早期子孢子的发育而发挥作用。对 0.3～4 mg/kg（按体重计）的剂量范围都进行了评价。结果表明，所有剂量都能预防临床球虫病，并能获得同等效率的增重。然而，在较高剂量作用的末期，该药物能加快速和明显地引起卵囊排出量减少（Foreyt et al，1986）。2002 年，在美国，地考喹酯被批准用于非泌乳期山羊，作为替代乳品或饲料的添加剂使用，其剂量为 0.5mg/kg（按体重计），至少使用 28d 来控制雅氏艾美耳球虫（*E. ninakohlyakimovae*）和克氏艾美耳球虫（*E. christenseni*）引起的球虫病（Vaughn，2002）。

抗球虫药最常用于 1～4 月龄的山羊，通常与谷物饲料搭配饲喂。然而，在一些集约化养殖情况下，有必要在羔羊断奶前的奶或替代乳品中使用。正如前文所述，断奶前每隔 3～4 周口服妥曲珠利或地克珠利，对于预防幼龄动物的临床球虫病是非常有效的。

良好的卫生和管理措施是有效控制球虫病必不可少的。断奶应该尽可能不引起应激反应。为了尽量减少断奶引起的应激反应，羔羊应该在断奶前预先充分接触谷物饲料。只要有可能，奶羔羊应远离成年牲畜而单独圈养或分小群饲养，按年龄分开，饲料和饮水设备应最大限度地避免被粪便污染。不应该直接在地面上饲养羔羊，饮水器必须不渗漏或溢出。

圈舍首选阳光充足的地方。图 10.9 展示了一个成功的断奶羔羊管理系统，即使用可移动的饲养箱。无论使用什么类型的圈舍，地面、地板、垫草都不应该过分潮湿。适当的地面排水系统、经常清理地板、定期清洁垫草都是必需的。在球虫控制过程中，清洁地板并保持干净可能比擦洗或用水管冲洗更有效，因为消毒剂一般对卵囊作用不大，而且环境过于潮湿会促进球虫孢子形成。如果使用消毒剂，含季铵盐类化合物的产品是最有效的。

在一般情况下，采用适当的控制方法，同时

图 10.9 在球虫病控制中使用的可移动饲养箱。栅栏和饲养箱每隔几周就换地方，最大限度地减少断奶羔羊与地面聚集的球虫卵囊的接触（图片由 Vincent 和 Christine Maefsky 赠送，波普拉希尔奶山羊农场，斯坎迪亚，明尼苏达州，美国）

保证山羊不直接暴露于以前没有接触过艾美耳球虫的条件下，通常 5 月龄的山羊就可以获得对再感染的免疫力。如果可能的话，终止饲喂抗球虫药，同时把羔羊转移到未被污染的圈舍。

虽然多价减毒球虫活疫苗已经商业化，并用于家禽的球虫防治，但是还没有疫苗可用于反刍动物球虫病的防治。对于兽医学上重要的原生动物包括艾美耳球虫，亚单位疫苗的研究比较活跃，这些研究所做的尝试已经有相关综述（Jenkins，2001）。

10.5.2 隐孢子虫病

隐孢子虫病 1981 年被首次报道，是山羊的致命性肠炎的病因，主要引起不足 1 月龄羔羊的腹泻，尤其是在集约化饲养条件下。隐孢子虫病是一种人畜共患病，并且已成为重要的、严重感染免疫缺陷综合征（艾滋病）或其他与免疫抑制有关的病人的疾病。

10.5.2.1 病原学

隐孢子虫病是由隐孢子虫属的寄生虫引起。隐孢子虫是微小的原生动物寄生虫，属顶复门、隐孢子虫科。虽然长期以来该寄生虫被认为是球虫纲的成员，但现已不再被视为是球虫类寄生虫（Xiao and Cama，2007）。由于新的分子分类标准已逐渐替代传统的形态学分类标准。因此，隐孢子虫属的分类发生了变化。目前，已有 15 个种的隐孢子虫被鉴定，这些寄生虫可感染的脊椎动物的宿主范围很广泛，包括所有的哺乳动物家畜、包括家禽在内的鸟类、爬行动物和鱼类。这 15 个种具有宿主特异性倾向，但并不具有宿主专一性。微小隐孢子虫感染包括山羊、绵羊、牛在内的家养反刍动物及人类，是本文讨论的重点。隐孢子虫属分类的概述可查阅相关文献（Fayer，2004；Xiao et al，2004；Xiao and Cama，2007）。

众所周知，隐孢子虫卵囊对消毒剂具有很强的抵抗力。据报道，许多常用消毒剂都对其不起作用。卵囊与碘伏、甲酚、次氯酸钠、苯扎氯铵和氢氧化钠经 18h 的作用后仍然具有感染性。只有 5% 氨水和 10% 的福尔马林盐溶液可以破坏卵囊的感染力（Campbell et al，1982）。氨水、过氧化氢、二氧化氯现在被公认是有效的消毒剂。

10.5.2.2 流行病学

隐孢子虫病在全球发生，主要感染 2 日龄至 3 周龄的羔羊，但年龄较大的动物也可能感染。有报道称在暴发隐孢子虫病时，特别是在集中管理的畜群中，羔羊的发病率可接近 100%，死亡率高达 40%。

1978 年，澳大利亚报道了第一例 4 周龄山羊因隐孢子虫病而导致腹泻的田间病例（Mason et al，1981）。接着在 1982 年澳大利亚出现了第二例病例，29 只放牧羔羊中有 21 只出现腹泻，并且其中 3 只死亡。所有检查的羔羊都排出隐孢子虫卵囊，并且肠道病毒和 K99＋大肠杆菌检测均为阴性（Tzipori et al，1982）。

在匈牙利，对一大型商业化奶羊群 1 月龄以下羔羊腹泻原因的研究发现，分离出隐孢子虫的概率比轮状病毒、冠状病毒、腺病毒或肠产毒性大肠杆菌都高。在这些研究中，任何正常的山羊排泄物中都没有鉴定出隐孢子虫，而在所有不腹泻的羔羊中可一次或多次鉴定出上面提到的所有病原体（Nagy et al，1983，1984）。在法国的一项调查中，9 种不同条件下的 48 只腹泻羔羊中，有 28 只（58%）在粪便或肠道的碎屑中检测到隐孢子虫（Polack et al，1983）。在法国，对 24 个集约化奶山羊养殖场的调查表明，腹泻羔羊总的死亡率为 10.3%，并且大多数发生在出生后前 2 周。实际上，除了那些腹泻康复的病例或随后出现腹泻的病例外，隐孢子虫在几乎所有的致命性腹泻病例的排泄物中都被鉴定出来（Yvore et al，1984），但是在不腹泻的动物中却没有。相反，坦桑尼亚（Matovelo et al，1984）和尼日利亚（Ayeni et al，1985）却报道了健康羔羊的排泄物中发现隐孢子虫。

1981—1985 年，在新西兰诊断实验室登记注册的病例中，除艾美耳球虫外，在 1 月龄以下羔羊中鉴定出隐孢子虫的概率比任何其他单一传染性病原体都高（Vickers，1986）。在荷兰，也有报道称隐孢子虫与 6 月龄山羊的腹泻有关。在意大利，4～25 日龄羔羊也感染隐孢子虫。在美国，在 7 日龄羔羊发现隐孢子虫与产气荚膜梭菌混合感染（Ducatelle et al，1983；Gialletti et al，1986；Card et al，1987）。笔者已确认在纽约集中饲养的羊群中，隐孢子虫病是幼龄山羊腹泻的一个重要病因。阿曼（Johnson et al，

1999)和土耳其（Sevinc et al，2005）报道了几百只羔羊的隐孢子虫病暴发。在土耳其的病例中，成年山羊的亚临床感染、羔羊初乳摄入不足或山羊产羔区的污染被认为是疫情加剧的诱因。

卵囊随排泄物排出后，通过粪-口途径传播，且一旦山羊感染，就可以在整个圈养羔羊群中迅速蔓延。已证实，分离自犊牛和人的隐孢子虫可能也会感染山羊（Contrepois et al，1984；Nagy et al，1984）。非母乳喂养的羔羊比母乳喂养的羔羊出现的病情更严重，死亡率也更高。目前尚不清楚这是否与从母乳获得的隐孢子虫特异性免疫球蛋白，或者其他非特异性营养或免疫因子有关。疾病的严重性似乎不受肠道菌群状态的影响（Contrepois et al，1984）。虽然在田间调查时很少发现无腹泻羔羊的隐孢子虫病，但试验性攻击感染能引起无腹泻羔羊排出卵囊，这表明可能发生了亚临床感染（Nagy et al，1984）。

10.5.2.3 发病机制

隐孢子虫是专性的细胞内寄生虫。宿主外存在的唯一阶段是卵囊阶段。生活史与艾美耳球虫科相似，但也有一些明显的差异。感染是通过粪-口途径传播，易感宿主摄取感染性孢子化卵囊，在入侵的小肠细胞中脱囊，释放出子孢子，经历快速无性繁殖或者裂殖生殖。裂体生殖产生的裂殖体释放出裂殖子，入侵新的肠细胞。有性繁殖或者配子生殖也发生于肠细胞，产生受精卵。受精卵要么形成薄壁的孢子化卵囊，并在小肠中破裂释放出子孢子，进一步入侵新的宿主肠细胞（自体感染），要么形成薄壁的孢子化卵囊，作为其他动物的感染源通过粪便排出体外。

最初，这些胃肠道寄生虫被认为是细胞外的寄生物，在与小肠上皮细胞绒毛刷状缘紧密联合的部位可以观察到。电子显微镜观察，已经证实，它们实际上寄生在细胞内，但却是细胞质的多余部分，寄生于小肠上皮细胞刷状缘的下面，位于宿主细胞微绒毛和质膜形成的寄生泡中。

隐孢子虫的致病作用很可能是由于隐孢子虫快速和周期性地在肠细胞刷状缘繁殖，导致肠细胞的功能和完整性遭到破坏。山羊感染隐孢子虫后，出现回肠上皮细胞逐渐衰老和绒毛状萎缩。这些致病作用的严重性与感染程度密切相关（Matovelo et al，1984），也会导致吸收障碍和消化不良，引起临床腹泻。长期的体重下降可能

和营养吸收不良有关。因消化不良引起的脂肪泻在试验感染的羔羊中有所记录（Contrepois et al，1984）。在3~4日龄羔羊中观察到的腹泻反映了隐孢子虫的生活周期很短。据报道，该病在犊牛的潜伏期为2~7d，羔羊的潜伏期为2~6d（Radostits et al，2007）。像临床病例一样，老年动物很少产生免疫力。但是这种免疫力并不完全，因为在健康成年动物的粪便中能发现卵囊（Castro-Hermida et al，2007），因此这样的成年山羊可以成为羔羊的感染源。据报道，母羊围产期排出的卵囊数会增加。

10.5.2.4 临床表现

对于不足2周龄的羔羊，最常见的临床症状是急性、白色到黄色的水样腹泻。腹泻可能会持续数天到2周，从温和到严重不等，这主要取决于初次接触卵囊的强度。腹泻也可能持续或反复发作。除腹泻外，羔羊会表现抑郁、食欲不振、被毛粗乱；还可出现脱水、电解质失衡、酸中毒等后遗症和死亡，这取决于腹泻的严重程度和治疗的时间，也可能自然康复。

在集约化养殖的奶山羊场，圈养羔羊暴发腹泻的死亡率是10%~20%，其中一些病例的发病开始于产羔季节的末期，推测环境中卵囊的积累有助于该病的发生（Delafosse et al，2006）。

法国报道了隐孢子虫病的两个其他症状（Polack and Perrin，1987）。已观察到羔羊从1周龄开始出现无腹泻症状的渐进性消瘦，并且也注意到开始于6周龄的山羊腹泻。

阿曼报道了一例非典型山羊隐孢子虫病病例（Johnson et al，1999）。该病例中，成年山羊以及羔羊均出现了临床症状，尽管在邻近区域有牛、绵羊和水牛，但该隐孢子虫仅感染山羊。在隐孢子虫病暴发期间没有鉴定出其他任何肠道病原体。6月龄以下山羊的发病率高达100%，且死亡率高，死亡的山羊中37.8%为4周龄，34.4%为5~8周龄。

10.5.2.5 临床病理学和剖检

目前的证据显示，健康山羊一般不会排出大量隐孢子虫卵囊。因此，腹泻山羊粪便中隐孢子虫卵囊的检测在隐孢子虫病的诊断中非常有用。

粪便中的卵囊可能很少，在粪便碎片中也很难发现卵囊，且很难与酵母菌相区分。但可以通过直接粪便涂片检查，此法快速且容易操作。而

粪便漂浮和沉积的方法更可取。目前，已有使用重铬酸钾/饱和蔗糖（sp. Gr. ≥ 1.10，相对密度）、蔗糖/苯酚（sp. Gr. = 1.27）和碘汞酸钾（sp. Gr. = 1.44）溶液的离心漂浮技术的报道。酵母不能在重铬酸钾/饱和蔗糖溶液中漂浮（Willson and Acres，1982）。

富集起来的卵囊可用光镜和相差显微镜观察，卵囊染色或不染色均可。检查用的样品应取自所用钢丝套圈的弯月面，置于载玻片上并盖上并盖玻片。最好使用高倍镜观测盖玻片的边缘，把焦距调到盖玻片下面的位置，因为卵囊会漂浮到此处。已报道，有一种犊牛粪便中卵囊的半定量计数漂浮技术（Anderson，1981），并已应用于山羊（Contrepois et al，1984）。使用福尔马林-乙酸乙酯溶液做沉淀处理，1 700g 离心能更有效地富集卵囊（Kirkpatrick and Farrell，1984）。

众多的染色技术已经用于粪便中隐孢子虫卵囊的辅助鉴定。目前，经过改良的姜-尼染色的抗酸性染色应用最广。卵囊呈粉红到红色，其内部的蓝色颗粒与蓝绿色的复染色背景相对应。也可使用金胺荧光染色或荧光素异硫氰酸盐标记单克隆抗体的方法。使用这些染色剂时，卵囊在黑色的背景中呈现黄绿色荧光。基于抗原的 ELISA 检测和 PCR 技术也可用于检测粪便中的微小隐孢子虫卵囊（Wright and Coop，2007）。免疫学试验也可用于该病的检测，但是，与临床诊断相比，该方法更适合监测方面的研究，因为临床疾病的发生通常先于免疫应答。

肉眼可见的病变是非特异性和不明显的，最常见的病变可能仅限于回肠部位的轻度至中度的肠炎。用显微镜检查法来检测卵囊，应该选择回肠黏膜进行涂片。小肠组织学切片显示，沿着黏膜表面有大量大小不一、圆形的嗜碱性染色小体。在肠细胞刷状缘有不同内源性发展阶段的隐孢子虫。在肠腔内可能看到游离的卵囊。在回肠，也可能在空肠和大肠，伴随着感染出现微绒毛萎缩和融合。死亡后的新鲜组织立即用福尔马林固定是进行准确诊断所必不可少的。因为正在发育的隐孢子虫和与之相关联的肠细胞会迅速发生自溶。虽然冷冻可破坏卵囊，但粪便中的卵囊更坚硬。如果有必要的话，一份粪便和两份 2.5% 重铬酸钾溶液混合可能会使样品保存时间长达 120d。

10.5.2.6　诊断

根据肠道粪便涂片或各种内源性发育阶段的组织学切片的鉴定，可以进行隐孢子虫病的诊断。因为隐孢子虫可能与其他引起腹泻的病原体同时存在，因此，在进行确诊前，必须对其他各种导致羔羊腹泻的细菌、病毒和原虫进行实验室评价。这些将在新生儿腹泻综合征章节中讨论，可能的病因在表 10.3 中列出。详细的病史收集是必要的，以排除饮食原因引起的腹泻。

10.5.2.7　治疗

隐孢子虫病的治疗限于维持疗法，尤其是根据体液和电解质损失严重程度而选择的口服或静脉给药疗法。营养管理也是一项重要的考虑因素，因为可能存在消化不良。隐孢子虫病病例腹泻可持续 2 周。在此期间，由于未消化乳糖的渗透性的影响，正常的母乳喂养可能导致羔羊腹泻加重。因此，建议每次饲喂时减少羊奶的量，而提高饲喂的频率。与幼年山羊临床隐孢子虫病有关的乳糖不耐受已有文献记载。据报道，用乳糖酶处理的山羊奶进行饲喂，有助于隐孢子虫感染羔羊的康复（Weese et al，2000）。尽管费用昂贵，但对于宠物山羊（pet goats）或其他有价值的山羊个体可以考虑胃肠外途径给药治疗。

据报道，采用 50 多种抗球虫、细菌和寄生虫的药物治疗隐孢子虫病，其结果表明，对于多种隐孢子虫病而言，无论体内或体外研究，都没有发现有效的治疗药物（Tzipori，1983）。最近，山羊和其他反刍动物出现了一些可能的治疗选择，尤其是卤夫酮乳酸盐和硫酸巴龙霉素的使用。在美国，这两类药物都没有被批准用于山羊。

来自法国的田间试验的初步结果表明，抗球虫药卤夫酮乳酸盐可有效控制羔羊隐孢子虫病引起的腹泻，并且能阻止卵囊排出（Naciri et al，1989）。按 0.5mg/kg（按体重计）的剂量，每天口服，连用 3～5d，与同群的磺胺类药物治疗组相比，该药的治疗效果较显著。从那时起，卤夫酮治疗隐孢子虫病的效果得到了更广泛的认可。目前，该药已经商业化销售，并在欧洲批准用于初生牛犊，以控制隐孢子虫病的发生。该药的商品化制剂是一种口服溶液，剂量为 0.1mg/kg（按体重计），从动物出生的第 1 天或第 2 天开始使用，连用 7d。

但要注意，卤夫酮的使用须经过授权。这种药的安全范围很窄，3 倍剂量可致动物死亡。当需要计算精确的使用剂量时，应该对动物进行称重。给药前应给动物足够的饮水。

硫酸巴龙霉素是与新霉素具有相似结构的氨基糖苷类抗生素。已有的研究表明，该药对微小隐孢子虫有疗效，并且被用于感染隐孢子虫的艾滋病病人的治疗。

在试验感染（Mancassola et al，1995）和自然感染的山羊中，已专门进行了几种药效试验（Chartier et al，1996；Johnson et al，2000）。在所有的研究中，羔羊均按 100mg/kg（按体重计）剂量口服，设置 10d、11d 或 21d 三个不同的持续给药时间。在所有病例中，相比对照组，试验组的卵囊显著减少，临床表现也明显减轻。面对严重的自然暴发疫情，在服用该药 21d 时，治疗动物没有表现腹泻，停止治疗的次日粪便中卵囊检测呈阴性，而在相同环境中，未治疗对照组所有羊都出现腹泻，并且粪便样本中查到卵囊（Johnson et al，2000）。因为这类药物口服给药后在消化道的吸收较差，考虑到氨基糖苷类抗生素的肾毒性和耳毒性，尤其对于有腹泻或脱水症状的动物，应减少该药的用量。

虽然地可喹酯不能阻止临床疾病的发展，但也有报道称它可以降低微小隐孢子虫感染的严重程度和粪便中卵囊的排出量（Mancassola et al，1997；Naciri et al，1998；Ferre et al，2005）。在所有的研究中，该药均以 2.5mg/kg（按体重计）的剂量给羔羊口服 21d。但在一项研究中，采用了对一组妊娠母羊在孕期的最后 3 周给予该药，而不是把药直接给予羔羊，发现该药对这组母羊所产羔羊的隐孢子虫病的作用效果是相等的。对此的解释是，治疗母羊抑制了围产期卵囊排出的数量，因而减少了对环境的污染和新生仔畜接触卵囊的机会。正如本章前一节所述的那样，在美国，地可喹酯是作为饲料或代乳料添加剂用于控制非哺乳期山羊的球虫病。

非还原的低聚糖 α-环糊精也被作为治疗山羊隐孢子虫病的药物而进行评价。在一个试验模型中，从确诊感染较长潜伏期的隐孢子虫当天开始，羔羊以 500mg/kg（按体重计）的剂量口服 6d α-环糊精，出现潜伏期缩短、感染强度降低

以及腹泻病例远远少于未经治疗的新生羔羊的情况（Castro-Hermida et al，2004）。

10.5.2.8 防控

隐孢子虫病的防控效果主要在于不断改善饲养管理和卫生条件。羔羊应该在出生后就与母羊分开饲养，用清洁的奶瓶饲喂母乳。没接受初乳喂养的山羊更有可能感染隐孢子虫病。羔羊的圈舍应该远离成年羊群，单独或小群饲养。当群体饲养的羔羊中有感染病例时，以及在刚开始出现腹泻病例时应尽早隔离，减少卵囊对环境的污染。在检查幼龄羔羊隐孢子虫病传播风险时，通过对刚出现腹泻症状的感染羔羊实施早期淘汰和严格的隔离措施，使疫病得到有效控制，在不使用任何药物的情况下就阻断了疾病的暴发。

对于易感羔羊的隐孢子虫病控制，卫生极佳的畜舍、垫层和喂养用具可能是控制该病的最关键因素（Thamsborg et al，1990）。啮齿类动物的控制也很主要，因为有证据表明，来自山羊的卵囊可以感染鼠，而鼠排出的卵囊也可感染山羊（Noordeen et al，2002）。对于有问题的畜群，应检查饮用水有无微小隐孢子虫卵囊，因为水源性感染已得到大家的公认（Watanabe et al，2005）。接触过腹泻羔羊的人员不应该再接触健康动物。在接触患病羔羊后，应彻底清洗手部，因为隐孢子虫病具有人畜共患的可能性。常用的消毒剂不能杀死隐孢子虫，建议使用蒸汽消毒或高压水冲洗圈舍和饲养箱。该病目前尚无疫苗可用，而且也没有专门批准用于预防山羊感染此病的药物。已公布的数据表明，卤夫酮、巴龙霉素、地可喹酯有助于控制幼龄山羊感染隐孢子虫病。

10.6 蠕虫病

10.6.1 线虫胃肠炎

在世界各地，尤其在放牧条件下，胃肠道线虫感染是山羊损耗和生产力降低最重要的原因之一。山羊线虫病的发病史，在很多方面与牛和绵羊非常相似。然而，有关的研究表明，在寄生虫的易感性和年龄相关的免疫力以及驱虫药治疗的药代动力学方面，山羊存在一些重要的物种差异。了解这些差异，并采取有效的措施，可有效控制山羊线虫病。

10.6.1.1 病原学

大量线虫寄生于山羊胃肠道。本节主要讨论山羊主要线虫属在生活史方面的差异。随后，根据各种线虫在山羊消化道的寄生部位加以讨论，以便更好地理解其病理、生理作用。关于各种线虫更详细的生物学信息，可参考兽医寄生虫学相关教材（Soulsby，1982）。

毛圆科　毛圆科线虫是山羊线虫病主要的病原之一，可造成巨大的经济损失。该科包括血矛属、毛圆属、古柏属、细颈属、马歇尔属、长刺属、奥斯特属、背带线虫属和骆驼圆线虫属，均属于直接发育型。线虫成虫在宿主消化道产卵，随粪便排出。在虫卵排到外界的 1d 时间内，第一期幼虫即在虫卵中完成发育。然后，大多数线虫第一期幼虫破卵，蜕皮形成第二期幼虫。这些幼虫再次蜕皮，形成感染性的第三期幼虫。在适宜条件下，第三期幼虫的发育需要 7~10d，但会随着环境因素，主要是温度和湿度的变化而变化。

细颈线虫不同于其他属，虫卵随粪便排出后 3 周，在卵内发育形成感染性第三期幼虫。这种适应增强了其对不利天气的耐受性。而马歇尔属的线虫，幼虫从虫卵中孵出前即发育成第二期幼虫。

在采食受污染的饲料期间，宿主可摄入所有属的感染性幼虫。早晨和夜晚放牧山羊时，感染性幼虫迁移到牧草尖端，致使宿主摄入增多。被摄入后，幼虫迁移到待定的宿主消化道部位。随后，进入消化道黏膜褶皱或消化腺，经 1~2d 发育，蜕皮形成第四期幼虫。幼虫在此停留时间可长达 10d，再返回黏膜表面，最后蜕化成能产卵的成虫，完成其生活史。一般来说，平均潜伏期为 3~4 周。

在澳大利亚郊区出现了两名山羊饲养者感染毛圆线虫病的病例，患者出现腹痛和腹泻。从患者身体发现毛圆线虫虫卵，并且从山羊中鉴定出蛇形毛圆线虫的幼虫。其中一名患者曾用山羊粪便作菜园肥料（Ralph et al，2006）。

毛首科　该科寄生虫也属于直接发育型。毛首科的鞭虫属，如已知的鞭虫，在虫卵内发育成第三期幼虫，当宿主摄入后才释放出感染性幼虫。虫卵随粪便排出后，虫卵内的胚胎发育时间取决于温度和湿度条件，一般需要 3 周或更长时间。摄入的虫卵释放幼虫，幼虫穿过小肠，发育 2~10d 后，移行至盲肠发育为成熟成虫。潜伏期为 7~9 周。

尖尾科　该科感染山羊的是斯克里亚宾属线虫，简称蛲虫，属于直接发育型。宿主摄入虫卵，在小肠孵化出幼虫，迁移至大肠变为成虫。从感染虫卵到发育为成虫，共需要 25d。虫卵是完全胚胎化的，由雌成虫产于宿主肛周皮肤。

圆线科　该科食道口属线虫，又称结节虫，属于直接发育型。除了感染性幼虫深入消化道黏膜下层，到达固有层发育为第四期幼虫外，其他方面类似于毛圆科线虫。这一感染过程可发生在从幽门到直肠的任何地方。蜕皮后第四期幼虫返回黏膜表面，迁移到结肠发育为成虫。潜伏期大约 6 周。哥伦比亚食道口线虫感染而出现在动物肠道内的典型结节，与宿主对深入肠道组织的感染性幼虫反应有关，而与肠道表面摄食营养的成虫无关。夏伯特线虫第三期幼虫深入小肠壁进行发育，但形成结节不是夏伯特线虫病的特征。潜伏期大约 7 周。

钩口科　该科包括山羊钩虫，属于仰口线虫属和盖格线虫属。这些线虫属于直接发育型，但传播途径与毛圆科线虫不同。感染性幼虫穿过宿主皮肤或口腔黏膜侵入机体，经毛细血管进入血流，并在肺部发育。幼虫破坏肺毛细血管并进入肺泡，在此蜕变成第四期幼虫。幼虫在宿主咳嗽时上行至咽，并经吞咽迁移到小肠，发育为成虫。潜隐期 9~10 周，但感染后 4 周，成虫可能出现于山羊结肠，并在此吸收营养（Arantes et al，1983）。

类圆科　乳突类圆线虫是该科唯一的山羊病原体。在胃肠道线虫中，其生活史独特。乳突类圆线虫单性生殖，自由生活或寄生发育。在不利环境条件下，孤雌生殖产生的虫卵随宿主粪便排出，仅发育成感染性第三期幼虫。在有利环境条件下，常见自由生活史。

虫卵再次随宿主粪便排出后，迅速发育为性成熟的自由生活的雄虫和雌虫。交配后，雌虫产生一个单性生殖的感染性幼虫。无论哪种生殖方式，感染性幼虫都必须进入一个适当的宿主才能完成随后的生活史。幼虫通过穿入皮肤、口腔黏膜或食管黏膜而感染宿主。钻入的幼虫进入血流，并在肺部集中进入肺泡，然后向上移行至气管，并被吞咽入小肠，在小肠内发育为成虫。潜伏期6～7d。此外，尽管尚未证明存在胎盘传播，但已有山羊经母乳将感染性幼虫传给新生仔畜的报道（Moncol and Grice，1974；Yvore and Esnault，1986）。经乳汁或初乳感染的幼龄山羊，粪便中可排出虫卵。乳突类圆线虫可能是断奶前幼龄山羊发现的唯一胃肠道线虫。

筒线科 筒线科（超旋尾总科）的筒线虫属线虫属于间接发育型。虫卵随第一中间宿主，如山羊粪便排出，被食粪甲虫摄入后孵化。在甲虫体内，感染性幼虫发育约30d。山羊摄入含感染性幼虫的甲虫而被感染。

10.6.1.2 线虫在宿主中的寄生部位

食道和瘤胃线虫 筒线虫属的美丽筒线虫、多瘤筒线虫和门氏筒线虫寄生于山羊瘤胃和食道。成虫肉眼可见，嵌入食道和瘤胃的黏膜和黏膜下层，但不致病，不具备临床意义。瘤胃吸虫主要有前后盘吸虫和殖盘吸虫，致病性更强，本章稍后将进行讨论。

皱胃线虫 在世界各地，通常与山羊发病率、死亡率及生产损失相关的皱胃蠕虫主要有捻转血矛线虫、环纹背带线虫和艾氏毛圆线虫。通常认为，捻转血矛线虫对山羊致病力最强。与其他4期幼虫和成虫相区别的是，捻转血矛线虫是一种吸血线虫。在中美洲和东南亚，指形长刺线虫和捻转血矛线虫一样，也是一种攻击性很强的吸血线虫，是山羊的一种危害严重的病原体。

其他感染山羊的皱胃蠕虫致病性较低，地理分布更有限。在北非和印度，长柄血矛线虫是骆驼科动物胃线虫，在与骆驼混养的山羊中可发生该病的自然感染（Hussein et al，1985）。其对山羊的致病性已经经过试验证实（Arzoun et al，1983）。普氏血矛线虫常寄生于牛和绵羊，在菲律宾发现其寄生于山羊皱胃中（Tongson et al，1981）。

三叉背带线虫（奥斯特线虫）与环纹背带线虫常一起出现。其主要寄生于牛的奥斯特属的一些线虫，对山羊显示可变的感染性（Bisset，1980）。在新西兰野山羊已发现自然感染的竖琴奥斯特线虫（Andrews，1973）。在澳大利亚，安哥拉山羊在污染的牧场放牧时易感染奥氏奥斯特线虫（Le Jambre，1978）。在智利、塞浦路斯和乌克兰，已知山羊也可感染奥氏奥斯特线虫。

达氏背带线虫主要发现于温带地区的山羊。马氏马歇尔线虫在热带和亚热带地区多见。在中亚，蒙古马歇尔线虫可感染山羊、绵羊和骆驼。在中东和澳大利亚，雄茎驼圆形线虫是一种常见、非致病的皱胃线虫，主要感染骆驼，也能感染山羊。这四种线虫的形态与奥斯特属类似，被认为是次要的病原体。

艾氏毛圆线虫是感染山羊的重要的毛圆线虫之一，主要发现于皱胃，但在山羊小肠很少发现（Tongson et al，1981；Akkaya，1998）。

小肠线虫 在世界各地，公认的寄生于山羊小肠内的线虫主要有黑泄蠕虫蛇形毛圆线虫、玻璃毛圆线虫、小肠蠕虫柯氏古柏线虫、细颈蠕虫尖刺细颈线虫和扁刺细颈线虫以及钩虫仰口线虫。钩虫是活跃的吸血线虫，可引起动物严重的贫血。在印度尼西亚、印度和非洲也发现由厚缘盖格线虫引起的钩虫病。只要有24条厚缘盖格线虫在小肠寄生，宿主就可因失血而导致急性死亡。小肠蛲虫乳突类圆线虫对山羊具有中等和较强的致病性。在南非，田间观察试验研究表明，幼龄到12月龄山羊严重的临床疾病与乳突类圆线虫有关。观察到的一些症状是典型的胃肠道寄生虫感染症状，如粪便异常或腹泻、厌食、极度瘦弱及脱水。但也可能表现其他更严重的症状，包括共济失调、昏迷、眼球震颤和低头，以及肝破裂（Pienaar et al，1999）。

寄生于山羊小肠的其他线虫的地理分布和致病性有限。在中亚寒冷地区，奥拉奇细颈线虫和畸形细颈线虫是山羊普通的病原体（Neiman，1977）。在英国和北美出现的巴塔细颈线虫是羔羊重要的病原体，但尚未见山羊感染该病的报道。在尼日利亚的一个屠宰场，5.8%的山羊在消化道发现巴塔细颈线虫寄生（Nwosu et al，1996）。在南非和澳大利亚，山羊可感染镰状毛圆线虫和皱纹毛圆线虫。长刺毛圆线虫是牛的主要寄生虫，但在巴西有一只山羊感染该寄生虫的报道（Lima and Guimaraes，1985）。

盲肠线虫 在世界各地，感染山羊的鞭虫主要是羊毛尾线虫，但它不是导致疾病或生产损耗的主要原因。该病的发生通常呈混合感染，可能是由于山羊体况不良引起的。据报道，在巴西和尼日利亚，旱季山羊常见感染绵羊毛首线虫或其他鞭虫（Travassos et al，1974；Okon，1974）。

鞭虫钻入山羊盲肠黏膜，用针形口器刺穿血管，随后以自创血池为食。在世界各地，羊斯克里亚宾属线虫出现于山羊盲肠内，但通常认为是非致病性的。在美国已发现山羊斯线线虫的一个分离种。这些小的、非致病蛲虫的成虫，有时出现于山羊肛周，并在此产卵。如果观察到蛲虫寄生，应引起饲养者重视。

结肠线虫 哥伦比亚食道口线虫的成虫寄生于山羊结肠，但感染性幼虫引起的结节性病变出现在整个肠道。该寄生虫的感染在世界各地都有发生。其他感染山羊的食道口线虫是否产生典型的肠结节尚不清楚，并且被认为是非致病性的。据报道，山羊试验感染微管食道口线虫会出现小的结节性病变，但自然感染一般观察不到（Goldberg，1952；Chhabra，1965）。在世界各地，绵羊夏伯特线虫可导致山羊临床寄生虫病，但夏伯特线虫单独感染引起的发病是很少见的。然而，在试验攻击感染的研究中，绵羊夏伯特线虫的虫体超过 800 条时，对 4～6 月龄的羊就是致命的（Kostov，1982）。

10.6.1.3 流行病学

胃肠道线虫能否成功感染山羊并完成寄生生活史，取决于各种环境条件、寄生虫和宿主的相关因素及其相互作用。

环境-宿主相互作用 反刍动物的摄食行为是寄生虫病发生的主要因素。动物如绵羊和牛采食接近地面的牧草时会与大量感染性幼虫接触。自由放养的山羊较少接触感染性幼虫，因为它们通常采食高于地面的牧草。在绵羊和山羊感染强度的调查中，允许动物按其自然的摄食习性采食，结果显示，绵羊比山羊感染的虫体较多（Le Riche et al，1973）。然而，家养的山羊常在吃不到嫩草、嫩叶和强迫在牧场放牧的饲养管理条件下，与绵羊有同等或更高的寄生线虫感染的风险，这种情况在澳大利亚已经经过试验证实（Le Jambre and Royal，1976）。

排泄物的特征也与动物感染寄生虫有关。稀牛粪落地时的飞溅使粪便中的线虫虫卵更容易在牧场散播。山羊和绵羊的粪球经大雨、融雪和蹄践踏的自然分解作用而传播虫卵或幼虫，并且甲虫的活动也可达到同样的效果。此外，春季时虫卵数量会增加，因为此时在牧场放牧的山羊其粪便含有更多的液体，会失去粪粒的特征。临床寄生导致明显的动物腹泻也会促进虫卵在牧草上的散播。

牧草生长茂盛、稠密的牧场为幼虫发育提供了保护，可使其免于太阳直射。已证实，阳光直射可减少山羊粪球中线虫幼虫的存活时间（Tongson and Dimaculangan，1983）。在炎热的天气，由于幼虫代谢率上升，感染性幼虫的存活时间将缩短。

牧场的载畜量过多或牧场过度放牧时，通常都会促使寄生虫病增加。虽然通过消除保护性植物的生长，集中、快速消耗牧草，可减少虫卵和幼虫的散播，但随着牧场动物数量的增加，会直接增加每天在牧场产生和积聚的虫卵总量。牧场的野生反刍动物也可把线虫传播给山羊，如已证明雄茎驼圆形线虫和突尾毛圆线虫可从印度羚羊传给山羊（Thornton et al，1973）。

管理系统可直接影响山羊线虫病的种类和感染强度，混合饲养的圈舍其线虫的数量明显减少。在法国调查的 49 个奶山羊养殖场，室内饲养的山羊其临床寄生虫病的感染率较低，且主要由夏伯特属线虫和食道口属线虫引起。在开放式饲养的圈舍中，奥斯特线虫是最常见的；而在牧场放牧的山羊中，血矛线虫病是最突出的问题（Cabaret et al，1986）。

环境-寄生虫相互作用 为在恶劣的环境应激如冷冻、过热和干燥的条件下生存，线虫已进化形成一系列适应性特征，包括在不利于生存的季节，幼虫会钻入土壤，延迟虫卵的孵化，直到外界的温度和湿度适宜生长。在细颈线虫可看到感染性幼虫在保护性卵壳内发育；在捻转血矛线虫可看到单一雌虫产生大量虫卵，每天产卵可达10 000 个。

线虫适应恶劣环境最显著的特征是低生活力或发育停滞。在环境不利期间，宿主摄入的感染性幼虫自发保持低生活力状态，且只在宿主体外的环境条件有利于幼虫发育和生存时才发育到成虫期。同时，宿主因素也可引发线虫的重新发育。在温带地区，温度下降可能是幼虫进入低生活力的信号，而在四季分明的热带地区，炎热和干旱条件可引发幼虫低生活力（Chiejina et al，1988）。在肯尼亚（Gatongi et al，1998）和多哥（Bonfoh et al，1995）已报道，山羊捻转血矛线虫的低生活力与炎热、干燥的季节相关。即使在温度和湿度都能支持幼虫全年自由生活的热带地区，当土壤湿度增加时，也可使幼虫出现一定程度的低生活力（Ikeme et al，1987）。

宿主体内的幼虫同时恢复发育，可导致临床疾病的发生，简称为Ⅱ型病。在以色列，已报道山羊在炎热、干燥的夏季末发生Ⅱ型奥斯特线虫病，出现粪便虫卵数显著增加，并在随后较冷的雨季持续发生（Shimshony，1974）。在西班牙，已报道山羊在1月和2月，感染Ⅱ型病并出现临床症状（Tarazona et al，1982）。

对于线虫虫卵和自由生活幼虫的生存而言，环境温度的影响非常重要。在40℃下6d，山羊粪便中各种线虫卵均死亡。在30～35℃虫卵最易存活，并且在8～9d内孵化。在20～25℃，虫卵孵化时间推迟14d。在0℃虫卵仍然存活，但30d后仍不孵化（Tripathi，1980）。

一些线虫最适合热带和亚热带条件，尤其是血矛线虫、指形长刺线虫和哥伦比亚食道口线虫。捻转血矛线虫是这类线虫的代表。当温度在10℃或以下时，虫卵孵化或幼虫发育停止。据报道，捻转血矛线虫从虫卵发育到感染性第三期幼虫的最佳条件是28℃，湿度大于70%（Rossanigo and Gruner，1995）。

虫卵对干燥和寒冷很敏感，在炎热、干燥的夏季，以及有寒冷冬季的地区虫卵不能存活。发育的感染性幼虫对不良气候具有抵抗力，可在反复干燥的条件存活。在有夏季降雨的温暖、潮湿地区及冬季不十分寒冷的温带地区，有利于牧场感染性幼虫的发育。

作为生存的一种手段，捻转血矛线虫的低生活力可帮助自由生活幼虫越冬。这一现象不仅存在于在热带地区，而且也存在于寒冷地区、温带地区。来自瑞典的最新报道表明，在夏季中期，绵羊捻转血矛线虫在第四期幼虫的早期阶段几乎100%发育受阻。于是，它们进化的策略是作为滞育期幼虫在宿主体内度过漫长的、寒冷的冬季。随着春季母羊围产期到来，捻转血矛线虫恢复产卵，并依靠母羊完成其生活史（Waller et al，2004）。哥伦比亚食道口线虫的发育形式类似于捻转血矛线虫。

羊仰口线虫和厚缘盖格线虫最适于湿润的亚热带和温带地区。因为它们的早期幼虫对干燥特别敏感，所以圈舍和垫草可保持湿润。因此，在此饲养管理条件下，这两种虫体会迅速繁殖。在潮湿的牧场或圈舍中，有助于幼虫经家畜的蹄或/和腿部皮肤而感染。

线虫如背带线虫（奥斯特线虫）、毛圆线虫和绵羊夏伯特线虫较适合凉爽、温暖的气候。环纹背带线虫是这类线虫的典型代表。毛圆线虫比捻转血矛线虫更耐寒冷和干燥，并可越冬。虫卵在牧场积聚，直到出现合适的温度和湿度，大量的感染性幼虫开始发育。幼虫在27℃下发育4～6d，但在温度、湿度不利的情况下，发育可长达1个月。在炎热、干燥的夏季，毛圆线虫发育不良，它们把降低生活力作为一种存活机制。

背带线虫（奥斯特线虫）适应性广泛，比毛圆线虫耐寒冷和炎热、干燥的夏季。只要冬季不过于干燥，背带线虫（奥斯特线虫）幼虫可安全越冬。通过从分解的粪球中缓慢释放感染性幼虫以提高其存活力，可以使一些幼虫在牧场存在长达1年。然而，必要时，背带线虫（奥斯特线虫）也会出现低生活力。在寒冬地区，幼虫在深秋时节习惯于进入发育受阻状态；在夏季炎热、干燥的地区，幼虫在春季即处于发育停滞状态。

细颈线虫能很好地适应寒冷的气候。它们产生的虫卵数量少，但通过幼虫在保护性卵壳内的发育，存活率得以提高。它们对寒冷和干燥具有极强的抵抗力，并且可在干旱条件下生存。在深秋季节，尖刺细颈线虫虫卵开始孵化，并持续发育越过春季（Boag and Thomas，1975）。扁刺细颈线虫不延迟孵化，其在牧场的习性更像毛圆线虫。

宿主-寄生虫相互作用　在宿主-寄生虫相互作用的过程中有两种现象有助于寄生虫建立寄生生活。这种现象使低生活力和围产期的虫卵数增加。然而，山羊并不是毫无防备，已知的一些宿主机制可以限制寄生虫感染。这些机制包括免疫力、自愈现象和遗传抗性。

关于低生活力，环境因素可引起寄生虫幼虫发育停滞，正如前文所述。宿主因素也可引发摄入幼虫的发育停滞。宿主因素包括从先前线虫感染病史获得的免疫力、摄入大量感染性幼虫或预先存在大量的成虫。宿主因素亦可引发幼虫发育恢复，包括宿主免疫抑制、用抗蠕虫药驱除成虫、妊娠引起的激素水平的变化及与哺乳有关的催乳素的增加。后两者也与母羊围产期的虫卵数增加有关。

由于以前发育受阻的幼虫性成熟并产卵，特别是捻转血矛线虫和环纹背带线虫的幼虫，在绵羊体，通常能观察到围产期的产卵量增加。在温带地区春季产羔时，围产期虫卵数量增加期间，积聚的虫卵很大程度上与夏季出现的放牧羔羊的感染有关。在羔羊开始采食牧草以前，越冬的幼虫通常已被消灭干净。羔羊比年龄大、可能有抵抗力的母羊更易感。妊娠后泌乳可强烈刺激发育受阻的幼虫重新发育。在山羊已有围产期虫卵数增加的记载。分娩后 1 周粪便虫卵计数最高，且持续 4 周仍然保持升高。这一结果与产羔的季节无关，并且对感染的公山羊同时采样，没有观察到粪便虫卵计数的变化（Okon，1980）。据报道，山羊催乳素升高与围产期虫卵数的增加有关（Chartier et al，1998）。据推测，山羊分娩前后母源抗体向初乳转移相关的母畜体内寄生虫特异性的 IgA 抗体减少，可促进围产期虫卵数的增加（Jeffcoate et al，1992）。

免疫力是宿主的一种重要的防御能力。新生仔畜对寄生虫不具有免疫力，初乳中的抗体显然不能保护其免受寄生虫感染。但随着时间发展，仔畜对线虫的抵抗力逐渐产生，并通过持续与寄生虫接触而得到增强。试验证实，随着山羊每周接触感染性幼虫数的减少，其产生了抗蛇形毛圆线虫感染的抵抗力（Pomroy and Charleston，1989）。

对于家养反刍动物，免疫力的强度随年龄增长和感染的寄生虫而变化。山羊表现出最弱的免疫力，绵羊次之，成年牛对感染的抵抗力最强。由于山羊在自然环境或集约化管理条件下均有摄食枝叶的习性，不需要对寄生虫感染具有强的抵抗力，因此山羊在环境选择压力下产生的对寄生虫的抵抗力不如牛和绵羊强。

在很多研究中，山羊显示出较高的寄生虫易感性。山羊羔比绵羊羔较早观察到显著的虫体负荷，有记录表明 3～4 周龄山羊羔的虫体负荷超过 17 000 条（McKenna，1984）。美利努绵羊和安哥拉山羊在同一污染牧场放牧 4 个月，除了细颈线虫外，山羊体内所有种类的胃肠道线虫的虫体负荷都较高（Le Jambre and Royal，1976）。在新西兰调查的 47 个奶山羊养殖场中，成年山羊出现混合感染，并且感染强度与山羊羔和 1 周岁左右的山羊相似（Kettle et al，1983）。在新西兰，当野生山羊在牧场放牧 1～2 年时，虫体负荷和粪便虫卵数没有明显差异。此外，与感染的绵羊相比，感染山羊的线虫繁殖力更强，每条虫体的产卵量增加，并且经驱虫药治疗后，山羊羔粪便虫卵计数的恢复比绵羊更快（Brunsdon，1986）。这些发现表明，由于对寄生虫感染反应的物种差异，将绵羊寄生虫的控制措施直接用于山羊可能是无效的。山羊和绵羊种属间的这种差异的实用的考虑是，成年山羊是牧场污染的一大风险，有效的山羊寄生虫病控制计划必须说明这种风险（Hoste and Chartier，1998）。

山羊对寄生虫产生的任何免疫力，可能都涉及一个复杂的黏膜、体液抗体反应及细胞介导免疫反应间的相互作用。例如，研究表明，山羊 CD4$^+$T 淋巴细胞可促进对捻转血矛线虫肠道抗原的免疫，但该抗体和 CD4$^+$T 淋巴细胞协同作用才能产生这种免疫（Karanu et al，1997），非特异性炎症介质也可以发挥作用（Smith，1988）。

对寄生虫的免疫力并不是绝对的。据推测，在围产期宿主的免疫力下降，并且也可能因并发疾病或营养不良而使免疫力受损。捻转血矛线虫试验攻击感染证明，低营养水平山羊比高营养水平山羊的粪便中排出的虫卵数更多（Preston and Allonby，1978）。患副结核病的山羊，有虫体负荷增加的倾向。在非洲，感染刚果锥虫的山羊，对捻转血矛线虫的易感性增强（Griffin et al，1981）。

绵羊的自愈现象是众所周知的，即摄入大量捻转血矛线虫感染性幼虫，随后排出现有的成虫。因为这些动物通常很快会再感染，所以在寄生虫控制方面这种现象的意义尚不清楚。虽然如此，它确实可以作为宿主对感染的免疫反应能力的一个指标。有两份报告报道了山羊的自愈现象（Fabiyi，1973；Preston and Allonby，1978）。然而，更新、更广泛的实地观察以及试验研究表明，即使山羊确实会发生自愈现象，与在绵羊观察到的自愈相比，山羊产生的免疫反应是比较弱的，也是不可靠的（Kettle et al，1983；Brunsdon，1986；Watson and Hosking，1989）。放牧山羊自愈失败可导致持续的粪便虫卵数增加，与绵羊相比，其结果是牧场的污染程度增加。

遗传抗性是宿主最后一种防御寄生虫的机制，绵羊的这种抗性已得到广泛研究（Courtney，1986；Gruner and Cabaret，1988）。山羊对蠕虫遗传抗性的证据也已有报道。在东非，引进的萨能山羊比本地的盖拉山羊和东非品种的山羊对捻转血矛线虫的感染更具抵抗力（Preston and Allonby，1978）。据推测，通过世代放牧行为，已选择出抗捻转血矛线虫的欧洲奶山羊品种。而作为天生食嫩草的动物，本地山羊品种却没有此抗性。在此后的研究中，根据断奶后粪便虫卵数的显著减少，可证明东非山羊品种比盖拉山羊品种更具抗性（Baker et al，2001）。在印度，突发性暴雨后，自然暴发血矛线虫病期间，小规模放牧或舍饲品种如孟加拉黑山羊，受感染程度远低于大型食嫩草山羊，如比特拉羊和Jamunapari（Yadav and Sengar，1982）。根据粪便虫卵数和剖检的蠕虫计数，泰国本土山羊比泰国本土山羊（50%）与英国努比亚山羊（50%）杂交品种表现出较强的抗捻转血矛线虫感染的能力（Pralomkarn et al，1997）。

除品种差异外，在瓜德罗普岛对大量克里奥尔山羊的长期研究表明，品种内的选择也可产生较强抗性（Mandonnet et al，2001，2006）。在苏格兰，对主要自然接触环纹背带线虫的绒山羊的研究得出结论，在育种程序中通过粪便虫卵数减少选择抗性山羊是可能的（Vagenas et al，2002）。小型反刍动物的抗蠕虫育种已有综述报道（Gruner，1991；Baker，1998）。

绵羊血红蛋白类型与抗蠕虫感染相关，并且这种关系在山羊也已有研究。在尼日利亚的红索可托山羊已鉴定出5种血红蛋白表型，雨季粪便中蠕虫虫卵计数与这些表型相关，并且观察到感染率的显著差异。与高感染率有关的血红蛋白表型在老龄山羊群比羔羊群较少见，这表明在更易感寄生虫的表型中死亡率会增加（Buvanendran et al，1981）。

总之，山羊胃肠道寄生虫病的发展取决于寄生虫、宿主和环境因素间复杂的相互作用，这其中许多是已知的，但也有一些尚不清楚。通常，山羊种群寄生虫病发生的类型和严重程度可根据其地理及气候的区位、管理系统和天气条件进行预测。通过不同的进化策略、发育速度、摄取食物的机制及在宿主消化道的寄生部位，线虫似乎在最大化地利用宿主，而使它们彼此间的竞争最小化。这种多样性促使多种线虫感染的发生。

线虫感染的结果取决于宿主抵抗力、感染水平、寄生虫的种类、寄生虫耐药性的产生及治疗干预的程度。急性死亡、临床疾病、亚临床感染和生产力降低都是可能出现的结果。在全世界，对许多关于山羊损耗原因的研究，尤其是幼龄山羊，已确定临床胃肠道线虫病是导致山羊发病和死亡的主要原因。然而，关于亚临床胃肠道线虫病对奶山羊、绒山羊和肉山羊产品参数影响的特异性研究相对缺乏。

线虫对奶山羊产奶量的影响开始变得越来越清晰。法国的一项研究表明，用噻苯咪唑驱除泌乳期山羊的胃肠道线虫，导致产奶量比未处理的对照组山羊增加17.6%（Farizy and Taranchon，1970）。一些研究已揭示了许多有趣的发现。泌乳期捻转血矛线虫和蛇形毛圆线虫亚临床寄生虫病感染，除引起产奶量比未感染对照组持续下降2.5%～10%外，还可导致母羊体况下降。然而，当对产奶量最高的山羊与其他感染母羊分开进行评估时，产奶量的减少在13%～25.1%，且脂肪含量较低。据此可得出结论，高产山羊比低产山羊有较低抗性或对寄生虫感染的恢复力较弱，导致产奶量的减少更严重（Hoste and Chartier，1993）。根据泌乳期母羊的产奶量水平而确定的宿主对寄生虫感染不同抗性的研究，进一步确认了这些观察结果（Chartier and Hoste，1997；Hoste and Chartier，1998a）。

10.6.1.4 发病机制

胃肠道线虫病涉及的各种发病机制取决于寄生虫在分类学上所处的属。食血性蠕虫对宿主的主要影响是渐进性衰弱性贫血。食血蠕虫包括皱胃的捻转血矛线虫和指形长刺线虫、小肠内的羊仰口线虫和厚缘盖格线虫及盲肠鞭虫。皱胃内每条捻转血矛线虫成虫通过主动吸血或移行到新吸血位点使旧的吸血位点继续流血，可导致宿主每天损失0.05mL血液。当存在高感染率（每个宿主寄生10 000条以上成虫）和大量成虫同时发育时，宿主可能因急性失血而导致死亡，或发育受阻后也可发生死亡。

对于感染不严重的病例，宿主的贫血可以分为三个阶段（Dargie and Allonby，1975）。第一阶段，失血初期因为消化道管腔内失血不是血细胞生成的强有力的刺激信号，所以红细胞压积（PCV）可显著下降。在山羊血矛线虫病感染试验中，用 9 000～12 000 条幼虫感染的 19d 内，红细胞压积从平均值 29％下降至 16％（Al-Quaisy et al，1987）。第二阶段，血细胞开始再生，即使在 6～14 周内 PCV 都低于正常水平，但 PCV 始终保持稳定。然而，在此期间，宿主储存的铁因通过粪便流失而减少。第三阶段，由于渐进性铁缺乏致使血细胞生成受损，红细胞压积再度下降。同时，因为寄生虫吸血的结果，血清蛋白出现稳定减少。由于组织分解代谢的替代，最初宿主可维持血清白蛋白水平，但最终出现低蛋白血症，伴有极度瘦弱和临床低蛋白血症迹象，如下颌水肿。

虽然在慢性或大规模感染期间，寄生虫在摄取营养的过程中血液组分也会逐渐损失，但剩余的山羊消化道线虫都不是主要的吸血者。在这种情况下，宿主不会发生急性贫血症，或达不到在吸血性寄生虫感染中看到的严重程度。然而，在实际生产中经常发生吸血性和非吸血性寄生虫的混合感染，所以这种差别不可能很明显。

艾氏毛圆线虫的感染性幼虫在皱胃黏膜中发育到成虫，并在此吸收营养，导致宿主出现黏膜上皮糜烂、卡他性炎症、充血、水肿和腹泻。在这种感染中可以看到宿主因黏膜损伤引起血浆流失所导致的低蛋白血症。

环纹背带线虫（奥斯特线虫）的感染性幼虫进入皱胃胃腺，经历第 3、第 4 次蜕皮发育为成虫。当大量发育受阻的幼虫同步出现发育成熟时（Ⅱ型奥斯特线虫病），导致宿主发生严重胃炎、胃腺增生、细胞间连接减弱、胃酸分泌减少和胃内容物 pH 增加。pH 变化的一个结果是，胃蛋白酶原不转化为胃蛋白酶，并且可经皱胃黏膜渗漏到循环血中。血液中胃蛋白酶原增加可用于Ⅱ型奥斯特线虫病的诊断。其他血浆蛋白质也可从皱胃漏出。所以，低蛋白血症和腹泻是奥斯特线虫病的主要症状。

感染小肠的毛圆线虫在肠黏膜上皮下挖掘隧道而摄取营养。这会导致宿主发生伴有腹泻的蛋白丢失性肠病。幼虫和成虫一样具有破坏性。随着时间的推移，发生明显的微绒毛萎缩。细颈线虫发病机制与此类似。

哥伦比亚食道口线虫在小型反刍动物的发病机制较独特。感染性幼虫钻入小肠黏膜下层，经第 3 次蜕皮形成包囊，然后返回肠腔，再迁移到结肠，完成最后一次蜕皮。初次感染时，该过程的发生并不明显。然而，在初次感染中已经致敏的宿主，在第三期幼虫的包囊周围产生明显的局部炎性反应，导致干酪样结节形成。结节内部幼虫可能死亡，或晚些时候重新迁移。结节偶尔会发生浆膜性破裂，引起腹膜炎、黏膜粘连及部分或完全的肠阻塞。即使没有破裂，广泛的结节形成可减弱宿主的消化、吸收及排泄物的排出。此外，结节虫成虫可导致严重的伴有产生大量黏液的卡他性结肠炎。严重感染时宿主还出现黏液性腹泻、体重减轻和低蛋白血症。

在所有肠道线虫病中，最常见的症状是采食量减少的厌食症，并伴随生长不良、生产力下降和体重减轻。这些宿主应答反应的原因复杂，还未被完全了解。机体通过增加肝脏产生白蛋白来抵消持续的蛋白质损失，引起骨骼肌合成下降，从而导致幼龄动物肌肉生长停止。严重感染动物的肌萎缩可能与肌肉的分解代谢有关。部分动物由于蛋白质合成的转移，纤维生长也受到破坏。处于成长期的山羊，由于钙、磷摄入减少及骨骼消耗，骨骼生长也受到损害（Fitzsimmons，1966）。宿主对胃肠道寄生虫病的生理性适应已有综述（Hoste，2001）。

10.6.1.5　临床症状

寄生虫的混合感染是很普遍的，不可能将产生临床症状的原因只归因于单一寄生虫感染。一般而言，毛圆线虫、背带线虫（奥斯特线虫）、古柏线虫和细颈线虫感染产生类似的临床症状。幼龄尤其是断奶后的食草动物最可能感染。普遍的临床症状是宿主渐进性消瘦、生长缓慢、反应迟钝和采食量减少。更严重的感染，宿主可见明显的深绿色到黑色腹泻，尾部和会阴部被毛及皮肤被粪便污染。当病程延长时，下颌水肿可继发低蛋白血症。慢性感染动物会发展成腹部膨胀、被毛粗糙、干燥，皮肤呈鳞片状，贫血症状通常不明显，有时会出现死亡，病情可延续数天或数周。当滞育的寄生虫恢复发育至性成熟时，在Ⅱ型病例也可看到更严重的症状。

结节虫（哥伦比亚食道口线虫）感染可导致宿主腹痛，当形成结节和发生局部腹膜炎时，出现弓背、不愿移动。感染动物可能发热，结节有时可能发生脓肿并破裂。如果在管腔内发生破裂，脓汁可经直肠排出。如果在腹腔内破裂，可导致弥散性腹膜炎。据报道，绵羊肠套叠有时与肠道结节有关，但在山羊还未见报道。当形成最小结节时，就像初次接触病原一样，羔羊哥伦比亚食道口线虫感染的症状可能仅限于腹泻，年龄较大的动物或出现间歇性排出柔软、带血斑、充满黏液的粪便及渐进性消瘦。过多黏液样偶带血的粪便也与绵羊夏伯特线虫感染有关，贫血很少见。

当吸血性寄生虫如捻转血矛线虫感染山羊时，突出的临床表现是贫血。当大量感染时，动物可发生超急性血矛线虫病，并因胃出血而死亡。急性和慢性感染较常见。感染动物表现明显的黏膜、结膜苍白，呼吸频率、心率增加，偶尔听到贫血性杂音。下颌水肿，或称"瓶状颌"较常见。可观察到衰弱、不愿移动及不运动。在并不复杂的血矛线虫病中，便秘较腹泻常见。长病程病例，体重减轻也是常见的症状。

在钩虫感染中，便秘后可见到腹泻。感染动物坐立不安，尤其是腿部的瘙痒，可能与钩虫幼虫穿透宿主皮肤并在体内移行有关。

10.6.1.6 临床病理学和剖检

在山羊临床胃肠道线虫病病例中，血清白蛋白始终低于 2.5g/dL，且常不足 1.5g/dL。总血清或血浆蛋白通常也低，但在慢性病例，由于并发高丙种球蛋白血症，总血清或血浆蛋白可能是正常的。贫血是反复不定但却是重要的症状。严重的血矛线虫病可出现红细胞压积低于 9%。在不太严重或慢性感染中，红细胞压积可能在 15%～25%，且血细胞会因铁缺乏导致血红蛋白过少。严重或长期感染非吸血性线虫的病例，可发生轻度到中度的贫血症。

当皱胃线虫的幼虫在胃腺发育，并导致胃炎时，血清胃蛋白酶原的水平可能会增加。自然感染混合毛圆线虫，包括一些Ⅱ型奥斯特线虫的山羊中，检测血清胃蛋白酶原的水平在 400～3 500mU 酪氨酸之间（Tarazona Vilas，1984）。在奥斯特线虫试验感染中，血清胃蛋白酶原在未感染山羊体内维持在 800mU 酪氨酸以下，而在感染开始的 15d 测到的血清胃蛋白酶原在 1 000～1 500mU 酪氨酸。试验性血矛线虫病，未感染对照山羊血清胃蛋白酶原维持在 800mU

酪氨酸以下，而幼虫攻击后 3d，血清胃蛋白酶原水平在 1 000～3 500mU 酪氨酸（Kerboeuf and Godu，1981）。线虫成虫由粪便排出卵前，因为Ⅱ型病感染可出现临床疾病，所以评价胃蛋白酶原水平可能是一个有用的诊断方法。这种胃蛋白酶原水平的升高在感染个体中可能是非常多变的，所以在感染群体中应检测一些疑似患病动物，以确定感染群体中Ⅱ型病的存在。对斯里兰卡的屠宰场的研究表明，山羊皱胃捻转血矛线虫虫体负荷的增加与血清胃蛋白酶原的浓度有很大的相关性（Paranagama et al，1999）。

已报道了正常无圆线虫感染的法国阿尔卑斯山羊和瑞士萨能山羊血清胃蛋白酶原的基准值（Chartier et al，1993）。6 月龄以下的法国阿尔卑斯山羊血清胃蛋白酶原平均基准值是（490±175）mU 酪氨酸，成年羊（大于 12 月龄）是（825±414）mU 酪氨酸；瑞士幼龄萨能山羊是（397±135）mU 酪氨酸，成年山羊是（709±274）mU 酪氨酸。除了年龄和品种外，农场饲养方式和泌乳期也被认为是胃蛋白酶原变化的因素。一般来说，血清胃蛋白酶原在 1 000mU 酪氨酸以上，可指示山羊有明显的皱胃圆线虫病。

通过直接涂片法、虫卵漂浮法或虫卵计数法检查粪便中的寄生虫卵，有助于寄生虫病的诊断，粪便样品应新鲜或冷藏。大多数胃肠道线虫有近似相同大小的虫卵（长 60～90μm）和形态，据此很难进行特异性的病原诊断，这就需要在体外培养幼虫，并进行形态鉴定。然而，有些感染可通过虫卵结构进行鉴别。细颈线虫虫卵和马歇尔线虫虫卵比其他的明显较大，平均长度为 160～180μm。鞭虫属虫卵呈桶形，两端具明显的极帽或卵盖。绵羊斯克里亚宾线虫虫卵和乳头斯克里亚宾线虫虫卵比一般的小，且包含发育完全的胚胎。

虫卵可通过如麦克马斯特氏法进行计数，但虫卵数和感染的严重程度间不总存在直接相关性。Ⅱ型病是明显的例子，甚至在成虫发育到产卵前就会对皱胃产生严重损伤。发生严重的蛇形毛圆线虫感染时，在出现明显感染前，就会因幼虫摄取营养而引起宿主明显的临床疾病（Fitzsimmons，1966）。不同种的线虫其产卵量也有很大差异，产卵多的虫体并不总是最严重的病原体。虽然有关山羊虫卵计数的精确参数或应用虫卵计数作为启动治疗措施的依据尚未确定，但人们普遍接受的一个原则是，每克粪便中虫卵数（EPG）为 0～500 个代表低的寄生虫负荷，500～2 000 个为中等虫体负荷，2 000 个以上为重度感染。在这三种情况中，来自新西兰的一项研究表明，个别羔羊粪便虫卵数与虫体负荷间有适度的相关性（McKenna，1981）。在委内瑞拉的一项研究中，当每克粪便中虫卵数是 650～4 100个时，10%～30%的山羊死亡与捻转血矛线虫感染相关（Contreras，1976）。

尸体剖检时，出现消瘦、脂肪储备减少或心脏和肾脏周围脂肪浆液性萎缩，通常暗示是线虫感染。当出现明显的低蛋白血症时，也可观察到皮下尤其是下颌部位的水肿。虽然感染血矛线虫而极度贫血的山羊死亡时可能看不到虫体，但仔细检查皱胃黏膜可看到典型的红白相间条纹样的雌虫。并可见多部位的出血、溃疡，或两者同时存在。发生背带线虫属（奥斯特属）感染时，因幼虫在胃腺内的发育，引起胃腺膨胀，导致皱胃壁水肿，黏膜表面呈现颗粒状的"摩洛哥皮革"外观。皱胃内容物的 pH 高于正常范围时，可作为严重的 Ⅱ 型病诊断的依据。

对大多数肠道寄生虫病而言，尸体剖检时肉眼观察仅有卡他性炎症是非特异性的。虫体本身很难看到，尤其在小肠，但在大肠，虫体可能较大。制备黏膜压片或用碘溶液染色，有助于确定虫体的存在及感染的强度。结肠卡他性肠炎和软的、稀的黑色粪便与大多数线虫病的感染相关。肠道任何地方的透壁结节病变有助于哥伦比亚食道口线虫感染的诊断。肠内容物有血迹，特别在小肠近端，提示是钩虫感染。结肠有瘀斑，并伴有水肿和结肠壁增厚，提示是绵羊夏伯特线虫感染。大量黏液覆盖结肠黏膜与食道口线虫成虫感染有关。

10.6.1.7　诊断

贫血、水肿、体弱和腹泻等临床症状的任意组合，提示山羊患有胃肠道线虫病。根据粪便虫卵数增加、畜群尸体剖检时严重的虫体负荷或关于 Ⅱ 型病皱胃黏膜典型的"摩洛哥皮革"样病变、占优势的第四期幼虫发育受阻、血清胃蛋白酶原水平的增加，这些证据都有助于该病的诊断。当贫血是主要症状时，鉴别诊断还必须考虑各种血液寄生虫病、肝片吸虫病及钴或铜缺乏症。山羊贫血的病因在第 7 章已讨论。在幼龄山羊，球虫病是腹泻最重要的原因，必须与线虫病进行鉴别诊断，但也要排除贾第虫病和隐孢子虫病的感染。

在某些地区，特别是非洲和东南亚，山羊常并发感染血液寄生虫、胃肠道线虫和肝脏吸虫。因此，临床医生不能把胃肠道线虫病作为临床症状的唯一病因，而必须进行综合考虑。

亚临床寄生虫病常导致幼龄动物生长不良，或除泌乳山羊产奶量明显下降外，很少有其他临床症状的成年山羊会持续性消瘦。山羊渐进性消瘦的鉴别诊断是复杂的，将在第 15 章单独讨论。

10.6.1.8　治疗

除用驱虫药治疗消除现存感染外，临床感染的个体需要用维持疗法来改善寄生引起的衰弱进程。严重衰弱的山羊，应使用低毒性驱虫药如噻苯咪唑、苯硫咪唑或伊维菌素，因为动物可能对安全范围窄的药物的不良反应更敏感，如左旋咪唑或有机磷化合物。

即使红细胞压积低于 10% 时，只要动物在限制供应食物和水的安静条件下，输血可能不是必需的。也许比贫血更值得注意的是低蛋白血症。如果血清白蛋白低于 1.5g/dL，除非实施输血浆或全血增加血清总蛋白，否则将无法阻止浮肿和全身水肿的发展。在恢复期，应饲喂品质好、易消化的干草或含高蛋白质的饲料，当机体恢复健康时，逐步补充浓缩料。由于持续很长时间的寄生虫病常引起铁缺乏，因此非胃肠道途径给予铁元素如右旋糖酐铁，可促进血细胞生成。

多种驱虫药可用于治疗和预防山羊胃肠道线虫病。一些较早的药物，特别是氯化烃类和有机磷类，由于毒性和环境安全问题，现在已很少使用。其他药物由于产品的销售市场有限及停产不再可用。表 10.8 给出了目前山羊常用的驱虫药，并根据驱虫药类型进行了分组。表中给出了山羊口服治疗适合的剂量，因为这样可延缓耐药性的产生，所以是首选的给药途径。这些驱虫药中的许多药物，特别是苯并咪唑类，对治疗绦虫、吸虫及肺线虫感染也是有用的。至于大环内酯类药物，它们对寄生于皮肤的节肢动物也有效。对于其他感染的药物剂量和适应证，在本书相关章节有更详细的讨论。

表 10.8 口服治疗山羊胃肠道线虫病的不同驱虫药剂量

驱虫药	山羊口服剂量 （mg/kg，按体重计）	说明
苯并咪唑类		
噻苯咪唑	44	在美国不再销售，但批准用于山羊
芬苯达唑	10	
奥芬哒唑	10	基本和芬苯达唑相同
阿苯达唑	20	对于线虫推荐剂量为 20mg/kg（按体重计）。相同剂量，间隔 12h 分 2 次给药，每次 10mg/kg（按体重计），比单次剂量更有效
大环内酯类		
伊维菌素	0.4	
多拉菌素	0.4	多拉菌素的效果与伊维菌素相当，但持续时间较长，因此可促进耐药性产生。在山羊禁用
依普菌素	0.4	在美国可用依普菌素，但仅限于局部使用
莫西菌素	0.4	
咪唑并噻唑类		
左旋咪唑	12	
四氢嘧啶类		
酒石酸甲噻嘧啶	10	
酒石酸噻吩嘧啶	25	

注：山羊的剂量信息由美国佐治亚州大学 Ray M. Kaplan 博士提供。

在大多数国家，由相关政府机构规定在食源性动物中批准使用各种驱虫药。由于屠宰动物使用后的休药期和弃奶期的限制，在山羊批准使用的药品名单在各国间变化很大。

例如，在美国，只有噻苯咪唑、苯硫咪唑和酒石酸甲噻嘧啶三种驱虫药被批准用于山羊。只批准噻苯咪唑用于泌乳山羊，弃奶期 96h，但该药已不再销售。在法国，苯硫咪唑、奥芬哒唑和苯硫氨酯批准用于泌乳山羊，当按照规定剂量使用时没有弃奶期。当兽医已记录到这些药物产生耐药性时，允许兽医人员使用批准用于泌乳牛的没有休药期的驱虫药，如依普菌素。然而，当用于山羊时，按照欧盟"处方类别"规定，必须遵守 7d 的弃奶期。这些法规类似于法定的标准，在美国给出次要品种的药物使用规则，旨在限制动物源性食品出现药物残留。

苯并咪唑类和苯并咪唑类前体 苯并咪唑类是一类常用的广谱驱虫药，其前体化合物是噻苯咪唑。苯并咪唑类前体、非班太尔和硫芬酯经宿主代谢分解为苯并咪唑类。在山羊体内，苯硫咪唑和苯硫氨酯苯并咪唑前体（pro-benzimidaz olefebantel）代谢为奥芬哒唑。通常，在尚未产生抗药性的地区，这些药物对血矛线虫、背带线虫（奥斯特线虫）、毛圆线虫、古柏线虫和夏伯特线虫的成虫和活动期幼虫都非常有效；对食道口线虫、细颈线虫、仰口线虫、盖格线虫和类圆线虫有一定效果；但对鞭虫效果较差（Bali and Singh，1977；Kirsch，1979；Sathianesan and Sundaram，1983）。

值得注意的是，较新的化合物奥芬达唑、非班太尔、芬苯达唑和阿苯达唑对背带线虫（奥斯特线虫）的滞育期幼虫非常有效，并在控制 II 型病中很有效。苯并咪唑类也可杀死虫卵，这意味着治疗后转移到清洁牧场的动物，可降低其污染牧场和随后再感染的风险。

苯并咪唑类因其颜色常简称为"白淋"，仅口服使用，而且有许多口服制剂包括丸剂、粉剂、灌服剂和饲料或盐的添加物可以使用。这些药物的活性范围可作为其工作剂量。在山羊，每千克体重 15mg 的芬苯达唑能有效驱除绦虫，但每千克体重 5mg 通常不能有效抗绵羊线虫和牛线虫。丁苯咪唑每千克体重 10mg 能有效抗食道口线虫和毛圆线虫，每千克体重 20mg 抗背带线虫（奥斯特线虫）和类圆线虫，每千克体重

30mg抗细颈线虫（Theodorides et al，1969）。推荐剂量的苯并咪唑类通常不能杀死鞭虫，但常用双倍的推荐剂量可以驱除鞭虫感染。每千克体重7.6mg单剂量服用阿苯达唑或分两次日剂量服用每千克体重3.8mg，对背带线虫和毛圆线虫非常有效，但后者的给药方案对微管食道口线虫效果不好，且两者对细颈线虫均无效（Pomroy et al，1988）。在奶山羊已评价了阿苯达唑缓释胶囊剂型（Chartier et al，1996a），该胶囊含药物3.85g，设计每天可释放36.7mg，持续105d。对70kg以下的山羊，该制剂可提供至少每千克体重0.5mg的阿苯达唑，可有效控制如环纹背带线虫等有剂量限度的虫种。对无耐药性寄生虫虫株，该药治疗后可清除现有感染的92%～99%，并且可预防新的感染达85～91d。

总体来说，这些药物相当安全。每千克体重100mg剂量的噻苯咪唑可安全用于山羊（Bell et al，1962）。在安哥拉山羊毒性研究中，剂量为每千克体重815mg时，观察到20%死亡率（Snijders，1962）。据推测，苯并咪唑类可以提高肠道内硫胺酶活性，从而增加脑脊髓灰质软化症的风险，但田间确证的病例有限（Roberts and Boyd，1974）。值得注意的是，过量服用奥芬达唑及其前体如阿苯达唑、芬苯达唑或非班太尔后可产生致畸作用，特别在妊娠最初的45天给药；在大鼠中已观察到胎儿畸形。尽管如此，山羊在妊娠初期，给予每千克体重50mg非班太尔或芬苯达唑，并没有出现胚胎毒性或致畸作用（Savitskii，1984）。但坎苯达唑和丁苯咪唑在绵羊妊娠初期产生了致畸作用，这在山羊还未得到证实。但是，当给予饲喂较高谷物日粮的山羊时，坎苯达唑可能有毒。因此，在给药前24h要禁食谷物（Howe，1984）。噻苯咪唑具有抗真菌的特性，可部分清除牛奶中的真菌。在制作奶酪时，噻苯咪唑可抑制接种霉菌。

在山羊和绵羊，至少部分苯并咪唑类药代动力学及剂量率不同。按每千克体重5mg剂量口服芬苯达唑后，山羊肠道吸收相对较差，有43%的药物经粪便排出。与绵羊0.40µg/mL相比，其血药浓度的峰值仅为0.13µg/mL（Short，1987）。在使用芬苯达唑时，每千克体重5mg剂量48h，每千克体重25mg 72h后，在泌乳山羊的奶汁均未检出芬苯达唑（Waldhalm et al，1989）。

大环内酯类　大环内酯类驱虫药包括阿维菌素类（avermectins）和米尔倍霉素类（milbemycins），均来自土壤中链霉菌属微生物，通常简称为"清淋剂"。在山羊报道使用的商品化产品包括阿维菌素类、伊维菌素、多拉菌素和依普菌素及米尔倍霉素类的莫西菌素。尽管成本相对较高，但阿维菌素很受家畜饲养者欢迎，因为抗虫谱非常广，对胃肠道线虫和肺线虫，包括成虫、感染性幼虫及滞育期或低生活力幼虫都有效，也能有效驱除包括疥螨和吸血虱等外寄生虫。该类药物还具有持久的作用效果，在用药后可持续控制新的胃肠道线虫感染达数周。

伊维菌素是该类药物中最早的化合物，研究最多，使用也最广。药物可口服、皮下注射或局部外用。药代动力学研究表明，山羊对伊维菌素的生物利用度低于绵羊和牛（Alvinerie et al，1993；Lanusse et al，1997；González et al，2006）。因此，目前山羊推荐剂量是每千克体重300～400µg，这是牛和绵羊剂量（每千克体重200µg）的1.5～2倍。双倍的绵羊剂量就需要休药期延长至14d，弃奶期延长至9d（Baynes et al，2000）。伊维菌素具有宽的安全范围。有几个有趣的报道，畜主将用于成年马的伊维菌素糊剂整管给予山羊后，并无副作用。然而，当皮下注射伊维菌素时，对个别山羊可能有非常强的刺激性。注射后，这些山羊可能疯狂乱跑，尝试用物体使劲摩擦注射部位。如果在颈部注射，它们可能向后仰头，有角弓反张的迹象。然而，反应总在数分钟内消退，没有报道有持久的局部或全身反应。该药物高度脂溶性，可在乳汁中聚集。因此，不能用于泌乳动物。如果错误给予皮下注射，建议肉品的休药期为35d，弃奶期为40d（Baynes et al，2000）。

依普菌素是大环内酯类中脂溶性最小的。由于其在血清和牛奶间分配比例不同，所以仅有总剂量的0.1%通过牛奶清除，并被批准用于泌乳奶牛，在全世界都无弃奶期。通过比较，皮下注射总剂量的2.9%可留在牛奶中，而莫西菌素口服或皮下注射时，剂量的5.7%和22.5%可留在山羊奶中（Carceles et al，2001）。药代动力学研究表明，山羊依普菌素全身性的生物利用率明显比牛低（Alvinerie et al，1999）。此外，人们也注意到依普菌素在羊奶中的平均残留时间，泌乳山羊（2.67d）比非泌乳山羊（9.42d）明显短；并且，所给予药物剂量的 0.3%～0.5% 留在牛奶中，残留不超出牛的最大可接受限度（Dupuy et al，2001）。

有充分的证据证明，山羊依普菌素有效剂量是每千克体重 1mg，为已确定的牛剂量（每千克体重0.5mg）的 2 倍。在一项研究中，试验感染山羊局部用药（每千克体重 0.5mg）后，对蛇形毛圆线虫作用效果有限（Chartier et al，1999）。而另一项自然感染山羊的研究表明，以牛的剂量局部治疗后，成年山羊粪便虫卵数仅减少 59.5%，1 岁左右山羊的虫卵数减少 89.9%（Gawor et al，2000）。相反，当按每千克体重 1mg 剂量局部给药时，依普菌素对环纹背带毛圆线虫和蛇形毛圆线虫清除效率达 100%（Chartier and Pors，2004）。在意大利的一项研究中，自然感染山羊治疗 7d 后，按每千克体重 0.5mg 剂量局部用药的粪便虫卵数减少 90%，每千克体重 1mg 剂量用药的粪便虫卵数减少 99.5%（Cringoli et al，2004）。虽然依普菌素仅作为一种局部用药配方，但研究表明，以山羊体内含有的药量衡量，皮下注射比局部用药效果好 2.5 倍（Lespine et al，2003）。虽然莫西菌素没有批准用于山羊，但已报道以每千克体重 0.2mg 剂量对山羊是有效的（Pomroy et al，1992；Praslicka et al，1994）。就使用该剂量而言，由于非口服给药途径优越的药代动力学分布，所以山羊皮下注射途径优于口服途径。如果山羊口服给药，那么剂量应加倍到每千克体重 0.4mg（Kaplan，2006）。

大环内酯类用于草食动物的显著特征是效用持久。在山羊，已专门进行了一些有关依普菌素持续性的研究。在意大利，自然混合感染捻转血矛线虫、环纹背带线虫、蛇形毛圆线虫和微管食道口线虫的山羊，用每千克体重 1mg 的依普菌素局部治疗，结果治疗 7d 后粪便虫卵数减少 99.5%，14d 减少 99.6%，21d 减少 99.7%，28d 减少 96.7%（Cringoli et al，2004）。在波兰的一项研究中，记录了局部用药每千克体重 1mg 56d 后，成年山羊粪便虫卵数减少 97.6%，1 岁山羊减少 88.5%（Gawor et al，2000）。

对山羊使用多拉菌素和莫西菌素驱虫效果的持续性已进行了评估。莫西菌素每千克体重 0.2mg 口服治疗 29d 和 22d 后，对捻转血矛线虫有效性分别为 99.7% 和 100%。29d 后对环纹背带线虫也有高的保护率（94.9%），但根本没有看到对蛇形毛圆线虫有保护效果（Torres-Acosta and Jacobs，1999）。在山羊，也注意到依普菌素对蛇形毛圆线虫完全没有保护效果（Chartier et al，1999）。每千克体重 0.2mg 多拉菌素经皮下注射治疗后，可保护山羊对抗捻转血矛线虫的感染达 14～25d。这是记录的对牛产生保护时间的一半，建议多拉菌素用于山羊时需进一步校正其适宜剂量（Molina et al，2005）。因其可能减少治疗次数，所以生产者认为药效持续的时间是令人满意的，但药效持续期下降可能归因于耐药寄生虫虫株的选择性。

目前，山羊体内线虫对大环内酯类的耐药性已有广泛报道。在澳大利亚，通过检测粪便虫卵数减少及幼虫培养，已鉴定出抗伊维菌素和莫西菌素的山羊毛圆线虫和背带毛圆线虫。另一个来自新西兰的报道，每只山羊口服每千克体重 0.2mg 时，背带线虫对伊维菌素和莫西菌素产生了抗性（Leathwick，1995）。在巴西，已有奶山羊捻转血矛线虫对依普菌素耐药的记录。虽然依普菌素以前从未用于该畜群，但伊维菌素和莫西菌素已被使用，表明寄生虫对这类药中的新药产生了交叉耐药性（Chagas et al，2007）。

胆碱能激动剂 有两类驱虫药，可通过阻断线虫乙酰胆碱受体的作用，作为胆碱能激动剂而发挥功能。这类药物有咪唑并噻唑类和四氢嘧啶类。左旋咪唑是咪唑并噻唑类中最广泛使用的药物，简称"黄淋"。这些药物抗胃肠道线虫的广谱性类似于苯并咪唑类，且抗细颈线虫和仰口线虫比一些苯并咪唑类更好。然而，对滞育期幼虫效果最差，且不能杀灭虫卵。左旋咪唑无抗吸虫或绦虫活性。左旋咪唑是四咪唑的 L-异构体，四咪唑包含等量的 D 型和 L 型。仅 L 型有驱虫作用。消旋物最初以四咪唑销售，推荐剂量为每千克体重 15mg。目前，市售左旋咪唑是纯左旋型（L 型），推荐剂量为每千克体重 8mg。口服或皮下注射均有效。已确定山羊口服的有效剂量是每千克体重 12mg（Coles et al，1989）。

左旋咪唑安全范围较窄，所以必须小心使

用。即使在推荐剂量，某些羊仍可显示短暂的副反应，如抑郁、肌肉震颤、流涎或口腔起泡。安哥拉山羊在每千克体重 32mg 剂量时总会出现临床中毒症状，每千克体重 64mg 时出现死亡（Smith and Bell，1971）。明显的中毒症状包括摇头、呷嘴、唾液分泌增加、肌肉震颤、共济失调、感觉过敏、阵挛性抽搐、呼吸频率增加、呼吸困难、排尿和排便增加、瘫痪甚至死亡。静脉注射每千克体重 3mg 的硫酸阿托品可消除许多症状。即使注射硫酸阿托品，死亡也可能发生（Hsu，1980）。在山羊使用治疗剂量的左旋咪唑会出现流产，但没有直接相关性证据。口服推荐剂量每千克体重 12mg 的左旋咪唑非常有效，无任何中毒症状（Chartier et al，2000）。

左旋咪唑在山羊体内的药代动力学明显与绵羊不同。皮下或肌内注射后，两个物种血浆峰浓度大致相等，但口服后山羊的血药浓度仅是绵羊的 59%。随后血浆清除率山羊比绵羊高 2～4 倍，主要取决于所采用的给药途径（Galtier et al，1981）。在田间使用中，这些差异作为所谓治疗失败的原因被加以引证（Gillham and Obendorf，1985）。山羊左旋咪唑消除的半衰期是 222min。大部分（55%）经尿排出，30% 经粪便排出。总剂量中不足 1% 通过奶排出（Nielsen and Rasmussen，1983）。关于左旋咪唑的清除率，山羊表现出一种遗传多态性，可能影响其田间的使用效果（Babish et al，1990）。

四氢嘧啶类包括噻嘧啶盐和甲噻嘧啶盐。据报道，每千克体重 25mg 剂量的酒石酸噻吩嘧啶对 98%～100% 的毛圆线虫、奥斯特线虫、细颈线虫、仰口线虫和类圆线虫有效，对 97% 的古柏线虫有效，对 91% 血矛线虫有效，对 70% 食道口线虫有效（Martinez Gomez，1968）。然而，在山羊另一试验研究中，药物对皱胃捻转血矛虫和环纹背带线虫非常有效，但即使剂量为每千克体重 40mg，对于山羊肠道蛇形毛圆线虫也仅 55% 有效。这是由于宿主因素和对寄生虫没有抵抗性（Chartier et al，1995）。甲噻嘧啶是噻嘧啶的甲基类似物，且更常用。甲噻嘧啶使用剂量低于噻嘧啶（每千克体重 12.5mg）时，可获得相同的抗胃肠道线虫效果（Anderson and Marais，1972）。在山羊和绵羊试验感染中，甲噻嘧啶柠檬酸盐每千克体重 10mg 口服，对山羊

背带线虫和毛圆线虫的效果比绵羊差，表明需要通过药代动力学研究来确定山羊特定剂量（McKenna and Watson，1987；Elliot，1987）。山羊口服每千克体重 10mg 的酒石酸甲噻嘧啶，对血矛线虫、仰口线虫和食道口线虫非常有效。但对乳突类圆线虫和鞭毛虫却几乎没有效果（Chandrasekharan et al，1973）。在牧场持续控制牛寄生虫，可用甲噻嘧啶缓释丸，但该剂型不能用于山羊或绵羊。

当遇到对左旋咪唑耐药的虫株时，推测这些线虫也耐甲噻嘧啶；然而，反过来未必是正确的。在澳大利亚一项研究中，耐甲噻嘧啶的毛圆线虫对左旋咪唑仍然敏感。因此，甲噻嘧啶被推荐应用在驱虫计划中，直到检测到耐药性，此时可用左旋咪唑替换以提高驱虫效果（Waller et al，1986）。

有机磷类　皮虫磷和萘肽磷是有机磷类驱虫药，在山羊中最受关注。这些药物对血矛线虫、背带线虫及毛圆线虫最有效，对细颈线虫中度有效，对其他胃肠道线虫效果很差或无效（Andersen and Christofferson，1973；McDougald et al，1968）。市场销售的有淋剂、膏剂、丸剂及仅口服使用的饲料添加剂。蝇毒磷局部浇泼也有效，但不用于泌乳山羊。

当按规定剂量使用时，这些化合物发生潜在急性毒性的概率很低。然而，已证明皮虫磷可导致绵羊迟发性神经毒性，特别是萨福克羊及其他品种绵羊，其体内可能缺乏降解皮虫磷所必需的酯酶。用药数周后，出现渐进性共济失调和轻度瘫痪。因为这一发现，皮虫磷已不受欢迎，许多国家已将其清除出市场。虽然有迹象表明在得克萨斯州安哥拉山羊身上已观察到症状，但并没有明确的证据证明山羊也出现同样的症状（Wilson et al，1982）。

N-水杨酰苯胺类　该类化合物包括氯氰碘柳胺、羟氯柳苯胺和碘柳胺，主要对吸虫有效，而对线虫无效。该类药物将在肝脏吸虫感染章节详细讨论。之所以在此提到，是因为许多可抗捻转血矛线虫。由于捻转血矛线虫对其他广谱类驱虫药耐药性逐渐增加，因此用 N-水杨酰苯胺类药物控制血矛线虫病可能是有效的。在潮湿的热带地区，血矛线虫病和肝片吸虫病可能是主要的寄生虫问题。在 N-水杨酰苯胺类耐药性还未产

生的地方，使用该药是一种恰当的治疗选择。至于毒性，据报道，羔羊使用超过推荐剂量（推荐剂量为每千克体重 7.5mg）的氯氰碘柳胺 4～13 倍时，会因视神经束变性导致失明（Button et al，1986）。

混合驱虫药　吩噻嗪是用于控制山羊线虫感染最早的药物之一，大部分已被新药取代。因为小微粒可增加药效，所以药物以微粉化形式口服。可用丸剂、淋剂和粉剂，且可掺入盐砖中延长用药期，以抑制线虫产卵。然而在实际使用中，该药促进了耐药性的产生，早在 1967 年就有山羊捻转血矛线虫对吩噻嗪有耐药性的报道。

吩噻嗪可使山羊产生光敏作用及流产。在消化道产生的吩噻嗪亚砜是光敏化剂，通常在肝脏中解毒。然而，当肝损坏或用药过量时，亚砜可能在皮肤和眼球的水晶体聚集。即使在治疗剂量，健康的萨能山羊和其他浅色皮肤的山羊如果治疗后直接暴露在阳光下，可能出现红斑及角膜和眼睑水肿。同样的现象也可发生在准备药物并给山羊服药的人。吩噻嗪的代谢物经尿液和乳汁排出，从而使液体呈现粉红色。当动物躺在尿液浸湿的垫草上时，可能使被毛着色。据报道，山羊在妊娠最后 3 周给予吩噻嗪可导致流产（Osweiler et al，1988）。

10.6.1.9　驱虫药的耐药性

不幸的是，目前还没有把握说使用这些驱虫药对患有临床胃肠道线虫病的山羊能提供有效的治疗。普遍认为寄生虫耐药性是治疗和控制小反刍动物胃肠道线虫病中不断面临的问题（Coles，1986；Waller，1987；Wolstenholme et al，2004；Kaplan，2006；Fleming et al，2006）。绵羊耐药性问题已受到更多关注，山羊的耐药性问题也已经逐渐被认识。山羊中该问题的早期报道来自澳大利亚（Barton et al，1985）、新西兰（Kettle et al，1983）、美国（Uhlinger et al，1988）、法国（Kerboeuf and Hubert，1985）和英国（Scott et al，1989）。

在新西兰的调查中，与发现耐药虫种的数量一样，奶山羊养殖场的耐药性线虫的流行率明显高于绵羊场。药浴后进行幼虫培养，发现耐药性寄生虫包括血矛线虫、背带线虫和毛圆线虫。在某些情况下，线虫对苯并咪唑和胆碱能受体激动

剂类驱虫药具有耐药性。在农场，耐药程度与药浴次数呈正相关，羔羊每年平均 12.5 次，成年羊每年 13.4 次。

20 世纪 90 年代以来，山羊驱虫药耐药性问题变得更加严重，在苏格兰（Jackson et al，1992）、英格兰和威尔士（Hong et al，1996）报道有耐苯并咪唑的山羊背带线虫和捻转血矛线虫的存在，法国（Beugnet，1992；Chartier et al，1998a，2001）山羊的多种毛圆线虫对苯并咪唑有耐药性，新西兰（Badger and McKenna，1990）安哥拉山羊的背带线虫和阿根廷（Aguirre et al，2002）奶山羊的毛圆线虫对阿维菌素具有耐药性。

最值得关心的问题是，山羊养殖场多重驱虫药耐药性日益增加，涉及三大类广谱驱虫药中的两类或更多种类型：苯并咪唑类；胆碱能激动剂，如左旋咪唑（咪唑并噻唑类）和甲噻嘧啶（四氢嘧啶类）；大环内酯类，如伊维菌素（阿维菌素类）和莫西菌素（米尔倍霉素类）。

萨能山羊（Watson and Hosking，1990）和新西兰未指明品种的山羊（West et al，2004）、英国安哥拉山羊（Coles et al，1996）、弗吉尼亚州杂交肉山羊（Zajac and Gipson，2000）、佐治亚州的西班牙肉山羊和努比亚杂交奶山羊（Terrill et al，2001）及佐治亚州和南卡罗来纳州肉山羊和奶山羊（Mortensen et al，2003）中，已有一种或多种毛圆线虫对所有三大类广谱药物出现多重耐药性的报道。

肯尼亚报道存在山羊捻转血矛线虫耐药的虫株，对苯并咪唑类、左旋咪唑及以碘柳胺为代表的第三类驱虫药 N-水杨酰苯胺类具有耐药性，而伊维菌素仍然有效（Waruiru et al，1998）。关于对牲畜国际贸易的影响，值得注意的是从新西兰引入原捷克斯洛伐克的绒山羊和安哥拉山羊的毛圆线虫和背带线虫对三大类驱虫药耐药性的报道（Varady et al，1993）。还有一个来自瑞士的报道，在从南非进口的波尔山羊中发现了对苯并咪唑类和伊维菌素耐药性的捻转血矛线虫（Schnyder et al，2005）。

使用低剂量驱虫药或用规定的绵羊剂量对山羊也有效时，就会出现实际上的治疗失败，导致一些耐药性案例的发生。在澳大利亚一项研究中，自然感染血矛线虫、毛圆线虫和背带线虫的

奶山羊，依据规定的绵羊剂量用药时，对阿苯达唑、芬苯达唑、左旋咪唑、甲噻嘧啶、萘肽磷和吩噻嗪有明显耐药性。然而，当幸存幼虫被培养并且感染无蠕虫的绵羊时，用相同的驱虫药在相同剂量下可有效清除其感染（Hall et al，1981）。同样，在法国，放牧山羊经苯并咪唑治疗后，继续排出血矛线虫、毛圆线虫和奥斯特线虫虫卵，而同样的治疗方案可完全抑制绵羊混合感染的线虫虫卵的排出（Kerboeuf and Hubert，1985）。在美国，对混合感染的绵羊和山羊给予相同剂量的噻苯咪唑，对绵羊血矛线虫中度有效，但山羊却完全无效（Andersen and Christofferson，1973）。同样，据报道，一次口服相同剂量奥芬达唑的生物利用度，山羊比绵羊低（Bogan et al，1987）。据文献记载，绵羊和山羊对其他驱虫药物的药代动力学和生物利用度存在差异，如左旋咪唑（Galtier et al，1981）、芬苯达唑（Short，1987）、阿苯达唑（Hennessy et al，1993）、氯氰碘柳胺（Hennessy et al，1993a）和大环内酯类（Chartier et al，2001a）。

这些结果表明，许多驱虫药在以普遍使用的绵羊剂量使用时，对山羊达不到治疗水平。事实上，一项研究已明确表明，推测山羊毛圆线虫对左旋咪唑有耐药性，但结果确实显示在体外却对左旋咪唑敏感。因为左旋咪唑以绵羊剂量每千克体重7.5mg给予山羊，不能在有效的持续期内维持充足的血浆药物浓度水平，以有效抵抗这类寄生虫。所以，推测耐药性本质上是一种治疗失败（Gillham and Obendorf，1985）。

普遍认为，绵羊和山羊共同的驱虫药的药代动力学有差异。现在，许多权威人士建议，在没有特别指出山羊驱虫药使用剂量时，山羊剂量应增加为绵羊剂量的1.5～2倍；同时强调，对于有潜在毒性的药物，如左旋咪唑，在山羊上使用时，最大剂量仅为绵羊每次口服剂量的1.5倍（Smith，2005）。

随着时间的推移，治疗失败促进了驱虫药耐药性的产生，正如最适剂量以下的药量有利于耐药寄生虫亚群的选择和生存。线虫对驱虫药可产生基于遗传的内在耐药性。虽然不同种寄生虫对不同类驱虫药耐药性产生的机制尚不完全清楚，但有一些已经为大家所熟知。例如，据报道，捻转血矛线虫对阿维菌素的耐药性是由一个常染色体基因控制，在幼虫体内是完全的显性基因，但在成虫体内，其表达受性别影响，雄虫比雌虫耐药性低（Le Jambre et al，2000）。小反刍动物毛圆线虫对苯并咪唑类药物的耐药性是基于同型1-β微管蛋白基因第200位氨基酸残基由苯丙氨酸突变为酪氨酸，并且呈隐性性状（Elard and Humbert，1999）。

选择使用对寄生线虫具有杀灭作用的任何驱虫药，并且在同一畜群中多次重复使用这种驱虫药，可导致寄生虫种群对该药产生广泛的耐药性。当一个寄生虫种群已进化到对某种药物具耐药性时，由于该类驱虫药具有相似或相同的作用机制，所以该种群通常对同一类型的所有药物均表现耐药性。这种情况使抗药性问题更加严重。因此，虽然不能保证寄生虫种群对其他类药物产生耐药性，但有必要在不同类药物间轮换用药，以克服耐药性问题。事实上，如上所述，已有许多山羊寄生虫种群对所有三大类驱虫药产生耐药性的报道。

遗憾的是，驱虫药已成为人类成功背后的受害者或牺牲品。20世纪60—70年代，当近代驱虫药出现时，它们是非常有效和廉价的，以至于许多饲养者开始依靠驱虫药作为唯一或主要的方法控制寄生虫病，常常按日程表频繁或反复使用，而不考虑用药策略的调整。这种不加区别的药物滥用促使驱虫药耐药性的产生，因为反复使用一种驱虫药对耐药性寄生虫种群生存进行了选择。现在人们非常担心，如果驱虫药耐药性继续蔓延，那么在不久的将来将没有有效的产品可用。用于反刍家畜的新型驱虫药的开发似乎不再是兽药公司优先考虑的事，这使人们的担忧变得更加糟糕（Geary et al，1999）。因此，许多权威人士强调，应用减缓驱虫药耐药性产生的技术和业务，并倡议明智使用仍然有效的驱虫药（Kaplan，2006；Van Wyk et al，2006）。关于这些建议总结如下：

新引进动物的管理 通过购入新动物致使畜群引进耐药性寄生虫是最常见的。所有新动物与现有畜群混合前，应使用双倍剂量来自至少两个不同类型的广谱、无毒驱虫药驱虫。驱虫后动物应限制在干燥地方至少3d，使未被非杀卵性药物杀死的感染性虫卵在进入牧场前排出。理想的情况是，驱虫动物应在固定场所控制10d，直到后续粪便追踪检查确认虫卵数为零。这些动物被切断了对牧场的污染，即使它们仍然携带耐药性虫株，但产生的任何虫卵将被牧场已有的虫卵或幼虫所冲淡。

确定畜群的耐药性分布　考虑到当前驱虫药的耐药程度，特别是有关苯并咪唑类药物，合理、有效地使用驱虫药需要了解畜群现存的耐药性形式。有几种可用的工具可以胜任这一任务，且已对这一主题进行了综述（Taylor et al，2002；Coles et al，2006）。小反刍动物最常用的检测方法是粪便虫卵数减少试验（Fecal egg count reduction test，FECRT）和幼虫发育测定（Larval development assay，LDA）（Kaplan，2006）。

顾名思义，FECRT 涉及用特定驱虫药治疗前粪便中寄生虫虫卵的计数，然后在规定时间开始治疗，根据虫卵数的显著减少确定治疗效果。检测按如下方法进行（Coles et al，2006）：

- 把山羊随机分组或根据初始虫卵数分组。
- 使用 3～6 月龄动物，或年龄较大的动物，每克粪便中的虫卵数（EPG）大于 150 个。逐一标记动物。
- 如果可能的话，每组至少 10 只动物。分组数取决于要检测的驱虫药的种类。为说明测试期间虫卵数的自然变化，试验应包括未经处理的对照组。
- 每只动物收集 3～5g 粪便，置于单独的容器中，标记样品并与动物一一对应。
- 样品收集后应尽快用麦克马斯特氏法进行虫卵计数。
- 如果样品还要用于幼虫培养，仅存于 4℃ 不超过 24h。
- 动物逐个进行称重，并在舌根部口服确定或规定的山羊剂量的药物。
- 按以下时间间隔收集治疗后的粪便样品：左旋咪唑组 3～7d；苯并咪唑组 8～10d；大环内酯类组 14～17d。进一步的讨论如下。
  - 收集粪便后尽快用麦克马斯特氏法进行虫卵计数。
  - 一组粪便虫卵数减少大于 95%，表示感染的寄生虫对该驱虫药物敏感，且可用于控制畜群寄生虫。

- 遇到耐药性时，应收集同组羊的粪便混合样品 50g，进行幼虫培养鉴定，以确定耐药的寄生虫种类。

关于治疗后定时收集粪便样本，即使没有杀死成虫，上面标明的时间间隔也会对治疗后偶尔出现的暂时的产卵进行抑制。然而，这些提议的时间间隔被认为是最好的猜测（Coles et al，2006）。在一个畜群中，评定一类以上的驱虫药，应该使用长达 14d 的较长时间间隔，以了解左旋咪唑不能高效驱除肠道线虫的第四期幼虫。如果同时评定多种药物，通过 FECRT 法评价左旋咪唑，治疗后间隔时间以 10～11d 为最好。

一种替代粪便虫卵数减少试验（FECRT）的方法是微量琼脂幼虫发育测定（LDA），该方法类似于抗生素敏感性试验。从粪便样品收集虫卵，在加有不同驱虫药的微孔板上由虫卵培养幼虫。幼虫生长抑制表明驱虫药的药效，而幼虫发育表示有耐药性。然后对存活的幼虫进行种的鉴定。对于饲养者和从业兽医而言，幼虫发育测定法更方便，因为在畜群中来自 10～20 只山羊使用单一的一份混合粪评价一次即可。样品中的平均粪便虫卵数应高于 350 个，但优先考虑平均每克粪便中的虫卵数（EPG）高于 500 个的样品。

虽然一次幼虫发育测定的成本相当高，但用 FECRT 对三类驱虫药进行检测时，需多次采样和虫卵计数，权衡时间和费用，LDA 的成本是合理的。在美国，LDA 由佐治亚大学提供，最初在澳大利亚销售的商品名为 Drenchrite®。在南方小反刍动物寄生虫控制联盟（SCSRPC）网站（www. scsrpc. org）提供有关于测试和样品提交的信息。

适当的驱虫药剂量与用药　驱虫药治疗后的持续感染不总是由驱虫药耐药性引起的。剂量不当是治疗失败主要的原因，并且可能由于几个原因所导致。理想的情况是，驱虫药应按每个动物重量服用。实际上人们常常不这么做。当大量动物需要治疗时，估计动物的重量并按平均剂量给药。为使这个问题的影响减小到最小，动物应根据大小分组进行药浴，并准确确定本组最大动物的重量。应按本组对最大的动物个体计算的剂量给组中所有动物用药。对于根据研究报道的或专门的山羊药物生产企业的推荐剂量已知的药物，应使用山羊特有的用药剂量。然而，如果山羊特定剂量无法得知，那么建议以绵羊推荐剂量的1.5～2倍使用绵羊驱虫剂，因为这两个物种的药代动力学存在差异（Smith，2005）。对于具有潜在毒性的驱虫药如左旋咪唑或莫西菌素，使用时应仅为绵羊剂量的1.5倍。

使用前应检查自动配药或灌药设备，以确保分配剂量的准确性。应小心放置灌药设备的尖端，以便使驱虫药到达舌根基部。这样可以使药物很容易直接进入瘤胃。如果药物分配到口腔的靠前部位，可能触发食管沟关闭，药物将绕过瘤胃，从而降低其效率，特别是在使用苯并咪唑类和大环内酯类的情况下。

用苯并咪唑类灌药前，保持动物24h禁食，这样有助于确保药物适当的分布及理想的接触时间。然而，由于禁食刺激产生妊娠毒血症的风险，对孕畜禁食是不明智的。禁食动物口服左旋咪唑或莫西菌素无更多的好处（Kaplan，2006）。据报道，山羊治疗前禁食36h，对伊维菌素动力学分布、生物利用度或保留时间没有任何影响（Escudero et al，1997）。

另一延长接触时间的技巧是，可每隔12h重复使用驱虫药，尤其是使用苯并咪唑时。在一项研究中，间隔12h分2次口服给予每千克体重10mg的芬苯达唑，粪便虫卵数减少92%，而一次单剂量给予同一畜群7个月芬苯达唑，早期仅出现50%的虫卵减少（Zajac and Gipson，2000）。

因为药物沉积部位可能影响驱虫药的效果，特别是苯并咪唑类，所以用药习惯是重要的。苯并咪唑的作用效果和寄生虫与药物的接触时间相关。药物投入瘤胃时被缓慢吸收进入血液，适当长的分布和排泄阶段将确保规定剂量驱虫药的活性。如果给药期间食管沟关闭，药物将进入皱胃沉积，分布和排泄期缩短，因而与寄生虫接触时间变短，药物的作用效果受到影响。

减少治疗次数 已证明耐药性的产生与频繁给药直接相关，因此一年内药物驱虫的治疗次数应保持在最低水平。这着重强调了标识和采取策略性治疗的重要性，即应根据寄生虫形态学和通过如粪便虫卵计数等技术手段，实际评价寄生虫的虫体负荷，而不是简单根据日程表来进行驱虫。

考虑同时使用两种驱虫药 在药物仍有效的情况下，同时使用两种不同类型的驱虫药治疗，可能会延缓耐药性的产生（Kaplan，2006）。即使一些已经产生耐药性，甚至单独使用无效的药物，也有两种药物间有协同作用提供保护的报道。来自得克萨斯州的报道中，对所有三大类驱虫药都有耐药性的捻转血矛线虫感染的安哥拉山羊，单独用芬苯达唑、左旋咪唑治疗，或两者联合使用。根据粪便虫卵数减少试验，合用药物每克粪便中的虫卵数减少62%，而单独用芬苯达唑、左旋咪唑虫卵分别减少1%和23%（Miller and Craig，1996）。在原捷克斯洛伐克的另一项研究中，记录了绒山羊对所有三大类驱虫药的耐药性。但阿苯达唑和左旋咪唑结合使用，可完全清除克什米尔细毛山羊寄生虫感染，而阿苯达唑、左旋咪唑和伊维菌素的联合使用，可完全清除安哥拉山羊的寄生虫感染。耐药线虫有毛圆线虫和奥斯特线虫（Varady et al，1993）。

选择性治疗 减少一个畜群驱虫药耐药性产生速度的一个新的策略是，在畜群内针对特定动物进行驱虫治疗，而不是治疗整个畜群。关于这种方法，有两个关键原则：一是在任何指定的畜群，仅有相当小比例的动物感染大量的寄生虫，估计20%～30%的动物携带80%的寄生虫（Kaplan，2006）；二是畜群中没有进行驱虫的动物对寄生虫耐药性没有选择性，因此未治疗的动物将在牧场上堆积大量寄生虫虫卵，因而冲淡了来自耐药性虫株的虫卵和感染性幼虫的种群。这些非耐药的虫卵和感染性幼虫种群作为残遗种保护区，一些人认为该种群在减缓驱虫药耐药性产生中是最有力的因素（Van Wyk，2001）。

由于带有大量虫体的动物最可能出现寄生虫病感染症状，因此可用各种技术鉴定畜群中这些患病动物，并选择性地进行驱虫。捻转血矛线虫感染病例，感染的动物出现贫血症状，在南非已开发出根据眼结膜颜色评判的筛选系统，称为FAMACHA©系统。FAMACHA©系统的开发、应用及影响已有专家进行了综述（Van Wyk and Bath，2002）。该系统特别设计用于绵羊。一个分层卡描绘绵羊眼黏膜颜色，不同颜色代表从无到严重五种不同的贫血类型，与眼黏膜的颜色从红色（1）到白色（5）相关联。该卡应用于田间，动物黏膜与卡进行匹配。只有与贫血一致分值的绵羊才进行驱虫。据报道，不同的研究中，其分值有 4、5 或 3、4、5 两种分法。放牧季节，反复治疗的贫血动物可重复评定。这种基于临床症状的选择性驱虫，留下临床未感染或较少感染的动物主要排出非耐药性寄生虫虫卵到牧场上，并且有助于增加避难所虫卵和幼虫的牧场负荷。南非报告，整个季节畜群中相对较少的动物个体需要反复治疗，如果试图努力选择出耐药性寄生虫，那么这些反复治疗的动物将是被剔除的对象。

通过比较 FAMACHA© 系统评分与红细胞压积及粪便虫卵计数，已在山羊体评价了 FAMACHA© 评分卡，并且该方法的可靠性已在南非 (Vatta et al，2001；Jeyakumar，2007)、美国 (Kaplan et al，2004；Burke et al，2007)、德国 (Koopmann et al，2006)、肯尼亚 (Ejlertsen et al，2006)、巴西 (Molento et al，2004) 和法国瓜德罗普 (Mahieu et al，2007) 得到验证。在美国南部，面对日益增长的肉山羊产业，捻转血矛线虫是主要的致病性线虫，已公认 FAMACHA© 系统在该地特别有用。南方小反刍动物寄生虫控制联盟 (SCSRPC) 加强了在美国南部应用 FAMACHA© 的力度。并且该组织还在其网站 www.scsrpc.org 提供了正确使用有关 FAMACHA© 和寄生虫控制的丰富信息，以使驱虫药的耐药性降低到最小。

兽医必须与饲养者密切合作，使用者应该得到在 FAMACHA© 使用方面的特别培训。如果严重的贫血被忽视，那么对图表的错误解释及驱虫动物的不当选择，都可导致动物意外死亡。此外，在一些地区，血液寄生虫也能引起贫血，因此会与贫血评分的解释相混淆，严重降低驱虫药使用的预期反应。饲养者还必须了解，该系统仅适用于由捻转血矛线虫引起的胃肠道寄生虫病。临床上其他重要的毛圆线虫不以吸血为生，因此不会产生作为选择标准的贫血。在那种情况下，如果要应用选择性治疗原则，那么必须使用其他选择参数，如个体动物粪便虫卵计数、总蛋白测量、体况评分或不可能有其他胃肠道疾病的动物出现腹泻。

对于奶山羊，可在年龄和生产水平的基础上应用选择性治疗。法国的流行病学研究表明，在放牧季节开始前的产奶畜群中，首次泌乳的山羊和产奶水平最高的多产母羊，与畜群的雄性山羊相比，寄生虫的虫体负荷最高，受寄生虫病的影响最大 (Hoste and Chartier，1993，1998a)。在对照试验中，把奶山羊群均衡分为两个组，在放牧期间第一组所有山羊用奥芬达唑治疗一次，第二组仅对首次哺乳和产奶量大的山羊应用与第一组相同的治疗方案，治疗后各组分别放牧，且每月监测。两年的试验结果表明，两组山羊的虫卵排出水平和产奶量均相似，同时表明采用较低成本且有更多好处的选择性治疗取得了相似的效果，并且缓解了畜群寄生虫耐药性的产生 (Hoste et al，2002)。

合理的轮换使用驱虫剂　最后，尽管普遍相信轮换使用驱虫药会减少耐药性产生，但试验数据表明，使用多种驱虫药与使用单一驱虫药耐药性产生的速度一样快 (Le Jambre et al，1978)。因此，在季节性接触感染性幼虫的整个过程中，建议仅使用单一驱虫药。一年四季均有幼虫出现的地区，驱虫药可能一直使用，直到出现耐药性为止。随后更换药物时，应改用另一个不同化学类型的驱虫药。

10.6.1.10　预防和控制

多年来，根据对寄生虫生活史和生态习性的认识，很多重要的策略用于完善家畜管理措施，以使动物接触寄生虫的概率最小化 (Baker，1975；Schillhorn van Veen，1982)。其中一种非常有潜力的寄生虫控制策略是，胃肠道线虫病是主要的影响家畜健康的牧场疾病，考虑到这种观念，放牧管理控制措施旨在减少牧场感染性幼虫的积累，或在可能情况下尽量减少动物与牧场的接触。流行病学知识和放牧管理在小反刍动物寄生虫控制中的作用已有相关的综述报道 (Barger，1999；Waller，2006)。

完全限制或零放牧系统是减少牧场使用的最有力的措施。这一系统最适合于集约化饲养如奶山羊乳品生产。在该系统下，足量的储存饲料被种植、加工，并在经济良好条件下提供给集约化养殖的山羊。当实施零放牧时，山羊应安置在一个宽敞、舒适、光照量好的棚舍中，或能进入干燥场地生活、运动和接触日光。在热带和亚热带地区，感染性幼虫持续存在于牧草上，山羊常饲养于在高出地面且以板条为地板的围栏内 (图 10.10)。该系统可减少动物与寄生虫接触和摄入的机会，每天由管理者搬运切割的新鲜牧草饲喂动物。这些草料可能被自由放养的山羊、绵羊或牛的感染性幼虫污染，不能安全地假定圈养的山羊实际上无寄生虫。巴西的一项研究已表明，与在平整地面的畜栏内饲养的山羊相比，保持在高出地面、以板条做地板的围栏内的山羊虫体负荷并没有减少（Costa and Vieira，1987）。为了有效防止感染，草料必须储存或加工，以消除存活的幼虫。至少饲喂前应晒干新割的牧草，以减少牧草上存活的幼虫，并提高其干物质含量（Siamba，1990）。

图 10.10　在热带地区，作为控制胃肠道寄生的一种手段，山羊常安置在围栏内用板条做的地面上。如果山羊饲喂新割牧草，仍可能接触感染性幼虫（David M. Sherman 供图）

在温带地区集约化管理系统中，山羊常持续饲养在坚硬地面的圈舍中，饲喂储存饲料如干草和青贮饲料，并允许在排水良好的干燥场所运动。在这些条件下，虽然某些虫种如斯克里亚宾属、鞭虫属和毛细线虫属的虫种适于在远离潮湿牧草的情况下成功感染山羊，但在大多数情况下，山羊可以相对保持没有胃肠道线虫感染的状态。为了完全有效控制寄生虫病，畜群中所有年龄组的山羊都应绝对限制在圈舍中。然而，完全限制系统的缺点是，如果不认真管理，通过控制线虫病获得的优势可能因球虫病和呼吸道疾病问题的增加而丧失。

许多小的奶畜饲养者仅实行半限制管理，山羊冬天圈养限制后，即转向牧场放牧。这些牧场可能有一定水平的前一年储藏在山羊体内的寄生虫越冬幼虫。严冬长期持续的寒冷或冰冻天气致使牧场幼虫急剧减少。但即使在这种条件下，仍有一小部分幼虫可能存活。温和的冬天后，越冬幼虫数量较大，在春季山羊可能会感染。到夏末，断奶羔羊开始放牧时，牧场可能被严重感染。

在季节性放牧条件下，根据当时畜群的普遍情况，采取两种驱虫策略可能是合理和有效的。为了使羔羊尽量少接触与围产期虫卵升高有关的感染性幼虫，应对妊娠母羊在产羔的 1 个月内进行驱虫，并且对所有山羊包括羔羊在转向春季牧场前进行驱虫处理。所用药物应对成虫和滞育期幼虫都有效。在温带气候条件下，如果可能，春季应转场到全年都无山羊和绵羊放牧的牧场上。在热带气候条件下，可能有几个月就足够。在放牧期间，对于混合的粪便样品应定期用粪便虫卵计数检查感染水平，以确定所需的驱虫治疗策略。

一些牧场管理的策略可减少春季山羊寄生虫虫体负荷和感染风险。轮换使用牧场是重要的，当有充足的可利用牧场时，应实行牧场轮换。避免山羊连续两年使用相同的牧场。在即定牧场，为减少越冬幼虫感染的风险，可选择上一年放牧牛或马的牧场，种植并收获干草或谷类作物或休耕，也是一种选择。其他的方法包括：维持牧草高度大于5cm、在牧场或沿栅栏边为山羊设置吃草区、维持低的载畜量、山羊与牛一起放牧、避免因饮水器漏水产生的湿地及用栅栏隔开牧场上自然出现的湿地（Hale et al，2007）。

在某些情况下，山羊全年放牧，但在夜间可关在畜栏中以保护山羊。在坦桑尼亚，采用的策略是在雨季结束时实行计划性驱虫治疗，其结果是单纯雨季放牧的山羊取得了显著、较高的体重增加（Connor et al，1990）。

在集约化放牧系统中，连续或长期的放牧是基本的管理体制，并且是绒毛羊或肉山羊常见的饲养范例。寄生虫感染的程度和严重度取决于多种因素，包括载畜量、牧草数量和质量、季节及天气条件。例如，在得克萨斯州西部的爱德华高原上，安哥拉山羊捻转血矛线虫感染率较低，可能因为饲养范围宽敞、草料丰富及降雨有限。当这些山羊被转移到得克萨斯州东部，迫使在改良的牧草很少、雨水很多的牧场上集中放牧时，临床血矛线虫病普遍发生（Craig，1982）。

仔细观察和检测放牧动物的体况、粪便黏稠度和粪便虫卵数，以确定管理和天气变化对寄生虫病感染率的影响。在血矛线虫病案例中，如果5％～10％的畜群每克粪便的虫卵数在 500 个或 500 个以上，那么可在临床症状出现前调整治疗计划。在捻转血矛线虫作为首要问题考虑的地区，可用 FAMACHA© 计分进行检测和/或计划性治疗。

当主要的寄生虫及其生活习性都熟悉时，不用检测也可预测到存在的问题。在得克萨斯州，合理的推测是，暴雨过后将可能发生急性血矛线虫病，这是由于幼虫快速的同步发育，因此战术性驱虫治疗自动应用于放牧的安哥拉山羊。但战术性驱虫的应用必须权衡是否有促进驱虫药耐药性产生的问题。为了取得最佳控制效果，计划性驱虫应伴随进行牲畜的转移，以清洁牧场，避免动物被污染的牧草再感染。如果采取分区，必须注意有限的放牧区域相对于动物群体要足够大。否则，幼虫累积的速率和强度可能很严重，以至假定的分区放牧的优势被否定。分区越小，动物移动就越频繁。

干旱影响牧场使用。应对干旱做出的管理方式的改变，如集中对动物补充饲料和水，可能使寄生虫病的发生率突然增加。补充的饲料应放在供料机中饲喂，而不是放在地面，并应在多个位置设置供料机，饲料应均匀铺开，以避免在动物多的地方寄生虫虫卵增加。用点状水源供水甚至更加重要。如果不能正确避免水池或水槽的渗漏或溢出，那么在山羊聚集喝水的地方，可发生感染性幼虫对土壤的严重污染。

在热带地区常实行大规模放牧，温、湿度缺乏季节性变化，致使感染性幼虫持续存于环境中。在这种情况下，频繁、定期使用驱虫药，以限制已感染的寄生虫种群，尽量减少寄生虫病对山羊的影响。这种方法劳动密集且花费很大，并可加速药物耐药性的产生。如果需要这种抑制性的治疗方法，在当地寄生虫种群没有产生抗药性时，使用驱虫谱有限的药物可能是有利的。例如，在捻转血矛线虫是主要线虫问题的地区，使用 N-水杨酰苯胺类可能是有效的，没有必要使用广谱驱虫药。因为先前的治疗，摄入的幼虫还未发育成熟至成虫和开始产卵，所以建议驱虫的间隔期为 3 周。在可利用的不同种类药物间的轮换用药应保持在最低限度，因为在一个季节内或寄生虫的发育周期内太频繁进行轮换用药，本身

可促进寄生虫耐药性的产生。而且，当血矛线虫病是主要的考虑问题时，由于其常发生在热带环境，所以基于 FAMACHA© 评分的选择性驱虫有助于使寄生虫处于可控状态，而且可减少驱虫药的使用，增加牧场中非耐药性幼虫的比例。在当地条件允许的情况下，应鼓励饲养者在高出地面且有细长孔的地板上设立围栏饲养山羊，不饲喂新割的牧草。在热带地区已开发了有效的放牧系统，其中小反刍动物放牧 3～4d 后被转移到新牧区，约 1 个月不返回先前牧场（Barger，1999；Waller，2006）。由于牧场上的幼虫可存活的时间较长，所以在较冷季节需要较长的休牧期。

凡实行山羊放牧的地区，作为控制寄生虫的一种手段，推荐不同畜种的混合放牧。即使出现不同动物的交叉传播，但感染一种动物的寄生虫很少适合于另一宿主。因此，混合放牧将导致一种不太严重的感染。净效应是对每个宿主最易感寄生虫的稀释方法之一。在不同采食嗜好的草食动物中，另一个效应是对得到的牧草和饲料很少竞争，所有动物都能保持较均衡的营养水平。在得克萨斯州，山羊占放牧种群的 20％～40％，可与绵羊、牛、鹿或三者混合放牧。然而，混合放牧为其他疾病如副结核病潜在的交叉传播打开了方便之门。

面对日益增长的驱虫药耐药性，控制寄生虫病的其他方法也可被采用或开发。选择性驱虫旨在增加如上所述的残遗种区中非耐药寄生虫数量。其他方法包括育种和选择对寄生虫有抗性的种畜，使用有驱虫性能的草料，给予氧化铜线及使用抗线虫性真菌。简单讨论如下。

抗性定义为动物抑制寄生虫感染和/或感染虫体发育的能力。正如前面已讨论的，有相当的证据表明，小反刍动物具有抗蠕虫感染的遗传基础，并且在各种环境条件下，与不同寄生虫相关的不同品种山羊的一些遗传力评估被报道。目前，文献上很少有记载，农民应用选择性育种来改善畜群的寄生虫控制，但试验证据表明，作为有用的寄生虫管理措施，该方法是有潜力的，毫无疑问有些已在实际中得以应用。饲养者可选择已知抗性特征的品种，或在自己的畜群间尝试抗性的选择性育种。在这些育种计划开展过程中，兽医可与养殖户共同工作。在已发表的研究中，

根据山羊类型、生产系统、主要寄生虫及其他因素，用各种标准或标记作为选择基础，包括粪便虫卵计数、红细胞压积、总蛋白、血清胃蛋白酶原、体况评分或 FAMACHA© 评分。在实施选择性育种中有一个重要的限制是，山羊其他理想的生产特性与寄生虫抗性间的相关性还未充分研究，并且存在的风险是，对寄生虫抗性的选择也可能就是动物理想生产性能丧失的选择。在热带地区，有关小反刍动物寄生虫抗性的育种计划或者体内寄生虫感染的恢复已有综述报道（Baker and Gray，2004）。

宿主营养在缓解寄生虫影响上可起重要作用。面对寄生虫群袭，足够、适当的营养，特别是补充需要的蛋白质，可以提高宿主恢复力，有助于将寄生虫感染所造成的不利影响最小化（Coop and Kyriazakis，2001）。此外，某些饲料可能有直接的驱虫效果。例如，含高浓缩鞣酸的牧草如冠状岩黄芪（岩黄芪属）、百脉根（百脉根属）、大三叶草（百脉根属）、黄芪（红豆草）和夜关门（铁扫帚）。几项对照研究已证明，与其他牧草相比，含浓缩鞣酸的牧草对毛圆线虫可产生驱虫效果。这些研究包括，在美国俄克拉荷马州（Min et al，2004）吃牧场上的绢毛胡枝子，在佐治亚州（Shaik et al，2006；Terrill et al，2007）以绢毛胡枝子干草或草丸形式饲喂。后者表明，通过干燥、制丸及贮存饲草，可保留草料的驱虫效果。这种草料所产生的减轻寄生虫感染的效应包括，对胃肠道成虫有直接的驱虫作用、粪便中寄生虫虫卵活力和幼虫发育降低（Shaik et al，2006）。美国南部地区的条件非常适合绢毛胡枝子生长，为该地区提供了一个控制寄生虫的可能的辅助驱虫方法。近年来该地区饲养的肉山羊数量急剧增加，同时胃肠道线虫病也日益严重。

其他研究表明，山羊抗毛圆线虫的驱虫效果包括在法国以干草形式饲喂黄芪（Paolini et al，2003，2005），以及在津巴布韦饲喂阿拉伯树胶的干叶子（Kahiya et al，2003）。

另一个有开发潜能可用于控制寄生虫的营养方面的措施与观察到的现象有关。矿物质和微量元素可改变宿主-寄生虫间的相互关系。在试验感染山羊中，铜特别是氧化铜线颗粒（COWP），经证明对某些线虫具有驱虫活性，尤其对捻转血矛线虫作用更明显（Bang et al，1990）。随后，在山羊上实施了许多关于氧化铜线颗粒的研究（Chartier et al，2000a；Martínez Ortiz de Montellano et al，2007；Burke et al，2007a）。最近，美国在互联网上公布了氧化铜线颗粒试验结果的总结（Hale et al，2007）。

在这些研究中，氧化铜线颗粒通常来自商品化的 2g 明胶胶囊，金属铜含量为 1.7 g 的氧化铜线颗粒，市售用于控制羔羊铜缺乏及先天铜缺乏病。其他还用 12.5g 或 25g 氧化铜线颗粒制成的大丸剂，市售用于奶牛，但大丸剂重新包装成小胶囊，其剂量适合用于小反刍动物（Hale et al，2007）。这些研究结果各种各样，通过粪便虫卵数或剖检的寄生虫计数检测表明，主要的驱虫效果是针对捻转血矛线虫的。有报道称，对山羊的其他皱胃或肠道毛圆线虫如环纹背带线虫、蛇形毛圆线虫效果很差或无效。放牧山羊 COWP 持续时间为 3～4 周，也可能长达 6 周，并且幼龄山羊比成年羊效果更明显。

尽管山羊对铜中毒没有绵羊敏感，但仍需关注其潜在的毒性。由于肠道对氧化铜的吸收有限，因此降低了铜中毒的风险，所以相对于其他铜盐而言，氧化铜是首选。剂量依据于经验，但据报道一般小羊用 0.5 克，成年羊为 2 克。放牧季节期间可以重复剂量使用，羔羊总剂量可达到 2 克。有人建议，由于担心氧化铜线颗粒会产生耐药性，所以根据 FAMACHA© 评分或其他参数，对寄生虫感染严重的山羊选择性给予氧化铜线颗粒，而不是对整个畜群给药。然而，由于氧化铜线颗粒作用机制尚不清楚，所以其是否存在耐药性风险也不得而知。已清楚的是氧化铜线颗粒在捻转血矛线虫是主要问题的地区，是有效的控制寄生虫辅助物，但在寄生虫病管理的整个程序中，该方法必须结合其他干预措施才最有效。

用食线虫性真菌来生物控制寄生性线虫是目前正在评价的另一种措施。自然存在于土壤和粪便中的食线虫性真菌，许多已知可杀死感染性第三期和第二期幼虫，从而减少了牧场的幼虫负荷。真菌中某些尤其是鞭式达丁屯氏菌（*Duddingtonia flagrans*）能存活着通过牲畜消化道。因此，应在多种牲畜品种中进行研究，以确定饲喂鞭式达丁屯氏菌孢子是否可以减少粪便及牧场中胃肠道线虫的自由生活期幼虫的数量。

除山羊外，在各种动物中的结果是可变的，但有应用前景。现在，在实验室或实地试验中，已实施了一些山羊的试验研究（Paraud and Chartier，2003；Waghorn et al，2003；Terrill et al，2004；Paraud et al，2005）。结果表明，通常真菌能减少山羊主要寄生线虫发育期幼虫的数量。在法国的一项田间试验中（Paraud et al，2007），通过包裹在矿物混合物中，放牧的幼龄山羊每日口服每千克体重 10^6 个孢子，仅使用 3 个多月，在放牧季节结束后，与对照组相比，给予真菌孢子的山羊羔除有较高的增长率外，还显示出较低的粪便虫卵数和血清胃蛋白酶原量。关于真菌孢子繁殖及达到可市售的足够量的专门要求，以及如何可靠、方便地使用真菌孢子，这些技术要求减缓了可销售产品的开发。

面对日益增长的驱虫药耐药性，驱虫药获得可靠驱虫效果的应用前景持续下降，饲养者和兽医必须制定整体的寄生虫管理计划，考虑应用适于其管理系统、环境、气候和农场生产目标的各种策略、方法及实践手段。

目前，尽管疫苗研究是该领域的热点之一，但还没有疫苗可用于山羊胃肠道线虫病的控制。一个有前景的研究焦点是使用寄生虫肠道膜蛋白作为抗原控制捻转血矛线虫和其他毛圆线虫（Knox，2000；Knox et al，2003）。也有关于有效的新一代驱虫化合物——环八面体缩肽（Cyclooctadepsipeptides）的初步报告。与现有的驱虫药相比，环八面体缩肽有一个明显不同的作用机制（Harder and Samson-Himmelstjerna，2002）。试验已表明，新一代药物的两种化合物有阻断耐药性产生的特性，可阻断绵羊捻转血矛线虫对苯并咪唑、左旋咪唑和伊维菌素的耐药性（Samson-Himmelstjerna et al，2005）。另一类有独特作用机制的新一代驱虫药是氨基乙腈衍生物，最近已对其进行了报道，显示出对线虫的广谱驱虫效果，包括那些对现有驱虫药有耐药性的线虫（Kaminsky et al，2008）。但是，基于这些报道的新一代药物是否可用或何时可用，或者寄生虫是否会对它们产生耐药性，这些都还不清楚。

10.6.2 前后盘吸虫病

前后盘吸虫是吸虫类寄生虫，又名胃吸虫、瘤胃吸虫或圆锥吸虫，成虫可能大量寄生于山羊的瘤胃内，但其实质上是非致病性的。临床前后盘吸虫病主要由其幼虫阶段的虫体在移行至瘤胃发育成熟前，大量寄生于小肠内通过摄取宿主营养物质引起的。

10.6.2.1 病原学

前后盘科的很多属都能感染家养小反刍动物。鹿前后盘吸虫（*Paramphistomum cervi*）、扁平前后盘吸虫（*P. explanatum*）、长菲策吸虫（*Fischoederius elongatus*）、荷包状腹袋吸虫（*Gastrothylax crumenifer*）和殖盘吸虫（*Cotylophoron cotylophorum*）都已在山羊中发现。最近，在巴西的山羊体内报道了 3 种殖盘吸虫（*C. travassosi*、*C. bareilliensis* 和 *C. fullerborni*）（Cavalcante et al，2000），法国的山羊体内也报道了多布尼前后盘吸虫（*Paramphistomum daubneyi*）（Silvestre et al，2000）。这些吸虫都有相似的间接发育的生活史，都需要水螺作为中间宿主（Soulsby，1982）。成虫的大小为 5～20mm，肉眼可见。虫体呈粉色到红色。亚洲的一种扁平巨盘吸虫（*Gigantocotyle explanatum*）移行至胆管，并在胆管中发育成熟。该虫体实质上是非致病性的，不能与致病性的支双腔吸虫（*Dicrocoelium dendriticum*）成虫相混淆。

成虫寄生于瘤胃中，产下具有清晰卵盖的虫卵，并随粪便排出体外。当粪便排到水里时，虫卵在水中经过 12～21d 的发育，孵化出毛蚴，这主要取决于环境温度。游动的毛蚴进入各种水螺，包括苹果螺、小泡螺、椎实螺属及其他属的螺。含有雷蚴的成熟孢蚴在螺体内经过 11d 左右的发育，从螺体内释放，并再经过 10d 左右发育成熟后含有多个尾蚴。随后，尾蚴在螺内被释放出来，并经过大约 13d 发育成熟。成熟的尾蚴在强光的刺激下从螺体内释放到水里。释放出来的尾蚴黏附到牧草上，成囊后形成后囊蚴，在外界环境下能保持 3 个月的活力。

当反刍动物摄入被污染的水草，后囊蚴在小肠内脱囊，经过 6～8 周发育成熟。幼虫先移行至瘤胃内，并吸附到瘤胃黏膜上，经历另外的成熟过程，并开始产卵，完成其生活史。当前后盘吸虫感染严重时，虫体移行至瘤胃并在其中发育的时间可延长至几个月。

吸虫在山羊、牛和绵羊体内的发育是不同

的。以小盘前后盘吸虫后囊蚴人工试验感染三种反刍动物后，成虫由小肠迁移到瘤胃，绵羊和牛在感染后34d即可完成发育，但是在山羊这时才刚刚开始。随后，在山羊体内开始产卵要比在牛和羊体内产卵晚2周左右（Horak，1967）。成虫在小肠内寄生时间的延长，可能有助于增加其对山羊的致病性。

10.6.2.2　流行病学

尽管家养反刍动物前后盘吸虫病感染的病例见于世界各地，但是临床病例报道仅限于非洲、亚洲、澳大利亚、东欧和地中海国家（Horak，1971）。而大多数报道都涉及牛和羊。印度（Katiyar and Varshney，1963；Chhabra et al，1978；Rao and Sikdar，1981）、撒丁岛（Deiana et al，1962）、保加利亚（Denev et al，1985）、巴基斯坦（Mohiuddin et al，1982）山羊前后盘吸虫病的报道表明，在绵羊和牛受感染的任何地方，山羊也存在感染的风险。然而，来自伊朗一个屠宰场（Moghaddar and Khanitapeh，2003）的鉴定表明，4%的绵羊感染前后盘吸虫病，而山羊却没有感染。同样，在刚果民主共和国的一个调查显示，绵羊的感染率为54%，而山羊的感染率仅为14.8%。因此，在病原接触或病原应答方面可能存在种属差异。

一般来说，在干燥的季节，当螺和家畜种群集中于有限放牧的牧场附近的萎缩的水源时（Horak，1971），本病的感染会增加。在低洼、排水欠佳的地方、沼泽地、灌溉的沟渠和其他滞流的水源点，因动物与水螺产生的后囊蚴接触概率增多，而致使放牧动物具较高的感染率。

在北印度中部，小反刍动物中该病的暴发多见于9月末和1月的雨后，主要是雨水加速了螺数量的增加，在随后的干旱期，可得到的饲料减少。山羊可能会饲喂含有大量后囊蚴的水稻秸秆和其他水生植物。该病造成的花费可能很大。据报道，在印度该病的暴发期间，山羊的患病率可在35%～79%，死亡率在45%～88%（Katiyar and Varshney，1963）。该地区屠宰场的调查显示，在3—10月，成熟瘤胃吸虫的负荷最高，11月至次年2月最低；而未成熟吸虫的虫体负荷在9月至次年4月最高，这一时间段与该病临床暴发相关联。

10.6.2.3　发病机理

在小肠上段发育的未成熟吸虫是前后盘吸虫感染过程中最主要的致病阶段。未成熟的虫体通过吸盘深深嵌入肠道黏膜，并通过吸盘吸取营养物质。吸盘插入的黏膜部位逐渐坏死和脱落，留下糜烂和病灶。前后盘吸虫的致病性与未成熟的吸虫的虫体负荷直接相关。据估计，50 000个未成熟吸虫的黏附可以完全破坏小肠上端3m长的肠段，而大多数的前后盘吸虫的发育阶段被限制在该区段。高强度的虫体负荷可在自然条件下发生。大量的虫体同时摄取营养，未成熟的虫体引起明显的小肠刺激和黏膜破坏，导致低蛋白血症、腹泻和虚弱。

10.6.2.4　临床症状

前后盘吸虫病引起的症状与线虫引起的胃肠炎很相似，并且通常两者一起发生。年幼山羊比成年山羊感染更频繁，也更严重。患病山羊精神萎靡，食欲减退。它们可能烦渴，并且把嘴放在水里长久站立。病羊将表现水样腹泻，起初粪便可能呈喷射状，但后期粪便可能从直肠滴下，污染患畜后体，腹泻物中可能有黏液，上皮细胞碎片以及未成熟的幼虫。粪便有特殊和显著的恶臭味。颌下明显水肿，可能延伸至脸和胸部。如果出现贫血，通常呈轻度和中度。山羊该病的病程是5～10d。在这期间，患病动物体重减轻，渐进性衰弱，最终死亡。在最后阶段，动物除了从直肠排出大量黏液外，其他什么内容物都没有。可能出现持续很长时间的病例，动物虽然能存活，但持续营养不良。

10.6.2.5　临床病理学和剖检

出现明显的低蛋白血症和低白蛋白血症。可能也会出现贫血。由于临床疾病是由未成熟的不产卵的幼虫引起。因为假阴性结果很普遍，所以用粪便虫卵沉淀法检测虫卵的意义不大。作为一种检查虫卵的替代方法，腹泻物可以通过一个53μm孔径的筛网，在黑色背景下，利用显微镜或目测检查残留物中通过粪便排出的未成熟的吸虫。未成熟的吸虫呈粉红色到白色，带有一个明显的大吸盘。

在尸检中，畜体消瘦，后体被粪便污染，皮下水肿，腹水，胸腔和心包积液，肺水肿等均会出现。在消化道皱胃的幽门区及小肠起始的2～3m处有明显肉眼可见的病变。皱胃皱褶肿大、水肿。可以看到未成熟的虫体吸附在黏膜上，黏膜有很多糜烂和出血点。受感染的小肠肠壁增厚及水肿。黏膜表面覆盖卡他性渗出物。细心检查能发现吸虫深深嵌入黏膜，只有外面的末端暴露于瘤胃中。患部的黏膜有隆起的脊而呈波纹状，并且有多发的出血灶。未成熟的游离的吸虫也可能在肠腔内发现。成熟的吸虫可能出现在瘤胃和瓣胃内。作为与前后盘吸虫病有关的异常发现，测量的直径为 2cm 的多发性肠憩室被报道（Prajapati et al，1982）。

组织病理学方面，肠道受感染部分出现肥大、水肿和炎性细胞浸润，黏膜和黏膜下层纤维化（Deorani and Katiyar，1967）。瘤胃成虫的组织病理学作用仅限于乳头上皮细胞的脱落（Singh et al，1984）。

10.6.2.6 诊断

因为前后盘吸虫病与线虫性胃肠炎症状很相似，所以进行假定性诊断很困难。血矛线虫病更有可能产生贫血，很少可能出现腹泻。然而，其他毛圆线虫感染，完全能正确模拟前后盘吸虫病。最终的确诊取决于通过粪便漂浮或剖检排除线虫胃肠炎的可能，并且可通过粪便和剖检检查未成熟虫体进行鉴定，判定为前后盘吸虫。在鉴别诊断中，还必须考虑慢性肝片吸虫病。该病在类似的环境条件下发生，可能出现与慢性前后盘吸虫病相似的症状。

10.6.2.7 治疗

用适当的药物驱除未成熟吸虫是治疗的主要目的，同时如果在该病的早期开始治疗，还可以挽救患畜的生命。动物在治疗前必须远离感染源，否则动物将很快再感染。莫仑太尔柠檬酸盐以每千克体重 6mg 的莫仑太尔碱的有效剂量使用，能有效驱除 99.5% 的未成熟吸虫（Srivastava et al，1989）。其他已经报道的对未成熟虫体驱除效果在95%以上的药物还包括硫双二氯酚（每千克体重 25～100mg）、联硝氯酚（每千克体重 6mg）、氯硝柳胺（每千克体重 50～100mg）、溴羟苯酰苯胺（每千克体重 65mg）（Rolfe and Boray，1988）。溴羟苯酰苯胺对山羊前后盘吸虫成虫的驱虫效果达 100%（Sahai and Prasad，1975）。羟氯扎胺（每千克体重 15mg）对于未成熟的虫体的驱除率在85%～100%，对于成虫的驱除率也为 100%。一种新的第

三代丁基苯扎噻盼（Butylbenzathiole）对未成熟虫体显示 99.7% 的驱除效果，而对成虫的驱除率为 100%（Rolfe and Boray，1988）。一般而言，尽管苯并咪唑对肝脏吸虫相当有效，但它对于前后盘吸虫的驱除效果最差。硫双二氯酚剂量在有效范围内的较高剂量时，对山羊可能有毒（Boray，1985）。

直接针对成虫驱虫备受争议，因为面对临床疾病的暴发，这种驱虫没有直接的好处。但成虫的消灭降低了粪便虫卵数以及随后对淡水螺的感染数。因而降低了整个环境前后盘吸虫的虫体负荷。然而，成虫的驱除同时也降低了宿主因虫体感染而诱导的免疫力，因而提高了随后接触该病所暴发临床疾病的风险（Horak，1971）。

10.6.2.8 防控

预防前后盘吸虫病的发生最主要的手段就是使放牧动物远离感染性淡水螺高密度区域，以及避开有后囊蚴污染的牧草。这就意味着要避开低洼、排水欠佳、沼泽地、池塘、沟渠以及水稻田。而且，在这种环境中，小反刍动物不应与牛混合放牧，因为众所周知牛会排出大量的虫卵，加速了淡水螺的感染。

如果在饲喂前就将污染地区的牧草制成青贮和晾成干草，就可以安全使用。当地的条件不允许限牧或收割牧草，使用灭螺剂可以减少淡水螺的数量，但是这种措施的相对成本效益仍然需要证明。从污染地区抽来的饮用水，需要添加灭螺剂处理，并且使用增高的料槽，但这需要大量的投资。

驱虫药的策略在于使用有助于前后盘吸虫病的控制。在印度，推荐在 7—8 月对家畜进行驱虫处理，以降低成熟虫体的负荷，进而降低产卵量；在 11 月、1 月、3 月进行驱虫，以控制未成熟虫体的数量（Gupta et al，1985）。

虽然未能得到广泛的实际应用，但是免疫接种可能是未来控制本病的一个最重要的手段。与未接种疫苗的山羊相比，用辐射处理的后囊蚴口服接种的山羊，前后盘吸虫的数量明显降低（Horak，1967；Hafeez and Rao，1981）。

10.6.3 肠道绦虫病或绦虫

山羊肠绦虫在全世界分布，相对于胃肠线虫病，山羊绦虫病一般来说临床或者经济意义较

小。然而，畜主往往对绦虫比较敏感，因为山羊的排泄物中从成虫脱落的节片或卵袋可以肉眼直接观察到。

10.6.3.1 病原学和发病机制

尽管其他莫尼茨属绦虫也感染山羊，但是世界范围内分布的羊肠道绦虫病主要由扩展莫尼茨绦虫引起。山羊的无卵黄腺属绦虫分布于欧洲、非洲和亚洲，经常与莫尼茨绦虫并发感染，有时会成为主要的绦虫（Raina，1973）。羊盖氏曲子宫绦虫发生于欧洲、苏联、非洲、印度和北美洲。圆点斯泰尔斯绦虫（*Stilesia globipuncta*）感染山羊及主要分布于非洲、亚洲热带地区的其他反刍动物。它也许是最具致病性的反刍动物绦虫，可以导致所吸附的十二指肠和空肠黏膜的炎症结节、肠炎和腹泻。然而，由斯泰尔斯绦虫感染山羊的临床病例很少有文献记载。

另外一种斯泰尔斯绦虫——肝斯泰尔斯绦虫（*S. hepatica*）寄生于反刍动物的胆管内，见于亚洲和非洲。最近几年，斯泰尔斯绦虫属的其他几个新种在印度山羊中被鉴定出来。放射状缝体绦虫（*Thysanosoma actinioides*）虽然多寄生于胆管或者胰腺管，但也见于小肠。它流行于南美洲和北美洲西部，主要寄生在绵羊和鹿体内，山羊的流行率很少有报道。墨西哥的一项屠宰调查表明，放射状缝体绦虫在所检测山羊的肝脏平均检出率大约为 1.5%，但是绵羊却达到 15%（Cuéllar Ordaz，1980）。在美国它也被认为是一种山羊寄生虫（Guss，1977）。肝脏绦虫将在第11章详细讨论。

这些裸头绦虫都以反刍动物作为终末宿主，以各种甲螨或啮齿类螨作为中间宿主。在山羊肠道内发育的成虫可达几米长（图 10.11、彩图 50）。虫体分为头部或头节，短的颈节，紧接着的是一个长的由节片组成的分段的体部。后部的节片大多都充满虫卵，这些孕节从虫体脱落并随粪便排出。其孕卵节片呈白色，长 1~1.5cm，在粪球中可以观察到，外观像米粒一样（图 10.12、彩图 51）。这些节片慢慢破裂，虫卵被

草丛或土壤中的甲螨或啮齿类螨摄入。感染性的似囊尾蚴在这些节肢动物中间宿主中发育 4 个月以上。当反刍动物食草时摄入感染性甲螨，似囊尾蚴从甲螨体内释放到小肠中，成虫开始发育。对莫尼茨绦虫来说，在山羊中的潜伏期大约是 40d。

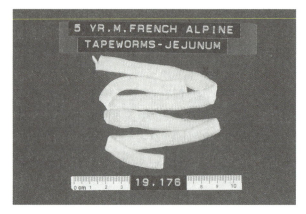

图 10.11　山羊小肠内的莫尼茨绦虫成虫（T. P. O' Leary 供图）

图 10.12　山羊粪便中的绦虫节片（经 C. S. F. Williams 博士允许复制）

山羊也作为一些绦虫的中间宿主，这些绦虫以犬科动物为终末宿主。许多情况下，相比前面列举的成虫感染，这些作为绦虫中间宿主的感染在经济与临床上意义更加重大。所有的这些中绦期幼虫感染将在该书与其最常见感染的器官系统部分着重进行阐述。表 10.9 给出了不同绦虫的感染概述。

表 10.9　山羊绦虫感染概览

绦虫	终末宿主	中间宿主	山羊体内虫体形式	寄生部位	影响
扩展莫尼茨绦虫及其他莫尼茨属绦虫	山羊，其他反刍动物	螨虫类	成虫	肠道	通常不致病

（续）

绦虫	终末宿主	中间宿主	山羊体内虫体形式	寄生部位	影响
无卵黄腺属	山羊，其他反刍动物	螨虫类	成虫	肠道	通常不致病
曲子宫绦虫属	山羊，其他反刍动物	螨虫类	成虫	肠道	通常不致病
圆点斯泰尔斯绦虫	山羊，其他反刍动物	螨虫类	成虫	肠道	通常不致病
肝斯泰尔斯绦虫	山羊，其他反刍动物	螨虫	成虫	胆管	肝脏废弃
放射状缝体绦虫	山羊，其他反刍动物	螨虫	成虫	胆管	肝脏废弃
多头带绦虫	犬科动物	山羊，其他有蹄类动物，人类	中绦期	脑，脊髓，肌肉	多头蚴病，跛行，屠宰时摘除
泡状带绦虫	犬科动物	山羊，其他反刍动物，猪	中绦期	肝脏，肠系膜，网膜	肝脏废弃，屠宰时摘除
羊带绦虫	犬科动物	山羊，绵羊更常见	中绦期	心脏，膈肌，其他肌肉	屠宰时摘除或废弃
细粒棘球绦虫	犬科动物	山羊，其他有蹄类动物，人	中绦期	肝脏，肺脏，中枢神经，骨，肌肉	肝病，屠宰时废弃，人畜共患病

注：这些绦虫可能引起的人畜共患病是由于与犬科动物（终末宿主）的粪便接触而感染的，而非山羊等反刍动物（中间宿主）。

常见绦虫会引起山羊轻微感染，一般是不致病的（Soulsby，1982；Williams and Schillhorn van Veen，1985）。这是因为绦虫不用破坏性的口器来摄取营养物质，而是通过体壁从肠道吸收营养。至少需要寄生50条虫体才能对山羊产生有害作用。有时一只羊中可能会寄生几百条绦虫（Guss，1977）。它们与宿主有效竞争营养物质，导致宿主营养不良。它们也许会使宿主肠道扩张，腹部膨大。它们的存在也许会延长营养物通过消化道的时间。在用谷物作为日粮的羔羊繁育场，这种情况被认为能导致梭菌性肠毒血症的产生。在山羊上没有观察到类似的相互作用。大量的绦虫感染可能会阻塞肠道，可能会引起疝痛症状，也可能导致羔羊自发性肠破裂等严重后果。

10.6.3.2　流行病学

幼龄山羊在出生之后的第一个夏季放牧时最常发生感染。然而，放牧不是感染的必要条件，因为在圈舍周围或运来的草料中可能存在感染性螨类。感染的形式可能会随气候和地理因素而改变。在尼日利亚，绵羊和山羊的绦虫感染率在沙漠和草原地区并没有随着四季的变化而改变。然而，在雨林地区，雨季时的感染率会上升（Enyenihi et al，1975）。随着年龄的增长，山羊对绦虫感染的自然抵抗力增强。在经常接触绦虫的山羊群体中，老龄山羊的虫体负荷总是相对较轻。

由于绦虫感染往往来自牧场，因此严重的绦虫负荷也许是严重的线虫感染的一个征兆。因此，当畜主发现在山羊的粪便中有绦虫节片时，使用广谱的驱虫药在驱除绦虫的同时，也是驱除更严重的线虫感染的好机会。对山羊而言，多种寄生虫的混合感染是惯例，而不是特例。

10.6.3.3　临床表现

当出现与绦虫有关的临床疾病时，通常涉及6月龄以下的幼龄山羊。感染的动物可能会表现生长缓慢，并且呈现腹部膨大。粪便中会出现绦虫节片，这些粪便通常看起来正常，但可能很柔软或者不成球形。也许会出现便秘。在绦虫引起的肠道完全阻塞的情况下，羔羊会出现疝痛症状，并且粪便排出减少。肠道破裂的动物会表现精神极度沉郁、濒死或死亡。

10.6.3.4　临床病理学和解剖学

除了粪便中的节片，也可以用粪便漂浮法检测特征性的绦虫卵。因为有时节片在排出前就已经破裂。扩展莫尼茨绦虫的虫卵呈明显的三角形。没有与绦虫感染有关的其他特征性临床化学或者血液学的异常。

在剖检时，小肠管道内可以明显地观察到长的、白色分段的绦虫。在肠道阻塞中，它们可以塞满肠道。如果导致肠破裂，可在腹腔内游离存在。

10.6.3.5　诊断

绦虫的诊断可通过粪便中的节片或肠道的成虫进行确诊。把疾病归因于绦虫感染是有疑问的。因为，在确定为绦虫感染前，必须排除线虫病、前后盘吸虫病和片形吸虫等感染。

10.6.3.6 治疗

广谱驱蠕虫药物可用于驱除山羊绦虫感染。口服氯硝柳胺（每千克体重50mg）非常有效，并且很安全，在达到推荐剂量5倍量时仍然没有毒性。吡喹酮（每千克体重5mg）也是有效的驱虫药，但是用注射液时，会对山羊的注射部位产生很强的刺激性。口服非班太尔（每千克体重5mg）对扩展莫尼茨绦虫和一些线虫有效。一些新型的苯并咪唑类药物也对绦虫和线虫有效，包括甲苯达唑（每千克体重15mg）、苯硫咪唑（每千克体重15mg），丙噻咪唑（每千克体重20mg）和奥芬达唑（每千克体重10mg）。阿苯达唑（每千克体重10mg）对绦虫、线虫和肝片吸虫成虫有效。用苯并咪唑类药物治疗的注意事项在线虫肠胃炎治疗部分讨论。

其他治疗绦虫病的药物包括硫酸铜、硫酸烟碱以及吩噻嗪和砷酸铅。尽管这些药物很有效，但是这些化合物如果误用或剂量不合适就可能产生毒性。因此，这些药物的使用前景并不乐观。

10.6.3.7 防控

由于绦虫对山羊的临床影响通常很小，因此很难从经济角度去评价针对绦虫进行干预计划的合理性。然而，当用广谱的驱线虫药来用于线虫控制时，绦虫控制也被作为意外的收获包括在内了。这两种寄生虫的防控主要考虑的是首次放牧的羔羊。考虑到当前人们关注的抗线虫药抗药性的产生，专门去用苯并咪唑类药物来控制绦虫是不明智的，除非这些药经证实同时也能用于胃肠道线虫的控制。

控制螨类等中间宿主是很困难的，因为这些节肢动物无所不在，经常会以很高的群体密度存在。翻地和追播被认为可以减少牧场的螨类数量，但对山羊绦虫数量是否有全面影响尚未确定。因为螨虫群体在冬天会减少，所以至少一年休牧期的草场轮牧也许会有效。

10.7 代谢病

10.7.1 臌气

相对牛和绵羊而言，山羊瘤胃臌气或臌胀的发病率并不高。但是，一旦有该病发生，就必须用处理其他反刍动物的方法及时处理山羊瘤胃臌气。气泡型臌气要比自由气型臌气更常见。

10.7.1.1 病原学和病理学

在瘤胃发酵过程中会产生气体。正常情况下，所产生的气体会上升到达瘤胃背囊，再通过正常的反刍和打嗝等过程将气体排出体外。气泡型臌气由营养因素造成。在一定的饮食情况下，比如采食豆科植物或精料谷物，会阻碍气体在瘤胃背囊中气泡化的过程，使得气体在瘤胃液态内容物中以稳定的泡沫形式存在。当采食富含碳水化合物的饲料后，会加速瘤胃中的一些特定细菌的繁殖，产生不可溶的黏液，从而增加了瘤胃液的黏性，形成稳定的泡沫（Raostits et al，2007）。稳定的泡沫不能嗝出，由此导致瘤胃持续性的膨胀。这种膨胀会导致呼吸困难和心血管异常，可引起动物死亡。试验山羊的结果表明，瘤胃注气会引发心脏血液输出不足、血压上升，以及由膨胀瘤胃的静脉血回流不充分引起的外周阻力增加（Reschly and Dale，1970）。在有多余瘤胃内容物需要排出的情况下，气体就不能充分释放到体外，从而产生自由气型臌气。与上述分析一样，动物不能嗝出自由气体，瘤胃就会持续性膨胀。

10.7.1.2 流行病学

山羊瘤胃臌气呈全球性分布。瘤胃功能健全的山羊都有发生该病的危险。过量采食如三叶草、苜蓿等豆类饲草或青草、干草，以及在豆科植物牧场甚至在绿草牧场上放牧，都被认为是山羊发生泡沫型瘤胃臌气的诱发因素。因此，在春季，瘤胃臌气呈时节性发生。在澳大利亚，导致山羊发生瘤胃臌气的一个常见原因是，在饲喂干草的同时，又饲喂了庭园中的一些青草（King，1980b）。同样，突然采食谷物也会引发气泡性臌气。秋季时分，山羊在谷物地中放牧时，瘤胃臌气的发生也呈时节性上升。

山羊自由气型瘤胃臌气只有零星发生，通常伴随着食管堵塞而出现。苹果或胡萝卜是常见的外在诱因。特别是对娇小或患病的动物以及那些没有充足饮水的动物来说，反刍的食物会卡在食管中。干酪样淋巴结炎或其他原因会引起前腹部或纵隔脓肿，进而挤压心脏或食管，也会导致自由气型瘤胃臌气。

10.7.1.3 临床症状

在采食了不适的饲料后数小时之内，气泡型瘤胃臌气便可发生。许多瘤胃臌气的发生首先是在草场上发现死亡的动物后才被认识到的。在发病初期，患病动物变得焦躁不安、停止进食。一个最显著的特征是，腹部持续性地膨胀，左侧腹部腰椎窝上面尤为明显。叩诊时会发现，膨胀的瘤胃呈紧而似鼓皮之感，有锣鼓样音。由于瘤胃持续性地膨胀，患病动物越加焦躁不安、呻吟、流涎、频繁撒尿、运动僵硬。如不及时治疗，这些动物表现出呼吸困难、平卧，在 1h 内便可死亡。

自由气型瘤胃臌气与气泡型瘤胃臌气的临床症状相似。如果食管完全堵塞并且位置高，那么唾液就不能流入瘤胃，就会使得流涎的症状更加明显。如果食管没有完全堵塞，或者瘤胃中气压过大足以突破堵塞时，气体会间歇性地排出，由瘤胃引起的腹部膨胀可能就不那么明显。在这种情况下，臌气通常会持续较长时间，但不会危及生命。

10.7.1.4 临床病理学和尸检

瘤胃臌气发病急，一般不进行实验室检查。由于病程在未发觉前就发展到致死阶段，所以为了对臌气病因进行确诊，通常会进行尸检。在气泡型瘤胃臌气病例的尸检中，瘤胃膨胀明显，且存在大量的气泡。但在自由气型瘤胃臌气中，瘤胃也会膨胀，但没有气泡。仔细检查从口腔到胃之间的食管和周围组织，应该不难找到引起自由气型臌气的食管堵塞物。对已经死亡数小时的动物的诊断有一定的困难，特别是在暖和的季节。动物死亡后，瘤胃中的饲草会继续发酵，所产生的气体能导致动物全身膨胀。同时，在死亡后气泡会破裂，使得气泡性臌气看起来像自由气型瘤胃臌气。尸体检查有助于发现死前臌气。在瘤胃臌气病例中，尸体前部组织充血，而尾部组织则缺血，反映出由膨胀瘤胃诱发的周围组织血液循环的变化。在有些情况下，位于颈部充血的食管黏膜和胸部苍白的食管黏膜之间的一条"臌气线"会变得很明显。

10.7.1.5 诊断

通过体检，很容易确诊瘤胃臌气。重要的是，需要确定它是原发性的还是继发性的，因为这会影响如何治疗和后期的管理。在动物死亡后，诊断臌气会有一定的困难。由于死亡后动物发生臌胀很常见，所以一旦发现死尸时，必须排除一切可能诱发突发死亡的因素。

10.7.1.6 治疗

及时采取措施进行治疗非常关键。单纯利用胃管对缓解自由气型臌气很有效，除非气泡发生破裂，否则对气泡型瘤胃臌气则没有确切的疗效。口服 100～200mL 食用油或矿物油可能有效，但它们没有商品化消泡剂作用迅速。如要灌药，需要注意防护，以免发生呼吸性肺炎。应该慎用亚麻籽油，因为它会引起山羊消化不良。松节油是常见的家庭备用药。尽管很有效，但它在用后 5d 之内在肉和奶中都有残留。

市场上有一些表面作用剂，它们也能够有效地在数分钟内裂解气泡。浓缩泊洛沙林在稀释后，以每千克体重 100mg 的剂量可灌服。还有一些其他有效化学药物，如磺琥辛酯钠（DSS）（15～30mL 剂量）、聚合甲基硅酮（10～15mL 剂量）和琥珀辛酯钠（1.4 g 剂量）。当大批动物发病并需要及时治疗时，不应该用胃管经口灌服，而可以用 18 号注射器直接将消泡剂在左侧臌胀的腰椎窝注入瘤胃进行治疗。以此种方式给药，聚合甲基硅酮要比泊洛沙林见效快。与泊洛沙林和其他对采食豆类所引起的瘤胃臌气有明显疗效的药物相比，一种新型制剂——醇乙氧基去垢剂对由采食谷物引起的气泡型瘤胃臌气更有效。

在服用油或表面活性剂之后，让患病动物进行运动则有助于气泡破裂，加速气体排出。如果动物是平卧的，让山羊打滚或按摩瘤胃有助于油的渗透并促进气泡破裂。在气泡破裂时，需要插入胃管，促进气体排出。

在患有瘤胃臌气山羊命悬一线之际，在左侧腰椎窝进行瘤胃穿刺也是一种方法。但是，这种侵入性治疗方法应该用于那些危急情况，因为它有引发腹膜炎后遗症和增加瘤胃功能失常的风险。穿刺后，山羊需要用广谱抗生素治疗，3～5d 一个疗程。

10.7.1.7 防控

通常山羊不在饲养场饲喂，所以控制饲养场臌气不是主要的问题。在山羊采食谷物时，就不能再饲喂精细的浓缩饲料，并且也不能突然将它们添加到日粮中。对于那些采食谷物已有瘤胃臌气发生倾向的山羊来说，可以用植物油拌谷物，也可用泊洛沙林配伍矿物辅料来预防。

如果在山羊管理中饲喂豆类饲草是不可缺少的一环，那么发生臌气的风险就会很高。已有一些措施用于减少牛和/或绵羊瘤胃臌气的发生。这些措施包括在放牧前用油灌服每个动物，在饲料或矿物辅料中加入泊洛沙林等消泡剂，服用离子载体型莫能菌素或拉沙里菌素或缓释莫能菌素胶囊，直接给草场上喷油或脂质。做好草场的管理工作同样能有效预防腹泻，所用的措施有将草与豆类植物混播，饲喂富含单宁的饲料，采用带状草场采食法，以及在转至草场放牧前，收割和晾晒苜蓿24h等。所有这些方法和措施在其他文章中已有详细的讨论（Radostits et al，2007）。

控制草场型臌气最根本的措施是，在春季让山羊群逐渐适应草场采食，在吃饱干草后让它们禁食一段时间，限制青草的摄入量。同样，该方法也适应于秋季在谷物场放牧的动物。无论何时饲喂青草，都应该同时加喂一些干草，防止过食青草。为了有效控制草场型臌气，可用每千克体重 10～20mg 的泊洛沙林加拌饲草或矿物辅料。在转换到草场放牧前 1～2 周，就应该采用此法预防动物瘤胃臌气的发生。为了防止球虫病给羊群服用莫能菌素或拉沙里菌素，也有助于预防瘤胃臌气的发生，因为离子载体型抗生素能降低它的发生率。离子载体型抗生素可抑制瘤胃微生物，使得醋酸/丙酸比例、二氧化碳和甲烷的产量有所下降，因为这些微生物能产生大量的能捕获气泡的黏液，促进瘤胃产生丙酸。

10.7.2　瘤胃积食

山羊在采食沙子和长期采食低能量、高纤维的饲料后，如劣质干草混有 25% 以上燕麦的马饲料，就会导致由积食引起的瘤胃臌胀（Guss，1977）。瘤胃积食也与采食了面包、细麸皮、小麦、玉米等有关，也或与偶尔采食了添加过量的上述谷物的饲料有关（King，1980）。在印度北方，当青草料和水源缺乏，给山羊和其他反刍动物只能饲喂一些低劣的干粗料时，瘤胃积食的发生在炎热、干燥的夏季很普遍（Prasad and Rekib，1979）。膨胀部位出现在腹部左侧，并且通过一定的方法可感觉到坚实、面团样的瘤胃内容物。

近年来，随着塑料袋的广泛使用和随意的处置，它已成为导致山羊瘤胃积食发生的重要原因。这种情况在发展中国家尤为突出，羊群被引到垃圾桶或垃圾堆中觅食，或者是干渴的羊只采食一些不经常吃的东西。这种由采食塑料袋而导致的瘤胃积食，已在尼日利亚（Otesile and Akpokodje，1991；Remi-Adewunmi et al，2004）、约旦（Hailat et al，1998）、苏丹（Abdel-Mageed et al，1991）和南非（Donkin and Boyazoglu，2004）等国家都有报道。有一种迹象是，山羊出现异食癖并且喜好吃塑料袋（Abdel-Mageed et al，1991）。除了塑料袋外，引起山羊瘤胃积食的异物还有衣物、皮革、细绳和粗绳等。

除了瘤胃出现坚实、膨胀等症状之外，患有瘤胃积食的动物还表现有无精打采、食欲减退，以及产奶量下降等。患病动物反刍停止，或许身体有轻微的肿胀，粪便稀少，干且带有黏液。如果不加以治疗，就会出现体重持续下降和乏力。

治疗由沙子引起的积食，可以每日灌服 60g 硫酸镁，服用 1 周。在每次灌服后，需要人为地按摩左下侧腹部来松散积食物。如果积食如旧，则需要通过瘤胃切开术加以治疗。已有报道，有人在山羊瘤胃中曾取出多达 9.1 kg 的沙子（King，1980b）。如有可能，要尽量用食槽来饲喂动物。对纤维性积食来说，每日口服矿物油和磺琥辛酯钠（DSS）有助于松散积食物，但仍可能需要通过瘤胃切开术加以治疗。确诊纤维性积食后，饲料需要做一定的调整，添加更多易消化、低纤维的饲料。山羊误食塑料袋引起的瘤胃积食，需要通过瘤胃切开术加以治疗。

10.8　多病原导致的疾病

10.8.1　新生羔羊腹泻综合征

10.8.1.1　病原学和流行病学

有研究表明，腹泻是全球范围内导致新生山羊羔死亡的常见因素（Sherman，1987）。腹泻疾病的高发和在过度拥挤和卫生差的条件下密集性哺育新生山羊羔有关。在宽敞的条件下，尽管该病发生很少见，但当新生山羊羔出生时遭遇极端天气，特别是炎热、严寒或暴雨等时，该病仍会呈上升的趋势。

犊牛和山羊羔、绵羊羔腹泻研究的大量信息

显示，有许多因素可引发新生仔腹泻。这些研究结果表明，大肠杆菌感染是最常见的新生仔腹泻的病因。虽然新生山羊羔腹泻的流行病学研究较少，但数据显示，引发山羊腹泻的各种病原的特性和频次与犊牛和绵羊羔截然不同，或尚不清楚。在新西兰山羊羔的一项研究表明，72%的腹泻病例发生在1月龄以下的山羊羔，就特定病原来说仍无法诊断（Vickers，1986）。

有一些研究并不支持普遍所接受的大肠杆菌是山羊羔腹泻的主要病原这一推论（Nagy et al，1983；Yvore et al，1984；Polack et al，1989；Munoz et al，1996）。在田间调查和实验室研究中，发现隐孢子虫病是发生在1月龄以下的山羊羔腹泻，特别是15日龄以下山羊羔腹泻的最常见病原。在未患腹泻的山羊羔中几乎分离不到隐孢子虫。隐孢子虫病可以单独发生，也可与致病性细菌、病毒和原虫混合感染。

有人已对具有兽医学意义的胃肠大肠杆菌毒力进行了详述（DebRoy and Maddox，2001）。与山羊羔腹泻相关的大肠杆菌主要有四型：产肠毒素大肠杆菌（ETEC）、致肠病大肠杆菌（EPEC）、肠出血型大肠埃希菌（EHEC）和产坏死性毒素大肠埃希菌（NTEC）。这些病原及在山羊羔腹泻综合征中的作用如下：

产肠毒素大肠杆菌以能产生热稳定和热不稳定的肠毒素，以及具有黏附结构为特征。这种黏附结构又称作菌毛，它可帮助细菌在小肠内寄生，在那里分泌的肠毒素对覆有一层绒毛的下层表皮细胞发挥作用，引起过分泌性腹泻。产肠毒素大肠杆菌没有侵染性，对肠道的损伤很小。

尽管产肠毒素大肠杆菌是新生犊牛腹泻的主要病因，但它在新生山羊羔腹泻中却不常见。在匈牙利的一项研究表明，与正常新生犊牛腹泻密切相关的黏附菌毛K99（又称F5）在山羊羔中即使专门地去分离也很难发现。实际上，这种病原在非腹泻山羊羔中比在腹泻山羊羔中更容易分离到（Nagy et al，1987）。

近来，在西班牙的许多研究为阐明不同型大肠杆菌与山羊羔腹泻之间的关系提供了更多的依据。对14个牧场进行的一项研究表明，在患有腹泻的3周龄山羊羔中共培养分离出了210种大肠杆菌菌株。没有一个菌株能表达犊牛产肠毒素大肠杆菌F5或F41菌毛抗原。18种菌株能分泌

F17菌毛抗原，但是它们不产生肠毒素（Cid et al，1993）。后期的研究显示，这些从西班牙患有腹泻的山羊羔和绵羊羔中分离到的表达F17菌毛抗原的大肠杆菌，具有败血病分离株的表型特征，但不具有产肠毒素分离株的表型特征（Cid，1999）。另一项研究表明，从7个牧场的17头患有腹泻的4周龄山羊羔的粪便中，没有分离出一株能表达反刍动物产肠毒素大肠杆菌F5或F41菌毛抗原（Orden et al，2002）。还有调查表明，在55头患有腹泻的山羊羔中，分离出了55株大肠杆菌，而仅有3种能产生毒素。一种是细菌外毒素，其他两种则为败血病分离株细胞毒素坏死因子2（CNF2）。在这些分离的55株大肠杆菌中，没有一株能表达肠毒素，因此认为大多数引起山羊羔腹泻的大肠杆菌不产生毒素（Cid et al，1996）。

一项在西班牙的研究发现，在腹泻的山羊羔和绵羊羔中会经常分离到带有菌毛的大肠杆菌，但是由于相同细菌也以同样的频率在非腹泻山羊羔和绵羊羔中发现，并且它们都不产生肠毒素，因此这些带有菌毛的大肠杆菌在腹泻中作用仍不清楚（Munoz et al，1996）。并且，带有菌毛的大肠杆菌在不同日龄段的山羊羔和绵羊羔中的出现频率相近，包括1~5日龄、6~10日龄、11~15日龄和16~45日龄的山羊羔，然而在犊牛中，产肠毒素大肠杆菌则主要出现在出生后数日内。值得注意的是，在这项调查中发现微小隐孢子虫是引起山羊羔腹泻的主要病原。它主要感染1~10日龄的山羊羔，并且在非腹泻山羊羔中没有分离到该病原。

与上述研究不同的是，在希腊的研究表明，产肠毒素大肠杆菌是新生山羊羔腹泻的常见病原（Kritas，2002；Kritas et al，2003）。在一些奶用山羊牧场中，从腹泻山羊羔中分离到表达F5（K99）和F4（K88）菌毛抗原的大肠杆菌。但是，没有对这些分离菌株进行肠毒素分析，并且对是否存在如轮状病毒等其他病原微生物也没有进行研究，因此产肠毒素大肠杆菌在这些山羊羔腹泻暴发中的致病作用没有被完全确定。产肠毒素大肠杆菌可能是致病病原的有力证据是，与没有接种免疫的对照相比，经K88和K99亚单位疫苗免疫后，吃初乳的新生山羊羔腹泻的发病率显著下降，症状明显减轻（Kritas et al，2003）。

为了更加明确产肠毒素大肠杆菌在山羊羔腹泻中的作用，需要对更多的山羊进行流行病学调查和实验室确诊研究。

众所周知，致肠病性大肠杆菌又称为黏附消除性大肠杆菌（AEEC）。它们的特征是具有编码亲密素的 eae 基因。亲密素是外膜蛋白，介导细菌与肠细胞之间的紧密黏附。espB 基因也可能参与这种黏附过程，但是在所有表达 eae 的分离株中不存在 espB 基因。致肠病性大肠杆菌在肠黏膜上可产生典型的黏附消除性损伤，破坏肠黏膜层的正常结构，但这种损伤通常是非侵入性的。

在西班牙，一些对山羊 AEEC 预防和特征的研究表明，AEEC 在健康山羊羔和成年羊中的感染率要比在患有腹泻的山羊羔中更高，但是 AEEC 具有不同的微生物特征。从健康山羊羔和成年羊中分离的 AEEC 具有 eae 和 espB 两种基因，且表达志贺样毒素，但是从患有腹泻的山羊羔中分离的 AEEC，只具有 eae 基因，不表达志贺样毒素。上述所有调查的山羊羔均不超过 4 周龄，并且 AEEC 在 8～14 日龄腹泻山羊羔中的流行率最高（Cid et al，1996；Fuente et al，2002）。已知 eae 基因有 6 种型，而与山羊羔腹泻有关的 AEEC，通常是 eaeβ 型（Orden et al，2003）。在加拿大，一法国阿尔卑斯山奶山羊羊群曾有 34 只山羊羔在 1 周龄的时候出现腹泻，从而导致严重的脱水，其中 21 只病羊在 3 周内相继死亡。随后，在 10 日龄的患病山羊羔中分离到一株 AEEC，它既不表达菌毛抗原，也不分泌志贺样毒素和肠毒素，但是编码 eae 基因（Drolet et al，1994）。

肠出血型大肠杆菌的特征是可分泌维罗毒素（Verotoxin），这种毒素是一种与痢疾志贺氏菌（Shigella dysenteriae）分泌的志贺毒素类似的毒素。并且，一些肠出血型大肠杆菌编码 eae 基因，具有肠道黏附和消除的能力。一般认为，这些肠出血型大肠杆菌对人有致病性。关于肠出血型大肠杆菌毒力因子和流行病学等内容已在其他文章中详细论述过（Caprioli et al，2005）。

尽管肠出血型大肠杆菌在反刍动物有时可引起腹泻，但是更重要意义仍然在于它们是人畜共患病病原。虽然有许多其他肠出血型大肠杆菌血清型，大肠杆菌 O157：H7 是最为熟知的肠出血型大肠杆菌。大肠杆菌 O157：H7 是人腹泻、出血性肠炎、血小板减少性紫癜和溶血性尿毒症综合征等疾病的病原。一般认为，牛是该病原的主要贮藏宿主，并且通过牛源食品传播给人，大肠杆菌 O157：H7 是一个普遍的公共卫生问题。然而，包括山羊在内的其他家畜也是肠出血型大肠杆菌的贮藏宿主。

大肠杆菌 O157：H7 已在商用山羊牧场（Dontorou et al，2004）、观光牧场（Pritchard et al，2000）、牲畜交易市场（Keen et al，2006）和宠物动物园（DebRoy and Roberts，2006）中分离到。并已证实，这些病原可通过山羊制品向人传播，引起人出血性肠炎和溶血性尿毒症综合征，包括未经巴氏消毒的山羊奶（Bielaszewska et al，1997；McIntyre et al，2002）和新鲜的未经巴氏消毒的山羊奶酪（Espié et al，2006），也可能通过直接接触山羊或其粪便而传播给人（Pritchard et al，2000；Heuvelink et al，2002）。

除 O157 外，山羊也经常感染其他血清型肠出血型大肠杆菌。例如，有报道称一只 2 月龄的山羊就是死于由肠出血型大肠杆菌血清型 O103：H2 引起的腹泻（Duhamel et al，1992）。一项在德国的研究表明，在 6 个牧场的 93 头健康山羊中分离出了 70 株能分泌维罗毒素的大肠杆菌。其中，没有一株是 O157，并且只有一株编码 eae 基因（Zschöck et al，2000）。其他的研究也发现，在 66 头健康山羊中，37 头山羊有维罗毒素大肠杆菌感染，但没有一株是 O157。70% 的血清型是 O5：H⁻，以及 O82：H8、O87：H21、O5：H10 和 O74：H⁻ 血清型各 1 株和未定型 9 株（Beutin et al，1993）。在西班牙的一项对健康和患有腹泻山羊的研究显示，维罗毒素大肠杆菌感染健康山羊的概率要比患有腹泻山羊的概率高。没有 O157 血清型毒株的感染，但是从这些山羊中分离的菌株中，12% 的血清型对人具有致病性：O5：H⁻、O26：H11、O91：H⁻、O128：H2 和 O128：H⁻。由此得出结论，维罗毒素大肠杆菌与山羊羔腹泻的发生没有明显的联系，但是山羊是人感染肠出血型大肠杆菌的重要来源（Orden et al，2003a）。据对 12 个西班牙奶山羊牧场的调查发现，维罗毒素大肠杆菌在成年山羊中比在山羊羔中更普遍，没有一株编码 eae 基因，并且从健康山羊中分离的菌株中，16%的分离株属于对人具有致病性的血清型。同样，此结果表明山羊是重要的 EHEC 贮藏宿主（Cortés et al，2005）。

其他可感染反刍动物幼畜的致病性大肠杆菌主要是引起败血病，而不是小肠炎。其中，有些可能是产坏死性毒素大肠杆菌，它们能产生细胞毒性坏死性因子。其余的大肠杆菌可能属于已知的具有致病性的血清型。在大肠杆菌败血症中，具有致病力的大肠杆菌能侵入血液中，产生菌血症和内毒素血症，从而出现临床症状。腹泻可能是临床综合征的部分表现，但不是主要问题。在那些通过初乳未获得足够被动免疫水平的新生幼畜中，大肠杆菌败血症频发。这一内容在第 7 章中的母源抗体被动转移失败小节中深入阐述。

在法国冬季发生的一种未知疾病，法国当地人称之为"无力山羊羔"或北美人称之为"山羊羔懒散综合征"，被认为是在集中管理条件下山羊羔腹泻导致的。患病山羊羔通常只有 3～4 日龄，表现出严重的全身虚弱，前胃膨胀，内含未消化的奶，有时伴有腹泻（Garcin，1982）。鉴于此症状与在英国报道的山羊羔和绵羊羔"流涎病"的临床症状相似（Savey，1985；Eales，1986），开始它被误认为是大肠杆菌败血症。但是，后来在加拿大相似的病症也在 9～10 日龄的山羊羔中发现，研究认为它是在没有脱水的情况下由代谢酸毒症引起（Tremblay et al，1991）。目前，研究证实山羊羔懒散综合征是代谢酸毒症的一种临床表现，是由血浆中存在高浓度的 D-乳酸盐造成的（Bleul et al，2006），腹泻不再用于确诊病例（Rowe，2006）。山羊羔懒散综合征的发病机制仍然不清楚，但是目前没有证据证明此病是由感染性病原引起的。这一内容在第 19 章中的代谢疾病中深入阐述。

新西兰的一项研究表明，C 和 D 型产气荚膜梭状芽孢杆菌在患有腹泻的山羊羔中很少发现。一般认为，在新西兰发生的羊肠毒血病更多的可能是神经性或突发性死亡的病症，而非肠道病症（Vickers，1986）。

30 年前，就已在腹泻山羊羔中分离出了轮状病毒，并且血清学调查表明，山羊的感染率在有些国家很高，例如日本的感染率达 60%（Takahashi et al，1979）、土耳其 41%（Gumusova et al，2007）及意大利 25.7%（Iovane et al，1988）。据报道，轮状病毒是新西兰山羊肠道最常见的病毒，同时认为该病毒单独感染或/和大肠杆菌、隐孢子虫混合感染，引发严重的腹泻（Thompson，2001）。

但是，作为新生儿腹泻病原的轮状病毒的流行病学，还需要进一步明确。英国一项早期的研究从腹泻的几只 4 月龄山羊羔的粪便中分离到了轮状病毒颗粒（Scott et al，1978）。如果这种病毒确实是导致腹泻的原因，这将与犊牛和羔羊中的轮状病毒感染形成鲜明对比，在犊和羔羊中，临床腹泻在 3 周以上的个体中是不常见的。在法国，轮状病毒不仅在腹泻山羊羔中分离到，同时也经常在没患有腹泻的山羊羔中分离到，这一发现引起了轮状病毒对山羊致病力的疑问（Yvore et al，1984）。

目前，根据抗体与内衣壳蛋白 VP6 的交叉反应，轮状病毒分为 A～G 7 个血清群。A 群轮状病毒是家畜最常见的引起腹泻的病原。已发现 A 群轮状病毒是南美 12～16 周萨能山羊羔腹泻的病原（Costa Mendes et al，1994）。在加拿大，一只患有腹泻的 1～2 周大的山羊羔感染了 A 群轮状病毒，同时也伴有隐孢子虫的感染。A 群轮状病毒感染可引发腹泻，是因为在二者混合感染要比隐孢子虫单独感染时患病山羊羔肠道绒毛萎缩更为明显（Sanford et al，1991）。相比之下，西班牙山羊群中山羊羔腹泻的发生与 A 群轮状病毒则没有直接关系，因为轮状病毒在健康山羊中的感染率是患有腹泻山羊羔的 5 倍（Muñoz et al，1994）。

西班牙的一项研究发现，B 群轮状病毒是导致 2～3 日龄山羊羔严重腹泻、脱水和衰竭的唯一病原，牧场中 22.6% 的山羊羔受到感染（Muñoz et al，1995）。对 16 个西班牙山羊牧场健康和患有腹泻山羊的调查，发现了 A、B 和 C 群轮状病毒。在健康山羊羔中，A 群轮状病毒的感染率要比患有腹泻山羊的高，而 C 群轮状病毒则只在健康山羊羔中分离到。此项研究中，只明确了 B 群轮状病毒与山羊羔腹泻的相互联系（Muñoz et al，1996）。

已知冠状病毒是引起犊牛腹泻的主要病原，但有关山羊感染冠状病毒的报道有限。在土耳其 5 省进行的血清学调查，发现 41% 的山羊感染了牛冠状病毒（Gumusova et al，2007）。至今还没有由冠状病毒引发山羊羔腹泻暴发的公开报道。已对患有腹泻山羊羔进行了研究，试图发现冠状病毒作为病原的证据。要么根本没有冠状病毒的感染（Muñoz et al，1996），要么其流行率很低，并通常与其他病原混合感染，特别是隐孢子虫或产肠毒素大肠杆菌（Nagy et al，1983；Ozmen et al，2006）。这些结果表明，冠状病毒可能是引起腹泻的病原，但不可能是新生山羊综合征的病原。

在腹泻山羊羔中，腺病毒的感染并不多见。在匈牙利的一项研究中，成功地在腹泻山羊中鉴定出了腺病毒（Nagy et al，1983）。同时，腺病毒的感染也在尼日利亚的 2 只死于小反刍兽疫（PPR）的山羊中发现（Gibbs et al，1977），以及在塞内加尔患有小反刍兽疫的山羊中发现（Nguyen et al，1988）。由于 PPR 是引起腹泻的主要病原，因此很难评价腺病毒在上述山羊腹泻病例中的作用。同样，一种新血清型腺病毒在加利福尼亚州的一只患有腹泻和呼吸困难的 3 周龄山羊羔中发现（Lehmkuhl et al，2001）。这只山羊来自有 900 只雌山羊的羊群，还有 49 只具有相似临床症状。

在新西兰，可引起腹泻的病原还有耶尔森氏菌（Yersinia）、贾第虫（Giardia）和空肠弯曲杆菌（Campylobacter jejuni）（Vickers 1986）。在尼日利亚（Adetosoye and Adeniran，1987）和加拿大（Prescott and Bruin-Mosch，1981），均在腹泻山羊羔粪便中分离出了空肠弯曲杆菌。同样，空肠弯曲杆菌在腹泻中的作用也不是很清楚，因为在加拿大的研究中，健康山羊的粪便中也分离出了这种细菌。

带有鞭毛的原虫十二指肠贾第虫（Giardia duodenalis）［同物异名：小肠贾第虫（G. intestinalis）和蓝氏贾第虫（G. lamblia）］的感染已在许多洲有报道，且在所有农业家畜中鉴定到该原虫，但对于它在疾病中的作用仍有异议（Radostits et al，2007）。十二指肠贾第虫包囊经常存在于健康动物的粪便中，对患有腹泻的动物来说，它通常和其他病原混合感染，故对该原虫的致病性仍不清楚。山羊感染十二指肠贾第虫的情况也是如此。在西班牙，19.8％的成年山羊感染此寄生虫，在另一项调查中则高达 33％（Castro-Hermida et al，2007a，2007b）。在妊娠山羊中，粪便中排出的贾第虫包囊在分娩期的

3 周内会增加 7～10 倍（Castro-Hermida et al，2005）。在法国，所有调查的 20 个牧场中的山羊都有贾第虫感染，流行率为 10％～80％，平均为 38％。流行率在 6～8 月龄的山羊羔中最高（Castro-Hermida et al，2005a）。在罗马尼亚，放牧和圈养的成年山羊的感染率为 16％～18％，然而对山羊羔来说，放牧条件下的流行率要比集中饲喂的高，有 10％～50％的山羊羔感染贾第虫（Suteu et al，1987）。

已有贾第虫试验感染山羊的报道，在 8 只感染山羊羔中只有 3 只出现了软条状粪便、沉郁和食欲减退等症状，表明它本身能够引起肠道疾病（Koudela and Vitovec，1998）。在自然发生的腹泻病例中，通常发现贾第虫与其他病原混合感染，包括小球隐孢子虫（Sutherland，1982；Sutherland and Clarkson，1984；Ozmen et al，2006）或球虫和毛圆线虫（Suteu et al，1987）。在患有腹泻山羊羔的粪便中发现贾第虫，有理由认为它是致病病原，但也应考虑其他致病因素，并且成年雌山羊感染该原虫时并不意味着它会引起山羊羔发病。然而，当整个羊群感染贾第虫时，牧场主和兽医则必须谨记一点，那就是该原虫是人畜共患病病原，可引起人的腹泻。

山羊羔的羊疱疹病毒感染也是引发腹泻的原因之一。羊疱疹病毒感染首次于 1972 年在加利福尼亚州报道，发现 1～2 周龄的法国阿尔卑斯山山羊羔严重感染，且导致发病率和死亡率升高（Saito，1974）。在 1978 年，瑞士也有奶山羊暴发类似疾病的报道，患病山羊羔出现发热和溃疡型肠炎，死亡率很高（Mettler et al，1979）。患病山羊羔还出现了虚脱、呼吸困难、发绀、腹痛、腹泻，以及出现了鼻分泌物增多和口腔糜烂等症状，但不是所有的病羊都有这些症状。该病有 1～4d 的致死期。消化道特别是盲肠和结肠的坏死和溃疡是主要的尸检特征。更多的有关疱疹病毒感染的证据会在第 12 章和其他章节中提及。

上述有限的研究表明，我们对山羊羔腹泻病因的基本知识，很大程度上是来自对犊牛和绵羔羊的研究，因此山羊羔腹泻的病因还需要进一步的研究。产肠毒素大肠杆菌引起的腹泻比我们估计的要少。参与防控山羊羔腹泻的兽医工作者特别要注意确定产肠毒素大肠杆菌感染及其特征，并且还要鉴定其他可能引起新生山羊发生腹泻的

病原，这包括细菌、病毒、原虫或和非传染性致病因素。在1周龄新生儿中，小隐孢子虫和轮状病毒可能是引发腹泻的重要病原。或许，同时存在许多病原，并且它们在腹泻中的作用及它们之间的相互作用仍需要深入研究证实。无论山羊群在何处放养，仍需要进行更多的当地的诊断调查，因为适当的治疗和控制方法是建立在对致病病原更准确认识的基础上的。

病原生物并不总是参与山羊羔腹泻疾病的发生。或许，一些病例可能是由于营养问题造成的，并且由于缺乏充分的饲喂和管理资料，也很难在尸检时诊断。

在山羊羔中，由营养因素造成的腹泻经常和农业与饲喂习惯有关。已经发现的问题包括喂奶过量、使用低劣的奶替代品、突然改变饲喂方法，以及改用牛奶饲喂等。已有报道称，大规模自动化饲喂器不能充分混匀奶替代品，饲喂后可引发山羊羔腹泻（Lane，1987）。这些情况可能会产生非传染性腹泻，或利于致病菌在皱胃、瘤胃或肠道内增殖。

我们对常见的引起1月龄左右山羊羔腹泻的病原已经非常清楚。对全球范围内的断奶成长中的山羊羔来说，球虫可能是最常见的引发腹泻的病原，蠕虫次之。对更年长的山羊羔来说，其他已知的腹泻病因还包括由D型产气荚膜梭状芽孢杆菌引起的肠毒血病、沙门氏菌病、耶尔森氏菌病、小反刍兽疫，以及饲喂方式的转换引起的消化不良等。与球虫和蠕虫不同，上述这些因素更多是零星出现，或只是在一定的地域范围内发生。

10.8.1.2　致病机理

作为病理生理学过程，腹泻会导致脱水、酸中毒和电解质丢失，在新生羔羊中还会引起低血糖症。在没有检查的情况下，这些生理失常通常会导致死亡。尽管它们是肠道病原，沙门氏菌和产气荚膜梭状芽孢杆菌等一些特定病原除了引起腹泻外，由于菌血症和毒血症也会伴随出现一些严重的系统性问题。正如我们在小反刍兽疫患病动物中看到的肺肠炎综合征一样，或许特定病原也会引起多个器官的临床症状。

10.8.1.3　临床症状

对隐孢子虫病、致肠病性大肠杆菌病和肠病毒病等这些只限于胃肠道的疾病来说，腹泻是它

们主要的临床症状。患病山羊羔粪便的特征不尽一致，由苍白到松散的黄绿色再到稀的棕色。在一定的病例中，特别是有和其他病原混合感染可能的情况下，我们不主张过多地依赖粪便的颜色和质地作为诊断依据。或许，带血的腹泻在多数病原感染中都会出现。不管何种病因，病羊可能会出现一定程度的腹部不适、腹胀，以及腹泻引发的食欲减退等。已发现贾第虫病在山羊羔和绵羊羔中引起慢性腹泻的症状，气、水状棕色粪便要持续数周（Ozmen et al，2006）。

如果腹泻发病周期长或严重，那么脱水就会随之发生。脱水后患病动物会变得沉郁、口渴，并且它们逐渐会失去吸吮能力。这些动物持续虚弱，直到它们不能站立。体液的丢失造成血容量减少和外周血循环不良。在极其严重的情况下，患病动物发冷，体温发生变化，眼球下陷。由腹泻引发的电解质和酸碱性不平衡，可能会导致神经紊乱，出现感觉过敏、角弓反张或痉挛等。对患有腹泻和脱水的山羊羔来说，腹泻可造成重碳酸盐的丢失，而脱水引起的外周血循环不良也会导致L-乳酸堆积，二者会造成严重的代谢酸中毒症，使生命受到威胁。

10.8.1.4　临床病理和尸检

在新生羔羊腹泻病例中，通过检查细胞压积，血浆总蛋白，血清中的钠、重碳酸盐、钾，血液葡萄糖浓度和氧含量等，有助于判断电解质丢失、酸中毒症和低血糖症等病症的严重性。但是，在田间可通过临床症状来判断脱水的严重性，进而评价上述病症的程度。一般来说，患有腹泻的山羊羔出现高钾血酸中毒症，血清中阴离子很低。

值得鼓励的是，向实验室送检患有腹泻的动物的粪便，用于分析病原生物。对于小于3周龄的患病山羊羔来说，至少应该检查是否有隐孢子虫、产肠毒素和致肠病大肠杆菌、沙门氏菌、轮状病毒和冠状病毒等病原的感染。对于大于3周龄山羊羔来说，还需要检查有无球虫病、贾第鞭毛虫病、肠毒血病和耶尔森氏鼠疫杆菌肠道病等的可能。在腹泻发生后，应在12～24h内收集样品，因为肠道中的病原会很快被清除。在冷藏条件下，应该向实验室递送5～10mL的新鲜腹泻粪便进行检验。要是没有那么多粪便，可用直肠拭子采集样品，并将其放入适当的细菌运送培养

液中送检。同样，可以制备新鲜玻璃涂片，分别利用酸快速染色和荧光抗体鉴定隐孢子虫和肠道病毒感染，也非常有效。新鲜粪便中隐孢子虫卵囊的存活率很差。尽管电子显微镜可以用于鉴定新鲜粪便中的病毒，但这种仪器并不是每个实验室都有。可以应用诸如基因探针、多重 PCR 等分子手段，确定与不同型大肠杆菌相关的毒力因子，这有助于分析新生羔羊腹泻的病因。这些方法已在有些文章中综述过（DebRoy and Maddox，2001）。

尸检时可将肠道截取，在封闭、冷藏的条件下送检。同样，也应该将主要器官和胃肠道经福尔马林处理后送检，用于组织病理学诊断。对于有球虫病、沙门氏菌病、耶尔森菌病和肠毒血病等的病例来说，尸检中可见到大的组织损伤，这些组织损伤会在有关章节的相应疾病中加以论述。需要提醒的是，或许患有腹泻的山羊羔除了出现轻微的充血以及肠道气体性膨胀等症状外，并没有其他明显的异常。在这种情况下，组织化学分析是有意义的，并且目前已经用免疫组化鉴定包括隐孢子虫和贾第虫等在内的部分肠道病原。

10.8.1.5　诊断

对山羊羔腹泻病原的确诊，需要进行费时费钱的细菌学、病毒学和寄生虫学诊断。引起不同年龄段山羊羔腹泻的病原已在表 10.3 中列出，在诊断时可作参考。

10.8.1.6　治疗

许多腹泻常见病因都可以自愈，治疗的主要目的是为了维持山羊羔生理功能的稳定，虽然腹泻还在持续。山羊羔所用的处理方法包括将患病羊置于温暖干燥处以维持它的正常体温，采取一定的液体疗法以防止脱水、电解质丢失、酸中毒和低血糖等症状的发生。依据腹泻的严重程度，可采用口服或注射治疗。对患有 7% 脱水症的山羊羔来说，可采用口服液体治疗，但脱水程度超过 8% 时，则应采用静脉注射含有重碳酸盐的液体。市面上有许多商品化的口服制剂用于治疗患有腹泻的动物，并且全球范围内新的制剂还在不断上市。有效的制剂应当含有氯化钠、氯化钾、碳酸氢钠、葡萄糖和氨基己酸。基本的注射用制剂应当含有等体积的等渗盐水、等渗碳酸氢钠和等渗葡萄糖，但是为了补充由严重腹泻导致的重

碳酸盐缺乏，可能还需要再添加一定量的等渗碳酸氢钠（1.3%）。其他有关新生羔羊腹泻的注射制剂的内容在某些文章中也已提及（Radostits et al，2007）。

在腹泻急性阶段时，饲喂奶或奶替代品需要非常谨慎。由于消化系统功能可能发生了改变，所以肠道不能消化奶中的乳糖，这样在肠炎的基础上，会加速产生高渗性腹泻。一种科学的方法是，口服电解质制剂的同时，饲喂少量的奶。使用商品化的脱乳糖的奶制品或者是在饲喂前向山羊奶中加入乳糖分解酶都是行之有效的方法。当腹泻得到控制后，应该逐步地给山羊羔饲喂一定量的奶。如果腹泻已经持续数日，为了防止挨饿，则需要给病羊饲喂一定量的奶制品。随后，应该减少每次饲喂的量，增加饲喂次数。这种饲喂方法可以防止胃肠道负荷过重。

已经用于山羊羔的口服腹泻药和肠道杀虫剂有好多种，如次水杨酸铋或高岭土/胶质等。它们可能对山羊也有疗效，但目前还没有疗效试验的报道。同样，有经验的人也会给患病的动物饲喂酸奶或冻干的乳酸菌，修复肠道正常的微生物菌群。

如有可能，通过培养和药物敏感性试验后，可以应用抗生素治疗腹泻。但当引起腹泻的病原不明确并且也没办法进行药物敏感性试验，那么就可以用如甲氧苄氨嘧啶/磺胺制剂等口服或注射广谱抗生素。有关详细的如何选择抗生素会在每个细菌疾病中分别讨论。虚弱的山羊羔经常会出现继发性细菌性肺炎，为了防止该病的发生，也可以用一些抗生素药物。有时，畜主并不经兽医诊断，而不加选择地使用抗生素，可见，对牧场主进行疾病宣传是控制腹泻暴发的非常重要的一环。

10.8.1.7　防控

不管腹泻是如何引起的，对一个面临腹泻暴发威胁的山羊羔群来说，最有效控制的方法是在发现有腹泻症状时，尽快隔离患病的山羊羔。如有可能，应该将其他已接触病羊的山羊羔转移到干净的围栏内，或者至少也应从腹泻病原污染的围栏中转移出去，以便对场地进行消毒。对于病毒性小肠炎和隐孢子虫病，没有有效的药物，因此在控制由它们引起的腹泻时，隔离和消毒的方法变得尤为重要。

在和其他动物集中饲养时，山羊羔腹泻更加

常见。在这种情况下,应将山羊羔产在干净、密闭的地方,防止它们着凉。要让刚出生的山羊羔尽早至少应该是出生后 6h 内吃到充足的初乳。储备初乳的方法可以保证有充足的初乳供应。腹泻通常会在山羊羔出生的时节末暴发,表明病原在一定的时间内呈持续性蓄积,并且有必要对山羊羔繁育场地和饲喂器具进行消毒。

在生产前 4～6 周,对妊娠母羊进行免疫接种,可以提高初乳中保护性抗体的浓度和特异性。已经证实,接种 C 和 D 型产气荚膜梭状芽孢杆菌疫苗非常有效。并且,给母羊接种牛 K99＋大肠杆菌疫苗,可以提高血清和初乳中抗 K99 的特异抗体的水平(Contrepois and Guillimin,1984)。最近的研究发现,母羊接种 K88 和 K99 菌毛抗原亚单位疫苗后,山羊羔通过初乳获得了抗体,结果山羊群中腹泻的发病率有所下降(Kritas et al,2003)。使用这种疫苗经济的考量,依赖于产肠毒素大肠杆菌是否是引

发牧场腹泻暴发的病原。目前还不清楚牛轮状病毒和冠状病毒疫苗在控制山羊羔腹泻中是否有作用。在流行区,已经证实通过免疫可以很好地控制山羊小反刍兽疫的发生。

山羊羔应该单独饲养,或者是将数只同龄的山羊羔一起饲养。山羊羔卧的地方应该干净,不能潮湿。不管是使用饲喂系统还是其他饲喂方式,所有的器具和设备在饲喂前都应进行清洗和消毒。对于自动采食饲喂系统,可以在奶中加入少量的福尔马林以防止奶和山羊羔胃肠道中细菌的过度生长。在山羊羔出生后不久,可以让它试着采食些干草,在第 2 周是可以添加一定量的谷物,促使瘤胃正常发育和正常菌群的产生,以免将来出现断奶性休克。如有可能,围栏应该建造成可以在围栏外用托盘或食槽饲喂动物,防止饲草被粪便污染。

(骆学农　郑亚东　才学鹏)

肝脏和胰脏

一些常见的主要涉及肝脏的山羊疾病，可能会造成重要的经济损失（Sriraman et al，1982）。最重要的肝脏疾病是吸虫感染和妊娠毒血症。妊娠毒血症将在第19章进行讨论。造成溶血性贫血和中毒性肝炎的铜中毒在第7章已讨论过。其他肝脏疾病将在本章讨论。羊胰脏疾病主要限于阔盘吸虫感染，这种感染在自然界呈现亚临床症状。

11.1　临床重要性的背景介绍

11.1.1　解剖学和生理学

11.1.1.1　肝脏

羊的肝脏包含四个叶：右叶、左叶、方叶和尾叶，位于腹右前方2/3的背部。与横膈和第7到最后一根肋骨处的腹壁相接触（图11.1）。肝脏背部被肺覆盖远达第9肋间隔，但在叩诊和活组织检查时，在肺部边缘腹侧和第7～9肋软骨连接处可触诊到肝脏。胆囊延伸到肝脏腹侧边缘下面。

羊胆器官的结构差异已有报道。被检山羊中的一半，胆囊管进入到右肝管，另外一半的胆囊管进入左右肝管交接处，以至于胆总管不在肝总管之前（Robinson and Dunphy，1962）。已明确了羊肝静脉各分支的分布，其分布布局与其他所有反刍动物都不同（Brikas and Tsiamitas，1980）。

11.1.1.2　胰脏

胰脏紧靠门静脉腹中线右侧，由大的右叶和小的左叶组成，右叶延伸到十二指肠降部

（Lukens，1938；Naranjo et al，1986）。胰管汇集到胆总管（Robinson and Dunphy，1961）。羊

胰脏在组织学上的结构与其他家畜相似（Reddy and Eliot，1985；Lone et al，1989）。

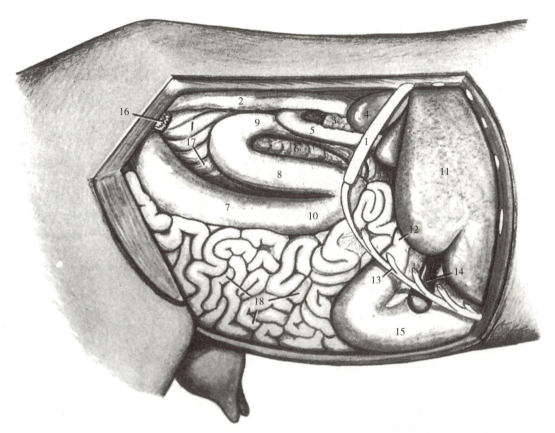

图 11.1　羊肝脏在腹腔中的位置及与其他内脏器官的关系。1. 第 13 肋骨；2. 降结肠；3. 胰脏，右叶；4. 右肾；5. 十二指肠降部；6. 降结肠远端弯曲部；7. 盲肠；8～10. 下行结肠近端弯曲部(8. 中回；9. 背回；10. 腹回)；11. 肝脏；12. 十二指肠前部；13. 肋弓；14. 胆囊；15. 皱胃；16. 卵巢和输卵管；17. 结肠祥；18. 空肠（经 Popesko P 允许，摘自：Atlas of Topographical Anatomy of Domestic Animals, Vydavatelstvo Priroda, Bratislava, 2008, www. priroda. sk)

11.1.2　临床病理学

11.1.2.1　酶学

肝实质性疾病引起肝细胞破坏会导致血清中

肝酶明显升高。血清中这些酶的正常水平以及随山羊年龄、品种、性别不同而变化的数据在表 11.1 中列出。

表 11.1　一些肝脏相关酶的正常值和与肝脏疾病有关的血液参数

酶	单位	羊的情况（动物数量）	数据	范围	参考文献
谷丙转氨酶（ALT，SGPT）	IU/L	一般值		24.0～83.0	Kaneko，1980
	IU/L	成年，哺乳母羊，萨能山羊和阿尔卑斯山羊（79）	18.7 ± 3.1	12.5～24.9	Ridoux et al，1981
	IU/L	成年，哺乳母羊，仅萨能山羊（25）	20±3.6		Ridoux et al，1981
	IU/L	成年，哺乳母羊，仅阿尔卑斯山羊（54）	18.1±2.7		Ridoux et al，1981
血清白蛋白	g/dL	一般值		2.7～3.9	Kaneko，1980
	g/dL	一般值		2.3～3.6	Kahn，2005

（续）

酶	单位	羊的情况（动物数量）	数据	范围	参考文献
碱性磷酸酶 （AP）	IU/L	一般值	219±76	93～387	Kaneko，1980
	IU/L	成年，哺乳母羊，萨能山羊和阿尔卑斯山羊（63）	184±120	0.0～424	Ridoux et al，1981
氨	mmol/L	成年努比亚山羊（11）		40.2～43.7	Ali and Abu Samra，1987
精氨酸酶	IU/L	0.5～2.5岁，母羊，品种不明确（<28）	13.21	0.0～23	Adam et al，1974
	IU/L	0.5～2.5岁，公羊，品种不明确（<28）	14.87	0.0～20	Adam et al，1974
天冬氨酸转氨酶 （谷草转氨酶） （AST，SGOT）	IU/L	一般值		167.0～513.0	Kaneko，1980
	IU/L	4月龄成年去势羊，母羊，萨能山羊，野生（5）	70±13		Kramer and Carthew，1985
	IU/L	各年龄，公羊，去势羊，母羊，矮脚羊（53）	32.3±10.1		Castro et al，1977
	IU/L	成年，哺乳母羊，萨能山羊和阿尔卑斯山羊（80）	43.6±9.9	23.8～63.4	Ridoux et al，1981
	IU/L	成年，哺乳母羊，仅萨能山羊（25）	51.7±8.7		Ridoux et al，1981
	IU/L	成年，哺乳母羊，仅阿尔卑斯山羊（55）	39.8±8		Ridoux et al，1981
总胆红素	mg/dL	一般值		0.0～0.1	Kaneko，1980
	mg/dL	4～6岁，母羊，矮脚羊（7）	0.2±0.05		Castro et al，1977
	mg/dL	2～3岁，母羊，矮脚羊（17）	0.4±0.1		Castro et al，1977
	mg/dL	1～2岁，母羊，矮脚羊（7）	0.8±0.3		Castro et al，1977
	mg/dL	<1岁，母羊，矮脚羊（10）	0.5±0.1		Castro et al，1977
	mg/dL	各年龄，母羊，矮脚羊（41）	0.4±0.2		Castro et al，1977
	mg/dL	各年龄，公羊，矮脚羊（7）	0.5±0.2		Castro et al，1977
	mg/dL	各年龄，去势羊，矮脚羊（5）	0.7±0.1		Castro et al，1977
	mg/dL	成年，哺乳母羊，萨能山羊和阿尔卑斯山羊（89）	0.24±0.08		Ridoux et al，1981
	mg/dL	<1岁，哺乳母羊，萨能山羊和阿尔卑斯山羊（30）	0.26±0.06		Ridoux et al，1981
	mg/dL	>1岁，哺乳母羊，萨能山羊和阿尔卑斯山羊（59）	0.23±0.09		Ridoux et al，1981
	mg/dL	成年，哺乳母羊，仅萨能山羊（25）	0.21±0.07		Ridoux et al，1981
	mg/dL	成年，哺乳母羊，仅阿尔卑斯山羊（64）	0.25±0.08		Ridoux et al，1981
胆固醇	mg/dL	一般值		65～136	Kahn，2005
血糖	mg/dL	一般值		48～76	Kahn，2005
	mg/dL	一般值		50～75	Kaneko，1980
谷氨酸脱氢酶	IU/L	4月龄成年去势羊和母羊，萨能山羊，野生（5）	3.4±0.6		Kramer and Carthew，1985
谷氨酰转移酶	IU/L	4月龄成年去势羊和母羊，萨能山羊，野生（5）	32±4.4		Kramer and Carthew，1985
异柠檬酸脱氢酶	IU/L	成年，哺乳母羊和非哺乳期母羊，阿尔卑斯山羊（104）		2.3～14.8	Garnier et al，1984
乳酸脱氢酶	IU/L	未明确	281±71	123～392	Kaneko，1980
	IU/L	各年龄，公羊，去势羊，母羊，矮脚羊（53）	289.9±80.9		Castro et al，1977
	IU/L	各年龄，母羊，矮脚羊（41）	302.4±83.6		Castro et al，1977
	IU/L	各年龄，公羊，矮脚羊（7）	225.7±20		Castro et al，1977
	IU/L	各年龄，去势羊，矮脚羊（5）	239.8±35.9		Castro et al，1977

（续）

酶	单位	羊的情况（动物数量）	数据	范围	参考文献
乳酸脱氢酶	IU/L	成年，非哺乳母羊		217～417	Garnier et al，1984
	IU/L	阿尔卑斯山羊（35）成年，哺乳母羊，阿尔卑斯山羊（70）		300～586	Garnier et al，1984
氨甲酰鸟氨酸转移酶	IU/L	成年，哺乳母羊，萨能山羊和阿尔卑斯山羊（69）	13.4±5.5	2.4～23.4	Ridoux et al，1981
	IU/L	<1岁，哺乳母羊，萨能山羊和阿尔卑斯山羊（27）	14.8±4.70		Ridoux et al，1981
	IU/L	>1岁，哺乳母羊，萨能山羊和阿尔卑斯山羊（42）	12.2±5.3		Ridoux et al，1981
	IU/L	成年，哺乳母羊，仅萨能山羊（23）	15.8±4.3		Ridoux et al，1981
	IU/L	成年，哺乳母羊，仅阿尔卑斯山羊（46）	11.9±5.1		Ridoux et al，1981
山梨醇脱氢酶	IU/L	未明确	19.4±3.6	14.0～23.6	Kaneko，1980
	IU/L	4月龄成年，去势羊和母羊，萨能山羊，野生（5）	37±7.2		Kramer and Carthew，1985
	IU/L	成年，哺乳和非哺乳母羊，阿尔卑斯山羊（105）		2.6～11.6	Garnier et al，1984

谷草转氨酶和乳酸脱氢酶的升高不是肝病所特有的，肌细胞的破坏也可能导致，这在第4章已讨论过。山羊肝脏和血清中山梨醇脱氢酶的基本水平比报道的牛和绵羊的高。

谷丙转氨酶通常作为犬猫肝脏疾病的检测指标，但不用于反刍动物肝脏疾病的检测，因为牛和绵羊肝脏谷丙转氨酶的水平很低（Cornelius，1980），山羊也是如此。血清中谷丙转氨酶的浓度变化较大，不能作为预测肝脏损坏的指标（Hanifa Moursi et al，1979；Abu Damir et al，1982；Jones and Shah，1982；Clark et al，1984；Shimizu et al，1986；El Dirdiri et al，1987）。

在急性肝病中，肝脏特有酶的浓度一般比慢性肝病高，在慢性病的后期可能在正常水平内，所以结合临床症状对实验室数据详细解读是非常重要的。

胆汁淤积或功能障碍与实质损伤可同时或单独发生，不同的酶可用于评估胆汁淤积，如碱性磷酸酶（AP）和谷氨酰胺转移酶（GGT）。血清中碱性磷酸酶（AP）和谷氨酰胺转移酶（GGT）的升高与胆管上皮受到刺激和损坏有关，也可能是胆管系统阻塞造成的，如片形吸虫。血清中谷氨酰胺转移酶（GGT）的升高是肝脏所特有的。在其他组织，尤其是骨组织，由于成骨细胞的正常活动，或继发感染与胆管疾病无关的骨骼病原的情况下，幼龄和正在生长的动物血清碱性磷酸酶（AP）浓度也可能升高。这种情况在第4章讨论过。所以，血清GGT是评估羊胆管完整性的首选测试方法。而羊肾脏虽然有高水平的GGT，肾损伤造成的酶从尿中排出，而不进入血液。

羊血清正常总胆红素浓度一般为0～0.1mg/dL（Kaneko，1980）。报道称，正常矮脚羊的最高胆红素从0.2～0.8mg/dL，随年龄、性别不同而有差异（Castro et al，1977）。对于牛和绵羊，在患有严重而广泛的肝脏疾病时，循环胆红素水平仅有适度的升高（Sen et al，1976）。羊血清或血浆胆红素的显著升高是由于溶血性疾患导致的，并非由于肝功能紊乱（Wasfi and Adam，1976）。

血清胆酸含量是肝功能紊乱的有用指标，并且是比循环胆红素或转氨酶活性更可靠的肝脏疾病指标（Kaneko，1980）。因为肝脏负责胆酸的摄取、结合和分泌，所以肝功能紊乱会引起胆汁中胆酸分泌的减少及血液中浓度的升高。然而，目前在羊上，用胆酸进行诊断的报道很少。正常羊禁食前、禁食中和禁食后血清胆酸浓度都有报道，发现禁食对血清胆酸浓度没有影响（Rudolph et al，2000）。

血清胆固醇可作为多种动物肝功能紊乱的指

标，但山羊血清胆固醇在疾病中的变化的报道还很少。已有研究报道了在各种生理和营养状况下，包括妊娠、哺乳、禁食、限食，山羊血清中的胆固醇水平，但有时结果与类似研究的结果相反。所以，血清胆固醇作为山羊疾病一种诊断指标，还需要更多的评估。

11.1.2.2　肝功能检测

半乳糖清除能够用于人的肝功能检测，因为山羊半乳糖通过尿液流失的比例较大（Treacher，1972），所以它并不适用于山羊。磺溴酞（BSP）的清除可用于评估反刍动物和其他动物的肝功能。如果肝脏从血液中清除这种染料的时间过长，则表明肝功能损害或胆汁流动减少。一些灶性肝脏疾病如脓肿等不会影响磺溴酞清除。造成山羊清除时间延长的病因多见于脂肪肝，其次是妊娠毒血症、慢性毒性肝炎和胆管阻塞。正常山羊磺溴酞清除时间为（2.13 ± 0.19）min（Sen et al，1976）。给予单剂量四氯化碳后可增加到（4.04 ± 0.24）min，多次重复剂量给予四氯化碳可达16.5min，胆管结扎后可达34min以上。

在另一项研究中，Lal 等（1991）用磺溴酞的滞留百分比而不是清除百分比率来评估肝功能。每千克体重 5mg 剂量静脉注射磺溴酞后，10min 内正常山羊平均滞留百分比为（4.2 ± 0.34）%。饲喂小麦引起瘤胃酸中毒 20h 后，山羊磺溴酞滞留百分比上升至（15 ± 1.08）%。

11.1.2.3　其他实验室检测

肝脏是产生白蛋白的主要场所，因此肝功能不全会导致低蛋白血症。山羊正常血清白蛋白含量为 $2.7 \sim 3.9$g/dL（Kaneko，1980）。肝功能障碍也会导致低血糖。山羊正常血糖含量为$50 \sim 75$mg/dL（Kaneko，1980）。当山羊处于能量负平衡时，如妊娠毒血症或酮病，肝脏将产生更多的酮体，这些酮体能够在血清、奶和尿中检测到。一般的肝脏疾病会引起山羊血氨的升高，尤其是出现神经症状时，但也存在与报道的结果不太一致的现象。相对于健康对照山羊的 27μmol/L（Rubin et al，1999），发生与副结核病有关的肝脏性脑病山羊的血氨可达 230μmol/L。而相对于正常参考值范围 $25.5 \sim 109$$\mu$g/dL（Humann-Ziehank et al，2001），一例山羊腔静脉分流术相关的肝脏性脑病病例的血氨可达 599μg/dL。

除尿液中酮体的鉴别外，尿液分析用于山羊肝脏疾病的诊断很少引起关注。山羊正常尿液中不含胆红素。所以，尿液中如出现明显的胆红素可能表明山羊发生阻塞性肝病或溶血性疾病。尿胆素原的缺少指示胆管完全性阻塞，而尿胆素原的增加则表明活动性肝细胞疾病。

11.1.3　诊断过程

11.1.3.1　活检

怀疑是肝脏疾病时，肝脏活检可作为诊断的一种辅助方法。尤其是当临床症状表明是肝脏疾病，但临床生化检查比较模糊的慢性肝脏疾病。磺溴酞清除时间延长时，采用肝脏活检是确定肝功能受损的基础。病灶性肝病时，因为局部病变可能被漏检，所以导致肝脏活检可能产生错误结果。

从山羊肝脏获得活检样品受技术的制约，如果可能的话，超声波引导穿刺是更为理想的方法。无引导的肝脏活检可经胸廓小心操作。对易兴奋个体应进行镇静处理。动物站立时，活检仪器进入的最佳位点是右侧第 9 肋间隙（Fetcher，1983）。由肘关节向腰窝的背侧角画一条线，穿刺点应在此线的背侧。第 8 肋间隙进入可能造成肺部尾叶穿刺。第 10 肋间隙进入可能使活检仪器到达肝尾叶边缘。应选择好外科操作的正确的位置，并进行局部麻醉。活检仪器进入肝脏前必须穿过尾叶对应的胸部和横膈。仪器穿透肋间肌后应直接向前进入，这样可避免穿刺胆囊，尤其是动物厌食和胆囊膨胀时。活检仪器进入的深度 $3 \sim 4$cm，因为这个区域穿越胸部的距离不到 2cm，肝脏厚度 $4 \sim 5$cm。

11.1.3.2　超声

在分析肝脏不常见的面积较大的病变时，超声检查是很有帮助的，如脓肿、棘球蚴及少见的肿瘤。据报道，超声波在山羊脂肪肝的诊断中也有用，病肝表现出多个高回声脂肪浸润灶，分布于等回声肝实质中（Gonenci et al，2003）。如果有超声波，那么超声检查在实施精准的肝活检中是特别有用的。

11.1.3.3　胆囊造影术

用 20mL 静脉造影剂进行山羊静脉胆囊造影术已经取得成功。对于正常山羊，注射造影剂后 $30 \sim 60$min 能够观察胆囊。造影剂停留在第 8 肋骨后缘和第 12 肋骨前缘之间，脊柱下 $6 \sim 8$cm。

患肝病的山羊，胆囊的可视化时间延迟，由于肝肿大而使胆囊的位置发生偏移（Singh et al，1990）。

11.2　根据表现症状进行肝病诊断

11.2.1　腹痛

肝实质肿胀引起的肝包膜受压能够造成肝脏的疼痛，如发生急性弥散性肝炎或包膜创伤。如果严重，动物会警觉，弓背站立，不愿移动。当然，这些症状也可由非肝脏性腹痛引起。因此，通过腹部右前方和最后几个肋骨处的触诊来确定疼痛是否是由肝脏引起。最常见的山羊肝脏疼痛是由急性肝吸虫病和急性中毒性肝炎引起。

11.2.2　贫血

肝脏相关的贫血原因限于寄生虫病、慢性铜中毒和一些试验性的植物中毒。在急性片形吸虫病中，由于大量幼虫穿过肝包膜，使肝脏严重出血，流入腹腔引起贫血。在慢性片形吸虫病中，因胆管机械性损伤和片形吸虫成虫的吸血活动，导致血液持续性损失而引起贫血。在这些慢性病例中，贫血伴随低蛋白血症。

11.2.3　食欲不振

食欲不振是在弥散性肝病中都有的症状，但不是特征性症状。

11.2.4　腹水和水肿

低蛋白血症是慢性肝病的常见特征，肝脏相关的低蛋白血症最常见的临床症状是下颌水肿，常见于慢性肝吸虫病。然而，非肝脏疾病造成的低蛋白血症也会出现相同的症状，尤其是胃肠道蠕虫病。

山羊肝脏疾病引起的腹水并不常见，但因采食南非一种植物非洲嘉莲草（Galenia africana）后患"水肚"或"水腹"病的山羊和绵羊除外。这种病在剖检时，可见严重的腹水和心脏、肝脏疾病。但不清楚腹水是否由原发性心肝异常引起（van der Lugt et al，1988）。中毒植物提取物的人工试验研究表明，在疾病发展过程中肝脏病变先于心脏病变出现（van der Lugt et al，1992）。

在美国得克萨斯州，安哥拉山羊采食植物

Sartwellia flaveriae 造成与肝硬化相关的明显的腹水、腹胀和体重下降（Mathews，1940）。胆管癌虽然很少引起腹水，但有报道称，印度山羊的胆管癌是引起腹水原因之一（Chauhan and Singh，1969）。

11.2.5　出血倾向

凝血障碍在山羊并不常见，也很少与肝脏疾病有关。仅有三例山羊凝血时间的延长与肝脏疾病有关的报道（Bassir and Bababunmi，1972；Saad et al，1972；Jones and Shah，1982）。

11.2.6　腹泻和便秘

慢性片形吸虫病能引起腹泻。肝毒素植物中毒病例也可出现腹泻，但并发性肠炎可能是造成腹泻的原因。便秘是山羊和其他反刍动物马缨丹（Lantana）中毒的特征症状。大动物腹泻和便秘交替出现与肝脏疾病有关，这是由于肝肿胀使胆盐分泌和反射性肠活动减少所致。这种模式在山羊肝炎中没有详细的记录。

11.2.7　黄疸

胆管阻塞造成的高胆红素血症在山羊中很少见。黄疸是溶血性贫血造成的，主要与非结合胆红素的间接增多有关。第7章表7.6列出了黄疸性溶血的原因。慢性铜中毒会造成肝损伤和溶血性贫血，并伴有黄疸产生，但这种情况在山羊中很少见。山羊对铜的耐受能力比绵羊强。苏丹常见的一种硬毛刺苞菊（Acanthospermum hispidum）的植物，会引起羊肝坏死和溶血性贫血（Ali and Adam，1978）。

完全性肝外胆管阻塞还未见报道。在非洲，裂谷热和韦塞尔斯布朗病可能造成非溶血性黄疸，并且山羊上也偶有其他多种原因引起非溶血性黄疸的报道，如黄曲霉毒素（Wanasinghe，1974）、三氟氯溴乙烷毒素（O'Brien et al，1986）和叶蜂幼虫中毒（Thamsborg et al，1987），肝纤维肉瘤（Higgins et al，1985），采食得克萨斯州诺力草（Mathews，1940a），马来西亚和尼日利亚特有的俯仰臂形草（Brachiaria decumbens）（Mazni et al，1985；Opasina，1985）。总之，山羊肝病出现黄疸症状，表明预后不良。

11.2.8 神经症状

在山羊发生弥散性肝病时，常伴有精神状态和神经症状的改变，这与正常肝脏新陈代谢的紊乱有关。肝脏性脑病变的发病机制不完全清楚，但推测是多种因素造成的。比较流行的理论包括：氨作为一种神经毒素能够协同其他的毒素，通过改变单胺类神经递质从而改变了芳香族氨基酸的代谢，使氨基酸神经递质谷氨酸和 γ-氨基丁酸失衡或者增加了苯二氮类似物在大脑中的浓度（Maddison，1992）。有一个共识是氨非常重要，尤其是通过降低血液 CSF 氨水平的治疗性干预措施，通常能缓和因肝脏性脑病引起的神经症状（Katayama，2004）。

肝脏性脑病的临床表现从沉郁、前冲、虚弱、共济失调、昏迷等兴奋抑制到敏感、肌肉震颤、抽搐等兴奋过度。

所有引发山羊弥散性肝病的原因都可能产生神经症状，最常见的原因是妊娠毒血症和中毒性肝炎。山羊中毒性肝炎的原因将在本章后面讨论。

山羊非肝脏疾病引起的神经症状很多，必须将其与肝脏性脑病区分开。主要的神经疾病在第5章讨论。

11.2.9 光敏性皮炎

山羊也发生肝性或继发性光过敏反应，光敏反应的症状是不同的，包括伴有抓挠、不安和瘙痒的摩擦行为，严重的红斑性皮炎，广泛的皮下水肿，这些症状最终会导致溃疡和皮肤脱落。此外，也存在伴有过度流泪、畏光和角膜混浊的眼炎症状。头部和耳部可见到明显的皮炎和水肿。在一些暴发病例中，光敏性皮炎常伴有黄疸症状。可能发生继发性失明、脓皮病、机能失调，偶尔可见死亡。浅色动物影响更严重。

据报道，山羊肝中毒性光敏反应是因采食不同的植物所致，如诺力杂草（Mathews，1940a）、燕麦、小麦（Schmidt，1931）、龙舌兰（Mathews，1937）、美国的克莱因稷（Bailey，1986）、马来西亚和尼日利亚的俯仰臂形草（*Brachiaria decumbens*）（Mazni et al，1985；Opasina，1985）、南非的蒺藜（Kellerman et al，1980）、Boobiala 树（*Myoporum tetrandrum*）、澳大利亚 Ellangowan 毒灌木（*M. deserti*）（Allen et al，1978；Glastonbury and Boal，1985；Jacob and Peet，1987）。更多的详细内容在本章末中毒性肝炎中讨论。山羊也发生非肝脏性光敏性皮炎，要与肝脏的光敏性皮炎区分。这已在第2章讨论。

11.2.10 体重减轻

慢性片形吸虫病在山羊消耗性疾病的鉴别诊断中非常重要。体重减轻可能是肝脓肿有关的唯一症状。它是与肝毒素植物相关的许多症状之一，这些植物能够造成持久性肝功能不全。

11.2.11 打哈欠

山羊偶尔的打哈欠是正常的。但反复打哈欠可能暗示山羊肝脏性疾病，虽然这其中的因果关系还不清楚。山羊患有妊娠毒血症或脂肪肝更可能反复打哈欠。

11.3 肝脏特有的病毒病

11.3.1 裂谷热

裂谷热是一种反刍动物、人患有的虫媒传播性病毒病，目前该病仅限于非洲和阿拉伯半岛。该病主要特征是妊娠母畜流产并表现出急性、严重肝坏死以及新生畜的高死亡率。与牛和绵羊相比，山羊对该病不易感，但在不同品种间差异很大。

11.3.1.1 病原学

病原体属布尼亚病毒科白蛉病毒属，是一种有囊膜的单链 RNA 病毒。病毒在中性 pH 的血液或血清中很稳定，在气溶胶中也很稳定。2% 联苯酚钠和 4% 碳酸钠消毒剂即可杀死病毒。虽然不同分离株之间有不同致病性的记录（Swanepoel et al，1986），但该病毒只有一个血清型。病毒的系统进化分析表明，RVF 病毒具有两个明显的谱系——埃及谱系和撒哈拉以南谱系（Sall et al，1997）。然而，撒哈拉以南谱系又分为明显的两个群，西非群和非洲中南部群，现在还包括来自阿拉伯半岛的病毒。

11.3.1.2 流行病学

1930 年，裂谷热在肯尼亚裂谷地区首次被确定，在这之前也有非常类似该病的记录。该病在历史上主要流行于非洲东部和撒哈拉中南部，20世纪50年代在南非首次发现。然而，该病随后在埃及、塞内加尔、毛里塔尼亚的暴发表明其具有进一步传播的可能性（Ksiazek et al，1989；Lancelot et al，1989）。现在该病已在整个非洲传播，包括马达加斯加岛。2000年，在阿拉伯半岛的也门和沙特阿拉伯，该病感染大量家畜和人，120多人死亡，这是裂谷热首次在非洲以外的地区发现（Al-Afaleq et al，2003；Anyamba et al，2006）。

被感染的蚊类通过叮咬将该病毒传播给易感宿主，包括伊蚊属、库蚊属、曼蚊属、鳞足蚊属、轲蚊属、按蚊属和其他昆虫。伊蚊能够经卵传播，它的卵耐干燥，所以可持续感染达数十年。病毒血症的反刍动物和人有助于感染的传播和扩散。通过屠宰过程中的血液气溶胶和摄食血液、乳汁，感染动物可直接将该病传播到人。

在强降雨期之后常常发生该病的流行，雨水有利于先前产出的、休眠中的感染性虫卵孵化，从而导致感染性伊蚊种群的突然增加。这些由伊蚊引发的感染，随着较伊蚊发育稍滞后的库蚊以及其他种属蚊类数量的增加，感染动物的数量会急剧增加。

大风能将被感染的昆虫吹到以前未感染的地区，家畜运输也可将感染带至未感染地区，这两个因素均有助于该病的流行。具有大量灌溉系统或积水、温暖的气候、适宜的节肢动物数量、易感动物和人的地区更易发生该病的流行（Wittmann，1989）。1997—1998年，肯尼亚东北部省份、索马里南部以及埃塞俄比亚南部地区发生RVF流行，估计感染了50多万只小反刍动物，89 000人致病，仅肯尼亚就有450人死亡。2006年末到2007年初，肯尼亚和坦桑尼亚暴发了严重的RVF流行，并在2007年末传播到苏丹。

现在已有的完整记录表明，非洲的RVF流行与厄尔尼诺南方涛动（ENSO）现象有关。厄尔尼诺南方涛动（ENSO）现象增加了非洲东部部分地区的降水。对1950—1998年数据的回顾性研究表明，一种分析模型能够100%精确预测发生在48年间的RVF流行（Linthicum et al，1999）。这种模型能够对南方涛动指数、太平洋和印度洋赤道海面温度、非洲东部卫星植被指数进行测量。这种预测流行病学的工具对于及时有效地建立疾病控制方案非常有用。

11.3.1.3　发病机制

动物感染之后，会发生伴有发热和白细胞减少的病毒血症。尽管病毒的快速繁殖使肝细胞受到破坏，但组织中的病毒没有明显的增加，而血液中的病毒水平最高。反刍动物不存在带毒感染状态。病变局限在肝脏，以肝脏局灶性坏死为特征。已有对山羊进行该病毒的人工感染试验。

11.3.1.4　临床表现

幼畜的潜伏期为20h，成年动物长达48h。成年动物比幼龄动物更少发生严重感染。该病感染山羊后，会引起妊娠母羊流产和不到1周龄的幼畜死亡。许多未妊娠动物呈现亚临床状态。

没有前驱症状的超急性死亡病例主要见于新生畜，一些幼畜可能发热达42.2℃，并伴有精神萎靡和食欲不振。接下来几天可能发生死亡。

急性病例多见于年长的幼畜和部分成年动物，但在绵羊很少见。除发热和精神沉郁外，还有黄疸、呕吐、出血性腹泻、蹒跚、卡他性口炎、乳房和阴囊部皮肤坏死等症状，病畜通常1～4d内死亡。

除了妊娠母畜流产外，大多数感染的成年山羊仅表现为亚急性症状，高热达40～42℃，反应迟钝，1～3d的食欲不振。成年羊死亡率很低。进口品种可能比本地品种症状表现更明显。

11.3.1.5　临床病理学和剖检

疾病早期常见白细胞减少。对来自发热活山羊的血液，死亡病例的肝、脾、大脑以及流产胎儿的器官进行细胞培养可分离到病毒。样品不能立即进行化验分析时需要在−70℃保存。作为一种选择，可用免疫荧光技术鉴定肝、脾、脑按压涂片中的病毒抗原。其他技术也可以用于检测病毒抗原，如琼脂凝胶扩散试验、补体结合试验和RT-PCR（OIE，2004）。

疫病暴发后，用间接酶联免疫吸附或其他血清学方法对间隔3周血清样品进行检测，记录血清转化情况。IgM捕获酶联免疫吸附方法能诊断早期感染的单一血液样品中的RVF。其他试验，如中和试验、血凝抑制和补体中和试验能够评估配对样品的血清转化（OIE，2004）。

剖检时，肝脏易碎，表现出一定程度的肿大、柔软和苍白，并伴有被膜下局部出血。实质切面可见 1～2mm 灰黄色坏死灶。其他还可见内脏和浆膜出血、黄疸、出血性胃炎、肠炎。流产胎儿也可见类似病变。

在组织学层面，肝脏病变是肝细胞实质中间区域坏死或小叶中心有病灶。随着病变发展，病灶可能连成一片，涉及肝小叶的大部分。嗜酸性粒细胞、边缘化的染色质包围的核内包含体在恶化病变的变性肝细胞中常见。

11.3.1.6 诊断

感染山羊的确诊包括病毒的分离、基因测序、血清转化等。在非洲发生 RVF 和韦塞尔斯布朗病的地方，RVF 必须与韦塞尔斯布朗病（该病也是本章中描述的一种肝病）相区分。应与绵羊蓝舌病鉴别诊断，但本地山羊的蓝舌病几乎总是没有症状。如动物发生流行性疾病，人们提到疫病类似流感时，需要重视其是否诊断为裂谷热或韦塞尔斯布朗病。

11.3.1.7 治疗

人感染布尼亚病毒的首选抗病毒药物是利巴韦林，但不推荐用于动物。当 1～3 日龄羔羊表现疾病症状时，可通过静脉或腹腔注射康复期山羊血清 10～30mL 减少其死亡率（Bennett et al，1965）。

11.3.1.8 防控

在疫病流行地区，可以使用鼠脑适应性的 Smithburn 株减毒活疫苗。疫苗推荐用于牛、绵羊、山羊，但不能用于妊娠动物，因为会发生病毒血症、流产、死胎、畸胎，尤其是绵羊。免疫力可持续至少两年，一般是终身免疫的。

RVF 流行期间不能进行疫苗免疫。如果确认必须免疫，一个针头只用于一个动物，然后进行更换。因为在疾病传播活跃期，针头可能进一步传播疾病和延长疾病的持续性。

福尔马林灭活苗在非流行地区可用，但效果不佳，尤其对牛的使用。开发副作用小的新型活疫苗的工作一直在进行。

很难对蚊子进行控制，但是有一些迹象表明昆虫喷雾剂和苏云金杆菌的使用可以控制疾病的流行。强降雨后，动物转移到无蚊虫的地区如凉爽的高海拔地区活动，可以减少疾病的发生。流行病暴发时，未免疫动物的移动应该受到限制。

近年来，通过卫星图像获得的历史、实时气象数据及植被指数数据的使用，能够对 RVF 的首发病例在发生前 2～5 个月进行可靠预测（Linthicum et al，1999；Anyamba et al，2002）。在 2006 年，联合国粮食及农业组织（FAO）应用紧急防控系统（EMPRES），在疫病发生前 2 个月对肯尼亚和坦桑尼亚 RVF 的流行进行了准确预测（FAO，2006）。通过卫星图像能够对肯尼亚的 RVF 流行进行预测，同时共享性疾病监控技术能够对其提供强有力的系统支持，2006—2007 年肯尼亚 RVF 的流行病学已经对这个系统的可行性进行了证实（Jost，2007）。在疾病发生前，这些工具对实施疫苗免疫等应急计划非常有用。

许多人的感染病例与直接接触感染动物血液或组织以及吸入这些组织的气溶胶有关。病人的症状通常不明显或产生短暂的流感样症状，其中有小部分患者症状比较严重，出现出血、脑炎、严重的肝脏疾病。人急性感染后常见视网膜损伤和视力障碍。在检查或剖检时，兽医应该采取适当的防范措施防止感染，禁止可疑病例的屠宰和肉品消费（Davies，2006）。在疾病暴发地区，喝生的牛、羊奶是不明智的。具有高风险的兽医和实验室工作者应进行灭活苗的接种。

11.3.2 韦塞尔斯布朗病

这是一种经蚊媒传播的病毒性疾病，能够感染家畜，该病流行于非洲南部、中部和西部。成年动物大都无症状，主要引起流产和新生儿死亡。该病在裂谷热的鉴别诊断中非常重要。偶尔也感染人。

11.3.2.1 病原和流行病学

该病的病原体属于膜病毒科黄病毒属 B 群，是一种有囊膜的单股 RNA 病毒。该病 1955 年在南非的韦塞尔斯布朗第一次被确定。神秘伊蚊和黄环伊蚊是该病主要的传播者，但接触传播和空气传播也有报道（Barnard，1986）。

牛、绵羊和山羊是主要的感染者，但该病的哺乳动物宿主广泛，其中包括人。血清学证据表明该病的感染范围包括南非南部、中部和西部，但发病率较低。南非流行病的暴发与强降雨有关，强降雨增加了蚊媒的活动。牛是天然的贮藏宿主。从一些野生啮齿类动物和鸟类中可分离出该病毒，如鸵鸟，但它们作为贮藏宿主还值得商榷。

11.3.2.2 发病机制

在短的潜伏期之后，感染病例出现伴有发热的病毒血症。病毒对肝表现出偏嗜性，成年羊实验室感染证实（Coetzer and Theodoridis，1982），即使没有临床表现，也能够发生肝局灶性坏死。幼畜比成年羊感染严重（Theodoridis and Coetzer，1980）。感染 3 周内可检测到高水平抗体。

11.3.2.3 临床表现

韦塞尔斯布朗病流行时，成年动物出现的临床症状主要为妊娠母羊流产，未妊娠动物没有临床表现。幼畜和羔羊，尤其是不足 4 周龄的幼畜会立即死亡，或在表现虚弱、食欲废绝、呼吸速率增加、黄疸、高热达 41℃ 后很快死亡。羔羊死亡率高达 30%。

11.3.2.4 临床病理学和剖检

实验室条件允许时，用感染幼畜的肝脏和脑组织对幼鼠进行脑内接种，接着用血清中和试验鉴定病毒。用韦塞尔斯布朗病毒多克隆抗体对福尔马林固定的肝脏组织进行免疫组化染色，在自然病例和实验室感染的诊断中已有报道（van der Lugt et al，1995）。对急性和康复期病畜间隔 3 周的血清样品进行血凝抑制试验，可取代病毒或抗原鉴定，其结果可表明血清的转化情况。已经建立了一种针对该病的抗体检测 ELISA 方法。据报道，抗体检测 ELISA 比血凝抑制试验灵敏，而且与他黄病毒科病毒交叉反应较少（Williams et al，1997）。但目前，血凝抑制试验仍然是常规使用方法。

剖检时，肝脏可能轻度肿胀，黄色至橙棕色。有些动物可见轻度的心包积水和腹水、淋巴结肿大、脾肿大、浆膜出血和黄疸。在组织学上，肝脏以小的坏死病变区和明显的结节状枯否氏反应为特征（Coetzer and Theodoridis，1982）。有时可见嗜酸性核内包含体。淋巴组织可能呈现致密的淋巴细胞和淋巴样增生。脾脏红髓发生中性粒细胞浸润。一些山羊可见心肌坏死。

11.3.2.5 诊断

韦塞尔斯布朗病和裂谷热在羊上呈现相似的临床表现。由于裂谷热传染病危害更大且是人畜共患病，特异病原体的诊断是很重要的。病毒分离是理想的确诊方法，RVF 病毒作为接种物，腹腔接种哺乳或断奶仔鼠、仓鼠时，会导致实验动物在 3～4d 内死亡，而韦塞尔斯布朗病毒则不会。血清学和组织病理学在区分两种疾病时也有一定的价值。

11.3.2.6 治疗和防控

针对该病毒病没有有效的治疗方法。南非流行区可应用减毒活疫苗。因为疫苗本身会引起流产和幼畜疾病，因此，妊娠动物和 6 月龄以内的幼畜不应免疫。推荐在春季交配前 3～6 周对畜群进行免疫，因为疾病通常在夏末和秋季发生。疾病暴发时不能使用疫苗。动物免疫 3 周后获得免疫力，且这种免疫力是终身的。暴雨过后，低洼潮湿地区的蚊虫活动预计会增强，因此，将动物移至高地可减少疾病风险。

11.4 细菌性疾病

细菌很少造成山羊临床肝病。相比绵羊，在山羊中由诺氏梭菌（Clostridium novyi）引起的传染性坏死性肝炎（又称黑疫）并不常见。该病在后面片形吸虫病章节进行了叙述，主要对疾病的发生进行了重点讨论。在本节，对亚临床症状的肝脏脓肿进行了讨论，虽然为亚临床症状，但也会因肝脏病变造成经济损失。

11.4.1 肝脏脓肿

由瘤胃炎继发的肝脏脓肿综合征在高能量日粮饲养的牛上已经证实。但山羊在集约化或半集约化条件下尚未见该继发病的报道。山羊亚临床肝脓肿的病例零星发生，山羊屠宰过程中也会因肝脏病变而造成经济损失。

11.4.1.1 病原学

造成山羊肝脏脓肿的病原有很多。假结核棒状杆菌最常见。化脓隐秘杆菌和大肠杆菌也常见。其他零星分离株有变形杆菌、溶血性曼氏杆菌、表皮葡萄球菌、金黄色葡萄球菌、马红球菌、猪丹毒杆菌、克柔假丝酵母（Whitford and Jones，1974；Eamens et al，1988；Panebianco and Santagada，1989；Santa Rosa et al，1989）。从牛肝脏脓肿中最常分离到的是梭状芽孢杆菌，而该菌在山羊上则没有报道。

11.4.1.2 流行病学和发病机制

山羊肝脏脓肿发生过程中，没有发现特殊的

饲养、管理或品种方面的因素。山羊肝脏脓肿的报道多来自巴西（Santa Rosa et al，1989）、博茨瓦纳（Diteko et al，1988）、澳大利亚（Carrigan et al，1988）。在巴西的剖检调查中，2.5％的山羊出现肝脏脓肿。成年羊比幼畜感染比例大。并发症也常有发生，尤其是干酪样淋巴结炎、支气管肺炎、瘤胃脓肿、腹膜炎和脐静脉炎。并发感染相关性表明，肝脏脓肿可能是其他感染部位通过淋巴或血液传播至此。寄生虫移行至肝脏可能是另外一个病因。

Das 和 Misra（1992）通过饲喂高比例的大米来诱导羊瘤胃酸中毒，证明在诱导后 24h 肝酶 AST、ALT、GDH 的血清浓度升高。他们由此得出结论，与其他动物一样，山羊瘤胃酸中毒会破坏瘤胃上皮细胞的完整性，导致细菌和真菌通过门静脉入侵，从而诱发肝脏脓肿。这暗示在集约化条件下，用浓缩料饲喂肉羊会增加肝脏脓肿的发生概率。

11.4.1.3　临床发现

特立尼达拉岛报道了一个病例，一只大约两岁的努比亚山羊母羊，长期体重减轻，通过剖检发现马红球菌造成的肝脓肿（Ojo et al，1993）。目前，在所有其他报道中，肝脏脓肿或表现为亚临床症状，或是造成严重的体重减轻的多种疾病

之一。

11.4.1.4　临床病理学和剖检

虽然在山羊上没有特别的报道，但由于脓肿范围的扩大，肝细胞破坏，导致血清中肝脏特有酶浓度可能出现升高。超声波可能检测到肝脏脓肿，但需要与绦虫包囊区别。剖检时，脓肿单个或多个存在，直径 5cm，含有脓性或干酪性物质。

11.4.1.5　治疗和防控

没有特效治疗和防控措施。对并发症进行适当治疗，可使患病个体的病情得到改善。防治羊干酪性淋巴结炎和脐静脉炎是减少肝脓肿发生的一个方法。如果用精料饲喂肉羊，应逐渐添加到以牧草为主的饲料中，并且不能过量。在日粮中加入抗酸剂或碳酸氢盐缓冲液能够降低瘤胃酸中毒的风险，因为瘤胃酸中毒会导致肝脏脓肿。

11.5　寄生虫病

除了下面论述的肝脏寄生虫病外，肝脏是多种血吸虫感染的部位，由血吸虫引起的疾病在第 8 章进行论述。感染羊的肝脏、胰脏和相关血管的寄生虫在表 11.2 中列出。

表 11.2　肝脏、胰脏、血管寄生虫

学名	俗名	寄生部位	地理分布	临床症状
片形吸虫	常见肝吸虫	肝实质，胆管	全世界	急性死亡；显著贫血，水肿，消瘦
大片吸虫	巨肝吸虫	肝实质，胆管	非洲，亚洲	急性死亡；显著贫血，水肿，消瘦
大拟片吸虫	巨肝吸虫；美国大肝吸虫	肝实质	北美洲	急性死亡
矛形双腔吸虫	小肝吸虫；柳叶吸虫	胆管	欧洲，亚洲，北美洲	显著贫血，水肿，消瘦，
胰阔盘吸虫	胰吸虫	胰管，胆管，十二指肠	亚洲东部，巴西	
肝斯泰尔斯绦虫	肝绦虫	胆管	非洲	瘦弱
缝体绦虫	穗边吸虫	胆管，小肠	美国西部，南美洲	不致病；肝脏破坏不致病；肝脏破坏

注：肝脏和血管血吸虫见第 8 章表 8.3。

11.5.1　斯梯勒绦虫和缝体绦虫感染

羊是肝斯泰尔斯绦虫（*Stilesia hepatica*）的终末宿主，该病在整个非洲和亚洲广泛存在。可在胆管中发现大量绦虫成虫。该虫长 20～50cm，宽 3mm。生活史包括中间宿主甲螨。虫卵从山羊粪便中排出体外。

绦虫在活动物身上是不具致病性的。然而，大量绦虫成虫可能足以引起胆管增厚，在肉品检验时，受感染的肝脏被废弃。在津巴布韦的一次调查研究中，18.75％的羊屠宰时肝脏被废弃，废弃肝脏中 72.9％是由斯泰尔斯绦虫引起的（Chambers，1990）。口服 15mg/kg 剂量的吡喹酮可以有效驱除绵羊肝斯泰尔斯绦虫，但还没有

山羊感染斯泰尔斯绦虫的使用报道。

山羊很少感染缢体绦虫（*Thysanosoma actinoides*）。在美国北部和南部的缢体绦虫通常寄生于绵羊、牛、鹿的胆管，胰管和小肠中。该绦虫感染而引起山羊临床疾病的记录很少。

11.5.2 包虫病或棘球蚴病

山羊的棘球蚴病在临床上并不常见，但屠宰时肝和其他组织的棘球蚴却广泛存在，造成羊内脏废弃和经济损失。

细粒棘球绦虫的成虫寄生于肉食动物尤其是犬的小肠中。虫卵从粪便中排出，被山羊和其他蹄类动物或人摄入。在这些中间宿主体内，摄入的虫卵释放出六钩蚴，六钩蚴钻入小肠静脉或乳糜管，通过循环系统移行至肝和肺部。绦虫幼虫期以棘球蚴的形式在这些器官发育几个月。含有原头节的生发囊在一些包囊内发育。在中间宿主体内偶尔发生包囊破裂，释放出原头节，产生其他的子囊。当犬吞食了含有原头节的内脏时，在小肠内经过7周时间发育成熟，成为成虫，完成生活史。

细粒棘球绦虫基本在全世界广泛发生。然而，在一些地方病高发区，该病的发生非常频繁，并引起公共卫生问题。这些地区包括非洲北部和东部，地中海地区，欧洲东部，中亚，中国的部分地区，南美洲的锥形地区（Lightowlers，2002）。该病在澳大利亚东部，美国西部也有发生，且常见于绵羊。在反刍动物、家畜和野生犬科动物混居的地方，也可能发生感染。

新的基因组研究模式表明，细粒棘球绦虫存在多种不同的种。所谓的绵羊种（G1）和骆驼种（G6）均感染山羊（Schantz，2006）。当肉食动物数量大，且未采取措施将家养肉食动物和野生食肉动物与家畜或家畜放牧区相隔离时，该病的流行率将增加。用反刍动物内脏喂犬也能增加生活史的完成。在雨季，家畜棘球蚴病的流行会增加，推测可能因为雨水能广泛散播牧场粪便中或水中的虫卵。

山羊棘球蚴病的流行数据可从全世界屠宰场和宰后调查中获得。在流行地区，流行率达0.26%到6.5%（Pandey，1971；Rahman et al，1975；Naus，1982；Al-Yaman et al，1985；

Lorenzini and Ruggieri，1987）。棘球蚴包囊在肝脏、肺、脾最常见，但屠宰和剖检时，在其他器官也能发现。在一些地方，山羊肺包囊较肝包囊常见。关于山羊肺脏棘球蚴包囊的更多信息在第9章给出。

棘球蚴包囊直径平均为5～10cm，含淡黄色、血清样液体，有含多个生发囊的颗粒状内壁。棘球蚴包囊的"沙粒"是分离的生发囊聚集体，在囊液中可见。棘球蚴包囊应该与下面论述的细颈囊尾蚴包囊相区别。在孟加拉国，羊肝脏、肺和肠系膜淋巴结可以发现含犬鼻腔锯齿舌形虫若虫的包囊（Rahman et al，1980）。

最近20年，ELISA和免疫印迹试验已经用于诊断家畜棘球蚴病，但由于许多假阴性和假阳性结果，这些试验方法仍然不适用于棘球蚴病感染的监测（Moro and Schantz，2006）。多种影像技术包括超声、计算机断层扫描（CT）、核磁共振（MRI）可用于棘球蚴包囊的鉴定。

反刍动物棘球蚴病没有实用或经济的治疗方法。防治措施涉及反刍动物-食肉动物生活史的破坏。主要的措施是直接杜绝用家畜内脏喂犬，提倡家畜尸体或内脏掩埋，对犬进行日常驱虫，以减少绦虫成虫的数量。预防棘球蚴包囊的高效疫苗开发已取得显著进展。基于六钩蚴蛋白EG95的重组DNA疫苗虽然没有商品化，但它可有效保护牛、绵羊和山羊免遭棘球蚴感染，免疫力可持续至少1年（Dalton and Mulcahy，2001；Lightowlers，2002）。

棘球蚴病是一种严重的地方性流行病。人通过摄入犬科动物排出的绦虫卵而感染。国际上对减少棘球蚴病所做的努力，尤其是其作为人畜共患病的潜在风险，已经有所综述（Moro and Schantz，2006）。

11.5.3 囊尾蚴病

11.5.3.1 病原学

泡状带绦虫成虫寄生于犬、狼和其他食肉动物。随粪便排出的虫卵被山羊、绵羊、其他家畜和野生反刍动物摄入。卵在中间宿主小肠内孵出六钩蚴，然后进入血液。六钩蚴离开门静脉系统，通过肝实质移行至腹腔，引起肝明显的出血片。中绦期幼虫也叫做细颈囊尾蚴，是在反刍动物体内发育的阶段。经过5～8周发育成熟，附着于肠系膜、网膜和腹腔器官的浆膜表面（图11.2、彩图52）。偶尔可见囊尾蚴未移行出肝脏，寄生于肝脏。有时也会异常移行至肺和其他器官。

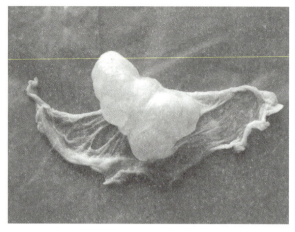

图11.2 黏附在羊肠系膜上的犬科绦虫，泡状带绦虫的中绦期囊尾蚴（细颈囊尾蚴）（由波兰科学生命大学兽医系 Dr. Jaroslaw Kaba 提供）

11.5.3.2 流行病学

山羊感染细颈囊尾蚴的因素与前面叙述的棘球蚴病相似，都是与犬科动物接触。细颈囊尾蚴病在全世界广泛存在。报道称，全世界屠宰山羊中该病的流行率从澳大利亚的0.2%到尼日利亚的23.3%不等（Rahman et al，1975；McKenzie et al，1979；Akinboade and Ajiboye，1983；Sanyal and Sinha，1983）。

11.5.3.3 发病机制

泡状带绦虫幼虫在肝脏的移行造成实质破坏，并形成内含血液的孔道。当大量幼虫移行时，山羊发生急性致死性肝功能不全（Everett and de Gruchy，1982）。不严重的幼虫移行也会导致健康动物肝脏损坏，孔道随着时间延长而纤维化。有时，腹膜炎与移行至肝外或腹腔的虫体有关。肠系膜、网膜和肝脏成熟的包囊不会造成任何临床疾病。

11.5.3.4 临床表现

急性细颈囊尾蚴病可能引起动物沉郁、虚弱、食欲不振、衰竭以及肝功能不全而致死的症状。由于虫体在肺和内脏器官的异常移行会造成脏器出血，会导致动物出现肺炎、腹膜炎、贫血症状。如果发生腹膜炎，可能表现出发热。症状通常在感染后7～20d出现（Pathak and Guar，1981）。慢性细颈囊尾蚴病通常无症状。

11.5.3.5 临床病理学和剖检

试验性感染表明，山羊感染泡状带绦虫卵后10d，鸟氨酸氨甲酰基转移酶（OCT）和谷草转氨酶（AST）明显升高，但这不是细颈囊尾蚴病所特有的（Pathak and Gaur，1981a）。间接血凝试验和补体吸附试验已用于山羊囊尾蚴的疾病诊断（Varma et al，1973，1974）。放射显影和超声波诊断也可用于鉴定肝和腹腔包囊。在人类医学中，CT 和 MRI 也用于鉴定包囊，这些技术同样可以应用于动物医学。

剖检时，可能在肝脏中可能发现细颈囊尾蚴，但在肠系膜、网膜和腹腔脏器浆膜表面更常见。腹腔内可见增加的浆液纤维素性液体。成熟的细颈囊尾蚴有一个光滑的内表面，与棘球蚴囊相比，仅有一个内陷的头节。

急性细颈囊尾蚴病可见肝脏有管状、红色、2～4mm 直径血道，如图11.3。慢性病变大多表现出苍白症状，因为白细胞充满血道并发生纤维化。

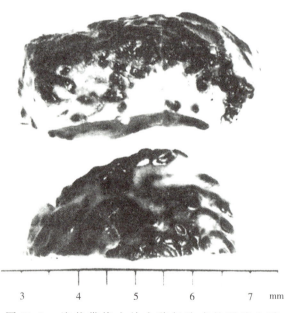

图11.3 泡状带绦虫幼虫移行造成的肝脏血道（Everett 和 de Gruchy 供图）

11.5.3.6 治疗

使用吡喹酮单剂量口服，用量为60mg/kg。据报道，吡喹酮对中国绵羊、山羊细颈囊尾蚴的驱虫率可达到93%～100%（Li and Li，1986）。

11.5.3.7 防控

防治措施如在上文棘球蚴病所述，破坏囊尾蚴在食肉动物和反刍动物间的生活史。像棘球蚴病一样，已经花费很大精力在开发囊尾蚴病高效重组蛋白疫苗，并在绵羊带绦虫疫苗上取得了进展，但泡状带绦虫疫苗未见报道（Lightowlers et al，2000）。

11.5.4 片形吸虫病

片形吸虫病是世界上最常见的山羊肝吸虫病。在部分区域，慢性片形吸虫病是限制山羊生产的主要因素。

11.5.4.1 病原

有两个片形属吸虫可感染山羊。片形吸虫较小，成虫长 18～32mm，宽 7～14mm。大片吸虫较长，成虫长 24～76mm，宽 5～13mm。

片形吸虫有一个间接的生活史，中间宿主为椎实螺科的淡水螺。在世界范围内，这些螺中有 15 个以上的种可作为片形吸虫的宿主，至少 13 个是大片吸虫的宿主，两者中间宿主部分相同。当通过家畜进口将片形吸虫引入一个新地区时，当地种类的椎实螺可能作为合适的中间宿主。感染片形吸虫的螺引入一个新地区时，也可能作为新的感染源。

吸虫成虫寄生于终末宿主的胆管内，如山羊，并产卵，卵通过胆管进入粪便。卵的产率很大，在感染、屠宰后羊的胆囊中可发现平均 303 000 个卵（Jimenez Albarran and Guevara-Pozo，1977）。卵随粪便排出，经过 10～12d 孵育，释放出毛蚴，毛蚴钻入中间宿主螺体内。卵孵育的最佳温度是 26℃，同时毛蚴存活的温度至少是 10℃；钻入螺体内进一步发育。在螺体内，毛蚴经过随后的胞蚴、雷蚴、子雷蚴和尾蚴阶段的发育。从螺感染到尾蚴的释出平均需要 5～8 周时间，最短可以少于 21d，或在恶劣条件下长达 10 个月。

尾蚴从螺中释放后，游到附近植物，并黏附到草本植物上，形成包囊，变成感染性囊蚴，囊蚴被放牧的脊椎动物宿主摄入后，囊蚴脱囊，穿过小肠壁，通过腹腔移行至肝脏。然后穿透肝包膜，通过肝实质移行至胆管，在胆管中发育成熟。从感染到到达胆管需要 6～7 周。在胆管内成熟到发育为可产卵的成虫，还需要 2～4 周。吸虫成虫可能在此停留数月到数年。

偶尔，在肾和肺器官的异常部位发现吸虫，这是虫体在小肠外异常移行造成的（Charan and Iyer，1972；Haroun et al，1989）。

11.5.4.2 流行病学

片形吸虫主要寄生于反刍家畜，但其他非反刍家畜、野生哺乳动物、有袋类动物也可感染并可能作为贮藏宿主。人可通过摄入污染了囊蚴的植物而感染。

片形吸虫的分布是世界性的，山羊片形吸虫的报道也来自世界各地（Rafyi and Eslami，1971；Jimenez-Albarran and Guevara-Pozo，1977；Chevis，1980；Quittet，1980；Vasquez-Vasquez，1980；El Moukdad，1981；Leathers et al，1982；Bendezu et al，1983；Anwar and Chaudhri，1984；Fernandes and Hamann，1985；Liakos，1985；Thompson，1986；Campano，1987；Wang et al，1987；Molan and Saeed，1988）。片形吸虫的流行率变化很大。在澳大利亚昆士兰的屠宰场调查中，没有鉴定到片形吸虫（McKenzie et al，1979）。在墨西哥的调查中，大约 4％的绵羊和山羊肝脏被感染（Vasquez-Vasquez，1980），在巴基斯坦的羊肝检查中，多达 79％的羊肝发现肝片吸虫（Anwar and Chaudhri，1984）。

大片吸虫的分布较局限，主要分布在亚洲和非洲热带地区，以及中东。这些地区都有山羊感染大片吸虫的报道（Fabiyi，1970；Rafyi and Eslami，1971；Charan and Iyer，1972；Tager-Kagan，1978；Assoku，1981；El Moukdad，1981；Nooruddin et al，1987）。在长达一年的印度屠宰场调查中，14.7％的羊肝感染大片吸虫，22.3％可销售的肝脏遭废弃（Pachauri et al，1988）。

除了适宜的宿主螺外，限制片形吸虫病发生的关键因素是湿度和温度，适宜的湿度和温度能够保持牧区螺的表面长期湿润，并使独立生活的寄生虫生长旺盛。普遍认为，感染率与气候条件有关，进行片形吸虫病感染风险升高的气象数据统计，可以确定片形吸虫预防季节和时间（Soulsby，1982）。这种预测技术首先在欧洲应用，现在其他地方也有应用，包括北美洲（Malone and Zukowski，1992），南美洲（Fuentes et al，1999），非洲（Yilma and Malone，1998）。

气候温暖的季节，在低洼、排水不畅、潮湿或沼泽地区放牧反刍动物，是片形吸虫完成生活史的理想条件。然而，水源不需要固定。不时出现的河水泛滥或频繁灌溉会促进感染的发生，因为螺能够钻到泥里，度过暂时的干燥期。灌溉管道和沟渠是干燥地区羊感染的重要地点，因为这些干燥地区在一年中的特定时期，沿着螺污染的灌溉渠道有新鲜的草和水。

在温带，螺感染的高峰期在春末夏初，感染尾蚴污染牧草的高峰期在夏末秋初。反刍动物临床疾病发病高峰期在秋末和冬季。在一些冬季不太冷也不太干燥的地方，一些螺和卵能够度过冬季，在早春重新开始发育。因此，在春末秋初时，牧场也能发生一个不太显著的感染尾蚴的循环。在热带，尾蚴整年存在，反刍动物临床疾病的暴发没有严格的季节性。如果给圈养的动物饲喂尾蚴污染的新鲜绿草叶，那么放牧就不再是感染的必要条件。在亚洲大部分地区，用新鲜切割的牧草饲喂圈养的山羊是一个典型的饲养方法。

山羊和绵羊、牛不同，对片形吸虫的感染不会建立很强的免疫力，对再次感染仍然非常易感。然而，通过减少吸虫的数量和感染程度对山羊的反复感染表明，康复后的山羊产生了免疫力（Reddington et al，1986；El Sanhouri et al，1987；Haroun et al，1989）。

11.5.4.3 发病机制

尾蚴在通过小肠壁或腹腔移行过程中，几乎不会造成损害。尾蚴在穿透肝包膜而在实质中移行时，可能会造成损害。在秋初可能发生大量吸虫同时侵袭，从而继发创伤性肝炎，临床认为这是急性片形吸虫病。适当数量的吸虫长时间侵袭可能发生亚急性肝炎。1 000 个感染性尾蚴能造成羊致死性急性肝炎，而 200 个能造成严重的亚急性肝炎。大片吸虫比肝片吸虫对山羊更具致病性。山羊对大片吸虫可能比绵羊更易感（Ogunrinade，1984）。

在急性片形吸虫病病例中，肝实质出现明显的广泛性出血性损伤。肝包膜可能发生破裂导致严重腹腔内出血和死亡。即使不发生致死性出血，动物也会因为肝实质破坏引起的肝功能不全，而在几天内死亡。在亚急性型中，侵袭的尾蚴仍然会造成移行孔道、出血和肝坏死，从而导致更持久的肝功能不全临床症状。在接下来的尝试性治疗中，肝脏出现广泛性纤维化。

急性片形吸虫病在山羊不常见，原因不太清楚。可能与饲喂习惯有关，因为山羊不是集中的放牧动物，因此不会在短时间内摄入大量尾蚴而引起严重的急性反应。

在吸虫到达胆管并成熟后，会发生慢性片形吸虫病。吸虫成虫在胆管内的停留造成肥大性胆管炎，伴有胆囊黏膜通透性增加，引起血浆蛋白流失。吸虫在胆管摄食活动造成长期的血液丢失。在自然环境下，个别动物可能同时经历急性、亚急性和慢性肝片吸虫病。

绵羊传染性坏死性肝炎，或者黑疫，是片形吸虫病的常见并发症。在这些病例中，原本存在于肝脏中的诺氏梭菌，在吸虫幼虫移行造成的坏死组织的厌氧环境中突然增殖。增殖的细菌释放的毒素引起急性致死性毒血症。这种疾病在山羊的流行情况很少有报道，但在澳大利亚和新西兰被认为是一种严重而具有潜在风险的疾病。因为这两个国家的山羊养殖已扩大到传统的绵羊养殖区（Pauling，1986）。在澳大利亚，黑疫已经在安哥拉山羊上有记录。此病季节性发生于 2—6 月、9 月龄到 4 周岁生长状态良好的羊。因为山羊和绵羊的采食习惯不同，所以推测山羊感染频率比绵羊低。但在干旱期湿地放牧时，山羊患病率增加，因为诺氏梭菌是一种土壤传播性微生物（King，1980）。黑疫在苏丹也被证实能够感染山羊，435 只羊中的有 18 只表现正常的羊一夜之间死亡。剖检时，所有的羊严重感染大片吸虫和 B 型诺氏梭菌（Hamid et al，1991）。在黑疫流行地区，山羊可以通过免疫来预防诺氏梭菌，有许多商业化的多价梭菌型疫苗可用。

11.5.4.4 临床表现

急性片形吸虫病虽然不常见，但常出现突然死亡，或逐渐虚弱、沉郁、食欲不振、苍白，这些症状最多持续 3d，最终死亡。死亡之前，深部触诊肝脏会引起疼痛。亚急性片形吸虫病可能表现相似的症状，症状最多持续几周。黑疫除一些动物口、鼻会出现泡沫外，通常表现没有其他症状的突然死亡。

慢性片形吸虫病是最常见的情况。病史表现可能包括一段时期的精神沉郁、食欲减退、昏睡和 1 个月或更长时间的体重减轻。在病程持续较长的病例中，一些动物会出现腹泻。母山羊产奶量下降。临床检查可见身体状况不良、被毛粗糙、黏膜苍白、心动过速。下颌水肿常发生在病程较长的病例，很大程度上暗示慢性片形吸虫病。

11.5.4.5　临床病理学和剖检

急性片形吸虫病常常在死后剖检才做出诊断。在亚急性病例，血象呈现的是正常血色素性贫血、嗜酸性粒细胞增多和可能的中性粒细胞增多症。生化检查可见低白蛋白血症和血清中肝脏相关酶浓度升高。

慢性片形吸虫病预计会出现正常红细胞或巨红细胞性贫血、血红蛋白血、低白蛋白血症和嗜酸性粒细胞增多症。血液 γ 球蛋白过多而导致总蛋白可能在正常范围内。报道称，慢性片形吸虫病例的肝脏特异性酶升高确实很少见，也有这样的个例，吸虫仅存在于胆管中时，血液中 GDH 和 OCT 升高（Treacher et al，1974）。

慢性片形吸虫病，能够在粪便中找到吸虫卵。沉淀法优于漂浮法。虫卵黄色，卵圆形，一端有盖。大片吸虫卵比肝片吸虫卵稍大。当存在瘤胃吸虫时，它们的卵必须与肝吸虫卵相区分。

因为急性片形吸虫病发生在感染的潜伏期，因此粪便查卵对于片形吸虫或大片吸虫早期感染的鉴定不是有效的方法。在过去 20 年，这种不能够检测的潜伏期感染激发了针对血清学诊断方法的研究。研究主要集中在特征性寄生虫抗原的分离，以便使这些抗原适用于血清学诊断，如 ELISA 检测感染动物中抗片形吸虫抗体。有一类抗原称为片形吸虫的分泌/排泄抗原，包括组织蛋白酶。这些抗原直接来源于吸虫，并经过纯化，或者最近可通过重组 DNA 技术获得。用这样的抗体进行 ELISA 试验，最早能够在感染后一周检测到片形吸虫和大片吸虫循环 IgG（Paz-Silva et al，2005），但通常在感染后 3～7 周检测到（Cornelissen et al，2001；Mezo et al，2003；Yadav et al，2005）。

然而，血清学诊断方法仍然有一些局限性。随着抗原纯化技术的提高，交叉反应很少见，但当与其他蠕虫有相似抗原时仍然发生交叉反应，最明显的是同盘吸虫。对片形吸虫病进行有效治疗后，仍然可检测到抗体存在，这使试验结果的解释变得很困难。欧洲和澳大利亚目前有一种鉴定牛羊潜伏期片形吸虫病的商业化 ELISA 检测试剂盒。

急性片形吸虫病剖检可见肝脏肿胀、创伤、易碎，伴有包膜多发性穿孔和包膜下出血。肝脏表面可能有纤维蛋白，腹腔积血。在肝脏实质切面不容易看到移行的吸虫，但可以通过肝脏碎片放在一盆水中晃动，然后在盆底观察到幼虫。

当急性片形吸虫病伴有黑疫共同发生时，梭菌性毒血症的特征非常明显。这些特征包括通过皮肤观察到的皮下血管变黑、浆液性心包渗出、腹腔积液、边界微红的片状肝脏坏死。在这些微红的边界可能分离到诺氏梭菌。

慢性片形吸虫病发生时，畜体消瘦，可能有皮下水肿，内脏器官苍白。肝脏可能硬化，有不规则的结节，包膜有的区域不透明。在切面可见肝管实质广泛纤维化。胆管变厚且纤维化，但矿物质化不常见。在囊性胆管和胆囊中可找到 100 多条吸虫成虫。它们可以通过挤压肝脏切面而显现出来。吸虫也能在剖检山羊胰管中找到（Leathers et al，1982）。

11.5.4.6　诊断

急性片形吸虫病是造成羊突然死亡的许多潜在原因之一，这将在第 16 章讨论。通过剖检可以确诊。慢性片形吸虫病很容易与胃肠道线虫病混淆。在生产当中常见山羊线虫与吸虫并发。第 8 章论述的血吸虫病表现出与慢性片形吸虫病相似的症状。当主要症状表现为长期的体重下降时，需要考虑一些其他的疾病，这将在第 15 章进行讨论。

11.5.4.7　治疗

治疗方法的选择很大程度上取决于不同的感染阶段（Boray，1985）。四氯化碳、六氯乙烷、溴胺杀、羟氯扎胺、联硝氯酚和阿苯达唑仅对 10 周龄及以上成熟吸虫有效。硝碘酚腈和氯碘沙尼对 8～9 周龄吸虫有一定效果，对成熟吸虫高效。氯碘沙尼和碘醚柳胺对 8 周龄及以上吸虫最有效，但对 6～7 周龄吸虫只有 50%～90% 的驱虫效果。克洛索隆对 2 周龄及其以上所有吸虫均有效。三氯苯哒唑和双酰胺氧醚（地芬尼太）对 1 日龄到成虫的吸虫均有效。这些信息在表 11.3 中列出。

表 11.3　山羊上使用的驱吸虫药信息汇总

驱虫药	药物种类	报道剂量 (mg/kg，按体重计)	效果			残留时间	
			1~6 周龄 吸虫幼虫	6~10 周龄 吸虫幼虫	>10 周龄 吸虫成虫	肉	奶
三氯苯哒唑	苯并咪唑	*5~15，PO*	＋	＋	＋	28	X
地芬尼太	芳香胺	*150，PO*	＋	＋	±	7	X
克洛索隆	磺胺	*7，PO*	±	＋	＋	8	4
氯氰碘柳胺	水杨酰苯胺	*10~20，PO*	－	±	＋	28~42	X
碘醚柳胺	水杨酰苯胺	*7.5，PO*	－	±	＋	28	X
溴替尼特	水杨酰苯胺	*7.5，PO*	－	±	＋	21	X
氯碘沙尼	水杨酰苯胺	20	－	±	＋	?	?
硝碘酚腈	取代酚	*15，SQ*	－	±	＋	30~60	X
阿苯达唑	苯并咪唑	*7.5~15，PO*	－	－	＋	14	3
联硝氯酚	取代苯巴比妥钠	*0.8，SQ；2~4，PO*	－	－	＋	?	?
羟氯扎胺	水杨酰苯胺	*15，PO*	－	－	＋	28	X
溴胺杀	水杨酰苯胺	20	－	－	＋	?	?
溴酚磷	有机磷酸酯	*16.5，PO*	－	－	＋	21	7
六氯乙烷	氯化烃	200~300	－	－	＋	?	?
四氯化碳	氯化烃	80，PO	－	－	＋	?	?

注：斜体的剂量是文献中报道专门针对山羊的。其他剂量因为在文献中没有找到针对山羊的信息，所以是针对绵羊的报道。同样，使用驱虫药后针对山羊肉、奶残留时间的信息很少。给出的时间是针对牛和绵羊的，信息来自欧洲和澳大利亚。这些信息只是作为一般的参考。监管部门应该结合各自国家的情况，决定针对本国山羊这些药品是否可用以及药物残留是否合理。X＝不适用于泌乳期动物；－＝无效；±＝效果不定，趋于对老龄动物有效；＋＝有效；PO＝口服，SQ＝皮下注射；? ＝没有找到相关信息。

药物选择还应考虑安全、价格、规范、哺乳和妊娠状况。最早用的治疗药物四氯化碳和六氯乙烷，本身具有肝脏毒性，会引起山羊死亡。这些药物在一些存在肝吸虫的发展中国家仍然使用。这些药物虽然低廉，但应该阻止使用。溴胺杀是 N-水杨酰苯胺的替代品，与苯并咪唑联合使用时可能有毒，对山羊使用时应该注意。地芬尼太很贵，使用成本限制了其在商品畜群中广泛使用。在美国，只有阿苯达唑和克洛索隆用于片形吸虫病的治疗，两者都不是专门批准用于山羊的。驱吸虫药对泌乳期山羊的应用是存在质疑的。几乎没有药物是专门用于任何种属泌乳期动物的，相同药物在不同国家间残留时间可能不同。根据经验，如果某种驱吸虫药批准用于其他泌乳种属动物但未批准用于山羊，那么用过这种驱吸虫药山羊的羊奶应该废弃，废弃时间不能少于其他种属动物的推荐时间，或 7d，或者更长。

已经制定了许多针对山羊片形吸虫驱虫药的特定剂量。15mg/kg 剂量口服阿苯达唑对吸虫成虫有 95.9％效果且没有中毒的迹象，研究显示即使使用 75mg/kg 的剂量也不会产生中毒症状（Foreyt，1988）。在法国，市售阿苯达唑针对山羊的口服剂量为 7.5mg/kg。150mg/kg 剂量口服地芬尼太能驱除 87.5％吸虫成虫和幼虫。治疗动物包括妊娠母山羊，没有观察到不良反应（Wang et al，1987）。在其他研究中，该药对山羊 1 周龄幼虫有 84％效果，对 3 周龄幼虫有 97％效果（Hughes et al，1974）。

口服 5mg/kg 剂量的三氯苯哒唑可以完全驱除慢性感染山羊体内的虫卵（Wolff et al，1983）。在一些国家，商品化市售产品有液体或丸剂形式，用于山羊口服的剂量是 10mg/kg。对于绵羊，已经表明，低剂量仅能杀死 2 周龄幼虫，而高剂量对 1 日龄幼虫也有效。

给山羊皮下注射 0.8mg/kg 剂量的联硝氯酚，对片形吸虫有 90％效果，且无不良反应（Girardi et al，1979）。在中国，该药以 2~4mg/kg 剂量给山羊口服（Weng，1983）。氯氰碘柳胺以 10mg/kg 剂量口服（Lee et al，1996），能够有效驱除山羊片形吸虫。以 20mg/kg 的剂量能够 100% 的驱除大片吸虫（Yadav et al，1995）。

报道称，口服剂量为 7.5mg/kg 的碘醚柳胺，对山羊片形吸虫 100% 有效（Campos Ruelas et al，1976）。硝碘酚腈以 15mg/kg 剂量皮下给药，对 6 周龄幼虫有 89% 的效果（Hughes et al，1973）。氯氰碘柳胺、碘醚柳胺和硝碘酚腈对山羊的捻转血矛线虫也有效。

给山羊口服剂量为 7mg/kg 的克洛索隆，能使吸虫以及粪便虫卵数量减少 98%（Sundlof et al，1991）。溴酚磷以 16.5mg/kg 剂量口服能驱除山羊所有的大片吸虫成虫，但对未成熟虫体仅有 50% 的效果。剂量加倍不会增加额外的效果（Qadir，1979，1981）。

在世界上许多养山羊的地区，兽医产品的使用可能受到限制而只能采用当地的治疗方法。在苏丹的片形吸虫控制研究中，用当地的合欢和卤刺树（*Balanites aegyptiaca*）提取物口服山羊，结果表明，相对于未治疗对照组，驱虫组片形吸虫数量分别减少了 95.5% 和 93.2%（Koko et al，2000）。

在大多数病例中，对片形吸虫有效的药物和剂量对大片吸虫也有效。急性和亚急性片形吸虫病最好用地芬尼太或三氯苯哒唑治疗。所有有感染风险的动物都应该治疗，无论它们在初诊时是否表现症状。患有急性和亚急性片形吸虫病的山羊预后不良。

慢性片形吸虫病的治疗前景非常好，任何对成熟吸虫有效的药物都能用在这些病例上。然而，如果用对未成熟吸虫无效的药物治疗，那么在用药一段时间后，动物需要重复用药以驱除随后成熟的幼虫。对疗效的早期反应可以通过驱除出来的卵来证明。治疗山羊的红细胞和蛋白参数在 1 个月或更长时间恢复正常。

在近 20 年，寄生虫对驱虫药的抗性是寄生虫疾病治疗和防治的一大挑战。抗药性问题最明显的与胃肠道线虫有关，这在第 10 章进行讨论。然而，也有肝吸虫对蠕虫药的抗性报道。在来自许多国家的报道中，主要问题是三氯苯哒唑的抗药性，但澳大利亚也有使用氯氰碘柳胺治疗失败的报道。

因为三氯苯哒唑对吸虫各发育阶段均有效，所以它成为片形吸虫病使用最广泛的药物，这也有助于抗药性的产生。抗药性可能在药物未能杀死吸虫最早期幼虫时被发现，也可能通过治疗后粪便中吸虫卵的再次出现比正常预期的早而得到证明。长此以往，随着抗性的增加，更多成熟吸虫治疗后也能存活（Abbot et al，2004）。

没有体外试验评估驱吸虫药的抗性的方法（Coles et al，2006）。当怀疑已经产生抗性时，应该用其他的驱吸虫药。因为其他驱吸虫药对吸虫幼虫没有效果，因此治疗间隔应该比三氯苯哒唑更频繁。

Abbot 等（2004）不赞同联合使用吸虫和蠕虫药，因为这样容易导致线虫对广谱驱虫药的抗性，或使片形吸虫产生抗吸虫药抗性。然而，氯氰碘柳胺和苯并咪唑的联合使用，确实有协同作用，能够增强药物抗片形吸虫（和捻转血矛线虫）的活性，减缓两者抗性的产生。

11.5.4.8　防控

防控的目标是减少放牧动物的吸虫感染量。可以通过驱吸虫剂的使用以及不在有感染性囊蚴的草场放牧来达到目的。这些囊蚴与螺的数量相关联。因此，螺的控制是另一个手段，但很难做到。

放牧时囊蚴的感染是一个动态的过程，很大程度上取决于气候条件。对气象指数计算将有助于决定策略性防控措施力度，从而避免季节性临床疾病的发生和生产损失（Urquhart et al，1988）。至少在温带或干旱地区，早春放牧前用驱成虫药进行一次驱虫治疗。山羊应该在秋季再进行一次治疗，以杀死发育中的吸虫和成虫，这些吸虫是放牧季节感染的。还应该使用杀成熟和未成熟吸虫的驱蠕虫药。

在热带，特别是全年放牧时，用三氯苯哒唑或地芬尼太每 8～10 周用药一次。这有利于杀灭潜伏期各阶段未成熟吸虫，从而消除卵的产生，同时可预防山羊急性和慢性片形吸虫病。用碘醚柳胺或氯氰碘柳胺间隔 5～6 周使用可以控制虫卵的产生，但急性片形吸虫病的风险仍然很高，因为未成熟幼虫没有杀死。如此强度的防控措施对减少牧场虫体数量是有效的，在接下来几年内也许不会复发。当山羊是混合放牧体系中的一部分时，所有的潜在宿主都需要同时防治。当驱吸虫药使用很频繁时，通过粪便中吸虫卵的检查来实现对驱虫剂潜在抗性的监控。

限制山羊与螺的接触是使用驱吸虫剂的一个辅助手段。高风险地区，如低洼、牧场的沼泽地、排水沟、灌溉沟渠或死水塘应该监督，排水或设立栅栏。割去水塘边的植物，可以减少螺的依附环境。要认识到高风险环境，如干旱后或在放牧季节末草料短缺时，增加了动物在水边放牧的机会。圈养的羊不应该饲喂可能被尾蚴污染的新割的植物。

暖冬和温暖、潮湿的夏季增加了螺数量，应该考虑使用针对螺滋生地的灭螺剂。1∶（100 000～5 000 000）浓度的硫酸铜溶液或每公顷 10～35kg 粉末对螺和虫卵的杀灭是有效的（Soulsby，1982）。春季用于杀灭越冬的螺，夏季和秋季用于杀灭新发育的螺。山羊比绵羊不易发生铜中毒，但在雨水冲淡之前，山羊在硫酸铜处理的牧区放牧时仍然需要注意。有一个与使用灭螺剂相关的环境方面的考虑是，灭螺剂可能对鱼和其他动物有毒。鸭和竞争性非宿主螺类的生物学防治策略也已经用于螺的防治，并取得了一定成效。

11.5.5　大拟片吸虫病

大拟片吸虫，也称为大美国肝吸虫，在北美洲和欧洲特定地区，大拟片吸虫造成山羊的死亡比片形吸虫更严重。

11.5.5.1　病原和发病机制

大拟片吸虫成虫比片形吸虫和大片吸虫大。长 23～100mm，宽 11～26mm。卵圆形，粉红色。卵在山羊粪便中不能查到，原因将在下面叙述。

这种吸虫是间接生活史。中间宿主是多个种属的螺，有浮萨螺属、椎实螺属、伪琥珀螺属和沼泽椎实螺属。这些螺对生活环境、温度和湿度的适应范围比片形吸虫的宿主螺广。正常终末宿主是鹿科中成员，包括各种梅花鹿、麋鹿和驼鹿。非正常宿主包括大型牛科动物，如野牛、牦牛和家牛，也包括羊。

吸虫成虫寄生在终末宿主胆管中产卵，卵随粪便排出体外。卵经过 4 周后孵育，毛蚴钻入到中间宿主螺体内。经过另外的 7～8 周发育为尾蚴。螺排泄出的尾蚴在水生植物上形成包囊。这些具包囊的囊蚴能够抵御干燥环境。囊蚴被鹿等终末宿主摄入后，穿入小肠，经过腹腔移行，侵入肝脏，再经过实质移行，最后形成包囊。这些包囊与胆管系统相互作用，以致成熟吸虫能够通过胆囊排出虫卵。潜伏期 30～32 周。

吸虫在牛上有相似的生活史，只是包囊很少与胆管系统相互作用。虫卵不排出体外则无法完成其生活史。成虫在 32～44 周后成熟，包囊壁增厚并纤维化。

在山羊和绵羊体内移行的幼虫几乎不形成包囊，相反，幼虫在经过肝实质时，是无目的地移行，从而造成很大的损害和肝功能障碍。腹膜炎和腹腔出血对疾病的严重性也起到一定作用。即使是单个移行的吸虫对羊也存在潜在的致命性。临床疾病通常在感染后 3～6 周发生（Foreyt and Leathers，1980）。虫卵几乎不随感染羊粪便排出，所以粪便的显微镜检查在诊断中不起作用。

11.5.5.2　流行病学

大拟片吸虫是北美洲本土生物，尤其集中在五大湖地区、墨西哥湾岸区、落基山脉和太平洋西北地区，包括了加拿大西部。寄生虫随着赛鹿引入欧洲，并已经进化得很完善，尤其在欧洲东部，包括意大利、德国、奥地利、斯洛文尼亚、捷克、斯洛伐克和匈牙利。

当山羊在有梅花鹿或麋鹿以及中间宿主螺存在的地方放牧时，会感染大拟片吸虫。当这些地区多沼泽地时，会增加感染的风险，但积水对大拟片吸虫病的要求没有片形吸虫病那么严格。在五大湖地区，小型反刍动物在 8 月末或 9 月感染，临床疾病通常在 1 月和 2 月出现。

11.5.5.3　临床表现

最常见的表现是突然死亡。山羊没有亚急性病例的报道。绵羊易感，感染后表现精神沉郁、苍白、虚弱、食欲不振和腹痛，这种腹痛在触诊时会加重。

11.5.5.4　临床病理学和剖检

动物死亡之前可见血清中肝脏特有酶浓度升高。剖检显示以肝实质坏死和大量出血道为特征的广泛性肝损伤（图 11.4、彩图 53）。这些血道由于黑铁卟啉色素的沉积而呈现黑色。这些色素在肠系膜淋巴结也能见到。含有活的或死的吸虫包囊在山羊肝脏上能够见到，但概率很小（Olsen，1949）。

图 11.4 大拟片吸虫以及移行造成的坏死羊肝脏切面（Dr. M. C. Smith 供图）

11.5.5.5 诊断

根据突然死亡的病史和剖检后肝脏特征性病变进行诊断。必须进行急性片形吸虫病、囊尾蚴病、中毒性肝炎、幼畜的血矛线虫病和球虫病的鉴别诊断。其他突然死亡的病因在第16章讨论。

11.5.5.6 治疗

治疗很困难，因为临床疾病是由未成熟吸虫引起的，这些未成熟幼虫即便数量很少也会诱发严重或致死性疾病。这就意味着有效药物对未成熟吸虫必须达到100%效果。有报道称，山羊以15mg/kg剂量灌服阿苯达唑能够对8周龄及其以上吸虫达到99%效果（Foreyt and Foreyt，1980）。妊娠期第1个月使用阿苯达唑会给胎儿带来一定危险。

还没有评测其他驱吸虫药对山羊大拟片吸虫的效果。绵羊以15mg/kg剂量灌服或以7.5mg/kg剂量肌内注射氯氰碘柳胺有95%～98%效果（Stromberg et al，1985）。以15mg/kg剂量单次灌服克洛索隆对绵羊未成熟大拟片吸虫没有效果（Conboy et al，1988），但以21mg/kg剂量灌服对绵羊体内8周龄幼虫有92%效果（Foreyt，1988a）。有报道以15mg/kg剂量灌服碘醚柳胺对马鹿有效果（Rajsky et al，2002）。在美国，没有允许使用的驱大拟片吸虫药物。

11.5.5.7 防控

大拟片吸虫病的防治是很复杂的过程，需要对野生动物终末宿主、具有生态多样性的中间宿主螺的种群进行综合控制。在发生该病的地方流行区，应该考虑对奶山羊进行非放牧的集约化管理。但这种管理显然对于毛用羊很困难。避免沼泽地放牧和尝试与鹿隔离是有用的方法。当无法避免接触时，可以采取减少山羊吸虫数量的措施。在北方地区，第一次霜冻后用阿苯达唑进行预防性治疗，1个月后再重复使用，可以有效减少临床损失。

11.5.6 矛形双腔吸虫感染

矛形双腔吸虫又称柳叶吸虫，一般引起山羊慢性肝吸虫病，没有片形吸虫造成的疾病严重。呈世界性分布。

11.5.6.1 病原

矛形双腔吸虫是一种小的肝吸虫，长6～10mm，宽1.5～2.5mm。它是间接生活史，有两个中间宿主：陆地螺和蚂蚁。9个科的40种螺可作为第一中间宿主，但所有的第二宿主蚂蚁都来自蚁亚科（Boray，1985）。山羊、绵羊和牛是常见的终末宿主，但其他家畜和野生哺乳动物及人也会感染。

吸虫成虫寄生于胆管，虫卵随粪便排出体外。卵被螺摄入，并发育到尾蚴。螺以黏球的形式排出尾蚴，尾蚴被蚂蚁摄入。在蚂蚁体内发育成感染性囊蚴。感染性囊蚴有神经性致病作用，在家畜放牧高峰期，使蚂蚁麻痹而停留在草叶上。感染的蚂蚁被家畜摄入，囊蚴在终末宿主小肠内脱囊形成吸虫幼虫。与片形吸虫相比，这些未成熟吸虫不会经过腹腔和肝实质进行移行。相反，他们经过小肠腔的胆总管直接进入肝脏胆管系统。矛形双腔吸虫的潜伏期是8～12周。

11.5.6.2 流行病学

矛形双腔吸虫在北美洲、欧洲、亚洲、北非和中东常见。在地方流行区，山羊群的流行率高达45%（Manas-Almendros et al，1978）。该病在南美洲很少见，在澳大利亚、新西兰和非洲大部分没有发现。非洲西部和东部的牛的吸虫——牛双腔吸虫（*Dicrocoelium hospes*），在尼日尔和尼日利亚山羊上有报道（Tager-Kagan，1979；Schillhorn van Veen et al，1980）。

由于宿主螺大量存在，陆地蚂蚁的种类也很广泛，许多野生哺乳动物还能作为贮藏宿主，因此大部分放牧区都可能被矛形双腔吸虫污染，与森林相邻的牧区是高发区。吸虫卵也能抵抗干燥和严寒。冬眠的蚂蚁仍然保留有感染性囊蚴，所以家畜在早春放牧时也有风险。

11.5.6.3　发病机理

这些吸虫比肝片吸虫致病性小，因为它们不经过肝实质移行。每只山羊可能涉及成千矛形双腔吸虫的感染，这会造成整个胆管系统的渐进性炎症，可能导致纤维化、胆汁性肝硬化和肝功能不全。

11.5.6.4　临床表现

矛形双腔吸虫可能呈亚临床感染，或产生与慢性片形吸虫病相似的综合征。感染山羊有体重减轻的病史。消瘦、精神沉郁，还会表现贫血症状和低蛋白血症，苍白和下颌水肿。

11.5.6.5　临床病理学和剖检

山羊粪便中矛形双腔吸虫虫卵的鉴定是最可靠的诊断方法。深褐色、有盖，比片形吸虫或大片吸虫虫卵明显小，粪便漂浮法和沉淀法都能查到虫卵。矛形双腔吸虫可能导致血清 GGT 和 AP 水平升高，这是胆管炎症造成的。血象中贫血和低蛋白血很明显。

剖检时，在胆管内可见矛形双腔吸虫成虫。在早期病例中，可见胆管增厚。在严重和慢性的感染中，可见胆管系统纤维化、肝硬化、肝表面瘢痕。山羊矛形双腔吸虫和片形吸虫的肝脏病理学比较已经叙述过（Rahko，1972）。

亚洲水牛和黄牛胆管内寄生一种同盘吸虫——扩展巨盘吸虫（*Gigantocotyle explanatum*），有时能在羊胆管内发现（Upadhyay et al，1986）。必须与有相似外观的矛形双腔吸虫区分。

11.5.6.6　诊断

矛形双腔吸虫病必须与慢性片形吸虫病、胃肠道蠕虫病、副结核病和其他慢性消耗性疾病相区分，这些将在第 15 章论述。

11.5.6.7　治疗

在法国，可以 15mg/kg 剂量灌服市售阿苯达唑驱矛形双腔吸虫，妊娠期的前 3 个月使用时要注意。以 50mg/kg 剂量灌服市售硫菌灵时，山羊奶的休药期为 3d。以 220～330mg/kg 剂量灌服地芬尼太，效果非常好，没有毒副作用（Devillard and Villemin，1976）。有些药物对羊有 90％效果甚至更高，这些药物有以 200mg/kg 剂量灌服的噻苯咪唑，以 100mg/kg 剂量灌服的苯硫咪唑，以 50mg/kg 剂量灌服的吡喹酮，以 20mg/kg 剂量灌服的奈韦拉平（Boray，1985；Sanz et al，1987）。值得注意的是，其中有些剂量超过了蠕虫上使用的常规剂量。对山羊灌服剂量高达 22.5mg/kg 的溴替尼特时，没有效果（Shahlapour et al，1986）。

11.5.6.8　防控

两个中间宿主的存在使防治措施复杂化，策略性驱虫治疗是唯一实用的防治方法。在温暖地带该病的地方流行区，山羊应该在秋季进行治疗，以减少冬季饲喂季节开始之前的吸虫成虫数量。在热带和亚热带地区，在吸虫的潜伏期，进行全年重复性的治疗，可以减少吸虫数量以及对牧区的污染。

11.5.7　胰阔盘吸虫

阔盘吸虫或称胰蛭，主要引起山羊亚临床感染。诊断时粪便中存在的阔盘吸虫虫卵可能与临床上更重要的矛形双腔吸虫（柳叶吸虫）相混淆。

胰阔盘吸虫广泛分布于亚洲，巴西也有。胰阔盘吸虫与矛形双腔吸虫有着相似的生活史，差别在于作为第一中间宿主的螺不同，草螽代替蚂蚁作为第二中间宿主。山羊、绵羊、家牛、水牛、人作为终末宿主。吸虫幼虫寄生于胰管，但偶尔在胆管或十二指肠成熟。胰阔盘吸虫比矛形双腔吸虫宽而尖。潜伏期 7～15 周。其他报道的来自山羊的阔盘吸虫有中国、尼泊尔和巴西的支睾阔盘吸虫（Chongti and Tongmin，1980；Mahato，1987）和牛腔阔盘吸虫（*E. coelomaticum*）（Shien et al，1978；Fernandes and Hamann，1985）。

胰阔盘吸虫的感染通常呈亚临床状态，但严重的感染会引起消瘦。在尼泊尔，一只恶病质成年山羊突然死亡，是由含有支睾阔盘吸虫的胃网膜静脉破裂引起的（Mahato，1987）。

剖检时，胰阔盘吸虫可能在十二指肠和胆管中发现，但在胰管中更常见。这些管道可能出现卡他性炎症和变厚，胰脏本身出现萎缩性和纤维化的病灶。病变的严重性随吸虫数量增加而增加（Shien et al，1979）。

接 20mg/kg 剂量连续 2 天灌服吡喹酮对山羊阔盘吸虫属有效（Kono et al，1986）。三氯苯哒唑（Kono et al，1986）、联硝氯酚（Weng，1983）、硝碘酚腈对阔盘吸虫无效（Suh，1983）。

11.6 营养性和代谢性疾病

11.6.1 白肝病

白肝病有时能够作为绵羊钴缺乏的标志,该病在山羊上的报道只有新西兰和阿曼,在其他土壤钴缺乏的地区可能存在未被正确诊断的情况。疾病以渐进性消瘦和肝脏脂肪代谢障碍为特征。在剖检时,肝脏表面呈浅灰色。

11.6.1.1 病原学和发病机制

反刍动物钴缺乏与牧区土壤中钴缺乏有关。钴缺乏引起伴有贫血和低蛋白血症的慢性消耗疾病。然而,白肝病很明显的特征性表现只发生在绵羊和山羊上。

瘤胃微生物利用钴生成氰钴维生素或维生素 B_{12},维生素 B_{12} 是柠檬酸循环中甲基丙二酰辅酶 A 变位酶的辅酶,在肝脏,柠檬酸循环促进丙酸转化成葡萄糖,中间需要经过琥珀酸盐的转化。当小反刍动物发生钴缺乏或饲喂高碳水化合物超过了肝脏将丙酸转化成琥珀酸盐的能力时,这些动物的组织中可能蓄积了甲基丙二酰辅酶 A 或甲基丙二酸,并将其转化成支链脂肪酸,脂肪酸在肝细胞内积累。这种支链脂肪酸的转化不会发生在牛或鹿,白肝病作为钴缺乏的表现,在这些动物没有观察到(Black et al,1988)。

11.6.1.2 流行病学

与土壤中钴缺乏有关的家畜钴缺乏在新西兰、澳大利亚、欧洲和北美洲东北部都有报道。绵羊白肝病在新西兰、澳大利亚、巴西、美国、荷兰、瑞士和挪威都有特别报道。山羊白肝病在新西兰有报道(Pearson,1987;Black et al,1988),在阿曼山羊上也得到了证实(Johnson et al,1999)。在发生绵羊白肝病的地区,推测该地区山羊也有该病是合理的,但因为该病的临床症状与胃肠道蠕虫病相似,因此容易被忽视。

新西兰报道的白肝病多发于 4~18 月龄的安哥拉山羊或杂交安哥拉山羊,但大多数是 4~6 月龄。草场放牧比用豆科植物饲喂羊更易导致钴缺乏,植物茂盛的牧场更容易患病。阿曼屠宰场山羊肝脏样品的诊断结果为脂肪肝和低钴浓度。没有报道这些羊生前的管理情况。

11.6.1.3 临床表现

钴缺乏的主要病症是慢性消耗性疾病。患病羊消瘦、虚弱和萎靡,伴有食欲减退、黏膜苍白和下颌水肿。可能见到腹泻。绵羊白肝病也与光敏反应有关,但这在山羊中还没有报道。

11.6.1.4 临床病理学和剖检

巨红细胞、血色素水平正常性贫血和低蛋白血症是常见的病症。以建立的绵羊维生素 B_{12} 正常值为标准,剖检时检测血清和肝脏维生素 B_{12} 含量,证实了新西兰山羊存在白肝病。正常的血清水平是高于 400pmol/L,正常的肝脏水平是高于 200nmol/kg。在阿曼的确诊是根据肝脏钴浓度的分析而获得的,与正常阴性山羊肝脏钴浓度每千克干物质(0.53±0.11)mg 相比较,在受到钴缺乏影响山羊中钴浓度为每千克干物质(0.08±0.02)mg。正常山羊肝脏钴的标准参考值还没有报道。牛和羊正常值分别是每千克干物质 0.15~0.20mg 和钴缺乏动物中为每千克干物质 0.02~0.06mg(Johnson et al,1999)。

剖检发现畜体瘦弱和肝脏苍白。组织学观察显示肝脏有广泛的脂肪变性,在肝细胞细胞质中有单个、大的脂肪球,轻度到中度的胆管增生,肝门静脉增生,窦间隙积聚有巨噬细胞,内含希里夫胆汁循环试验阳性的蜡质样物质。

11.6.1.5 诊断

诊断时,必须考虑造成持续体重减轻的所有原因,这将在第 15 章叙述。因为年幼山羊常常患有相似临床症状的胃肠道蠕虫病,所以不能忽略作为并发症或潜在的钴缺乏症,即使粪便漂浮或剖检发现是明显的蠕虫病。

11.6.1.6 治疗

对幼畜,每周 $100\mu g$ 剂量肌内注射维生素 B_{12},或对成年动物 $300\mu g$ 用量能改善感染畜群白肝病的症状。同样,绵羊每天每头灌服 1mg 的钴补给物,直到有明显改善为止。

11.6.1.7 防控

缺乏钴的牧场可以用硫酸钴按平均每公顷 350g 的比例施以钴,但动物必须在短期内营养性补给,因为牧场的吸收不会立即见效。当牧场处理不可行时,钴必须在饲喂中补给。绵羊的推荐量为每天每头 0.1mg。给绵羊使用商业化钴丸剂能提供持续性钴释放,只要它能在反刍动物瘤胃存留,释放时间可长达 3 年(Kimberling,

1988）。在广阔的放牧体系中，用硫酸钴处理牧场或常规的饲喂钴补给物都是不实际或不可行的，因此这种丸剂具有特殊价值。

11.7　中毒性疾病

报道称，许多药物、化学品、植物和真菌霉菌毒素能够造成中毒性肝炎，尤其对山羊。中毒性肝炎的识别和具体原因的鉴别对兽医从业者可能是一个巨大挑战，需要仔细询问病史、全面检查环境，同时常常需要实验室技术支持。下面的叙述分为两部分。第一部分是山羊中毒性肝炎显著性特征的一般讨论，第二部分进行疾病特定病因的简要叙述。

11.7.1　中毒性肝炎的一般特征

各种化学品和药物造成的肝实质弥漫性破坏偶尔发生于山羊。诱发因素有药物剂量过大、药物使用不当、特异质反应、未知风险、毒素易感。

植物中毒的原因是多样的。在一些病例，山羊被花园割草中夹杂的毒性植物饲喂后中毒。偶尔，中毒性植物混在干草里，但浓度通常不足以产生广泛性的中毒。放牧时，植物的潜在毒性可能随着气候条件而改变，或者植物上的寄生真菌能增加其毒性。正常环境下，中毒性植物适口性较差，山羊不会采食。然而，干旱或过量放牧时，山羊可能不得不采食中毒性植物。实际上，因为山羊天生的多样化采食习性，而可能比绵羊和牛采食更多。

肝中毒的发生与毒素剂量、毒素作用、接触时间、羊解毒的能力有关。药物和化学品在单次接触后容易造成急性中毒，大部分植物中毒是由于长时间饲喂或放牧有毒植物造成的。一些植物缓慢导致中毒疾病而另一些植物是蓄积性中毒，在急性中毒发作前有一个较长时间的毒素积累期。

毒性成分生物转化成非活性代谢物主要发生在肝脏，包括微粒体酶系统，特别是多功能氧化酶和血红蛋白细胞色素 P450。反刍家畜解毒能力差异很大（Patterson and Roberts，1970；Dalvi et al，1987）。山羊的微粒体蛋白含量与牛相当，但显著少于绵羊。山羊的细胞色素 P450

的含量与牛相等，但显著多于绵羊的，山羊的苄非他明去甲基化酶活性水平比牛或羊都高。这些发现为人们了解山羊、绵羊、牛对一些已知的毒性物质易感差异性提供了依据。根据各种有毒物质对绵羊或牛影响，可以假定它们是否对山羊具有相同的毒性（Al-Qarawi and Ali，2003；Szotáková et al，2004；Dacasto et al，2005）。年龄在生物转化能力上也是一个因素。相对于6周龄羊和成年羊，新生羊肝脏药物代谢酶活性很低（Eltom et al，1993）。

概括地说，肝毒素通过下面一个或多个方法可以显示其毒性：小叶中心坏死、中央区坏死、门静脉周围坏死、胆汁淤积、胆管增生或静脉闭塞。当初始毒性效应很严重时，通常引起急性致死性肝功能不全。在不严重或慢性中毒时，随着治疗的进行，渐进性肝坏死与肝恢复相混合，主要特征为纤维化，时间一长将导致肝硬化。当毒素被摄入后，许多肝脏毒性物质，尤其是植物，对其他器官也发挥毒性效应，尤其是肾、肺和消化道。

山羊中毒性肝炎的临床症状随病因而变化。一般而言，精神沉郁和食欲不振是最为一致的症状。肝源性脑病的症状常见有虚弱、共济失调、垂头、斜颈、昏迷、惊厥。肝脏疼痛的显著证据是弓背，对肝脏触诊很抵触，常见于急性中毒病。黄疸比预期的少见。光照性皮炎的症状在一些植物中毒中可见。因为许多对肝有毒性的物质也能影响其他器官，许多观察到临床症状并不是肝脏引起的。在这些情况中，常见症状有呼吸困难、腹泻和肾衰。

急性中毒病例中，血清肝脏相关酶水平会升高。应该检测肝脏特有酶，因为一些毒性物质也会破坏肌肉，从而造成 AST 升高。急性山羊肝中毒时，总胆红素的升高不是固定不变的。当观察到总胆红素升高时，红细胞参数评估可说明是否发生并发性溶血。

通过 BSP 清除试验来评估肝功能并通过活检观察特征性病变对验证长时间的中毒性肝炎的存在是很有用的，因为血清中肝脏特有酶的升高在慢性病中是不显著的。贫血、低蛋白血症和低白蛋白血症在慢性肝中毒病中常见，但肝功能不全并不是特异性的。当观察到神经症状时，血氨升高水平有助于鉴别肝性脑病与原发性神经系统疾病。

剖检时，急性中毒性肝炎肝脏边缘水肿。切面因为小叶中心坏死和血管充血而使实质小叶轮廓突出。当发生黄疸时，器官和体脂也呈现黄色。当发生低蛋白血症或并发充血性心力衰竭时，水肿和腹水可能会出现。在许多病例，肝毒性物质的毒性不局限于肝脏，常涉及多个器官。摄入毒性物质常引起肠胃炎，肾病变时常发生，推测可能是肾脏对毒物的滤过作用和浓缩作用所致。可通过瘤胃内容物检查肝毒性植物是否存在。

中毒的最终确诊很困难。通过仔细询问以分析所有可能接触的毒物，对环境进行检查以确定是否存在被动物管理者忽略的植物或化学品。虽然许多毒性植物的毒性可以用实验室方法鉴定，但这些方法常常很昂贵，且在诊断上的使用不太广泛。对瘤胃内容物、饲料或牧场植物进行鉴定，足以做出初步诊断。鉴定瘤胃内容物中毒性植物片段是很有价值的。

中毒性肝炎的特异性治疗具有局限性。可能的话，动物应该远离进一步接触毒物的风险。已经清楚的是，经口中毒的成年羊急性病例，以 500g 剂量给予活性炭能抑制毒性从消化道进一步吸收。对有价值的动物个体，在疾病发生的早期可以尝试瘤胃切开术，以移除可能有毒性的摄入物。中毒的支持疗法有葡萄糖的液体补给，以防脱水和低血糖，饲喂低蛋白的饮食，以防血氨过高，控制癫痫。当出现光照性皮炎时，动物应该避免直射光照，给予糖皮质激素可缓解光照性皮炎症状，使用抗生素可防止继发感染脓皮病。在许多中毒性肝炎病例中，由于持久的肝脏损害，急性中毒动物不能痊愈或恢复生产性能。所以，预后应该谨慎。

中毒性肝炎的控制需要对毒性物质的鉴定和避免进一步接触。这包括准确的使用如伊维菌素等药物的剂量，使用新药代替四氯化碳治疗肝吸虫，限制山羊放牧以避免采食毒性植物，避免过度放牧，干旱期间提供充足的饲料，认识到某些植物的毒性增强期。要达到这些目的很明显是很困难的。对山羊有毒性的环境物质尤其是植物的深入认识以及中毒机理的进一步了解，将有利于采取更明确的控制措施。

11.7.2 化学和相关药物造成的中毒性肝炎

11.7.2.1 四氯化碳

四氯化碳作为驱吸虫剂使用时具有肝毒性作用，即使以推荐剂量每千克体重 0.1mL 使用也有毒性（Jones and Shah，1982）。剂量过大会由于呼吸抑制而导致急性死亡，还能造成 3～7d 的肝和肾功能不全。当动物第一次使用氯化氢驱虫剂地特灵进行治疗时，动物对四氯化碳的敏感性将增加（Abdelsalam et al，1982）。

11.7.2.2 六氯乙烷

报道称，在印度的一个贾木纳帕里山羊病例中，给予标准剂量的六氯乙烷进行肝吸虫的治疗时，动物出现了特异质反应（Vihan，1987）。中毒的早期症状有前胃迟缓、瘤胃鼓胀、腹泻和呼吸困难，接着出现精神沉郁、步态蹒跚、肌肉痉挛和抽搐。剖检病变有肝坏死、肾小管变性、肺水肿、前胃黏膜脱落、全身性出血。这种反应在牛羊上也有报道。

11.7.2.3 氟烷

虽然氟烷在美国没有普遍使用，但氟烷气体麻醉在山羊普遍使用，并且未发生中毒。然而，有两篇不同的报道，推测麻醉后，氟烷毒性很快产生广泛性肝坏死，并伴有肝性脑病的临床症状（Fetcher，1985；O'Brien et al，1986）。虽然确切的机制仍然不清楚，但推测是长时间的麻醉、缺氧和低血压的综合作用，导致了肝脏氟烷的还原而非氧化代谢，从而产生了肝毒性物质而非活性物质。在接下来的研究中，不超过 2h 的氟烷麻醉后，进行山羊临床酶学的仔细检测，以及 1 个月和 2 个月后肝脏样本组织学检查，没有显示任何肝脏损伤或功能不全（McEwen et al，2000）。

11.7.2.4 铁

铁中毒是将马的补血产品超出标签用量用于羊而造成。实验室山羊使用相同产品也产生了相同的效应（Ruhr et al，1983）。该产品规定为静脉注射，但肌内注射的剂量大约是马的推荐用量的 5 倍。症状有呼吸困难、虚弱、黄疸、卧地和抽搐。剖检可见严重肝坏死。

11.7.2.5 伊维菌素

皮下给予努比亚山羊 25 倍推荐剂量的伊维菌素，产生急性虚脱、过度兴奋、死亡或 3～4d

病程的食欲不振、虚弱、卧地不起、失明、昏迷和死亡。主要的死后剖检病变为多病灶、非化脓坏死性肝炎（Ali and Abu Samra，1987）。在其他研究中，给东非山羊 8 倍推荐剂量的伊维菌素，除了皮下注射部位立即出现暂时性刺激外，没有其他副作用（Njanja et al，1985）。

11.7.2.6 铜

在用含铜的犊牛牛奶替代品饲喂幼龄山羊时，有慢性铜中毒的报道（Belford and Raven，1986；Humphries et al，1987）。慢性铜中毒会导致溶血性贫血和肝脏损害，最近有报道奶山羊发生的慢性铜中毒时，没有黄疸或其他贫血症状（Cornish et al，2007）。铜中毒在第 7 章已详细叙述。

11.7.3 造成中毒性肝炎的植物

11.7.3.1 蒺藜

蒺藜中毒，是一种与牧区一年生草本植物蒺藜有关的肝源性光敏病，造成南非绵羊和山羊产业严重经济损失（Kellerman et al，1980）。澳大利亚（Glastonbury and Boal，1985；Jacob and Peet，1987）、伊朗（Amjadi，1977）、阿根廷（Tapia et al，1994）和美国加利福尼亚（McDonough et al，1994）也有相同的报道。被称作蒺藜的植物，在世界上温带和热带地区可见。疾病具有季节性。在夏天雨季后，气候炎热、干燥，植物枯萎时，变得有毒性。肝中毒和光敏作用被认为是由植物中含的甾体皂苷引起的（Kellerman et al，1991）。当植物枯萎时，毒性增强。也有人认为，在上述气候条件下，纸皮司霉菌可在蒺藜上生长，其产生的霉菌毒素——葚孢菌素的存在，可能增强蒺藜甾体皂苷的毒性。山羊蒺藜实验室中毒的临床和病理学效应已经有过综述（Aslani et al，2004）。

11.7.3.2 诺力草

因为诺力草叶子没有毒性，所以美国得克萨斯州和西南其他部分地区发生的中毒仅在春季发芽、开花或果实成熟的短短 3 周时间内。开花时间常常和牧场饲料短缺时间相吻合，所以羊和牛很可能摄入。临床症状有食欲不振、精神沉郁、黄疸、尿液深黄色、蹄部变紫和光敏作用。因为诺力草的花含有少量的叶绿素，当饲喂青草时，更可能出现光敏反应（Mathews，1940a）。

11.7.3.3 龙舌兰

龙舌兰，或称龙舌草，是美国得克萨斯州、新墨西哥州和墨西哥干旱时引起羊肝源性光敏作用的另一种重要植物，尤其是在春季。该病在当地被称为"山羊热"或"肿头病"。一般认为，植物含有两种光敏性毒素，其中一种是皂苷。症状有精神沉郁、食欲废绝、黄疸、眼鼻分泌物发黄、流涕、脸部和耳部肿胀的光敏性作用、昏迷。发病率和死亡率为 5%～30%（Mathews，1937）。

11.7.3.4 大戟

大戟中毒仅发生在干旱时得克萨斯州的砂土地区，在此期间动物采食嫩绿的植物而中毒。毒素因为干燥而降解。山羊不及牛易感，但出现精神萎靡、食欲不振、消瘦和腹泻的症状。剖检可见严重的肝脂肪变性（Mathews，1945）。

11.7.3.5 马缨丹

在澳大利亚、印度、墨西哥和美国，含马缨丹烯的马缨丹是引起牛羊中毒的重要因素。在干旱时动物大量采食马缨丹，因此该病在世界上热带和亚热带地区的灌木丛经常发生。中毒综合征以光敏作用、黄疸、前胃迟缓和便秘为特征。剖检时，畜体黄染，肝脏水肿、暗黑色到黑色、胆囊扩张。可见肾脏肥大和肺充血。以光敏作用为特征的马缨丹中毒在澳大利亚东部海岸山羊上已有报道（Seawright，1984）。南非报道了一例波尔山羊羔羊自然中毒病例，出现黄疸、脱水和便秘症状，但未见光敏反应（Ide and Tutt，1998）。山羊人工复制的病例，出现黄疸性肝中毒，还有一些病例死亡。但在一个研究中，没有出现光敏反应（Lin et al，1985），而在其他研究中，除了食欲废绝外，没有出现临床症状（Lal and Kalra，1960）。最近在印度人工试验的病例中，黄疸和光敏作用都出现了（Ali et al，1995）。有关山羊其他的文献报道和田间病例暴发的描述都是有用的。

11.7.3.6 吡啶生物碱中毒

山羊对摄入狗舌草、猪屎豆和天芥菜植物所造成的吡啶生物碱中毒有一定的抵抗力，这与牛和马相反，但与绵羊相似。这种抵抗力不是绝对的，是剂量依赖性的。相比马和牛每千克体重 5%～20% 致死量（Goeger et al，1982），用每千克体重 125%～400% 的剂量持续饲喂美狗舌草，可引起山羊吡啶生物碱中毒的典型症状和病变。用猪屎豆（Barri et al，1984）和天芥菜（Abu Damir et al，1982）人工饲喂山羊已经有报道，两种试验都出现了中毒症状，但没有或者缺少与吡啶生物碱中毒相一致的肝脏病变，即巨红细胞症、胆管增生、门脉纤维化、静脉闭塞症。推测山羊人工饲喂这些植物复制的中毒效应是由毒性成分而不是吡啶生物碱造成的。

在正常放牧条件下，山羊在可觅食到这些植物的时期内，不可能因采食大量狗舌草而导致严重的致死性疾病。然而，一些肝中毒是长期摄入引起的，并可能损害生长和生产力。在美国得克萨斯州推荐使用山羊和绵羊清除牧场的狗舌草和 S. spartoides，防止牛食入该植物造成中毒（Dollahite，1972）。

即使是山羊长时间摄入含吡啶生物碱的植物，也可能不会发生中毒。这些肝脏毒素能排入奶汁中。当给予大鼠由 25% 狗舌草日粮饲喂的羊的乳汁时，能引起吡啶生物碱中毒的特征性肝脏病变。但犊牛不会发生这种中毒（Goeger et al，1982a）。通过山羊奶传递毒性的中毒机制在人还未见报道。

11.7.3.7　多种植物中毒

关于山羊植物中毒的研究许多都来自苏丹。因为怀疑这些植物与在干旱环境下家畜经常暴发的自然中毒有关，因此对其应进行了评估。在苏丹已试验证实了一些对山羊有肝毒性的植物，这些植物有伏毛天芹菜（Heliotropium ovalifolium）（Abu Damir et al，1982）、硬毛刺苞菊（Crotalaria saltiana）（Barri et al，1984）、刺苞果（Acanthospermum hispidum）（Ali and Adam，1978）、麻风树（Jatropha aceroides）、青冈麻风树（J. glauca）、橙色虎眼茄（Solanum dubium）、瓠瓜（Lagenaria siceraria）、药西瓜（Citrullus colocynthis）（Barri et al，1983）、苞蔓马兜铃（Aristolochia bracteata）、蛭果柑（Cadaba rotundifolia）（El Dirdiri et al，1987）、树牵牛（Ipomoea carne）（Abu Damir et al，1987）、木蓝属植物（Indigofera hochstetteri）（Suliman et al，1983）、绒毛大沙叶山柑（Capparis tomentosa）（Ahmed and Adam，1980）、灰毛豆（Tephrosia apollinea）（Suliman et al，1982）。

在巴西，橡胶树果实的提取液能引起山羊食

欲不振、共济失调、过度兴奋、角弓反张，病畜在 28～92h 内死亡。剖检可见小叶中心坏死和肝脂肪变性。寻骨风斑鸠菊（Vernonia mollissima）是另一种对绵羊和牛有毒的巴西植物，饲喂山羊后造成精神沉郁、步态蹒跚、划水样卧地，55h 内死亡。主要剖检发现是肝坏死和肾损伤（Dobereiner et al，1987）。

在新西兰，已经报道 Vestia foetiday 能够造成严重的肝细胞坏死和脂肪变性。两只年轻山羊采食该植物后，表现出瞳孔放大、攻击反应丧失、共济失调、肌肉震颤、卧地，呼出植物叶子磨碎的恶臭气体。一只山羊经地西泮和维生素治疗有效，而另一只羊则死亡。剖检显示肝病变和肾脂肪病变（McKeough et al，2005）。

在澳大利亚，采食苦槛蓝叶子的牛、山羊可观察到肝中毒，苦槛蓝属的植物包括金合欢树和 Ellangowan 有毒灌木。毒性的本质是呋喃倍半萜烯精油，可导致肝脏中央区和小叶中心坏死（Allen et al，1978）。临床症状有光敏反应、出血、呼吸困难和死亡。

其他散发的引起山羊肝源性光敏反应的因素有美国的克莱因稷（Panicum spp.）（Smith，1981）、尼日利亚（Opasina，1985）和马来西亚俯仰臂形草（Brachiaria decumbens）（Mazni et al，1985）。

棘豆属生物碱会造成肝脏损害，组织学观察肝脏空泡状（Li et al，2005）。摄食棘豆属后的临床反应已在有关疯草病的第 5 章详述。

11.7.4　真菌和霉菌造成的中毒性肝炎

在南非，青野燕麦上生长一种钟形德氏霉菌（Drechslera campanulata），波尔山羊采食这种燕麦后，霉菌毒素会引起光敏性肝中毒。采食后 8d 内表现临床症状，有头部水肿型光照性皮炎、腹泻，死亡率为 3.5%（Schneider et al，1985）。

在斯里兰卡，年轻山羊摄入含黄曲霉污染的椰子肉的补饲精料而发生黄曲霉毒素中毒。临床症状在之后 7 个月都能观察到，死亡率较高。黄疸是主要症状，伴有昏睡、食欲不振、浆液性鼻腔分泌物，5～7d 病程后最终出现低体温症。肝脏坚实、充血、纤维化、胆汁滞留而使胆囊扩张。显微镜观察，胆管增生和门静脉周围纤维化。山羊也通过试验产生了相似的症状（Samarajeewa et al，1975；Miller et al，1984）。已经证实黄曲霉毒素中毒能够减少奶产量，且与饲喂羊的黄曲霉毒素的剂量有关（Hassan et al，1985）。

"坚硬的黄色肝"或称为肝脏脂肪硬化，是一种在得克萨斯州西部和南部放牧山羊、绵羊、牛、鹿偶尔发生的疾病，会引起慢性体重下降、神经症状，最终引起肝昏迷。剖检可见脂肪肝和肝硬化（Bailey，1985）。确切的病因还不清楚。推测与该病流行区牧草上生长的一种真菌（*Phomopsis*）的毒素有关，这种称为漆斑菌素A的毒素可从拟茎点属真菌中提取获得（Samples et al，1984）。然而，给予绵羊提纯的漆斑菌素A 60d，也没有产生疾病典型的肝病变（Thormahlen et al，1994），病因仍然不清楚。疾病的流行病学和临床特征已有综述报道（Helman et al，1993）。

与生长在羽扇豆植物上的间座壳菌（*Diaporthe toxica*）霉菌有关的肝脏型羽扇豆中毒，是欧洲、南非和澳大利亚牛、绵羊的一种重要疾病。该病可在山羊上进行人工复制，但自然发生病例却很少报道（Marasas，1974）。

11.8　肿瘤疾病

山羊肝脏肿瘤很少见。报道的两例肝癌，一例是在肉品检验时，在一只4岁的安哥拉山羊上偶然发现的（Rousseaux，1984）；另一例是在一只瘦弱而垂死的10岁努比亚山羊雄性羊上发现的。这只羊除了肝细胞瘤外，还有嗜铬细胞瘤和平滑肌瘤。找到肝脏肿瘤临床症状的原因很困难（Lairmore et al，1987）。在吐根堡山羊上报道了一例原发性肝纤维肉瘤病例（Higgins et

al，1985）。在山羊，报道了两例胆管癌并转移到肺部的病例（Chauhan and Singh，1969；Paikne，1970）。一例表现为体重下降、腹水，另一例在屠宰时意外发现。另外报道了两例没有发生转移的山羊恶性胆管癌（Rodriguez et al，1996；Domínguez et al，2001）病例，以及一例在屠宰检验时在外观健康山羊上鉴定出的良性胆管瘤（Puette and Hafner，1995）。尸体剖检时，在山羊的肝脏发现了弥散型和结节型淋巴肉瘤（Craig et al，1986）。

11.9　糖尿病

有一例继发脑垂体远侧部增生的矮脚山羊糖尿病的报道。据推测是因为不正常的脑垂体分泌大量生长素，生长素能长久刺激胰腺分泌胰岛素的胰岛细胞，导致胰岛细胞的衰竭和变性，引发糖尿病相关的临床表现。患病羊表现长久而显著的体重减轻、多饮、多尿、高血糖、糖尿和酮尿。空腹胰岛素浓度为 $5.5\mu IU/mL$，而健康羊的正常值（45 ± 9） $\mu IU/mL$（Lutz et al，1994）。

还有另一例病因不详的山羊糖尿病报道（Akdoǧan Kaymaz et al，2001）。虽然在试验条件下用四氧嘧啶（Schwalm，1975；Prasad et al，1985；Kaul and Prasad，1990）或链脲霉素（Cheema et al，2000；Rubina Mushtaq and Cheema，2001）可诱导山羊患糖尿病，但是普遍认为山羊很少患糖尿病。

（刘志杰）

12.1　影响山羊泌尿系统因素概述

　　除了梗阻性尿结石，临床上山羊泌尿系统疾病很少见。公山羊尤其是已去势的公羊常见尿结石。该病将在本章节后续部分进行详细介绍。

12.1.1　临床和亚临床肾病

　　虽然在临床上山羊的肾脏疾病很少见，但在屠宰场可发现，眼观健康山羊的肾脏病理损伤其实很普遍。在印度的调查发现，71%的山羊肾脏，即使外观很正常，组织学上却表现异常，表明山羊肾病在印度非常普遍（Sankarappa and Rao，1982）。而在屠宰场检查发现，仅有1.5%～3%的肾脏形态发生了变化（Khanna and Iyer，1971；Tomar，1984；Babu and Paliwal，1988）。在这些肾脏病变中，最常见的是不明病因的间质性肾炎，其次是肾钙质沉积症。最常见的形态异常为先天

性多囊肾和肾脏表面的白斑。白斑肾有时由钩端螺旋体感染引起（Kharole and Rao，1968；Khanna and Iyer，1971），Khanna 和 Iyer 报道了一起由微孢子虫［*Encephalitozoon*（*Nosema*）*cuniculi*］引起的白斑肾病例，这种原虫感染山羊并不常见（Khanna and Iyer，1971a）。

　　山羊也会发生原发性肾小球肾炎，但在临床上很少见。肾小球病变主要由免疫球蛋白 G 和补体的过量沉着，使抗体不能直接作用于基底膜，其激发的免疫介导的病变仍不被人知（Lerner et al，1968）。也有报道，在诊断山羊支原体肺炎时，剖检发现了肾小球肾炎的病变。

　　在伊拉克（Zahawi，1957）和印度（Kharole，1967）的山羊，以及美国得克萨斯州已去势的安哥拉山羊公羊（Light，1960；Thompson et al，1961；Grossman and Altman，1969）体内曾观察到一种亚临床的病变，起初称为"对称型皮质铁沉积症"，后来称为"景泰蓝

肾"。肾皮质由于色素沉着而被弥散性地染成深棕色到黑色，这种色素沉着在皮髓质结合部中断，并伴随着肾皮质的近曲肾小管部分的基底膜增厚，病变常伴随着肾含铁血黄素沉着，受影响的基底膜被铁质着色。引起这种亚临床病变发生的病因有较多的解释，但是确切的原因仍不清楚（Hatipoglu and Erer，2001）。

山羊肾盂肾炎不常见，可能是由除了肾棒状杆菌（*Corynebacterium renale*）以外的微生物引起，如化脓隐秘杆菌（*Arcanobacterium pyogenes*）（Gajendragad et al，1983）。与牛相比，山羊分娩后子宫的感染率较低，这与山羊肾感染率上升但发病率低有一定的关系。

肾脏具有过滤和排泄的功能，毒素在肾脏中被浓缩，从而引起中毒性肾病。试验或自然发生的病例表明，多种物质可导致山羊的肾脏产生病变，这些物质包括金属、化学物质、植物、真菌和药物。虽然有大量的文献报道毒性物质对山羊肾脏的损伤，但是缺乏动物临死前毒素对肾脏功能的影响、临床病理学异常和相关临床表现方面的资料。已报道的能引起中毒性肾病的金属有砷（Biswas et al，2000）、镉（Bose et al，2001）、铜（Humphries et al，1987；Belford et al，1989）、铁（Ruhr et al，1983）、铅（Gouda et al，1985）、水银（Pathak and Bhowmik，1998）和硒（Hosseinion et al，1972；Qin et al，1994）。化学物质有艾氏剂（Singh et al，1985）、毒死蜱（氯吡硫磷）（Mohamed et al，1990）、柴油（Toofanian et al，1979）、乙二醇（Boermans et al，1988）、氰戊菊酯（Mohamed and Adam，1990）、六氯乙烷（Vihan，1987）、煤油（Aslani et al，2000）、西维因（Wahbi et al，1987）和硝酸双氧铀（Dash and Joshi，1989）。

致山羊中毒性肾病的植物有硬毛刺苞菊（*Acanthospermum hispidum*）（Ali and Adam，1978）、墨西哥龙舌兰（*Agave lecheguilla*）（Mathews，1937）、苋属（*Amaranthus* spp.）（Gonzalez，1983）、马兜铃属植物（*Aristolochia bracteata*）（El Dirdiri et al，1987）、印楝（*Azadirachta indica*）（Ali，1987）、蛭果柑（*Cadaba rotundifolia*）（El Dirdiri et al，1987）、野毛白杨（*Capparis tomentosa*）（Ahmed and Adam，

1980）、黄花夜香树（*Cestrum taurantiacum*）（Muggra and Nderito，1968）、药西瓜（*Citrullus colocynthis*）（Barri et al，1983）、野百合属植物（*Crotalaria saltiana*）（Barri et al，1984）、蛇草（*Guticrrezia micro-cephala*）（Mathews，1936）、天芥菜属植物（*Heliotropium ovalifolium*）（Abu Damir et al，1982）、木蓝属植物（*Indigofera hochstctteri*）（Suliman et al，1983）、树牵牛（*Ipomoea camea*）（Abu Damir et al，1987）、麻风树（*Jatrophia*）（Barri et al，1983）、葫芦（*Lagenaria siceraria*）（Barri et al，1983）、马缨丹（*Lantana camara*）（Ide and Tutt，1998）、沼金花（*Narthecium ossifragum*）（Flaoyen et al，1997）、熊丝兰属植物（*Nolina texana*）（Mathews，1940）、圭亚那帕立茜木（*Palicourea aenofusca*）（Dobereiner et al，1987）、狼尾草（*Pennisetum clandestinum*）（Peet et al，1990）、日本马醉木（*Pieris japonica*）（Visser et al，1988）、疆千里光（*Senecio jacobaea*）（Coeger et al，1982）、茄属植物（*Solanum dubium*）（Barri et al，1983）、灰毛豆属植物（*Tephrosia apollinea*）（Suliman et al，1982）、刺蒺藜（*Tribulus terrestris*）（Jacob and Peet，1987）和垂管花（*Vestia foetida*）（McKeough et al，2005）。

引起山羊中毒性肾病的真菌有小麦不孕病菌（*Drechslera campanulata*）（Schneider et al，1985）和黄曲霉（*Aspergillus flavus*）（Samarajeewa et al，1975）。曲霉菌（*Aspergillus*）和青霉菌（*Penicillium*）是饲料中常见的霉菌。试验表明，赭曲霉素、某些霉菌的代谢产物均可导致肾中毒，尤其是当静脉注射时，在近端肾小管曲部肾中毒病变更明显（Maryamma and Krishnan Nair，1990）。摄入叶蜂的幼虫，也可导致山羊肾脏病变（Thamsborg et al，1987）。

文献记载的对山羊肾脏具有损害作用的药物有氟烷（O'Brien et al，1987）、二丙酸咪唑苯脲（Corrier and Adams，1976）和呋喃唑酮（Ali et al，1984）。长时间大剂量使用氨基糖苷类药物或在一些诱因如脱水的条件下，对多种动物的肾脏有损害。试验证实庆大霉素可致山羊产生亚临床性的肾中毒，当将35mg/kg 10d的剂量分成2d注射时，会出现生理指标的改变，表现尿相对密度

下降、蛋白尿、尿中出现脱落的颗粒状上皮细胞和碱性磷酸酶升高（Kumar and Pandey，1994）。

一些在初期影响其他器官的感染性疾病，也可导致肾损伤和肾功能紊乱，该部分内容将在本书其他章节详细讨论。心水病可引起肾脏局部缺血，导致管型肾病的发生，这些内容在第 8 章有详细描述（Prozesky and Du Plessis，1985）。慢性锥虫病可导致山羊肾脏单核细胞的浸润和淀粉样蛋白沉着，这部分内容在第 7 章中有介绍（Bungener and Mehlitz，1976）。钩端螺旋体病可引起间质性肾炎，这部分内容在第 7 和 13 章中有介绍。

严重的溶血或肌肉坏死使得血红蛋白或肌球蛋白在肾小管中大量堆积，导致肾衰竭的发生。所以，在治疗溶血性贫血和营养性肌肉萎缩症时，输液促进排尿非常重要。营养/代谢性疾病、妊娠毒血症可引起近端肾小管上皮的脂肪浸润（Tontis and Zwahlen，1987）。

12.1.2 泌尿系统下尿路疾病

与牛相比，像膀胱炎这样的输尿管和膀胱的疾病在山羊上少见。剖检发现两例膀胱壁的多发性平滑肌瘤，但是没有相关临床症状的报道（Jackson，1936；Lairmore et al，1987）。另外，有两篇报告报道在屠宰场发现山羊膀胱平滑肌瘤和膀胱移行细胞乳头状瘤病例（Timurkaan et al，2001；Raoofi et al，2007）。

最主要的尿道疾病是公山羊的阻塞性尿结石病。绵羊常见溃疡性包皮炎影响包皮翻开，表现排尿困难。该病在鹿和去势羊上也比较普遍。本章将作详细介绍。

新生羊和羔羊的尿道畸形引起的排尿困难也较常见，主要有尿道闭塞、尿道下裂、尿道憩室和/或尿道扩张等，常发生于包皮或包皮附近（Karras et al，1992，Klc et al，2005）。这些畸形常见于雌雄间体的山羊。本章将介绍疱疹病毒感染引起的母羊阴道炎和公羊龟头包皮炎以及性传播。支原体（*Mycoplasma*）感染也与阴道炎的发生有关。

12.2 重要的临床背景信息

12.2.1 解剖学

关于反刍动物尿路比较解剖学的研究已有报道（Nickel et al，1973；Sisson，1975；Barone，1978）。成对的山羊肾脏为表面光滑的椭圆形蚕豆状，位于腹部腹膜后，常被脂肪包裹，尤其是左肾。成年羊的每个肾重 100～160g，长 6～7cm，右侧的肾固定在背腹部，与脊椎 T13～L3 处于同一水平；左肾更靠近尾部，位于 L4～L5 之间，其侧面与瘤胃背囊接触，常被充满的瘤胃挤压到腹中线右侧。

右侧输尿管沿着腔静脉背侧至左肾，左侧输尿管从正中面的右侧开始，经右侧输尿管腹面，再绕回到左侧进入膀胱。输尿管倾斜地通过膀胱壁，在膀胱三角区进入膀胱的背部，输尿管开口相距 1～1.5cm。膀胱充满时为卵形，充盈于腹腔中。母畜的膀胱腹面与子宫接触，由于其位于腹腔靠尾端，所以即使在膀胱充盈时，导尿也是很难操作的。

羊的阴茎是纤维型的，与其他反刍动物一样具有乙状曲，成对的阴茎牵引肌从后面延伸至阴茎，与乙状曲近端相连，这个肌肉的牵引使得在临床检查时，很难将阴茎从包皮中拖出。

绵羊尿道海绵体比龟头部的扩张程度好，长约 2.5cm，形成一个蠕虫状的具有勃起能力的部件，称为尿道突（Ghoshal and Bal，1976）（图 12.1、彩图 54）。绵羊的尿道突在龟头的左侧，而山羊的在正中线上。阴茎松弛时尿道突折叠于包皮内，阴茎勃起后尿道突变坚硬扩大。在射精的时候，尿道突螺旋形地旋转，使得精液喷洒在子宫口，甚至可直接到达子宫颈旁。出生时，尿道突与包皮黏膜粘连，随后在睾酮的作用下逐渐分离。

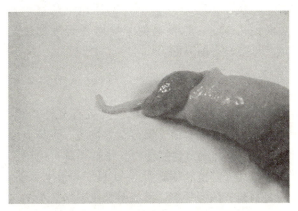

图 12.1　伸到龟头外的公羊尿道突（图片经 C. S. F. Williams 博士允许后复制）

尿结石在尿道突常见，引起排尿不畅，尤其是去势的公羊，尿道直径可能变小，再加上由于缺失睾酮的作用，导致尿道突与包皮黏膜粘连。在尿结石阻塞手术中，尿道突常被切除，以恢复排尿畅通。没有证据表明切除尿道突后会降低山羊的繁殖能力。

公山羊有一个尿道腺窝，这是一个从坐骨弓内尿道海绵体尾背部伸出的突起（图 12.2、彩图 55）。成对的尿道球腺将其分泌物排入这个 0.5cm 深的腺窝。以前，尿道腺窝被认为是尿道的憩室（Hinkle et al，1978；Garrett，1987）。在临床治疗尿结石病时，尿道腺窝在将导尿管经尿道插入膀胱时，具有重要的临床意义。导尿管在会阴区尿道逆向向上移动时，首先形成一个拱形越过耻骨部，导尿管尖端在尿道腺窝处受阻不能移动，从而不能到达膀胱。如果忽视了这一结构的存在，将会在导尿管到达膀胱的时候导致粗暴操作，造成尿道腺窝撕裂，从而引起会阴组织尿潴留，或者创伤、结疤和尿道挛缩。

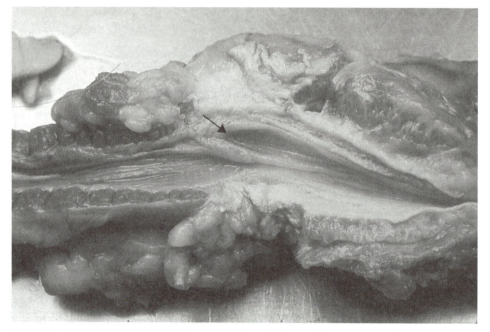

图 12.2　公羊坐骨弓处的尿道腺窝（箭头所指）（图片经 C. S. F. Williams 博士允许后复制）

与雄性动物的尿道不同，雌性动物的尿道短而直，成年动物尿道的平均长度为 5～6cm。尿道外开口在前庭底部的阴户内 2～3cm 处，是一个正好位于尿道口 0.5cm 深的尿道下憩室，其腹面到达尿道，这就避免了导尿管直接到达膀胱。母畜没有前庭腺。

12.2.2　生理学

和其他动物一样，山羊的肾脏有多种功能，包括平衡水和电解质、保存营养物质、维持血液正常的 pH 和调节含氮废物。肾脏还具有内分泌功能，其分泌抗利尿激素（ADH）调节水平衡，醛固酮调节钠钾平衡，甲状旁腺激素增加磷的排出。它还分泌促红细胞生成素刺激红细胞生成，参与维生素 D 的活化，产生肾素激活血管紧张素以降低肾的充盈度。报道的山羊生理数据见表 12.1。

菊粉、肌氨酸酐、对氨基苯磺酸钠（SS）和酚磺酞（PSP）的排泄被用于评价山羊肾功能（Brown et al，1990）。肌氨酸酐的清除率用于评价山羊肾小球滤过率（GFR）不是可靠的指标，主要是因为山羊肌氨酸酐的排泄具有管分泌途径。SS 的清除率超过菊粉，是因为在肾单位近端有对 SS 的排泄途径。此外，除了肾脏，山羊 SS 的排泄还有其他途径。PSP 的清除率也超过菊粉，可能由于肾小球过滤和肾小管分泌都参与 PSP 排泄。

SS 和 PSP 从血浆中的清除率不能用 GFR 的准确测定，但这项检测用于评价肾功能还是很受推崇，因为不需要采集尿样。导尿收集尿样非常困难，尤其是对公山羊。

山羊肾的发育程度影响其功能的研究，通过检测 GFR 的增加和 p-对氨基马尿酸的清除率表明，新生山羊的肾功能效率相对较低，2 周后肾功能已和成年山羊一样（Friis，1983），出生后肾小管的功能发育快于肾小球的功能发育。

山羊对营养和水缺乏环境的适应能力非常强。例如，沙漠种群——贝都因山羊在不良饮食条件下具有超强的储尿能力，在与瑞士萨能山羊的比较试验中，在低蛋白饲喂时，这两个品种羊的肾小管对尿素的重吸收都显著增加，但贝都因山羊具有超强的 GFR 减少的能力，从而减少了肾脏对尿素的过滤（Silanikove，1984），这些节省的尿素被瘤胃微生物用于蛋白质的合成代谢。

沙漠山羊在缺水条件下一般可以存活 2～4d，当供给饮水后，它们可以一次补充 40% 的脱水体重的水量，瘤胃和肾脏协力保存水。饮水后 5h，80% 的水仍然留在瘤胃中。饮水 4h 后，脱水山羊肾脏有效血流量、GFR 和尿的排尿量显著降低，尿流量也处于较低水平。同时，脱水山羊尿中钠的浓度降到正常羊的一半，而且尿中钾和氯的浓度也伴随下降。因此瘤胃扮演着储水池的角色，保持着钠、氯化物和水的平衡（Choshniak et al，1984；Wittenbefg et al，1986；Shaham et al，1994）。

寒冷条件下，山羊减少了水的摄入。泌乳期的山羊，肾脏没有补偿作用，循环 ADH 水平与常温环境的山羊一样。为了保存水，它们将会减少乳汁的分泌（Thomson et al，1980）。当山羊面临热刺激或缺水，循环 ADH 水平上升，肾脏也主动参与存水（Olsson and Dahlborn，1989；Mengistu et al，2007）。研究表明，在脱水 48h 后，ADH 的排泄增加了 8 倍（Lishajko and Andersson，1975）。

表 12.1　山羊肾功能的生理参数

参数	山羊种类	特定状态	计量单位	报道值	参考文献
血浆醛固酮	成年贝都因羊	正常供水	ng/dL	5.5±4.3	Wittenberg et al，1986
	成年贝都因羊	缺水	ng/dL	13.9±2.3	Wittenberg et al，1986
肌酸酐排出率	青年羊，杂交	正常，神志清醒	每千克体重，mL/min	1.97±0.09	Brown et al，1990
菊粉排出率	青年羊，杂交	正常，神志清醒	每千克体重，mL/min	2.26±0.08	Brown et al，1990
酚磺酞排出率	青年羊，杂交	正常，神志清醒	每千克体重，mL/min	6.88±0.39	Brown et al，1990
氨基苯磺酸钠排出率	青年羊，杂交	正常，神志清醒	每千克体重，mL/min	3.71±0.39	Brown et al，1990
肾有效血浆流量（ERPF）	所有种类	—	mL/min/m²	493	Fletcher et al，1964
	成年贝都因羊	充分补水	mL/min	344±146	Wittenberg et al，1986
滤过分数	所有种类	—		0.18	Fletcher et al，1964
肾小球滤过率（GFR）	所有种类	—	mL/（min·m²）	86	Fletcher et al，1964
	未标明	1～3 日龄	每千克体重，mL/min	2.1±0.6	Friis，1983
	未标明	14～20 日龄	每千克体重，mL/min	3.3±0.2	Friis，1983
	未标明	69～78 日龄	每千克体重，mL/min	2.8±0.5	Friis，1983
	成年贝都因羊	正常饲喂	每千克体重，L/d	4.85±0.3	Silanikovc，1984
	成年贝都因羊	低蛋白饲喂	每千克体重，L/d	2.26±0.1	Silanikove，1984
	成年贝都因羊	充分补水	mL/min	76±29	Wittenberg et al，1986
	成年萨能山羊	正常饲喂	每千克体重，L/d	6.61±0.4	Silanikovc，1984
		低蛋白饲喂	每千克体重，L/d	4.14±0.3	Silanikovc，1984
最大肾小管再吸收率（T_{max}）	所有种类	—	mg/（min·m²）	248	Fletcher et al，1964
尿氯化物	成年萨能山羊	正常饲喂	mmol/L	209±55	Silanikovc，1984
	成年萨能山羊	低蛋白饲喂	mmol/L	366±37	Silanikovc，1984
尿肌酸酐	所有种类	—	mg/（kg·d）	10	Brooks et al，1984

（续）

参数	山羊种类	特定状态	计量单位	报道值	参考文献
尿流	所有种类	—	每千克体重，mL/d	10～40	Brooks et al，1984
	成年贝都因羊	正常饲喂	每千克体重，mL/d	16.7±3.7	Silanikovc，1984
	成年贝都因羊	低蛋白饲喂	每千克体重，mL/d	2.4±0.07	Silanikovc，1984
	成年贝都因羊	充分补水	mL/min	0.74±0.4	Wittenberg et al，1986
	成年萨能山羊	正常饲喂	每千克体重，mL/d	26.3±5.9	Silanikovc，1984
	成年萨能山羊	低蛋白饲喂	每千克体重，mL/d	4.8±0.26	Silanikovc，1984
尿渗透压	成年萨能山羊	正常饲喂	mOsm/kg	1 745±183	Silanikovc，1984
	成年萨能山羊	低蛋白饲喂	mOsm/kg	1 523±171	Silanikovc，1984
	成年东非羊	缺水	mOsm/kg	2 800～3 000	Maloiy，1974
尿钾	成年萨能山羊	低蛋白饲喂	mmol/L	342±55	Silanikovc，1984
	成年萨能山羊	正常饲喂	mmol/L	528±47	Silanikovc，1984
尿钠	成年萨能山羊	正常饲喂	mmol/L	135±32	Silanikovc，1984
	成年萨能山羊	低蛋白饲喂	mmol/L	46±31	Silanikovc，1984
尿脲	所有种类	—	mg/（kg·d）	230	Brooks et al，1984
	成年萨能山羊	正常饲喂	mmol/L	968±84	Silanikovc，1984
	成年萨能山羊	低蛋白饲喂	mmol/L	241±39	Silanikovc，1984

12.2.3　诊断方法和临床病理学

12.2.3.1　阴茎的检查

临床上治疗阻塞性尿结石病时需要对阴茎进行检查，但由于多种原因难以操作。年幼的和去势的公羊阴茎较小，阴茎发育不好，阴茎剩余的部分和包皮之间粘连，使得阴茎难以从阴茎鞘中翻出。患尿结石症的山羊由于疼痛常常反抗检查，镇静剂有助于检查，但对患严重尿毒症的动物必须谨慎使用。

常用的检查方法是让动物臀部坐地，这样将使阴茎被推入阴茎鞘，抓住乙状曲后面的阴茎向前推，直到龟头和阴茎游离的部分推至包皮口，小心地用纱布将阴茎游离部分牢牢裹住，向前拉阴茎使之固定不能回缩。使用纱布可防止阴茎肌肉向回牵引。这一操作至少需要一名助手，尤其是想要插入导尿管时。也可以将山羊斜靠着，这样山羊较容易保定，但是阴茎较难于翻出。

拉出阴茎的另一种方法是让山羊仰卧，助手将动物后腿尽量拉至耳朵附近，这将伸直动物阴茎，也能防止动物乱踢。这种技术用于对正常公山羊的检查较去势公山羊容易

（Pieterse，1994），因为去势公山羊的阴茎和包皮之间可能会粘连。

阻断阴内神经的传导较难操作，但在牛和绵羊，仍常用于阴茎麻醉和松弛阴茎肌肉的牵引，便于临床操作（Hofmeyr，1987）。山羊阴内神经也控制阴茎肌肉的牵引作用，但是由于包皮肌在另外的神经支配下，其持续性的紧缩可能会抑制阴茎的伸出，所以神经麻醉可能不会获得理想的效果（Prakash and Kumar，1983）。此外，腰荐连接处硬膜外麻醉也可用于这一检查，但是由于用药后动物运动能力丧失，增加了病畜的管理难度。

镇静和麻醉剂对检查工作很有帮助，静脉注射5～15mg的安定能使动物放松，减少操作过程中的反抗。按每千克体重0.05mg的剂量静脉注射赛拉嗪也具有相同的效果。对尿路阻塞的山羊务必要谨慎使用赛拉嗪，赛拉嗪能使血糖浓度升高，有利尿作用，对尿路阻塞的动物，在阻塞疏通之前尽量不要使尿量增加。按每千克体重0.1mg的剂量静脉注射马来酸乙酰丙嗪也可松弛阴茎后拉肌，但效果不一定好，可能会产生包茎。给斜躺的山羊按每千克体重

1mg 的剂量肌内注射丙酰丙嗪，有助于阴茎的突出，但是不能使阴茎从阴茎鞘中自主伸出（Schöntag，1984）。

一旦阴茎被拉出，就可以做导尿，这比截断尿道突容易操作，但是导尿管在通过乙状曲时还是有一定的难度。尿道腺窝与坐骨弓在同一水平上，这使得将导尿管插入膀胱几乎不可能。必须特别注意这一点，以避免无谓的努力和造成创伤。在腹中线 5cm 至肛门处切口，做阴茎牵引肌的切开术，可最大程度地伸直阴茎，以便于导尿管通过乙状曲。有报道表明，当阴茎肌肉缩回康复后，阴茎功能恢复正常（Shokrv and Al-Saadi，1980）。

12.2.3.2 尿液收集

通过人工刺激公牛的阴茎包皮、奶牛的会阴区皮肤和堵住绵羊鼻孔的方法可诱导排尿，但这些方法对山羊没有效果。公山羊在繁殖期交配时排尿频繁，但是要收集母羊的尿液则需要足够的耐心。山羊常在躺卧休息站立后马上排尿，尿液采集者应选准时机备好尿杯。将羊引入新的圈舍或圈禁起来后可能会引起排尿，但是这个方法也不可靠。公羊经常会在检查保定释放后排尿。

对雌性动物用导管插入法收集尿液比雄性简单易行，只是要避开外尿道口的尿道下憩室。成年母羊可用 12F 型号的导尿管。根据其他动物的试验结果，按照 75mg/kg 的剂量给山羊皮下注射甲氨酰甲基胆碱（一种拟副交感神经药物）可以刺激排尿，而且不改变尿液的成分。

为了持续收集尿液将儿童尿袋固定在母山羊的会阴区，用系带固定收集的尿液。

12.2.3.3 尿液的化验与分析

正常血尿素氮（BUN）为 10～28mg/dL，肌酸酐为 0.9～1.8mg/dL，尿酸为 0.33～1mg/dL。因山羊品种、性别、年龄的差异造成上述指标的变化还不清楚。

其他动物可通过测定尿液中 γ 谷氨酰转移酶（GGT）来反映近端肾小管上皮的损伤情况。山羊也有应用该方法的一例报道。一项在挪威进行的沼金花（*Narthecium ossifragum*）对山羊肾脏损伤的研究表明，对照和正常组尿液平均 GGT 浓度为 18.8U/L（范围为 10～25U/L），碱性磷酸酶浓度为 11.8U/L（范围为

5～19U/L）（Wisløff et al，2003）。山羊尿液分析标准数值见表 12.2，尚未有不同品种、性别、年龄健康山羊的尿液分析报告。尿液的渗透压在妊娠期逐渐下降，在哺乳期又开始上升（Olsson et al，1982）。

表 12.2 正常山羊尿液分析标准数值

参数	正常值
颜色	淡黄色
浑浊度	清澈
相对密度	1～1.05
pH	碱性（7.2～8）
葡萄糖	阴性
酮类	阴性
胆红素	阴性
潜隐血	阴性
蛋白	阴性
沉淀物（每一个高分辨率视野）	
红细胞（个）	<5
白细胞（个）	<5
上皮细胞	偶尔可见
脂肪滴	稀少
晶体	稀少
脱落的皮	偶见透明物
精子	数量不定
谷氨酰胺转移酶 GGT（U/L）	18.8（10～25）
碱性磷酸酶 AP（U/L）	11.8（5～19）

12.2.3.4 影像技术

用 X 线照片来诊断山羊尿路状况可信性不强，但是偶尔也可以发现膀胱结石（图 12.3），但需进行鉴别诊断。早在 1977 年，就有将静脉肾盂造影术用于山羊尿路疾病诊断的报道（Cegarr and Lewis，1977）。镇静剂赛拉嗪用来辅助手术，山羊禁食 48h 以减小胃的大小，但是该方法对病羊有害。体重在 28kg 以内的山羊按 2mL/kg 的剂量静脉注射碘酸氨酸钠，对于较重的羊剂量减少到 75%。肾脏在注射后 20s 变为乳白色，输尿管在 15min 内变为乳白色。该技术在鉴定先天性肾脏畸形和结石的位置与大小方面非常有用，特别是在膀胱内的结石。

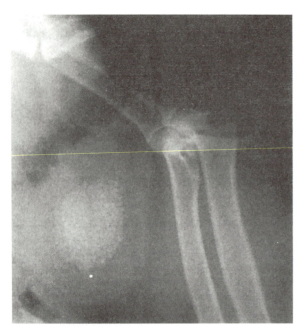

图 12.3　用放射显影在山羊膀胱中观察到的多个尿结石，这是一个不多见的诊断图片，需与胆囊结石相区分（Cummings School of Veterinary Medicine at Tufts University 赠图）

也有对山羊应用膀胱尿道成像术进行诊断的描述，这一技术需要透视引导来对膀胱插入导尿管。该技术用来检测膀胱结石和结石特征非常有效（van Weeren et al，1987）。三重相差膀胱造影术结合胸膜造影术在山羊中也有应用，是详细评价膀胱黏膜表面状态的推荐方法（Tayal et al，1984）。

在 26 例尿结石病例中（包括 20 只山羊），膀胱尿道成像术可以清晰地观察到表层的尿道结构，从而为尿道病变的确诊和治疗措施提供依据（Palmer et al，1998）。在 23 只尿道结石的羊中，X 线透射诊断结果显示只有 1 例为尿结石。

近年来，人们发现超声检测法在诊断尿道疾病上具有快速、有效的优点。超声技术用来诊断膀胱结石比 X 线透射更快捷可靠（图 12.4）。近期应用于小动物尿道检测的超声技术非常适合应用于山羊的检测（Widmer et al，2004）。

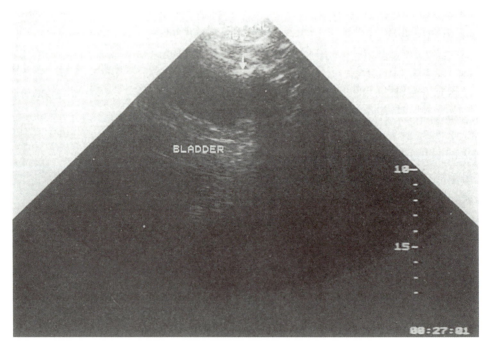

图 12.4　用超声技术观察到的山羊膀胱尿结石（图片上方白色箭头所指）（Cummings School of Veterinary Medicine at Tufts University 赠图）

12.2.3.5　肾活组织检测

对山羊右肾部位经皮肤穿刺可成功地进行活检。在较瘦山羊的腹部，可以很容易触摸到右肾，其位置在腰椎窝右侧的前部与最后一根肋骨中间。在穿刺时可以用手触摸到，将其固定在右侧腰椎窝，用 Vim-Silverman 穿刺针进行穿刺。利用该方法对 300 例较瘦安哥拉山羊的右肾进行穿刺活检，只有 1% 的山羊会出现流血现象。但是用该方法采集体型较大的肥壮山羊时就较为困难。在对犬的研究中，以活检样本中完整肾小球的数量而言，腹腔镜方法比超声引导方法采集的样本质量要好（Rawlings et al，2003）。

12.3 诊断尿道疾病的临床表现

12.3.1 腹胀

尿结石会导致输尿管堵塞，引起膀胱涨破，使尿液进入腹腔，进而引起腹部膨胀。也有少数病例并非膀胱涨破而是输尿管破裂，或者是输尿管和膀胱涨破的情况同时发生，这种情况多发于雄性动物。其膨胀为腹部双侧，就像正常侏儒山羊那样的"大腹便便"，前胃阻塞、胃肠性寄生、传染性腹膜炎和妊娠期引起子宫的肿胀，也有类似的症状。

一例1月龄侏儒山羊先天性遗传性多囊病影响肾脏和肝脏功能。动物出生后出现渐进性的腹部胀大和血尿（Newman et al，2000）。山羊先天性多囊病非常罕见，只在努比亚山羊中发现1例（Krotec et al，1996）。

12.3.2 皮下肿胀

尿结石继发性地引起尿道涨破，尿液在会阴区或包皮区的皮下汇聚。尿液聚集在会阴区也可能是由于尿道的创伤或过度用力插膀胱管引起的。

在一些存在先天性尿道憩室的年轻山羊可见到包皮腹侧肿胀。这种常见损伤是由单点或多处包皮缝合引起，有时也与单侧或两侧阴囊的破裂有关。尿液未能进入皮下组织，而是在憩室潴留。相差尿道成像技术可以用于尿结石的确诊，并成功用于外科手术中对有缺陷的尿道进行矫正（Gahte et al，1982；Fuller et al，1992）。

尿道下裂为较为罕见的先天性尿道缺损，曾在青年公山羊中发现过（Eaton，1943）。这些动物可能是由雌性的间性羊遗传而来的，相关内容将在第13章讨论。尿道下裂的山羊，腹侧尿道口依然通畅，尿道口在包皮中线处清晰可见。尿液可从开口处不断渗出。具有这种症状的山羊可能是不育的。发生溃疡性包皮炎的动物由于发炎、结痂致使阴茎不能伸出或尿液排出，包皮处尿液残留，导致包皮肿胀。龟头包皮炎可能是由于山羊交配导致疱疹病毒感染，引起公山羊的包皮水肿性肿胀。各种原因的低蛋白血症可能引起腹侧皮下水肿，也会引起包皮水肿。

12.3.3 阴门和阴道的异常症状

在发情期常会出现出血、肿大、分泌清亮到浑浊的黏液。正常情况下，发情期排出的黏液为白色、黏稠，含有中性粒细胞，这一现象易被没有经验的人认为是脓汁。

两性山羊在山羊中很常见。在两性山羊中可见到外生殖器结构的变化，并且常表现在外形为雌性的山羊中。外生殖器结构的变化表现为具有球形或突出的阴户，以及增大的突起的阴蒂。此外，泌尿生殖器内部结构也随着外生殖器而改变。

山羊疱疹外阴阴道炎表现为外阴水肿、红斑和分泌灰白色或黄色浑浊的分泌物；此外，水疱性病变和糜烂将在本章后续介绍。

支原体的感染引起的细粒外阴阴道炎将在第13章讨论。化脓隐秘杆菌（Staphylococcus spp.）和葡萄球菌（Arcanobacterium pyogenes）也可引起山羊的伴有化脓性外阴分泌物的溃疡性外阴炎。

12.3.4 尿液异常与尿液异常分析

正常尿液是清亮、淡黄色或深黄色的。尿液浑浊可能与肾炎、膀胱炎或外阴阴道炎有关。炎症严重时，在尿液中还可见炎症细胞或细胞碎片形成的块状物。

虽然吩噻嗪类药物可以使尿液呈粉红色，但尿液呈现粉红色或红色通常表明有血尿或血红蛋白尿。阻塞性尿石症、肾盂肾炎、膀胱炎或膀胱颈非浸润性癌可引起血尿。曾有报道称肾炎是由于山羊在美国西南部干旱时期食用野甘草（Gutierrezia microcephala）引起（Mathews，1936）。也曾在炭疽致死的山羊膀胱中发现血尿。曾有报道，2只小山羊由于过度饮水引起的低渗透压、溶血和血红蛋白尿导致尿液呈红色（Middleton et al，1997）。溶血性贫血引起的血红蛋白尿已在第7章讨论。肌红蛋白尿症的尿液呈棕色。该症状由于山羊肌营养不良症和某些导致肌肉坏死的植物中毒引起。胆红素尿症山羊的尿液呈褐黄色，引起山羊胆红素尿症的原因目前还不明确。

除了肌红蛋白和血红蛋白尿外，其他蛋白尿不会引起尿液颜色的变化，经常会伴有泌尿生殖道炎症。产后的尿液中由于排出恶露的污染也会有蛋白出现。细菌内毒素也能产生蛋白尿。持续性高蛋白尿，伴随体重持续性下降，是肾脏出现淀粉样病变的标志性特征，这是由肾脏中（主要是肾小球中）含淀粉的纤维蛋白沉积所致。这种病症在小反刍动物中并不常见，它的形成主要来自血清淀粉样蛋白 A（SAA）。这种淀粉蛋白体一旦形成，不但严重影响胆固醇转运，而且是炎症的诱发物。长期炎症会使 SAA 浓度增高，SAA 亚型裂解，裂解的产物形成淀粉样纤维在全身沉积，主要是在肝脏、肾脏、脾脏中聚集（Ménusa et al，2003）。淀粉样病变在超免疫山羊（用于生产商品化抗体或长期刺激免疫系统）中常见，这些动物用于生产商品化抗体，从而能够长期刺激免疫系统（Gezon et al，1988）。另外，肾脏和/或肝脏的淀粉样病变引起的其他慢性病例也有零星的报道，如干酪性淋巴结炎（Tham and Bunn，1992）、关节炎/脑炎（Crawford et al，1980）、传染性无乳症（Ménusa et al，2003）和猪丹毒丝菌（*Erysipelothrix rhusiopathiae*）引起的慢性关节炎等（Wessels，2003）。酮尿症常出现在妊娠母山羊，可以用来诊断非哺乳的妊娠母山羊的妊娠毒血症。哺乳期也会有酮尿症。

糖尿是由 D 型产气荚膜梭菌（*Clostridium perfringens*）引起的肠毒血症引起。多种严重的疾病都会导致山羊糖尿，如各种原因引起的抽搐。治疗用药如赛拉嗪、葡萄糖也会引起糖尿。服用阿司匹林和摄入了柳属植物（*Salix* spp.）的山羊，尿液中的水杨酸会导致假阳性的出现（Wilkinson，1969）。结晶尿通常与临床阻塞性尿石症同时或在之前出现，或者在食用了乙二醇或富含草酸盐的植物之后出现。

尿液中的脱落物能反映因肾脏灌注不良、毒素或药物引起肾脏损伤的情况。尿液中增多的白细胞、红细胞和上皮细胞表明炎症的发生。发情期的公羊尿液中一般含有精子。

12.3.5　无尿，少尿或多尿

公山羊的尿结石能导致无尿，但更为常见的是排尿困难。在山羊中很少发生因肾衰竭引起的无尿。大多数报道的病例是中毒性肾病引起山羊

初期的少尿和随后的多尿症。橡树毒是引起绵羊和牛肾萎缩多尿常见的原因。有报道称在一个山羊群中发生过橡树毒中毒的情况，但是普遍认为山羊对橡树毒有极强的抵抗力（Katiyar，1981）。

12.3.6　排尿困难，尿频和尿痛

公山羊排尿异常一般与输尿管堵塞有关。该症状在本章的后面会有介绍。

雄性动物溃疡性包皮炎结痂后会导致排尿困难。曾有报道在澳大利亚野生山羊中，形成的"毛环"或杂乱蓬松的羊毛聚集并缠绕在龟头后的阴茎处，使羊排尿困难（图 12.5）（Tarigan et al，1990）。

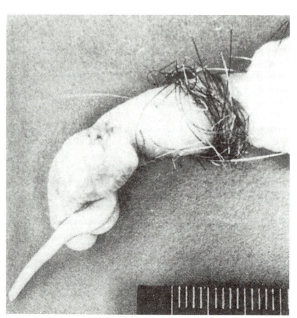

图 12.5　羊毛缠绕山羊阴茎，引起排尿困难（引自 Tarigan 等，1990）

雌性动物的排尿异常伴随着膀胱炎和阴道炎的发生。一例患淋症的母羊由于尿道创伤和粘连引起尿路阻塞，最终导致难产（Morin and Badertscher，1990）。尿频与母羊的子宫积液有关，一例由肿瘤引发的子宫增大病例出现有尿频症状（Pfister et al，2007）。

恶性地方性排尿困难在摩洛哥的放牧山羊、绵羊，特别是牛中常有报道。认为上述情况多半与食入栓皮栎（*Quercus suber*）的叶、芽及果实有关，一般发生在地中海地区国家。除了排尿困难，发病动物还表现为身体条件的恶化：体温降低、口角损伤、流脓性鼻涕、复发性角膜炎和结

膜炎。在发病 2～4 周后死亡，也有病例病程较长（Mahin and Chadli，1982）。

12.3.7 尿毒症

尿毒症是一种不能将蛋白代谢的产物经尿路排出体外而引起的中毒性系统性疾病。该病按照发病部位分为肾前性、肾性和肾后性三种类型。血液或血浆中高浓度的尿素氮是实验室检测该病的主要指标，因此也称为氮血症。肾前性尿毒症主要由一些与泌尿系统不相关的原因引发，其特征为脱水和肾脏功能减弱。对于牛，即使在未发生肾脏疾病的情况下，尿素氮的水平也相当高（Divers et al，1982）。因此，以尿素氮水平作为氮血症的衡量指标进行判断时必须谨慎。试验结果表明山羊也有这种情况，在肾脏功能没有任何损伤的情况下，通过结扎使得幽门狭窄，最终导致血清中的氮素水平为 353mg/dL。该值的增加与进入肾脏的血流量存在负相关（Jorna，1978）。

肾脏毒血症的诱因与肾功能减弱和肾衰竭有密切关系。自然情况下，有关山羊尿毒症的临床病例鲜有记载和报道，但该病在山羊中毫无疑问存在。对山羊部分或者全部切除肾脏后所表现的临床症状，至少在山羊中证实了毒血症与肾脏之间的关系。

对 9 只山羊进行肾大部切除试验，结果有 4 只在术后 8 天内死亡，其余 5 只则在没有临床症状的情况下存活了 52 周。而对试验山羊进行双肾切除手术后，所有山羊都在术后 8d 内发病。临床症状表现为食欲下降、瘤胃迟缓、精神沉郁、体质虚弱、大量流涎、脉搏和呼吸急促、体温下降、躺卧不起、抽搐以及昏迷。毒血症的程度没有进行测定（Vyas et al，1978）。

患中毒性肾病的山羊主要表现为低血钙症、高磷血症和高镁血症，高钾血症时有发生。铅中毒主要表现为低钾血症，同时伴随低血钙症和高磷血症（Gouda et al，1985）。有报道称，一只两岁公山羊的肾性脑病病例（毒血症），在其脑部发现海绵状病变。引发肾病的潜在原因还不确定，但是脑损伤被认为是仅次于尿毒症的原因（Radi et al，2005）。在山羊中，临床上报道最多的毒血症是肾后性以及与尿结石相关的病例。有关细节将在本章后面讨论。

12.4　泌尿系统特殊的传染性疾病

12.4.1 山羊疱疹病毒引发的外阴阴道炎和龟头包皮炎

已证实山羊疱疹病毒-1（CpHV-1）能够引起山羊的经性传播的外阴阴道炎和龟头包皮炎。该病原也能够引起 1～2 周龄幼畜的流行性致死性的病毒血症及母畜流产。在一只溶血性曼氏杆菌（巴氏杆菌）[*Mannheimia（Pasteurella）haemolytica*] 引发重度肺炎的山羊体内也分离到 CpHV-1。CpHV-1 感染为一种山羊上日益增多的新发病，特别是在地中海国家。有关该病毒对呼吸系统的影响、产畸胎儿及流产将分别在第 9 章、第 10 章及第 13 章讨论。

12.4.1.1 病原学

CpHV-1 病毒为二十面体，双股线性 DNA 病毒，直径为 135nm。病毒对脂质溶剂和胰蛋白酶敏感，在 pH3 及 50℃时即被灭活。病毒可在多种细胞上培养引起细胞病变（Berrios and McKercher，1975）。对于该病毒的生物学和理化特性已有描述（Engels et al，1983）。

在早期的研究中，CpHV-1 有时被认为是牛疱疹病毒-6 型，但现在已被界定为独立的一个种。CpHV-1 属于 α 疱疹病毒群，该群成员之间关系密切，而且均对反刍动物有致病性。该群包括牛疱疹病毒-1 型（BoHV-1），引起牛传染性鼻气管炎和传染性阴道炎；牛疱疹病毒-5 型（BoHV-5），引起牛的脑炎；非洲羚羊疱疹病毒-1 型，引起水牛的亚临床生殖系统传染病；鹿疱疹病毒-1 型，引起红鹿视觉综合征；鹿疱疹病毒-2 型，在驯鹿中引起亚临床生殖系统传染病；麋鹿疱疹病毒-1 型，引起麋鹿的亚临床生殖系统传染病。

了解病毒的基本情况对于该病毒的诊断和控制有现实意义。种间交叉感染虽然很少发生，但确实存在。Thiry 等 2006 年在实验室条件下，已证实了以上情况的发生。正如在临床病理学中介绍的，由于 α 疱疹病毒群成员间存在抗原相似性，使得很多检测抗体的血清学诊断方法都不能很好地对它们进行鉴别。而且，当发生混合感染时，这些关系密切的成员之间理论上可发生病毒重组。然而，这种假设至少在 CpHV-1 和

BoHV-1 之间还未得到证实（Meurens et al，2004）。基于此，最大的担忧是山羊或者其他反刍动物成为 BoHV-1 的贮藏宿主，这将为牛传染性鼻气管炎的根除增加很大困难。因此，迫切需要能够区分 α 疱疹病毒群成员的诊断方法。有关 α 疱疹病毒群成员的分子和流行病学关系，最近已有相关文献进行了报道（Thiry et al，2006）。在实验室条件下，山羊可以被 BoHV-1 感染，表现出轻微的临床症状，在感染初期的数天大量排毒，产生抗体应答。攻毒的山羊在三叉神经节部位产生潜伏感染，并产生抗体应答（Six et al，2001）。当给山羊注射高剂量的地塞米松后，这种潜伏性感染即可被激活。

反之，当用 CpHV-1 攻击牛犊时，牛犊也可被感染。动物不表现任何临床症状，但可以向外排毒和产生抗体应答。运用 PCR 方法可以在三叉神经节部位检测到潜伏性感染，但不能被激活（Six et al，2001）。山羊自然感染 BoHV-1 的病例已有报道。1972 年，从马里兰州两只表现高热和呼吸疾病的山羊鼻和眼拭子中分离到了 BoHV-1 病毒（Mohanty et al，1972）。从华盛顿州的 4 只山羊上也分离到 BoHV-1 病毒，其中 1 只临床表现为外阴阴道炎，2 只患有肺炎，1 只有疣状病变。这些山羊和牛混养。限制性核酸内切酶分析表明，该分离株与 BoHV-1 疫苗株的遗传关系比它与 CpHV-1 的更近（Whetstone and Evermann，1988）。最近，从山羊上分离到 γ 疱疹病毒群的山羊疱疹病毒-2 型，并进行了特征描述（Li et al，2001），其能引起白尾鹿恶性卡他热。更新的研究报道了一起在侏儒羊中发生的恶性卡他热（Twomey et al，2006），该病羊与绵羊混养，表现为多系统坏死性血管炎，通过 PCR 还从该山羊的组织中检测到 γ 疱疹病毒中的 2 型绵羊疱疹病毒（OvHV-2）。γ 疱疹病毒与 α 疱疹病毒在生物学上的区别在此不做深入讨论。

12.4.1.2　流行病学

1974 年在加利福尼亚州首次从自然发病的山羊羔羊体内分离和鉴定了 CpHV-1（Saito et al，1974），这些病羊呈严重的全身感染。1981 年，在新西兰的萨能山羊中首次发现 CpHV-1 引起的外阴阴道炎，随后 1986 年在澳大利亚也有报道（Homer et al，1982；Grewal and Wells，

1986）。1982 年在新西兰，1984 年在澳大利亚都报道了雄性动物的包皮炎（Tarigan et al，1987）。最近报道了在加利福尼亚州的羊群中由 CpHV-1 引发的流产病例（Uzal et al，2004）。作为典型性疱疹病毒，CpHV-1 感染具有潜伏性和复发性。在一个新西兰的山羊群中，生殖器官疾病首次发生一年后又再度暴发（Horner，1982）。

生殖系统疾病被认为是性传播疾病，但是公羊不会被感染，当有损伤时可将疾病从感染动物机械地传给未感染动物。随着繁殖季节的到来，临床发病率及血清阳性率都有所增加，说明性活动引发的新感染以及潜伏感染的复发都与发情周期和/或繁殖活动密切相关。已有报道，在引入发情的公羊后 11d 内，母羊就出现了外阴阴道炎的临床特征（Horner et al，1982）。

越来越多的证据表明，CpHV-1 在世界山羊群中广泛分布。报道存在 CpHV-1 血清阳性山羊的国家有挪威、西班牙、意大利、土耳其、希腊和叙利亚等（Kao et al，1985；Thiry et al，2006）。在希腊，从全国各地采集的 795 份山羊样品中，中和抗体的阳性率为 52.6%（Koptopoulos et al，1988）。在地中海地区，山羊 CpHV-1 血清阳性率普遍较高。截至 2006 年，比利时和英国还未有 CpHV-1 感染的报道（Thiry et al，2006）。最近，法国已报道有感染病例（Thiry et al，2008）。

12.4.1.3　致病机制

已有试验证明，疱疹病毒可通过鼻内和阴道内接种而感染山羊生殖器官，但接种途径不同，其发病机理也不同。鼻内接种时，病毒首先在局部进行复制，导致鼻腔内上皮细胞病变。接着出现病毒血症（在白细胞层可发现病毒），然后感染生殖道，在外生殖器上产生特征性病变，并向外排出高滴度的病毒（Tempesta et al，2004）。对妊娠母畜的死亡胎儿进行病毒分离或者用 PCR 检测，均证明病毒血症与鼻内接种病毒相关（Tempesta et al，2004）。自然感染的病例表明 CpHV-1 感染可引起胎儿流产及 1~2 周龄的羔羊出现病毒血症引发致死性综合征（Williams et al，1997；Chenier et al，2004；Uzal et al，2004）。胎儿流产和羔羊死亡都表明 CpHV-1 病毒或者病毒 DNA 在多个器官中存在（Roperto et al，2000）。

经阴道人工感染山羊，成功与否可以在感染后5～7d通过观察阴道的病变和阴道拭子中能否再分离到病毒来判定。如果在眼睛、鼻腔、直肠等处的拭物和白细胞中没有发现病毒，说明感染与病毒血症无关（Tempesta et al，2000）。

与疱疹病毒对其他动物感染的特征一样，CpHV-1感染山羊具有潜伏性，而且还能重复感染。PCR检测证实在潜伏感染山羊的骶骨神经节处存在病毒（Tempesta et al，1999a）。在实验室条件下，大剂量连续注射地塞米松几天之后，便可导致感染复发，并向外排毒（Buonavoglia et al，1996）。在自然感染情况下，感染复发与母羊的发情周期密切相关，但起初中和抗体滴度较低（Tempesta et al，1998，2005）。由于感染复发与排毒紧密相关，这就意味着在繁殖季节，病毒会快速向羊群中其他羊传播。

1986年，在新西兰从自然感染的患有恶性致死性肺炎的山羊肺部分离到CpHV-1。除此之外，还能从感染的肺部分离到溶血性曼氏杆菌（巴氏杆菌）（Buddle et al，1990）。为了弄清CpHV-1在这些病例中的作用，进行了如下感染试验：当用CpHV-1单独感染山羊时，不会发生肺炎；当CpHV-1与溶血性曼氏杆菌协同感染或者溶血性曼氏杆菌单独感染时，山羊就会发生肺炎（Buddle et al，1990a）。CpHV-1在感染山羊的上呼吸道和肺部快速增殖，至于其导致肺炎的致病机理尚不清楚。

12.4.1.4　临床表现

所有处于繁殖阶段的山羊都易感生殖器官疾病。随着繁殖季节的到来，临床病例将会在短期内频繁出现。这种现象验证了一个推测：激素的改变与发情周期引发潜伏感染母羊的病毒复发存在紧密关系，接着公羊再将病毒传给易感的母羊。

母羊外阴阴道炎的早期症状为外阴部水肿、充血，并伴有少量带血分泌物排出，未观察到全身症状。几天后，随着病程加剧，排出大量由黄色到灰色的分泌物，在外阴和阴道黏膜上多处出现浅表性糜烂。这些糜烂病灶随后被黄色到红棕色的坏死疤痕所覆盖。病畜排尿困难，触摸外阴部病畜表现疼痛（虽然这种情况不常被报道）。

损伤部位通常在两周内自行痊愈。虽然患畜会随着繁殖周期的到来，由于潜伏感染而发生再度感染，但在痊愈后（通常在下一个繁殖季节）其繁殖能力和受孕率不受影响。繁殖公畜基本不会有病变。如果感染，则主要表现为阴茎充血、黏膜点状糜烂，症状在包皮上更常见（图12.6）。也有可能在包皮有分泌物出现。

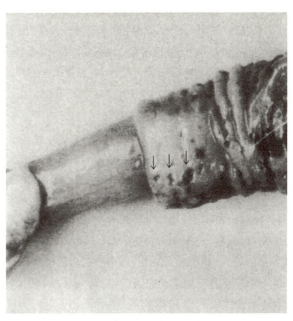

图12.6　山羊疱疹病毒引起龟头包皮炎而导致的阴茎糜烂（箭头所示）（引自Tarigan等，1987）

12.4.1.5　临床病理学和剖检

可从确诊为CpHV-1急性感染病畜的阴道和龟头拭子中分离到病毒。在发生外阴阴道炎和龟头包皮炎后，不管是出现临床或者亚临床症状，CpHV-1抗体滴度都会很快升高。应尽早对急性感染和感染康复病例做血清检测，因为抗体滴度在病原感染3周后又会开始下降。感染山羊血清中和滴度范围从1∶4到1∶256。用血清中和试验和ELISA检测到抗体滴度上升说明动物已感染了CpHV-1。血清学方法不能对CpHV-1感染做出确诊，这是因为α疱疹病毒群的成员间普遍会发生交叉反应，另外也会发生不同物种间的交叉感染，特别是同时感染BoHY-1的情况下。已有报道，一种以BoHY-1的B糖蛋白为抗原的阻断ELISA方法可以很好地在山羊群中鉴定CpHV-1（Keuser et al，2004）。为了进一步证实结果，采用BoHY-1和CpHV-1两个抗原进行双中和试验，结果发现使用CpHV-1抗原具有更高的滴度（Thiry et al，2008）。

确诊需要分离到特征性的病毒，或者通过可行的方法对组织中 DNA 进行检测。目前，用于检测 CpHV-1 病毒的方法主要有限制性核酸内切酶分析（REA）、实时荧光定量 PCR（RT-PCR）（Elia 等 2008）及免疫荧光试验，这些方法可从感染细胞中区分 5 个不同的 α 疱疹病毒群的成员（Thiry et al，2006）。诊断生殖器官 CpHV-1 感染很少会要求或实施尸体解剖的方法。但是，剖检对由 CpHV-1 感染引起的其他疾病的诊断具有极高的价值，例如对流产和 1～2 周龄幼畜死亡的病例，然后再从流产组织和死亡幼畜的组织中分离病毒和检测病毒 DNA。

12.4.1.6 诊断

山羊正常发情将引发一定程度的外阴充血和水肿，需与 CpHV-1 感染的早期症状相区别。另外，由各种支原体引起的颗粒状外阴阴道炎也须与 CpHV-1 感染进行区分。颗粒状外阴阴道炎在印度和尼日利亚报道最多（Singh et al，1975；Singh and Rajya，1977；liwana et al，1984；Chima et al，1986）。这种情况在第 13 章有更多介绍。曾有报道在尼日利亚山羊中有溃疡性外阴炎伴随化脓性阴道分泌物的病例，而且还分离到了化脓隐秘杆菌和葡萄球菌（Ihemelandu，1972）。

12.4.1.7 治疗

还没有有效、特异的治疗 CpHV-1 感染的方法。但最近有报道称使用人用的抗病毒药西多福韦来治疗山羊感染，可达到控制阴道局部损伤，减少病毒排出的效果（Tempesta et al，2007）。尽管有复发的可能性，患生殖系统疾病的动物一般在 2 周内自行痊愈。预防性地使用抗生素可以降低继发细菌感染的风险。

12.4.1.8 防控

基于该病是通过性交传播这个推测，提出了从受感染畜群中根除生殖系统 CpHV-1 感染的建议。因此由血清阳性母羊所生的羔羊，需与母羊分离，以避免通过产道、护理和亲密接触造成感染。为了从已知感染的畜群中逐渐清除该病，特推荐以下几点（Horner，1988）：羔羊在性成熟前单独分群，与母羊分栏饲养；只有血清检测阴性的种公羊或母羊才能与这些新生羊进行交配；幼种公羊需在母源抗体消失前 4 个月进行检测，在以后的时间内也需要复检，同时，对性成熟的羊群要进行定期的血清检测，凡是阳性结果

的都将予以剔除；在引入新的山羊时，血清阴性的山羊方可引入。自从上述建议提出，现在至少在实验室条件下已经证明山羊可以通过鼻内途径感染 CpHV-1，进而发展成为阴道炎并通过生殖道向外排毒（Tempesta et al，1999）。了解 CpHV-1 在野外环境下的传播途径，将有助于对 CpHV-1 感染的畜群制订管理和控制措施。目前，还没有可用于控制 CpHV-1 感染的商品化疫苗。但是一些试验结果显示疫苗有很好的应用前景。已报道有一种 β 丙醇酸内酯灭活 CpHV-1 疫苗经皮下或者阴道内免疫后，对后来进行的阴道内感染病毒产生了保护力，母羊未发生外阴阴道炎临床症状（Tempesta et al，2001；Camero et al，2007）。据报道，已有一种对山羊安全的、商品化的、活的、致弱的、糖蛋白 E 缺失的 BoHV-1 疫苗，并且能部分抵抗 CpHV-1 感染的攻击（Thiry et al，2006a），对该疫苗的抗病毒效果正在进行评价。

12.4.2 溃疡性皮炎

尽管这种疾病主要感染绵羊，但是其导致的包皮和阴茎的发炎症状有时也会在阉割的公山羊上出现，这种疾病也被称作地方性皮炎或地方性兽病龟头包皮炎。

12.4.2.1 病原学和发病机制

这种疾病与革兰氏阳性菌，即类白喉菌的肾棒状杆菌有关，这种细菌有水解尿素的能力。该细菌存在于感染动物的阴茎包皮并且通过性交和昆虫传播。然而，这种生物单独出现在包皮并不足以导致临床疾病。饲喂高蛋白质饲料增加了尿中尿素含量，这些基质在肾棒状杆菌的作用下可产生大量氨。这些氨被认为会刺激包皮黏膜和包皮口附近的皮肤导致发炎。该病在阉割羊上比未阉割羊上更常见，这可能是由于阉割羊的阴茎发育不全所致。阉羊的包皮和阴茎的黏膜不能完全分离，不能像正常动物那样排尿，从而导致了尿液在包皮处潴留，更多的尿液被肾棒状杆菌完全分解。另一个致病因素可能是包皮口周围过多的羊毛导致这些部位在排尿后保持湿润状态，从而延长了细菌在尿素基质上的存活时间。

12.4.2.2 流行病学

除了美国，其他地方也可能存在这种疾病，在澳大利亚、英国、西班牙的绵羊上发现过这种

疾病，但是在山羊上该病仅有美国报道过（Loste et al，2005）。在一些羊群中，这种疾病可以通过公羊和母羊的性交进行传播，但是没有感染山羊的报道。

山羊包皮炎的报道主要来自德州中南部，在那里阉割的安哥拉公羊能饲养到老年来获取羊毛（Shelton and Livingston，1975）。在种有呱希里奥椒（*Acacia angustissima*）的牧场上的一大群公羊中发现了这种疾病。呱希里奥椒是一种豆科灌木，蛋白质含量为22%～27%，易于被山羊摄食。该病发病率估计在10%，但不会由于这种原因致死。

作者研究了不同环境下阉割公羊的溃疡性包皮炎。患病的山羊是饲喂至老年的，用于生产抗体的阉割公羊。这些动物每天摄入含有16%蛋白质的商品乳品。发病率很低，症状也不太严重，但是在包皮口周围存在明显的肿胀和炎症。

12.4.2.3　临床表现

病情由温和到严重。温和型病例，症状仅限于短毛产乳羊或者剪羊毛期间的长毛安哥拉阉割公羊上。在严重病例中，包皮肿胀和发炎妨碍正常排尿，病畜极度紧张，表现为踢腹部、步态僵硬或弓背、反复起卧。检查下腹部发现有结痂或者溃疡，溃疡面包围着包皮和包皮口。包皮口可能扭曲变形，直径缩小，或者包皮口表面完全结痂。阴茎鞘充满尿液，挤压包皮可能会流出液体。可能会出现瘘道。包皮腔和阴茎可能会出现严重溃疡并且可能长蛆。包皮口完全堵塞的动物还可能会死于尿毒症。

12.4.2.4　临床病理学和剖检

用棉拭子擦拭包皮腔可分离到肾炎棒状杆菌。阴茎包皮和阴茎表面患有严重溃疡的动物可能会死亡。剖检显示包皮腔广泛渗出以及黏膜表面有溃疡和疤痕组织。尿道突坏死，龟头溃疡。

12.4.2.5　诊断

极少数情况下，山羊可能表现出包皮表面触染性深脓疱引起的结痂病变，类似的病变也会出现在面部和身体的其他地方。绵羊的一种相似的病毒性疾病——溃疡性皮肤病在山羊中未见报道。出现肌肉紧张或腹部不适的山羊，在诊断时应考虑消化道的阻塞性疾病和梗阻性尿路结石。

12.4.2.6　治疗

感染的动物应从牧群或羊群中隔离，并且停止喂养高蛋白质饲料。对包皮周围剪毛可提高治愈率。对于不能排尿的动物，重新通畅尿道口是首要的治疗措施。伤口应该做清创处理，然后进行局部治疗，肾棒状杆菌通常对青霉素、氨苄西林和先锋霉素类抗生素敏感。由于这些抗生素会随尿液排泄，全身用药也会利于局部治疗。原本用来治疗乳腺炎的乳房灌注管是将抗生素注射到包皮腔的方便工具，在护理过程中要注意防止感染的动物将疾病传播给其未感染的配偶。每天反复用治疗眼部炎症的含有杆菌肽素、新霉素和泼尼松龙的眼膏治疗包皮患病部位，这种方法对绵羊也有辅助治疗作用（Loste et al，2005）。如果存在严重渗出，使用手术剪沿着腹面剪开阴茎包皮是有效的抢救措施。除了极严重的病例，预后良好。

12.4.2.7　防控

日常蛋白质供给应有限制，应与动物的营养需求一致，但在放牧条件下，这可能存在问题。应修剪包皮的毛以减少尿液聚积。在剪羊毛时发现外部出现病变的动物，应使用杀菌剂、抗生素进行局部治疗，以控制损伤和疾病在畜群中的蔓延。阉割公羊皮下每3个月注射70～100mg睾丸激素可以有效控制溃疡性皮炎，但是这种方法没有在山羊上进行评价（Kimberling，1988）。推荐使用短阴囊去势技术，这种技术使阉割公羊不能生育，但是在睾丸激素的作用下，尿道和阴茎仍可以发育成熟。使用这种技术，两个睾丸被推送到腹股沟管或腹股沟区，一段橡胶环被固定在睾丸下方的阴囊峡部。使用这种技术牵涉到动物福利问题（Molony et al，2002）。

12.5　营养和代谢病

12.5.1　梗阻性尿路结石

临床上梗阻性尿路结石常见于年轻的、阉割的公山羊，结石通常由磷酸盐特别是磷酸钙（磷灰石）、磷酸铵镁（鸟粪石）组成。作为宠物的山羊患此病的风险高，主要是由于饲料中含有过多的谷物。这种情况下，对于作为宠物的山羊和作为家畜的山羊，在管理和治疗的选择上应显著不同。

12.5.1.1　病原学和发病机制

梗阻性尿路结石由于尿道被结石堵塞而不能

正常排尿。尿路结石形成原因和各种生理、营养和管理相关因素有关。尿路结石能否嵌在尿道归结于解剖因素和雄性反刍动物的去势因素。Radostits 等总结了家畜尿路结石的诱发因素（Radostits et al，2007）。

尿是矿物溶质的高度饱和溶液。正常情况下，这些溶质通常溶于尿液之中。然而，多种因素能够诱发矿物质从尿液中析出。这些因素包括由于水摄入的减少或无意识的水流失引起的尿液浓度增大；尿液淤滞；尿液 pH 升高会导致磷酸盐析出；饮食结构相关的尿中矿物质浓度的增加；以及尿液中保护胶体浓度的减小，保护胶体的作用通常是通过将尿液改变为稳定凝胶而抑制（矿物质的）沉淀。

结石的成分通常反映了日常饮食结构。硅酸盐结石常见于饮食结构以草和谷物干草为主的地区，特别是干旱地区。饲料中高的草酸盐含量会促进草酸钙结石的形成，某些植物如盐生草对这种结石的形成有重要作用。三叶草钙含量高，放牧可形成碳酸钙结石。用于喂养的谷物，或浓缩液，通常含较多磷酸盐，钙含量相对较低。这种不平衡促进了磷酸钙的形成，通常这种情况见于饲养场的动物和育肥阉割公羊。当尿液中镁离子的浓度高时，这种饮食结构可能会引发结石。

通过野外观察以及试验已经证实，几种饮食能影响山羊结石的形成。由磷酸铵镁（鸟粪石）结石导致的梗阻性尿路结石在巴西山羊（Unanian et al，1982）和澳大利亚安哥拉山羊上被观察到，巴西山羊饲喂了由 3 份玉米和 1 份棉粕配成的浓缩饲料，而澳大利亚安哥拉山羊饲喂的是一种钙磷比例为 1：15 的颗粒状育肥饲料（Bellenger 等 1981）。甚至钙磷比例完全平衡时，当山羊饲料中镁的量超过 0.6% 时，也会形成鸟粪石结晶或结石（James and Chandran，1975；James and Mukundan，1978）。试验条件下，山羊饲喂一种玉米粉和大豆粕并补充 3.5% K_2HPO_4 的饲料就会产生磷酸盐结石（Sato and Omori，1977）。

在结石的实际形成过程中，还有一些额外因素。病灶可能是结石形成的必要条件。通常认为，膀胱内的脱落上皮细胞与病灶的作用一样。导致上皮细胞脱落增加的因素包括维生素 A 缺乏症和尿路感染。维生素 A 缺乏在梗阻性尿路

结石中的作用已经在山羊上得到确认（Schmidt，1941）。甚至在没有形成结石的时候，大量脱落的上皮细胞也可能会堵塞尿道。感染会改变尿液 pH，从而促进矿物盐的沉淀。

一旦结石初步形成，结石随着生长过程逐渐增大。尿中黏蛋白含量增加并且黏蛋白作为基质促进结石形成。饲喂高度浓缩饲料，特别是颗粒状饲料，会促进尿中黏蛋白的增加。阻塞并不是结石形成的必然结果，但确实受解剖学组织结构因素的影响。梗阻性尿路结石极少见于雌性反刍动物，尽管事实上结石能够而且已经形成障碍。短的、直的尿道允许结石轻松地随尿液排出。相对来说，通过阴茎的乙状弯曲而截止于阴茎突的的长的、盘绕弯曲的尿道甚至为小结石在雄性尿道的停留提供了很多机会。雄性反刍动物的早期去势加剧了这种趋势，导致阴茎发育不全，随之造成尿道口径减小，尿道突无法成熟而无法完全与其末梢黏膜分离。去势对山羊尿道直径减小的影响已经有记载（Kumar et al，1982）。无论是饮食还是为促进其生长注射的外源性雌激素都会通过促进骨盆区域的外周附属性腺的肿胀而导致尿道直径减小。

当尿道完全被阻塞，努力尝试排尿时只能排出很少的尿液或不能排尿。动物受此影响后不久出现由肾脏功能下降引起的氮血症，次级输尿管积水和肾盂积水。

除非阻塞自行或通过外界干预得到缓解，否则最终膀胱或尿道会破裂。在前一种情况下，尿液会充满腹膜腔产生腹部膨胀。在后一种情况下，根据尿道破裂位置的不同，尿液充满会阴或包皮部位的皮下组织。这时，尿毒症形成过程加快，在没有兽医治疗的情况下，动物最终会死亡。

12.5.1.2　流行病学

对在育肥场饲喂浓缩饲料的育肥公牛和阉割的公绵羊来说，梗阻性尿路结石很容易确认，具有普遍性，治疗费用高昂。山羊很少有在类似的育肥场进行育肥的情况，因此这种疾病在各种山羊中少见，但山羊肉品日益受到关注将改变这种情况。在美国和欧洲，大部分患这种病的山羊是年轻的公羊，通常被阉割过并且大部分被当作宠物喂养（Craig et al，1987；van Weeren et al，1987a）。马萨诸塞州塔夫兹大学的对 38 例山羊

阻塞性尿路结石的回顾性研究显示，24 只患病山羊为阉割公羊，14 只为未经阉割的公羊，没有母羊病例。患病山羊的平均年龄为 27 月龄，范围为 2～12 月龄。这些患病山羊中许多都极肥胖，实际上作为宠物，几乎所有的山羊都被饲喂了谷物含量高的饲料，为其提供的能量超过其需要量。夏秋两季患病率增加，这时更容易发生脱水。最常见的是磷酸盐结石（鸟粪石和磷灰石），且通常呈沙土状或沉淀状。碳酸钙结石不经常发生，较大，更可能出现石块状结石。更近的来自兽医教学医院或转诊中心的病例回顾报道了相似的发现，年轻的阉割公山羊表现出梗阻性尿路结石的普遍特征，几乎没有母羊病例（Ewoldt et al，2006；George et al，2007）。至少在美国，在这些病例中，宠物山羊的数量在增加。

在美国得克萨斯州，梗阻性尿路结石被认为是年轻的安哥拉公山羊上的一个潜在问题，这种山羊被当作种畜的替代品进行饲养和销售。在繁育季节前，为了促进生长和加快达到能够及时销售的生长阶段的时间，这些动物被饲喂由高粱或玉米、棉籽壳和苜蓿混合而成的颗粒饲料。这种饮食被认为很容易引发结石，并且通过适当调整钙磷比例和加入盐及尿道酸化剂，梗阻性尿路结石可以得到预防。

在巴西，尿路结石在东北地区偶发，在那里山羊被集中管理，饲喂玉米和棉籽浓缩饲料（Unanian and Silva，1987）。在澳大利亚昆士兰州，安哥拉山羊经常被报道发生由于进食较多的谷物和定制的饲料而引发梗阻性尿路结石（Manning and Blaney，1986）。山羊的尿路结石在世界上其他地区也有发生，但是促成其发生的因素都不明或者未被报道。

12.5.1.3 临床表现

在阻塞的第一阶段，公山羊表现不安和焦虑。早期症状是尾巴抽搐。动物大声嘶叫，大都肌肉紧张和用力排尿，通常用力伸展自己的身体至最长，背部稍下弯然后拱起。明显的腹部压迫可能产生不同程度的直肠脱出。缺乏经验的畜主可能会认为是动物患便秘，然后采取不适当的方法治疗山羊，而不是求助兽医。尿道的触诊，在会阴区正中线可发现膨胀和肌肉紧张的震动。在包皮毛发连接部位可能看见血尿滴和/或结晶。部分堵塞的动物可能排泄小的、断断续续的尿

流，不过也表现出不安。

为了找到阻塞部位，应仔细检查尿道。尿道进程的可视化可以在阻塞的常见部位显示结石（图 12.7）。沿着阴茎包皮和会阴进行尿道的深部触诊可能在更邻近阻塞的位置如乙状弯曲部位表现疼痛或肿胀。当阻塞未经处理，膀胱或尿道通常在 24～48h 发生破裂。破裂释放了压力，可能会缓解不安和紧张，因此动物恢复较正常的状态，直到至少出现尿毒症症状。没有经验的畜主可能认为问题解决了而不是问题恶化了，因此推迟求助兽医。如果破裂的是尿道，不久包皮或会阴部位的皮下填充液将会很明显。膀胱破裂后，两侧的腹部臌胀增大，不过进展比较慢，可能难以察觉，对于已经表现出腹部增大的肥胖或矮小山羊来说更难以察觉。

图 12.7 尿道结石阻塞的常见部位在尿道突。一个非同平常的病变图，其在尿道突形成的阻塞呈猎枪子弹状而不是通常情况下的矿物结石（引自 Blackwell 和 Dale，1983）

随后尿毒症使山羊厌食，虚弱和精神萎靡。晚期病例往往会产生黄疸，若不及时治疗会死亡。整个病程一般为 2～5d。

12.5.1.4 临床病理学、影像学和剖检

报道的山羊阻塞性尿路结石一致的临床生化指标异常为氮血症，表现为高水平血尿素氮和血肌酐。如果出现膀胱或尿道破裂，这些指标会更高。据报道，病羊血尿素氮水平范围为 11.7～47.5mmol/L（70～285mg/dL）（van Weeren et al，1987）。最近报道了一篇 107 只患尿石症的山羊生化异常的文献（George et al，2007），与

对照组正常山羊相比，患有尿石症的山羊有较高水平的血尿素氮、肌酐、总二氧化碳、葡萄糖和钾，磷含量比较低。最常见的酸碱失调是低氯性代谢性碱中毒。膀胱或尿道破裂时伴有高钾血症和低钠血症的发病率增加。低磷血症是在这一系列病例意外的发现，因为在家畜中，除马外，血磷通常与肾后阻塞或膀胱破裂有关。尿沉渣应当在能够采到尿液样品的时候随时检查。明显的结晶尿能够证明梗阻性尿路结石的发生。不管抽取的液体是否为尿液，抽取皮下或腹膜下体液都有助于诊断。据报道，即便膀胱没有破裂，尿液也能够聚集在腹部，推测可能在强大的压力下尿能通过完好的膀胱壁（Ewoldt et al，2006）。一些尿道阻塞的山羊发展为肾盂积水或肾脏周围渗尿。尿素氮或肌酐水平远大于或与血液中的正常水平持平，说明腹腔积液是尿液。在野外诊断中，尿的气味可能对诊断有帮助。

X线成像很少能查出膀胱结石或尿道结石，且用于检查山羊的阻塞性尿石症在经济上不划算，而在诊断救助和个案管理方面的对照研究都十分有价值。在一篇对21只患有尿石症山羊的回顾性研究中，最有用处的成像技术是膀胱尿道造影，该技术通过外科手术，在膀胱造口术放置导尿管（Palmer et al，1998）。在这些病例中，X线成像和排尿道造影为疾病的诊断提供了一点帮助。超声波扫描术同样是一种快速、非侵入性并且能安全评估结石位置和大小的方法。

尸体剖检中，仔细解剖尿路时可发现结石、尿道损伤（图12.8、彩图56）和膀胱或尿道破裂。在死亡山羊中，除了死于阻碍性尿石病的山羊，其他原因死亡山羊的膀胱和肾盂中也发现有结石，这些状况提示该羊群需要改善营养管理。在病例处理或者尸检中获得的结石应进行化验。

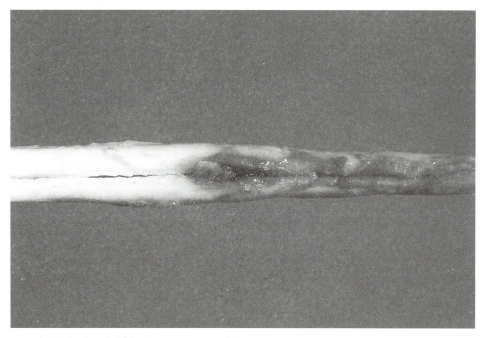

图12.8　对一只幼龄阉割羊尸体剖检时，发现阴茎海绵体阻碍性结石的部位出现坏死、炎症和出血等症状（Tufts大学卡明兽医学院赠图）

12.5.1.5　诊断

诊断应以典型症状、病史还有阻碍性尿石症的临床表现为依据。在早期阶段，当表现努力排尿时，应考虑胃肠道的阻塞。当发现有痛性尿淋沥症状，就可以排除膀胱炎和溃疡性包皮炎。膀胱或尿道破裂标志着尿毒症占主导优势，其他原因引起的极度沉郁、虚弱必须引起注意，尤其是肝性脑病和肠毒血症。当确定了腹部或皮下有尿液时，就可以迅速缩小诊断范围。

12.5.1.6　治疗

根据疾病的所处阶段、存在结石的性质和大小、动物使役的时间和频率及经济条件确定治疗的方法。若保守治疗没有缓解症状，就需介入外科手术，必须要谨慎保证其愈后，尤其对于仍育种用的公羊或者作为宠物的山羊。

药物治疗　如果在膀胱或尿道破裂之前发

现，就可以尝试一下保守治疗。如果结石存在于尿道口，就可以切除以恢复尿路开放。若沙质物或淤泥样物存在于尿道口，通常情况下不需要进一步治疗就可以直接挤出。这需要将阴茎从阴茎鞘中脱出，便于可视操作。可以用本章中前面介绍过的方法，按照 0.1～0.5mg/kg 静脉注射地西泮或者 0.05～0.1mg/kg 静脉注射乙酰丙嗪镇静动物进行阴茎检查。或者为了更好地止痛和放松阴茎牵缩肌，可以利用 2% 的利多卡因，剂量为每千克体重 0.1～0.2mL 腰骶部硬膜外麻醉，药物要注射到腰骶连接处的硬膜外腔，利多卡因的最大剂量不要超过 15mL（Van Metre et al，1996）。

切除尿道口只能视为一种短期、暂时的解决方法或者救助操作，因为在切除尿道口后阻碍性尿石症复发的可能性很高。这在北卡罗来纳的一项研究中得到证实，16 例病例中的 14 例（87.5%），尿道口切除并辅以药物治疗要么没有减轻阻塞，要么仅缓解少于 36h（Haven et al，1992）。如果结石接近尿道口，可以尝试在尿道放置一条足够长的导尿管灌输无菌盐水，以扩张尿道并移走令其不舒服的结石（尿水冲术）。这个操作往往不成功，常造成创伤，也有可能造成尿道破裂或狭窄，尤其当尝试强迫导尿管通过尿道憩室时。最近报道，尿道镜检技术和激光碎石技术结合，已经用于破碎和清除 3 只尿水冲术未获成功山羊的尿道末端结石（Halland et al，2002）。尿水冲术若失败，则可用镇静剂和止痉挛药帮助改善尿道松弛，通过强制排尿促进结石的自然排出。按照 0.1～0.5mg/kg 的剂量静脉注射地西泮或者 0.1mg/kg 静脉注射乙酰丙嗪（氨丙嗪 2mg/kg 肌内注射），上述方法都已用于治疗此病，有不同的结果。盐酸噻拉嗪不适用于此病，因为其高糖血症导致多尿，尿量增加，这会对尿路阻塞的山羊造成问题。

手术治疗 当保守治疗失败后，有必要介入某些种类的手术或者安乐死。手术操作的具体细节非本书所讨论的范围，读者可在最近出版的兽医手术教材（Tibary and Van Metre，2004），以及在美国小反刍动物从业者协会网站上的"热点话题"栏目获得资料（www.aasrp.org）。这里提到的手术程序包括会阴尿道造口术、阴茎切除术、坐骨尿道造口术、坐骨尿道切开术、外科植入膀胱插管术和膀胱造袋术。前耻骨尿道造口术，是一种用于猫科动物盆腔尿道阻碍疾病的救助技术，山羊上有时也能获得良好效果，在这里不再赘述（Stone et al，1997）。

在手术之前，特别是要进行全身麻醉时，需要评估一下患畜的水合状态、尿毒症和水电解质失衡，这些状况都需要进行适当的输液。由于患有阻碍性尿石病的山羊通常会伴有高血钾、低血氯和低钠，如果无法进行实验室评定，根据经验，静脉输入无菌生理盐水是一个很好的选择（Van Metre et al，1996）。对病例的手术和相关预后的判断，有报道称，入院时尿道突正常，腹面没有液体，并且血钾浓度低于 5.2mEq/L 都与手术插管膀胱造口术后动物的存活率高度有关（Ewoldt et al，2006）。

应注意如果膀胱内部和自身出现破裂，则不必进行手术。如果采用保守疗法能使尿流出，膀胱的裂口通常可由纤维蛋白或其他黏着物密封，自发愈合。这种愈合在膀胱背壁比腹壁更好。

如果在膀胱已破裂，而手术又被延误的情况下，尿液会排到腹腔，可通过腹腔穿刺术让尿液流干以减缓尿毒症的进程。这个操作不要完成得太快，当由于被腹水压力取代的血液由全身循环系统回到内脏血管循环时，会造成动物低血容量性休克；如果尿道被切除，可以在尿潴留部位的皮肤做多个、小的切口使得尿液排出。

当决定进行手术时就需要有良好的管理，手术方法的选择很大程度上取决于动物的用途、手术的整体费用、留院治疗和术后照料的情况。在这些病例治疗中，和客户仔细清楚地交流十分重要，因为不能保证不出现复杂情况，也不能保证动物完全康复，对最终结果的认识误区和期望值误区可能会导致严峻的医患关系，尤其是当治疗宠物山羊和纯种公羊时。

对于注定要屠宰的阉割羊或者正常公羊，通常会采用两种相对简单且廉价的救助手术——会阴尿道造口术和阴茎切除术。当执行前者尿道造口术时，会阴处切口的点要尽可能低，这样做有两个原因：首先，可以减少随后尿液灼伤的范围；其次，由于手术引起的尿道开口狭窄，所以该手术容易失败。如果发生了这种情况，可以在高于会阴术部的地方重复此手术，以延长动物的救助时期。对于山羊或绵羊，救助程序还包括坐骨尿道造口术和坐骨尿道切开术。坐骨尿道造口术相比会阴尿道造口术具有优势，即盆腔尿道可较形象地代替尿道海绵体部。骨盆尿道口越宽，就越能减少造口狭窄的可能性。对于种公羊，外科插管尿道造口术成为首选的手术方法，以保留其育种能力（Van Metre and Fubini，2006）。手术时，应在腹部旁正中线切口露出膀胱，以便实施膀胱造口术将结石从膀胱排出，并放置一个内置的气球型导尿管（foley 导尿管），穿过第二个切口，如图 12.9、彩图 57 样缝合。如果膀胱破裂，可在该步骤进行修复。手术治疗之前就需要使用抗生素，并且在术后持续 1 周，直到膀胱插管完全移除，因为膀胱炎在这个过程中是潜在的并发症。

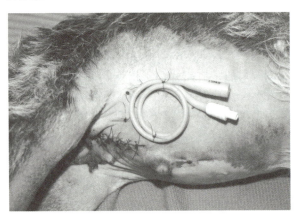

图 12.9　一只山羊进行尿道插管手术治疗阻碍性尿路结石后的腹部图片，可见通过旁切口从膀胱引出的固定在皮肤上的 Foley 导尿管，膀胱造口术主切口在包皮侧面（Peter Rakestraw 博士赠图）

最近的一项报告，50 只山羊和 13 只绵羊用膀胱插管手术法治疗阻碍性尿石症，病例中 48/63（76%）已能正常通过尿道排尿的羊可以出院。在接下来的 6 个月里，34 只出院羊中 22 只（65%）没有尿道阻碍复发。然而一些动物没能长期跟踪，在出院后的 12～72 个月里，经鉴定 18/20（90%）仍然活着并且没有尿道阻碍复发（Ewoldt et al，2006）。

早期报道的膀胱插管手术包括前行的冲洗尿道，但是最近认为，前行的冲洗会导致潜在的创伤，延长了手术时间并且不是必要的。在 Ewoldt 等的报道中，没有进行冲洗尿道就将膀胱中存在的结石移除了。在手术后尿道的末端竟自发修复了。

在这些病例中，内置的导尿管在手术后仍留

下以使尿液能够流出。此后，从术后的第 4 天开始，导尿管周期性闭合以确定动物是否有能力通过尿道排尿。如果动物持续表现痛性尿淋沥或者不能排尿，导尿管会再打开以便尿液排出和再次周期性闭合直到病畜可以自由排尿。这时导尿管会继续放置 3d 然后移除，允许膀胱造口的自我修复。报道说（Rakestraw et al，1995）手术后到动物可以自由排尿的平均时间是 11.5d，距离膀胱插管移除的平均时间是 14.5d。这个手术的原理是通过导尿管排尿可以避免拉紧对尿道重复创伤，使尿道放松和治愈，尿道末端存在的结石很有可能最终自发溶解或者排出。

当然这些病例不能保证都成功，导尿管可能因自身凝血块、结石或者淤物而发生阻塞。因此建议使用较大号的导尿管，应用 18～24F 的导尿管或者更大的管（Van Metre and Fubini，2006）。此外，据报道，导尿管经常由于气囊没有持续膨胀而出现故障，这和其在高温灭菌后重复利用有关，因此推荐膀胱插管术只使用新的导尿管。动物同样可能咀嚼导尿管和移出或者毁坏他们，这提示在术后还应使用伊丽莎白项圈。

甚至当动物在这个治疗成功恢复后，并不能作为确保种用山羊保留繁殖能力的证据。有报道称在山羊进行膀胱插管手术 3 个月后，阴茎海绵体血管闭塞导致阴茎无法勃起，没有繁殖能力。血管损伤被认为是刺激阻塞尿道时造成的创伤，与手术的过程无关（Todhunter et al，1996）。尽管如此，还是未能实现保留育种能力这个最终目标。

手术后应用抗炎药物来促进尿道愈合。已经报道按照每千克体重 1.1mg BID 静脉注射氟尼辛葡胺 3～5d，然后用 0.5mg/kg SID 再治疗 3～5d。乙酰丙嗪可用于促进术后尿道的放松。每天皮下注射 2～3 次低剂量（每千克体重 0.02mg）乙酰丙嗪的方法已被使用（Ewoldt et al，2006）。

溶解已存在的结石可以改善预后。在一个病例中，已经报道利用化学分解溶液溶肾石酸素冲洗膀胱导尿管来溶解结石（Streeter et al，2002）。溶肾石酸素是一种柠檬酸类的酸性溶液，碳酸镁和葡萄糖酸内酯溶解磷酸钙和镁铵磷酸盐结石十分有效。在山羊的病例中，30mL 溶肾石酸素通过尿道导尿管注入膀胱，然后导尿管会闭塞30min，然后让其流干。这样每天做4次，连续3d，通过超声发现其溶解存在的结石很有效。因为这个报道只涉及一个病例，溶肾石酸素在治疗山羊尿石症方面作为尿道造口术的辅助作用还需要进一步评价。

术后也可用乙酸溶液每天通过尿道插管注射进膀胱（Tibary and Van Metre，2004）。将一滴冰醋酸加入500mL的非缓冲生理盐水里，这种溶液pH范围为4.5~5.5，用60~150mL这种液体在排泄前注入并停留1~2h（Van Metre et al，1996a）。在使用前要检测一下pH。

据报道，不放置插管，采用尿道造口术和在尿道里向前或向后注射结合的方法有很好的效果（Haven et al，1993），但是这个操作有一些缺点：包括在冲洗过程中尿道有破裂的危险，向后注射冲洗尿道需要一个助手来完成，潜在的延长手术时间，因为重复的完全冲洗阻塞的尿道有时会需要2~3h（Van Metre et al，1996a）。这项技术大部分已经被尿道插管手术代替。

超声引导的经皮肤插管的膀胱造口术已被证明可作为一种外科治疗方法，但效果不是很令人满意。对10个这种病例的报道中，所有动物都需要二次手术，其中5个因为没有在膀胱放置插管，4个是因为顽固或阻碍性尿石症的复发，1个是因为随后切除了尿道（Fortier et al，2004）。尽管外科尿道插管术比经由皮肤插管耗时长，花费也更高，但长期的结果更好。

另一个对于种用动物可以替代的手术是尿道切开术，可以通过触诊和成像找到结石位置分离单独的结石，并可以通过尿道切口进入取出结石。能否成功很大程度取决于对单独结石精确的测定。尿道狭窄在手术中是一个严重的潜在并发症。

对于宠物山羊，尿道手术插管或膀胱造袋术被认为是令人满意的手术方法，是很多畜主考虑的方案，前者预后良好，后者更廉价。在一项对外科手术治疗阻碍性尿石症的研究中，做过膀胱造袋术的山羊住院治疗的持续时间比尿道插管手术的时间少1/4，而花费只有尿道插管术的2/3（Fortier et al，2004）。主要的问题是造袋术在腹正中线会留有永久的瘘洞，由于长期的尿灼伤，需要畜主注意，包括剪掉术部的毛，应用凡士林或者其他药膏清洗。手术时可通过将瘘洞尽可能远离腹正中线来减少对膀胱不适当拉力或者紧张度等问题。

造袋术的其他并发症包括膀胱下垂、瘘狭窄和膀胱炎。在一个报道中，19只患阻碍性尿石症并由膀胱造袋术治愈的病例中，18/19的动物存活下来。术后59个月1只动物得了膀胱炎，1只由纤维症导致瘘关闭。所有存活下来的山羊在瘘洞处都有尿灼伤。15/17畜主对预后满意，有2位畜主因气味和尿灼伤表示不满意（May et al，1998）。在这个研究中，留院治疗和手术的时间平均是4d（范围是1~10d），在一个63只经尿道插管治疗的小反刍动物病例中，留院治疗的平均时间是（14±10）d（Ewoldt et al，2006）。

在尿道插管手术和膀胱造袋术技术改进并成功用于山羊之前，经常用会阴尿道造口术来治疗患阻碍性尿石症的宠物山羊。然而，随着技术的发展，会阴尿道造口术不建议再用于宠物山羊，因为此方法有复发的可能性，且存在有附加费用和引发畜主的不满度高等问题。

如果畜主因为经济原因执意要救治这些羊，首先要清楚由于在尿道造口术部位常出现尿道口狭窄，动物恢复至常态的前景很不乐观。荷兰的一项研究表明，给28只绵羊和山羊做了会阴尿道造口术，其中10只在术后很快死亡或者被处以安乐死。留在医院的18只，只有8只在术后的随访中没有其他的问题。剩余的大部分都再次发病做了第2次甚至第3次手术（van Weeren et al，1987a）。即使在术后尿道开放了，在会阴处和后肢尿液造成的灼伤也会引起持续性的问题，造成畜主不可预测的经济支出。

不论采取的是哪种类型的手术治疗，一定要考虑到术后的管理。患尿毒症的动物需要监测其异常，并且注射合适的液体和所需的电解质。使用抗生素预防膀胱炎和尿路感染。肌内注射普鲁卡因青霉素G 22 000 IU/kg（每日2次），或者皮下注射氨苄青霉素15mg/kg（每日3次）都会有效。至于膀胱造口术中的插管，建议在插管移除之后的1周之内都进行抗生素治疗。

在膀胱造袋术中，术后1周内都要使用抗生素。尽管由于膀胱孔开放容易感染，但不建议长时间使用抗生素。原因之一，尿的淤滞造成膀胱炎，如果尿能持续地从开口排出去，没有尿的淤滞则不会引起膀胱炎。之二，长期使用抗生素会促使高耐受性细菌的产生，因此，一旦出现膀胱炎，治疗的方式要有所限制。这样一来，在造袋的动物身上出现的感染，最好从其培养条件和敏感性方面出发选择抗生素。术后的动物应该在一个洁净干燥的房舍内。

如果可能，应将手术或者保守疗法中移除的结石送到合适的实验室中进行成分分析，从而优化动物的日常饮食和管理，以防出现新的结石。

12.5.1.7 防控

阻塞性结石的预防主要依赖于抑制尿中的离子聚积形成结石。有以下三种主要方法：增加排尿量，尿酸化，减少尿中的结石性溶质。下面分别讨论这三种方法，但是在实际中，常将它们相互结合在一起使用来控制疾病。

增加排尿量 浓缩的尿中更容易形成结石，因此提高水的摄入量能够有效地利尿，这点非常重要。必须保证干净、可靠和合适的水的供给。山羊对于饮水很挑剔，不喝被粪便、饲料或其他外来物质污染的水，因此水槽的放置和洁净很重要。山羊也是等级制度森严的群体，某些处于主导地位的羊可能会不让其他羊接近水槽，因此，水源处应留有充足的空间。冬季给羊供热水，夏季将水置于阴凉处可促进羊多饮水。对于宠物羊来说，主人可以在水中加入适量的提味或甜的饮料粉末促进其饮水。

刺激水摄入和尿稀释的一个重要办法就是提高饲料中盐的比例。氯化钠的饲喂量应占总摄入干物质量的 3%～5%，干物质占体重的 2%，即一只 40kg 的羊每天吃 0.8kg 的干物质中包含 24～40g 的氯化钠。羊在自愿或者被鞭打的情况下都不会愿意摄入这种水平的盐量，所以如果必要，应直接将盐按定量混合在饲料中，一个方法是将盐溶解洒在干草上。

尿酸化 反刍动物的尿通常是碱性的，碱性环境利于结石的形成。尿的酸化能够提高含有磷酸铵镁（鸟粪石）、磷酸钙（磷灰石）和碳酸盐的尿结石的溶解性，抑制其在尿中的沉淀。也有证据表明，绵羊酸化的尿可以抑制硅酸盐的形成（Stewart et al，1991）。在饲料中增加诸如氯化铵的阴离子盐的量可以达到这个效果（Stratton-Phelps and House，2004）。每日的剂量可以控制在总干物质摄入量的 0.5%～1%，浓缩饲料

的 2%，或每千克体重 200～300mg。硫酸铵代替氯化铵使用，占总食物的 0.6%～0.7%。然而，饲喂硫酸铵与小羊的脑灰质软化症有关（Jeffrey et al，1994）。羊不喜欢氯化铵，所以单独饲喂不可行，将氯化铵加到浓缩的饲料中可以促进其摄入，但是浓缩饲料本身就含有结石性的物质，在日常饮食中应该限制其摄入。对于单独的羊，可以把氯化铵与糖水、蜂蜜或者糖浆混合一起饲喂。

尿的酸化剂不是一个万能药，在巴西，试验条件下给羊饲喂含有 0.5%氯化铵的浓缩饲料未能阻止结石的产生（Unanian et al，1985）。山羊也可能越来越抵制含有阴离子的饲料的酸化效果，而使尿的 pH 逐渐恢复到碱性范围（Stratton-Phelps and House，2004）。另外，长期食用氯化铵能够导致山羊骨吸收（Vagg and Pavne，1970）。

减少尿中的结石性溶质 要减少会导致尿结石形成的尿中的溶质，饮食管理是关键。饮食的变化需要考虑到影响动物或畜群的结石的特定类型。

谷类食物含有高水平的磷酸盐，诸如鸟结石等磷酸盐结石的出现与饲喂谷类食物密切相关。主人经常给宠物羊饲喂超出羊新陈代谢能力的谷类食物，而羊仅仅需要一点点，应该大大减少饲喂谷类食物而增加干草或者麦草作为动物的基础饲料。

饲喂颗粒饲料会减少唾液的产生，这样就减少了通过唾液和食道排出磷的量，结果从肾排出的量增加了。因此，患有磷酸盐结石的畜群不应饲喂颗粒饲料。另外一个与磷酸盐结石相关的问题是饲料中的钙磷比例。钙会抑制动物内脏磷的吸收，因此如果食物中钙的比例太低，就会使磷的吸收量上升，最终由尿排出。食物中理想的钙磷比例范围应该是（2～2.5）：1。

镁离子在磷酸盐结石的形成中起到重要作用。即使钙磷比例在合适的范围内，过量的镁离子也会导致磷酸钙或者磷灰石的形成。食物中钙磷比例保持在 2:1，镁离子总的含量不应超过干物质量的 0.3%。

饲喂奶替代品的断奶前山羊出现结石的时候，应该对奶替代品的成分进行分析。有些替代品的钙磷比例只有 1:1，那么就需要给小羊补

充钙。另外，奶替代品中镁离子的含量升高到了0.6%，这会有助于牛犊形成钙的磷灰石，而镁离子保持在0.1%则不会出现不正常的情况（Petersson et al，1988）。食物中高镁离子加剧了高磷对结石的影响，而高钙则会抵消高镁的影响（Kallfelz et al，1987）。

碳酸钙结石的形成与饲喂苜蓿或高钙的豆科干草，或者在这类植物丰富的牧场放牧有关。性成熟的公羊、阉羊或宠物羊（患尿结石的主要畜群）在日常饮食中不可能需要豆科植物干草所提供的高水平钙离子。因此，在有尿结石的畜群中，优质的干草应该被取代。

硅结石在吃含有高硅的草的反刍动物中很常见。因此，应限制日常饮食，保证足够的水和盐的供给会很有帮助。

一些其他的控制措施也应考虑。每天多餐或随意的喂养要比每天固定一次或者两次喂养更有效。大量进餐会使细胞外液都流向瘤胃，导致暂时的尿液浓度上升，这会促进结石的形成。而少量多次饲喂则不会出现这样明显的情况。也建议要保证食物中含有足够的维生素A。

推迟阉割是另外一种可减少障碍性结石形成的方法。然而，山羊的早熟需要在3月龄时进行阉割来避免无用的交配，除非能够在性成熟后有效分开公羊和母羊。

12.5.2 草酸盐中毒

与其他反刍动物相同，山羊很容易因摄入富含乙酸盐的植物或者化学复合物如乙二醇而造成乙酸盐中毒，乙二醇的代谢产物为乙酸盐。然而，与绵羊相比，山羊自然发生乙酸盐中毒是不常见的（Kimberling，1988）。

12.5.2.1 病原学和流行病学

乙酸盐中毒的起因为大量摄入含有高水平钠和草酸钾的植物。酸模属（Rumex）的植物，如含酸液的酸模属草类，以及藜科植物（Chenopodiaceae）是乙酸盐的储存器。最常见的相关物种有美国西部的盐生草（Halogeton glomeratus）、黑肉叶刺茎藜（Sarcobatus vermiculatus）和澳大利亚的酢浆草属植物（Oxalis spp.）。大量的其他植物也发现含有可溶的乙酸盐，但是它们很少导致牲畜中毒（Osweiler et al，1985）。

在墨西哥，山羊在摄入苋草（苋属植物）（Amaranthus spp.）后临床诊断为乙酸盐中毒（Gonzalez，1983）。在澳大利亚，在特定的含有铺地狼尾草（Pennisetum clandestinum）或者吉库尤草的牧场上放牧后的山羊发生了死亡。尽管这不是原发灶，发病的山羊患有肾病，肾脏的管子中有草酸盐结晶（Peet et al，1990）。当作宠物或者喜好饲养的山羊患肾病的风险更高，原因是经常给他们喂养花园中锄下来的杂草。在澳大利亚，食用大黄和菠菜与山羊的乙酸盐中毒有关系（Baxendell，1988）。

另外，草酸盐能够在某些人造化学制品或者身体新陈代谢的其他产物中发现。已经有报道山羊在吸收了汽车防冻液后发生了乙二醇中毒（Boermans et al，1988）。10岁的吐根堡母山羊在大量给予抗坏血酸后（草酸盐代谢的前体），导致草酸盐肾中毒症（Adair and Adams，1990）。该山羊在出现氮质血症之前的6d内接受了108g抗坏血酸。

12.5.2.2 致病机制

反刍动物摄入了少量的草酸盐之后，大部分的草酸盐要么在瘤胃中被分解了，要么与自由的钙离子结合随粪便排泄出去，一小部分直接被吸收进血液里。当摄入量过大时，草酸盐的吸收量也会增加。在血液里，草酸盐与钙离子结合形成草酸钙，导致血清中的钙水平降低，有时会减少到一半，产生了与牛患产乳热相似的神经肌肉机能障碍的临床症状。由于草酸钙是不溶的，结晶形成后，紧接着就在机体的脉管系统和肾小管中累积。肾小管损坏会引起严重的肾功能不全症。

乙二醇（发动机防冻液的有效成分）对于反刍动物的毒性比单胃动物和刚出生还未开始反刍的反刍动物小，原因是其大部分在摄入后都被反刍动物的瘤胃微生物菌群降解。然而，大量摄入后，会发生吸收和代谢有毒性的中间物，如草酸。未代谢的乙二醇可作镇静剂直接作用于中央神经系统。由乙二醇中毒引起的病理变化包括低钙血症、血清渗透压升高、酸中毒、肾小管机能障碍和血红蛋白尿，尽管死亡与尿毒症的程度没有必然的联系。

12.5.2.3 临床表现

草酸盐中毒是在摄入了不良的植物之后几小时内就出现临床症状的急性中毒。中毒的山羊显现出运动失调、肌肉震颤、过于兴奋、烦躁不安，紧接着虚弱、躺卧和歪头。在上述症状发生之后数小时内接着就是昏迷继而死亡。

在一例山羊乙二醇中毒的病例中（Boermans et al，1988），中毒的山羊开始显现出烦渴、便秘、角膜混浊和逐渐的运动失调，尤其在后肢。再后来便是精神不济和唾液越来越多。在第5天，死亡之前，可观察到肌肉紧张痉挛、抽搐、失明、眼球上下震颤、胃动力减弱、腹泻和体温不正常。

12.5.2.4　临床病理学和尸体剖检

中毒的山羊可检测到低钙血症，但中毒程度和发病率不尽相同。也会发生高磷酸盐血症和高镁血症。也有不同程度的氮血症出现。尿样会显现出血红蛋白尿和结晶尿。有报道称在山羊的尿中发现了长方体形状的二水合草酸钙结晶（Clark et al，1999）。怀疑是草酸盐中毒时，如果能获得采食的植物，可检测可疑植物中的草酸盐水平。

经过剖检，大部分草酸盐中毒都能被准确诊断出来。应仔细检测瘤胃内容物，寻找含有草酸钙的植物，测定瘤胃内容物中草酸钙的浓度。中毒的山羊，瘤胃内容物的草酸钙浓度为0.5%～1.8%（Gonzalez，1983）。常见的症状有胃、肠内黏膜和绒膜的炎症和出血，胸膜积水以及腹水，但不是特异性的。肾出现水肿和肿胀。

一个典型但不是都具有的病理变化是，肉眼观察肾皮质由黄色变成黄绿色，表面有纹理，而延髓为红褐色。中毒山羊肾的草酸盐含量为2.9%～7.1%。组织学上，肾小管发生膨胀，并充满了双折射的草酸盐晶体。在管壁上也可见这种晶体，尤其是瘤胃的脉管系统。乙二醇中毒也可见相似的组织病变。能够在血清、尿以及尸检后眼内的液体中检测到乙二酸（乙二醇的稳定代谢物），可以支持是乙二醇中毒的诊断。

12.5.2.5　诊断

诊断基于以往所处的环境、临床特征和剖检时，可见肾小管草酸盐结晶。对活畜，其他的致低血钙的原因包括新陈代谢和营养性的都应该被排除。当兴奋和惊厥的症状出现时，主要应考虑神经性的疾病。对于抽搐的鉴别诊断见第五章。

12.5.2.6　治疗

一旦出现临床症状，应谨慎治疗。应使患病动物立即远离含有草酸盐或其他替代食物。皮下注射50～100mL二硼葡萄糖酸钙可帮助处于危险期的动物抵抗潜在的低钙血症。严重中毒的个体需要静脉注射钙盐和输液来消除肾小管内草酸盐结晶的累积和严重肾病的发展。如果受经济条件限制，可以大量喂水来代替输液。

乙二醇中毒后，一旦出现症状，则预后不良。如果症状出现之前发现摄入了乙二醇，可以通过经口给予活性炭水悬液（每千克体重0.75～2.0g溶于水中）帮助解毒。如果症状已开始出现，应该静脉注射含有小苏打的液体来消除严重的酸中毒。二硼葡萄糖酸钙可消除低钙血症。神经性的症状可用安定控制。皮下注射乙醇作为肝内乙二醇代谢物的竞争抑制剂，这种方法使用在犬和猫上效果明显，在反刍动物上的应用还未见报道。犬的注射剂量为每4h每千克体重注射20%乙醇5.5mL。

12.5.2.7　防控

要想控制放牧动物草酸盐中毒，应该避免动物在富含有高草酸盐植物的牧场放牧。如果必须在这放养，至少最初几天应为其提供相应的食物，以有时间让瘤胃内的微生物菌群适应，从而能更为有效地降解草酸盐。好的钙来源比如磷酸二钙有助于在消化道内形成草酸钙结晶，限制了草酸钙的吸收。

12.5.3　栎树中毒

栎树中毒［栎属植物（*Quercus* spp.）］，若牛和绵羊进食了大量的新叶、花、芽、茎、种子导致中毒，则会造成相当高的致病率和致死率。中毒的原因为植物中的丹宁，它会引发严重的肠道炎症和典型的肾病。动物表现出抑郁、犬坐状、便秘，之后便是血样的黏液状的粪便，然后就是尿毒症。

山羊对栎树毒具有较高的抵抗力，原因可能是瘤胃内黏膜的丹宁酶水平相对较高。体外试验证明，给山羊瘤胃液混入丹宁会提高发酵活性而抑制瘤胃液的活性（Narjisse and El Hansali，1985）。常常利用山羊清除牧场的栎树，使牛和绵羊不会中毒。

唯一一例关于山羊栎树中毒的报道发生在锡金，是因为山羊摄入了栎属的多花栎。中毒的动物症状表现为腹痛、便秘、出血性腹泻和死亡

（Katiyar，1981）。在试验中，山羊在很长一段时间内食入含有大量哈瓦那栎树（*Quercus havardi*）成分的饲料后，也会出现与牛相同的栎树中毒所表现的典型临床症状（Dollahite，1961）。在一个不相关的试验中，在3d内给山羊每天喂食1kg干的栎树叶子，山羊没有生病的迹象，可以得出这样的结论，即山羊可以无忧地吃栎树叶。然而，在相同的试验中，口服丹宁酸（7%溶液1L）会导致剧烈的带有血红蛋白尿的溶血危象。7~14d后出现再生应答，观察到大红细胞和网织红细胞。口服丹宁酸的72h后也会出现短暂的血小板减少症（Begovic et al，1978）。

如果怀疑山羊患栎树中毒，应使动物远离栎树源，并且口服含有矿物油和/或硫酸镁的泻药。如果需要，可输液治疗失水和酸中毒。

12.6 肾上腺

12.6.1 解剖学

在靠近肾的地方有成对的肾上腺。左侧的肾上腺在左肾前缘，而右侧肾上腺在右肾的中间位置。腺体长2~3cm，宽1cm，并且左侧比右侧的大。腺体由囊体、皮质和髓质组成。皮质的束状带是腺体的最厚部分，并且通常雌性比雄性的大一点（Prasad and Sinha，1981）。山羊有副肾上腺皮质小结，可能位于囊内也可能在囊外。这表明在胚胎发育过程中，皮质细胞从生发层发育而来（Prasad and Sinha，1980）。囊肿时常与主要的腺体有关。

12.6.2 生理学

肾上腺的生理功能和内分泌功能同其他小反刍动物和哺乳动物类似。已经对安拉格山羊皮质激素随季节的变化进行了研究，其浓度为2.2~10.6ng/mL。在秋季雌性动物呈现不同程度的上升，这与妊娠有关。秋季平均值为18ng/mL，个别个体高达26ng/mL，然而雄性动物平均值小于10ng/mL（Wentzel et al，1979）。

12.6.3 病理学

山羊患肾上腺瘤可以通过尸体解剖来确诊，大于4.5岁的阉割公羊患肾上腺皮质瘤比例较

高。未阉割的公山羊和母山羊几乎不会患肾上腺肿瘤。阉割是山羊形成肿瘤的前提（Richter，1958；Altman et al，1969）。安拉格山羊比奶牛更易形成肿瘤，可能是由于阉割的安哥拉山羊维持生育的时间比奶牛长。这些肿瘤没有明显的临床症状，但是有一例6岁的吐根堡阉割山羊出现乳房肿大、下乳，死后尸体解剖诊断为肾上腺皮质腺瘤。死前，其血浆中17β雌二醇浓度增高，地塞米松部分抑制皮质醇的分泌，引起对促肾上腺皮质激素的应答过度（Löfstedt et al，1997）。

髓肿瘤并不常见，然而一篇发表的报告报道，通过尸检发现一只10岁努比亚公羊肾上腺髓质中有嗜铬细胞瘤。死前，无与肿瘤相关临床症状（Lairmore et al，1987）。对成年羊肾上腺髓质剖检时发现了相似的病变，但是动物存活时，嗜铬细胞瘤引起肾上腺素的过度分泌和高血压，这些结果仍然需要进一步的研究。

有报道称山羊遗传性嗜铬细胞瘤源于芬兰，该细胞瘤分别在10、13、15岁时被发现于一只母羊及其母亲、祖母（De Gritz，1997）。据报道，这3只山羊都因为神经质和焦虑而多次突然袭击人类。另有报道称有两只母羊（分别是20岁和10岁）有过异常泌乳，这一反常的现象是由于嗜酸性垂体腺瘤引起，但是这两只羊也同时患有嗜铬细胞瘤（Miller et al，1997）。组织学表明，患有慢性副结核病（Rajan et al，1980）和持续期锥虫病（Mutayoba et al，1988）的山羊，肾上腺皮质增生与慢性疾病应激有关。

12.6.4 临床疾病

山羊的肾上腺皮质机能亢进（库欣氏症候群）或肾上腺皮质机能减退（爱迪生氏病）还没有引起人们的重视。肾上腺皮质机能亢进在南非安拉格山羊非感染性流产的发生中起着一定作用（Wentzel et al，1975）。胎儿浮肿性流产母羊肾上腺皮质组织增生，在妊娠期肾上腺皮质激素维持很高的水平，而正常动物的肾上腺皮质激素水平在妊娠晚期会下降。安拉格山羊的先天性流产将在第13章继续讨论。

安拉格山羊与其他的品系山羊和绵羊相比，其抗应激能力较差。在南非，安哥拉山羊因受到突如其来的寒冷天气的影响而该应激就可引起安哥拉山羊死亡，这是限制其产量的主要因素。这

些与应激相关的死亡与低血糖有关。Van Rensburg（1971）报道在淘汰用于马海毛生产的安拉格山羊时，选择标准与肾上腺机能下降的山羊相关。这一观点促使人们对肾上腺在应对应激和垂死的安拉格羊中所见到的低血糖现象中起到的作用进行了大量的研究。

试验证明，用胰岛素使安拉格山羊的血糖降低，在这种应激状态，安拉格山羊与波尔山羊、麦兰奴绵羊相比，没有适当地增加糖异生和血糖再生所需要的皮质醇的量（Englebrecht et al，2000）。另外，在本试验中，对肾上腺细胞培养的结果进一步表明，安拉格山羊肾上腺细胞膜上的肾上腺皮质激素受体不能彻底激活在应对应激时为增强糖皮质激素产生的 cAMP 信号通路。此外，安拉格山羊细胞色素 P450cl7 酶的活性与波尔山羊、麦兰奴绵羊的不同，这一差异可能是安拉格山羊产生糖皮质激素少的原因（Englebrecht et al，2000）。

（关贵全）

生殖系统

本章主要包括不孕症、流产和产科疾病的处理要点。本章所涉及的其他额外阐述可通过互联网上的德罗斯特项目获取（Drost，2008）。

13.1 母山羊

在上流社会或者在讨论贵重或珍贵动物时，母山羊又被称为"doe"。"doeling"通常是指已经不再年幼的1岁母山羊。在美国得克萨斯州，虽然"nanny"是对安哥拉母山羊的标准称谓，但如果这个词可能会冒犯主人时，应避免使用。

Lyngset已经从生殖系统的组织解剖学方面对空怀和妊娠的母山羊进行了综述（1968b，1968c）。子宫为双角的新月状，子宫颈大致有五层纤维环。如果母山羊未处于发情期，这些纤维环会阻止输精器的通过。通过犬用阴道内窥镜、公山羊人工授精内窥镜、人用直肠镜或在其光滑的末端中央带有一光滑圆孔的玻璃试管（直径22～25mm）可以看到阴道和子宫外颈口（Haibel，1986b）。

13.1.1 发情期

在气候温和的地区，山羊是季节性一年多次发情动物。发情期受白昼时间缩短的影响。冬天随着白昼延长，发情期逐渐停止。正常发情期的持续时间会受地域、品种以及畜群的影响。也要考虑个体因素，产奶量高的母山羊与其他刚生过幼仔或没有进入泌乳期的动物相比，分娩之后不可能立即进入发情期。一般情况下，在北半球，从8月份到翌年3月份，尤其是10—12月份，为正常的繁殖季节。在气候适宜的地区，比如热带，有些母羊能够全年发情，这个时候羊饲料比白昼变化更能影响发情。期望提高羊繁殖率的养殖户应该选择在非发情期所产的羊羔作为畜群后备。

Harrison已经报道了山羊发情过程中卵巢的形态学和组织学结构的变化过程（1948）。对山羊（Dukelow et al，1971）和绵羊（Oldham and Lindsay，1980）的发情期尤其是排卵期已经在1970年代早期开始通过腹腔镜检查方法做了阐述。对绵羊人工授精的腹腔镜检查所用的设备与技术也可应用于山羊（Seeger and Klatt，1980；Killen and Caffery，1982；Gourley and Riese，1990）。

对于选中的病例，如果能利用高分辨率的探头（至少7.5 MHz），使用探头扩张器进行直肠超声检查卵巢的活动非常有用。缓慢进行系统扫描，可在膀胱的左侧和右侧看到卵巢。正常的成熟卵泡大小为9～12mm（Buergelt，1997）。对于波尔山羊（Padilla and Holtz，2000）和塞拉那山羊（Simoes et al，2006）的其他超声方面的研究表明，每个发情期都会有3～5个卵泡峰（Rubianes and Menchaca综述，2003），排卵时，卵泡直径通常为7～8mm。可通过一个或多个大的卵泡消失以及黄体形成来确定排卵（Baril et al，1999）。黄体的回声比卵巢基质的回声低，可能有一个中央液体填充腔（Kähn，1994）。静止的卵巢与直径小于4mm的卵泡很难区分。理论上来讲，随着时间的推移，能够发现并监测到大的囊性卵泡，但尚未见相关报道。

13.1.1.1 周期长度

有代表性的欧洲奶山羊发情周期是21d。

非洲矮山羊的发情周期有较大的可变性（18～24d）。在每个季节开始和结束时，可出现发情时间不规律和发情不明显（Phillips et al，1943；Camp et al，1983）。在过渡期间，尤其是小山羊，5～7d 较短的发情周期可视为正常，但对于某些羊群，特别是由于某些问题饲养员以及以胚胎移植为目的进行超数排卵时，这种情况可持续整个繁殖季节（Armstrong et al，1983，1987；Stubbings et al，1986）。这些山羊的黄体存在时间很短，主要通过黄体酮短时间升高来判定。

对于胚胎移植供体动物，为防止出现这种情况，可在产后 4d 试用孕激素海绵栓或植入物。事先用孕激素（用醋酸氟孕酮浸泡海绵 17d，或注射 5.2mg 醋酸氟孕酮）进行预处理来消除短暂性黄体，同时用公羊来诱导未发情的母山羊，通过延伸黄体的存在时间来延长发情期（Chemineau，1985）。

前列腺素诱导的流产可造成短暂发情期，同时小幅度地推迟排卵前黄体生成激素激增（Bretzlaff et al，1988）。提升前列腺素 $F_{2\alpha}$ 水平能缩短发情期，已经在肯尼亚被刚果锥虫感染的山羊上有报道（Mutayoba et al，1989）。经过几年的铜缺乏饲养，可观察到成年山羊的性欲亢进病（Anke et al，1977）。合成的皮质类固醇（地塞米松 10mg，2 次/d，连用 10d）可通过延长黄体功能来延长发情期（Alan et al，1989）。

对于发情周期较短或有持续发情期征状的动物的处理措施包括在发情期使用促性腺激素释放激素（GnRH，牛剂量的 1/4～1/2）、人绒毛促性腺激素（HCG，1000IU）、猪用的孕马血清促性腺激素释放激素（PG600，静脉注射，2mL），或者使用 3 周外源性黄体酮。

对 5 只日本山羊的超声检查研究发现，先用 10d 的前列腺素再用促性腺激素释放激素能够很好地治疗卵巢囊肿（即没有黄体的情况下，直径大于 10mm 的卵泡持续存在 10d 及以上者）。其中有 4 只经诱导发情的山羊妊娠（Medan et al，2004）。

13.1.1.2　发情的临床表现

初情母山羊的静立发情期一般持续 24h 左右，但成熟母山羊可持续 2～3d。如果有公山羊配种，静立发情期会缩短（Romano and

Benech，1996）。如果有成熟并散发气味的公山羊靠近，发情的母山羊通常容易被鉴别。母山羊会沿着羊圈不安地走动，伺机接近公山羊，或者在围栏周围徘徊（图 13.1、彩图 58）。母山羊的阴户稍微肿胀，且用力摆动尾巴。即使没有公山羊的存在，母山羊也会经常晃动尾巴，这种行为可能会使母山羊从生殖器官向环境中释放激素来吸引公山羊。发情期的其他表现还包括哀叫、尿频、食欲减退和泌乳减少。当公山羊试图爬跨发情中的母山羊时，母山羊通常会站立不动，甚至还会后退迎合公山羊。但是，有些母山羊若发现公山羊（太年轻或者雄性激素不足）没有性别吸引力，将不会静立等待受孕。

图 13.1　发情的公山羊正在通过栅栏挑逗处于乏情期的母山羊。注意公山羊的胡须和沾有自己尿液的前腿比较脏（Dr. M. C. Smith 赠图）

发情初期阴道流出物稀薄、清亮、无色。随着发情期和排卵的结束，流出物逐渐变得浓稠、发白（Pretorius，1977）。能够认识到这是山羊的正常生理机能非常重要，否则，某些实习兽医师会误以为如果阴道流出物呈白色云雾状且有大量中性粒细胞就会误用抗生素治疗。

排卵多在静立发情期结束前后，一般在血清孕酮达到最高峰 24h 之后（Greyling and van Niekerk，1990）。

在整个发情过程中的阴道细胞学检查已经被研究，但在临床上应用得非常有限。在发情期间，来自角质层的浅表性角质化嗜酸性细胞在阴道涂片中占据优势。在排卵时突然会出现粒性白细胞。表层细胞和粒性白细胞很快被来自生发层的基底细胞、副基底细胞和来自颗粒层的中间细胞所代替，这种情况在黄体期占主导地位（Schmidt，1961）。阴道黏膜的组织学变化也已被描述（Hamilton and Harrison，1951）。

13.1.2 发情期的控制

尽管有关诱导发情和同期发情的详细论述均可在其他教科书中找到，但是奶山羊从业者都希望熟悉有关全年繁育或用于人工授精的同期发情的一些问题和技术。

13.1.2.1 繁殖季节

成功用于山羊同期发情的方法随着山羊生理状况的不同而有一定的差异（Smith，1986b）。因此，在正常的繁殖季节，正常情况下在黄体期使用前列腺素 $F_{2\alpha}$（2.5mg）或氯前列醇（62μg）可在48h内诱导发情，虽然一些研究者已看到双倍剂量能产生比较好的反应，而且生产者通常使用双倍剂量（Nuti et al，1992；Mellado et al，1994）。甚至有报道称更低剂量的前列腺素 $F_{2\alpha}$（1.25mg）即可产生效果（Bretzlaff et al，1981）。如果不知道母山羊在发情的第5天或者超过了发情期，在10d内分别将2倍前列腺素的剂量分2次注射，这样可在第2次注射之前增加机体对前列腺素反应的可能性。

当前，尽管在美国不允许使用激素，但是不同的孕激素可放在发情的第5~10天使用，前列腺素可在植入物或阴道栓去除时使用。通过这种方法使用的产品包括植入物（3mg 诺甲醋孕酮、3mg Synchro-Mate-B）、阴道栓（45mg 醋酸氟孕酮；FGA，醋酸氟羟孕酮或甲基-乙酰氧孕酮；MAP）和可控的内部药物释放剂（CIDRG 配合 30mg 黄体酮）。醋酸甲烯雌醇在一些国家也有使用。一般剂量为每头份 0.125mg，一天2次，连用 10~14d，之后注射前列腺素。对肉和奶中未知残留量的顾虑限制了大部分此类产品的应用。

13.1.2.2 过渡期

在过渡期间（发情期和繁育季节之间），单独使用前列腺素效果不稳定，但是突然引入公畜或者在使用外源性孕激素后使用前列腺素可诱导发情。虽然目前在美国这种方法并没有得到应用，但是在过渡期间使用阴道栓和皮下植入孕激素能够收到很好的效果（East and Rowe，1989）。在乏情期间，如果将促性腺激素如人绒

毛膜促性腺激素（hcG）配合马绒毛膜促性腺激素（eCG，也称为孕马血清，PMSG）使用，可有一定效果（Rowe and East，1996）。

公山羊通常可在 8d 内使一群母山羊同期发情（Shelton，1960；Ott et al，1980）。公山羊也可使母山羊的青春期提前（Amoah and Bryant，1984）。如果需要更精确的控制，母山羊要在妊娠早期被引产并重新选择公山羊进行交配。在秋季，明亮的安全灯光可能会推迟发情周期的开始时间（Bretzlaff，1989）。

13.1.2.3 非发情季节

在非发情季节进行繁育并非易事。即使两次注射前列腺素也没有效果（Greyling and Van Niekerk，1991a），因为（除了假孕山羊外）在母山羊体内根本不存在可溶解的黄体（Flores et al，2000）。有些羊群（包括热带地区的在内）对公山羊的诱导有反应（Chemineau，1984）。墨西哥的一项研究表明，只要选用的公山羊性欲比较强，公山羊效应可诱导未经其他处理的母山羊排卵。在公山羊被用于诱导发情之前，将公山羊与母山羊每天接触 16h，连续 2 个月，然后在接下来的 2 个月公山羊整天与母山羊接触并在公山羊皮下植入 2 次褪黑激素，每次 18mg，这种方法已经试验成功（Flores et al，2000）。根据对公山羊的研究发现（Pearce and Oldham，1988），如果母山羊习惯与固定的公山羊一直接触，或许引入公山羊可有利于诱导母山羊排卵。

在北美，控制母山羊的光照时间是常用的一种方法。畜群接受 2 个月的人工延长白昼时间（每天光照时间为 19~24h，或者从日出后 16h 开始接受 1~2h 的闪光），然后转为较短的日光照射。大约 6 周之后发情期就会开始。一些饲养主发现这种方法耗电量太高。发生过子宫积水的山羊可能不会有明显效果，但可通过超声进行鉴别并用先进的手段加以治疗。

在长时间光照结束后 6 周的公山羊（也可进行光处理，但要远离母山羊）突然诱导可提高母山羊光处理的成功率（BonDurant，1986；Pellicer-Rubio et al，2007）。在人工长白昼处理结束时给予母山羊褪黑激素植入物似乎也可提高非发情季节的繁殖率（Chemineau et al，1986，1999；Chemineau，1989；du Preez，2001）。褪

黑激素通常是在黑暗的环境中由松果腺产生的一种激素，它可作为漫漫长夜的一种信号。这些植入物目前在美国并未得到应用。

最后，如果在阴道栓或植入物去除前2天给予马绒毛膜促性腺激素（eCG），那么在繁殖季节下探讨使用的各种外源性孕激素处理21d对诱导发情的母山羊可产生较好的生育力。如果孕激素处理减少至11d，并将eCG与前列腺素同时使用，生育力将大大提高（Corteel et al，1988）。不同年龄和不同泌乳量的母山羊对马绒毛促性腺激素的需求量有所不同（未经产母山羊为400IU，泌乳早期阶段的成熟母山羊为750IU）。一般的程序是从第0天开始给予孕激素，从第10天给予前列腺素和eCG，并在第11天去掉孕激素，期待36～48h后发情。虽然在美国一些生产者已经成功地应用猪hCG/eCG产品（PG600，英特威公司）诱导发情，但在非繁殖季节如羊场没有eCG，用阴道栓和植入物很难获得成功（Bretzlaff et al，1991）。

13.2　妊娠诊断

C. S. F. Williams对妊娠诊断的描述非常好（1986a），后来Matsas又增加了B超对妊娠诊断的作用（2007）。表13.1列出了许多不同的妊娠诊断方法，以及公开发表的检测方法的敏感性和特异性。事实上，根据感染性流产、引起早期胚胎死亡的营养缺乏症及子宫积水的发生率，不同养殖场使用的诊断方法中大多数精准度都不相同。检查者的阅历也会影响准确度。

表13.1　山羊妊娠诊断技术

技术	妊娠阶段	准确率（%）妊娠	准确率（%）未妊娠	潜在问题	评价
发情期检测	18～24d 或直到足月	根据诊断方法不同而异，孕时可能成立		繁殖期结束不接受公羊	观察摆尾；公羊、经睾酮处理过的母山羊、双性羊
血清黄体酮检测（Thibier et al，1982）	19～24d 用	87	97	发情周期不规律，假孕，早期流产	最好用于非妊娠期检查
乳汁黄体酮检测（Pennington et al，1982；Dionysius，1991）	19～24d	根据每个试剂盒/抗血清不同而有一定变化 71～98	80～100	除非检测到5-孕二酮，否则未假孕；发情期可能出现阴性结果（Holdsworth and Davies，1979；Bretzlaff et al,1989）	浓度变化较大，而且血清中酮体含量高（Murray and Newstead，1988）
尿液或血清中雌酮含量测定（Williams，1986a；Sardjana et al，1988a）	50～60d 后，30d 也可能检测出	大约100	大约100	除非在完全生产时，否则检测乳汁不可靠	假孕为阴性；如果流产分泌物迅速减少
妊娠特异蛋白检测	25d 后	高	高	如果近期出现胚胎死亡，则为假阳性结果	
冲击触诊法	100d 后			山羊肥胖或紧张	摇摆整个腹部或用拳头挤压
放射学检查	70～90d 后	大约100	大约100	通过扩大的子宫而非骨骼进行诊断	禁食；能计算胎儿数量
深幅超声检查	60（80）～120d			能查出假孕；妊娠晚期检查可能出现假阴性	在乳房上方右侧除毛
多普勒检查（Lindahl，1969；Fraser et al，1971；Ott et al，1981）	大于35d（经直肠）	95	25～75	假孕血流增加	胎儿心率为母体的2倍
实时超声检查（Buckrell，1988；Baronet and Vaillancourt，1989）	大于25d（经直肠）大于35d（经腹部）	大约100	87	假孕（液体，无胎儿或肉阜）；妊娠晚期更难观察	对年龄较大的母山羊经腹检查更早

13.2.1 诊断技术

最准确的诊断方法是将能够测定或鉴别只有活胎儿才能产生的物质作为指标，并且当山羊妊娠达到某个阶段时这些指标通常会表现出来。

13.2.1.1 激素测定

用于检测妊娠的激素包括黄体酮、雌酮、胎盘促黄体素和妊娠相关糖蛋白。

虽然在非发情期黄体酮升高表明妊娠的可能性会增大（Fleming et al，1990），但由于只有卵巢而非胎盘能产生黄体酮，所以黄体酮可作为确定未妊娠的最好指标（Dionysius，1991；Gonzalez et al，2004）。产后5d或更长时间血清或乳汁中出现低水平黄体酮的山羊可判定为未妊娠。由于方法不同，目前对黄体酮的检测没有一个确切的标准，大多数商业试剂盒对山羊妊娠检查无效。产后21d出现高水平黄体酮的山羊可被判为妊娠，或者可能有不同的发情周期，或为假孕。一项研究发现，产后20d用乳汁黄体酮试剂盒检测妊娠不如用公羊在产后18～24d时检查母羊是否到发情期准确（Engeland et al，1997）。

雌激素由卵巢和胎盘产生，但是一般认为雌酮是胎儿或胎盘组织类固醇结合物的产物（Refsal et al，1991）。全乳或乳清中的硫酸雌酮含量可被用于妊娠诊断（Chaplin and Holdsworth，1982；McArthur and Geary，1986），妊娠50d左右尿液中总雌激素含量也被商业性实验室用于妊娠诊断（B.E.T. 繁殖实验室，美国肯塔基州列克星敦市）。偶尔有报道称，妊娠50d后的母山羊在B.E.T. 试验中出现了假阴性结果。

胎盘促黄体素是仅由胎盘产生的一种激素（Hayden et al，1980；Byatt et al，1992）。配种后60d可通过检测血清或乳汁中的胎盘促黄体素浓度来诊断妊娠。胎盘促黄体素浓度也与产生该激素的动物体重有关（Sardjana 等，1988b）。目前尚未有用于检测山羊激素的商用试剂盒。几种妊娠相关糖蛋白（PAGs）由来自胎盘的绒毛膜双核细胞产生，而且通过放射免疫法在妊娠21d即可被检测到（Gonzalez et al，1999，2000，2004）。假孕早期PAG检测为阴性，试验还显示如果胎儿出现死亡，PAG浓度就开始下降（Zarrouk et al，1999）。目前，来自Bio Tracking公司（墨西哥）针对妊娠特异性蛋白B（PSPB）的ELISA方法已成功上市。胎盘激素已经被成功应用于山羊（Humblot et al，1990）、牛和绵羊（Ruder et al，1988）妊娠诊断的指标之一。山羊妊娠26d可用PSPB进行检测。胚胎死亡前妊娠山羊机体内激素PSPB的可检测水平持续时间尚不清楚。根据以前用于产奶或产肉的山羊在既定饲养模式下的选择性压力不同，胎盘激素的浓度是否会发生变化尚不清楚。

13.2.1.2 超声波技术

市场上第一台超声仪可检测到充满液体的器官（子宫）与腹腔内脏之间的界面。这些仪器目前仍然用于猪的妊娠诊断，而且价格相对较低。由于精确度太低，不适合进行奶山羊的妊娠诊断。子宫内有液体的非妊娠动物（假孕）若被诊断为妊娠就是误诊。当然，如果超声波束遇到的是胎儿而不是充满液体的大囊，也可能会出现假阴性结果。

13.2.1.3 多普勒超声技术

当人们认识到一般超声仪的局限性时，就把方向转向到了多普勒超声技术。多普勒超声仪能使操作者听到母体和胎儿之间血液的流动声。当用于直肠检查时（妊娠35d后），应将探头直接放置在骨盆腔内的侧壁上，首先定位髂外动静脉。当确定母体脉搏数时，将探头前移并朝向腹侧寻找胎儿的心跳或脐动脉血流，大约为母体脉率的2倍。

胎儿的心率与胎儿的年龄呈负相关（Fraser et al，1971）。由母体腹侧发出的强力的嘶嘶声可以表明增加的血流流向子宫，这一点不能被看作是妊娠的确切证据，因为发生子宫积水的山羊也可发出此声音，另外近期产仔的母山羊也可出现这种情况（Wani et al，1998）。妊娠45d以后可经腹部检测胎儿的心跳。该技术还可用于评估患有妊娠毒血症山羊的胎儿活力。多普勒超声仪要比实时超声仪昂贵。

13.2.1.4 实时超声技术

实时超声技术消除了通常情况下根据胎儿或实质性物体的显像判断妊娠出现误诊的担忧（Haibel，1990b）。如果交配过晚且未记录，也可能出现假阴性结果。通常前列腺素水平的调节应该被推迟直到母山羊重新被检测，除非以后不可能再繁殖。诊断的准确性也会随着操作人员的经验积累而逐渐增加（Bretzlaff et al，1993）。扇形探头通常优于线阵探头，且更易于进行胎儿计数，但设备较昂贵。便携式超声仪使得实时超声技术在牧区也能使用。有些仪器在运行时，要始终保持探头连接或不能让主机耗尽电源，这一点非常重要。现在可以买到用电池作为电源的小型超声仪。

直肠扫描 使用 5MHz 的线阵探头可通过直肠对马和牛进行早期妊娠检查（20～30d 内），后来也可经腹部进行妊娠检查（35d 及以上）（Buckrell，1988）。禁食禁水 12h 可使子宫的影像更清晰，但通常不必这样，而且这样可能会导致妊娠毒血症的发生（Bretzlaff et al，1993）。将探头及其相连部分与输精枪或纵向劈开的塑料管绑在一起可简化直肠内的操作。人用的前列腺检查探头也很好用，但价格比较昂贵。将润滑过的探头插入直肠之前，应向直肠内注入少量润滑剂。妊娠子宫常位于膀胱前腹侧。在山羊腹下垫上干草使腹部抬高，然后再经直肠进行扫查，这样方法即使对于妊娠第 35 天以后的母山羊也比较可靠（Baronet and Vaillancourt，1989）。用超声通过直肠检查胚胎最早时间是在交配后的第 25～26 天（Gonzalez et al，2004）。在另一篇报道中，母山羊在妊娠第 23 天时至少有 1 个胚胎能检测到心跳（Martinez et al，1998）。

经腹扫描 经腹扫描时，动物通常站立保定，从右侧开始快速剪除乳房背侧和腹侧的被毛，以增加探头和皮肤之间的接触。另外，需要用大量的接触凝胶（比如甲基纤维素直肠润滑剂）、植物油或酒精来浸湿毛发。在早期的试验中选择仰卧位（在软垫槽内）进行检查（Tainturier et al，1983），但这样会增加动物不必要的紧张。

妊娠第 30～45 天，超声束应朝向骨盆入口处。随后，子宫通常紧贴右腹壁腹侧（Haibel 1986a）。妊娠后期，5MHz 的探头可能不会穿透胎儿过深（可以看见肉阜，但由于液体的影响不能完全显露），或者是除非看到骨骼或跳动的胎儿心脏（由于心脏内有血液，因此呈无回声状态），否则胎儿的一部分可能会充满整个屏幕，并被检查者忽略。在妊娠后期，优选 3.5MHz 的探头，但它并不是必需的。

判定胎数时应优选扇形探头。计算胎数的最佳时间是妊娠第 40～70 天（Lavoir and Taverne，1989；Hesselink and Taverne，1994）。怀有 3 胎以上山羊的胎数在妊娠第 50 天之前往往会被低估（Dawson et al，1994）。

在妊娠早期可看到大量充满液体的子宫横切面，这是由于子宫内膜的环形皱褶突向子宫腔所形成的（Kähn，1994）。在妊娠第 25～30 天之前如果能清晰地看到胎儿，那么也可看到胎儿的心跳。有人报道可在妊娠第 30 天（Buckrell et al，1986；Baronet and Vaillancourt，1989）或第 35 天看到肉阜（Doizé et al，1997），但也有人认为如果母山羊由于看不到肉阜而不能确定妊娠与否时，最佳的观察时间是妊娠第 40 天或第 50 天。这就需要改变仪器的分辨率和子宫的位置。到妊娠第 45～50 天时，肉阜呈现煎饼状或 C 形（Haibel，1986a），而且其周围充满了液体（图 13.2、彩图 59）。一只山羊的子宫内有 120～125 个肉阜，分别在每个子宫角内排成 4 排（Lyngset，1968c）。

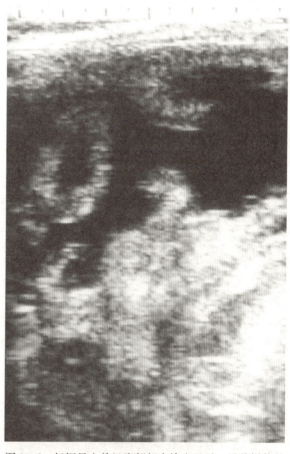

图 13.2 妊娠母山羊经腹部超声检查显示，呈煎饼状的肉阜清晰地展现在呈黑色的子宫内液体中（Dr. M. C. Smith 赠图）

胎龄的测定。在实践中，可根据胎儿的大小来推测妊娠的阶段。对于萨能奶山羊和阿尔卑斯山羊来说，胎儿的顶臀长在妊娠第 45、60、90 天时分别为 40、100、200mm 左右（Mialot et al，1991）。在进行实时超声检查时，可通过测量胎头的宽度来推测奶山羊的胎龄（图 13.3）。在妊娠第 50～100 天，胎儿的双顶径（胎儿头部左右两侧之间最宽部位的长度）与胎儿的年龄密切相关（Haibel，1988；Haibel et al，1989）。有人报道，对于第二次妊娠 3 个月的侏儒山羊的胎儿来说也存在类似的相关性（Reichle and Haibel，1991）。在妊娠后期，由于胎儿的大小存在很大差异，因此不能根据其估算年龄而推算的妊娠时间来指导安全的分娩诱导。

双顶径与胎儿日龄的关系

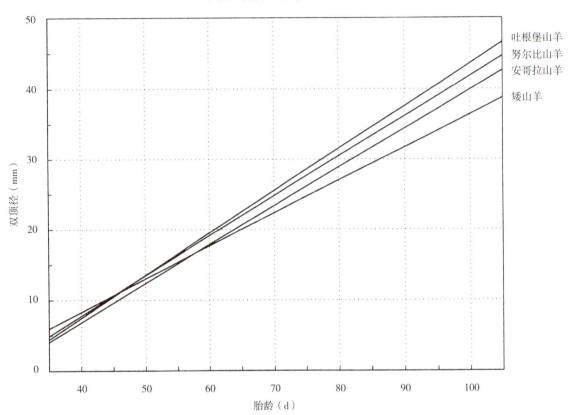

图 13.3　双顶径与胎龄的关系［引自 Haibel, G. K.：Use of ultrasonography in reproductive management of sheep and goat herds. Vet. Clin. N. Am.，Food Anim. Prac.，6（3）：608，1990］

肉阜的大小也差别很大，除非在妊娠早期，否则很难用来评估胎儿的年龄。肉阜随着胎龄的增长而逐渐增大，直到妊娠第 90 天左右达到最大。在这之前，经直肠超声测得的子宫体内肉阜的直径可作为妊娠阶段判定的一个指标，但是通过腹部随机测量子宫内肉阜的直径来推测妊娠阶段不太准确（Doizé et al，1997）。

胎儿性别鉴定　通过实时超声检测可看到生长中胎儿的生殖结节，它是最初位于后肢之间的一个胚胎结构，但在雄性个体中逐渐前移靠近脐带，在雌性个体中逐渐向后移向尾部。对于妊娠第 55～75 天的怀单胎动物，应用适配器操作探头经直肠超声探测可以取得很好的结构，但是在双胞胎或三胞胎时，并不是总能看到生殖结节或外生殖器官（Santos et al，2007）。由于尾部可能遮住雌性动物的生殖结节，另外一些人通过在两后腿间发现两个小乳头，且在此区域未见三角形的阴囊来判断其是一个雌性胎儿。雄性动物的阴茎/包皮在无回声的圆形脐带后迅速得到定位。

13.2.1.5　其他技术

当不能使用多普勒和实时超声检查，且激素分析价格昂贵时，可选用其他一些不太先进的技术。比如，快速剖腹探查术已经被用于山羊的妊娠诊断。用于直肠腹部触诊的 Hulet 棒也已应用于山羊的妊娠检查，但美国执业兽医师认为这个技术效果不佳。在进行此项检查时，山羊不会安静地仰卧并接受检查，所有羊都是这样，且可能会引起直肠撕裂和流产（Ott et al，1981）。对于妊娠后期比较放松的山羊，可能会在右腹部触摸到胎儿或看到胎动。

双手触诊法已经被发展运用于山羊和绵羊的早期妊娠检查（Kutty，1999）。母羊经一夜禁食后，用戴手套的食指伸入站立动物的直肠内，清除直肠内粪便，并刺激膀胱排尿。然后用右手垂直挤压后腹部，将肠管前移，子宫向后进入骨盆腔，在这个位置可用左手食指进行触诊。也可用两指将卵巢夹住并进行触诊。报道称，妊娠第30和45天可触摸到子宫角内膨胀的液体，但很难将其与子宫积水区分。在妊娠第90天后，子宫已不可能后移，但可触及胎盘和正在软化的子宫颈。

对于过去的"你认为它妊娠了吗？"这个问题的回答，需要估计荐结节韧带及其他尾基部附近韧带的软化程度。这是与未孕母山羊相区别最简单的方法。在实际当中以及妊娠后期，这是尿硫酸雌酮检测的免费版。外阴和髋骨周围皮肤弹性的增加也已被用于判定妊娠的一个指标（DeArmond，1990）。1岁多母山羊乳房的发育不应作为妊娠的依据（见第14章讨论的不良泌乳综合征）。

13.2.2　检测结果的应用

根据羊群管理的目的不同，妊娠检查的目的也有所不同。在繁殖季节结束或饲料短缺时剔除空怀山羊可能比较合适。在干奶期之前确定是否妊娠正在成为一种常规。在反季节繁殖项目中，由于这些母山羊出现的结果极不稳定并存在相对高发的子宫积水，因此妊娠检查对于监测该项目的成功与否至关重要。

妊娠检查的结果依赖于检查人员对结果的信心。如果已确定母山羊妊娠，通常不进行任何处理，除非出现不良交配或因营养物质缺乏以至于只能满足生长良好的妊娠山羊维持妊娠的情况下才会进行相应处理。

怀多胎的动物可能要比怀单胎的动物饲喂量大，以此来减少前者出现妊娠毒血症和后者过于肥胖的可能性（见第19章）。当确定未妊娠时，畜主可能会选择控制饮食，或继续挤奶，或不再熬夜等待其分娩。如果再出现配种的欲望，则考虑很可能是前列腺素诱导的发情。在这个问题上，操作人员必须确信其"开放性诊断"。同期发情处理21d后孕酮检测阴性的山羊可能要使用一个新的阴道栓或耳部植入物，但在同期发情处理过程中，通常采用的还是前列腺素（de Montigny，1988）。

13.3　假孕和子宫积水

即使在没有妊娠的情况下，山羊也会表现出黄体功能延长和乏情。其中的一些山羊确实能够繁育，而且可能在首次发生黄体功能延长时就已经妊娠。Chemineau等（1999）的一项研究证明，在产后45d经超声波检测为假孕的母山羊中有一半左右已经检测出存在妊娠特异蛋白B，这种蛋白是在胚胎生长足够长时间后才产生的。其他受影响的母山羊从来都不让公畜接近。

13.3.1　病史调查及临床症状

诊断或研究假孕和子宫积液非常困难，直到近些年才有一定的突破。黄体酮（Holdsworth and Davies，1979）和超声诊断结果可提示妊娠。

假孕或子宫积液时，直肠多普勒超声波显示通往子宫的血流量增加。此时需要采用反射学检查（没有骨架结构）或剖腹探查术进行诊断。

畜主注意到一些明显妊娠的山羊（未返情，腹部逐渐膨大或没有膨大）通过阴门口向外排出液体，而非胎衣或胎儿。"暴风雨"这一非专业术语已经被用来描述伴有大量液体排出的假孕的自然中止。当兽医检查有明显腹部膨大的山羊时，如到了预产期但未分娩，有时会检查到子宫积水。通过使用前列腺素诱导黄体溶解然后排出残留液体的方法很快就取代了切开子宫排液法。一些进行不同繁殖研究试验的动物自然地发生了假孕，因此也提供了可追溯性的激素方面的资料。

13.3.2　病因

这些疾病的病因尚不清楚。看上去可能是这样一种情况：试图延缓一些母山羊繁育的牧场（为了冬季羊奶生产）发病率要高于在繁育季节的第一个发情期让所有母山羊繁育的牧场。某些感染性疾病——用杀锥虫药控制的锥虫病（Llewelyn et al，1987）、弓形虫病（Debenedetti et al，1989）、边界病（Løken，1987）都可能增加假孕的发生率。在某些牧场饲料中有植物雌激素的存在也被认为有助于假孕的发生（Malher and Ben Younes，1987）。也有人提出使用人绒毛膜促性腺激素或促性腺激素释放激素进行短期处理可能会促使山羊出现假孕（East，1983）。

用前列腺素 $F_{2\alpha}$ 试验性地处理母山羊，可重复出现黄体功能延迟和子宫积水（Taverne et al，1995；Kornalijnslijper et al，1997）。在黄体期的第 29～38 天会首次检测到液体的积聚。催乳素为非致病因子（Hesselink et al，1995）。睾酮分泌的抑制是否与假孕有关尚无相关研究。山羊黄体的溶解通常需要睾酮（Cooke，1989）。一项研究支持了遗传倾向的可能性，研究发现患过子宫积水母山羊的雌性后代发生子宫积水的概率为 38%，未发生过子宫积水母山羊的雌性后代发生该病的概率为 9%（Hesselink and Elving，1996）。在另一项研究中，同一牧场中的 5 个公山羊产生的 125 个雌性后代中有 20% 出现了假孕，而另外 12 只公山羊产生的 326 个后代未出现假孕（Chemineau et al，1999）。

13.3.3 流行病学

在个体饲养场中这些疾病的发生率不确定，但是当通过实时超声进行妊娠诊断成为一种常规时，就很容易获取这些信息。在法国的一个牧场，1986 年 4 月中上旬，一只公山羊先后与 124 只成年母山羊交配。在配种第 54 天时超声检查显示 92 只山羊妊娠，剩下 32 只中的 21 只（占总数的 17%）发生了子宫积水，但第 2 年全部受孕（Malher and Ben Younes，1987）。在法国的另一项研究中，在 1989 年的 68 个牧场和 1990 年的 71 个牧场中进行了 5 000 多次超声检查，结果显示两个牧场的假孕率分别占检测数目的 2.1% 和 2.9%。在 10% 的牧场中，假孕率超过 5%。在秋季产羔后（11—12 月）未进行繁育或者未使用前列腺素进行非季节同期发情后的成年山羊中，这些疾病大多数都可被查出。荷兰的一项研究发现该病的平均发生率为 9%，且年龄大的山羊发生率更高（Hesselink，1993a）。在德国的一项研究中，用超声诊断仪对 2 343 只山羊进行检查，发现 143 只发病，平均发病率为 5.78%（Wittek et al，1997，1998）。

13.3.4 诊断

随着实时超声诊断技术的发展，轻松地区分假孕和真孕已经成为可能，而且还可进行早期治疗并检测治疗的成功率（Pieterse and Taverne，1986）。当患有严重子宫积水的山羊进行超声检查时，可看到横腹部大的、充满液体的、中间有间隔的暗区（图 13.4）。当山羊运动或腹部振荡时，薄薄的组织壁可将隔室分开并来回波动。这些组织壁是彼此重叠的弯曲的部分子宫角，而非内部形成的柱状物（Hesselink and Taverne，1994）。胎儿和肉阜没有这种情况。在液体中可看到白色的斑点，振荡后像雪花落地一样。子宫积水的早期诊断比较困难。妊娠第 40 天之前利用超声检查可能看不到肉阜时，很难区分子宫积水和正常妊娠，因为妊娠早期进行超声扫描时不可能总能看到胎儿。对于此类山羊及分娩日期不确定的山羊，如果仍然不能看到胎儿和肉阜时，几周后重新检查可确定为子宫积水。

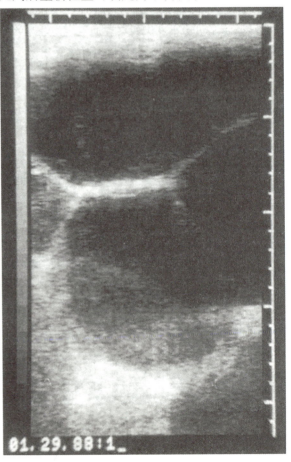

图 13.4 子宫积水的实时超声图像（Dr. M. C. Smith 赠图）

也可通过剖腹术或尸检来诊断子宫积水。子宫中的液体量变化很大，一项研究显示为1～7.2L（Mialot et al，1991），另一项研究显示为0.25～8.3L（Wittek et al，1997）。对于能够自发性排出液体的山羊（尾部有黏性排出物，腹部变小），可怀疑子宫积水的发生。对于假孕早期自然修复的一些母山羊可出现血性排出物，如没有早期的超声诊断结果，这种情况很难与早期胚胎死亡相区别（除非山羊没有繁殖能力）。

13.3.5 治疗和预防

对于经超声诊断确定的子宫积水的病例或根据发情期间不接近公羊的特点被疑为假孕的病例，均可用前列腺素进行治疗。天然（5～10mg前列腺素$F_{2\alpha}$）和人工合成（125～250μg 氯前列醇）的激素均可促进黄体溶解和子宫排空。反复使用催产素（每天2次，每次50IU，连用4d）也可促使子宫排空。如果使用前列腺素治疗几天后超声检查显示子宫内仍不断有液体存在，也可尝试反复应用催产素。对这些治疗措施无效的极少数动物可能子宫或子宫颈存在发育不全（Webb，1985；Batista et al，2006）。许多山羊在治疗后能恢复发情期，而且可在子宫积水消退后2个月内妊娠（Pieterse and Taverne，1986；Duquesnel et al，1992）。这些山羊中有一些可能会在翌年再次出现假孕。也有关于该病治疗后很快复发的报道（Batista et al，2001），但是如果在第一次排出液体后第12天再用一次前列腺素，复发的风险会大大降低（Hesselink，1993b）。

在进行非繁殖季节繁殖的集中管理牧场中，在干奶前应对所有生育过的母山羊进行超声检查（Duquesnel et al，1992）。假孕的母山羊应保留在挤奶羊群中并用前列腺素进行治疗，它们的产奶量也会增加。同样，对于非繁殖季节进行同期发情的母山羊，首先要进行超声检查，由于发病山羊可能会影响其生育力，所以发现后要先用前列腺素进行治疗，等到子宫积水排出后再进行同期发情处理。

对于宠物山羊，如不进行繁育，或者主人不愿接受其发情及其相关的发情行为时，可选用卵巢切除术来防止子宫积水。该手术要在全身麻醉或深度镇静与局部麻醉相结合的状态下进行（Mobini et al，2002）。动物仰卧保定，通过腹

腔镜或在乳房前进行腹中线切口结扎血管和输卵管等之后摘除两侧卵巢。暂时将山羊的后躯垫高25°或30°便于显露卵巢，但同时也增加了瘤胃对膈肌的压迫（Wolfe and Baird，1997）。侧壁切开不利于对侧卵巢的显露，但是如果发生卵巢肿瘤，可通过侧壁切开切除单侧卵巢。

在德国有一篇关于成熟西非侏儒母山羊子宫蓄脓的报道，该山羊在没有功能黄体的情况下子宫内持续积聚液体。这只山羊对前列腺素没有反应，但通过脐后腹中线切口进行的卵巢切除术得到了成功救治（Trasch et al，2002）。

13.4 流产

羊群中有一只或多只发生流产可怀疑由感染性疾病或一些其他的因素所引起，而这些因素可以通过合理的管理进行控制。

13.4.1 流产诊断的建立

经常有人请兽医师确定流产的原因或者提供一些关于流产原因诊断需要检测的项目。当出现胚胎死亡时，应告诉畜主做好详细记录，并准确辨认每一个流产动物及其妊娠的阶段。除了测定顶臀径外，在尼日利亚有人报道了评估热带动物品种胎龄的方法（Sivachelvan et al，1996），具体情况如表13.2。

表 13.2 不同胎龄动物的发育特征

胎龄	发育特征
10～11周	眼睑上长出睫毛
13～14周	颈背部长出毛发，整个颅盖骨变硬
14～15周	上下眼睑分离
16～17周	体表稀疏地长出被毛
17～20周	体表被毛稠密，牙蕾凸出
出生时	长出1～3对切齿

西非矮小山羊（Osuagwuh and Aire，1986）和挪威山羊中（Lyngset，1971）也存在类似的发育过程。

必须重视动物传染病的严重威胁，并迅速处理未诊断的所有胎儿或胎盘组织。在畜群中，子宫的排泄物是感染其他动物的重要来

源，应该及时将流产的母山羊与剩余的山羊隔离。妊娠母山羊应用饲喂器饲喂，以减少接触地面上排泄物的机会。如果在羊舍外发生流产，应对接触的区域进行火焰消毒（用稻草或柴油）。将不同种类的妊娠动物分开饲养也是一种好的策略，因为一些突发性流产可能会影响不同种类的动物。

向当地诊断试验室了解情况后，收集流产的胎儿、胎盘组织及双份血清。如果不方便送检整个胎儿，应该采集胎儿组织和体液（胃液、心脏血）用于培养和血清学检查，同时采集用于组织学检查的组织并将其固定于福尔马林溶液中（表

13.3）。当胎盘本身自溶或污染严重不易进行培养或常规组织学检查时，可对子叶切面进行抹片后用特殊的染色方法或荧光抗体技术来鉴定病原。如果不能获得胎盘组织，在某些检测中也可用阴道分泌物代替。要告诉畜主在很多检测中木乃伊胎都不可利用，因此可以避免因送检木乃伊胎而造成的长时间运输及花费。有一种不太理想但可操作的方法，即把第一个流产胎儿及胎盘进行冷冻，同时收集母体的血清，然后等待羊群情况的可能发展结果。

在 Kirkbride 手册中描述了鉴定各种流产原因的实验室诊断程序（Kirkbride，1990）。

表 13.3　用于流产检测的样品

	试管液体	组织		福尔马林固定的组织
		新鲜细菌学检测	新鲜病毒学检测	
母羊外周血	×			
胎儿心脏血或胸腔积液	×			
皱胃胃液	×			
胎盘（注意大体病变）；子叶、子叶间区		×	×	×
肾脏		×	×	×
肝脏		×	×	×
肺脏		×	×	×
脾脏		×	×	×
脑				×
骨骼肌				×
心脏				×

不能过分强调胎盘的重要性。表 13.4 中总结了可能具有诊断价值的胎盘变化情况。在增生的上皮组织上有小的白色羊膜斑点，这些斑点大小不一，但属于正常现象（Lyngset，1971）。不幸的是，许多母山羊要么吃掉胎盘要么出现胎衣不下，因此并不是总能得到胎盘这样非常重要的组织。另外，并不是总能看到胎盘的严重损伤。

对突发性流产的诊断通常不会在几天内完成。事实上，没有胎盘、胎儿自溶、细菌污染或者送检的胎儿无代表性，这些原因均可造成诊断失败。如果由感染性因素所引起，可用四环素对剩下的妊娠山羊治疗。一个可行性的方案是皮下注射长效四环素，共注射 3 次，每次间隔 3d。由于该药易造成严重的肌肉坏死，因此应避免进行肌内注射。对于严重营养不良的动物，用药时也应注意。

表 13.4　流产山羊胎盘的眼观病变

疾病	胎盘损伤
边界病	在胎盘子叶上出现针尖大小灰白色坏死灶
布鲁氏菌病	山羊没有相关报道，绵羊出现胎盘水肿和子叶坏死
弯曲杆菌病	胎盘水肿和子叶坏死
衣原体病	子叶和子叶间组织增厚、坏死，有褐色渗出
李氏杆菌病	山羊没有相关报道，子叶增厚、坏死、呈皮革样（绵羊）
Q 热	子叶间组织或子叶坏死、钙化；表面有渗出
弓形虫病	子叶中出现小的不透明的白色矿化灶
耶尔森菌病	子叶中出现白色病灶

13.4.2　早期流产

在现场，通常很难将早期流产与受孕失败和

假孕区分开来。同样，在屠宰场发现黄体数目比胚胎数目多时，也不能确定是受精失败（Lyngset，1968a）。造成胚胎早期死亡的一种可能的遗传性因素——罗伯逊易位，将在本章的后面加以讨论。

兽医工作者偶尔会用黄体酮治疗反复流产和孕酮水平不高的母山羊。这种辅助性治疗繁殖性能效果不理想的方法不适用。在注射黄体酮之前必须确定是否有活体胎儿的存在（实时超声检查）。有人试验性地使用油性黄体酮（每天25mg）阻止了3只卵巢切除的山羊发生流产（Meites et al，1951）。

13.4.2.1 药源性畸形

在配种后15d胚泡附植前，子宫内液体的pH升高，这样会造成酸性药物的大量蓄积。甚至在附植后药物也可能对器官的发生造成影响。尚缺乏有关山羊的具体资料，但是一般来说在妊娠前35d内应该避免使用一些不必要的药物，包括驱虫药、麻醉药等。安定、甲苯噻嗪和乙酰丙嗪都是潜在的有害药物，但是硫喷妥钠、硫戊巴比妥、氯胺酮及一些主要的吸入麻醉药被认为不会造成胎儿畸形（Ludders，1988）。在绵羊中，帕苯达唑（每千克体重60mg）、坎苯达唑（每千克体重50mg）和奈托比胺（每千克体重20mg）会导致胎儿畸形，而且坎苯达唑还具有胚胎毒性（Szabo，1989；Navarro et al，1998）。重要器官的畸形可导致胚胎或胎儿的早期流产。

13.4.2.2 绵羊和山羊杂交

把绵羊和山羊在一起饲养时，在同一品种之间的绵羊和山羊通常会进行交配。如果将母山羊与多产的公绵羊在一起饲养而没有公山羊时，它们之间可发生交配。在母山羊体内会形成胚胎，但是通常胎儿的存活不会超过妊娠第2个月。母山羊与公绵羊发生交配很少能够受精（Kelk et al，1997）。

山羊有60对染色体，且全部都具有近端着丝粒。绵羊有54对染色体，其中6个具有中间着丝粒，剩下的全部具有近端着丝粒。杂交后形成的胚胎有57对染色体，其中3个具有中间着丝粒（Ilbery et al，1967）。一些杂交后形成的胚胎不能附着于母体肉阜上。在组织学上，附着于母体肉阜上的胚胎对侵入肉阜的滋养体组织有

排斥作用（Hancock et al，1968；Dent et al，1971）。胚胎逐渐退化并流产。

排出的胎盘可能会使以前没有想到能妊娠的农场主非常惊讶。偶尔还会产生木乃伊胎，胎儿会在妊娠后期排出。比较典型的排斥反应多发生在妊娠第6周（或者很快，第二次产生杂交胎儿的母山羊发生排斥反应比较快）。只有极少杂交胎儿（通过染色体组型判定）能够生长至足月（Bunch et al，1976；Denis et al，1988；Letshwenyo and Kedikilwe，2000；Mine et al，2000）。

山羊羔（或山绵羊）是一种通过人为因素对山羊胚胎和绵羊胚胎调控与结合而产生的与众不同的结合体。山羊和绵羊胚胎的嵌合体被植入山羊或者绵羊的子宫中（Fehilly et al，1984）。

如果这种嵌合胚胎按照某种模式构建，就可避免发生胚胎的排斥反应；这种构建模式就是滋养外胚层和绒毛膜上皮完全从像受体动物细胞一样的同一种类细胞上长出。在通过分裂球聚集技术准备的嵌合体中（Ruffing et al，1993），维持胚胎至足月胎儿的胎盘和双核细胞也是嵌合的。有关这些嵌合体能够存活至出生或更长时间的宣传报道会被一些人错误地解释为绵羊山羊杂交体能够产生。

13.4.2.3 弓形虫病

在妊娠早期感染弓形虫后，山羊可能偶尔会出现早期胚胎死亡，而不是显性流产。受感染的动物可能在出现不规则的间隔之后重返发情期，或者在分娩时极少见到有胎儿排出。弓形虫试验性感染后出现的早期胚胎死亡已有报道（Dubey，1988），但是临床病例很难确定其可靠性（Calamel and Giauffret，1975；Nurse and Lenghaus，1986）。一些胚胎早期死亡可能是感染山羊发热反应的结果，而不是侵害了胎盘和胎儿。

在一篇血清学研究报道称，在一个已经确定弓形虫为绵羊流产原因的农场中发现，不孕症母羊具有很高的弓形虫抗体滴度，并且不孕比例远远大于能产羔母羊（Johnston，1988）。

13.4.2.4 营养因素

在山羊的受控试验中发现，山羊的低受孕率和流产与几种微量矿物质的缺乏有关。这些物质包括铜和碘（Anke et al，1977）。试验中硒的缺

乏会导致妊娠率低，但不会导致早期流产（Anke et al，1989）。相反，在印度有人报道，长期的硒毒性（在土壤和相应的饲料中硒含量过高）会造成流产和不孕（Gupta et al，1982）。

根据妊娠早期流产山羊血液中的浓度过低推测，在不利的环境中，例如长期的干旱、营养物质（如蛋白质、镁和铜）缺乏均可引起早期流产（Unanian and Feliciano-Silva，1984），但是流产的真正原因仍不清楚。

有关安哥拉山羊的研究表明，同时缺乏能量和蛋白质（不是只有一种或其他）是发生早期胚胎死亡必需的条件（Van der Westhuysen and Roelofse，1971）。限制能量和蛋白质的奶山羊与维持正常饲喂量的山羊相比，排卵率降低，胚胎死亡率升高，循环黄体酮浓度不受影响（Mani et al，1992，1995）。如果繁殖障碍与可能的营养摄入量一致，应该增加蛋白质和矿物质的补充量。用豆科类的嫩枝叶补充低蛋白质的饲草已成功降低了西非矮山羊的流产率（Pamo et al，2006）。对母山羊的其他长期饲喂试验已经证明，能量比蛋白质对山羊的成功繁育更关键（Sachdeva et al，1973）。这也说明增加易消化营养物质的量可能对恢复繁殖性能无效。

13.4.2.5 冲洗对早期流产的预防

在繁殖之前对子宫进行冲洗可通过能量吸收的增加而提高排卵率。在妊娠第一个月提高营养水平能够在特殊的时期给胚胎以足够的养分。冲洗通常被解读为供给营养。对圈养或草食动物，其他的管理方法对提高营养平衡比较有用。这些方法包括将其转移至优质的草场，在关键期驱杀蠕虫，或剪毛（安哥拉羊）。剪毛可能会促使动物的摄食量增加，直到羊毛的保护层重新长出为止。不过 Hart 等（1999）的一项研究表明，增加西班牙肉山羊蛋白质或能量的供给并未使受孕率或产仔数提高。

13.5 晚期流产：感染性因素

在美国，衣原体病、Q 热和弓形虫病是已确定的引起山羊流产的最常见的传染性因素。其他的病原可能会引起某个羊群出现严重的损失。1987 年 Lefèvre 对其他的因素进行了综述。不应忘记这些病原中的大部分具有潜在的动物传染性。

13.5.1 赤羽病毒

赤羽病毒能引起小牛、绵羊羔和山羊羔的流产和围产期死亡（Markusfeld and Mayer，1971；Inaba et al，1975）。

13.5.1.1 病原及流行病学

赤羽病毒是布尼亚病毒属的虫媒病毒。该病毒经节肢动物蚋和蚊传播。日本、以色列和澳大利亚已经开始重视该病。但对美国来说，该病属于外来病。在虫媒活动旺盛的季节，妊娠早期的易感雌性动物可能会暴发该病。在一些农场多达50%的初生幼仔感染该病（Shimshony，1980）。

13.5.1.2 发病机理

感染的妊娠动物继续发展为病毒血症。赤羽病毒在妊娠第30～36天时可经胎盘传播给绵羊羔（Parsonson et al，1981）。山羊羔感染的关键时间点还不确定，但可能与绵羊羔感染相似（Kurogi et al，1977）。在发病早期，病毒破坏大脑皮层的胚胎细胞。胎儿的肌肉出现神经源性萎缩。可能会出现胎儿死亡和木乃伊胎。如果胎儿存活，病毒即被清除，但是初乳前抗体仍能显示感染的存在。

13.5.1.3 临床症状

该病有时也被称为先天性关节弯曲-积水性无脑症。由赤羽病毒引起的畸形包括脑过小、脑积水、积水性无脑畸形、孔洞脑、关节弯曲和肌群变小（Haughey et al，1988）。可能出现死胎或胎儿出生后很快死亡。胎儿关节弯曲或者产前死亡可能会引发难产。在最初感染时，妊娠母羊没有明显的临床症状。

13.5.1.4 与卡希谷病毒的相似性

一个相类似的经节肢动物传播的卡希谷病毒，在北美部分地区比较流行，在美国得克萨斯州、密歇根州和内布拉斯加州等地区可引起绵羊羔出现关节弯曲并发脑水肿、积水性无脑畸形或小脑发育不良（Edwards et al，1989；Chung et al，1990b；de la Concha-Bermejillo，2003）。

在感染的羊群和经试验性接种复制病例的羊群中发现在妊娠第27～54天木乃伊胎、死胎和弱胎的发生率很高（Chung et al，1990a）。羊水过少可使胎儿运动缺乏并出现继发性关节弯曲。尽管相关的病例报道较少，但是山羊胎儿也对卡希谷病毒易感（Edwards et al，2003）。

13.5.1.5 诊断与防控

如上所述的先天性畸形，可提示由赤羽病毒或卡希谷病毒感染所引起。回顾性诊断发现，在叮咬性昆虫特别是蚊子活动季节，妊娠母羊在最初3个月容易发病。在经历几年干旱后，温暖潮湿的气候会造成媒介昆虫大量繁殖，并对幼嫩的小反刍动物产生影响。

有人尝试从胎盘、胎儿的肌肉或大脑中分离病毒，但对足月胎儿未获得成功。初乳或者胚胎血清中的抗体为这些病毒的存在提供了依据。母源抗体可能在分娩前就已经达到了峰值，也只说明已经发生过感染（Kalmar et al, 1975）。可通过母源抗体的缺乏来排除该病毒为胚胎畸形原因。关于赤羽病的防控在第4章阐述（Committee on Foreign Animal Diseases, 1998）。

13.5.2 衣原体病

衣原体病是在世界范围内已经有大量资料证明能引起山羊流产的一种疾病。在加利福尼亚州，该病仍然是最常被确定引起山羊流产的病因（Moeller, 2001）。

13.5.2.1 病原学

衣原体病是由流产嗜性衣原体（之前被称之为鹦鹉热衣原体）引起的。该病原为革兰氏阴性，寄生于细胞内，含有RNA和DNA。引起细胞间感染的传染性颗粒被称为原质小体。之前关于衣原体的名称有鹦鹉热-淋巴肉芽肿性病-沙眼衣原体、宫川氏体和贝宗（氏）体。其没有很严格的宿主嗜性，但在鉴定疾病综合征时，株间差异非常重要。由衣原体感染引起的关节炎、眼结膜炎和呼吸道疾病在本文的其他地方进行阐述。引起山羊和绵羊流产的疾病通常被认为是地方性动物疾病或病毒性流产。

13.5.2.2 流行病学和发病机理

肠道是衣原体的天然寄生地（Shewen, 1980）。流产嗜性衣原体是一种只能在细胞内进行复制的微生物。其在肠道或者生殖道上皮细胞内，或者在生殖道黏膜和网状内皮细胞系统内进行复制（根据种和宿主的抗性）。

衣原体通过血液进入胎盘感染胚胎。由衣原体引起的炎症和坏死阻止正常的营养物质通过胎盘，从而引起胚胎死亡并流产。其他动物通过食入胎盘或者流产动物的子宫分泌物而感染此病，并可能在下一个妊娠期流产，或在当前的妊娠期流产（如果有足够的时间引起胎盘损伤，妊娠40d左右）（Blewett et al, 1982）。生殖道分泌物中持续性带有衣原体的时间段已经被证实为流产前9d到流产后12d（Rodolakis et al, 1984）。然而，一些研究者认为，免疫后的母羊仍能通过粪便排出病原，并成为传染源，另外一些研究者持反对意见（Wilsmore et al, 1990）。有关母绵羊在发情期甚至免疫力足够保护其不流产的情况下仍能排出病原的研究（Papp et al, 1994）可能也适用于山羊。人们也已经从公羊的精液和生殖器官中分离到了衣原体（Pienaar and Schutte, 1975），但是衣原体通过公羊交配传播的可能性尚未被证实。

13.5.2.3 临床症状

由衣原体引起的山羊流产一般发生在妊娠的最后2个月，特别是最后2周（Yalçin and Gane, 1970）。在一个地方流行区，流产主要发生于初次妊娠的母羊（Faye et al, 1971; East, 1983）。当病原体感染畜群后，各种年龄和胎次的母山羊均可发生流产（McCauley and Tieken, 1968）。

有时被感染的胚胎可足月分娩，或者是死胎或者是弱的活胎（McCauley and Tieken, 1968）。母山羊通常无临床表现，胎盘通常也不会滞留（Metcalfe et al, 1968）。在试验性的复制病例中，某些母山羊可发生胎儿自溶、胎衣不下和子宫炎（Rodolakis et al, 1984）。

尽管有人认为3年后免疫力下降时可能还会发生衣原体性流产，但通常情况下，流产后的母山羊还保持正常的生育能力。

13.5.2.4 诊断

流产母山羊的胎盘有很重要的诊断价值。其损伤与绵羊的衣原体性流产造成的损伤相似（Pienaar and Schutte, 1975; Appleyard et al, 1983; Rodolakis et al, 1984）。肉眼可见的损伤包括胎盘子叶和子叶内组织的增厚和坏死。微观损伤包括门区的中性粒细胞、淋巴细胞、巨噬细胞浸润。上皮细胞和间叶细胞发生坏死，在绒毛膜上皮细胞内、子叶间和渗出液中出现原质小体。原质小体为嗜碱性（抗酸染色后呈红色），直径为250～450nm（Pienaar and Schutte, 1975）。胎盘的血管炎比较明显，这点与Q热相反。

尽管流产通常是胎盘损伤的结果，偶尔也可见到胎儿的组织学损伤。有报道称，流产胎儿的肝脏增大且有局灶性坏死（McCauley and Tieken，1968；Shefki，1987）。

很多实验室根据压印涂片或者渗出液中原质小体的存在来诊断衣原体感染。染色方法包括姬姆萨染色、印片染色、马基阿韦洛染色和改良抗酸染色。将子叶横断后用其切面做压印涂片。如果胎盘不能用，阴道拭子、脐粪或者毛发覆盖物和胎儿肝脏的压印涂片中都可能看到原质小体（Bloxham et al，1977）。同样的压印涂片和阴道拭子也可用于进行免疫组化或 PCR 检测。通过特殊染色或免疫组化进行检测，胚胎组织一般没有胎盘更适合用于诊断。立克次体（Q 热）用涂布染色检查时结果与其相似（Aitken，1986）。通常用鸡胚或细胞培养来进行病原的分离。然后检查原质小体和类属抗原。近来，酶免疫分析法，如检测人沙眼衣原体类属抗原的方法已经被用来检测绵羊或山羊流产后的胎盘和阴道拭子（Souriau and Rodolakis，1986；Sanderson and Andersen，1989）。阴道拭子最好在流产后 3d 内采集。

过去人们用补体结合试验对衣原体病原进行筛查（Giauffret and Russo，1976）。由于所用的抗原具有属特异性，所以除非根据滴度的升高进行诊断，否则，非致病性的肠道菌群可能会引起假阳性结果。比较流产和非流产山羊的滴度具有重要意义（Shefki，1987）。近期由于衣原体引起流产的动物含有补体的滴度通常至少为 1∶80。然而，未发生流产的感染动物可能仍然有血清学反应（Giauffret and Russo，1976）。补体滴度通常不足以防护试验性感染。

在法国也有人通过皮试进行诊断，发现其比补体结合试验具有更高的敏感性（Rodolakiset al，1977）。皮试检测结果显示，细胞介导的免疫反应很可能具有保护性（Wilsmore et al，1986）。

13.5.2.5　治疗

衣原体引起的流产一旦被确诊或高度疑似，通常要用四环素对所有具有流产风险的母畜进行治疗。抑制其繁殖可能会避免胎盘遭受进一步的损伤。同样，发病的母山羊经治疗后衣原体的排出减少，这样可减少新感染病例的数量，也相应地减少了发展为衣原体携带动物的数量，病原的携带状态会在下一妊娠期伴随着流产而终止。大的绵羊群通常用口服土霉素或金霉素进行治疗，每天每只羊 400～500mg。对于以生产纤维为主的母山羊，根据体型大小使用剂量可能比较合理。在奶山羊场中，更习惯于通过注射抗生素对单个未泌乳的奶山羊进行治疗，而不是将所有的泌乳奶山羊从羊群中分开进行治疗，这样，饲料中的抗生素就不会污染乳汁。在疾病暴发期间，每 10～14d 用长效土霉素按照 20mg/kg 的剂量进行长时间治疗，可降低流产率（Rodolakis et al，1980）。也有人每 3d 给动物用药一次。

泰乐菌素为另一种抗生素，已用于控制衣原体引起的流产暴发。在安哥拉羊群中，按照 200mg/（头·d）的剂量将泰乐菌素与食盐/食物一起饲喂动物，治疗效果显著（Eugster et al，1977）。衣原体同时也对利福平敏感，这些抗生素在一些国家可以使用，但在美国禁用。

13.5.2.6　预防

衣原体病的预防可通过保持环境卫生及疫苗接种进行。不能从疫区购买用于替换的绵羊和山羊，甚至羔羊。如果需要从感染的种群中获得特有的遗传性状，至少对于绵羊来说是将胚胎移植到病原阴性的受体动物体内可避免病原的传播（Williams et al，1998）。若发生了衣原体性流产（引入感染动物或地方性感染），如果不用于诊断，应将所有的流产胎儿及胎盘彻底清除销毁，并将流产母畜隔离几周直到没有阴道分泌物为止。不能用它们作为代孕妈妈。

在繁育前用绵羊衣原体疫苗对所有动物（包括公羊）进行疫苗接种在一些羊场已见成效（Polydorou，1981b；Rodolakis and Souriau，1986）。疫苗应该每年加强免疫一次，或者至少对于未成年母山羊每年应不定期进行疫苗接种。免疫有助于预防流产，但不能清除感染。疫苗在美国部分地区应用效果显著。

13.5.2.7　潜在的人畜共患性

流产衣原体对人具有感染性。在山羊或绵羊分娩季节，帮助山羊分娩的妊娠妇女可能感染反刍动物株衣原体而引起流产（Johnson et al，1985；Hyde and Benirschke，1997；Jorgensen，1997；Pospischil et al，2002）。为感染母绵羊助产的男子也可能出现类似流感的症状（Aitken，1986）。工人在处理正常的分娩、难产或流产时，应戴上乳胶手套，避免接触子宫内液体。在处理胚胎、胎盘，或者在进行检测诊断时，也应注意防护。妊娠妇女应避免接触处于分娩季节的羊群。

13.5.3 Q热

Q热又名昆士兰热，是一种人畜共患病（McQuiston et al，2002）。人感染后的表现形式不一，从隐性感染到类似流感症状、流产、肺炎或者心脏疾病均可发生。除了流产，反刍动物感染后的临床症状很少。从1999年开始在美国才有报道。

13.5.3.1 病原学

Q热由专性细胞内寄生的伯纳特立克次体引起。该病病原在吞噬溶酶体内发育，形态多样（球状到短棒状），抗耐酸弱，为可变的革兰氏阴性小体。在自然界中，伯纳特立克次体以一相抗原形式存在，这种抗原具有致病性，且与光滑菌相似。通过鸡胚或细胞培养时，该病原不可逆性地突变为毒力较弱的二相抗原，这种抗原类似于粗糙菌（Arricau-Bouvery and Rodolakis，2005）。

13.5.3.2 流行病学

世界范围内的牛、绵羊、山羊和野生动物均可携带此病原体，并通过胎盘、分娩时的液体、初乳、常乳和粪便排出体外。过度拥挤或营养不良等因素在确定被感染的山羊是否会流产方面起着十分重要的作用（Crowther and Spicer，1976）。在管理很好的未感染羊群中，妊娠时首次感染该病原体可能会出现流产的暴发。流产风暴后因Q热引起繁殖障碍的母畜在下一个繁殖期通常不会再出现流产（Berri et al，2005）。该病原体耐热和耐干燥（Arricau-Bouvery and Rodolakis，2005），可通过飞沫传播感染人和动物（Polydorou，1981a；Dupuis et al，1984）。也可通过污染的牧草和蜱叮咬进行传播。

在一篇研究中发现，该病原体可在分娩或者流产母畜乳中带毒3个月，但未在下一个妊娠期中检测到病原（Berri et al，2005）。

13.5.3.3 诊断

由于伯纳特氏立克次体在正常的分娩中也有带毒存在，因此病原体的分离不能作为引起流产的证据（Miller et al，1986）。Q热引起的流产或死胎发生于妊娠晚期，但只在胎盘受损严重时才会发生。胚胎组织很少见到有病变发生。因此，诊断该病时必须要对胎盘进行检查（Moeller，2001）。胎盘的子叶间组织增厚（Waldhalm et al，1978；Palmer et al，1983；Copeland et al，1991），而且可能出现钙化。通常会有阴道分泌物。子叶和子叶间上皮细胞内出现坏死和中性粒细胞浸润。可能会出现胎盘血管炎（Moore et al，1991）。在绒毛膜的滋养层细胞中有大量病原体（多形，抗酸）。胎盘组织涂片后经姬姆萨染色发现比衣原体略大的抗酸性杆状病原体。荧光抗体检测、PCR检测、实验动物接种和鸡胚分离法也可用于该病原体的诊断。然而，在确诊之前仍然要排除其他引起流产的原因。很多关于Q热在山羊中引起流产的报道最终发现只是布鲁氏菌的感染。

急性期和恢复期血清抗体水平升高具有一定的示病性，但抗体滴度的升高也见于未发生流产的妊娠晚期病原体携带动物。关于立克次体抗体阳性的判定值为1∶8或高于1∶8，也有人以1∶20作为判定值。其他的血清学诊断方法包括酶联免疫吸附和微凝集反应。甚至血清学反应阴性动物也可能向外排出病原体（Arricau-Bouvery and Rodolakis，2005）。有关山羊感染的血清学研究报道很常见。比如，在加利福尼亚州1 054头山羊中，24％为血清学阳性，在234个羊群中，26％的羊群呈现血清学阳性（Ruppanner al，1978）。在安大略省的研究中显示，20％（20个羊群中有4个）的羊群呈现血清学阳性（Lang，1988）。在纽芬兰一个农场，一些山羊被检测出具有很高的抗体水平（＞1∶4 096），该农场经历了流产风暴，并且有人出现感染（Hatchette et al，2001）。

13.5.3.4 治疗和防控

如果怀疑有Q热，对流产的山羊或者其他处于妊娠晚期的山羊用四环素进行治疗。对于胎盘和流产的胚胎应进行销毁，比如焚烧。如果与临产山羊有过度的接触而发生了流产，就有必要隔离所有的流产动物（Sanford et al，1994）。

Q热引起的流产通常可以通过良好的营养和管理进行预防。这些方法也可减少环境的污染。在私人羊场，在流产或分娩时可用巴氏消毒法对乳汁和环境进行消毒防止病原的传播。工人在圈舍清理粪便时应该戴上细孔的口罩。该病原体对多种消毒剂，包括 0.5% 次氯酸盐、2% 氨盐类、5% 来苏儿和 5% 福尔马林具有抵抗力，但 70% 乙醇或至少一种季铵化合物可在 30min 内使病原体失活（Scott and Williams，1990）。由于环境可能长期受此病原体污染，同时很多物种都可能成为带毒者，因此对于感染的羊群，不适合在确诊后进行销毁。

政府对研究羊群的指导旨在保护科研人员、动物饲养管理员和其他工作人员，同时也显现出一个特殊的问题。根据购买前血清学检查结果来收集血清学阴性山羊群的研究者发现此项工作很难开展，同时一些人认为用血清学检查结果来确定动物是否具有传播疾病风险的方法毫无意义（McQuiston et al，2002）。关于人类保护的议案已经起草（Ruppaner et al，1983；Behymer et al，1985；Singh and Lang，1985），个人可通过电子邮件提出他们的建议。在澳大利亚，人用疫苗已在高危人群中普遍使用。

疫苗的研发在不断发展当中。研究者在实验室通过人工接种该病原体建立了 Q 热病例复制模型，并且在妊娠第 90 天时发生流产，通过 PCR 技术可以检测到排毒（Arricau-Bouvery et al，2003）。用灭活的一相抗原（Coxevac®，CEVA Santé Animal，France）制成的商品化疫苗能防止流产和从乳汁及阴道分泌物中排出病原体，但灭活的二相抗原疫苗不能起到这些作用（Souriau et al，2003；Arricau-Bouvery et al，2005）。

由于一相抗原疫苗的生产具有危险性，因此目前正在研发亚单位疫苗（Arricau-Bouvery and Rodolakis，2005）。

13.5.4　布鲁氏菌病

在流行的区域（Corbel，1997）如（地中海国家、印度、中国和拉丁美洲的部分国家），由于人布鲁氏菌病（马尔他热）的暴发，首先可能怀疑羊群的感染。人可通过直接接触感染的山羊、绵羊或摄入被污染的奶产品感染布鲁氏菌。

13.5.4.1　病原学

尽管已经证实流产布鲁氏菌可自然感染和试验性感染山羊，但山羊布鲁氏菌病通常是由羊流产布鲁氏菌所引起（Meador and Deyoe，1986）。该菌为革兰氏阴性、兼性细胞内寄生的微球杆菌。

13.5.4.2　发病机理及流行病学

该菌可通过乳汁、尿、粪便和胎儿、胎盘及（妊娠后 2～3 个月）阴道分泌物排出体外。病原体通过鼻咽或者直接侵入皮肤而感染其他成年山羊（Alton et al，1984）。抵抗力强的动物可依靠邻近淋巴结内的巨噬细胞来杀灭病原体，反之，易感动物因不能控制感染而可发生菌血症，感染胎盘和乳房。感染母山羊所产的活胎儿通常会感染，而且能向外排出病原体。与感染山羊或者绵羊接触的牛群也可发病，并通过牛奶向外排毒（Godfroid et al，2005）。

13.5.4.3　临床症状

当疫区内的山羊处于应激状态下，且因饲养管理不当而不能控制营养和寄生虫病时，将在妊娠最后 2 个月或更早发生流产。首次感染的羊群，即使管理很完善，也可能会在妊娠中期到后期发生流产风暴（Renoux，1957）。

13.5.4.4　诊断

确定布鲁氏菌为流产原因的方法主要是从胎儿、胎盘或阴道分泌物中分离到该病原体。通常选用选择培养基。整个胎盘损伤在自然感染的山羊中尚未见报道。通过 PCR 技术检测乳汁中的病原体已经用于带菌动物的检测（Gupta et al，2006）。不同的凝集法、沉淀法也已经用于确定带菌的山羊（Alton et al，1984；Mikolon et al，1998）。通常先用凝集试验检测，之后再用沉淀法和抗体结合试验进行定性。在慢性感染病例中，有时只有补体结合试验的结果为阳性（Waghela，1978）。皮肤过敏性试验作为一种筛查试验可用来确定感染的羊群（Alton et al，1984）。乳汁呈环试验通常敏感性不高，甚至额外添加奶酪后也是如此，但是乳汁 ELISA 检测效果较好。乳清可以用来进行凝集测试，但是敏感度不高（Mikolon et al，1998）。

近年来发展的间接 ELISA，尽管推荐使用的最大检测量为 50 只山羊，但可用于检测大批量的乳汁样品来确定每只动物较低的抗体浓度（Funk et al，2005）。

在免疫后的一年或者更长的时间内，会出现很多假阳性结果。一些检测显示出的假阳性结果与肠道菌群如小肠结肠炎耶尔森菌抗体的交叉反应有关，但近来发展的竞争 ELISA 避免了这种情况的发生（Portanti et al，2006）。血清学检查不适于幼龄动物。

13.5.4.5 防控

在此病感染率很低的国家或者地区，扑杀整个羊群（包括山羊和绵羊）可能是控制该病的最好方法。在美国近年来报道的大部分暴发事件中都是使用这种方法成功地消除了感染，如 1969 年（Whiting et al，1970）和 1999 年（AVMA，2000）发生在得克萨斯州的疫情。在其他地方，检测后扑杀也是一种较好的方法（Polydorou，1979，1984）。但是这样会使检测羊群的工作人员感染布鲁氏菌的风险加大（Stiles，1950）。也有人建议在扑杀的过程中要对羊场的犬进行检测，如发现感染，应对其实行安乐死。

许多国家通过免疫，特别是对 3～6 月龄的羔羊进行免疫来控制此病。此举不仅能够保护动物，而且也控制了与小反刍动物接触的人群感染的机会。不幸的是，甚至在经历了很多年的免疫以后，也并不能达到在区域范围内根除此病原体的目的（Blasco，1997）。

羊群在泌乳期需要进行全群免疫，但是对泌乳和繁育山羊的免疫安全性问题尚未研究。首选的疫苗为 *B. melitensis* Rev 1（Gaumont et al，1984；Alton，1987；OIE，2004）。此疫苗为弱毒苗，通常进行皮下注射，但也有人已经研究了经结膜免疫的疫苗（Alton，1987）。Rev 1 型疫苗易引起菌血症，但并不传播给未免疫者。疫苗可引起流产，因此对妊娠山羊或配种前 1 个月内的山羊应避免使用。研究者称免疫一次可获得终生免疫力，但此情况并不绝对。经结膜免疫的疫苗仍然会造成流产，减量后可避免流产，但不能提供体液免疫（Blasco，1997）。在感染的羊群中，给羊群提供一个干净的分娩和哺乳环境，以减少自然因素诱因。流产胎儿和胎盘应焚烧或深埋。应避免使用公用牧场和引进未经检疫的山羊。

通过对绵羊和山羊进行的试验发现，可以尝试使用长效土霉素（25mg/kg，肌内注射，隔日 1 次，连续 4 周）配合链霉素（20mg/kg，肌内注射，隔日 1 次，连续 2 周）治疗有特殊价值的动物。应用此法对 36 头感染的山羊进行治疗，全部治愈（Radwan，1992）。

13.5.5 弯曲杆菌病

13.5.5.1 病原学

尽管胚胎弯曲杆菌属的胎儿弯曲菌（以前称为胎儿弧菌）和空肠弯曲菌为引起绵羊流产的常见病原，在北美只有极少数有关于弯曲杆菌引起山羊流产的报道（Dobbs and McIntyre，1951；Anderson et al，1983；Gough，1987；Moeller，2001）。对山羊来说，空肠弯曲菌似乎比胚胎弯曲杆菌更常见。该病原体可能会引起人畜共患病（特别是腹泻）。

13.5.5.2 临床症状与诊断

在南非，由弯曲杆菌引起流产较多的地方，大约 30% 的流产胎儿有明显可见的肝脏坏死。通常会出现胎盘水肿和子叶坏死（Van der Westhuysen et al，1988；Moeller，2001）。该病在美国的一次暴发中，21 只妊娠晚期山羊中有 5 只发生流产，2 只出现全身性病变，最后分离出了空肠弯曲杆菌（Anderson et al，1983）。后来，在同一羊群的腹泻粪便中也分离到了空肠弯曲杆菌。

该病的诊断并不困难，因为很多实验室都能熟练地从胎儿皱胃内容物中（微需氧）分离到此病原体，或者在涂片中发现革兰氏阴性弯曲杆菌。有关此病原体的报道极少，这也表示虽然该病具有重要的公共卫生意义，但是对山羊来说该病原体不太重要。

13.5.5.3 防控

在未知病原的流产风暴中，如果有弯曲杆菌的影响，使用四环素控制可能会减少损失，同时也可抵抗其他几种病原体。但是，弯曲杆菌属存在较强的耐药性，这似乎是一个很重要问题（Sahin et al，2008）。在一个已经确定的暴发流行中，建议用绵羊二价弯曲杆菌苗免疫所有处于妊娠期的动物。应及时处理被粪便污染的饲料和隔离流产动物（Anderson，1986）。与其他原因引起的流产一样，对于胎盘和胎儿，应焚烧或深埋。

13.5.6 钩端螺旋体病

13.5.6.1 病原学与流行病学

已经证实钩端螺旋体的一些血清型可以引起山羊流产，但是具体的发生率还不清楚。在一份对加利福尼亚州的调研中，国家诊断实验室对送检的 211 份流产山羊样品进行检测，仅发现 1 份阳性样品（Moeller，2001）。

山羊可能不是钩端螺旋体的主要易感动物，很可能只是通过接触被其他动物尿液污染的环境而发生感染（Schollum and Blackmore，1981；Leon-Vizcaino et al，1987）。用波马纳血清型的感染钩端螺旋体试验性感染山羊，未发现有明显的临床症状，但可从尿液中排出病原体（Morse and Langham，1958）。

13.5.6.2　临床症状

感冒伤寒型钩端螺旋体在以色列已引起山羊出现严重的临床症状，包括食欲减退、明显黄疸、血尿、流产和死亡（Van der Hoeden，1953）。钩端螺旋体病的全身症状已在第 7 章中进行阐述。其他母山羊可出现隐形感染，此时可根据凝集滴度进行确诊。哈尔乔型钩端螺旋体在一些报道中被认为是引起山羊流产的病原体，但并未得到证实（McSporran et al，1985）。波马纳型钩端螺旋体被确定为 6 次流产暴发的原因（超过 262 份报道），另外，哈尔乔型和出血黄疸型分别与西班牙两次山羊群的流产暴发中的一次有关（Leon-Vizcaino et al，1987）。在这些羊群中，妊娠母山羊的流产率从 10%～43% 不等。在同一个羊群中，有些羊还表现出发热、黄疸和贫血。

13.5.6.3　诊断与防控

该病原体很难从被污染的样品中分离出来。该病的确诊可通过对胎液和胎儿组织进行暗视场显微镜观察、荧光免疫检测和银染等方法来进行。在感染动物体内微观凝集效价可能受到抑制或缺失（Songer and Thiermann，1988），因此推测山羊和牛可能以类似的方式对钩端螺旋体的感染产生免疫反应。流产后双份血清抗体水平均升高提示可能与钩端螺旋体有关。单一的阳性血清没有诊断价值，因为很多健康山羊也呈现血清学阳性。在山羊或其他反刍动物钩端螺旋体流行的区域，比较合理的预防措施是每天 2 次免疫接种。其他可用的措施包括不同动物分开饲养、控制啮齿类动物和保持用水的清洁（Lefèvre，1987）。

13.5.7　李氏杆菌病

单核细胞增多性李氏杆菌可引起山羊流产、败血症和脑炎。神经性疾病在本书第五章已经阐述。

13.5.7.1　病原学与发病机制

该病原体为革兰氏阳性，不耐酸。在培养中呈现短棒状和球状（Timoney et al，1988）。强毒株为溶血型，流产株常为血清型 1。由李氏杆菌引起的脑炎和流产并不常在同一个羊群中发生。对妊娠牧羊进行试验性静脉接种该菌后出现正常情况下由胎盘滋养层细胞所产生妊娠相关糖蛋白和血清孕酮的急剧下降，一般在接种后的第 9～11 天出现流产（Engelandet al，1997；Zarrouk et al，1999）。

13.5.7.2　流行病学

单核细胞增多性李氏杆菌可普遍存在于土壤、水、植物落叶、青贮饲料、反刍动物及人的消化道中（Timoney et al，1988）。该病原体可在低温的劣质青贮饲料中繁殖（pH 大于 5.5），这种能力使其可在山羊的青贮饲料中存在。青贮饲料同时对机体有免疫抑制影响。健康动物在妊娠后期，李氏杆菌的排出量似乎有所增加，可能是由激素性免疫抑制所引起（Løken et al，1982；Grønstøl，1984）。

13.5.7.3　临床症状与诊断

由李氏杆菌引起的流产通常是由败血症所致。败血症的表现有发热、食欲减退和产奶量下降（Grønstøl，1984）。其他流产的山羊可能症状比较轻微，或者没有症状（Sandbu，1956）。一些山羊在流产后迅速康复，同时也有一些山羊流产后死亡。在败血症发生时或发生后，山羊通常会从粪便和乳汁中排出李氏杆菌。接触到流产母山羊的羔羊可通过脐带或乳汁而死于李氏杆菌性败血症（Grønstøl，1984）。可通过间接血凝试验检测血清中的抗体水平升高对该病进行确诊（Løken et al，1982）。用胎儿组织对该菌进行培养可证实由李氏杆菌引起的流产。分离株的核糖分型可对流行病学调查有所帮助（Nightingale et al，2004）。

13.5.7.4　预防与控制

如果使用青贮饲料，要将饲料与少量双蒸水混合后检测 pH，pH 应该低于 5.5。饲料的土壤污染是另一个危险因素，青贮饲料不能在啮齿类动物活动频繁的地区制备；另外，如果饲料中灰分含量超过 70mg/kg（DM），也不能使用

(Low and Linklater, 1985)。尽量不要使用劣质或者变质的青贮饲料。如果农场中没有其他饲料，最好进行购买。

饲喂充足的能量饲料在一定程度上可以减少山羊因饲喂大包的需氧变质青贮饲料而引发的流产 (Hussain et al, 1996)。

可以诱导细胞免疫的疫苗正在研究中。理论上来讲，活疫苗应该比灭活苗效果更理想。在分娩前对妊娠母山羊接种 2 倍剂量的弱毒疫苗，结果产生了很好的保护力 (Fensterbank, 1987)。妊娠晚期对山羊接种弱毒疫苗可能偶尔造成流产，但是并不妨碍其在流产暴发中的使用 (Guerrault et al, 1988)。

13.5.8　沙门氏菌

羊流产沙门氏菌是引起妊娠 3～4 个月山羊流产的病原体之一，于 1932 年在塞浦路斯首次被提到 (Manley, 1932)。流产山羊没有任何其他临床表现。在妊娠的最后 1 个月经静脉或口腔接种疫苗后引起山羊流产，随后山羊出现死亡。与其接触的动物发生感染，并向外排毒 (Tadjebakhche et al, 1974)。法国也从山羊胎儿和胎盘中分离到了该病原体。一般认为该病是在流产时经口传播给其他山羊。推荐的控制措施是用四环素对妊娠山羊进行肌内注射，同时注射 2 头份疫苗，以后每年加强免疫 1 次 (Yalçin and Gane, 1970)。

羊群中成年羊和流产的胎儿血清中可检测到特异的凝集素 (Mura et al, 1952)。只有绵羊和山羊可感染羊流产沙门氏菌。沙门氏菌病作为山羊的一种肠道疾病已在第十章中讨论过。鼠伤寒沙门氏菌和都柏林沙门氏菌都与流产有关 (Lefèvre, 1987)。由鼠伤寒沙门氏菌产生的内毒素（脂多糖）已被证实可引起前列腺素的释放和黄体溶解，因此能够引起妊娠山羊流产 (Fredriksson et al, 1985)。

13.5.9　弓形虫病

13.5.9.1　病原学

龚地弓形虫是引起山羊和绵羊流产、木乃伊胎、死胎和弱胎的一种重要的原虫。

13.5.9.2　流行病学与发病机理

猫是弓形虫的终末宿主 (Buxton, 1998)。它们通过采食生肉片、胎盘和啮齿类动物而被感染 (Dubey, 1986)。新感染的猫能够通过粪便排出卵囊。卵囊排出的时间通常可持续3～19d，但是卵囊可在潮湿和阴暗的土壤里存活 18 个月之久 (Frenkel, 1982)。

山羊通过采食感染猫粪便污染的青草、干草或谷物而感染。弓形虫被食入山羊体内后，先感染小肠和淋巴结，之后通过血液循环传播到其他组织，包括肌肉、脑和肝。在这些组织中，寄生虫可以卵囊形式存在数月甚至终生存在。如果山羊在开始感染时已经妊娠，弓形虫通常在感染后 2 周左右侵染胎盘和胚胎。妊娠前期发生感染比后期发生感染更易出现胚胎死亡。有时在下一个妊娠期再次发生流产 (Dubey, 1982)，但已有弓形虫感染史的山羊通常不会发生流产或者出现其他临床症状 (Obendorf et al, 1990)。

13.5.9.3　诊断

胎儿的血清血检查对检测引起流产的弓形虫病具有很高的特异性 (Munday et al, 1987)。绵羊胚胎（可能也适用于山羊胚胎）在妊娠第 60～70 天开始产生免疫力。首先产生 IgM，从妊娠第 90 天开始产生 IgG。因此，如果在妊娠中后期胚胎被感染，便可通过一系列免疫学方法检测弓形虫抗体的存在 (Dubey, 1987; Wilson et al, 1990)。一种改进的直接凝集试验 (MAT) 具有很高的灵敏性，可用于包括山羊在内的其他物种的检测，因为该法未使用种特异性结合物 (Dubey et al, 1987)。但在美国目前还没有商品化的用于 MAT 的抗原（截至 2007 年）。

可以收集胚胎心脏血或胸腔液体。胚胎自身溶解并不总是影响弓形虫抗体的检测。胚胎抗体阴性也不能排除弓形虫病，因为胚胎感染时可能太小或弓形虫抗体已经被分解。为避免由于抗体浓度太高占据所有结合位点（前带效应）而出现假阴性，建议对较高和较低滴度的抗体进行筛选。

在流产期间对母山羊进行血清学检测很有用。抗体阴性是确定弓形虫病不是造成流产的确切证据（图 13.5、彩图 60）。抗体滴度增加至少表明动物近期被感染，但在母畜初次感染之后，稳定甚至高滴度的抗体可以持续数月甚至数年。因此，高滴度抗体水平不能表明弓形虫病是引起母羊流产的原因 (Gunson et al, 1983)。

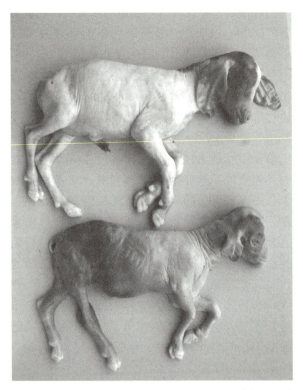

图13.5 流产的波尔山羊双胞胎。上面的胚胎在出生时还未死亡；下面的胚胎眼窝凹陷，说明出生时已经死亡很久并形成木乃伊胎。尽管看似为弓形虫感染，但血清学检查阴性，排除了由弓形虫引起的流产（Dr. M. C. Smith 赠图）

在对美国西部山羊的大规模调查显示，1岁或年龄较大的山羊弓形虫血清阳性率为20%或更高（Dubey and Adams，1990）；然而在对田纳西州或附近的9个农场羊群进行间接血凝检测发现，99头山羊中的54头（55%）为阳性（Patton et al，1990）。在加拿大安大略省进行的一项研究发现，通过弓形虫染色试验（1∶16或更高）检测399份血清中的63%呈阳性（Tizard et al，1977）。在土耳其进行的血清学调查中，用弓形虫染色试验检测以抗体滴度1∶4或更高为阳性时，170只山羊（大部分是安哥拉省的）中51%呈阳性结果；抗体判定滴度为1∶16或更高时，阳性率为25%（Weiland and Dalchow，1970）。弓形虫染色试验需要用完整的寄生虫作抗原，还要保持虫体的活性。由于酶联免疫吸附试验很容易实现自动化，而且使用裂解的弓形虫虫体作为可溶性抗原，因此目前应用非常广泛（Denmark and Chessum，1978；Buxton，1998）。目前可选用的其他血清学检测方法包括间接血凝试验、间接免疫荧光试验和乳胶凝集试验

（Buxton，1998）。

如果需要利用组织学检查进行诊断，送检胎盘组织非常重要。如果流产推迟到感染后45d或更长时间发生，子叶上会出现明显的小的黄白色钙化灶。用生理盐水彻底清洗子叶更容易看清深部的病灶。另一项可用的技术是用显微镜载玻片制作子叶压片；矿化灶能抵抗挤压。30d后可看到微观的坏死灶；在这些病变中速殖子散在分布且很难找到（Dubey，1988）。非化脓脑脊髓炎比心肌炎更为常见，但即使在理想的试验条件下也很难在组织切片中看到弓形虫虫体。非常精细的病理学或免疫组化检查可以将弓形虫与很少见的犬新孢子虫区分开来（Dubey et al，1992）。

13.5.9.4 预防

弓形虫病的控制有几种方法。首先是在妊娠的易感期防止易感山羊接触猫粪便中的弓形虫卵囊。特别是谷物应存放在有盖的容器中，并且保持饲槽清洁。干草的污染（被生活在干草谷仓旁的猫污染）已经引起了该病的多次暴发（McSporran et al，1985；Nurse and Lenghaus，1986）。可能的情况下，应尽量使备母畜和幼畜饲喂远离顶部的干草。因为从农场驱逐所有猫是非常困难的，通常建议在牧场内维持一定数量的成年绝育猫。6月龄内的小猫比成年猫更易排出卵囊。一个输精管被切除的公猫对于控制流浪猫远离农场非常有益，但该技术尚未进行评估。不应该给猫食用生肉。

配种前让母羊接触受污染的环境（野猫居住或牧草繁衍的地方）可能会产生有效的免疫力（Buxton，1998）。已经有人建议称用流产胎儿擦拭母畜的鼻子感染母山羊（Delahaye，1987），但是如果流产是由其他原因如衣原体所引起，这种做法显然不可取。对于泌乳羊群，此方法会增加从乳汁中急性排毒的风险。

英国用于绵羊的弓形虫活苗可能对山羊也有效（Chartier and Mallereau，2001），但是由于它对人也具有传染性，所以在美国可能永远不会得到认可。多次使用灭活疫苗或用相关的非致病性病原进行免疫，可以有效地预防流产（Dubey，1981；Munday and Dubey，1988），但价格一定很昂贵。此类疫苗在近期不可能出现。在山羊妊娠期间饲喂离子载体类药物如莫能菌素

进行预防，在正常的抗球虫剂量下已经产生效果（Blewett and Trees，1987；Buxton et al，1988）。然而，离子载体可能会出现致命的混合错误。每天每千克体重 2mg 的地考喹酯是可以尝试的安全剂量，而且在英国已经被认可用于控制绵羊弓形虫病（Buxton，1998）。

一旦确诊流产是由弓形虫病所引起的，应正确地重点处理胚胎和胎盘，且处理时带上防护手套，对乳汁和肉进行巴氏杀菌和煮沸。孕妇应特别注意防护。

13.5.10 其他传染病

其他引起发热或全身症状的传染病也可能引起母山羊流产。如第四章描述的口蹄疫病毒就是一个代表。其他偶尔可引起流产的疾病如下。

13.5.10.1 蓝舌病

蓝舌病是反刍动物特别是绵羊的一种非接触性感染的传染病。该病由环状病毒引起，并经库蠓属的蚊蠓传播。该病发生于北美和南美洲、非洲、中东、亚洲地区，近来在北欧也有发生。绵羊感染后常出现流产和畸形胎。

血清学调查显示，疫区的山羊也经常被感染（Lefèvre and Calvez，1986；Flanagan，1995；Ting et al，2005），但是很少见到有关临床症状的报道（Van Tonder，1975）。因此，蓝舌病不太可能引起山羊流产。关于蓝舌病进一步的讨论参看第 10 章。

13.5.10.2 边界病

绵羊的边界病是由一种血清学上类似于牛病毒性腹泻（BVD）病毒的瘟病毒所引起的，从牛体内分离出的牛腹泻病毒株对反刍动物也有致病性。由于早期工作主要集中在子宫内被感染羔羊的神经系统和被毛的变化，因此该病在过去一直未得到确诊。随着对该病发病机理的研究，连同对相关的牛腹泻病毒的研究，发现在子宫内感染的羊羔通常终生带毒。有些羔羊不能存活，有些可成为带毒者并向外排毒，从而感染给其他动物。感染的母羊通常会产出持续性感染的羔羊。此外，一些病毒株不引起神经系统和被毛的变化（Bonniwell et al，1987）。

自发的边界病（颤抖、无毛发变化）很少被报道发生于山羊（Løken et al，1982；Løken，2000）。在挪威，妊娠期间出现血清转型的 3 只

山羊中（145 次妊娠失败，其中采样 2 次），1 只为明显假孕，1 只产仔正常，另外 1 只产弱仔（Løken，1990）。此外，用非致细胞病变的瘟病毒污染的试验性脓疱疫苗接种 261 只妊娠早期的山羊，其中 213 头出现繁殖障碍（Løken et al，1991），但出生的羔羊均无边界病。从韩国发生流产、死产和新生儿死亡的山羊群中分离出了的 BVD2 型病毒（Kim et al，2006）。在牧场接触 BVD 病毒持续性感染犊牛的空怀山羊在 6 周内 100％发生血清转型（Broaddus et al，2007）。

通过试验性地接种感染的绵羊组织，已成功复制出山羊的边界病，可引起流产、运动失调、羔羊震颤（Huck，1973；Barlow et al，1975）。在另一项研究中，给妊娠第 40 天左右的山羊肌内注射 BVD 病毒致细胞病变的牛分离株，结果导致部分胚胎自溶，分娩 4 个月后屠宰，在子宫发现 1～1.5L 液体（子宫积水）。妊娠第 100 天时感染，羔羊临床表现正常（Løken，1987）。之后的一项研究比较了边界病毒株和牛病毒性腹泻毒株的致病性，结果发现二者具有相似性，并且所有山羊在妊娠第 40 天左右接种病毒后都表现出繁殖障碍。妊娠第 40 天以后接种的母山羊至少产出了 2 只活胎儿，但均为持续性感染（Løken and Bjerkås，1991）。一些流产或弱产的羔羊体内可能存在抗体。在另一项研究中，感染妊娠母山羊后产生的胎儿未出现持续感染现象（Depner et al，1991）。包括子叶中多个针尖灶坏死在内的胎盘病变类似于弓形虫病所引起的病变（Barlow et al，1975；Løken，1987）。通过试验未重现初生羔羊的被毛变化（Orr and Barlow，1978）。

13.5.10.3 山羊疱疹病毒

该病原可引起羔羊和成年山羊的全身感染，但不感染绵羊羔和小牛。这些已经在第 12 章进行了详细讨论。成年羊可出现双相热，并可出现流产。一项研究发现，通过试验性感染的母山羊在感染该病毒 3～8 周后发生了胎儿自溶（Berrios et al，1975）。在另一个研究中，一只山羊接种病毒后第 4 天出现胎儿死亡，另一只山羊在接种病毒后第 7 天发生流产，之前通过超声检查无任何胎儿死亡的迹象，在流产的第 2 天通过剖宫术取出了胎儿，从新鲜胎盘和胎儿的一个肺脏中分离出了该病毒，但胎儿死亡的原因被认

为是母畜感染而非胎儿感染（Waldvogel et al，1981）。最近研究发现，山羊疱疹病毒可通过胎盘引起交叉感染，并可出现与流产风暴相关的新生儿死亡。胎儿感染已经通过 PCR 检测流产胎儿（Keuser et al，2002；Chénier et al，2004）和新生儿（Roperto et al，2000）被证实，在多种组织包括肝脏和胸腺中可能会发现伴有核内包涵体的凝固性坏死（Williams et al，1997；Chénier et al，2004；Uzal et al，2004；McCoy et al，2007）。如果胎儿自溶，很难分离出病毒（Tempesta et al，2004）。山羊疱疹病毒血清学滴度的显著增加对该病具有重要的诊断价值。

在随后的一项研究中发现，由山羊疱疹病毒引起流产风暴的一个肉羊群在第 2 年未出现繁殖障碍。

许多流产的母山羊在同一季节再次繁殖，由这些母山羊产出的羔羊或由在最初发病过程中发生流产的感染母山羊产出的羔羊在 10 个月以后血清学检查仍为阴性（McCoy et al，2007）。

13.5.10.4　内罗毕羊病

内罗毕羊病是反刍动物的一种非接触性经蜱传播的布尼亚病毒病（Terpstra，1990）。该病毒主要在肯尼亚被发现，但是在东非和中非的其他地方也有发现。感染后绵羊的症状比山羊更严重，包括发热、出血性胃肠炎、流产和死亡率升高。组织学上表现为肾小球-肾小管肾炎（Mugera and Chema，1967）。在疫区，除了引进易感动物之外，建议做好防蜱和预防性疫苗接种工作，但是不能保证这些方法能对内罗毕羊病进行控制（Davies and Terpstra，2004）。该病在第 10 章已进行讨论。

13.5.10.5　小反刍兽疫

小反刍兽疫是由麻疹病毒引起山羊和绵羊感染的一种传染病，主要发生于非洲、中东和亚洲。症状包括口腔炎、腹泻、肺炎和持续 5～8d 的发热。妊娠母羊可能发生流产。该病在第 10 章已有论述。

13.5.10.6　裂谷热

裂谷热是一种经蚊传播的由布尼亚病毒感染反刍动物和人的传染病，主要发生于非洲（Yedloutschnig and Walker，1986；Kasari et al，2008）。该病在第 11 章已有详细描述。母畜在发热和病毒血症后可能出现流产（Daubney et al，1931）。山羊普遍比绵羊和牛更具有抵抗力，流产率较低。很小的羔羊也可能死亡。在尸检时发现出血和肝坏死，由于该病毒也可引起人的严重感染，因此应小心收集流产样品。一种改良的的活病毒疫苗可使动物产生终生免疫，但是不能用于妊娠绵羊和山羊，因为它可导致胎儿畸形，尤其是大脑（Bath and de Wet，2000）。

13.5.10.7　维塞尔斯布朗病

维塞尔斯布朗病是绵羊、牛和山羊的一种蚊媒传播的黄病毒属疾病。该病主要发生于撒哈拉以南的非洲，可能导致妊娠母畜流产（Van Tonder，1975；Van der Westhuysen et al，1988）及母羊和新生羊死亡。流产母羊的血清学转化可以被用于诊断（Mushi et al，1998）。成年未妊娠母羊除了发热很少出现其他症状。该病与裂谷热的鉴别在第 11 章已有描述。这两种疾病的活病毒疫苗在妊娠期间接种均可引起流产。据报道，感染维塞尔斯布朗病的绵羊很少出现先天性异常（如关节弯曲、孔洞脑、积水性无脑畸形、小脑发育不全），但缺少有关山羊发生该病的资料，可能与病毒活跃区山羊数量不多有关。

13.5.10.8　支原体病

已经从山羊体内分离出了多种支原体，且这些支原体与本书中其他地方讨论的特异性临床症状相关（如关节炎、角膜结膜炎、乳腺炎、肺炎）。在支原体引起的疾病暴发期间偶尔发生流产，但是缺乏支原体引起流产的文献资料。例如，在腐败支原体（*M. putrefaciens*）引起的乳腺炎和关节炎暴发期间，在 50 只山羊的圈舍内流产率达 80%（DaMassa et al，1987）。在另一次暴发期间，经胎盘感染后产出的弱羔被证实在出生时已出现关节肿胀，从肿胀的关节中分离到了丝状支原体的亚种（*M. mycoides* subsp. *mycoides*）（Bar-Moshe and Rapapport，1981）。

13.5.10.9　耶尔森菌病

假结核耶尔森氏菌病是一种动物传染细菌病，该菌经常被野生鸟类和啮齿类动物携带。山羊的粪-口感染能引起肠道感染，随后出现菌血症。已经报道该菌可引起流产和新生儿死亡（Sulochana and Sudharma，1985；Witte et al，1985；Albert，1988）。在子叶中可看到不透明的白色病灶，显微镜检病变包括化脓性胎盘炎和化脓性肺炎（Witte et al，1985）。四环素可能对中止流产风暴有效。

13.5.10.10 蜱媒热

在英国、欧洲、非洲和印度，吞噬细胞无形体可引起绵羊、山羊和牛发生温和或急性的非接触性传染病（Baas，1986）。尽管在美国该病原体被认为是一种普通的蜱传动物传染病病原，但缺乏山羊临床病例的报道。

蜱媒热的自然传播需要蜱，如蓖子硬蜱或扇头蜱，但是该病可以被任何能传输血液的途径传播。症状包括发热、精神萎靡、产奶量下降、跛行和流产。通常继发葡萄球菌、巴斯德菌、李氏杆菌和其他微生物的感染，继发感染后可能导致流产。

该病可通过检测血液中粒细胞和单核细胞的细胞质内含物和通过补体结合试验进行诊断。在姬姆萨染色的血液涂片中内含物为灰蓝色，流产后应尽早制作血涂片。该病原不侵害胎儿，因此胎儿组织涂片没有意义（Scott，1983）。可用四环素对该病进行治疗（Anika et al，1986）。不应该在蜱大量滋生的牧场饲喂妊娠动物。使羔羊放牧可减少因奶山羊产奶量下降而造成的经济损失（Melby，1984）。

13.5.10.11 边虫病

羊边虫感染通常会引起山羊出现亚临床、温和型发热症状。然而，在南非半干旱地区为了采食而长途奔波的波尔山羊发生流产，且流产母羊的红细胞压积低时，在这些山羊的红细胞内可发现该病原体。20只试验性感染的妊娠山羊中有10只出现流产或胚胎吸收，这些受试山羊每天被驱赶行走800m，每天2次（Barry and van Niekerk，1990）。

被驱赶时，山羊出现呼吸困难和肺水肿。体温的平均峰值比感染前高1.1℃，在寄生虫血症高峰时，平均红细胞压积从30%下降到22%，最低红细胞压积为10%。该病原可经胎盘传播，且已经在流产和活胎儿的红细胞内发现了该病原体。对于这种通常以亚临床症状表现为主的蜱传病的控制方法至今还未确定。

13.5.10.12 新孢子虫病

犬新孢子虫是一种原虫，类似于可引起山羊流产的龚地弓形虫。牛感染犬新孢子虫更为普遍。白尾鹿参与在丛林的传播环节，犬和土狼已经被认定为最终宿主（Gay，2006）。对侏儒山羊进行试验感染后出现了胎儿再吸收、流产和死胎（Lindsay et al，1995）。可通过从胎盘中分离病原或组织学和免疫组化方法进行诊断，这在新孢子虫病和弓形虫病感染间是有区别的（Dubey et al，1992）。胎脑的病变包括坏死性脑膜炎、神经胶质过多症、血管周围套和直径大约10μm的原虫组织囊肿（Dubey et al，1996）。此时还可看到脑积水和小脑萎缩。也可通过PCR对该病进行诊断（Eleni et al，2004）。很少有关于该病的血清学调查，但在法国西部奶山羊的调查中发现抗体的阳性率仅为1‰～2‰（Chartier et al，2000）。

13.5.10.13 肉孢子虫病

肉孢子虫属球虫目原虫。通常会在许多动物心脏和骨骼肌的组织学检查中偶尔发现肉孢子孢囊。在新西兰的一项研究中，在28%的野山羊膈肌中发现了平均横截面直径为69μm×54μm的肉孢囊。用死亡山羊的肌肉饲喂犬和猫，仅在犬的粪便中发现了孢囊（Collins and Crawford，1978）。将采自被认为是山羊犬肉孢子虫感染的山犬粪便中的10 000个孢囊试验性地接种妊娠75～105d的山羊，最终引起了感染和流产。因为在胎盘或胎儿中未发现肉孢子虫裂殖体，所以流产可能是急性肉孢子虫病的间接结果。由肉孢子虫引起山羊的自然流产曾被报道过（Mackie et al，1992；Mackie and Dubey，1996）。

13.6 晚期流产：非感染性因素

尽管多次晚期流产表明在畜群中存在一种或多种致病源，但也不能忽视营养、遗传和中毒病等因素的影响。此外，营养不足增加了感染性病原（如Q热和其他损害胎盘功能的病原）引起流产的概率。

13.6.1 营养不良、应激和其他环境因素

应激性流产对于圈养的营养不良的安哥拉山羊来讲十分常见，而在美国其他品种的山羊偶尔发生。妊娠晚期母畜缺乏能量或蛋白质时，可能出现流产、死胎或弱产。初乳和产奶量可能不足以使弱产幼畜存活。如果主要缺乏能量，怀有多胎的母羊可能发生妊娠毒血症；如果只缺乏蛋白质，母畜可能不瘦弱或不发生酮血症。胸腺变小

已经被提出作为应激性流产的标志。

营养性流产风暴的潜在原因可能是低品质的粗饲料（牧草）、饲槽空间不足或天气过于寒冷。如果饲喂条件不足以使母山羊顺利地完成妊娠，不应让年轻、未完全发育的雌性山羊受孕。

在挪威 22 个奶山羊牧群的流行病学研究发现，1 439 只山羊中有 11％发生流产，单个牧群的流产率为 3％～38％。几乎在所有的牧群中均未发现传染病的迹象。成熟母山羊（至少 3 岁）风险最大，在妊娠的最后 2 个月内排出腐烂胎儿。畜棚中自然采光不足、每栏山羊太多和每只山羊所占空间太小被确定为可能的风险因素。流产前黄体酮和雌激素正常，但硫酸雌酮减少，提示胎盘异常（Engeland et al，1998，1999）。

13.6.2 安哥拉山羊的遗传性流产

在加强对高质量马海毛筛选的南非地区，已经在年老母山羊中发现了遗传性习惯流产的问题（Van Rensburg，1971b；Van Tonder，1975）。

13.6.2.1 发病机理及临床症状

注定要出现习惯性流产的新生母山羊体重高于平均值，且有一身很好的毛发。随着动物的成熟，由于肾上腺功能的减退，它们可产出比普通山羊更多的海马毛。在第一个繁殖季节，母山羊能表现出极大的性欲并受孕。最初的极少数妊娠山羊的后代中看上去比较满意的被留作种用，从而该遗传特性将在羊群中永久存在。

习惯性流产通常在母畜达到 4～5 岁时才发生。相对于身体大小有着最大产毛量的母畜趋向于在妊娠 100 天左右流产，此时胎儿生产率增加，但是胎盘生长停止。流产也与肾上腺功能异常有关。胎儿死亡明显发生，因为胎盘不完整（Van Rensburg，1971a）。由于黄体功能未受到影响，死亡的水肿胎儿可以保留数天或数周。一些应激因素如恶劣的天气、剪羊毛和浸渍均可促进死胎排出，在畜群中表现出明显的流产风暴。

年老的流产者可引起脑垂体和肾上腺肿大，这被认为是对前期肾上腺不足的代偿。这些母畜发情周期较短，受孕率比较低。海马毛的生产量也逐渐减少。一些母山羊也表现出肾上腺肥大的其他外部迹象，例如肌肉减少和腹部膨大。

13.6.2.2 习惯性流产的预防

流产或不能妊娠的成年母畜应该从饲养畜群中淘汰。已经证明该淘汰策略能降低安哥拉羊群的流产率（Van Heerden，1964）。然而，在某些营养因素和环境条件下，降低畜群流产率的成效甚微（Van der Westhuysen and Wentzel，1971）。流产母畜以前的后代也应该被淘汰。用于繁殖的公山羊也应该从没有流产病史的老龄母山羊的后代中挑选。

此外，在妊娠期应该供给充足的能量，因为如果营养不良，习惯性流产母羊和正常的安哥拉山羊都更易流产。如果不能提供合适的日粮，在寒冷季节适当的保暖能够降低流产率（Van der Westhuysen and Roelofse，1971）。在墨西哥，生产者认为奶山羊的流产与寒冷和下雨有关，尤其是初次分娩的动物。母体皮质醇水平大量增加已经被确定为流产的前兆之一（Romero-R et al，1998）。

13.6.3 维生素和矿物质

在巴西的一个山羊群中有 32 只山羊的流产原因被确定为严重的维生素 A 缺乏（在没有绿草的干旱草场上生活 6 个月）（Caldas，1961）。未检测到流产母山羊的维生素 A 浓度。

在饲料中硒含量过低的地方，硒缺乏是引起流产和死胎的一个原因。已经证明锰、碘和铜缺乏也可引起流产和弱胎（Anke et al，1972，1977；Hennig et al，1972；Singh et al，2003）。饲喂母山羊铜缺乏饲料时，一些流产胎儿可能为木乃伊胎。

如果在妊娠第 2～5 月铜缺乏（或是钼和硫超标；见第 19 章）是造成流产和死胎的原因，那么畜群中的一些羔羊在出生时可能为弱胎或畸形胎，这些在第五章已有讲述。因铜缺乏造成流产羔羊的脊髓和脑白质出现髓鞘脱失（Moeller，2001）。可通过检测肝脏中铜的浓度对该病进行确诊。在用 10mL 2％的硫酸铜溶液多次为妊娠山羊补充之前，一群南非矮山羊在 2 岁前损失率可达 54％（Senf，1974）。如果碘缺乏已经引起死胎，受影响的幼畜通常会出现甲状腺肿大。然而，在流行性碘缺乏地区的甲状腺肿大幼畜接触其他病原时可能会发生流产（Wilson，1975）。

当在微量元素缺乏（如锰）的情况下山羊被饲养了几代时，应该筛选对微量元素缺乏不敏感的动物（Hennig et al，1972）。这意味着在本地山羊能成功繁殖的条件下，引入的山羊可能出现流产和死胎。

13.6.4 有毒植物

在美国存在几种与山羊流产或胎儿出生缺陷有关的有毒植物，包括野甘草（Dollahite and Allen，1959；Dollahite et al，1962；Gardner et al，1999）、黄芪（Furlan et al，2007）、羽扇豆（Panter et al，1992）、毒参（Panter et al，1990）、烟草（Panter et al，1990）和山藜芦（Binns et al，1972）。试验性饲喂山羊黄松时并不引起流产（Short et al，1992）。在南非，大量饲喂洋槐树的正常营养豆荚时可引起流产和高铁血红蛋白症（Terblanche et al，1967；Kellerman et al，2005）。试验性口服麦角可引起流产和木乃伊胎（Engeland et al，1998）。饲喂其他植物可引起绵羊出现先天性缺陷，如紫云英（可引起流产和四肢缺陷）、香豌豆和苦参（可引起四肢缺陷）（Szabo，1989）。赤羽病毒和谷病毒可导致类似的畸形。

13.6.5 药物

有人已经研究了一些药物对妊娠山羊的药动学（Davis and Koritz，1983）。按照每千克体重4.4mg的剂量给7只妊娠110～115d的母山羊静脉注射氯丙嗪，其中3只出现流产。组织学检查发现，这些胎儿主要表现为肝损伤。在妊娠的同一阶段对6只母山羊按照每千克体重33mg的剂量静脉注射保泰松，其中2只在出生后出现肾脏机能不全和组织学上的肾脏病变。

妊娠期间多次使用驱虫药和皮质激素也是引起流产的潜在因素。

13.6.5.1 吩噻嗪

在妊娠最后1个月，用吩噻嗪驱虫的山羊和绵羊均可发生流产（Osweiler et al，1985）。同时吩噻嗪也可引发光过敏和伴发双侧角膜炎。

13.6.5.2 左旋咪唑

左旋咪唑是一种广泛用于山羊的驱虫药，但在美国该药未被批准用于驱虫。该药能引起山羊流产的传言导致专家一致建议在山羊妊娠后期禁止使用该药（Guss，1977）。通过试验未复制出流产病例。同样，四咪唑也未引起安哥拉山羊流产（Philip and Shone，1967）。最近，在左旋咪唑的代谢过程中鉴定出了一种可能的遗传多态性（Babish et al，1990）。一些山羊用药后左旋咪唑的半衰期大大延长，这可能会引起偶发的毒性，或者说使用左旋咪唑后发生的流产也只是一种巧合。

13.6.5.3 皮质类固醇

皮质类固醇有时用于患有感染性疾病或发生损伤的山羊，具有抗炎作用。妊娠的最后1个月应避免使用。下面将讨论用此类药物诱导分娩的问题。

13.7 人工流产或分娩

对母山羊来讲，人工流产或分娩很容易完成。

13.7.1 适应证

管理不当和性欲旺盛的公山羊通常会促使畜主不希望其受孕的母山羊自然妊娠。有时问题的原因在于公山羊与已过青春期的母山羊在一起，或公山羊未彻底被阉割。通常，成熟的公羊有机会接近母山羊，畜主觉得这些母山羊太年轻，或者准备使其受孕时间推后，或者准备让其与其他公山羊交配。可通过密切观察发现公羊的尿道突是否仍然与包皮粘连来有效防止交配，否则母山羊通常要用前列腺素（见下）进行处理，而避免等待确定是否已经妊娠。

畜主或兽医可能希望在多个季节都能诱导山羊分娩。母羊的疾病或损伤可能使其能存活足月，但不可能完成正常的分娩。在此期间可出现妊娠毒血症，但必须对病例进行认真评估。正如后面讨论的，早期妊娠毒血症可用药物治疗，这也意味着可以解决食欲减退的潜在原因。患有严重妊娠毒血症的山羊通常会在人工流产激素水平达到最高值之前出现死亡（通常在发病的36～48h内死亡）。这些动物需要进行手术治疗。

如果能够减轻胎儿、胎盘及其相关重量，就很容易处理母山羊的骨折、关节炎和蹄叶炎。如果妊娠后期想通过饲喂数天饲料来抵抗疾病或损伤，那么分娩（剖宫产）可能会阻止妊娠毒血症的发生。

另一个重要的适应证是便于预测分娩时间。畜主可能希望在现场对初产或年老母山羊提供帮助。更常见的是，疾病防控程序可能要求迅速将新生儿转移到干净的隔离区，以防接触牧场里可能存在的病原微生物。这些病原引起的疾病包括经初乳、乳汁传播的疾病（羊关节炎脑脊髓炎、支原体病），经粪便传播的疾病（副结核病、肠寄生虫病），其他可能的感染，以及新生儿寻找乳房时可能感染的疾病（干酪样淋巴腺炎、蠕形螨病）。进行人工流产的时间最好安排在白天或周末。

13.7.2　使用的药物

前面已经描述了分娩启动时正常激素水平的变化，随着胎儿皮质醇水平的升高，胎盘分泌的雌性激素也随之升高。随着母体雌激素水平的升高，子宫产生前列腺素 $F_{2\alpha}$，它可使黄体溶解和孕酮下降。高雌激素水平和低孕酮水平共同作用引起子宫收缩，并开始努责（Flint et al，1978）。在分娩前的最后几个小时前列腺素水平猛增（Umo et al，1976）。

目前已经有三类药物用于诱导分娩。

13.7.2.1　皮质类固醇

皮质类固醇（如地塞米松，20~25mg）可通过增加胎盘雌激素的合成而发挥作用。一般来讲，胎儿和胎盘必须达到一种成熟阶段，只有在此阶段才可诱导胎盘 C21-类固醇 17α 羟化酶的活性（Flint et al，1978）。这个阶段基本上与胎儿能够存活的成熟阶段基本一致，或者是妊娠第 141 天左右。胎儿太小可能不会产生应答，如果胎儿存活很重要，那么不产生应答是有利的；如果妊娠必须迅速中止，那么不产生应答是不利的。使用皮质醇后山羊分娩的平均时间尚未完善，但是对于接近足月的胎儿，平均时间为 44~48h。在一项研究中，在预产期前 10d 给 4 只母山羊使用地塞米松，每只 20mg，分娩的平均时间是 55h（Jain and Madan，1982，1989）。相比之下，在妊娠第 111 或 125 天使用甲强龙醋酸盐（240~270mg），可在 6d 内发生流产（Van Rensburg，1971b）。

13.7.2.2　雌激素

用于诱导分娩的第二类激素是雌激素（如雌二醇 17-β，16mg）。用药后分娩的时间与皮质类固醇使用后的结果相似，但是如果在妊娠早期用于疾病治疗，那么流产后的胎儿可能不能存活。在一项研究中，对 36 只山羊每只使用 2 次苯甲酸雌二醇（分别在妊娠第 147、148 天使用 15mg 或 25mg），大部分母山羊在妊娠第 149 天产羔，但其中 5 只用量较大的母山羊在下一个发情季节未受孕（Bosc et al，1977）。

13.7.2.3　前列腺素

当前终止妊娠最常用的方法就是使用前列腺素。因为山羊依靠黄体产生的黄体酮维持妊娠（胎盘不产生前列腺素），所以从理论上来讲，前列腺素在妊娠后 5d 的所有阶段都有效果。如不能确定交配的公羊，所有非预想的繁育均可在交配 7~10d 后用 5mg 前列腺素 $F_{2\alpha}$ 处理。用前列腺素对母山羊进行处理后 2d，许多母山羊可同时出现发情，此时应对公羊进行充分的限制。因为用药后母山羊偶尔会不发生流产，对未见返情的动物可再追加使用 5~10mg 前列腺素。在一项关于妊娠 3 个月左右母山羊群的研究中，以每次 5mg 前列腺素 $F_{2\alpha}$ 的剂量间隔 24h 2 次给药，结果发现在第 1 次注射后 36~41h 时发生流产。在流产的 41 只母山羊中，有 31 只出现胎衣滞留（Memon et al，1986b）。因此，在妊娠中期通过前列腺素进行人工流产似乎比妊娠晚期诱导分娩需要时间更长。除了增加胎衣滞留的风险外，有民间报道称在同一繁育季节流产的母山羊出现再次受孕困难。

计划诱导分娩（对关节炎脑脊髓炎的控制）的畜主须如实记录所有动物的受孕时期，并防止母畜再次接触公羊。也可按照前面所述的方法通过实时超声检测胎儿的双顶径来确定是否妊娠。由于怀 3 胞胎或 4 胞胎时胎儿过小会降低其存活力，因此，前列腺素的注射应该在妊娠第 144 天或更晚时进行（Williams，1986b）。如果必须进行早期诱导，提前 12~24h 用皮质类固醇进行预处理可加快胎儿的成熟，并提高存活力。

对于前列腺素的使用剂量还有一些疑问。2.5mg 前列腺素 $F_{2\alpha}$ 可能已经起到了诱导分娩的作用，但一些学者建议在分娩时使用高剂量的前列腺素 $F_{2\alpha}$（高达 20mg）可能缩短用药后到分娩的时间（Bretzlaff and Ott，1983）。已报道的研究涉及山羊太少不能证明这个结论。许多生产者用 7.5~10mg 前列腺素 $F_{2\alpha}$，假如上午进行肌内注射，那么分娩可在用药后第 2 天的 29~36h 发生。如果在夜间用药，会出现类似的时间间隔，这样胎儿会在夜间出生（Romano et al，

2001）。人工合成的前列腺素氯前列醇（氯前列烯醇）的使用量为 62.5～125μg（Williams，1986b）或 150μg（Maule Walker，1983）。巴西的一项研究表明，因为 100μg 并未提高动物对该药的反应性（Santos et al，1992），所以 75μg 比较合适。皮下给药 0.5mg 芬前列林已成功应用于诱导分娩，11 只山羊用药后到分娩的平均时间间隔为 32h（Haibel and Hull，1988）。

用前列腺素诱导分娩后，有报道称可引起胎衣滞留（Bosu et al，1979；Maule Walker，1983），这与其他研究者（McDougall，1990；Romano et al，2001）或经常对山羊进行诱导分娩的畜主经验不符。新西兰的一篇报道称 360 只妊娠山羊使用了氯前列醇，其中 14 只死于梭状芽孢杆菌感染和毒血症，但没有发生胎衣滞留。作者建议，在人工流产前应接种梭状芽孢杆菌疫苗（Day and Southwell，1979）。

13.7.3　实验技术

对于不知道确切预产期的羊群，人们还是希望分娩在白天进行。

观察、助产及准确的判断或胎儿的早期移除都已简单化。当前列腺素不能安全地改变分娩时间时，也可选用其他方法。已经在绵羊上尝试的两项技术分别是控制饲喂时间和用抗分娩药延迟分娩。每天饲喂一次的绵羊趋向于在饲喂前 4h 到饲喂后 8h 期间分娩（Gonyou and Cobb，1986）。对于已经判断接近预产期的大部分母羊，使用克伦特罗（每只 0.2mg）可延迟分娩 10h 或更长时间（Plant and Bowler，1988），但该药在美国禁止使用。因为山羊通常在白天自然分娩（Bosc et al，1988），所以这些技术在山羊上很少受到关注。

13.8　分娩

山羊的平均妊娠期是 150d。怀 3 胞胎的山羊（妊娠期 149d）往往比怀单胎的山羊（妊娠期 151d）分娩时间稍有提前（Peaker，1978）。一项研究发现，雌性羊羔比雄性羊羔晚出生 1d（Amoah and Bryant，1983）。

墨西哥对 1 468 只妊娠山羊的研究表明，品种可影响妊娠期的时间，由于出生体重的增加，较长的妊娠期也有利于胎儿的存活（Mellado et al，2000）。双胞胎和三胞胎的单产重大约是单个奶山羊新生羊羔的 0.91 和 0.82 倍。母山羊的分娩叫产羔。对于性能稳定的山羊，分娩多在白天进行，且大多在中午及午后进行（Lickliter，1984，1985；Bosc et al，1988）。

13.8.1　正常的分娩

临产征状包括尾基部的骨盆韧带松弛、离群和选择分娩比较安全的地方、坐立不安（来回走动、趴窝）和闭嘴低声呻吟。真正分娩时母山羊紧贴着垂直面（如墙、篱笆或饲槽）躺下（Lickliter，1984，1985）。为避免干扰其正常分娩，应让其在自然环境中保持原状。

传统上分娩被分为三个阶段。第一阶段主要表现为子宫颈软化、松弛，子宫收缩推动胎盘、胎儿和子宫液体促使子宫颈膨大，对于初产母山羊，此阶段可持续 12h（Bliss，1988）。多胎母山羊此阶段持续时间较短。第二阶段腹肌收缩，正常情况下持续 2h 或不足 2h，直到产出最后一个胎儿才结束。第三阶段包括胎盘的排出（正常情况下在 4h 内排出）和子宫的复旧。恶露不应该有恶臭味，一般需要 3 周左右结束（Wittek and Elze，2001）。畜主可能选择通过修剪或清洗尾部来防止恶露堆积（图 13.6、彩图 61）。子宫的复旧时间为 4 周左右（Greyling and Van Niekerk，1991b）。

图 13.6　产后母山羊尾部沾有恶露（Dr. M. C. Smith 赠图）

13.8.2 难产的判定

大多数分娩不用助产即可顺利完成。据饲养者的一篇报道称，95%的母山羊分娩时不需要帮助（Engum and Lyngset，1970）。

一些母山羊因胎位不正、胎儿过大或子宫颈开张不全等原因而分娩困难。在分娩活跃期（宫缩期）可能发现或发现不了这些动物，也可能看见或看不见胎盘或胎儿。因此，判断山羊是否在宫缩或是否需要助产成为比较常见的问题。当然，如果努责开始后0.5～1h没有排出胎儿，或胎盘已经露出很长时间，此时应对母山羊做进一步的评估（Yankovich，1990）。带有胎粪的黏液黄染（图13.7、彩图62）也提示应该立即进行助产。为减轻母山羊不适，或防止擦伤和产后生殖系统发生感染，应用温和的肥皂水对阴门进行清洗。戴上手套涂上润滑油用手或（无损伤）玻璃人工授精开膣器对产道进行检查。在对60只正常分娩的山羊进行的一项研究中发现，在分娩完成前，胎儿的前肢出现时间为3～38min不等（Lickliter，1984，1985）。

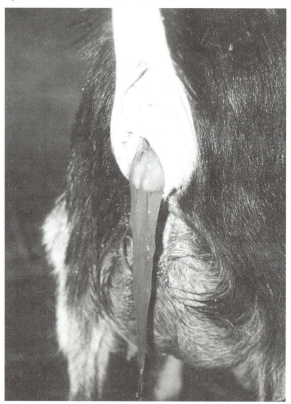

图13.7 带有胎粪的黏液黄染，提示胎儿窘迫，需要进行助产（Dr. M. C. Smith 赠图）

当看上去没有分娩征兆的母山羊已经过了预产期时，应该重新计算一下预产期（包括再次受孕的可能性）。在分娩开始之前母山羊产道周围的韧带开始松弛。如果骶结节韧带（从尾根到坐骨结节之间，两侧对称分布）已经松弛到完全消失时，分娩通常会在12h内发生（Yankovich 1989）。如果在接下来的12～16h内没有反应，应对母山羊进行仔细检查。在分娩的24h内，血黄体酮的浓度也下降（Fredriksson et al，1984）。牛或犬的黄体酮浓度低（低于2.8ng/mL）意味着即将分娩，浓度过高（>5ng/mL）通常意味着在1d以后分娩（Singer et al，2004）。如上所述，诱导分娩可缩短需要观察的时间。

13.8.3 新生羔羊的护理

对所有新生羔羊，无论是自然分娩、助产还是剖宫产，都应该进行良好的护理。必须对体况较差的羔羊进行特殊护理，否则很容易因体温过低和饥饿而出现死亡（Bajhau and Kennedy，1990）。对体况较好的新生羔羊的护理参照第1章所述内容。

13.8.3.1 呼吸

正常情况下，分娩的母山羊会从头颈部开始用力舔舐新生羔羊。如果母山羊没有进行此项工作，应帮助其从头部撕掉胎膜（如果胎膜还在），并去除口鼻腔内的液体。新生羔羊因受到刺激而开始呼吸，并通过人为晃动（在远离墙壁和其他坚硬物体处进行）清除鼻腔内（但非肺脏内）的液体。一只手紧紧抓住新生羔羊的后肢，另一只手和前臂支撑其头、颈和肩部。将其倒提晃动1次或2次，然后放到地上，用干净的干毛巾或稻草迅速擦干。对于没有呼吸但可触摸到心跳的新生羔羊可给予呼吸兴奋剂如盐酸多沙普仑（静脉注射或舌下给药1～1.5mg/kg）。已经有人报道了对绵羊羔进行复苏的装置（Weaver and Angell-James，1986），此装置也能用于复苏呼吸暂停山羊羔的呼吸功能。它包括一个口操纵杆（接牛奶的管子即可）、单向阀、凸缘和大约9.5cm长的口管。建议肺脏的人工呼吸频率为每分钟20次。当新生羔羊对晃动和摩擦没有反应时，畜主和兽医都应禁止直接进行口对口的辅助呼吸。很多难产和弱产羔羊都可能是人畜共患病病原在子宫内引起感染的结果。

13.8.3.2　脐带

脐带的残端应用碘酊进行浸泡消毒。有人推荐 7% 的碘酊，也有人推荐使用 2% 的碘酊，或最好使用聚维酮碘。高浓度的液体可干燥组织，防止病原入侵。在美国，7% 的碘酊由于涉及去氧麻黄碱的生产滥用问题，目前限制使用。脐带过长应该用清洁的剪刀修剪，将新鲜的末端完全浸泡在碘酒中。不要浸泡公羔羊的包皮。使用部分填充塑料胶卷盒或小纸杯以防储藏液的污染。在发生过脐静脉炎或败血症的羊群中，建议每天 1 次或 2 次以上反复浸泡脐带。清洁干燥的环境更有利于预防脐带感染。

13.8.3.3　圈舍

天气寒冷时，应特别注意保持新生羔羊的干燥，特别是身体末梢处，否则耳尖可能被冻伤。此时，可以将皱起的耳朵拉直，并用聚苯乙烯发泡塑料杯的一部分或塑料发卷作为夹板进行固定。如果母山羊要哺育羔羊，应该将它们放置于干净的棚舍内，或者至少看起来差不多的地方，直到它们建立起融洽的关系并开始哺乳。

应将人工喂养的羔羊放在另外的地方，在那里不能让它们与比它们大 2 周的羔羊接触。天气寒冷时使用加热灯时要特别小心，如果温度太高，可让羔羊远离加热灯。用衬衫短袖或羊毛袜制成的套筒代替加热灯，可避免棚舍着火。

如果羔羊在出生时已冻僵，为使其存活，强迫饲喂或复温可能很有必要。冻僵的幼羔不会吃奶。选择复温方法时，确定正常温度很有帮助（Eales et al，1984）。如果温度为 36.7 ～ 37.8℃，可通过导管饲喂加热过的初乳，并将羔羊放在加热灯下面。对于体温更低的羔羊，可通过水浴或把羔羊放在箱子或犬笼内使用吹风机或空间对流加热器进行复温。还有人把浴巾放在干燥器内加热，然后关掉干燥器，并将羔羊放在用浴巾做成的窝内。由于很容易出现加热过度，因此要持续监测直肠温度。如果冻僵的羔羊需要母山羊喂养，那么由于水浴可能会冲掉胎液，从而导致母山羊拒绝喂养羔羊，因此为避免这种情况的发生，可在水浴前将羔羊放置于塑料袋内。

13.8.3.4　初乳

应该帮助羔羊获得初乳。用手剥去每个乳头中的栓塞物，并检查乳房分泌物确定有无乳腺炎。应该经常检测羔羊腹部的膨胀程度，因为通过这种方法判断采食情况要优于花费时间去观察羔羊吸吮乳头的次数。很明显，肛门或直肠闭锁的幼畜甚至在哺乳停止后腹部仍然保持膨胀，但在其他情况下腹部膨大的羔羊也可被认为是喝得太多。如果需要人工哺育或因羔羊太虚弱而不能进行哺乳时，可参照第 19 章新生羔羊的饲喂方法进行。在第 19 章讨论的营养不足（碘、硒、铜和维生素 E）可能是引起牧群出现虚弱幼畜不哺乳的原因。在第 4 章羊关节炎/脑炎中讨论了初乳和常乳加热处理对疾病控制的问题。在第 7 章中讨论了免疫被动转移失败。

13.9　围产期疾病

许多严重的并发症可以干扰正常的分娩。密切观察母山羊是及时发现问题并挽救母山羊和羔羊的最好保证。

13.9.1　妊娠毒血症

如果采食量与母畜和胎儿的代谢需要不匹配，怀有多个胎儿的母畜则可能在妊娠期最后 4 ～ 6 周出现食欲不振和酮尿症。可能带来的后果是难产和死胎，甚至是母畜死亡。在第 19 章中已经对妊娠毒血症进行了详细的讨论。如果母畜有任何不适症状，在妊娠晚期检查有无酮尿非常重要。不论酮病是原发性（营养不良）还是继发性或其他问题所引起，对该病的治疗都同等重要。

13.9.2　阴道脱出

产前阴道部分或全部外翻常引起母山羊不安和努责。这会导致更多的组织外翻（图 13.8、彩图 63）。经常出现阴道壁感染或撕裂和子宫颈密封不严（感染可能会将进入子宫内）。如果膀胱进入脱出物中，尿道扭曲后妨碍排尿，此时增大的膀胱会造成更强烈的努责。

山羊阴道脱出的原因很难理解，但可能包括遗传因素、因大量杂物或难以消化的粗饲料引起的腹压增大、饲料中雌激素过多、缺乏锻炼或以前发生过阴道脱出（Braun，2007）。不幸的是，阴道脱后产生的努责通常因子宫颈口开张失败而导致难产。

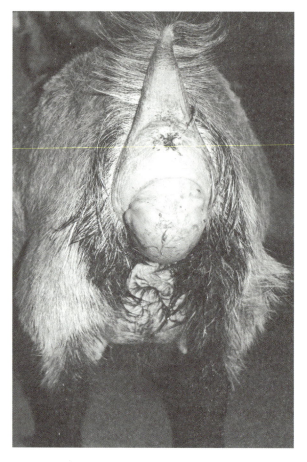

图 13.8　产前阴道脱出。开始努责时，矮山羊的子宫颈不能开张，必须进行剖宫产手术（Dr. M. C. Smith 赠图）

　　母山羊骨盆开口的解剖，包括神经分布，已有详细报道（Hartman，1975）。

13.9.2.1　轻度脱出的治疗

　　轻度阴道脱出表现为脱出物在母山羊躺下时可见，站立时消失。在动物躺下时一直让动物保持前低后高的状态，有时可以通过这种方法治疗该病。可以将母山羊绑在一个角落，在它躺卧的地方挖一个能够容下其前躯 1/4 的洞，或者将其限制在一个像代谢笼大小的狭窄圈栏内，然后抬高母山羊站或卧着的平台后端。

13.9.2.2　保持架和疝带

　　对于不能自行回复的阴道脱出，在母山羊站立时用无刺激的肥皂清洗后涂上润滑油或包含有局部麻醉药的油剂抗生素，并用手将其复位。如果脱出物太大而不能复位，可将脱出物抬起并找到尿道排空脱出物中膀胱内的尿液。然后必须找到一些方法使阴道保持在正常的位置，直到分娩时阴道的尺寸变小及雌性激素诱导周围组织软化时为止。通常情况下，只有将阴道复位才可能分娩。一种浆状的塑料轴承保持架经常被用于绵羊阴道脱出的治疗。同样的装置也可以用于山羊，但是必须找到一种方法将其固定在山羊上。在羊毛较少的部位，可用一根脐带胶布带粘在山羊后躯两侧和臀部附近的毛上，然后用这些胶带粘住两端。或者用缝线将脐带胶布带的末端固定在两侧的皮肤上。保证架的存在不影响分娩。

　　用绳索状的疝带在阴门的两侧施加外力对绵羊和安哥拉山羊都有效，但是对其他品种的山羊很难将疝带恰当地固定在光滑的被毛上。尽管如此，疝带有其自身的优势，它不会引起母山羊努责，也不会引起感染。将一根长绳的中间放在母山羊的颈上，然后将绳的两端从胸下（两前腿之间）交叉，再转到背部交叉。然后每个绳端从大腿与乳房之间穿过，并沿着阴门向上向前固定在颈部的绳索上。用另外的短绳将尾基部上方和下方的两条绳索连在一起，正好固定在阴门的下方。或者，也可用硬橡胶、皮革或三角形铝合金构架在靠外侧上方两个点、腹侧的一个点做成几个套环简化连接绳索的连接来提供压力（Babin，1981）。

13.9.2.3　阴门缝合

　　阴道脱出的其他固定方法包括穿过阴门的数个深埋的褥式缝合、十字缝合及包埋缝合（Rahim and Arthur，1989）。必须对母山羊进行非常仔细的观察，因为缝合会影响分娩，还可引起组织感染。损伤比较小的技术包括用软布条或纱条做成的绳索穿过阴门两侧壁上预制好的成排小孔内进行固定。在阴户和肛门间的单个锚定环有助于阻止线结向腹部滑脱。畜主可以松开结节检查分娩的进展，而不会引起组织的进一步伤害或使母山羊感到不安。

13.9.2.4　尾荐部硬膜外腔麻醉

　　对于短暂地进行阴门缝合或防止母山羊持续努责和阴道反复脱出时，局部麻醉通常是令人满意的。为此目的的已经对绵羊的尾荐部硬膜外腔麻醉进行了研究。使用 2% 的 Hostacaine 1.5mL 对平均 64kg 的绵羊可维持局麻 45min；2～3mL 可引起共济失调，不能站立。注射 48% 的酒精 2mL 可对生殖器官、臀部和大腿进行麻醉，持续 1～2 周，但不影响运动。用 0.80mm×40mm 的针头直接向前下方刺入，直到抵住最后一个荐椎和第一尾椎（可活动的）之间椎管外的骨体为止。此时轻轻向外拔出一点针头，并检查有无回血。如果针头刺入位置正确，应该很容易将麻醉药推入硬膜外腔（Schwesig，1986）。

13.9.3 产乳热和宫缩乏力

低钙血症（食欲不振、步态不稳、宫缩无力，甚至不能站立）在围产期山羊偶尔可见。另外，轻微的低钙血症可能是因第一产程延长所引起。如果怀疑有产乳热，可将硼葡萄糖酸钙（20％～25％溶液60～100mL）非常缓慢地静脉注射或分四点皮下注射。应避免用含磷和葡萄糖的药物进行皮下注射，因为这样会引起疼痛性的脓肿。如果动物有中毒表现，应避免进行静脉注射。消化不良、妊娠毒血症、子宫或子宫动脉破裂、子宫炎和乳腺炎等都应该排除此病。在第19章中将详细讨论产乳热。

13.9.4 子宫颈扩张失败

偶尔可见到山羊和绵羊的子宫颈无法扩张或子宫颈不完全扩张。在伊拉克的一项研究中，一个诊所救治的136只难产山羊中有24％是因为子宫颈无法扩张所引起（Majeed and Taha，1989）。这两种疾病的发生原因尚不清楚。初产母山羊可能更易发生。毫无疑问，一些被诊断为子宫颈不完全扩张的病例并不代表要尽早对其进行干预。其他的病例往往会伴有妊娠毒血症、宫缩无力或胎位不正等（Rahim and Arthur，1982）。有时分娩失败后子宫颈会再次关闭。当子宫颈开张仅够一小部分胎盘通过，且胎儿死亡或早产时，有可能是分娩前激素不足所引起，这种情况与涉及胎盘的疾病一样。弓形虫病通常被认为是通过胎盘而影响激素分泌的一种疾病（Engeland et al，1996）。

可能的治疗方法包括小心用手拉伸子宫颈（在16个病例中有2个成功）（Ghosh et al，1992）、补充钙和/或雌性激素后等待数小时，和剖宫产术。前列腺素 $F_{2\alpha}$（肌内注射7.5 mg）已经被提出可作为一种有效的治疗药物，通常认为其可在4h内引起分娩（Majeed and Taha，1989）。有报道称氯前列醇（肌内注射500μg）对治疗该病也有效果，但是分娩的时间为39～51h内（Ghosh et al，1992）。子宫颈无法扩张的动物在产前最后阶段是否缺乏前列腺素需要进一步研究。将前列腺素的作用归结于诱导松弛素的产生引起了人们的兴趣，某些品种松弛素可以软化子宫颈（Senger，2005），但是对山羊是否有效尚未有相关研究。如果真的出现子宫颈无法开张，人工扩张子宫颈很容易使子宫颈或子宫发生破裂（Engum and Lyngset，1970）。此时应避免使用催产素。如果可以看到胎盘，而且其他方法无效，应该及时进行手术，耽搁时间不能超过几小时。

13.9.5 异常的胎向、胎位和胎势

对山羊来讲，正生（头和前肢先进入产道）和倒生（后肢先进入产道）被认为都是正常的胎向。但据资料报道，仅有3％～9％为倒生，怀单胎时发生率更低，而且容易出现难产（Engum and Lyngset，1970）。当多个胎儿堆积在产道内，或头或肢体被卡住时，即发生了难产。需要仔细区分前肢和后肢，并保证在某个阶段牵拉的是同一个胎儿的四肢。在法国的一个出版物中详细图解了山羊正常的分娩和各种难产的救治（Babin，1981）。一些畜主称矮山羊的难产率有所增加，并提出体型过于紧凑可能是发生难产的主要原因（Brown，1988）。显然在母山羊腹腔内没有充足的空间让其呈现正常的胎向。在尼日利亚对30只难产的西非矮山羊进行的放射学研究显示，异常的胎势比母体骨盆较小更易造成难产，但该研究未涉及在交易场挑选的因素（Kene，1991）。在美国对剖宫产的母山羊进行研究发现，矮山羊在这方面很具有代表性（Brounts et al，2004）。

13.9.5.1 异常和正常分娩的一般指导方针

据说野山羊站立时保持前低后高的姿势能让胎儿有机会重新调整其位置。建议在助产时也应该依靠重力的优势进行。如果母山羊侧卧时有必要将胎头或一个肢体送回产道，保持这种状态时被固定的部分在最高处，则非常容易将其送入产道。一个前肢或后肢被固定时通常能够顺产。如果有足够的操作空间，可以在牵拉之前将第二个肢体也调整到正确的位置。如果胎头已经出来，有时通过简单地牵拉而不用将前肢送回就可以分娩出正常大小的胎儿。如果胎儿周围的子宫发生收缩，随后拖延成为难产，通过肌内注射肾上腺素放松子宫非常有利于安全的操作。

当胎儿位置调整至恰当位置时，向后牵拉，并从耻骨前的弧形处向后下方牵拉。如果是因为头和两前肢的问题发生了难产，可能是简单的肘关节屈曲。用力牵拉一肢使肘关节展开，这样鼻尖就与腕关节比较靠近，而不是直接在蹄的上方。也可能超过一个胎儿的多个部位出现问题，或者存在相对体格较大的胎儿。

13.9.5.2　头部偏斜

人们应该从来都不会尝试牵拉一个正生的胎儿，除非头颈要么位置不正，要么需要截肢。当胎头被卡住时，很可能会发生子宫破裂，而且可能在人们进行干预之前已经发生了破裂。羔羊牵引器（Nasco，Fort Atkinson，WI）可以很好地圈住头部。胎头通常偏离于胎儿的一侧，但是偶尔会在两前肢之间的下方。经常有必要通过向内推送胎儿的前肢或抬高母畜的后躯来提供矫正胎头的空间。如上所述，肾上腺素可能有利于此项工作。

13.9.5.3　前肢固定

有时胎儿的头部已排出，但是由于两前肢的异常固定而使分娩不能继续。此时应立即进行助产。先推肩部、再推颈部，然后将相应的前肢复位。可能需要将胎头向前推送留出空间，以便伸手能够得着肩膀。必须注意不能将胎头沿着一侧转圈。

如果被固定前肢的活胎胎头已经露出超过阴唇，颈静脉的压迫可引起头部水肿。头部水肿到了不可能推动的程度时，也就没有空间到达深部去拉直前肢。在这种情况下，对于比较小的胎儿，不需要额外的调整，使用大量的润滑油即可能将其拉出。如果胎儿已经死亡，应该毫不犹豫地用手术刀片在寰枕关节处切断头部，以便为拉出胎儿提供更多的空间。

13.9.5.4　多胞胎或横向、畸形胎儿

当多胞胎同时分娩时，在产道中准确判定胎儿肢体末端并沿着肢体摸到胎儿背部十分重要。一般情况下，首先应该先拉出头已经在产道中的胎儿，而不是冒险推回胎头引起更难处理的难产。另外，倒生的胎儿更容易第一个被娩出。如果胎向为横向，应先将其调整为倒生臀位。从这点来看，至少推回一个后肢通常能够分娩。如上所述，使用松弛子宫的肾上腺素可能对救助有所帮助。

下肢缺损体裂畸胎（Buergelt，1997；Gutierrez et al，1999）会引起类似于双胞胎同时前置的难产。如果根据胎儿的腹部器官作出正确诊断，可以通过一般的截胎术救治难产。

13.9.5.5　控制努责

如第 17 章中讨论的那样，用利多卡因（有或没有赛拉嗪）进行硬膜外腔麻醉可减轻努责。

β-肾上腺素复合物克伦特罗在一些国家允许使用，用于暂时放松子宫肌的收缩。最初关于牛的此方面研究提示该药可能对于胎位的矫正或山羊剖宫产手术时缝合子宫也有作用。可尝试的剂量为 0.8μg/kg 肌内注射（Menard and Diaz，1987）。在美国该药禁用于食品动物，但可以用肾上腺素代替。

13.9.5.6　胎儿相对过大和截胎术

相对于产道来讲，多胞胎的胎儿一般都不太大，多胞胎胎儿个体一般不会太大，除非母畜严重发育不良或已经遭受过一些损伤，例如挫伤的尾部关节僵硬（Engum and Lyngset，1970）。在另一方面，对于小的初次分娩母畜来讲，单个大的胎儿可能太大而不利于分娩。很少有畜主愿意将母山羊与已知容易造成难产的公畜进行交配。向产道内注入润滑剂可能有利于较大的胎儿排出，但是胎儿通常会因肺气肿、畸形或太大而很难被完整拉出。

胎儿水肿（全身水肿、浮肿）是胎儿过大的一个特殊原因。在胎儿组织和体腔中集聚大量液体可能会造成无法拉出胎儿，除非开始就用指刀切开组织并排出液体。胎盘内积聚液体太多会引起母山羊腹部异常膨大，随后对循环系统、呼吸系统和运动造成的影响导致必须通过剖宫产或引产才能挽救母山羊。全身水肿的幼儿可能与正常有活力的胎儿为双胞胎，且同一只母山羊可能在下次分娩时产出另一个受影响的胎儿（Elze and Müller，1960；Walser，1963）。在一个羊群中，11 个水肿的胎儿均为同一只公羊的后代。这种情况可能是作为一个简单的隐性性状被遗传（Ricordeau，1981）。甲状腺功能减退是另一个被提出引起水肿的原因（Kumar et al，1989）。据报道，韦塞尔斯布朗病（第 11 章）至少可以引起绵羊胎儿发生水肿。

除非确定胎儿是活的且有进行剖宫产手术的价值，否则应考虑进行皮下截胎术。这个方法对

母山羊相对比较安全，因为所用的仪器不在产道内使用，而且胎儿皮肤可保护易碎的母体组织。先在腕部上方用手术刀作一皮肤切口，并环周切开皮肤，然后尽可能向上延伸至小腿内侧。然后向近端推挤皮肤，并将前肢从胸部撕脱并拉出，如果胎儿发生浸溶，该过程非常容易。可用同样的方法作用于另一前肢。将一只手通过胎儿的皮下压缩胸腔，并用手使肋骨发生骨折。旋转头部和躯干使脊柱在腰区横断，然后拉出后肢。很少有必要进行完整的截胎术（Engum and Lyngset，1970）。

前面已介绍过用于小反刍动物截胎术的特殊工具。已经有人用一根带有钝的弯头钳口的长柄钳截断前肢、后肢或胎头。然后在小夹子的辅助下取出胎儿的碎片（Deckwer，1951）。

13.9.6 子宫积液

很少发生因羊膜或尿囊液太多引起的妊娠子宫膨大。腹部过度膨大、不适和起立困难可能会被注意到。可通过超声观察肉阜和胎儿来区分胎儿水肿和子宫积液。可能会伴有或误认为是妊娠毒血症（第 19 章）。据报道，山羊和绵羊的正常尿囊液体积为 0.5～1.5L，但是一只尿水过多的母山羊在进行剖宫产手术救治时排出了 12L 左右的液体（Morin et al，1994）。

分娩的激素诱导可使积聚的液体缓慢释放，但是由于子宫肌膜比较脆弱，因此分娩也比较缓慢，且很可能需要助产（Jones and Fecteau，1995）。有报道称，公绵羊与母山羊杂交妊娠后容易发生子宫积水（Kelk et al，1997）。

13.9.7 子宫捻转

山羊（Wyssmann，1945）与绵羊（Smith and Ross，1985）一样，偶尔发生妊娠子宫捻转。印度的报道称，在 5 年内进行的 53 例剖宫产手术中，由子宫捻转引起的难产病例占 22 例（Philip et al，1985）。单胎比双胞胎时更易发生子宫捻转。捻转可能会牵涉阴道，但也可能仅涉及子宫颈或子宫体。因此，当母山羊难产时，如努责无效，则可能很难区分是子宫捻转还是子宫颈的不完全开张。早期进行剖宫产手术可以区分这两种疾病，且都能予以纠正。超声检查可显示捻转部位附近的子宫壁明显增厚和水肿

（Wehrend et al，2002）。如果在难产检查时确定为子宫捻转，可以尝试通过旋转母羊同时固定腹部防止胎儿旋转来进行矫正（Sathiamoorthy and Kathirchelvan，2005）。

因此，如果可触及阴道或子宫颈向左侧捻转，将母山羊左侧卧保定，并向左侧反转，同时用手或加压木板放在胁腹部上方防止子宫发生转动。抓住母山羊的两后肢悬空并进行晃动，或者通过腹壁调整子宫位置是一种比较古老的方法，但是有时也能成功。

13.9.8 剖宫产术

当妊娠毒血症或其他意外使正常的妊娠立刻终止时，或必须通过牺牲胎儿而没有其他方法救治难产时，必须手术取出胎儿。如果胎儿是死的，直接屠杀可能比较经济，因此可以先通过超声评价胎儿的活力。需要获得感染已知菌羔羊的研究或疾病消灭项目可能包含有选择性的剖宫产手术。因为许多山羊在分娩液中会排出 Q 热病原（柯克斯立克次体），所有参与手术和胎儿护理的人员应该戴手套和松紧合适的口罩。

13.9.8.1 麻醉与手术通路

可以选择全身或局部麻醉（Benson，1986）。合适的全身麻醉药可在手术后被迅速清除，以使对羔羊的呼吸抑制作用或对母体的行为干扰作用达到最小。除非有相应的解救药（育亨宾或妥拉唑林），否则使用甲苯噻嗪安定时应选用最小剂量或避免使用。肌内注射 0.2mg/kg 甲苯噻嗪可引起妊娠山羊血氧不足、呼吸性酸中毒、子宫收缩和子宫血流降低（Sakamoto et al，1996）。安定的镇静作用优于甲苯噻嗪。按照每只羊 5mg 的剂量静脉注射安定可用于站立手术（Snyder，2007）。当母畜中毒或衰竭时，单独采用局部麻醉（见第 17 章）即可。手术开始之前，应对患畜进行静脉补液治疗。

母山羊右侧卧保定，用毛巾盖住双眼。在左胁部中间向下作一垂直切口。小心进入腹腔而不是腹膜后间隙。沿腹白线从乳房基部开始做一腹中线切口，并向前延伸 20cm 的长度，这种方法在关闭腹腔时需要缝合较少，但是仰卧保定增加了对大血管的压力和胃液逆流的危险。可以通过插入袖套式气管导管和正压通气克服这些缺点；也可通过腹白线旁切口进行手术，即切口选择在

腹白线与皮下腹静脉之间（Tibary and Van Metre，2004）。

13.9.8.2 手术方法

打开腹腔后向前牵拉大网膜，并在腹部探查确定胎儿的数量和位置。然后显露妊娠子宫角并用湿创巾进行隔离。沿子宫角背侧大弯切开子宫，通常可以经该切口取出所有的胎儿（Wallace，1982）。应注意观察有无胎盘瘤。抓住肢体末端（如后足）轻柔地从腹部取出第1个胎儿。从同一切口取出剩余的胎儿。用一只手在胎儿腹壁处紧紧抓住脐带，另一只手在间隔数厘米处紧拉脐带向两端牵拉，通过这种方法进行断脐。如果没有拉断，可用止血钳钳夹并进行结扎。如果胎盘没有与肉阜相连，可以直接取出。外科医生确定已取出所有胎儿后，用0号或1号铬肠线或人工合成的可吸收的缝合线分一层或两层闭合子宫。对子宫表面冲洗后，常规关闭腹腔（Tibary and Van Metre，2004）。如果母山羊在下次妊娠后分娩时不能经阴道分娩，且畜主想让其作为宠物时，可以考虑在关闭腹腔前进行卵巢切除术，以确保其不能再繁育。

13.9.8.3 术后护理

羔羊的护理可以按照正常分娩章节中描述的方法进行。理论上来讲，助手应该对羔羊进行认真护理，因为在手术过程中，羔羊的温度可能会降低到危险的程度。如果让母山羊照顾羔羊，应允许其对羔羊进行充分的照顾。一般要给母山羊全身应用抗生素（青霉素、头孢噻呋或四环素），并预防注射破伤风抗毒素。直到子宫缝合完毕才使用催产素（5IU）。对牧羊的研究显示，肌内注射3～4IU以上的催产素可引起围产期子宫痉挛性收缩时间延长，且不利于分娩（Marnet et al，1985），但实践中小反刍动物的推荐剂量往往都比较高。如果需要控制术后疼痛，可以使用镇痛药如氟胺烟酸葡甲胺盐（1.1mg/kg肌内注射或静脉注射）（Vivrette，1986）。

手术后母山羊的预后一般都比较良好（Brounts et al，2004），但是手术前如果胎儿已发生浸溶，或母山羊病情比较严重如伴发妊娠毒血症，对其预后判断必须谨慎。

13.9.9 子宫脱出

子宫外翻偶尔发生，但是山羊放养时比圈养在单个畜栏中的发生率更低（Engum and Lyngset，1970）。预后一般比较良好，即便已经脱出24h。用大量生理盐水和温和的消毒液对子宫进行清洗，然后让动物保持前低后高状态，并使两后肢分开。在回复子宫时用毛巾作衬垫可防止子宫发生穿孔。当子宫通过子宫颈被送回时，用手指进行配合直到子宫角的尖端被送回原位为止。将抗生素粉放入子宫腔，并用催产素收缩子宫。可全身使用抗生素数天。不应该忽视对破伤风的预防。一些作者建议对阴门进行缝合，但如果复位完全，且母山羊能够轻松站立，可以不用缝合。可以用体架进行固定。

如果子宫脱出时间超过36h或广泛受损，需要切除子宫。要先在脱出物的近端做一止血带，并在止血带的前方做一支持缝线以防在切除时止血带滑脱，最后应该对切除后的子宫断端进行修剪（Engum and Lyngset，1970）。

13.9.10 子宫动脉破裂

尽管这种情况在文献中很少报道，但是子宫动脉破裂也偶发于产后母山羊。一些母山羊可能只是在阔韧带处形成血肿，但是如果出血严重，可能发现母山羊已经死亡或即将死亡；低血容量动物皮肤冰凉、肌肉震颤和肿胀，可提示为低钙血症。红细胞压积开始下降之前动物可能出现死亡。笔者见过产后4d因出血死亡的山羊。

13.9.11 胎盘滞留和子宫炎

胎盘一般在产后3～4h内排出。如果在最后一个胎儿排出后12h内胎盘未排出，即可认为是胎衣滞留（Franklin，1986）。胎盘滞留可发生于弓形虫病（Calamel and Giauffret，1975）和衣原体病所引起的感染性流产过程中。研究发现食物中硒缺乏与山羊胎盘滞留有关，并建议通过注射和口服补充硒来预防胎盘滞留（Cochran，1980）。由于该药不能用于妊娠动物，所以一些人在预产期前10d开始注射，这样即使药物诱导了提前分娩，胎儿仍然可以存活。剖宫产是造成胎盘滞留的另一个风险因素（Brounts et al，2004）。

在难产的过程中，与胎衣滞留、胎儿滞留或创伤以及子宫感染有关的子宫炎在分娩后可能会很快引起全身症状。发热、精神沉郁、厌食和有恶臭味的阴道分泌物是典型特征。由于山羊会吃掉所有或部分胎盘，因此如果不进行阴道检查就很难确定是否发生了胎盘滞留。在对30只正常分娩山羊进行的一项研究发现，38%的母山羊吃掉了胎盘（Lickliter，1984，1985）。在妊娠第1周进行的经腹超声检查发现在子宫腔内的液体中强回声的胎盘与低回声的肉阜相连，至少绵羊是这种情况（Hauser and Bostedt，2002）。如果有严重的子宫炎或子宫撕裂，腹水检查可提示有腹膜炎。如果进行阴道检查，通常会在子宫内投入抗生素，但不要尝试剥离胎盘。相反，可以使用催产素（一天内可按照5IU/次皮下或静脉注射数次），建议全身应用抗生素防止危及生命的毒血症和败血症的发生。建议用青霉素进行预防，但如果已经发生全身性疾病，应使用土霉素。应该对破伤风进行预防。

由梭菌属微生物感染子宫引起的产后感染或生殖器官气性坏疽在因产仔而入栏的南非安哥拉山羊比较常见（Van Tonder，1975）。症状通常出现于产后6～24h。子宫炎往往伴有败血症，未及时治疗的动物可在12～72h内死亡。

山羊子宫积脓比与假孕有关的子宫蓄黏液症或子宫积水更为少见（Hesselink and Taverne，1994）。因子宫颈损伤引起的难产和部分浸溶胎儿一样都容易引起子宫积脓（Haibel，1986a），一些浸软胎的存在也引起这种情况（Lyngset，1968d）。利用实时超声检查时，子宫内容物比子宫积水时的液体具有更为一致的回声。在尸检时有时会发现胎骨埋在生殖道壁上。可通过前列腺素、全身应用抗生素和清空子宫的手术进行治疗。

13.9.12　外阴阴道炎

在没有子宫或泌尿道疾病存在时，可用阴道开张器对阴道分泌物或阴道黏膜病进行检查。在对后段生殖道进行特殊检查之前，应去除损伤和滞留的阴道栓塞。不能将异位的乳腺误认为是阴门的炎性疾病。

13.9.12.1　山羊疱疹病毒

新西兰（Horner et al，1982）和澳大利亚（Grewal and Wells，1986）的报道称，母山羊配种后的生殖器官疾病与山羊1型疱疹病毒有关。病变在4～6d内痊愈，母山羊产生中和抗体。阴道损伤可通过试验性感染进行复制，在发情期或使用皮质激素后也容易复发（Tempesta et al，2002）。该病毒对生育力无明显影响。

该病毒的感染可通过从阴道拭子中分离出病毒或检测中和抗体进行确定。具体情况详见第12章。

13.9.12.2　支原体

从自然感染病例或用支原体经划破的黏膜试验性复制病例后出现了颗粒性外阴阴道炎（Singh et al，1974，1975）。自然感染的山羊有黏液脓性阴道分泌物，同时伴有大量黄白色针尖状突起，特别是在阴蒂附近。偶尔这些颗粒呈红色，并发生溃疡。组织学检查发现包括血管周围袖套、固有层淋巴细胞和浆细胞集聚，以及外阴阴道部出现淋巴滤泡。从患有外阴阴道炎的尼日利亚山羊上分离出了数种其他支原体，包括牛生殖道支原体和莱氏衣原体（Chima et al，1986）。在所有的黏膜中均发现了莱氏衣原体（Rosendal，1994），且具有可疑的致病性，但是试验性研究发现其可引起淋巴性外阴炎和阴道炎（Gupta et al，1990）。

尚无发表的文献证明该病原能影响生育力，或者通过治疗能够限制该病的发生和持续存在。然而，为了避免不必要的传播，需要注意的是要等到症状消失后才可进行自然交配。

13.9.12.3　平滑肌纤维素瘤

有报道称，一只萨能山羊的阴道壁上有大量硬实的结节状息肉，而且长时间有阴道分泌物（脓性或血性浆液性）。根据组织学检查确诊为阴道平滑肌纤维素瘤，且提出该病与滤泡性卵巢囊肿有关（Haibel et al，1990）。作者还注意到一个类似的病例，一只山羊发生了双侧粒层细胞瘤。因为在第一篇报道评论后只是回顾性地进行了诊断，看起来有可能忽略了其他山羊发生阴道平滑肌纤维素瘤的情况。已经有人提出通过卵巢切除术缓解临床症状。很可能这种方法只用于宠物山羊，除非在手术时发现只有单侧卵巢发病。

13.10　母山羊生殖道肿瘤

有关母山羊生殖系统肿瘤的报道很少。选取的病例可能通过卵巢切除术或子宫切除术进行治疗。

13.10.1　卵巢肿瘤

在一只阿尔卑斯母山羊体内发现了组织学检查确诊为粒层细胞瘤的卵巢肿瘤，重400g，刚开始发生了假孕，且有乳腺发育并泌乳，然后出现公山羊的外貌、行为和气味，最后肿瘤转移到了子宫。在组织学上，脑垂体、肾上腺和甲状腺是正常的（Dewalque，1963）。发生于3岁吐根堡山羊的另一个粒层细胞瘤引起发情期缩短和出现雄性行为（Lofstedt and Williams，1986）；切除肿瘤后可正常受孕。Cooke和Merrall（1992），Kutty和Mathew（1995）也报道了粒层细胞瘤。通过对老龄母山羊进行腹部触诊发现了重达1 450克的无性细胞瘤（Smith，1980）。一只6岁努比亚母山羊患有卵巢黏液腺癌，其腹腔内有30L腹水（Memon et al，1995）。牵涉到卵巢的多中心性淋巴肉瘤也有报道（DiGrassie et al，1997）。

13.10.2　子宫和子宫颈肿瘤

母山羊管状生殖器官最常见的肿瘤可能是平滑肌肉瘤，它通过缓慢入侵生长，且很少转移。阴道出血为常见症状，萨能山羊更易发生该肿瘤。该病在纽约一个诊断实验室20多年内发现了7例，其中5例发生于萨能山羊，包括在12和13岁时感染的双胞胎（Whitney et al，2000）。一只患有子宫体平滑肌瘤的7岁萨能山羊倒地死亡，死亡原因为肿瘤发生部位的子宫破裂后出血。该肿瘤已经入侵到子宫阔韧带，但是尚未转移到淋巴结、肝脏和肺（Ryan，1980）。

平滑肌瘤偶尔发生，且可能在尸检时偶然发现（Ramadan and ElHassan，1975）。有人报道子宫平滑肌瘤引起了难产，该肿瘤在分娩后经阴道摘除（Kaikini and Deshmukh，1977）。另一9岁的吐根堡山羊发生子宫颈平滑肌瘤后侵入阴道和子宫。它引起血性分泌物和强烈努责，最后经引导检查确诊（Cockcroft and McInnes，1998）。其他报道的肿瘤包括5岁山羊的平滑肌瘤（Damodaran and Par-thasarathy，1972）、子宫和阴道纤维瘤和阴道腺瘤（Kronberger，1961）、突出于阴门口的子宫颈纤维瘤（Gokak，1988）和子宫肌瘤（Sastry，1959）。因体况较

差导致多年未孕的12周岁母山羊被发现患有恶性腺瘤，且已广泛地转移到输卵管、卵巢、淋巴结、肺、肝、脾和骨骼肌（Riedel，1964）。淋巴肉瘤也可能入侵子宫（Whitney et al，2000）。

13.11　雌雄间性

尽管比较早的文献描述了雌雄同体（卵巢和睾丸都存在）和假性阴阳人（有一个性别的生殖器官，但是有另一个性别的典型形态特征），当前雌雄间性这个名字很受偏爱，即便不知道性腺的准确特征也可以用此命名。雌雄间性是一种具有雌性和雄性特征的动物。

13.11.1　无角的雌雄间性

在起源于西欧的品种〔如萨能山羊（Soller，1963）、阿尔卑斯山羊（Boyajean，1969）和吐根堡山羊（Eaton，1943）〕中，在自然无角和雌雄间性之间已有研究证明存在关联。这种情况也发生于大马士革或累范特山羊（AlAni et al，1998）。有可能努比亚山羊和安哥拉山羊在羊角上具有不同的遗传特性（Crepin，1958）。无角的雌雄间性情况在这些品种中未见报道。

13.11.1.1　病因学

在欧洲品种中无角的情况由常染色体显性基因决定，该基因与造成不孕的隐性基因一样，且与其密切关联。较早的理论认为，该基因是纯合子时可引起H-Y抗原的表达（Wachtel et al，1978）。H-Y基因总是位于Y染色体上。H-Y基因次临界部分向正染色体的易位将产生隐性的遗传形式。H-Y抗原以激素样形式被分泌，并结合到发育的卵巢细胞上（Wachtel，1980）。多变的H-Y可以解释在无角雌雄间性山羊的表型中最大限度的可变性（Shalev et al，1980）。

无角雌雄间性山羊对SRY表现为阴性。SRY是Y染色体的性别决定区，其上的主要基因之一负责睾丸的诱导（Just et al，1994）。最近，山羊1号染色体上11.7kb的缺失，被认为是PIS（无角特性相关的雌雄间性综合征）的缺失，已经被鉴定是无角状况的原因（Basrur and Kochhar，2007）。DNA的缺失区段经常对羊角芽形成和胎儿卵巢形成的邻近基因有调控作用。缺失基因使纯合子型的雌性山羊表型出现性反

转，因为胎儿卵巢中的睾丸促进基因被激活；Basrur 和 Kochhar 详述了在发育的胎儿中性别决定级联的复杂性（2007）。

13.11.1.2 临床症状和管理

受影响的动物在遗传学上是雌性，但是可能表现出雄性、雌性或混合的外部特征（Eaton，1943）。母羊样山羊的阴蒂增大或更具雄性特征的山羊肛门与阴门之间的距离缩小是典型的临床表现。可能存在尿道下裂。性腺（通常是睾丸活卵睾）可能位于阴囊、腹股沟或腹腔，且比同龄正常公羊的睾丸要小。在一个病例中，与阴囊睾丸相连的输卵管也因疝进入了阴囊内（Ramadan et al，1991）。雌雄间性动物通常会产生睾酮，可以使动物表现雄性行为，促使颈部发育、颈部长毛散发气味（Hamerton，1969；Zlotnik，1973），且不产生精子，因此雌雄间性动物可作为试情动物。如果被作为宠物饲养，需要进行去势手术。

除非将雄性化的雌雄间性山羊归为雌性，否则在欧洲品种中雄性比例明显高于雌性（Eaton，1945；Soller et al，1969）。无角母山羊趋向于比有角母畜有更大的同窝产仔数（Soller and Kempenich，1964；Constantinou et al，1981）。

13.11.1.3 诊断

如果动物天生无角，且父母也都无角，刚刚描述的解剖学变异非常有助于诊断。在这方面，应记住的是一些饲养员在动物很小时就为其断角，没有密切关注能够将有角和无角动物区分开的方法（见第 18 章）。因此，一些无角山羊已经被"断角"，并被记录为有角。同样，一个小角芽总是被作为以前断角的证据，但是可以想象的是这可能也表示杂合体动物的角有部分生长。如果无角母山羊多产，一般认为其无角基因是杂合的。区分无角雌雄间性与生殖器官不全需要进行染色体分型；无角雌雄间性为染色体雌性。

鉴定具有正常或几乎正常的外生殖器官的雌雄间性动物有一定困难。不显示发情期、在繁殖季节具有雄性气味或行为、用开膣器检查阴道时发现阴道缩短或乳头变小可能是雌雄间性动物最初的表现。在谱系的另一端，带有雄性表型和发育不全睾丸的无角遗传的雌性动物在没有染色体

组型时很难进行鉴别，直到它们年龄足够大时期待其能够产生精子（Corteel et al，1969；Soller et al，1969）。染色体组型可以在包括加利福尼亚大学的兽医遗传实验室在内的很多商业实验室进行测定。

13.11.1.4 预防

通过坚持每个育种对中有一只山羊出生时是有角的，培育的山羊就是有角基因的纯合子，这种方法能够避免产生与无角情况相关的雌雄间性山羊（p）。这就确保了幼畜在出生时就没有 PIS 无角基因突变/缺失的纯合子，且其生育力也不会受到相关隐性基因的影响。无角公牛可能为杂合型或纯合型。另一方面，如果无角母山羊具有生育能力，那么它一定是杂合型。图 13.9 中详细描述了通过与无角动物交配获得的不良后代的可能性。

13.11.2 异性双胎不育母犊

异性双胎不育母犊为雌性，没有生育能力，与雄性胎儿是双胞胎。

13.11.2.1 发病机理

牛的异性孪生比较普遍，因为双胞胎小牛的胎膜通常是融合的，因此雄性和雌性胎儿间能够进行细胞和激素（睾酮和苗勒抑制物）的交换（Padula，2005）。尽管山羊的多胞胎比较常见，但异性双胎不育母犊并不常见。这可能是因为在胎儿生殖器官分化完成之后，母山羊通常不发生胎盘融合（Basrur and Kochhar，2007）。

13.11.2.2 诊断

根据无角雌雄间性山羊的内外生殖器官均不能区分山羊异性双胎不育母犊（Basrur and Kochhar，2007）。生殖腺可能是部分下降的没有生殖细胞的睾丸，或是隐睾、卵睾。山羊可能有角或无角。在胚胎发育早期，子宫内一定存在雄性同窝配体，但可能不会持续到足月（在缺少子宫配体的情况下）。可以根据 XX-XY 血液嵌合状态进行确诊（BonDu-rant et al，1980；Ricordeau，1981；Smith and Dunn，1981；Bosu and Basrur，1984）。因费用问题，通常不进行染色体组型分型。一些实验室如加利福尼亚大学戴维斯兽医基因实验室，以比染色体组型分型便宜的价格进行山羊异性双胎不育母犊的检测，但是即使这样可能也没有太多人检查，因为

临床上护理异性双胎不育母犊与无角雌性间体的

方法是一样的。

纯合型公羊

	P	P
母山羊 P	如果为雌性，则为无角PP雌雄间体	如果为雌性，则为无角PP雌雄间体
P	无角Pp雌雄间体，有生育力	无角Pp雌雄间体，有生育力

杂合型公羊

	P	p
母山羊 P	如果为雌性，则为无角PP雌雄间体	无角Pp雌雄间体，有生育力
p	无角Pp雌雄间体，有生育力	有角pp雌雄间体，有生育力

图 13.9　无角母山羊（通常为杂合型，Pp）与纯合型（PP）或杂合型（Pp）杂交结果

13.11.3　其他染色体异常情况

家养山羊的染色体组由 60 个同源染色体组成；除了 Y 染色体具有中间着丝粒外，其他的都具有近端着丝粒。由于在常规的染色技术下顶体都很相似，所以要辨别单个常染色体需要特殊的染色技术，如 G 带显带技术（Cribiu and Matejka，1987a）和 R 带技术（Cribiu and Matejka，1987b）。

如果对不育山羊进行染色体组型分型，会偶然发现动物的染色体有异常情况，其染色体既不满足无角的 XX 雌雄间性的条件，也不符合异性双胎不育母犊的 XX-XY 血液嵌合状态。这可能是由胚胎融合或其他遗传问题所引起。真两性体山羊通常是全身嵌合体（Basrur and Kochhar，2007）。有报道称一只单产的萨能山羊与比特山羊的杂交公山羊血液里含有 XY 和 XXY 细胞株，但是这种嵌合体形成机理尚不清楚。这只公山羊的 16 只后代中至少有 4 只因繁育问题死亡（Bhatia and Shanker，1992）。

13.11.3.1　罗伯逊易位

已经在萨能山羊家族中发现两个近端点着丝粒染色体（导致染色体数从 60 变为 59）的遗传着丝点融合（罗伯逊易位）（Soller et al，1966）。在萨能山羊或吐根堡山羊的其他群中有包含不同染色体的类似的罗伯逊易位现象（Popescu，1972；Cribiu and Lherm，1986；Burguete et al，1987）。大多情况下，此类山羊无解剖学异常。具有这种异常染色体的母山羊比不携带该染色体的母山羊产仔率低（Ricordeau，1972），这说明异常染色体会增加胚胎的死亡率。具有 58

个同源染色体的纯合子山羊还未见报道（Ricordeau，1981），说明这种性状在纯合状态下具有致死性。

从瑞士引进的巴西萨能母山羊 5 号染色体和 11 号染色体参与的易位对其生育力不会产生不良影响。测交显示纯合子后代可以存活，而且可按预期的时间出生（Goncalves et al，1994）。

13.12　公山羊

雄性山羊被称为公山羊或者雄山羊。许多奶山羊场主因"雄山羊"的名字而迷惑，安哥拉山羊饲养者也常被"公山羊"所困扰，因为在美国的许多地方公羊（公绵羊）也指的是公山羊。

公山羊通常是繁殖羊群的重要部分。许多养殖场主发现它们比较难控制。由于公山羊的大小、力量以及特别的气味，所以在驱虫、接种疫苗、注射硒或者修蹄时通常会不停地跳跃。如果不是羊圈足够结实和栅栏高而稳固，公羊群总是会在预期繁殖季节之前进行交配，并在还未对它们的行为进行记录时就离开了。选择饲养或购买一只公羊作为配种之用的饲养主，应该在引进公山羊之前好好阅读一下有关公山羊饲养管理的文章（Hicks，1987）。

13.12.1　解剖学

已有关于雄性山羊生殖器官解剖的报道（Smith，1986c；Garrett，1988；Constantinescu，2001）。其阴囊下垂，而且部分动物阴囊，程度不一地被分为两个囊。对于没有其他解剖缺陷的动

物，没有证据可以证明这种情况（阴囊分两部分）对生育力有不良影响。刚出生时睾丸位于阴囊内，与身体纵轴垂直。有15～20个输精管从睾丸收集精子，并与附睾头相连，附睾位于睾丸的背外侧。附睾体位于整个附睾的后部稍偏内侧，附睾尾位于附睾的腹侧，是射精前存储精液的地方。血液经精索内的蔓藤状静脉丛遇冷后由睾丸动脉供给睾丸。提睾肌和阴囊壁上的平滑肌也通过调整睾丸在腹部的相对位置来控制睾丸的温度。

输精管从精索和睾丸的内侧向背侧通过到达腹股沟管环，然后从内侧到达输尿管，并在精阜的一侧进入骨盆部尿道之前变宽形成壶腹部。壶腹背侧面被精囊腺所覆盖。它们的排泄管通常与同侧输精管共同开口于精阜（Constantinescu，2001）。前列腺弥散地分布于盆腔尿道壁上，并以许多小孔通向其内腔。尿道隐窝从离开骨盆腔后向腹侧折转的骨盆部尿道处向后背部延伸。尿道球腺开口进入尿道隐窝腔内，该隐窝位于将隐窝与骨盆部尿道分开的黏膜皱褶上。

阴茎（阴茎尿道海绵体）壶腹环绕着尿道海绵体部，并且被肛门腹侧的球海绵体肌所覆盖。阴茎上有两个阴茎角，该结构是由较厚的白膜包裹的阴茎海绵体形成的阴茎海绵体，并且被坐骨海绵体肌所覆盖，坐骨海绵体肌在勃起时起着非常重要的作用。Beckett 等之前就报道过阴茎勃起的血流动力学（1972a，1972b）。成对的阴茎缩引肌从腹侧正好嵌入位于有明显突起的 S 形弯曲部位的远端的阴茎部，此部位富含弹性纤维。阴茎的末端是阴茎头，但是尿道延伸至超过阴茎头 3～4cm 处。

13.12.2　雄性生理学及性发育

品种、年龄以及营养均有助于性成熟的开始。对于波尔山羊，84 日龄时就有精子生成，140 日龄时附睾内就有精子存在（Skinner，1970）。在对 20 只波尔山羊的一次研究中发现，在 115～234 日龄公山羊就到了青春期（指射精时有精子存在）（Louw and Joubert，1964）。生长迅速、营养充足的幼雌性畜比同时出生但是处于饥饿状态的幼雄性畜繁殖得更早。在美国奶山羊中，许多公山羊在 5 月龄时就开始繁殖，但是最早的是 3 月龄繁殖成功。其他一些品种在不同的管理条件下成熟得比较晚（Elwishy and Elsawaf，1971）。

未成熟雄性动物先天性尿道突及阴茎头与包皮粘连会导致性无能（图 13.10、彩图 64）。在睾酮的影响下，尿道突从顶端开始游离，且最终阴茎与包皮黏膜分离（Skalet et al，1988）。早期阉割的山羊不会出现这种分离。

在温带气候中，正常雄性山羊血清中睾酮含量随着季节的变化而改变；秋天是繁殖率最高的季节。睾酮含量的增加要先于由脑下垂体分泌的促黄体生成素的增加。高质量饮食的雄性山羊睾酮含量增加的时间会早于营养不良的同类（Walkden-Brown et al，1994）。研究表明，秋天 1 岁矮山羊的睾酮平均值为 15ng/mL（Muduuli et al，1979）。澳大利亚对 6 只安哥拉山羊进行的一项研究中，3 月份雄性激素平均水平（10.25ng/mL）大概是繁殖季节末期 7 月份（1.05ng/mL）的 10 倍（Ritar，1991）。还有一种白天模式（Bosu and Barker，1982），但在另一研究中发现该模式在一年内并非总是一致的（Ritar，1991）。还有报道称，对于黑孟加拉山羊，2～3 月龄的幼羊睾酮含量高于 3～5 月龄或者发育成熟的雄性山羊（Georgie et al，1985）。对样品进行检测分析发现，雄性山羊血浆或血清中的睾酮含量至少会在 24h 内保持稳定（Fahmi et al，1985）。

雄性山羊的气味，部分是由皮脂腺体部产生的，它有利于繁育的成功。这种气味刺激了发情周期的开始，是发情期的显著标志，也促进了雌性动物的感受性。实施断角术后公山羊的气味会减弱，一些挑剔的母山羊可能会忽视或拒绝这些公山羊。在繁殖季节皮脂腺会对睾酮变得敏感，而且气味会更加浓烈（Walkden-Brown et al，1994）。

性行为和精子产生也是随着季节的变换而变化。法国的一项研究表明，雄性山羊在非繁殖季节其射精失败率会高达 25%，尤其是 5—8 月份时，且睾丸的重量和射精的精子总数也会降低（Delgadillo et al，1991）。在英国已经发现，奶公羊的精子质量也有类似的季节变化（Ahmad and Noakes，1996b）。利用 2 个月长时（16h）和 2 个月短时（8h）的交替光照控制可大大减少性行为和精子特征的季节性（Delgadillo et al，1991）。这种方法对于人工授精中心控制公羊精子的产生是非常有用的。

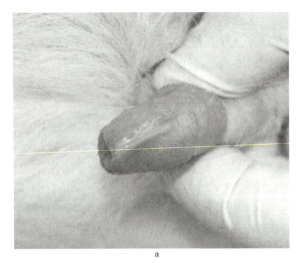
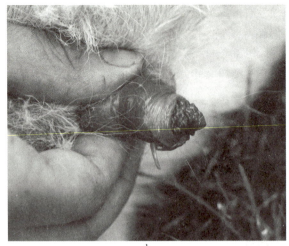
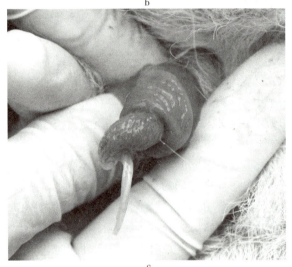

图 13.10　正常成熟的阴茎。a. 尿道隐窝与包皮袖套完全粘在一起；b. 尿道隐窝与阴茎头已经分离，虽然是正常的，但呈现明显的红色菜花样外观；c. 尿道隐窝和阴茎头与包皮已完全分离，现在有可能插入阴道（Dr. M. C. Smith 赠图）

　　研究者对除营养以外的饲养条件对公羊性行为的影响关注不多。在一项研究中，将 20 只雄性断奶山羊在单独的圈舍内饲养，另外 16 只雄性山羊与 4 只在青春期之前就进行了卵巢切除术的雌性同龄山羊圈养在一起。在其 7～8 周龄时用人工阴道收集精子。结果发现两组之间没有性行为或精液产出上的差异，但是由于精清的增加，合群饲养的公羊平均精液量显著高于单独饲养的公羊（Orgeur et al，1984）。这种"雌性效应"说明雄性山羊接近发情期的母山羊可刺激公山羊促黄体激素的搏动性释放，最终导致睾酮的分泌量增加（Gordon，1997）。

13.12.3　繁殖的有效性检测

　　不能保证公山羊都具有高繁殖力，但应该对可能影响生育力的问题作进一步评价。理论上来说，应该在预期的繁殖季节开始之前几个月对生育力进行评估，这样，如果发现有问题，应对公山羊进行治疗或淘汰。然而，在非繁殖季节很难判断其性欲。

　　动物生殖学会用积分法来评价公牛和公羊。对于公羊来说还没有一个广泛适用的正式系统，甚至这些系统对主要品种的有效性也仍被人们所质疑（Ott，1987）。对每个检测部分进行打分，然后将总分与"可接受的"分值进行比较不大合适。一个方面的优越并不能补偿别处的不足。

13.12.3.1　体检

　　育种有效性检查的一个内容是通过体检评估整体健康状况（Ott，1978；Ott and Memon，1980；Memon et al，2007）。应该通过对体况、黏膜颜色以及毛发的光滑程度进行评估来发现有无寄生虫病、营养不良或慢性感染。牙齿、眼睛、足及关节状况都应该良好，这样公羊才能更好地采食，并在发情期跟随母山羊并进行爬跨。公羊应该没有已知或可能的遗传缺陷，例如疝、下颌畸形或者多余的乳头。存在多余的乳头很明显对公羊的生育力没有影响（Schönherr，1956），但如果这种性状遗传给了子代，可能不利于其后代泌乳。接下来应该检测生殖器官，包括触摸阴囊内含物，并按照后面详述的异常情况对包皮和阴茎进行检查。

13.12.3.2　阴囊周长

虽然缺少大多数品种的山羊阴囊周长和睾丸直径数据，但对公牛和公羊来说，认为在给定的年龄段睾丸比较大的雄性动物很可能产生更多的精液是可以理解的。阴囊周长越大则公羊患睾丸发育不全或出现雌雄间性（无角雌雄间性或异性双胎不育母犊）的风险就会越小。有人曾提出安哥拉山羊的习惯性流产与睾丸过小有一定的关系（Van Heerden，1964）。为加快产羔速度和全年产羔工程挑选种羊的一些研究者认为阴囊周长没有季节性（从10月到翌年4月）减少，母羊也没有季节性繁育趋向（Ringwall et al，1990）。对于努力进行非季节性生产的商业化山羊场，应该对这种可能性进行研究。光周期效应研究发现，在人造环境室内饲养的阿尔卑斯山羊和努比亚山羊的阴囊外周有2cm的差异（Nuti and McWhinney，1987）。

阴囊周长可以用一种专门设计的金属卷尺（Lane Manufacturing Inc.，Denver，Colorado）来测量，也可以用其他卷尺甚至一段长度可以与尺子进行比较的带子来测量。其周长是指测量包括睾丸在内的阴囊最宽的部分；要注意在抓握阴囊颈的时候不要移动睾丸，这是非常重要的（Ott，1986；Memon et al，2007）。当公羊的年龄和体重相符时，阴囊周长大于平均值的山羊产出的后代可能会性早熟，并具有更好的生育力。一般认为大龄的公羊睾丸更大，并能产生更多的精液，但也不能低估年龄较小的公羊潜在的生殖能力。40kg以上的公羊阴囊周长至少应该为25cm，这是美国奶山羊养殖的大致参考标准。英国品种的公羊在5.5月龄达到性成熟时阴囊周长的平均值应该达到24cm，但在接下来的1月

和2月份平均值会减少数厘米（Ahmad and Noakes，1996a，1996b）。另外一项研究中，具有生育能力性成熟（3～4岁）努比亚公羊的阴囊周长为30～33cm（Skalet et al，1988）。对10只德国品种的10只幼公羊进行的研究中发现，10月份即公羊在8月龄且体重达到26～53kg时阴囊周长为24～28cm。用营养价值较低的干草喂养2个月后，阴囊周长减少了3cm左右，然后在2月份营养增加后周长又有所增加（Arbeiter，1963）。一项对克里奥尔山羊的研究中发现，决定阴囊周长的是营养，而并非光照周期（de la Vega，2006）。同样，用高水平营养饲料喂养的澳大利亚开司米公羊的阴囊周长明显大于营养不良的山羊。两组公羊的睾丸重量在秋季的繁殖季节（当自愿采食减少时）后开始下降，并且在初冬达到最低值（Walkden-Brown et al，1994）。在约旦，大马士革山羊在白昼时间开始变长的春天阴囊外周尺寸达到最大，这个季节通常是它们的繁殖季节（Al-Ghalban et al，2004）。对于一只正在发育的幼羊来说，如果睾丸突然增大，就表明开始有精子生成（Skinner，1970；Bongso et al，1982）。作为测量阴囊外周的备选方案，可以用将阴囊浸入水中然后测量排出水的体积的方法测量阴囊体积。对6只安哥拉山羊的研究中发现，其阴囊体积的最大值出现在白天开始变短后的第9周（Ritar，1991）。

13.12.3.3　精液的采集

精液的采集与检测（Eaton and Simmons，1952；Chemineau et al，1991；Memon et al，2007）是繁殖有效性检查的最后一步。大多数用于实验室检测的精液样本是通过人工阴道（AV）采集的（Barker，1958；Austin et al，1968）。这种技术也有其他报道（Refsal，1986；Memon et al，2007）。虽然用5mg前列腺素$F_{2\alpha}$预处理的循环母山羊，或用雌激素（以前按照1mg/只，处理1～2d）处理过的母山羊或阉羊可能会使公山羊的性欲更强，但大多数具有正常性欲的公羊在繁殖季节会试图与任何一只母山羊交配。假设AV的温度适宜（40～45℃），即使未经训练的公羊都可轻松进行精液采集。精液的体积通常为0.5～1.5mL。由于电射精法会使公羊发出叫声，而且会导致肌肉自动收缩，获得的精液比较稀薄，因此电射精法不如AV法更令人

满意（Greyling and Grobbelaar，1983；Memon et al，1986a）。电射精法也不能评价动物的性欲，然而这项技术或许是唯一能收集圈养公羊精液的方法。有报道（但不能证实）称，正弦波电射精器较脉冲电子射精器能够收集到更多的精液，并对公羊造成的有害刺激最低（Carter et al，1990）。动物最初是用后腿和臀部挤出阴茎，可以用弹簧纸夹箍住的纱布包裹阴茎防止其回缩。

按照之前描述的方法使用套管按摩阴茎头诱导雄性牛或羊勃起和射精（Megale，1968）。动物应该在安静的环境里自由站立，待阴茎从包皮口挤出以后，射精可能就会自发进行（进入漏斗内），或者可以用人工阴道收集精液。

精子形态学　对精子的形态应仔细评估。如果认为精子异常发生在生精上皮（如头部形态异常、顶体异常、中段异常和严重的尾部卷曲），称为初级异常；如果认为精子异常发生在附睾（近端和远端细胞质微滴、有头无尾和单一弯曲尾），称为次级异常。一项对公牛的最新研究为各种异常情况提供了依据。但是哪种形态异常与公羊繁殖能力最为相关尚不清楚。

将伊红苯胺黑染料和几滴精子混合后滴到载玻片上，然后迅速地用另一个载玻片将混合物推开制成一个涂片。待其风干后在显微镜下观察，活细胞呈白色而死细胞由于吸收了伊红而呈红色，二者可以明显地被区分开。这样就可以通过目测观察细胞的形态学缺陷。可用福尔马林浸泡或用戊二醛固定（不染色），然后用相差显微镜检测更多的异常状况。这是评价精子的更好方法。最好每个样品至少收集200个精子。这样发生同种异常的细胞数量就可以被统计并记录下来。如果一个样品中没有足够的精子，应该在同一天内进行第二次采集（Schönherr，1956）。几个月内进行反复的精液评估对于精确的预测是必不可少的。低精子质量往往伴随着各种发热疾病，并且会持续长达2个月。

形态异常高发有可能与性不成熟或退化性变化直接相关。Arbeiter发现9只健康德国公羊在最初9个月的144次射精中有15％的精子出现异常。在一项对4周岁雄性奶羊的为期2年的研究中，连续2年秋天（11月）多次收集精子，

发现出现顶体异常精子和其他异常精子的百分比在第2年有所下降（Chandler et al，1988）。对努比亚公山羊的一次研究中发现，在发情期的初始阶段有65％的精细胞发生异常，但在其6月龄时仅有12％的精子存在异常情况（Skal et al，1988）。精子的头部畸形、中段异常（远轴、加倍、螺旋、弯曲、成圈）以及近端微滴在幼畜中非常普遍。8月龄时，只有中段异常的精子较为常见。幼畜在春夏季节比秋冬季节更容易产生死精（Ahmad and Noakes，1996b）。

对于成熟的公羊，季节并不会对精子产生影响。同样，在印度（Sahni and Roy，1972）当地品种的公羊中也没有观察到精子异常具有季节效应，虽然在希腊（Karagiannidis et al，2000）发现公羊在非繁殖季节产生异常精子的百分比会略微有所增长。研究发现在热带具有两个分开阴囊（每个分开的阴囊中各有一个睾丸）的公羊产生的异常精子更少，推测有可能是由于分开的阴囊增加了散热程度。采集干燥季节产生的精子发现，6只具有分开阴囊的Moxotó公羊产生异常精子的平均百分比为5.4％，而4只阴囊没有分开的公羊产生异常精子的平均百分比为32.9％（Nunes et al，1983）。较之于雨季，活精子的百分比在干燥季节有所下降，而且干燥季节异常精子的产生率有所增加（Silva and Nunes，1988）。

很少有关于疾病对精子质量影响的报道。精子头部分离、尾部紧密卷曲及中段增厚在睾丸退化的18月龄不育的拉曼恰雄性山羊精子样品中是非常常见的（Refsal et al，1983）。注射弗氏完全佐剂诱导山羊发热后发现，其精子出现头部分离和顶体缺陷的情况有所增加（Yokoki and Akira，1977）。组织学检查发现患有精囊炎的努比亚公羊的精子中头部分离的情况也十分常见（70％的精子）（Ahmad et al，1993）。一些疾病的讨论中对精子发生变化与各种感染相关进行了描述。

精子活力及浓度　精子的活力十分重要。因为很难做到使温度等条件维持最佳状态，野外条件下检测发现正常的精子（活力期望值为70％～90％）通常活力也非常低。因此，精子活力检测并不是育种检查的一个重要部分。应该检测使用人工阴道收集精液中精子的浓度。可以在确定了精液体积后利用血细胞计数法或目测细胞密度

的方法检测其密度。正常情况下精子密度应该为25亿～30亿个/mL（Eaton and Simmons，1952）。频繁的电刺激射精会使精子浓度有所降低（Oyeyemi et al，2001）。

使用微量细胞比容离心机离心10min可以在一定程度上浓缩精液（Foote，1958）。一个精子比容点约为每毫升200×10^6个精子（Foote，1992）。研究发现正常公羊的精子比容为25～33。一种商业化Unopette系统（Becton-Dickinson，Rutherford，NJ）也可以用来检测精子浓度（Memon et al，2007）。由于核黄素的作用（Mendoza et al，1989；Ahmad and Noakes，1996b），通常会发现精液颜色变黄，但这不会影响精子的质量。

13.12.4　用于人工授精的精子处理

当公羊和母山羊都符合条件时，未稀释的新鲜精液就可以用于人工授精，但通常情况下需要将精液进行长期或短期的储存。精液的保存方法和授精方法都有报道（Corteel，1981；Haibel，1986b；Leboeuf et al，2000；Purdy，2006；Nuti，2007）。通常用脱脂奶粉作为保存液的添加物。由于有分泌自尿道球部腺酯酶的存在（Chemineau et al，1999），因此高浓度的蛋黄不能作为精液的添加物，蛋黄卵磷脂水解产物会对精子产生毒害作用。如果精液要冷冻保存数月，在冷冻之前清洗精液除去大部分精浆能够提高繁殖率，尤其是对于射精量较小的品种或季节这种方法更为有效（Corteel，1981；Corteel et al，1984）。非繁殖季节的精浆比繁殖季节的精浆对解冻后精子活力的毒性更大（Leboeuf et al，2000）。光照周期处理（2个月长白昼和2个月短白昼交替）可减轻非繁殖季节对解冻精子质量的不良影响（Chemineau et al，1999）。

通过解剖青春期后的公羊并从附睾内采集精液进行冷冻保存，这些精液虽然生育力较低，但可以使母羊成功受孕。

13.13　睾丸和附睾异常

除了发热或营养不良引起的异常外，大多数异常无法治疗。

13.13.1　评价睾丸和附睾的步骤

除了通过测量阴囊周长或使用卡尺测量每个睾丸的直径评价睾丸体积外，对睾丸的软硬程度也应该进行检查。正常的睾丸组织应该富有弹性，并且和肌肉一样结实。超声检查显示，睾丸是一个均质但是具有中心强回声纵隔的组织。睾丸被膜和睾丸囊也具有明显不同的强回声线，但是围绕睾丸的液体是低回声的（Eilts et al，1989）。与睾丸的影像相比，附睾的尾部回声不均，且回声更弱（Ahmad et al，1991）。使用超声波对公牛的睾丸进行检测已有报道（Pechman and Eilts，1987；Powe et al，1988）。

对于山羊并不常用睾丸活组织检查。对公牛进行的睾丸活组织检查可导致精子质量降低。活组织检查要避开血管高度密集的部位并且要缝合白膜上的切口，或者也可能会出现其他的出血和梗塞（McEntee，1990）。

13.13.2　睾丸萎缩或退化

通常营养不良或寄生虫病会导致睾丸退化（Memon，1983）。公羊长期横卧也会由于睾丸温度调节机能受损而导致睾丸萎缩。精子肉芽肿会导致睾丸的进一步退化。伴随精子异常的不明病因的睾丸萎缩在一些山羊群里十分常见。其睾丸通常变得狭长且小于正常睾丸。附睾的头部可能有明显的片状缺失（Fraser，1971）。睾丸的切面上有明显的多重病灶钙质沉积。从病理学上来说，输精管中积累了大量死精从而导致肉芽肿的形成（Fraser and Wilson，1966）。

在超声检查中，睾丸病灶或矿化部位会出现强回声，但是由于远场超声束的弱化，只有睾丸近区域产生的回声可用于分析。可经超声波检测出来年老或者不育公羊的坚硬钙化的实质组织（Buckrell，1988）。这种病变是不可逆的。虽然山羊很少发生睾丸瘤，但是也应该用超声波对其进行检测。

在一项用硬毛刺苞菊饲养苏丹山羊的研究中发现输精管出现萎缩和退化，该植物也会导致肝坏死和纤维化（Ali and Adam，1978）。同样有报道称喂食银合欢后会导致轻微的睾丸病变，可能继发于甲状腺功能减退。山羊试验性甲状腺功能减退（通过饲喂硫尿嘧啶发病）往往与睾丸和附睾重量下降、精子发生减少及睾丸和性腺发生病变相关联。该病能使雄性山羊丧失性欲、射精量下降、精子浓度变低、精子活力及成活率下降，并且异常精子数量增加。这些变化是可逆的（Sreekumaran and Rajan，1978；Reddi and Rajan，1985，1986）。幼公山羊甲状腺切除后也会导致其睾丸小于正常大小（Reineke et al，1941）。甲状腺功能减退对成年公羊睾丸功能的有害影响尚未见报道。在第3章对甲状腺功能和甲状腺肿进行了讨论。

13.13.3　睾丸发育不全

异常小睾丸通常发生于严重营养不良（Neathery et al，1973）或雌雄间性的动物（如无角雌雄间性或异性双胎不育母犊）。发育不全与萎缩一般情况下很难区别，但是如果是营养不良所引起，可以通过增加营养使睾丸大小和功能得以改善。雌雄间性和异性双胎不育母犊即使在繁殖季节也根本不会产生精子，而且一般情况下其气味也小于正常公羊。在发情期这些山羊的睾丸也不会增大，或者一直处于萎缩状态。

有人报道了染色体出现镶嵌现象（XXY和XY）的有角公羊发生了睾丸发育不全（Jorge and Takebayasi，1987）。有人发现发生罗伯逊易位的2只不育无角的公羊具有正常曲细精管与缺乏精细胞的曲细精管散在分布（Ricordeau，1972）。从组织学上来讲，有人报道了类似的发现，即无角公山羊具有精子肉芽肿，且肉芽肿阻塞了附睾，但其染色体组型正常（Corteel et al，1969）。

对公山羊进行锌缺乏试验，同时减少其食物摄取量，对照山羊仅减少其食物摄取量，饲喂方式相同，结果发现正常的小管与内容物仅有精原细胞的小管相毗邻（Neathery et al，1973）。因过度采精而继发的锌缺乏，引起了幼年黑孟加拉山羊曲细精管萎缩、生殖上皮超常增生以及血管壁增厚（Ray et al，1997）。

在对2只印度山羊（Mathew and Raja，1978b）及1只美国无角西农萨能XY公羊（Sponenberg et al，1983）的研究中发现了单侧睾丸发育不全（能产生精子的公羊）。印度公羊的精子仅发展到精母细胞的形成，一些睾丸受过袭击的公羊其曲精细管中没有精细胞，而其他没有受过袭击的则正常。3只单侧睾丸发育不全的澳大利亚公羊（有角且凶猛的动物）具有小的输精管，被睾丸支持细胞所填充（Tarigan et al，1990）。在澳大利亚屠宰场对1 000只公羊调查发现，其中2只公羊的睾丸大小正常，但是一个睾丸单侧部分输精管发育不全，而且剖面可以看到有不连续的白色区域。

13.13.4　隐睾症

如前面所述，雌雄间性动物可能会出现睾丸未降或卵睾。生殖腺可能位于腹内或腹股沟。这些动物通常为遗传学上的雌性或者异性双胎不育母犊，它们也不能产生精子。

安哥拉山羊睾丸下降失败未能到达阴囊曾被多次报道。对于该品种两侧隐睾症较为罕见。隐睾山羊有时会被当作单睾丸动物。

13.13.4.1　病因学

隐睾症对于安哥拉山羊具有遗传性，但是与无角雌雄间性的情况没有联系，因为安哥拉山羊不会发生无角雌雄间性的情况。受影响的安哥拉山羊是遗传学上的雄性（Skinner et al，1972）。隐睾性状是隐性的，但是受控于少数基因对（Warwick，1961）。对于其他品种，XY染色体的雄性偶尔会发生隐睾症，虽然其致病机理还不清楚，但有可能是遗传因素。

13.13.4.2　临床症状和手术或尸检发现

通常产后12～13周睾丸就会下降到阴囊内（Sivalchelvan et al，1996）。隐睾症在出生时即可检测。如果为双侧隐睾，就看不到睾丸。得克萨斯安哥拉山羊（Lush et al，1930）和未确定品种的印度山羊（Mathew and Raja，1978a）为右侧隐睾，然而南非安哥拉山羊多为左侧隐睾（Skinner et al，1972）。对印度的一个农场里进行的研究发现，近4年内出生的89只代利杰里公羊中有6只为单侧隐睾，其中5只为右侧隐睾（Murali et al，2005）。埃塞俄比亚一家屠宰场进行的研究发现，404只无角当地品种公羊中22只（5.5%）有隐睾症；其中18只为单侧隐睾，且10只为右侧隐睾（Regassa et al，2003）。虽然精液量和精子浓度都有所下降，但单侧隐睾者通常可育。隐睾安哥拉山羊的羊毛是正常的。单侧隐睾山羊未下降的睾丸位于肾脏附近。2只患单侧隐睾症的巴西奴宾公羊未下降的睾丸（1只左侧隐睾，1 只右侧隐睾）位于腹股沟管的入口处（Vinha and Humenhuk，1976）。对于宠物，如果需要进行阉割手术，首先应该在术前利用超声技术确定睾丸的位置。隐睾的白膜能产生回声，因此可以很清楚地将其与周围组织区分开来（Kaulfuss，2006）。这个睾丸通常情况下会比阴囊里的睾丸小。

从组织学来看，隐睾和发情期前的睾丸非常相似。对非洲西部隐睾矮山羊的研究中发现了睾丸支持细胞的退化（Ezeasor and Singh，1987），然而在对 2 只澳大利亚隐睾山羊的研究中却发现有输精管退化和睾丸支持细胞增生的现象（Tarigan et al，1990）。

13.13.4.3 预防

在群体养殖中，隐睾的发病率约为 2%，但在商业养殖场中往往高达 10%，当特意饲养隐睾动物时，其发病率则高于 60%。养殖者在出售公羊时了解到单侧隐睾的公羊商业价值不大。为了减少隐睾的发病率，隐睾公羊不应该被用于繁殖，而且其父本和母本均应被淘汰。对其子代应该进行严格的挑选，以防止该病传播。

13.13.5 副中肾管残留综合征

有报道称发现了 1 只患有双侧隐睾症和副中肾管残留综合征的努比亚公羊（60，XY）（Haibel and Rojko，1990）。发现其具有睾丸发育不全、附睾未发育的问题，并且还存在一个双角子宫。精囊腺、尿道球部腺以及阴茎均与正常雄性相同。同样的症状在小型髯犬和男人身上也会出现，这些病症可能是由于某种分泌物或苗勒氏抑制物受体的缺乏所引起的。

13.13.6 引起睾丸炎和附睾炎的感染性疾病

绵羊的细菌性睾丸炎和附睾炎比山羊多发。预期临床症状为睾丸肿胀、发热以及睾丸按压疼痛。精液内可能包含脓液和一定比例的活精子。一个病例报道中指出，经直肠的超声检查也可显示精囊的回声变化（Santiago Moreno et al，1996）。

幼年公羊在射精时会感染大肠杆菌和假单胞菌。当大肠杆菌被注射到睾丸后会导致睾丸炎和附睾炎（Löliger，1956，1957）。从 40 只被检测的南非安哥拉山羊的 4 只中分离出了精子放线

杆菌，但是有关临床症状的细节未见报道（Van Tonder，1975）。如果尚未引起病理学变化，可以通过精液中性粒细胞数量的增多进行判定。最主要的鉴别诊断是附睾畸形导致的非化脓性精子肉芽肿。

有一只 5 岁公羊单侧睾丸增大到正常的 5 倍。该羊没有食欲，走路僵硬并且只能叉开腿走路。病变睾丸坚硬且固定于阴囊之内。从患有化脓附睾炎的单侧睾丸中分离出了酿脓葡萄球菌。3 周内第二个睾丸也受到了明显影响（Jackson and White，1982）。另一项报道中从 2 只患有附睾炎和睾丸炎的巴西公羊中分离到了假结核棒状杆菌（Alves et al，2004）。惠特莫尔氏杆菌也可引起公羊附睾炎和睾丸鞘膜炎（Fatimah et al，1984）。公羊无食欲，且睾丸由肿胀发展为脓肿。使用抗生素对其治疗无效。

从感染了无乳支原体和腐败支原体并死于群体暴发接触传染性无乳症的公羊身上分离出了腐败支原体。曲精细管内没有精子，生殖上皮钙化和缺失，只有睾丸支持细胞依然保留（Gil et al，2003）。

13.13.6.1 布鲁氏菌病

布鲁氏菌感染是导致绵羊附睾炎和睾丸炎的主要原因。用精子涂片染色技术观察发现，精液中白细胞和头部分离的精细胞非常普遍。不能认为布鲁氏菌是山羊自然感染的主要因素之一。经结膜或包皮接种该病原后可引起公羊感染并出现临床和组织学上的附睾炎、一过性感染和血清学反应（García-Carrillo et al，1974）。从 15 只山羊中的 1 只山羊精液中分离到了该病原（García-Carrillo et al，1977）。在另一项试验中将绵羊布鲁氏菌接到包皮上皮（2 只 1 岁山羊）和鼻黏膜（2 只山羊）均引起了抗体应答，且能够通过酶联免疫反应进行非常好的检测，但是也可通过补体结合试验进行评价。1 只经鼻腔接种的公羊持续排出绵羊布鲁氏菌，并且精子中有白细胞存在。研究共进行了 98d，在这段时间内仅在能排出病原的山羊中发现慢性附睾炎和精囊炎（Burgess et al，1985）。如果公羊有同性性行为，也存在传播该病的风险。

羊流产布鲁氏菌偶尔也会引起公羊睾丸炎（Dubois，1911）。Rev1 疫苗株也会导致 5 月龄已接种过该疫苗的公羊患上睾丸炎（Tolari and

Salvi，1980）。在南非，Rev1布鲁氏菌疫苗已经被用于预防绵羊感染羊布鲁氏菌，接种后安哥拉山羊很快就会患上睾丸和附睾炎（Vermeulen et al，1988）。笔者使公羊试验性感染羊流产布鲁氏菌后未发现临床表现，因此得出结论，除非已经确定农场中存在羊流产布鲁氏菌或羊群中有布鲁氏菌引起流产，否则不应该对羊进行羊布鲁氏菌疫苗接种。

13.13.6.2　锥虫病

在非洲，绵羊和山羊布氏锥虫和间日疟原虫（*T. brucei*）往往与睾丸和附睾炎症及退行性变化有关。试验性感染间日疟原虫后（公羊），出现持续性阴囊水肿和非化脓性肉芽肿睾丸鞘膜炎，同时伴有寄生虫的组织侵袭。在阴囊液中很容易分离出锥虫。

睾丸继发性的退行性变化包括萎缩和曲细精管的钙化以及管间硬化（Isoun and Anosa，1974；Ikede，1979）。在另一项公羊间日疟原虫的感染试验中发现睾丸表面观察不到血管，推断是由阵发性回归热导致睾丸退化所引起（Anosa and Isoun，1980）。感染动物一般生育能力较弱，直到感染被清除以后的一段时间内生育能力才可恢复正常。

用伊氏锥虫对公羊进行试验性感染也会引起睾丸血管微血栓、附睾和睾丸间隙中有大量单核细胞浸润以及后续的营养不良性钙化。异常精子和死精的数量急剧增加，有睾丸炎的公羊出现无精症（Ngeranwa et al，1991）。后来的一项研究用同一病原的马分离株进行试验性感染，结果引起20％的公羊出现阴囊水肿，精原细胞和睾丸支持细胞变性，以及睾丸的巨噬细胞和淋巴细胞浸润（Dargantes et al，2005）。

刚果锥虫是一种不侵袭组织的血液寄生虫。在一项刚果锥虫感染公羊的试验中，发现刚果锥虫可引起睾丸退化，且伴有明显的曲精细管和附睾萎缩的现象，但具体发病机理尚不清楚（Kaaya and Oduor-Okelo，1980）。锥虫病在第7章有详细论述。

13.13.6.3　贝诺孢子虫病

有报道称一只非洲公羊静脉腔和管壁以及蔓状静脉丛动脉中有大量贝诺孢子虫包囊；在附睾和睾丸中也有包囊存在。寄生虫导致动物出现脉管血栓、不产精子以及广泛性睾丸纤维化

（Bwangamoi et al，1989）。有报道称在伊朗有2只雄性野山羊出现阴囊外有硬壳，在鞘膜内、白膜及附睾间质中发现大量贝诺孢子虫包囊（Cheema and Toofanian，1979）。山羊贝诺孢子虫作为一种特殊种存在于肯尼亚，与感染的山羊养在一起的牛不会发生贝诺孢子虫病（Njenga，J. M.，et al，1993）。

13.13.7　精子肉芽肿

附睾头阻塞是导致无角雄性山羊（XY基因型）不育的原因（Hamerton et al，1969）。在约旦，有角的大马士革公羊比无角的公羊具有更强的生殖力（AlGhalban et al，2004），但对大马士革公羊尚未有精子肉芽肿的报道。

13.13.7.1　病因及发病机理

精子肉芽肿被认为具有隐性遗传性，同时伴有不完全外显（Ricordeau et al，1972a）。早期的一个理论认为精子肉芽肿是由公幼羊摄入的营养物质过剩导致发情期提前所致。其他理论还有心理因素及甲状腺异常（Schönherr，1956）。

正常的附睾头是由16～19个输精小管相互连接所形成的（Hemeida et al，1978）。一般认为阻塞的直接原因是一根或多根小管的尾端没有分开。由于精子的集聚，输精管开始膨胀直至破裂，精液释放到附睾间质中（图13.11、彩图65）。淋巴细胞和巨细胞对精细胞产生了严重的炎症反应，并最终形成了肉芽肿。肉芽肿有可能会发生钙化。最初开放的附睾管可能会被肉芽肿所阻塞（通过压迫或纤维化）（Machens，1937）。这最终会导致睾丸间质退化甚至矿化（Corteel et

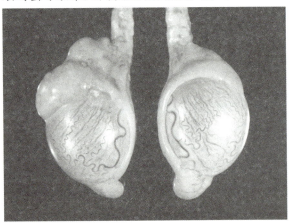

图13.11　一只无角公羊的睾丸左侧附睾头出现精子肉芽肿

al，1969；Soller et al，1969）。

在德国，阴囊局部裂开的发生与精子肉芽肿的日益增多有关（Schönherr，1956），但是气候非常炎热时，本地品种的山羊阴囊局部裂开有利于降低睾丸的温度。

13.13.7.2 临床特征及诊断

一些动物由于所有输精管都受到了影响，所以从一开始就不育。其他一些动物刚开始可育，但由于发生了两侧肉芽肿而变为不育。不育动物的性欲正常。

在精子肉芽肿发生的最后阶段，可触摸到附睾头坚硬的肉芽肿和缩小的睾丸。肉芽肿很少在附睾体或附睾尾形成。正常的附睾明显比正常睾丸软（München，1951）。在超声检查中，公羊精子肉芽肿的影像学表现为在一个环状回声组织内有一液性暗区（Buckrell，1988）。超声检查对于证实睾丸矿化和反压引起的变性末期阶段很有帮助。

精子肉芽肿无法治愈。可在屠宰或阉割后通过肉眼观察或组织学检查进行确诊。

13.13.7.3 预防

由于精子肉芽肿与纯合无角的情况高度相关，育种者可通过剔除具有纯合无角基因的幼羊来避免饲养不育动物而减少损失。纯合无角基因公羊在长角的位置有非常光滑且易于分辨的小突起。相反，杂合公羊具有典型的豆形突起并在前面向中间聚合，而且大多数公羊在3～5月龄时就有不规则角质突起出现（Ricordeau et al，1972b）。如果要将无角公羊用于繁殖，就应经常对其潜在的生育力通过触诊和精子检查进行监测。

13.13.8 附睾部分发育不全

在对巴西一家屠宰场100只公羊的研究中发现，有3只具有附睾部分发育不全的情况。其中1只为双侧发育不全。3只公羊中，2只有角，1只无角。附睾头部膨胀，整个附睾不能按压，而且其尾部尺寸有所减小（Humenhuk and Vinha，1976）。

13.13.9 阴囊疝

目前还未见对山羊阴囊和腹股沟疝有所报道，但绵羊的阴囊疝已有报道，且普遍认为阴囊疝具有品种遗传性。临床症状包括一侧阴囊肿胀，伴有可自由移动且能波动的肠管环。如果确诊公羊发生阴囊疝，最好进行手术矫正，但同时应对公羊施行双侧阉割术。

13.13.10 其他阴囊损伤

阴囊创伤（剪羊毛割伤、犬咬伤以及输精管切除术）会导致化脓性睾丸炎或睾丸鞘膜炎。奔跑撞击和草芒划伤也可能使公山羊阴囊发生损伤，尽管这些情况公绵羊报道得比较多。美国得克萨斯州的一些养殖者认为裂开的阴囊会增加刺果或荆棘对阴囊损伤的风险（Drummond，1988）。另外，导致阴囊皮炎的因素有疥癣、细菌感染、锌缺乏及冻疮。读者可参阅第2章。

有人报道了山羊的睾丸动脉弹性组织变性和成纤维细胞增殖，以及睾丸动脉和静脉管壁钙化（Panebianco et al，1985）。这种血管病变对生育能力的影响尚不清楚。还未见到山羊精索静脉曲张的相关报道。

13.14 阴茎和包皮异常

在公羊臀部进行阴茎检查非常容易。保持安静有助于检查，因为公羊很少会安静地躺着休息。一只手在前面推挤阴茎，同时另一只手向后推挤包皮。可以将幼羊放在检查者的膝盖上，腿朝向远离人体的方向，以便进行袋状缝合和阴茎检查。

13.14.1 畸形

通过体检，大多数先天性畸形（如尿道下裂，一些雌雄间性山羊阴茎缩短）均可被检查出来。印度的一篇报道指出，11只2～6月龄的公幼羊尿道先天性憩室，同时伴有腹侧鞘管肿胀及尿淋漓。其中10只动物还有完全分开的阴囊。通过憩室切除术后这些动物都恢复了正常（Gahlot et al，1982）。

13.14.2 阴茎粘连

公羊进入性成熟期后比较麻烦（例如，在育种可靠性检查过程中或者当其不注意时，与不用于繁殖的母羊交配），应该对阴茎进行仔细的检查。只要尿道突与包皮粘连在一起，就不可能进行有效的交配。这种粘连在未成熟公羊中很常见，可随着时间的推移及良好的营养改善。

13.14.3 损伤

外伤性阴茎血肿很少发生于反刍动物。有研究报道了手术成功治疗阴茎血肿后的公山羊重新恢复生殖力的病例（Bani Ismail and Ababneh，2007）。经刺激后阴茎干周围会出现发环结构（松散的粗糙毛发堆积所致）（Tarigan et al，1990）。包皮内的草芒也可造成刺激。

尿道突缺失对安哥拉山羊来讲是常见的剪毛事故。如果尿道突缺失，但阴茎头完整且正常，则不会对生育能力造成影响（Ott，1978）。对于其他品种的山羊，以前发生过一次尿石症通常会造成尿道突缺失。以后如再次发生阻塞，可能会危及公羊的生命或生殖力，也可能会增加经尿液污染精液的风险，主要原因是阻塞时括约肌受损。有一篇报道称努比亚公羊在发生了继发于阴茎海绵体血管栓塞的尿石症后出现了勃起障碍（Todhunter et al，1996）。尿石症在第 12 章中进行了详述。

13.14.4 包皮炎

包皮炎指包皮的炎症状态，也称为地方性龟头包皮炎，通常是由于雄性动物过度摄入蛋白质使包皮尿素分解菌过度滋生所致。游离氨损伤包皮和阴茎黏膜。阉羊比正常公羊更容易感染（Shelton and Livingston，1975）。这种情况在第12章有详细讨论。

公羊阴茎和包皮上的脓疱和溃疡是由羊疱疹病毒-1 所致，这种病毒常与母羊的流产和阴道炎有关（Tarigan et al，1987；Uzal et al，2004）。临床表现随着细菌继发感染的程度不同而有所不同。在组织学上，发现毗邻溃疡的上皮细胞内出现嗜酸性核内包涵体和染色质边缘化，可高度怀疑是由疱疹病毒感染所致（Tarigan et al，1990）。有报道称，公羊可通过交配将病毒传播给母羊，但公羊不表现出临床症状（Grewal and Wells，1986）。这种情况在第 12 章有更详细的讨论。

13.14.5 滴虫病

在法国和萨丁尼亚的阿尔卑斯和萨尔河，以及南非的安哥拉公羊的精子中发现了大量的毛滴虫。这种与精子头大小相似的寄生虫侵袭鞘膜和尿道。感染后动物的性欲、射精的质量和数量都会下降。地美硝唑可有效治疗这种感染（3g 或 5g，分 3 次间隔 24h 静脉注射），但是在美国目前对山羊使用这种药物是非法的。法国人工授精中心每个夏季采集精子之前要对每只公羊进行常规治疗。这种常规治疗已经可作为对每只公羊进行反复检查的备选方案（Corteel，1991）。该寄生虫对母羊的影响尚未阐明，而且还缺乏有关该寄生虫的最新报道。

13.15　影响公羊的其他问题

13.15.1 性欲差

对于 1 月龄之前的幼羊，爬跨和交配行为、嗅闻肛门生殖器官区和裂唇嗅都是正常的（Sambraus，1971）。虽然正常的性欲对于繁殖来讲是必需的，但并不是充分条件。

在非繁殖季要想通过人工阴道使公羊射精可能会非常困难，或者公羊也使母羊发情很慢。公羊会将头部放在母羊的臀部休息，但是却很难将自己对准母羊的纵轴。直到繁殖期将近的时候才能逐渐达到正确的对准（Fraser，1964）。如果只是需要检查发情情况，可以对母山羊或阉羊注射睾酮丙酸盐（每 3d 100mg），直到出现雄性行为为止。在美国睾酮是被控制的药品。另外，将非法药物用于生产是不允许的。

由于睾酮对精子生成具有负反馈作用，因此不应对繁殖季节的公羊使用。作为一种替代方法，在非繁殖季节使用的公羊应提前进行光照处理，同时可对母羊进行 19～20h 的光照处理。每天将其与用雌激素处理过的母山羊放在一起进行训练会在繁殖期内增加公羊的性欲（Van der Westhuysen et al，1988），或者另外给公羊注释 eGG（每次 500IU）（Skinner and Hofmeyr，1969）或 GnRH（每 8h 40μg，处理 4d）（Minnia et al，1987）。

13.15.2 公羊乳腺发育

偶尔可以观察到公羊乳腺发育（Heidrich and Renk，1967）。对这种情况最好的论述出自德国文献。

13.15.2.1　病因及发病机理

一篇报道称一只 1.5 岁具有生育力的无角雄性浅褐色德国山羊（德国杂色改良山羊）每天可产奶 20mL。已经确定这种动物是伴有 Y 染色体（XO/XY）可变性缺失的染色体嵌合体（Rieck et al，1975）。

笔者认为雄性乳腺发育可能是雌性化的早期症状，具有 XO/XY 染色体的人类也会有类似的症状。另外的一只公羊每天可产奶 250～300mL，它的中性粒细胞核中有 45% 为鼓棒状，这提示为可遗传的雌雄间性，但是未对其进行染色体组型分型（Panchadevi and Pandit，1979）。

早期对公羊乳腺发育的报道中不包括染色体组型（Harms，1937；Ullner，1961；Hamori，1983）。据推测可能会有很多干扰公羊内分泌平衡的因素（例如垂体、睾丸、肾上腺异常，以及外源性激素给药）会伴发公羊的乳腺发育。例如，一只 6 岁具有正常染色体组型（60，XY）的吐根堡阉羊发生了乳腺发育，究其原因是因肾上腺腺瘤产生了 17β-雌二醇（Lofstedt et al，1994）。另外一只具有正常生育能力和正常染色体组的吐根堡公羊血液中睾酮含量及雌二醇含量均正常，但是催乳素含量有显著的升高（Janett et al，1996）。另有报道称一只可育的努比亚公羊出现乳腺发育的情况，并伴随脑下垂体嗜酸性细胞数量显著增多（Buergelt，1997）。一些病例报道缺少对激素的研究（Al Jassim and Khamas，1997）。

可在高产的西农萨能公羊中观察到乳腺发育的情况（Matthews，1991）。这种现象通常在夏天比较常见，但对生育力没有影响。推测这种情况具有基因遗传性，而且可能会使激素的分泌量增加或者增加乳腺组织对常见激素的敏感性。

13.15.2.2　临床症状

具有雄性表型的无角雌雄间性山羊（遗传性雌性）最好排除于该讨论中。如果一个已知的"雄性"动物没有生育史，关于雌雄间性的讨论应该被慎重考虑。不幸的是，早期的作者只是把乳腺发育认为是雌雄间性的问题。对于生育力受影响的公羊，乳头会变大，乳腺有不同程度的发育，并且乳房的发育程度通常不一致（图13.12、彩图 66）。乳腺发育有真正的腺体发育而并非单纯周围脂肪组织的堆积。通常性成熟以

后就可以观察到这种症状。对羊奶进行检测发现，其与母羊所产的奶并没有区别。产奶具有季节性，在繁殖季节奶产量会降低。

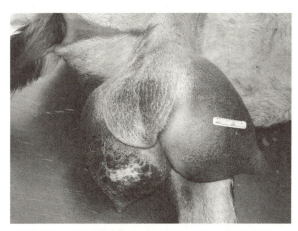

图 13.12　一只 5 岁努比亚公羊乳腺发育。尽管开始具有生育力，但严重的慢性乳腺炎导致体重减轻和双侧睾丸变性（Dr. M. C. Smith 赠图）

被严密跟踪监测的若干个动物性欲和精子质量呈现出逐渐降低的趋势（Ullner，1961）。屠宰时发现其睾丸实质有钙化。笔者不确定睾丸损伤是否先于乳腺发育之前发生。在另一项研究中发现 4 只成熟公羊的泌乳与生育力下降无关（Schönherr，1956）。

13.15.2.3　治疗及控制

建议通过在夏天降低饲料中蛋白质和能量水平的方法来控制公羊乳腺发育。这样可能会降低发生乳腺炎的风险（Matthews，1991）。虽然乳腺发育发生在雄性子代中，但不建议挑选这些公羊的雌性子代作为优良的产奶山羊。

目前所提出的具体治疗方法都可能对繁殖能力有害。如果发生非应答性乳腺炎（Dafalla et al，1990）或肿瘤（Wooldridge et al，1999），可尝试进行乳腺切除术。应该对精子质量进行检查，如发现公羊不育，应将其淘汰，但目前还尚无充分的证据证明具有生育能力动物的自我淘汰。研究者应该对这些动物的染色体组型进行分析。

13.15.3　雄性生殖系统肿瘤

山羊睾丸肿瘤的报道非常少见。有人报道了一个精原细胞瘤病例（Pamukcu，1954）。也有人在一家屠宰场的调查中发现了一个尿道球腺的血管肉瘤病例（Tarigan et al，1990）。肾上腺皮

质腺瘤相对比较常见，但去势公山羊偶尔发生。在一项研究中 15% 的阉羊（Altman et al，1969）和另一项研究中 26% 的阉羊（Richter，1958）出现肿瘤。这些动物中大多数是安哥拉山羊，安哥拉山羊去势后大多数可活到较大年龄。睾丸缺乏对垂体促性素释放的负反馈可能是这些肿瘤的发病机理之一。增生性的肾上腺皮质结节（囊下、囊内或囊外）也常发生。已经在雌雄间性（3/10）、无角（6/27）和有角（1/8）公羊的附睾头发现这些增生结节（Widmaier，1959）。

13.15.4 关节炎和繁殖期的公山羊

在美国，关节炎是导致公山羊繁殖工作失败的最常见的原因之一。臀部、膝关节或跗关节疼痛使其不愿意或不能爬跨。偶尔有的母山羊为了繁育试图摆出一种最佳的交配姿势，但大多都会失败。如果将几只公山羊与母山羊放在一起，患关节炎的公山羊可能会干扰和阻止其他正常公山羊的繁殖。跛行的公山羊体况也逐渐下降，因为它不能像正常时那样站着吃尽可能多的东西。

关于如何处理患有关节炎公山羊的决策值得深思熟虑。特别重要的是要了解山羊跛行的原因。如果关节炎只发生于一个肢体，且为创伤所引起，那么假定其后代质量比较高，这样可通过人工授精进行繁育。如果公山羊被诊断为公山羊关节脑炎（CAE），饲养员应考虑放弃。这类疾病在一些家族中比其他家族更常见，提示有些品种对该病毒具有遗传倾向性。研究显示临床的公山羊关节脑炎（CAE）与某一免疫组织相容性抗原相关，提示公山羊关节脑炎具有遗传性（Ruff 和 Lazary，1989）。要想建立以清除公山羊关节脑炎病毒为目标的羊群，就不应该让易感遗传性疾病的动物进行繁育。这意味着要对跛行山羊精液进行冷冻的做法进行质疑。自然繁殖很少发生公山羊关节脑炎的传播（Adams et al，1983），尽管从感染公山羊的精液和非精子细胞部分中检测到了病毒（Travassos et al，1999；Martinez-Rodriguez et al，2005）。辅助交配（为了减少与感染公山羊其他分泌物的接触）或冲洗可能会减少通过交配引起公山羊关节脑炎病毒传播的风险。

如果公山羊的跛行是由退化性关节炎所引起的，则不应让其用于繁殖，原因是退化性关节炎

是由先天构造或解剖学缺陷所引起的。兽医师只需要考虑某些品种膝关节损伤的发生率增加，就可以想象不加以选择地繁殖这些特征的长期结果。

如果公山羊没有遗传性问题或饲养主认为上述讨论的内容没有根据，那么可用人工阴道或通过电刺激采精法采集精液，然后将精液冷冻或及时使用。许多公山羊站在母山羊后面时通常会有发情的意愿。未稀释的精液可用于母山羊的繁殖，或如果一些母山羊同时处于发情期，可用经热处理的牛奶稀释精液。当公山羊的体况恶化时，饲养主可选择采集足够多的精液进行冷冻，然后对公山羊实施安乐死。当对患有严重关节脑炎且已用保泰松进行治疗的公山羊的精液处理时，山羊精液自定义冷冻机显示其精液品质和冷冻性都比较差。这可能是由于病毒对睾丸功能的直接效应、躺卧时间的延长或随着病程的发展体况逐渐恶化所致，而不是抗炎药物的毒性反应。已经证实保泰松对用于人工授精的种公牛精液质量没有毒害作用。

13.15.5 经精液或胚胎传播的疾病

当在种群之间甚至国家之间存在传播遗传物质的可能性时，必须考虑引进感染性病原的风险性。对于经精液传播疾病的知识尚不完全了解（Hare，1985；Philpott，1993）。对于小反刍动物来说，经此途径传播的已知病原包括口蹄疫病毒、蓝舌病病毒、钩端螺旋体、支原体、副结核分枝杆菌（Eppleston and Whittington，2001）和鼠弓形虫（Dubey and Sharma，1980）。很可能经此方式传播的病原还包括小反刍兽疫病毒和羊流产布鲁氏菌。大多数具有感染性的病原耐冷冻。这意味着单纯的射精就可能在一些羊群或某些季节内感染母山羊。另一方面，稀释后的精液可能含有比病原最小感染量更低的病原。如果是用人工授精的方法获取精液，通常可筛查出很多疾病。在对胚胎移植进行风险评估时，应注意感染可能来自卵细胞、精液、子宫液，或是在授精后通过母山羊的胚胎感染。一般来说，如果胚胎在收集后进行深低温冷冻，则有时间在将胚胎移植于受体动物之前完成对供体山羊和采集于供体动物的液体进行实验室检测。将经胚胎转移疾病的风险降低到零的规程包括需要完整的透明带和

每次冲洗都用新的无菌移液管以1∶100稀释度进行连续10次的清洗。

迄今为止，几乎没有关于山羊胚胎的研究报道。前期的研究工作提示蓝舌病病毒（Chemineau et al，1986）和山羊关节脑炎病毒（Wolfe et al，1987）不经胚胎传播。羊痒病明显也不经人工授精或胚胎移植传播（Foote et al，1986）。然而，国际胚胎移植学会（Givens et al，2007；OIE，2007）仍将山羊的蓝舌病和痒病归为四类疾病，表明要么是没有可行的结论，要么是有经胚胎移植疾病传播重大风险的证据。

13.16　公山羊生殖系统手术

13.16.1　试情公羊的准备

在很多情况下都需要有试情动物。试情可用于在繁殖期开始或在淡季刺激发情周期的起始（雄性效应）。如果试情动物不能使母畜受孕，可有目的地将繁殖推迟到下个发情期，到那时会增加排卵率。

通过试情动物诱发或观察发情迹象可能比人为的诱发更有效，其表现包括摆尾、公畜的寻找行为和自发的战栗等迹象。然后，试情通常会简化程序，包括超数排卵、人工授精，或性冷淡公畜的繁育等。当必须对同样具有性冷淡的公羊或没有价值的公山羊进行再次繁育时，试情也可用于其返情检测。

一项研究发现在进行人工授精之前用切除输精管的公山羊刺激母山羊时，发情持续期缩短，同时人工授精的生育力提高（从59%提高至74%）（Romano et al，2000）。如果在交配后母山羊不再与有生育力的公山羊接触，那么农场主更有把握确定最后可能的预产期，这一点可用于诱导分娩。

据报道，安哥拉山羊在正常的繁殖期外是不活跃的，在南非波尔山羊已经被用于繁殖早期的试情（Van der Westhuysen et al，1988）。

13.16.1.1　非手术试情动物

有一种试情动物几乎适用于任何状况。如果一个小羊群中只有一只公山羊，可以用围裙将其包裹起来确保不能进行交配。如果没有公畜存在，可用其他动物代替。最简单的试情动物是雌雄间性山羊。这种不育是从雌性动物遗传而来。

在不需要整年都有雄性行为或维持非生产性动物的花销太大的地方，可用激素进行暂时的试情。应选择阉羊或数月内不会繁育的母山羊。然后给动物注射睾酮以保证其充足的性欲。一种方案是每3天注射一次100mg丙酸睾酮（Barker and Bosu，1980；Bosu and Barker，1982）。另一种方案是试情之前3周开始，每周1次使用150mg丙酸睾酮，直到当年试情工作结束为止（Herndon，1989）。也可将100mg的睾酮浸入阴道栓内使用（Gordon，1997）。美国的从业者应该注意到睾酮已被列入受控药物法案的表Ⅲ中（Parkhie，1991）。

13.16.1.2　阴茎易位

大多数饲养主都想拥有一只或多只经手术处理的试情动物。如果想让被挑选的公畜以后还具有繁殖力，可以选择进行阴茎易位术（偏移）（Barker，1977）。术前公羊应禁食禁水12h，因为手术时需要进行仰卧保定。如手术需要全身麻醉，应进行气管内插管。如果只需要镇静，用1%利多卡因进行局部麻醉止痛，头部应稍放低于颈部。固定腹部并进行擦洗，在一个新的部位切开包皮，这个部位位于皱褶的上方，并远离阴囊基部与腹中线呈45°的角上。如果以后用右手的人使用人工阴道采集公羊的精液，可在右胁腹进行手术。环形切开和移除皮肤及浅表的肌肉（环形的直径为4～5cm，其下缘在胁腹部皱褶上方1cm处）。接下来在包皮口周围做一与目标孔（直径5cm）大小几乎相等的环形皮肤切口，并沿着腹白线，在阴茎干的上方，从包皮切口（整个切口长度的2/3处）开始一直切到阴囊基部（图13.13）。将包皮和阴茎从体壁上分开。用文献报道的标准缝线闭合包皮最前端的皮肤（Mobini et al，2002），当在长镊帮助下将阴茎穿过皮下通道拉到胁腹部切口时，用戴无菌手套的手指滑到包皮上方防止组织污染。最后用可吸收缝线进行的两层间断缝合将包皮缝合在它的新位置上，注意将标准缝线放在背侧。除了最前面保持开放引流外，将腹白线切口进行闭合。要保证术后使用青霉素及预防破伤风。可能需要用热敷或抗菌药物数天来控制包皮口的肿胀。这样，公羊仍然能够使用人工阴道。如果给予其充足的时间锻炼，它也能够与母山羊交配，而且除非对其使用生殖围裙或进行进一步的外科手术，否则不能让其与母山羊自由地在一起。

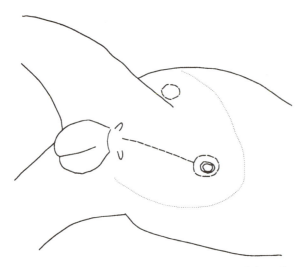

图 13.13　阴茎偏移手术切口的位置。▬▬▬ 为切口线，┄┄┄ 为渗透或局部麻醉线

13.16.1.3　输精管切除术

如果公山羊不再作为种用，可采用输精管切除术将其变成永久的试情动物。可选的麻醉方法（参见第 17 章）包括镇静和局部浸润麻醉、硬膜外腔麻醉或全身麻醉。输精管切除术适用于公绵羊，并且已经有文献进行了很好的阐述（Copland，1986）。简而言之，对阴囊颈须进行手术前处理，根据术者偏好，切口可在前方、侧方或后方。也可通过阴囊中线前切口切除两侧的输精管（Lofstedt，1982）。固定硬实的条索状输精管，并进行双重结扎，然后在两结扎线之间切断 2～3cm 长的输精管。应该对切除掉的两段输精管进行检查以确保其不是被误切的动脉。可制作一压片来查找成熟公羊输精管中的精子。未成熟公羊输精管中间有一红点。然而，在解剖显微镜下，输精管内层呈星形状。如需要对输精管切除术进行组织学鉴定，应该把切除的组织放入福尔马林溶液中保存。鞘膜不用缝合；皮肤用可吸收或不可吸收缝线缝合，或用创缘夹闭合。应该永久性地标识出（如用纹身）进行过输精管切除术的公羊以防混淆，而且至少在术后 2 周内不应该使用这些公羊进行授精。一些研究者建议至少术后 30d 之后才可以将其用作试情动物（Mobini et al，2001），但在 1 周内射出的精子数量已大大降低，且有 95％ 的精子已经死亡（Batista et al，2002a）。

有人报道输精管切除后会发生炎症性或退行性变化：在附睾硬实且增大的头部发现了可触及的肉芽肿；超声检查时为无回声；以及包含大量死精子。输出小管可能破裂，导致精液外渗入组织当中，并诱发多核巨细胞产生免疫反应。一些公山羊在进行输精管切除术后 4 个月内就表现出了曲细精管的退化。在另一报道中，6 只公山羊的输精管和 1 只公山羊的附睾头出现无回声的肉芽肿。只有 1 只山羊在输精管切除后 5 个月内可见睾丸实质组织的超声变化，同时伴有靠近睾丸处的附睾阻塞。

13.16.1.4　附睾手术

输精管切除术的一种替代手术是破坏或去除附睾尾。可进行镇静或局部浸润麻醉，虽然这两种方法在以前已有报道。通常情况下应对破伤风进行预防。一种方法是在附睾尾上方切开皮肤和鞘膜，然后用剪刀将附睾尾切断。建议对附睾组织的断端用烧烙或结扎的方法防止血管再通（Van Rensburg et al，1963；Shelton and Klindt，1974；Mobini et al，2001），术后经常会出现血管再通现象。除非手术发生污染，否则应该对皮肤进行缝合以防感染。另一种方法是向每个附睾头处注射强硬化剂，如注射 1mL 10％ 氯化钙（Smith，1986a）。

13.16.2　去势

对宠物山羊进行去势通常是用来避免产生异味和具有侵略性的性行为，另外还可以避免遗传品质不良的公羊进行繁育。青春期后饲养的公山羊的肉品质受去势的影响，尽管在一些地区，尤其是在大块吃肉的地方，公羊的分级仍然很受欢迎。一些宗教盛宴（穆斯林）更喜欢完整的公羊，因此，生产者应根据其目标市场进行计划。

在标准的外科和内科教材中有很多种去势的方法（Mobini et al，2001）。手术通常是由有经验的技工操作，对宠物羊或阴囊有问题（脓肿、疝）的山羊进行手术时往往由兽医亲自操作。所有这些技术都应考虑破伤风的预防（见第 18 章的讨论）。一助手将其每侧的前后肢固定在一起，并固定其臀部进行保定。对较大的山羊（镇静过）进行站立或侧卧保定。

当把阉羊作为宠物时，可以延迟实施去势术的时间直到尿道突和龟头从包皮分离开为止，这样如果发生尿石症，可便于检查或插入导尿管。

延迟去势也可能会导致尿道直径的额外增加（Kumar et al，1982）。一般来说，只要畜主愿意提前考虑防止因尿石症引起山羊的死亡，就应该鼓励他们选择母山羊作为宠物。成年公山羊在去势后几个月可能仍保留射精行为（Hart and Jones，1975）。

13.16.2.1　手术去势

对于幼畜（不超过1月龄），通常由饲养员在不麻醉的情况下用小刀对其进行去势。当饲喂比较好的幼畜生长至几个月时，除非手术条件会造成不可接受的开放性损伤，否则应进行手术去势。在这个年龄段，也可选择比较好的麻醉方法；有时年龄较大的公羊因去势手术带来的紧张和疼痛而迅速出现死亡。

大的公羊可进行轻微的镇静。用细针头注射稀释的利多卡因（0.5%～1%），可防止引起类似于去势本身可能引起的危险情况。根据羊的大小，将1～2mL分四点注射：精索高处和双侧阴囊远端。或者（对于尤其是较大的动物），也可进行睾丸内注射，将2～10mL 1%的局部麻醉药的大部分注入两侧的睾丸内，剩余的注射在阴囊底部的皮下（Hall and Clarke，1983）。

在每个睾丸或阴囊末梢1/3处做一U形皮肤切口。用无菌手术刀通过刮除的方法挤出并切除鞘膜下的睾丸，也可用压挤刀通过去睾器去除睾丸（对大点的公羊）。山羊睾丸的大小与公马的接近，因此用公马的去势器非常合适。如果没有这种工具，应对成熟公山羊的精索用可吸收缝线进行结扎并去除。对大的公羊进行无血去势的另一种技术是使用亨德森阉割器。用该装置夹住睾丸上方的鞘膜和精索，并用可变的速度扭转，直到组织分离为止。全身麻醉（参见第17章）配合局部麻醉效果比较理想。

通过单纯牵拉睾丸直到精索断离的方法可对非常小的公羊进行去势，应将一手指放在腹股沟环处，放置牵拉时扩大腹股沟环，否则易引起疝的发生。在温暖的天气，需要使用杀虫剂，而且理论上应将幼畜放在干净的草地上而不应该放在很脏的圈舍内或锯末上。对于在动物之间多次使用的手和器具，应该进行消毒。

13.16.2.2　橡皮环和绷带术

很小的幼畜通常使用具有弹性的去势环进行去势，这种去势环是一种很厚的橡皮环，先将它

放在酒精或碘酊中消毒，然后用特殊的工具将其套在阴囊颈上。阴囊及其他被套住的组织（希望是双侧睾丸，而没有阴茎）发生缺血，最终在几周后脱落。整个过程没有出血，没有创伤，但是与其他方法相比增加了感染破伤风的风险；另外，在炎热的天气，绿头苍蝇可能会引起坏疽性阴囊炎（Van der Westhuysen et al，1988）。与母山羊阉割术（Shutt et al，1988）相比，对老山羊用橡胶带去势也会引起更长时间的疼痛症状，但是这些症状可通过提前在睾丸内注入利多卡因而得到缓解。根据经验，人们似乎更喜欢对3周龄以内幼畜用橡皮环进行去势。如果不认真确定橡皮环下面阴囊内的两个睾丸是否束缚良好，很容易出现去势不完全的风险。由于进入腹股沟位置睾丸温度的提高，公羊的生育力很可能会下降，此时睾酮（还包括雄性行为及气味）将继续产生。如果将去势不当的公羊与母羊放在一起，可能会发生意外妊娠。

已经生产出特殊器材可牵引公牛阴囊颈周围比较结实的橡皮管。如Callicrate bander®等的器材也可用于成熟公羊的去势。将带子置于睾丸背侧附近，因为当阴囊脱落时，位置较高的地方会引起较大的皮肤损伤。动物应提前注射2头份的破伤风类毒素。轻度镇静后，在使用带子之前，将7～10mL 1%的利多卡因浸润至阴囊颈部皮下和精索内。3d后，应在带子远端2.5cm左右处截断阴囊，并在残端喷洒杀虫药。这种方法可避免出血，或者适用于平时一直躺卧于锯末上的山羊，这样可防止污染因去势造成的开放性创口。

13.16.2.3　无血去势

小的无血去势钳可用于破碎睾丸上方精索的内容物（Ames，1988）。用一只手依次抓住阴囊的一侧，同时用无血去势钳在每一侧夹持2次。在睾丸上方1～2cm处挤压，且挤压时不能跨过阴囊的中线（以免使皮肤变为腐肉）或者也不能挤压住阴茎。当把器材放好并试图夹断精索时，应用力处理睾丸。应在术后1个月或更长的时间评估幼羊的双侧睾丸是否已萎缩。技术操作不当或用带有弹簧的装置（用断尾的工具代替）会影响无血去势术的效果。如果去势手术一直拖延至睾丸增大且伴有精子发生，将会有很多组织需要被完全吸收。梗死的睾丸（通常与有活力的附睾一起，见图13.14、彩图67）在阴囊内仍是可触及的团块，这样就很容易使

农场主认为这些阉羊还有生育力。

图 13.14 用无血去势钳手术后坏死的睾丸实质和睾丸上精索的皱褶线。进行手术后，睾丸太大而不能被再吸收

这项技术的主要优点是无出血和开放性创伤，以及感染破伤风的风险较低。除非同时要进行断角术，通常不采用麻醉。在挤压前可在精索内注入小剂量（避免毒性作用）的利多卡因。该手术的缺点包括阴囊肿胀或形成腐肉，如果操作不当，睾丸可能仍有活力。

近年来用于公牛的针孔去势技术也具有类似的效果（Ponvijay，2007）。局部麻醉后，将精索向外侧推挤，然后用 18 号缝针穿透阴囊导出一根可吸收缝线。移开缝针，用力向内侧推挤精索，并将缝针从同一孔内再次穿过，使得缝线刚好完全环绕精索。在阴囊颈内打结限制精索后，将线结剪短并埋于皮下。

13.16.2.4　将睾丸置于腹股沟环内的处理

据报道，在委内瑞拉，生产者将每侧睾丸绕着精索捻转，并将其推到腹股沟管内（Gall 1981）。这需要比较灵活的手法，而且必须在动物很小时完成。该法处理后动物失去生育力，而且整个过程没有出血、感染或破伤风感染的风险，另外还不需要特殊的设备。公羊仍保持着较快的生长速度和酮体的组成成分。一种快速的经阴囊去势术（用于睾丸下方的阉割钳带）对动物的生长发育影响具有类似的作用，尽管用该法进行去势后公羊是否存在部分生育力尚未进行研究。

13.16.2.5　药物去势

在美国，88%的乳酸溶液主要用于牛的阉割（Chemcast®，Bio-Ceutic Labs Inc.，St. Joseph，Missouri）。这些产品也用于绵羊羔和山羊。用 20 号或更细的针头（避免从注射部位漏出）从每侧睾丸的上方插入，并向下进入每侧睾丸的中心部位。小量的溶液留在原处（0.3～0.5mL），大量溶液漏到背侧，并引起睾丸和阴囊或引流管道之间发生粘连（Blackburn，1985）。虽然生产者对该方法的评价高于无血去势技术，但在允许"阉羊"与繁殖期的母山羊在一起之前应该强制性地对去势的有效性进行评估。在不考虑肉类污染的情况下，其他致硬化的药物如氯化镉也可用于破坏睾丸组织。近来，已经批准注射用葡萄糖酸锌对犬进行药物去势（Levy et al，2008），但对山羊是否有效尚未见报道。

（郑海学　董海聚）

14

乳腺和泌乳

14.1 乳房的解剖学结构及乳房畸形

山羊的乳房由两个乳腺组成，左右各一个。公山羊的乳房由于乳腺的退化仅有乳头存留。

14.1.1 正常乳房的解剖学结构

每个乳房有一个大的乳头。乳池由6~9个大的乳导管汇集而成。乳池与乳头池相互交融汇合在一起，乳头池末端为单一细管和单一乳头开

口（Turner，1952；Heidrich and Renk，1967）。乳房血液主要由外阴内动脉提供。静脉回流经过外阴内静脉和腹部皮下静脉。生殖股神经穿过外阴血管处的腹股沟环而分布在大部分乳腺上。有些皮肤神经由腰椎孔皮下神经和尾部外阴神经乳房分支组成。

乳房被中间悬韧带隔开。悬韧带的侧叶位于外阴部血管的侧面并紧贴于联合腱头的尾部和腹部黄膜。乳房腹股沟浅表淋巴结位于侧叶内部，外阴内动脉的尾部（Garrett，1988；Constantinescu，2001）。

已有人对牛乳头和乳腺的超声波结构做了非常细致清楚的描述（Trostle and O'Brien，1998），提供的牛乳腺结构超声影像可供研究山羊乳腺的结构时借鉴。山羊乳头和乳腺的超声波结构研究可使用 5MHz 的直肠探头，但使用 7MHz 高分辨率的直肠探头，可获得更清晰的图像。在此过程中使用异丙醇或耦合凝胶可使探头与皮肤接触更紧密。也可对乳头进行横切面和纵切面扫描。使用该设备需要校正系统参数直至正常乳汁回声消失。在检测探头与皮肤接触部位之间使用商业化的支撑设备或富含盐分的检查用手套可提高表层组织的成像效果。浅表乳头壁可作为深层乳头壁损伤成像时的便利支架。

14.1.2 超数乳头

偶尔会在山羊中见到小的超数乳头，其与主乳头完全分离，并往往向头侧靠近主乳头。研究表明，大约 12% 的巴勃里山羊有超数乳头（Bhat，1988）。同时，30% 的西非矮山羊也有超数乳头（Oppong and Gumedze，1982）。而日本本地山羊大多数有超数乳头（Nozawa，1970）。这些乳头是胚胎期延伸至阴户的乳房线的残留遗迹。此处常常存在异常的泌乳组织。母畜的超数乳头在幼儿时期就应切除，并用 200～300U 的抗生素处理以防止破伤风感染（Smith and Roguinsky，1977）。

在极个别情况下，超数乳头的大小与正常乳头的大小一样，导致乳房被分割为 4 个等同的乳区（Balasurbramanian et al，1994）。

14.1.3 双倍或融合乳头

对于非产奶羊只，如肉用羊和矮山羊，普遍存在乳房两侧或一侧有两个乳头的情况。这些不正常的乳头（包括鱼尾状）通常会融合为两个孔口的根尖儿或根管口。分叉乳头（图 14.1、彩图 68）的两个末端大小相似，从较大乳头一侧伸出的小刺状物又是另外一种乳头畸形。双乳头可能是通过复杂的方式遗传而来（Cunningham，1932）。

作为产奶用公畜和母畜，在出生的时候应检查乳头发育情况，除单一、离散、超数乳头外，存在其他乳房畸形的牲畜应做标记并被淘汰。养殖协会对于异常乳头的分级各不相同。美国兽医

协会认为，对于作为观赏、饲养或销售用途的动物来说，割除影响产奶的超数乳头是有悖道德的（AVMA，1976）。对乳房畸形潜在遗传基础不了解的农场主，往往会切除部分双乳头。有时候也会误诊而误切乳头，使山羊留有一个小刺状样、无开口的乳头，山羊因为不能正常泌乳而变得更有精神。切除乳头有时容易造成被切除乳头乳腺的感染。

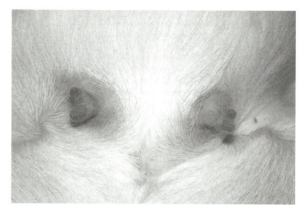

图 14.1　布尔羔羊双侧分叉乳头（Dr. M. C. Smith 供图）

14.1.4 乳头水肿和乳头囊肿

有些山羊在乳头壁上有泌乳组织，特别是在乳头根部附近。如果这些泌乳组织通过一个或多个小管连接到皮肤外，就会溢出乳汁。这种病理现象常常在挤奶工人挤奶时因手被弄湿而得以发现。挤奶后，利用硝酸银结合烧烙术把这些开口处黏合在一起可以解决这个问题。如果泌乳组织没有通向外界或泌乳池，则会形成包囊而影响羊只的正常产奶。实时超声波技术可清晰地显示泌乳组织中含液体的裂缝窝。如果形成的包囊很大，可用无菌技术间断地进行针刺引流。

在以色列曾报道过一种极端的情况，这可能是由遗传而引起。在一个有 324 只不同品种的泌乳山羊养殖场中，发现 19 只山羊乳头壁的根部有许多直径为 3～8mm 的包囊，且大多数包囊中含有非乳白色的液体（Yeruham et al，2005）。

14.1.5 封闭的乳房

曾报道过一个先天性畸形的例子，一个萨能奶山羊的奶导管与乳房池连接末端完全闭合。尽管乳腺泌乳功能正常，但所有的乳头都不能正常

泌乳（Turner and Berousek，1942）。检查发现，其乳腺组织中未见白细胞及异常分泌物，排除了细菌及逆转录病毒感染的可能。人工饲养的小牛中普遍存在盲端乳头的情况，小牛之间相互吮吸可能是造成乳头末端瘢痕组织或盲端乳头的原因。

14.1.6　不良乳房悬吊

乳房的不同悬韧带应坚韧和宽阔，以便乳房底部能将乳房紧紧地系在肘关节以上的高度（Considine and Trimberger，1978）。低悬的乳房容易受伤并且在山羊奔跑时因后肢的交替运动而易擦伤。受该类疾病影响的山羊及其后代不应留作种畜。美国奶山羊协会的线性评价法认为，通过该评价方法获得 0.33 分的中间悬韧带才具备可遗传性（Wiggans and Hubbard，2001）。一个大的、下垂的乳房可能是患乳腺炎的结果，但这不是乳腺炎的诱因（Addo et al，1980）。

14.1.7　肿瘤和囊肿性疾病

以前很少报道山羊乳房实质的囊肿病例。在印度的一家屠宰场，对 2 000 只 4 岁及以上的母羊进行的研究发现，3 个乳房上都存在多个灰白色圆点状病灶就可确诊为导管内癌。这种肿瘤是多发性的，并伴随弥散性细胞增殖。在某些动物身上可发生乳腺淋巴结转移（Singh and Iyer，1972）。在另一项对 4 000 只成年山羊的研究中发现了两类多中心的导管癌（Sharma and Iyer，1974）。在一只 5 年没有泌乳且未产羔的 7 岁母羊体内发现其乳腺癌已呈弥散性扩散，并在支气管淋巴结上发现了转移性肿瘤（Miller，1992）。在剖检一只有慢性乳腺炎病史的吐根堡山羊时，发现其有局部渗透性乳腺癌，而且在卵巢上有颗粒状细胞肿瘤，这说明较高的雌激素水平可能是诱发乳腺癌的一种因素（Cooke and Merrall，1992）。

印度的一家屠宰场曾报道一种有关囊性脓肿和囊性增生的疾病（Singh and Iyer，1973；Sharma and Iyer，1974；Tripathi et al，1989；Upadhyaya and Rao，1994）。患病山羊乳腺增生并变硬，且存在多个豌豆至葡萄大小的结节，其中包含着大量液体。导管周围和血管纤维化并伴有单核细胞浸润，膨大的血管中充满蛋白样物质。由此人们提出了纤维囊性疾病会转变为导管内癌的假说（Tripathi et al，1989）。现已有未曾生育山羊的单侧乳腺纤维上皮增生的报道，并将其和未曾交配小猫的乳腺增生进行了对比（Andreasen et al，1993）。对患有不良泌乳综合征的山羊乳房组织活检发现，发生该病的山羊可能患有乳房囊肿，所以不同的症候之间可能是互相关联的。

14.2　未产子山羊和羔羊的泌乳

1 岁母山羊的发育状况和产奶与其日常饲喂之间有着紧密的联系。乳房的发育在第 13 章进行了讨论。

14.2.1　新生山羊羔泌乳

偶见刚出生的小山羊乳腺已经充分发育，其腺管表皮变得紧张而呈圆锥形。有时可见乳头中有奶流出，但是我们并不希望这样，因为在此情况下，一旦乳头保护层破损，该羊就有患乳腺炎的风险。这种情况也发生在其他物种上，包括人类婴幼儿（Nelson，1964）。据推测，这种情况的发生是由于子宫内激素水平升高，没有治疗的必要。

14.2.2　不当泌乳综合征

未交配的山羊常常出现乳腺早熟的现象（图 14.2、彩图 69）。有些动物乳房的膨大是由于脂肪组织沉积的作用。在其他动物上，动物分娩前

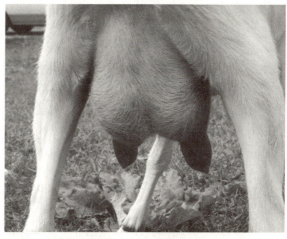

图 14.2　从未生育的母畜的早熟乳房，该乳房每天可挤一杯奶（Dr. M. C. Smith 供图）

奶水会从一个或一对乳房中流出。提前泌乳可能具有遗传特点（Campbell，1961）。提前产奶的母羊被称作"处女泌乳者"，这是由其具有高产奶潜力的基因（Baxendell，1984a；Matthews，1999）。然而，一些雌雄同体的动物也能产奶（Hamerton et al，1969）。

目前，还没有针对不当泌乳综合征的生物学基础理论和理想的治疗方案。但是，已有两个影响因素的报道，一个是嗜酸性脑垂体腺瘤引起的催乳素增加（Millwe et al，1997），这种病例在普通临床状况下非常少见。另一个就是一些山羊对延长的黄体孕酮持续作用和春季升高的催乳素水平非常敏感。

如果怀疑是假孕，一种可行的治疗方式就是注射促黄体溶解的前列腺素（2.5～5mg前列腺素 $F_{2\alpha}$），尽管在乳腺发育之前自然终止的假孕已经降低了孕酮的分泌水平。孕酮和雌激素能刺激乳腺发育。在日常饲养时，应该停止饲喂能增加雌激素分泌的食物，如发霉的玉米和埋藏于地下的三叶草。暂时性降低日粮中谷物的比例、饲喂干草可降低牛奶产量，但可能会导致动物脱水。我们不希望给不常挤奶的山羊挤奶，因为挤奶会损坏乳头上的皮肤而使山羊容易感染乳腺炎。如果山羊乳房出现疼痛性肿胀以至于必须挤奶或农场主进行咨询前已经对山羊进行了挤奶，就应对乳汁进行微生物培养检查以确定是否感染乳腺炎，并在山羊乳房中乳汁排空后对其进行一次干奶期治疗。

如果上述治疗方法不能阻止泌乳的话，该山羊应该每天挤一次奶并持续几个月，待其干奶后再次尝试治疗。这一过程最好在秋季进行，因为在秋季山羊泌乳量减少。目前，一种未经充分验证且昂贵的替代疗法是饲料中添加抗催乳素药物，如溴隐亭（麦角隐亭甲磺酸盐，5mg/d，连续14d）。另一种经验性治疗方法是卡麦角林，每千克体重5μg，连续4～6d（Galostop，boerthinger）（Matthews，1999），但是一些农场主反映这种方法并不奏效。而且，在正常羊群中溴隐亭引起泌乳量的下降是暂时性的（Forsyth and Lee，1993）。

目前有一些向被感染的乳房中注入破坏性物质的报道，如2％双氟苯双胍乙烷溶液（仅5～10mL）。在某些情况下，针对早熟的乳腺导致的

慢性乳腺炎或乳房下垂只能采取切除乳房的方法。总之，挤奶、交配或切除乳房似乎是最可靠的治疗持续"处女泌乳症"的方法（John Matthews，2007）。

14.2.3 自吸

周期性地从乳头汲取奶水的行为可以刺激乳汁分泌组织的发育，因此，泌乳山羊是用已发育的乳房喂养小羊还是自吸乳头，对这种状况应进行调查。一种可行的方法是隔离自吸者或给小羊嘴上套上口笼使其无法吮吸乳头。自吸乳头是一个很难治疗的不良习惯。许多山羊喜欢奶水的味道，当它学会吮吸自己的乳头后会经常重复这一动作。这一行为在野生山羊中也有发现（O'Brien，1982），合理的理论解释是山羊试图通过这一行为减轻乳房充胀的不适感。

笔者已经成功尝试过许多不同的治疗方法，包括使用乳头胶带（在CAE控制计划中用来防止吮吸乳房），在乳头上涂抹一种对山羊来说口感不是很好的溶液，或用伊丽莎白项圈及胸罩样乳房袋控制山羊的这种不良习惯。

14.2.4 荷尔蒙作用诱导的泌乳

泌乳生理学家在未孕动物中使用激素处理（雌激素、孕酮、泌乳刺激素和皮质类固醇）诱导乳房发育和泌乳，将山羊作为研究对象（Erb，1977）。由于篇幅所限不能对此进行长篇论述。在法国，已成功研制出一套可有效诱导泌乳的方案，但是该方案并没有推广施行，因为采用该方案治疗过的山羊对产奶量的调节范围非常有限。将溶解于酒精中的17β-雌二醇（每千克体重0.25毫克，每天2次）和孕酮（每千克体重0.625毫克，每天2次）组合，皮下注射连续7d。在起始治疗21d后开始机器挤奶和注射氢羟肾上腺皮质素（每只山羊肌内注射25mg，每天2次，连续3～5d）（Delouis，1975），或氢羟肾上腺皮质素注射先于机器挤奶，即在起始治疗后的第18、19和20天注射（Lerondelle et al，1989）。添加利血平作为一种泌乳刺激素释放因子被发现非常有用（Salama et al，2007）。这一技术对流产或干奶后未孕的山羊用处很大。然而，这一技术会导致奶产量非常低，繁殖过程也会受到很大的影响（Salama et al，2007）。在美国，用于生产目的的，

未经法律许可而在饲料中添加药物是违法的。对未性成熟动物或公畜的激素诱导泌乳技术曾被应用于转基因山羊羊奶重组蛋白的早期表达研究中（Cammuso et al，2000）。

14.3　皮肤疾病和乳房创伤

乳房常见皮肤病有细菌性毛囊炎和传染性脓疱（羊口疮）。读者想要更详细地了解与此相关的内容或发病症状不典型时，可参考第2章（羊痘、蓝舌病等）。

14.3.1　羊传染性脓疱皮炎

副痘病毒侵染的组织部位主要是乳头或身体其他部位。经常发生羊传染性脓疱皮炎的地区，病毒感染在乳头和泌乳山羊乳房会引起相类似的病变（Okoh and Obasaju，1983）。

14.3.1.1　发病机理和临床症状

当同时感染多种致病菌时，传染性脓疱皮炎引起的病变通过干扰乳头管的功能而易发展为乳腺炎。幼崽患有口腔疼痛病变类感染时可通过吮吸母畜的奶头而进行传染，挤奶设备和受污染的圈舍则是感染的源头。这种病变皮肤可因增殖并形成结痂。患有该病的病畜还经常感染葡萄球菌。

14.3.1.2　治疗和预防

在养殖场中，受此类疾病感染的山羊应在最后进行挤奶，并涂抹防腐乳房药膏以保持结痂皮肤的柔韧性和控制细菌的繁殖，直至痊愈。赞成和反对畜群接种疫苗方面的探讨详见第2章。我们绝不能轻视该类病毒引起人畜共患病的能力。

14.3.2　山羊乳房葡萄球菌性皮炎

乳头的病变大多是由金黄色葡萄球菌感染而引起，包括毛囊炎、乳房沟内的湿润性皮炎和深疖。

14.3.2.1　病因

金黄色葡萄球菌是引起山羊乳头和乳房皮肤毛囊炎和疖病的最主要的原因，但也可能由其他葡萄球菌和链球菌引起。

14.3.2.2　临床症状与诊断

通常在患畜乳房背面、乳头的基部或者是乳房沟内（图14.3、彩图70），出现针头至豌豆大小的脓疱，病变一般不会引起疼痛。当这些小的

脓疱发展成更加严重的疖时，会出现一个发红、发热且肿胀的区域，进而发展成脓肿（Fontanelli and Caparrini，1955；Heidrich and Renk，1967）。

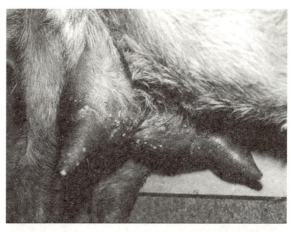

图14.3　由金黄色葡萄球菌感染引起乳房皮肤的脓疱和疱疹样皮炎。随着疾病的发展，母畜的乳房逐渐发展为坏疽性乳腺炎（Dr. M. C. Smith 供图）

我们很少对病原进行培养、分离鉴定，只有在常规治疗疗效慢或病原传播造成其他山羊感染的情况下，才会考虑进行病原的培养与分离鉴定。当病理变化位于皮肤表层时，羊传染性脓疱皮炎、羊痘、皮肤疣症状之间的区别很明显；通过仔细触诊可将疖和乳囊肿区分开来。如果必要的话，可采取针吸活组织进行病理检查。乳房背侧淋巴结的增大、脓肿比疖处的多。

14.3.2.3　治疗与预防

使用温和的消毒剂和洁净的一次性毛巾将病变部位洗净。挤完奶后应立即敷上消毒药膏或喷雾消毒。对受该类疾病感染的羊只，应放在最后挤奶，挤奶时戴上手套或洗净手以免感染其他羊只。患疖时涂以含碘药膏或鱼石脂软膏，随后脓疱会开裂并排出脓液。在有些山羊群中，使用双倍剂量的金黄色葡萄球菌疫苗可限制病情的蔓延与发展（Heidrich and Renk，1967）。

14.3.3　干酪性淋巴腺炎

在羊群中，棒状结核杆菌的感染非常多见，结核杆菌可通过乳头或乳头的伤口而侵入动物机体。当羊只伤口感染时，容易被人们察觉，在更多的情况下，当脓疱发展成为淋巴结脓肿

时，症状才开始显现出来（图 14.4、彩图 71）。脓疮破裂后脓汁沿着乳房背面流出，或显著增大的淋巴结节显现并形成一条链，一直向上延伸到达外阴部。干酪性淋巴腺炎在第 3 章有更详细的讲述。

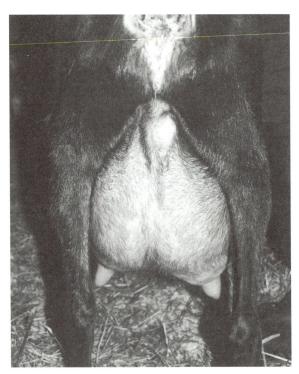

图 14.4　患地方性淋巴结炎母畜的乳房淋巴结脓肿（Dr. M. C. Smith 供图）

14.3.4　皮肤真菌

在佛罗里达州，山羊乳房出现的平坦、轻微增厚、圆形、无痛的皮肤病变已被确诊为花斑癣，它是源自马拉色菌的人类皮肤真菌病。这种真菌在黑色皮肤上引起的病理损害会导致皮肤出现褪色，而在浅色皮肤上会有轻微的褪色。活组织切片样本检查发现，皮肤角质层中含有嗜碱性物质、PAS（过碘酸希夫染色）阳性丝状生物体和椭圆形厚壁细胞（绰号"意大利面条和肉丸"）。未进行尝试治疗。

14.3.5　冻伤

挤奶后乳头没有经过充分的干燥或是饲养在封闭、潮湿的环境中，使山羊的乳头一直处于潮湿状态，在寒冷或刮风时很容易发生乳头冻伤。下垂或水肿的乳房更容易冻伤。乳头患有轻微龟裂时可用一些保护性的药膏进行治疗。如果整个乳头表层出现了结冰，就应将其置于 41～44℃ 的热水中，这样就可以避免再次结冰。乳头冻伤后会导致乳头皮肤蜕皮和再次感染乳腺炎。在寒冷的天气中挤奶后，应采取措施防止乳头冻伤。

14.3.6　晒伤

在春天，即使是乌云密布的时候，浅色乳房和乳头的皮肤初次暴露于太阳下也很容易晒伤。避免晒伤的最好办法就是在短期放牧后将动物驱赶至圈棚中。此后，可逐渐延长动物在阳光下暴露的时间，此方法可以避免山羊从饲喂干草到饲喂绿草时而产生的消化不良，许多农场主缺乏时间或耐心而未能这样去做。他们使用彩色乳头浸润膏或者人用防晒霜而使动物的乳房和乳头避免晒伤。所有这些防晒材料必须在下次挤奶前擦洗干净以防污染羊奶。在单栏饲养期后期，有粉红色乳房的萨能奶山羊，其乳房在夏季通常会出现一些大的、近似雀斑的黑斑（图 14.5、彩图 72），出现这一现象并非疾病，不需要治疗。

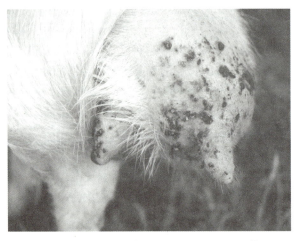

图 14.5　萨能奶山羊的乳房黑斑（Dr. M. C. Smith 供图）

14.3.7　疣和鳞状细胞瘤

白山羊乳房上的乳头瘤是一个非常严重的问题，特别是在一些阳光充足的地方（Moulton，1954；Ficken et al，1983；Theilen et al，1985）。

14.3.7.1　病原学和流行病学

许多人试图从这些病变中分离出病毒，但都失败了。最近，通过 DNA 杂交方法在疣样病变部位发现了近似乳头瘤病毒的序列，但是通过电镜还尚未发现病毒颗粒（Manni et al，1998）。一项流行病学调查研究发现（Ficken et al，1983），羊群中出现感染乳房疣的山羊3～6个月后，该羊群常常都会发生乳房疣。乳房疣的发生与暴露于阳光下有关。

14.3.7.2 发病机理和临床症状

疣有多种形状，最初可能是平的、鳞状物，有的延伸至皮肤角层。一些疣在挤奶时从乳头上脱落或发生溶血。有些动物的疣在未哺乳期间就完全脱落。对其他一些动物而言，疣可能会部分或完全脱落，但在下一次春夏季哺乳期可能会重新发病。某些持续发病的动物可能会在随后的几年里逐步发展为鳞状细胞癌。癌变部位往往有一个平的底部和溃烂的表面，而且通常会转移到淋巴结，更严重的是它可能会侵蚀整个乳头，这会导致乳腺炎的产生和一侧乳房功能的丧失。

14.3.7.3 预防和治疗

目前，对该病还没有有效的治疗方法和疫苗。新近感染的山羊可将其封闭饲养，以使疣永久退化。患畜的癌变部位一旦确诊，可通过手术进行切除。冷冻手术能最大限度地减少出血。对该病常用的预防措施有：从畜群中隔离受感染山羊，选择其他品种的山羊，或选择乳房皮肤上有色素沉着的白色山羊。澳大利亚昆士兰地区通过选择乳房皮肤呈棕褐色的山羊品种，乳房疣已经得到了很大程度的控制（Baxendell，1984a）。在南非，挤奶时为山羊提供阴凉可防止鳞状细胞癌的发生（Donkin and Boyazoglu，2004）。

14.3.8 乳头狭窄与梗塞

母畜有时会因为乳房内乳头管梗塞而发生暂时性乳头阻塞。阻塞物可通过人工方法从乳头中排出，随后给山羊挤奶时就变得很容易。当给羊羔哺乳时，吮吸两个乳房中的初乳是十分重要的。这样不仅可以对母羊进行一次乳腺炎的仔细排查，还可以使吸不开乳头封口的瘦弱羊羔免受饥饿。即使身体健壮的羊羔也喜欢吸取较易流出奶水的一侧乳头，这样未被吸取奶水的一侧乳房就会变得涨大和疼痛，母羊就不喜欢对那只乳头进行护理。山羊在哺乳期正常产奶时，若有一侧乳房出现偏大，就应从那个乳房中挤出适量的奶水。

若清除乳头阻塞物后挤奶过程仍然很困难，就应该认真观察那些有问题的乳头。那些仅会徒手挤奶的人可能会因为缺乏挤奶技巧而遇到困难。若挤奶时发现一个乳头的括约肌太紧，这时确定因受伤而产生的疤痕组织是否与其有关就显得非常重要了。如果检查没有发现疤痕组织，这只山羊和它的后代就不应作为种畜留用。如果是乳头开口狭窄，可以通过局部麻醉后用一次性18号针头（Nigam and Tyagi，1973）去除乳头组织的中心部分而进行治疗。通常治疗后的山羊，都应注射一段时间的抗生素以防止感染，因为乳头管上保护性的角蛋白受到了破坏而使乳头易受病原微生物感染。对于有疤痕组织和过紧括约肌的大乳头，应试着使用乳头细长刀进行切除（在相反的一侧，注意不要切入皮肤）；由于在手术过程中可能会产生痉挛收缩，因此手术后乳汁马上会从乳头滴出。

如果一只多产山羊乳房膨胀但乳汁并不能到达乳头槽，可能的原因是在乳头的底部存在疤痕组织。这是母羊产奶量不足时饥饿的幼畜吮吸造成的结果。这种乳头阻塞在哺乳时才能被发现。与上述病因不同的是，由山羊关节炎/脑炎病毒造成的间歇性乳腺炎，也会阻碍乳汁流入乳头槽。

奶结石，通常像一个球阀一样阻碍泌乳。人们已经归纳出关于不完全泌乳的原因（Guss，1980）。从乳头不能流出的结石可以用鳄鱼钳经外科手术而移除。

14.3.9 乳房及乳头创伤

如果乳房悬韧带韧性较差或乳头过长，在放牧时乳房及乳头就很容易受伤。尖的钢丝、犬咬和尖刺等都可以伤害乳头及乳头处的皮肤。伤口的修复按照一般外伤治疗的原则，Anderson（2002）等对此做了详细的描述。清洗干净出血组织，将乳房内外的筋膜层相连（取决于伤口部位）并靠近有吸收性的缝合线。未能吸收的缝合线或者伤口组织会在皮肤上留下疤痕。注射过抗生素（青霉素）的山羊，在其乳房内可检测到大量抗生素。对于破伤风的预防绝对不可忽视。病畜的调养包括：温和地挤奶，使用无菌的乳头插管以防回压、泄露和形成永久瘘管。

在产毛的山羊中，剪毛时偶尔也会剪伤乳头。在放牧条件下，只有一个乳头的山羊很难养活一只小羊。

如果一个种群被留作种畜，在发情期的奶山羊中，咬伤奶头是一种非正常行为。咬伤的乳头可能会擦伤、淤血或完全断掉。通常山羊啃咬其他山羊乳头的现象不常见，但是有时失意的公羊通过栅栏将头靠近母羊而啃咬其乳头。使用公羊去势法可预防此问题（Coleshaw，2004）。

14.3.10 乳房水肿

围产期乳房水肿，以乳腺细胞间的组织空隙出现液体的过量积累和乳房皮肤的指压痕为特征，在山羊中已有报道，但没有引起足够的重视。乳房水肿可使山羊感觉不适以及导致挤奶困难。鉴别诊断包括乳腺炎，山羊关节炎-脑炎引起的硬乳房，血肿，以及前耻骨的肌腱断裂（Al-Ani and Vestweber，1983）。可以尝试通过使羊运动、按摩、喂服利尿药（例如，50～100mg呋塞米，虽然尚未建立山羊剂量）来治疗，但水肿通常在分娩后几天内通过挤奶来解决。建议使用维生素 D_3，以帮助抵消低血钙、低镁血症的影响（Mills，1983a，1983b）。有些农场主在羊分娩前一周开始挤奶，以防止乳房水肿（Baxendell，1984b）；产前或产后的初乳应该加热冷却后喂养羔羊。有报道称，在山羊乳头皮肤尾侧通过一个或多个3cm的切口引流是有效而无害的（Rebesko et al，1974），但该方法目前并不推荐。因为人们对山羊乳房水肿的发病机制不清楚，甚至对牛乳房水肿的发病机制也不清楚（Al-Ani and Vestweber，1986；Goff，2006），人们只能猜测如何预防山羊乳房水肿。分娩前应限制食盐摄入量，但只作为一般的建议；若限制精料摄入量，可能会导致妊娠毒血症。

14.4 乳腺炎的诊断

乳腺炎或乳腺的炎症，可通过乳房物理特性或其分泌物的变化来进行诊断。虽然动物吃鳄梨树叶有时会引起炎症（Craigmill，1992年），但乳腺炎通常是由传染性病原体引起的。研究人员已发表大量有关山羊乳腺炎的综述

（Smith and Roguinsky，1977；Lewter et al，1984；Menzies and Ramanoon，2001；Bergonier et al，2003；Contreras et al，2007）。

检查乳汁或炎性分泌物的变化，以及乳房分泌物的培养是鉴别临床或亚临床乳腺炎最常用的技术。其他的各种实验室诊断，特别是那些与细胞计数相关的试验，已作为乳腺炎诊断的参考指标。依笔者之见，目前除了山羊乳腺分泌物的培养结果令人不满意外，其他的测试结果都可信。每月测定所有群体成员体细胞增加数（和执行政府规定）是很有价值的，但考虑到乳腺炎控制方面的经费有限，不建议施行该方案。

14.4.1 临床检查

临床乳腺炎早期迹象包括一侧乳房产奶量下降，或单侧跛行，这是因为患畜试图避免敏感的乳房部分与后肢触碰。这样，患畜喂养的羔羊可能会因饥饿而死亡率增加（Addo et al，1980）。乳腺炎从后面和侧面视诊，可以看出两侧乳房明显不对称，患侧乳房肿大（急性）或萎缩（长期炎症）。通过诱发的乳头病变（Kapur and Singh，1978）（伤口、传染性痘疮、疣），也可确诊。触诊可通过热、压痛、肿胀（急性期）、硬结或萎缩（慢性乳腺炎）、多发性脓肿确定。患急性乳腺炎的山羊可能全身不适，伴随发热、厌食和抑郁等症状。如果乳头冰冷、水肿或有红色水样的分泌物，应怀疑坏疽性乳腺炎。这种严重的临床情况将在下面章节中详细讨论。

14.4.2 培养

鉴定细菌性乳腺炎病原体需要在无菌条件下从乳样中分离病菌。理想的抽样方法是，首先清除乳头上松散的碎片并挤弃少许乳汁。将乳头伸入牛用样品收集杯中采集样品，30s后用纸巾擦拭乳头。将乳汁样品收集在无菌小瓶之前（1999年全国乳腺炎会）用棉花球蘸70%的乙醇或异丙醇仔细消毒乳头末端。如果样品在48h后培养，应及时冷藏或冷冻。冷冻将使山羊乳样中微生物减少至最低限度（McDougall，2000；Sanchez et al，2003）。采用常规技术进行药敏测试，对合理选择抗生素进行治疗很有帮助。

在乳汁样品培养物确定为阳性感染之前，研究人员需要从来自相同乳房的两个连续的乳汁样品中得到阳性培养物（Contreras et al，1997b）。有连续两个或两个以上的阴性培养结果就可以确定没有感染病原微生物。

兽医人员在乳腺炎病原的培养过程中发现，大多数的乳腺炎分离菌群在 35～37℃ 条件下能在血平板上生长，这仅通过几个简单的试验就能鉴别，如菌落特性和血平板溶血、革兰氏染色、过氧化氢酶试验。有 1 本标准的参考书籍，其中含有大量非常实用的彩色的照片（National Mastitis Council，1999）。图 14.6 提供了一个简化的流程图，用来鉴别常见病原体。若一株菌落用 3% 的过氧化氢乳化能产生气泡，则这个微生物为过氧化氢酶阳性。氧化酶试验需要专门的培养基，而不应该在选择培养基上培养菌落，如麦康凯琼脂（National Mastitis Council，1999）。

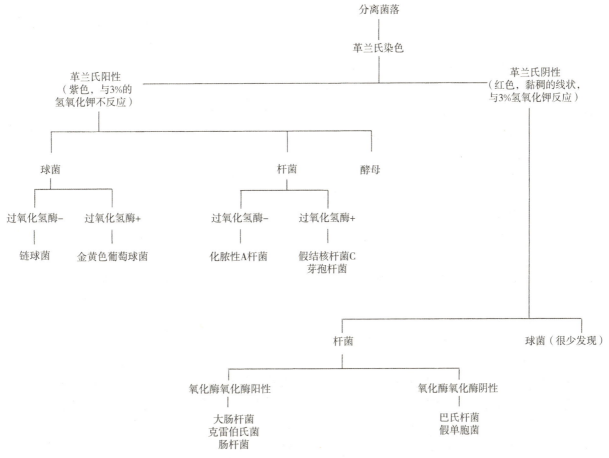

图 14.6　鉴定引起乳腺炎的细菌流程图。—代表测试结果呈阴性，＋代表测试结果呈阳性

可方便购买到多种现成的培养皿，包括革兰氏阴性或革兰氏阳性微生物选择培养基，金黄色葡萄球菌或链球菌。一份来自明尼苏达大学乳房卫生实验室的双向板试验使用了营养培养基（革兰氏阳性菌生长，金黄色葡萄球菌溶血）和麦康凯培养基（革兰氏阴性菌生长）。

支原体在实验室培养很困难。丝状支原体亚种、丝状支原体（大菌落型）能在添加了绵羊血的血琼脂板上生长。一周后可看到直径 1mm 的"煎鸡蛋"状菌落和 β 溶血的菌落（DaMassa et al，1983）。分离其他支原体通常需专门的支原体培养基和潮湿的 10% 的二氧化碳培养箱（National Mastitis Council，1999）。培养 7～10d 的培养皿在被确定阴性前，应放至 20～50 倍放大倍率显微镜下观察。大多数菌落会出现一个猕猴桃或鸡蛋样的外观。对分离的病菌进行精确鉴定是有难度的，因为只有少数几个实验室才能进行此类工作。

14.4.3　细胞计数

乳汁中的体细胞数量的增加已经作为奶牛乳腺炎的一种指标，包括隐性乳腺炎。山羊乳品的检测和法律法规的实施致使养殖户产生了恐慌，"高"细胞数可作为严重乳腺炎的指标，质检人员禁止不合格奶制品销售而受到农场主们的威胁。目前美国规定山羊奶中的体细胞数（SCC）的法定上限为 1 万个细胞/mL。71 个商业牛群在 11 月和 12 月的调查中，只有 35％低于这个基数（Dxoke et al，1993）。欧盟尚未设置此类指标（Paape et al，2007）。最近人们已归纳影响山羊奶中细胞计数的众多因素（Haenlein，2002；Paape et al，2007）。

14.4.3.1　胞浆颗粒细胞和上皮细胞

在牛乳腺炎的讨论中一般假定，每毫升牛奶中体细胞数量与乳腺炎的严重程度或对乳腺的刺激程度直接相关。山羊乳腺炎与 SCC 的相互关系是有明确限制的，只有检测合格才能饮用。因为山羊奶中有胞浆颗粒细胞和上皮细胞的存在，所以与牛奶不同。山羊乳腺产生乳汁的过程称为顶分泌（Wooding et al，1970）。上皮细胞的部分胞浆脱落，并以无 DNA 颗粒的形式出现在乳汁中，大小与白细胞相似（Dulin et al，1982）。相比之下，山羊奶中发现约有 10％的细胞质颗粒（Paape et al，2001）。羊奶中也有不定数量的腺泡和导管中脱落的完整的上皮细胞。

14.4.3.2　制定报告和计数方法

要比较或对比各种报告，或试图估算整个山羊畜群中乳腺炎的患病率时，体细胞计数技术就显得相当重要。诸多文献中的一个不足之处在于 SCC 平均值范围的确定上。大多数以前的研究没有使用对数变换，如牛 SCC 的线性评分（也称为体细胞评分）值=$3+\log_2(X/100)$，体细胞数为 $X\times10^3$ 个/mL。

对羊奶进行适当染色，直接镜检细胞计数是判断其他计数方法是否准确的标准。

14.4.3.3　直接镜检体细胞计数

牛奶中体细胞数的验证测试通常是在面积为 1cm² 的载玻片上加 0.01mL 牛奶，直接镜检。Levovitz-Weber 修正的纽曼兰伯特染色是体细胞计数常用方法（Schalm et al，1971）。用这个染色方法检测山羊奶是不合适的，因为细胞质颗粒和细胞的染色相似（Dulin et al，1982）。科研人员能够识别胞浆颗粒和细胞之间的差异，但大多数这类计数在商业实验室进行，其职员缺乏识别胞浆颗粒和细胞的能力。

目前，美国在山羊奶体细胞计数方面优先选择使用派洛宁 Y-甲基绿染色（Dulin et al，1982；Paape et al，2001）。因为绿色染色通常都比较简单。甲基绿是特异的 DNA 染色剂，派洛宁 Y 是特异的 RNA 染色剂。染色体染成蓝色，胞浆颗粒和上皮细胞的细胞质染成红色。中性粒细胞显示阳性派洛宁 Y 型（Paape et al，1963）。令人遗憾的是，这种染色比较烦琐，而且所用试剂对实验室工作人员有潜在的毒性危害。中性粒细胞是乳房感染和未感染山羊奶中的主要细胞类型，而巨噬细胞是未感染的绵羊奶和牛奶中的主要细胞（Sierra et al，1999；Paape et al，2001）。

山羊奶中的白细胞和上皮细胞也可通过改进的瑞氏染色技术检出（Hinckley and Williams，1981）。有报告说，通过瑞氏染色，许多白细胞被涂片背景色所掩盖（Paape et al，1963）。

14.4.3.4　加州乳腺炎试验（CMT）和 Teepol 测试

CMT 是一个简单的、确定牛奶中有核细胞数（中性粒细胞和上皮细胞）的半定量测试法（Schalm and Noorlander，1957）。将等量的牛奶（通常为 2mL）和商业试剂（其中包含 3％的十二烷基磺酸钠和 pH 指示剂溴甲酚紫）加入烧杯中，放在搅拌器上涡旋。世界上不同地区使用的判定标准不同。如最初的描述，阴性反应没有变化，T（微量）反应牛奶轻微浑浊。1、2、3 等级其胶状混合物越来越多，颜色越来越深。3 等级凝胶明显成型，远离烧杯边缘，沉淀集中于烧杯中心。也有人将其分为 1~5 等级（斯堪的纳维亚体系，表 14.1）。

表 14.1　山羊奶 CMT 的评分（改自 Schalm，1971）

CMT 等级	斯堪的纳维等级	样品	中性粒细胞（个/mL） 范围	中性粒细胞（个/mL） 平均值
0	1	46	0~480 000	60 000
微量	2	43	0~640 000	270 000
1	3	29	240 000~1 440 000	660 000
2	4	16	1 080 000~5 850 000	2 400 000
3	5	6	>10 000 000	

该试验检测在表面活性物质和碱性药物作用下，乳汁体细胞被破坏，释放出的 DNA。在法国的一项对泌乳中期羊奶的研究结论认为，任何大于微量的反应都是阳性，用 Fossomatic 方法

检测，CMT 阳性结果有 88％的敏感性和 93％的特异性，比每毫升 75 万个细胞要多（Perrin et al，1997）。人们通常不关注 T 或 1 级的分数（高达 1 万个细胞/mL）。

在法国，CMT 被称为 Teepol 测试，是欧洲一个中性洗涤剂的品牌。商业洗涤剂按 1：10 稀释，然后用作试剂（Lefrileux，2002）。该试剂可与上皮细胞和中性粒细胞反应。山羊奶测试结果已经分了等级，解释如下（Roguinsky et al，1971）：

（1）没有沉淀或流动流畅（最多 50 万个细胞/mL）：正常。

（2）颗粒沉淀（20 万至 1 亿个细胞）：轻微的刺激，挤奶不当。

（3）丝状沉淀（2 万至 50 万个细胞/mL）：少量病原微生物，如非溶血性葡萄球菌。

（4）黏性沉淀（超过 150 万个细胞/mL）：有金黄色葡萄球菌存在。

CMT 比临床诊断在排除山羊乳腺炎感染中更为有用（Contreras et al，1996）。在挪威的一项针对 1 161 份牛奶样品的研究中，422 份样品中有 331 份 CMT 评分 1～3，而在美国的标准中无细菌检出；739 份样品中有 732 份 CMT 评分为阴性或微量，美国的标准中无细菌检出（Nesbakken，1978b）。在哺乳末期评分等级高（Maisi，1990）或患全身疾病而无乳腺炎的山羊产奶量大幅减少。CMT 阴性或微量反应的病山羊很可能没患乳腺炎。如果山羊两个乳腺的评分之间有明显差异，很可能是乳腺炎。CMT（或任何其他测试方法）诊断亚临床乳腺炎的效果取决于整个畜群乳腺炎的发病率。在一个管理良好的牛场，阳性预测值特别低（Hueston et al，1986）。

14.4.3.5 威斯康星乳腺炎试验

威斯康星乳腺炎试验（WMT）使用稀释的 CMT 试剂。其结果比 CMT 更客观，这是因为在专用试管中倒掉牛奶-试剂混合物，15s 后剩余的牛奶-试剂混合物的黏滞度仍然能够被测出（Schalm et al，1971）。WMT 与 DNA 的反应是特异性的。牛奶中使用标准转换因子得到的结果与 Fossomatic 方法获得的结果相似（Dulin et al，1982）。

还没有利用该测试方法准确预测乳腺炎病体的详细记录。

14.4.3.6 Fossomatic 型和 DeLaval 型细胞

计数器

Fossomatic 方法（FOSS-O-MATIC，福斯电器，丹麦）是一种用于 SCC 测定的荧光自动化检测技术，这种技术使用的荧光染料能特异性地与细胞核内的 DNA 结合。目前美国的乳畜养殖发展协会已将 Fossomatic 设备用于乳汁中上皮细胞和白细胞的计数，而且该计数不受胞浆颗粒的混淆干扰。Fossomatic 方法计数与使用派洛宁 Y-甲基绿染色直接镜检得到的结果之间有良好的相关性（Broke et al，1993）。

试验温度（40℃与 60℃），溴硝丙二醇防腐剂的使用，样品储存时间（1～4d），这些因素对 SCC 结果的影响不大（Sierra et al，2006）。当使用 azidiol 作为防腐剂时，SCC 计数会略微偏小（Sanchez et al，2005）。如果按照仪器制造厂家的使用说明，依据山羊奶的标准对 Fossomatic 设备进行校准，SCC 的结果比使用牛奶的标准低 27％（Zeng，1996）。

DeLaval 计数器（DeLaval 国际 AB 通巴，瑞典）是一种新式、便携式设备，可在农场使用。每个牛奶样品使用一次性的暗盒和特异的 DNA 技术。可通过数码图像检测到细胞核的荧光。其检测山羊奶的结果与使用派洛宁 Y-甲基绿染色直接镜检的结果有很高（95％）的相关性（Berry and Broughan，2007）。该研究对早中期和泌乳后期的山羊乳汁样品进行了分析。

14.4.3.7 Coulter 电阻计数器

Coulter 电阻计数器能测定流动乳汁中的颗粒。由于乳汁中有胞浆颗粒和白细胞，且它们的大小类似。依据细胞直径的大小进行分类细胞计数器可以更好地鉴别乳腺炎和非乳腺炎样品（Smith and Roguinsky，1977）。使用 Coulter 计数器得到的山羊奶细胞数量往往要比使用 Fossomatic 方法计数结果增加约 1 倍（Poutrel and Lerondelle，1983；Lerondelle，1984）。

一份对苏格兰 242 份山羊奶样品的研究发现，Coulter 计数器计数的 SCC 对于山羊乳腺炎的诊断既不特异也不敏感（Hunter，1984）。而这些山羊的哺乳期和产奶量都没有详细的说明。在希腊的一项纵向调查中，各种品种泌乳期的非感染山羊，Coulter 法计数的 SCC 增加，感染金黄色葡萄球菌的山羊比感染凝固酶阴性葡萄球菌的山羊 SCC 计数高，反过来说，感染的山羊比没感染的山羊高（Boscos et al，1996），证明其与 Fossomatic 计数有相关关系。

14.4.3.8 正常泌乳期的细胞计数

哺乳期的细胞数量和细胞类型的分布不稳定。在哺乳期间上皮细胞一直在变化。在泌乳后期上皮细胞数量最多。在一项研究中（没有区分泌乳阶段），把胞浆颗粒计算在内，上皮细胞和胞浆颗粒占细胞总数的 5.6%（Sierra et al，1999）。巨噬细胞在泌乳后期也有所增加，并可能由于吞噬脂肪球而有泡沫样细胞质。它们与上皮细胞很难区分。在秋季，畜群中的山羊受到发情的刺激时，在所有的 SCC 计数中（Haenlein，2002），乳汁中的中性粒细胞的百分比增加（Atherton，1992）。畜群免疫接种或由于营养问题导致的酸中毒与细胞计数增加之间的相关性也已受到人们的关注（Lerondelle et al，1992）。泌乳阶段胞浆颗粒数的变化很小（Dulin et al，1983）。

随着泌乳的增加，乳汁中的多核巨细胞比例也增加（Rota et al，1993）。对泌乳后期山羊奶中细胞分类计数显示，大约有 80% 的细胞是多核巨细胞。这是由于正常奶与乳腺炎奶中存在的趋化因子不同（Manlongat et al，1998）。这些细胞可能参与乳房退化和防止新病原的感染。一项研究表明，SCC 与泌乳的增加和减少密切相关。山羊奶日产量比牛奶少 454g，其全部细胞计数超过 5 万个/mL（使用特异的 DNA 方法）（Perez and Schultz，1979）。其他研究也表明，未感染的泌乳后期山羊的 SCC 超过 1 万个/mL（Zeng and Escobar，1995）。季节性奶山羊畜群中，大多数个体同时处于哺乳后期，乳腺炎的发病率较低，不管用什么方法计数细胞，其结果往往高于牛奶标准。有人提议应当依据产奶阶段调节其阈值（Haenlein，2002）。如果以月份而非季节性繁殖地区为标准，现实意义更大。细胞计数与每天的时间段也有关系，一项研究发现，下午采集的乳汁样品比早上的 SCC 值高（Randy et al，1988）。

Coulter 计数干燥细胞的算术平均数约为泌乳中期感染非溶血性金黄色葡萄球菌奶或未感染奶的 3 倍。因此，在未感染的畜群中的研究表明，Coulter 计数器细胞计数平均为 1.54×10^6

个/mL（N = 1 061），在哺乳期为 4.31×10^6 个/mL（N = 617）（Lerondelle and poutrel，1984）。在另一项研究中，泌乳早期和晚期的山羊奶中，胞浆颗粒和单核细胞（上皮）的细胞计数总和超过 10 万个/mL，但现在还不清楚它们是否感染了乳腺炎（Hinckley，1983）。

14.4.3.9 乳腺炎细胞计数

很难确定用于乳腺炎诊断的细胞计数临界值。许多研究人员曾试图研究这项工作，但因为在细胞计数中使用不同的计数技术，其结果之间缺乏可比性。标记群中未感染山羊乳汁之间 SCC 的差异在一些研究报告中有报道。此外，作为乳腺炎确诊临界值的特异性大大降低（Lerondelle and Poutrel，1984）。换句话说，泌乳中期 SCC 高的山羊比泌乳后期 SCC 高的山羊更容易感染乳腺炎。人们已经提出了以 100 万个细胞/mL 的临界值检测泌乳早期和中期乳汁中的主要病原体（Poutrel and Lerondelle，1983）。在法国已使用该方法诊断金黄色葡萄球菌感染，在哺乳期的第一个月或前两个月的测试中，金黄色葡萄球菌超过 3 万个/mL，有 82% 的灵敏度和 95% 的特异性（Baudry et al，1999）。在法国另一个研究中，来自 8 个畜群的 1 060 只山羊的 5 905 份样本中，未感染乳房的细胞计数的几何平均数为 272 000 个/mL，凝固酶阴性葡萄球菌为 932 000 个/mL（Poutrel et al，1996）。对罗得岛州和康涅狄格州的牛群的 8 年调查中，对 2 911 份奶样品进行了评估。其中，466 份 SCC 高于 1×10^6 个/mL 的临界值，但培养阴性；通过 SCC 数总样品的 44% 划归为乳腺炎奶（White and Hinckley，1999）。

无论使用哪种细胞计数技术和阈值，其在感染率对阳性预测值的影响认识方面非常重要。因此，在泌乳 40d 使用 Fossomatic 研究方法确定灵敏度和特异性，感染率为 5%，SCC 的预测值大于 1 万个/mL 的阈值为 0.21，患病率为 20% 的阈值为 0.84，患病率为 50% 的阈值为 0.57（McDougall et al，2001）。一项研究表明，山羊体细胞数的差异，大约有 90% 不能通过感染来解释，奶制品质量的评估需要更先进的检测方法（Wilson et al，1995）。

大多数（但不是全部）亚临床金黄色葡萄球菌感染的山羊其细胞计数升高（Lerondelle and

Poutrel，1984）。来自金黄色葡萄球菌慢性感染畜群乳汁中的有核细胞数每周波动很大（Nesbakken，1978a）。感染金黄色葡萄球菌乳房中的 SCC 高于另一个未感染乳房中的 SCC（Moroni et al，2005b）。SCC 从 10 万个/mL 减少到 1 万个/mL 并不能说明感染已消除。

大多数研究表明，与非感染畜群对比，感染凝固酶阴性葡萄球菌山羊的 SCC 增加，其他的研究则显示 SCC 没有增加或变化很小（Sheldrake et al，1981；Hunter，1984；Manser，1986；Paape et al，2001；Moroni et al，2005d；Schaeren and Maurer，2006）。在一项研究中，与培养物检测阴性奶相比，感染凝固酶阴性葡萄球菌的山羊奶中的中性粒细胞比例增加（Dulin et al，1983）。有人提出，致病性菌株的株系差异可导致不同畜群炎症反应的不同。据报道，在同一畜群中，感染凝固酶阴性葡萄球菌个体的 SCC 高与表皮葡萄球菌有关。凝固酶阴性葡萄球菌溶血菌株相比非溶血菌株，能诱发高的 SCC 反应（Bergonier et al，2003）。

山羊和牛感染大肠杆菌或其他细菌的内毒素可以导致有核细胞数增加，特别是中性粒细胞。通过向乳房中人为注入内毒素已经证明这种现象（Dhondt et al，1977；Jarman and Caruolo，1984）。不同种类的支原体与羊奶中白细胞数的增加也有关联（Peasad et al，1985）。

一些研究人员认为，山羊关节炎/脑炎（CAE）病毒感染导致细胞计数较高。法国研究者已经注意到，由于感染 CAE 而引起间质性乳腺炎的山羊，其奶中的单核细胞数的比例增加（Lexondelle，1988；Lerondelle et al，1989，1992）。在一项研究中，CAE 血清学阳性而且有葡萄球菌亚临床感染的山羊奶中细胞计数比 CAE 阴性羊奶高（Smith and Cutlip，1988）。在意大利的一个相似的研究发现，doelings 山羊血清学阳性奶中，SSC 显著增高，蛋白和乳糖含量低，但未发现细菌（Turin et al，2005）。挪威的研究发现，66 个畜群中的 1 799 只山羊乳汁样品，血清学阳性山羊的 SCC 增加，但其产奶量以及奶的脂肪、蛋白、乳糖含量均无统计学差异（Nord and Adnoy，1997）。一些研究表明，无细菌感染的 CAE 阳性山羊的 SCC 增加（Ryan et al，1993；Sanchez et al，2001）。有些

研究人员已经发现 CAE 对 SCC 没有影响（Luengo et al，2004）。

危地马拉人而不是墨西哥人，给山羊饲喂危地马拉产地而非墨西哥产地的鳄梨树叶，使得山羊产奶量显著下降，乳房水肿，乳汁结块，细胞数显著增加（平均超过 700 万个/mL；采用何种技术/设备测定没有明确说明，但可能是 Fossomatic 设备）（Craigmill et al，1984，1989）。饲喂鳄梨树叶对乳房微循环有一定的损伤，可造成凝血和腺泡上皮的溶解性坏死（Craigmill et al，1992）。每千克体重 20g 的鲜叶剂量可引起乳腺炎，而更高的剂量会引起心肌疾病。

最后，当健康的山羊出现乳房肿胀和压痛以及乳汁中出现片状或凝块时，也会出现 SCC 显著增加。注射土霉素 12h 后 SCC 增加 42 倍，注射红霉素 12h 后 SCC 增加 23 倍，注射青霉素和头孢匹林后 SCC 增加 6 倍（Ziv，1984）。在南非的一项研究中，使用牛用乳腺炎输液管连续挤奶 3 次后，头孢呋辛产物没有引起 SCC 显著增加，而氨苄西林/氯唑西林引起了 SCC 显著增加（但不特异），由头孢氨苄/新霉素/泼尼松治疗引起的 SCC 差异不明显（Karzis et al，2007）。

14.4.3.10　细胞数和奶酪产量

高 SCC 的牛奶，其奶酪的产量稍有降低。事实表明，中性粒细胞分泌的蛋白水解酶将固体乳分解成很小的碎片，然后通过除去乳清蛋白，脂肪分解，从而导致异味和产量的下降。当动物患有乳腺炎时，乳的脂肪分解会明显增加（Murphy et al，1989）。对羊奶初步研究的结果表明，没有发现异常蛋白成分和中性粒细胞产生之间有相关性（Atherton，1992）。然而，一项有关山羊的研究显示，乳腺炎阴性而半凝固酶阴性葡萄球菌阳性奶与乳腺炎阳性奶比较，其体细胞数较高，乳糖浓度低，奶酪产量下降（Silanikove et al，2005）。另一项研究发现，在泌乳后期，奶酪产量增加，其与 CMT 呈负相关，但与 Fossomatic 法计数获得的 SCC 之间没有相关性（Galina et al，1996）。

14.4.4　与乳腺炎相关的其他检测

Johnny（1980）已总结正常山羊奶的各种成分和性质。羊奶的氯化物含量大于牛奶，其变化范围为 121～204mg/mL。

乳房中的细菌感染将改变细胞壁的通透性，导致进入乳汁的钠离子增多，乳糖和钾离子浓度下降（Linzell and Peaker，1972），但这些参数未被应用于山羊乳腺炎的诊断中。

14.4.5.1　电导率

在隐性感染时，动物机体携带少量的病原体，其对乳腺上皮细胞不会造成损害，因而人们很少甚至根本没有关注乳房健康或牛奶生产。鉴于此，研究人员一直试图以牛奶的电导率作为乳腺炎感染严重程度的指标（Linzell Peaker，1975；Fernando et al，1982；Sheldrake et al，1983；Norberg et al，2004）。在牛乳腺炎的详细检测中，尚未得到体细胞数增加的证据。

前期的研究工作并没有发现电导率在诊断山羊亚临床乳腺炎感染中的适用性。研究人员未能找到SCC（Fossomatic）和电导率之间的相关性（Park and Nuti，1985；Park，1991）。研究发现，同一山羊初乳和日常奶在电导率之间的差别不大，但电导率和乳脂百分比之间呈负相关。另一项研究表明，电导率与SCC没有相关性，但与乳脂呈正相关，泌乳的过程中电导率会增加（Das and Singh，2000）。另一项研究表明，羊奶的电导率不能预测感染情况，其精确度小于体细胞计数（McDougall et al，2001）。

14.4.5.2　NAG酶

N-乙酰-β-D-葡萄糖苷酶（NAG酶）作为牛奶和羊奶中炎症的潜在标志物受到了人们的关注。因为这种酶存在于乳腺上皮细胞的细胞质和脱落的胞浆颗粒中，在无细菌性感染乳腺炎羊奶的初乳及泌乳后期的奶中，NAG酶含量增加（Maisi，1990），这与细胞计数技术一样遇到了许多问题。几项研究已经证实，感染主要病原体和半凝固酶阴性葡萄球菌奶中NAG酶含量升高（Timms and Schultz，1985；Maisi and Riipinen，1988；Vihan，1989；Maisi and Riipinen，1991；Leitner et al，2004a，2004b）。相比CAE阴性、细菌阴性奶，CAE阳性、细菌阴性奶中NAG酶含量增加（Ryan et al，1993）。据报道，在动物感染检查中，NAG酶的检测没有CMT敏感。根据一项研究（Maisi，1990）结果发现，同一山羊的感染和未感染奶中NAG酶含量之间没有显著性差异。也有研究显示，在山羊亚临床乳腺炎诊断中，NAG酶检测优于细胞计数技术

（Vihan，1989，1996）。

14.5　不同病原引起的各类乳腺炎

人们早就知道细菌和支原体与山羊乳腺炎的发病有关。最近研究发现，逆转录病毒感染已被确认是引起乳腺炎症的另一重要病因。

14.5.1　逆转录病毒性乳腺炎（硬乳房）

多年来，有一种被称为"硬乳房"的山羊疾病使美国和澳大利亚的养殖户头疼不已，这种病在世界上许多国家都有发生。

14.5.1.1　病因及流行病学

毫无疑问，将分娩期奶流稀薄作为硬乳房的示病性特点是不够特异的，它不能确定硬乳房由单一病因引起。当山羊关节炎/脑炎（CAE）从农场根除后，其自发现以来一直困扰养殖业的形势逐渐得到了控制（Kapture，1983）。两只试验山羊感染CAEV后出现了间质性乳腺炎（Cork and Narayan，1980）。绵羊感染持续性梅迪-维斯纳病毒后出现了类似硬乳房综合征症状（Cutlip et al，1985；van der Molen and Houwers，1987）。最近在日本62例琼脂糖免疫扩散（AGID）阳性的本地山羊的组织学研究中发现，80%的山羊感染非化脓性乳腺炎（Koishi et al，2006）。感染很快扩散且感染细胞进入乳房导致乳房组织受损（Lerondelle et al，1995）。另有报道，在典型硬乳房的山羊的乳腺炎性细胞的细胞质中发现了一种比CAEV小的未知病毒（Post et al，1984）。

人们尚不清楚CAE是否是诱发公山羊乳腺囊性增生症的病因，在印度旧文献有关于描述山羊乳腺囊性增生症的记录。经淋巴细胞的乳腺管周和乳腺小叶周的纤维化浸润与囊性病变组织导管的扩张是紧密相关的。"乳房水肿"伴随产奶量下降是另外一种疾病状况，这可能与CAEV感染有关。当患有乳房水肿时（如本章前面所述），压迫乳房皮肤时会出现凹坑。

有研究发现，患有由逆转录病毒引起的间质性乳腺炎绵羊分泌的乳汁中可能含有羊痒病因子（Ligios et al，2005）。羊痒病在山羊中很少见（见第5章），羊痒病通过感染CAE的山羊乳汁进行水平传播的可能性引起了人们极大的兴趣。

14.5.1.2　临床症状

在分娩时出现急性逆转录病毒性乳腺炎，此时乳房非常坚硬，几乎像一块岩石，但其表面皮肤呈现松弛和水肿样，皮肤发冷，缺少红斑。患畜几乎不能产奶，甚至在注射催产素和热敷按压下也不能产奶。产出的奶看似正常，但体细胞计数很高（Lerondelle，1988）。患畜没有出现全身性的疾病症状。有些患畜经过多种药物（草药）治疗后，药物似乎起了作用，几周后逐步恢复产奶。而其他患畜，乳房的可触及硬块或半乳房硬化症状依然存在（Zwahlen et al，1983）。有些患畜还出现乳房淋巴结的肿大。患有此病的山羊，临床症状大多不太严重，随着病程的发展，其细胞数降低。

小心触诊会发现乳房变硬，但泌乳正常。在瑞典的一项对 1 517 只山羊的乳房触诊发现，临床症状和患病之间有巨大差异（乳房实质的弥漫性或局灶性），23％的山羊 ELISA 试验阳性，19％的山羊可疑，只有 7％的山羊血清学反应阴性（Krieg and Peterhans，1990）。此项研究未进行细菌学培养检测。

14.5.1.3　诊断

诊断评价应该包括全身体检，目的是发现其他问题，如子宫炎、乳房水肿和乳头阻塞。有时需要进行乳房活检，常用的方法是利用显微镜进行尸检。有许多关于山羊和绵羊逆转录病毒性乳腺炎组织学变化的研究报道，包括单核细胞（淋巴细胞、巨噬细胞和浆细胞）在乳房实质和周围管道的积聚（Zwahlen，1983）。这些细胞有时会浸入淋巴滤泡组织，研究发现 3 月龄和成年山羊在自然感染 CAE 后的组织病理学变化存在差异（Kennedy-Stoskopf et al，1985）。单核细胞的纤维化会压迫组织中的导管或其伸入导管，从而阻止乳汁的通过（Post et al，1986）。有报道称，CAE 感染乳房后出现小叶萎缩和突出的病变。

如果养殖户或兽医不能确定诊断结果时，就要进行细菌、支原体培养和畜群的 CAE 测试。不是每个感染 CAEV 的动物都可以通过血清抗体进行检测，特别是在分娩时进入初乳的循环抗体。通过分离病毒或免疫荧光试验或许能从血清学反应阴性的山羊乳汁或乳房组织检测到病毒。很多感染 CAEV（包括乳汁中脱落的病毒）的山羊不产生乳房硬块。因此，血清学并非是决定性的检测手段。然而，如果整个牧群没有出现任何病毒感染的征兆，对牧群进行诊断就没什么必要了。

14.5.1.4　治疗和控制

对于患有该病的山羊没必要进行治疗，直接淘汰。有报道称，在预产前两天给予可的松可使一些山羊的临床症状减弱（Lerondelle，1988）。该病的控制是通过 CAE 根除方案，该内容在第 4 章论述。将羔羊与被感染的母畜隔离，并给羔羊饲喂无病毒的初乳和乳汁。如果被感染羊从畜群中隔离开，应单独饲养并最后挤奶，来自该羊的乳汁或乳清未经适当的热处理不能饲喂畜群中的任何羊只。

14.5.2　支原体乳腺炎

从有乳腺炎临床症状患畜的乳房中分离病原微生物，若未分离到病原微生物或只分离到非溶血性葡萄球菌时，应考虑支原体的感染。若羊患有乳腺炎的同时存在其他临床症状，如关节炎、肺炎、结膜炎，更应考虑支原体的感染。

14.5.2.1　病因

已从山羊的奶中分离出多种支原体（DaMassa et al，1992），有时在同一个动物（Gil et al，1999a）或畜群（Kinde et al，1994）中不只存在一种支原体。这些病原通过试验手段注射入乳房中，以测试它们的致病性。仅凭临床基础还无法区分不同的病原微生物。

（1）无乳支原体　绵羊和山羊接触性泌乳缺乏症在地中海国家、欧洲大部、中东和南非是一种普遍存在的疾病，病因是经典的无乳支原体。现在有些作者使用接触性泌乳缺乏症——这个术语用于小反刍动物的几乎所有支原体乳腺炎（OIE，2004；Corrales et al，2007）。在第 4 章对以下病原进行了讨论：无乳支原体、山羊支原体亚种、山羊支原体、腐败支原体和蕈状支原体亚种。蕈状大集落（LC）型被世界动物卫生组织（OIE）确认为引起接触性泌乳缺乏的病因，并将其作为引起该病的主要病因。无乳支原体在美国一般被认为是外来疫病，尽管已从加利福尼亚州山羊中分离到了该病原（DaMassa，1983；Kinde et al，1994）。在许多地区，若发生此类疫情必须向监管当局报告。

被感染的羊出现败血症，病原微生物可能存在于乳房、关节或眼部。无乳支原体在乳汁、尿液、粪便、眼部和鼻腔分泌物中能存活几个月。羊通过食入或吸入而被感染。当环境受支原体污染后，可通过公共放牧区或公路进行传播（Dhanda et al，1959；Corrales et al，2007）。

（2）丝状支原体丝状亚种（大集落型） 加利福尼亚山羊由于感染了丝状支原体丝状亚种（大集落型）导致羔羊乳腺炎和关节炎的暴发（East et al，1983）。该病原在呼吸系统疾病中的作用在第9章讨论过。在欧洲，经常会分离到这种微生物，最近一些研究人员将它划归为引起传染性无乳支原体病的病因之一（Corrales et al，2007），同时它也被列为一种导致传染性断乳的病原。在以色列曾报道，由丝状支原体丝状亚种（绵羊或山羊）血清型8（Bar-Moshe and Rapapport，1978，1981）引起了母畜的乳腺炎和无乳症、羔羊的结膜炎和关节炎。

（3）腐败支原体 腐败支原体在加利福尼亚州一个大型乳品生产区（DaMassa et al，1987）、欧洲（Gaillard-Perrin et al，1986；Mercier et al，2000）及中东引起了乳腺炎、无乳症、流产以及关节炎的暴发。它也会引起亚临床乳腺炎的发生。感染了腐败支原体的山羊，其乳汁无可见的变化，也无炎症或纤维化变化。即使无乳症继续发展，也不存在乳房的纤维化（Adler et al，1980）。腐败支原体似乎不会引起发热反应（DaMassa et al，1992）。

（4）其他支原体 从法国患有乳腺炎的山羊中分离到了支原体丝状亚种（通常是引起胸膜肺炎的病因）和山羊支原体亚种（Perreau，1972，1979；Picavet et al，198）。给母畜接种几种山羊支原体亚种，引起了母畜严重的乳腺炎（黄色的黏稠分泌物、细胞计数增加、无乳和乳头胀大）以及吮乳幼崽的肺炎、关节炎和角结膜炎（Taoudi，1988）。在印度，支原体丝状亚种接种实验动物后产生了脓疱性乳腺炎（Misri et al，1988）。在美国加利福尼亚州，研究人员也从山羊体内分离到了支原体丝状亚种。

在印度，精氨酸支原体是山羊脓性乳腺炎发生的自然病因（Prasad et al，1984），而且在试验条件下可重复。患畜白细胞计数显著升高并导致断乳。Jones（1985）未能阐明精氨酸支原体对山羊乳房的致病性（DaMassa et al，1992）。这些微生物通常被认为是无致病性的（DaMassa et al，1992）。

山羊乳房试验接种拉氏无胆甾原体引起了乳腺炎并导致无乳和乳房的明显纤维化（Singh et al，1990）。山羊的乳房也被用于测试来自其他物种或个体的支原体分离株的潜在致病性（Palet al，1983；Jones，1985）。

14.5.2.2　临床症状

传染性无乳症常在春季羊刚开始哺乳后不久群发。据报道，其潜伏期为7～56d。早期症状（在败血症阶段）包括食欲不振、抑郁或萎靡不振、喜独处（美国动物健康协会，1988），随后发展成化脓性乳腺炎和无乳症。分泌物最初呈水样，之后为浓稠或块状。同一群山羊或羔羊吮吸了未经消毒处理的乳汁，引起了角结膜炎或关节炎。不进行治疗时，死亡率接近20％。有些畜群中，感染了无乳支原体或吮吸了携带有无乳支原体的乳汁的个体有未表现出乳腺炎的临床症状或者只是乳汁中的体细胞数提高了的（Corrales et al，2004）。

其他支原体感染后的临床症状各不相同。感染经典乳腺炎支原体的奶样呈颗粒状沉积物和黄绿色水样上清液。由腐败支原体引起的羊乳腺炎的乳汁有腐烂气味。急性期，严重病例出现乳腺和乳房淋巴结肿大。两个乳房通常肿大但不相互影响，对于治疗没有反应，产奶量迅速停止，在随后2～3d基本无乳。乳房萎缩，但在下次分娩后功能可能会完全恢复。一些母畜死于在急性期发生的疾病（East et al，1983；Gil et al，1999b）。有些支原体也与呼吸系统疾病或流产有关。

14.5.2.3　诊断

如果来自乳腺炎感染畜群的乳汁样品的血琼脂培养呈阴性，应怀疑支原体感染。应选择合适的培养基（比如海弗利克培养基）进行支原体的培养。畜群存在丝状支原体丝状亚种（大集落型）时，大多数泌乳母畜没有临床症状，分泌的乳汁外观正常，尽管其体内已存在大量的支原体。支原体的独特之处在于，它可用羊或小牛血琼脂分离，在琼脂平板上菌落有点像α溶血性链球菌，但革兰氏染色却无细菌存在（Rosendal，1994）。当怀疑动物感染接触性无乳症时，来自患败血症动物的眼、关节、关节液、血液、肝、脾、粪便和尿液样本培养呈阳性。如呼吸系统疾病，通过合适的 PCR 检测方法，可以加速和简化诱发乳腺炎支原体种类的鉴定（Nicholas，2002；Corrales et al，2007）。如果疫苗接种未被用于控制该疾病，采用 ELISA 法进行血清学检测，对于疾病的诊断是有帮助的（Corrales et al，2007）。商品化的无乳支原体 ELISA 试剂盒在欧洲得到了应用（OIE，2004）。

乳腺的病理学检查发现，间质有大量单核白细胞浸润，特别是在腺泡和血管周围。在导管可见单核细胞和脱落的上皮细胞。姬姆萨染色可用来鉴定支原体（Dhanda et al，1959），但免疫组化法更特异和常用（Corrales et al，2007）。

14.5.2.4 治疗

对支原体的治疗一般是无效的。目前常用的抗支原体的药物（如四环素、泰乐菌素、螺旋霉素、林可霉素、泰乐菌素、氟苯尼考、氟喹诺酮）可改善病畜全身的症状。但经过治疗的山羊容易成为健康带毒者（Perreau，1974；Bergonier and Poumarat，1996；Nicholas，2002）。因此，已感染山羊建议全部扑杀，除非畜群是在支原体作为地方病流行的地区。兽医人员为了改善患畜的症状，应避免乳房注射泰乐菌素或红霉素制剂。这些药物的副作用是通常会损害泌乳组织，即使利用这种方法可以消除感染。据报道，10mg/kg 泰乐菌素肌内注射，其在乳房维持一定浓度可抑制链球菌达 12h（Ziv et al，1983）。壮观霉素注射乳房疗效不佳。在支原体流行畜群中，建议对所有山羊在干乳期使用抗支原体药物进行治疗（Corrales et al，2007）。

14.5.2.5 控制

因为支原体乳腺炎通常是由健康带毒的山羊或绵羊引入畜群（Ruhnke et al，1983），在购买或引进动物前对畜群健康状况进行调查是非常重要的。许多国家对畜群进行血清学检测，目的是剔除畜群中的感染个体并防止再次引入。所涉动物种类不同使得防控方案复杂化。采用血清学酶联免疫吸附试验，在检测无乳支原体和丝状支原体丝状亚种（大集落型）的试验中能够鉴定出健康带毒的山羊（Davidson et al，1989）。在出现支原体感染的地区，对乳品储运罐中乳汁样品微生物培养检测是首先要做的。乳腺炎可能在引进

健康带毒动物后数月或数年才暴发（Picavet et al，1983）。应激反应与分娩、长途运输及适应新的畜群环境有关，这些原因可能会诱发支原体感染。

在畜群有乳腺炎的情况下，感染的山羊应最后挤奶，在给其他山羊挤奶前，挤奶工人的手或挤奶机应彻底消毒。避免使用普通的乳房浴巾。在产奶畜群中开展丝状支原体丝状亚种（大集落型）根除计划，需要根据上述微生物培养检测结果，扑杀、淘汰所有阳性个体。然后，对每份来自母畜的新鲜初乳进行微生物培养检测。通过频繁培养来自每条挤奶生产线中的储奶器中的乳汁进行微生物检测，来监测根除计划的执行效果（East et al，1983）。饲喂未经加工处理的初乳和乳汁会引起严重的关节和肺部感染，因此如果山羊奶用来喂养幼崽，应先采用巴氏消毒法进行处理。

无乳支原体存在于尿液和粪便中，受其污染的环境是其他绵羊和山羊感染的重要传染源。牧场要消毒并及时清除垃圾。很多消毒剂都能使支原体灭活，包括次氯酸钠、间甲酚、1%甲醛、离子和非离子型洗涤剂（USA Animal Health Association，1998）。已评价了多种无乳支原体的灭活和弱毒株疫苗的保护效果。有些疫苗在临床疾病方面提供保护，这对疫病流行地区控制该病是非常有用的，但仍可能存在健康带毒者（Foggie et al，1970；Arisoy，1973；USA Animal Health Association，1998）。在疫苗接种作为控制和预防支原体的地区，留一小部分未接种疫苗哨兵动物，通过血清学检测进行病原活性的监测（Corrales et al，2007）。山羊用腐败支原体攻毒前接种疫苗，至少会产生 1 年保护力（Brooks et al，1981），这表明疫苗或许有利于控制腐败支原体感染。

14.5.3 细菌性乳腺炎

细菌引起山羊乳腺炎，除少数病例外，病原大多是通过乳头进入乳房。临床病例常发生在泌乳早期（Moroni et al，2005c）。对该病的控制主要是改善挤奶期间的卫生状况。

14.5.3.1 病原及临床症状

临床上不能通过患畜分泌物的特性鉴定感染的病原微生物，但可以根据畜群以往病史作出初

步诊断（先验概率）。为了鉴定引起乳腺炎的病因，很有必要进行乳汁或乳房组织的微生物培养。反过来，对病原微生物的鉴定有助于兽医和养殖户制定下一步的预防、控制方案。由于病原微生物在畜群和地区间的流行程度和重要性不同，以下将排序进行讨论。

化脓隐秘杆菌（放线菌、棒状杆菌） 常从含有多个脓疮的乳房中分离得到化脓隐秘杆菌（图14.7、彩图73）。乳头或乳房的损伤使化脓隐秘杆菌易于侵入并引起乳房感染。在感染试验中，非哺乳期乳腺感染比哺乳期乳腺感染更为严重（Jain and Sharma，1964）。若出现化脓隐秘杆菌慢性感染，即使患畜其他器官没有出现病理变化，通过乳头或乳房切除可使山羊身体状况好转，但仍建议对感染个体进行捕杀。化脓隐秘杆菌在血液琼脂上生长缓慢，培养48h后，菌落很小，但可见一个明显的狭窄溶血区域。化脓隐秘杆菌是革兰氏阳性小杆菌，过氧化氢酶阴性。

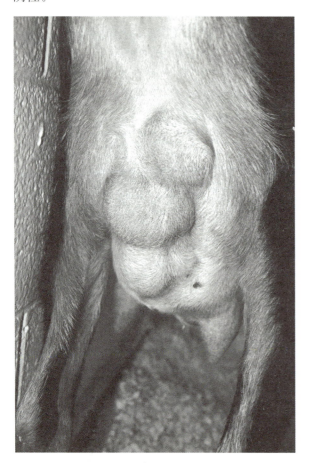

图14.7 化脓隐秘杆菌感染引起成年母畜的乳房脓疮，该母畜被实施了乳房切除手术（Dr. M. C. Smith供图）

布鲁氏菌病（马耳他布鲁氏菌和牛流产布鲁氏菌） 布鲁氏菌可引起亚临床间质性淋巴浆细胞性乳腺炎。布鲁氏菌通过巨噬细胞而侵入乳房，然后侵入乳房淋巴结，并在此繁殖（Meador et al，1989）。乳汁郁积会引起乳汁中布鲁氏菌数量的上升和乳腺炎症程度的增加，这种症状在泌乳或哺乳期不会发生（Meador and Deyoe，1991）。如果布鲁氏菌病被诊断为引起畜群流产或人们使用未经加工处理过的乳汁后出现波状热或马耳他热时的诱因，首先就应怀疑马耳他布鲁氏菌和牛流产布鲁氏菌（Stiles，1950）。然后，需进行血清学检测，因为乳汁环状试验在山羊乳汁测试中是不精确的。有时临床乳腺炎发生在乳房薄壁组织结节处和泌乳皮肤较薄处（Dubosi，1911）。乳腺炎可自愈，但为避免人类感染，应扑杀感染的山羊。

大肠杆菌 大肠杆菌有时也会导致山羊临床型乳腺炎（Adinarayanan and Singh，1968；Lewter et al，1984）。大肠杆菌为革兰氏阴性，KOH阳性，氧化酶阳性杆菌；菌落较大，呈灰色或黄色，湿润。大肠杆菌散发粪便的气味。

感染在临产期母畜比较常见。急性期临床症状主要表现为厌食、发热、淡黄色或淡红色的水样分泌物，伴有体细胞数的增加。受感染的乳房发热、肿胀和疼痛。这些症状可通过在乳房内注射大肠杆菌内毒素而复制（Dhondt et al，1977），偶尔症状会发展为坏疽（Ameh et al，1994）。大肠杆菌代表"环境型"乳腺炎。因此，应该保持圈舍的清洁、干燥，挤奶前将乳头彻底擦干净，避免挤奶时损伤乳头末端等可以控制该病的发生和传播。挤奶后乳头浸渍法不利于控制大肠杆菌的感染，因为在挤奶间隙大肠杆菌已开始繁殖了，除非采取湿乳法挤奶。

棒状杆菌、假结核菌 虽然干酪样性淋巴结在山羊中很常见，但这种疾病引起的乳腺炎是比较少见的。乳房上的皮肤伤口感染可能会导致非乳腺组织乳房淋巴结的脓肿，偶尔在山羊乳房实质发展为乳腺炎或脓肿（Addo et al，1980；Burrell，1981；Schreuder et al，1990）。从化脓性链球菌中分离检测过氧化氢酶试验能从A型棒状杆菌中区分出C型假结核菌。

李氏杆菌 已经有人指出，李斯特单核细胞增生杆菌可引起临床间质性乳腺炎，这是基于从乳汁中分离出李斯特单核细胞增生杆菌提出的（Sasshofer et al，1987）。存在于乳汁中的李氏杆菌在自然或试验条件下感染绵羊的乳房而引起慢性炎症，其病理变化有淋巴细胞浸润、肺泡破坏和纤维化（Tzora et al，1999）。李氏杆菌感染引起山羊乳腺炎的资料尚缺乏，但李氏杆菌于畜群暴发李氏杆菌病或分娩后不久的无临床症状表现的山羊乳汁中存在（Tzora et al，1999）。山羊乳汁中的单核李氏杆菌与乳汁中经 ELISA 测定的抗单核李氏杆菌抗体紧密相关（Bourry et al，1997）。在印度，已从山羊乳腺炎中分离出李氏杆菌。李氏杆菌在食品安全方面比在引起山羊乳腺炎方面具有更重要的地位（Pearson and Marth，1990）。

巴氏杆菌　从山羊乳汁中偶然分离出了巴氏杆菌（Schroter，1954；Bagadi and Razig，1976；Manser，1986；Donkin and Boyazoglu，2004），它被认为是引起绵羊乳腺炎（包括坏疽）的原因。在意大利，一项针对 720 只全程哺乳期山羊的研究发现，16% 的山羊出现临床症状（Moroni et al，2005c）。在南非，巴氏杆菌比黄色葡萄球菌引起急性乳腺炎的频率高，常发生在分娩后的 4～6 周，很少伴有坏疽的颜色变化（Van Tonder，1975）。感染多见于正处于哺乳期的幼崽，因为巴氏杆菌常常定居在上呼吸道。巴氏杆菌呈革兰氏阴性，氧化酶阳性，双极性杆状；菌落在血琼脂平板上呈中等大小、灰色、透明、溶血。

结核杆菌感染　结核杆菌，如牛分枝杆菌、副结核分枝杆菌、禽分枝杆菌都与山羊结核性乳腺炎有关（Murray et al，1921；Davies，1947；Sasshofer et al，1987）。有些地区牛结核病很常见，牛可以通过呼吸道或消化传播的方式感染羊（Hcidrich and Reuk，1967）。在疾病发展过程中，乳房中结核杆菌会侵入并感染其他器官，如肺、肝、脾。通常情况下，这些传染源也会感染人类。

感染呈亚急性到慢性过程，乳房出现轻微的肿胀，进而乳房实质变硬、干酪样和钙化、囊肿（Davies，1947；Soliman et al，1953）；淋巴结肿大。该病应用结核菌素试验进行诊断。结核杆菌培养需要特殊培养基。鉴于结核杆菌对人类健康的威胁，感染山羊应被扑杀。

假单胞菌属　假单胞菌属是氧化酶阳性、革兰氏阴性菌，菌落通常呈粒状，表面干燥，可能有多种颜色。传染源通常是被污染的水或乳滴，旧的饲槽或潮湿垫料。如果饮用水系统被污染，用高浓度含氯热水（71℃或更高）可以杀死假单胞菌。假单胞菌有一层生物膜保护其免受损伤。管道系统的清洗（Dairy Practices Council，2000）对于控制该病的发生是有用的。过氧乙酸溶液也可以用来冲洗养殖场中的软管和供水系统的管道（Yeruham et al，2005）。

在自然暴发本病时，羊全身症状非常严重，以至于人们最初怀疑是坏疽性金黄色葡萄球菌乳腺炎。给予适当的抗生素（基于灵敏度测试）治疗，患畜可治愈（Petgen and Maxtain，1977）。在一暴发假单胞菌病的畜群中，450 只山羊中有 18% 感染，12.5% 的山羊由于绿脓杆菌感染而发展成临床型乳腺炎。患畜精神萎靡、发热，乳房变硬，肿胀和疼痛。大部分感染山羊发展成坏疽性乳腺炎，其中 25 只死亡，而其他 57 只因治疗无效而被扑杀（Yeruham et al，2005）。在一些畜群中，形成了持续性感染，定期出现临床症状。

在乳房中注射大量的绿脓杆菌可以导致山羊试验性感染；临床症状从轻度乳腺炎到严重型乳腺炎，到后期败血症出血性乳腺炎（Lepper and Matthews，1966）。

伯克霍尔德氏菌（绿脓杆菌）　它是类鼻疽病的诱因，在澳大利亚和亚洲热带地区的部分地区发现的一种土壤腐生菌。有时该菌会引起乳腺炎，常在淋巴结、脾、肺出现脓肿。乳房由于产生浓汁而肿胀（Thomas et al，1988；van der Lugt and Henton，1995）。乳房脓肿不断破裂、流脓、结痂（Olds and Lewis，1954）。伯克霍尔德氏菌可以通过肉眼从正常的山羊乳中分离。治疗（四环素）效果不佳，感染的山羊因为公共卫生问题而被扑杀。

金黄色葡萄球菌　金黄色葡萄球菌凝固酶阳性（通常溶血），是山羊乳房常见的主要病原。暴发支原体乳腺炎的地区，金黄色葡萄球菌往往是奶山羊感染临床型乳腺炎的主要原因。从山羊乳腺炎中分离的金黄色葡萄球菌菌株被证明是类似牛乳腺炎株。该菌大多含有表面蛋白（结合免疫球蛋白 G）和纤连蛋白结合蛋白 A（涉及细菌黏附和定位）（Jarp et al，1989）。大多数菌株产生 α 溶血和 β 溶血（Roguinsky and Grandemy，1978）。在血琼脂平板上，菌落较大，通常周围有一圈不完全的溶血带或大于 2mm 的完全溶血带（图 14.8、彩图 74）。金黄色葡萄球菌是革兰氏阳性、成对或丛状球菌，过氧化氢酶阳性。凝固酶试验常用来鉴定金黄色葡萄球菌和中间葡萄球菌。猪葡萄球菌呈凝固酶阳性（National Mattitis Council，1999），偶尔可从山羊乳汁中分离到该菌（Kalogridou-Vassiliadou，1991；Kyozaire et al，2005）。

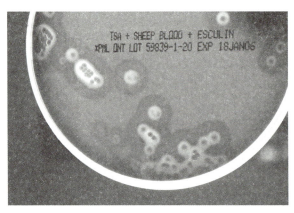

图 14.8　生长在血琼脂平板上的金黄色葡萄球菌菌落周围的部分和完全溶血环（Dr. M. C. Smith 供图）

感染分为亚临床感染（畜群调查确定）、慢性感染（降低生产并伴有硬结和脓肿形成）或急性感染（半边乳房肿胀、发热、疼痛，同时伴有全身性疾病）。最严重的急性炎症是坏疽性乳腺炎，下文中会有详细介绍。这些症状可通过在山羊乳房接种金黄色葡萄球菌得到复制（Derbyshire，1958a）。

金黄色葡萄球菌存在于慢性感染山羊的小脓疮中，该病难以治疗，牛慢性感染后症状和治疗与山羊相同（Derbyshire，1958b）。金黄色葡萄球菌在挤奶期间传播给其他山羊。微生物培养鉴定为金黄色葡萄球菌阳性的山羊应被淘汰、扑杀或放在最后挤奶。在集约化养殖、使用机器挤奶的畜群中，应划分一个"金黄色葡萄球菌"挤奶单元，专用来对感染金黄色葡萄球菌的山羊进行挤奶。如果这些感染的山羊留在畜群中，应保持圈舍的干燥，虽然经过治疗，但它们仍然留在"金黄色葡萄球菌"单元（感染山羊组）并进入下一个泌乳期。间歇性的复发是很常见的，感染的山羊的一次微生物培养阴性结果不能作为治愈

的证据。如果微生物培养继续呈阴性且体细胞数较低时，山羊可返回畜群。

理想情况下，被感染母畜的乳汁应在高温消毒后饲喂幼畜。有报道，死亡幼畜出现腹泻、肺炎，并从心脏血液、真胃、肠道内容物中分离出金黄色葡萄球菌。

坏疽性乳腺炎　坏疽性乳腺炎在山羊中很常见，这是由于山羊体内缺乏足够量的金黄色葡萄球菌抗血清以抵抗金黄色葡萄球菌产生的坏死型 α-毒素。这也涉及梭菌和大肠杆菌感染（Renk，1957，Petris，1963）。

坏疽性乳腺炎通常多发生于哺乳期。然而，有时坏疽性乳腺炎也发生于怀孕的最后一周，这时往往由于坏疽性乳腺炎产生的坏死性毒素而造成胎儿流产或怀孕母畜死亡（Petris，1963）。患病山羊食欲不振，出现短暂发热。在发病早期，山羊乳头或乳房的附近皮肤发冷、出现水肿，并出现瘸腿症状。然后皮肤由红色变为蓝色（图 14.9、彩图 75）。分泌物颜色发红，呈水样；有时出现气泡，当奶头被剥离时产生"吱吱"声。24h 内患畜就会死亡。急性期存活的山羊，在乳房皮肤上会形成一条清晰的界线，且坏疽部分在数天或数周后脱落。

图 14.9　乳房淋巴结肿大、水肿、出血

组织学研究发现，该病会造成静脉血栓的形成，最初的炎症是上皮细胞的坏死和脱落（Debyshire，1958b）。血栓可能是由乳腺和腹侧壁水肿所导致。

因为其明显的症状和与巨大经济损失相关，因此，由金黄色葡萄球菌引起的坏疽性乳腺炎往往是无支原体畜群感染地区流行最严重的疾病。

塞浦路斯 1961 年的一份报告表明，8 000 只山羊中有 9％感染了坏疽性乳腺炎（Petris，1963）。在这项研究报告中，平均致死率为 40％。

凝固酶阴性葡萄球菌 对许多畜群调查发现，最常分离到的病原微生物是葡萄球菌而不是金黄色葡萄球菌。畜群中多达 71％的动物被葡萄球菌感染（Sheldrake et al，1981；Poutrel，1984）。在加利福尼亚州的一个大型调查中发现（16 个畜群，2 522 只泌乳母畜），从 17.5％的母畜中分离出凝固酶阴性葡萄球菌（East et al，1987）。在澳大利亚的四个商业养殖场中，896 份样品有 13.3％感染了葡萄球菌（Ryan and Greenwood，1990）。在意大利的一项研究中，在整个泌乳期每月抽取 305 只山羊进行微生物培养检测，4 571 只山羊中有 1 474 只山羊乳房组织样品培养分离出了凝固酶阴性葡萄球菌（Moroni et al，2005b）。鉴定了多种金黄色葡萄球菌，如表皮葡萄球菌、中间普通球菌和猪葡萄球菌（Poutrel，1984；Maisi and Riipinen，1988；Maisi，1990；Kalogridou-Vassiliadou，1991）。Contreras 等（2003）对许多研究进行了归纳、总结。因为不同金黄色葡萄球菌测试系统往往导致在不同物种中测试结果的不同，因此，在文献中不同物种的患病率间没有可比性（Burriel and Scott，1998）。有些感染往往持续整个哺乳期，常见于中老龄山羊（Contreras et al，1997；Sanchez et al，1999）和哺乳后期。交叉感染普遍存在（Moroni et al，2005b）。病原微生物通常寄居于皮肤上或者存在于环境中（Valle et al，1991；National Mastitis Council，1999）。

一些学者认为凝固酶阴性葡萄球菌是主要的病原菌（Dilin et al，1983），而其他学者认为凝固酶阴性葡萄球菌是次要病原菌或偶然感染因素（Moroni et al，2005d）。在一项对 25 只感染山羊产奶量比较研究中发现，未感染山羊的产奶量（0.98kg）比感染山羊高很多（0.69kg）。一些学者认为体细胞数的增加相当于患了严重的乳腺炎，然后得出结论，体细胞数增加的山羊乳汁样品含有大量凝固酶阴性葡萄球菌，因此，它肯定会引起严重的乳腺炎（Hinckley et al，1985）。凝固酶阴性葡萄球菌对经济影响的重要性仍不清楚。一般情况下，从业者应该进一步说明疾病的严重性或产量的损失，因为凝固酶阴性葡萄球菌不大可能是疾病发生的诱因。然而，这些细菌的高流行率也许说明目前实施的挤奶程序需要讨论（Contreras et al，2003）。

无乳链球菌 有报道称，无乳链球菌的感染以散发或流行性形式发生，山羊感染的频率小于牛群。大多数报道来自较早期的文献（Heidrich and Renk，1967），来自印度（Mukherjee and Das，1957）、新西兰（McDougall and Anniss，2005）或巴西（Langoni et al，2006）。在美国，无乳链球菌似乎不太可能成为影响山羊养殖的问题（White and Hinckley，1999）。

山羊感染不会引起全身性症状，但乳房可能发生硬结且造成泌乳组织受损。无乳链球菌与山羊乳房的严重基质细胞增殖和纤维化密切相关（Addo，1984）。病例可以通过试验感染而复制（Pattison，1951）。无乳链球菌不会引起脓肿。疾病的传播方式是通过饲喂乳汁或挤奶工人的手，从牛传染给山羊或从山羊传染给山羊。预防该病的措施是，新购买畜群进入产奶畜群之前筛查畜群来源地储奶器中乳汁样品并购买单个母畜的乳汁样品，避免畜群引入无乳链球菌。大多数菌株对青霉素敏感。

血琼脂平板上，无乳链球菌菌落没有明显的可与其他链球菌区分的特点。无乳链球菌伴有绿色产物、β溶血或无溶血。无乳链球菌不能裂解七叶灵。常用 CAMP 初步诊断无乳链球菌感染（Schalm et al，1971）。来自金黄色葡萄球菌周围的 β 溶血素致敏的红细胞被无乳链球菌的某种因子完全裂解而渗入琼脂中。

其他链球菌 链球菌是除无乳链球菌外偶尔引起环境源性乳腺炎散发病例的的原因（Mallikeswaran and Padmanban，1991）。在一项研究中，跟踪调查了 720 只由机器喂养的处于哺乳期的山羊，16％的乳腺炎病例归因于链球菌，相比之下，74％的病例是由金黄色葡萄球菌引起的（Moroni et al，2005c）。羊群中由链球菌引起的乳腺炎暴发是不良卫生条件造成的（55 只山羊中 28 只患有慢性乳腺炎）。其临床症状表现为乳房萎缩、硬化、形成脓肿（Nesbakken，1975）。在西班牙，有三个羊群感染了兽疫链球菌，其临床症状和由支原体感染造成的泌乳缺乏症很相似，包括脓毒性关节炎，这些疾病通过自体疫苗得到有效控制（Ruiz Santa Quiteria et al，1991）。感染的羊体细胞数增加，甚至在亚临床感染的羊群中也同样（Hall and Rycroft，2007）。给羊群提供一个干净、干燥的环境，以确保泌乳时乳房的干净和干燥，这将有助于预防新发感染。

链球菌在血液琼脂上形成的菌落比葡萄球菌属的小，不产生过氧化氢酶。许多环境来源的链球菌呈七叶灵阴性。

细菌和真菌的混合感染 毫无疑问，任何致病性细菌入侵乳房都可能导致乳腺炎。例如，从环境中分离的沙雷氏菌属偶尔出现在畜群调查的报道中。基于治疗牛的经验，抗生素治疗是无效的，但应开展圈舍卫生和乳头药浴方面的工作（National Mastitis Council，1999）。如果在分离非常见致病因子之前就已对动物进行过治疗，就应考虑乳房医源性接种的可能。从患乳腺炎山羊的乳汁中分离到的各种微生物包括假结核菌、耶尔森氏菌（Cappucci et al，1978；Jones，1982）、诺卡氏菌（Dafaalla and Gharib，1958；Bassam and Hasso，1997；Rozear et al，1998），新型隐球菌（Pal and Randhawa，1976；Aljaburi and Kalra，1983）和其他真菌（Lepper，1964；Pal，1982；Jensen et al，1996）。用念球菌属的不同细菌和红酵母菌，通过试验方法在羊中成功复制到真菌性乳腺炎病例。抗生素治疗延长了病程（Jand and Dhillon，1975）。从临床正常的山羊体内分离到了棒状杆菌（Schaeren and Maurer，2006；Hall and Rycroft，2007）和酵母菌（McDougall，2000）。从奶牛体内分离到牛棒状杆菌通常被认为是乳头没有充分药浴的证据（National Matitis Council，1999）。

14.5.3.2 细菌性乳腺炎的治疗

尽管拥有珍贵品种或宠物羊的主人希望治疗母羊的乳腺炎，但淘汰感染个体通常是最经济的选择。淘汰感染个体有利于降低其他羊群感染风险，增加对感染的遗传抗性选择性压力。在断奶期或者配种选育期，发现有绒毛用羊或肉羊的乳房脓肿时，将其淘汰是一种明智的选择。

抗生素的局部治疗 如果选择治疗，就应在临床症状出现时进行。否则，就会破坏乳汁分泌组织或者使乳腺炎转化成坏疽（金黄色葡萄球菌），通过微生物培养或体细胞数的测定来检测

亚临床乳腺炎局部治疗的效果是一件费力的事，该方法仅用于羊群中不常见的无乳链球菌治疗效果的检测。患病个体应在最后挤奶。

抗生素的选择 对于乳房内或非口服途径施药治疗乳腺炎，抗生素的选用在不同国家各不相同。基层兽医人员应该对分离的病原微生物进行抗生素敏感性评估，选择的抗生素相对而言应是易获得、合法的、廉价的。在羊群中，金黄色葡萄球菌是临床乳腺炎最常见的病原，所以最初的治疗（缺少敏感性结果）应该选用对这种细菌敏感的药物，四环素和吡硫头孢菌素是两种体外治疗该病非常有效的药物。虽然氨苄西林和阿莫西林具有广谱的抗菌功效，但该菌常对青霉素有抗性。有些研究未显示隔离山羊会产生 β-内酰胺酶（Moroni et al，2005a）。除患有系统性疾病的动物外，通常使用牛用输液管进行乳房输液治疗，间隔 12 或 24h 给药 2～3 次。

细菌如金黄色葡萄球菌感染时，会出现大面积的浮肿或组织损伤，推荐注射有良好生物活性的抗生素 5～7d（Ziv，1980）。考虑到一些药物代谢动力学的原因，一些针剂类药物在乳房中不能达到有效的药物浓度（Ziv and Soback，1989）。庆大霉素不易渗入乳房，头孢菌素也不易通过血液到达乳房组织。土霉素和增效磺胺类药物具有广谱、无毒的特点，但存在有限或可变渗透性的缺点。注射氯霉素治疗乳腺炎效果极佳，但在许多国家被禁止使用。缓释制剂（青霉素、四环素）无法有效地维持乳汁中足够的药物浓度。

大肠杆菌引起的乳腺炎推荐采用以庆大霉素或者是甲氧苄啶/磺胺嘧啶为基础的注射处方药物（Lewter et al，1984）。对牛的研究表明，庆大霉素的治疗并不能改善大肠杆菌乳腺炎的严重程度和病程，并且从肾组织彻底排泄庆大霉素需要几个月的时间（Erskine et al，1991）。所以最好避免使用这种抗生素。此外，因为无菌、安全和残留的问题，除商业化的乳腺炎药物外，其他任何抗生素针剂都不太理想。

Ziv 和 Soback（1989）对几种药物的抗菌性和乳房穿透性进行了总结。氟苯尼考、恩诺沙星、诺氟沙星、泰妙沙星和多西环素在注射给药后具有良好或极佳的乳房渗透性。恩诺沙星和其他氟喹诺酮类药物在美国被明确规定禁用于羊。（我国也禁用部分喹诺酮类药物。——译

者注）

输液技术　大多数的商业牛用输液管都有一个尖头涂药器，它太大以致不能插入大部分山羊的乳头。最近发现，将牛用输液管尖头涂药器全部插进乳头，甚至是牛乳头，会损害乳头管的内壁。同时，这样也使定植于角质内层的细菌被迫向上进入泌乳池，易诱发新的感染。此外，即使是在乳头开口比较大的情况下，尖头涂药器也应尽力插入更深，防止输液过程中药物的泄漏。特别设计的 3.5mm 的注射器头应该更容易插入。当乳头括约肌太紧或母畜不配合时，可用无菌的导尿管将治疗乳腺炎的药物注入乳头。一些研究人员建议即使只有一个乳房感染也应该同时对两个乳房进行治疗。

在输液前后乳头应用消毒药水药浴，同时用酒精清洁乳头根部。需要对农场主在洁净手（手套）和卫生技术重要性方面进行一些培训指导。

避免抗生素残留　用抗生素治疗哺乳期山羊时，农场主或兽医想知道什么时候乳汁中不会有抗生素的残留。在美国，对商品化哺乳期牛用注射药物输液后抗生素残留的研究中发现，红霉素、土霉素、青霉素、头孢匹林按照标签说明注射给 10 只山羊。按标签上标记的休药期（分别是 36、96、60、96h）未检测到残留的抗生素，除了一只羊在 72h 后仍检测到有青霉素残留（Long et al，1984）。另一项研究发现，在最后一次给药后 108h 可检测到土霉素（426mg），氯唑西林（200mg）在 156h 后仍然能检测到（Hill et al，1984）。一个商品化的组合药物（200mg 的阿莫西林三水合物，50mg 的克拉维酸钾和 10mg 的泼尼龙），用于奶牛的休药期为48h，但用于山羊后阿莫西林的残留量在乳汁中112h 后才能达到可接受的浓度（Buswell et al，1989）。这类药物用于山羊时，休药期应为推荐的牛休药期的两倍。欧洲的法规规定对哺乳期的小反刍动物进行乳房内抗生素治疗时，需 7d 的休药期（Bergonier et al，2003）。

Ziv（1984）报道了健康山羊接受乳房内治疗（35 种市售输液产品）或注射治疗（27 种针剂）后的抗生素残留的持续时间。头孢噻呋在美国可用于山羊全身性治疗且无休药期，但是它渗入乳房的能力很差。人们希望土霉素在山羊全身的代谢速度能够像在牛奶中的清除速度一样或者

更快地从山羊乳汁中全部代谢，但是在大剂量或者延长给药时间后，建议有 6d 的弃奶期（Martin-Jimenez et al，1997）。羊奶中青霉素残留的时间是不固定的，尤其通过皮下给药，所以建议不定时地对乳汁进行抗生素残留检测（Payne et al，2006）。

随着检测技术灵敏度的提高，人们期望休药期比预期的长。美国对几种抗生素残留检测结果显示，在羊奶中抗生素的残留浓度低于牛奶中规定的耐受限度（Zeng et al，1998）；典型的非确证性检测通常在用，而且供应抗生素残留超标乳品的生产者被认为是犯罪。需要注意的是，乳汁中残留的可检测的抗生素浓度来自未经加工处理的乳品（Hill et al，1984）。即使抗生素的残留水平很低以至于不会危及除极端过敏体质消费者外的人群的人身安全，也会因为乳汁中抗生素的残留而无法制作奶酪。理想的情况是，对来源于接受治疗动物的乳汁，应在乳品厂或实验室利用最敏感的抗生素检测系统进行检测，检测为阳性的乳品不能进入消费市场。

假阳性抑制剂检测　正常的山羊乳汁似乎有些许抗菌功能。在一项研究中，对 75 只曾接受抗生素治疗的健康山羊乳汁样品的检测显示，24% 的样品出现抗生素残留假阳性，11% 的样品中自然抑制因子是热稳定的（60℃，20min）（Ziv，1984）。嗜热脂肪芽孢杆菌平板检测中出现的小抑制区引起了研究人员的注意，特别是哺乳后期的样品，并且这种现象很自然也引起了管理人员的注意（Hinckley，1991）。山羊乳汁中的乳铁蛋白有阻止嗜热脂肪芽孢杆菌生长的特性（Oram and Reiter，1968）。在干乳期抑菌作用和乳铁蛋白的浓度都增加。在哺乳后期，乳汁的酸败程度增高，而且由于脂肪酸的作用，对乳汁进行加热处理并不影响其抑菌作用（Hinckley，1991；Atherton，1992）。山羊乳汁不适于进行嗜热脂肪芽孢杆菌测试（Klima，1980）。嗜热脂肪芽孢杆菌抗生素 P 培养基试验相对于平板试验而言易出现假阳性结果（Zeng et al，1996）。有报道表明，用含有青霉素或头孢匹林的山羊乳汁进行鲎酵素 β 内酰胺残留检测是敏感和特异的（Zeng et al，1996）。另外一项研究中，使用了 8 个不同的检测试剂盒和来自临床正常的山羊乳汁进行试验，结果发现所有的试剂盒

（包括鲑酵素）都适于山羊乳汁的筛查，其特异性达99％以上，所有操作严格按照厂商提供的说明书进行（Contreras et al，1997a）。

在温暖的温度下培养牛奶样品会使细菌数量增加和pH降低，在平板试验中会形成抑制区域。这些抑制区域就像是加入抗生素而产生的结果一样，这种抑制作用在生奶加热到82.2℃还会持续5min之久（Kosikowski，1963）。因此，乳汁样品不当的处理方式有助于发生残留测试假阳性反应。

对乳汁中非抗生素抑制因子的关注比管理条例中制定的注意事项更重要。乳汁中消毒剂的残留或来自饮食的超过正常水平的碘残留会干扰乳品制作过程中的酸化（LeJaouen，1987）。

14.5.3.3　乳腺炎的辅助疗法

既清除细菌又去除毒素的组合疗法是非常有效的。催产素（5～10U）或热压法有助于患病乳房下奶。如果幼畜和母畜同圈饲养是为了帮助母畜移除乳房分泌物，那么遭受感染或饥饿的幼畜以及散播到其他圈舍的母畜则有感染乳腺炎的潜在威胁。

抗炎性药物如静脉注射或口服氟尼辛葡甲胺（每千克体重1mg，每天1或2次）或皮质类固醇（地塞米松，每千克体重0.44mg），频繁给药使动物出现不安或毒血症。在乳房内大肠杆菌攻毒试验中，给予抗炎性药物治疗的山羊，其临床症状好转并无任何副作用（Anderson et al，1991）。在临床试验中，肌内注射氟尼辛葡甲胺每千克体重2.5mg，每天1次，治疗2个疗程，与乳房内注射抗生素但无抗炎性药物的对照组山羊相比，其临床症状减轻更快（Mavrogianni et al，2004）。苯基丁氮酮应该避免用于肉用或产奶山羊，而且在某些国家这类药物是禁止使用的。静脉输液为系统性治疗。如果患病山羊仍能行走采食，口服补液如商业化的电解液产品，可以替代静脉输液产品且价格低廉。如果患有严重或慢性乳腺炎时，就应给予系统性抗生素进行治疗。

14.5.3.4　坏疽性乳腺炎的治疗

红色的乳房分泌物伴有蓝色的乳块且乳房皮肤发凉时，表示出现严重的乳腺炎，就要加强治疗，一般预后不良。

医疗管理　坏疽性乳腺炎早期阶段，乳腺感染发热并且疼痛，分泌物呈浅红色，曾有通过药物成功治愈的报道。在苏丹曾有报道，坏疽症状不明显时（皮肤发凉、指压性水肿、皮肤敏感度缺失、水样血色分泌物），81只羊中有91％的经治疗完全康复（Abu-Samra et al，1988）。在苏丹，坏疽性乳腺炎治疗研究中常用土霉素（静脉注射每千克体重5mg）和乳房内给药（每天426mg）连续5d，但头孢匹林疗效似乎令人满意。分泌物通过一个无菌管套排出。此外，在治疗时使用利尿剂（40mg呋塞米）连续5d，且在乳房局部涂抹防腐药膏。

在较少进行强化药物治疗时，大多数研究者都未得到理想的治疗结果。例如，在塞浦路斯的一项研究中，8 000只山羊中9％的患有坏疽性乳腺炎，并且乳房功能不会完全康复（Petris，1963）。

乳房切除术　有时候需要用手术切除半个或者整个乳房。

·适应证和保守疗法。如果山羊因坏疽性乳腺炎而中毒，乳腺切除可能是挽救其生命的明智策略。乳腺切除避免了不卫生和让人讨厌的坏疽组织蜕皮过程（Abu-Samra et al，1988）。患有慢性乳房脓肿且身体虚弱的山羊也可以进行乳房切除术，切除之后或许还能恢复健康（Cable et al，2004）。应该提前和主人探讨挽救山羊生命的原因（宠物羊或商品用羊）实施乳房切除术或采用低技术含量的外科手术是为了维护禁食来自患病动物的肉品的传统。为了持续育种而通过手术挽救山羊是不值得的，除非已经清楚证实乳腺炎是由山羊受伤而不是由于其较低的遗传抗性所引起。在瑞士的一项乳腺炎控制计划项目中，乳汁微生物培养金黄色葡萄球菌呈阳性的山羊因为预后不良而被屠杀，而且人们食用未经巴氏消毒的乳汁容易引起感染。因此，通过此项控制计划，在畜群中很少发生乳腺炎（Danielsson et al，1980），养殖户们在圈舍卫生、疫病防控方面也更加重视，而且山羊都是经过遗传抗性选择的。

·麻醉。多种麻醉方案被成功实施。麻醉方案的选择依赖于兽医已有的经验、麻醉药和手术工具类型。在美国，常用气体麻醉或氯胺酮/甲苯噻嗪组合。静脉注射巴比妥酸盐和腰椎麻醉剂也是可选的方案。这些方法将在第17章进行详细讨论。抗生素疗法（青霉素或头孢噻呋）在外科手术开始之前就应进行，在手术期间给予静脉输液。

• 外科手术技术（Otte，1958；Kerr and Wallace，1978；Matthews，1999；Anderson et al，2002；Cable et al，2004）。动物在外科手术前最好禁食24h。山羊侧卧保定且上前肢向下或仰卧保定，动物保定姿势的选择依赖于切除一个还是两个乳房。手术期间利用手术钳固定乳头，以便于手术操作。清洁皮肤后，在乳头或乳房基部划一椭圆形切口，尽可能多留点皮肤以便于缝合。钝性分离常用于分离皮肤和乳腺，如果切除一个乳房，钝性分离用于分离中间悬韧带和乳腺。乳房淋巴结也应切除（靠近尾部和乳腺基部）。需要进行结扎的大血管主要有腹股沟第一外阴动脉（双结扎）、外阴静脉、皮下腹静脉和会阴静脉（图 14.10）。如果需要，可以在皮下缝合处的空隙放置导液管。手术前应准备好供血动物和输血装置。

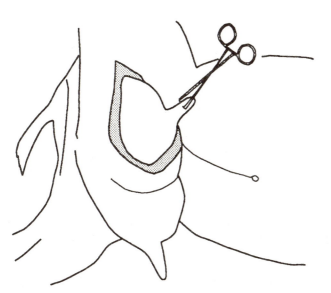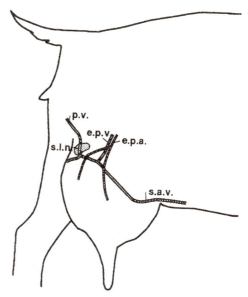

图 14.10 皮肤切口和手术切除过程需要结扎的血管。e. p. a. ＝外阴（乳房）动脉；e. p. v. ＝外阴静脉；s. a. v. ＝皮下腹静脉；p. v. ＝会阴静脉；s. l. n. ＝乳房淋巴结

• 乳房切除其他技术。全麻醉和局部麻醉状态下实施山羊乳头切除手术可以加快脓液的导流或降低乳房感染坏疽的风险。夹紧乳头根部，在其大约1/3处，大血管末端进行切除。移除手术钳后，用烧灼或结扎法止血（Sasshofer et al，1987）。

当手术切除不是最佳治疗方案时，在某些情况下可用60mL 5%～10%的甲醛（常用于病理组织样本的固定）灌注坏疽性乳腺。甲醛可杀死乳腺中的病原微生物并且固化感染因子或组织坏疽产生的毒性产物。

经切除手术治疗的乳房不能产奶，而是挽救了母畜的生命。2%洗必泰和5%聚乙烯吡咯烷酮碘在牛患慢性乳腺炎感染时用于终止哺乳（Smith et al，2005），山羊的推荐使用剂量为10mL。

14.5.3.5 干奶程序和干奶期治疗

奶山羊在下一次分娩前通常有2～3个月的非哺乳期（干奶期）。为山羊提供干奶期，可使其在下一次哺乳期增加乳汁产量。为了饲养幼畜允许母畜生产初乳；56d的干奶期山羊产生的初乳含有浓度为 42.4mg/mL 的 IgG，相比而言，没有干奶期的山羊只有 5.6mg/mL（Caja et al，2006）。如果不希望母畜产子或母畜不育，一只山羊每天挤奶的情况下可持续正常产奶达几年之久。

当母畜断奶或干奶期产奶过量时，限制饲喂低质量的粗饲料（如果气候允许）和饮水几天，有助于缓解这种状况。在此期间，应保持动物圈舍卫生、干燥，并且留意乳房的肿胀程度。在规模化养殖场，建议做好干奶期乳腺炎的输液治疗。乳房过度肿胀时应挤掉乳汁并在5～7d后复治。对经过干奶期治疗的动物分圈饲养并详细记录是非常必要的，因为经过治疗的动物未经休药期而放进产奶群中，其乳汁中会有抗生素残留问题。

在一项调查中，76％的乳房感染是由主要致病菌（金黄色葡萄球菌或者链球菌）引起的，55％的乳房感染是由从干奶期到下一次哺乳期期间持续存在的凝固酶阴性葡萄球菌引起的。（Lerondelle and Poutrel，1984）。在干奶期，山羊注射牛用长效粉剂（每次半支）治疗时，应增加疾病的治病频率，同时防止新发传染病的发生。有篇报告提到，在接受干奶期疗法的山羊群中，大约 2/3 的感染被成功清除（Plommet，1974）。在另外一项研究中，使用牛用头孢匹林苄星青霉素药物后，其治愈率达 79％，病原菌大多为凝固酶阴性的葡萄球菌（Fox et al，1992）。一项来自新西兰的研究发现，采用准许用于山羊干奶期疗法的药物（主要为普鲁卡因青霉素 300mg、双氢链霉素 100mg 和奈夫西林 100mg），乳腺疾病的治愈率达 92％，未经干奶期治疗的山羊乳腺疾病的治愈率只有 31％。上述药物对金黄色葡萄球菌和其他微生物没有疗效。与此同时，其他新发感染疫病从 9％降到了 2％（McDougall and Anniss，2005），虽然大多数研究者未能提出对付新发感染疫病的有效措施。在另外一项研究中，采用同样的药物（在分娩后 7d 没有检测到抗生素残留），其乳腺疾病治愈率在 66％～78％（Poutrel et al，1997）。氯唑西林也是治疗乳腺疾病的有效药物（Paape et al，2001）。红霉素牛用粉剂用于山羊时会产生严重的全身性反应，所以应避免在山羊上使用这种药物。

有学者建议，山羊群中超过 30％或 40％的山羊出现乳腺炎亚临床症状时，该群所有的山羊都应进行干奶期疗法，而羊群感染率较低时应选择性地只针对已被感染的动物进行干奶期疗法（Paape et al，2001）。在无支原体感染的畜群中，每月的体细胞数连续 2 次或 2 次以上大于 2 万个/mL，可证明其感染了金黄色葡萄球菌，该方法的敏感性达 100％且特异性可达 74％，这样有助于人们选择需要进行干奶期疗法的山羊（Baudry et al，1999）。建议在输液前后进行乳头药浴和局部输液治疗。

14.5.3.6 预防细菌性乳腺炎

通过减少乳房或乳头受伤的风险（如选择改善乳房的悬吊）或控制乳头皮肤损伤（包括传染性脓疱、金黄色葡萄球菌感染或疣，详见第

2 章）以减少感染乳腺炎的风险。使用机器挤奶时，乳房结构的遗传因素也影响感染乳腺炎的风险（Barillet，2007）。清洁卫生，正确的挤奶程序，奶头浸渍和干奶期抗生素治疗也有助于预防乳腺炎。饲料营养平衡或疫苗接种在预防山羊乳腺炎中的作用不详。

环境因素 在干奶期和初春季节，干燥、清洁的环境非常重要。山羊在圈养并饲喂干饲料时，其排泄物易污染饲料，加之动物具有食用污染饲草的癖好，应加强卫生管理，确保环境的干净、卫生。另外，有缝地板和高于地面的卧床也有利于保持环境的卫生。奶头尖的创伤易引发乳腺炎，应竭力防止奶头受伤（Ameh and Tari，2000）。

挤奶程序 挤奶前乳房的清洁工作决定山羊乳腺炎新发病例的发生率，如在牛群中一样，羊群在清洗和干燥乳房过程中，使用各自的毛巾相比使用公共毛巾，可降低乳房内感染疾病的流行（East et al，1987）。四肢和乳房应保持卫生和干燥。在清洗和干燥乳房过程中，尽量佩戴一次性丁腈乳胶手套。山羊的乳房比牛的乳房干燥。如果需要清洗，只需清洗乳头即可。最好不要对乳房进行全面的清洗。清洗乳头的消毒液应通过专用管道或喷壶传输，而不应放置于敞口容器中。患有乳腺炎或乳头皮肤受损的动物应最后挤奶，兽医人员为患病动物挤奶、清洗乳房时应保持双手的干净、卫生。注意圈舍相关设施的合理安置，防止动物滑倒和乳头尖受伤（引起乳汁逆流），这对于预防挤奶期细菌、支原体和山羊关节炎/脑炎病毒进入乳腺有非常重要的作用。

挤奶时动作轻柔、环境安静有利于催产素的释放和下奶。与此相关的生理学行为在其他章节进行综述（Martinet and Richard，1974）。山羊催产素的生物学半衰期为 2～3min（Homeida and Cooke，1984）。挤奶前乳房的擦洗刺激对于产奶没什么帮助。研究表明，乳房的擦洗对挤奶时间和产奶量没有影响（Ricordeau and Labussiere，1970）。这是因为山羊约 80％的乳汁在泌乳池而不是在泌乳小泡中，这意味着清洁乳头后可立即下奶（Ohnstad，2006）。挤奶时，山羊常进行习惯性反刍。人工或机器挤奶时，避免过度用力。母畜在哺乳后期的过度产奶会增加患乳腺炎的风险（East et al，1987）。在塞浦路

斯的研究发现，挤奶时通过牵拉乳头而固定山羊被认为是坏疽性金黄色葡萄球菌乳腺炎高发病率的诱因（Petris，1963）。机器挤奶时，在移除乳头嘴之前使用真空关闭阀，避免乳头尖受伤（Bergonier et al，2003）。

应定期挤奶，但没必要将挤奶间隔期固定为12h。山羊拥有一个较大的泌乳池储存乳汁。研究发现，挤奶间隔期为16h∶8h和12h∶12h，其产奶量没有明显差别（Henderson et al，1983），但每天挤奶3次，产奶量会增加。法国饲养工研究了挤奶次数对产奶量的影响（采用的数据中删除了周日晚的产奶量）。研究发现，如果在哺乳期前一月增加挤奶次数，其产奶量减少4.5%；如果在哺乳5个月后增加挤奶次数，其产奶量减少1.2%。未发现乳腺炎发病率的增加，而且在有些农场节约的劳动力成本极大地抵消了产奶量减少带来的损失（Le Du，1987）。

在法国的一项初步研究结果显示，产奶时奶流速度受遗传控制，具有隐性基因"*hd*"的纯合子山羊产奶时奶流速度较快（Bouillon，1990）。这个基因对乳腺炎发生率的影响仍在研究中。

挤奶厅设计　升降平台是挤奶过程中最基本的设施，许多小规模的养殖户使用单个的挤奶架。规模化的养殖场需要建设挤奶厅（Le Du，1987；Mottram et al，1991）。设计方案有：从后面挤奶的并排挤奶厅，从侧面挤奶的"人"字形挤奶厅，从前面挤奶的倒"人"字形挤奶厅以及从侧面挤奶的坑道挤奶厅。此外，为了增加产奶量，挤奶架和挤奶设施一起被固定在一个旋转台上。

挤奶仪的功能　优先选择低位管道系统，其挤奶管道低于挤奶坑道边缘或挤奶升降平台。29～30mmHg的真空度适用于低位管道系统，而较高的真空度适用于高位管道系统。在法国，对山羊挤奶时使用30～38mmHg真空度挤奶仪（Darracq，1974）。然而，在文献中使用的真空度单位是帕（Pa），$1Pa = 7.5 \times 10^{-3}$ mmHg；1kPa等于7.5mmHg。

山羊建议使用脉冲率为70～100次/min和脉冲比率为50∶50到70∶30（挤奶时长∶间歇时间）（Le Du，1987）的挤奶系统。对挤奶率和体细胞数优化试验发现，脉冲比率为60∶40，脉冲率为90次/min和真空度为45～52kPa为最优参数（Lu et al，1991）。也有研究人员推荐真

空度为37～38kPa，脉冲率为90～120次/min，脉冲比率为50∶50的优化组合（Ohnstad，2006）。

在挤奶罩杯磨损和破裂前就应更换。有些作者建议定期更换牛用挤奶罩杯（每个罩杯内衬垫可挤奶使用1 000～1 500次）（East and Birnie，1983）。一份来自法国的生产指南建议每年更换2次挤奶罩杯（Cardoen and Delahaye，1977）。因为挤奶罩杯衬层随着时间、洗涤和使用而逐渐老损，这些老损的挤奶罩杯延期使用不应超过60d。

乳头药浴　虽然在山羊乳头药浴方面只有几篇研究报道，但人们普遍认同采用合适的药物和洁净溶液进行乳头药浴或喷雾对于预防细菌性乳腺炎来说是很经济划算的（Plommet，1974；Bergonier et al，2003；Contreras et al，2007）。法国的一项研究结果显示，当药浴右边乳头而未药浴左边乳头作为对照时，在早期哺乳期新发感染疾病减少62%，在整个哺乳期新发感染疾病减少41%（Baudry et al，2000）。有些研究人员通过比较体细胞数（Paape et al，2001），发现了乳头药浴的益处，尽管其他研究者并未发现此现象（Poutrel et al，1997）。在奶牛上预防乳腺炎常用的有效药物有0.5%碘酒或0.5%洗必泰。乳酸链球菌素，是由乳酸链球菌亚种Lactis菌合成的细菌素蛋白，常用作乳制品食用级防腐剂，可有效预防山羊乳腺炎（Paape et al，2001）。最近，人们越来越关心在对动物进行乳头药浴时那些对消毒剂有抗性的细菌，它们可能影响人类的健康（Contreras et al，2007）。

在小规模养殖场，不应该一次性购买大量的乳头药浴剂，因为大量乳头药浴剂的堆积可能出现和引起乳房的刺激反应。即使是新购买的乳头药浴剂也可能会因为以前的冻结或长期储存而出现问题。当使用浓缩乳头药浴剂时，须用洁净的水稀释；一些病原体，如绿脓杆菌，常见的腐生沙雷氏菌可以幸存，并在乳头中增殖（Van Damma，1982）。每次挤奶后应该清空和消毒挤奶器。手动泵或气雾喷雾剂（如洗必泰）有助于避免污染挤奶器，但挤奶工必须要确保乳头全部浸润于药浴杯中。在干奶后乳头药浴一周或喂养幼崽前进行乳头药浴就没有什么意义了。

干奶期治疗　在干奶期进行乳腺抗生素输

液，如前所述，有助于防止乳腺炎，另外还可以治愈一些以前存在的感染。

疫苗接种 金黄色葡萄球菌毒素疫苗接种适用于由金黄色葡萄球菌引起临床乳腺炎的畜群（Petris，1963；Lerondelle and Poutrel，1984）。在一项以山羊作为牛替代模型的研究中使用了一种含有佐剂的细胞类毒素（由细胞和类毒素组成，含有氢氧化铝佐剂）疫苗（Derbyshire，1960）。该疫苗并没有降低感染的流行性但降低了疫病的严重程度。相反，体细胞抗原疫苗未能预防乳腺炎或降低临床严重程度（Lepper，1967）。绵羊田间试验结果显示，接种含有 α 油佐剂的 β 葡萄球菌类毒素疫苗 2 次，相对未接种对照组绵羊而言可降低临床乳腺炎的发病率（Plommet and Bezard，1974）。近年来，未见山羊接种 β 葡萄球菌或 β 葡萄球菌类毒素相关研究的报道。曾尝试通过在山羊乳房中表达溶葡球菌酶的基因疗法增加其抗病性，最终因为出现与预期结果相反的免疫反应而宣告失败（Fan et al，2004）。

大肠杆菌性乳腺炎在山羊中比较少见，想通过疫苗接种来取代日常卫生而降低疫病发生率的做法是不切实际的，研究者已提议将山羊作为牛大肠杆菌疫苗研究的替代模型。攻毒试验发现，J5 疫苗能缓和临床症状并能减少牛奶中病原的数量（Aslam et al，1995）。

营养 虽然营养缺乏会增加动物对乳腺炎和其他传染性疾病的易感性，但在山羊中相关研究很少。然而，现已证明，山羊硒缺乏与中性粒细胞功能降低相关（Aziz et al，1984；Aziz and Klesius，1986）。此外，与硒营养不良的山羊相比，谷胱甘肽过氧化物酶活性较高的芬兰长白山羊表现体细胞数减少而产奶量增加（Atroshi et al，1985）。此项研究不包括乳汁样品的培养。在西班牙的一个缺硒地区，对 4 个畜群在交配前注射缓释硒酸钡溶液，研究结果显示，注射缓释硒酸钡的山羊体细胞数、哺乳期临床乳腺炎的发病率均显著减少。与在 260 只中出现 40 例临床乳腺炎的对照组山羊相比，接受缓释硒酸钡注射治疗的 260 只山羊中出现 10 例临床感染病例（Sanchez et al，2007）。在补硒的牛群中提高中性粒细胞的杀菌活性被认为可以减缓大肠杆菌性乳腺炎发病的严重程度（Erskine et al，1989）。机体中维生素 E 在抵抗乳腺炎中也发挥着重要作用。

14.6 山羊乳汁中非乳腺炎引起的乳汁品质的变化

含有血液或散发不愉快气味的山羊乳汁降低了人类食用由其制作的羊奶和奶酪的愿望。对液体奶或奶酪的生产商而言，乳汁中乳脂含量的降低则是另一个普遍存在且严重的问题。

14.6.1 血奶

有时山羊乳汁由于乳房血管破裂，在冰箱的乳汁储存盒底部会呈现轻微的粉红色或红色沉淀物。若山羊乳房皮肤温度正常，无青紫斑块，并且山羊也未患有系统性疾病（不存在其他疾病），需要进行乳汁微生物的培养检测以确定血奶是否来自坏疽性乳腺炎感染。有些研究人员建议，告知养殖户在 5d 后再次进行检验，因为通常在那时乳汁中的血液就会消失（Baxendell，1984a）。如果养殖户非常认可对乳汁培养物测试的结果，那么应对凝固酶阴性葡萄球菌属与环境条件的不相关性进行更深层次的讨论。

如果山羊正处于哺乳期，其患低血钙症的可能性应引起人们的重视。一些兽医给予维生素 K 或者其他血液促凝剂来治疗低血钙症。应用这种方法治疗好转的动物和未经治疗而自愈动物之间还未进行过对比。畜群乳房经常受伤时，应该检查可能造成乳房外伤的环境，包括过高的门槛和粗糙的挤奶器，还有挤奶工人的手、挤奶的机器或者羔羊的顶撞等。

14.6.2 血奶乳汁异味

异味或者乳汁污染问题必须从有意在山羊乳汁中使用某些物质而产生这种风味的角度去考虑。在某些地方，这样做目的是生产出有着特定"膻味"风味的奶酪。为了获得这种风味，在生产奶酪前生产者可能会给羊饲喂大量干燥的草或将羊奶存放 42h 以上。他们也会使用遗传选择。在挪威，因遗传因素而产生膻味风味的山羊遗传系数被计算为 0.25。在美国或者澳大利亚，奶制品的消费形式大部分是液体状态，膻味风味仅仅是习惯于这种口味的消费者们所乐于接受的。此外，好的山羊奶口感应当类似于牛奶。对于来自畜群或个体的存在一些不受欢迎风味的羊奶，其原因应在奶制品盒上注明。

山羊乳汁异常风味的原因

畜群问题

a）卫生学

挤奶桶应当经化学方法进行消毒处理或者是通过烫洗来杀灭冻存乳品中的嗜冷微生物。不锈钢、玻璃杯和搪瓷类器具受养殖户喜爱的程度超过其他材料，是因为其易于消毒、清洗，干净卫生。干净、通风良好的仓库可以避免吸入氨气或其他恶臭气味。

b）奶制品的处理过程

奶制品应当迅速冷却、置于带盖的容器内并储藏于冰箱中。储藏于铜制/铁质的容器、暴露于阳光或者紫外线照射下的奶制品，会产生"纸板箱味""金属味""油味"等风味。在奶制品房间应避免使用铜制管道，特别是在水的 pH 小于 7.0 时。如果储存奶制品的容器密封不严，散播在空气中的腐败因子可能会被其吸收。用力搅拌奶制品（就像空气渗入挤奶器管道一样）可能会破坏脂肪滴外围的油脂薄膜。将热的、未加工的乳汁与冷的、经巴氏消毒的乳制品混合，可以使有活性的脂肪酶分解薄膜受损的脂肪小球，从而导致脂肪分解并产生酸败味道。

c）营养方面的考虑

1）钴缺乏。给患畜饲喂含钴的饲料或注射维生素 B_{12} 几天后，患畜钴缺乏症得到了好转。

2）维生素 B_{12} 缺乏，被认为是引起乳品腐败的主要原因，而维生素 B_{12} 缺乏是导致蠕虫病感染的次要因素（Mews，1987）。

3）维生素 E 缺乏。没有维生素 E 的抗氧化作用（例如冬季的饲养），容易导致乳制品产生氧化的风味。牛的日常补充维生素 E 的推荐量为 1 000～7 000IU，人们也尝试过额外给羊每天饲喂 400IU 的维生素 E，持续 1～2 周时间（Ishler and Roberts，2002）。

4）奶制品中的不饱和脂肪酸很容易受到氧化，可通过降低日粮中脂肪的含量（全脂大豆、完整棉籽、油脂）或通过增加饲料中饲草的比例调整乳汁中不饱和脂肪酸的浓度（Ishler and Roberts，2002）。

5）日粮中不适的蛋白比例也可使脂肪微球表层脂膜变薄而导致乳品的酸败（Ishler and Roberts，2002）。

6）饲料或野草的风味，可造成乳品产生饲料或野草风味的植物包括卷心菜、萝卜、新鲜苜蓿、豚草、麒麟草、青贮饲料、金银花、金凤花、黑莓和葡萄叶（Lovegrove，1990）。

7）使用大蒜可能是为了驱除肠道寄生虫。

8）药品，如驱虫药，也会分泌至乳汁中。

d）公羊的气味

与母羊一起圈养的公羊通常不会引起乳品的风味问题，除非奶制品处置不当。

羊个体的问题

a）遗传风味

生产"膻味"奶酪的方式的反面表明，要想生产好风味的奶制品应选对母畜。

b）自发的脂解作用

异常的风味一般是在冷藏过程中产生的。

c）酮病

d）乳腺炎

e）饲料的风味

若要增加乳制品中的饲料风味，应在挤奶之后饲喂动物，而不是在挤奶前的 4h 之内。

14.6.2.1　异味奶制品的评价

调查奶制品的风味问题时，养殖户必须确定这种风味是奶制品固有的还是由于储藏而导致的，奶制品的酸败是来自某只山羊的一只乳房（乳腺炎引起的）还是两只乳房，奶制品是否来自互不相干的一些成对山羊（例如把不同对山羊乳制品混合在一起），是否涉及很多山羊。如果养殖户在刚挤完奶后没有立即对每只山羊的每只乳房来源的乳汁进行评估，兽医应该建议用巴氏消毒法处理乳汁，从而避免表 14.2 中提到的任何人畜共患病。如果怀疑某只山羊与乳汁异味有关，且排除了乳腺炎疾病，那么这只山羊应被单独圈养在圈舍里并且饲喂几天干杂草，如果乳汁异味消失，说明很有可能是饲料或饲喂方式的原因。然后，将这只羊再次以一种饲喂方式饲养一段时间并且只在一个牧场饲养，直到发现不合理的饲喂方式或者饲料（Baxendell，1984c）。养殖户也可参照 Matthewa 编写的异味乳品调查计划（1999）。

表 14.2 通过未加工羊奶而潜在传播的人畜共患病

偶然分泌在奶制品中的原因	奶制品中排泄物的污染
布鲁氏菌病	弯曲菌病
干酪样淋巴结炎	隐孢子虫病
隐球菌病	大肠杆菌病
钩端螺旋体病	李氏杆菌病
李氏杆菌病	沙门氏菌病
羊跳跃病	耶尔森氏菌病
类鼻疽	
Q热	
葡萄球菌性食物中毒	
弓形虫病	
结核病	

14.6.2.2 乳制品中的脂肪酶及其作用

山羊乳汁中含有一种固有的乳汁脂肪酶（例如脂蛋白质脂肪，LPL），它可以引起乳汁中脂肪的酶水解反应并增加奶制品中游离脂肪酸的浓度。大约46%的脂蛋白质脂肪酶存在于羊奶的乳脂中。

山羊乳汁中含有的酶负责自发的脂解作用（始于冷的新鲜奶中）和诱发的脂解作用（始于用机械或加热方法处理过的奶中）。LPL的活性与乳汁样品中的自发脂解作用的发生程度紧密相关，其 r 值范围为 $0.65\sim0.80$（Chilliard et al，1984）。

LPL的活性和乳汁中的脂解作用在不同山羊中存在着很大的差异（Chilliard et al，1984）。有研究报道，易发生脂解作用的乳汁与发生最低脂解作用的乳汁样品相比，其24h内释放的游离脂肪酸是后者的26倍之多。法国的一项研究发现，夏季收集的乳汁比冬季收集的乳汁中的脂解作用高4倍左右（LeMens，1987）。夜间收集的乳汁比白天收集的乳汁含有更高浓度的脂蛋白质脂肪。参与此反应过程的活化剂和抑制剂还未被鉴定出。乳制品加工车间，车间内的酸度值（ADV）作为衡量乳品酸败度的客观指标。至少在牛奶中，如果车间内的酸度超过1.0，牛奶会产生一种像肥皂苦味的腐臭风味（Ishler and Roberts，2002）。

当羊的乳汁发生自发脂解作用时，乳汁最初口味正常，但储藏于冰箱时会很快变质。可以将收集的乳汁在57℃进行瞬时加热，以灭活部分酶的活性来解决该问题。这个过程被称为加热处

理法，该方法可以避免对巴氏消毒法有强烈厌恶情绪的业主的苦恼。除非奶制品是用来被制成熟的奶酪（储藏期超过60d），否则收集的乳汁仍然建议使用巴氏消毒法处理。巴氏消毒法，甚至是煮沸，并不能完全灭活山羊乳汁中的脂肪酶（Jandal，1995）。

14.6.3 低乳脂

大多数欧洲人食用的山羊乳制品，其乳脂浓度在正常温度下约为3.8%。然而努比亚人和俾格米人饲养的山羊产生的乳汁，其乳制品含有较高浓度的乳脂（Jenness，1980；Haenlein and Caccses，1984）。山羊乳汁脂肪中的中链甘油三酯浓度高于牛奶。Sanz Sampelayo等（2007）评论了日常饲喂饲料对山羊乳汁中脂肪酸表达谱的影响。利用遗传筛选法选择高产奶量的牲畜而忽视了乳汁中的干物质组成的含量，由此导致了乳汁中的乳脂浓度逐渐下降。随着乳脂水平的下降，奶酪产量也会下降。此外，这种乳汁因未能达到食品法制定的标准而不能进入市场。

14.6.3.1 日粮中粗饲料与浓缩料和膳食脂肪之间的关系

引起低乳脂最常见的原因是饲喂的日粮中浓缩料与粗饲料的比值高于2:1。典型的低乳脂易发生于高产奶量的羊群中。含有高于35%的经加热处理的谷物淀粉，例如玉米、高粱和大麦的浓缩料也被认为与低乳脂的产生有关。（Adams，1986）。正常乳汁中脂肪的产生需要保持一定量的消化纤维素、瘤胃中产生大量的醋酸盐细菌。快速消化浓缩料，减少了山羊口腔中唾液的分泌，导致瘤胃pH下降到不适合醋酸盐细菌生存的水平。总之，如果浓缩料在日粮中所占的比例控制在50%或者更少，其对乳脂生成的不利影响将不会出现（Morand-Fehr et al，2000）。

日粮中浓缩料如何搭配也会影响山羊胃酸和乳脂的产生。早晨应先喂粗饲料，再喂谷物类饲料。每日浓缩料的饲喂分为两次以上，这样对提高乳脂是有帮助的。给山羊饲喂长的干苜蓿草，相比饲喂细碎的、脱水的苜蓿草，其乳汁中乳脂的浓度相对更高。（Morand-Fehr et al，1999）。关于这部分内容将在19章有更为详细的讨论。

从日粮中摄入过多的脂肪将会包被瘤胃纤

维，进而干扰其消化，并降低乳脂的产生。然而，瘤胃中饱和脂肪达到日粮摄入量的 8% 时，可以增加乳汁中乳脂的含量，且对乳蛋白的产生没有任何不利影响（Morand-fehr et al，2000）。与奶牛相反，山羊日粮中添加富含不饱和脂肪酸的植物并不会降低乳脂的生产（Sanz Sampelayo et al，2007）。

14.6.3.2　使用缓冲液

在提高瘤胃的 pH 和醋酸摩尔分数上，粗粮比碳酸氢钠更加有效（Hadjipanayiotou，1982）。在粗饲料中添加少量的碳酸氢钠（4%）可以显著增加乳汁中脂肪的含量。使用添加了缓冲液的日粮饲喂 2～3 周后，乳汁中脂肪含量的增加非常明显（Hadjipanayiotou，1988）。在低纤维饲料中添加占总干物质量 1%～1.5% 的碳酸氢盐，可以增加乳汁中乳脂的含量，如果添加益生菌，效果会更好（Morand-fehr et al，2000）。

14.6.3.3　环境温度

高温影响动物采食粗饲，从而导致低乳脂的产生（Devendra，1982）。热应激导致山羊减少采食粗粮或者优先采食粗粮中易消化的部分，这样使得瘤胃中的热消解减少并降低了醋酸盐的产生，由此导致乳脂合成减少。提供良好的通风、充足的水源和多餐少量的膳食有助于减轻环境温度对动物的影响。

14.6.3.4　增加乳脂产量的其他措施

饲喂大量的干啤酒谷物有助于增加乳脂的产量（Sauvant et al，1987）。许多全奶产品也要求增加产品中的乳脂百分率（Morand-Fehr et al，1999）。

当所有增加乳脂的措施都不起作用时，或者很早就对既定的管理办法进行了恰当修改，乳脂增加仍然不明显时，养殖户或许应购买几只努比亚山羊来提高群体的乳脂浓度以超过州或国家制定的最低法定限量。

14.7　生奶和其他食品安全问题

生奶与巴氏消毒奶引起了山羊养殖户之间激烈的讨论。一生都喝生奶的人或他们的小孩从喝牛奶改喝山羊奶后身体依然很健康的人，他们很难相信如此"天然"的食品会有损身体健康。用生奶制备各种奶酪已有上百年历史，如果使用巴氏消毒奶，其生产出的奶酪的结果是不一样的。此外，巴氏消毒法破坏了牛奶的稳定性和耐藏性，这点对于冷藏非常重要。

14.7.1　人畜共患病

许多工业化国家有规定，如果没有非常严格的卫生条件，出售的奶一律都要经过巴氏消毒。这些法律制定可以使人免受布鲁氏菌病或肺结核病的传染。在这两种疾病已被根除地区，这些法律对于外行人而言似乎有点过时。然而，与此同时，已从山羊奶中分离出了日益增加的其他类型的感染性致病因子（Pritchard，1987；Klinger and Rosenthal，1997）。这些病原体引起的疾病见表 14.2。

关于山羊奶制品食用安全性问题的支持性参考文献包括：布鲁氏菌病（Stiles，1950；Renoux，1957；Young and Suvannoparrat，1957；Wallach et al，1994；Vogt and Hasler，1999；Wyatt，2005；Gupta et al，1994；Vogt and Hasler，1999；Wyatt，2005；Gupta et al，2006）、干酪样淋巴结炎（Gold-berger et al，1982；Tham，1988；Azadian et al，1989；Eilertz et al，1993；Abou Eleinin et al，2000）、跳跃病（Reid et al，1984）、蜱传脑炎疾病（Heinz and Kunz，2004）、类鼻疽（Olds and Lewis，1954）、Q 热（Caminopetros，1948a，1948b；Ruppaner et al，2005）、葡萄球菌感染（Geringer，1983；Gross et al，1998；Hahn et al，1992）、链球菌引起的疾病（Kuusi et al，2006）、弓形虫病（Riemann et al，1975；Sacks et al，1982；Chiari and Neves，1985；Skinner et al，1990）、弯曲菌病（Jackson，1985；Jelley，1985；Harris et al，1987）、大肠杆菌感染（Mclntyre et al，2002）、沙门氏菌感染（Jensen and Hughes，1980；Gallbraith et al，1982；Desenclos，1996）、耶尔森氏菌病（Hughes and Jensen，1981；Walker and Gilmour，1986）。在健康、免疫功能正常的人群中，上述提及的大部分疾病不会引起严重感染。慢性病患儿、老年人、怀孕的妇女、正在接受癌症治疗的人以及感染艾滋病病毒的人易于感染这些致病因子。山羊养殖户们希望避免承担因消费者饮用了其乳品致病而产生的法律和道德上的责任，所以他们应该对其出售的乳品进行巴氏

消毒，或至少说明这种必要以及其出售乳品适合采用的杀毒方法。美国兽医协会反对食用生奶（Summers and New，1985）。

在英国，抽检发现出售的 100 份山羊生奶样品中，47％的样品没有达到乳品的管理标准（Little and de Louvois，1999）。当生奶用于制作奶酪时，标准大肠菌群筛选程序在正常乳汁卫生检测的失误会增加潜在的、危险排泄物污染的可能性。

14.7.2 家庭巴氏消毒法

几类商品化的家庭巴氏消毒器可用来简单制作适于人们安全食用的乳品。它们具有非常简便的操作程序用来控制山羊奶源性疾病，例如山羊关节炎/脑炎（CAE）和支原体病。不同时间和温度的组合适于控制动物传染病致病因子。这些组合包括将乳品加热至 63℃ 30min 或者 72℃ 15s。对于家庭巴氏消毒法，推荐使用较长时间的消毒以确保所有乳品都达到预设的温度（65.5～68.3℃、30min，73.8～76.6℃、30s）（Vasavada，1986）。经过巴氏消毒的乳品必须迅速冷却并小心转移至无菌的密闭容器内贮藏于冰箱中。巴氏消毒后的乳品仍有很高的污染风险，这些风险存在于家庭和大型乳品厂制作的乳品中。

当缺乏巴氏消毒器时，可将乳品灌入双层锅或玻璃罐中置于热水浴中进行消毒。这时需要一个烹饪用温度计、不停地搅拌并不时调整温度。此外，一旦乳汁被加热至预设温度，可将乳汁倒入一个预热的热水瓶中。乳品在加热消毒的最后时间段必须进行检查，以确保达到或超过预设的温度。最后，尽管家庭消毒法处理过的乳品没有进行李氏杆菌和考克斯菌检验，但家用微波炉可以极大地降低山羊奶中的菌落数并延长其存放时间。一般推荐加热至 65℃ 30min，用一个温度探针检测整个过程中的温度（Thompson and Thompson，1990）。

有报道，碱性磷酸酶的活性在山羊奶中比牛奶中低，并且其活性在绵羊奶中比在山羊奶中高 10～20 倍（Raynal-Ljutovac et al，2007）。牛的磷酸酶活性作为检验牛奶巴氏消毒的标准或许不适用于山羊奶（Klinger and Rosenthal，1997；Vamvakaki et al，2006）。冰箱中繁殖的细菌可能会产生碱性磷酸酶补偿乳汁中被巴氏消毒法灭活的碱性磷酸酶（Raynal-Ljutovac et al，2007）。

14.7.3 乳品中的毒素

未制定因饲喂或者医源性因素而产生的毒素在生奶或受巴氏消毒法影响的乳汁中的限量标准。然而，家庭式生产的山羊奶比商业化生产的山羊奶更容易导致人们生病，这是因为通过与正常乳汁混合稀释以防范毒素的保护效果常常不起作用。值得注意的是，巴氏消毒法并不能破坏已产生的葡萄球菌肠毒素，葡萄球菌肠毒素存在于被金黄色葡萄球菌或凝固酶阴性葡萄球菌感染山羊的乳汁中（Valle et al，1990）。天然植物毒素污染乳汁的可能性已经引起了人们的注意（Panter and James，1990）。许多化学物质，包括杀虫剂，有潜在的分泌到乳汁中的风险且其不受巴氏消毒法的影响。在牛乳汁中关于毒素方面的研究结果及方法大部分适用于山羊乳汁。幼畜因其体内解毒途径的发育不完全，它可能对毒素更敏感。

14.7.3.1 吡咯里西啶类生物碱

植物中的千里光属、猪屎豆属、天芥菜属、蓝蓟属、琴颈草属、聚合草属、琉璃草属和羊茅属含有吡咯里西啶类生物碱，这种碱会导致肝中毒和静脉闭合病，可能还有致癌性。这些毒素可能会被分泌至山羊乳汁中（Dickinson and King，1978；Deinzer et al，1982；Goeger et al，1982）。特别一提的是聚合草属，因为有些山羊养殖户有意识地用这些植物饲喂家畜。

14.7.3.2 佩兰毒素

假藿香蓟属和草冠毛菊（Mcginty，1987）都含有佩兰毒素，乳汁中含有较高浓度的乙醇并且巴氏消毒法不能破坏它。人们饮用了在这些植物生长的草场放牧的动物的乳汁后，会出现一种称为乳毒病的疾病（衰弱、衰竭、恶心）。幼畜吮吸了含有该类毒素的乳汁后可能会出现肌肉震颤和躺卧。

14.7.3.3 其他植物毒素和真菌毒素

在加利福尼亚出现一例幼儿骨骼异常和红细胞发育不全的报告，他的母亲饮用了采食过羽扇豆山羊产的羊奶（Ortega and Lazerson，1987）。幼犬吮吸了舔食过含有这类毒素的山羊奶的母犬的乳汁后也出现了畸形，母犬出现流产。喹诺里西啶生物碱，例如臭豆碱，被认为是这些疾病暴发的罪魁祸首，类似于由羽扇豆引发的牛关节弯曲症。试验发现，在饲喂了羽扇豆种子的山羊奶中含有臭豆碱（Kilgoreet et al, 1981）。

用采食过含有毒素（可能是苦马豆素）黄芪属牧草的牛和母羊的乳汁喂养动物后，可以引起动物泡沫状细胞质空泡化（James and Hartley, 1977）。苦马豆素抑制α-甘露糖苷酶，会引起溶酶体贮积病。

至少从理论上应关注采食了欧洲藤类植物的牛生产的乳汁中出现的致癌的、有毒的和致突变的成分（欧洲蕨）（Hopkins, 1990）。另外，值得注意的是，饮用采食过致甲状腺肿的植物的山羊的奶引发了致甲状腺肿效应（White and Cheeke, 1983）。硫氰酸盐可由母畜经乳传递给幼畜（Soto-blanco and Gorniak, 2004）。

黄曲霉毒素，特别是黄曲霉毒素M1，是由于奶牛采食了发霉的饲料而分泌至乳汁中（Osweiler et al, 1985）。不应忽视黄曲霉毒素污染山羊奶的风险，因为这已被试验所证明（Smith et al, 1994）。黄曲霉产生的真菌也能污染奶酪。

14.7.3.4 抗生素和驱虫药

乳汁抗生素的污染来自山羊乳房内或全身性药物治疗，或者是采食了掺有药物的饲料这会导致敏感体质羊群的过敏反应，干扰乳汁微生物的培养或者杀死微生物。如前所述，通常使用的嗜热芽孢杆菌测定法可能不适用于山羊乳汁中抗生素污染的测定。兽医应当建议养殖户延长休药期（休药期长于奶牛），这样可保证通过不同代谢排出体内的抗生素。如果小于2月龄的山羊幼崽接受过干乳期治疗，推荐的休药期为14d（Bergonier et al, 2003）。奶牛和奶羊厂不应使用有毒的驱虫剂。

噻苯咪唑具有抗真菌的特性，但它在抑制青霉菌的同时也促进几种不良霉菌的生长。因此，当按每千克体重200mg噻苯咪唑进行驱虫时，残留于乳汁中噻苯咪唑会干扰奶酪的正常加工，而按每千克体重50～100mg的剂量同样也会干扰奶酪的加工，特别是来自低产奶量动物的乳汁（Toussaint et al, 1976）。相反，噻嘧啶（每千克体重25mg）、甲噻吩嘧啶（每千克体重10mg）即便是2倍的剂量都不会影响奶酪的加工、形态和口味。在另外一项研究中，研究人员用口味测试仪测定发现，用奈韦拉平（每千克体重20mg，12h之前使用）或者阿苯达唑（每千克体重8mg，24h之前使用）治疗过的山羊的乳汁制作的奶酪的柔软度下降。甲噻吩嘧啶酒石酸盐（每千克体重10mg）、酒石酸噻吩嘧啶（每千克体重20mg）、奥芬达唑（每千克体重5mg）和地芬尼太（抗蠕虫药）（每千克体重240mg）剂量对奶酪的柔软度没有影响，而驱虫净（每千克体重12mg，24h之前使用）的毒副作用不显著（Cabaret et al, 1987）。即使不对乳品成品中对这类化学药物进行检验，而且消费者不产生过敏反应，销售含有这类化学药物的乳汁或奶酪也是违法的。

（景志忠　房永祥）

15

消耗性疾病

　　消耗性疾病在山羊中是一种常见的临床现象，也被称为消瘦或健康不良，除了体重减轻外而无其他明显症状（图 15.1、彩图 76）。尽管任何一头山羊可能因为某一原因出现体重减轻，但是异常消瘦通常是感染性、寄生性或管理原因导致的严重畜群问题的一个信号。如果兽医在视察农场期间注意到消瘦的山羊，即便主人没有要求，兽医也应该要求检查它们。

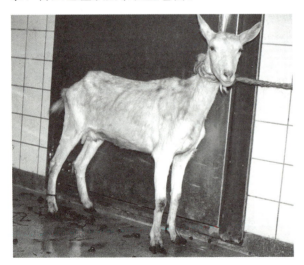

图 15.1　像这样消瘦的、没有其他明显症状的山羊，对兽医诊断疾病而言是一个挑战。这只羊最终被诊断为副结核病（Dr. Daan Dercksen 供图）

　　成年动物发育不良是指个别动物出现体重减轻，且异常消瘦。育成动物发育不良是指动物体重减轻，或者与以往经验、已知饲养标准或同舍其他动物相比，体重增加率低于预期。在本章中讨论的一些情况可引起体重减轻或育成动物体重不增加。

15.1　体重减轻的临床检查诊断

　　山羊的临床检查在第 1 章中已详细描述。在此简单介绍与发育不良相关的方面。

15.1.1　病史询问

　　许多体重减轻的原因是慢性、亚临床性或持续性感染性疾病，尤其是山羊关节炎/脑炎、干酪样淋巴结炎和副结核病。因此，不管畜主是否清楚畜群中动物的来源、种源畜群的疾病状况，将动物引入种群时是否对上述疾病及其他疾病进行引种前检测，确定畜群已经存在多长时间很重要。

　　如果相似的病例以前发生过，表明是一种流行情况。特定日龄段的畜群或由于季节、圈舍、放牧、饲养，或其他管理条件引发的任何形式的消瘦都应注意。针对当前的问题应了解最近可能引起应激情况的相关信息，例如动物分娩，购买和引种、运输和销售或展出，急性病的发作，因为这些应激因素会激发潜在的副结核病或使动物感染新的传染病。评估寄生虫的防控很重要，确保寄生虫的防控是针对所有重要类型的内外寄生虫。确保使用的抗虫药是合适和有效的，并确定如何使用牧场放牧，包括循环和放养率的信息。

在很多情况下，饲养记录很重要。记录畜群或显示体重减轻畜群的基础日粮和任何最近在饲料、饲养方法、饲槽空间、饲槽设计或每群饲养动物的数量变化等信息。确保每个群体不同生产水平和类型的饲养计划是合适的。不同生产水平和类型的营养需求在第19章中描述。

15.1.2 体格检查

所有与消瘦动物有接触的动物都应该至少通过远距离观察临床症状，例如咳嗽或腹泻，这些临床症状可以证明体重以一种慢性形式在减轻。通过手指触诊背部、肋骨和胸骨评估家畜的身体状况对于畜主确保家畜身体状况正常以及确定畜群中消瘦山羊的普遍存在是必不可少的。这在安哥拉山羊中尤其重要，因为羊毛可能遮掩其身体状况。对于比较熟悉乳山羊的兽医而言，正常的安哥拉山羊感觉消瘦是其本质特征决定的。

在直接检查时，虚弱、迟钝、食欲不振和被毛粗乱都是与消瘦相关的非特异性症状，这些症状与可能伴随体重减轻的发育不良相关。仔细的体格检查可以发现畜主未发现的其他异常情况，有助于疾病诊断。考虑一些特殊情况，如下：

通过仔细地拨开面部、身体和四肢的被毛，检查皮肤上的虱子、蜱或跳蚤，同时检查耳朵中和尾部下的蜱。

彻底地口腔检查可以发现短腭、牙齿缺失、牙龈或齿槽脓肿、溃疡疼痛，或影响正常采食、咀嚼或吞咽的其他异常现象。检查牙龈和其他黏膜，可以提示慢性蠕虫病或肝吸虫感染导致的贫血或黄疸。检查鼻涕可以查明肺病或鼻癌。

因为导致动物体重减轻的多个因素都可能引起淋巴结肿大，所以对所有浅表淋巴结的常规触诊是非常有必要的。这些病因包括干酪样淋巴炎、类鼻疽、肺结核、锥虫病和淋巴肉瘤。然而，要意识到在瘦弱的山羊中淋巴结可能会很明显，会造成淋巴结肿大的假象，这种情况下，大小不对称的淋巴结更有意义。仔细听诊肺部可能发现与慢性肺炎一致的异常情况。由纵隔肿块造成的心脏错位可能改变正常的心音。因为先天性心脏病偶尔发生并导致发育不良，所以应该注意

心杂音的存在。

确定正常的反刍和肠道蠕动。通过触诊或观察动物腹部轮廓检测动物腹腔积水或瘤胃积食。

蹄和关节问题会引起低效放牧，导致体重减轻，这不应该被忽视。检查足趾间隙是否有烫伤，削剪蹄子来评估是否有腐蹄病。仔细地触诊所有的关节。强迫运动可以帮助鉴定肢体问题、慢性肺炎或贫血的症状。

15.1.3 环境的检查

在分娩过程中，常规的环境卫生水平很重要。粪便积累会造成球虫病、副结核病和慢性乳腺炎的传播。高密度养殖会促进虱子和肺炎的传播及畜群暴发患肠道疾病，这些疾病中的部分疾病以慢性形式呈现。排水不好的牧场和畜棚会促引起蹄病和球虫病的发生。

检查日粮所有成分的腐败程度、发霉程度和适口性。饲喂污染的或冰冻的水会降低动物对水和料的摄入。慢性体重减轻与饲喂动物的方式有关，如果幼龄动物在食器中爬行或排便，那么排泄物就促进了球虫病的传播。在饲喂期间，普遍用于山羊牧场的锁孔型喂食器可能促使头部和颈部淋巴结脓肿的破裂，导致食物污染和干酪样淋巴结炎的传播。在锁孔型或槽型饲喂系统中，饲喂空间的不足可能导致社会等级较低的个别动物不能摄入充足的食物。

当观察到消瘦的动物时，应考虑系统范围内的放养量，饲草、水和补充饲料的可得性和质量以及当前的天气状况。安哥拉山羊在纤维生产和再生产循环的不同时间段对补充的蛋白质和能量有特殊的需求，并且这些需求会因恶劣的气候而增加。

15.1.4 实验室诊断和尸体剖检

尽管进行了彻底的临床检查和可能因素的分析，但是有时慢性体重减轻的确诊仍然不能确定。往往认为血液学和临床化学分析不值得做，这些分析仅仅能确定无差别慢性疾病的存在。然而，血清学诊断在一些感染性因素引起的体重减轻诊断中是有帮助的，特别是脑膜炎和副结核病。粪便的检查有助于各种体内寄生虫的诊断。

在商业牛群或羊群中，当许多动物被感染

时，剖检牺牲个体动物在经济上是合理的。彻底检查动物，寻找胃肠道、肺和肝脏寄生虫感染的证据及内部脓肿。注意瘤胃内容物的充实程度和身体条件。骨骼肌和肾周围脂肪明显损失的瘦弱山羊，在肠系膜处可能仍有明显的脂肪囤积。因为山羊偏向于腹内贮藏脂肪而不是在皮下，所以这种现象不应该被解释为身体状况好的证据。

对于现场尸体剖检，除任何肉眼可见的病变组织要进行组织病理学检查外，还应采集包括肾脏、腕部滑膜组织和回盲肠淋巴结，这些组织将分别用于淀粉样病变、脑膜炎病毒感染和副结核病的诊断，因为这些情况可能不是显而易见的。

15.2　消耗性疾病的原因

在这部分中，通过病原学的分类方式列举了造成山羊体重减轻的可能原因。主要的目的是提供各种诊断方法的目录，包括一些有助于确立与手头案例相关的信息。对每种疾病诊断、治疗和预防提供一些伴有参考文献的额外信息供参考。一般来说，应先治疗营养不足、寄生虫和牙齿疾病的情况。

15.2.1　营养相关的因素

慢性体重减轻，与营养相关的原因符合两种情况中的一种：第一种情况起因于不能获得合适的饲料或特定的营养，第二种情况是动物自身无能力获得和使用饲料。

15.2.1.1　第一种营养问题

在粗放的饲养体系中，持续恶劣的天气状况，如干旱或大雪覆盖、过度放牧、过度饲养或畜群营养需求得不到满足以及不能及时补充饲料时，畜群可能体重下降、过度饥饿甚至饿死。在限制性饲养系统中，拥挤的饲养空间也能导致体重下降。如果在饲喂动物时观察，这种现象非常明显。在任何管理系统中，滥用饲料、突发饲料短缺、不均衡的供给、没有经验的喂养及偶尔的忽视都会引起特定的营养缺陷。

营养型体重下降案例中普遍存在特定的营养缺陷，能量和蛋白水平不足的现象。有必要进行饲料分析，在综合定量供给中保障合理的蛋白和能量供给。分析结果必须与特定品种和生产状态及区域气候条件下已确立的山羊营养需求相适应。

钴缺乏可能是山羊无典型症状、渐行性消瘦的原因。在美国、英格兰的部分地区，海拔较高的中西部和东南地区的土壤中钴含量贫瘠，在新西兰、澳大利亚、英国、德国、荷兰和肯尼亚的部分地区也是这种情况。在钴缺乏的牧场进行放牧，山羊表现为食欲减退、被毛粗乱、瘦弱、肌肉退化和贫血症，并且有可能在几周到几个月后死亡。放养动物钴缺乏症要与具有相似症状的胃肠道蠕虫病区分开。通过观察给山羊注射性维生素 B_{12} 或者口服钴氯化物的反应来诊断钴缺乏症。数天治疗之后山羊的食欲会恢复正常。

铜缺乏会引起发育中的山羊体重增加不充分。可以通过其他的临床症状，包括贫血、皮毛中色素沉积、结膜炎、长期腹泻以及刚出生山羊和幼羊的运动不协调性辅助诊断。铜缺乏也能增加山羊对胃肠寄生虫的敏感性，铜缺乏和感染寄生虫的成年山羊可能会出现消瘦、贫血和血液中蛋白含量不足。

在有少许或者没有新鲜绿色牧草可利用、牧草质量非常差的区域，维生素 A 缺乏可能会导致山羊渐行性消瘦。维生素 A 缺乏可能出现夜盲症、角膜炎、眼分泌物增多和痉挛等神经症状。

15.2.1.2　第二种营养问题

必须考虑限制动物获取和使用饲料能力的各种可能性，这包括以下几个方面：

行动问题　即使有足够的饲养空间，在畜群中社会地位较低的山羊也会被占优势地位的山羊所挫败，而被剥夺饲料，这种现象在饲喂的时候能够观察到。重新分群或者分开单独饲喂可能解决这个问题。

在繁殖季节，非常健康的公山羊通常会变得十分消瘦，这很可能是因为花费大量的时间和精力在追逐异性上，而在吃料上面花费很少时间。具有健康体魄的公山羊在进入繁殖季节以后不可避免地要减轻一定量的体重。

口腔的问题　在粗放的管理体系下，具有短腭的山羊可能不能够有效地咬住和咀嚼饲草。在圈养体系中，具有这种特征的山羊通常能够吃到足够的饲草。

牙齿过度磨损和脱落是引起消瘦母羊综合征

的普遍原因，这种现象在山羊中虽并不常见，但偶有发生。这是因为山羊比绵羊更有可能在山坡和牧场吃草，山羊通过撕咬地面很低的牧草磨损牙齿的可能性很小。然而，如果非常消瘦，应该检查牙齿是否脱落，尤其是老龄山羊更是如此。日常钙的摄入不足或者钙磷的不平衡导致的软牙症以及氟化物毒性会加重牙齿的磨损。当锐利且锋利的牙齿表面过度磨损，消化和咀嚼变得低效，饲料的吸收和利用率下降。由于磨损的牙齿对冷比较敏感，导致水的摄入也会下降。牙齿磨耗的动物会渐行性瘦弱，并且能够被第二种疾病，尤其是肺炎和妊娠毒血症所压垮。

牙周炎可能是牙齿脱落的另外一个原因。粗糙的饲料和一些植被的芒刺可能会塞挤在牙床和牙齿之间，引发渐行性循环感染。牙齿的轻微松动，牙槽的退化，再加上外来物质的刺激，可能导致牙齿明显松动或者脱落。下颌骨的骨髓炎也可导致这样的结果。

白齿脱落的信号包括饲草嵌入白齿的空牙槽使面颊呈袋状，口流涎，嘴唇和牙齿颜色变深，并且呼吸气体有陈腐的饲料气味。当白齿脱落以后，通常新长出来的白齿会因没有磨损而长得非常长，造成口腔软组织的创伤。

应当把带有严重牙磨损或者牙周疾病的动物挑出来。通过给这些有温和性牙周疾病的动物饲喂酸性牧草、隔离饲喂加工过的饲料和磨平它们尖利的牙齿能延长它们生产周期。对日常饮食不合适的畜群补充钙的供给，确保钙磷平衡是很有效的预防性和治疗性措施。

软组织感染 感染性脓疱在山羊中普遍存在，它会引起嘴唇疼痛、结痂损伤，这些症状能够持续3～6周，如果造成继发性细菌性感染，或许会持续更长时间。这些损伤会影响山羊采食饲料，导致体重下降。不常见或者受地域限制因素引起的口腔炎能够引起吞咽困难，食欲不振，体重下降，这些在第10章已经讨论过。小反刍兽疫能够引起严重的口腔炎，能够感染牙床、嘴唇和上颌。这些损伤可能会延缓非致死性疾病的痊愈，将导致动物长时间的饲料采食量降低和体重减轻。口蹄疫也能感染山羊，但足部的损伤比口腔损伤更常见且更严重。

失明 如果周围环境不发生改变，封闭饲养的动物会更容易适应突然的失明。然而，在牧草稀疏的牧场，动物为获取足够牧草可能会更多地依赖视力。安哥拉山羊的遗传特点是面部有大量的被毛覆盖，因为视力下降造成放牧时不能有效地吃到牧草，它们可能变得瘦弱，且常常因为继发感染而死亡。

山羊失明可能由眩倒病、维生素 A 缺乏、传染性角膜和结膜炎之后永久性角膜损伤所引起，或因脑灰质软化所致。

行动问题 蹄部和腿部问题影响山羊牧食，或者疼痛迫使其在进食时斜躺着，而不是站立着。由不愿意走动和采食引起的体重减轻可能先于跛行引起的其他外在症状。

有许多情况会导致行动障碍：山羊蹄部腐烂，蹄部创伤，蹄部脓肿。幼羊脐部感染之后，也会发生慢性细菌性多发性关节炎。支原体是山羊广泛发生关节炎最重要的因素，自从 1980 年，山羊关节炎/脑炎（CAE）病毒被认为是关节炎和跛行的主要病因。只要发生了口蹄疫疫情，口蹄疫病毒就会感染山羊，造成行动障碍的跛行症状。在没有疫情发生的情况下，骨折、肢体外伤、外周神经损伤、由矿物质失衡造成的佝偻病都会导致山羊移动障碍和饲草摄入减少。

15.2.2 病毒和朊病毒引起的慢性的体重下降

15.2.2.1 山羊关节炎/脑炎病毒（CAEV）

山羊关节炎/脑炎病毒感染引起的关节炎与体重下降密切相关。这种现象在临床上经常出现在一岁到二岁的幼羊中，且渐行性和严重性有很大的可变性。山羊关节炎/脑炎病毒第一个临床症状可能是不明显的体重下降，紧接着身体僵硬，不愿移动；侧卧时间增多，采食量减少，随后体重下降更加明显。一些山羊在感染几个月之后高度残疾，其他的山羊可能在后面几年中表现为断断续续的跛行或者身体僵硬，无限期地延续下去。

成年山羊 CAE 感染引起不常见的肺炎形式，这种肺炎会导致伴随间歇性继发性细菌性肺炎的长期间质性肺炎，运动障碍和体重下降。

CAEV 感染是一种慢性感染，山羊消瘦可能是由有害细胞因子的释放引起，且可能不单单取决于运动和摄食的减少。因为有许多血清阳性的山羊并不表现任何疾病症状，引起体重减轻的其他可能因素必须被考虑，否则就是 CAE 血清阳性的正常山羊。

15.2.2.2 其他病毒和朊病毒疾病

感染性脓疱在前面的口腔问题中讨论过。口蹄疫通常引起山羊比较轻微的临床症状，但跛行和口腔损伤可能影响饲料的充分摄入，从而引起体重的下降。

痒病是一种朊病毒感染小反刍动物引起的疾病，与绵阳相比，山羊中比较少见，但在英国已经报道过发生在山羊上以体重下降为重要特征的痒病病例。感染的畜群多表现为渐进性的运动失调和瘙痒等痒病的典型临床症状。然而，感染山羊只表现为渐进性的体重下降、精神萎靡和过早终止泌乳等症状，通过脑组织病理学检测对该病进行确诊。

小反刍兽疫能引起山羊在疾病的急性腹泻、体重下降和衰弱乏力。正如前面提到的，急性阶段严重的口腔炎可能也会导致采食量的减少。

绵羊肺腺瘤病，也称为绵羊慢性进行性肺炎，是一种不同于 CAEV 的反转录病毒引起的肺脏致瘤性转化疾病。它主要感染山羊，但是在山羊中也曾有过报道。该病会引起渐进性呼吸困难和体重下降综合征并伴随数月明显流鼻涕症状。听诊时如果听到肺浊音，那应该是液体从肺脏流出的声音。该病通过肺脏组织病理学检查进行诊断。

15.2.3 慢性体重下降的细菌性原因

15.2.3.1 副结核病（约翰氏病、牛副结核病）

副结核病很可能是经常引起成年山羊渐进性体重下降，而未被确诊的病因。误诊通常来自三个方面：第一，牛慢性腹泻和典型的副结核病症状很少在山羊上观察到，所以非常熟悉牛副结核病的兽医在面对一头瘦弱的山羊时可能不会考虑副结核病。第二，快速、可靠的实验室检测还不能很好地辅助临床诊断。第三，肠道增厚的尸检病变多数发生在牛体上，很少在山羊中观察到。在大多数情况下，肠组织病理学检查时，可以通过抗酸染色和（或）粪便及肠道分枝杆菌分离培养来确诊副结核病引起慢性体重下降。因为副结核病引起山羊慢性体重下降的相对重要性常常被忽视，所以在遇到原因不明的山羊消耗性疾病时上述检测必须要执行。

15.2.3.2 干酪样淋巴结炎

该病是由结核分枝杆菌引起的山羊重要的慢性感染性疾病，因引起浅表淋巴结病变而被熟知。然而，有时同样会发生内部淋巴结及内脏脓肿。但是浅表结节脓肿对山羊的健康影响不大，山羊渐进性的消瘦与内部脓肿关系密切。

内部脓肿的生前诊断非常困难。患有内部脓肿的山羊通常不会并发浅表脓肿。尽管胸腔大的脓肿可能会改变正常心肺音，且有时腹部大的脓肿很容易观察到，但是身体检查很少能够提供内部淋巴结脓肿的证据。如果有大的或者局部钙化的脓肿存在，放射性照射技术或者超声检查可能会有用。中性粒细胞增多和 γ 免疫球蛋白增多可以辅助诊断，但不能对该病进行确诊。因为可能涉及其他的化脓性微生物，所以在尸检时胸、腹器官都应当被检查，且脓肿组织要进行分离培养。肺结核也可能存在类似的情况。

15.2.3.3 肺结核

山羊很少发生肺结核，但还是有零星的病例相继被报道。牛分枝杆菌是肺结核常见的病因，但是禽分枝杆菌和结核分枝杆菌也会引发肺结核，所以疾病的人畜共患潜在风险应当受到重视。患有肺结核的山羊通常是与牛混群饲养的。体重下降的症状有很大的差异，可能会早于其他的临床症状，或者同时发生，或者根本就不发生。临床上的肺结核大多数有慢性肺炎的症状，伴有湿咳、持续性咳嗽及排痰性咳嗽。肠结核发生时会腹泻。生前诊断进行皮内测试；死后剖检检查有明显的干酪化，有时是钙化，薄壁组织或者淋巴结肉芽肿。西班牙已经报道过肺结核和副结核病同时出现在山羊上的现象。在这种情况下，鉴别诊断依赖肉芽肿损伤组织分枝杆菌的分离培养。

15.2.3.4 类鼻疽

类鼻疽的感染是由土壤腐生物假单胞菌引起的，在热带地区报道过此病，首次报道是在东南亚和澳大利亚。在一些区域呈地方性流行，疫情的暴发可能与牧场暴发洪水有关。山羊呈急性和慢性形式，临床表现多种多样，包括高热、流鼻涕、肺炎、淋巴结病、乳腺炎、睾丸炎、多发性关节炎，并且经常有神经症状，包括共济失调、头倾斜、眼球震颤、绕圈运动。在高热、虚弱和斜卧之后的 $24 \sim 48h$ 内有可能会发生急性死亡。

能够存活下来的动物除体重明显下降外，可能会有一些其他的明显症状。然而，畜群也可能会发生无症状感染。病原微生物可能会通过山羊的乳汁传播，且该病是人畜共患传染病。

宰前诊断可通过对乳汁、鼻涕或肿大淋巴结抽吸物中的细菌进行分离培养，类鼻疽皮肤测试，或者是血清学方法（包括组织成分定位和间接血凝试验等）。尸检通常会揭示多组织器官脓肿，尤其是脾、肝和肺脓肿。这些脓肿都应该加以分离培养（详见第 3 章）。

15.2.3.5 慢性细菌性感染

任何长时间的感染都有可能会造成渐进性虚弱乏力和消瘦，称为恶病质，造成不利的结果。恶病质的致病机制是多种因素引起的，且现在还不能完全了解。糖类、蛋白质、类脂类物质代谢方面的改变都将加剧身体脂肪的消耗。有人认为，这些新陈代谢的变化是由炎症反应驱动的，并且会被促炎症反应细胞因子（比如白介素 1、白介素 6 和组织坏死因子）所介导。目前，一些恶病质的发病机制已经被阐述（Delano and Moldawer，2006）。目前还没有直接在山羊上研究过恶病质的发病机制，不过，这个过程肯定在具有慢性感染的山羊上发生，如类结核病、肺结核和类鼻疽等。其他的与山羊体重下降相关的慢性细菌性感染有以下几个方面：

山羊中巴氏杆菌和溶血性曼氏杆菌是很常见的，往往由于早期的误诊和缺乏足够的治疗而造成慢性感染。慢性巴氏杆菌病通常由于继发化脓隐秘杆菌感染引起肺部脓肿而复杂化。细致听诊和射线检查可能会确诊慢性肺炎和脓肿的存在。

在商业化养殖中，慢性乳腺炎的病例通常会被及时剔除。而非专业人士明显不愿意将患有乳腺炎的山羊剔除。非常典型的是患有乳腺炎的山羊表现消瘦、精神不振，而且下垂的乳房上面有大量的纤维化区域和许多又大又硬的脓肿，而这一切的罪魁祸首都是化脓隐秘杆菌（图 15.2、彩图 77）。

许多情况都可继发腹膜炎，包括吃食过多导致的瘤胃炎、肝吸虫通过腹部器官的转移、腹膜内刺激性药物的作用、内部脓肿的破裂和腹部手术后遗症或败血症。该病可导致脓肿、黏附和肠狭窄。基于病史、出现发热和腹痛、消化功能障

图 15.2 一只因化脓隐秘杆菌引起慢性乳腺炎、消瘦的山羊。注意乳房上多发的结节样脓肿（Dr. David M. Sherman 供图）

碍、炎症血象和支持性腹腔穿刺的调查结果对该病进行诊断。患有腹膜炎的瘦弱动物应该被淘汰。

沙门氏菌病和肠毒血症通常会导致急性、频繁死亡；肠炎或毒血症。然而，成年山羊会偶然性地发生这两种疾病的慢性形式，且它们的临床表现十分相似，以伴有发热、食欲不振和精神抑郁的周期性间歇性腹泻为特征。在几个月里可观察到零星复发，并伴随体重的进一步减轻。值得注意的是，接种过 D 型产气荚膜梭菌的动物甚至可能发生慢性肠毒血症。通过急性腹泻发作时沙门氏菌的分离或肠毒血症病例的腹泻排出物或胃内容物中产气荚膜梭菌毒素的鉴定，可对该病进行确诊。

15.2.4 慢性体重减轻的寄生虫因素

体内和体外寄生虫作为主要因素或与营养不良或并发，都会严重导致山羊渐进性消瘦。

15.2.4.1 胃肠寄生虫病

球虫病 球虫病容易被误诊为腹泻、痢疾、脱水致幼体死亡的原因。然而，临床上球虫病经常严重伤害动物的肠黏膜，推测因小肠吸收不良对动物的正常的成长和发育造成永久损害，但是，这种情况的具体诊断很困难。排除其他可能导致生长不良或体重增加不足的原因和农场的球虫史，可作出继发于球虫病的慢性肠损伤的推测性诊断。

线虫病 线虫是引起消瘦的最重要的寄生虫。2~24月龄的幼龄动物最易感染，但是山羊与年龄相关的抗寄生虫感染能力不如牛的强，临床上老龄动物寄生虫感染较为普遍，尤其在有并发症或营养不良时。胃肠寄生虫的临床症状包括黏膜苍白、积液、虚弱、生长率或奶产量下降、被毛粗乱和渐行性体重减轻或消瘦，与线虫病不相符的腹泻。

绦虫病 山羊都普遍感染绦虫。绦虫感染导致山羊体重下降的说法存在争议，除非小于6月龄的动物发现严重的感染，可能会造成发育不良，在一般情况下并不认为绦虫感染有重要的临床意义。因为山羊主人很容易在山羊排泄物中观察到绦虫节片，他们非常重视绦虫感染。

山羊可以作为绦虫属和细粒棘球绦虫属绦虫的中间宿主，分别导致囊尾蚴虫病和棘球绦虫病。这些情况经常呈亚临床表现，在幼龄动物中，除了体重增长不良外无其他症状。有时也会产生腹膜炎并伴随发热、抑郁和虚弱。通常在屠宰或尸检时发现腹腔内脏、肠系膜和肺中有许多大的蚴虫囊，对该病进行确诊。

吸虫病 四种肝吸虫会感染山羊：肝片吸虫、大片吸虫、姜片吸虫和矛形双腔吸虫。肝吸虫病分为急性和慢性，由片形吸虫引起的慢性肝吸虫病与山羊体重减轻相关。这是因为胆管中成年吸虫的局部集中化和持续性感染，在胆管中它们吸取血液，产生胆管刺激物引起肝功能失常。尽管有时能看到黄疸，但其临床症状很难与胃肠道线虫病区分开。通过沉积技术在排泄物中可以发现虫卵，但是通过尸体剖检最容易诊断，剖检时可发现胆管中有成年吸虫及其分泌物。姜片吸虫感染可以引起山羊体重减轻和死亡，且在山羊排泄物中检测不到虫卵。

阔盘吸虫属的胰阔盘吸虫也可以引起山羊消瘦。这种情况在第11章中已讨论。

血吸虫病可以引起亚洲、非洲、美洲南部和中部以及地中海地区的山羊发育不良。家畜暴露于作为中间宿主的田螺的地方会发生该病。鼻型血吸虫感染引起山羊体重下降伴随打鼾和打喷嚏，而肠型血吸虫感染伴随腹泻和贫血。肠型血吸虫感染可能在临床上不易与胃肠道线虫感染区分。通过鉴定粪便、尿、肝脏活组织或鼻涕中的寄生虫虫卵对该病进行诊断。

15.2.4.2 肺线虫感染

美国有3种肺线虫可感染山羊，其中丝状网尾线虫被认为是致病性最强的线虫。原圆线虫和缪勒线虫都以蜗牛为中间宿主，其致病性较弱。在凉爽、湿润的秋天，幼小的牲畜在洼地或者灌溉的牧场中采食了感染性幼虫或蜗牛会感染这3种线虫。成年丝状网尾线虫和原圆线虫会刺激感染山羊的呼吸道引起明显的咳嗽。而成年缪勒线虫不能到达呼吸道，因而不能引起咳嗽。它们都寄居在肺泡中，在剖检时肉眼可见隔叶表面有一些小的灰绿色结节。丝状网尾线虫感染导致的体重下降可能会伴随呼吸系统症状，但缪勒线虫严重感染时，也许仅仅只有临床症状而已。

15.2.4.3 体外寄生虫

当严重感染体外寄生虫且伴有并发病时会造成山羊健康不良。食毛虫可能会刺激被感染的宿主导致其摄食效率降低，如牛毛虱。山羊虱用其锋利的口吸食宿主的鲜血为生，会引山羊贫血和体重下降。虱子在冬天比较常见，尤其是在狭窄拥挤的环境中，虱子就会更猖狂。当分开动物身上的被毛并仔细观察动物的表皮时，就会看到寄生虫。

在感染山羊的螨虫类中，疥螨和足螨能引起山羊极度的瘙痒，折磨山羊使其摄食活动减少和体重下降。一般情况下，伴随明显脱毛和皮屑的表皮结痂及脱落现象有助于对该病进行确诊。绵羊的羊蜱蝇也能感染山羊，能引起山羊极度的瘙痒，尤其是在冬天症状更严重。山羊发生毛囊虫疥癣感染和与之相关的严重耳螨感染时，会在一定时期内健康不良。在热带地区，栉头蚤属的跳蚤严重感染时引起山羊食欲不振、贫血、体重下降，甚至死亡。小山羊感染则更严重。

15.2.4.4　血寄生虫

在非洲有采采蝇的地区，存在锥虫感染山羊的现象。急性、亚急性、慢性形式都有可能发生。山羊慢性感染时常伴随着严重的消瘦，其他可能的临床症状包括贫血、抑郁、食欲不振，瘤胃迟缓和外周淋巴结病变。可以通过染色血涂片上检测到血寄生虫对该病进行确诊。

附红细胞体很少会成为山羊贫血和消瘦的原因，并且感染通常呈亚临床型。巴基斯坦、南非、澳大利亚和古巴都有过附红细胞感染山羊的报道。

15.2.5　引起慢性体重下降的其他原因

15.2.5.1　植物毒性

牧场或山坡上各种各样的野生毒性植物可能会影响山羊。大多数植物毒素都能够引起动物突然死亡或不涉及体重下降的急性症状。疯草（黄芪）毒素是一个重要的特例，表现为以轻微神经症状、肌肉共济失调、胎儿畸形或者流产以及慢性渐行性体重下降为特征的慢性中毒。美国西部经常会看到这种疯草病。虽然看起来绵羊更容易患这种病，但山羊对该病的易感性也很高。在欧洲、澳大利亚、新西兰和南非常见绵羊羽扁豆中毒，引起体重下降、食欲不振、抑郁和黄疸，但目前未见到山羊上的报道（Braun et al，2000）。在德国、澳大利亚和瑞士出现过维生素 D 中毒的综合征，引起山羊渐行性体重下降、跛行、产奶量下降和软组织钙化，中毒山羊都曾经吃过含有 1,25-二羟维生素 D_3 的全黄色燕麦（黄三毛草）。这种金黄色燕麦毒素也可能会引起心血管功能异常，这在第 8 章已讨论。

15.2.5.2　胃肠道异物

在南非，由干旱地高原灌木的种子毛形成的植物毛粪石能引起放牧山羊的皱胃阻塞。渐行性体重下降并伴随腹部胀痛有助于诊断该病。最近，有报道称 3 只安哥拉山羊发生长达 6 周的食欲不振和渐行性体重下降，通过将其中两只尸检和另一只瘤胃切开术检查，最终发现它们的瘤胃含有大量的毛球（毛团）（Baillie and Anzuino，2006）。

在垃圾处理很难控制的地方和饲喂山羊的市区，垃圾塑料袋的使用非常普遍（图 15.3）。当捆绑的干草饲喂限位饲养的山羊时，捆绑牧草的

绳子也会被山羊吃掉。这些外来异物能够导致山羊局部的胃肠功能障碍、慢性的消化不良、腹部胀痛和体重下降。约旦的一项调查表明，722 只成年山羊病例中有 4.5% 在兽医院被诊断出瘤胃和网胃中含有软异物（塑料）的时间超过 3.75 年（Hailat et al，1998）。

图 15.3　市区饲喂的山羊处于垃圾塑料袋遍布的环境中（Dr. Laurie C. Miller 供图）

15.2.5.3　肿瘤

在一般情况下，山羊身上很少发生肿瘤，因此肿瘤是导致山羊渐进性消瘦的罕见原因。然而，在各种慢性体重下降的诊断中仍应当考虑肿瘤，尤其是老龄山羊做宠物的情况下，因为这些山羊通常会被养到很长时间，而在此期间并发肿瘤的可能性会增加。长时间健康不良的成年山羊尸检时会零星诊断出肿瘤病例，包括肠道恶性瘤。最早在欧洲有过山羊地方性鼻内肿瘤的报道。感染的山羊表现为经常性的单侧鼻孔流浆液性鼻涕、渐进性呼吸困难和慢性体重下降。一系列的研究证明，这些鼻癌是由一种反转录病毒引起的。该病已在第 9 章讨论。

15.2.5.4　淀粉样病变

为了商业和研究的目的，山羊被广泛应用到科研和工业领域以生产抗体。用佐剂抗原对这些动物反复地进行免疫刺激会使其肾脏产生沉淀淀粉样病变。肾脏淀粉样病变在临床上表现为动物机体的渐进性消瘦，并且伴随虚弱、食欲不振、抑郁，可能由血液蛋白含量不足引

起的水肿和腹水，以及随后的蛋白尿。血液蛋白含量不足或者肠道淀粉样病变有可能引发腹泻。尿检和肾脏活组织检查可以作为辅助性诊断的依据。在这种情况下根本没有治疗的必要性。虽然在一般的山羊群体中淀粉样病变不可能是慢性体重下降的一个原因，但它经常发生在以生产抗体为目的的特殊的山羊群体中。

15.2.5.5 其他零散的原因

患先天性心室间隔破损的幼羊会出现生长缓慢，但并不常见。慢性吸入性肺炎和与之相关的腭裂或者其他的原因（图 15.4）都有可能诱发机体的发育不良。

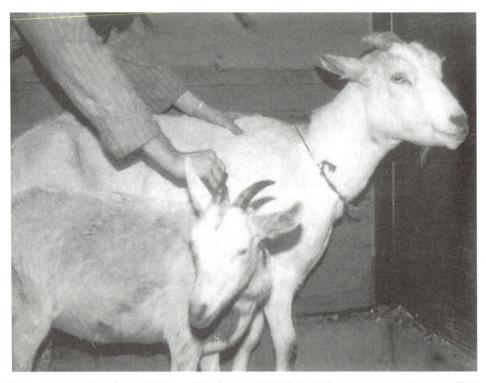

图 15.4　2 只 7 个月大的山羊对比，较矮小的这只被诊断为腭裂（Dr. David M. Sherman 供图）

（郭建宏）

16

山羊猝死症

头天晚上还很正常的山羊，在第二天早上发现死亡，这是养殖户和兽医一个棘手的问题。如果不能找到死亡的原因，就不能采取适当的措施防止额外损失。此外，请病理学家进行全面尸体剖检做出诊断花费昂贵。如果这种突然死亡的情况只是个例，并且其余的羊只没有风险的话，并不是所有的畜主愿意支付大量资金去得到一个结论。值得注意的是，在德国或者其他的国家，养殖户以及私人兽医在田间验尸在法律上是禁止的，以避免充满传染性微生物的尸体体液对环境造成潜在污染。如此一来，本章提供的建议更好地补充了地方法规。

16.1 初步判断

下面这一系列问题的答案可以引导读者按步骤做出判断。

ⅰ. 最后一次观察时，羊是否真的是健康的？或者表现出一些模糊症状，比如食欲不振、体重下降或者精神萎靡？是否形体消瘦？这些山羊也许有长期慢性的寄生物感染，羊群中其他的羊也可能受到影响。

ⅱ. 死亡的羊是否比其他的羊大（吃的更多）或更弱小（慢性疾病感染或者在种群中的等级问题）？还是年龄更大或更小？是否长期受到其他动物或者小孩子们的袭击？

ⅲ. 是否可以从畜体的位置或状态搜集一些信息？死的是侏儒山羊或者因肿胀而死的肥胖者吗？羊圈的草垫是否被破坏？是否是被环状物卡

住窒息而死？雷击或者电击致死是否有可能？

ⅳ. 这是第一例死亡，还是经常发生的？

ⅴ. 饲料是否有变动？这包括饲喂量改变或者更换新的饲料，甚至是同种饲料的不同批次。最近羊只是否经常到以前不常去的地方采食，比如花园、耕地或者谷仓？又或者有没有孩子喂食羊面包等其他食物？在饲料和饮水方面有没有可能发生不规律性？

ⅵ. 近期对山羊是否使用过驱虫剂、注射硒或者使用其他药物？

ⅶ. 山羊的疫苗接种状态是什么样的？

接下来要迅速地做出第一判断。如果没有检查尸体，那么应该按照当地法规立刻进行焚烧、深埋或者堆肥处理尸体。由于有羊瘙病传播的风险，美国的下脚料加工公司通常不会接收小反刍动物的尸体。尸体不应当留在农场，以防止家畜野兽撕裂或在农场拖拽，这可能会引起人和动物的感染（包括棘球蚴病），也不应当埋在水源附近或者随意丢弃而滋生苍蝇。

几乎所有的猝死都有必要进行不同程度的调查。调查甚至包括羊群中没有流产预兆而流产的胎儿。因为在以后的病例中，也许不会遇到流产的胎儿，所以第一次的观察尤为重要。在本书的第13章有关于流产分析及人畜共患病详细讨论。

如果尸体的天然孔流出未凝固的血，则增加了感染炭疽的可能性（Okoh，1981；de Vos and Turnbull，2004），这也可能从本质上改变养殖户自由处置尸体的权利。尸体不应该打开，因为暴露在空气中会造成致病菌形成芽孢体。应当由兽医人员从尸体的颈静脉处采血检测是否有炭疽芽孢杆菌。除此之外，耳部采血涂片也可以用来检测，采样者戴上手套抓住羊的一只耳朵，切断后密封在外翻的手套里以便运输，以上步骤需严格操作。接受或者交送样本的实验室人员或者技术人员都应当注意可能存在的风险。炭疽相关问题已在第7章讨论。

16.1.1　畜主自主检查

检查的水平取决于畜主的知识和能力水平以及兽医和实验室检测分析需要的费用，也会受到发病的时间、时刻以及温度的影响。通常情况下，热天超过一天或者冷天超过两天的情况下，畜主应当尽自己所能做一些检查而不是等待专家来下结论。如果怀疑死亡由犬咬导致，在尸体剖检之前通知有关当局，畜主可以根据当地的法律索赔。

如果从业人员没有时间亲自剖检的话，有责任准备突发事件应急指导。如果畜主打算自己解剖，即使不能分析出真正的问题所在，也可以识别出某个器官的不同之处。数码相片可以作为器官病变的佐证。如果由兽医指导检查工作，可以建立和记录一些正常的器官以便进行对比分析。如果畜主只进行初步观察或者检查，一定要注意拴好犬并且带上防护性防水手套。

孕妇应当带上包括面罩在内的全面防护服才能接近解剖现场。在兽医来检查之前，怀疑有病变的组织和器官应当放在防水的容器中并冰冻保存。病料尽可能送到兽医办公室，放在家用冰箱有可能引起食物污染。用一个保温盒和几个塑料冰袋组成的临时冷却器装病料来保证低温储藏。

16.1.2　尸体剖检技术

兽医在野外尸体剖检领域有一些细则要求，但是有时候可能在操作时会遗忘一些重要的细节。最先考虑的应该是自我防护以及剖检后尸体残留物的安全处理。其次是记录情况，包括病史、标记（标签和耳号、毛色）、体重和年龄。畜主对死畜的年龄描述应当对比死畜的牙齿和耳号。

观察记录黏膜的颜色，看是否发生贫血或者黄疸。检查死畜的尾部是否沾有排泄物（腹泻），直肠内是否有干粪球。应当注意动物体排出的排泄物。前面部分已经讲过炭疽可以引起出血，但是有很多原因都会引起死畜鼻孔出现血液泡沫，尤其是天气炎热的时候这种现象更常见。

尸体应当始终放在相对检查者的相同位置，例如左侧卧，尸体头部正对检查者右侧（King 1983）。解剖工作应当遵循一定的章法和规定（Hindson and Winter，2002；King et al，2005），应当使用一次性解剖刀片和一副修剪剪刀解剖山羊。首先从右侧腋窝处皮肤切入，切透肩胛骨下侧的肌肉直到前肢可以向后打开。随后，从右髋关节处切入，切开周围肌肉，向后打开后肢。切开皮肤将前面两个切口连在一起，暴露出胸腔和腹腔。小心地将手伸入腹腔，沿着肋弓将内脏与腹腔壁分离。观察网膜脂肪的数量和内脏的位置。动物在膘情较差时网膜脂肪不足（图16.1、彩图78）。如果有网膜脂肪，请确认肌肉和脂肪是否在腰椎上。动物最初发生疾病时都会有很多的体内脂肪，这会让人错以为是动物身体状况良好，实际上有严重的肌肉萎缩。

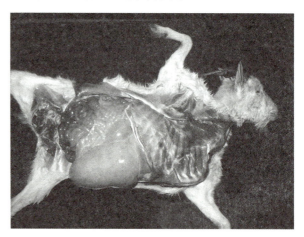

图16.1　缺乏大网膜脂肪的瘦弱山羊。肠管在大网膜除去之前不易被看见（Dr. M. C. Smith 供图）

随后，在横膈膜上穿孔听一下肺萎陷时气流涌入的声音。将横膈膜从肋骨架上切下来。剪刀可以将肋骨从肋软骨连接处剪下来，即使是成年的山羊也不例外。可以将幼年的山羊胸腔全部打开成为一片。对于老山羊，如果必要的话可以用粗重的树枝修剪器剪断肋骨或者将肋骨分成单个依次从脊柱上压断，系统的检查胸腔和腹腔的内脏系统并注意是否有积液。

幼年山羊的脑可以通过剪刀用力剪开颅骨暴露，但是成年山羊需要用锯子锯开颅骨才能暴露。从颅骨的顶部去除皮肤，先沿两眼的后沿用锯横向锯开，再沿两角外缘与第一锯相接，并于两角中间纵锯一正中线。加上前面的两眼间的两块，锯四次就可以将头骨切成四块菱形。如果山羊有很大的角，第一次横向切割额前角和直角端相交处，减少矢状面斜向正中线，有角的颅盖骨就可以打开了（图 16.2、彩图 79）。

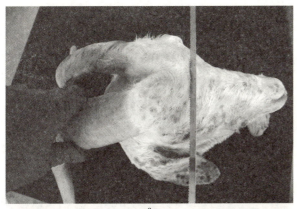

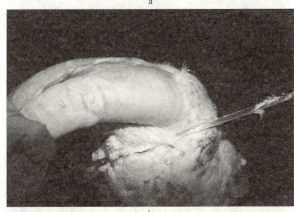

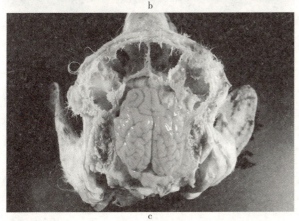

图 16.2 脑的解剖。a. 在角前面的前额上进行最初的横切锯开；b. 矢状切口几乎是水平的；c. 角和头骨顶部被取下，露出大脑和额窦

可以采集心脏血液、尿液（50mL 左右）和脑脊液（在寰枕关节间隙），置于一个干净的采样管中留着以后检查。例如，如果山羊死于肠毒血症，在其尿液中可以检测到葡萄糖的存在。不幸的是，有关各种结果的敏感性和特异性要求指定参考数量。从业人员应该把自己记录的解剖中的重大发现，简单的测试结果，以及最终的诊断与已发表的文献中提供的信息综合整理成表格。这有助于在以后特定的实践中对敏感性、特异性以及先验概率进行估计。

采集适当的组织或拭子（例如异常的肺、乳腺、脓肿或栓塞部分的肠）进行细菌学和病毒学检测。接受样本的实验室应当对病料样本的运输载体、包装和装运提供说明。应该取主要器官（例如肺、肝脏、肾脏、心脏、肠系膜淋巴结、小脑、脑干和大脑）和怀疑病变的组织的一部分进行病理组织学研究。肾部分应该包括皮层、髓质和骨盆上皮细胞。一些边缘出现损伤的正常组织也应当尽量采集。切片必须薄（不超过 5mm），组织应保存于至少 10 倍体积的 10% 甲醛溶液中。送检实验室的样本需要有相应的病史记录。即使畜主目前不想付费做病理检查，也最好将采集的组织保留在甲醛溶液中。

为了避免污染，应当在其他解剖工作完成之后打开胃肠道。在适当的时候，检查瘤胃内容的 pH、颜色、气味，以及可以辨认的粗饲料或谷物。如果毒性尚未排除，至少应该标记并冷冻保存 200g 样品，以备后续参考。与此同时，大块（每块至少 100g）的肝、肾应该被冻存（King，1983）。肝脏还可以用来监测羊群中的微量矿物质的状态。需要鉴定的植物应当放在两层报纸间干燥。即使山羊不是死于寄生虫病，也应当仔细检查皱胃和小肠，这能起到种群监护的作用（图 16.3、彩图 80）。最好进行定量的粪便检测。应当特别关注派伊尔氏淋巴集结和肠系膜、支气管、纵隔淋巴结，应确定肠壁中是否存在白色病灶（球虫病）。可以观察肠黏膜的印迹涂片来诊断山羊是否患有球虫病、隐孢子虫病、类结核病和羊肠毒血症（尸体剖检工作在死亡后 4h 之内进行）。

图 16.3 在皱胃皱褶中有两条具有捻转血矛线虫外观的虫体（Dr. M. C. Smith 供图）

16.2 解释结果

表 16.1 是关于山羊猝死原因及诊断要点的一项不完全统计。网络上也可以找到完整的表格（White，2008）。如果尸体消瘦，首先请参考关于消耗性疾病的章节。死亡可能是突然发生的，但是造成最终死亡或者感染的原因及易感性是一个长期存在的问题。

本书其他章节有关于这方面的介绍，在此不作赘述。如果幼畜在出生不久死亡，这种情况另作讨论。重点是判断幼畜出生时是否活着，是否有呼吸。如果是活的，幼畜的肺部组织膨胀且能漂浮。如果幼畜生下来就是死的，应当特别关注列表中引起流产的疫病。关键是要知道幼畜是否吃到奶（皱胃中是否有奶），幼畜是不是太弱了站不起来而得不到哺乳（因为子宫内感染、摇摆病、先天性缺陷、早产或营养肌肉萎缩症），或母羊有营养不良、乳房问题或母性较差导致幼畜吃不到奶。如果皱胃是空的，幼畜多半是因为遭到遗弃而死亡；而如果皱胃是满的，则应当考虑其他致死原因。兽医也应当评价死畜心包囊以及肾脏周围的脂肪沉着体。这些脂肪在幼畜出生的时候储藏量大且通常是浅棕色，在遭受饥饿的时候很快变为暗红色并且体积缩小。如果幼畜死于产肠毒素的大肠杆菌（小菌落的革兰氏阴性杆菌类）或者引起肠毒血症的产气荚膜梭菌（许多革兰氏阳性杆菌），并且带菌存活足够长的时间，

可以借助于回肠涂片诊断死因。

即使被尸体剖检的山羊与山羊的猝死没有直接联系，一个完整的尸体剖检也可以为管理羊群提供其他有用的信息。关于母羊是否怀孕以及胎儿的个数对于分析妊娠毒血症有重要的意义，但是也需要分析羊群的生殖效率。关节疾病不会导致猝死，但通过尸检可以很好地来验证关节炎是否由山羊关节炎/脑炎病毒或支原体感染引起的。软骨和肋骨上的佝偻性串珠显示矿物质不平衡，应该调整饲粮。这种现象也提醒解剖员认真检查脊柱，确定是病理性骨折导致的猝死。

即使在冬天，从业者也不要低估一只死羊腐烂的速度。一只沉重的安哥拉山羊或脂肪很多的山羊只要死亡 4h 以后，就会给诊断工作带来很多困难。识别由自溶引起的典型病理变化可避免造成误诊。这些变化包括肠附近绿色或黑色的变色组织以及苍白甚至有大的泡状病灶的肝脏。部分濒死和死后的病理变化列举如下（Roth and King，1982；King et al，2005）。

16.2.1 濒临死亡或者自身溶解导致的病理变化

- 尸斑：身体某些部分的血液沉积。
- 瘤胃内容物在口腔或者鼻涕中。
- 肺部有食物并且没有炎症反应。
- 直肠或者阴道脱垂：死后体内物质膨胀引起。
- 软肾：如果身体其他部分也发生自溶则此现象没有任何意义，但是如果没有自溶应当考虑羊肠毒血症。
- 气管内泡沫：濒死造成。如果同时存在肺水肿，应当引起重视。
- 心内膜、心肌、心外膜出血：濒死造成。
- 瘤胃黏膜脱落：多半是早期自溶引发。
- 死后皱胃破裂：缺乏纤维蛋白，有出血。
- 大肠大规模出现虎斑纹。
- 伪黑变病：变黑的组织，尤其是靠近自溶的肠道组织。
- 黑变病：多器官呈常见的炭黑色。

表 16.1 造成山羊猝死的原因及诊断要点

猝死原因	诊断要点
所有日龄山羊	
创伤，包括捕食	皮下出血、骨折、内脏破裂。如果尸体上缺失眼睛，可能是死后由鸟类叼啄
暴露	剪毛之后暴露在风雨中引起冷应激
雷击，电击	有皮下出血、烧焦的痕迹，但是身体机能没有损伤
蛇咬	局部肿胀的地方有牙齿印
麻醉过量，特异质反应	验证实际的给药量
过敏反应	注射青霉素、破伤风抗毒素、自体菌苗之后立即死亡的
炭疽	全身有淤血与疱疹，淋巴结出血肿大，脾脏高度肿大
伤口梭菌感染	组织水肿或有捻发音，伴有酸败的黄油味。可通过细菌培养或荧光抗体检测
羊肠毒血症	心包囊有积液或纤维性蛋白，糖尿，肾脏快速腐烂，新鲜的回肠印压涂片可以检测出许多革兰氏阳性杆菌
脑脊髓灰质软化	大脑皮层在伍氏灯影射下可见荧光，但如果是急性病例不能观察到
脑炎或者脑膜炎	如果脑膜炎的印压涂片是浑浊的，检查中性粒细胞或者细菌，评价并培养脑脊液
破伤风	肢体伸直，没有明显的临床症状不能做出诊断。可以检查病史，包括最近是否修角、难产或者有其他的伤口导致微生物进入
伪狂犬病毒病	通过荧光抗体检测肝脏和脑干，检测分离病毒。查看羊只是否与猪群接触，或者注射活毒疫苗时注射器被污染
有毒植物（表 19.7）	仔细检查瘤胃内容物，如果静脉血呈亮红色为氰化物中毒，呈暗红色为硝酸盐中毒
化学药物中毒，包括杀虫剂与驱虫药	检查药物的包装标签与山羊的给药记录。抗生素替米考星曾经造成山羊的猝死（FDA，2006）
莫能菌素钠（瘤胃素）中毒	组织学心肌损坏，如果是急性病例不会观察到此现象。由于饲料混合不当或者含有牛饲料引起
尿素中毒	瘤胃 pH>7.5。由于饲料混合不当，山羊误食除冰剂或化肥
瘤胃酸中毒	刚死的尸体可见瘤胃流体乳白色、pH 5.5；如果死亡一段时间后，由于唾液流到瘤胃中会使 pH 恢复正常，也可见由简单自溶引起的黏膜脱落
胃气胀	食管肿胀，后肢水肿
窒息	喉咙处有物块或者食物
肠捻转	仅仅是肠卷入的部分出现黑色病变
盲肠或皱胃扭转	山羊少见
血矛线虫病（新生胎儿体内不存在血矛线虫）	肌肉和其他组织很苍白；皱胃中有大量的或者没有蠕虫，也许会出现下颌水肿现象
肝片吸虫病	肝脏内可见柳树叶状虫体，并有广泛的出血与坏疽，有时伴随肝脏破裂以及诺氏梭菌感染（黑死病）
吸入性肺炎	幼畜遭遇过强迫喂食或者山羊在任何年龄的时候有过淋湿、营养性肌肉萎缩症或者神经性疾病会导致吸入药剂。
曼氏杆菌和巴斯德菌肺炎	肺部实变，红色，非常类似吸入性肺炎但是较少出现脓毒性
肺水肿	肺实质有红色血水并向外冒出泡沫，可能同时伴有心脏畸形或者曾经被犬咬过
心水病（反刍动物埃立克体病）	非洲以及加勒比地区常见的蜱传播病，如果羊发病了，查看是否有发热病史、神经症状，并观察胸腔是否有水肿现象
幼畜	
冷应激、热应激或者饥饿	幼畜的肠道或者皱胃中没有奶，没有得到照顾

（续）

猝死原因	诊断要点
先天的心脏畸形	心脏可能呈现球状
断角术导致大脑受损	打开颅盖骨检查大脑皮层
隐孢子虫病	用酸性物质或者其他染色剂检查生物体，但是也可能有其他的发现
球虫病	肠内壁有白色病灶，一些幼畜肠道有急性出血
皱胃破裂	临死前皱胃破裂的边缘卷曲
心脏营养性肌肉萎缩症	并不总是明显可见的，可能症状是肝边缘变圆，胸腔与腹腔有积液。与棉籽酚中毒症状类似
离子载体中毒	心肌坏死。幼畜症状与口蹄疫相似
败血症	脾肿大，可能有多发性关节炎。可以在刚解剖的时候接种脾脏病料涂片，镜检是否有肺炎双球菌
吸血虱引起的贫血	肉眼可见虱子，安哥拉山羊尤其易感
成年羊	
乳腺炎或者坏疽	切开颜色改变的乳房皮肤表面，皮肤有可能是蓝色的，分泌物为红色
李氏杆菌病	急性病例很少看到肉眼病变。如果总体检查之后找不到明显的致死病因，应当进行脑干组织学检查
动脉瘤破裂	体腔内有血液
妊娠毒血症	子宫内至少有两个发育良好的胎儿，并且有脂肪肝、酮尿
子宫破裂	胎位不正，分娩时胎儿头部在后面
子宫动脉破裂	分娩后几天有可能发生
低血钙症	饲料条件突然改变或者临产引发
植物性心内膜炎	寻找慢性感染的诱因：关节炎或心脏畸形。研究人员使用留置颈静脉导管

（文明）

麻　醉

很明显，山羊对疼痛还是非常敏感的，经常发声大叫，有时甚至在被伤害之前发出吼叫。相比看到自己心爱的山羊受此痛苦，大部分爱好山羊的主人更愿意付费对其进行镇定或麻醉。另外，山羊在手术前后容易发生休克或是儿茶酚胺诱发的心室纤维性颤动（Gray and McDonell，1986a）。有些山羊在术后短时间内会因此类原因导致死亡，而恰当的麻醉通常能够避免这些损失。于是，一些国家人道法律法规要求动物实施手术时必须进行麻醉。

对肉畜和奶畜而言，使用镇静剂或全身麻醉药时候必须考虑停药期。因为本章中讨论的药物在美国还没有任何一种被批准可以在山羊上使用，所以，如果能够在"食用动物残留避免资料库"（Food Animal Residue Avoidance Databank，FARAD）中找到可用的数据的话，停药时间应以此为准。大多数情况下，针对牛公开的推荐规范可适用于山羊，但为了满足"动物药物使用说明法令"（Animal Medicinal Drug Use Clarification Act，AMDUCA）对于非标签药物使用的规定，如果牛的停药时间规定为零的话，山羊推荐使用24 h的停药周期（Craigmill et al，1997）。表17.1是FARAD对山羊停药的一些指南。

FARAD明确拒绝提供盐酸替来他明、唑拉西泮（Craigmill et al，1997）和乙酰丙嗪（Haskell et al，2003）的推荐停药时间。还有，尽管FARAD人员倾向于在没有科学数据的情况下建议对美托咪定、布比卡因、吗啡和布托啡诺设定30d的停药时间，但还是缺乏以上几种药物的具体推荐规范。

在山羊颈部静脉进行注射还是比较容易的。一个人就能用腿夹住羊只的颈部并用肘部使其头部偏向一侧来保定一只成年奶山羊，然后，双手便可以灵活地鼓起山羊的颈静脉并操作针头和注射器。由于安哥拉山羊有角和长绒毛，静脉穿刺较为困难，这时需要一个助手来辅助工作。如果山羊较为矮小且好动，为了更好地保定，静脉注射时操作人员可以选择将动物的前肢抬离地面，并用自己的膝部夹紧。头静脉和回跗静脉是最适合放置蝴蝶导管的位置，其中 19 号和 21 号规格的蝴蝶导管对于颈部静脉的快速给药较为方便。

表 17.1 FARAD 有关山羊用镇静剂和全身麻醉剂的推荐停药（Graigmill et al，1997；Haskell et al，2003）

药物	最大剂量（mg/kg）	肉畜停药时间（d）	奶畜停药时间（h）
乙酰丙嗪（加拿大）	IV＝0.13，IM＝0.44	7	48
阿托品	辅助麻醉	7	24
地托咪定	IM/IV＝0.08	3	72
呱芬那辛	IV＝100	3	48
氯胺酮	IV＝2，IM＝10	3	48
利多卡因配伍肾上腺素	渗透、硬膜外麻醉	1	24
苯唑啉（牛）	IV＝2～4	8	48
短效的巴比妥类	硫戊巴比妥（5.5）硫烯丙巴比妥（9.4）	1	24
甲苯噻嗪	IV＝0.1，IM＝0.3	5	72
甲苯噻嗪（牛）	IM＝0.3	4	24
壮阳碱	IV＝0.3	7	72

注：IV＝intravenous，即静脉注射；IM＝intramuscular，即肌内注射。

17.1 局部和区域镇痛

局部镇痛常用于去角、去势、囊肿切除、创伤修复等手术中。在美国，利多卡因可能是应用于山羊最多的局部镇痛剂，其他药物还包括 2% 普鲁卡因、2% 甲哌卡因、0.25%～0.5% 布比卡因等。利多卡因联合布比卡因可以用于快速镇痛和长期持续性疼痛的缓解，只是布比卡因在肉畜和奶畜上的停药时间还没有确定。估算的布比卡因最大剂量为 2mg/kg（Snyder，2007），其安全系数比利多卡因更高（Skarda and Tranquilli，2007）。在英国，食用动物是禁止使用利多卡因的，只有 5% 普鲁卡因配伍肾上腺素是许可的（Hodgkinson and Dawson，2007）。

17.1.1 利多卡因

很久以来人们普遍认为利多卡因对山羊具有毒性。按单位体重计算（但未考虑总的用药剂量）对小山羊注射时就可能会出现中毒现象，这容易证明利多卡因的毒性。对于大多数动物而言，肌内注射盐酸利多卡因的痉挛性阈剂量为 10mg/kg（Gray and McDonell，1986a）。对于体重 3kg 的小山羊羔来说，10mg/kg 的剂量相当于 1.5mL 2% 利多卡因。通常 5mg/kg 的剂量应该是安全的。用盐水将利多卡因稀释到 1% 甚至 0.5% 的浓度，在接近毒性水平前镇痛还是可以用较大的剂量（Skarda and Tranquilli，2007）的。这种局部阻滞（共注射 4 次）和线性阻滞在新生动物断角和应对大的腹部切口时还是非常有用的。

利多卡因中毒的早期症状有嗜睡、震颤和抽搐（Covino and Vassallo，1976）。药物用量为痉挛性剂量的 5～6 倍时，将会发生低血压、呼吸骤停和循环停止（Gray and McDonald，1986a）。用药轻微过量的山羊可以自行恢复，而症状严重的应该接受氧疗法（条件许可的条件下）和 0.5mg/kg 的地西泮静脉注射或使用短效巴比妥胺类药物来控制抽搐。当 CO_2 浓度升高时，抽搐阈值会降低（Covino and Vassallo，1976）。

在人类医学中以及少数的兽医学领域中，已用利多卡因经碳酸氢钠稀释后进行皮内或皮下注射以减轻痛觉。商品化的 2% 利多卡因制剂通常是由 8.4% 的碳酸氢钠溶液按 5∶1 或 10∶1 稀释而成。稀释后的溶液更接近于生理 pH（pH

约为 7.3，而纯利多卡因的 pH 为 6.2），但缓解疼痛的确切机制尚不清楚（Palmon et al，1998）。关于缓冲稀释的利多卡因减轻山羊疼痛的尝试未见报道。

17.1.2 椎旁阻滞

在距颅骨部位和背侧切口部位 2～3cm 处实施线性阻滞或倒 L 形阻滞能为剖腹手术提供很好的镇痛作用。也可选择远端椎旁阻滞，当然这需要有较好的解剖学知识。第 13 胸椎和最前面的第 2、3 腰椎神经被阻滞；最大 5mL 的麻醉剂被注入每根神经，大部分神经低于横突间韧带，但也有一些在横突间韧带上部（Hall et al，2001），在 L1 到 L4 横突顶部前端以扇形分布。横突最尾端可触及的就是 L5，将它作为标志可向前计数定位 L1，由于它比较短，因此在肥胖动物中经常难以找到（Hodgkinson and Dawson，2007）。利多卡因最大剂量应控制在 6mg/kg，以避免动物中毒。

已经报道还有一个可供选择的注射部位，靠近中线（近端椎旁）（Gray and McDonell，1986a；Hodgkinson and Dawson，2007；Skarda and Tranquilli，2007）。对于成年奶山羊来说，L1 和 L3 横突的位置，也是两个标记点，位于从中线起各约 3cm 的中心上部。可在这两个靶点进行皮下镇痛注射，然后用 20 号 6cm 的穿刺针透过 L1 上部的皮层，向下直至横突，并顺着骨前缘走针。当针通过横突间韧带时，必须通过抽吸确保没有扎到静脉，将 3～5mL 1% 利多卡因或利多卡因与布比卡因混合剂注射至韧带腹侧。这时，轻轻地将针撤回，并在韧带上方额外注射 2mL 以阻滞神经背侧支。接下来，针顺着 L1 横突的尾部推进，横突间韧带的下方和上方各注射 5mL 和 2mL。穿刺针接着转移到 L3，只在横突前部重复注射，除非 L4 也需要镇痛。在这种情况下，还可在 L3 横突的尾部反复注射，镇痛作用能够持续大约 1h。

17.1.3 静脉区域镇痛

通过在山羊肢体末梢的浅静脉到止血带注射局部麻醉剂能较为容易地麻醉山羊的远端肢体（Babalola and Oke，1983）。这在治疗严重的下肢创伤或截趾时是最可取的方法。止血带（如

Esmarch 橡胶绷带）应绑在肘部或跗部以提高头静脉（在前臂中间 1/3 的前部处交叉）或循环跗骨静脉（腓肠肌肌腱横前方）。对于小山羊来说，推荐使用 3～4mL 2% 利多卡因溶液由静脉末梢到止血带给药，5～7mL 则适合于体型较大的山羊（Gray and McDonell，1986a）。对于末梢损伤，可在中段掌骨或中段跖骨的地方使用止血带；如果条件许可，一并对浅静脉进行小剂量的注射。在注射前给动物适当放血，使用正确规格的注射针头并在注射后按压入针部位，可有效防止血肿形成。镇痛过程可在 10min 内完成，其效果可持续到取下止血带时。为了防止利多卡因潜在的毒性，在注射后 15～20min 内不要移除止血带（Taylor，1991）。止血带绑在动物肢体上的时间应不超过 50min，以避免手术后韧带迟缓和神经疼痛。

17.1.4 骶管硬膜外阻滞

尾部最灵活的颅骨联合通常位于第一和第二尾椎之间。荐尾或第一尾骨间隙均适合骶管硬膜外注射（Skarda and Tranquilli，2007）。利多卡因、普鲁卡因和甲哌卡因（均为 2% 的溶液）都可以使用。麻醉成年动物会阴部和阴道且不影响后肢运动机能的标准剂量是 2～4mL，19 号或 20 号针头是合适的。如果针头操作得当的话，注射器中的就不会产生气泡（Hodgkinson and Dawson，2007）。

通过向利多卡因中添加 0.07mg/kg 的甲苯噻嗪，可以为实施侧面剖腹手术或剖宫产提供超过 40min 的局部麻醉和阻滞（Scott，2000）。虽然这种技术最初用于绵羊，但也适用于山羊。用药可能会使动物出现轻度的共济失调并持续几个小时。会阴组织的镇痛作用有可能持续超过 24h。

17.1.5 前硬膜外麻醉

乳腺手术、输精管结扎术、剖腹术、胚胎移植、脱垂修复和后肢骨折处理等手术可能需脊椎麻醉才能完成。前硬膜外侧阻滞需要使用 3.8～7.6cm 的 20 号脊髓穿刺针在腰荐连接处完成。该位点是髋结节之间一个可触及的下陷，手术时该部位首先应该大面积剪毛并对皮肤做术前处理。如果动物保定为侧卧且腰荐部脊柱呈现弓

背，腰骶联合处的脊椎骨之间打开得就更大。皮肤可用 1~2mL 局部麻醉剂脱敏，且最初的皮肤穿刺用大口径针头。随后，用细的脊髓穿刺针直接刺入脊椎骨之间的空隙中。脊髓液的出现通常意味着到达了蛛网膜下腔。大约以 1mL 麻醉剂（如 2% 利多卡因或 2% 甲哌卡因溶液）按每 10kg 体重的比例在蛛网膜下腔中进行麻醉。

如果实施硬膜外麻醉，后肢感觉的丧失被延迟（5~10min）（Riese，1987）。有些麻醉师往往喜欢用硬膜外注射，按照每 5kg 体重使用 1mL 2% 利多卡因溶液配伍肾上腺素（Nelson et al，1979；Gray and McDonell，1986a），如果发生低血压，常规处理是给予升压药，如 5~10mg/kg 的甲氧胺，或者使用 0.005~0.01mg/kg 的苯肾上腺素进行静脉输液（Hall et al，2001）。硬膜外注射后，如果希望两侧扩散麻醉，将动物立即翻转为腹部朝上；如果是单边麻醉则让动物向一边侧卧。用甲苯噻嗪（0.1mg/kg，肌内注射）镇静的动物瘫软状态至少能持续约 3h。当用 0.75% 布比卡因硬膜外麻醉时，动物的恢复延迟（一般超过 11h）（Trim，1989）。Linzell（1964）建议在山羊站立的时候，可对其进行硬膜外注射，同时实施腰椎硬膜外阻滞（在 L1 和 L2 之间使用 5mL 1.5% 利多卡因加肾上腺素），以达到在不麻醉肢体的情况下麻醉腹壁的目的。

将 0.07mg/kg 的甲苯噻嗪用无菌水稀释到 2.5mL 实施硬膜外麻醉，不管甲苯噻嗪是注射在腰骶部还是前面论及的骶骨尾部，都足以为剖宫产母羊的腹部切口提供 40~50min 的麻醉（Scott and Gessert，1997）。在腰骶部硬膜外注射美托咪定（以 0.020mg/kg 稀释在 5mL 无菌水中），尽管观察到的效果或许实际上代表的是机体的吸收，但也可对山羊体侧手术时提供 5~10min 的麻醉（Mpanduji et al，2000）。镇痛作用可以向前延伸至胸部、前肢和颈部。静脉注射 0.08mg/kg 的阿替美唑可迅速逆转麻醉和美托咪定诱发的心肺低压症状（Mpanduji et al，2001）。腰骶部硬膜外的 0.025mg/kg 甲苯噻嗪与 2.5mg/kg 氯胺酮联合给药已用于正常山羊和患尿毒症山羊会阴部手术的麻醉（Singh et al，2007）。

在腰骶部蛛网膜下腔注射 0.05mg/kg 的甲苯噻嗪及 0.01mg/kg 的美托咪定已经用于山羊的腹侧部、后肢和会阴部的麻醉（Kinjavdekar et al，2000）。事实上，0.001~0.002mg/kg 剂量的美托咪定可能就足以麻醉。也有报道在蛛网膜下腔使用 3mg/kg 氯胺酮和 0.1mg/kg 甲苯噻嗪的麻醉方法（DeRossi et al，2003）。

17.1.6 骶脊椎旁酒精阻滞

注射 70% 的异丙醇可长期（4~6 周）控制直肠或阴道脱垂，在这种情况下骶神经不受脊柱控制（Eness，1987；Skarda and Tranquilli，2007）。在尾椎硬膜外注射利多卡因操作更为简便。习惯用右手的人可将左手食指插入直肠，通过小骨凹口来定位两个椎体之间的间隙。6 个位置分别注射 0.25~0.5mL。在骶脊神经 S5 双侧进行第一次注射，并直接侧向到骶尾部结节处。用长度 2.54~3.81cm 的 18 号针在距离中线约 1cm 处向下进针，直到直肠中的手指几乎感觉不到针的位置。在 S3、S4 双侧进行同样的操作。公畜可省去 S3 注射，因为有可能会发生阴茎包皮脱垂。但如果山羊需要挑选育种，那么有必要对其进行充分的鉴别。否则，如果山羊从当前的脱垂完全恢复过来而可能会使畜主忘记其脱垂的遗传倾向。

17.2 全身麻醉的单一和联合用药

在山羊上，多种注射性和吸入性麻醉剂已成功用于化学性保定或全身麻醉，电流和针灸刺激也有应用。

17.2.1 短效巴比妥类药物

硫喷妥钠（15~20mg/kg、2.5% 的溶液快速静脉注射）可作为麻醉用药。它可能会诱发产生 30~50s 的呼吸暂停，在此期间进行气管插管最容易，只要使用一个较硬的探头即可完成。注射 10mg/kg 的硫戊比妥钠（Surital®，Parke-Davis）能达到相似的效果（Gray and McDonell，1986b）。据说静脉注射 4mg/kg 的美索比妥钠（Brevital®）也可提供 5~7min 的麻醉（Hall et al，2001）。咪达唑仑、地西泮、美托咪定或甲苯噻嗪等术前用药可避免恢复过程中的亢奋，后两种药物允许低剂量巴比妥类药物的麻醉诱导。当使用甲苯噻嗪时，静脉注射0.125mg/kg的壮阳碱可使动物恢复站立的时间缩短（Mora et al，1993）。

17.2.2 其他巴比妥药物

成年山羊静脉注射戊巴比妥的剂量为30mg/kg（Linzell，1964）。动物在20～60min内恢复站立，除非每小时额外增加6～36mg/kg的用药量。由于动物个体对该药的药物反应不同，恢复时间可能会延长（Hall et al，2001）。商品化的戊巴比妥溶液中往往含有丙二醇，这会导致山羊和绵羊出现溶血和血尿（Linzell，1964）。可以通过利用在盐水稀释的10%酒精中溶解粉末状戊巴比妥来替代。

注射巴比妥类药物特别是戊巴比妥后，有时动物会发生喉部痉挛，特别是在幼年山羊麻醉时更易发生（Bryant，1969）。动物表现出喘气、无效呼吸、瞳孔放大等一系列症状。应急救助需要强行插管（或紧急气管切开术）。这种情况下，在喉部喷涂局部麻醉剂可使气管插管变得容易。

17.2.3 甲苯噻嗪

甲苯噻嗪是一种很好的山羊镇静用药，尽管在美国该药没有被批准基于这种目的来使用。对于许多小的检查，如口腔和眼部检查等，静脉注射0.03～0.04mg/kg的甲苯噻嗪可提供短时间的麻醉（10min）。对于使动物感觉疼痛的操作，使用适当的剂量（0.05mg/kg 静脉注射或者0.1mg/kg 肌内注射）并联合局部镇痛最为安全（Gray and McDonell，1986a）。使用的剂量必须经过准确计算，20mg/mL 的溶液和结核菌素注射器使正确定量比较容易，但是静脉注射时要考虑针管中剩余的甲苯噻嗪。公山羊和患有中枢神经系统疾病（例如李氏杆菌病）的山羊对用药过量特别敏感（M. C. Smith，个人观察结果）。使用甲苯噻嗪时可能出现流涎、浮肿和高血糖等并发症。已证明该药可以提高子宫肌层的活力、使孕畜抑郁和胎儿心率升高。对妊娠晚期的兰布莱绵羊杂交母羊使用10mg 肌内注射剂量时，母体和胎儿的动脉血氧分压（PaO_2）显著降低。胎儿的症状可在 60min 内恢复（Jansen et al，1984）。保守剂量的甲苯噻嗪在健康怀孕山羊中可以使用，但更多是用于受惊的或疼痛的山羊的生理性紧张。

由于可能会导致较为严重的心血管和呼吸抑制，不建议给绵羊和山羊静脉注射超过0.15mg/kg 剂量的甲苯噻嗪（Gray and McDonell，1986b）。即便使用 0.15mg/kg 的剂量，已有报告称绵羊也出现了呼吸抑制和低氧血症（Doherty et al，1986），但在山羊中尚未见相关报道（Kutter et al，2006）。氧分压约降低到原来的一半，由于在吸气时胸廓凹陷，呼吸节律出现紊乱；绵羊出现发绀现象。后来对绵羊的研究解释了低氧血症的发生机理：0.15mg/kg甲苯噻嗪静脉注射导致毛细血管内皮损伤、肺泡腔出血、间质和肺泡水肿等，并且这些病理变化可在 12h 内消退（Celly，1999）。

甲苯噻嗪的不良反应可通过静脉注射0.125mg/kg 的 α_2-肾上腺素受体拮抗剂（壮阳碱）或 1.5mg/kg 妥拉苏林和给氧法得到一定程度的缓解。相比多沙普仑（0.4mg/kg 静脉注射），壮阳碱对上述状况可以产生更为迅速和持久的效果。在反刍动物上，妥拉苏林比壮阳碱更有效（Gross and Tranquilli，1989）。联合使用0.25mg/kg 的壮阳碱和 0.4mg/kg 的 4-氨基吡啶比单一用药更有效（Ndeereh et al，2001）。

17.2.4 氯胺酮、氯胺酮加安定

在不要求肌肉放松时，氯胺酮可以单独用于麻醉过程（Kellar and Bauman，1978）。以11mg/kg 肌内注射或 6mg/kg 静脉注射的剂量（Hall et al，2001），可以为成年山羊提供 15～30min 的深度麻醉。对于年幼的动物或需要更长时间的手术，推荐使用更大的剂量。动物眼睛处于睁开状态（用润滑软膏），眼球可能出现颤动以及不自主的肢体动作。动物保持打嗝、咳嗽和吞咽的能力。如果插管不可能但不保证不用吸引术的情况下，这种方法是可取的。推荐用同一支注射器将 0.25mg/kg 的安定和 5～7.5mg 的氯胺酮混合静脉注射，可以提供 10～15min 的麻醉（Hall et al，2001）。报道称，0.11mg/kg 的安定加 4.4mg/kg 的氯胺酮能达到相似的麻醉效果（Riebold et al，1995）。

17.2.5 甲苯噻嗪和氯胺酮

当不能用吸入麻醉时，经常将甲苯噻嗪和氯

胺酮联合用药来对山羊进行全身麻醉。使用时，镇痛的时间延长了，但恢复所需的时间只与氯胺酮的用药量有关。常常是首先注射 0.22mg/kg 的甲苯噻嗪，10min 后再注射 11mg/kg 的氯胺酮，两种药物均为肌内注射（Kumar et al，1976；Thurmon，1986）。另外一种方法为将 0.22mg/kg 的甲苯噻嗪与 11mg/kg 的氯胺酮一次性肌内注射，只是这种情况下动物出现麻醉状态的时间延后。麻醉持续时间约 45min，动物恢复站立需要约 1.5h（Kumar et al，1983）。如果需要延长麻醉时间，可再次以 6mg/kg 的剂量注射氯胺酮。对于只需要 15～20min 麻醉时间的手术，减少剂量（0.10mg/kg 的甲苯噻嗪与 5mg/kg 的氯胺酮）更为合适（Gray and McDonell，1986b）。

羔羊断角术时，推荐甲苯噻嗪、氯胺酮和阿托品的联合用药（Pieterse and van Dieten，1995），其配比为 0.04mg/kg 的甲苯噻嗪、10mg/kg 的氯胺酮、0.1mg/kg 的阿托品，三种药品混合并一次性肌内注射，可以为手术提供的麻醉时间平均约为 12min。需要注意的是，已发现在小动物上甲苯噻嗪和阿托品的联合用药可能导致高血压及梗死。另一种肌内注射的用药组合为，加入 1mL＝10mg 的布托啡诺和 1mL＝100mg 的甲苯噻嗪到 10mL 100mg/mL 的氯胺酮溶液中，这种“鸡尾酒”型的用药剂量为：每 45.4kg 静脉注射 1mL 或每 22.7kg 肌内注射 1mL。为了简化记录工作，应创建一个新的管制药物记录表格。

静脉注射 0.25mg/kg 的壮阳碱和 0.6mg/kg 的 4-氨基吡啶后，动物恢复站立（而非进食）的时间会缩短（Kruse-Elliott et al，1987）。静脉注射 2.1mg/kg 妥拉苏林也可以缩短用甲苯噻嗪-氯氨酮麻醉山羊恢复侧卧的时间（Dew，1988）。

17.2.6　甲苯噻嗪同系物

与甲苯噻嗪作用类似，可乐定、美托咪定、右旋美托咪啶和地托咪定都是 α_2-肾上腺素受体激动剂。对山羊静脉注射 0.2～7μg/kg 的可乐定可以引起剂量依赖性的镇静，从保有食欲的安静状态到近似睡眠状态（Eriksson and Tuomisto，1983）。静脉注射 5mg/kg 的美托咪定可以达到临床上的深度镇静、代谢性碱中毒和高血糖等（Raekallio et al，1994）。肌内注射

15mg/kg 的美托咪定可以达到镇静和侧卧的麻醉状态，大约 10min 后开始，持续约 1h。不良反应包括心动过缓、体温过低、瘤胃停滞、腹胀、尿频、流涎和呼吸困难，但动物恢复站立状态后 2h 内消退（Mohammad et al，1991）。最近发现，2μg/mg 的右旋美托咪啶在（美托咪定的 D-型活性异构体）可严重降低山羊氧分压（Kutter et al，2006）。肌内注射 10～20μg/kg 的地托咪定约 15min 后，可达到轻度至中度镇静（Clark et al，1993）。

肌内注射 15μg/kg（注射 0.1mg/kg 阿托品 15min 后）美托咪定大约 7min 后开始出现镇静，持续约 40min。当肌内注射 15μg/kg 的美托咪定 10min 后，再肌内注射 5mg/kg 的氯胺酮，麻醉起效迅速，持续约 45min，多表现流涎和多尿。阿替美唑作为一种逆转药，在美托咪定用药 30min 后静脉注射 15μg/kg 的阿替美唑，山羊通常在 2～3min 就能恢复正常行走（Tiwari et al，1997）。同样，静脉注射 20μg/kg 的美托咪定后 25min 再注射 100μg/kg 的阿替美唑，可逆转麻醉，平均 1.5min 后可站立，但山羊表现不安和大叫（Carroll et al，2005）。

17.2.7　噻环乙胺和唑氟氮䓬

特拉唑尔（Telazol®）（道奇堡动物保健）是一种非麻醉的、非巴比妥盐的止痛剂，该药在美国被批准用于犬和猫的肌内注射。这是一个由氯胺酮类似药——噻环乙胺（50mg/mL）和唑氟氮䓬（50mg/mL）等量混合的制剂。它可产生似强直性昏厥或解离性麻醉。其在小反刍动物使用的报告很少，但该药对绵羊和山羊还是有效的。7.5～10mg/kg 的剂量肌内注射后 10min 内可产生麻醉，并能持续 15～35min（Clark et al，1995）。8～16mg/kg 的静脉注射剂量已用于 80 只实验室绵羊的外科手术麻醉，包括剖腹术。手术麻醉持续的时间平均为 2.5h，从用药到恢复的时间平均为 5.6h（Conner et al，1974）。用量 5.5mg/kg 静脉注射可使山羊快速麻醉，根据需要，可额外增加 0.5～1mg/kg 的剂量来延长麻醉的时间。但加以 0.1mg/kg 布托啡诺静脉注射并不利于麻醉（Carroll et al，1997）。

以阿托品作为术前用药可以减少流涎，但这是非必需的，因为需要保留吞咽反射。如果发生

瘤胃内容物返流，建议插管或者至少应让头部放低。输氧和其他辅助通气手段也是可取的（Carroll et al，1997）。初步筛选表明，盐酸多沙普仑（Dopram-V，A. H. Robins）对唤醒特拉唑尔用药过量的犬是有用的（Hatch et al，1988）。用药剂量大约为 5mg/kg 静脉注射，目前在山羊还找不到这方面的相似报道。

17.2.8　安泰酮

安泰酮（Saffan®，Schering-Plough）以前在新西兰被批准作为绵羊和山羊用麻醉剂。该药每毫升包含 α-羟孕双醇 9mg、乙酯羟孕双酮 3mg。这种药目前在美国和新西兰已不再销售。健康成年绵羊和山羊静脉注射 2.2~3mg/kg 剂量时可保持 10min 麻醉。注射 20min 后可恢复站立。羔羊断角时曾用过更大的剂量（6mg/kg）（McKeating and Pilsworth，1984；Williams，1985）。安泰酮可引起山羊的心肌收缩力下降（Foéx and Prys-Roberts，1972），也有报道称其蓖麻油载体引起犬和猫的过敏反应。

17.2.9　异丙酚

异丙酚是另一种可注射性诱导剂，可快速引发麻醉，作用持续期短，恢复平稳。用药剂量滴定研究表明，对于术前没有用药的山羊，静脉快速注射 5.1mg/kg 可达到诱导麻醉的有效剂量，足以进行插管（Pablo et al，1997）。平均诱导时间为 23s。试验发现，28 只山羊中有 27 只经历了呼吸暂停（平均持续时间为 73s）。另一项研究发现，4mg/kg 的剂量足以诱发麻醉，并且只有 1/5 的山羊经历了呼吸暂停（Reid et al，1993）。如需诱导完全麻醉，异丙酚的剂量需要增加，若呼吸持续暂停，则需保持良好通风。对于镇静的动物，异丙酚用量可适当减少（Branson and Gross，1994），其中一种方法是在用 3~4mg/kg 剂量的异丙酚静脉注射诱导麻醉前，肌内注射 10μg/kg 的地托咪定联合 0.1mg/kg 的布托菲诺（Carroll et al，1998），其间可以异丙酚间歇丸保持麻醉状态。另一种报道的方法为静脉注射氯胺酮（3mg/kg）和异丙酚（1mg/kg），之后输注氯胺酮 [0.03mg/（kg·min）] 和异丙酚 [0.3mg/（kg·min）] 以及 100% 的吸入氧以维持麻醉（Larenza et al，2005）。

17.2.10　鸦片类药物保定

埃托啡和卡芬太尼通常用于捕获和保定外来物种，在家养山羊上评估的用药剂量为 5~40μg/kg。在精神紧张性保定中肌内注射卡芬太尼（≤5min）比埃托啡（5~10min，注射部位疼痛时会引起一瞬的挣扎）作用更快。卡芬太尼注射后的恢复较慢，山羊表现斜卧超过 2h，血压升高而心率下降（Heard et al，1996）。卡芬太尼联合地托咪定经口服给药，可导致不良的诱导时间和兴奋阶段延长（Sheeman et al，1997）。

17.2.11　氟烷

氟烷目前已广泛被其他新药取代，但它曾经在持有气体麻醉机的防爆麻醉从业者中十分受欢迎。氟烷起效快速，通过面罩便足以使小山羊麻醉，而年老动物则常用可注射的药物如甲苯噻嗪或硫戊巴比妥钠（Dhindsa et al，1970）。气体麻醉的恢复十分迅速，很少发生胎儿窒迫现象。正因此，氟烷可被用于剖宫产时的全身麻醉，但异氟烷是更为安全的选择。

通过面罩进行麻醉时使用的是 4% 的氟烷溶液，将面罩紧贴在脸部 3~4min 即可。犬用面罩可用于山羊，也可将 500mL 塑料瓶的底部剪掉，并用棉花和胶带垫在边缘来制作面罩。插管后，将山羊保持在 1%~2% 的氟烷雾化器中，设定气流速率为每分钟 1L 氧气。半封闭式循环需要比全封闭式更高的氧气流速。

氟烷麻醉后，偶尔会在看似健康的山羊上发生急性、大范围的肝脏坏死（Fetcher，1983；O'Brien et al，1986）。症状通常在 24h 内发生，包括精神不振、食欲不振、流涎、磨牙、前冲以及黄疸。血清中天冬氨酸氨基转氨酶（AST）、胆红素、碱性磷酸酶、肌酸肝和血液尿素氮水平增高，一般 4d 内死亡。尸体剖检会发现小叶中心或大面积的肝脏坏死。有些情况下，可见近端肾小管坏死、皱胃溃疡以及肝性脑病。推测这是由于低血压和肝脏缺氧促使氟烷代谢减慢，从而导致毒性自由基的产生。虽然还未经证实，但甲苯噻嗪与氟烷联合注射可能是以上情况产生的一个诱因，因为其对循环系统有抑制作用。长时间的麻醉也是一个危险因素。对提前肌内注射了 0.1mg/kg

甲苯噻嗪的年轻健康山羊施用氟烷45～125min，并未引起肝脏的损伤（McEwen et al，2000）。

17.2.12　甲氧氟烷

除非从业者只有 Metophane 机器，否则甲氧氟烷还是不如氟烷。其对麻醉的诱导和恢复均慢于氟烷。甲氧氟烷可以在使用无反复吸入装置时一氧化二氮（4L/min）和氧气（2L/min）的补充。

17.2.13　异氟烷和其他吸入剂

根据麻醉剂的可获得性和麻醉师的个人偏好，对山羊的麻醉还可以选择其他药剂，比如恩氟烷（Antognini and Eisele，1993）、异氟烷（Ewing，1990）和七氟醚（Larenza et al，2005）。不论是否有占总气流50%的一氧化二氮，均可使用3%～4%的异氟烷经面罩吸入（Riebold et al，1995）。诱导后应停止一氧化二氮的吸入，以防止其在瘤胃中积蓄。然后在较低的浓度条件下保持麻醉效果，比如含1%～2%异氟烷的氧气。在静脉注射2mg/kg吗啡的情况下，异氟烷的浓度应进一步减少（Doherty et al，2004）。由于这些药剂会引起呼吸窘迫，建议以制式呼吸代替自主呼吸（Antognini and Eisele，1993）。现已生产出便携台式异氟烷麻醉器械包，也适用于田间麻醉。

乙醚麻醉不理想，因为它会引起唾液分泌过多和不良的诱导延滞，并且其高度易燃。

17.2.14　电麻醉

目前有部分关于使用交流电对山羊进行麻醉的报道。例如，有人在为一头怀孕母鹿的骨头进行钢板固定时，使用 25mA、10V 的 700 周/s 的正弦交流电进行麻醉（Vijaykumar 和 Ramakrishna，1983）。有人认为这种电击保定对反刍动物不适用（动物在行为学试验中表现出厌恶情绪），并且在手术时若无其他的局部麻醉，这项技术是十分不人道的（Thurmon，1986；Trim，1987）。

17.2.15　针刺止痛法

从 20 世纪 70 年代起，针灸技术在西方国家的小动物和人类医学中使用，以降低麻醉剂的用量和减轻术后疼痛。其复杂的作用机理已被描述（Janssens，1988），其中包括了内啡肽和脑磷脂的释放。由于针灸术缺乏镇静作用，因此针刺止痛法也许最适用于性情安静或是可能因疾病而极度抑郁的山羊。对其他羊应使用甲苯噻嗪进行轻度镇静。关于山羊手术中使用身体或耳点穴位进行针灸的特别报道很少，因此从业者应当根据在其他物种上的经验来应对处理。

17.3　麻醉前的注意事项与镇静

山羊体内寄生虫引起的贫血现象还是比较普遍的，因而对于其黏膜特别是结膜的色泽的观察应纳入麻醉前的体检当中。对疑似贫血的动物可使用血细胞压积来检测，最好是在驱虫并补充营养治愈贫血后再择期进行手术。

术前禁食可减少瘤胃中食糜的量，微生物群落的活性也会降低，因而可降低手术中的产气量（胃胀气）。而禁食的一个不好之处是造成食糜更加流体化，从而增加回流的风险以及泌乳减少，在怀孕后期造成孕期毒血症的危险。一般来讲，成年动物禁食时间不宜超过 24h，未断奶的幼畜禁食 4h 为宜。禁食时间过长会减慢成年动物反刍行为的恢复和食欲，且有增加幼年动物罹患低血糖症和低体温症的风险。新生动物不宜禁食（Riebold et al，1995）。

普遍认为术前不必使用阿托品。虽然小剂量使用能够避免心动过速或瞳孔散大的不良反应，但也不能阻止流涎，反而会使唾液变黏导致难以从呼吸道清除（Hall et al，2001）。有些麻醉师使用甘罗溴铵作为止涎药。少数情况下，若麻醉过程中出现心动过缓，则推荐使用 0.02mg/kg 的阿托品进行静脉注射治疗（Trim，1987）。

麻醉前镇静推荐使用马来酸乙酰丙嗪（0.05～0.10mg/kg，静脉注射）、咪达唑仑（0.4mg/kg，静脉注射）或者安定（0.50mg/kg，静脉注射），这样一方面可以先简单保定动物，另一方面可降低诱导麻醉所需的用药量（Gray and McDonell，1986b；Larenza et al，2005）。这些药与甲苯噻嗪相比，引起心肺窘迫的可能性更小。有报道建议静脉注射 2～2.5mg/kg 的氯丙嗪来对山羊进行麻醉前镇静（Nawaz，1981）。同时静脉注射较低剂量的安定（0.04mg/kg）和氯丙嗪（0.5mg/kg）还可用于刺激山羊食欲（Anika，

1985）。这种对于进食的促进作用能够持续大约 30min。

17.4　插管法

当成年山羊全身麻醉时，建议使用套管进行气管内插管术，以防止唾液吸入和瘤胃内容物回流（Taylor，1991）。有许多种速效药可用于协助插管，包括短效的巴比妥类、氯胺酮、甲苯噻嗪、氟烷或异氟烷（面罩吸入）。插管时，可以先肌内注射 0.4mg/kg 的咪达唑仑，之后静脉注射 4mg/kg 的氯胺酮（Stegmann，1998）。另一种方法是使用 3～4mg/kg 的异丙酚，由静脉缓慢给药（Taylor，1991）。

有报道称，插管时有时会发生喉痉挛，特别是在小山羊上。为了预防这种可能致命的并发症，可在插管前对喉部至少喷射 30s 的局部麻醉剂（Taylor，1991），选用利多卡因好于苯佐卡因，这样可以避免高铁血红蛋白血症的发生（Reibold et al，1995）。等到咳嗽和舌咽反射恢复后才可撤掉气管内插管。

17.4.1　气管内插管的尺寸

表 17.2 中列出的推荐插管规格有助于大家选择合适的插管（Linzell，1964；Gray and McDonell，1986b）。35cm 的长管适用于成年山羊。插管前，套管应至少充气 5min，以检测是否缓慢漏气。可使用金属丝增加插管的硬度，待插入气管后再将金属丝撤出。或者，可预先换成人用的或者更先进的气管内插管来代替（Bush，1996）。插管完成后，可把一根木质咬棒用胶带缠住管子进行保护。

表 17.2　山羊气管内插管的尺寸

山羊体重	插管直径（mm）
15kg	5～6
25kg	7～8
30～40kg	9～10
成年奶山羊	11～12

17.4.2　窥测插管术

插管时，使用喉镜直接观察认为是比较理想的。将麻醉中的山羊置于胸腔左侧卧位，头部直接朝向天花板；或者将羊背向下，使头、颈部完全伸展。后一种方法理论上会增加插管前回流的风险。助手可用纱布海绵抓住舌头并拉出口腔外。还可以让助手用纱布环拉开咽喉，防止妨碍后续操作（图 17.1、彩图 81）。下面的纱布环应该在舌头的上面。麻醉师通过喉镜将一个长的窥视片（20～27.5cm）放到舌根部，之后抬起窥视片以暴露喉头和声带。如果没有现成的长喉镜窥视片，则可在短片上焊接延长，使其达到 25.7cm 或更长（Tillman and Brooks，1983）。也可以经下鼻道通过润滑的气管内插管，但管的直径要小于表 17.2 中列出的数值，且可能会使用到插管钳（Hall et al，2001）。

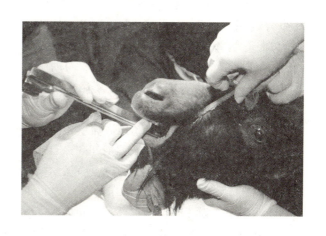

图 17.1　用长的喉镜窥视片观察喉头，持纱布环打开山羊的口腔（Dr. M. C. Smith 供图）

17.4.3　盲探插管术

应该掌握盲探插管术，这不只是因为喉管很昂贵，还因为电池电量会耗尽。山羊采取侧卧姿势，头部微伸，与胸椎平行。用一只手的拇指和食指握住舌头和下颌，其他手指按住硬腭使嘴保持张开。另一只手握住气管内插管通过咽部，插管的凹面对着舌头，直到感觉其前端到达喉部，然后弯曲并向前推进，直到检测到通过气管环后特征性的感觉（Hecker，1974）。

有些人习惯将插管伸到咽部时凸面对着舌头，然后将插管旋转 180°，以防止前端困在会厌部下方。借助放射摄影术这一手段，能够清晰地展示这一过程，即一只手向上推喉头以关闭食道，另一只手则用来操作插管（Gray and McDonell，1986b）。

17.5　麻醉时的预防措施

判断全身麻醉的深度需要做好几种反射的评估，更重要的是，做好对手术操作的应对（Gray and McDonell，1986b）。深度麻醉时，下颌张力持续存在，但若有吞咽动作，通常意味着麻醉较浅。手术麻醉中眼睑反射通常消失，但各种水平的角膜反射还存在。浅麻醉时会出现瞳孔散大，深度麻醉会发生脑缺氧。有报道发现，对于深度麻醉的山羊来说，眼球不会转动（Riebold et al，1995；Riebold，2007）；而另有人则声称能够转动（Hall et al，2001）。

麻醉过程中应监测动脉血压，以作为系统循环充分的指标（Wagner and Brodbelt，1997）。麻醉时正常平均动脉压为 75～100mmHg（Riebold et al，1995）。血压过低（平均动脉压低于 60mmHg）会造成脑和肾脏灌注不足。可以将聚四氟乙烯导管针插入耳廓、隐静脉或直接测量血压的指总动脉，或将超声波流量检测器绑在四肢动脉上（Wagner and Brodbelt，1997；Hall et al，2001；Riebold，2007）。静脉给药或减少麻醉的深度通常能改善血压。条件允许的话，可将脉氧仪贴于舌部、耳部、趾间皮肤、乳头、直肠或尾部来监测脉搏率及血红蛋白饱和度（Haskins，1996；Hodgkinson and Dawson，2007；Snyder，2007）。

当出现麻醉延滞时，侧卧好于背躺姿势。左侧躺卧相对于右侧躺卧姿势更能减少回流的危险（Trim，1987）。当动物背躺着的时候，瘤胃和肠内容物（以及妊娠子宫）的重量会压迫到主动脉和后腔静脉，会限制横膈膜的运动。侧卧时肺部功能会明显受损，所以手术的效率对于山羊的存活来说就显得十分重要。当全麻延滞时，通过人工呼吸机和供氧进行间歇正压通气对于缓解呼吸性酸中毒很有帮助。

如果不使用气管内插管（比如使用镇静作用和局部麻醉进行腹部外科手术），山羊应放置于倾斜面上以使腹部低于胸腔，这样可以减轻腹部脏器对肺部的压力，瘤胃液基本就不可能到达口腔部并被吸入（气管）。同时，头部应低于颈部，以便唾液能从口中流出。可通过胃管或者使用 14 号针或套管以防瘤胃臌气。手术完成后，应扶着山羊的胸骨躺卧以促进嗳气。

在全麻手术延滞的情况下（长于 2h），山羊可能已经流了很多的唾液（达到 500mL/h）。此时，如果不通过静脉注射含碳酸氢钠的液体，就会造成酸中毒。也可以用容器收集唾液，待手术结束后通过胃管输送回胃中（Linzell，1964）。相对于使用氟烷或甲氧氟烷的吸入麻醉法，巴比妥酸盐麻醉伴随着更多的唾液流出，因而也会失去更多的碳酸氢盐（Edjtehadi and Howard，1978）。低体温症也是全身麻醉中会出现的另一个严重的问题，尤其是在新生幼畜及尚未进食的动物中。当在农场里进行手术时，应当将山羊置于暖和一点的建筑中，可提供加热板、电热毯、暖灯或是热水瓶，持续保暖直到动物能起身并主动进食为止。

如果山羊怀孕的话，要采取额外措施使胎儿的危险降到最低（Ludders，1988）。这意味着麻醉前和麻醉时的用药量都应尽可能为手术所必需的最小值，防止母畜低氧血症和低血容量，提高氧流量和术中的静脉给药，保持病畜的体温恒定以加快恢复速度。如果未能保证很好的胎盘灌注和氧合作用，麻醉结束后可能发生胎儿流产。

17.6　术后止痛

评估山羊到底疼不疼很困难，尤其如果动物还不习惯与人接触时。众所周知，山羊在即使只受到人为保定时便会嘶叫，但在可能会引起疼痛的手术后却不常发声或表现不安或挣扎行为。食欲不振和抑郁可能是疼痛的表现（Hendrickson et al，1996），此外还有震颤和夜间磨牙。在疼痛开始前使用镇痛药（即抢先镇痛）最为有效。

腹部或四肢手术后常用吗啡进行硬膜外止痛（Pablo，1993；Hall et al，2001）。吗啡在中枢和周围神经系统中与鸦片受体结合，抑制痛觉相关的神经递质的释放。无防腐剂的吗啡用生理盐水稀释后，使用脊髓穿刺针无菌操作，以 0.1mg/kg 剂量注入腰骶间隔，持续作用时间可能会达到 24h 之久。硬膜外注射 1.5mg/kg 的布比卡因能起到部分镇痛作用，但会引起躺卧时间的延长（Hendrickson et al，1996）。小剂量的布比卡因与吗啡混合，能够用于手术麻醉和术后止痛。

也有使用鸦片类药剂肌内注射的，包括 0.2mg/kg 布托啡诺和 2～4mg/kg 哌替啶（Hall et al，2001）以及 0.1mg/kg 吗啡。丁丙诺啡（0.02mg/kg，肌内或静脉注射）不适用于术后止痛，因为它会导致动物烦躁并且反刍受阻（Ingvast-Larsson et al，2007）。

芬太尼是一种合成的鸦片受体激动剂，当静脉给药时可发挥短时间的作用（Kyles，1998；Carroll et al，1999）。商用芬太尼贴片可经皮给药以延长血药浓度维持的时间。将颈部一侧的毛发剪除，成年山羊以 50g/h 的剂量经皮肤给药，缠于保护绷带下。贴片在手术前 12～24h 使用可达到最佳效果。由于不同山羊对芬太尼贴片的吸收不完全一致（Carroll et al，1999），使用时需要严密监控以备需要时进行额外镇痛。

根据从其他物种收集到的药物代谢动力学和药效学（Lees et al，2004）及止痛数据资料进行假定推断，多种非甾体类抗炎药已在山羊上进行使用。由于瘤胃对水杨酸盐类不容易吸收（Davis and Westfall，1972），阿司匹林基本对山羊没有作用，即使用药量达到 100mg/kg。口服布洛芬的吸收效果很好，一头公羊用药量可能和以 mg/kg 单位计的人用剂量相似（DeGraves et al，1993）；但此药在美国不允许在食用动物上使用。氟尼辛葡甲胺是一种刺激性药物，静脉注射效果最好，但口服时吸收也很好（Königsson et al，2003），常通过皮下途径给药。这种药在美国是首选的山羊用非类固醇类药物，因为它已经被批准可用于其他食用动物（牛和猪）。经典剂量为每天 1.1～2.2mg/kg，分 1～2 次给药。美国评审了在牛上超出标签用法的非甾体类抗炎药的使用情况（Smith et al，2008），这一药物选择的决策过程同样也适用于山羊。

在其他国家，更多的可能是选择每日 3mg/kg 剂量经静脉或肌内注射酮洛芬（Arifah et al，2003）或口服卡洛芬。FARAD 建议超出标签的酮洛芬的停药期为奶山羊 24h，肉用山羊为 7d（Damian et al，1997）。在英国，卡洛芬在奶山羊上已有使用，剂量比较奇葩，为奶山羊每天给药一次，剂量 50mg，休药期 7d；侏儒山羊每日用药 20 mg（Matthews，2005）。另一种方法是按照 1.4mg/kg 的剂量皮下给药或静脉注射（Hodgkinson and Dawson，2007）。最初的研究建议山羊的美洛昔康用量为静脉给药 0.5mg/kg，每 12h 重复一次，这是因为山羊对这种药物的代谢很快（Hodgkinson and Dawson，2007；Shukla et al，2007）。

17.7 安乐死及屠宰

当需要对宠物或住院病人实施安乐死时，通常使用静脉注射超大剂量的巴比妥类药物。若没有静脉内导管时，可使用 19 号蝶状导管以减少血管周围药物沉积的风险。对贸易动物或农场抢救性扑杀时，只要执行人明确位置并且动物脑不需要进行狂犬病检测或其他诊断评价，可选择比较人道的方法比如枪击，或用渗透性电击昏头部（AVMA，2001）。动物用缰绳固定，如果能吃则喂食。电击的瞄准点为从颅骨顶向下直到脊柱（图 17.2、彩图 82），或者从颅骨后部的两角底部之间直对嘴部（图 17.3、彩图 83）（Longair et al，1991；Grandin，1994）。

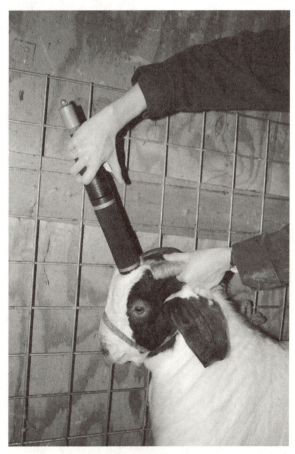

图 17.2　从颅骨顶部直向脊柱实施安乐死的电击位置（Dr. M. C. Smith 供图）

穆斯林或犹太人祭祀仪式都会屠宰山羊。他们用锋利的刀子割断下颌附近的颈动脉将羊快速放血，而无需将其提前打昏。虽然在美国这种祭祀仪式的宰杀不受人道的屠宰法律的限制（Grandin，1994），但动物也不应在屠杀前被过分施以不人道的固定措施（比如上枷锁，或倒置吊在链子上）。符合伊斯兰或犹太洁食认证的屠宰动物可采取直立位固定，将头部和颈部伸展，来改善动物福利（Thonney，2007）。

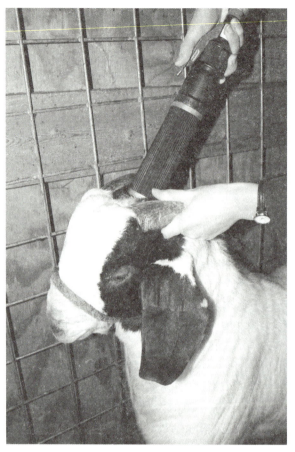

图 17.3　从两角底部之间直向嘴部实施安乐死的电击位置（Dr. M. C. Smith 供图）

（独军政）

18

去角和去皮脂腺除味

18.1　去角

山羊和其他物种一样，为了避免肉食动物的捕杀以及显示在种群中较高的地位，羊角在不停地、慢慢地发生变化。山羊经常进行搏斗，以建立和显示其种群地位。在搏斗时，山羊将后腿直立起来，将头低下并扭向一侧，向对方的头部冲过去。犄角前部表面有个脊状突起，在搏斗时可以防止双方角间的突然滑落，并可以降低剪切力。另外，山羊的颈部肌肉十分发达，这样就可以避免打斗过程中扭伤脊椎（Reed and Schaffer，1972）。遇到食物，山羊间会发生搏斗。此时，地位高的山羊突然竖起犄角，赶跑地位低的山羊。当成年山羊第一次碰面或是分离一段时间再次相遇时，也会经常发生搏斗。

山羊角的个数是不确定的，有的一个也没有，一般情况下以两个居多。多于两个角（8个）的情况也有报道，并且这种多角现象是一种遗传特征（Lush，1926）。

山羊角的基本解剖结构与牛角类似，都是由真皮层和生发层上皮细胞分泌的管状物质叠加组成的。真皮层紧贴于前端角突骨的骨膜。山羊角前段气窦膨大，形成了角内空腔。角动脉是颞浅动脉的分支，给山羊角供应营养。神经分布将会在断角术一节进行阐述。

18.1.1　支持和反对给山羊去角的理由

野生的山羊和群养的或是圈养的山羊是不同的。如果一只山羊擅自闯入其他山羊的领地范围时，山羊间会发生打斗，就有可能出现严重的撞伤或是撕裂伤。由于动作缓慢不能及时进行躲避，羔羊很容易被雄性山羊或种群中有优势的母羊伤害。如果群里的山羊都没有角，在群居生活中，山羊间就不会出现严重的伤害。事实表明，去掉山羊角不会对山羊的种群行为造成很严重的影响。在去角后，山羊打斗时仍会将后腿直立起来，头部向下，俯冲向对方，只是有时由于误判了二者之间的距离而相互错过顶撞。为了维持领地范围，占有优势的山羊便会采取咬耳朵的方式，驱赶幼龄山羊或是等级低一些的母山羊。

给山羊去角的一个主要原因是防止山羊间在争夺配偶时出现伤害。因此，养殖人员通过去掉山羊角这个与生俱来的"武器"，就能降低伤害的发生频率。给山羊去角后，篱笆或是围栏的破坏速度明显降低了。另外，山羊经常会将角深入篱笆里，然后猛地挣脱，有时就被卡在篱笆上，去角之后，山羊的这种生活习性就消失了。同时，去角还可以避免悬吊时出现的死亡，降低被路过的山羊划伤的危险。在美国，给山羊去角还有一个重要原因，那就是如果乳用山羊有角，就不能被注册。身材矮小的山羊被允许保留羊角。对于肉用山羊，通常需要将羊角弄钝。

断角手术存在一定的风险，在准备不充分的情况下是不允许对山羊进行去角的。作为宠物用的性情温驯的成年山羊或是家养山羊，在没有其他易受伤的小动物或是儿童的情况下，是不必进行去角手术的。如果动物是用绳索拴养的，羊角就应该被保留下来，以抵御恶犬的侵袭。安哥拉山羊通常需要保留羊角以进行自身保护。成年雄性山羊可以通过羊角显示身体状态，如果将处于繁殖期的雄性山羊的羊角去掉的话，就会降低其与其他雄性山羊竞争雌山羊的能力。在人类社会中，去角的雄性山羊有时会被认为是不够雄壮的，进而不会被选作配种用对象。有时去角手术可能会导致山羊出现应激以及不良转归，会影响哺乳、精子生产能力，甚至引起山羊的死亡。

18.1.2　无角山羊品种的选择

通过选择天生无角的山羊，让其交配，繁衍的后代就没有角了，进而可以完全避免去角带来的危险，这种想法似乎是合乎逻辑的。尽管这种做法在有些品种中是有效的，但是在欧系奶用山羊中，例如萨能奶山羊、阿尔卑斯奶山羊、吐根堡山羊，被筛选出来的无角个体却有着一系列遗传繁殖紊乱的症状。在这些品种中，出现山羊角是由隐性基因决定的。无角的性状是显性的，但是却和一个控制着不孕的隐性基因连锁。无角纯合子的雌性山羊将会成为无繁殖能力的雌雄中间体，而无角纯合子雄性山羊的附睾头产生精液肉芽肿的风险会增加。这些问题在第13章进行了讨论。如果发生交配的两只山羊，一只天生无角，另一只天生有角，其后代的繁殖力一般是正常的。完全消灭天生有角山羊的繁殖计划将会产生大量无生殖能力的后代。

18.1.3　羔羊断角

在亲代山羊中如果一只是先天无角的，则会产生先天无角的后代，这样就应该避免对其实施断角手术了。然而，很多养殖人员往往忽略这一点，只是在羔羊出生后，盲目地对其生角部位的皮肤进行破坏。养殖人员在制定未来的繁殖计划时（避免产生繁殖障碍的后代），应该充分了解子代山羊是否先天无角是很重要的。有角羔羊角芽部位的毛是扭着的（Mackenzie，1975；

Ricordeau and Bouillon，1969）（图18.1、彩图84），并且角芽部位的皮肤紧附于下面的骨头。无角羔羊头部中央的毛发呈轮状（图18.2、彩图85）。

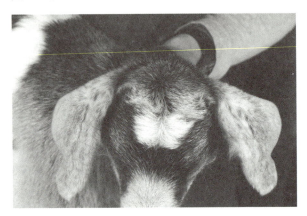

图18.1　有角羔羊每个角芽部位的毛发是扭着的（Dr. M. C. Smith 供图）

图18.2　无角羔羊头部中央的毛发呈轮状（Dr. M. C. Smith 供图）

18.1.3.1　去角芽的时间

对于欧系母山羊而言，出生后5～7d是最佳的去角芽时间。由于雄性羊羔比同龄的雌性羊羔的角芽要大，因此，出生后3～5d是公山羊的最佳去角芽时间。去角芽最好是在羊羔出生后不久，但是对于努比亚母山羊和俾格米母山羊，要等到出生后2周才能进行去角芽手术（Williams，1990）。

18.1.3.2　方法

成功去角芽的关键在于完全去除生角处的真皮层。可以采用的方法包括外科手术摘除法、烙铁去角法和冷冻手术法。这里只是详述烙铁去角法。

最好不要使用去角膏，因为它可以伤害到幼

畜的眼睛。另外，羊羔的其他部位皮肤接触到去角膏后也会出现损伤。夹住幼畜的毛发，在涂抹去角膏的周围涂上一圈凡士林，以及绑定幼畜一段时间，均会降低用去角膏产生的风险。涂抹去角膏产生的痛苦比用烙铁法产生的痛苦持续的时间要长，有时候，去角膏还会损害到位于角芽下面的颅盖骨，可能导致细菌进入大脑，产生极为严重的后果。

烙铁法是世界各地最常用的去角技术手段。顶端长为 1.9～2.5cm 的电烙铁是最合适的，这样可以保证充足的热量，能迅速地破坏角芽处皮肤。顶端长为 1.3cm 的 Rhinehart® 去角器适于雌性俾格米山羊或是雌性尼日利亚矮山羊。若要使用造价低廉和能耗较低的去角器达到较好的效果，必须延长作用时间，这样就会导致动物的大脑过度受热，产生不良的影响。能耗 200W 的去角器需要作用 5～10s 的时间，而能耗 125W 的去角器需要作用 20s 左右的时间（Anonymous，1988）。把头部的毛发夹住可以降低干扰，缩短灼烧时间，减少山羊对烟雾的吸入。当角芽较小的时候，可以采用顶端边缘很尖锐电烙铁，施加足够的压力，让烙铁完全穿透皮肤，形成环状灼伤。然后将裹有角芽的分离出来的环状灼伤痕迹清除掉（图 18.3、彩图 86）。在没有电源的情况下，使用丁烷制热的小牛去角器给羔羊去角芽，效果良好。另外，没电的时候还可以选用一段具有合适直径的铁管，在火上或是喷灯上灼烧，直至铁管烧成樱桃红色，再作用于角芽。还可以将钢螺帽焊接到烙铁上，采取同样的方法将其致热，再作用于角芽（Baxendell，1984）。

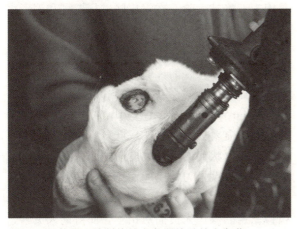

图 18.3 使用丁烷制热的去角器给羔羊去角芽

有些羔羊，特别是雄性的，在去角芽的时

候才发现角芽已经不能进入烙铁顶端内了。这时使用灼热的去角器时力气不要太大，要滑动着烧一个较大的圈，往往给雄性羔羊烧的圈比雌性羔羊的大一些。操作人员千万不能按固定的时间对做了断角术的山羊进行检查，应该随时查看每一个角芽部位的皮肤是不是完全被破坏。灼伤处皮肤变成红铜色，并且无法用指甲刮掉，达到此种程度才能认为去角成功了。所有生角真皮组织都必须包括在红铜色环状区域内，本书作者更倾向于将环状区域内的所有皮肤都灼烧成红铜色。对于雄性羔羊，还要多灼烧一块，将位于角芽前方的皮肤灼烧，后其形状近似月牙。如果最初的灼烧不完全，那么等灼烧的部位冷却后再进行重复灼烧，直至生角处皮肤完全被破坏。

当然，还有很多其他的方法可以用于去角芽。一些操作人员不用烙铁灼烧，而是用外科手术刀片将角芽处的皮肤切除一圈。使用 Hyfrecator® 品牌的电外科设备进行的火花放电干燥法，在一些动物上取得了很好的效果（Koger and McNiece，1982），但是有些动物出现了角再生和角变形的情况（Wright，1983）。有报道说采用冷冻手术为 2 日龄的羔羊去角芽取得的效果很好，并且也没有什么后遗症。

18.1.3.3 固定和麻醉

去角芽外科手术策略的不同，固定的方法也不一样。在美国和澳大利亚，去角芽时一般不需麻醉，但是在英国立法规定，必须给需要去角芽的山羊实施药物麻醉。在做断角术的时候，操作人员必须做好自身保护工作，例如可以直接把动物按倒在一侧，或是把动物捆绑起来，还可以把动物关进头可以伸出的木箱里（Willians，1990）。做完手术，热烙铁一被移开，羔羊被松开后，在手术过程中表现的不安就会消失。羔羊重新恢复活力，开始玩耍，有时甚至会去舔操作人员的手指。

如果有条件的话，可以采用氟烷或是异氟烷进行全身麻醉，其方法是通过面罩给药，等到麻醉完毕，把面罩取下来，进行烙铁去角（Buttle et al，1986）。通常情况下，几种药物混合到一起，通过肌内注射给动物进行麻醉，像甲苯噻嗪和阿托品组合（Pieterse and van Dieten，1995），或者是甲苯噻嗪、克他命和布托啡诺组合，作者在第 17 章对这些药物组合使用进行了描述。如果只是单独使用甲苯噻嗪，剂量大的时候可以使动物嗜睡几个小时，但是并不能阻止动物在去角时发出鸣叫。

18.1.3.4 神经封闭法

当给羔羊进行断角时，可以采取局部神经封闭的方法进行麻醉，前提是要小心使用局部神经麻醉药，切勿剂量过大。每个羊角中都有两条神经，一条是泪腺神经的分支，另一条是滑车下神经。泪腺神经分支沿着位于眼睛外眦和角后方之间的眶上突后缘的颞线延伸。滑车下神经的角分支在通过眼眶核内侧边缘之后分成角和前方分支。可以沿着眼眶核内侧边缘进行线性封闭（Skarda，1986）。图 18.4 标示了神经封闭位点。本书的作者倾向于用 3mL 无菌水或是生理盐水将 1mL 2% 肾上腺素利多卡因稀释成 0.5% 的浓度，这样就可以对体重 3kg 的幼畜的 4 处神经位点分别注射 1mL。如果可以保证精确地向每个神经位点注射 0.25mL 的利多卡因，就不需对其进行稀释了。1% 的利多卡因（1mL/点）可以用于年龄大些并且体格健壮的个体，效果也很好。

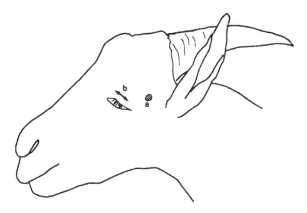

图 18.4　泪腺神经（a）和滑车下神经（b）的角分支的注射位点

18.1.4　较大周龄山羊的去角

羔羊出生几周后，羊角在颅骨的顶端就会出现明显的突起。此时的幼角会阻碍去角器接近生角的皮肤。此时采用烙铁去角法仍然奏效，但是首先必须用小刀、修蹄器或是剪刀将角芽去除。如果小牛去角器张开的范围足够大，也可以用于摘除角芽；对生角处的皮肤进行手术的时候，切口要有足够的深度和宽度，但是这样很容易将山

羊的大脑暴露出来。然后用烙铁的顶端对伤口进行灼烧，直到生角处皮肤被完全破坏。烙铁的顶端在伤口周围滑动，这样覆盖的面积会大些，特别要注意的是一定要将覆盖在角前端突起处的皮肤破坏完全。

随着动物的生长，角会慢慢变大，并且角内的骨头和额窦也会生长。当羔羊长到 6～8 周龄的时候，往往会把其归入未成年山羊的范畴，此时可以采用刀具、钢丝或锯齿等工具对其进行去角。

18.1.5　成年山羊去角

在条件允许的情况下，应该在手术之前对成年山羊进行全身麻醉。如果在整个去角手术过程中只有畜主一个人，在对动物进行麻醉时，可以先注射甲苯噻嗪或是安定镇静剂，然后再进行局部神经封闭。在进行神经封闭时，根据体重，给每只山羊每个神经位点注射 2～3mL 的 1% 或是 2% 的利多卡因，注射方法如前所述。当羊角的黏膜或是骨膜还没有达到麻醉深度时，畜主还可以对山羊继续追加一定的麻醉剂量（Skarda，1987）。本书作者发现，按着 0.06mg/kg 甲苯噻嗪进行静脉注射，会取得的较好效果。也有研究表明，当甲苯噻嗪的注射量增大到 0.1mg/kg 时，也取得了不错的效果，但是伴随的风险也相应提高了（Bowen，1977；Hague and Hooper，1977），例如，羊需要苏醒的时间会延长。如果冬天羊圈气温过低，山羊麻醉后可能会出现体温过低反应，此时还需给麻醉山羊额外补充一定的热量。

在手术前，将山羊两角之间的毛发夹住，或是用剃刀将其去除。在对皮肤进行擦拭和消毒之前，应用记号笔对将要切开的皮肤进行标记，这样就能保证两个切口大小相称。除了在两角之间需保留一窄条完整的皮肤以便于皮肤愈合外，应该沿着标记线去除至少 1cm 深的皮肤（Bowen，1977；Turner and Mcilwraith，1982）。前颅窝附近有时需要去除更多的皮肤，应将朝向前颅窝中心的角脊状突的基底处皮肤全部去除。

用外科手术刀片迅速而充分地切除环绕羊角附近的皮肤，并且破坏皮肤末端的片状垂悬物。执行锯角的操作人员面对山羊，而协助人员紧紧地控制住山羊的头和角。锯齿顺着角的四周滑动，沿着角的周边和片状垂悬物下面形成切口进

行切割（图18.5、彩图87）。如果在去角的过程中，没有固定羊角，那么角前的骨头可能会发生破碎。如果麻醉不充分，或是追加麻醉药耽误的时间太久，那么在去除角中心时，山羊会感觉到剧痛，发出叫声，甚至企图站起来。扁平的去角锯、斜角锯或是产科钢锯常被用作去角手术工具（Baker，1981）。当第一个角被锯下来后，应将旁边的主动脉拽出来进行结扎或是用烙铁进行灼烧（Linzell，1964；Turner and Mcilwraith，1982）。在锯第二个角的时候，应该用棉花或是纱布包扎好第一个角的伤口。如果出现少量流血，可以用电去角器或是烧红的烙铁灼烧进行止血。血块应该被及时清除，在伤口处涂抹抗生素或是其他抑制细菌繁殖的药物。

图18.5 使用钢丝锯去除成年母山羊的角

第一次接触去角的人都会觉得在去角的过程中动物会流很多血，并且去角后在皮肤和颅骨留下巨大尺寸的伤疤，令人瞠目结舌。这可以生动地说明去角芽要比去角好得多。如果畜主不去仔细观察羊角的生长，而是一味地将精力用于对成年山羊去角后的清洗和包扎，而且认为在山羊成年后再去角比较合适，其实这是错误的观念。

对成年动物进行修饰性去角，还可以降低动物患鼻窦炎和蝇蛆病的风险，特别是在气候环境比较温暖的地区（Mobini，1991）。当动物角根比较小的时候，采用这种方法是比较合适的。将距离角根1cm处的皮肤切开，然后将皮肤破坏并且拉向羊角一侧，这样就可以把产科缝合线放得低一些，并且对于以后的切口缝合也是很有好处的。在去角手术结束后，应该进行止血，对伤口进行冲洗，以便清除残余的血块或残渣。另

外，为防止感染，应对额窦施用一些抗生素。在切口深处使用水平褥式缝合，而在切口的边缘则使用简单的间断缝合，两者所使用的都是非吸收缝合线。在实施断角术后的5～7d施用青霉素以防止细菌感染，另外还需缠绕10～14d的绷带，直到缝线可以拆除。如果山羊的角太大，切口就有可能不能进行完全缝合。在使用镇静剂和局部麻醉的条件下进行修饰去角，要求保留角周围1～2mm的皮肤，然后将位于颅骨中间和后部的皮肤的切口扩大到5～10mm。用锯齿将角去掉后，用骨钳将前面的骨修饰成平滑的形状，以便在缝合时将张力降至最小，并使切口缝合成"福特连锁"样式。

不建议用去势套给山羊去角。这是因为很难让去势套在皮肤上固定不动，如果向上滑动了，虽然角尖去掉了，但是角的基部还会生长。对于一个成年的母畜而言，使用去势带后，需要6～8周的时间角才会脱落，其间可能会感受剧烈的疼痛。同时，如果动物没有注射破伤风疫苗，还有可能会患上破伤风。

一些畜主只是想去除角尖，这样就能降低动物产生的疼痛并且减少伤口愈合的时间。部分去角的原因还有很多，比如阻止畸形角或是残角刺伤皮肤，还可以使肉用羊更加美观。通过X线片，可以对角的生长程度及其残角的内部构造进行观察。含有血管的真皮组织在角中比在骨头中分布的范围要大，因此应在角的末梢进行横切。如果没有X线片协助，可以用手触摸，在角冰凉的部分进行初步横切，那里的血管应该是比较少的。如果想去掉更多角的话，可以用钢锯从角尖慢慢向角根进行去除，直至出现血滴。使用甲苯噻嗪可以使动物变得很安静，使去角工作更容易进行。

18.1.6 术后护理

一般情况下术后是不需要使用抗生素的，但是在动物出现厌食或是发热的情况下，应当施用抗生素。如果使用的是电烙铁断角，为了防止细菌通过断角进入大脑，应该使用广谱抗生素，例如长效土霉素（Thompson et al，2005）。另外，还可以使用镇痛剂，如氟尼辛葡甲胺和布洛芬，特别是在用外科器具去角时更有必要。

18.1.6.1 包扎

成年动物的头部是否需要包扎由很多因素

决定。如果动物做完去角手术后要被放进空间狭小的车里运回饲养场，就很有必要用绷带包扎头部。如果动物在结扎了动脉或是血管被灼烧后还有出血的话，使用绷带就是很有必要了。如果动物在进食时，头顶上是干草架的话，绷带还可以阻止干草碰到断角后露出的角窦。如果绷带是在动物的下颌下打结的话，可能会导致动物在吃料和反刍时产生疼痛。如果畜主不注意的话，长时间包扎绷带还会导致鼻窦炎的产生，另外，如果伤口长时间不暴露在空气中，干的结痂也不容易产生。很多例子证实，去角后产生的伤口在没有包扎的情况下恢复得很好。在希腊，当成年的山羊去角后，常常用蜂蜡对角上的瘘道进行覆盖。

如果决定给动物进行包扎，就要从多种包扎方法中选择最合适的一种。一种选择就是，用骨科布袋将动物的伤口套住（Bowen，1977），在脖子和头部系上布袋的两端，然后再做两个眼洞。同样，使用 5.1～7.6cm 宽的弹性绷带，也很方便。将绷带套在保护伤口的敷料上，然后第一圈绷带缠绕头部，从皮肤颏前孔延伸到断角伤口处，第二圈从耳后绕过来，延伸到两眼之间的额头部位。将眼睛部位的绷带切一个 V 形凹口，以便露出眼睛和使眼睑可以自由活动。一到两天后，下颌附近的绷带应该被去除，以减少动物在嚼食时对伤口拉动产生的痛苦。剩下的绷带可以在一周后拆除（图 18.6、彩图 88）。在夏天，如果使用驱蝇剂，将对动物伤口的恢复起到帮助作用。动物完全康复需要 6～8 周，如果动物体型比较大的话，时间可能还需长一些。有时给成年动物在做了去角手术后，角基部产生的洞口太大，就不能完全缝合了（Williams，1990）。

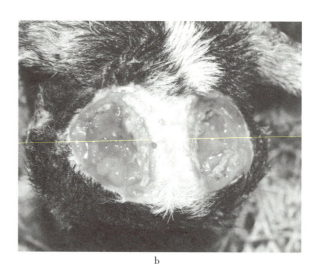

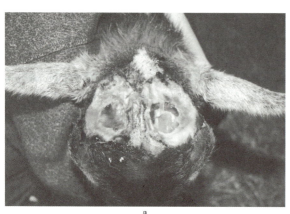

图 18.6　术后护理。a. 术后 6d 去除绷带后去角处伤口的情况；b. 同一只羊术后 19d 伤口的情况。头部没有任何东西遮掩，可以清楚地看到没有康复的小伤口和康复伤口的边缘

18.1.6.2　预防破伤风

如果手术操作人员在不清楚动物是否进行过破伤风免疫，是不能对动物进行去角的。幼龄动物应注射破伤风抗毒素 250～300IU，成年动物注射 500IU。如果动物在首次免疫破伤风疫苗后，没有产生针对破伤风的抗体，动物在感染破伤风后仍然会出现死亡。破伤风类毒素和破伤风抗毒素可以同时使用，但是要用不同注射器在不同的注射位点进行注射。

如果山羊已经免疫过一次破伤风类毒素了，那还需要再免疫一次，这是和免疫破伤风抗毒素不同的地方，很多畜主对这是不了解的。合理的免疫策略应该是，在确定给动物去角的时候，进行一次破伤风类毒素或是破伤风-肠毒血病疫苗的免疫，在给动物做手术前再免疫一次。这样就可以保证动物在手术时，血液中有足够大的抗体滴度。

如果母畜在妊娠后期接受了两次破伤风疫苗的免疫，幼畜在吃了足量的初奶后，就可以获得很强的抵抗破伤风的能力。在疾病根除计划中，如果用牛初乳来代替羊初乳的话，就必须对供奶的牛进行免疫，要不然羔羊就不能得到充分的保护。供奶牛要接种破伤风和肠毒血病两种疫苗。畜主做了以上工作，幼龄动物进行去角手术后，就可以完全依赖母乳获得免疫了。操作人员可能更倾向于给去角动物进行免疫，而不用担心通过摄取母乳获得被动免疫失

败而失去免疫保护这种情况发生。

18.1.7 去角带来的问题

断角术常常导致破伤风的出现，但是这并不是断角术产生的唯一危害。当羔羊非常小的时候，山羊断角产生的危险相对小些，在动物成年后，断角的过程给动物造成的影响是很大的。在对成年动物进行断角时，需要仔细斟酌不同时期断角对动物所产生的危害。像在哺乳期和妊娠后期都是要避免进行断角的（Bowen，1977）。冬天断角比夏天要好，因为这样可以避免蚊虫的烦扰（Wright et al，1983）。一般来说，在夏天给 2 月龄大的羔羊断角比等到冬天再给 8 月龄大的成年山羊断角要好，因为随着年龄的增长，伤口也会变大，对动物产生的影响也会变大。

18.1.7.1 热性脑膜炎

当对羔羊的角芽进行过长时间的灼烧之后，角芽下的骨头、脑膜甚至大脑都会受到损伤（Linzell，1964；Wright et al，1984，Sanford，1989；Thompson et al，2005）。几日龄羔羊去角芽的时候，头顶前部的骨头还比较薄，额窦还没有发育好。脑膜血管的凝固性坏死可以导致位于脑膜下的大脑组织出现血栓及梗死（Thompson et al，2005）。当去角器的温度不能够迅速地破坏皮肤时，就会容易产生问题（Williams，1985）。电烙铁作用的时间越长，越多的热量将会进入皮肤的深层。如果去角器不是很烫，在完成去角之前最好让头部保持低温。如果动物在去角后一到两天反应迟钝，不能自由活动，说明动物的大脑受到了损伤，这种损伤有时可以通过术后的再学习而康复。畜主应该按照有关规定为羔羊进行保温，如果必要的话，用吸管喂食。抗菌药和抗炎性药物的使用也是很有必要的。

18.1.7.2 脑脓肿

使用烧灼法或是涂抹去角膏都有可能对位于大脑上的骨头造成破坏，进而导致细菌进入大脑（图 18.7、彩图 89）。锯角的时候，锯齿位置太低的话也会导致同样的问题。如果山羊在去角几周后，出现了脑源性的神经症状，该山羊则有可能患上了脑脓肿，这在第 5 章已经讨论过。该病的结果是预后不良。

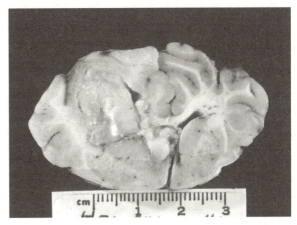

图 18.7 使用去角膏后头部骨头破损，导致脑脓肿产生

18.1.7.3 鼻窦炎

即使操作人员在给山羊做去角手术时十分小心，对于开放的鼻窦而言，感染也是在所难免的。感染可能源于开放的鼻道，或是外源物质落入伤口中造成的。鼻分泌物增多、摇头或是头部反复蹭地，甚至出现不正常的气味，都说明可能在包扎的部分出现了鼻窦炎（Turner and McIlwraith，1982）。如果伤口不进行包扎的话，位于鼻窦内的浓汁十分容易被发现。如果动物出现了鼻窦炎的症状，就应该把绷带拆除，清除结痂和坏死骨片，然后用温和型消毒液冲洗鼻窦中的浓汁。炎症表面涂抹抗生素以及定时冲洗可控制住病情的恶化。体温低下或是发热的山羊还应当全身施用抗生素，比如青霉素。

18.1.7.4 种群地位的丢失

计算去角对山羊的种群影响是很困难的，但是根据畜主的叙述，断角对于山羊在种群中地位的影响可谓巨大。如果断角山羊在没有断角之前经常攻击或伤害种群中的其他山羊，这种情况下影响就更为显著。当山羊失去维护其地位的"武器"后，它很快就成了种群中其他山羊的攻击对象。有时甚至会出现种群中所有山羊对该山羊进行攻击。这样，断角的山羊精神会受到打击，进而会出现绝食的情况。当然了，有时断角的山羊可以通过撕咬的方式恢复其在种群中的地位。

18.1.7.5 酮病

无论是由于断角产生的痛苦、感染或是种群地位的丢失，都有可能导致母畜摄食量减少，这对于处于妊娠晚期或是哺乳期的母畜而言都是很危险的。如果母畜发展为酮病，食物摄取量将会进一步减少，这会导致致命的后果。母畜在断角后的最初几天内应得到充分的护理，如果断角母畜精神萎靡，表情痛苦，此时需施用一些镇痛药（阿司匹林，100mg/kg，每日 2 次，口服；保泰松，10mg/kg，每日 1 次，口服；氟尼辛葡胺，50mg，肌内注射或是根据需要口服）。另外还需和其他动物分开，但是其他动物应在断角母畜视野范围内；如果畜主可以亲手饲喂去角母畜，则有可能可以提高母畜的摄食水平。酮病将在第 19 章详细讨论。

18.1.7.6　李氏杆菌病

在手术后几天内，有些动物会出现李氏杆菌病的临床症状（精神沉郁、面部神经瘫痪、共济失调、斜颈等）。推测这可能是由于应激反应导致隐性感染被激发，变成了显性感染。在确诊前期应使用青霉素或是土霉素进行治疗。

18.1.7.7　残角

如果生角真皮层没有被彻底去除，则头部可能会出现小而变形的角或是大而钝的角（图18.8、彩图 90）。断角操作人员或是畜主在缺乏经验时，手术后常常伴随着残角的产生。这种情况在雄性山羊和中间性山羊的手术操作过程最为常见。正是由于这个原因，雄性羔羊去角时间比母畜要早一些。另外，成年雄性山羊在去角时，角根处去除的皮肤应该多一些。

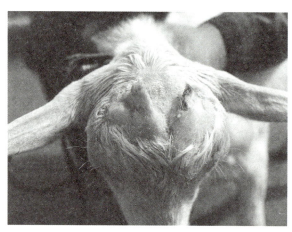

图 18.8　雄性羔羊未彻底去角后产生的残角

本书作者经常强调，在给山羊做去角手术时，可能会伴随着残角的出现。残角产生可以被察觉到的第一个迹象出现在最初伤口愈合的时候。如果残角的形状为窄条状，像一块狭长的糖，畜主应该按照规定用修蹄器将其去除。不然

的话，残角将会成圈到处生长，会对头颅或是眼睛造成挤压，这时就需要用锯齿尽量靠近山羊的头部将残角去除。如果残角的基底比较宽阔，并且伴随骨头的增生，这就需要再进行一次手术；但是这仍然会再次导致残角的出现。结合不紧的残角会在打斗过程中被去除，虽然这样会伴随着大量的流血，但是很少需要医疗。同样，这些残角仍会再次生长。

18.2　去皮脂腺除味

身体健全的公山羊发出的气味很多源于分布于角附近的多叶皮脂腺，断角山羊的角圆突也有皮脂腺的分布（图 18.9）。这些气味腺与睾丸素的分泌相关，其中有一种气味腺分泌的物质为6-反式壬烯醛（Smith et al，1984）。雄性山羊在秋天繁殖季节，气味更加明显（Jenkinson et al，1967；Van Lancker et al，2005）。在繁殖季节，由于睾丸素的分泌增多，位于颈部和肩部的气味腺及其他皮脂腺的分泌也增强。性欲旺盛的公羊会往头部和前足沾上尿液，但是尿液中并不存在雄性气味。多根堡公山羊的雄性气味比俾格米公山羊的要重（Van Lancker et al，2005）。母山羊以及阉割过的公山羊很少发出引起其他羊只注意的雄性气味。但是在中间性的山羊身上这种气味是很明显的，可能是由于中间性山羊在遗传学上属于母山羊，却分泌睾丸素。

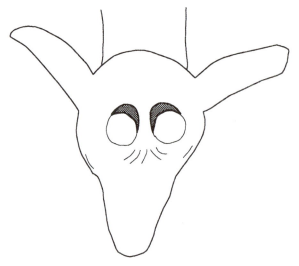

图 18.9　去皮脂腺时需要灼烧或者剔除的皮肤位置

对气味腺上的皮肤进行修剪和刮擦，尽量去除腺体内的分泌物。如果畜主嗅觉灵敏的话，可

以通过手术破坏山羊身上的气味腺，但是并不能将气味完全消除（Browen，1981）。这样还可能导致动物在发情期不易察觉异性以及不能向异性发出示好信号。

　　给羊羔去角芽的时候，是切除头部皮脂腺的最佳时期。将挨着角的皮肤灼烧掉一块，形状近似月牙。有时畜主也会对母山羊羔做切除皮脂腺的手术，因为理论上极个别的母畜也会有轻微的雄性气味。

　　成年动物去角后，如果角周围的皮肤被多去掉一些，气味腺就可以被去除。在繁殖季节，含有气味腺处的皮肤隆起，有光泽，毛孔比较大。如果动物去角手术不理想或是已经做了去角手术，在确定皮脂腺的位置后，可以在羊角旁边切除一块月牙状的皮肤。在手术部位注射利多卡因，可以减少动物的痛苦。伤口的边缘可以用灼烧的方法进行止血。如果切除的皮肤比较多，可以将剩余的皮肤缝合起来（Bailey，1984）。有时候气味腺距离角比较远，这时如果将位于皮脂腺上的皮肤切成三角状，切下的皮肤尖端朝向后侧（垂直两角前端连线画一个虚拟的中线，那么这个三角形的定点则位于该中线3～4cm处），则皮脂腺就容易被定位了（图18.10）。这样在切开的皮瓣下方很容易找到皮脂腺，将其切掉，最后把切开的皮瓣缝合复原（Johnson and Steward，1984）。

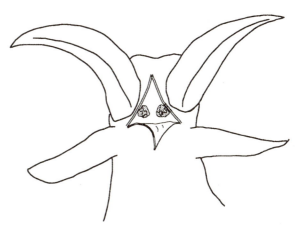

图18.10　手术切开皮肤，确定雄性山羊气味腺的位置（Johnson and Steward，1984）

（李冬）

19

营养和代谢疾病

　　山羊饲养者必须学习足够的关于营养的知识，才能有效提高山羊健康水平和生产性能。至少在美国，一些饲养者一开始完全没有农业背景，他们对山羊营养的认知还停留在简单的罐头食品或开袋性商业宠物食品上。

　　山羊饲养者需要学习不同生产要求的山羊的各种营养需要（即能量、蛋白质、纤维素、维生素、主要矿物质、微量元素和水等）。山羊的生产阶段包括维持期、生长期、育肥期、妊娠期、哺乳期、产奶高峰期和产毛期。受过培训的养殖人员可以很容易地区分出一般犬粮、宠物食品和限制性食物，从而避免提供的营养致使宠物肥胖。但很少有商业化喂养山羊的饲料产品。毕竟，在世界许多地区，山羊的重要性取决于它能否生存以及在那个生长阶段能够生产什么，所以就很有必要学习和研究营养价值与相对于当地的可利用饲料的成本。这些饲养用料标准信息可以从一些相关文献中获得，但饲料的质量品质是容易变化的。美国的山羊饲养者们必须学会准确区分不同类型和成熟期的饲料，或利用饲料分析来确定干草和青贮饲料的营养含量。

　　自主采食营养摄食量是另一个重要考虑因素。山羊消耗各种饲料的能力是什么？如果没有影响瘤胃功能或者是山羊自身的新陈代谢，山羊能吃多少饲料？饲养任何反刍动物，首先要正确地让瘤胃充满细菌和原生生物。那么，日粮必须含有满足细菌生长所需要的能量、氮和所有其他营养需求，以及山羊生长所需的营养成分，以适当的比例和合适的时间间隔饲喂，以免引起微生物营养不良或瘤胃酸中毒。反刍动物需要一个稳定的日粮供给，与单胃动物（如人类）的情况不同，在一周甚至一天，仅仅是提供一定数量的干草或谷物、能量或蛋白质，是不能满足其营养需要的，甚至饲料的物理形态也很重要，因为饲料的研磨和力度过大会使饲料颗粒停留在瘤胃中的时间减少，最终导致饲料消化率降低。

　　作为一种新的并发症情况，一个既定的饲料消化率随日粮的其他组成部分能量和蛋白质含量的变化而变化。此外，一个既定的饲料或日粮的能量含量取决于它所用于生产的功能。这些问题和其他问题给营养师带来了许多争论，这些都远远超越了这本书的范围。本章节只能提供一个简短的营养概述，同时努力让兽医或山羊饲养者了解山羊的具体需求。想要提高山羊的生产水平，其饲养条件必须得到改善。因此，必须了解日粮原料的营养成分，以便对日粮成分进行精确微调。最近，小反刍动物包括山羊的营养需求已有人总结出版（NRC，2007）。

　　最后一个值得关注的是所提供饲料的营养价值与实际消耗量之间的差异（Brown and Weir，1987）。一般山羊的进食包括持续性进食和选择性调整进食。当要求较高的产量时，必须给予山羊足够的补充饲料，以便它有选择性进食的余地。从而达到增加采食量和丰富日粮成分的目的，但这是以在料槽中残留15%～20%的饲草为代价的。此外，由于山羊的"选择权"与其在种群中的地位密切相关（除非它是单独饲喂），领头羊可以霸占料槽随便进食数小时，地位低一点的成年羊也可以霸占剩余料槽，那么小羊想进食则必须衔起一口饲料就跑掉，甚至捡地板上被丢弃的干草。所以给予足够多的超过所有动物需求的高品质饲料并不能确保一只或更多山羊不会饿死。

19.1　能量

　　所有关于营养的讨论似乎都始于能量，可能因为这是最能限制农场动物的营养要求，而且价格高昂。此外，若乳品动物能量短缺会立即造成生产力下降。其他影响如生长迟缓、生长期延迟和生育率降低，则会在一个较长的时期内日趋显现。

19.1.1　能量系统

能量在不同的系统和区域以不同的方式和单位表示，缺乏统一的方法学，影响了山羊营养知识的获取和应用（Morand-Fehr，2005）。美国山羊饲养者应该熟悉总消化养分（TDN）系统。该系统假定饲料的能量值仅取决于其所含的消化元素。因此，TDN（以重量或饲料的百分比表示）是可消化粗蛋白、可消化碳水化合物和 2.25 倍可消化粗脂肪的总和。能量的一个假定量是假设其适用于所有类型的饲料，而不管饲草是否浓缩。有了这个系统，能量需求可用术语表述为以克为单位的 TDN、以卡为单位的消化能（DE）或以卡为单位的代谢能（ME）。

如图 19.1 和表 19.1 所示，这些部分都是相互关联的。在这个例子中，1kg TDN 代表 4 409kcal* DE 和 76kcal DE 产生 62kcal ME（NRC，1981b）。事实上，这些数值关系随饲料成分不同而不同。专门从事营养配制的营养工作者承认，能量损失与各种类型不同的生产形式相关。在 TDN 系统中，可以用 $0.72 \times ME$ 产量、$0.60 \times ME$ 产量和 $0.45 \times ME$ 产量来区分维持净能（NE_m）、产奶净能（NE_l）和增重净能（NE_g）（Sauvant，1981）。

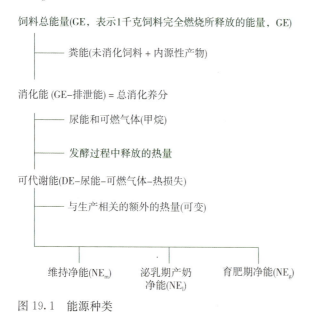

饲料总能量(GE，表示1千克饲料完全燃烧所释放的能量，GE)

　　—— 粪能(未消化饲料 + 内源性产物)

消化能 (GE−排泄能) = 总消化养分

　　—— 尿能和可燃气体(甲烷)

　　—— 发酵过程中释放的热量

可代谢能(DE−尿能−可燃气体−热损失)

　　—— 与生产相关的额外的热量(可变)

维持净能(NE_m)　　泌乳期产奶净能(NE_l)　　育肥期净能(NE_g)

图 19.1　能源种类

法国能量系统与美国最新发布适用于牛的系统一样，是以 NE_l 和 NE_g 为基础的，并且已经认识到在山羊每一个生理阶段的消化代谢过程中，饲喂不同的饲料会产生不同的能量值。举例来说，与浓缩料相比，长茎牧草以发酵和沼气（从瘤胃嗝出）形式产热造成了更多的能量损失。在 TDN 系统里，NE_m 可近似以 $0.72 \times ME$ 计算（尽管实际的范围是 $0.66 \sim 0.76$）。同样，NE_l 通常被假定为 $0.60 \times ME$（实际范围为 $0.54 \sim 0.68$），对应实际生成量给出一个标准奶牛日粮。对于所有的日粮，NE_l 与 NE_m 成正比，这样保育期和哺乳期净能需求都能以 NE_l 表示。目前法国的营养成分和需求表使用 UFL 这个新单位，它相当于 1 700kcal NE_l（INRA，2007）。增重净能所对应的单位是 UFV，相当于 1 820kcal 的增重净能。

现在山羊营养需求以法国的建议为准，因为该国一直以来在这方面投入很多工作，尤其是在山羊的营养方面。此外，许多原始的研究已经总结在文本上（Morand-Fehr，1991），最新营养表也已经发布（INRA，2007）。喜欢 TDN 系统的读者可参考美国国家研究理事会（NRC）出版的《小反刍动物营养需求》（2007）。

19.1.2　维持期

山羊维持期所需能量与动物体重相关。然而，所需能量与动物体重之间不是一个线性关系，多数人相较于应用计算机和算术来计算营养需求，他们更喜欢查询营养表，例如 NRC（2007）或法国国家农业科学研究院（INRA）（2007）发布的营养需求表。无数关于不同品种和年龄的山羊的研究都各自给出一个不同的方程来表示能量需求。这些方程可以计算代谢能、净能和以千卡（总可消化能源系统）或千焦耳（SI 或国际系统）为单位的能量值。这样一个方程（Vermorel，1978）表明，山羊维持期每天所需的产奶净能量与代谢体重成正比。这里的代谢体重以千克表示，并且是体重的 0.75 次方。

表 19.2 以此方程为例，计算不同重量山羊的代谢体重和产奶净能需求。最近，许多方程被

＊　cal（卡）为非许用计量单位，可按 1cal＝4.184J、1kcal＝4.184kJ 换算。——译者注

归纳总结出来，并在 2007 年 NRC 发布的营养表上作为基础能量推荐使用（Luo et al，2004c；Nsahlai et al，2004a；Sahlu et al，2004）。代谢体重是否增加取决于山羊的年龄和品种，这又使结果表能够更准确地应用于一个特定种类的山羊。

表 19.1　总可消化养分系统中能源单位间相互关系

GE（kcal）	100					总能
TDN（kg）		1	0.227	0.278	0.492	总可消化养分
DE（kcal）	76	4 409	1 000	1 226	2 171	消化能
ME（kcal）	62	3 597	816	1 000	1 771	维持能
NE（kcal）	35	2 030	460	564	1 000	净能

表 19.2　山羊维持能量需求

体重 （kg）	代谢体重 （kg）	日产奶净能 （kcal）	日产奶净能 （MJ）
10	5.62	367	1.536
20	9.46	618	2.586
30	12.82	837	3.502
40	15.91	1 039	4.347
50	18.80	1 228	5.138
60	21.56	1 408	5.891
70	24.20	1 580	6.611
80	26.75	1 747	7.309
90	29.22	1 908	7.983
100	31.62	2 065	8.640

19.1.3　环境

维持期的能量需求也随环境条件（如温度、湿度、风力）及运动情况的变化而变化。在消化过程中正常产生的发酵热量有助于在寒冷环境中维持反刍动物的体温。事实上，采食粗纤维含量高的山羊瘤胃相当于内部热水袋，可以保持体温。即使浓缩饲料所释放的消化能比例较少，增加进食也能进一步提高瘤胃产热。患有瘤胃迟缓的动物则必须颤抖以保持体温。出于这个原理，"山羊大衣"（即棉毛衫）或毛毯往往对术后食欲不振的山羊有益。

温度适中区（the thermoneutral zone，TNZ）是指，在 0～30℃ 的温度范围内，山羊具有最大生产力和最低应激（Constantonou，1987）。上临界温度是温度适中区的上限，高于此温度则动物会出现热应激。相较于热应激，高产动物对代谢热量增加更加敏感（NRC，1981a）。温度适中区的下限在不同动物间因毛发、皮下脂肪和饲养水平不同而存在差异。在寒冷的天气给山羊剪毛，会增加产毛山羊的能量需求，常导致山羊死亡。

在天气非常寒冷的情况下，需要调整能量需求。当山羊处于温度适中区域以外的环境中时，则需要更多的能量维持生命。为了山羊健康，低温、风速等对山羊所需能量的影响需要经过验证。或许低于温度适中区每摄氏度增加 1% 的维持能量，是一个合理的起始预算。可能还需要调整日粮的整体能量水平，因为即使天气寒冷时山羊的自由采食量增加，但维持生命的能量需求增加得更为迅速（Ames，1987）。

19.1.4　活动

建议给予适度放牧山羊比圈养山羊所需维持能量多 20%～25% 的产奶净能。山羊走很远的距离去寻找食物和水，实际上需要更多的能量，但具体的精确数据难以实现量化。一天行走 6.5km，建议增加 40% 以上的最低维持量，9.6km 则应增加 60% 以上的最低维持量（Morand-Fehr and Sauvant，1978）。而 NRC（1981b）建议山羊长途跋涉及途径地区海拔高度有巨大变化时，应增加 75%。因此，一只体重 60kg 的山羊如果待在圈舍中，估计每天需要 1 408kcal 的最低维持量；如果在附近放牧，则需要 1 690kcal 的最低维持量；如果它行走 9.6km（6mile），需要约 2 250kcal 的最低维持量。一个小山羊群的运动水平和能量消耗其实是非常多变的。

19.1.5　哺乳期

哺乳期使用的代谢能比例是独立于生产水平的。但是，随着乳汁中脂肪、蛋白质和乳糖含量的变化，有必要调整产奶净能需求量。例如：羊奶中含有 3.5% 的脂肪、3.1% 的蛋白质和 4.3%

的乳糖，生产每千克奶的能量需求是 676kcal NE₁（INRA，2007）。如果奶中的脂肪含量明显不同于 3.5%，NRC（1981b）建议将代谢能需求从原来的每 0.5% 脂肪可转换为 16.28kcal 能量调整为可转换为 12kcal 的 NE₁。

19.1.6 生长和增重

一岁山羊在哺乳期间仍不断生长，所以需要补充更多的营养。此外，高产山羊在泌乳期的最初几个月体重会降低（有时可多达 7kg）（INRA，2007），因为它们会动员体内储备的能量来产奶。它们最终需要恢复体重。增加每克体重约需要 6kcal NE₁。成年的阿尔卑斯山羊平均每天需要增加 270kcal NE₁ 才能恢复体重（Morand-Fehr and Sauvant，1978），这代表每天增加 45g 体重。通过比较，NRC（2007）确定肉羊和哺乳期羔羊每克日增重需要 5.52kcal ME，成熟动物则需要 6.81kcal ME。

19.1.7 妊娠

山羊妊娠期中，在妊娠最后两个月以前均没有额外的能量需求。法国科研工作者用体重计算母羊哺乳期所需维持能量，妊娠最后两个月增加 830kcal NE₁/d。这个试验数据显示，羔羊出生时平均体重是 7.6kg；妊娠母羊体内羔羊每千克体重每天需要增加 109kcal 能量。在一般情况下，如果妊娠时补充能量下降到低于 500kcal，山羊容易出现妊娠毒血症，而超过 1 100kcal NE₁，泌乳期将会出现消化不良、难产、产奶量降低等情况（Sauvant，1981）。这些情况在本章后面会详细讨论。目前 INKA 的建议是妊娠期的最后两个月将能量增加至维护能量需求的 1.15～1.30 倍（INRA，2007）。目前 NRC（2007）在确定能量（和蛋白）需求时会考虑哪些是产奶羊和不产奶羊，并且确定不产奶羊所怀羔羊的具体数目。

19.2 蛋白质

整个山羊的生长、组织修复和合成产物等（如酶、激素、黏蛋白、羊奶和毛发等）都需要蛋白质。与单胃动物一样，反刍动物需要的蛋白成分主要由从小肠吸收的氨基酸组成。然而，这些氨基酸有两个来源：首先是日粮中的蛋白质，未

被瘤胃降解的食物进入小肠中被消化成氨基酸后被吸收；第二个来源是微生物蛋白。几乎所有的可溶性蛋白、所有的非蛋白氮和日粮中约 1/3 的不可溶性蛋白会在瘤胃中被分解生成氨。这相当于绿色牧草中氮的 40%～70% 和混合日粮中氮的 45%～65%。如果能量供应充足，这些氨能被瘤胃微生物利用而转化为蛋白质。如果瘤胃微生物离开瘤胃进入皱胃则会被皱胃中的胃酸杀死。死去的微生物在小肠内被消化成氨基酸并吸收。

由于山羊、绵羊或者牛的瘤胃微生物群能将食物中的蛋白质与非蛋白氮和硫合成机体所需要的所有必需氨基酸，所以，饲料原料中的氨基酸组成相对不那么重要。然而，一些瘤胃不可降解蛋白以瘤胃保护性氨基酸的形式增加氨基酸摄入量从而提高奶产量。对于奶牛来说，要获得高产奶量，最需要限制蛋氨酸和赖氨酸的量。鱼粉作为旁路蛋白含有丰富的蛋氨酸，但经过热处理的豆粕中蛋氨酸含量较少。在奶牛生产中，蛋氨酸锌和赖氨酸锌螯合物已被用于补充这些氨基酸（Kung and Rode 1996）。非常有限的证据表明，补充蛋氨酸保护性物质可在不缺锌的情况下提高奶山羊生产力（Salama et al，2003；Madsen et al，2005；Kholif et al，2006；Poljicak-Milas，Milas and Marenjak，2007）。本章将讨论增加半胱氨酸和蛋氨酸量可能对纤维增长带来的好处。

19.2.1 蛋白质系统及要求

最初对山羊蛋白质的需求量是以总粗蛋白形式表达（计算方法为含氮量乘以 6.25，因为大多数蛋白质中含有 16% 的氮），这样，饲料中非蛋白氮（nonprotein nitrogen，NPN）以蛋白质的形式被计算进来，但这并不是一个严重的缺陷，因为瘤胃微生物可以将 NPN 转化为蛋白质。本书的表中按每千卡消化能需要 32g 总蛋白计算。在可消化蛋白方面表示蛋白的总需要量（表观可消化蛋白，等于食物中氮减去粪氮）并不是很准确，因为代谢粪氮（包括消化酶、脱落的上皮细胞等）包括总排泄氮这个可变成分。此外，瘤胃中的氨如果达到饱和，会通过瘤胃微生物的合成吸收进入血液循环。其中一部分氨在肝脏被转换成尿素，另一部分经扩散或通过唾液回到瘤胃，这部分氨会在停止进食这段时间补充瘤胃中的氨含量，但有些会在尿液中流失。

当要求提高产量时，蛋白需求量有必要设定在超过粗蛋白和可消化蛋白需求量之上。反刍动物既需要瘤胃可降解蛋白，又需要瘤胃旁路蛋白（Waldo and Glenn，1984；Eastridge，1990）。新的山羊蛋白系统指定用代谢蛋白（MP）需求量表示蛋白量。代谢蛋白（MP）是指从食物和微生物中得到的真正蛋白质，即通过瘤胃消化和在小肠中通过氨基酸消化吸收（NRC，2007）得到的蛋白质。最近NRC（2007）决定采用Sahlu等（2004）和其他人（Luo等，2004a；Nsahlai等，2004b）所总结的代谢蛋白（MP）需求方程，这个方程在互联网上可直接使用。对不同品种的山羊蛋白摄入量要以MP（g/d）表示，如果要换算为粗蛋白含量的需求，这就取决于膳食中瘤胃不可降解蛋白质（UIP，不可降解摄入蛋白质）的比例。代谢蛋白质转换粗蛋白质（CP）的计算公式为

$$CP=MP/[(64+0.16UIP)/100]$$

除了维持（以基础代谢体重表示）必需的蛋白质量，山羊需要增加蛋白质摄入量以维持生长（泌乳山羊和本地山羊平均日增重需0.29g MP，肉山羊平均日增重需0.40g MP）。每克奶蛋白需1.45g MP，而每克羊毛纤维需要1.65g MP。其他生长所需蛋白质包括妊娠期间乳腺、子宫及胎儿的生长需要。

2007年NRC的成分表对每个饲料的CP、MP，甚至UIP做了详细说明。对于牧草，实验室检测值往往比书面文献数据更接近其蛋白质的真实含量。如果干草储存过于潮湿或青贮存储过于干燥时，会导致产热过高，氨基酸和糖类就会形成络合物，从而降低氮的消化率。在分析饲料中纤维素时，发现这部分氮被过氧酸所消耗（Eastridge，1990）。有些实验室通过牧草中可吸收的蛋白质（或调整后的粗蛋白）来反映这种饲料价值的损失。

微生物合成的蛋白量实际上取决于每种饲料原料中能量或氮是否为微生物群繁殖和生长的限制因素。经过大量浓缩，饲料中有足够的能量将瘤胃消化过程所释放的氨合成为微生物蛋白，因此，氮的供应量是细菌生长的限制因素。许多牧草能量不足以使瘤胃微生物将其释放的氨全部利用，剩余的氨进入机体后主要通过尿液排出。

最近法国的成分表给出每个饲料原料中的两个代谢蛋白数据（Morand-Fehr and Sauvant，1978，INRA，2007）。一张表给出不在瘤胃中的可消化蛋白与微生物蛋白，假定微生物蛋白量是瘤胃中释放的所有氨被全部转换为蛋白质（PDIN值，在法国使用，即假定蛋白质活力没有限制）。另一个（PDIE值）是消化道消化的食物蛋白与微生物蛋白量的总和，其中，微生物蛋白量的计算是假定所有可利用的能量均用于瘤胃微生物的生长（即氮含量没有限制）。单一地饲喂一种饲料时，取两个值中较小者表示代谢蛋白质的量。然而，当饲喂混合料时，反刍动物饲养者（和营养师）可以将所有成分的PDIE值相加得出该混合料的完整的PDIE值，同样可以取得一个全面的PDIN。如果PDIE值超过PDIN，也许可以添加NPN，利用过剩的可用能量。如果这个假设可行，则氨释放的过程和碳水化合物消化释放能量的过程可在瘤胃内同时进行。如果PDIN超过PDIE，可通过添加能量或减少氮的含量等多种方法来更好地均衡日粮营养，参考这些方法并且根据自身的实际情况可建立一个获得更好的经济效果的途径，从而保护食物中一些蛋白质不被瘤胃降解（如高温或甲醛处理），以便它可以被肠道吸收，这是避免多余的PDIN氮损失的方法之一。

19.2.2　产奶尿素氮

通常奶牛营养师会密切关注牛奶中尿素氮（MUN）的含量，牛奶中的部分成分就来自于血尿素氮，而不是酪蛋白或乳清蛋白。在消化过程中产生的氨，若没有用于合成微生物蛋白，则会被瘤胃吸收并在肝脏中转化为尿素。这些尿素会经过唾液的循环重新进入瘤胃但也有一部分会进入牛奶。当饲喂过多的粗蛋白或瘤胃中可消化的蛋白类似于可发酵的糖类时（Roseler et al，1993）瘤胃酸中毒就会减慢微生物蛋白的产生，导致出现较高的MUN值。MUN值低提示瘤胃没有产生足够适合微生物生长所需的氨，这可能导致瘤胃在蛋白质摄入量不足时会过量地降解蛋白质。较高的MUN值也可降低奶牛受孕率，虽然有些人认为这种不利影响实际上反映了大豆产品中植物雌激素的存在，但从奶牛的研究方向看这是典型的日粮蛋白过多所造成的（Piotrowska et al，2006）。奶牛的正常MUN值为每百毫升

8~14mg。一份关于乳品羊的简要 MUN 评价报告显示，不同饲粮所饲喂的羊生产的乳制品平均 MUN 值范围为每百毫升 26~56mg（Cannas et al，1995）。

在目前关于山羊极少的 MUN 研究中，Brun-Bellut 等（1991）提出了在正常范围（28~32mg/mL）内饲喂阿尔卑斯山羊苜蓿干草或牧草与不同水平精料对比数据研究发现，MUN 值的范围为每百毫升 18~22mg（Min et al，2005）。而另一个在日粮中添加了动物油脂的研究发现，MUN 值范围为每百毫升 24~26mg（Brown-Crowder et al，2001）。一项长期研究比较了主食牧草与饲喂葵花籽、木薯、椰子粕和棉籽的山羊奶中 MUN 的含量，结果显示，即使产奶量类似，牧草组的 MUN 值（约每百毫升 15mg）比无牧草组（约每百毫升 30mg）更低（Bava et al，2001）。这似乎说明一般山羊 MUN 值比奶牛所报道的值明显偏高。法国的一项研究评估了来自 260 头羊群的 2 083 个奶样，发现其 MUN 值为每百毫升 47mg，其中 90% 的 MUN 值下降到每百毫升 35~55mg（Jourdain，2005）。笔者的结论是，各种饲喂方式的平均 MUN 值都很相似，而且同一饲喂条件下的山羊间个体 MUN 值差异也非常多变，因此，这些试验数据不能完全适用于指导日粮调整。一些实验室在常规检测羊奶中 MUN 这项指标时，发现调整过参数的仪器也不完全适用于羊奶，这进一步增大了数据结果的误差。

19.2.3　尿素毒性

像奶牛一样，尿素可作为非蛋白氮源饲喂山羊，因为如果有足够的能量，瘤胃微生物可以将其转换为微生物蛋白（Harmeyer and Martens，1980）。大部分血浆中的尿素通过唾液重循环到达瘤胃。

19.2.3.1　尿素中毒发病机理和流行病学

如果反刍动物在没适应新环境或在饥饿的情况下每 100kg 体重一次性摄取 30~50g 尿素，则会出现中毒现象。这是因为尿素在瘤胃中分解成氨，导致过多的氨未电离直接扩散到血液中。过量的氨使肝脏不能完全转换，则会达到中毒性水平，抑制柠檬酸的循环（Lloyd，1986）。

错误地一味将饲料原料和尿素化肥混合作为

饲料会成为毒性的潜在来源。对反刍动物饲喂缺乏易消化的糖类高纤维饮食时，非蛋白氮是极度缺乏的。例如，在轮船运输过程中山羊或其他牲畜在饮用被污染的水后会直接死亡，该轮船通常用于运输尿素和硝酸铵所组成的液体肥料（Campagnolo et al，2002）。

19.2.3.2　尿素中毒临床症状

小反刍动物对尿素中毒的反应表现最为典型（Fujimoto and Tajima 1953；Obasju et al，1980；Ortolani et al，2000），通常会在进食后一小时内发生，几个小时内死亡。症状包括皮肤和肌肉震颤、流涎、尿频、排便、动作不协调、呼吸困难、嚎叫哀鸣、浑身肿胀、四肢抽搐或惊厥、死亡。化验结果显示，包括血液中红细胞压积、钾、磷和尿素氮增加等各种症状会相继发生。瘤胃 pH 如果超过 7.5（Lloyd，1986），通常在瘤胃中氨的浓度也会超过 500mg/L（Campagnolo，2002）。

19.2.3.3　尿素中毒治疗

最佳解毒剂为 0.5~1L 醋（一般为 5% 乙酸），相当于 10mL/kg 的浓度，可通过胃导管洗胃降低瘤胃 pH（Osweiler et al，1985）。在较低的 pH 条件下，氨离子不太容易通过瘤胃壁扩散进入血液循环，而血液中已有的游离氨可能返回瘤胃中。如果山羊已经四肢抽搐，建议急救方法为将瘤胃清空，这样也许能够拯救动物的生命（Bartley et al，1976）。相对于其他治疗方法而言，静脉注射乳酸林格氏液（起酸化作用）和 B 族维生素被认为在治疗慢性消耗性动物尿素过剩中能够起到一定的作用（Hazarika et al，2002）。

19.2.3.4　尿素中毒预防

法国营养学家评定膳食成分时，通常不参考 PDIN 或 PDIE 值，通常使用其他方法来评估尿素的安全评级。例如，在美国的相关论著中一般建议成品口粮（总）中尿素不应超过 1.5%（Adams，1986）。作者还建议尿素供应不超过粗饲料日粮中牧草总粗蛋白（CP）的 1/3，且不超过精饲料中 CP 的 1/2（NRC，1981b；Fernandez et al，1997）。瘤胃微生物如果要适应这样的高浓度尿素饲喂至少需要 3 周，因此饲料中的尿素浓度应呈梯度增加。并不是所有的山羊都愿意吃含有这么高浓度尿素的日粮（Skjevdal，1981）。

19.3　纤维素

饲料中非可溶性纤维难以消化，或饲料中的有机物质占据了消化道空间而被缓慢消化（Mertens，2003）。纤维主要是由纤维素、半纤维素和木质素组成的细胞壁物质。不同粗饲料中这些成分有不同的含量。在分析含量时，有几种方法可区分粗饲料中的这些含量（图19.2）。因此，酸性洗涤纤维（ADF）代表纤维素和木质素，而中性洗涤纤维（NDF）代表总细胞壁成分。由于细胞壁胶质具有高度的脂溶性，在测定NDF时很容易丢失，而在纤维果胶丰富的饲料中，如在含有柑橘果泥的苜蓿中，纤维素含量往往被低估。ADF和NDF之间的本质区别是粗饲料中半纤维素的含量。通常实验室以ADF和一个适合这类饲料的公式计算饲料的能量值。

与其他反刍动物一样，山羊借助于瘤胃发酵能够将纤维素和半纤维素等纤维消化成挥发性脂肪酸。关于山羊是否能比其他反刍动物更有效地消化纤维素这个问题，有着不同的说法。在某些情况下，饲喂粗纤维含量低的饲料，山羊存活具有明显的优势，因为它能够选择饲料最容易消化的成分。当饲喂合理准确时，细胞壁中的木质素与纤维素结合，致使饲料具有最佳的消化吸收度，但也会显著降低其在瘤胃微生物作用下消化的敏感性（NRC，2007）。成熟饲草中，木质素含量的增加可能会降低消化率。

山羊瘤胃功能的健全与乳脂生产和纤维素的消化利用有关（Santini et al，1991；Lu et al，2005）。以往的研究数据不能完全证明一只山羊的日粮应包括多少NDF或ADF。同时，建议所给的奶牛最低摄入量（25%以上的NDF和19%以上的ADF）可作为最低参考水平。最近的一篇文章建议高产泌乳期奶山羊应给予18%～20%ADF或41%NDF，育成山羊给予23%ADF（Lu et al，2005）。饲料颗粒的大小也很重要，因为它决定了咀嚼时间和山羊为了缓冲瘤胃内容物所产生的唾液量。

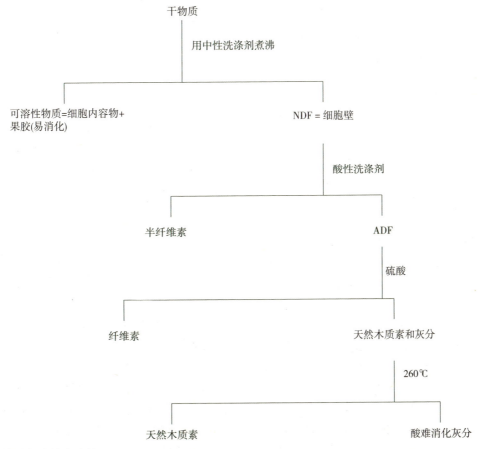

图19.2　纤维分析实验室步骤

19.4 维生素

脂溶性维生素对山羊的营养很重要，就像在其他家畜和人类营养中的地位一样。制定山羊日粮时，水溶性维生素除了维生素 B_1 和烟酸以外一般都可忽略。

19.4.1 维生素 A

β-胡萝卜素是日粮中标准的维生素 A 前体物质，其他一些类胡萝卜素也有类似的生物活性（NRC，1981b）。最近判定 1mg β-胡萝卜素相当于约 400IU 的维生素 A。目前推荐的是每毫克的 β-胡萝卜素等于 671IU 的维生素 A，其他常见类胡萝卜素，如黄玉米中的隐黄素，为 436IU/mg（NRC，2007）。每次进食中至少有 10% 的 β-胡萝卜素没有被瘤胃降解，这些未被降解的在吸收、代谢和存储过程中需要健康的消化道上皮细胞和肝脏来处理（Ferrando and Barlet，1978）。

维生素 A 被当作与视黄醇相同的物质（RE），每 1IU＝0.3μg 视黄醇，1RE≈3.33IU 的维生素 A。对山羊来说，1RE 维生素 A 的生物效能等于 1μg 全反式视黄醇，5μg 全反式 β-胡萝卜素或 7.6μg 具有维生素 A 活性的其他类胡萝卜素（NRC，2007）。

19.4.1.1 缺乏症状

通过山羊维生素 A 缺乏症试验显示食欲不振、体重减轻、被毛稀少、夜盲和鼻腔分泌物增多（Schmidt，1941）。尤其是年幼的山羊，易患腹泻、呼吸系统疾病和寄生虫病。进一步来说，有球虫病的羔羊，因为受损的肠道影响吸收，会对维生素 A 的需求增多。成年山羊，生育率可能下降（与类固醇激素合成不足有关），此外对疾病的易感性增加。维生素 A 缺乏症可促使泌尿上皮脱落形成病灶，并最终形成尿结石（Schmidt，1941）。

19.4.1.2 日粮和增补建议

NRC 将绵羊的需求应用于山羊。根据其 2007 年的报道，日常维持需求是 31.4 RE/kg 或 104.7IU/kg。维持 50kg 的羊需要 1 570 RE 或 5 235IU/的维生素 A 每日，而 90kg 的羊大约需要 9 423IU。山羊妊娠后期需增加 45.5RE/kg（152IU/kg）每日，生长期的山羊需增加 100RE/kg（333IU/kg）每日。2007 年 NRC 附加建议的哺乳期额外需求是 53.5RE/kg，且不考虑羊奶生产水平。法国的建议是膳食中的干物质饲料维生素 A 应该维持在 5 000IU/kg（Morand-Fehr，1981b）。青草和绿叶干草是维生素 A 的良好来源，而久置的或风化干草中维生素 A 含量很低。存储 6 个月以上的干草所含 β-胡萝卜素都会遭到不同程度的破坏（Ferrando and Barlet，1978）。棕榈酸维生素 A 通常与矿物质相结合或通过产品化浓缩。因为维生素 A 是脂溶性的，可储存在山羊肝脏和身体其他部位的脂肪中，成年山羊可以承受低胡萝卜素摄入量几个月而不会出现缺乏症。饲喂天然草料时，不会发生维生素 A 中毒，但可能发生消化上的误差。建议每天最多进食视黄醇 6 000μg/kg（NRC，2007）。

初乳中含有非常丰富的维生素 A，而在其被消化前羔羊还有最低储存量。羔羊出生饲喂初乳（但初乳中维生素 A 的浓度下降），或只饲喂少量初乳，需要补充口服维生素 A 棕榈酸酯。注射维生素 A 不太有效，因为维生素 A 在注射部位会被迅速氧化。

19.4.2 维生素 D

维生素 D 有两个主要形式。一个是维生素 D_2（钙化醇），是由植物麦角甾醇的叶酸获得。因此，日晒处理的干草含有丰富的维生素 D。第二种形式是维生素 D_3（胆钙化醇），在海洋鱼类的鱼肝油中被发现，但它也可在紫外线的影响下由哺乳动物表皮合成。适当补充维生素 D 具有抗佝偻病作用。

维生素 D_3 代谢有几个步骤。首先，它经皮肤或消化道进入肝脏，被转化为 25-羟基胆钙化醇。其次，它传递至肾脏经第二次羟化作用生成 1,25-二羟胆钙化醇。这些代谢物会增加磷吸收和诱导钙激素并在肠道中结合。血液中的钙、磷和甲状旁腺激素水平的降低都可刺激合成 1,25-二羟胆钙化醇。

19.4.2.1 缺乏症状

1,25-二羟胆钙化醇对骨骼代谢的影响重要而复杂。它刺激骨骼钙、磷和磷蛋白的固定和释放。在黑暗条件下饲养成长中的动物，其生长障碍与圈养且缺少补充维生素 D 的动物一样，会发生佝偻病。症状表现为四肢无力、关节僵硬肿大，肋骨上有佝偻病串珠。成长速度和身体状况都很差。成年羊缺乏维生素 D 引发软骨病或骨质疏松症，尤其是当饮食中的钙、磷不平衡时。但是，许多学者对这个结论的看法并不一致（Ferrando and Barlet，1987）。请参阅第 4 章对骨骼代谢疾病的进一步讨论。

19.4.2.2　日粮和增补建议

山羊维生素 D 确切的需求量尚未确定。绵羊和山羊的推荐量为每日每千克体重 5.6IU（NRC，2007）。NRC 建议每日每增加 50g 体重就再次多添加 54IU、妊娠晚期为 213IU/d、产奶羊为 760IU/Kg。初乳中含有丰富的维生素 D_3，羊奶中的维生素 D_3 含量约为 20IU/L。如果成年羊通过放牧饲养或饲喂经阳光晒干的干草，它们的需求很容易得到满足。圈养动物饲喂足够的精料，尤其是为了提高产奶羊的产奶量，需要大量补充维生素 D。

19.4.2.3　维生素 D 中毒

某些有毒植物中的维生素 D 的含量过多（Mello，2003），如欧洲的黄色燕麦草（*Trisetum flavescens*，Braun et al，2000）和美国东南部的日木香（*Cestrum diurnum*），会导致肌腱和其他软组织的钙化。大量甚至过量口服或注射维生素 D 补充剂会有同样的结果（Singh and Prasad，1989）。

19.4.3　维生素 E

维生素 E 存在于初乳、奶和许多天然饲料中，特别是绿色饲料（1mg dl-α-生育酚琥珀酸酯为 1IU）。反刍动物自身不合成维生素 E，需要在饮食中添加（Van Metre and Calan，2001）。它的主要作用是作为一种抗氧化剂，稳定多不饱和脂肪酸、维生素 A、各种激素和酶。维生素 E 和硒密切相关，一个缺乏可以通过增加摄入另一个来抵消缺失的部分。

19.4.3.1　缺乏症状

只缺乏维生素 E 时可引起营养性肌营养不良。青贮或老的干草喂养时最有可能发生，因为存储时维生素会丢失或损耗。羔羊可能在出生时带有肌肉性疾病，太孱弱的也不能够哺乳（Kolb and Kaskous，2003）。即使硒水平处于正常范围内的小羊（Byrne，1992），心脏肌肉或隔膜的坏死都可能导致其猝死，喉和咽肌肉的无力也可导致吸入性肺炎。维生素 E 缺乏的小羊在发生咳嗽或运动后有奶从鼻孔流出。如何诊断营养性肌营养不良症在第 4 章讨论。快速成长的动物最易发生维生素 E 缺乏症。

成年羊缺乏维生素 E 可出现子宫退化、胎衣不下。羊奶口味不佳与奶中乳脂氧化程度有关，脂肪氧化则可能与维生素 E/硒缺乏有关。安哥拉山羊腹水肿（见第 3 章）也与维生素 E 缺乏症有关。

维生素 E 对增强免疫反应系统也非常重要。在反刍动物中，维生素 E 已被证实可提高多形核细胞的吞噬作用和细胞介导的免疫效果（NRC，2007）。显然，传染病的发病率和严重程度可能是维生素 E 缺乏症的标志，这也是最近日粮中建议增加维生素 E 的原因之一。

临产期母羊血浆维生素 E 浓度低于 1.5μmol/L，哺乳期羔羊低于 1μmol/L，这会增加患肌肉性疾病的风险（Jones et al，1988）。由科罗拉多州的兽医诊断实验室提出了一个山羊正常血清范围：每百毫升 60～160μg（Van Metre and Callan，2001）。需要注意的是，如果要获得准确的结果，血液样本必须要小心处理（无溶血情况下，快速制冷去除血浆或血清并保留红细胞）。同时肝脏维生素 E 的含量也可确定，并能更好反映出动物的营养状况（Liesegang et al，2008）。也有研究人员提出一般山羊肝脏维生素 E 浓度大于 250μg/100g（Van Metre and Callan，2001）。

19.4.3.2　日粮和增补建议

在不存在缺硒的情况下，反刍动物羔羊和牛犊为防止营养性肌营养不良所需维生素 E 大概为每千克体重预先给予 0.1～0.3IU（Ferrando and Barlet，1978）。饲喂代乳品时，要增加一倍的量。后来，有人建议成年羊每千克体重添加 25～50mg 的浓缩维生素 E，羔羊则每千克体重添加 50～100mg 浓缩维生素 E（Ferrando and Barlet，1978）。请注意，虽然维生素 E 相对无毒，推荐每天每千克体重 75IU 为安全量（NRC，2007）。考虑到维生素 E 预防肌病的各种功效，目前建议给予每天每千克体重 10mg（NRC，2007）。

维生素 E 易被饲料中的铁或铜氧化，因此，铁含量高的食物中有效的维生素 E 较少。而迅速生长中的绿色植物则含有较高的多不饱和脂肪酸

（PUFA），在牧草丰富的牧场上放养的动物也需要大量像维生素 E 一样的抗氧化剂，因为增加多不饱和脂肪酸进入细胞膜后，可提高脂质过氧化反应的敏感性（Van Metre and Calan，2001）。油籽也含有高浓度的多不饱和脂肪酸。

初乳中维生素 E 含量取决于妊娠期间的营养状况。如果是生活在温带气候地区的山羊，在冬季快结束时，上年的干草中维生素 E 含量非常低，为妊娠母羊补充所需的维生素 E 对羔羊健康非常重要。

一些注射制剂，如维生素 A、维生素 D、维生素 E，它作为一种抗氧化剂，可稳定其他脂溶性维生素，但维生素 E 的量不足以达到治疗效果。同样，一些维生素 E/硒制剂，含有维生素 E 相对较少。所以维生素 E 一般都是单独进行注射比较有效，刚出生或断奶羔羊建议量为 600～900IU，产前母羊和刚产完羔羊的母羊建议量为 1 200～1 500IU。

19.4.4　B 族维生素

瘤胃微生物能合成足量的 B 族维生素，因此在成年山羊饮食中不需要补充。初乳中含有丰富的 B 族维生素。而对于日龄稍大的羔羊，瘤胃尚未发育完全，可能需要在食物中添加复合维生素 B，最好补充代乳品。日粮中应添加 B 族维生素，病羊或瘤胃功能差以及日粮有显著变化的动物应给予注射（NRC，1981b）。含有烟酸补充剂的膳食可预防妊娠毒血症（见下文）。目前还没有证据表明，补充额外的生物素可促进羊蹄健康（NRC，2007）。哺乳期补充保护瘤胃的胆碱可增加奶产量，这可能反映出日粮中甲硫氨酸的作用（D'Ambrosio et al，2007）。

有两个实例说明 B 族维生素的缺乏会导致发生严重的临床症状。一是，钴缺乏时会阻碍机体合成足够的维生素 B_{12}，这将在钴需求这节讨论。二是脑脊髓灰质层软化，是由硫胺素（维生素 B_1）缺乏引起，会导致严重的神经系统病变。这种疾病会造成瘤胃微生物不能合成足够的硫胺素或消化含有硫胺素酶的有毒蕨类植物（Pritchard and Eggleston，1978）。日粮中粗粮比例过大易患脑脊髓灰质层软化症，这点会在消化不良和瘤胃酸中毒中阐述。除谷物喂养易使瘤胃微生物发生变化外，降低瘤胃 pH 也可增加细

菌硫胺素酶的活性（Brent，1976）。

19.5　主要矿物质

下面要讨论的主要矿物质是钙、磷、镁、钾、硫、钠和氯。已有 Haenlein（1980）和 Kessler（1991）讨论过奶山羊的矿物质需求。

19.5.1　钙

体内约 99% 的钙都与磷酸结合而存在于骨骼中（钙磷比例为 2.2：1）。其余的钙对体内各种生理功能都非常重要，包括肌肉收缩、神经兴奋、血液凝固。其吸收受 1，25-二羟胆钙化醇调节，1，25-二羟胆钙化醇由维生素 D 在肾脏中维持调节。甲状旁腺激素的增加会引起软骨性疾病的发生，而降钙素（来自甲状腺）则使其降低。血液中钙的浓度也反过来调节这些激素。一般山羊血清钙离子浓度为每百毫升 9～11.6mg。

19.5.1.1　缺乏或过剩的症状

幼龄、成长中的羔羊如果钙或维生素 D 摄入量不够，易出现生长迟缓和佝偻病，这点在第 4 章讨论过。母山羊如果太早开始繁殖，特别是如果它们怀着多个胎儿，钙需求量高，而钙摄入量不足，则会出现肢体弯曲和跛足。

兽医必须注意相同类型动物（Anderson and Adams，1983）和幼龄、快速生长动物在临床上的相关类似问题（Baxendell，1984）。在这种情况下，动物因为钙摄入量过多引起骨代谢疾病（骨骺炎），这部分钙通常是以牡蛎壳或与此类似的豆科类干草饲料形式补充的。

第 4 章讨论过，山羊的钙磷比严重失衡可引起纤维性骨炎。下颌、牙龈和牙冠扩大引起咀嚼无力（Anderson and Adams，1983），临床上也可能会出现骨质疏松和长骨骨折。饲养者想通过增加维生素的供给加快小山羊的生长时，这个问题经常发生。

钙缺乏还可导致奶山羊产乳热（围产期低血钙）。哺乳期饮食钙含量不足会导致奶产量下降。

19.5.1.2　日粮和增补建议

反刍动物肠道对钙的吸收率极高，但当饲料主要成分来自钙源时，成年羊对钙的吸收率可能低于 40%（约为 30%）（Kessler，1991）。最近 NRC（2007）发现的吸收率为 45%。添加磷

酸氢钙和钙氯化物等无机盐时，钙的吸收率增加。当钙摄入量减少，吸收率增加（但通常不超过 45%）。如果摄入量高，吸收率则迅速下降。豆类和十字花科植物与骨粉和鱼粉一样，通常含有丰富的钙。此外，磷酸氢钙、石灰石和牡蛎壳也可补充钙。目前对于山羊钙的吸收机制知之甚少，因此目前使用绵羊的钙吸收值代替山羊钙吸收值。一般来说，最好有一个广泛的矿物需求安全范围，特别是相对便宜的钙来源。

羊奶中所含的钙易被羔羊吸收，而粗饲料和精料中的钙不易被吸收。断奶后，羔羊对钙的需要量取决于预期增长率。例如，根据 NRC（2007）数据，产奶 20kg 的母山羊需要钙 1.4g/d，日增重 150g 则需要 5.1g/d。当母山羊成年时，其增长速率开始下降，所以钙需要量也随之下降。钙（和磷）的吸收率与饲料相关，最近法国提供的成分表报道了总值和可吸收值，而不是假设一个通用的吸收系数。根据 INRA（2007）的数据，母山羊出生后 3 个月内每天需要吸收钙 2.3g。在第 6 个月，为维持生命和成长，每天需要吸收钙约 1.8g。生长期小羊矿物质需要量必须通过日粮中的矿物质含量来确定。优质的豆类或干草加上适量的颗粒料通常能提供平衡的钙、磷摄入量。

成年山羊如果重 50~100kg，要维持生命每天需要 3.5~6g 钙（Morand-Fehr and Sauvant，1978）。胎儿骨骼生长、矿化和羊奶生产都增加山羊对钙的需求。NRC（1981）建议妊娠后期每天只能增加 2g 钙，而法国对此建议并不统一，从每天可增加 6g 总膳食中的钙（Morand-Fehr and Sauvant，1978），到每天额外增加 1~1.1g 的可吸收钙（INRA，2007）不等。目前 NRC（2007）的建议只考虑了每窝产仔数。如果在妊娠期间食物中缺钙，山羊会调动其骨骼储备，除非哺乳期可增加摄入量使其达到饱和。

羊奶中钙含量约为 1.4g/kg（NRC，1981b），而 NRC（1981）建议喂 2~3g/L，这取决于奶中的脂肪含量。INRA 假设有一种从饲料中吸收钙更有效率的方法以达到预期效果，因此法国使用 4g/L 来计算钙需求量。其他人也有类似的建议，每千克羊奶应补充钙 4.3g（Kessler，1981）（表 19.3）。

表 19.3　奶山羊主要矿物质需求（Kessler，1981）

	日需求量（g）			
	钙	磷	镁	钠
维持需求（每千克体重$^{0.75}$）	0.19	0.14	0.045	0.045
哺乳期（每千克奶）	4.3	1.7	0.7	0.5
妊娠晚期补充量	6	1.5	0.5	0.5

19.5.2　磷

骨骼和软组织生长都需要磷。磷在核酸的复制、能量代谢和酸碱平衡中起着重要作用。成年山羊正常血清磷浓度为每百毫升 4.2~9.8mg，青年羊为每百毫升 8.3~10.3mg（Sherman and Robinson，1983）。

19.5.2.1　缺乏症状

磷缺乏症的临床症状包括生长缓慢、异食癖（摄食异常物质）、被毛脱落、血清磷水平降低。与钙一样，成年羊短暂缺磷时，体内储备可满足需要，但长时间缺乏则会导致产奶量下降。

19.5.2.2　日粮和增补建议

磷主要在小肠被吸收，也可经胃吸收。磷吸收比钙吸收更为独特、有效。山羊实际的磷吸收率似乎要高于绵羊。NRC（2007）日粮中磷的吸收率为 65%，Meschy（2000）为 70%，其他文献中则为 64%~75%。一些天然磷酸盐相对不溶且不易被机体吸收。山羊可经唾液高效回收磷（NRC，2007）。

体重为 50~100kg 的山羊对磷的维持需求为 2.5~5g/d（Morand-Fehr and Sauvant，1978）。在代谢体重基础上，磷被表示为 0.14g/kg$^{0.75}$（Kessler，1981）。妊娠后期每天应在日粮中额外添加 1.5g 磷。羊奶含磷量为 0.84~2.1g/L，将磷添加到日粮中即可实现，添加量视产奶量而定，每升奶通常添加 1.4~2.1g（日粮中添加）。羊奶中磷的平均最适量为 1.7g/L。母山羊出生后第一个月每天需要 1.4g 可吸收磷；3~6 月龄或维持生长阶段每天则需要 2.4~2.5g（INRA，2007），生长阶段每天应增加 1.4g 磷，以保证每天能增加 150g 体重（NRC，1981b，2007）。

饲喂动物所用的大量精料通常含磷 3~5g/kg，磷摄入量已经足够，在这种情况下，可能会引发相对的缺钙。在一般情况下，山羊饮食中钙、磷比例应不小于 1.2∶1（雄性为 2∶1）。放牧的山羊很少缺磷，因为它们倾向于采食各种磷含量丰富的植物。

19.5.3　镁

虽然矿物质的代谢是相互关联的，但对镁的研究远不及钙和磷。动物体内约 62% 的镁沉积在骨骼中，37% 存在于细胞内，还有 1% 的在细胞外液（Stelletta et al，2008）。许多酶系统（包括必要的能量代谢和 RNA、DNA 的合成）和正常肌肉功能（Hoffsis et al，1989）都需要镁。

19.5.3.1　缺乏症状

山羊血清中镁的正常浓度为每百毫升 2.8～3.6mg。血清中镁含量下降到低于每百毫升 1.1mg 时，通常会出现低血镁性痉挛（Stelletta et al，2008）。据报道，印度 5 头非典型临床症状的低血镁症山羊，其血清镁平均浓度为每百毫升 0.79mg（Vihan and Rai，1984）。镁缺乏时，血钙浓度可能很低，因为甲状旁腺素的释放和作用都需要镁（Hoffsis et al，1989）。

缺镁可导致厌食或过度兴奋。低镁血症有时也被称为青草抽搐。虽然有些文章，如 Martens 和 Schweigel（2000）报道产奶动物缺镁的临床症状包括奶产量降低、磨牙、流涎、抽搐、痉挛、常卧和死亡，但缺乏有关山羊缺镁的实际情况报告。试验性缺镁可引起矮山羊（AINA，1997）生长缓慢和降低饲料吸收率。山羊可以通过减少羊奶和尿液中镁的排出，而弥补日粮缺镁。山羊日粮中缺镁时，其奶和尿液中镁含量会减少。

19.5.3.2　日粮和增补建议

镁的吸收率很大程度上与日粮变化有关，而不受激素反馈系统调控（Martens and Schweigel，2000）。NRC（2007）提出山羊的镁吸收系数为 0.20。一般认为大部分被前胃吸收（Poncelet，1983；Martens and Schweigel，2000），食物在胃中停留的时间太短或钾过量可能会阻碍镁的吸收。这就需要一个可控的安全指标区间。但不可忽略的是，镁过量可能会引起雄性动物尿结石。在阴凉、潮湿的天气或过度施肥后迅速生长的草往往呈低镁高钾状态。基础饲料中干物质镁的摄入量（DM）低于 0.2% 时，会引起反刍

动物低镁血症（Hoffsis et al，1989）。羊奶中偶尔也会出现镁含量不足，如果不额外补充，则羔羊可能发生抽搐（Hines et al，1986）。

通过计算日粮需求可得出小山羊镁需求的具体数据。AFRC（1998）和法国则建议使用绵羊镁需求量。那么，对于一个重 60kg 的山羊，每日维持生命所需的镁量为 1g（约 $0.045g/kg^{0.75}$），妊娠后期另添加 1.5g。接近每产 1kg 牛奶补充 0.7g 镁（Kessler，1981）。当需要在日粮中补充镁时，通常添加氧化镁，也常添加碳酸镁、硫酸镁、氯化镁等，但是这些饲料适口性低或可能引起轻微腹泻。春季，给予粉末或块状 NaCl 有助于降低膳食中钾过高含量的影响和保持瘤胃对镁的吸收。镁盐也可与食盐混合后给予动物。

19.5.4　钾

山羊细胞组织内的主要阳离子是钾离子。虽然机体需要大量的钾离子，但钾在以牧草为主的日粮中大量存在，并能很好地被机体吸收。

19.5.4.1　缺乏症状

山羊缺钾的症状包括采食量减少、生长不良和产奶量减少。严重缺乏时可能会导致消瘦和肌无力。膳食中的钾对维持血浆钠浓度也很重要。

19.5.4.2　日粮和增补建议

根据其他反刍动物的需求，建议生长期羔羊饮食中应含钾 0.5%，哺乳期母羊则应含钾 0.8%。钾含量高的牧草会在瘤胃中拮抗镁的吸收，并导致低血钙症和低血镁症（Underwood and Suttle，1999）。

19.5.5　氯化钠

相对于氯化钠来说，在普通饮食中更容易缺钠。

19.5.5.1　缺乏症状

山羊缺钠时会舔土，也可能会出现生长缓慢、采食量减少和产奶量减少及乳脂浓度增加（Schellner，1972）。欧洲品种山羊的奶中约含钠 0.4g/kg。

19.5.5.2　日粮和增补建议

建议日粮中钠含量为 $0.045g/kg^{0.75}$，奶中钠含量为 0.5g/kg（Kessler，1981）。山羊通常会吃盐以保证其钠需求，满足需求后即停止。添加氯化钠时，可自由采食或以完整日粮干物质的

0.5%添加到日粮中去。通常高盐饮食用以促进水的摄入量和利尿，以预防尿结石。添加粉状和块状盐均可。盐通常以盐粉的形式添加，但缺盐的山羊更愿意咀嚼盐块。盐微量过剩仅导致耗水量和尿量增加。然而，高盐消耗的结果是粪便含盐量高，当此高盐粪便作为土壤改良剂使用时，可反过来抑制植物生长。山羊食盐过量与奶牛一样可能导致产前乳房水肿。

当盐被用作微量矿物质或药物的载体，并能被自由采食时，应注意山羊是否有其他来源的钠（纯盐或小苏打）以满足机体需要。山羊饲养者提供了一个补充方案，即自由采食，实际上这比控制给予量更加符合机体营养需求。

19.5.6 硫

硫是机体蛋白质的重要组成部分，因为它存在于含硫氨基酸中，如蛋氨酸和胱氨酸。毛发中硫含量特别高。绒山羊日粮中添加 DL-蛋氨酸所增加的产毛量远远超过增加的产绒量（Ash and Norton，1987）。

19.5.6.1 缺乏症状

据报道，显著缺硫症状有流涎、流泪和脱发（NRC，1981b，2007）。少量缺乏可能会降低生长率。

19.5.6.2 日粮和增补建议

通常建议 S：N 比为 1：10（NRC，1981b）。这是满足瘤胃微生物生长需求所必需的，从而能保证山羊增产。一些特定范围的植物中存在丹宁酸含量过高的情况，这可能会干扰山羊对硫的利用（Gartner and Hurwood，1976）。同样，如果在牧草生长的土壤中缺乏硫或饲料中非蛋白氮比例过高（Bhandari et al，1973），则可能需要在日粮中添加硫酸钠或硫酸铵以补充硫。传统日粮中硫含量应为干物质的 0.15%，非蛋白氮型日粮则应含有 0.20% 的硫。最近，估计维持代谢、妊娠和育成山羊对硫的需要量已经上升到0.22%，哺乳山羊为 0.26%，所用S：N 比为1：10.4（NRC，2007）。

硫酸盐过多会阻碍微量元素（铜、硒）的吸收，这与导致脑脊髓灰质软化有关（Rousseaux et al，1991；Gould，1998）。山羊对高浓缩饲料中硫含量的最大耐受量是 0.30%，如果饲粮中含有至少 40% 的草料，则其最大耐受量是 0.50%。饲喂高浓缩饲料时，饮用水中硫酸盐含量应小于600mg/L，而有较高的草料摄入量时，可升高到2 500mg/L（NRC，2005）。

19.6 微量元素

微量元素需求量比主要矿物元素少，但仍是山羊健康所不可或缺的。需求量已被 Lamand（1981）讨论过（表 19.4），其他作者略有不同建议。值得一提的是，农业和食品技术委员会（1998）所建议的大多数微量元素的需求水平都类似，只有硒需求较其他微量元素低，为每千克食物中 0.05mg。

表 19.4 山羊微量矿物质需求（Lamand，1981；Kessler，1991；Meschy，2000）

元素	缺乏限制量	标准需求量	其他矿物干扰时需求量
钴	0.07	0.1	0.1
铜	7	10	14
铁	15	30	30
碘	0.15	0.6	1
镁	45	40～60	120
钼	0.1	0.1	0.1
镍	0.1	1	1
硒	0.1	0.1	0.1
锌	45	45～50	75

注：数据以微量元素（mg）/干物质（kg）表示。

19.6.1 钴

钴是维生素 B_{12} 的组成成分。在钴缺乏的情况下，瘤胃微生物不能合成维生素 B_{12} 这种必需的维生素。维生素 B_{12} 为甲基丙二酰辅酶 A 变位酶的辅酶，在三羧酸循环中辅助催化丙氨酸转变为琥珀酰辅酶 A，后者可进入柠檬酸循环（Krebs）。蛋氨酸合成酶也是维生素 B_{12} 依赖性酶（Underwood and Suttle，1999）。

19.6.1.1 缺乏症状

钴缺乏的症状包括食欲不振、生产力下降、消瘦、乏力和贫血。还可能发生腹泻，因为缺钴时，消化过程需钴的消化菌群失衡，且对圆线虫易感性增加。新西兰已有小山羊白肝病（即绵羊缺乏维生素 B_{12} 所引起的肝脂肪代谢障碍）的报道，并以注射维生素 B_{12} 与在牧场追施钴肥来治疗（Black et al，1988）。小山羊的这种情况也被试验性复制（Johnson et al，2004）。

19.6.1.2 日粮和增补建议

对绵羊来说，日粮中含钴 0.1mg/kg DM 可能就足够了，若含 1mg/kg，则能确保最高的维生素 B_{12} 水平。山羊对钴的需求也可能类似于绵羊，虽然一些研究发现山羊对钴缺乏没有绵羊那么敏感（Clark et al，1987）。但还是建议山羊的日粮中含钴 0.11mg/kg DM（NRC，2007）。一些研究表明，如给幼龄山羊注射维生素 B_{12} 可改变增长，表明这一水平是最低值（Kadim et al，2006）。有些地区土壤缺乏钴，商业化的微量矿化盐混合物可能无法提供足够的钴以满足山羊的需要（Mackenzie，1975）。可以在盐中添加浓度为 12g/100kg 的氯化钴或硫酸钴（NRC，1981b）。瘤胃缓释药丸可能代替在日粮中补充钴，或者在缺乏钴盐的牧场追加钴肥（Underwood and Suttle，1999；Radostits et al，2007）。

19.6.2 铜和钼

这两种矿物质是密切相关的。日粮中高钼（3mg/kg 以上）则相对缺铜，可能是因为在组织中会形成铜钼复合物。

19.6.2.1 缺乏症状

山羊食欲不振、生长发育不良、体重减轻和产奶量下降是缺铜时细胞色素氧化酶的活性下降的非特异性症状（Anke et al，1972）。缺铜可引起贫血，因为血浆铜蓝蛋白是动员存储铁所必需的物质，而铁又是合成血红蛋白和肌红蛋白的必需物质。因为含铜酶对于黑色素的生成是必要的，所以缺铜时会出现毛发褪色。铜缺乏还可引起小山羊髓鞘发育不良，导致凹背和局部性共济失调。缺铜还能导致心脏功能不全，这可能是多个问题所引起的，包括细胞色素氧化酶活性不足和贫血。由于铜依赖性酶的影响，也能导致骨质疏松和自发性骨折，流产和死胎也时有发生。此外，铜是维持免疫系统正常功能所必需的。

19.6.2.2 日粮和增补建议

当日粮中铜含量低于 7mg/kg 而钼含量正常时，会出现缺乏症状。日粮中适宜的铜含量为 10～20mg/kg DM（Lamand，1978；AFRC，

1998），通常建议保持铜：钼比大于 2：1，但低于 10：1（Buck，1986）。过多的钙和硫都会阻碍铜的吸收（Senf，1974），过多的铁也有同样的效果（Schonewille et al，1995）。需要注意的是，氧化铜的消化率是硫酸铜的 1/3。当日粮中铜缺乏或含有明显过量的钼时，口服胶囊里的氧化铜可长期（6 个月）为机体补充铜，因为它可存在于皱胃并且可缓慢释放铜（Lazzaro，2007）。美国认为注射螯合铜可补充山羊对铜的需求。

19.6.2.3 铜中毒

成年山羊对铜中毒的敏感性比绵羊低（Soli and Nafstad，1978），部分原因是肝脏吸收少（Meschy，2000）。山羊肝脏中存储的铜比正常绵羊和牛低 10 倍左右。此外，钼不足（少于 0.1mg/kg）（Kessler，1991）一般不会引起铜中毒，但会干扰山羊的正常生长和生殖（Anke et al，1978）。而且，山羊可安全食用并消化含有微量矿化盐的牛或马的日常饲料，但这对绵羊来说是非常危险的。据报道，在新西兰，给安哥拉小山羊饲喂搭配好的犊牛代乳品（每千克 DM 含 10mg 铜）后，小羊出现铜中毒，这些小羊死于铜中毒引起的溶血症（Humphries et al，1987）。可能是因为反刍功能不健全，小羊能比成年羊更有效地吸收铜。成年山羊若饲喂配制不当的矿物组合，也会发生无溶血的致命性肝坏死症（Cornish et al，2007）。

19.6.3 氟

虽然氟是一种重要的矿物质（Kessler，1991），但在自然条件下明显不会发生氟缺失现象。山羊食用的饲料、水和土壤中含有过量的氟化合物会造成慢性中毒。

19.6.4 碘

在缺碘的情况下，甲状腺合成无碘的甲状腺素前激素，而不是甲状腺素。在甲状腺素水平较低的情况下，脑垂体分泌促甲状腺激素（TSH）。结果导致甲状腺肥大并出现甲状腺肿大的临床症状。

相同牧场饲养条件下，山羊会产下甲状腺肿大的小羊，而绵羊则不会，反而非常健康。这是因为放牧的山羊与绵羊食草习惯不同，山羊的土壤摄入量少。

19.6.4.1　缺乏症状

除了甲状腺肿大，缺乏迹象还包括产弱仔或死胎、被毛脱落，小羊可能会出现"无声"或不愿吸乳，小羊的生长速度缓慢，导致生产力降低。

19.6.4.2　日粮和增补建议

哺乳期反刍动物的碘需求通常为 0.8mg/kg，其余的动物则饲喂 0.5mg/kg 即可满足（Lamand，1978；NRC，2007）。若日粮中十字花科植物增加，则哺乳期动物的碘需求为 2mg/kg 日粮干物质，其他动物为 1.3mg/kg 日粮干物质。为防止碘不足，可添加碘盐，但不应强制性饲喂。现已为牛、绵羊制定了一个最大耐受日粮碘水平，为 50mg/kg，但另一个限制是，以此日粮饲喂的动物，其乳品中碘浓度可能对人类健康不利（NRC，2005）。饲养过程中，不要饲喂大量的海带和其他浓缩碘补充剂。

19.6.5　铁

血红蛋白和肌红蛋白，甚至一些酶系统中均含铁，如细胞色素氧化酶和过氧化氢酶。除非长期失血，草食动物很少缺铁。吸血的圆线虫（如血矛线虫）和虱子感染会出现缺铁情况。饲料中葱属植物（洋葱）比例增加也可能导致缺铁，因为这些植物中含有的丙基硫化物能引起溶血性贫血。

19.6.5.1　缺乏症状

缺铁会导致小红细胞或正常细胞低色素性贫血（贫血动物平均红细胞血红蛋白浓度降低），食欲不佳。铜或钴缺乏时可能有类似症状。

19.6.5.2　日粮和增补建议

目前，妊娠山羊和哺乳期山羊的日粮干物质中铁含量建议量是 35mg/kg，而生长期的山羊则为 95mg/kg。提出在安哥拉山羊的日粮中多添加 5mg/kg，以保证其羊绒生产量（NRC，2007）。需要补铁时，氧化铁比硫酸亚铁和柠檬酸铁更容易被吸收。膳食铁的最大耐受水平为 500mg/kg（NRC，2005）。

在羔羊的饲养中，常规的全母乳饲喂往往会缺铁，如果不能从日粮上改变这种情况，可以用注射葡聚糖铁给予治疗。剂量为每只 150mg，建议 2～3 周注射一次（Bretzlaff et al，1991）。如果羔羊可以食用固体饲料，则不用通过这种方法补充铁（Wanner and Boss，1978）。反复注射葡聚糖铁后，偶尔会发生过敏反应，甚至死亡（Ladiges and Garlinghouse，1981）。

19.6.6　锰

山羊锰缺乏症的临床症状包括迟钝、前肢变形（由软骨形成障碍引起）、关节僵直、生育率降低（包括安静发情）或者流产（Anke et al，1977a）。饲喂缺乏锰的日粮（1.9mg/kg）的小山羊与正常饲喂小山羊相比，生长率明显降低（Hennig et al，1972）。山羊日粮中锰的推荐含量为 20～120mg/kg（NRC，2007），但 60mg/kg 的锰含量则可排除由过量钙所引起的吸收干扰。

19.6.7　镍

镍是山羊的必需矿物质元素，但在正常饲养管理条件下，山羊不易发生镍缺乏症。试验性镍缺乏的临床症状包括典型的缺锌性皮肤病、幼龄羊死亡，成年羊头胎受孕率降低（Anke et al，1977a，1977b）。当以螯合镍的形式添加 0.3mg/kg 镍到以玉米为基础饲粮的日粮中时，山羊的采食量和生长率升高（Adeloye and Yousouf，2001）。

19.6.8　硒

硒缺乏症多发生于以本地饲料饲喂动物的情况，当地土壤可能缺锌（土壤中硒含量少于 0.5mg/kg）（饲粮中硒含量少于 0.1mg/kg）（Meschy，2000；Radostits et al，2007）。人和动物的缺硒（Levander，1988）发生在世界上许多国家和地区，包括美国、中国、芬兰、新西兰和澳大利亚等。

19.6.8.1　缺乏症状

如前所述，许多硒缺乏症的临床症状和维生素 E 缺乏症的临床症状相同。由维生素 E 或硒缺乏所造成的肌营养不良症已在第 4 章详细讨论过。试验性缺硒（少于 38μg/kg DM）表现为繁殖率降低（受孕率明显降低）和产奶量、乳脂和哺乳期中乳蛋白减少（Anke et al，1989）。硒为抗氧化剂，同时也参与 T4 转化 T3 的过程（Underwood and Suttle，1999；Surai，2006）。

补充维生素 E 可轻度减缓硒缺乏症。临床健康动物是否患隐性硒缺乏症可通过检测动物体内的谷胱甘肽过氧化物酶（GSH-Px）活性来判定，因为硒是合成 GSH-Px 的必需元素（Radostits et al，2007）。在缺硒的情况下，红细胞中的谷胱甘肽过氧化物酶的活性会下降。目前还没有山羊的硒需求量标准，但在第 4 章已讨论过。谷胱甘肽过氧化酶的含量检测通常使用血液分析，在进行实验室分析前，被测血液与 EDTA 混合后应冷冻保存。血清检测可替代全血检测，并且血清中 GSH-Px 活性变化能更好地反映硒水平（Wichtel et al，1966）。

有些实验室用检测全血中硒水平替代血清硒水平方法，但全血检测的缺点在于，如果山羊血液中硒含量少于每百毫升 5μg（少于 0.05mg/kg）时，其检测结果不准确。血清硒浓度小于 0.05mg/kg 也被视为缺硒（Puls，1994）。死亡或宰杀动物的肝脏硒含量可用于监测羊群硒水平。肝脏中硒含量为 0.25～1.20mg/kg 时，羊群不缺硒，而含量为 0.01～0.10mg/kg 时，则羊群缺硒（Puls，1994）。妊娠羊肝脏中硒含量在妊娠晚期会减少，因为硒转化到胎儿体内。（EI Ghany-Hefnawy et al，2007）。对于实验室报告来说，有必要解释硒的转换单位，硒含量每百毫升 1μg，相当于 0.127μmol/L。

19.6.8.2 日粮和增补建议

日粮中硒的最低含量应为 0.1mg/kg。有一些，但并非所有的反刍动物商品饲料中都会添加硒，但在美国，硒的补充标准是受法律控制的。亚硒酸钠和硒酸钠是合法的。饲料厂不能向牛或羊的全价饲料中添加超过 0.3mg/kg 的硒，或不能在羊全价料中添加超过 90mg/kg 的矿物质盐，同时，每只羊每天补充硒的最高量不能超过 0.7mg（Federal Register，1987；FDA，2004）。对于牛、绵羊和山羊来说，有机硒比无机硒更易被吸收，且能更好地转化到血液、初乳和乳汁中（Aspila，1991；Surai，2006）。美国特别批准可在山羊的饮食中补充硒酵母，以这种方式添加硒时，全价料中的硒添加量可以高达 0.3mg/kg（FDA，2005）。欧盟规定，反刍动物日粮中硒的最大添加量是 0.568mg/kg，而试验表明，以含该添加量十倍的硒酵母饲粮饲喂反刍动物时，没有中毒反应（Juniper et al，2008）。然而，以硒含量为 0.5mg/kg 的日粮饲喂山羊后，其体内谷胱甘肽过氧化物酶浓度明显升高，表明这一级别的硒补充量对于山羊是过量的（Dercksen et al，2007）。

当土壤缺硒时，该土壤上种植的粗饲料和谷物也会缺硒，这时有很多方法可提高山羊饲料中硒含量。其中之一是将硒酸钠混合到肥料中施用于缺硒土壤。在芬兰，这种做法已使饲料中硒含量从 0.02mg/kg DM 增加到 0.2mg/kg DM（Aspila，1991）。另一种方法是，在植物生长收获前约一周时用亚硒酸钠进行叶面施肥（Aspila，1991）。

硒缺乏地区已通过注射硒来替代口服补充硒的措施（Kessler et al，1986）。通常在硒缺乏症有可能暴发的年份应准备综合的维生素 E 和硒补充计划，并添加到种群健康计划中。标准山羊的硒补充量通常是每年 1～2 次，正常大小的小羊接受硒补充的"最低"量是在刚生来不久而不是在 2 周龄时。在美国，由于对山羊的硒注射量没有规定，对妊娠山羊也没有规定。因此，饲养者在没有得到专家认同时，对妊娠山羊应谨慎硒的注射量。通过注射补充的硒被代谢得很快，这种给硒途径不能够满足山羊硒的需要量，也不能保证山羊日常饲料中的硒含量。

19.6.8.3 硒的毒性

硒有个相对狭窄的安全系数，反刍动物饲料中允许硒最大添加量大约是 5mg/kg（NRC，2005）。某些土壤被称为"富硒"，是由于该土壤的硒含量很高，可通过某些植物的硒需求量和硒积累量来判定该土壤是否为"富硒"状态。在美国，这些植物有单冠毛菊和某些品种的黄芪。这些植物可准确地反映出土壤中的硒含量，但它们并非唯一的"富硒"指示植物。在富硒土壤上生长的大多数农作物、牧草、杂草都可累积高达 50mg/kg 的硒（James and Shupe，1986）。以当地种植饲草饲喂时，当地推广人员通常可以提供更详细的土壤分析表，可指导调节山羊硒水平。

给试验羊每千克体重注射 0.4mg 硒，可以引起急性硒中毒（表现精神沉郁和呼吸困难）。剖检病变主要有肺水肿和心肌坏死（Blodgett and Bevill，1987）。执业兽医必须注意，不能在治疗小牛或小羊硒缺乏症时，突然换用适用于成年牛或羊的硒注射剂。口服硒中毒可能性较低。口服亚硒酸钠每千克体重 1mg/d，对生长期的努比亚山羊无毒，但是以 40mg/kg 或每日 2 次

20mg/kg 的单剂量饲喂时，山羊迅速死亡（Ahmed et al，1990）。

几个羊群的孕畜使用注射硒后，产生不良反应（死亡和流产），因此，美国禁止给妊娠羊注射硒。

19.6.9 锌

锌是某些金属酶形成的必要因素，包括乙醇脱氢酶、碱性磷酸酶、碳酸酐酶和超氧化物歧化酶（Underwood and Suttle，1999）等。

19.6.9.1 缺乏症状

山羊缺锌时主要症状为蛋白质合成障碍导致代谢性异常、DNA 合成障碍和细胞分裂障碍。有报道指出，山羊锌缺乏症可引起角化不完全、关节僵硬、流涎、蹄肿大和蹄畸形、睾丸偏小和乏情，还可能出现采食量降低和体重减轻，但补锌后几个小时食欲即恢复。

19.6.9.2 日粮和增补建议

日粮中锌最低需要量大约为 10mg/kg。此外，与日粮中添加过量的硫一样，添加过量钙（但不包括豆类中的钙）也会干扰锌的吸收。公山羊锌需求量比母山羊大。肠道停留时间过短（如饲喂嫩草、碎饲料时）也会减少锌的吸收。合理的饲养水平要求不同日粮中锌吸收范围为45～50mg/kg。有机锌（如蛋氨酸锌）不如无机盐（如膳食锌）吸收好（NRC，2007）。

日粮中锌最大耐受量为 300～500mg/kg（NRC，2005）。注意，绵羊用 20%硫酸锌溶液药浴时，如果误喝下去，会导致急性皱胃坏死，显然是因为该溶液引起食管沟关闭，锌直接进入皱胃所引起（Dargatz et al，1986）。绵羊锌致死量为每千克体重 200mg 单剂量锌。

19.7 水

山羊体内正常水分含量超过其体重的 60%。沙漠适应品种体内的水分含量可达体重的 76%（Shkolnik et al，1980）。这些山羊可以在离水源很远的地方吃草，因为它们可以在瘤胃中存储3～4d 的饮水。细胞外液包括血液、淋巴液和消化道中的水。细胞内液是相当恒定的，脱水情况下细胞外液减少。

水的需求量一般通过饮水方式满足，但也可来自饲料中的水和能量储存被氧化代谢时所释放的水。机体通过粪便、尿液和乳汁排出水分。气候炎热时，肺部和皮肤蒸发水分对体温控制是非常重要的。随着环境温度升高，水的摄入量明显增加，在这种情况下，山羊干物质采食量下降。饮用非常冷的水或吃雪作为饮水时，会增加能量需求量。山羊饮用冷水超过 2h后，瘤胃的温度才能恢复正常。水消耗量与盐摄入量成正比。

分娩的山羊一般每天需饮水 3～5 次。环境温度低于 15℃时，哺乳期山羊每摄取 1kg 干物质就需要 3.5～4kg 水（Jarrige et al，1978）。温度为 20℃、25℃和 30℃时，摄入每千克 DM所消耗的水增加量分别为 30%、50%和 100%（Jarrige，1988）。山羊妊娠早期干乳期时检测到最低需水量为每千克干物质 2～2.8kg。在植被较高的牧场上，干乳期动物无须补充额外的水也可以生存。事实上，在一些热带地区，山羊可能不喝水，除非饲养者有意识地在断奶时引导小山羊喝水。如果转移到干旱地区，这些山羊将处于劣势。

圈养的羔羊在出生一周时，应用平底锅或桶给水，以辅助瘤胃发育。因为小山羊食管沟封闭，所以喝入体内的乳汁绕过瘤胃而不进入瘤胃，所以必须为幼小的山羊提供混合了水的谷物或干草使瘤胃达到最佳消化水平。从乳头瓶一次性饮水过多，会导致羔羊溶血（Middleton，1997）。

所以很难指定对水的需求量，因为它与品种、环境条件和日粮情况有关，详见 NRC（2007）的调查。温带气候条件下欧洲山羊的建议维持水平为每千克代谢体重 107g（Giger-Reverdin and Gihad，1991）。这些产奶动物每千克体重需多喝 1.43kg 水（Giger et al，1981）。有限的水资源供应可限制产奶量。一般来说，应提供山羊干净的水并让其自由饮水（图 19.3、彩图 91）。山羊不会饮用污水，这有助于防止它们感染疾病和摄入不良矿物质，但可能会减少产奶量和干物质摄入量。适口性差的水或冰水也可增加雄性山羊患尿石症的风险，因为通过尿液排出的水是有限的，尿中的矿物质可能不会以可溶物的形式存在。

图 19.3　安装在桶内的注水浮子确保山羊能自由饮水（随时能喝到水）（Dr. M. C. Smith 提供）

19.8　干物质

饲料的营养值和动物的需求量通常转换为基础的干物质，以简化日粮计算。因此，干物质本身也同样重要。

19.8.1　牧草

动物每天实际能摄入的饲料量往往限制了日粮的营养价值，干草饲料尤其如此。瘤胃通常充满了正在消化的饲料。在瘤胃中这些正在消化的饲料可以占据体腔，导致腹胀和腹壁扩张，这可能是饲料消耗受限制的因素之一。当饲料经咀嚼或微生物消化缩小到一定体积时，不会在网胃中停留，会直接进入瓣胃和皱胃。食物的分解速度越快，其在食道中的下行速度越快，也就意味着下次进食时，前段食道可能储存更多的食物。因此，饲料消化率尤其是饲料中的纤维含量可直接影响采食量。微生物种群的纤维素分解活性对饲料的分解也很重要，这取决于饲料中是否含有微生物生长所需的能量成分。对于一些成熟的干草或稻草类饲料来说，是瘤胃中有限的氮含量限制了瘤胃微生物的生长和总的干物质摄入量（TDMI）。在某些情况下，微量元素也是限制因素之一。在饲料中的水含量通常不重要，除非饲草在还未成熟（低于 18% 的 DM）时被收割。

19.8.2　精料

精料一般要比牧草更易被消化吸收，这样的话，以 DM 为基础的每克粮食∶每克草料就不等于 1∶1。在营养缺乏饲料中适量添加浓缩料可以给微生物种群提供增长所需的能源供应，从而提高饲料消化率。大量迅速消化浓缩料会降低瘤胃 pH，如果 pH 低于瘤胃中纤维降解细菌的最适 pH，则会导致微生物活性降低，从而降低干饲料消化率。日粮中浓缩可采用少食多餐的方式来饲喂，因为这样可以预防酸中毒。这样干草的消耗量仅在有限空间内增长（小于 10%），但重要的是每天有数小时均可采食草料，无形中增加消耗量（Jarrige et al，1978）。全价日粮是理想饲料，但只有很少的山羊养殖场能够负担得起可将干草或青贮饲料和谷物混合的设备，而且，即使有设备，山羊也可能挑出全价日粮中适口性好的成分进行采食。

19.8.3　摄入量限制

有些饲料的摄入量比预期的要少，因为适口性不好。这种情况往往发生于过度发酵的青贮饲料或发霉的饲料中。很多山羊不吃掉在地上被踩过的干草。对于反刍动物来说，当日粮既易摄取又易消化，并且能达到营养需求时，动物的生产水平往往受限于摄入量。高产动物 DM 消耗量大。出于这个原因，营养表中往往增加测定 TDMI（总干物质采食量），用以衡量每千克产奶或增加每克体重的消耗量。

干物质随意采食量均以体重或代谢体重表示，这个方法不够准确，因为它忽略了消化率和代替物的变化。然而，它确实可以用来分析干物质采食量的总趋势。在羔羊生长期，体重与 TDMI 增加量成正比。这是因为维持需要和瘤胃体积均在增加。在生长期，TDMI 与体重密切相关。在近成熟期尤其如此，因为这时山羊体内脂肪限制了瘤胃体积增长。以代谢体重表示时，它几乎保持不变。同样的，在妊娠晚期，子宫体积的增大也会导致 TDMI 相对减少，虽然此时高雌激素水平也会影响 TDMI。产仔后，子宫复旧，瘤胃体积增加，并且为了吸收消化终产物，瘤胃上皮细胞增多，因此 TDMI 增加。然而，高产奶量增加需求比 TDMI 增加更为迅速，因此山羊必须同时动员机体能量储备或减少泌乳量。

山羊的最大干物质摄入量为每 100kg 体重 5～6kg，而且种群中高摄入量往往对应了高产量（Morand-Fehr，1981a）。山羊泌乳期饲喂苜蓿干草和谷物，不同泌乳阶段，平均干物质采食量为每 100kg 体重 2.8～4.2kg DM。在哺乳期间，干物质摄入量（如干草）每天可能达到活体重的 3%～3.5%。妊娠期间摄入量减少。通常情况下，妊娠期的最后 8 周总干物质采食量是每 100kg 体重 2.2～2.8kg。在此期间干草摄入量变化约每 100kg 体重 1.7～2.3kg。

这些数据来自阿尔卑斯奶山羊。对于这种类型的山羊，用 11 600 份由苜蓿草和谷物为基础组成的日粮进行动物饲喂试验后建成一个回归方程（Morand-Fehr and Sauvant，1978）

总 DM = 423.2×奶＋27.8×体重$^{0.75}$＋13.2×体重增量＋6.75×饲料

其中，DM 指干物质摄入量（g/d），奶指 3.5%奶（kg/d），体重增重单位为 g/d，饲料指日粮中粗饲料的百分比。

这样一个公式只适用于特定的饲料。类似的趋势在矮山羊中已被证明：泌乳高峰期山羊的苜蓿颗粒自由摄入量几乎是同年龄干乳期山羊的两倍，哺乳双胞胎山羊比哺乳单胞的山羊所需的 TDMI 高（Adenega et al，1991）。1991 年至今，许多研究已总结出除去饲料消耗量的预测，例如已总结出安哥拉山羊哺乳期、生长期和成熟期山羊的自由采食干物质摄入量（Luo et al，2004d）。

19.8.4　负担

法国营养学家提出了一个负载单位或满单位

系统，作为确定各日粮 TDMI 的方式（Demarquilly et al，1978；Jarrige，1988；INRA，2007）。在这个系统中，每种动物都有单独的摄取能力值，同时根据反刍动物种类，每种牧草都有多个相应的可摄取值。最初，使用"标准"绵羊（在其生长期结束时去势）来确定可摄取值。这种绵羊所采食的某种牧草量被确定为该牧草的参考消耗量（新鲜并具有确定能量值的牧草）以期获得能量负载值（EV）。之后再确定泌乳的可摄取值（哺乳负载单位为 UEL 或全乳单位 MFU）。负载值已被运用于泌乳山羊（Morand-Fehr and Sauvant，1988；INRA，2007）。"标准"山羊体重 60kg，可生产 4kg 含 3.5%乳脂的奶，每天消耗 2.65MFU。每产 1kg 含 3.5%乳脂的奶需补充 0.23MFU。分娩后干物质自愿采食量呈非线性增加，直到哺乳期第 8 周达到最大值后恢复线性。对于奶山羊，在哺乳期第 1、2、3、4 和第 5 周时 DMI 值分别约为 72%、85%、92%、95% 和 98%（Sauvant et al，1991b；INRA，2007）。

根据山羊的体重、哺乳期时间和产奶水平建立了表 19.5。表 19.5 中的部分数据来自 INRA（2007）。这些数据假设了 15% 的不可吸收水平和易消化饲料。

美国的饲料表中通常不包括负载值。通常饲喂的饲草品质参差不齐时，负载值最为重要。这些法则可用以下几个例子证明。一头重 60kg 的山羊维持期能消耗 1.30MFU。气候好的时候，提早收割的干草可能会有每千克 DM 1.06MFU 的负载值。而来自同一个地方的干草，若晚期收割并且被淋湿，则对于奶牛和奶山羊来讲，可能会有 1.25 的负载值（绵羊为 1.98）。对于前一种饲草，山羊可采食 1.30/1.06＝1.51kg DM。对于第二种饲草，山羊可能仅采食 1.30/1.25＝1.04kg DM。法国的营养表中，TDMI（如表 19.5）是根据以苜蓿干草或玉米青贮辅以浓缩料为基础的日粮来建立的（Morand-Fehr and Sauvant，1988）。另外，NRC 表不仅表明了 TDMI 的容量，还指示了当日粮有确定能量密度时的 DM 消耗量，以预见山羊维持期的能量需求量，但没有考虑山羊的采食能力。

表 19.5　每日干物质摄入量（kg）和全乳单位（MFU）

山羊活体重	50kg		60kg		70kg	
	DM	MFU	DM	MFU	DM	MFU
妊娠期第一个月泌乳高峰期后（产奶量）	1.16	1.14	1.32	1.30	1.49	1.46
1L	1.57	1.38	1.74	1.54	1.90	1.70
2L	1.90	1.62	2.06	1.78	2.22	1.94
3L	2.22	1.86	2.38	2.02	2.54	2.18
4L	2.54	2.10	2.70	2.26	2.86	2.42
5L	2.86	2.34	3.02	2.50	3.18	2.66
6L	3.18	2.58	3.34	2.74	3.50	2.90

注：DM＝干物质摄入量。

19.8.5　替代物

在饲喂饲草中添加浓缩料，有助于我们了解每消耗 100g 浓缩料 DM 能减少摄入多少克的饲料 DM。这取决于饲料情况和日粮的颗粒比例。当牧草能量缺乏，仅添加少量浓缩料时，替代率明显小于 1。事实上，当饲喂 1.9 EV 和 0.76 Mcal NE_l/kg DM 能量密度的风化干草时，替代率为 0.02～0.21，具体值取决于饲草中的颗粒量。因此，TDMI 大幅增加。以干物质为基础的某种饲料能否成为替代物取决于泌乳阶段。例如，如果妊娠期山羊饲喂 100g 以上的颗粒料，它将采食少于 60g 的苜蓿干草。在哺乳早期，给山羊饲喂超过 100g 的颗粒料，山羊则会少采食 78g 干草。哺乳期 2 个月以后，以干物质为基础的颗粒等价替代物可替代好的干草。

19.8.6　关于干物质的结论

种种复杂情况说明一个问题——在配制山羊日粮时，必须立即核实该山羊是否能消耗掉所给予的日粮量。这意味着将饲喂的草料、采食意愿和谷物消耗量都得考虑进去。如果山羊采食的草料不多，则应该减少谷物饲喂量或增加草料饲喂量。当然，放牧山羊的日粮构造情况更为复杂。这种情况下，山羊饲养者需要有丰富的经验去正确地饲喂畜群。

19.9　山羊一般日粮平衡水平的注意事项

在大畜群中单独饲喂每只山羊是不切实际的。如果在羊圈中饲喂精料，会增加挤奶时间和消化不良风险。在这种饲喂方式下，不可避免地会出现山羊过食或少食。据年龄和生产情况将山羊分组，可有效控制该现象的发生（Skjevdal，1981）。可以使用能使每头山羊单独进食的料槽分隔器进行分离，这是一种用短杆锁或拴在项圈上的短链将羊进行分隔的分隔器，给予每头山羊单独份额的精料，以排除给羊群总精料时，出现山羊抢食现象。之后，将山羊放出，因为如果它们能在水槽或盐块与干草之间自由走动的话，它们通常还能进食更多的干草（Morand-Fehr，1981a）。

大型羊群饲养的另一个超越采食喜好的问题是，谷物通常比大量草料便宜，而且谷物比草料更易储存和饲喂。因此，在这种惯例下，饲养者可能会不顾羊群的健康，选择过量饲喂浓缩料。

19.9.1　零放牧

零放牧是山羊集约化饲养的重要一步。放养的山羊进食慢，会仔细选择嫩茎和嫩叶。这样会浪费大量草料，除非在圈里补充饲喂，否则山羊达不到最大干物质摄入量。多数这类问题都可通过细致的放牧管理来避免，包括高密度放养、经常轮换放牧和给牧场足够的恢复时间等。即使这样管理，山羊也不能像绵羊那样密集地采食牧草（Jagusch et al，1981）。为了提高牧场的单位面积的产奶量，可将草料收割后饲喂山羊。可以对被收割的草料进行分析，这样可以判断日粮是过剩还是缺乏。同时，没有必要建造围栏，山羊的维持能量需求减少，并且应该不用担心山羊的天敌和除球虫以外的内部寄生虫。但是，至少还应保证山羊在圈舍中进行运动（Toussaint，1974）。

即便以总限制量计算，山羊往往也会浪费料槽里草料的 40％ 或更多。而该目标应该是使山羊料槽中剩料不超过 20％。这意味着不给予过多的草料，同时，料槽应改进，使其可限制山羊头部的移动，防止山羊吃草时将草料掉在地上。专业的饲养者就了解倾斜的料槽最为适当。另一方面，如果在山羊吃料时不能自由选择，则不能达到最大进食量；空的食槽可表明山羊已达到最大采食量。如果干草质量差，应增加干草量，增大摄入量。在理想情况下，可充分利用马槽中剩余的饲草渣。山羊比绵羊进食干草时间更长。山羊每天反刍约8h，其中6h为夜间反刍。

传统饲喂，奶山羊的日粮（如干草）可令其自由采食，同时根据生产情况分别给予精料。应先饲喂干草再饲喂精料，以降低谷物里面的非结构性碳水化合物被迅速消化引起瘤胃酸中毒的风险。可饲喂全价日粮以避免草料浪费和由"偷懒"饲喂浓缩料所引起的消化不良与提高适口性差的饲粮的摄入量（Rapetti and Bava，2008）。将干草、谷物、矿物质和维生素粉碎后与青贮饲料（半干青贮、甜菜浆）混合，以获得无尘混合饲料。预定的混合公式在哺乳期间经常被调整，以确定每只山羊都摄入足量的纤维（最适量为1kg干草），即使是泌乳后期产量和摄入量下降时（Hervieu，1990）。

19.9.2　牧草品质

禾本科和豆科植物在发芽早期被收割时净能量和蛋白质含量最高（Fick and Mueller，1989）。稍成熟些时，茎的比例增大，等同于难消化的纤维成分增多（例如木质素），意味着其中山羊可消化成分日益减少。成熟牧草中矿物质含量亦减少。因此，当牧草收割早时，其中可消化能和可消化蛋白含量高，可混合加入少量低蛋白水平的精料。

饲养者选购干草时应考虑主观和客观因素。干草应该是亮绿色（不是黄色或褐色）、多叶、无异味且没有霉菌或杂草。如果可能的话，应确定收割的数量、日期或再生周期和年份。第一次收割的干草其收割时间范围可从最早到最晚，这取决于当地的气候和实际收割经验。应该淘汰发霉、含有杂草、严重风化或过熟的干草。若在阴雨连绵的天气将干草捆成大垛露天放置，该饲草的质量可能较差，因为外部霉变饲草会占据整垛干草很大比例（往往占25%～30%），并且雨水可浸出草垛中心干草的营养成分。如果干草的适口性强，但其营养价值有问题，应送饲料检测实

验室检测粗蛋白、可利用蛋白、ADF和NDF值。这对于禾本科干草来说尤为重要，因其成熟期比苜蓿干草更难判断。

小型牧场主可能不会通过拍卖场购买干草，拍卖时，干草已被分析并分级，有明确的营养值。饲养管理情况良好的牧场会将20种核心干草的分批次样本送到检测中心分析其营养成分（Putnam，2002），服务处还可能会借出检测仪器，干草卖主也可能愿意与买主一起分担检测费用；或者知道干草价格由其品质决定后，卖主会直接支付所有检测费用；如果干草品质不好，卖主可能拒绝这样的检测合作。

存储后的牧草维生素含量会减少。因此，在给山羊饲喂存储过几个月的干草或青贮饲料时，应补充维生素A、维生素D和维生素E。

19.9.3　青贮饲料

由于天气条件限制，将新鲜的牧草制作成青贮饲料往往比制作成质量好的干草容易。添加防腐剂如甲酸（添加0.2%～0.5%至刚收割的牧草中）能得到最好的效果（包括达到最大采食量）（Nedkvitne and Robstad，1981）。当饲喂青贮饲料时，提供额外的饲料对达到最大干物质摄入量依然重要，因为会有10%～15%的剩余量。垫料应每天更换，以防止腐败霉变。虽然将青贮饲料代替干草饲料饲喂山羊时，能得到更高的产奶量，但青贮饲料中可能会有李氏杆菌，引起李氏杆菌病。牧草必须是无李氏杆菌污染，且应适当制作成青贮饲料，使其具酸性（pH<5），这种条件不利于外部细菌生长。对于幼畜群来说，制作青贮饲料往往不切实际，除非用塑料袋制作。一些动物并没有饲喂充足的饲粮，是为了防止饲草堆的前端边缘或传统筒仓存储的饲草出现腐败从而引起动物发病。

在美国，通常用玉米青贮（茎秆、叶和穗一起粉碎）饲喂家畜。在玉米收获时节，当玉米粒都发育完全、水分含量适当时，有足够的糖类可很好地发酵，并达到理想的低pH。土壤污染（一般发生在收获或包装过程中）和饲料表面变质也能滋生李氏杆菌。不能用牛场饲槽中剩余的青贮玉米饲喂山羊。此外，山羊会将玉米粒从青贮饲料中挑出，粗饲料摄入量少或将日粮中玉米粒吃完后再食用少量粗饲料。

19.9.4　适口性

山羊对饲料的喜好受个体因素影响很大，饲料的质感和口感都很重要。因此，山羊一般不喜欢粉状饲料，更喜欢糖分高的谷物混合物（Morand-Fehr，1981a）。然而，饲料中应避免含有超过 6％的糖分（Adams，1986），糖分过多可能对瘤胃功能产生不利影响。粗纹理谷物（如轧制的、破裂的、有皱褶的、薄片状的谷物）及丸粒比细磨饲料更好。

在确定个体山羊日粮时，参考其过去的饲养情况也很重要。当更多适口性强的饲草可能有害或可能存在有毒的次级代谢产物时，将饲草的摄入量控制在一定范围内非常重要。山羊似乎会调整他们摄入的可利用植物种类，以达到最大营养值，并同时避免摄入有毒饲料（Papachristou et al，2005）。青年山羊会通过观察畜群中年老山羊的采食情况来学习哪些物种可以摄取，并且在山羊 2～4 月龄时所建立起来的饲料偏好可能会持续终身（Biquand and Biquand-Guyot，1992；Provenza et al，2003）。基于这个原因，改变一个羊群的饲料资源习惯时（不同物种、不同国家或地区、青贮替代干草、全价料替代青贮等），羊群大概需要一整年或整整一代的时间来适应环境，以恢复摄取能力。

19.9.5　体况评分

对于成年山羊而言，山羊个体骨架大小是不变的，而脂肪和肌肉沉积量（体况）随营养情况和生理状态变化而变化。体况可衡量动物的脂肪和蛋白质储备情况。在妊娠后期、泌乳早期和身处变化的环境时，机体会动员这些储备。

虽然已有基于屠宰或活检技术确定山羊体况的复杂方法（Morand-Fehr et al，1992），但有效的确定动物体况的方法必然依靠触诊和视诊。澳大利亚将腰椎评分应用于肉山羊，用 1 分（很瘦）、2 分（瘦）、3 分（中等）或 4 分（肥胖）来打分（Mitchell，1986；McGregor and Butler，2008）。得 1 分的山羊，其椎关节间几乎没有肌肉；得 4 分的山羊，其腰椎垂直面和水平面都有肌肉全覆盖。对于这些动物来说，体况变化 1 分代表体重平均变化 12％。

腰椎评分系统最初应用于绵羊和牛，而不直接适用于奶山羊，因为奶山羊的脂肪储存在网膜和肾周组织中（Chilliard et al，1981）。即使是肥胖的动物也很少有皮下脂肪。现已开发出专门评估奶山羊体况的系统，且这种系统同时适用于所有品种。这种体况得分是腰椎和胸骨分数的平均值，每个体况的得分点为 0.25。在这种方法中，总得分为 0～5，详见表 19.6（Morand-Fehr et al，1989；Santucci et al，1991；Hervieu and Morand-Fehr，1999）。

表 19.6　奶山羊的体况评分方案

得分	描述
腰椎得分	
0	动物异常瘦弱。能轻易摸到椎间关节，并且皮肤看起来像是直接接触到骨头
1	肌肉至少沿着横向棘突延伸 2/3 的距离。依然能摸到椎间关节，但目测几乎看不见椎间关节
2	背部各棘突突出，并且皮肤在背棘突和横棘突之间形成凹线
3	仍然能轻易地感觉到棘突，锥角间的空间填满肌肉，皮肤在背棘突和横棘突之间形成一条直线
4	难以感觉到背棘突和横棘突，且它们之间的皮肤形成一条凸线
5	沿着背线出现一条明显的凹槽，并且其两边都有明显的脂肪和肌肉堆积
胸骨得分	
0	肋胸骨关节非常明显。胸骨表面可轻易感觉到。胸骨表面皮肤僵硬无流动性
1	肋胸骨关节稍圆，但依旧能轻易摸到。胸骨表面凹陷的皮肤没有被皮下脂肪填充依旧僵硬，但皮肤可以活动
2	难以摸到肋胸骨关节，肋骨两边的肌肉层下开始有脂肪组织填充，并且肋间凹陷中心区域的皮肤下有脂肪组织
3	肋骨中央的皮肤下有一层薄薄的可移动的皮下脂肪。从皮下脂肪、肌肉和骨头的各个方面均可轻易感觉到肋间的明显凹陷。可感触到肋软骨的关节
4	胸骨和肋骨不明显，但是肋骨间有厚厚的皮下脂肪沉积，且依旧有明显的凹陷
5	皮下脂肪不能移动，横向或纵向均没有凹陷

在做评测时，要求山羊放松且四肢着地站立。山羊胸骨得分与脂肪组织的比例关系更为密切，而腰椎得分（决定于第 2～5 腰椎）则更能反映体蛋白量（Morand-Fehr et al，1992）。总分每变化 0.25 大约对应 1.5％的体脂变化（Morand-Fehr et al，1992）。建议饲养者挑选 15 只哺乳山羊，在其泌乳前 1～2 个月进行评分。

其中要有 3 只高产奶山羊，9 只常产量山羊和 3 只低产量山羊。这 15 只山羊须在泌乳期结束时和分娩后立即再次评分。如有山羊生病或受伤，应用产奶量相同的山羊替代其进行评分。法国的阿尔卑斯奶山羊和萨能奶山羊腰椎平均得分为干乳期 2.5～2.75 分，分娩后 2～2.25 分，泌乳期之前为 2.25～2.5 分；同时期的胸骨分数分别为 3～3.25 分、2.5～2.75 分、2.75～3 分。干乳期间总分不能下降超过 0.5 分（Herview and Morand-Fehr，1999）。可用 10 只羔羊组成试验组，用相似的方法来监管该年龄段山羊的营养和健康状况。类似的针对肉羊的评分系统已提上日程，该系统拟用胸腔脂肪沉积程度衡量体况。

体况得分在集约化大型养殖场对于监管饲养计划是否合适非常有用。关键的评分时间包括干乳期、妊娠期最后 2 周、哺乳期前 6 周、临放牧前、干乳期开始时和发情期开始时（Morand-Fehr et al，1989）。奶山羊需要足够的体内贮备使得分娩后的泌乳期可达到最大产奶量。安哥拉山羊产羔时依然保持良好的体况和高产奶量。在法国集约化奶山羊饲养条件下，干乳期体况评分应高于 2.25 分且少于 3.5 分，分娩时高于 2.75 分且低于 3.5 分。哺乳高峰期（45d）时，该分数不能低于 2 分且不能比分娩时减少超过 1.25 分（Morand-Fehr et al，1992）。

需要设定规模化养殖羊山羊的目标分数，以获得令人满意的产品和繁殖效能（Santucci et al，1991）。例如，在严寒时修剪低体况得分的安哥拉山羊羊毛会增加死亡风险（McGregor and Butler，2008），在进行选择性驱虫时亦应考虑到身体情况。

19.9.6　食草丰盛性厌食

在可自由进食（包括竞争保护）适口性强、营养丰富的饲料时，羊群中还可能出现个别现营养不良山羊，必须减少摄入量或营养利用来调查原因（一般包括口腔疾病、跛行、失明和慢性传染性寄生虫病）。该动物的临床解决方法在第 15 章详述。

19.10　怀孕山羊饲喂

妊娠期山羊积累的蛋白质、脂肪、矿物质和维生素如果超过了胎儿和胎盘需求量，就会有净体重的增长，幅度从少于 1kg 到 8kg 不等而且与营养水平的限制相关。妊娠期山羊比未妊娠山羊更易积累蛋白质而非能量物质。

妊娠 100d 到分娩时，小羊羔能增加 70% 的体重。妊娠期间若营养不良，会直接导致羔羊体重较小，以致羔羊死亡率上升和生长缓慢（Bajhau and Kennedy，1990）。随后泌乳期中产奶量也将受到影响（Sahlu et al，1995）。特别重要的是缺乏能量的日粮对分娩的乳房及初乳产生潜在的不利影响，这已在试验母羊中被证明（Banchero et al，2006）。在摄入足够多的初乳前，羔羊也有可能死于低温或饥饿。

若母羊怀有多胎，特别是 3 胎以上，母羊会在分娩前动用自身脂肪储备来满足能量需要。这是因为孕期母羊往往食欲下降，并且妊娠子宫体积与母体内的脂肪储备限制了摄入的饲料量。当丙酸供应不足时，机体将动员脂肪储备产生醋酸盐，同时也会产生酮体。可能导致妊娠毒血症，这将在后面章节讨论。

妊娠期间应饲喂高品质、适口性好的干草。这允许将妊娠后期的粮食限制量上升到 200g/d。山羊妊娠期进食过多干草后，在哺乳期也能够保持这样摄取粗饲料的能力。此外，妊娠期摄入高精料水平与分娩缓慢、宫颈扩张困难及哺乳期缩短有关（Fehr et al，1974）。最近的研究表明，考虑到胎儿健康（Sahlu et al，1992）和泌乳期产奶量的情况（Sahlu et al，1995），应在妊娠晚期给奶山羊补充适量蛋白质，配给量约占日粮干物质水平的 11.5%，并且给予 14% 的粗蛋白也不会提高产奶量，需补充丰富的过瘤胃蛋白（Morand-Fehr and Sauvant，1988）。

最近一项试验表明，少量妊娠晚期山羊能增加干物质摄入量和该阶段日粮中的蛋白质量。在分娩前的最后 1 周，如果提供几种干草和精料，并允许山羊自由采食，山羊的饲料和蛋白质摄入量会同时增加，其中苜蓿干草和鹰嘴豆的摄入量增加，而禾本科干草和大麦摄入量减少。在相同的研究中，山羊只饲喂苜蓿干草和大麦片也可提高干物质摄入量，但必须通过替代效应，即只摄入干草中易消化的蛋白质来增加精料和蛋白质的摄入量（Fedele et al，2002）。

19.10.1 流产

安哥拉山羊往往会因营养不良导致流产。体型小、发育不良的动物或年老动物最易流产。在恶劣天气或剪毛后，应及时补充添加了碱和离子载体的全谷物以防止发生流产，这种做法一般不会引起瘤胃酸中毒（Wentzel，1987）。将石灰、离子载体和高达1.2%的尿素与糖分和水混合，然后与谷物充分混合，最终混合物中含有2%（重量）的氢氧化钙和20mg/kg的离子载体。依照这个配方（Van der Westhuysen et al，1988），12.5kg氢氧化钙、8kg尿素、16L糖蜜和适量的载体与20L水混合，然后与560kg日粮混合。进口山羊比本地山羊品种更易流产，特别是营养需求较高的产奶品种（Mellado et al，2006）。对于缺乏地方性流产疾病抵抗力的高产山羊来说，很难判定是胎盘副作用还是胎儿营养不良所引起的流产。然而，如果畜群的饲料或料槽有限，由于要和成熟的占主导地位的山羊争抢食物，体型小的、年轻的妊娠山羊就不能满足自身营养需要，容易导致流产。将这样的妊娠山羊单独分为一组饲喂，可以减轻营养状况和由羊群引起的压力。

19.10.2 妊娠毒血症

山羊在两个特殊生理代谢时期容易患"酮病"：妊娠晚期（妊娠毒血症）及泌乳早期（哺乳酮病）。

19.10.2.1 病原学

妊娠毒血症通常仅发生于妊娠期的最后6周，虽有一篇印度的研究报道，在妊娠第3个月时，120只有昏睡、厌食症状的母羊的酮尿检出率为3%，相比之下，160只妊娠第5个月具有相似症状的母羊尿乙酰乙酸阳性检出率为24%（Lalitha et al，2001）。导致妊娠毒血症发生的直接原因可大概分为营养不良和营养过剩。营养不良性酮病，即母羊不能摄入足够的营养，特别是能量物质，使母羊不能满足自身与其多个胎儿（通常情况多胎）的营养需求。一个特别的原因是饲喂劣质粗饲料，因巨大的子宫占据部分瘤胃体积，使得瘤胃容量减少，不能摄入足够的粗饲料，因此不能满足营养需要（Bostedt and Hamadeh，1990）。继发性酮病也类似，但它是由于其他疾病暂时干扰食物消耗所引起的，可以通过调整饲养措施来排除。营养过剩性酮病，山羊被过度饲喂，体内大量脂肪储备与膨大的子宫占据了体腔很大空间，使得在需要增加能量物质时干物质摄入量严重减少。由脂肪细胞产生的Leptin蛋白可能使肥胖个体的食欲下降，使其进食减少（Kolb and Kaskous，2004）。

过度摄入谷类饲料本身就会引起妊娠毒血症，因为这样会使粗饲料摄入量不足。妊娠晚期大量饲喂玉米青贮饲料会使母羊变得肥胖，它们在分娩前的摄入量会明显降低。而含有丰富能量的青贮饲料引起的瘤胃酸中毒可能导致妊娠毒血症。图19.4显示了引起酮病的不同决定性因素（Sauvant et al，1984）。

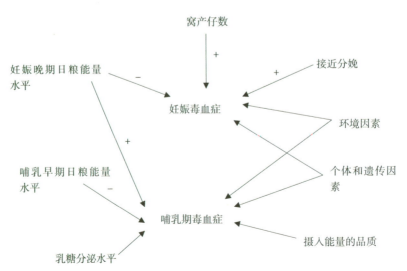

图19.4 奶山羊酮病形成的决定因素

19.10.2.2 发病机理

机体的主要代谢活动是脂肪动员和葡萄糖的利用（Caple and McLean 1986；Herdt and Emery，1992）。而妊娠毒血症比泌乳期酮病更为普遍，且主要发生在经过"改良"的高产性能品种中。较少发生于粗放饲养条件下的单产本地母羊品种。怀多胎的母羊血液中含酮类物质水平偏高，但在适当的营养和管理条件下，产四羔的母羊也能保持临床健康。印度研究者对 514 只本地山羊的研究发现，在半放牧的饲养模式下，未发生具有临床症状的酮病，但有 10% 的个体具有酮病的亚临床表现，经过实验室检测发现为低血糖（＜30mg/100mL 葡萄糖）和高血酮（＞4.5mg/100mL 酮类）（Gupta et al，2007）。

胎儿发育需要的能量来自葡萄糖（母源性肝糖原）。在任何情况下酮体和游离性脂肪酸都不能通过胎盘（Reid，1968）。妊娠后期母羊的胰岛素水平降低，这缓解了胎儿对葡萄糖的需要，同时刺激脂肪分解和糖异生。多胎时胎盘催乳素显著升高（Sardjana et al，1988），这样会以母体为代价（必要时）来满足胎儿对代谢的需要，这点至关重要。因此，妊娠后期的母羊经常发生亚临床型酮病。

19.10.2.3 临床症状

妊娠毒血症早期症状并不明显，原因可能是母羊大脑葡萄糖利用率的下降。山羊可能出现站立缓慢或趴窝不动等现象，食欲减退、眼神呆滞，往往还有明显的下肢皮下水肿，出现磨牙及全身乏力等更加明显的神经性系统异常（失明、对刺激无反应、目光呆滞、眼球震颤，共济失调，颤抖），然后昏迷，排便减少，仅有少量小而干燥的黏液包裹性颗粒状粪便。

当发展到代谢性酸中毒时，可能会导致动物呼吸加快。因此，这很难区分妊娠中晚期是原发性酮病还是原发性肺炎，因为肺炎也能造成山羊厌食及酮病并发。有必要进行细致、全面的检查，排除寄生虫病、跛行和蛀牙等可能导致动物发生类似症状的其他原因。

妊娠毒血症的末期，母畜横卧。在这个阶段，死亡的胎儿释放毒素，并加速母畜死亡。脉搏和呼吸频率加快，出现内毒素性休克。未及时治疗的症状持续时间不同，一般为 12h 到 1 周不等。

患妊娠毒血症的山羊如果未死亡，则易出现难产和死胎数增多、没有乳汁。肥胖山羊虽然没有临床妊娠毒血症，但也存在类似的问题。此外，这些动物很可能患哺乳酮病。

19.10.2.4 实验室检测

这种代谢性疾病病程主要产生三种酮体：β-羟基丁酸（BHB）、乙酰乙酸和丙酮。过去，总酮含量往往无法准确测定，现在，实验室重点测定 BHB 含量，它是山羊妊娠毒血症血液中最稳定的酮体，约占总酮体量的 85%。

临床经验丰富的人可以通过山羊呼出气体的味道，判定酮病症状。其他人则必须通过简单诊断试剂或化验结果来判定。在妊娠毒血症的早期阶段，尿液中的酮体易被检测出来。常用的含有硝普钠的试纸条或药片，遇乙酰乙酸时变成紫色，但遇丙酮和 BHB 反应不明显。如果孕羊只有轻微酮尿病症（常发生在怀多胎时妊娠晚期的生理现象），应寻找其他病因，同时应给予支持性治疗，以防止酮病恶化。该病后期通常伴有肾功能衰竭，并且出现明显的蛋白尿、管状上皮脱落和酮尿（Kaufman and Bergman，1978）。兽医师检查妊娠后期山羊时应准备一个收集杯。孕羊见到陌生人时往往是先站起来再小便，这是为逃跑做准备。如果检查结束仍未排尿，则可尝试将山羊鼻孔闭塞，让助理将盛器放于山羊外阴下。在这种刺激条件下，健康的山羊很少排尿，酮病动物则会有特征性排尿。但山羊窒息之前，必须放弃尝试。

当没有尿时，可以用酮体药片、粉末或试条纸检测血浆或血清。近年来，随着测试人体血液中 BHB 和葡萄糖的手持仪的出现，农场中精确测定 BHB 已成为可能。快速诊断试纸价格低廉，且能迅速确定结果。遗憾的是，尚未提出山羊特定的 BHB 参考值（Stelletta et al，2008），但大都默认使用绵羊的参考值（Clarkson，2000）。因此，正常的 BHB 值应小于 1mmol/L；BHB 值为 1.05～3 mmol/L，可以被视为严重营养不良的指标；妊娠毒血症动物 BHB 浓度通常大于 3mmol/L。BHB 的单位转换为：1mmol/L×10.3＝1mg/100mL。如果动物刚死亡，可通过检测体液或脑脊液来代替血液（Scott et al，1995），但还没有准确测定这些液体的手持仪。

妊娠毒血症的检测通常不同于其他实验室检

测方法。可以预见本病将出现皮质醇诱导型血象变化（中性粒细胞、淋巴细胞和嗜酸性粒细胞）和脱水现象（升高红细胞压积和血清总蛋白含量）。血糖水平多变，还可能出现严重的低血糖或晚期的显著高血糖（正常范围为每百毫升50~75mg）。

19.10.2.5 尸检结果

母羊由于妊娠毒血症死亡时通常怀有多个胎儿，或死亡前刚产下胎儿。胎儿存活率低或已腐烂。母羊的肝脏肿大呈黄色，因为有脂肪浸润（Tontis and Zwahlen，1987），且肾上腺肿大、尸体脱水。如果膀胱充盈，则其中的尿液酮反应强烈。

19.10.2.6 治疗

治疗和愈后取决于疾病的阶段。出现早期临床症状时，应给山羊提供适口性好易消化的日粮。饲养改善应包括提供更优质的粗饲料和增加精料。丙烯乙二醇作为葡萄糖前体，每天2次或3次用注射器口服给药60mL。虽然有些研究者建议每日给予2次175~250mL的丙二醇（Bretzlaff et al，1991），此剂量似乎过大，可能超过已患病山羊瘤胃菌群的消化能力。丙二醇过量可能会导致山羊有生命危险，引起血浆高渗而损害神经功能。现已有一种商品烟酸及丙二醇，或给山羊注射足够的复合维生素B，以提供1g/d的烟酸（Bowen，1998）。皮下注射葡萄糖酸钙盐（23%~25%溶液60mL）可避免任何并发低钙血症，约20%患有妊娠毒血症的山羊也有低血钙症（Kolb and Kaskous，2004）。

如果动物不愿进食或没有食欲、预后不良，可静脉注射葡萄糖（25~50g，最好为5%~10%的溶液）加上B族维生素，必要时则灌食。有学者曾建议给予5~7g葡萄糖，以浓度为50%的溶液经颈静脉流至导管，每天6~8次（Marteniuk and Herdt，1988）。如果山羊呼吸急促，可能是酸中毒，应静脉注射至少含15g碳酸氢钠的溶液。同时，为避免原发性或继发性肺炎应同步进行抗生素治疗。

如果山羊预产期在1周内，可用10mg PG $F_{2\alpha}$ 诱导分娩，提前产仔。如果不确定预产期，并且想保住母羊和羔羊，可给予20~25mg的地塞米松，它有葡萄糖异生作用，有利于刺激食欲。给予皮质类固醇激素后，妊娠后期胎儿约2d后出

生，而未成熟的胎儿也并不是总会流产，如果母羊治疗效果好，反而可能保住胎儿。如果可以的话，用子宫超声检查胎动或心跳可核实胎儿是否活着。地塞米松诱导适用于活胎，如果胎儿已经死亡，则屠宰或安乐死会更适宜。

如果贵重的山羊发病严重或在改善治疗一天后未见好转，应立即进行剖宫产。严重妊娠毒血症动物注射激素后不会迅速产仔或没有产仔迹象，但是，首次注射地塞米松后可能会增强未成熟胎儿的肺功能，从而增加它们在24h后剖宫产中的存活机会。即使进行手术或输液治疗，对于横卧在地的晚期妊娠毒血症山羊来说，其生存希望依然渺茫。产下的羔羊往往为死胎或在出生后几小时内死亡。

19.10.2.7 预防

如果妊娠毒血症晚期山羊出现肥胖症状，此时减肥为时已晚。相反，动物每天必须饲喂高品质粗饲料和约500g精料。任何不利于山羊生活的条件，如缺乏运动、通风不良或垫料不适，均应予以调整。这意味着，羊舍应干燥、层次分明且不拥挤。每天放养2~3h。胆小、慢食的动物应与占主导地位且攻击性强的动物分开饲养，后者会强制长时间占领食槽而赶走其他山羊。如果胎儿的数目经实时超声检查确定，可以将山羊根据产仔数进行分组饲喂。怀着3胎或更多胎的山羊应给予最优质的粗饲料和足够的精料。

当孕羊出现妊娠毒血症时，必须重新评价羊群中其他山羊的饮食并进行必要的纠正。添加精料时，应严格控制初始量并逐步加量，避免山羊消化不良。想让一个羊群完全避免妊娠毒血症是不可能的。对所有妊娠后期的山羊进行日常尿酮监测，也不现实。怀着多胎健康的山羊排少量酮尿时，可不用治疗。大量口服预防性丙二醇本身对山羊就是一种刺激，这种方法应留给那些表现出异常行为或食欲减退的山羊。

一些学者建议在反刍动物饲料中补充烟酸，以预防酮病。烟酸可抗脂肪分解，使血糖和胰岛素含量增加（Herdt and Emery，1992）。有人报道，在山羊日粮中适当添加烟酸可以防止妊娠毒血症（Bowen，1998）。

19.10.3 产后瘫痪（产乳热），低血钙症

虽然有许多研究中有提到山羊产乳热，但这

种情况很少见（Linzell，1965；Kessler，1981）。

19.10.3.1 发病机理

产后瘫痪是一种钙稳态失衡，这取决于肠道吸收和骨骼储备情况。肠道吸收需要钙结合蛋白。这种运输蛋白的合成依靠维生素 D 活性调节（Sauvant et al，1991a）。

哺乳期刚开始时，对钙、磷的需求会突然增加，而肠道钙吸收的能力相对提升较慢。山羊正常分娩时，往往伴随轻度低血钙症。例如，6 只健康的高山山羊分娩 3d 后，平均血浆钙离子浓度为 6.6mg/100mL，而分娩前 3d 和分娩 6d 后为 8.4mg/100mL（Barlet et al，1971）。在另一个对健康山羊的深入研究中，血浆钙离子浓度低至 6.7mg/dL（Linzell 等，1965）。低血钙症末期会出现产乳热。

高产奶山羊偶尔会出现一种严重的低钙综合征，临床症状与产乳热相似，除了它发生在分娩 1~3 周以后（Barlet et al，1971；Overby and Odegaard，1980；Odegaard and Overby，1993）。羊奶中钙磷含量大量增加时，机体将大幅动员脂肪储备（Sauvant et al，1991a）。

检测 40 只低血钙症的挪威山羊，7 只为产前（2 只距预产期 2 周以上）发病，10 只在产仔时或产仔后第 1 天发病，8 只以上在产后 3 周内发病，15 只在 3 周后的泌乳期发病。老年山羊也有发病的，如一项报道，40 只山羊中，有 34 只为 4 胎次以上母羊（Odegaard and Overby，1993）。

19.10.3.2 临床症状

低血钙症症状包括食欲下降、轻度水肿或便秘、步态不稳和子宫收缩减弱，并且体温持续性降低（Guss，1977；Overby and Odegaard，1980；Odegaard and Overby，1993）。受低血钙症影响的山羊往往表现昏昏欲睡，身体侧躺并将头沿胸骨一侧向后转。偶有山羊侧卧，出现肌肉痉挛和尖叫。可能会有黏液在鼻孔外或出现肺水肿迹象。

40 只被诊断为临床型低血钙的挪威山羊，平均血浆钙离子浓度为 3.75mg/100mL（2.9~5.1），而 36 只正常山羊的平均血浆钙离子浓度为 9.91mg/100mL（Overby and Odegaard，1980）。在印度的一项研究中，9 只

不同品种成年山羊的平均钙离子浓度为 6.66mg/100mL，该研究没有描述其中低钙血症的临床症状，但诊断依据为通过此方法治疗后能引起部分反应（Vihan and Rai，1984）。

19.10.3.3 治疗

待产期或哺乳期的低钙血症推荐的治疗方法是缓慢静脉滴注 23% 的葡萄糖酸钙溶液 50~100mL。如果实验室无法检测，就通过钙的快速反应治疗来确诊。补充钙时应避免使用氯化钙凝胶，因为它会严重损伤黏膜。饲养者有时使用碳酸钙抗酸剂药片进一步补充钙，但这种形式的钙在被皱胃酸解离前均吸收不良（Thilsing-Hansen et al，2002）。

大多数学者认为早期治疗可取得最好的治疗效果。另一方面，待产期山羊该病的临床特征是行为敏感、后肢麻痹和便秘，并可能对钙的快速反应治疗无反应（Kessler，1981）。也许一些被确诊为产乳热的山羊，事实上是妊娠晚期粗饲料消耗不足而引起瘤胃酸中毒的患病羊。

19.10.3.4 预防

对于奶牛来说，长期以来认为防止低血钙症最关键的时段是在妊娠后期的饲料中避免含有过量的钙，如苜蓿干草。最近有许多关于牛（Oetzel et al，1988；Thilsing-Hansen et al，2002）和山羊（Fredeen et al，1988）的研究表明，调整阳离子/阴离子平衡，通过酸化妊娠后期饮食，添加阴离子盐也可以防止疾病的发生。添加适量的镁能够充分调动骨中的钙。

紫花苜蓿含有的阳离子过剩，这可能与产前山羊对钙离子的吸收减少有关。在某些苜蓿丰富的地方可能确实只有一种现成的干草，山羊产乳热的发病率并没有增加。这可能是因为相对于奶牛来说，山羊为进入产奶期的过程较为缓慢。山羊日粮不需要特别低的钙含量，事实上高含量反而会导致山羊出现低血钙症，这样的情况在母羊中确实存在。因为哺乳期山羊低血钙症的病因还没有弄清，所以在预防控制工作中应避免任何破坏山羊食欲或肠胃功能的因素（Odegaard and Overby，1993）。

19.11 泌乳山羊饲喂

过去，通常是羊群中生产力最好的山羊消耗

最多的草料。这可能是因为羊群的密集度导致其中只有很少或没有粮食饲喂，不存在集中选择压力。由于喂养方式的变化，相对于草料，山羊需要适应优先食用饲料。然而，山羊天性有能力消耗大量的草料，这一特点使它们能够更好适应规模化的农业环境。

粗料比例非常重要（Kawas et al，1991），以苜蓿干草为粗饲料，草料：精料（F：C）按2：1的比例给予效果最佳，而一般的干草，草料：精料为1：（1～2）比较合适。为了获得最佳的产奶量和乳汁，干草消耗量应在最大化的同时仍保持能量的正平衡，这需要干草品质优良，且不过熟和木质化的草料。当浓缩料在日粮中的比例增加时（尤其是2/3以上），乳脂率下降。如果干草质量差，干草的消耗率不高。绿色的或经脱水的牧草比大多数干草要好，而饲喂前要将牧草切割。

在泌乳早期，山羊动员体内脂肪作为能量来源，重要的是给予充足的蛋白质，以支持山羊泌乳。在山羊泌乳高峰期，推荐粗蛋白含量为17%～18%的DM（Skjevdal，1981）；在哺乳中期，日粮中总粗蛋白含量应为13%～16%的DM。

19.11.1 泌乳曲线

近年来，许多研究人员已在计划记录产奶过程中获得的产奶量，并试图以适当的数学函数来描绘奶山羊泌乳曲线（Gipson and Grossman，1990；Macciotta et al，2008）。泌乳曲线的影响因素包括品种、胎次、产羔季节和生产水平等（Gipson and Grossman，1990）。初胎时泌乳高峰期产量下降，高峰延后，高峰持续时间长。高产者比低产者持续时间短；产奶量在高峰产量后急剧下降。不管是否哺乳，双羔母羊产奶量高于单羔母羊（Macciotta et al，2008）。可在泌乳早期测试几头羊的产奶量，并用数学公式预测整个哺乳期的总产奶量，并作为选留或淘汰的参考依据。

图19.5描绘了一年不同时期里不同胎次山羊的泌乳曲线（总产奶）。这些曲线的原始数据均来自Gipson和Grossman（1989）。

泌乳曲线描述的总产奶量、脂肪和蛋白质已被奶牛营养师用来衡量动物个体或牛群的营养状况的指标。这种方法对于羊群也有参考价值，但需要额外的评估（Gipson，1992）。通过比较试验过程中产生的泌乳曲线，证明了提供适当能量、蛋白质（Sahlu et al，1995）或其他营养物质是有利的。从商品羊群的曲线预测日粮需要是问题的关键。

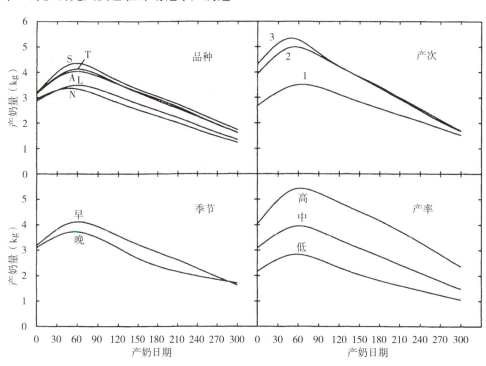

图19.5 产奶曲线（引自Gipson，1992）。S为萨能奶山羊；T为吐根堡山羊；L为拉美查山羊；A为阿尔卑斯山羊；N为努比亚山羊

19.11.2　酮病

奶牛和山羊在每千克代谢体重产奶性能相同时，产奶量相似，且山羊和奶牛体内也有类似的可支持产奶的储备（Sauvant et al，1991a）。高产山羊饲养不当可能会发生哺乳期酮病。

19.11.2.1　发病机理

葡萄糖是乳腺合成乳糖的必要成分。分娩后，山羊的产奶量增加，引起其营养需求增加的速度超过摄入量增加的速度。食物的消化情况对血糖浓度影响很大，而脂质动员水平与饮食质量无关，在这种情况下，血糖浓度调节被脂质动员迅速取代。

一般来说，年老羊都比1岁羊体积更大，体重更重，所以具有更大干物质摄入量。然而，增加的摄入量不足以弥补它们高产奶量所要求的高摄入量。增加的肝脏异生前体所产生的血糖不足以满足高产山羊的乳腺血糖需求。因此，高产山羊往往容易低血糖（Sauvant et al，1984）。

19.11.2.2　临床症状和治疗

羊哺乳酮病的典型症状是：食欲下降（尤其是对精料）和产奶量下降，有这些症状时，应怀疑是山羊酮病。酮病还表现为酮尿和呼出有类似烂苹果味的气体。治疗用可调节糖异生和刺激食欲的类固醇（2～6mg或更多地塞米松）（Braun，1989）和口服丙二醇（60mL，每天2～3次）。如果需要增加进食量，可提供鲜嫩牧草或以灌入方式给料。

有时，羊群中高产羊大批发生严重的综合征，严重低钙血症往往伴随酮尿。一般用静脉注射葡萄糖、钙、B族维生素的"鸟枪"疗法可治愈。但其确切的发病机制仍不清楚。可能与干草缺乏期间过多进食精料所至的消化不良和酸中毒有关。

19.11.2.3　预防

为了预防临床酮病，应尽量避免泌乳早期能量缺乏，应在泌乳前刺激食欲和饲喂含精料的均衡饲料，精料每3天增加0.1kg，直到能够满足能量需求。这是因为山羊对精料的吸收能力比对草料的吸收能力上升速度快。通常到泌乳期的第2个月可达到稳定的能量平衡。

19.11.3　消化不良和瘤胃酸中毒

当日粮中精料比例较高时，消化不良可导致饲料消耗量的不断变化，这样山羊易患亚急性瘤胃酸中毒，这种疾病被认为是影响奶牛经济效益的主要代谢性疾病，但关于山羊该病的报道较少（Stelleta et al，2008）。更大量的精料摄入可能会发生危及生命的瘤胃酸中毒。营养性瘤胃臌气亦可危及生命。

19.11.3.1　发病机理

事实上，粗饲料比精料有更多的纤维含量，能刺激山羊进行长时间的反刍，从而使唾液中的碳酸氢盐始终缓冲瘤胃pH，使瘤胃pH保持在一定范围内（6.1～6.8），该pH利于可分解纤维素的细菌生长。粗饲料消化分解的主要终产物是乙酸酯。因为精料中缺少长纤维，山羊在消化精料时，反刍频率降低，唾液难以到达瘤胃以调节瘤胃pH，这在一定限度内不会引起机体变化，因为降解淀粉和糖分中的细菌繁殖最佳pH为5.5～6.0。同时，精料消化时产生大量挥发性脂肪酸丙酸和丁酸，且这些产物在pH较低水平时吸收最好。

如果精料一次采食过多（饮食不当或强行进食），瘤胃中乳酸链球菌过度生长，pH下降并低于适合乳酸杆菌生长的范围，随后乳酸会将瘤胃pH降低至低于5.5的生理极限，这足以杀死正常菌群和其他微生物。细菌可同时产生右旋和左旋异构形式的乳酸，经血液循环引起全身性酸中毒。一些动物的蹄叶炎的发生，与组胺和其他毒素的产生有关。B族维生素合成紊乱或硫胺素抗代谢物的生成可导致脑灰质软化症。山羊肝脓肿通常是由棒状杆菌假性结核病引起的，而不是由其他细菌破坏瘤胃上皮细胞而导致的中毒性消化不良引起。

19.11.3.2　临床表现

轻微过食精料会打乱山羊的饮食规律，瘤胃蠕动减少但不会停止，山羊会磨牙、产奶量下降和发生腹泻。停食1～2d，瘤胃pH会回升到接近正常范围，随后自愈。严重超负荷进食常伴发系统性和致命性的瘤胃酸中毒，此时瘤胃蠕动停止，瘤胃内容物成坚固块状，可能发生轻度瘤胃臌气、腹泻、肌肉震颤、磨牙、呻吟或连叫不止、心脏和呼吸速率增加，可能出现低热，随后便秘。随着病情发展，出现一系列症状：大量瘤胃内容物（异常液体）蓄积，腹胀、脱水（表现为眼睛凹陷、皮肤皱缩、红细胞压积升高），这是因为瘤胃内容物呈高渗状态，使水分子从全身经血液循环进入瘤胃。尿液呈酸性，血液的pH和碳酸氢盐值显著降低，正常山羊血乳酸水平为8～10mg/100mL，在严重酸中毒的情况下血乳酸水平可大于40mg/100mL，有时会出现血钙显著减少，某些情况下在24～72h内死亡。

19.11.3.3　诊断与尸体解剖病变

当山羊精神抑郁和不食，或投喂了大量易发酵的碳水化合物（如：精料、面包、甜菜、苹果）时，应怀疑是瘤胃酸中毒（Braun et al，1992），如果腹泻，粪便pH可能降低。在一个饲喂面粉的试验中发现，在24h内山羊粪便pH从7.0以上下降到低于5.0（Aslan et al，1995）。图19.6显示通过直径为1cm的微导管或特殊的多孔金属装置抽取瘤胃液，也可穿刺抽取瘤胃液，以诊断和判断是否适宜进行瘤胃切开术。瘤胃穿刺有可能发生腹膜炎或局部脓肿，通过隔离和消毒腹侧瘤胃手术切口及邻近部位可以减少这两种疾病的发生，注意保定以防止山羊在手术过程中突然乱动，且应避免在瘤胃腹囊收缩时插针（Stelletta et al，2008）。

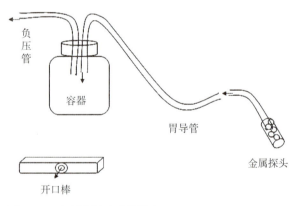

负压管
容器
胃导管
金属探头
开口棒

图19.6　自制瘤胃液采集设备

当见瘤胃液有带酸臭味的灰色乳状液且pH低于5.0即可诊断为瘤胃酸中毒，pH下降幅度小则有可能是在收集瘤胃液时混有唾液的原因。在正常的pH范围内（5.5～7.0），也不能排除瘤胃中毒，假设山羊存活下来的时间较长，食糜在往皱胃输送时带走了胃酸或由于碱性唾液流向瘤胃时中和了酸而升高了pH。如果发生瘤胃酸中毒，瘤胃液做涂片检测出革兰氏阳性菌缺乏或消失（Nour et al，1998）。在奶山羊泌乳早期，瘤胃酸中毒晚期时有可能发生乳腺炎或产乳热。有产乳热的畜群不发生脱水和腹泻，与在过度摄入糖类时发生的血液学改变相似，且有相似的临床表现，肠毒血症通常有更快速的临床经过，所以全身性酸中毒和脱水的程度并不严重。

尸体解剖可见瘤胃液变化明显，并且瘤胃里蓄积大量精料类食糜，或发生瘤胃炎和局限性腹膜炎、真胃溃疡，有时真胃穿孔，都是由于过食精料类饲料引起的（Aslan et al，1995），眼睛凹陷说明脱水。

19.11.3.4　治疗

轻度的消化不良只需提供干草即可，原则上应给以一定剂量的复合维生素B，并防止发生脑灰质软化症。

消化不良早期口服抗酸剂（Baumgartner and Loibl，1986）防止病情进一步发展。在一个动物模型试验中，按每千克体重饲喂80g面粉建立瘤胃酸中毒模型，在24h后按1g/kg口服碳酸氢钠治疗效果明显，而按1g/kg口服面包酵母则没有作用（Aslan et al，1995），口服四环素（每只0.5～1g）利于抑制细菌繁殖。还应防止供给精料，而可口的草料可自由采食。

在急性的情况下，切开瘤胃取出内容物和清洗瘤胃黏膜可挽救病羊生命，如果瘤胃pH接近中性，特别是瘤胃内容物比较稀薄柔软时，不宜进行瘤胃切开术，而应尽可能用胃管导出瘤胃内容物，然后用温水将从其他健康体获得的正常胃液导入。

如果条件允许，进行酸碱状态的测定有助于指导治疗。即使临床实验室条件不足，脱水山羊也应静脉注射添加碳酸氢钠的生理盐水3～5L，中度酸中毒的50kg山羊需要大约15g的碳酸氢钠。

一般治疗可用维生素B_1（300～500mg若干次/d），其他B族维生素和葡萄糖酸钙皮下注射，不必用葡萄糖溶液。反复口服于正常山羊的新鲜瘤胃液1L（从屠宰场、有瘘管的牛或借助瘤胃液取样装置获得）非常有益于恢复病羊瘤胃正常的微生物群环境（Braun et al，1992）。

19.11.3.5　预防

如果山羊有2～4周的时间去适应逐步增加的精料类饲料，即可避免许多山羊的消化不良情况，主要有两种适应方法。

其一，瘤胃里有许多微生物能把可发酵的糖类转化为挥发性脂肪酸，同时，特定的细菌（比如链球菌）分解乳糖和淀粉产生乳酸，但其他菌种能将乳汁转化为丙氨酸和酪氨酸，刺激瘤胃乳头的发育，使得有足够的表面积吸收乳酸，快速吸收挥发性脂肪酸有利于保持瘤胃pH在正常的生理范围内。

其二，有一项管理技术非常有益于高浓缩饲料的喂养，就是在一天中把精料类饲料分3次以上饲喂，每次0.3kg或更少（Broqua，1990），这样每次进食过后pH的下降比一次性进食全部精料的方式慢。一次性摄入大量的精料由于没有足够的表面供细菌分解，所以消化会比摄入少量的精料慢，一般精料消化比较快（例如小麦和高水分谷物），所以每天早上必须在饲喂精料前供给粗饲料，并定期地补给缓冲剂（碳酸氢盐、苏打水或1.5%～2%碳酸钙拌料）和镁（0.2%～0.3%）（Broqua，1990）也可减少瘤胃酸中毒的发生。生产上在用精料饲喂时，让羊自由采食苏打水，一天补给青贮玉米3～4次，羊会从青贮饲料中选食大量的精料，这也会引起酸中毒，单独饲喂则不会，例如在干旱条件下进行定量的补料，经离子载体碱化的精料就可以相对多地饲喂，用上所述方法可预防流产。其他能量物质如干甜菜、柑橘、大豆皮酸中毒的发生率比标准精料小，因为它们有着丰富的细胞壁而利于瘤胃进行很好的发酵（DiTrana and Sepe，2008）。

19.11.4 肠毒血症

D型产气荚膜梭菌是山羊肠道里的栖息细菌，突然改变日粮（精料摄入量反常或在春季牧草茂盛的牧场放牧）会使瘤胃消化不完全，剩余食糜进入小肠，使得厌氧菌（如梭状芽孢杆菌）迅速繁殖蔓延，产生大量的氨基己酸毒素，被胰蛋白酶活化而被吸收，一般会引起突然死亡，引起的并发症状在第10章详细介绍。

有许多共同因素可诱发羊传染性肠毒病和酸中毒，这两种病同时发生时，在临床上难以辨别，尸体剖检（瘤胃液pH小于5.5时为严重酸中毒，而纤维性心包炎伴有心包液、尿糖、食糜中有ε毒素则为传染性肠毒病）常可区分这两种病，只有ε毒素而没其他典型症状则不能诊断为传染性肠毒病。

19.11.5 乳脂含量不足

当精料中辅加的粗饲料质量不好时，随着干物质和能量物质摄入量的增加，产奶量也会增加，但乳脂增加量低于产奶量增加量，从而使乳脂比例随之下降（Morand-Fehr and Sauvant，1980）。在前面讨论过，瘤胃液pH和从乙酸到丙酸转化率的下降都与"高精低粗"的日粮结构有关系（Lu et al，2005）。乳脂产量下降与这些情况变化有关，因为乳脂的前体是乙酸而不是丙酸或丁酸（Davis et al，1964），丙酸可刺激胰岛素分泌，胰岛素抑制了脂肪酸从脂肪组织中的释放（Emmanuel and Kenelly，1984）。在高产奶山羊大量养殖的地方，无法获得高质量的粗饲料或由于价格昂贵不能购买时，可以通过添加碳酸氢钠缓冲液以维持乳脂率（Hadjipanayiotou，1982）。

19.12 新生幼羔的喂养

需要加强和实施各种疾病控制程序，新生幼羔可以由母羊护养，或在初乳期结束后转为人工饲喂，也可以在出生时就开始人工饲喂。母羊营养充足、产奶量高能保证正常的断奶，以这种自然方法断奶最好。幼羔饥饿时及时补喂干净温热的奶，当小山羊食欲不好时适当喂些干饲料。

19.12.1 初乳

正确地饲喂初乳对小山羊的健康和存活来说很关键（Mellor and Murray，1986；Kolb and Kaskous，2003）。如果母羊死亡或体质虚弱，或在分娩时营养不良（Banchero et al，2006），或幼羔食欲不好时转为人工代养，饲养员必须懂得饲喂初乳的原则。首先，要有足够的奶量，在幼羔出生的第1天按50mL/kg饲喂4次，相当于按体重的20%饲喂。其次，先将幼羔嘴上可能带有病原的污染物等事先进行清洗，再喂初乳，如果饲喂初乳不及时，幼羔很可能死于低温天气条件下的体温过低或血糖过低。初乳的质量很关键，必须是干净的、未被环境和奶源性致病菌污染的。从健康母羊获得的初乳应冻存，以便以后饲喂，首选年龄较大母羊的奶，因为老龄母羊奶中的抗体（针对流行性病原的抗体）水平明显高于年轻母羊，通常在分娩前2～4周接种破伤风和羊传染性肠毒病疫苗可提高初乳中的抗体水平。

饲养员要调教不会吸吮的幼羔，以免耽误在羔羊吸吮初乳和灌喂时引起吸入性肺炎，一根带有开口器的法国产的饲管可从羔羊头部达到肋骨，这样就能够进行安全的灌喂，此方法通过触摸气管和颈椎来定位，经重力作用导入 60mL 的初乳，必要时可用注射器缓慢地推送，饲管不必做特殊记号，也可以用来饲喂食欲不好的幼羔，但必须经过严格的卫生消毒处理。

初乳的高温处理对控制许多疾病有很重要的作用，比如山羊关节炎、脑炎和支原体病，在某些情况下，第一次用奶牛的初乳代替山羊初乳时，为了防止副结核病、沙门氏菌病、隐孢子虫病等疾病的发生，要对牛初乳进行巴氏杀菌，且用牛初乳替代山羊初乳可能使幼羔容易感染肠毒血症、破伤风、干酪性淋巴结炎和传染性脓疱。

在许多研究中提到尽量避免初乳替代品，因为它们不能给幼羔提供抗体（Scroggs，1989）。在一项研究中发现，共喂了 480mL 未经高温处理的初乳，平均血清球蛋白水平的升高在出生后 24h 超过了（1 549±425）mg/dL；而饲喂粉碎乳清和精料的羔羊血清球蛋白水平升高量为（90±80）mg/dL；饲喂干初乳和乳清丸的羔羊血清球蛋白水平升高量为（290±557）mg/dL（Sherman et al，1990），因为大量免疫球蛋白可被羔羊吸收（Quigley et al，2002）。

19.12.2　低体温及低血糖病

刚出生的健康幼羔的体温一般会超过 39℃。如果新生幼羔，尤其是小的、湿的，暴露于寒冷、潮湿或多风的环境时会发生低体温症，吃不到初乳或补给牛奶也会引发低体温症，幼羔身体储备在出生 5h 内得不到补充，这时要进行擦干和保暖处理（如吹暖风、低温加热垫，慎用加热灯使幼羔体温过高或引起火灾），然后饲喂初乳 50mL/kg，在体温恢复过程中要严密监测，体温过高会危及生命。

如果幼羔出生超过了 5h，肾脏和心脏周围用来非颤抖性产热的棕色脂肪有可能被耗尽。能抬头接受胃管进食的较大羔羊可能会重新恢复体温，但如果它太虚弱而无法抬头，则可能会发生低血糖，在其恢复体温的过程中可能会发生致命的抽搐。为了发生这种情况，在羔羊恢复体温之前，可经腹膜注射葡萄糖（Eales et al，1984；

Matthhews，1999），常用 50% 的葡萄糖用消毒或煮沸的水混合成 20% 稀释液（两份 50% 葡萄糖混合三份水），使用前加热到与幼羔体温相当的温度，提起幼羔的前腿，在靠近肚脐 30cm 的后侧、外侧用消毒剂（如碘）消毒，用 25mm 长的 20G 针在上述位置与皮肤呈 45°沿臀部的方向穿透腹壁，在葡萄糖溶液注射到腹部易吸收处后，给予抗生素皮内注射，幼羔可以安全地回温，当幼羔强壮时用饲管补饲，可用袜子做成的保暖衣裹住前腿利于在未来几天保持体温。

19.12.3　出生后几周内饲养要点

Morand-Fehr（1981c）对品种性别和母羊体型如何影响正常出生幼羔的体重已进行过总结。

影响幼羔喂养的因素很多（Morand-Fehr，1981c），山羊品种、气候、营养资源和饲养管理都应考虑。在大规模饲养的过程中，一种方法是：1 周龄的幼羔喂牛奶 1L/d，3 周龄的幼羔喂牛奶 1.5～2L/d（Admams，1986），但这些建议忽略了达不到理想条件下的情况，如粗料质量低、精料不足等。据报道每千克活重摄入 250g 液体奶（13% 干物质），能带来 150g 的日增重（Jagusch et al，1981），而饲喂非液体奶则需增加 10%～25% 或更多的干物质，很可能是这些非液体奶替代饲料的消化率不高的原因（Morand-Fehr，1981c）。

代乳品可热喂（6～10℃）或冷喂（-6～10℃），冷喂的优点是量少多餐和含病原较少，当气候较冷时热喂为好。初乳期结束后，一天可喂牛奶 1～3 次或更多，合适的代乳品蛋白质含量应为 20%～28%，脂肪含量应为 16%～24%（Morand-Fehr，1981c）。一项研究表明，相比较低蛋白质含量的代乳品（能源比为 20% 的蛋白质和 30% 的脂肪），提供含蛋白质 23% 和 26% 脂肪的代乳品，可改善采食量和采食率（但不是饲料转化率）（Yeom et al，2002）。应尽量避免将大豆作为蛋白质的来源，除非经烘焙或以其他方式处理，以提高消化率和降低免疫特性（Ouedraogo et al，1998）。

人工饲喂侏儒羊羔的奶量要比正常体重的羊羔少，按 15% 的体重饲喂即可，在出生后的前两周内，每天饲喂 4 次每瓶 90mL 左右的奶，饲喂频率保持不变，但在2～6周龄时每餐增加到每瓶120mL左右，从第6周直到8～12周龄断奶期间每餐增加到每瓶150mL左右（Kinne，2008）。在羔羊出生后几周内，将新鲜草混合豆类干草和水让其自由采食，雄性已去势的侏儒羊羔很容易患尿结石症。同样，保育期的雄性羊羔也要避免饲喂精料，应饲喂早期切割过的富含蛋白质的干草以满足蛋白质需求，建议每天补一杯精料有助于体型小的羊羔生长（National Pygmy Goat Association，2006），但这种做法非常危险。

19.12.4　幼羔软体综合征

关于幼羔的代谢性酸中毒了解甚少，首次在20世纪80年代末在北美被认可，首次详细临床报告在加拿大发表（Tremblay et al，1991）。美国和加拿大很快证明这种病为幼羔软体综合征，法国、葡萄牙、西班牙都描述了这种病的表现，如肌肉张力弱或肌纤维柔软、共济失调、醉酒样表现。

19.12.4.1　病原学和流行病学

在圈舍中（而不是在草场上）母羊的奶、肉、纤维品质都受到圈舍饲养的影响。幼羔曾经食欲不佳、羊奶经加热处理、饲喂代乳品等这些因素都有影响。通常无痢疾史或既往口服电解质治疗史，这种综合征为不伴发脱水的代谢性酸中毒，在农场的发病率接近100%，如果没有适当治疗，死亡率也很高，类似于早就有报道的婴儿型肉毒中毒，但研究者没能在患羔体内发现肉毒毒素，有研究称酸/碱平衡状态的破坏可能为病因之一。还没有任何机构在新生羔羊体内发现特异性的病毒性或细菌性病原体（Bleul et al，2006）。

一种公认的发病机制是幼羔在奶量摄入过多的情况下发病（Riet-correa et al，2004），因为幼羔突然被喂得很多或母羊产奶量比其他季节多，幼羔消化道里的大量奶汁使得细菌过多繁殖而产生乳酸或未知毒素，研究发现在羊羔幼年末期的时期，会有利于病原的增殖而使发病率升高，通常该病会在第2年消失，这就增加了了解这种病原体的难度，使研究工作更复杂，类似的综合征在小牛（Kasari and Naylor，1986）和骆马（Shepherd et al，1993）中也有报道。

19.12.4.2　临床症状

出生后比较健康的幼羔如果正常饲喂初乳，通常不会在3～14日龄甚至1月龄发生该病（Bleul et al，2006）。临床症状表现为精神沉郁、不吃乳、共济失调、身体虚弱、肌肉松弛或震颤、腹胀（Tremblay et al，1991；Riet-Correa et al，2004；Bleul et al，2006），腹泻不明显、不发生脱水，四肢屈曲变形是该病的共同症状。四肢变冷及体温下降说明病情加重，病羔昏睡，如果不治疗将在24～36h后死亡，目前尚无关于幼羔软体综合征自然痊愈和小比例复发的报道。

19.12.4.3　诊断

诊断取决于发生不脱水的代谢酸中毒症状。如果有条件进行静脉血分析，可以发现先前未处理的幼仔的血液pH低于7.2（有时候会低到6.8）。酮类和L-乳酸盐含量未出现升高，但D-乳酸盐含量会大幅度上升（Bleul et al，2006）。在此次试验中试验组幼仔中D-乳酸盐平均含量为7.43mmol/L，但在对照组中仅有0.26mmol/L。D-乳酸盐含量不能全面解释在这些幼仔中所检测到的阴离子缺失，但提示了有机酸在胃肠道的吸收中的互相作用机理。血清钾浓度正常或稍低，在试验组有49头平均浓度为4.2mmol/L，对照组有35头浓度为5.1mmol/L（Bleul et al，2006）。氯化物含量可能会有不明显的提高。红细胞压积低于38%。

诊断软体综合征羔羊的主要依据有：死前或尸检均未发现有低血糖症、败血症、白肌病、肺炎、肠毒血症或者伴随新生羔羊腹泻所表现出的二次酸中毒的脱水等症状。临床诊断时往往不依赖于这些症状，因为这些特点也是许多疾病所表现出的最主要临床特征（Cebra and Cebra，2002）。对于软体综合征症状，可以普遍通过碳酸氢盐疗法来确定。

尸检对于排除其他可能性非常重要，但一般很难发现。皱胃可能由于含有凝结的乳块而膨胀，胃黏膜上可能会有少量的出血（Riet-Correa et al，2004）。

19.12.4.4　治疗

最重要并且最实用的治疗方案是避免酸中毒。这可以由1～3h内静脉注射3%碳酸氢钠124～200mL来实现。如果做过化验，最初的治疗可依赖于以下公式：

体重×0.5×剩余碱量＝碳酸氢钠的量

也有些人认为常数 0.5 应使用 0.6 或更高值来代替 (Lorenz and Vogt，2006)。

农场主采用幼羔口服小苏打的治疗方式效果较好，用冷水混合 2.5～3g 小苏打（稍微多于半汤匙）使幼羔口服。如果一次治疗情况不理想，有些幼羔在 12h 后需要二次口服治疗，还有些需要 4d 的连续治疗 (Bleul et al，2006)，也有其他口服药物的替代物。

治疗时，其他比较重要的注意事项包括：注意在 24h 内限制乳汁的摄入，并用口服电解质代替。另外，采取广谱抗生素治疗或预防免疫力低的幼仔发生败血症是值得提倡的 (Tremblay et al，1991；Riet-Correa et al，2004)。

19.12.4.5　预防

对于一个致病机理并不明确的疾病，提出一种预防方案是非常困难的。无论如何，如果认为乳汁摄入量过多是一种合理诱因的话，那么减少乳汁摄入量则是必要的。当幼羔是人工养殖时，可以将乳汁或乳汁替代物用冷冻罐冷冻，以避免食用过多。在任何山羊养殖场，都必须保持良好的卫生条件以限制潜在病原体在幼羔繁育室的增殖。在疫病暴发期，养殖者需要密切关注那些饲喂良好的幼羔是否变得比平常睡得多或者吮奶变得缓慢，以便它们得到较早的治疗。

19.13　生长期的喂养

在肉用幼羔和繁育幼羔之间通常需要采用不同的日粮，以确保繁育梯度。在美国很多地方的市场里山羊肉的供应是周期性的，通常和宗教节日如复活节联系在一起。尽管 10kg 一般是最佳屠宰重量，但幼羔不论轻重都会被在同一时间卖掉。

当幼羔被当作肉用羊喂养时，也可以仅仅喂食乳汁来达到所需要求。有研究发现，雄性幼仔生长 20 周（最终达到 20kg 左右）后，胴体的胆固醇和肉体饱和度等特征能够达到传统抚养方式断奶幼羔的标准 (Potchoiba et al，1990)。

当幼羔在几个月时被宰杀时，阉割的作用会很有限。未阉割的雄性会有一个不断升高的日增重率，阉割会增加更多的脂肪，而且单链脂肪酸含量减少，增加了硬脂酸的含量 (Bas et al，1981)。成熟公羊和年老公羊的肉有强烈的雄性气味，很多人非常不喜这种味道。因此雄性肉山羊养到成熟期必须去势，尽管去势会降低产肉率。当断奶后的羔羊以及一岁以后的羔羊被选为肉用时，集中饲养对改善肉制品的适口性有些许帮助，因为集中储藏在肾脏及盆腔区域的脂肪比储藏在肌肉中的多 (Smith et al，1978)。

19.13.1　断奶前准备

优质、无茎、柔嫩的牧草，是断奶前让幼仔尝试采食粗饲料的理想食物。切断茎秆可以增加采食量。精料采用颗粒或碾压过的谷物，效果比洒在地上的粉料好 (Morand-Fehr，1981c)。自由饮水在刺激采食以及消化干草和精料方面是必须的，因为乳汁可以绕过瘤胃，而水会进入瘤胃。

体重在决定幼仔抵抗断奶应激能力方面比年龄更重要。阿尔卑斯山羊幼羔在 10kg 时断奶对于生长几乎没有影响，反之，在较轻的体重下断奶幼羔饲料转化率会降低一周甚至更长时间。对于其他品种，当幼羔达到出生体重的 2.5 倍时断奶比较好 (Morand-Fehr，1987c)。如果经济上没有特殊需求需要早期断奶的话，在 3～4 月龄时供给 1.5L/d 的乳汁给乳用品种的幼羔，在适应固态食物方面会比其他品种要好。延迟断乳时间对于储备动物来说，有利于其更早达到繁育重量 (Palma and Galina，1995)。这个阶段幼羔的生长率受出生体重、品种、饲喂条件影响。

19.13.2　断奶后

稍大的幼仔，在断奶后可以在定量喂养精饲料或者玉米青贮的情况下正常生长，但需要适当考虑防止尿结石的发生。雄性阿尔卑斯山羊幼羔，初始日增重有 180～190g，这可以在 100 日龄的时候达到 10kg 体重或者更高的屠宰要求。但是如果没有供给粗饲料或者阉割不彻底，山羊皮下脂肪会变得柔软而不受欢迎。这个现象对于羔羊不太重要，因为羔羊屠宰后只有有限的皮下脂肪。雌性阿尔卑斯山羊幼羔在 5～6 周龄断奶，并喂以干草和谷物，在前 12 个周内日增重有 170g，但接下来生长便会缓慢 (Morand-fehr，1981c)。

很多肉用山羊生活在成熟的自给农业地区，

但营养环境较差。当食物摄取少或日粮中能量和蛋白质不丰富时，生长率会降低，但食物转化率会增高。除了波尔山羊，大部分品种并不是根据快速的生长率来进行选育（Nande and Hofmeyr，1981）。增加产肉率的营养策略是发挥农作物残余部分的作用，如喂给甘薯藤或舔喂尿素来增加喂食饲料作物的量。

繁育储备不应该饲喂过多的精料或浓缩饲料。部分研究证明，高能量摄入会导致青春期前的山羊内分泌腺发育延缓和增加乳房中脂肪沉积速度（Bowden et al，1995），这很重要，但是它们将在饲养中生长良好。法国建议在6个月的自然饲喂中增加55%～60%的成年体重。为了在定量的日粮供给中获得较高的料重比，供给高质量的粗饲料是非常必要的。供给干草、能量和蛋白量不足是不能完全满足山羊生长需求的。

合理的营养需求表一般用卡路里表示能量和用克表示蛋白质需要量。使用此信息制定一个合理的配方是很艰难的，而且需要准确的预期增长率和动物本身干物质摄入需求。下面为储备动物设计的供给量依赖于NRC（2007）表的需求以及DM摄入量，和一种在线计算方法。一个3月龄左右、体重15kg的幼羔，如果日增重150g的话，需要1.80Mcal/d的可代谢能量（ME）或0.50kg的TDN。它所需的可代谢蛋白质（MP）需求是67g/d，可以用2.87kcal/kg ME以及16.7%粗蛋白质（CP）的配方来实现。假设DMI是体重的3.79%，饲料添加40%的基础蛋白摄入（UIP）即可。7月龄的乳用幼羔，日增重100g，需要2.19Mcal/kg ME和10.7% CP，假设DMI是体重的3.03%，同样适用于40%的UIP。当然，在遇到寒冷的天气或者运动加强时，摄入水平要相应上升。Morand-Fehr（1981c）和NRC（2007）总结了幼羔在不同生长时期的钙、磷需求。

19.14 公羊和宠物山羊的人工饲养

成年公羊和羯羊一般的配给量与非繁殖期和断奶期的供给量相同。相同大小的公山羊为维持身体机能新陈代谢对能量的需求可能略多于母山羊。在繁殖季节前4～6周开始额外增加15%的蛋白质和矿物质是最佳的方法（Morand-Fehr

and Sauvant，1978；Rankins et al，2002）。如果和母羊一起喂养，公羊可能因过度兴奋而吃不到足够的干草，这通常需要补充谷物。即使有了补充，公羊在繁殖期停止生长或体重减轻也是很普遍的（Louca et al，1977；Gall 1981；Walkden-Brown et al，1994）。阴囊体积的缩小和精子活力的降低与喂养了劣质的日粮（劣质干草）是有关系的（Arbeiter，1963；Walkden-Brown et al，1994）。

当补充了矿物盐和充足新鲜的饮水及优质饲草料和最低限度的谷物时，一般能维持公羊生长最大的营养需求。为了避免钙和蛋白质的冗余和营养性骨骼疾病，豆类饲料都应该有所限制（Adams，1986）。因为草料的质量可变性很高，所以建议养殖者每个月都给他们饲养的羊记录体重或用尺带测量腰身一次。在动物变得肥胖或者消瘦之前，规定好限量喂养或是能量的补充。

19.14.1 尿结石病

雄性幼羔、育种公羊、单独饲养的阉羊或产毛用的山羊最易患尿结石病。通常在浓缩精料的饲喂过程中，相对过剩的含磷的晶体（钙、镁、铵和磷酸盐）易于在膀胱中沉淀而产生结石。

日粮方面建议将要预防的情况简单总结如下。钙磷比在饲料中的组成比例至少要为2∶1，也有推荐为3∶1或4∶1（Van der Westhuysen et al，1988）。磷过剩是有害的，理想情况是，公羊的总配给量中磷含量不应超过2.5g/kg。同样，镁的含量也不应超过生长和维持代谢所需。如果只注意钙磷比，尿液中的矿物质总量就会超过溶解量。一般来说，成年的公羊不应每天都喂精料或大量的苜蓿和三叶草，因为这些饲料中含有过量的钙和蛋白质。适量的干草是喂养公羊的理想饲料。

法国的研究中详细说明了喂养公羊的谷物数量每天不宜超过500g（Morand-Fehr and Sauvant，1988）。喂养更多的粗饲料、避免颗粒饲料饲喂能保护瘤胃黏膜纤维层并增加排泄物（相对于泌尿）中磷的排出（NRC，2007）。饮用干净的水源、将盐的比率增加4%～5%，可以增加水的摄入量和利尿。

19.14.2 包皮炎

如果给成年公山羊饲喂过量的蛋白质，特别

是去势的动物，其尿液中尿素的含量就会增加。在包皮内解脲棒状杆菌释放铵离子，铵离子能腐蚀外部皮肤和包皮黏膜，使阴茎腐烂。

19.14.3 关节炎

关节周围组织钙沉积、肌肉松弛、步态呆板与饲料中钙的含量过多有关（Guss，1977），尽管还缺乏有关山羊繁殖时期并发症的临床试验，目前认为其发病机理是由高钙素引起的，高钙素是非泌乳羊（比如小母羊和育种公羊）饮用了适于泌乳羊的膳食钙水平而发生的（Ristjiwsju et al，1981），有研究报道这种综合征山羊身上有山羊关节炎/脑炎病毒（CAE）。也可能是过量的钙加速了营养不良性钙化的关节周围组织被CAE病毒的破坏，如第4章所述。为了避免代谢性骨质疾病和公羊、育成羊CAE的恶化，干奶期体重为70kg的成年山羊，其饮食中的钙应该限制在每天4～6g。

19.15 饲喂安哥拉山羊和产绒山羊的特别注意事项

当安哥拉山羊被选为高产毛羊时，就要满足更高的营养需求，常规觅食条件只能勉强满足他们在最适应的干燥气候下的能量需要（Huston，1981）。在生长早期、繁殖期、妊娠中期、妊娠晚期和分娩之后，蛋白质和能量的补充尤为重要。在剪毛后为了防止"冻损"，饲料补给和窝棚也同样重要。

19.15.1 羊毛的生产

考虑到羊毛的产量（每年1.8～6kg）（Di Trana and Sepe，2008），安哥拉山羊饲养时应增加额外的营养物，使其摄入量高于正常的维持活动、分娩和其他哺乳期的需求量。山羊营养研究委员会（1981b）建议每只产毛羊的每日能量补充为每千克30kcal代谢能（约相当于21.6kcal净能）。最近，回归方程用来预测安哥拉山羊对能量和蛋白质的需求（Luo et al，2004b），但不能提供具体的饲养管理依据，而已有在线的日粮计算器可用来将配方转换为山羊的日粮公式。

日粮中添加硫黄是很必要的（Adams，1986；Bretzlaff，1990；Qi et al，1994）。瘤胃微生物需要有足够的氮和能量合成含硫的氨基酸时，特别是用于角蛋白生成的蛋氨酸和双硫丙氨酸。喂养无机硫黄是很有好处的，建议饲喂瘤胃可消化吸收的高含硫蛋白（如油菜籽和鱼粉）（De Simiane，1990）。一岁平均体重为47.5kg的安哥拉山羊，按2.5g/d商业用瘤胃保护蛋氨酸饲喂，可增加46%的安哥拉山羊毛产量（Galbraith，2000），而饲喂蛋氨酸锌能提供重要的瘤胃可吸收氨基酸，但对安哥拉山羊毛产量影响很小（Pucala et al，1999）。

据估计在性成熟母羊的妊娠中期、妊娠晚期及哺乳期的粗蛋白需求量分别为9%、10%、11%，除了干旱、雨水季节，该范围的粗蛋白补给可满足需要。在需求增加和利用率下降时，40%的棉籽粉和60%的高粱粉已被证实能够满足需求（Huston，1981）。为了预防消化和代谢性疾病，妊娠晚期的精料比例应限制在40%的DM，泌乳期的精料（干物质基础）比例不能超过60%（De Simiane，1990）。

一般认为营养充足的安哥拉山羊羊毛直径大，在研究中发现，蛋白质配给量为18%的一周岁公羊的羊毛直径为38μm（Huston et al，1971），饲喂高蛋白饲料时产毛量约从3kg增加到4.3kg，而饲料喂量从38.1kg减少到27.7kg。随后的研究显示，饲喂蛋白含量在16%的饲料比蛋白含量8%的饲料能够增加31%的产毛量（Jia et al，1995），在对成年羊进行超过112d的饲喂研究中，发现日粮粗蛋白水平从10%增加到19%时，体重增长83%，产毛量增长38%（Calhoun et al，1983）。人为的不提供蛋白质饲料会危害养羊效益，对羊的健康、繁殖、饲料转化率以及安哥拉山羊毛产量造成负面影响。有研究表明，增加成年安哥拉山羊在牧场的载畜量，羊毛直径减小4μm（McGregor，1986），如果毛髓受其他因素影响，营养的贡献便很小（Lupton et al，1991）。

身体状况不佳的母羊，在繁殖季节开始时冲洗饲料（增加能量），可显著提高产羔数，且年轻安哥拉山羊的优质羊毛产量更高。牧草缺乏时，在交配前期饲喂过高能量的安哥拉母羊能使产羔数提高20%～25%，这可通过在交配前、后各2周内饲喂每只母羊每天500g"巧克力粮食"（所有谷物均经过碱性电解质处理）来实现（Van der Westhuysen et al，1988），在加拿大最常用的方法是用2%的熟石灰水处理饲料。

另一种影响母羊营养状况和生产性能的方法是开放体征品种的选择，大范围分布灰黑毛的品种不能进行选择性的繁殖和饲喂（Shelton，1961；Van Tonder，1975），然而，面部毛发的长度与整体的羊毛长度呈正相关，在每次剪毛3个月后修剪头部毛发露出眼睛，作为目前选择品种基因的方法。

安哥拉山羊对维生素和矿物质的需求类似其他山羊，其中磷是许多作物所缺乏的，但补充钙磷的比例不能超过2：1（Huston et al，1971）。

19.15.2　安哥拉羊羔的生长

安哥拉羊羔的生长需要比许多生产乳制品的羊羔低，这是因为安哥拉山羊通常在18月龄、体重为25kg后才会繁殖，母羊则需要达到30～60kg。据估计，在美国羊羔的体重雄性为15kg和雌性为20kg时即可断奶，实施饲料补充措施是必需的，尽管在得克萨斯州的冬天的补充量稍少些。

19.15.3　羊绒的生产

羊绒纤维是一种很好的柔和的纤维，可用于制造衣服的保暖层。羊绒是季节性生产的而且比羊毛的产量小，每年每只羊的产绒量通常为300g或更少，每日基础氨基酸的需求很容易满足山羊的产绒需要（Galbraith，2000）。想通过增加饮食中的蛋白质或含硫氨基酸来提高羊绒产量和品质是不可行的（Jia et al，1995；Di Trana and Sepe，2008），而且还会适得其反使毛径变大。同样，能量摄入量的增加或载畜量的减少都不能增加羊绒产量，尽管增加了体重和外围的毛发量（Russel，1992）。McGregor

（1998）指出，如果具有较好羊绒生产性能的山羊，在夏、秋季增加其体重，在一般基础上可以增加1～2kg羊绒产量，体重越大生产羊绒越多，但羊绒直径也随之变大，体重超过55kg的已去势山羊应淘汰，因为其粗羊毛纤维价格便宜（McGregor，1998）。在类似其他品种中，在羊绒纤维的生长期满足年轻山羊的维持需要和生长需要很重要。

19.16　有毒植物

因为山羊的好奇心、喜食嫩枝芽和在干牧草缺乏的环境栖息，所以容易误食大量含有毒物质的草木。一般常年生长的植物都含有一些有毒的次级代谢产物，以保护自己免被草食动物（特别是昆虫）吃掉。NRC（2007）收录的饲料成分表中有许多植物（牧草、其他草料或枝叶饲料和其他新型饲料的组分）对山羊有潜在毒性。山羊具有双足站立和移动上唇的能力，有助于其能够把树叶当饲料采食（Malecheck and Provenza，1981）。这在无草的干旱条件下非常重要，食草性和食树枝叶性的山羊会在不同种类的树间边吃边走，很少有机会像那些食谱窄的山羊容易一次性进食大量含毒的树或草。对食草性和食树枝叶性的山羊来说，饥饿会增加误食有毒植物的危险，适当补充额外的能量和蛋白质会减少山羊误食有毒植物的风险（Provenza et al，2003）。

对于被误食后会造成山羊中毒的植物，是会在自然条件下引起中毒，而不仅仅是在实验室条件下引起中毒。在该植物生长的环境下，山羊必须要摄入足够引起发病的植物数量。同样的植物在实验室条件下喂养则没有证据说明该植物就是对山羊有毒。除已知的对山羊有毒的植物外，许多对山羊有毒的植物是缺少文献记载的，见表19.7所示。

表 19.7　对山羊有毒的植物

植物	目/科	注解
鬼笔鹅膏（*Amanita phalloides*）	伞菌目（Agaricales）	法国；腹痛，肝坏死（Cristea，1970）
非洲美叶番杏（*Galenia africana*）	番杏科（Aizoaceae）	南非；腹水，肝脏和心脏疾病
白纹龙舌兰（*Agave lecheguilla*）	石蒜科（Amaryllidaceae）	美国；肝病，黄疸，光致敏

（续）

植物	目/科	注解
欧洲夹竹桃（Nerium oleander）	夹竹桃科（Apocynaceae）	美国；虚弱，肌肉颤抖，心跳不规律，增强心脏功能
维米纳莱肉珊瑚（Sarcostemma viminale）	夹竹桃科（Apocynaceae）	南非；过敏症，强直性肌肉痉挛，角弓反张
有苞马兜铃（Aristolochia bracteata）	马兜铃科（Aristolochiaceae）	苏丹；肠炎（El Dirdiri et al, 1987）
马利筋属（Asclepias spp.）	萝摩科 Asclepidaceae	美国；抑郁，虚弱，抽搐
硬毛刺苞果（Acanthospermum hispidum）	菊科（Asteraceae）	苏丹；黄疸，肝坏死和门脉纤维增生，贫血（Ali and Adam，1978）
白莱氏菊（Baileya multiradiata）	菊科（Asteraceae）	美国；厌食，消瘦，逆流，吸入性肺炎（Dollahite, 1960）
细叶绿毛菊（Chrysocoma ciliata ＝ Chrysocoma tenuifolia）	菊科（Asteraceae）	南非；脱毛，毛团，如果母羊吃了该植物，则羔羊会腹泻
荧光翅膜菊（Fluorensia cernua）	菊科（Asteraceae）	美国；腹痛，不愿动，果实有毒
Geigeria spp.	菊科（Asteraceae）	南非；返流，食道扩张，肺炎，瘫痪
小花异裂菊（Gutierrezia microcephala）	菊科（Asteraceae）	美国；流产，肝和肾坏死
美国肥菊属（Hymenoxys spp.）	菊科（Asteraceae）	美国；胃肠道和神经症状
Isocoma wrightii（Aplopappus heterophyllus）	菊科（Asteraceae）	美国；颤抖，卧地不起，便秘，肝色苍白，奶中分泌有佩兰毒素（Bretzlaff，1990）
黄菊（Sartwellia flaveriae）	菊科（Asteraceae）	美国；体重减轻，腹水，肝硬化（Mathews，1940）
千里光属（Senecio）几个种	菊科（Asteraceae）	美国；肝小叶中心区变性，巨细胞，胆管增生（Goeger et al，1982）。山羊对雅各布千里光（S. jacobae）有足够的抵抗力，可用于生物防治
斑鸠菊属（Vernonia mollissima）	菊科（Asteraceae）	巴西；急性肝坏死（Stolf et al，1987）
芸薹属（Brassica spp.）	十字花科（Brassicaceae）	美国、欧洲；先天性甲状腺肿
播娘蒿（Descurainia sophia）	十字花科（Brassicaceae）	美国；先天性甲状腺肿（Knight and Stegelmeier，2007）
半边莲属（Lobelia spp.）	桔梗科（Campanulaceae）	美国；抑郁，昏迷，死亡；如果强行喂食，可能存活
卡巴达圆叶柳（Cadaba rotundifolia）	桔梗科（Campanulaceae）	苏丹；肠炎、肝和肾坏死（El Dirdiri et al，1987）
毛山柑（Capparis tomentosa）	桔梗科（Campanulaceae）	苏丹；后侧麻痹和共济失调，肾和肝坏死（Ahmed and Adam，1980）
荷莲豆属（Drymaria spp.）	石竹科（Caryophyllaceae）	美国；腹泻，快速死亡（McGinty，1987；Mathews，1933）
美洲南蛇藤（Celastrus scandens）	卫矛科 Celastraceae	美国；中枢神经系统紊乱，肠胃炎
牵牛花属（Ipomoea spp.）	旋花科（Convolvulaceae）	巴西、苏丹、南非；神经症状包括共济失调、眼球震颤和角弓反张，贫血
欧马桑（Coriaria myrtifolia）	马桑科（Coriariaceae）	地中海；抽搐，迅速死亡（匿名者，1973）
圆叶银波锦（Cotyledon orbiculata）	景天科（Crassulaceae）	南非；子叶中毒病；心脏毒性（蟾二烯内酯）（Tustin et al，1984）
高凉菜属（Kalanchoe spp.）	景天科（Crassulaceae）	非洲、澳大利亚；布甲二烯内酯强心苷，也有神经毒性
奇峰锦属（Tylecodon spp.）	景天科（Crassulaceae）	非洲；子叶中毒病（蟾蜍二烯羟酸内酯）

（续）

植物	目/科	注解
苏铁（*Cycas media*）	苏铁科（Cycadaceae）	澳大利亚；共济失调；神经元肿胀和脱髓鞘（Hall，1964）
毒鼠子属（*Dichapetalum* spp.）	毒鼠子科（Dichapetalaceae）	尼日利亚、南非；极度抑郁，呼吸困难，抽搐，突然死亡。单氟乙酸盐（Monofluoracetate）
山月桂属（*Kalmia*）和杜鹃花属（*Rhododendron*），日本马醉木（*Pieris japonica*）	杜鹃花科（Ericaceae）	美国；磨牙、绞痛、呕吐（木藜芦烷类二萜）（Puschner et al，2001；Plumlee et al，1992）
Clethera arborea	杜鹃花科（Ericaceae）	新西兰；抑郁、共济失调、流涎、抛射性呕吐（Gibb and Taylor，1987）
洒金榕（*Codiaeum variegatum*）	大戟科（Euphorbiaceae）	斯里兰卡；严重的结肠和瘤胃鼓胀
黄蜀葵属（*Manihot* spp.）	大戟科（Euphorbiaceae）	巴西；氰化物中毒
相思豆（*Abrus precatorius*）	豆科（Fabaceae）	美国、苏丹；带血腹泻，腹痛，肝脏和肾脏坏死（Barri et al，1990）
美洲金合欢（*Acacia berlandieri*）	豆科（Fabaceae）	美国；进食 9 个月后出现共济失调，后侧麻痹（Sperry et al，1964）
白皮金合欢（*Acacia leucophloea*）	豆科（Fabaceae）	印度；呼吸困难、共济失调、咆哮、抽搐；HCN（氢氰酸中毒）
阿拉伯金合欢（*Acacia nilotica*）	豆科（Fabaceae）	南非；高铁血红蛋白症；流产
黄芪（*Astragalus emoryanus*）	豆科（Fabaceae）	美国；肌肉不协调和体重减轻；毒性可能因土壤类型而变化
决明属（*Cassia* spp.）	豆科（Fabaceae）	美国；肌肉退行性变性和红尿（Dollahite et al，1964；EI Sayed et al，1983）
缺光猪屎豆（*Crotolaria burkeana*）	豆科（Fabaceae）	南非；不明毒素产生的无肝病的蹄叶炎
北美肥皂荚（*Gymnocladus dioica*）	豆科（Fabaceae）	美国；严重腹痛（Howard，1986）
银合欢（*Leucaena leucocephala*）	豆科（Fabaceae）	澳大利亚和非洲；含羞草素如果不被瘤胃微生物降解是有毒的（Semenye，1990）。甲状腺功能减退症（Jones and Megarrity，1983）
台湾羽扇豆属（*Lupinus formosus*）	豆科（Fabaceae）	美国；腭裂和骨骼畸形
黄花棘豆（*Oxytropis ochrocephala*）	豆科（Fabaceae）	中国；抑郁、共济失调、吞咽困难、体重减轻；苦马豆碱引起 α-甘露糖苷酶抑制（Cao et al，1992a）
牧豆树（*Prosopis julifora*）	豆科（Fabaceae）	巴西；长期食用豆荚后，头部震颤、咀嚼困难、流涎、消瘦（Tabosa et al，2004）
决明属（*Senna* spp.）	豆科（Fabaceae）	美国；肌肉病变
田菁（*Sesbania vesicaria*）	豆科（Fabaceae）	美国；腹泻，磨牙，皱胃，肝脏和肾脏坏死
槐属（*Sophora* spp.）	豆科（Fabaceae）	美国；肌肉震颤，昏迷；种子碾碎后毒性很强
栎属（*Quercus* spp.）	豆科（Fabaceae）	美国；瘤胃郁积，便秘，胃炎，肾炎
俯仰臂形草（*Brachiaria decumbens*）	禾本科（Gramineae）	马来西亚、尼日利亚、巴西；肝病，光致敏，黄疸
狗牙根（*Cynodon dactylon*）	禾本科（Gramineae）	美国；共济失调和颤抖
铺地狼尾草（*Pennisetum clandestinum*）	禾本科（Gramineae）	澳大利亚；共济失调、腹痛、瘤胃炎；草酸盐（Peet et al，1990）
浅黄三毛草（*Trisetum flavescens*）	禾本科（Gramineae）	欧洲；高维生素 D 活性引起的地方性钙质沉着症（Braun et al，2000）
风信子（*Dipcadi glaucum*）	风信子科（Hyacinthaceae）	南非；神经症状和腹泻

（续）

植物	目/科	注解
虎眼万年青（*Ornithogalum toxicarum*）	风信子科（Hyacinthaceae）	南非；强心苷
金丝桃属（*Hypericum* spp.）	金丝桃科（Hypericaceae）	美国；主要是光敏作用
鳄梨（*Persea americana*）	樟科（Lauraceae）	美国、澳大利亚；心脏毒性，非传染性乳腺炎
得州诺兰花（*Nolina texana*）	百合科（Liliaceae）	美国；肝肾损伤，继发性光敏作用；花和果实有毒
金钱草（*Stypandra imbricate* 和 *S. glauca*）	百合科（Liliaceae）	澳大利亚；视网膜、视神经、视神经束退行性变性；"盲草"
山藜芦（*Veratrum californicum*）	百合科（Liliaceae）	美国；妊娠第 13～15 天服用可致独眼畸胎；瘫倒
硬蝶翅藤（*Mascagnia rigida*）	金虎尾科（Malphighiaceae）	巴西；长期食用植物后猝死
鹅耳枥黄花稔（*Sida carpinifolia*）	锦葵科（Malvaceae）	巴西；共济失调，失血过多，肌肉震颤，溶酶体贮积病（Driemeier et al，2000）
毛野牡丹（*Clidemia hirta*）	野牡丹科（Melastomaceae）	印度尼西亚；单宁；肝脏和肾脏变性（Murdiati et al，1992）
喜树（*Camptotheca acuminata*）	蓝果树科（Nyssaceae）	中国；生物碱（喜树碱）可引起出血性腹泻、昏迷、死亡（Cao et al，1992b）
阿波利尼亚山毛豆（*Tephrosia apollinea*）	蝶形花科（Papilionaceae）	苏丹；后侧麻痹，共济失调，腹泻，肾和肝坏死（Suliman et al，1982）
攀缘白花丹（*Plumbago scandens*）	白花丹科（Plumbaginaceae）	巴西；肿胀，泡沫状唾液，深色尿液，上皮坏死（Medeiros et al，2004）
荞麦属（*Fagopyrum* spp.）	蓼科（Polygonaceae）	美国；主要为光敏作用
深波隐囊蕨（*Notholaena sinuata*）	水龙骨科（Polypodiaceae）	美国；颤抖，共济失调，如果被迫运动，可能会死亡；"糖果颗粒"（Kingsbury，1964）
马齿苋（*Portulaca oleracea*）	马齿苋科（Portulacaceae）	美国；腹泻，部分由于草酸导致肌肉无力（Obied et al，2003）
洪堡鼠李（*Karwinskia humboldtiana*）	鼠李科（Rhamnaceae）	美国；心脏和骨骼肌纤维变性，脱髓鞘和沃勒变性；"软腿（limberleg）"
李属和苹果属（*Prunus* and *Malus* spp.）	蔷薇科（Rosaceae）	美国；生氰苷
Fadogia spp.	茜草科（Rubiaceae）	南非；慢性纤维性心肌病
Pachystigma spp.	茜草科（Rubiaceae）	南非；心功能不全，猝死
大沙叶属（*Pavetta* spp.）	茜草科（Rubiaceae）	南非；心功能不全，猝死
得州枝芸香（*Thamnosma texana*）	芸香科（Rutaceae）	美国；主要为光敏作用
颠茄（*Atropa belladonna*）	茄科（Solanaceae）	欧洲；兴奋，瞳孔放大，瘤胃松弛（Ogilvie，1935）
光叶夜香树（*Cestrum laevigatum*）	茄科（Solanaceae）	南非、巴西；冷漠，流涎，瞳孔放大，胃肠道瘀滞，肝坏死
茄属（*Solanum* spp.）	茄科（Solanaceae）	美国；神经或肠道症状
软木茄（*Solanum malacoxylon*）	茄科（Solanaceae）	巴西；过量维生素 D 引起的地方性钙质沉着症（Górniak et al，2007）
垂管花（*Vestia foetida*）	茄科（Solanaceae）	新西兰；共济失调，水肿，癫痫，肝坏死（McKeogh et al，2005）
紫杉属（*Taxus* spp.）	紫杉科（Taxaceae）	美国；猝死（Van Gelder et al，1972；Casteel and Cook，1985）

（续）

植物	目/科	注解
毒堇（*Conium maculatum*）	伞形科（Umbelliferae）	美国；腹痛、腹泻、抽搐（Copithorne，1937）；产生畸形胎（Panter et al，1992）
大茴香（*Ferula communis*）	伞形科（Umbelliferae）	地中海；出血性综合征（香豆素类）(Girard，1934)
马缨丹（*Lantana camara*）	马鞭草科（Verbenaceae）	美国、南非；肝病（Pass，1986）
蒺藜属（*Kallstroemia* spp.）	蒺藜科（Zygophyllaceae）	美国；抽筋、麻痹、抽搐（Mathews，1944）
刺蒺藜（*Tribulus terrestris*）	蒺藜科（Zygophyllaceae）	美国、南非；肝源性光敏反应（与纸皮司霉结合）

因为相同的有毒化合物通常存在于植物同属或科的多个成员中，各国从业人员应该考虑到与表 19.7 中所列植物密切相关的植物，尽管表中省略了许多种类，不是同一个属里的所有成员都是有毒的，在美国一个有毒植物电脑资料库已经建成，并将保持与山羊有关的信息随时更新（Wagstaff et al，1989）。

尽管这里列出的部分有毒植物可能让兽医人员在寻找未知疾病的病因时混淆，但它可作为一般疾病的指南。大多数牧场和草地都发现有含毒植物，确定山羊是否中毒的关键是判断其进食量的多少，但是引起症状的进食量和个体的进食量还不明确，生长期及牧草的选择是另一个重要因素。当怀疑是植物中毒但不明确具体的中毒原理时，用活性炭灌服是可取的。在干旱季节一般通过补充干草和谷物饲料能避免大多数植物中毒，牧场的放牧量不宜过大（Taylor and Ralphs，1992），避免饿羊直接进入草场或植物观赏园（灌木树林）采食枝叶。过度放牧、积雪下放牧、未经批准在花园或植物园里放牧都常发生植物中毒，用放牧山羊来控制杂草或灌木生长（Popay and Field，1996）或人工添饲可能有潜在采食有毒植物的危险。

（欧德渊　骆学农）

20

羊群卫生管理和医药预防

在大多畜牧业生产体系中，根据以往经验可以预测某些疾病和某些产品的生产限制因素。制定畜群的卫生管理和医学预防策略，使那些可以预测的限制因素以及潜在的不利影响降到最低，并防止一些意外的影响因素发生。这些策略是在疾病发生或生产损失之前，及时有效地通过合适的兽医、营养和管理人员完成的。

在任何已知的畜产品生产体系中，预期考虑疾病情况和生产限制因素，决定着家畜饲养的种类、计划用途以及饲养管理系统。然而，不同地区在地理上、气候上、文化上和经济上等一系列的因素制约着畜群卫生管理和医学预防策略的应用。

例如，在肯尼亚热带草原上，马赛族牧民将用于产肉、产奶的散养东非山羊与牛和绵羊混合饲养，与法国中西部圈养的萨能奶山羊相比会表现出一系列不同情况。然而，针对每种不同情况，适当的畜群卫生管理和医学预防措施能够被

设计并使用。确切地说就是所要采用的技术方法是能够获得、能够被理解掌握以及具有可实施性，这些技术方法被生产者和消费者所接受，并能解决在畜群中有潜在发生危险的被鉴定的疾病或生产问题，最终、从改善畜群健康或提高的生产效率与劳动力及材料消耗的比较中发现，这些技术方法产生了可观的经济效益。

鉴于山羊具有明显的适应性和实用性，山羊的饲养范围和生产系统比其他一些家畜更广泛。虽然不同研究中对山羊群卫生管理的建议有很大差别，但不能对全部可能的情况进行描述。一般来说，加强管理不仅仅是允许而是需要比粗放方式管理进行更多的干预。于是出现了关于集中饲养的山羊群体卫生管理的大量兽医经验性文件。另外，以一般情况来看，山羊集中饲养比分散饲养更容易获得兽医服务。最后，已经形成产业化、专业化商品生产（例如，将奶用于商业化奶酪生产、将安哥拉山羊毛用于纺织产业），有助

于在明确的经济限制范围内解释和阐明有意义的生产目标。已有大量的信息表明羊群健康状况与奶山羊的集中管理和安哥拉山羊的半开放饲养有关。

畜群卫生管理和预防医学的研究主要集中在奶山羊和用于纺织品生产的山羊，同时本书也包含对肉用山羊、皮用山羊、转基因山羊和饲养在有机农场体系的山羊的关于健康和生产问题的众多评论。

20.1 奶山羊卫生管理和医学预防

考虑到将奶山羊划分为单独的管理单位是很有必要的，对每个群体都需要设计不同的卫生管理和医学预防程序。鉴于此目的山羊被分为以下几组：新生待断奶羔羊、断奶后繁育羊、一岁母羊和未产奶羊、产奶羊、公羊。每个组列出常见的和预期易发生的疾病，然后针对每个组实施最佳的管理程序。对这些群体里的亚组先进行分析，然后再对常见的与群体相关的问题进行简单讨论。

20.1.1 对奶山羊群体健康的一般评论

一般而言，商业奶山羊饲养场应该作为封闭性群体来管理，从而将疾病问题降到最低限度。对山羊进行的商品性展览应该限制。如果这种展示是为了销售储备羊以获得经济利益所必需的，那么从外运回的羊应该进行隔离和检疫，引入的羊与羊群进行3周的隔离是很有必要的。从疾病控制角度考虑，人工授精比引入公羊或者运输母羊去别的农场受精更为可取。

在脱离绳索和关闭门的束缚情况下山羊是非常聪明的。因此，饲养场的门和入口必须非常安全，以免山羊意外逃跑并接近饲料和化学物质储存区，这可能导致羊暴饮暴食并引起毒血症、胀气或中毒。山羊也有啃食外周建筑材料的癖好。因此，用含铅的涂料粉刷的牲口棚不应该用于饲养山羊。当建筑新的圈舍时，应避免使用有毒化学物质处理的木料，如木料防腐剂——五氯苯酚。

因为山羊具有爱攀登的特性，饲养场的栅栏很容易受到山羊的损坏，栅栏材料的选取不当会使得养殖者花费巨大。栅栏水平横放或竖着放置会使山羊容易攀爬进而加快栅栏的损坏。用链连接的栅栏会卡住山羊的四肢造成伤害，也有可能引起骨折。如果将垂直的条形或肋骨型栅栏用于门或围墙上，间距应认真仔细地进行评估以确保山羊不易被卡住或捕获，尤其是有角山羊。鉴于此，电栅栏在山羊养殖中很受欢迎。

与绵羊一样，由于场地尺寸小和缺少有效的防护措施，山羊也容易因抢食而受伤。尤其是缺少防备的幼羊更有可能成为猛禽和地面捕食者的猎物。由于小反刍兽的主要防御措施是逃跑，把山羊拘束在捕食者经常出没的地方放牧是非常危险的，我们在第4章专门讨论了针对捕食者的各种防御措施。

像其他家畜一样，由于土壤构成而引起的饲料内矿物质缺乏，也会导致山羊出现亚健康症状或明显的疾病症状。兽医和管理者必须认识到当地哪些矿物质缺乏。已证实的能给养羊业带来经济损失的主要矿物质有硒、碘、钴和铜。施肥、根外追肥、补充饲养、微量矿物舔岩、非消化道给药补充所需物质经常被用于解决这些问题，这些在第19章已经进行了讨论。另一个对山羊有潜在威胁的问题是进食有毒有害植物。植物可以引起动物突然死亡，那些引起主要和次要光敏感作用和导致奶异味的植物应特别关注。

兽医应鼓励养殖者对山羊进行定期的健康检查。当一个知识渊博的兽医熟悉操作路线和羊群季节性活动时，他（她）就能指出羊群中存在的早期问题并且在发生经济损失前及时进行合理的干预。与奶牛一样，生殖咨询是兽医向畜主证明其应如何通过妊娠检查、同步发情试验和育种等帮助改善生产效率的最好切入点，乳腺炎控制是证明兽医改善羊群生产力的重要介入点。代谢性疾病的营养管理例如妊娠毒血症是兽医的另一个可能介入点。山羊关节炎/脑炎控制程序的发展和实用的控制方法受到山羊饲养者的十分重视，这也需要兽医给予建议。兽医也可以对羊群内的全部死亡病羊进行剖检，这是个追踪疾病在羊群中发展的比较有效的方法。

20.1.2 新生羔羊断奶管理

20.1.2.1 疾病问题

刚出生的羔羊，主要影响其存活的因素有缺

氧、低体温、低血糖和对传染病的易感性，后者会因延迟摄取富含母源免疫球蛋白的初乳或摄取不足而造成病情进一步恶化。在羔羊整个出生后这段时间，由于母源抗体转移给新生羔羊失败会导致发病率和死亡率增加，尤其是在出生后第1周出现的败血症，以及到断奶时由肺炎和母源抗体减少引发的疾病，此时羔羊个体产生球蛋白还没有完全代替母源抗体。羔羊出生时脐带消毒不彻底或饲养在不卫生的环境里也会导致脐静脉炎、败血症、多发性关节炎和肺炎发生率的增加，在这个时期腹泻性疾病是很常见的。很多病原可以引起2周龄新生羔羊腹泻，这已经在第10章进行了讨论。2周龄后，球虫病的危害也越来越严重。羔羊的肺炎和肠炎综合征有时也见发生，这些疾病发生表明饲养管理差、环境中的病原载量高以及初乳摄入不足。如果有羊传染性脓疱地方性流行史或近期有病原引进，也可能引起这个日龄的羊群体发病。

对新生羔羊应该仔细进行先天性缺陷的检查，如腭裂、直肠阴道瘘、锁肛、脑积水、脐疝以及心室中隔缺损。雌雄同体的情况在山羊中也是很常见的。羔羊被鉴别为先天性缺陷应该立即淘汰或捕杀作为肉用。

山羊关节炎/脑炎病毒（CAEV）的感染是世界奶山羊生产者主要关注的一个病。尽管此病在2月龄内的羔羊中很少见，但是新生羔羊期是控制CAEV的主要时期，因为病毒的传播主要是已经感染的羊通过初乳和乳传给易感的幼羊。当前，防控CAEV传播给幼羊的饲养技术需要通过大量的实践来检验，这已经在第4章讨论过。

20.1.2.2　管理规范

在母羊妊娠期间就应该对可能发生情况进行预测，以免意外事件的发生。提前熟悉羔羊出生时的日常处理程序和紧急情况的应对措施，从而降低新生羔羊的死亡率。应设计并维持一个干净、整洁、暖和、光线适合、垫草良好和空气流通良好的羔羊饲养圈舍。适宜的辅助物品应该放在手边，例如用于擦干羔羊的毛巾，用于不能吮吸羔羊的饲养管以及脐带消毒用的碘酒。在羔羊出生前就应该在适当地点建立与山羊关节炎/脑炎控制相关的初乳管理程序。关于初乳质量的评估、初乳要求及被动转运失败，在第7章进行了

讨论。对山羊关节炎/脑炎预防所采用的初乳管理程序在第4章进行了讨论。

使用前列腺素进行定时的诱导分娩已经成为非常受欢迎的分娩护理和山羊关节炎/脑炎控制技术。该策略与难产的识别和处理、复苏术、新生羔羊的适宜护理已经在第13章进行了讨论。

正确的标识和记录保存一致是一个高水平养殖管理的标志。对1月龄左右羔羊进行标识，可以将不容易磨掉的罐头瓶子的橡胶环用作识别项圈。后续的羔羊耳朵上的纹斑被认为是一种永久标识方法，这种方法适用于3月龄以上羔羊。如果进行过早，导致不同数字或字母的纹点会随着耳朵的增长而扩张和分离开，标记将变得难以辨认。推荐使用绿色墨水，因为一些羊的耳部皮肤是黑色的，黑色墨水标记就不能看清楚。对于羊耳朵较小的品种可在尾部下侧进行标记。

羔羊可进行分栏饲养，但不宜过多。畜栏需要舒适的设计并且进行彻底清洁。较差的卫生设施和过度放牧会加剧可引起腹泻性疾病病原的传播。应早期去除或交易不需要的公羔羊，以减少羊的数量，并防止由数量过多引起的环境污染和传染病传播危害的增加。

通过羔羊断角术可以防止羊角的增长，这可以避免日后因羊角造成的山羊以及饲养者受伤。在美国，纯种奶山羊如果有角就不能被展销。根据羊品种、大小、性别，断角术一般在3~14日龄进行，这在第18章已经进行了描述。公羔羊如果是准备留做种用，去角会损伤与角相邻的信息激素释放腺体，可能会降低公羊的种用率。然而，当公羔羊用于肉用或作为宠物时，建议破坏激素发出腺体。

山羊存在多余的乳头是很常见的，可以在用弯剪对羔羊进行去势的同时除掉。如果不能肯定哪个乳头是有用的，应该延迟处理时间。青年山羊的赘肉也应该用弯剪以最小的外伤进行去除。尽管赘肉的去除有可能给羊留下创伤，但这种情况很少发生，并且赘肉的去除会使羊看上去更美观一些。

阉割最好在4~14日龄进行。肉用仔羊应根据市场计划和销售时的年龄决定阉割的需要。在一些少数民族市场会优先选择未去势的山羊。当市场需要屠宰8周龄的仔羊时，就不需要去势。如果山羊要长期饲养获得精肉，为了去除公羊气

味，市场上一般对羊进行去势处理。如果去势公羊是用作宠物，那么延迟去势直到6～8周龄，能减少去势后产生的问题（例如，我们在12章提到的一种宠物因去势产生的常见疾病——闭塞性尿结石）。

1周龄仔羊的疫苗接种和接种时间很大程度上取决于整体羊群的疫苗接种程序。如果母山羊在干奶期已经接种疫苗，羔羊吃了足够多的初乳，那么这些羔羊在出生后前6周时间内，其体内的母源抗体可对一些特定疾病产生抵抗。随着母源抗体浓度的下降，这些羊应该在4～5周龄进行疫苗接种，每种疫苗的加强免疫应按预先设定的时间进行。

羔羊在出生时是具有免疫力的。如果羔羊是未免疫母羊所生，那么疫苗免疫应该在1周龄进行，并根据疫苗说明进行加强免疫。在1周龄羔羊主动免疫正在形成的同时可以使用预防性抗血清和类毒素菌苗进行疾病预防，最常用的产品是破伤风抗毒素和C型D型产气荚膜梭菌抗毒素。

羔羊免疫接种的要求随着地理位置和管理的不同而变化。尽管如此，对羔羊使用最广泛的疫苗包括破伤风疫苗以及由C型和D型产气荚膜梭菌生产的羊肠毒血症疫苗，这是羔羊最低限度的免疫程序。传染性脓疱疫苗接种是十分常见的。首次接种应针对圈内所有的羊进行。因为成年羊可获得永久免疫，所以在首次免疫后数年仅羔羊需要再次进行该苗接种。如果疫苗接种过早，则母源抗体可能对羔羊疫苗接种产生干扰。羊传染性脓疱疫苗接种已经在第2章进行详述。

其他疫苗，如副结核病、口蹄疫、小反刍兽疫或蓝舌病疫苗可以强制进行接种或作为国家疾病控制项目。还有一些疫苗，例如炭疽、黑腿病、钩端螺旋体病或狂犬病疫苗，基于目前的了解，对经常发生该病的区域进行这些疫苗的接种。

对疫苗的随意使用应该禁止，尤其是对并非为山羊特定设计的活苗的使用。例如，在美国，牛传染性鼻气管炎（IBR）活苗有时在没有确定IBR的情况下在山羊呼吸道疾病混合发病中被使用。

在土壤缺硒地区，羔羊肌肉营养不良需要引起注意，应该对刚出生羔羊注射复合维生素E和亚硒酸钠或者在日粮中添加硒，这在第19章已经进行了详述。

羔羊饲养程序在第19章已经进行了讨论。根据饲养动物用途和其他管理注意事项，断奶应在6～12周龄进行。羔羊早接触干饲草和谷物，有利于促进瘤胃的发育。但是如果忽视断奶饲养的规则，在没有足够适应固体饲料情况下强行断奶可能引起消化不良、胃胀气、和脑脊髓软化等疾病的发生。

20.1.3　断奶到繁殖阶段羊的管理

20.1.3.1　疾病问题

球虫病和肺炎是这个年龄段羊面临的主要疾病问题，尤其是在圈养的情况下。关于球虫病，过渡到固体饲料的饮食方式会使羊在进食时摄入更多的球虫虫卵。关于肺炎，8周龄的羔羊随着母源抗体的逐渐减少和断奶应激容易引起呼吸系统的感染。当羔羊在夏季初次进入草场放牧时，这些羊对胃肠寄生虫和肺蠕虫非常易感，主要原因是由于呼吸道和消化道缺乏成熟的局部免疫。寄生虫病的临床严重性取决于草场上感染性虫卵的数量、储藏率、天气状况和其他一些因素，这在第10章已经讨论过了。

这个年龄段的羊也可能存在其他的疾病问题。集中饲养可能引起肠毒血症复发。由山羊关节炎/脑炎病毒感染引起的神经性、进行性麻痹在8～16周龄的羊中是十分常见的。

20.1.3.2　管理规范

对于圈养羔羊，选用合理的圈舍和饲养方式来减少肺炎和球虫病的发生是十分必要的。对于球虫病，即使在管理优良的养殖场也能发生。因此，除了好的卫生条件外，在饲料或饮水内添加抗球虫药物也是必要的。

当前，用于控制幼龄山羊呼吸系统疾病的高效疫苗很少。临床上仍然没有专门用于山羊呼吸系统疾病的病毒疫苗。技术成熟的肺炎支原体疫苗在受危害国家得到越来越多的应用。在公羊免疫布鲁氏菌疫苗的国家，羔羊通常在3～8月龄进行疫苗接种。

关于牧场的寄生虫问题，小山羊应该在停用至少一年以上的牧场放牧，并且如果可能的话应与成年羊草场隔离。在放牧前应使用广谱驱虫剂，对草场的寄生虫载量监测应贯穿在整个放牧季节，检测室通过显微镜对草场收集的粪便样品进行观察，或者在捻转血矛线虫存在的情况下，应用 FAMACHA 系统来鉴定临床感染个体，这已经在第 10 章进行了讨论。必要时可以考虑应用驱虫药进行治疗。

对春季的羔羊进行合理断奶后，给予最佳的饲养，保持仔畜健康，那么在出生当年的秋天或者一岁的时候能达到合适的饲养尺寸。在北美，对于重体重型品种羊（例如，阿尔卑斯山羊、萨能奶山羊和努比亚山羊），7 月龄时体重达到 30kg 是正常的，对于轻体重型品种羊（例如，拉曼沙山羊和吐根堡山羊），7 月龄的目标体重是达到 27kg。公羔羊和母羔羊在 3 月龄的时候应该分开饲养，以避免性早熟个体间不必要的繁殖。育种前要对所有仔羊的外生殖器官进行检查，鉴定是否有雌雄同体的存在。

在气候温和地区，山羊是季节性繁殖动物，可通过减少光照时长来诱导发情。通过对山羊使用诱导发情周期的激素信号来使其四季都能发情是十分重要的。四季繁殖对于那些大规模商业羊奶生产商是尤为重要的，他们必须一年四季持续提供产品供应。使处于休情期的经产母羊和一年生母羊进入发情期的两个主要的技术是补充孕酮和通过限制或暴露到人工日光中来调整白昼长度。这些技术以及其他一些有用的技术在 13 章已经进行讨论并且在其他地方（Haibel，1990；Bretzlaff and Romano，2001）也有讲述。繁殖技术和对一年生母羊和经产母羊的妊娠鉴定也在 13 章讨论。

20.1.4 对一年生妊娠母山羊和干奶期母山羊的管理

20.1.4.1 疾病问题

对这类羊主要关心的问题是孕期毒血症和流产。山羊假妊娠也是常见的问题，可以在此期间通过超声波或通过没有伴随胎儿或胎盘的子宫液自发释放来进行鉴定识别。这些现象在产仔时期会突然发生。当山羊进入干奶期后，肥胖会增加孕期毒血症、孕期阴道脱出和分娩期难产的发生率。

20.1.4.2 管理规范

山羊的哺乳期通常有一段时间的干乳期，与妊娠最后 2~3 个月的妊娠期一致。一年生可繁育母羊在妊娠前是非泌乳的。对待这些羊的关键是，通过合适的营养管理来避免妊娠早期（哺乳期后期）肥胖，并且在妊娠的最后 3 个月提供足够的营养支持胎儿的快速生长。这对妊娠毒血症控制尤为重要。该病能通过对泌乳后期（妊娠早期）羊减少谷物饲料的喂养来避免，这时期所产的奶不再适合奶产品的需要。在妊娠中期应给这些山羊喂高质量的豆类植物干草和少许或不含谷物的饲料。谷物饲料在妊娠的最后的 3 个月开始重新使用并且要逐渐增加直到下个哺乳时期。对于已经发生过妊娠毒血症的羊群，通过可获得的商业化的试剂或仪器定期检查母羊尿样品中酮类含量，对疾病进行早期检测。

山羊后期流产是由很多潜在的传染性和非传染性因素引起的，这已经在第 13 章进行了讨论。为了预防妊娠母羊传染性流产，新的动物不应该引入存在妊娠母羊的羊群，包括引入的种用公羊。任何流产动物应该立即被隔离，并且对流产发生地点进行检疫和消毒处理。应该对流产的病因进行明确的诊断。非诊断用的全部胎儿组织和胎盘应进行深埋或焚烧处理。对于有衣原体流产发生史或过去曾接种过该疫苗的羊群，每年新获得的母羊应该在繁殖前进行免疫。

干奶期是免疫妊娠母羊以增加初乳中特异性抗体含量的最佳时间，这样就增强了羔羊的被动免疫力。疫苗，如羊肠毒血症疫苗，应该在干奶母羊产羔前 3~5 周进行免疫。

带有胃肠线虫类寄生虫的妊娠母羊，在母羊产羔时随着虫卵脱落可能出现临产虫卵增加的现象。这是寄生虫的生存策略，增加感染新一代宿主的可能性。因此，妊娠母羊应该在产羔前 2~3 周给予广谱、驱虫药物。尽管临床上没有驱虫药在合理剂量下引起山羊流产和胎儿畸形的明确证据，但是左旋咪唑和阿苯达唑已经被怀疑有这类问题，因此不能对妊娠母羊使用。

20.1.5 产奶母羊的管理

20.1.5.1 疾病问题

毋庸置疑，乳腺炎是泌乳期母羊面临的主要疾病问题。在泌乳山羊中已经鉴定出多种病原体，这在第 14 章已经进行了讨论。支原体性乳房炎在一些羊群的流行给其带来了毁灭性的后果。葡萄球菌性乳房炎控制起来也是代价昂贵的，如果对感染的山羊不进行扑杀的话病情将很难得到控制。

干酪性淋巴结炎在各种年龄的山羊中均可发生，但是在泌乳期母羊中尤为突出。淋巴结脓疮通常发生在头和颈部。在抓产奶母羊挤奶时易使头部脓疮破裂引起病原传播。

山羊关节炎/脑炎病毒感染引起的乳腺炎通常发生在泌乳期的开始阶段。临床上出现乳房坚硬相关的泌乳减少或无乳的症状可以表明其感染。山羊关节炎/脑炎的最大危害在于其能够威胁处于生产核心期的羊。有此问题的羊群必须认真执行山羊关节炎/脑炎控制程序，这已经在第4章进行了讨论。

由山羊关节炎/脑炎病毒感染引起的关节炎在处于产奶期的母羊中频繁发生。法国的流行病学研究表明感染羊最有可能出现腕部肿胀，患羊要忍受关节损伤增加的情况（Monicat，1989）。这种情况包括羊跳上跳下挤奶台、由畜栏不合理或饲养者设计不合理而引起的羊腕部反复冲撞坚硬的地板表面、因为栏杆限制或捆绑强迫腕部长时间休息。过度生长、不合适的蹄部修整也是诱发因素。

山羊在泌乳早期出现一些体重减轻是正常的，尤其对高产动物来说。然而，山羊产羔和随后的哺乳给母羊带来的压力可能造成临床上副结核分枝杆菌感染引起的母羊体重减轻。在泌乳期体重持续减轻的羊应进行副结核病的检测，这已经在第10章进行了讨论。

当对产奶母羊进行放牧饲养时，必须关注胃肠道寄生虫病。虽然山羊会对寄生虫产生与年龄和环境暴露相关的抵抗力，但这不是绝对的。即使成年产奶羊也不能表现出明显的寄生虫病临床症状，寄生虫对奶制品生产的亚临床影响可能更为重要（Farizy and Taranchon，1970；Hoste and Chartier，1998）。与奶牛相比，产乳热或低血钙症在奶山羊上很少见，但是在某些羊群这可能变成一个会反复发生的疾病。用于控制奶牛低血钙症的饲养管理方法，在奶山羊上的可适用性还没有被证明。皱胃异位是高产奶牛的另一个常见问题但在奶山羊上还没有见到。

20.1.5.2 管理规范

对泌乳母羊的管理目的在于在考虑成本效益的基础上最大量地提高产奶量。为实现这个目的，必须保持羊的整体健康和乳房健康。饲养程序必须优化考虑，依据这些羊的产乳阶段和产乳水平，制订适合每个山羊个体的饲养程序。此外，为生产高级乳产品而进行的繁育和淘汰程序必须得到实施。对所选择的这些羊，尽管不需要特别详细但必须严格地做好健康状况和生产状况的记录。

用于产奶母羊的医学预防程序包括适时进行疫苗接种、蹄部护理、驱虫等。山羊应该至少一年2次免疫羊肠毒血症疫苗，对存在该问题的羊群应免疫3次。因为第一次免疫是考虑到增加干奶期母羊初乳而进行的，所以这些羊需要在泌乳期再接受1~2次的加强免疫。用于防止流产的疫苗，例如衣原体疫苗，应在繁殖前进行免疫。

为形成规整的蹄边缘，对山羊进行适当的蹄护理是非常重要的。这能减少腐蹄病、乳房损伤、不正常步态和常见的脚部溃疡导致的采食量减少等发生的可能性。蹄部修整的技术已经在第4章进行了讨论。蹄部修整的频率很大程度上取决于羊的活动量大小。自然的磨损随着羊的活动一直在发生，尤其是在粗糙或岩石表面活动。

草场放养的乳羊应定期通过对排泄物检测的方式进行线虫类寄生虫的检测。产奶母羊应按照规定进行驱虫，但是有两点需要注意：一是某些驱螨虫药具有抗真菌和抗菌作用并且能破坏奶酪形成和阻碍奶酪的制作；二是管理部门通常会对服用任何药物后的羊产的奶进行废弃处理，给奶生产者造成经济损失。驱虫剂的使用应该得到批准并且应确保合理的弃奶期。

山羊乳房的健康取决于对具有乳房结构和饲养设备条件的母羊的筛选，需要为母羊提供干净舒适的居住场所、合适有效的挤奶设备和在产奶期建立的乳房保健方案。在干奶期开始时向乳房内注射抗生素药物对预防乳腺炎是很有用的。剪掉乳房周围和后腿臀部的毛以减少杂物掉入奶中的概率。

乳品质量在山羊乳业中是一个很重要的问题。由于羊奶的气味和污染使消费者无法将其作为有益健康的、称心的产品购买，这种情况在过去十分常见。公羊应尽量减少与产奶母羊接触，并且公羊不应在挤奶厅和奶储存室附近饲养，因为公羊的气味会渗透到奶里面。产奶羊不允许在未经开发的草场或林地随便喂养，因为很多植物可能引起奶的味道或气味水平下降。合理处理刚挤出的奶极其重要。过分搅拌和延长巴氏消毒时间会促进山羊奶内脂肪的降解，降低奶品质，这在第 14 章已经进行了深入讨论。

山羊奶因拥有较高的体细胞含量而备受关注。由于种种原因，使山羊奶比牛奶趋向于含有较多的体细胞，即使在没有乳房感染的情况下，这些原因很多还未被阐明。这就是把为牛奶设置的体细胞数量标准用于羊奶时引起争论的原因。与挤奶程序和奶质量相关的问题在第 14 章已经进行了详细讨论。

优化奶产量的饲养方式在第 19 章已经进行了讨论。不管饲喂什么，必须保证产奶羊群中的每个母羊有足够的饲料槽或饲喂空间以便于温顺母羊的饲草不被强势母羊剥夺。除此之外，强势的母羊可能会由于忙于掠夺其他母羊的饲草而没有吃到足够的自己的饲草，有时可能需要被淘汰。与饲养相关的另一点是尽管青贮饲料并不是持续供给的，但是饲喂青贮饲料与山羊李氏杆菌病的发生有关。

20.1.6　公羊的管理

读者会注意到公羊是本部分最后讨论的一个亚群。这反映了当谈到羊群卫生管理措施执行时公羊在羊群中的重要地位。因为公羊身上有难闻的气味，通常在羊群卫生管理中易被忽视。这些应当引起重视，因为健康的公羊在繁殖率以及羊群整体生产力改善方面起关键的作用。

20.1.6.1　疾病问题

公羊特有的疾病是有限的。闭塞性尿结石可能是最重要的问题。虽然该病在阉割的公羊中更为常见，但是尿路结石也能引起未阉割公羊的闭锁性疾病导致这些羊不能用于繁殖。这种情况已经在第 12 章进行了讨论。公羊在繁殖季节会变得具有攻击性，在相互攻击时能造成彼此受伤。他们也能对人进行攻击，饲养者在育种公羊周围时应该时刻保持小心。与公羊之间互相攻击有关的最常见问题是残角折断损伤，并且会引起大量出血。这种情况一般在对公羔羊不适当的去角时出现，残留的角幼芽组织会继续生长成畸形角。

这样的大量出血尽管不是很严重，但也应引起饲养者的注意。合理的断角术能够有效地预防这类问题，这在第 18 章进行了详细的论述。

在繁殖季节，公羊有把尿排到自己身上的习惯，尤其是脸部和前肢后侧。这能引起严重的尿素灼伤和继发细菌性皮炎。将凡士林涂抹于前肢的后侧可防止问题的严重化。

20.1.6.2　管理规范

想要发挥公羊的最佳效益，那么应该在公羊进入繁殖季节前进行"调整"。随着繁殖季节的开始，公羊明显趋向于变得瘦弱，这个现象是生理现象而不是病理表现。在繁殖季节开始前需要将公羊调整到最优的身体状况。这就要求对公羊要进行定期驱虫和合理的饲养，这在第 19 章已经进行了讨论。

公羊的蹄部护理也很重要，交配时公羊的后肢会十分劳累，若蹄部修整很差，会给公羊带来很大痛苦，从而影响公羊的正常采精，尤其是对于体重较大的公羊。适宜的蹄部护理通常由于管理人员反感公羊身上难闻的气味而被忽视。同样的，羊群普遍使用的疫苗接种也不应该因公羊气味难闻而将公羊忽略。

种用公羊利用前应该进行一次完整的生殖系统检查。检查包括一般的体质检查、外生殖器检查、精液质量评估和性欲评估，这在第 13 章已经进行了讨论。这些评估不应该在繁殖季节之前太早进行，因为在非繁殖季节精液质量可能会下降。

如果公羊一年四季群体性圈养，它们是彼此适应的，即使繁殖季节开始它们也不会因相互打斗而出现严重损伤。然而，引进的新种公羊，尤其是年幼或弱小的，在繁殖季节同群饲养的话对新来者而言可能是致命性的。

剪掉公羊的胡须和毛发，尤其是臀部和后腿部分，这样可以大大减少公羊身上由于尿潴留毛发上而导致的难闻气味。剪毛应该在繁殖活动开始前进行。将公羊放在母羊周围对检测母羊发情十分有帮助。公羊并不需要与母羊混合来促进其发情，有栅栏间隔就足够了。

以上根据奶山羊群体中不同亚群的需要进行了讨论。另一个编制羊群卫生管理措施的方法是通过时间表进行。北美奶山羊的季节性羊群卫生管理和医药预防时间见表 20.1。

表 20.1　北美奶山羊的季节性羊群卫生管理和医药预防时间

季节	预计执行措施
秋季	在恶劣天气来临前彻底清洁羊棚
	清洁和消毒产羔圈并保持空圈
	对脱离草场的所有山羊进行驱虫
	使用驱幼虫类驱虫药
	检查山羊虱，如果有则进行全群灭虱
	根据需要检查和修整山羊蹄
	进行山羊生殖系统检查，包括精液评估
	缺硒地区需要在繁殖前进行补硒
冬季	检查山羊圈舍是否有天花板潮湿、垫草潮湿、氨气气味等通风不良迹象
	纠正通风不良缺陷；确定密封草案
	检查饮水器清洁度并修理漏水
	补充产羔必需品和羔羊饲养物资
	对产羔前 3~5 周的干奶期母羊进行驱虫和疫苗免疫
	剪掉妊娠母羊乳房周围、臀部和后腿的毛发
	按需要检查和修整蹄
春季	检查和维修建筑物和草场周围的栏杆和门
	移除来自草场和其他伤害因素
	在开始草场放牧时驱虫
	按需要检查和修整蹄
夏季	在炎热天气要给予山羊足够的遮阴和饮水
	通过对草场上的复合排泄物样品检查来监视羊群的寄生虫情况
	对公羊进行一般检查和生殖器畸形检查；驱虫并按需要提供额外的饲料
	按需要检查和修整蹄，包括公羊

20.2　毛用山羊的卫生管理和医学预防

　　安哥拉山羊是珍贵的安哥拉山羊毛纺织品的羊毛来源。世界上 3 个主要的安哥拉山羊毛生产地区分别是土耳其的安纳托利亚高原、位于南非干旱台地高原地区的灌木草原和美国得克萨斯州的爱德华兹高原地区。这 3 个地区均是干旱地区，平均年降水量少于 600mm。这些地区的海拔高度在 500m 以上。这些条件十分有利于安哥拉山羊的生长。最近，在澳大利亚和新西兰安哥拉山羊毛商业已经成功发展并且壮大。现在人们也成功地将安哥拉山羊引入寒冷、潮湿气候，例如美国中西部地区。

　　澳大利亚和新西兰的山羊毛纤维生产相当独特的一方面是在面对纯种羊资源有限的情况下，捕获并使用野生山羊与安哥拉山羊杂交来加快扩大毛纤维生产能力。野生山羊居住在这些国家的多山地区，这些野生山羊有大量的毛发，根据纤维直径判断能够作为羊绒利用。野山羊与家养山羊杂交的杂种羊因兼有山羊绒和安哥拉山羊毛的特性而出名。

　　克什米尔山羊，也叫披肩山羊，是羊绒纺织的来源。顾名思义，克什米尔山羊起源于亚洲中部多山地区。市场上可以买到的最好的羊绒仍是来自中国和蒙古国。在阿富汗、伊朗等地的羊绒市场也可以买到已经商业量化的粗糙级别羊绒。由于这些地区与欧洲和北美洲的贸易中心十分偏远和一些政治因素，需要依靠其他地区的资源来满足越来越多的羊绒需求。因此，新兴的羊绒产业在澳大利亚、新西兰、欧洲和北美洲首先得到发展。胚胎移植技术在传统地区以外羊绒生产的扩展中发挥了重要作用。

20.2.1 毛纺织用山羊卫生管理的综合评论

安哥拉山羊具有较强的集群性和等级森严的社会结构。羊群愿意跟随领头山羊，可以通过敲击谷物存储桶而进行相关训练。安哥拉山羊不太配合使用牧羊犬的放牧方式，尤其是如果在犬太靠近羊群的时候，羊群可能变得分散开。如果在将山羊和绵羊混合放牧时受到扰乱的话，绵羊会往山下移动而山羊则往山上移动。安哥拉山羊不会轻易地跳过围栏，但是能通过发现围栏上存在的洞逃脱。因此围栏必须保持良好的维修。对于安哥拉山羊使用电围栏具有较好的效果。当在圈舍或院子里对山羊进行取毛时，注意使羊不要过度拥挤或被惊吓。山羊易聚集到角落而发生踩踏或窒息事件。

在山上放羊时，羯羊应该与母羊和一年生母羊分别放牧，因为羯羊更加活跃好动。母羊可能会花费很多时间跟随这些羊而使其没能吃饱。

20.2.2 羊毛和纤维的特征

安哥拉山羊和克什米尔山羊的羊毛作为纺织品的吸引力主要在于其毛发的柔软度。这些毛发是由山羊次级毛囊产生的能够隔热的下层绒毛。这种毛纤维的特性在第2章已经进行了详细的说明。羊毛的质量和经济价值受多种因素的影响：包括含量很高的粗毛或由一级毛囊产生的外层粗毛；存在非白色的毛；与饲养实践相关的塑料编织纤维、墨水、标记，及与饲养过程相关的如育种带染料；存在植物性物质如种子和毛刺。在草场的植物种子和尖刺成熟前及时进行剪毛可以有效对其进行控制。碳化是一种从已经剪下的绵羊毛中除去植物性物质的方法，这种方法会损坏较为柔软的安哥拉山羊毛。

20.2.3 剪毛

安哥拉山羊毛的生长速度大约为每月2.5cm。一年的生长长度约为30cm，由于存在生产制作的问题，安哥拉山羊通常每年剪毛2次，有时3次。一年生幼羊与成年羊之间应该分组分别进行剪毛。青年山羊毛越细越好。也可以使用绵羊毛剪进行剪毛，但是速度必须要慢。

应使用20齿梳给山羊梳理被毛。不同的剪毛技术在山羊上已经得到成功的应用，包括捆绑羊腿后放倒山羊进行剪毛、羊站立的绑定头部剪毛，或通过控制羊尾部使羊向上倾斜，但山羊不能像绵羊一样忍受这种身体倾斜，大概是因为它们的骨骼原因，臀部没有垫肉。为了让山羊保持舒适的姿势，羊的颈部应该夹放于操作者两腿之间的膝盖处，使羊头部位于操作者后面，这样使山羊的重量支撑在它的背部，而不是它的臀部。不管使用哪种方法，必须注意在剪毛时不能剪掉皮肤或使母羊乳头和公羊阴茎受到损伤。

克什米尔山羊在春季会脱掉绒毛。习惯上通过梳理被毛下面脱落的绒毛进行绒毛的收获。然而，克什米尔山羊也可以进行剪毛，并在加工时要对被毛和绒毛进行分离。克什米尔山羊在每年的春天进行一次剪毛。

剪毛时间的选择对毛纤维生产和动物健康是十分重要的。剪毛相关的应激和剪毛后对冷刺激的易感性能导致母畜流产和死亡，这在第2章已经进行了讨论。这是推荐使用阉公羊作为安哥拉羊毛生产的原因之一。为此专门为山羊设计了"风衣"来减少应激，这也可以用于有价值的种羊，但这种方法在大型商业羊群中是不实际的。

20.2.4 营养

毛纤维生产的营养需求非常高，特别是对于蛋白质。然而，与绵羊相比产毛纤维山羊的体型较小，它们对饲料的摄取能力有限。对于母羊，妊娠后增加的营养需求高于维持和毛生产所用，在这种情况下可能会发生流产。

同样，在繁殖期如果母羊的营养状况处于临界线上可能会减弱生产力，导致羔羊产量减少。这对安哥拉山羊尤为重要，因为青年动物也能产生高质量的毛纤维。公母羔羊都应该作为毛生产羊来饲养，这样能保持羊群的平均年龄处于青年状态。如果仔羊产量太小，则这个目的是很难实现的。

最后，毛纤维产量似乎是由妊娠晚期胎儿和新生羔羊足够的营养供应决定的。生长出安哥拉山羊毛的次级毛囊的多少取决于胎儿时期的营养供应，而全部羔羊的存活和生长依赖于母羊能提供足够的奶。

说到这些与营养相关的各式各样的管理和生

产问题，母羊应该在交配前 4 周、产羔前 4 周和产羔后 4 周进行补饲。

安哥拉山羊的一个通病是其毛覆盖脸部。在粗放经营条件下，由面部毛发引起的视力下降将限制羊的采食量从而带来不利的影响。在理想的状况下，羊的育种应该选择面部毛发少的，但是面部毛发与全部毛发重量呈现正相关限制了这种育种方法。

20.2.5　生殖问题

毛用山羊是季节性产仔动物，发情期一般为夏末或秋季开始的日照减少季节。对于安哥拉山羊来说，由于低排卵率和繁殖力降低所表现的较差的繁殖性能与母羊体型较小有关。如上所述，补饲可能改善母羊的排卵率和生产力。

除了在其他山羊中引起流产的感染性和非感染因素外，安哥拉母山羊特别容易由对寒冷的温度条件、临界的或不充足的营养条件、与寄生虫相关的较差身体状况等应激因素引发流产。高水平的饲养管理目的在于提供足够的庇护、营养和寄生虫控制。安哥拉山羊流产发生频率随着安哥拉山羊毛产量增加而增加并且与羊的体型大小有关。

值得注意的是，在南非的安哥拉山羊中出现了与肾上腺机能不全有关的遗传性流产综合征。这已经在第 13 章进行了讨论。

隐睾症在安哥拉雄性山羊中是常见的。这样的个体不应作为种用。应避免种公羊的过度使用。根据营养状况、健康状况、地形和距离，公羊与母羊的比例应该为 1∶（25～75）。

20.2.6　母羊

在牧场产仔的安哥拉山羊与绵羊相比具有完全不同的育儿模式。熟悉绵羊而不熟悉山羊的饲养者可能没有注意到这点。母羊会安置新生羔羊，当母羊去吃草的时候会留下安顿好的羔羊自己或和其他羔羊一起。下午母羊会返回给羔羊喂奶。尽管安置行为是山羊的天性，但是这也增加了羔羊对捕食者的敏感性。当存在捕食者时，母羊会将羔羊放于树木或岩石等能够对羔羊进行伪装或保护的地方。

因为母羊离开它所产羔羊的时间很长，所以母羊和羔羊之间早期较强的结合对于确保良好的

识别和喂养是十分重要的。要实现这样的结合，母羊与刚出生羔羊需要关键性的 5min 安静接触。因此，母羊产羔过程不被人为干扰是必要的。如果羔羊发出悲痛的叫声，外出觅食的母羊会回来保护它们的羔羊。利用母羊的这种行为，母羊将会受到羔羊的影响并到熟悉的觅食场地觅食，以便它们能轻易发现和返回羔羊身边。逐渐地，羔羊开始跟随母羊进行觅食，这时山羊可以移动到更大的草场。

新生羔羊，尤其体重较小的羔羊，很容易被冻死。当产羔时出现恶劣或寒冷的天气，为山羊提供庇护场所是非常有必要的。

20.2.7　去角、阉割和标记

角对于毛用山羊的用处有好有坏。在粗放经营条件下，角能帮助山羊防御捕食者，但是更为常见的是增加了有角羊之间的争斗。角还会增加山羊被栅栏卡住的风险，尤其是网格状栅栏。在集约化管理的情况下，角增加了山羊对饲养空间的需要，并增加了事故和损伤的发生。对 2～3 周龄的安哥拉山羊可以使用电烙术进行去角。成熟山羊的角可以用钢锯进行修剪，如第 18 章所讨论的。对于展销用羊和优良种羊而言，完整的角是十分受欢迎的。

阉割时可以使用松紧带阉割装置或钳具。阉割的时间是可变的。在美国得克萨斯州，公羔羊去势通常延迟到 1 岁，以确保用于防御捕食者的角可以生长得更坚硬。在澳大利亚，山羊通常在 4～6 周龄进行去势。出于人道考虑，松紧带去势装置不应该对 3 周龄以上羊使用。

为方便记录和管理，需要对山羊进行标记。耳朵的刺青标记是一种非常有用的永久性鉴别方法，适用于种羊。然而，刺青标记不利于从远处对标记个体的识别。鉴于此，耳标更为适合远距离的辨别，但是要考虑一些使用的注意事项。位于耳边缘的耳标是比较容易被扯下的，尤其是金属耳标。圆纽扣状、有韧性的塑料耳标更为适用，将其固定于山羊耳的中间位置。标记最好在 4～6 周龄进行。耳朵豁口和在角上加标记是对羊进行鉴别的替代方法。

20.2.8　寄生虫病

毛用山羊对胃肠道寄生虫的不良反应是尤为

敏感的。毛发生产对营养的需求不断增加，再加上有限的饲料摄入量使得他们身材矮小，需要高效地使用营养素来保持健康和生产力。与胃肠寄生虫有关的低蛋白血症和血液流失会破坏母羊的营养平衡，引起繁殖力下降、流产、对疾病的易感性增加或死亡。牧场的管理和抗虫药的合理使用是安哥拉山羊管理中不可缺少的一部分。寄生虫病的控制规范已经在第 10 章进行了讨论。

虽然对毛用山羊通常进行广泛的管理，有一些还是要特别注意的，如断奶、剪毛、恶劣天气和对聚集在封闭区域羊群的补饲，这增加了羔羊和断奶幼羊球虫病的发病风险。密切注意环境和动物的卫生状况，使用抑制球虫的药物进行处理，这在第 10 章有所讨论。

虱和蜱对生产山羊而言不仅是一个麻烦，而且它们能引起羊发痒、摩擦并对毛皮产生损伤和引发贫血症。在克什米尔山羊中，虱卵黏附于毛发上能引起毛纤维染色特性发生改变。日常的虱控制应按第 2 章所述进行。如果使用喷雾剂或滴剂，会导致羊在潮湿寒冷情况受冻。

20.2.9　其他疾病问题

山羊口疮是毛用山羊的常见疾病。受影响的羔羊很难护理，母羊可能发生乳腺炎。在不能使用瓶或管喂养的粗放式管理系统中这种情况会导致羔羊的损伤，推荐对山羊进行疫苗接种来预防。蹄腐烂和蹄烫伤在山羊中也有发生，但不如绵羊频繁。预防办法在第 4 章已经进行了讨论。苍蝇侵扰在山羊中也能发生，但是少于绵羊。

羯羊非常容易患上尿结石并发展为阻塞性尿结石且尤为敏感。结石通常是由磷酸盐构成的，主要的控制方法是确保日粮中有合理的钙磷比例，这在第 12 章已经进行了讨论。

干酪样淋巴结炎也是毛用山羊的常见疾病。像绵羊一样，该病主要在剪毛过程中传播。当剪破病羊皮肤表面含有细菌的脓肿后，再用此剪刀剪其他羊的毛时，会引起该病传播。剪毛设备是该病传播的机械性载体。剪毛人员必须对这些知识有充分了解，必要时对用于不同个体的器械进行消毒。应该先对青年未感染羊进行剪毛。

肺炎是断奶山羊常发生的疾病，常因天气恶劣以及圈舍通风条件较差而使病情加重。在潮湿天气将羊赶入圈舍有助于减少该病的发生。早期诊断和群体给药对控制该病是十分必要的。

毛山羊品种对山羊关节炎/脑炎病毒是十分敏感的。然而，该病的流行率在毛用山羊中明显低于奶用山羊。应该了解更多关于毛山羊品种关节炎/脑炎病毒感染的流行病学知识。目前，对毛用和奶用山羊进行混合饲养可能是不合适的。奶山羊的奶或初乳不应该用于饲养无双亲的毛用羔羊，除非已经确定羊群中没有关节炎/脑炎病毒的存在，或者对奶或初乳进行适当加热杀毒后再给羔羊食用。

和奶山羊一样，即使最少的疫苗免疫程序也应该包括 C 型和 D 型产气荚膜梭菌疫苗联合破伤风疫苗。在条件较差的牧场，可能需要使用包括能够预防黑腿病的多价梭菌疫苗。在硒缺乏地区，母羊应该在配种前和产羔前 2～3 周服用或注射亚硒酸钠。产毛山羊群健康管理时间见表 20.2。

表 20.2　北美地区产毛山羊群卫生管理和医药预防时间

时间	预计执行措施
7 月和 8 月	检查山羊虱
	羔羊驱虫
	对所有山羊免疫肠毒血症疫苗
	对繁殖母羊补饲
	确保有足够数量和质量的种用公羊
	如果要求同步育种，则将试情公羊与母羊混群
	开始秋季剪毛
9 月和 10 月	开始繁殖；使用标记工具并保持记录
	检查山羊寄生虫；按需要驱虫和灭虱
	检查和修整蹄

（续）

时间	预计执行措施
11 月和 12 月	从繁殖母羊群中移出公羊
	进行妊娠检查
	为产羔选择优质草场
	确保产羔牧场上有足够的庇护设施
	若选择室内产羔，开始为室内产羔做准备
1 月和 2 月	开始春季剪毛；妊娠母羊在产羔前 3～6 周剪毛，剪毛后进行灭虱
	产羔前 4 周母羊要提高饲养标准
	产羔前 2～3 周对母羊进行驱虫和疫苗免疫
	将母羊转移出产羔牧场，使它们熟悉普通牧场
	对上一年产的公羔羊去势
	当产羔开始后，对羔羊活动保持精确的记录
3 月和 4 月	在羔羊 4 周龄时进行肠毒血症、破伤风和羊口疮疫苗免疫
	对 4～6 周龄羔羊加施耳标
	产羔后 4 周母羊要继续补饲
	当羔羊可以跟随母羊时，对山羊驱虫并将其转移出产羔牧场，转至更大的放牧区域
5 月和 6 月	羔羊断奶，转移母羊到新牧场
	计划去除健康状况差和繁殖能力差的母羊

20.3　肉用山羊卫生管理和医药预防

　　按照世界范围的标准，产肉是山羊最简单和常见的用途。然而，作为有组织的行业，山羊肉生产是养羊业最欠发达的方面。这反映了这样一个事实，即大多数肉用山羊存在于热带和亚热带的发展中国家。这些山羊主要被牧民或农民饲养，这些山羊肉生产主要满足地方性消费，家庭或村庄以外的肉类营销相对较少。关于世界各地山羊肉生产的当前状况和未来改进需求，有一份有限但丰富的文献资料（Dhanda et al，2003；Alexandre and Mandonnet，2005）。

　　与奶用羊繁育相比，肉用山羊的育种工作相对较少。在全球范围内，大多数肉用山羊是本地品种，很少有经过正式选育。历史上，在北美，提供用于屠宰的山羊大多数是被淘汰的奶用或毛用山羊。在澳大利亚和新西兰，野生山羊被抓获作为肉用。

　　关于肉用山羊的选择育种有两个显著的例

外。在南非，波尔山羊作为一种肉用型山羊品种已经得到发展（Mahan，2000）。这些羊的饲料转化率、体重增长以及畜体特征接近绵羊。波尔山羊具有改善其他品种羊产肉量的可能性。有报道称非洲本地山羊品种日增重大约为 90g，而波尔山羊平均日增重为 170～200g，用高度选择的波尔山羊改良饮食后日增重可达到 290g。第二个肉用型山羊品种是新西兰的基科山羊（Kiko），该品种是通过野生母山羊与雄性的努比亚山羊、吐根堡山羊和萨能奶山羊杂交获得的（Batten，1987）。其他有改善山羊产品可能性的品种有斐济岛的斐济羊（Fijian）、印度尼西亚的 Katjang 羊、中国的马头山羊、印度的锡罗希山羊（Sirohi）和苏丹的苏丹沙漠山羊品种（Devendra，1999）。

　　与牛甚至绵羊相比，山羊的高繁殖力使其在肉用产品开发中成为极具吸引力的反刍动物。平均两年产三个羔羊是非常合理的目标。对于肉用羊生产的选择性育种的生产者可以利用山羊的这个潜在特性。未来肉用山羊品种的改良饲养和生产的技术进步将大量依赖于精确的市场调查，以确定肉用山羊适应不同市场需求的特性。生产实践在很大程度上由这些问题决定，如羊出栏的最佳年龄和体重、市场对口味和嫩度的偏好、是否对活羊偏好多于屠宰羊、是否对阉割羊偏好多于未阉割羊、宗教对屠宰程序的限制和与本地市场相比出口的可能性。

肉用山羊的健康管理与奶用山羊基本原则相似。一般而言，重点是运用合理的羔羊饲养技术来降低新生羔羊的死亡率。羔羊过多死亡带来的损失会否定山羊固有的生产力优势。在山羊新生羔羊存活率方面，抑制青年山羊快速、有效生长的疾病应该认真加以控制。最有可能破坏正常生长的疾病因素是肺炎、球虫病和胃肠道蠕虫。倘若青年山羊被集中饲养，则瘤胃胀气、乳汁酸中毒和肠毒血症的风险可能增加。山羊应一直保持对肠毒血症的免疫力。

屠宰条件也应该被控制。主要控制因素包括干酪样淋巴结炎导致的淋巴结和内脏的脓肿、绦虫感染例如引起肌肉和内脏囊肿的带状绦虫或多头绦虫、引起肝脏损伤的肝片吸虫。最终，当治疗效果不确切时，药物和疫苗应该由皮下注射而不是肌内注射从而减少对山羊肌肉组织的损伤。

自从 20 世纪 90 年代以来，美国尤其是美国南部肉羊生产呈现急剧增长。在美国得克萨斯州、田纳西州、俄克拉荷马州、佐治亚州、密西比州和肯塔基州等地区尤其表现活跃。而在西班牙，安哥拉山羊和奶羊品种被用于肉生产，这里波尔山羊和基科山羊的数量出现显著的增长。此外，被称为"昏厥山羊"，也就是患有先天性肌肉强直症的山羊，其臀和后腿部有大量的肌肉，作为肉用山羊是令人十分满意的，尤其是在田纳西州。先天性强直症在第 4 章已经进行了讨论。

在美国南部诸州的肉用山羊生产体系中，由于持续的温暖气候和对草场放牧的巨大依赖使得胃肠道寄生虫尤其是捻转血矛线虫开始出现，这对山羊健康和生产产生重大的制约并威胁着肉羊生产业的活力。这个问题已经在第 10 章的胃肠道线虫部分进行了深入讨论。在美国，兽医参与肉用山羊健康管理的机会正在增加。

美国俄克拉何马州的兰斯顿大学为肉用山羊生产者开发了一个基于网络的培训和认证计划，这反映了自从 1994 年以来美国肉羊生产业的快速发展。该项目提供了非常翔实的关于肉羊生产和营销的各个方面的概述。包括有用和详细的肉用山羊群健康模板（Dawson et al，2000）和其他针对肉用山羊重要疾病提供的观点（Olcott and Dawson，2000）。北美肉用山羊群卫生管理和医药预防时间见表 20.3。

表 20.3　北美肉用山羊群卫生管理和医药预防时间（Brown and Forrest，2004）

时间	预计执行措施
1 月	牧场和饲料状况评估
	监视母羊身体状况；如果必要的话进行补饲
	产羔准备工作
2 月	对饲养母羊分类配种
	开始饲养妊娠母羊
	评估母羊和公羊；销售不健全的羊或次等羊
	处理内部和外部寄生虫
3 月	开始产羔、检查乳头、羔羊鉴别
	分开双生羔羊；如果可能，单独圈养母羊和其所产羔羊；饲养母羊维持奶生产
4 月	结束产羔
	泌乳母羊继续补饲
5 月	考虑对小的、发育不良的羔羊进行断奶
	停止母羊补饲
	通过粪便样品检测内部寄生虫
6 月	按照好的外形、合理的身体结构、肌肉发达和高水平日增重条件开始寻找替换种用公羊

（续）

时间	预计执行措施
7 月	继续选择替换的种用公羊
8 月	处理内部和外部寄生虫
	羔羊免疫
	选择替换母羊和公羊
	羔羊断奶；用含 21％蛋白的高能量饲料对替换母羊和公羊进行补饲
	评估母羊和公羊；销售不健全的羊和次等羊
	确定淘汰标准：
	差母羊：连续错过两个妊娠季节
	差乳头和乳房缺陷：过大或过小（乳腺炎）
	嘴部缺陷：平滑或破损的嘴以及下巴过短或过长
	结构缺陷：腿、脚或背部较差
	睾丸缺陷：太小或已经感染（睾丸炎）
	不健康：由于过老或疾病引起
9 月	开始对公羊和母羊放牧；对公羊，在放牧前后 2～3 周给予新鲜的绿草场或每天每只 0.2kg 饲料
	按需要灭虱
10 月	转移公羊到母羊群；公、母繁殖比例为 1：（20～25），根据牧场大小和繁殖状况而定
	公羊转进后继续放牧母羊 2～3 周
11 月	评估牧场和饲料状况
	检查母羊身体状况并拟定冬季补饲计划
	通过粪便监测体内寄生虫。如果严重，在第一个冰冻时期后进行治疗
12 月	移出公羊并加强饲养以恢复体况
	评估草场和饲料状况
	观察母羊身体状况；如果需要的话进行补饲
	检查虱并按照需要进行治疗

20.4　山羊皮的质量保证

　　山羊皮本身是一种宝贵的商品，是高品质皮革的来源。山羊皮能提供多达山羊整体屠宰价值 15％的价值。要使羊皮保持最高价值，需要遵循一定的管理和疾病控制原则来进行工作。贯穿于羊的整个生命周期的好的营养条件有利于改善羊皮的强度。皮肤病（如山羊痘）以及体外寄生虫（如虱、蜱、皮蝇幼虫和疥螨等）必须得到控制，从而避免对山羊皮的过度损伤和由皮品质降低而引起的降价。任何的标记或注射都应该在羊体的边缘进行，避免在羊躯体两侧和背部进行。在将羊运输去市场的过程中应温柔地处理，避免可能的皮肤损伤和皮下出血。

20.5　有机山羊的卫生管理

　　基于自然健康、环境效益以及个人生活方式的选择，在过去的 20 年里发达国家的消费者对有机食物的需求已经呈现稳步的增长。为满足这个需求，转换到有机产品生产系统上的农民包括家畜饲养者出现部分增长。服务于有机生产系统饲养者的兽医必须了解涉及维持动物健康方面限制、规则和规定。

　　有机农业的目的是建立和维持土壤与植物、植物与动物、动物与土壤的相互依赖性，以便根据当地资源创造一个封闭和可持续的农业生态系统。为了实现这个目的，有机农业所使用的农作物和家畜产品都是环境友好型的，摒弃了合成肥料、生长激素、促生长类抗生素、合成农药和基因操纵的应用（Nardone et al，2004）。有机生产系统的重点不在于最大化生产，而是在资源和管理条件允许的情况下优化生产。例如，在奶山羊繁殖育种程序中，可能主要注重选择疾病或寄生虫抵抗性而不是增加产奶量，而在动物饮食中的作物以及饲料生产方面，通常不包括非农户所生产的谷物或精料。

习惯于为传统农业体系的顾客服务的兽医，在为有机家畜生产者提供服务时可能受到限制。因为许多在传统家畜养殖实践中使用的常规医药是不允许在有机生产家畜中使用的。这里最值得注意的是抗生素。然而，以开放的心态看，用于有机家畜生产的动物卫生保健能够在整体畜群健康管理方面有所创新，整体畜群管理更多强调通过预防医学和进步的管理设计来降低疾病的发生风险，这需要抗生素以及其他传统治疗方法的应用。

至于什么可以用于有机饲养家畜的治疗，一般的规则是，除了特殊禁止的材料以外所有自然材料都准许在有机农业中使用，而所有合成的材料是禁止使用的，除非是特殊准许的（Karreman，2006）。在有机畜牧业生产中，美国国家有机项目准许在有机家畜生产中使用的合成材料已经在标题为"允许在有机家畜生产中使用的合成物质"的表格中列出。然而，这里存在着一个申请的过程，申请者可以向美国国家有机标准申请委员会（NOSB）申请新的有机物质，并且这个物质必须已经成功使用。框图20.1中列出的物质是在2001年起始新申请添加的。

框图 20.1 允许在有机家畜生产中使用的合成物质

源自美国7CFR205法规205.603部分，国家有机工程。条例启用于2007年12月12日。

依照该部分的特殊限制，下列合成物质也许能在有机家畜生产中使用。

（a）作为消毒剂、防腐剂和药物治疗可以使用的

（1）醇类。

（i）酒精，仅用于消毒和防腐，禁止用于饲料添加剂。

（ii）异丙醇，仅用于消毒。

（2）阿司匹林，批准用于减轻炎症的健康护理。

（3）阿托品★。

（4）生物制剂，如疫苗。

（5）布托啡诺★。

（6）氯己定：在兽医操作的外科手术过程使用。

（7）含氯消毒剂，用于工具设备的消毒和防腐；按照安全饮用水法案要求，水中氯残留水平不要超过最大消毒残留限制。

（i）次氯酸钙。

（ii）二氧化氯。

（iii）次氯酸钠。

（8）电解质类，无抗生素。

（9）氟尼辛。

（10）呋塞米。

（11）葡萄糖。

（12）甘油，允许用于家畜乳头，必须是通过脂肪和油水解生产的。

（13）过氧化氢。

（14）碘酒。

（15）氢氧化镁。

（16）硫酸镁。

（17）催产素，用于加速仔畜生产。

（18）杀寄生虫药——伊维菌素，禁止在屠宰动物中使用，可在奶用或繁殖用畜紧急治疗时使用，在有机生产系统计划中批准用于母畜预防管理，不用于感染预防；对繁殖种畜，在妊娠期的最后1/3时间内不能进行治疗，如果仔畜是将销售作为有机家畜的，那么在种畜泌乳期间不能使用。

（19）过氧乙酸，设施和设备消毒使用。

（20）磷酸，允许用于设备清洁，不能与有机管理的家畜或土地出现直接接触。

（21）泊洛沙林，用于胀气的紧急治疗。

（22）妥拉唑林★。

（23）甲苯噻嗪★。

（b）作为局部治疗、外部寄生虫或局部麻醉可使用的药物

（1）硫酸铜。

（2）碘酒。

（3）利多卡因，用于局部麻醉，对计划要屠宰的家畜休药期为 90d，对奶用家畜休药期为 7d。

（4）石灰、石灰水，用于体表寄生虫控制，不能用于腐蚀环境和去除动物气味。

（5）矿物油，局部使用和作为润滑剂。

（6）普鲁卡因，用于局部麻醉，对计划要屠宰的家畜休药期为 90d，对奶用家畜休药期为 7d。

（7）蔗糖碘苯腈辛酸酯类。

（c）作为饲料补充品

无。

（d）作为饲料添加剂

（1）微量元素，当美国食品和药物管理局（FDA）批准后用于丰富和加强微量元素含量。

（2）维生素，FDA 批准后用于丰富和加强维生素含量。

★美国联邦法律限制这些药物在得到合法的书面或口头形势的兽医许可前使用，完全遵照动物医药使用说明法案（AMDUCA）、食品和药物管理局规定中的 21 CFR 530 部分使用。

要为有机生产山羊提供成功的卫生保健需要兽医与饲养者之间强有力的合作。仅在疾病发生后作为"消防车"的角色去应对的方法是不太有效的，尤其是在有使用药物治疗限制的时候。相反，饲养者和兽医应具有前瞻性，建立动物保健计划。应该首先彻底检查现有设施和管理规范，避免因为这些原因造成疾病的发生。很多情况需要进行抗生素治疗，例如羔羊大肠杆菌败血病、断奶羔羊的肺炎和球虫病以及母羊乳腺炎，这些病能够通过合理的卫生设备、圈舍设计、通风设备、提高卫生条件和减少动物应激的管理措施来预防或将患病风险降到最小化。此外，兽医应认识到在有机生产山羊中使用疫苗是没有额外限制的并且疫苗是疾病预防的有用工具。定量评估和进行营养方面的咨询是非常重要的，因为适宜的营养水平能够改善机体对疾病的抵抗力。

一旦动物健康计划制定完成，兽医应该积极参与。很多进入有机生产体系的农民依靠传统的健康干预措施来实现由传统生产向有机生产的过度。农民可能要经过 3～4 年的时间来完成由传统生产向合格的有机生产的过渡，在这期间由于不能使用熟悉的干预方法，以及对新方法的不熟悉可能会使意外的健康问题增多。兽医应该准备和农民一起工作度过这个最艰难的时期，帮助农民完成过度。

在美国，在有机山羊生产过程中的最大的健康挑战是控制胃肠道寄生虫，因为对于驱虫药物的使用是有普遍限制的，只有在特殊的情况下才可以使用伊维菌素。与传统家畜生产体系相比，家畜有机生产体系中山羊患寄生虫病的风险是较高的，因为有机生产体系主要依靠牧场作为饲料资源，也间接地成为寄生虫的来源。有趣的是，近些年寄生虫对驱虫药抵抗力的快速形成激起了从业人员对探索其他的寄生虫管理策略的研究，替代性寄生虫管理策略更多依靠非传统疗法和草场管理策略而不是驱虫药。

意外发现，这些方法十分符合家畜有机生产体系的要求，尤其是山羊有机生产体系。寄生虫控制方法与山羊有机生产体系相符的方面包括：实行尽量减少山羊与感染性幼虫在草场接触的放牧管理策略、改善山羊营养状况（以提高对寄生虫的抵抗力）、饲喂含有高含量鞣酸成分的饲料、筛选和繁育对寄生虫具有抵抗力的个体、对寄生性线虫进行生物控制如通过开发食线虫的真菌和抗寄生虫疫苗来实现。这些策略在第 10 章胃肠道线虫部分已经进行了深入讨论。此外，利用在世界范围内已经被报道或被认为可以用于寄生虫控制的各种各样的传统草药和其植物制剂对寄生虫进行控制的方法，也越来越受到关注。这些补救办法毫无疑问是有效的，但还需要对这些方法进行控制效果研究来确定哪些是最有效的方法。

有机饲养山羊健康护理的主要内容是使用替代和补充疗法，包括顺势疗法、植物药物疗法、针灸疗法、免疫增强和维生素以及微量元素的补充。草药常被用于治疗山羊疾病，但是也被播种到草场，这样可以在既提供营养同时也预防疾病发生，特别是寄生虫病。而现在的兽医对有机饲养山羊禁止使用抗生素控制疾病表示十分惋惜，对抗生素产生之前的 20 世纪 40 年代的控制方法进行回顾是十分有帮助的，我们的前辈不得不主要依靠植物和其他自然疗法完成山羊疾病治疗。在 20 世纪 30 年代前出版的兽医教科书是非常好的疾病治疗资料资源，这些先于抗生素产生时使用的资料被认为是有用的和值得信赖的

（Karreman，2006）。

20.6 转基因山羊的卫生管理

因为很多转基因山羊的饲养是为了使山羊奶中产生重组生物制药蛋白，对这些奶进行分离和制备用于随后的商业产品中，所以这些转基因羊群基本上可以被视为奶用山羊，奶山羊群卫生管理的原则在本章开头进行了讨论。然而，由于对奶源药物产品纯度的关注，特别是关于人畜共患病传播的可能风险，对于转基因羊群的卫生管理还有特殊考虑，比如它们产生的重组蛋白是否在奶中或在其他的体液或组织中存在。这些相关考虑主要与建立和维持一个封闭羊群的重要性相关联，包括影响生产安全的特殊疾病、羊群使用疫苗种类以及羊群用药。这些问题将在随后部分进行讨论。

20.6.1 建立和维持封闭羊群的重要性

从疾病控制角度看，尤其是转基因山羊，必须重视发展和维持封闭的羊群。使疾病在山羊间传播的唯一威胁毋庸置疑来自新引入羊群的个体。此外，在羊群中持续传播的病原肯定来自群内感染或病原携带动物。

发展封闭的羊群不是很小的事情，必须考虑到很多的因素。第一，必须考虑核心群的来源。核心种羊要么来自指定的地点/农场原来现有的群，要么是外来种群。这个外部种群须是无特定病原的山羊，这些动物也可以通过开放市场获得，这个市场应来自本国或已明确无相关病原的国家。第二，必须考虑成本，因为成本影响到使用封闭 SPF 羊群作为种群来源的范围。第三，对于针对特定疾病需要哪些试验、将要进行的试验/化验的类型、对试验装配和动物检测的时间等要进行适宜的考虑。

对于可能引进或现存的动物需要进行大量疾病的检测，在发展和开始封闭羊群的时候应确保其处于无病状态。然而，并不是所有的检测方法都具有 100% 的敏感性和特异性。需要谨记的是，即使是最可靠的预筛选程序也仅仅是检测动物或羊群当前的疾病状况，并不能确保动物或羊群不存在某些具有长潜伏期的疾病，例如结核病或山羊关节炎/脑炎（CAE）。发展 SPF 山羊群

需要考虑的疾病或病原至少应包括以下几种：

- 结核病
- 布鲁氏菌病
- 山羊关节炎/脑炎
- 副结核分枝杆菌
- 羊传染性口疮
- 山羊疱疹病毒-1
- 贝氏柯克斯体
- 犬新孢子虫病
- 假结核杆菌（干酪性淋巴结炎）

一旦封闭性羊群建立起来，为了鉴定潜在或慢性病原感染，必须持续按指定的时间进行病原检测，例如 CAE 和结核病，这可能在最初的筛选检测中不能检测到。

最后，一旦封闭的羊群建立，临床监视和兽医评估必须旨在优化羊群整体健康、降低发病率和死亡率，从根本上消除这些与生产环境相关的病原体。监控、检测、消灭携带有病原的动物或传染源，如传染性乳房炎、腐蹄病、在封闭羊群中早期出现的某些细菌性和病毒性肺炎病羊。

20.6.2 与转基因羊群和产品安全有关的疾病

用于生产人类治疗性蛋白重组体的转基因山羊，对其要检测的疾病比上面给出的最低限度疾病监测列表要更广泛。对这些山羊进行附加检测是为了检测是否有人畜共患病的存在，要确保作为重组蛋白来源的组织或体液不被病原体污染。这其中存在一些病毒或朊病毒相关疾病，例如羊痒病，鉴于增值性产品主要来源于山羊组织或体液，这些疾病必须要杜绝。根据世界范围内这些疾病存在的地理位置或自然出现概率，以下是一些应该考虑的附加病毒或病毒家族。

- 地方性鼻内肿瘤病毒
- 羊肺腺瘤病病毒
- 瘟病毒属（边界病毒）
- 西尼罗病毒
- 呼吸道合胞病毒
- 波瓦桑病毒
- 布尼亚病毒（裂谷热）

尽管有潜在性危害的病毒无法全部列出，但是处理这些可能有威胁的问题的最好方法是：首先考虑能够感染山羊的全部病毒；其次，明确这些已知发病的种群的地理位置；再次，解决这些

对山羊群特别重要的疾病；最后，注意这些病原可能会在源于病羊的生物制品材料里出现（牛奶、血液、血清等）。这些措施并不能保证100％的 SPF 羊群没有病毒感染，因为即使在不考虑操作方式的情况下，这个要求也很难实现。

有些病毒，例如轮状病毒和冠状病毒，这些是在封闭的群体内可以控制的病毒，因为它们通常在青年山羊中被发现，对用于生产生物材料的成年山羊没有影响。关于羊群能不能接受某种病毒的存在，必须要具体情况具体分析，要依照操作性质、生产生物产品的类型和监管机构〔如美国农业部（USDA）、食品和药物管理局（FDA）〕的指导来确定。

20.6.3　转基因山羊疫苗问题

虽然疫苗是任何羊群卫生管理计划的重要组成部分，但是在转基因羊群中使用疫苗仍需要进行认真的评估。当使用动物体液例如奶、血液或血清生产生物制药蛋白时，使用修饰的活毒疫苗会对产品安全构成潜在的管理威胁。因为很多疫苗是在某种形式的培养体系中产生的，必须要考虑在疫苗生产环节可能造成的病毒/细菌感染。使用牛血清、猪胰蛋白酶或其他动物源材料时，要考虑外来病原可能会被引入最终产品中以及导致接种疫苗动物感染的可能性。因此，在动物不产生生物材料的时候应该加以考虑免疫疫苗的策略，但对于生产治疗性重组蛋白的动物需要再进行考虑。

作为选择，灭活疫苗（如狂犬病）或毒素/类毒素（如 C 型和 D 型产气荚膜梭菌和破伤风）从管理的角度看具有较高的安全性。然而，使用这些产品可能会限制疫苗保护性质，所以免疫的频率需要修改。此外，与所有用于生产性转基因动物的药物一样，必须考虑任何免疫疫苗中全部的亚成分（佐剂、动物源材料）。尤其注意最终

用于人类所使用的产品的安全性。最后，任何用于封闭的转基因羊群的疫苗必须得到制造商的认可并有适当的证明文件和收据。

20.6.4　转基因山羊的药物问题

在预防或临床卫生管理过程中对所使用的所有药物或药物成分必须仔细考虑，特别是用于转基因动物时，在使用前更应仔细检查。彻底了解这些材料内的所有成分有助于避免在山羊给药后对其生产的任何生物材料产生有害影响。对外来病原（病毒或细菌）不经意间引入给药动物的可能性要做重点考虑。过去在山羊或其他动物上已发生过很多此类事件的例子，而且污染问题会对动物造成危害，对动物产品造成损失。已报道的例子包括：注射用无菌盐水被非甾类消炎药物污染（Gavin，2008）；C 型产气荚膜梭菌和破伤风梭菌类毒素被葡萄球菌污染，这能够引起免疫山羊的脓肿和流产（Ayres，2008）；疫苗生产使用的胎牛血清被牛多瘤病毒污染（Kappeler et al，1996）；羊传染性脓疱疫苗被瘟病毒属病毒污染，引起临床上山羊边界病的发生（Løken et al，1991）；犬瘟热、细小病毒、腺病毒联合疫苗被蓝舌病毒污染，这能够引起免疫犬的流产和死亡（Akita et al，1994）。所有这些污染均是在制造过程而不是使用过程中造成的。

对于转基因山羊，抗生素以及可能产生休药期（肉、奶等）的药物要合理使用。选用休药期较短的药物是明智的，但是也必须考虑标准的休药时间可能并不充足的情况。最后，需要考虑是否进行补充试验以确保药物已经被清除、使用什么水平的测定检测（取决于所采集的生物材料）、产品的生产以及最终的产品安全和使用。

（尚佑军　王光祥）

附录A

山羊临床用药处方和推荐用量

虽然本书第一版的附录（Smith and Sherman，1994）中包含多种药物的药代动力学信息，但是近年来许多的新增药物和研究成果已经得到了应用，第一版中的注释格式就显得较为累赘。另外，互联网的出现让大家可以查询到兽医数据库，从而使得获取药代动力学方面的研究资讯更加容易。为了提供选用药物的药代动力学数据，附录以表格的形式列出了药物的用量以便于参考，这些药物都是本书各章所谈及的。由于山羊被列为食用动物，因此其中一些药物是山羊禁用药（Payne et al，1999）。

为了有助于读者理解本书的内容，保留了第一版的药代动力学术语。而药效学是研究药物对机体的生化、生理影响及其作用机制，这是另一个话题，不列在附录中。值得注意的是，掌握山羊用药的药代动力学对于选择给药方式、给药间隔、评估休药期是非常有用的，但不能直接回答给药剂量的功效问题。用药时，除了药代动力学数据，临床经验也应该予以考虑（Martinez，1998d）。

1.1 药代动力学术语

为了读懂药理学领域的专著，我们需要掌握一些专业的概念和术语。这些概念和术语在一些教科书（Baggot，1977；Riviere，1999）和综述（Riviere，1988a，1988b；Martinez，1998a，1998b，1998c，1998d，1998e）中都有定义。

药代动力学是以数学描述动物体内药物浓度的改变的学科。药物在隔室内外的分布可用数学模型来描述，不能用生理模型描述。当静脉注射给药时，药物同样可以及时地进入中央室。中央室药物浓度通常与血浆和注射器官的细胞外液药物浓度相同。药物进出外周室的速度较慢，表现为肌肉、皮肤和脂肪等这些组织不能很好地吸收药物。速率常数表示药物在隔室间传递的速率和药物排出体外的速率。

分布容积（V_d）表示动物体内药物总量与血浆中药物浓度的关系，可用如下公式表示：

$$V_d = \frac{\text{体内药物总量(mg)}}{\text{血浆中药物浓度(mg/mL)}}$$

如果药物在机体内均一扩散，则药物分布可以被描述为一室开放模型，该模型假定血浆中药物浓度的改变可以影响组织中药物的浓度。然而，在同一时间机体所有组织的药物浓度并不都是一样的。当"开放"一词应用到一个模型时，意思就是具有药物排出系统。

很多药物的分布可被描述为二室开放模型，即中央室和外周室，只有中央室药物可以被清除。有些药物需要用三室开放模型来描述药物的分布情况，因为用三型指数曲线来描述血浆中药物浓度随时间的分布是最合适的。

每种药物在中央室和外周室的表观容积由血液流动情况、药物从血液循环进入组织细胞的能力和药物与组织细胞的结合程度决定。机体水容量的增加可以使药物的 V_d 值增加，而脱水和血液中结合药物组分的增加可以降低药物的 V_d 值。药物与组织的结合过程可以导致药物扩散的表观容积超出其真实值。新生羔羊相比成年身体内的水分含量更高（Martinez，1998b），其容积分布随年龄增加而降低。

在二室开放模型中，我们假定药物只通过中

央室进出系统，只在中央室内通过生物转化被清除。药物从一个室被清除的速率与该室内药物的浓度成正比。在最初或者在药物的扩散阶段，药物进入外周室扩散的同时药物在动物体内也被清除掉。在药物的扩散阶段，血浆中的药物浓度快速下降，该过程可以用 α 率常数或扩散半衰期来描述。扩散完成后，动物体内主要进行药物的清除，这时体内药物浓度的改变可以用 β 率常数或清除半衰期来描述。

全身清除率（CI）是评估药物从机体内通过各种途径被清除的浓度相对于血浆中药物的浓度的一个参数，可用以下公式表示：

$$CI = \frac{清除率}{血浆中药物的浓度}$$

它以单位流量的形式表示，它代表了单位时间内通过所有的清除途径将药物完全清除的血浆体积。血浆蛋白的结合影响清除率，因为结合了血浆蛋白的药物通常不能利用肾小球滤过。

清除半衰期（$T_{1/2}$）是指动物体内的全部药物被清除一半所用的时间。清除半衰期与药物的分布量成正相关，与药物通过代谢或排泄在体内的清除率成反相关，可用以下公式表示：

$$T_{1/2} = \frac{0.693 * Vd}{CI}$$

尽管 97% 的药物在体内经过 5 个半衰期即可清除，但是由药代动力学研究过程中派生的半衰期不仅依赖于清除率，更依赖于分布容积，因此半衰期会因疾病状态而发生改变。

系统利用率，通常用百分率来表示，衡量不同给药途径与静脉注射给药后药物的不同吸收程度。例如：血药浓度-时间曲线即绘制口服（PO）和静脉注射（IV）后血浆中药物浓度随时间的变化；曲线下的面积（AUC），用 $\mu g/$（mL·h）表示，计算两个曲线面积比率（AUC）PO：（AUC）IV 可表示吸收程度。生物利用度也与吸收率有关系，吸收率影响血药最高浓度的形成和形成血药最高浓度的时间。血药最高浓度形成后，机体还会吸收药物，但即使药物有很高的系统可利用度，后续的缓慢吸收也可能会产生亚治疗水平的血浆药物浓度。

1.2　处方

附录A表1.1列出了本书中提到的部分药

物，可以通过后面的章节详细查阅疗程和用法用量，还有在肉用和奶用动物中的使用注意事项。用于治疗体外寄生虫的许多新增药品列在表2.1中。新增的抗球虫药列在表10.7中，抗螨虫药列在表10.8中，抗吸虫药列在表11.3中。营养缺陷增补剂在第19章中进行论述。我们已经对新增的抗菌剂和抗球虫药的使用剂量进行了整理（Menzies，2000；Navarre and Marley，2006），其中有些山羊用药的剂量是根据经验得来的。将山羊用多种抗生素的药代动力学数据也已经进行了归纳（Navarre and Marley，2006）。

1.3　肉用和奶用山羊的休药期

确定药物在山羊体内代谢和排泄的相关研究很少。山羊用特异性药物的使用说明信息也只有少部分可用，因为在美国只有很少的山羊用药被食品药物监督管理中心的兽医药物部门批准应用于临床（Webb et al，2004）。在美国，对一种药物的管理，需要根据其不同的使用方式（不同种属、不同剂量、不同途径），提供相应的标签使用说明，否则即为超出标签使用。只有兽医在确定的兽医-客户-病畜关系中才可以不依据使用说明而应用一种药物。兽医负责确定肉用和奶用动物出售前的休药期来确保这些动物中没有非法药物残留。从业人员养殖山羊的过程中要不断学习其他动物的养殖知识（Lofstedt，1987；Riviere et al，1997）或根据经验选择药物剂量或休药期。

休药期（WT）是指用药后一种药物经过机体代谢使其浓度降低，从而达到监管机构认定的对人类消费该动物制品是安全的一段时间（Riviere et al，1998）。在美国，对于有使用说明标签的药物，肉用动物的休药期要求在该时间内 99% 的用药动物的肌肉、肝脏和肾脏中的药物浓度要低于认定的容许浓度（Riviere et al，1998）。说明书上的 WT 需要考虑到剂量和个体清除率的差异。如果一种药物的给药剂量高于说明书上的正常剂量，或者给予病情较严重动物的剂量稍高，则 WT 需要增加。通常情况下，WT 为 5～10 倍的药物清除半衰期，并且如果剂量加倍，WT 需要增加一个半衰期或 10%～20% 的半衰期。另外，如果是对严重缺乏免疫力的动物根据病情给药，而不是根据使用说明书给药，则清除半衰期会增加，WT 大约会变为新半衰期的 10 倍。给山羊用药时若没有说明书，则评估 WT 时必须考虑药物在该动物体的分布和清除参数。经常见到较小的动物（如山羊）代谢和排出药物的速度比具有相似生理学特性的大动物（如牛）要快。因此，在用相同药量的情况下，牛的 WT 通常对于山羊来说是足够的（Riviere et al，1997，1998）。山羊和其他动物种类的药代动力学数据已经出版（Craigmill et al，2006）。

在美国，兽医必须查询食用动物残留规避数据库，如果可以应用，则需要评估肉用和奶用动物的药物休药期。一些有用的休药期信息指导也已经发布（Baynes et al，1997，2000；Craigmill et al，1997；Damian et al，1997；Martin-Jimenez et al，1997；Haskell et al，2003，2005；Gehring et al，2005；Kukanich et al，2005；Payne et al，2006）。这些文献和其他相关文献都可以在 FARAD 网站上找得到。表 17.1 中是 FARAD 评估的一些安定药和常用麻醉剂的休药期。

在美国，山羊用的说明书上没有的药物的用药记录必须在用药后保留至少 2 年（Anonymous，1998），而某些州则要求更长的时间。

附录 A 表 1.1　山羊用药剂量

药名	用法用量	适应证	章节
乙酰丙嗪	0.2mg/kg，IM	破伤风	5
乙酰丙嗪	0.05～0.10mg/kg，IV	麻醉前镇静	17
5％醋酸（食用醋）	0.5～1L，PO	尿素中毒	19
活性炭	0.75～2g/kg，PO	乙二醇中毒	12
活性炭	1g/kg，PO	氯化氢类毒副反应	5
阿苯达唑	20mg/kg，PO，分为 2 剂，每剂 10mg/kg，间隔 12h	胃肠道圆形线虫感染	10
阿苯达唑	10～15mg/kg，PO	绦虫类、肝片吸虫感染	10、11
氯化铵	200～300mg/（kg·d）	尿酸化	12
氯化铵	0.5％～1％饲用 DM	预防尿结石	12
钼酸铵	100mg 配用 1g 芒硝，连服 3 周，PO，SID	铜中毒	7
阿莫西林	间隔 12～24h 1 次，2～3 个疗程	乳腺炎	14
氨苄西林	5～10mg/kg，IM，BID	细菌性肺炎	9
氨苄西林	15mg/kg，SC，TID	预防膀胱炎	12
氨苄西林钠	10～50mg/kg，IV 或 IM，QID	脑膜脑炎	5
氨丙啉	25～50mg/kg，PO，SID 连服 5d	球虫病	10
阿司匹林	100mg/kg，PO，BID	关节酸痛（CAE）	4
		脑膜炎助剂	5
阿替美唑	0.08～0.1mg/kg，缓慢 IV	逆转右美托咪定	17
硫酸阿托品	0.6～1mg/kg，SC 或 IM，根据需要重复用药	有机磷酸酯中毒	5
布托啡诺	0.2m/kg，IM	术后镇痛	17
23％葡萄糖硼酸钙	50～100mL，SC	草酸盐中毒	12
23％葡萄糖硼酸钙	60～100mL，SC 或缓慢 IV	产乳热（低钙血症）	13、19
头孢噻呋	1.1～2.2mg/（kg·d），IM	细菌性肺炎	9
氯前列醇	0.125～0.250mg，IM	黄体溶解、治疗子宫积水	13
氯氰碘柳胺	10～20mg/kg，PO（过量用药有失明的危险）	肝片吸虫感染	11
氯氰碘柳胺	7.5mg/kg	血矛线虫感染	10

（续）

药名	用法用量	适应证	章节
克洛索隆	7mg/kg，PO	肝片吸虫感染	11
C 型和 D 型产气荚膜梭菌抗毒素	5mL，SC	预防肠毒血症	10
C 型和 D 型产气荚膜梭菌抗毒素	15～20mL，IV，每隔 3～4h 重复用药	治疗肠毒血症	10
初乳	体重的 20％，出生 24h 以内 PO	全身性过敏反应	19
达氟沙星	6mg/kg，SC，48h 重复用药	支原体病	4
癸氧喹酯	0.5～1mg/（kg·d），PO 饲用，多次	预防球虫病	10
癸氧喹酯	2.5mg/（kg·d），PO	隐孢子虫病	10
地托咪定	0.01～0.02mg/kg，IM	中度镇静	17
地塞米松	0.1mg/（kg·d），IV	李氏杆菌病（治疗辅助剂）	5
地塞米松	1～2mg/kg，IM 或 IV	脊髓灰质炎、脑软化引起的脑水肿	5
地塞米松	20～25mg，SC 或 IM	诱导分娩	13
葡聚糖		参见葡萄糖	
地西泮	0.5～1.5mg/kg，IV	抽搐、强直	5
地西泮	0.1～0.5mg/kg，IV	尿结石病、松弛尿道	12
地西泮	0.5mg/kg，IV	麻醉前镇静	17
乙胺嗪	40～60mg/（kg·d），PO，1～6d	腹腔丝虫病	5
三氮脒	3.5mg/kg，IM	锥虫病	7
磺基丁二酸钠二辛酯	15～30mL，PO	胃胀气	10
盐酸吗啉吡咯酮	1～1.5mg/kg，IV 或舌下含服	新生儿复苏	13
肾上腺素	0.03mg/kg，IV	过敏反应	10
肾上腺素 1∶1 000	1mL，IM	助产术中的子宫松弛	13
依普菌素	1mg/kg，外用	疥螨病	2
依普菌素	0.4mg/kg，PO	胃肠道圆形线虫感染	10
马绒毛膜促性腺激素	400～750IU，IM	诱导非季节性发情	13
芬苯达唑	10mg/kg，PO	网尾属线虫感染	9
		胃肠道圆形线虫感染	10
芬苯达唑	15mg/kg	绦虫类感染	10
芬苯达唑	15～30mg/kg，PO	缪勒属线虫感染	9
芬苯达唑	50mg/（kg·d），PO，5d	脑脊髓线虫病	5
氟苯尼考	间隔 1～2d，40mg/kg，SC	细菌性肺炎	9
氟尼辛葡甲胺	1mg/（kg·d），IV、IM 或 PO	蹄叶炎	4
氟尼辛葡甲胺	1.1mg/kg，IV，BID	抗炎药	12、17
氟尼辛葡甲胺	1～2mg/kg，IV 或 IM，BID	脑膜脑炎	5
呋塞米	1mg/kg，IV	脑水肿	5
呋塞米	50～100mg，IM 或 IV	乳房水肿	14
葡萄糖	25～50g，IV，制成 5％或 10％溶液	妊娠毒血症、酮中毒	19
20％葡萄糖溶液	25～50mL，IP	新生儿低血糖	19
灰黄霉素	25mg/（kg·d），PO，3 周	皮癣（很难对因）	2

（续）

药名	用法用量	适应证	章节
二丙酸咪唑苯脲	1~2mg/kg 一次用药	巴贝斯虫病	7
氯化氮氨菲啶	0.5~1.0mg/kg，IM	预防锥虫病	7
伊维菌素	0.5~20mg/100kg，SC	鞍瘤	2
伊维菌素	0.2~0.4mg/kg，SC，2 周内重复用药	疥螨病	2
伊维菌素	0.2mg/kg，PO	鼻蝇蛆病	9
伊维菌素	0.4mg/kg，PO	胃肠道圆形线虫感染	10
伊维菌素佐以芬苯达唑	0.2mg/（kg·d），SC，5d	脑脊髓线虫病	5
氯胺酮	6mg/kg，IV；或 11mg/kg，IM	全身麻醉	17
酮洛芬	3mg/kg，IV 或 IM，SID	术后镇痛	17
拉沙里菌素	20~30g/t，饲用	预防球虫病	10
左旋咪唑	12mg/kg，PO	胃肠道圆形线虫感染	10
左旋咪唑	7.5mg/kg，PO 或 SC	网尾属线虫感染	9
利多卡因	不超过 5mg/kg，IM 或 SC	局部镇痛	17
2%利多卡因	2~4mL	尾部硬膜外麻醉	17
林可霉素/壮观霉素	5mg/（kg·d）林可霉素＋10mg/（kg·d）壮观霉素，IM，3d	支原体病（传染性无乳症）	4
氢氧化镁	50g，PO（成年山羊）	瘤胃酸中毒	19
右美托咪定	0.005mg/kg，IV；或 0.015mg/kg；IM	深度镇静	17
醋酸美仑孕酮	0.125mg/只，BID，PO，10~14d；续用前列腺素，IM	季节性发情同步化（USA 不允许）	13
美索巴莫	22mg/kg，IV	肌肉弛缓（强直）	5
1%亚甲蓝	4~15mg/kg，IV	硝酸盐中毒	9
咪达唑仑	0.4mg/kg，IV	麻醉前镇静	17
莫能菌素	15~20g/t，饲用	预防球虫病	10
酒石酸莫仑太尔	10mg/kg，PO	胃肠道圆形线虫感染	10
柠檬酸莫仑太尔	基础用量为 6mg/kg，PO	同盘吸虫感染	10
莫西菌素	0.4mg/kg，PO	胃肠道圆形线虫感染	10
烟酸	1g/d，IM 或 PO	预防和治疗妊娠毒血症	19
氯硝柳胺	50mg/kg	绦虫类感染	10
土霉素	10mg/kg，IV，BID 至少 3d	李氏杆菌病	5
土霉素	15mg/（kg·d），IM 至少 5d	支原体病	4
土霉素	5mg/（kg·d），5d（配合乳房内用药治疗）	坏疽性乳房炎	14
		嗜皮菌病	2
长效土霉素	20mg/kg，SC 或 IM 一次	腐蹄病或蹄烫伤	4
		心水病	8
长效土霉素	20mg/kg，SC 或间隔 3d IM	衣原体病及其他流产性疾病	13
催产素	5IU，IM，BID 或 TID	胎衣不下、泌乳反射	13
催产素	50IU，IM，BID 4d	治疗子宫积水	13
巴龙霉素	100mg/（kg·d），PO	隐孢子虫病	10
青霉胺	50mg/（kg·d），PO	铜中毒	7
青霉素 G，普鲁卡因	20 000IU/（kg·d），IM，7~14d	葡萄球菌性皮炎	2
青霉素 G，普鲁卡因	20 000~40 000IU/（kg·d），IM	细菌性肺炎	9

（续）

药名	用法用量	适应证	章节
青霉素 G，普鲁卡因	22 000IU/kg，IM，BID	预防膀胱炎	10
青霉素 G，普鲁卡因	25 000IU/kg，IM，BID	破伤风	5
青霉素 G，钠	40 000IU/kg，IV，QID 续用普鲁卡因青霉素 G 20 000IU/kg，IM，BID	李氏杆菌病	5
青霉素 G，钠	20 000～40 000IU/kg，IV 或 IM，QID	脑膜脑炎	5
戊巴比妥	30mg/kg，IV	全身麻醉	17
苯基丁氮酮	10mg/（kg·d），PO	关节酸痛（CAE）、蹄叶炎	4
泊洛沙林	100mg/kg，PO	胃胀气	10
吡喹酮	5～15mg/kg，PO	绦虫类感染	10、11
吡喹酮	25～60mg/kg，PO	血吸虫病	8
泼尼松，泼尼松龙	1mg/kg，IM，BID	落叶型天疱疮	2
异丙酚	4～6mg/kg，IV	麻醉诱导	17
丙二醇	60mL，PO，BID 或 TID	妊娠毒血症、酮中毒	19
前列腺素 $F_{2\alpha}$（$PGF_{2\alpha}$）	5～10mg，IM	黄体溶解、治疗子宫积水	13
酒石酸噻嘧啶	25mg/kg，PO	胃肠道圆形线虫感染	10
亚硒酸，钠	1mg/18kg，SC 一次	白肌病	4
碳酸氢钠	20g，PO（成年山羊）	瘤胃酸中毒	19
1.3％碳酸氢钠	125～200mL，IV	羔羊软瘫症	19
碳酸氢钠（粉末）	2.5～3.0g，PO（0.5 匙混于冷水中）	羔羊软瘫症	19
碘化钠	20mg/kg，IV 或 SC，间隔 1 周，持续 5～7 周	放线菌病	2
		放线菌病	3
亚硝酸钠	22mg/kg，IV	氰化物中毒	9
硫代硫酸钠	660mg/kg，IV	氰化物中毒	9
螺旋霉素	50mg/kg，IM，然后 25mg/（kg·d）	支原体病	4
链霉素	20mg/（kg·d），5～7d	放线菌病	2
		放线菌病	3
链霉素	30mg/（kg·d），IM，至少 5d	支原体病	4
磺胺地索辛	75mg/kg，PO，5d	球虫病	10
破伤风抗毒素	10 000～15 000U，IV，BID	治疗破伤风	5
破伤风抗毒素	250～300IU，SC（羔羊）；500IU，SC（成年羊）	预防破伤风	18
四环素	5mg/kg，IM 或 SC，SID 或 BID	细菌性肺炎	9
四环素	0.5～1g，PO（一次剂量）	瘤胃酸中毒佐剂	19
硫胺素	10mg/kg，IV、IM 或 SC，QID	脑灰质软化病	5
硫胺素	300～500mg，IM 或 SC，BID	瘤胃酸中毒佐剂	19
硫戊巴比妥钠	10mg/kg，IV	麻醉诱导	17
硫喷妥钠	15～20mg/kg，IV	麻醉诱导	17
泰妙菌素	20mg/（kg·d），IM 至少 5d；强刺激性，中毒性肌病	支原体病	4
泰妙菌素	10mg/kg，IM，BID	支原体乳腺炎	14
替来他明-唑拉西泮	5.5mg/kg，IV	全身麻醉	17

（续）

药名	用法用量	适应证	章节
替米考星	勿用	可能致命	
妥拉唑啉	1.5mg/kg，IV	逆转甲苯噻嗪	17
三氯苯达唑	10mg/kg，PO	肝片吸虫感染	10
甲氧苄啶-磺胺	16～24mg/kg，IV，BID	脑膜脑炎	5
甲氧苄啶-磺胺	15mg/kg，IV，BID（甲氧苄啶在瘤胃失活）	沙门氏菌病	10
泰乐菌素	10～20mg/kg，IM，SID 或 BID	细菌性肺炎	9
泰乐菌素	20mg/（kg·d），IM 至少 5d	支原体病	4
维生素 B$_{12}$	每周 0.01～0.3mg，IM	白肝病	11
甲苯噻嗪	0.03～0.04mg/kg，IV	轻度镇静	17
甲苯噻嗪	0.05mg/kg，IV；或 0.1mg/kg，IM	深度镇静、联合局部麻醉	17
甲苯噻嗪＋氯胺酮	甲苯噻嗪 0.22mg/kg，IM；10min 内氯胺酮 11mg/kg，IM	全身麻醉	17
育亨宾	0.125mg/kg，IV	逆转甲苯噻嗪	17
硫酸锌	成年山羊 1g/d，PO	缺锌皮肤病	2

注：IM＝肌内注射，IV＝静脉注射，IP＝腹腔注射，SC＝皮下注射，PO＝口服，DM＝干物质，d＝天，h＝小时，SID＝每日1 次，BID＝每日 2 次，TID＝每日 3 次，QID＝每日 4 次，IU＝国际单位。

（白兴文）

山羊能为家庭提供羊奶或羊毛，因此被认为是极其可爱的宠物。在美国，养山羊广受欢迎，这些养山羊的美国人有些是为寻求一种回归自然或田园生活方式的人，有些则是相信替代疗法或替代医学有益于自身和自己所养牲畜的人。在世界其他一些地方，小农场主很少利用现代新型兽用药物，而是用一些传统药物和民间技术来预防和治疗山羊疾病。本附录不是为教会人们或者使人们认可我们谈及的这些方法，而是使兽医工作者能够和那些相信或者具有各种替代医学经验的饲养者更好地相互交流。在一本综合兽医教材中对这些技术中有很多深入的探讨（Schoen and Wynn，1998）。

一些兽医工作者也许对下面所提到的题目感到好奇，并且会查找文献以进一步获取相关方面的信息。而有些兽医工作者直到通过双盲临床试验验证其有效性后，才完全相信（Angell and Kassirer，1998；Margolin et al，1998）。在许多情况下，替代方法和常规方法通常能同时使用。在进行辅助治疗之前，通过适当的科学诊断试验对山羊进行一次详尽的体检是非常重要的。维持一种获得认可的专业标准的护理，能有效避免危害到病羊或其他羊群，并且降低医疗事故的发生。

1.1　针灸

在西方国家，许多兽医工作人员参加了一些针灸技术和相关生理机制的专题研习班，鉴于针灸所演示的效果，目前作为一种对动物有效止痛和治疗疾病的方法逐渐被广泛采纳。现已有许多关于针灸方面的可用兽医书籍（Klide and Kung，1977；Kothbauer，1999；Schoen，2001；Lindley and Cummings，2006；Xie and Preast，2007）。

针灸是以中国哲学里的"真气"运行为基础，源于中枢神经或外周神经系统之间相互作用，通过"运气"能解释其作用原理，而这些都超出了这本书所讨论的范围。事实上，"运气"是很复杂的，以至于不能断然说用几周或者几个月就可以完全了解。然而，兽医工作人员可以在其他动物身上练习针灸，进而有机会在山羊身上进行实践。这对于将针灸用于治疗山羊疾病时，确定针灸部位（位置的选择）以及穴位定位都非常有帮助。然而可惜的是，关于这方面的资料较少。除此之外，根据已发表的经典病例报告，关于针灸的效果还有待证明（Pawde et al，1998）。

穴位（或刺激位点）可以用电位点查找器在体表找到。这些穴位的电阻比其周边皮肤的电阻低，且有较高的电势。根据上述表皮的电特征可绘制出山羊针灸穴位图（Wheler et al，1976；Pontus，1982），但这些并没有任何尝试将穴位与病情或疗法对应起来。通常，穴位处的皮肤略有凹陷。

中国传统的山羊针灸穴位图连同其不同穴位的适应证均被翻译成英语发表（Klide and Kung，

1977）。大多数美国针灸院校通过器官组织和定位穴位进行经脉学习。山羊经络有 12 条，伴随气血贯穿全身。2 条主要的脉络位于山羊背中线和腹中线。经络和穴位是根据身体组织器官和其功能来命名的。山羊和其他畜种一样，膀胱经位于背部两侧，它被认为是一条低阻抗经线（Ye et al，1994）。穴位根据经络及其数量命名，如 ST36（胃 36）。

动物的经脉图是通过对人体具有临床意义的位点用解剖换位的方法研究绘制的，尤其是马、犬（Schoen，2001）及牛（Kothbauer，1999；Kothbauer and VanEngelenburg，2001）的经脉图。山羊治疗时，大多针灸师用其中一张图谱为切入点。由于不能参照人类的图谱来对山羊和牛的下肢进行针灸，因此这些部位的穴位针灸非常困难（Kothbauer，1999）。

一旦选择了特定的穴位，不论是治疗局部病症（如伤口或关节疼痛等），还是调整内在平衡，都必须对穴位进行刺激。刺激有多种途径，包括按摩、热敷、冷敷、冷激光或是针刺法，针刺法是通过捻转或电刺激进行的。在针灸穴位注射搭配的药物如维生素 B_{12}，可以延长效果。Xie 和 Preast（2007）建议，治疗山羊就如对待迷你奶牛时一样，针灸时加入稀释好的维生素 B_{12}，能缓解动物神经紧张的症状。如有必要，治疗应按天数或周数重复进行。针灸最大的优点就是针对那些慢性病或有明显疼痛的疾病的治疗，它还不像注射药物那样往往需要很长时间的肉用和奶用休药期。

针灸也可以对病羊起到止痛、镇定的作用。虽然已有电针灸用于山羊腹部和乳房手术的报道（Jaiswal and Kumar，2005），但是用针灸的功效来减少病羊手术用药剂量目前仍有质疑之声（Skarda and Glowaski，2007）。鼻部的人中是一个特殊的穴位（GV26），已广泛用于人和动物的心肺复苏术治疗中。针灸在研究中还有一些益处，如麻醉绵羊（Davies et al，1984）。

1.2　耳穴的诊断和治疗

针灸有一个特殊的分支，即利用耳部穴位来诊断和治疗身体其他部位的病情（Still，2001）。在人类针灸上，耳部如倒转形状的胎儿暗示了外耳某些部位和特定组织器官之间的联系（Klide and Kung，1977）。由此，下耳垂对应脑部，通过针灸对它的刺激可缓解偏头疼的症状；在对犬进行的有限研究中，可以通过增加压力的敏感性或皮肤的导电性来确定有效的耳部穴位。针灸时用生理盐水或稀释的局部麻醉剂，在所选的穴位（通常是具有压力敏感性的部位）上利用干针或激光进行针灸（Still，2001）。

通常建议先用棉纸及时清除耳郭内部表面的耳屎，并用剪刀减去耳部周围的长毛，然后再用一个钝性探针轻轻敲击耳部的整个表面。在 5～15s 的时间里重点诊断变红或者有渗液的区域。然而目前还没有绘制出明确的山羊耳穴图。仅仅知道在靠近山羊耳尖处存在一个穴位（凹面），这个穴位专门用于治疗山羊腹痛（Klide and Kung，1977）。

1.3　针压法

手指按压穴位在中医和日本汉方医学中发挥重要作用，在美国也广受欢迎（Kriege，1979；Gach，1990）。关于山羊针压法暂且还没有很好的描述和评估。在动物的体表，剪掉一点被毛或者用记号笔画一个圈，可以帮助畜主很容易地找到穴位进行刺激。

1.4　泰奥灵顿 T 触法

泰奥灵顿-琼斯·琳达是一名驯马师，她发明和传授了训练动物的方法（Tellington-Jones and Bruns，1978）。她的 TTEAM 方法（最初叫泰奥灵顿-琼斯驯马意识法，后来叫泰奥灵顿-琼斯个体动物驯化法或泰奥灵顿个体动物按摩法）现已传播到北美、欧洲、非洲、澳大利亚和新西兰。后来一度成为许多书籍、视频资料和国际通讯的主题内容。在这种方法中，有一种特殊的按摩技术（称为 TTouches，T 触法），它可以使人和动物放松，明显缓解焦虑和压力感，其中动物包括马、美洲驼、犬、山羊和各种动物园内的动物。据说，这样可以提高局部环流和神经传递。由于动物拥有了幸福健康的感觉，从而使得放松的动物更容易接触，并且会很快从疾病和伤痛中恢复。当然，曾经很难驯服控制的动物也会逐渐变得安静、自信和愿意协作。在教育小孩时，不妨先随手试试这种方法吧！

周身T触法并不是抚摸，而是跟许多基本的按摩一样，手指在皮肤上按顺时针画多于一圈的一个圆（例如在钟表上，时针按顺时针旋转从6时到7时或者8时）。按摩时，手指抬高，所处皮肤也会随着抬高，因此皮肤是随着手指的画圈运动而运动。在身体的许多部位或伤口周围，可以对神经敏感的动物进行非常轻的、快速画圈运动，当画圈变得慢而有力时，可以逐渐使动物放松。

TTEAM方法还包括对动物耳部的"活动"。它是在耳根处进行基本的按摩或轻轻地拉耳郭。当动物发生疝气或惊厥时，可以在耳郭边缘（针灸穴位或针压法的位点），用食指和拇指用力按摩，以缓解症状。TTEAM还有另一方面的作用就是让动物做打滚练习，从而提高病畜的平衡性和注意力。

TTEAM方法已经在马和小动物身上得到了证实（Harman，1998）。然而，它在山羊身上似乎还有其他一些潜在的应用，尤其当山羊有外伤经历（如遭受犬的攻击）时，山羊和它的饲养者更需要通过接触彼此来放松。治疗后的山羊也许会胃口很好。另外，它可能会很快地学会在产奶时保持身体平衡，以尽量使奶少溢出。

1.5　脊椎按摩疗法

脊椎按摩疗法以健康和疾病是与神经系统功能相关的生命过程这一理论为基础。因此，这方面的从业者试图从整体角度去证明和排除引起疾病的物理、化学和精神因素。通常，当脊椎骨压迫神经或其他结构影响椎间孔时，所引发的疾病可以利用脊柱疗法来轻轻正骨（Willoughby，1998）。

一些人认为找到按摩师就可以解决他们自己或他们动物的疼痛问题了。然而按摩师也许在对山羊或其他家畜按摩之前，会求助于一本兽医解剖学的书。通常他们不会下结论，可能是因为他们没有兽医执业资格证而害怕被起诉。兽医师则可以通过病例向按摩师咨询来减少这方面的担忧。但是，假如饲养者不肯提供动物的具体病情的话，兽医师也许会忽略一些严重损害动物神经的疾病。越来越多的兽医师在美国兽医脊椎矫正医学会完成脊椎按摩疗法课程的学习，并将该技术融入他们的常规病例管理中。

1.6　运动机能学

应用运动机能学是一门通过测试病人的肌力，确诊病人技能障碍的技术方法，该方法受到国际应用运动技能学学院的推荐。通常，按摩师和其他一些健康护理人员应用徒手肌力试验，这种方法的有效性目前已有文献综述（Cuthbert and Goodheart，2007）。随后也出现了一些相反的阐述（Haas et al，2007），他们指出标准矫正肌力测试的有效性不能担保人体运动学家用于诊断亚临床疾病的症状、组织器官或代谢症状时的可靠性。

兽医在应用运动机能学方法进行疾病诊断的过程中常用到替身（Tiekert，1981）。替身（例如兽医技师）向前伸直一只胳膊，而另一只手的食指随意放在患病动物身体的某个部位。另外一个人向替身的胳膊上施加向下的压力时而替身撑得住。当替身触及患病动物有病症和受伤的部位时，由于患病动物无法承受正常的力量，此时替身的胳膊往往就会掉下来（使不上力）。这种方法用在选择患病动物身体哪个部位需要做X线摄片，或者当患病动物出现多个问题时决定哪种病情最需处理。

1.7　草药疗法

几个世纪以来，中医们在每个朝代都会收集一些植物，用来治疗人或动物的一些疾病。经过世世代代的口头传述，无数有用的中药药方便流传下来，并最终汇总成书。兽医们已经对西药和中药都进行了汇总（Schoen and Wynn，1998；Karreman，2007；Wynn and Fougere，2007；Xie，2008），许多教程都有使用中草药这个主题。

许多植物都含有有效组成成分，这一点是无容置疑的。在许多畅销刊物上，就采纳了对这些植物的使用，其中包括中草药在山羊中的使用（Levy，1976），中草药对于治疗山羊疾病是有益处的，但同时它也受到质疑。部分原因可能是因为所推荐使用的一些中草药很难被定性，且它们自身也存在一定的局限性。例如，若没有精密的双盲试验，则很难证明将生青瓜汁挤到眼睛里可以很好地治疗角膜结膜炎、白屈菜汁可以治愈乳房瘤。

1.7.1 中草药的辅助疗法

对于一些山羊的不确定或者慢性疾病，饲养者在使用必要的现代药物时，若对中草药感兴趣，可在动物的某些部位使用中草药，以观察许多"天然"疗法在治愈疾病时发挥的作用。例如，已证实丝兰可以缓解 CAE 关节炎的肿胀（Padilla，1986）；有位饲养者讲述，在对病羊无计可施的时候，试着用非甾体类抗炎药结合中草药的方法或用中草药或代替非甾体类抗炎药为山羊换得了一线生机。虽然这些中草药的有效成分目前还没有被证实，但这位饲养者确信的态度就是"任何事情都有可能"，也许正是这一点点可能将会对你所养殖的患病山羊发挥非常大的作用。

1.7.2 中草药潜在的问题

许多对中药治疗方法持反对态度的人一直强调中草药剂量的不确定性。难道中草药非要根据自然界的变化，就不能对中草药给出一个正确的量吗？然而，有经验的中医们却不仅认同中草药治疗效果的多样性，还认为每个中草药在生命的不同特殊阶段或每天不同的时间段内采集可使其自身的治疗潜能最大化。他们还指出现代的一些对抗性疗法药物，可能会在治疗疾病中引起病人潜在的、多重性严重副反应，而自然界的中草药方子却可以避免这一点（Thomson，1976）。

目前，FDA 将中草药划分为保健品，而且只能是以保健品来销售（De Guzman，1998）。由于尚且没有充分的证据证明中草药的有效性，因此还没有关于中草药安全、效力和质量方面的详尽说明。当购买中草药时，其标签上至少应写明中草药的种和属、采摘日期和有效期。最近，已经对中草药毒理方面的研究进行了汇总（Poppenga，2007）。

1.7.2.1 洋地黄

当讨论中草药自我治疗的危害时，首先想到的可能就是洋地黄（玄参科，毛地黄属）。洋地黄富含各种各样作用于心脏的苷类物质。几个世纪以来，它一直用于治疗人的心脏病。尽管许多内科大夫和兽医们会给病患开出一份适量的合成类药物的方子，但在治疗过程出现中毒还是很常见的。虽然有人说植物类药物很少有不可预知的副反应。然而，过量或者一定量的洋地黄配合其他的草药（如聚合草）都可能会导致山羊死亡。山羊的饲养者不能随意私自给山羊使用洋地黄。因为洋地黄在山羊心脏病上使用很少。外行人会相信自然治愈会使他们的山羊死亡，因为他们没有意识到是缺硒导致了心脏病的发作，或"水肿"实际上是由于体内寄生虫引起低蛋白血症所致。

1.7.2.2 聚合草

聚合草（紫草科聚合草属）一般作为一种饲料或药用植物培育。曾报道可以膏药的形式，用于止血、骨骼愈合、肺病和关节炎的治疗中（Levy，1976）。目前已知聚合草含有有毒的吡咯里西啶生物碱（Duke et al，1998）。山羊可以抵抗这些物质，但是如果山羊长期食用聚合草，可以想象这些生物碱类物质仍会在山羊的肝、肾或者其他组织器官引起一些毒理变化。含有聚合草的中草药疗法可使人的肝脏产生严重的损伤（Weston et al，1987）。食用聚合草或其他含吡咯里西啶生物碱类成分的山羊产的奶可能是有毒的（Panter and James，1990）。

1.7.2.3 驱虫药

用中草药疗法进行驱虫治疗可能不具有优势，因为还有更为有效的办法。有人将大蒜和烟草用于蠕虫的治疗。但小反刍动物的对照研究已经表明大蒜汁或含大蒜成分的商用中草药驱虫方剂并不理想（Allen et al，1998；Burke et al，2009a，2009b）。烟草中的尼古丁可以使寄生虫麻痹，但是并不是很安全。硅藻土也曾作为驱虫药的一种非中草药替代品，但当在饲喂的食物中加入一定浓度的该物质时，并不能有效地灭虫（Allen et al，1998；Stromberg and Gasbarre，2006）。例如，饲养者认为现代药物对动物有害或有机农业技术（参见第 20 章）进入细分市场，兽医应该强化营养、环境卫生和牧场轮作来抑制寄生虫。在第 10 章中讨论过，富含鞣酸的饲料对驱虫而言可能也是很有价值的。

有些植物因有下泻功能，用于山羊可见有明显的绦虫排出效果，饲养者会说这种植物具有明显的驱虫效果。至少，卡马拉（使用粗糠柴）的对照试验表明其可以驱除绦虫；但是，该植物对于山羊消化道内较危险的线虫没什么作用（Jose et al，1996）。

每年要对山羊进行多次粪便检查以确保与其携带的寄生虫处于均衡状态。大批山羊在湿草地上吃草或者营养和管理水平下降时，仅仅用中草药是不能抑制寄生虫的。一旦饲养者要通过自然选择培育具有驱虫力的品种，这将是解决这一问题的理性途径。尽管这样，更人道的方法就是对感染的山羊进行治疗，而不是将其剔出山羊群。

很多从植物中提取的化学物质都作为山羊的驱虫药进行了科学的评估（Akhtar et al，2000；Ketzis，2006）。当通过地方兽医或传统药物信息，或通过观察带虫动物通过一种植物的自我治疗，从而认定该植物有潜在的驱虫作用时，就要准备该植物的粗提物来分析其化合物中可能的有效成分。体外试验可以甄别它的生物活性，如捻转线虫卵的孵育试验；之后进行体内的试验用以评估植物提取化合物的效果、安全性和食物残留。当用该流程去检测土荆芥在山羊体内的功能时，土荆芥油会使一些小山羊死亡和在羊奶中产生残留（Ketzis，2006）。

1.8　巴赫花精疗法

在英国和美国，花精已经用于人和动物疾病的治疗（Howard，1990；Chancellor，1991）。爱德华·巴赫是英国的一个内科医生，开创了该治疗系统，它是由从花和树上提取的物质进行的38种疗法组成，该系统用于治疗人或动物消极的精神状态，如恐惧、迟疑、对现实环境漠然、感到孤独、过分敏感、沮丧和过于关注其他人或动物。巴赫花精疗法可以通过保健食品和顺势疗法供应点获得，或者通过网络购买。

"急救花精"是一种对休克和惊恐进行的多功能治疗的药物。它实际上是当山羊出现疼痛或紧张，以及意外伤害、断角、外科手术、分娩或搬新居时，以五种花的混合物（樱桃李、铁线莲、凤仙花、岩蔷薇、圣诞星）（Goldstein，2008）口服给药。

1.9　顺势疗法

这是一种有争议的治疗方法，该方法可以追溯到塞缪尔·哈尼曼（1755—1843）的工作。它主要基于两个理论（Kruger，1974；Vithoulkas，1980；Weiner and Goss，1989；Saxton and Gregory，2005）。一是对于生病的人或动物最好的治疗办法是使用一种能够在健康人或动物体内产生相同症状的药剂（顺治法则），而不是遏制疾病的症状，这是机体在某种程度上努力摆脱疾病过程的结果，这些症状在治疗的过程中将会被放大。顺势疗法与对抗疗法尽量抑制或减轻病患的症状形成了鲜明的对比。例如"轻微的发热对身体是好的"，因为体温的升高是由病原微生物引起的，经常用药物抑制体温的上升可能会妨碍身体正常的防御系统抵御疾病。二是药物稀释倍数越多越有效。实际上，大部分"有效的"药物都要通过震荡（可溶化学物质进行剧烈震荡）或磨碎（在研钵中加蔗糖研磨，不溶化合物要捣碎）进行连续的稀释，直到最终的液体中没有最初的化合物分子剩下（Wynn，1998）。原则上只需一剂"有效疗法"来激活机体自身的生命力。

在一些国家，人和动物用顺势疗法非常普遍，特效疗法也是现成的。在山羊饲养者有心理准备或者有经济能力的情况下，可能会选择顺势疗法，尽量避免用化学物质如抗生素。顺势疗法的治疗成本相当低，山羊饲养者可以自己进行治疗。这并不影响肉用和奶用动物的出售，因此在有机农场可以使用。

顺势疗法治疗山羊疾病在法国和英国（Macleod，1991；Hunter，2004）建议使用。可以咨询建议用于有机农场奶牛的系列顺势疗法（Karreman，2007）。已有对利用安慰剂对照随机临床试验评估顺势疗法的可行性报告和安慰剂效应的潜在作用以及疾病自然选择的疗效评估（Hektoen，2005）。山羊疾病缺少这些临床试验的数据。

在经典的顺势疗法中，由于使用抗生素和其他对抗疗法的药物会干扰通过症候学对疾病的诊断而一般不用这些药物。汉斯·海因里希博士在1952年发现毒素状态指数与传统的顺势疗法中的药物有关（Goldstein，2008）。每个器官系统的病证作为同类毒物被安排在六相表里，以分泌开始，之后是发炎和沉积。当疾病恶化后，生物学上的划分已经不太明显，该动物不太可能自己恢复健康。更严重的慢性过程就是浸透、恶化和最终的去分化（肿瘤的发展）。我们一直觉得传统的抗炎药物或许会延迟疾病的康复。多种可以控制疾病症状，如关节炎、外伤、心脏病或者病毒感染的顺势治疗配方都可以找得到，一些小动物的治疗方案都已经发表（Goldstein，2008）。

我们特别提一下疫苗接种授权的顺势疗法，因为从业者可能会因饲养者不愿意用传统的疫苗而很头疼（Hunter，2004）。病质药是一种很有用的顺势疗法药物，是从有病变的组织或感染的排泄物中提取的物质。病质药还没有被证明对动物有保护力，但是使用者都相信病质药没有副作用，包括慢性病康复动物或接种疫苗（顺势疗法医师将其归为传统疫苗）的动物。有些作者强调使用某种传统疫苗的重要性，如破伤风和狂犬病，相对于幼龄动物尽可能不接种疫苗（Hunter，2004；Saxton and Gregory，2005）。病质药以口服的方式对动物进行"保护"而不用注射疫苗。当疾病发生时，病质药能达到缓和疾病的效果。自体病质药可以用分泌物或体液，甚至是生病动物的细菌培养物制备得到（Sheaffer，1998；Wynn，1998）。在奶牛安慰剂对照双盲试验中，用由 6 种常见的乳腺炎病原体制备的病质药对 1 000 例泌乳奶进行研究，发现该药对其中 11 例乳房感染病例没有效果（McCrory and Barlow，2006）。

（白兴文）

生物化学和血液学单位换算公式

国际标准单位

其他单位乘以系数等于国际标准单位，国际标准单位除以系数等于其他单位。

成分	相对分子质量	其他单位	国际标准单位	系数
氨	17.03	μg/dL	μmol/L	0.59
铵离子	18.04	μg/dL	μmol/L	0.554
β-羟丁酸	104.1	mg/dL	mmol/L	0.096
碳酸氢盐	61.02	毫克当量（mEq）/L	mmol/L	无变化
胆红素	584	mg/dL	μmol/L	17.1
钙	40.08	mg/dL	mmol/L	0.25
钙离子	40.08	mEq/L	mmol/L	0.5
胡萝卜素	536.85	μg/dL	μmol/L	0.0186
氯离子	35.45	mEq/L	mmol/L	无变化
胆固醇	387	mg/dL	mmol/L	0.0259
铜	63.546	mg/dL	μmol/L	157.4
铜	63.546	μg/dL	μmol/L	0.1574
铜	63.546	ppm 或 μg/mL	μmol/L	15.74
肌酸	131.14	mg/dL	μmol/L	76.25
肌酸酐	113.12	mg/dL	μmol/L	88.4
氟	19.00	mg/L	μmol/L	52.64
氟	19.00	ppm 或 μg/mL	μmol/L	52.64
葡萄糖	180.16	mg/dL	mmol/L	0.0555
蛋白结合碘	126.904	μg/dL	μmol/L	0.079
铁	55.847	μg/dL	μmol/L	0.179
酮类（乙酰乙酸）	102.1	mg/dL	mmol/L	0.098（0.1）
乳酸盐	89.07	mg/dL	mmol/L	0.112
乳酸	90.08	mg/dL	mmol/L	0.111
铅	207.2	ppm 或 μg/mL	μmol/L	4.83
铅	207.2	μg/dL	μmol/L	0.0483
镁	24.305	mg/dL	mmol/L	0.411

（续）

成分	相对分子质量	其他单位	国际标准单位	系数
镁离子	24.305	mEq/L	mmol/L	0.5
钼	95.94	ppm 或 μg/mL	μmol/L	10.42
无机磷酸盐（如磷）	30.974	mg/dL	mmol/L	0.323
无机磷	30.974	mg/dL	mmol/L	0.323
无机磷	30.974	mEq/L	mmol/L	无变化
钾离子	39.098	mEq/L	mmol/L	无变化
孕酮	314.47	ng/mL	nmol/L	3.18
总蛋白		g/dL	g/L	10
硒	78.96	ppm 或 μg/mL	μmol/L	12.66
硒	78.96	μg/dL	μmol/L	0.126 6
钠离子	22.990	mEq/L	mmol/L	无变化
T3三碘甲状腺原氨酸	646	ng/dL	nmol/L	0.0155
T4甲状腺素	773	μg/dL	nmol/L	12.9
T4甲状腺素	773	ng/mL	nmol/L	1.29
尿素	60.06	mg/dL	mmol/L	0.166
尿素氮	28.014	mg/dL	mmol/L	0.357
维生素A	286.44	μg/dL	μmol/L	0.034 9
维生素B$_{12}$	1 355.42	ng/dL	pmol/L	7.38
维生素B$_{12}$	1 355.42	pg/dL	pmol/L	0.007 38
维生素E	430.69	μg/mL	μmol/L	2.32
锌	65.38	mg/mL	μmol/L	152.95
锌	65.38	ppm 或 μg/dL	μmol/L	15.295
骨钙	40.08	灰分%	灰分 mol/kg	0.25
骨镁	24.305	灰分%	灰分 mol/kg	0.41
甲状腺碘	126.904	μg/100g	μmol/kg	0.079
组织铜	63.546	ppm 或 μg/g	μmol/kg	15.74
组织氟	19.00	ppm 或 μg/g	μmol/kg	52.63
组织铅	207.2	ppm 或 μg/g	μmol/kg	4.826
组织锰	54.938	ppm 或 μg/g	μmol/kg	18.20
组织钼	95.94	ppm 或 μg/g	μmol/kg	10.42
组织硒	78.96	ppm 或 μg/g	nmol/kg	12 660
组织硒	78.96	ppm 或 μg/g	μmol/kg	12.66
组织锌	65.38	ppm 或 μg/g	μmol/kg	15.30
肝维生素A	286.44	ppm 或 μg/g	μmol/kg	3.49
肝维生素B$_{12}$	1 355.42	pg/g	pmol/kg	0.74
血红蛋白		g/100mL	g/dL	无变化
红细胞压积		%	L/L	0.01

（续）

成分	相对分子质量	其他单位	国际标准单位	系数
红细胞		10^6个/cu. mm	10^{12}个/L	无变化
红细胞		10^6个/μL	10^{12}个/L	无变化
白细胞		10^3个/cu. mm	10^9个/L	无变化
血红蛋白量		$\mu\mu$g	pg	无变化
血红蛋白浓度		%	g/dL	无变化
平均红细胞体积		μ^3	fL	无变化
血小板		10^3个/cu. mm	10^9个/L	无变化

注：dL＝100mL；cu. mm＝mm^3＝μL。

（白兴文）

参考文献

彩图 1　安哥拉山羊羊毛——马海毛（Dr. M. C. Smith 提供）

彩图 2　蒙古绒山羊（Dr. M. C. Smith 提供）

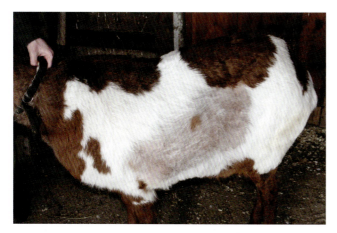

彩图 3　由于同围栏中伙伴一只白尾鹿的磨蹭，引起阉羊的腹侧脱毛（Dr. M. C. Smith 提供）

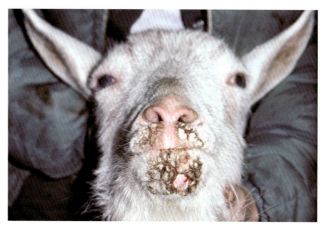

彩图 4　成年母山羊口角外由脓疱康复的痂皮。大的痂皮已脱落，其下为健康皮肤（Dr. M. C. Smith 提供）

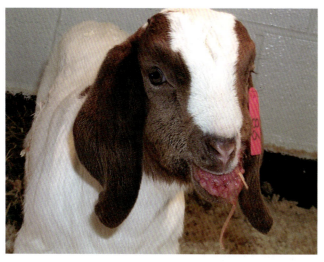

彩图 5　幼龄波尔山羊牙龈出现严重的传染性脓疱病变（Dr. M. C. Smith 提供）

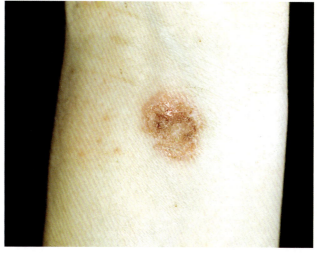

彩图 6　接触病羊者腕部的羊口疮（羊传染性脓疱）病变（Dr. M. C. Smith 提供）

彩图7 试验感染山羊痘病毒的绵羊皮肤上的早期斑点〔National Veterinary Services Laboratories（Ames, Iowa）提供〕

彩图8 耳外部表面和边缘的嗜皮菌病典型的干燥痂皮（Dr. M. C. Smith 提供）

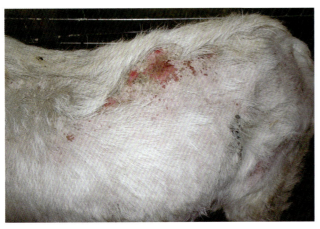

彩图9 在纽约，伴随严重瘙痒和自毁的公羊早春季节常发生昆虫叮咬过敏症，伴随严重瘙痒和动物摩擦（Dr. M. C. Smith 提供）

彩图10 足螨感染引起山羊蹄系部的温和性结痂和剥落（Dr. M. C. Smith 提供）

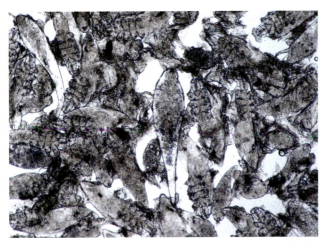

彩图11 皮肤结节挤压排出物涂片检查，可观察到雪茄状蠕形螨（Dr. M. C. Smith 提供）

彩图12 与白尾鹿同牧的克什米山羊体侧患垂直性脱毛症，提示其背神经根被细弱拟鹿圆线虫刺激（Dr. M. C. Smith 提供）

彩图 13　链球菌引起 1 月龄羔羊上颈部出现大的薄壁脓肿
（Dr. M. C. Smith 提供）

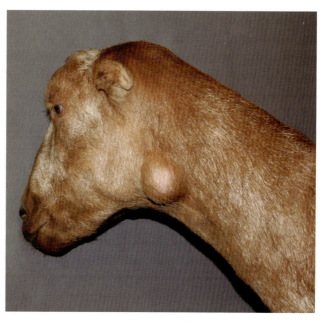

彩图 14　干酪样淋巴腺炎引起的一侧腮腺淋巴结脓肿
（Dr. M. C. Smith 提供）

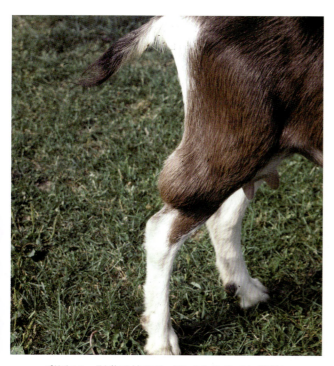

彩图 15　腘淋巴结脓肿（Dr. M. C. Smith 提供）

彩图 16　努比亚羔羊先天性唾液腺管囊肿（Dr. R. P.
Hackett 提供）

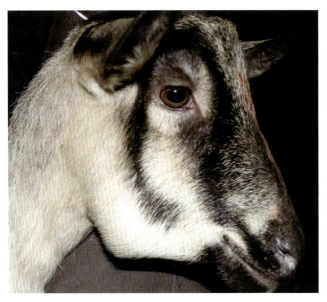

彩图 17　与下颌相关的牙根脓肿（Dr. M. C. Smith 提供）

彩图 18　羔羊死胎的先天性碘缺乏甲状腺肿（Dr. M. C. Smith 提供）

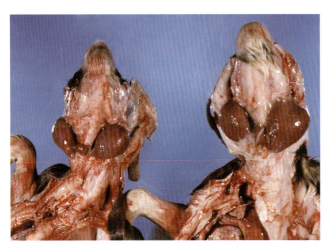

彩图 19　反映在皮肤的死产双胎羔羊的甲状腺肿（Dr. M. C. Smith 提供）

彩图 20　快速生长的努比亚杂交羔羊颈上部肿大的胸腺（Dr. M. C. Smith 提供）

彩图 21　山羊临床关节炎/脑炎的寰椎黏液囊扩张（Dr. M. C. Smith 提供）

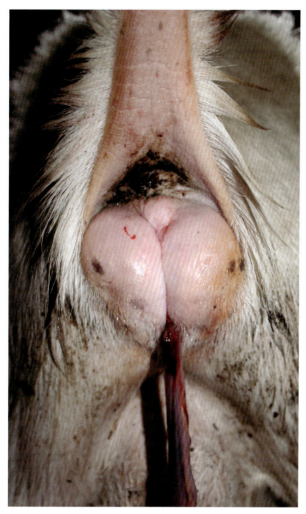

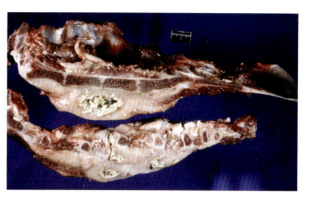

彩图 23　山羊胸骨的横截面，显示慢性纵隔脓肿，周围有大量纤维结缔组织，并有一条贯穿胸腔的管道（M. C. Smith 博士提供）

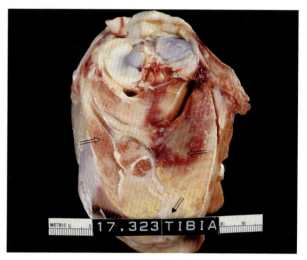

彩图 22　异位乳腺导致的莎能奶山羊分娩 1d 后的阴门肿胀及胎衣滞留（Dr. M. C. Smith 提供）

彩图 24　营养性肌肉萎缩症山羊后肢肌肉的大体解剖损伤。左侧可见正常肌肉（空心箭头），图片底部白色白垩区域受到严重影响（黑色箭头），损伤以出血区域（白色箭头）为界（T. P. O'Leary 博士提供）

彩图 25　与猪接触后感染假性狂犬病的山羊出现瘙痒症，眼部周围由于摩擦而无毛和发炎（Baer et al，1982）

彩图 26　实验室确诊的萨能奶山羊痒病的进行性临床症状

a　　　　　　　　　　　　　　　　　　　　b

彩图 27　一只小山羊感染 CAEV 后表现出神经型症状，出现渐进性麻痹（Linda Collins Cork 博士提供）。a. 后肢扭结，呈不对称的站立姿势；b. 疾病晚期，后肢无法站立

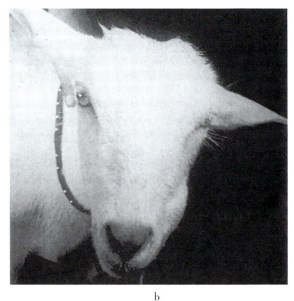

a　　　　　　　　　　　　　　　　　　　　b

彩图 28　山羊脑炎型李氏杆菌症的临床表现。a. 一只患有李氏杆菌病的成年公山羊，侧卧，颈部弯曲，头偏向一侧，极度沉郁（Daan Dercksen 博士提供）；b. 患李氏杆菌病单侧面神经麻痹的成年山羊，左侧耳朵和眼睑下垂，因饲料在颊部积累，左颊貌似肿胀，左鼻孔塌陷，流涎（经 C. S. F. Williams 允许复制）

a

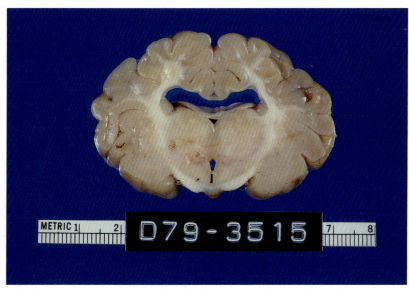

b

彩图 29　一只 2 岁幼畜患有脑积水。该幼畜出生时就出现迟钝和抑郁，只能通过辅助下站立。如彩图 29a 显示，该幼畜常常蜷曲横卧。尸体剖检发现，颅骨没有明显变形，但脑室系统则有明显扩张（彩图 29b）（Dr. T. P. O'Leary 提供）

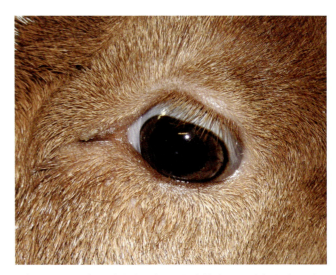

彩图 30　下眼睑外翻后露出眼结膜，这只山羊的红细胞压积为 21%（M. C. Smith 博士提供）

彩图 31　正常矩形瞳孔用托品酰胺扩张后可进行彻底眼底检查（M. C. Smith 博士提供）

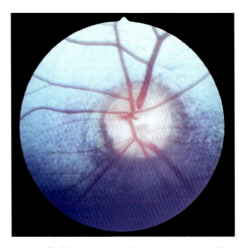

彩图 32　正常波尔山羊的眼底（M. C. Smith 博士提供）

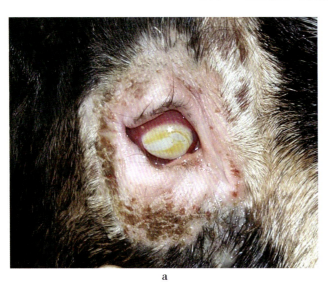
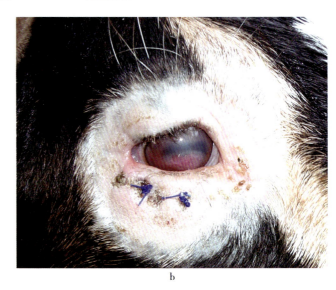

a

b

彩图 33　a. 伴有严重角膜炎和脱毛的慢性痉挛性睑内翻；b. 在眼睛下方进行睑内翻矫正手术，切除一块椭圆皮肤后 12d 的山羊（与彩图 33a 为同一只山羊）（M. C. Smith 博士提供）

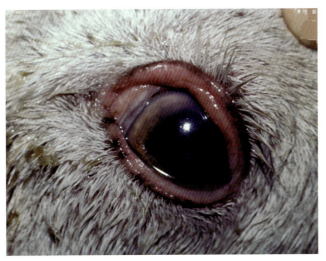

彩图 34　伴有结膜水肿和轻微的眼部分泌物的早期角膜结膜炎（M. C. Smith 博士提供）

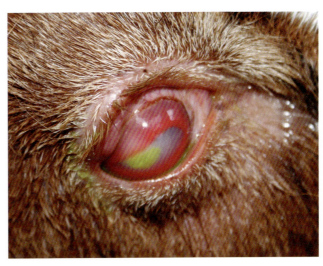

彩图 35　角膜溃疡因摄入荧光素染色而呈绿色。角膜上明显的新生血管提示为慢性（M. C. Smith 博士提供）

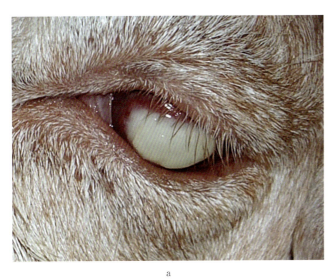

a

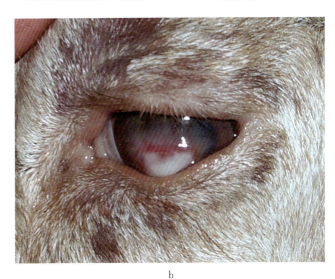

b

彩图 36　a. 严重的双侧角膜结膜炎引发完全不透明、软化的角膜；b. 与彩图 36a 相同的角膜，全身土霉素治疗和 5％硝酸银局部用药 5d 后角膜坚硬、光亮、透明（M. C. Smith 博士提供）

彩图 37　贫血山羊特征性的白色结膜，正常山羊结膜颜色为粉红至红色（M. C. Smith 博士提供）

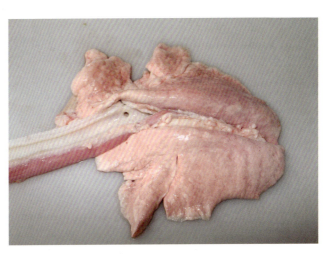

彩图 38　正常山羊肺，气管切开显示右肺前叶支气管（M. C. Smith 博士提供）

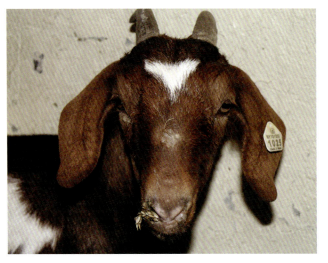

彩图 39　黏附于脓性鼻腔分泌物上的饲料颗粒（M. C. Smith 博士提供）

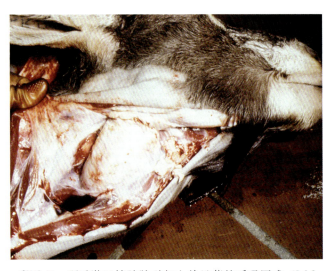

彩图 40　咽后淋巴结脓肿引起山羊显著的呼吸困难（J. M. King 博士提供）

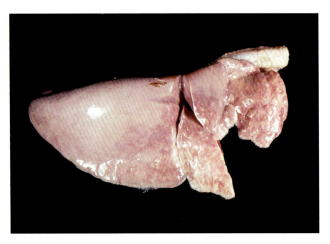

彩图 41　山羊 CAE 间质性肺炎致膈叶肿大的山羊肺脏（M. C. Smith 博士提供）

彩图 42　肺实质浸润的肺叶截面（M. C. Smith 博士提供）

彩图 43　具有曼氏杆菌性肺炎及明显的纤维性胸膜炎症状的颅腹侧部位（M. C. Smith 博士提供）

彩图 44　缪勒属肺线虫幼虫，能看到尾部背侧的倒钩（A. Lucia-Forster 提供）

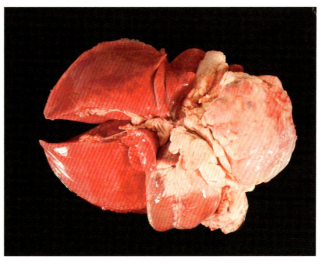

彩图 45　取代心脏和肺末端的大胸腺瘤（M. C. Smith. 博士提供）

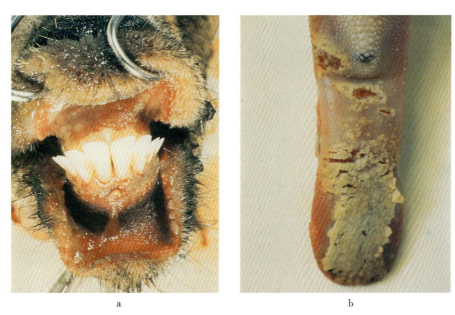

a　　　　　　　　　　　　　b

彩图 46　一例感染急性小反刍兽疫山羊的牙龈溃疡（a）和舌部溃疡（b）〔国家热带兽医和畜牧研究所（IEMVT）提供〕

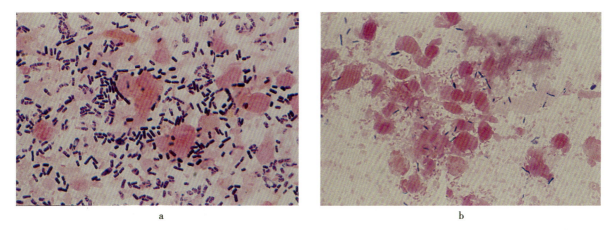

a　　　　　　　　　　　　　b

彩图 47　肠毒血症山羊肠黏膜的革兰氏染色涂片（a）；注意剖检正常山羊肠涂片中大量的大革兰氏阳性杆菌（b）
（Dr. David M. Sherman 提供）

彩图 48 成年努比亚黑羊副结核病晚期，临床症状为严重消瘦（Dr. David M. Sherman 提供）

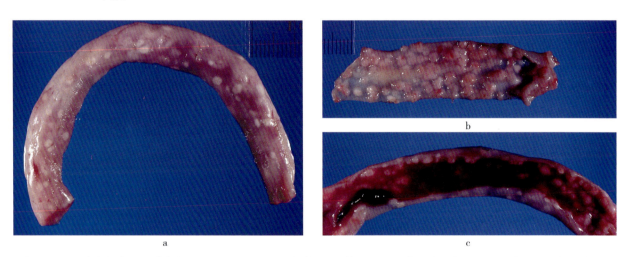

彩图 49 山羊球虫病的肠道病变（Dr. Scott schelling 提供）。a. 浆膜表面显著的结节病变；b. 黏膜表面的结节病变；c. 肠管充血，来自患严重球虫病的断奶山羊，在其腹泻症状出现前就急性死亡

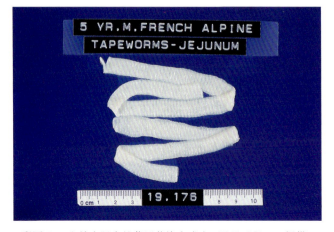

彩图 50 山羊小肠内的莫尼茨绦虫成虫（T. P. O'Leary 提供）

彩图 51 山羊粪便中的绦虫节片（图片经 C. S. F. Williams 博士允许复制）

彩图 52 黏附在羊肠系膜上的犬科绦虫，泡状带绦虫的中绦期囊尾蚴（细颈囊尾蚴）（波兰科学生命大学兽医系 Dr. Jaroslaw Kaba 提供）

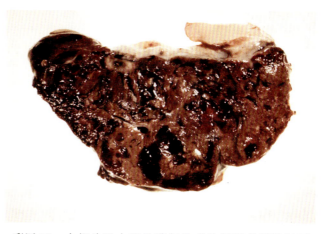

彩图 53 大拟片吸虫以及移行造成的坏死羊肝脏切面（Dr. M. C. Smith 提供）

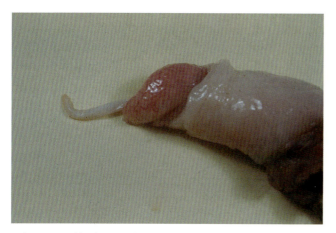

彩图 54 伸到龟头外的公羊尿道突（图片经 C. S. F. Williams 博士允许后复制）

彩图 55 公羊坐骨弓处的的尿道腺窝（箭头所指）（图片经 C. S. F. Williams 博士允许后复制）

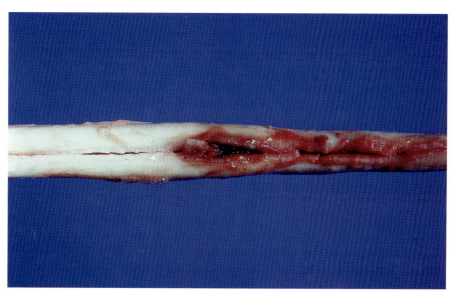

彩图 56 对一个幼龄阉羊尸体剖检时，发现阴茎海绵体阻碍性结石的部位出现坏死、炎症和出血等症状（Tufts 大学卡明兽医学院提供）

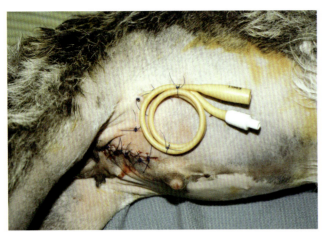

彩图 57　一只山羊进行尿道插管手术治疗阻碍性尿路结石后的腹部图片，可见通过旁切口从膀胱引出的固定在皮肤上的 Foley 导尿管，膀胱造口术主切口在包皮侧面（Peter Rakestraw 博士赠图）

彩图 58　发情的公山羊正在通过栅栏挑逗处于乏情期的母山羊。注意公山羊的胡须和沾有自己尿液的前腿比较脏（Dr. M. C. Smith 提供）

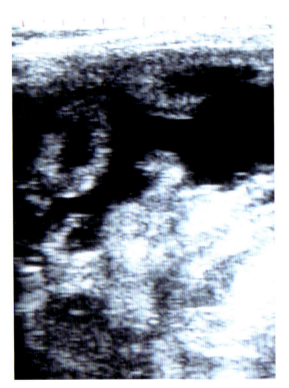

彩图 59　妊娠母山羊的腹部超声检查，呈煎饼状的肉阜清晰地展现在呈黑色的子宫内液体中（Dr. M. C. Smith 提供）

彩图 60　流产的波尔山羊双胞胎。上面的胚胎在出生时还未死亡，下面的胚胎眼窝凹陷，说明出生时已经死亡很久并形成木乃伊胎。尽管看似为弓形虫感染，但血清学检查阴性，排除了由弓形虫引起流产（Dr. M. C. Smith 提供）

彩图 61　产后母山羊的尾部沾有恶露（Dr. M. C. Smith 提供）

彩图 62　带有胎粪的黏液黄染，提示胎儿窘迫，需要进行助产（Dr. M. C. Smith 提供）

彩图 63　产前阴道脱出。开始努责时矮山羊的子宫颈不能开张，必须进行剖宫产手术（Dr. M. C. Smith 提供）

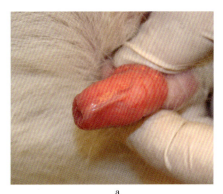

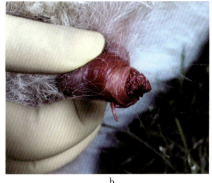

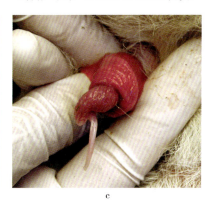

a　　　　　　　　　　　　b　　　　　　　　　　　　c

彩图 64　正常成熟的阴茎。a. 尿道隐窝与包皮袖套完全黏在一起；b. 尿道隐窝与阴茎头已经分离，虽然是正常的，但呈现明显的红色菜花样外观；c. 尿道隐窝和阴茎头与包皮已完全分离，现在有可能插入阴道（Dr. M. C. Smith 提供）

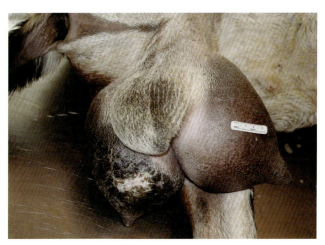

彩图 65　一只无角公羊的睾丸左侧附睾头出现精子肉芽肿

彩图 66　一只 5 岁努比亚公羊乳腺发育。尽管开始具有生育力，但严重的慢性乳腺炎导致体重减轻和双侧睾丸变性（Dr. M. C. Smith 提供）

彩图67 用无血去势钳手术后坏死的睾丸实质和睾丸上精索的皱褶线。进行手术后，睾丸太大而不能被再吸收

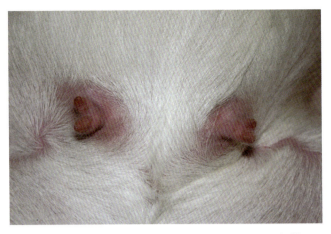

彩图68 布尔羔羊双侧分叉乳头（Dr. M. C. Smith 提供）

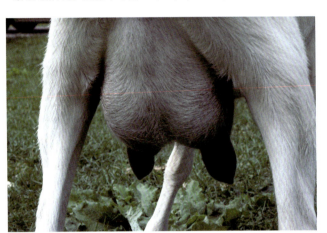

彩图69 从未生育母畜的早熟乳房，该乳房每天可挤一杯奶（Dr. M. C. Smith 提供）

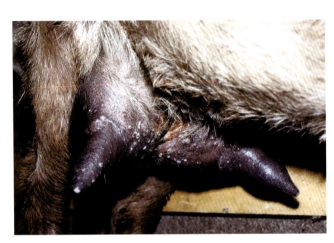

彩图70 由金黄色葡萄球菌感染引起乳房皮肤的脓疮和疱疹样皮炎。随着疾病的发展，母畜的乳房逐渐发展为坏疽性乳腺炎（Dr. M. C. Smith 提供）

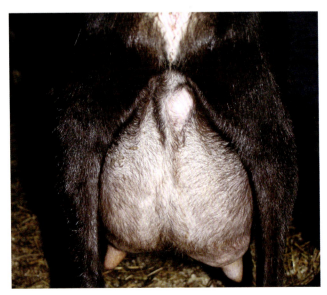

彩图71 患地方性淋巴结炎母畜的乳房淋巴结脓肿（Dr. M. C. Smith 提供）

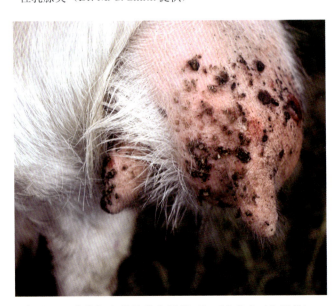

彩图72 萨能奶山羊的乳房黑斑（Dr. M. C. Smith 提供）

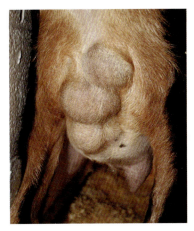

彩图 73　化脓隐秘杆菌感染引起成年母畜的乳房脓疮，该母畜被实施了乳房切除手术（Dr. M. C. Smith 提供）

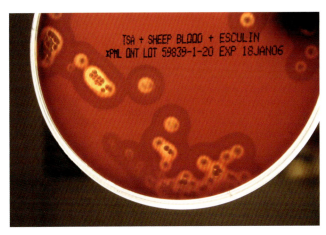

彩图 74　生长在血琼脂平板上的金黄色葡萄球菌菌落周围的部分和完全溶血环（Dr. M. C. Smith 提供）

彩图 75　乳房淋巴结肿大、水肿、出血

彩图 76　像这样消瘦的、没有其他明显症状的山羊，对兽医诊断疾病而言是一个挑战。这只羊最终被诊断为副结核病（Dr. Daan Dercksen 提供）

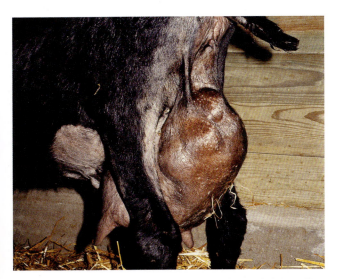

彩图 77　一只因化脓隐秘杆菌引起慢性乳腺炎、消瘦的山羊。注意乳房上多发的结节样脓肿（Dr. David M. Sherman 提供）

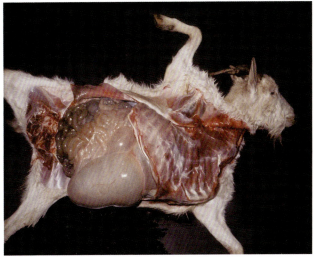

彩图 78　缺乏大网膜脂肪的瘦弱山羊。肠管在大网膜除去之前不易被看见（Dr. M. C. Smith 提供）

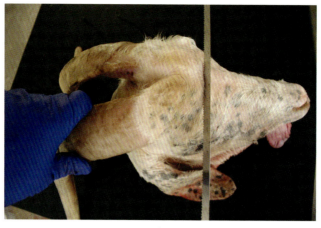

a

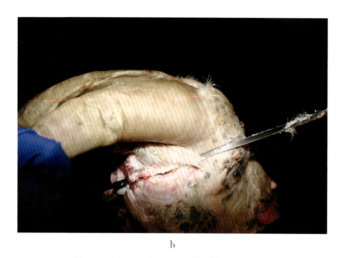

b

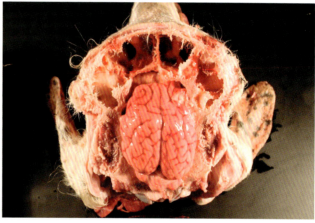

c

彩图 79 脑的解剖。a. 在角前面的前额上进行最初的横切锯开；b. 矢状切口几乎是水平的；c. 角和头骨顶部被取下，露出大脑和额窦

彩图 80 在皱胃皱褶中有两条具有捻转血矛线虫外观的虫体（Dr. M. C. Smith 提供）

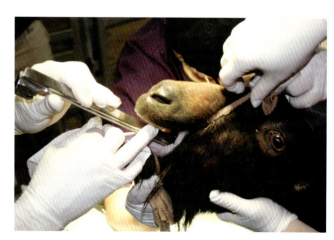

彩图 81 用长的喉镜窥视片观察喉头，持纱布环打开山羊的口腔（Dr. M. C. Smith 提供）

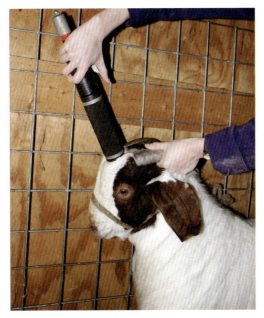

彩图 82　从颅骨顶部直向脊柱实施安乐死的电击位置（Dr. M. C. Smith 提供）

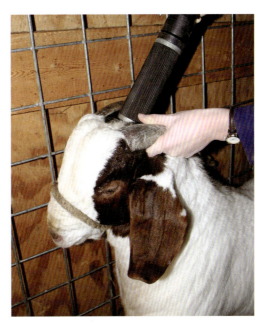

彩图 83　从两角底部之间直向嘴部实施安乐死的电击位置（Dr. M. C. Smith 提供）

彩图 84　有角羔羊每个角芽部位的毛发是扭着的（Dr. M. C. Smith 提供）

彩图 85　无角羔羊头部中央的毛发呈轮状（Dr. M. C. Smith 提供）

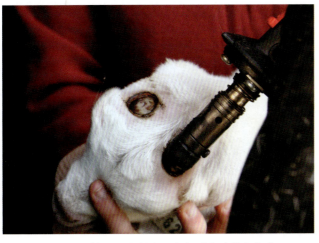

彩图 86　使用丁烷制热的去角器给羔羊去角芽

彩图 87　使用钢丝锯去除成年母山羊角

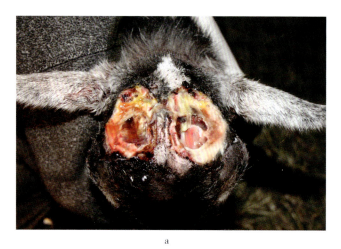
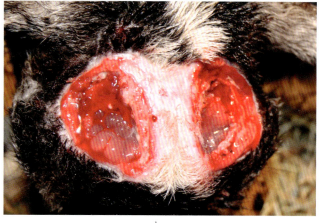

彩图 88　术后护理。a. 术后 6d 去除绷带后去角处伤口的情况；b. 同一只羊术后 19d 伤口的情况。头部没有任何东西遮掩，可以清楚地看到没有康复的小伤口和康复伤口的边缘

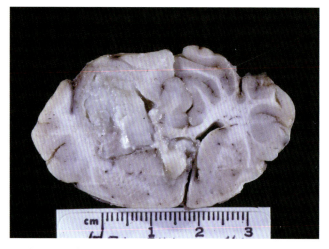

彩图 89　使用去角膏后头部骨头破损，导致脑脓肿产生

彩图 90　雄性羔羊未彻底去角后产生的残角

彩图 91　安装在桶内的注水浮子确保山羊能自由饮水（随时能喝到水）（Dr. M. C. Smith 提供）